메카트로닉스

MECHATRONICS

메카트로닉스

MECHATRONICS

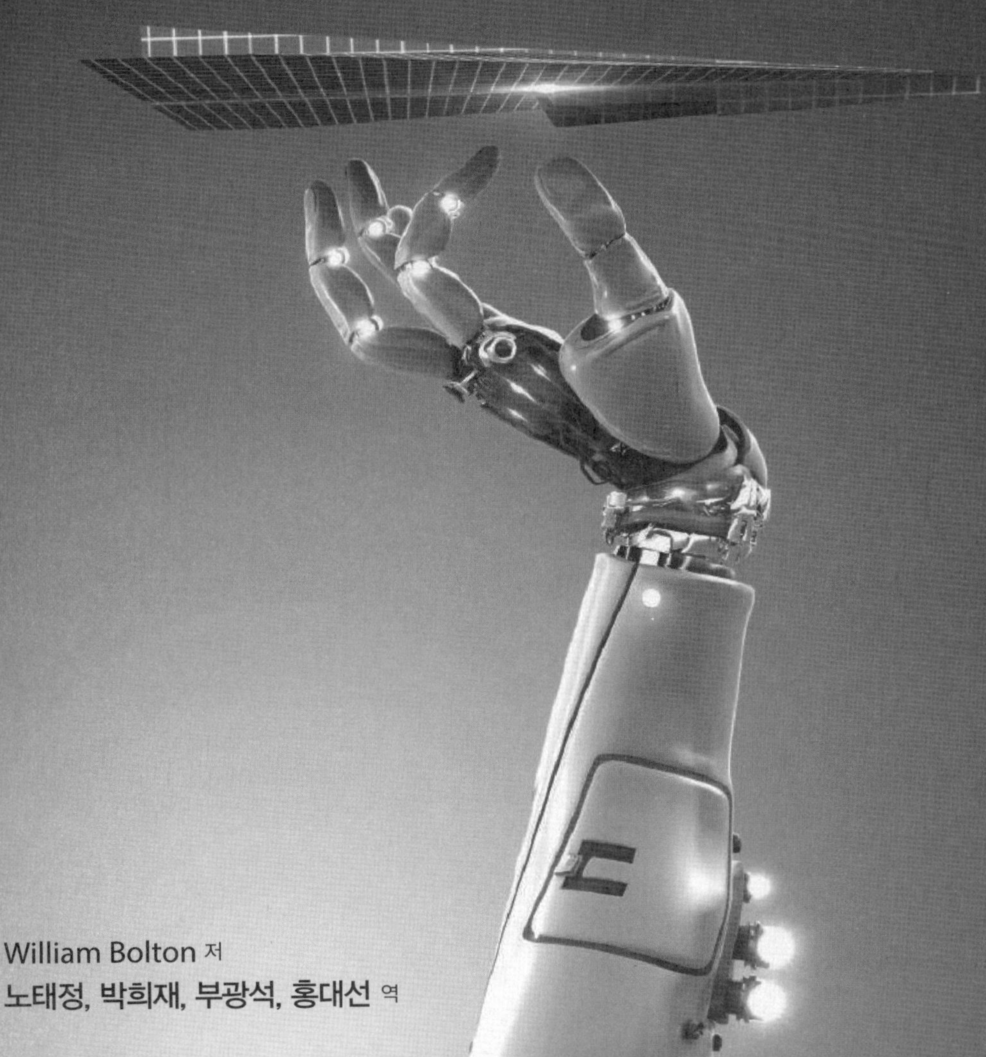

William Bolton 저

노태정, 박희재, 부광석, 홍대선 역

씨아이알

머리말

메카트로닉스(mechatronics)는 메카니즘으로부터 'mecha'와 전자로부터 'tronics'의 결합으로서 1969년 일본 엔지니어에 의해 발명되었다. 그 단어는 현재 더욱더 넓은 의미를 갖으며, 즉 제품의 설계 및 생산 그리고 프로세서에서 기계공학에 전자와 컴퓨터제어의 통합을 동시에 개발하는 공학기술의 용어로서 기술되기도 한다. 결과적으로 기계기능을 갖고 있는 많은 제품들은 마이크로프로세서를 포함한 전자기능으로 많이 대체되었다. 이것은 보다 많은 융통성, 용이한 재설계 및 재프로그래밍, 자동적인 데이터 저장 및 리포팅을 수행하는 능력을 준다.

엔지니어와 기술자는 공학에 다른 분야의 제휴 및 통합을 채택하는 데 이러한 접근방법이 필요하게 되었다. 그래서 엔지니어 및 기술자에게는 한 가지 분야에만 국한되지 않는 기술과 지식이 필요하다. 그들은 전 분야의 공학 교과목을 배워야 하고, 또한 더욱더 전문적인 기술을 가진 사람들과 교류할 필요가 있다. 이 책은 메카트로닉스에 대한 기본적인 배경을 제공하고, 더욱더 전문적인 기술의 교류를 제공하려고 한다.

초판은 고급 기술자를 위하여 Higher National Certificate/Diploma 과정의 핵심적인 내용의 Business and Technology Education Council(BTEC) Mechatronics Unit를 만들었으며, 또한 교과 응용으로서 설계, 제조 및 유지 보수 등의 전문가를 위하여도 만들었다. 이 책은 그러한 교과에 폭넓게 사용되었으며, 영국 및 미국에서는 대학원의 교과로도 사용되었다. 영국 및 미국에서의 강사로부터 피드백을 고려하여 원래 목표에 적합할 뿐만 아니라 대학원 과정에도 적합하도록 보다 폭 넓고 깊이 있게 두 번째 출판물을 만들었다. 세 번째 판은 설명을 보다 세련되게 하였고, 마이크로컨트롤러 및 프로그래밍에 더욱더 추가하였으며, 메카트로닉스 시스템 모델을 많이 사용하였고, 부록의 그룹화 등을 보완하였다. 네 번째 판은 이 책의 배치 및 내용의 모든 면에서 충분히 고려하였는데, 내용의 흐름을 막는 것을 피하기 위하여 주제들을 몇 개로 그룹화하고 많은 내용을 부록으로 이동하였으며, 더욱더 내용을 분명하기 위하여 새로운 내용 – 특히 인공지능 소개 – 많은 사례 연구 및 몇 개의 주제를 세련되게 조정하였다. 다섯 번째 판은 같은 구조를 유지했지만, 많은 독자들과 상의한 후에 보다 자세하고 세련되게 추가하였다.

현재의 여섯 번째 판은 일반적으로 내용의 흐름을 막는 것을 피하기 위하여 내용을 재구성하였다. 마이크로프로세서 시스템 뒤에 시스템 모델링이 나올 수 있도록 조정하였다. Arduino 관련 자료 및 메카트로닉스 시스템에 더욱더 많은 주제를 추가하였다.

이 책의 전반적인 목표는 공학에서 기술자 및 대학원의 교과로서 사용될 수 있도록 충분한 내용을 제공하는 것이며, 그래서 아래 사항에 대하여 독자들을 돕는다.

- 만약에 메카트로닉스 시스템을 이해하고 설계할 수 있으려면 기계공학, 전기 및 컴퓨터공학의 복합된 기술을 습득한다.
- 메카트로닉스에 필요한 전반적인 공학 교과목들을 운용할 수 있도록 한다.
- 메카트로닉스 시스템을 설계할 수 있도록 한다.

이 책의 각 장은 목표, 요약을 포함하며, 자세히 서술되어 있으며 문제와 책의 끝에 제시된 해법을 제시한다. 제24장으로서 연구 및 설계 과제가 역시 포함되었으며 가능한 해답에 대한 실마리가 주어진다.

제1장은 메카트로닉스에 대한 일반적 소개이고, 제2장부터 제6장까지는 센서와 신호조절에 대하여 다루었다. 제7장부터 제9장까지는 액추에이터를 다루었고, 제10장부터 제16장은 마이크로프로세서/마이크로컨트롤러 시스템에 관하여 다루었으며, 제17장부터 제23장까지는 시스템 모델에 대한 관심이 있고, 제24장은 메카트로닉스 시스템 설계를 고려하는 데 전반적인 결론을 다루었다.

강사 가이드, 테스트 자료 및 PPT 슬라이드는 www.pearsoned.co.uk/bolton에서 다운로드할 수 있다.

이 책에 언급된 장비제조업체에 대하여 큰 도움을 받았다. 나는 다섯째 판 전체를 고생스럽게 읽고 개선을 제시해 준 영국 및 미국에 있는 리뷰를 봐 준 분들에게 더욱더 감사하고 싶다.

W. Bolton

역자 머리말

메카트로닉스(mechatronics)란 1980년대에는 기계공학에 전자공학을 단순히 결합하여 기계의 고기능화를 추구하였으나, 최근에는 기계공학에 전자공학, 전기공학, 제어공학, 컴퓨터 응용기술 및 통신기술까지의 총체적인 결합으로 기계의 고기능화뿐만 아니라 융복합화와 시스템화를 추구하는 데 필수적이다.

몇 년 전에 역자들은 이러한 추세에 부응하여 대학에서 메카트로닉스 교과목을 강의하려고 해도 1권으로 구성된 마땅한 교재가 없어서 고민하던 중에 W. Bolton의 Mechatronics(2nd ed.)의 내용을 검토한 결과 아주 적합한 책이라고 확신이 되어서 번역하여 출간하였다. 이어서 제3판, 제4판을 번역하여 출간하였으며, 이번에는 그 내용이 많이 보충된 제6판을 번역하게 되었다.

이 책은 기계공학을 기반으로 하여 메카트로닉스에 필요한 전기전자공학, 제어공학, 컴퓨터 응용과 통신공학의 기본개념과 응용을 충분히 다루었으므로 학부는 물론이고, 전문대학이나 대학원 과정에서도 교재로 사용하는 데 만족하리라고 생각된다. 나름대로 충실하게 번역하려고 노력하였으나 미흡한 부분들이 있으리라고 보며, 독자들의 많은 충고와 조언을 기대합니다.

끝으로 이 책이 발간되도록 지원해 주신 도서출판 씨아이알 관계자 여러분들께 감사를 드리며, 책을 완성하는 데 도움을 주신 동명대학교, 서울과학기술대학교, 인제대학교, 창원대학교 여러분들께도 감사를 드립니다.

2017년 2월

역자 일동

CONTENTS

PART III 구 동

Chapter 07 공압 및 유압구동 시스템

Chapter 08 기계구동 시스템

Chapter 09 전기구동 시스템

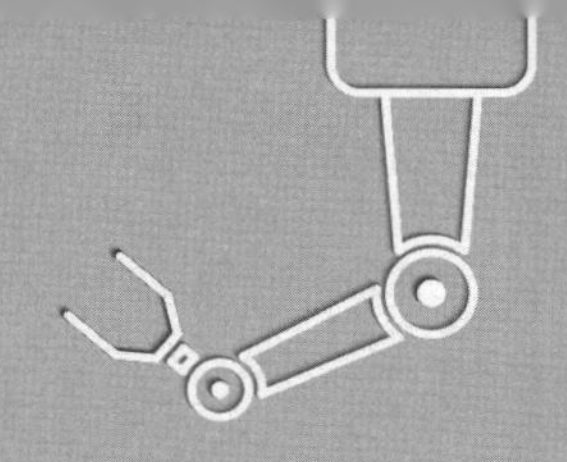

Chapter 14 프로그램 가능 논리제어기

Chapter 15 통신 시스템

Chapter 16 결함 발견

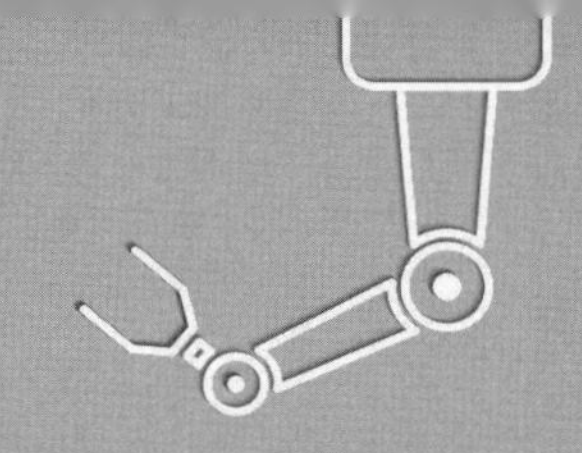

부 록

PART I
소 개

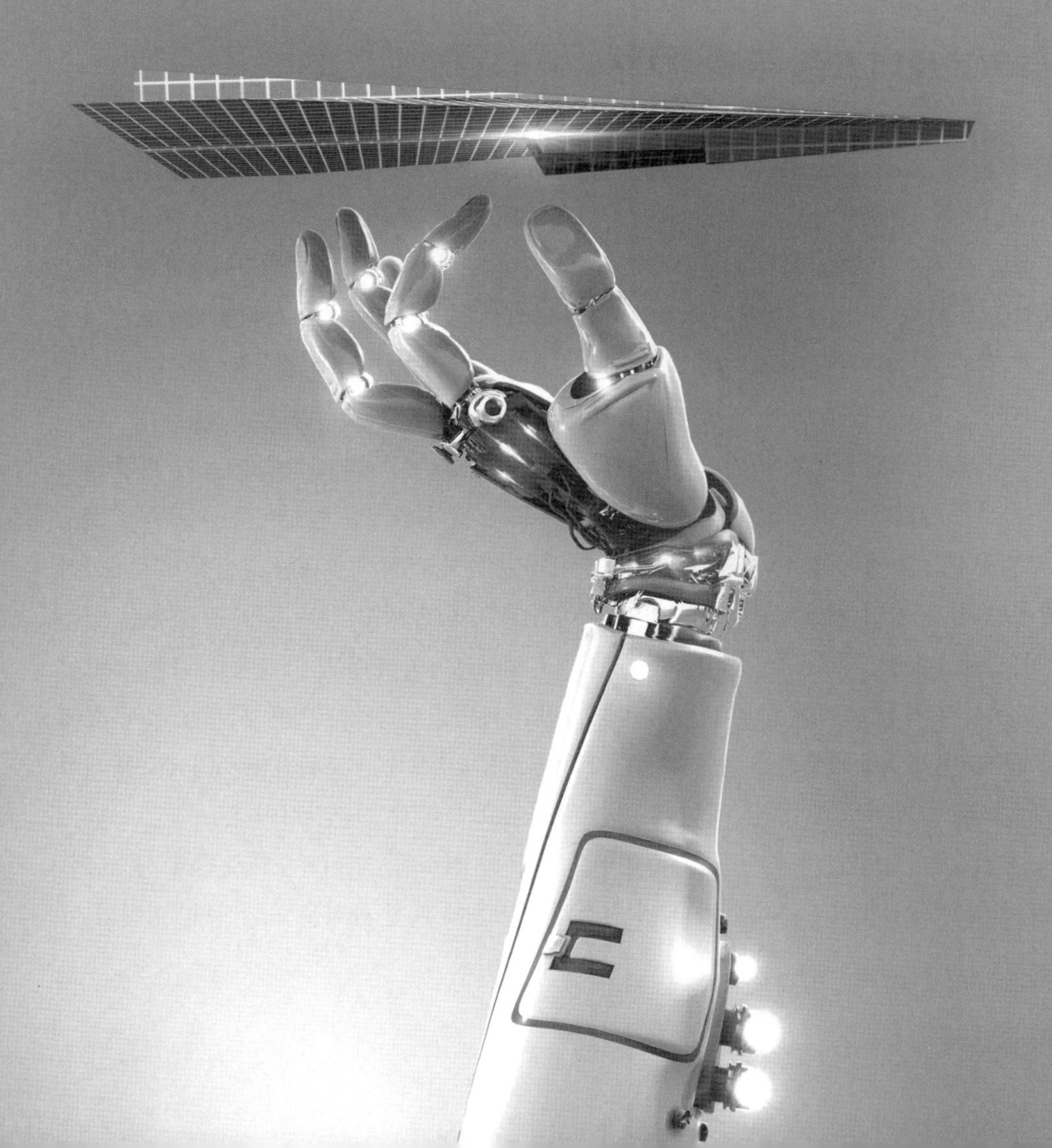

Chapter 01 메카트로닉스 소개

목 표

본 장의 목표는 학생들이 공부한 후에 다음과 같은 것을 할 수 있어야 한다.

- 메카트로닉스의 의미는 무엇이며, 공학설계에서 그것을 적용할 수 있어야 한다.
- 시스템의 의미는 무엇이며, 계측 시스템의 요소들을 정의할 수 있어야 한다.
- 개루프 및 폐루프 제어 시스템의 갖가지 형태 및 그 요소들을 설명할 수 있어야 한다.
- 시스템의 거동을 예측하기 위하여 시스템의 모델의 필요를 인식할 수 있어야 한다.

1.1 메카트로닉스란 무엇인가?

메카트로닉스(mechatronics)는 메커니즘(mechanism)으로부터 'mecha', 전자(electronic)로부터 'tronics'의 결합으로서 1969년에 일본 엔지니어에 의해 발명되었다. 이 단어는 현재 더욱더 넓은 의미를 갖으며, 즉 제품과 프로세서의 설계와 생산에서 전자와 지능형 컴퓨터제어와 기계공학의 통합을 동시에 개발하는 공학기술의 용어로서 기술되기도 한다. 결과적으로 메카트로닉스 제품은 기계기능이 전자기능으로 많이 대체된다. 이것은 보다 많은 융통성, 용이한 재설계 및 재프로그래밍, 자동적인 데이터 저장 및 리포팅을 수행하는 능력을 준다.

메카트로닉스 시스템은 전자와 기계 시스템의 단순한 결합이 아니라 보다 고기능의 제어 시스템이다. 이것은 설계에서 동시적 접근을 할 수 있는 모든 것의 완전한 통합이다. 자동차, 로봇, 공작기계, 세탁기, 카메라 및 다른 많은 기계를 설계하는 데 공학설계에 대한 통합적이고 복합적 접근 방식이 점차 많이 채용되고 있다. 만약에 더욱더 가격이 싸고 신뢰성 있고 융통성 있는 시스템이 개발된다면, 기계공학, 전기공학, 전자 및 제어공학의 전통적인 경계를 넘는 통합이 설계 프로세서의 가장 초기단계에서 발생되어야 한다. 메카트로닉스는 기계 시스템 설계 후에 전기 및 마이크로프로세서 부분을 설계하는 순차적인 개발방법보다는 오히려 동시적 접근방식이 필요하다. 그래서 메카트로닉스는 공학에 대한 설계이고 통합적 접근방식이다.

메카트로닉스는 센서와 계측 시스템, 드라이브와 구동 시스템, 마이크로프로세서 시스템을 포함한 기술영역(그림 1.1)과 시스템과 제어 시스템의 거동에 대한 해석을 포함한다. 이것이 이 책의 요약이다. 이 장은 주제에 대한 소개이며, 자세하게 전개될 이 책의 나머지 부분에 대한 프레임을 주기 위하여 몇 가지 기본 개념을 전개하는 것이다.

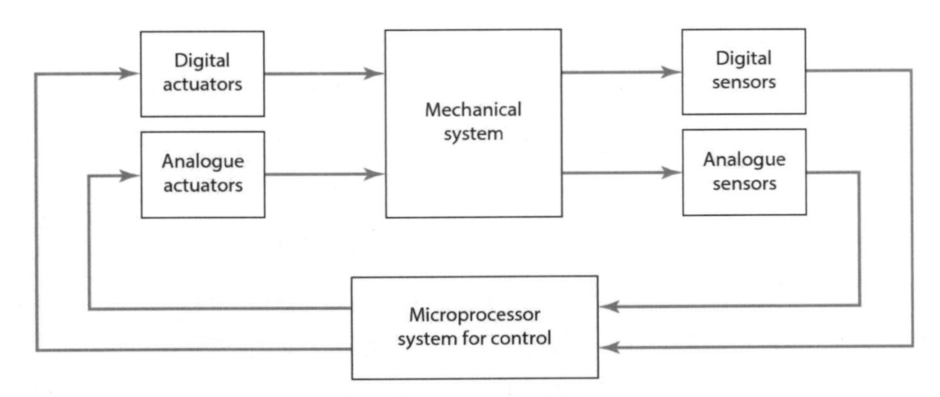

그림 1.1 메카트로닉스 시스템의 기본 요소

1.1.1 메카트로닉스 시스템의 예

최근의 자동초점, 자동노출 조정 카메라를 생각해 보자. 우리가 사진을 찍으려면 카메라를 물체에 대충 맞추고 버튼을 누르기만 하면 된다. 카메라는 물체와 초점이 맞도록 자동적으로 초점을 조절하며, 또한 적절한 노출이 되도록 조리개와 셔터 속도를 자동으로 맞춘다. 수동으로 초점과 조리개를 맞추거나 셔터 속도를 제어할 필요가 없다. 트럭의 스마트 서스펜션(smart suspension)을 생각해 보자. 이러한 서스펜션은 차체 레벨을 일정하게 유지하기 위하여 고르지 않은 부하에도 조절되며, 또한 좋은 승차감을 주기 위하여 코너링과 울퉁불퉁한 길의 이동에도 조절된다. 자동생산 라인을 고려해 보자. 이러한 라인은 적합한 순서와 방법으로 자동적으로 수행되는 많은 생산 공정을 가지고 있다. 자동카메라, 트럭 서스펜션 및 자동생산 라인들은 전자제어 시스템과 기계공학 결합체의 예이다.

1.1.2 내장 시스템

내장 시스템(embedded system)은 마이크로프로세서가 시스템 속에 내장되는 것을 말하며, 이러한 형태의 시스템이 일반적으로 메카트로닉스에서 관심이 있다. 마이크로프로세서는 개별 요소로서 하드웨어적으로 연결되는 것이 아니라, 논리 함수가 소프트웨어에 의하여 구현되는 로직 게이트와 메모리 요소의 집합체로서 간주된다. 로직 게이트로 구현되는 예로서, 입력 A와 입력 B가 모두 온(on) 신호일 때 출력되도록 원한다면, 이것은 AND 게이트로서 구현될 수 있다.

입력 A와 입력 B 중 어느 하나가 온 신호일 때 출력되도록 원한다면, 이것은 OR 게이트로서 구현될 수 있다. 마이크로프로세서는 입력이 온 또는 오프(off)를 알려고 계속 감시하고 있으며, 그것이 어떻게 프로그램 되었는지에 따라서 처리하여 온 또는 오프 출력신호를 준다. 마이크로프로세서에 대한 보다 자세한 검토는 제10장을 참조 바란다.

제어 시스템에 사용되는 마이크로프로세서는 데이터 저장용 메모리와 외부 신호를 처리하는 입출력 포트를 주기 위한 부가적인 칩이 필요하다. 마이크로컨트롤러(microcontroller)는 한 개의 칩에 모든 기능을 집적한 마이크로프로세서이다.

내장 시스템은 많은 기능을 제어하도록 설계되었지만, 사용자가 컴퓨터와 같은 방식으로 프로그래밍 하도록 설계되지 않는 마이크로프로세서 기반 시스템이다. 그래서 내장 시스템에서는 사용자가 소프트웨어를 추가하거나 대체함으로써 시스템의 기능을 변경할 수 없다.

제어 시스템으로써 마이크로컨트롤러를 사용하는 예로서, 최근 세탁기는 세탁 사이클, 펌프, 모터 및 물 온도를 제어하기 위한 마이크로프로세서 기반 제어 시스템을 가진다. 최근 차량은 안티록 브레이크(anti-lock brakes), 엔진관리장치(engine management)와 같은 기능을 제어하는 마이크로프로세서를 가진다. 내장 시스템의 다른 예는 자동초첨/자동노출 카메라, 캠코더, 셀폰, DVD 플레이어, 전자 카드 리더, 포토카피, 프린터, 스캐너, 텔레비전 및 온도제어기 등이다.

1.2 설계 과정

설계 과정은 다음의 몇 가지 단계로 고려될 수 있다.

1. 필요성(The need)

설계 과정은 아마도 고객이나 주문자의 필요로 시작된다. 이것은 잠재 고객의 필요사항을 파악하는 데 사용되는 시장조사에 의하여 확인될 수도 있다.

2. 문제 분석(Analysis of the problem)

설계개발의 첫 단계는 문제의 본질을 파악하는 것, 즉 그것을 분석하는 것이다. 정확하게 문제를 정의하지 않는 것은 필요성을 만족시키지 못해 설계에 많은 시간을 낭비할 수 있다는 점에서 이러한 문제 분석은 중요한 단계이다.

3. 사양 준비(Preparation of specification)

분석 후에 요구사양들은 준비될 수 있다. 이러한 요구사양은 문제, 해답에 있는 어떤 구속조건 그리고 디자인의 품질을 결정하기 위해서 사용될지도 모르는 판단기준들을 나타낼 것이다. 문제를 기술하는 데 어떤 바람직한 특징들과 함께 설계에 필요한 모든 기능들이 구체화되어야 한다. 그래서 질량, 차원, 필요한 운동의 종류와 범위, 정밀도, 요소의 입출력, 인터페이스, 전력, 동작환경, 사용 관련 표준 및 코드 등에 대한 기술이 있어야 할 것이다.

4. 가능해법 생성(Generation of possible solutions)

이것은 흔히 개념단계(conceptual stage)라고 한다. 각각의 요구기능, 예를 들면 대략적 크기, 형체, 재질과 비용 등의 필요 기능들을 얻는 수단을 보다 자세하게 지시하는 데 개선되는 대략적인 해법들이 준비된다. 이것은 역시 사전에 비슷한 문제를 다루었던 것을 찾아내는 것을 의미한다.

5. 적합한 해법 선정(Selection of suitable solution)

몇 가지 해법들이 평가되고 가장 적합한 것이 선택된다. 평가는 시스템을 모델로 표현한 후, 그 시스템이 입력에 대하여 어떻게 반응하는지 시뮬레이션한다.

6. 상세설계 생성(Production of a detailed design)

선택된 설계의 세부사항은 여기서 개선되어야 한다. 이것은 최적의 상세설계를 결정하기 위하여 시작품(prototypes) 및 목업(mock-ups)의 제작이 필요할 수도 있다.

7. 제작도면 생성(Production of working drawings)

선택된 설계는 품목들이 제작될 수 있도록 제작도면과 회로도면으로 바뀐다. 설계 과정의 각 단계가 단계별로 잘 흘러만 간다고 생각되지 않는다. 가끔 이전의 단계로 돌아가서 더 많이 고려해야 할 필요가 있을 수도 있다. 그래서 가능한 해법을 찾는 단계에서 뒤로 돌아가서 문제 분석을 다시 고려해 볼 필요가 있을 것이다.

1.2.1 고전적 및 메카트로닉스적 설계

공학적 설계는 많은 기술과 분야 사이에서 서로 관련 있는 복잡한 과정이다. 기존의 설계와 비교하여 기계 엔지니어가 기계요소를 설계하고, 제어 엔지니어가 제어 시스템을 설계하는 접근방식이 있다. 이것은 설계에 대한 순차적인 접근방식이다. 그러나 메카트로닉스 설계의 접근방식의 기본은 기계공학, 컴퓨터기술, 제어공학 분야가 함께 고려되는 것이다. 이러한 접근방식은 시스템 모델링, 입력에 모델이 어떻게 반응하는지의 시뮬레이션, 그래서 실제로 시스템이 입력에 어떻게 반응하는지에 많이 의존한다.

어떻게 다분야의 접근이 문제의 해를 얻는 데 도움을 줄 수 있는가의 예로서 욕실 저울을 고려해 보자. 예를 들면, 욕실 저울의 설계에서는 스프링의 압축, 그 운동을 축의 회전으로 바꾸는 메커니즘 그리고 저울 스케일을 나타내는 회전침의 움직임에 관해서만 고려될지도 모른다. 설계에서는 몸무게가 저울 위에 올라간 사람의 위치와는 무관하게 나타나도록 고려하여야 한다. 메카트로닉스로서 다른 가능성들이 고려될 수 있다. 예를 들면, 스프링들은 스트레인 게이지가 부착된 로드셀(load cell)에 의해 대체될 수 있으며, 그들의 출력으로서 LED 표시기에 몸무게의 디지털 판독이 가능하도록 마이크로프로세서를 사용할 수도 있다. 결과적으로 저울은 기계적으로 적은 부품과 이송부분으로 구성되어 더욱더 단순하게 될 것이다. 그러나 복잡한 것은 소프트웨어에 의하여 교체된다.

가정의 중앙난방 시스템의 고전적인 온도제어 방법은 폐루프 시스템의 바이메탈 서모스탯(bimetallic thermostat)이었다. 바이메탈 판은 온도의 변화에 따라서 구부러져 변형하므로 난방 시스템의 온-오프 스위치를 작동하는 데 사용된다. 이러한 문제에 대한 메카트로닉스적 해결은 아마도 센서로서 서모다이오드를 사용한 마이크로프로세서제어 시스템을 사용하는 것이다. 그러한 시스템은 바이메탈 서모스탯에 비하여 많은 장점을 갖고 있다. 바이메탈 서모스탯은 비교적 천연 그대로이고 온도는 정확히 제어되지 않는다. 따라서 하루의 다른 시각에 다른 온도를 가지도록 고안하는 것은 복잡하고 쉽게 구현되지는 않는다. 그러나 마이크로프로세서 제어 시스템은 정밀성과 프로그램 제어로 쉽게 대처할 수 있다. 이러한 시스템은 더욱더 유연하다. 이러한 유연성의 개선은 고전적 시스템과 비교해 볼 때 메카트로닉스 시스템의 공통된 특징이다.

1.3 시스템

메카트로닉스 시스템을 설계하는데 단계 중에 하나는 입력이 들어갈 때 시스템의 거동에 대하여 예측할 수 있도록 시스템의 모델을 만드는 것이다. 시스템(system)은 입출력이 있는 박스(box)라고 생각할 수 있으며, 여기서 우리는 박스 내부에서 무엇이 진행되는지는 관심이 없고 단지 입력과 출력 간의 관계에만 관심이 있다. 모델링(modeling)은 시스템으로부터 입력과 출력 사이의 관계를 나타내는 수학식에 의하여 실제 시스템의 거동을 표현할 때 사용된다. 예를 들면, 스프링 시스템은 입력으로서 힘 F, 출력으로서 늘어난 길이 x를 가지는 시스템으로서 간주될 수 있다(그림 1.2(a)). 입력과 출력의 관계를 모델링하는 데 사용된 식은 $F = kx$이며, 여기서 k는 상수이다. 다른 예로서, 모터는 전력을 입력으로 축의 회전을 출력으로 가지는 시스템으로 생각할 수 있다(그림 1.2(b)).

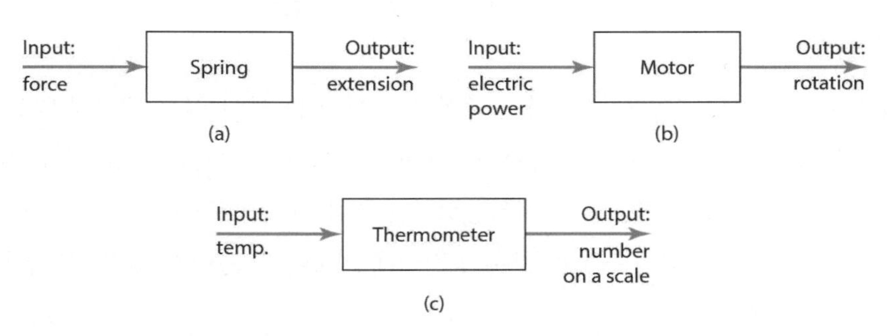

그림 1.2 시스템의 예 (a) 스프링, (b) 모터, (c) 온도계

계측 시스템(measurement system)은 계측을 하는 데 사용되는 박스로 생각할 수 있다. 그것은 측정량을 입력으로 그 측정량의 값을 출력으로 한다. 예를 들면, 온도측정 시스템, 즉 온도계는 온도를 입력으로 그 값을 출력으로 가진다(그림 1.2(c)).

1.3.1 모델링 시스템

입력에 대한 어떠한 시스템의 반응은 순간적이지 않다. 예를 들면, 그림 1.2(a)의 스프링 시스템에 대하여 입력으로서 힘 F, 출력으로서 늘어난 길이 x, 사이의 관계식은 $F = kx$이며, 이것은 단지 정상상태 조건이 발생할 때의 관계를 나타낸 것이다. 스프링에 힘이 작용할 때 스프링이 정상상태의 늘어난 길이 값에 정착하기 까지는 진동이 일어날 것이다(그림 1.3). 시스템의 반응은 시간의 함수이다. 그래서 입력이 가해질 때 시스템이 어떻게 거동하는가를 알기 위하여, 주어진 입력에 대하여 출력이 시간에 따라서 어떻게 변할 것인지와 출력은 무슨 값으로 정착될 것인지를 입력에 대한 출력을 관련시키는 시스템에 대한 모델을 고안할 필요가 있다.

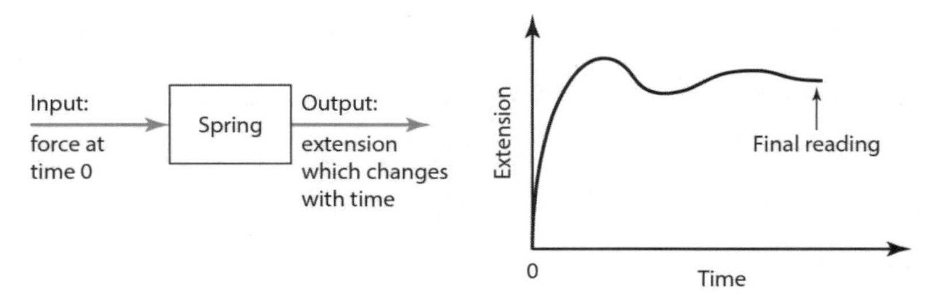

그림 1.3 입력에 대한 스프링의 응답

다른 예로서, 주전자의 스위치를 켠다면 주전자 속에 있는 물이 끓는 데까지 약간의 시간이 걸릴 것이다(그림 1.4). 마찬가지로 자동카메라에서 마이크로프로세서 컨트롤러가 초점을 잡도록 렌즈를 움직이는 신호를 주면, 그때 렌즈가 정확한 초점 위치에 도달하는 데도 시간이 걸린다. 흔히 시스템에서 입력과 출력의 관계는 차분 방정식에 의하여 표현될 수 있다. 그러한 관계식과 시스템은 제17장에 기술된다.

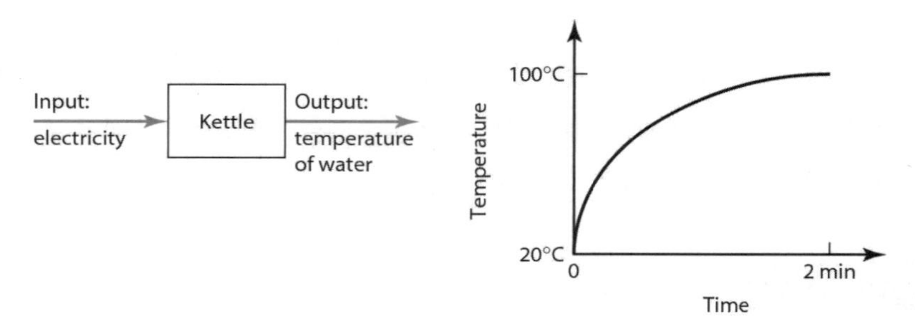

그림 1.4 입력에 대한 주전자 시스템의 응답

1.3.2 연결 시스템

가장 간단한 시스템에서는 서로 연결되는 일련의 블록으로서 취급할 수 있으며, 각 블록은 특정한 기능을 갖는다. 시스템에서 어느 블록에서 출력이 다음 블록의 입력이 된다. 이러한 방식으로 시스템을 그리는 데는 박스를 연결하는 선은 화살표로 표시되는 방향으로 정보의 흐름을 지시하나, 반드시 물리적인 연결은 아니라는 것을 인식할 필요가 있다. 그러한 연결 시스템의 예는 CD 플레이어이다. 상호 연결되는 3개의 블록으로 생각할 수 있다. CD 입력 및 전기적 신호 출력을 갖는 CD 데크, 이들 전기적신호 입력 및 더욱더 큰 전기적신호의 출력을 갖는 증폭기, 전기적 신호 입력 및 소리 출력을 갖는 스피커로 구성되어 있다(그림 1.5). 그러한 연결 블록의 다른 예는 다음 절의 계측 시스템에서 기술된다.

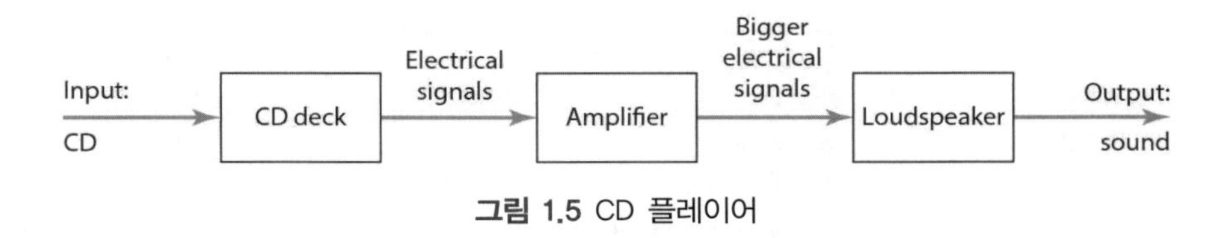

그림 1.5 CD 플레이어

1.4 계측 시스템

메카트로닉스에서 아주 중요한 것이 계측 시스템이다. 계측 시스템(measurement system)은 일반적으로 3개의 기본 요소로 구성되어 있다(그림 1.6 참조).

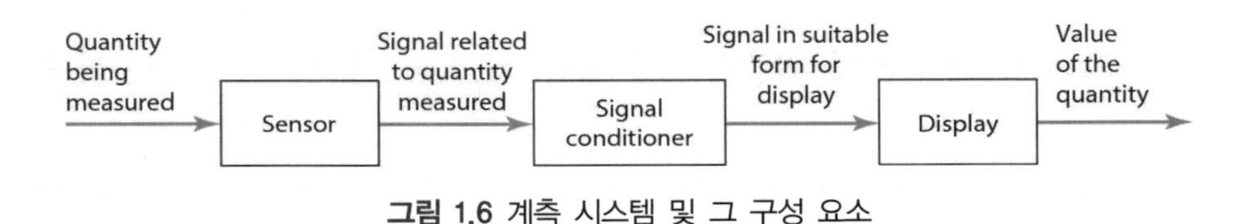

그림 1.6 계측 시스템 및 그 구성 요소

1. **센서**(sensor)는 양에 관련한 출력 신호로서 측정되는 양을 나타낸다. 예를 들면, 열전대는 온도센서이다. 센서의 입력은 온도이고, 출력은 온도 값과 연관한 기전력(electromagnetic force: e.m.f.)이다.
2. **신호조정기**(signal conditioner)는 센서로부터 신호를 받아서 표시하거나, 제어 시스템의 경우에는 제어에 사용하기 적합하도록 그 상태를 조정한다. 예를 들면, 열전대의 출력은 상당히 적은 양의 기전력이며, 보다 큰 신호를 얻기 위하여 증폭기를 통하여 증폭할 필요가 있다. 이러한 증폭기가 신호조정기이다.
3. **표시장치**(display system)는 신호조정기의 출력을 표시한다. 예를 들면, 이것은 스케일을 따라서 움직이는 지시침 또는 디지털 판독기이다.

한 가지 예로서, 디지털 온도계를 생각해 보자(그림 1.7). 디지털 온도계는 센서, 아마도 반도체 다이오드로서 온도를 입력으로 한다. 센서 양단에 걸리는 전위차는 일정한 전류에서 온도의 측정값이다. 이러한 전위차는 연산증폭기에 의하여 표시장치를 직접 구동할 수 있는 전압으로 증폭한다. 센서와 연산증폭기는 같은 실리콘 칩에 집적하여 만들 수 있다.

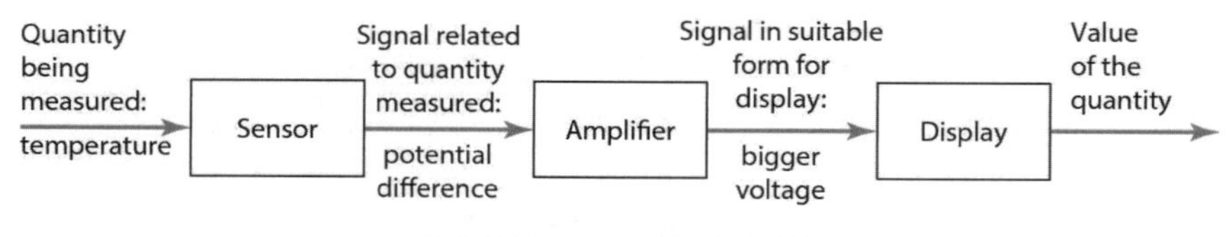

그림 1.7 디지털 온도계 시스템

센서는 2장에서, 신호조정기는 3장에서 논의될 것이다. 모든 요소를 포함한 계측 시스템은 6장에서 논의된다.

1.5 제어 시스템

제어 시스템(control system)은 아래와 같이 사용될 수 있는 시스템으로서 간주될 수 있다.

1. 어떤 변수를 특정한 값으로 제어하는 데 사용된다. 즉, 온도를 특정한 값으로 제어하는 중앙 난방 시스템
2. 이벤트의 시퀀스를 제어하는 데 사용된다. 즉, 다이얼이 'white'에 설정되면 기계가 특정한 세탁 사이클, 즉 이벤트 시퀀스로 제어되는 세탁기
3. 이벤트가 발생하는지 안 하는지를 제어하는 데 사용된다. 즉, 가드가 제 위치에 있을 때까지는 동작하지 않는 기계의 안전 잠금장치

1.5.1 피드백

사람의 체온은 아프지 않다면 춥든지 덥든지 관계없이 거의 일정한 온도로 유지된다. 이러한 일정 온도를 유지하기 위하여 온도제어 시스템을 가진다. 만약 체온이 정상보다 증가한다면 땀을 흘리게 되고, 만약에 체온이 감소한다면 떨릴 것이다. 이러한 것은 체온을 정상상태로 회복하는 데 사용되는 메커니즘이다. 제어 시스템은 일정한 체온을 유지하도록 하는 것이다. 그 시스템은 센서로부터 온도가 얼마인지를 입력받아서 이 데이터를 원하는 온도와 비교하여 제어하게 된다. 이것은 피드백 제어(feedback control)의 예이며, 체온이 정상상태로 회복할 수 있도록 출력인 실제 온도로부터 피드백된다. 피드백 제어는 시스템의 실제적인 신호와 설정 신호를 비교하여 출력을 조정한다. 그림 1.8(a)는 이러한 피드백 제어 시스템을 표시한다.

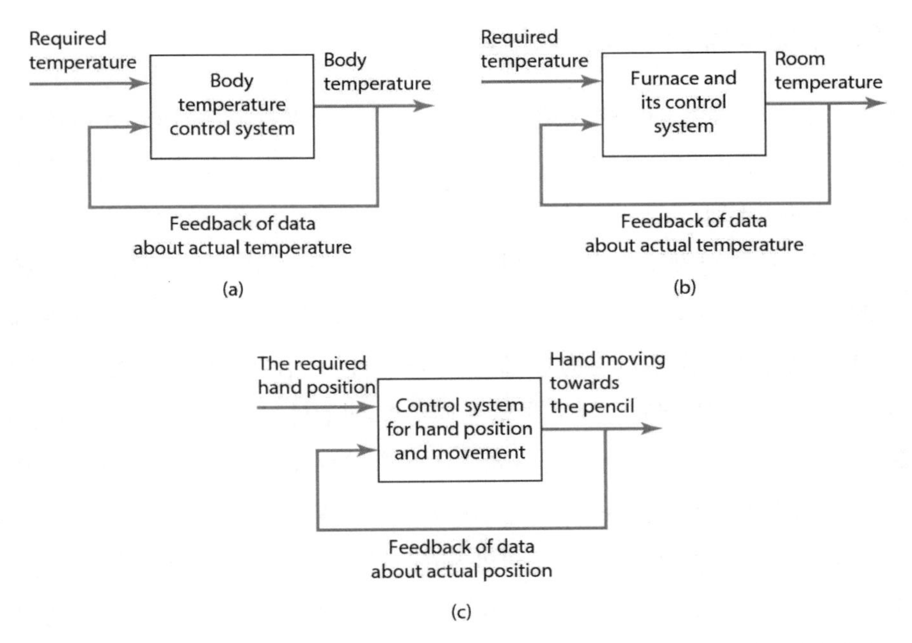

그림 1.8 피드백 제어 (a) 사람체온, (b) 중앙집중 난방식 가정의 온도, (c) 연필깎이

중앙집중난방 가정의 온도를 제어하는 한 가지 방법은 인간이 온도계가 부착된 난로의 온-오프(on-off) 스위치 근처에 서서 그 온도계 표시에 따라서 난로를 온-오프하는 것이다. 이것은 제어요소로서 인간을 사용한 피드백 제어이다. 피드백이란 신호가 입력을 수정하기 위하여 출력으로부터 피드백되기 때문에 일컬어진 것이다. 많은 일상적인 피드백 제어 시스템은 설정 온도와 실제 온도와의 차이 값에 따라서 자동적으로 난로를 온-오프하는 서모스탯(thermostat) 제어기를 가진다(그림 1.8(b)). 이러한 제어 시스템은 일정한 온도를 유지하는 것이다.

여러분이 벤치로부터 연필을 뽑으러 간다면 손이 연필에 닿을 수 있도록 제어할 필요가 있다. 이것은 손과 연필의 상대위치를 파악하여 손이 연필을 향하도록 조정함으로써 이루어진다. 필요한 손 위치와 이동에 대하여 반응을 수정할 수 있도록 실제적인 손 위치에 대한 정보의 피드백이 필요하다(그림 1.8(c)). 이러한 제어 시스템은 위치 및 손의 움직임을 제어한다.

피드백 제어 시스템은 가정에서뿐만 아니라 산업에도 널리 사용되고 있다. 수동이든지 자동이든지 제어가 필요한 산업공정이나 기계가 많이 있다. 예를 들면, 온도, 액위, 유량, 압력 등이 일정하게 유지되어야 하는 프로세스가 있다. 그래서 화학 프로세스에서는 탱크의 액위가 특정한 위치 및 온도를 유지할 필요가 있다. 정밀하게 이송부의 위치를 결정하고 일정한 속도를 유지하는 제어 시스템도 있다. 예를 들면, 이것은 일정한 속도로 작동하도록 설계된 모터, 또는 공구의 위치, 속도 및 동작이 자동으로 제어되는 기계가공일 수도 있다.

1.5.2 개루프 및 폐루프 제어 시스템

두 가지의 기본적인 제어 시스템 형태가 있으며, 그 한 가지는 개루프(open loop)이고 다른 것은 폐루프(closed loop)이다. 이것들의 차이는 간단한 예로서 나타낼 수 있다. 1kW 또는 2kW 난방요소를 선택하는 선택 스위치를 가진 전기 시스템을 생각해 보자. 만약에 난방기를 사용하여 너무 높은 온도로 방을 난방할 필요가 없다면, 1kW 스위치만 선택하면 된다. 그 방은 1kW가 선택되고 2kW가 선택되지 않은 만큼의 온도까지 난방되어 조절될 것이다. 만약 주위에 변화가 있다면, 즉 누군가가 창문을 연다면 난방 출력이 보상되는 방법이 없다. 이것은 일정한 온도로 유지되도록 난방요소에 피드백되는 정보가 없는 개루프 제어 시스템의 한 예이다. 만약에 사람이 온도계를 가지고서 방 온도를 일정하게 유지하도록 실제 온도와 원하는 온도 사이의 차이에 따라서 1kW와 2kW 난방요소를 온-오프 한다면 난방요소가 부착된 난방 시스템은 폐루프 시스템으로 만들 수 있다. 이러한 상황에서 난방 출력의 원하는 온도에 따라서 시스템의 입력이 조절되는 피드백이다. 이것은 스위치 입력이 원하는 온도에 대한 실제 온도의 차이, 즉 비교부에 의하여 결정되는 차이에 의존한다는 뜻이다. 그림 1.9는 이러한 두 가지의 시스템을 표시한 것이다.

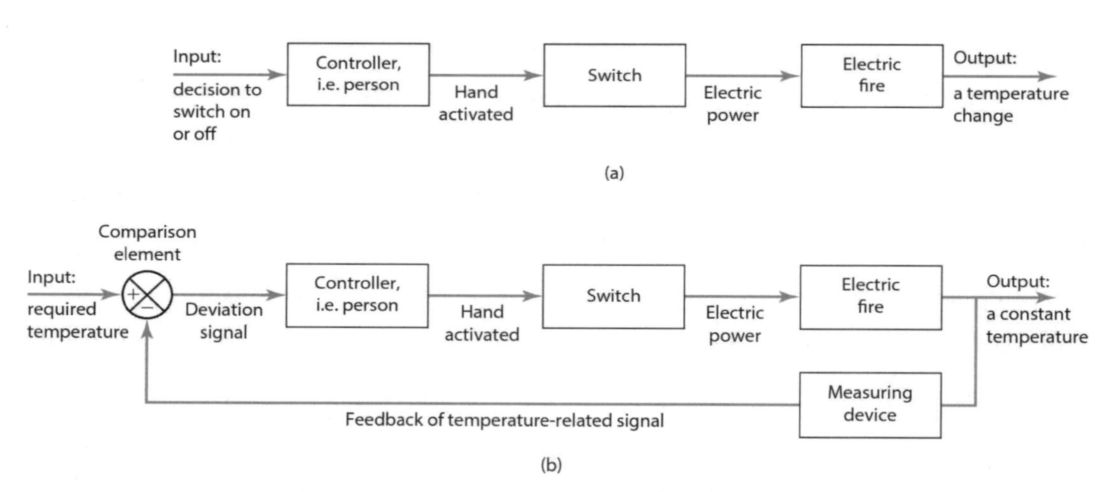

그림 1.9 난방 시스템 (a) 개루프 시스템, (b) 폐루프 시스템

개루프와 폐루프 사이의 차이점을 살펴보기 위하여 모터를 고려해 보자. 개루프 시스템으로서 축 회전속도는 단지 모터에 걸리는 전압의 초기 설정에 의하여 결정된다. 공급전압의 어떠한 변화는 모터 특성을 변화시키며, 또한 축 부하는 축 회전속도를 변화시킬 것이고 보상되지는 않는다. 이것은 피드백 루프가 없다. 그러나 폐루프로서 제어단자의 초기 설정은 특정한 축 속도에 대한 것이고, 회전속도는 공급전압, 모터 특성 및 부하의 어떠한 변화에도 관계없이 피드백에

의하여 유지될 것이다. 개루프 제어 시스템에서 시스템의 출력은 입력 신호에 아무런 영향을 주지 않는다. 반면에 폐루프 제어 시스템에서 출력은 입력 신호에 영향을 주며, 출력이 원하는 값으로 유지되도록 입력 신호를 수정한다.

개루프 시스템은 비교적 간단하고 일반적으로 신뢰성 있으며 저가로 구성할 수 있다는 장점이 있다. 그러나 개루프 시스템은 오차에 대한 보정기능이 없기 때문에 빈번히 부정확하다. 폐루프 시스템은 요구 값에 실제 값을 매칭시키는 데 비교적 정확한 장점을 가지고 있다. 그러나 폐루프 시스템은 더욱더 많은 요소로 구성되므로 보다 비싸고 복잡하다.

1.5.3 폐루프 시스템의 기본 요소

그림 1.10은 기본적인 폐루프 시스템의 일반적인 형태를 나타낸다. 그것은 다음의 요소로 구성된다.

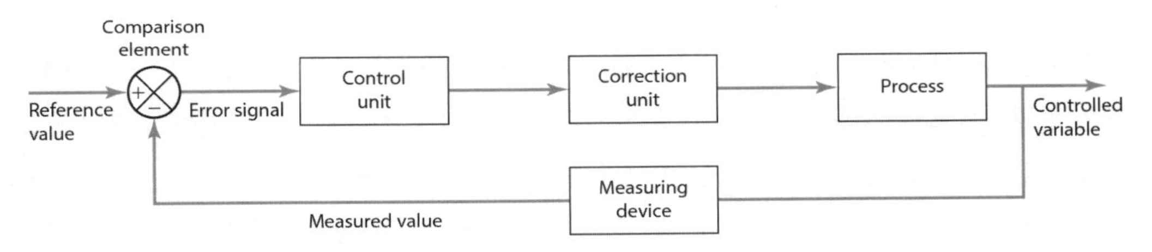

그림 1.10 폐루프 제어 시스템의 구성요소

1. 비교부(Comparison element)

   이것은 제어변수의 요구값(required value) 또는 기준값(reference value)과 측정값(measured value)을 비교하여 오차신호(error signal)를 생성한다. 이것은 양수인 기준 입력 신호에 음수인 실제의 측정값을 더함으로써 간주될 수 있다.

   오차 신호=기준 입력 신호−측정값

   신호들이 합해지는 요소에 일반적으로 사용되는 심벌은 분할된 원이며, 여기에 입력 신호들이 들어온다. 그 입력들은 모두 더해지며, 그래서 그들의 합이 신호에 차이를 주도록 피드백 입력은 음수로서 기준값은 양수로서 표시된다. 피드백 루프(feedback loop)는 실제적인 출력 신호가 프로세스의 입력 신호를 변경하는 데 피드백되는 의미이다. 피드백되는 신호가 입력으로부터 감해질 때 그 피드백을 부 피드백(negative feedback)이라고 하는데, 시스템을 제어하는 데 필요한 것은 부 피드백이다. 정 피드백(positive feedback)은 피드백 신호가 입력 신호에 더해질 때 발생된다.

2. 제어부(Control element)

제어부는 오차 신호를 받아서 어떠한 동작을 취하는가를 결정한다. 예를 들면, 그것은 스위치를 작동하여 밸브를 오픈하는 신호일 수도 있다. 요소에 의하여 사용되는 제어 플랜은 방의 서모스탯에서와 같이 오차가 있을 때 온-오프를 스위칭하는 신호 또는 아마도 오차의 크기에 따라서 밸브를 비례적으로 온-오프하는 신호를 공급할 수도 있다. 제어 플랜은 제어요소가 함께 연결되어 있는 방식으로 영구적으로 고정된 하드와이어 시스템(hard-wired systems) 또는 제어 플랜이 메모리 유닛에 저장되고 다시 프로그래밍을 함으로써 변경될 수 있는 프로그램 가능 시스템(programmable systems)이 있다. 제어기는 10장에서 논의될 것이다.

3. 교정부(Correction element)

교정부는 제어상태를 교정하거나 변화시키기 위하여 공정에서 변화를 발생시킨다. 그래서 그것은 난방기를 스위칭해서 프로세스의 온도를 증가시키는 스위치, 또는 열어서 프로세스에 더욱더 많은 유체를 들어가도록 하는 밸브가 될 수 있다. 액추에이터(actuator)는 파워를 공급하여 제어동작을 수행하는 교정부에 사용된다. 교정부는 7장, 8장 및 9장에서 논의될 것이다.

4. 프로세스부(Process element)

프로세스는 제어되는 것이다. 그것은 온도로서 제어되는 집안의 방이거나 수위로서 제어되는 물탱크가 될 수 있다.

5. 계측부(Measurement element)

계측부는 제어되는 프로세스의 변수상태에 관련된 신호를 발생한다. 예를 들면, 그것은 특정한 위치에 다다랐을 때 스위칭되는 스위치나 온도와 관련한 기전력을 주는 열전대일 수도 있다.

사람이 방의 온도를 제어하는 그림 1.10의 폐루프 시스템에서 변수요소들은 다음과 같다.

제어변수 – 방 온도
기준값 – 요구되는 방 온도

비교부　　－ 방 온도의 측정값과 요구값을 비교하는 사람
오차 신호　－ 측정온도와 요구온도의 차이
제어부　　－ 사람
교정부　　－ 점화 스위치
프로세스　－ 난방기
측정장치　－ 온도계

방 온도제어용 자동제어 시스템은 온도 센서, 적합한 신호처리 후에 기준값과 비교되며 컴퓨터의 입력으로 들어오는 전기적 신호 및 발생된 오차 신호를 포함한다. 이것은 적합한 신호처리 후 난방기를 제어하여 방 온도를 제어하는 데 사용될 수 있는 신호를 출력하며 컴퓨터에 의하여 작동된다(그림 1.11). 그러한 시스템은 하루의 시간별로 다른 온도를 주기 위하여 쉽게 프로그래밍할 수 있다.

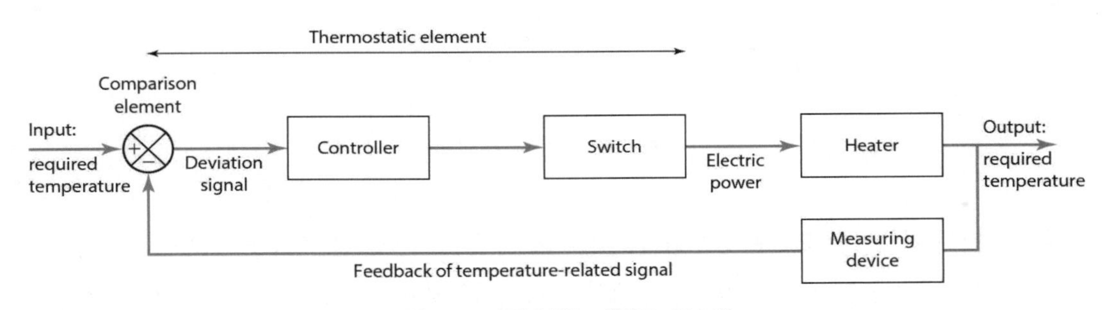

그림 1.11 가정 난방: 폐루프 시스템

그림 1.12는 탱크에서 일정한 수위를 유지하는 데 사용된 간단한 제어 시스템의 한 예이다. 기준값은 요구되는 레벨에서 물 공급을 차단하도록 하는 레버(lever) 암의 최초 설정값이다. 물이 탱크에서 빠졌을 때 플로트(float)는 수위와 함께 아래로 내려간다. 이것은 레버를 회전하게 하여 물이 탱크로 들어올 수 있도록 한다. 이러한 유동은 볼이 레버를 움직여 물의 공급을 차단하는 높이에 올라올 때까지 계속한다. 이것은 다음과 같은 요소를 가지는 폐루프 제어 시스템이다.

제어변수　－ 탱크 수위
기준값　　－ 플로트와 레버위치의 최초 설정
비교부　　－ 레버
오차 신호　－ 레버의 실제 위치와 최초 설정위치와의 차이

제어부　　– 피봇된(pivoted) 레버
교정부　　– 물공급을 열고 닫는 판
프로세스　– 탱크의 수위
측정장치　– 플로팅 볼 및 레버

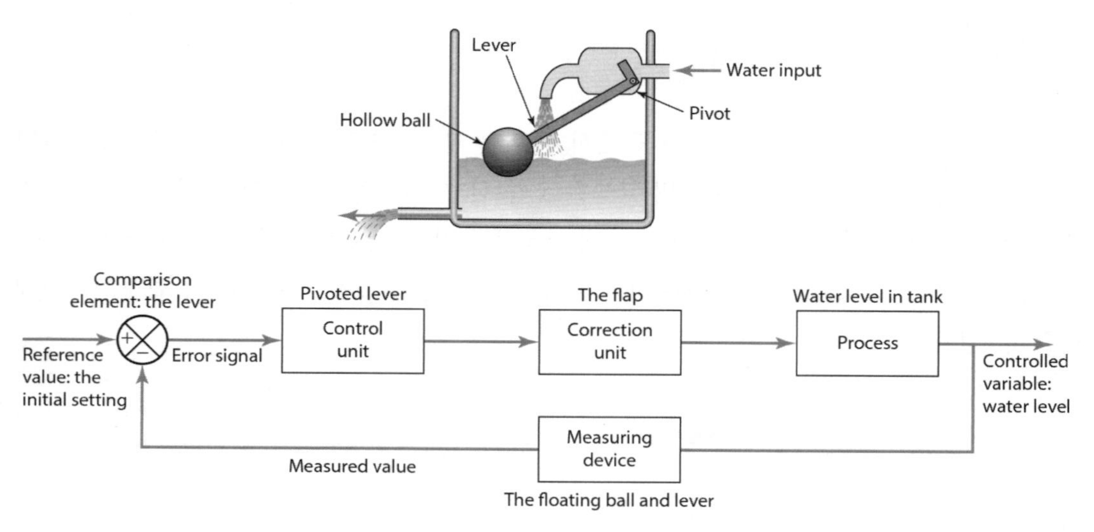

그림 1.12 자동 수위 제어

상기는 단지 기계적인 요소만을 포함하는 폐루프 제어 시스템의 한 예이다. 그러나 전자제어장치에 의하여 액위를 제어할 수 있다. 그래서 전자제어장치는 적합한 신호처리 후에 설정값과 비교되고 컴퓨터의 입력인 전기적 신호를 공급하는 레벨 센서, 그들 사이의 차이값 및 오차 신호를 갖고 있으며, 컴퓨터 출력으로부터 적합한 응답을 주는 데 사용된다. 이것은 적합한 신호처리 후에 유량제어 밸브의 액추에이터 이동을 제어하여 탱크 속에 유입되는 물의 양을 결정한다.

그림 1.13은 축의 회전속도를 제어하는 간단한 자동제어 시스템이다. 전위차계(potentiometer)는 기준값(즉 요구하는 회전속도에 대하여 기준값으로서 차동 연산증폭기(differential amplifier)에 어느 정도의 전압이 공급될 것인지)을 설정하는 데 사용된다. 차동 연산증폭기는 기준값과 피드백 값의 차이 값을 비교하고 증폭하는 데 사용되며, 즉 오차 신호를 증폭한다. 증폭된 오차 신호는 회전축의 속도를 조절하는 모터에 가해진다.

회전축의 속도는 베벨 기어에 의하여 회전축에 연결된 타코제너레이터(tachogenerator)를 사용하여 측정된다. 타코제너레이터로부터 신호는 차동증폭기에 피드백된다.

제어변수　– 축의 회전속도

기준값　　– 전위차계의 슬라이드 설정
비교부　　– 차동증폭기
오차신호　– 전위차계 설정치와 타코제너레이터의 출력과의 차이
제어부　　– 차동증폭기
교정부　　– 모터
프로세스　– 회전축
측정장치　– 타코제너레이터

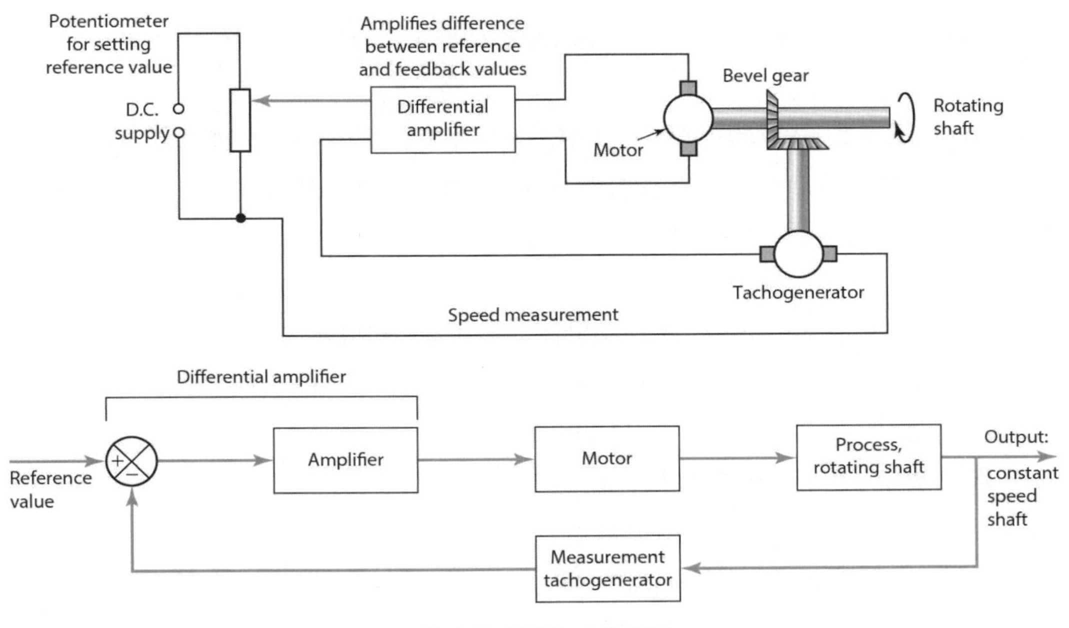

그림 1.13 회전축 속도 제어

1.5.4 아날로그 및 디지털 제어 시스템

아날로그 시스템(analogue system)은 모든 신호가 시간의 연속 함수이고, 측정할 수 있는 크기의 신호이다(그림 1.14(a)). 이 장에서 지금까지 논의한 예가 이러한 시스템이다. 디지털신호(digital signal)는 온/오프 신호의 시퀀스로 간주될 수 있으며, 그 신호의 값은 온/오프 펄스의 시퀀스로 표현될 수 있다(그림 1.14(b)).

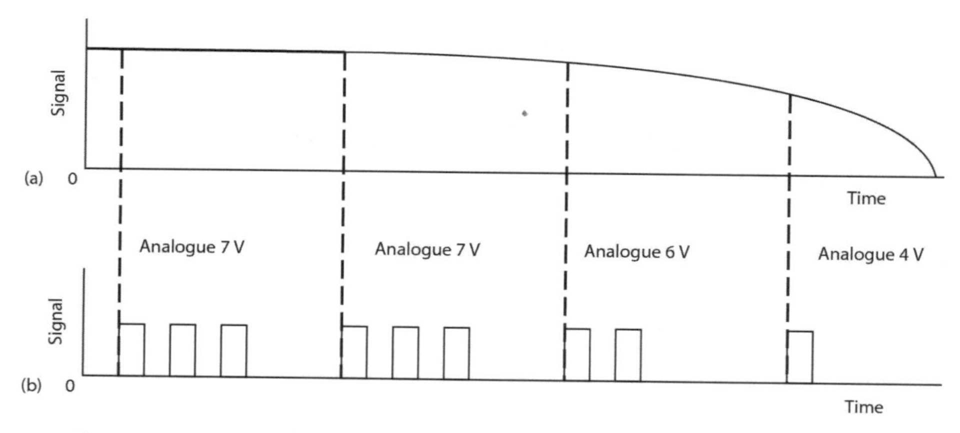

그림 1.14 신호: (a) 아날로그, (b) 샘플스트림을 보여 주는 아날로그 신호의 디지털 버전

여기서 디지털신호는 연속적인 아날로그 신호를 나타내는 데 사용되며, 아날로그 신호는 일정한 시간 간격으로 샘플되며, 이 샘플된 값은 디지털 신호의 특별한 시퀀스인 디지털 값으로 바뀐다. 예를 들면, 3자리 숫자 신호에 대한 디지털 시퀀스는

no 펄스, no 펄스, no 펄스는 0V의 아날로그 신호를 나타내며,
no 펄스, no 펄스, 펄스는 1V를 나타내며,
no 펄스, 펄스, no 펄스는 2V를 나타내며,
no 펄스, 펄스, 펄스는 3V를 나타내며,
펄스, no 펄스, no 펄스는 4V를 나타내며,
펄스, no 펄스, 펄스는 5V를 나타내며,
펄스, 펄스, no 펄스는 6V를 나타내며,
펄스, 펄스, 펄스는 7V를 나타낸다.

대부분의 상황은 자연적으로 아날로그 신호로 제어되고, 이것들이 난방기의 경우 온도 입력과 출력에 해당하는 제어 시스템의 입력과 출력들이기 때문에, 디지털 제어 시스템의 필수적인 특징은 실제 환경에서 아날로그 입력이 디지털로 바뀌어야 하고, 디지털 출력은 실제의 아날로그 신호로 바뀌어야 한다. 따라서 입력에는 아날로그-디지털컨버터(analogue-to-digital converter: ADC), 출력에는 디지털-아날로그컨버터(digital-to-analogue converter: DAC)를 각각 사용한다.

그림 1.15(a)는 디지털 폐루프 제어 시스템의 기본 요소를 보여 주며, 그림 1.10의 아날로그 폐루프 제어 시스템과 비교된다. 설정값은 키보드로서 입력값으로 주어진다. ADC와 DAC의 요소

들은 마이크로프로세서 시스템이 아날로그 계측 시스템으로부터 디지털 신호를 공급 받을 수 있고, 그 디지털 신호 출력이 교정유닛을 구동하기 위한 아날로그 형태로 변환될 수 있도록 루프에 포함될 수 있다. 이러한 ADC와 DAC를 구성하는 제어 시스템은 복잡할 수 있지만, 몇 가지의 중요한 이점들이 있다. 디지털 연산이 프로그램에 의해 제어될 수 있으며, 정보저장이 용이하며, 정확도가 가중되며, 디지털 회로가 노이즈에 의하여 영향을 덜 받으며, 일반적으로 설계하기가 쉬워진다.

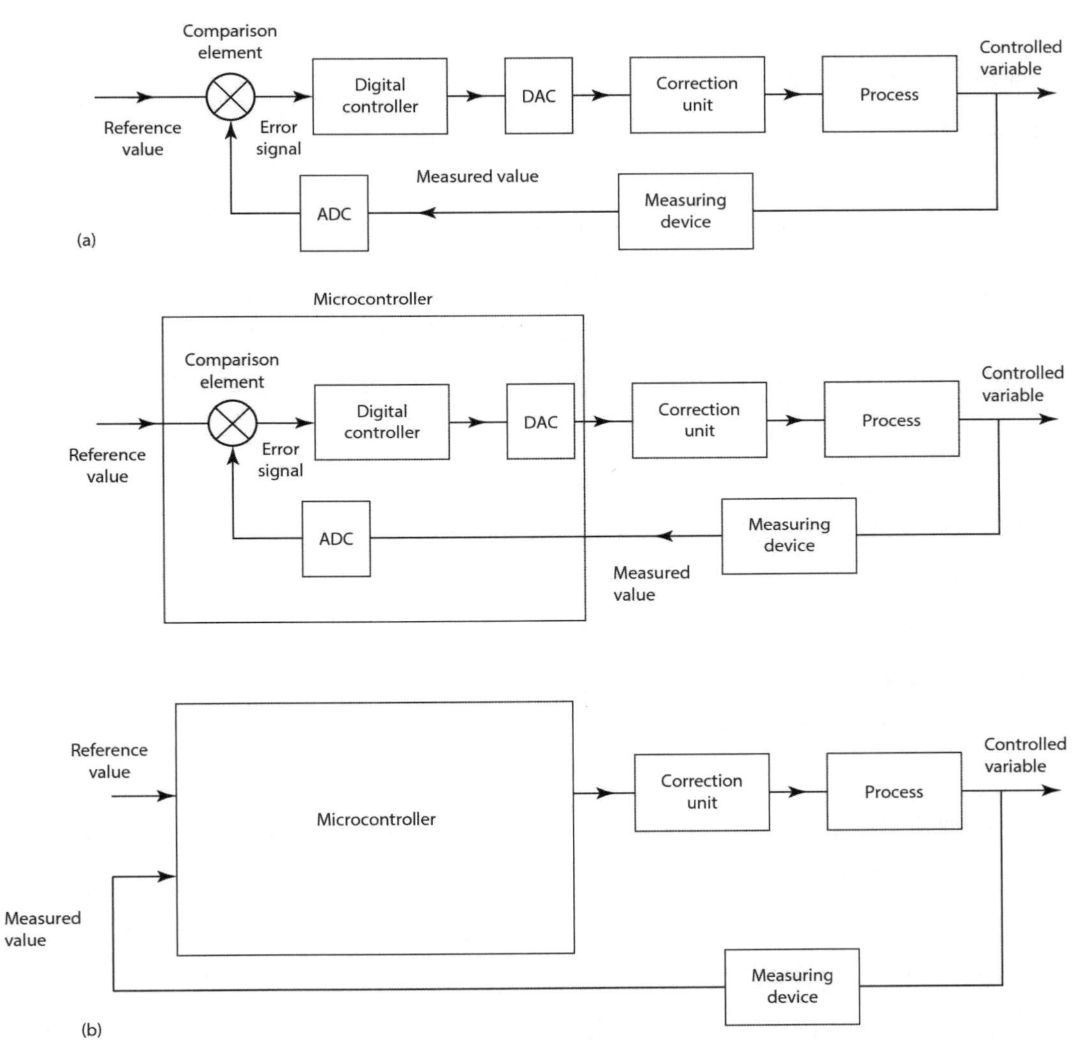

그림 1.15 (a) 디지털 폐루프 제어 시스템의 기본요소, (b) 마이크로컨트롤러 시스템

디지털 제어기는 요구되는 동작을 구현하는 데 프로그램을 구동하는 디지털컴퓨터가 될 수도 있다. 제어 알고리즘은 제어 문제를 해결하는 데 필요한 절차를 기술하는 데 사용된다. 디지털 제어에 사용되는 제어 알고리즘은 아래의 단계적으로 기술될 수 있다.

기준값, 즉 설정치를 읽어라.
ADC로부터 실제 플랜트의 출력치를 읽어라.
오차신호를 계산하라.
요구되는 제어기 출력을 계산하라.
제어기 출력을 DAC에 보내라.
다음 샘플링 시간 동안 기다려라.

그러나 많은 응용이 컴퓨터나 마이크로 칩이 충분할 필요가 없다. 그래서 메카트로닉스 응용에서는 마이크로제어기가 디지털 제어에 흔히 사용된다. 마이크로컨트롤러는 마이크로프로세서에 메모리, ADC, DAC와 같은 요소들이 통합된 것이다. 이것들은 그림 1.15(b)와 같은 배열로서 제어되는 플랜트에 직접적으로 연결될 수 있다. 이때 제어 알고리즘은 아래와 같다.

기준값, 즉 설정치를 읽어라.
ADC 입력 포트로부터 실제 플랜트의 출력치를 읽어라.
오차신호를 계산하라.
요구되는 제어기 출력을 계산하라.
제어기 출력을 DAC 출력 포트에 보내라.
다음 샘플링 시간 동안 기다려라.

디지털 제어 시스템의 예로서, 아날로그 신호를 적절한 신호처리를 통해 만들어진 디지털 신호는 설정 값과 비교하여 오차 신호가 마이크로프로세서 시스템에 입력되며, 이러한 디지털 신호로 변환되는 아날로그 신호를 주는 온도센서를 포함한 실내온도 제어에 대한 자동제어 시스템을 들 수 있다. 이것은 디지털 신호출력을 적절한 신호처리 후에 아날로그 신호를 출력하여 히터 및 실내 온도를 제어하는 데 사용되는 마이크로프로시스템에 의하여 구동된다. 이러한 시스템은 하루에 다른 시각에 다른 온도를 쉽게 설정할 수 있다.

디지털 제어 시스템의 상세한 예로서, 그림 1.16은 모터의 속도에 대한 디지털 제어 시스템을 보여 준다. 이것과 그림 1.13의 아날로그 시스템과 비교해 보라.

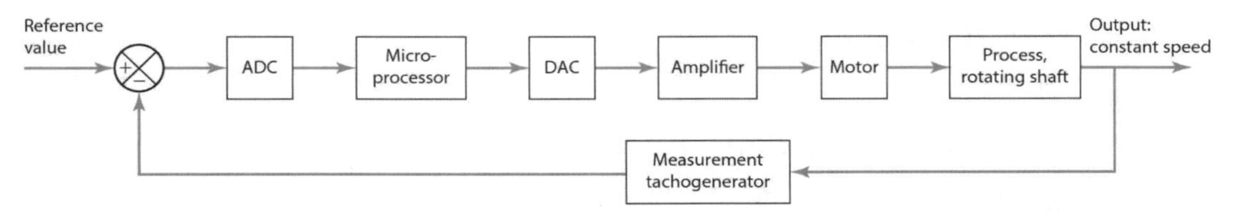

그림 1.16 회전축 속도 제어

디지털 제어기에 사용된 소프트웨어는 아래와 같이 수행하는 데 필요하다.

입력 포트로부터 데이터를 읽어라.
내부적으로 데이터 처리와 수학적 연산을 수행하라.
출력 포트로 데이터를 보내라.

따라서 프로그램은 ADC 샘플링시간 동안 발생할 사건을 단지 기다렸다가, 샘플 입력이 있을 때 즉각 실행한다. 폴링(polling)은 프로그램이 입력 포트에 샘플링 이벤트가 발생했는지 반복적으로 확인하는 것이다. 따라서 아래와 같이 실행할 수 있다.

입력 포트에 입력신호를 확인한다.
신호가 없으면 아무것도 실행하지 않는다.
입력 포트에 입력신호를 확인한다.
신호가 없으면 아무것도 실행하지 않는다.
입력 포트에 입력신호를 확인한다.
신호가 있으면, 그 입력 포트로부터 데이터를 읽는다.
내부적으로 데이터 처리와 수학적 연산을 수행하라.
해당 출력 포트로 데이터를 보내라.
입력 포트에 입력신호를 확인한다.
신호가 없으면 아무것도 실행하지 않는다.
기타

폴링의 대체방법은 인터럽트 제어(interrupt control)를 사용하는 것이다. 이 프로그램은 입력 신호를 받지 않으면 입력 포트를 계속 확인하지 않는다. 이러한 신호는 ADC가 샘플링될 때마다 신호를 주는 외부 클럭에서 온다.

외부 클럭에서 아무런 신호가 없다.
아무것도 하지 않는다.
입력이 대기하고 있는 외부 클럭에서 신호가 있다.
입력 포트로부터 데이터를 읽어라.
내부적으로 데이터 처리와 수학적 연산을 수행하라.
해당 출력 포트로 데이터를 보내라.
외부 클럭에서 다음 신호를 기다린다.

1.5.5 순차 제어기

프로세스를 제어하고 그 작동순서를 정하기 위하여 특정하게 미리 지정한 시각이나 값에서 스위칭하여 작동되는 많은 제어기들이 있다. 예를 들면 단계 1이 완료된 후에 단계 2가 시작된다. 단계 2가 완료될 때 단계 3이 시작된다.

순차 제어(sequential control)는 동작들이 시간이나 사건의 순서대로 엄밀하게 정해져 있을 때 사용된다. 그러한 제어는 원하는 순서대로 동작하는 릴레이(relay)나 캠-스위치(cam-operated switch)로 구성된 전기회로에 의하여 얻을 수 있다. 그러한 하드와이어 회로는 소프트웨어 프로그램에 의하여 제어되는 마이크로프로세서 제어 시스템으로 최근에 대체될 것으로 본다.

순차 제어의 한 가지 예로서 가정용 세탁기를 고려해 보자. 몇 개의 동작들이 정해진 순서대로 수행될 필요가 있다. 이러한 동작들은 드럼에 들어 있는 옷들이 차가운 물에서 세척되는 사전 세척 사이클, 그 후 옷들이 뜨거운 물에서 세척되는 주 세척 사이클, 그 후 옷들이 몇 번 차가운 물에 깨끗이 헹구어지는 헹구기 사이클 그리고 옷에서 물을 제거하는 탈수 사이클을 포함한다. 이러한 각 작동은 몇 가지 단계로 구성되어 있다. 예를 들면, 사전 세척 사이클은 밸브를 열어서 드럼에 물을 원하는 레벨까지 채운 후 밸브를 닫고, 일정한 시간 동안 드럼을 회전하기 위하여 드럼 모터를 스위칭하고, 그 후 드럼으로부터 물을 비우기 위하여 펌프를 작동시킨다. 이러한 작동순서를 프로그램(program)이라고 부르고, 이러한 프로그램은 미리 정의되고 제어기로 '구현(built)'하는 일련의 명령어이다.

그림 1.17은 기본적인 세탁기 시스템을 나타내며, 구성요소의 대략적인 아이디어를 준다. 세탁기 제어기로 사용된 시스템은 캠-스위치, 즉 기계적 스위치로 구성된 기계적인 시스템이며, 이는 프로그램으로 쉽게 대체할 수 있다.

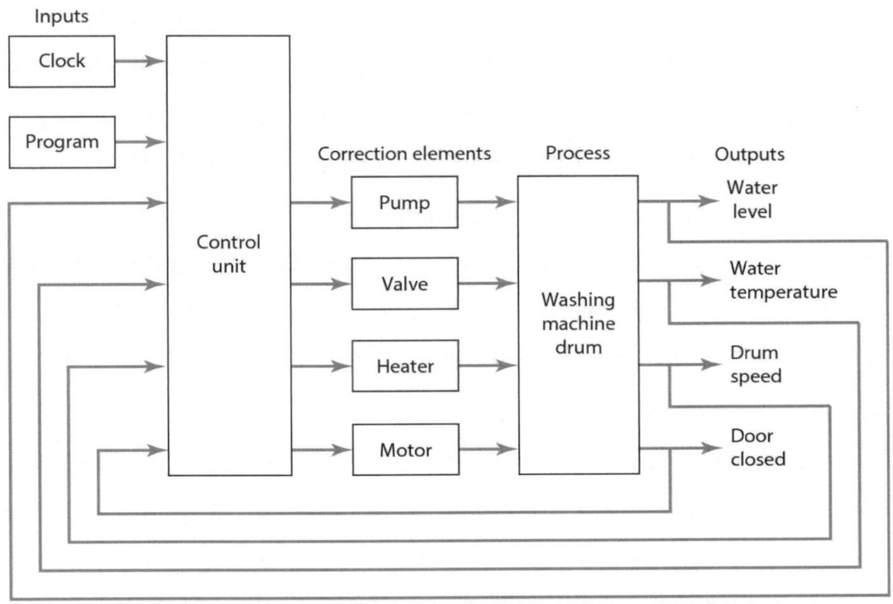

그림 1.17 세탁기 시스템

그림 1.18은 그러한 스위치의 기본 원리를 나타내었다. 기계의 스위치를 켜면 작은 전기 모터는 기계의 축을 서서히 회전시키고, 시간에 비례하는 회전을 한다. 캠의 1바퀴 회전이 전기 스위치를 작동하여 정해진 순서대로 회로를 스위칭 하도록 제어기가 캠을 회전시킨다. 그래서 캠의 윤곽은 기계에 정해지고 저장된 프로그램에 의하여 만들어진다. 특정한 세탁 프로그램에 사용된 명령어는 선택된 캠에 의하여 결정된다. 최근 세탁기의 제어기는 마이크로프로세서이며, 이 프로그램은 캠의 기계적인 형상에 의한 것이 아니고 소프트웨어 프로그램에 의하여 주어진다.

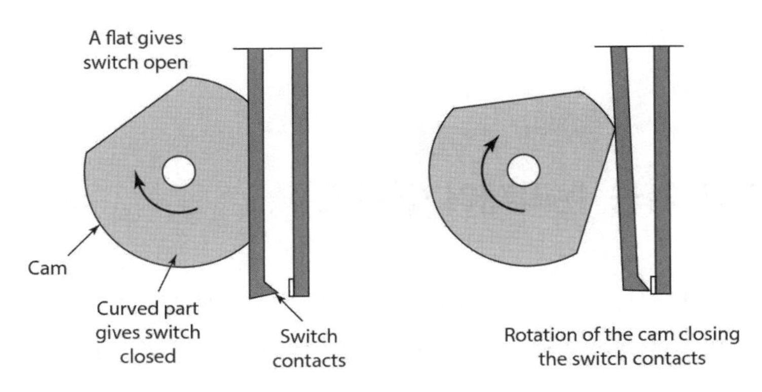

그림 1.18 캠-스위치

사전 세척 사이클에서 전기적으로 작동되는 밸브는 전류가 공급될 때 열리고, 전류가 차단될 때 스위치가 오프된다. 이러한 밸브는 캠 윤곽(profile)에 의하거나 스위치를 작동하는 데 사용된 마이크로프로세서의 출력에 의해 결정된 시간 동안 차가운 물이 드럼으로 유입되도록 한다. 그러나 요구사항이 세탁기 드럼에서 정해진 수위이므로, 물이 요구 레벨에 도달했을 때 허용된 시간 동안 탱크 속으로 들어가는 물을 차단할 다른 메커니즘이 필요하다. 센서는 수위가 설정값에 도달했을 때 신호를 주거나, 밸브에 전류를 차단하는 데 사용되는 마이크로프로세서로부터 출력을 주는 데 사용된다. 캠-밸브(cam-controlled valve)의 경우에 센서는 물이 세탁기 드럼에 유입되도록 하는 밸브를 닫는 스위치를 동작시킨다. 이러한 것이 완료될 때 마이크로프로세서나 캠의 회전은 펌프가 드럼을 비우도록 한다.

주 세척 사이클에서 마이크로프로세서는 사전 세척 프로그램이 완료될 때 시작하는 출력을 준다. 캠 작동 시스템의 경우에 캠은 사전 세척 사이클이 완료될 때 동작이 시작될 수 있도록 하는 윤곽을 갖는다. 밸브를 열어서 찬물이 드럼에 들어가도록 회로에 전류를 스위칭한다. 이러한 레벨은 감지되며, 요구레벨에 도달하였을 때 물이 차단된다. 마이크로프로세서나 캠은 전기히터가 물을 가열할 수 있도록 보다 큰 전류를 공급하는 스위치를 작동하도록 한다. 온도 센서는 물 온도가 설정값에 도달하였을 때 전류를 차단하는 데 사용된다. 마이크로프로세서나 캠은 드럼 모터가 드럼을 회전하도록 스위칭한다. 이것은 스위치를 오프하기 전에 마이크로프로세서나 캠 윤곽에 의해 결정된 시간 동안 계속될 것이다. 이때 마이크로프로세서나 캠은 드럼으로부터 물을 비우도록 방류 펌프에 전류를 스위칭한다.

헹구기 동작은 우선 찬 물이 세탁기에 들어가도록 밸브를 열고, 얼마 후 밸브를 잠그고, 드럼을 회전하도록 모터를 구동시키며, 드럼으로부터 물을 비우기 위해 펌프를 구동하는 이러한 시퀀스를 몇 회 반복한다.

마지막에는 마이크로프로세서나 캠이 옷을 탈수하기 위하여 헹구기보다 빠른 속도로 회전하도록 모터만을 스위칭한다.

1.6 프로그램 가능 논리제어기(PLC)

많은 간단한 시스템에서는 임베디드 마이크로컨트롤러가 많이 있으며, 이것은 작업에 대하여 특별히 프로그램되고, 한 개의 칩에 통합된 메모리를 가진 마이크로프로세서이다. 더욱더 응용된 형태는 프로그램 가능 논리제어기(Programmable Logic Controller: PLC)이다. 이것은 발생하는 이벤트를 제어하기 위하여 명령어를 저장하는 프로그래머블 메모리를 사용하고 논리, 시퀀스,

시간계수기 및 연산 같은 기능을 구현하고, 또한 다른 작업에 대해서도 쉽게 다시 프로그래밍할 수 있는 마이크로프로세서 제어기이다. 그림 1.19는 PLC의 제어 동작을 나타낸 것으로서, 스위치의 입력 신호, 제어기가 입력에 어떻게 반응해야 하는지를 결정하는 데 사용되는 프로그램 그리고 제어출력을 나타낸 것이다.

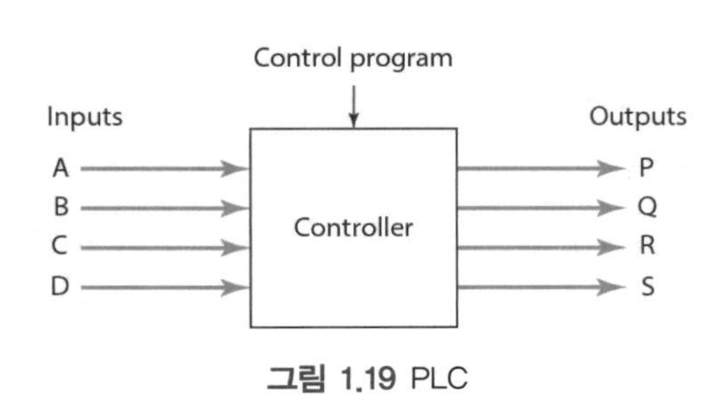

그림 1.19 PLC

PLC는 온-오프 제어가 필요한 산업현장에 널리 사용되고 있다. 예를 들면, 유체 탱크가 가득 채워지고, 그때 비워지기 전에 특정온도로 가열되는 공정제어에 사용될 수도 있다. 그 제어 시퀀스는 아래와 같다.

1. 탱크 속에 유체를 채우도록 펌프의 스위치를 온한다.
2. 레벨 감지기가 온 신호를 줄때 펌프의 스위치를 오프하고, 그래서 그 레벨이 원하는 레벨에 도달했다는 것을 표시한다.
3. 히터의 스위치를 온한다.
4. 온도 센서가 온 신호를 주어서 원하는 온도에 도달했다고 표시할 때 히트의 스위치를 오프한다.
5. 탱크로부터 유체를 비우도록 펌프의 스위치를 온한다.
6. 레벨 감지기가 온 신호로 탱크가 비었다는 것을 표시할 때 펌프의 스위치를 오프한다.

PLC에 대한 더욱더 상세한 토의 및 그들의 시용 예에 대하여는 제14장을 참조하기 바란다.

1.7 메카트로닉스 시스템의 예

메카트로닉스는 센서 및 계측 시스템, 내장 마이크로프로세서 시스템, 액추에이터 및 공학설계의 기술과 함께 한다. 다음은 메카트로닉스의 예이며, 마이크로프로세서 기반 시스템이 어떻게 기존에 기계적으로 했던 작업을 수행할 뿐만 아니라, 전에 쉽게 자동화되지 않았던 작업을 수행하는가를 보여 준다.

1.7.1 디지털 카메라 및 자동초점조정

디지털 카메라는 자동초점 제어 시스템을 가지는 경향이 있다. 다소 값싼 카메라에 사용되는 기본 시스템은 개방 루프 시스템이다(그림 1.20(a)). 사진사가 셔터 버턴을 눌렀을 때 카메라의 앞면에 있는 트랜스듀서(transducer)는 적외선 펄스를 사진 찍을 물체에 보낸다. 그 적외선 펄스는 물체에서 부딪쳐서, 적외선 펄스를 픽업하는 트랜스듀서가 있는 카메라로 되돌아온다. 이때 카메라로 부터 물체가 얼마나 떨어져 있는가를 알게 되고, 이러한 작업은 약 6ms 걸린다. 출력펄스와 반사펄스들의 시각 차이는 감지되고 마이크로프로세서에 입력된다. 이것은 메모리에 저장되는 일련의 값들이며, 그래서 렌즈 하우징을 회전시키고, 렌즈를 물체가 초점되는 위치에 움직이도록 출력을 준다. 반사되는 적외선 펄스는 먼 거리에서는 너무 약하기 때문에 이런 형태의 자동초점 기능은 약 10m까지의 거리에서만 사용될 수 있다. 그래서 더욱더 먼 거리의 경우는 마이크로프로세서가 렌즈를 무한대 설정으로 움직이도록 출력을 보낸다.

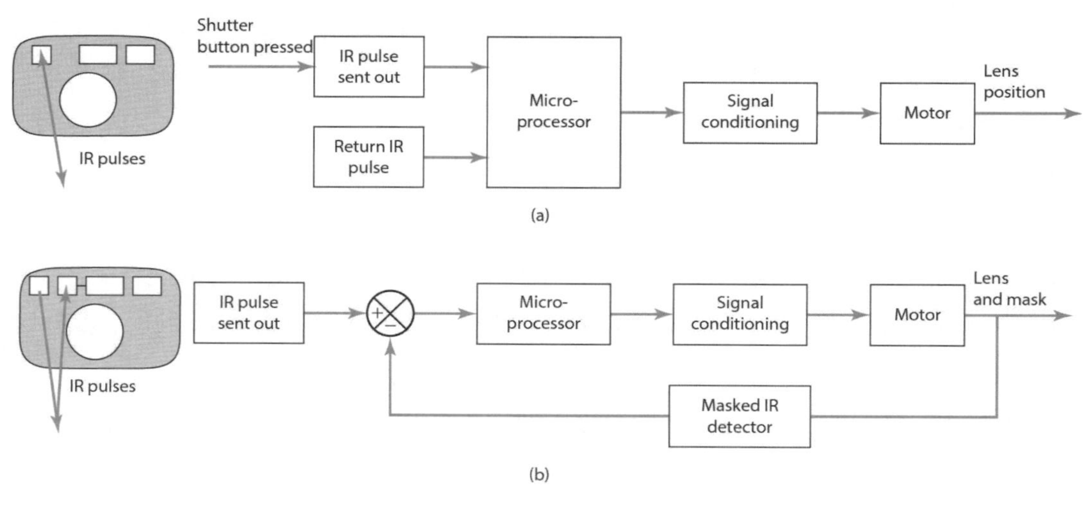

그림 1.20 자동 초점

보다 비싼 카메라에 사용되는 시스템은 폐루프 시스템이다(그림 1.20(b)). 적외선 방사 펄스가 보내지고, 그 반사된 펄스는 전송을 맡고 있는 같은 트랜스듀서가 아니라 다른 트랜스듀서에 의하여 감지된다. 그러나 이러한 트랜스듀서는 마스크를 가지고 있다. 마이크로프로세서는 렌즈를 움직이고, 동시에 마스크가 트랜스듀서를 지나서 움직이도록 출력을 준다. 마스크는 트랜스듀서 전면을 지나서 움직이는 슬롯을 갖고 있다. 반사된 펄스가 슬롯을 통해 지나가고 트랜스듀서에 충격을 줄때까지 렌즈와 슬롯의 이동은 계속된다. 그때 마이크로프로세서가 렌즈의 이동을 중지하고 그래서 초점을 잡은 위치가 되도록 트랜스듀서로부터 출력을 준다.

1.7.2 엔진관리 시스템

차의 엔진관리 시스템은 엔진의 점화와 연료공급을 관리하는 것을 맡고 있다. 4행정의 내연엔진은 몇 개의 실린더를 갖고 있으며, 각각의 실린더는 크랭크축에 연결된 피스톤을 갖고 있고 4개 행정의 작동을 수행한다(그림 1.21).

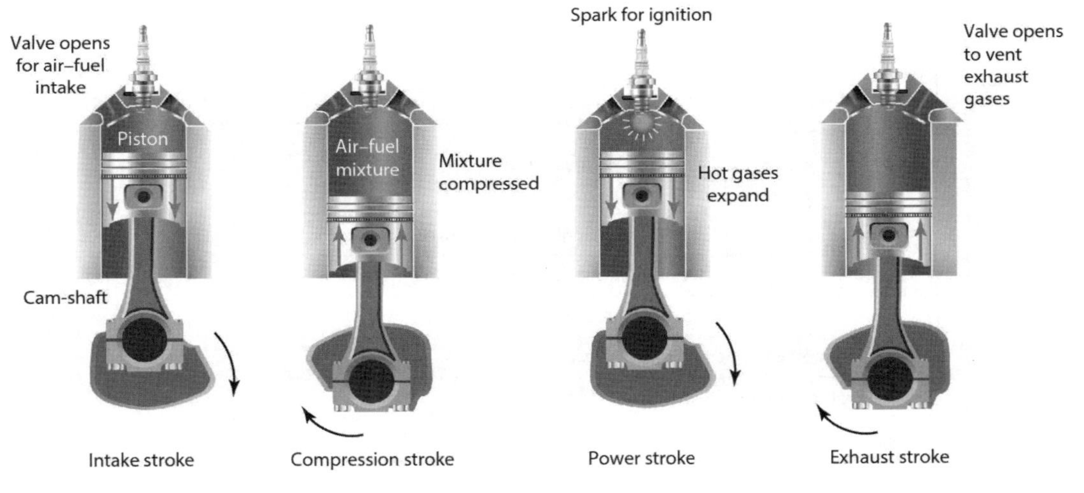

그림 1.21 4행정 시퀀스

피스톤이 아래로 움직이면 밸브가 열리고 공기-연료 혼합물이 실린더 속으로 들어온다. 피스톤이 위로 올라오면 밸브는 닫히고 공기-연료 혼합물은 압축된다. 피스톤이 실린더의 상사점 근처에 있으면 점화플러그(spark plug)가 혼합물을 점화하여 뜨거운 가스를 팽창시킨다. 이러한 팽창은 피스톤이 다시 아래로 내려가도록 하고, 그래서 그 사이클이 반복된다. 각 실린더의 피스톤들은 크랭크축에 공통으로 연결되어 있고, 크랭크축을 회전하는 데 필요한 연속적인 파워를 공급할 수 있도록 각 피스톤 행정이 각각 다른 시각에 일어난다.

엔진의 파워와 속도는 점화시기 및 공기-연료 혼합물을 변화시킴으로써 제어된다. 최근 차 엔진에서 이는 마이크로프로세서에 의하여 구현된다. 그림 1.22는 마이크로프로세서 제어 시스템의 기본 요소를 나타낸 것이다. 점화시기에 대하여는 크랭크축은 각 점화플러그와 타이밍 휠을 차례로 전기적 접촉을 하도록 하는 디스트리뷰터(distributor)를 구동한다. 이러한 타이밍 휠은 크랭크축의 위치를 알리는 펄스를 발생시킨다. 마이크로프로세서는 고전압 펄스를 디스트리뷰터에 보내어 그 펄스들이 '적절한' 순간에 발생하도록 그 타이밍을 조정한다. 흡입행정(intake stroke) 중에 실린더에 들어오는 공기-연료 혼합물의 양을 제어하기 위하여 마이크로프로세서는 엔진 온도와 트로틀(throttle) 위치를 입력받아서 솔레노이드가 흡입 밸브를 여는 시점을 변화시킨다. 공기흐름에 분사되는 연료의 양은 공기의 유량을 입력받아서 결정되며, 그때 마이크로프로세서는 연료분사 밸브를 제어할 출력을 준다. 위에서 언급한 것은 매우 간단한 엔진 관리 시스템이다.

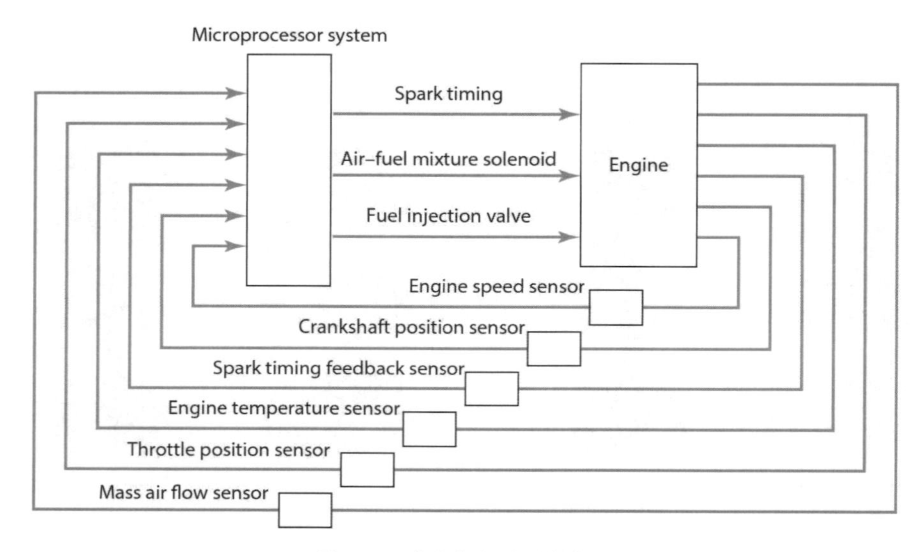

그림 1.22 엔진관리 시스템의 요소

1.7.3 MEMS와 차량 에어백

MEMS(Microelectromechanical systems)는 일반적으로 20μm부터 1μm의 크기의 반도체 칩으로서 0.001~0.1mm 크기로 적층하여 구현한 기계 장치이다. 그들은 마이크로프로세서와, 마이크로센서와 마이크로액추에이터와 같은 부품으로 구성되어 있다. MEMS는 기계적 공정을 마이크로 단위로 감지하고, 제어하고, 구동시킬 수 있다. MEMS 칩은 점차 넓게 사용되고 있으며, 다음이 한 예이다.

차량용 에어백은 충돌했을 때 팽창하여 차량 탑승자에게 충격효과를 완화시킨다. 에어백 센서는 급격한 감속에 반응하여 이동하는 통합형 마이크로 기계적 요소를 가진 MEMS 가속도계이다. 널리 사용되고 있는 ADXL-50 장치의 상세한 내용은 그림 2.9를 보라. 급격한 감속은 MEMS 칩 위의 전자부품에 의하여 감지되고, 에어백을 시동하는 에어백 제어유닛을 구동하는 MEMS 가속도계의 전기용량의 변화를 일으킨다. 에어백 제어유닛은 나일론 섬유의 백(그림 1.23)을 갑자기 팽창하도록 가스 제너레이터 추진기의 점화를 트리거 한다. 차량 탑승자들은 팽창된 백과 충돌하고 쥐어짜지며 따라서 가스는 작은 공기구멍을 통해 제어하는 대로 빠져나가며, 그래서 충격을 완화시킨다. 충격의 순간으로부터 에어백의 전개와 팽창과정은 약 60~80ms 정도 걸린다.

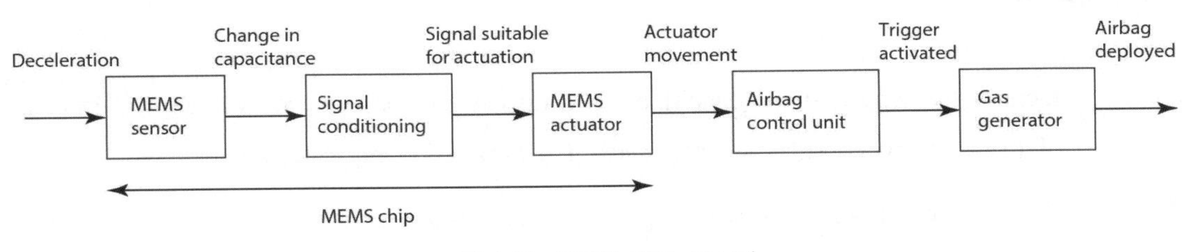

그림 1.23 에어백 제어 시스템

요 약

메카트로닉스는 제품의 설계 및 생산 그리고 프로세서에서 기계공학에 전자와 지적 컴퓨터제어를 통합하여 동시에 개발하는 공학기술의 용어로서 기술되기도 한다. 메카트로닉스는 기계공학, 전자공학, 전기공학, 컴퓨터기술, 제어공학 등의 많은 기술들을 포함한다. 메카트로닉스는 엔지니어가 단순한 기계적 원리로만 문제를 보는 것이 아니라 많은 분야의 기술을 통해서 문제를 새롭게 보는 기회를 제공한다. 전자공학 등은 기존의 기계 하드웨어에 장착되는 아이템으로서 보지 않는다. 메카트로닉스적 접근은 디자인에서 도입될 필요가 있다.

마이크로프로세서는 일반적으로 메카트로닉스 시스템에 포함되며, 내장되어 있다. 내장 시스템은 많은 기능을 제어하도록 설계되었지만, 사용자가 컴퓨터와 같은 방식으로 프로그램하도록 설계되지 않는 마이크로프로세서 기반 시스템이다. 그래서 내장 시스템에서는 사용자가 소프트웨어를 추가하거나 대체함으로써 시스템이 하는 것을 변경할 수 없다.

시스템은 입출력이 있는 박스 또는 블록이라고 생각할 수 있으며, 여기서 우리는 박스 내부에서 무엇이 진행되는지는 관심이 없고 단지 입력과 출력 간의 관계에만 관심이 있다.

시스템에 입력이 가해질 때 시스템이 어떻게 거동하는가를 알기 위하여, 주어진 입력에 대하여 출력이 시간에 따라서 어떻게 변할 것인지와 출력은 무슨 값으로 정착될 것인지를 입력에 대한 출력을 관련시키는 시스템에 대한 모델을 고안할 필요가 있다.

계측 시스템은 일반적으로 센서, 신호조정기 및 표시장치의 3가지 기존요소들로 구성되어 있다.

2가지의 기본적인 제어 시스템 형태가 있으며, 개루프와 폐루프이다. 폐루프에는 비교부, 제어부, 교정부, 프로세스 및 피드백되는 계측부로 구성된 피드백시스템이 있다.

연습문제

1.1 Identify the sensor, signal conditioner and display elements in the measurement systems of (a) a mercury-in-glass thermometer, (b) a Bourdon pressure gauge.

1.2 Explain the difference between open- and closed-loop control.

1.3 Identify the various elements that might be present in a control system involving a thermostatically controlled electric heater.

1.4 The automatic control system for the temperature of a bath of liquid consists of a reference voltage fed into a differential amplifier. This is connected to a relay which then switches on or off the electrical power to a heater in the liquid. Negative feedback is provided by a measurement system which feeds a voltage into the differential amplifier. Sketch a block diagram of the system and explain how the error signal is produced.

1.5 Explain the function of a programmable logic controller.

1.6 Explain what is meant by sequential control and illustrate your answer by an example.

1.7 State steps that might be present in the sequential control of a dishwasher.

1.8 Compare and contrast the traditional design of a watch with that of the mechatronics-designed product involving a micro-processor.

1.9 Compare and contrast the control system for the domestic central heating system involving a bimetallic thermostat and that involving a microprocessor.

PART II
센서 및 신호조절

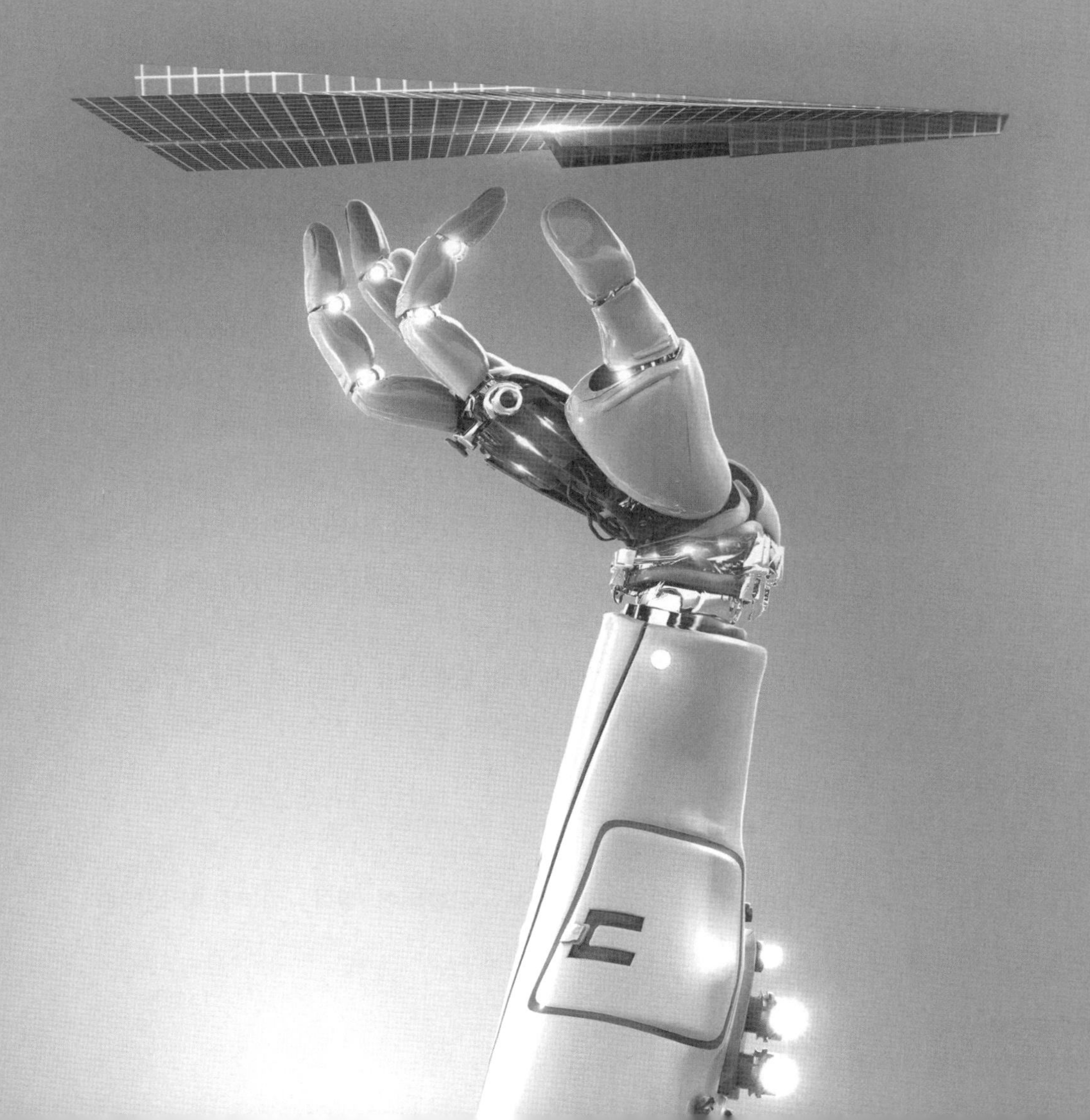

Chapter 02 센서와 변환기

목 표

학생들은 이 장을 공부한 후 다음과 같은 능력을 갖는다.

- 보편적으로 많이 사용되는 센서들의 성능인 레인지, 스팬, 오차, 정밀도, 감도, 히스테리시스 및 비선형오차, 반복도, 안정도, 불감대, 분해능, 출력 임피던스, 응답시간, 시정수, 상승시간, 정착시간 등의 의미를 이해하고 설명할 수 있다.
- 변위, 위치와 근접, 속도와 운동, 힘, 유체 압력, 액체 유량, 액위, 온도, 조도 등을 측정하는 데 사용되는 센서들의 원리와 특징을 파악한다.
- 기계적 스위치의 입력 시스템에서 발생되는 바운싱 문제와 그 해결 방법을 설명할 수 있다.

2.1 센서와 변환기

센서(sensor)라는 용어는 측정하고자 하는 물리량과 상관관계를 갖는 신호를 발생시키는 요소로 정의된다. 예컨대 저항형 온도 센서는 측정하고자 하는 물리량이 온도라는 것을 나타내며 온도변화를 저항값의 변화로 변환시키는 역할을 한다. 포괄적 의미의 **변환기**(transducer)는 센서라는 용어 대신에 많이 사용되고 있는데, 어떤 물리적 변화를 받으면 그에 따른 변화를 나타내는 요소로 정의된다. 이런 관점에서 본다면 센서도 일종의 변환기이다. 그러나 계측 시스템은 센서와 더불어 어떤 형태의 신호를 다른 형태의 신호로 변환하기 위하여 변환기를 사용하게 된다. **아날로그** 센서/변환기는 아날로그 출력을 가지며, 일반적으로 센서/변환기의 출력값은 계측한 값에 비례하며 연속적이다. **디지털** 센서/변환기는 디지털 출력을 가지며, 계측값에 따른 출력값에 해당하는 값을 의미하는 온-오프 신호들로 나타낸다.

이 장에서는 특히 센서로 사용되는 변환기에 관한 내용을 살펴본다. 변환기의 성능특성을 나타내는 여러 가지 용어를 정의하고 공학적으로 널리 사용되는 변환기들을 소개하고 검토해 나간다.

2.1.1 스마트 센서(Smart Sensor)

어떠한 센서는 신호조절(signal conditioning) 장치와 결합되어 있다. 이러한 집적 센서

(integrated sensor)도 여전히 추가적인 데이터 처리를 필요로 한다. 그런데 센서와 신호조절 장치를 마이크로프로세서와 같이 결합될 수 있으며 이를 **스마트 센서(smart sensor)**라고 한다. 스마트 센서는 임의 오차(random error)를 보상(compensate)할 수도 있고, 환경 변화에 적응할 수 있으며, 계측 정확도를 자동적으로 계산할 수 있을 뿐만 아니라 비선형성을 조정하여 선형 출력을 낼 수 있고, 자기 보상(self-calibrate)이 가능하며, 자기 진단을 통해 결함을 찾아내는 등 다양한 기능을 가진다.

이러한 센서들은 자체적인 표준(IEEE 1451)을 가짐으로써, 이 표준에 따른 스마트 센서는 '플러그 앤 플레이' 방식을 통해 효율적으로 데이터를 보유하고 통신할 수 있다. 이러한 정보는 트랜스듀서 전자 데이터시트(Transducer Electronic Data Sheet: TEDS)의 형태로 EEPROM에 저장되는 것이 일반적이고 각 장치를 식별하고 보정 데이터를 제공한다.

2.2 성능 관련 용어

다음은 변환기 또는 계측 시스템 전체의 성능을 정의하기 위한 용어들이다.

1. 레인지와 스팬(Range and span)

변환기의 레인지는 입력이 변화할 수 있는 최대 범위를 말한다. 스팬은 입력의 최댓값에서 최솟값을 뺀 값이다. 예를 들어 보면 힘을 측정하기 위한 로드셀(load cell)의 레인지가 0에서 50kN이고 스팬은 50kN이라는 식으로 성능을 지칭할 수 있다.

2. 오차(Error)

계측하고자 하는 양의 계측결과값과 그 참값의 차이를 의미한다.

오차 = 계측값 − 참값

그러므로 실제 온도가 24°C이고 온도 계측값이 25°C인 경우 오차는 +1°C가 된다. 실제 온도가 26°C였다면 오차는 −1°C가 된다. 또한 어떤 센서에서 계측된 전기저항의 변화가 10.2Ω이고 실제 저항의 변화가 10.5Ω이었다면 오차는 −0.3Ω이 된다.

3. 정밀도(Accuracy)

정밀도란 계측 시스템에 의하여 잘못 계측될 수 있는 값의 한계를 말한다. 그러므로 센서가 교정된(calibrated) 정밀도뿐만 아니라 발생 가능한 모든 오차들의 총합을 말한다. 예컨대 온도계측기의 정밀도란 ±2°C라는 식으로 표현한다. 또한 정밀도는 종종 전체 레인지에 대한 백분율로 표현하기도 한다. 예를 들어 센서의 경우 전체 출력 레인지의 ±5% 정밀도라는 식으로 표현한다. 이 경우 센서의 레인지(측정범위)가 0에서 200°C라고 할 때 측정값이 참값의 ±10°C 이내에 들어간다는 것을 의미한다.

4. 감도(Sensitivity)

감도는 단위 입력변화에 대하여 출력이 얼마나 바뀔 것인가를 나타내는 말이다. 즉, 출력/입력을 말한다. 예컨대 저항형 온도 센서의 경우 감도를 0.5Ω/°C라는 값으로 표현한다. 또한 감도는 입력 이외의 환경변화 등과 같은 주변인자에 대한 민감성을 나타낼 때도 사용할 수 있다. 예를 들어 공급전원의 변화에 대한 출력의 변동이라든지 주변 온도에 따른 감도 등이 이 경우가 된다. 압력 측정용 변환기의 온도감도는 온도변화 1°C당 ±0.1% 출력변화라는 식으로 나타낸다.

5. 히스테리시스 오차(Hysteresis error)

변환기의 출력은 같은 계측입력에 대해서도 이 값이 연속적으로 증가하는 도중이냐 감소하는 도중이냐에 따라 달라질 수 있다. 이 현상을 히스테리시스라 한다. 그림 2.1에서는 히스테리시스를 갖는 출력이 감소냐 증가냐에 대하여 최대의 차이를 나타내는 예를 보여 주고 있다.

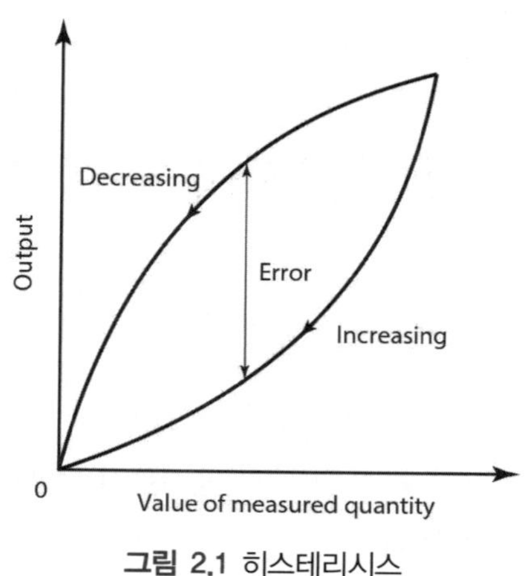

그림 2.1 히스테리시스

6. 비선형 오차(Non-linearity error)

대부분의 변환기는 전체 작동 레인지에 대하여 입력과 출력의 관계가 선형(linear)이라는 가정을 세우고 있다. 즉, 입력변화에 대한 출력의 변화를 그래프로 표현할 때 직선이라는 가정을 세운 것이다. 그러나 실제로 진정한 선형 관계를 갖는 변환기는 거의 없기 때문에 선형 가정에 대한 오차가 필연적으로 발생할 수밖에 없다. 이 오차는 가정된 직선으로부터 벗어난 최대의 오차로 정의된다. 이러한 비선형 오차를 수치적으로 표현하기 위한 다양한 방법들이 있다. 이러한 방법들의 차이는 오차가 정의되기 위한 직선을 정하는 방법이라고 할 수 있다. 한 가지 방법은 출력 레인지의 양끝 점을 잇는 직선으로 정하는 것이고, 또 다른 방법으로는 최소제곱법(method of least square)을 이용하여 모든 데이터 값이 오차 내에 들어가는 최적의 직선을 구하는 것이다. 또한 최소제곱법을 이용하면서 0점을 통과하는 직선을 구하는 방법도 있다. 그림 2.2는 이 세 가지 방법에 대하여 해당 오차가 어떻게 달라지는지를 보여 주고 있다. 예컨대 압력변환기의 경우 비선형 오차가 전체 레인지에 대하여 ±0.5%라는 식으로 나타낸다.

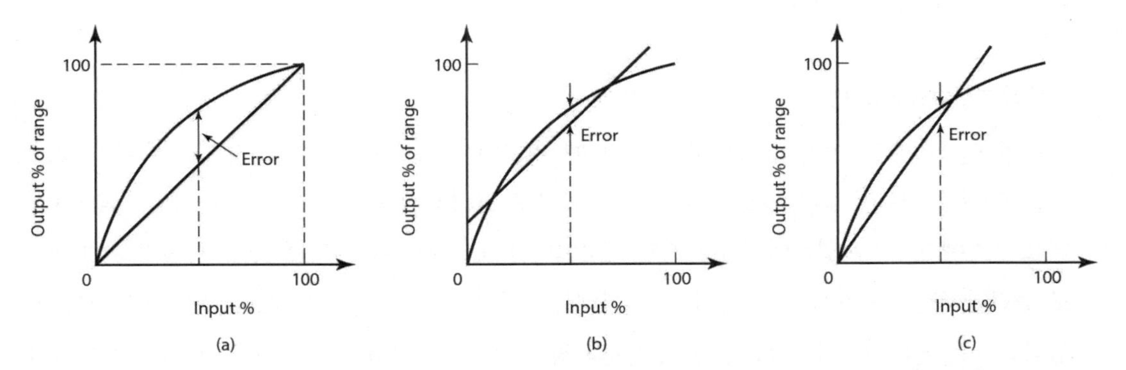

그림 2.2 비선형 오차: (a) 출력 레인지의 양끝 점을 잇는 직선, (b) 모든 데이터 값이 오차 내에 들어가는 최적의 직선, (c) 0점을 통과하는 최적의 직선

7. 반복도와 재현도(Repeatability and reproducibility)

변환기의 반복도와 재현도는 모두 반복적인 동일한 입력에 대하여 동일한 출력을 내는 능력을 나타내는 척도이다. 반복적인 적용에 대한 오차는 주로 전체 레인지에 대한 백분율로 표시한다.

$$\text{반복도} = \frac{\text{출력 최댓값} - \text{출력 최솟값}}{\text{전체 레인지}} \times 100$$

각속도를 측정할 때의 반복도는 특정 각속도일 때 전체 레인지에 대해 ±0.01%라는 식으로 표시될 수 있다.

8. 안정도(Stability)

변환기의 안정도는 어떤 기간 동안 일정한 입력을 측정할 때 같은 출력을 유지하는 성능을 나타낸다. 드리프트(drift)는 시간에 대한 출력변화로서 자주 사용되는 용어이다. 드리프트는 전체 출력 레인지에 대한 백분율로 나타낼 수 있다. 특히 **제로 드리프트(zero drift)**는 0인 입력에 대한 출력의 시간변화를 의미한다.

9. 불감대/불감시간(Dead band/time)

변환기의 불감대는 출력이 나오지 않는 입력값의 범위를 말한다. 예를 들어 회전자(rotor)를 사용한 유량계에서 회전자의 마찰이 존재하기 때문에 임계값(threshold), 즉 특정 유량값 이상에서만 출력이 나올 것이다. 불감시간은 입력이 인가된 후 그 영향이 출력값으로 나올 때까지 소요되는 시간을 말한다.

10. 분해능(Resolution)

입력이 연속적으로 어떤 구간에서 변화할 때 변환기의 출력신호가 연속적으로 바뀌지 않고 작은 단계로 점프를 하며 변화될 수 있다. 권선형 전위차계(wire–wound potentiometer)가 대표적인 예가 될 수 있는데 전위차계의 슬라이더를 돌릴 경우 각 권선을 넘을 때마다 단계적으로 출력저항값이 점프를 하며 증가한다. 분해능은 출력이 관측 가능할 정도로 변화되는 최소의 입력변화량을 의미한다. 권선형 전위차계의 경우 분해능은 0.5°라고 표현하거나 전체 레인지에 대한 백분율로 표현한다. 디지털로 출력을 내는 센서의 경우는 최소 출력변화가 1비트이다. 그러므로 N 비트 데이터 길이를 갖는 센서는 총 2^N단계로 데이터가 표현되고 분해능은 일반적으로 $1/2^N$으로 표현한다.

11. 출력 임피던스(Output impedance)

전기적 출력을 내는 센서가 전자회로에 인터페이스될 때 센서의 임피던스가 회로와 직렬 또는 병렬로 결합되므로 출력 임피던스를 꼭 확인해야 한다. 센서를 연결함으로써 회로의 특성이 크게 변화될 수 있는 것이다. 이러한 로딩(loading)에 대해서는 6.1.1절을 참조하기 바란다.

앞에서의 용어를 정리하는 의미로 다음과 같은 스트레인 게이지(strain gauge)형 압력변환기의 사양을 나타낸다.

레인지: 70~1,000kPa, 2,000~70,000kPa

공급전압: 10V d.c. 또는 a.c. r.m.s.

전체 출력 레인지: 40mV

비선형성과 히스테리시스: 전체 출력 레인지에 대하여 ±0.5%

온도범위: 동작 중 −54°C에서 +120°C

온도 영점 시프트: 온도변화 1°C당 전체 출력 레인지의 0.030%

레인지는 변환기가 70에서 1,000kPa 또는 2,000에서 70,000kPa 범위의 압력계측에 선택적으로 사용될 수 있다는 것을 표시한다. 동작에는 공급전원이 직류 10V 또는 실효 전압 10V인 교류가 필요하며 낮은 압력범위에서는 1,000kPa, 높은 압력범위에서 70,000kPa일 때 40mV가 출력된다는 것을 나타낸다. 비선형성과 히스테리시스에 의한 오차는 낮은 압력범위에서는 1,000kPa의 ±0.5%에 해당되는 ±5kPa이고 높은 압력범위에서는 70,000kPa의 ±0.5%에 해당되는 ±350kPa이 된다. 이 변환기의 사용 온도범위는 동작 상태에서 −54에서 +120°C가 된다. 그리고 온도 1°C당 낮은 압력범위에서는 1000kPa의 0.030%인 0.3kPa가 영점으로부터 변동되고 높은 범위에서는 70,000kPa의 0.030%인 21kPa이 벗어난다.

2.2.1 정특성과 동특성

정특성(static characteristics)은 변환기가 어떤 입력에 대한 출력값이 과도기를 지나 정상상태(steady-state)에 정착되어 더 이상의 시간에 따른 변화가 없어졌을 때 나타나는 특성들을 말한다. 앞 절에서의 용어들은 모두 이 정상상태의 특성을 나타낸 것이다. 반면에 **동특성(dynamic characteristics)**은 입력이 인가되고 난 후에 출력이 정착될 때까지 기간에 대한 거동(behavior)에 대한 특성을 의미한다. 동특성은 대개 전형적인 입력형태에 대한 출력의 시간응답으로 표현된다. 그 대표적 입력형태는 입력변화가 0에서 갑자기 일정한 값으로 변화하는 계단파(step), 입력이 일정한 비율로 증가되는 램프(ramp), 또는 일정 주파수를 갖는 사인파(sinusoidal) 등이 있다. 다음은 동특성을 나타내는 중요한 용어들이다(동적 시스템에 대해서는 19장에서 더 자세히 논의하기로 한다).

1. 응답시간(Response time)

이것은 입력이 인가된 이후로 변환기의 출력이 어떤 정해진 값에 도달할 때까지의 시간을 의미한다. 그림 2.3에서는 정상상태 입력값의 95%에 도달하는 응답시간을 나타내고 있다. 예를 들어 수은온도계를 뜨거운 액체에 넣었을 경우 온도계가 실제 온도의 95%까지 도달하기 위해서 100초가 걸렸다면 이 시간이 바로 응답시간이 된다.

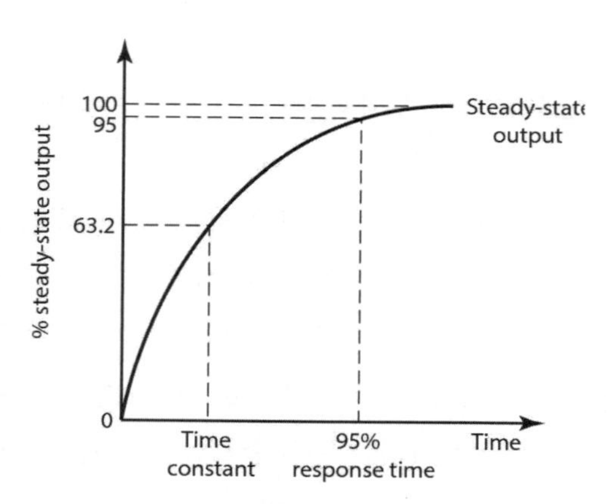

그림 2.3 계단파 입력(step input)에 대한 응답

2. 시상수(Time constant)

이것은 출력의 정상상태값의 63.2%에 도달하는 시간을 의미한다. 공기 중에 놓인 열전대(thermocouple)는 시상수가 대개 40에서 100초가 된다. 이 시상수는 센서의 관성(inertia)을 의미하므로 이 값이 크면 입력에 대한 응답이 느리다는 것을 의미한다. 계단파 입력에 대한 시스템의 거동과 시상수에 관련된 수학적 검토는 12.3.4절에서 찾을 수 있다.

3. 상승시간(Rise time)

정상상태 출력의 특정 비율에 해당되는 출력이 나올 때까지의 시간을 의미한다. 주로 상승시간은 정상상태값의 10%에서 90 또는 95%까지 상승하는 데 소요되는 시간으로 정의하는 경우가 많다.

4. 정착시간(Settling time)

정착시간은 출력이 정상상태값의 특정 비율 내에 도달되기 위한 시간으로서 주로 정상상태값의 2% 이내라는 조건을 사용한다.

위의 특성들을 적용하기 위하여 온도계를 뜨거운 액체에 $t=0$에 넣었을 경우의 출력을 시간에 대한 그래프(그림 2.4)로 표시하였다. 정상상태값은 55°C이고 55에 대한 95%가 52.25°C이므로 응답시간은 228초가 된다.

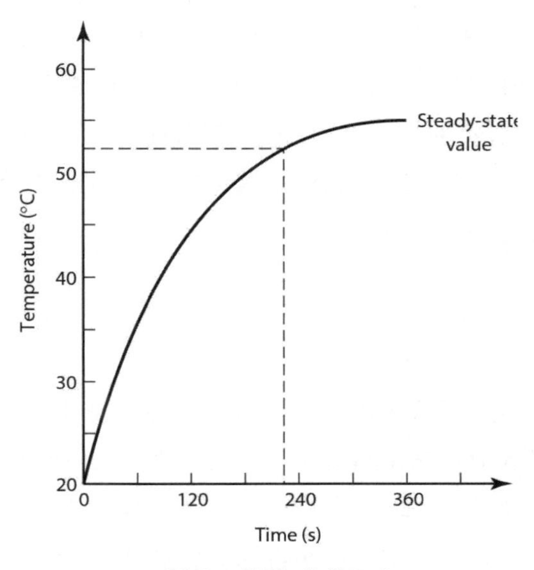

그림 2.4 액체 내 온도계

다음은 측정용도에 따라 분류된 변환기들을 설명할 것이다. 주로 변위, 속도, 근접, 속도, 힘, 압력, 유량, 액위, 온도, 광도 등과 같이 기계공학적 계측에 자주 쓰이는 센서들을 다룬다. 그 이외의 더 자세한 변환기의 내용들은 B.E. Noltingk의 Instrumentation Reference Book (Butterworth 1988, 1995), W. Bolton의 Measurement and Instrumentation Systems (Newnes 1996), W. Bolton의 Newnes Instrumentation and Measurement Pocket Book (Newnes 1991, 1996, 2000)과 H.B. Boyle의 Transducer Handbook(Newnes 1992)들을 참조하기 바란다.

2.3 변위, 위치, 근접

변위 센서는 어떤 물체가 움직인 양을 계측하는 것이고 **위치** 센서는 어떤 기준 위치로부터 물체가 얼마나 떨어진 위치에 있는가를 결정한다. **근접** 센서는 일종의 위치 센서로서 특정 설정 거리 이내로 물체가 들어왔는지 여부를 결정한다. 근본적으로 근접 센서는 온-오프 센서이다.

변위와 위치 센서는 크게 센서와 대상 물체 사이에 기계적 접촉이 있는 접촉식(contact)과 접촉이 없는 비접촉식(non-contacting) 센서의 두 그룹으로 나눌 수 있다. 접촉식 직선변위 센서는 대개 센서의 축이 대상 물체에 직접 체결되어 있어 물체의 운동을 계측할 수 있다. 이때 센서축의 운동이 전기적 전압, 저항, 전기용량(capacitance), 또는 상호 인덕턴스(mutual inductance)의 변화를 일으켜 이를 이용하여 변위를 계측하게 된다. 회전변위 센서의 경우는 직접 또는 감속기를 통하여 센서축의 회전이 센서 내부로 전달되어 회전을 감지할 수 있다. 비접촉 센서는 대상 물체가 근접할 때 공기의 압력이 증가하거나, 전기용량, 인덕턴스, 빛의 반사량 등이 변화하도록 구성되어 비접촉으로도 변위를 감지할 수 있도록 고안되어 있다. 다음은 자주 사용되는 변위 센서들을 설명할 것이다.

2.3.1 전위차계

전위차계(potentiometer)는 저항체와 그 위를 움직이는 슬라이더(slider)로 구성된 가변저항이다. 형태에 따라 회전(rotary) 또는 직선(linear) 변위계측에 사용할 수 있으며 궁극적으로 변위를 전위차(potential difference)로 변환시킨다. 그림 2.5와 같이 회전형 전위차계는 원형으로 저항선을 감아 놓은 트랙(track)이나 필름 형태 도전성 플라스틱과 그 위를 미끄럼운동을 하며 회전할 수 있는 슬라이더로 구성된다. 권선형의 트랙은 싱글턴(single turn)이나 나선형(helical)으로 저항선이 감겨 있다. 단자 1과 3에 공급되는 일정한 전압 V_S에 대한, 단자 2와 3에서 나오는 출력전압 V_O의 비율은 단자 1-3 간의 전기저항 R_{13}과 단자 2-3 간의 저항 R_{23}의 비와 동일하다. 즉, $V_O/V_S = R_{23}/R_{13}$이 된다. 만일 단위 각도당 전기저항이 일정하다면 회전각과 비례하는 출력이 나오게 된다. 그러므로 각도변위를 전압으로 변환할 수 있다.

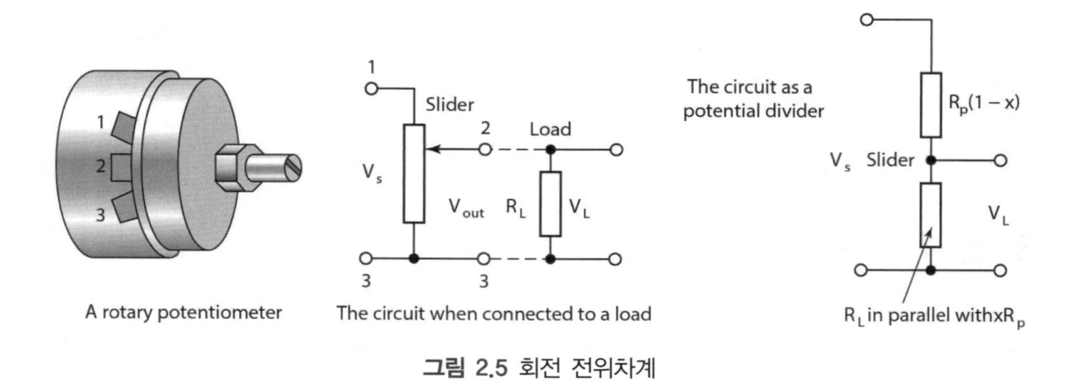

그림 2.5 회전 전위차계

권선형의 트랙에서 슬라이더가 한 선에서 다음 선으로 넘어갈 때 출력이 단계적으로 점프를 하며 변화한다. 만일 전위차계가 N회 권선되어 있다면 분해능은 백분율로 $100/N$이 된다. 그러므로 저항선을 권선한 트랙의 경우 분해능은 저항선의 두께에 좌우되며 대개 두께는 0.5에서 1.5mm 정도가 된다. 트랙의 전체 전기저항은 20Ω에서 200kΩ 정도가 보통이며 트랙에 의한 비선형 오차는 대략 0.1%에서 1% 정도가 된다. 도전성 플라스틱의 경우 이론적으로는 무한의 분해능을 가지고 있고 비선형성은 0.05% 수준이며 전체 저항값은 500Ω에서 80kΩ 정도가 보통이다. 그러나 도전성 플라스틱의 경우 온도계수(temperature coefficient)가 커서 온도에 의한 출력변동이 상대적으로 크다.

전위차계에서 고려해야 할 중요한 성질 중의 하나는 출력단의 부하저항 R_L의 영향이다. 만일 부하저항이 무한대라고 한다면 부하전압 V_L의 전위차가 V_O에 비례하겠지만, 유한한 부하에 대해서는 부하저항의 효과가 회전각과 출력전압 간의 선형관계를 비선형관계로 왜곡시켜 버린다. 부하저항 R_L이 전위차계 전체 저항 R_P의 x배인 저항과 병렬형태로 연결되게 되므로 이 부분의 저항이 $R_L x R_P/(R_L + xR_P)$이 된다. 이때 공급전압 양단의 전체 저항은 다음과 같다.

$$\text{전체 저항} = R_P(1-x) + R_L x R_P/(R_L + xR_P)$$

이 회로는 분압회로(potential divider circuit)가 되므로 부하양단의 전압 차는 전체 저항에 대한 출력단의 저항비로서 공급전압이 분압된다.

$$\begin{aligned}\frac{V_L}{V_S} &= \frac{xR_L R_P/(R_L + xR_P)}{R_P(1-x) + xR_L R_P/(R_L + xR_P)} \\ &= \frac{x}{(R_P/R_L)x(1-x)+1}\end{aligned}$$

만일 부하의 저항이 무한대라면 출력전압이 $V_L = xV_S$이 된다. 그러므로 유한한 부하저항에 의한 오차는 다음과 같다.

$$\begin{aligned}\text{오차} &= xV_S - V_L = xV_S - \frac{xV_S}{(R_P/R_L)x(1-x)+1} \\ &= V_S \frac{R_P}{R_L}(x^2 - x^3)\end{aligned}$$

이 결과를 전체 저항이 500Ω인 전위차계에 대하여 적용해 보자. 슬라이더가 중앙에 있고($x=0.5$) 부하저항이 10kΩ이며 공급전압이 4V라면, 위 식에 의하여 오차는 다음과 같이 구해진다.

$$\text{오차} = 4 \times \frac{500}{10000} \times (0.5^2 - 0.5^3) = 0.025\,V$$

전체 레인지의 저항값에 비하여 0.625%의 오차가 발생하였다.

전위차계는 자동차의 전자시스템에서 액셀러레이터의 페달 위치와 스로틀(throttle) 위치 등을 측정하는 센서로도 사용된다.

2.3.2 스트레인 게이지

그림 2.6과 같은 전기저항형 스트레인 게이지는 금속선, 금속박막띠 또는 웨이퍼 같은 반도체띠로 제조되어 있으며 계측하고자 하는 물체의 표면에 부착시켜 사용한다. 이 표면이 변형(strain)을 받으면 그 저항값이 변화하게 되고 전체 저항에 대한 저항변화의 비율 $\Delta R/R$이 변형량 ε에 비례한다.

$$\frac{\Delta R}{R} = G\varepsilon$$

여기서 G는 비례상수이고 게이지 상수(gauge factor)라고 한다.

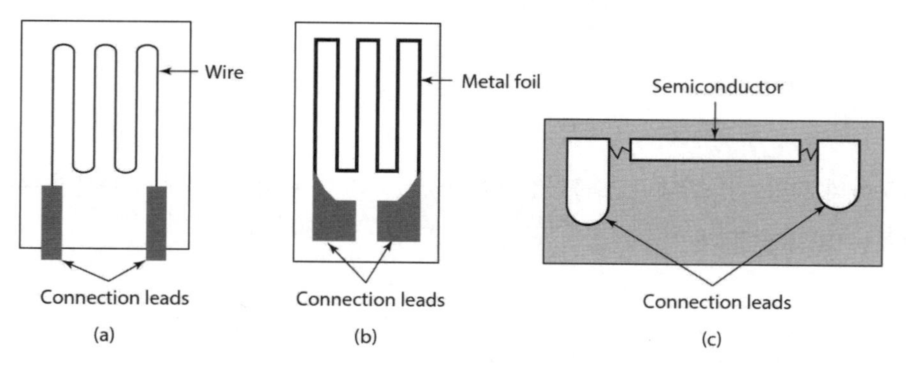

그림 2.6 스트레인 게이지: (a) 금속선, (b) 금속박막, (c) 반도체

변형량은 원래 길이에 대한 길이변화의 비이므로 스트레인 게이지가 부착되어 있는 물체의

길이변화를 저항의 변화를 통하여 계측하는 것이다. 일반적으로 사용되는 금속선이나 박막을 이용한 형태는 게이지 상수가 약 2.0 정도이며 저항은 약 100Ω이 된다. 반면에 실리콘 반도체의 경우는 p타입은 1100 이상, n타입은 2100 이상이며 저항은 1000부터 5000Ω이 된다. 정확한 게이지 상수는 단위 배치(batch)에 대한 샘플 시험에서 구한 교정(calibration)자료를 제조회사로부터 제공받을 수 있다. 스트레인 게이지의 문제점 중 하나는 저항변화가 변형량뿐만 아니라 온도에 의해서도 변화한다는 것이다. 특히 반도체형의 경우 온도에 대한 감도가 금속형보다 훨씬 크다. 3장에서 이러한 온도 영향을 제거하는 방법에 대하여 자세히 살펴보기로 한다.

저항이 100Ω이고 게이지 상수가 2.0인 전기 저항형 스트레인 게이지에 대하여 고찰해 보자. 변형량이 0.001인 경우 게이지의 저항변화가 얼마가 되겠는가? 저항변화 비율은 게이지 상수와 변형량의 곱과 같기 때문에 저항변화는 다음과 같다.

$$\text{저항 변화} = 2.0 \times 0.001 \times 100 = 0.2\Omega$$

스트레인 게이지를 이용하여 변위를 계측할 수 있는 형태들을 그림 2.7에서 보여 주고 있는데 스트레인 게이지를 외팔보(cantilever; 그림 2.7(a)), 링형(그림 2.7(b)), U형(그림 2.7(c)) 탄성 구조체에 부착한 것들이다. 이 탄성 구조체의 특정 지점에 가해지는 외부 힘에 의하여 굽혀지거나 변형을 받을 때, 변위가 발생되고 이 구조물의 변형으로 부착된 스트레인 게이지의 전기저항이 바뀐다. 그 결과 이 저항값의 변화로 이 탄성 구조체의 특정 지점의 변위를 계측할 수 있다. 이러한 구조의 센서는 1에서 30mm 정도의 선형 변형을 계측하는 데 이용할 수 있고 대략 전체 레인지의 ±1% 정도의 비선형성을 갖는다.

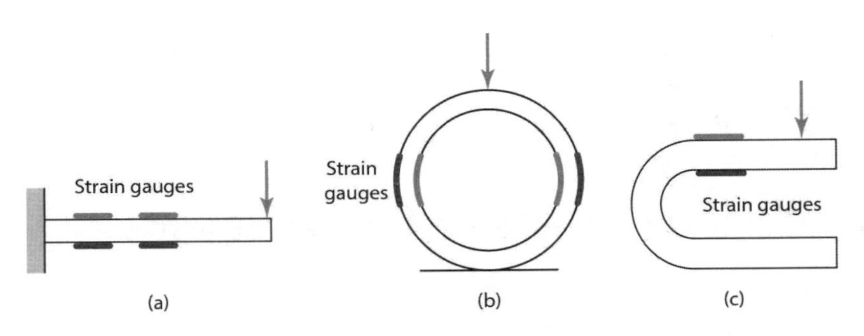

그림 2.7 스트레인 게이지를 이용한 형태

2.3.3 전기용량형 센서

평행한 두 판의 커패시터(capacitor)의 전기용량 C는 다음과 같이 구할 수 있다.

$$C = \frac{\varepsilon_r \varepsilon_0 A}{d}$$

여기서 ε_r은 두 판 사이의 유전체에 대한 상대 유전율을, ε_0는 자유공간에 대한 유전율을 나타내는 상수이며, A는 두 판이 마주보는 면적이고 d는 두 판의 간격이다. 직선변위를 계측하는 전기용량형 센서는 그림 2.8과 같은 형태 중 하나가 될 것이다. 변위가 바뀔 때 (a)는 두 판의 간격을 변화시키고 (b)는 두 판의 마주 보는 면적을 변화시키며 (c)는 유전체를 움직여서 변화를 일으킨다.

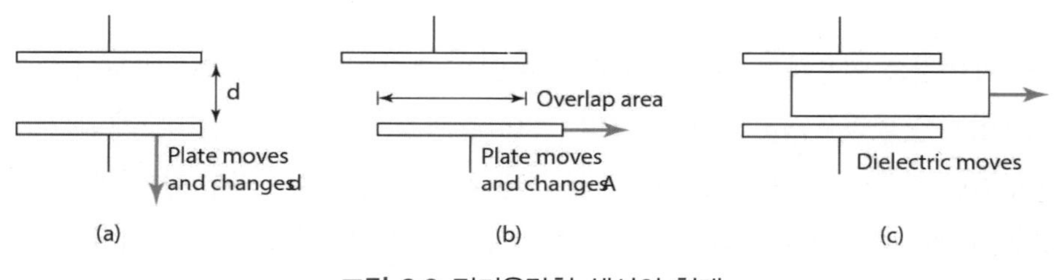

그림 2.8 전기용량형 센서의 형태

그림 2.8(a)와 같이 두 판의 간격을 변화시키는 경우에 만일 간격 d가 x만큼 변했다면 전기용량은 다음과 같이 변화할 것이다.

$$C - \Delta C = \frac{\varepsilon_0 \varepsilon_r A}{d + x}$$

그러므로 초기 전기용량에 대한 변화된 전기용량의 비는 다음과 같다.

$$\frac{\Delta C}{C} = -\frac{d}{d+x} - 1 = -\frac{x/d}{1+(x/d)}$$

변위 x와 전기용량의 변화 ΔC는 비선형 관계임을 알 수 있다. 이 비선형성은 그림 2.9(a)와 같은 **푸시-풀 변위 센서**(push-pull displacement sensor)라는 형태로 극복할 수 있다. 그림

2.9(b)는 실제로 이러한 센서가 사용되는 사례를 보여 주고 있다. 이것은 3개의 판으로 구성되어 있으며 상위, 하위 2개의 커패시터를 형성하고 있다. 중간판이 상하로 움직이면서 2개 커패시터의 용량을 변화시키게 된다. 예컨대 중간판이 아래로 움직이면 상위의 커패시터는 간격이 줄어들게 되고 하위는 늘어나게 된다. 그래서 다음 식을 얻을 수 있다.

$$C_1 = \frac{\epsilon_0 \epsilon_r A}{d + x}$$

$$C_2 = \frac{\epsilon_0 \epsilon_r A}{d - x}$$

C_1을 상위, C_2를 하위의 정전용량이라 하고 이를 교류 브리지로 구성시키면 이들 변화에 따른 불평형 전압이 변위 x와 비례하게 된다. 이러한 센서는 수백분의 1밀리에서 수 밀리 정도의 변위를 계측하는 데 많이 이용된다. 비선형성과 히스테리시스는 대략 전체 레인지에 대해 ±0.01% 정도이다.

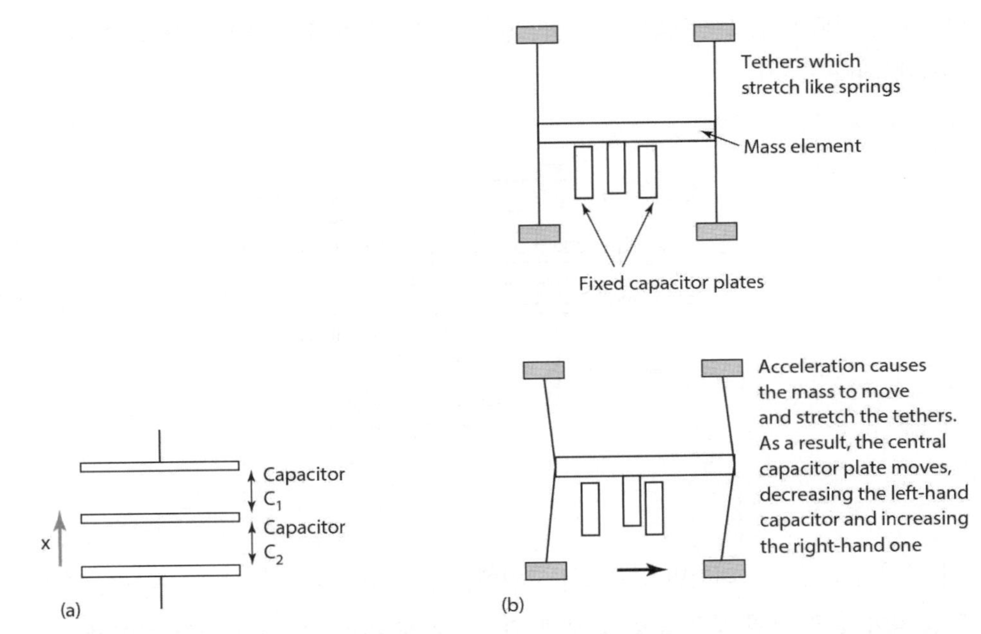

그림 2.9 (a) 푸쉬-풀 센서, (b) ADXL-50 MEMS 가속도계에 푸쉬-풀 변위 센서가 사용된 사례. 아날로그 장치인 ADXL50은 질량-스프링 시스템과 질량 계측 시스템, 신호조절 회로로 구성되어 있다.

전기용량형 근접 센서의 한 형태는 그림 2.10과 같이 탐침(probe)의 전극판과 전기적으로 접지된 금속물체가 상대 전극판이 마주보는 구조이다. 물체가 근접해 오면 두 전극 간의 '간격'이 바뀌므로 전기용량이 증가하게 되어 물체를 감지하게 된다.

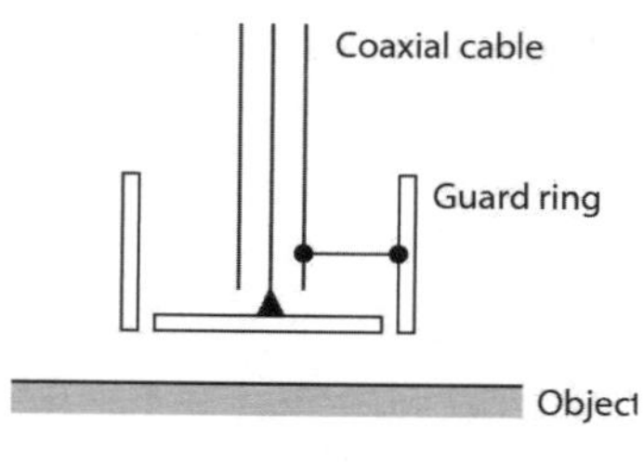

그림 2.10 전기용량 근접 센서

2.3.4 차동변압기

직선형 가변 차동변압기(Linear Variable Differential Transformer)는 일반적으로 LVDT라고 많이 불린다. 그림 2.11과 같이 절연된 튜브를 따라 3개의 코일이 대칭적으로 배치되어 있다. 가운데 코일은 1차(primary) 코일이고 나머지 양쪽 코일이 2차(secondary) 코일로서 서로 반대 방향으로 권선되어 있으며 직렬연결되어 있다. 코어가 튜브를 통하여 이동할 수 있고 그 변위를 계측하게 된다.

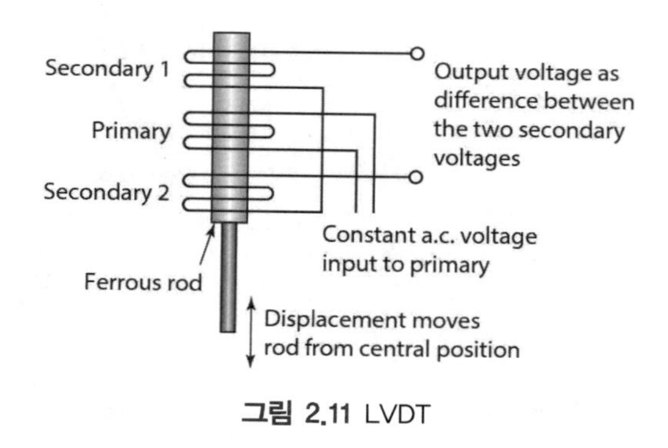

그림 2.11 LVDT

1차 코일에 교류가 가해지면 양쪽 2차 코일에 교류전압이 유도된다. 코어를 중간에 위치시키면 양쪽 코일이 같은 양의 자성 코어를 갖게 되므로 유도되는 전압이 동일할 것이다. 그런데 양쪽 2차 코일이 서로 반대극성의 전압을 유도하도록 되어 있으므로 2차 코일은 0의 출력을 내보낼 것이다.

그러나 코어가 중간위치에서 한쪽으로 이동하게 되면 한쪽 코일이 다른 쪽보다 더 많은 자성 코어를 갖는데, 예를 들면 코일 2가 1에 비하여 더 많은 자성 코어를 갖게 된다. 그 결과 한쪽 코일에서 더 큰 전압이 유도된다. 그림 2.12에서 보는 것과 같이 더 큰 변위는 더 큰 전압을 유도하게 되어 양쪽 코일의 전압차인 출력도 증가하게 된다.

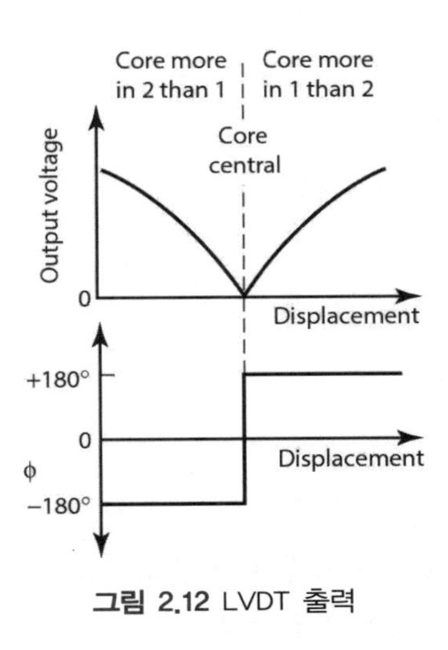

그림 2.12 LVDT 출력

1차 코일에 흐르는 전류 i의 시간변화에 따라 2차 코일에 유도되는 기전력은 다음과 같다.

$$e = M\frac{di}{dt}$$

여기서 M은 상호 인덕턴스(mutual inductance)이고, 이것은 코일의 권선수와 자성체 코어에 따라 결정된다. 만일 사인파 입력전류 $i = I\sin wt$가 1차 코일에 인가되었다고 가정하면 양측 2차 코일에 유도되는 전압은 다음과 같이 표시할 수 있다.

$$v_1 = k_1\sin(\omega t - \Phi) \text{ 그리고 } v_2 = k_2\sin(\omega t - \Phi)$$

여기서 k_1, k_2와 Φ는 특정한 코어의 위치에서 1차와 2차 코일 간의 결합 정도에 의하여 정해진다. Φ는 1차측의 교류전압과 2차측에 유도되는 교류전압 간의 위상차(phase difference)이다. 양쪽의 2차 코일이 직렬로 연결되어 있으므로 두 전압의 차이가 출력전압이 된다.

$$\text{출력 전압} = v_1 - v_2 = (k_1 - k_2)\sin(\omega t - \Phi)$$

코어가 양쪽 코일에 동일하게 배분되어 있는 경우 $k_1 = k_2$가 되어 출력이 0이 된다. 코어가 코일 1에 치우쳐 있다면 $k_1 > k_2$가 되고 출력이 다음과 같다.

$$\text{출력전압} = (k_1 - k_2)\sin(\omega t - \Phi)$$

코어가 코일 2에 치우쳐 있다면 $k_1 < k_2$가 된다. k_1이 k_2보다 작은 이 경우는 $k_1 > k_2$일 때와는 달리 출력 간의 위상차가 180°가 난다. 그러므로

$$\begin{aligned}\text{출력전압} &= -(k_1 - k_2)\sin(\omega t - \Phi) \\ &= (k_2 - k_1)\sin[\omega t + (\pi - \Phi)]\end{aligned}$$

그림 2.12는 출력의 크기와 위상이 코어의 변위에 따라 어떻게 변화되는지를 보여 주고 있다. 이 출력은 서로 다른 두 변위에 대하여 동일한 출력전압이 나오고 있다. 그러므로 두 변위를 구별하기 위하여 위상차가 180°가 나는 것을 판별해야 한다. 그림 2.13과 같이 위상복조기(phase sensitive demodulator)와 저역통과 필터(low pass filter)를 사용함으로써 변위에 대하여 출력전압이 유일하게 결정되도록 할 수 있다. 이러한 회로는 IC의 형태로 상용화되어 있다.

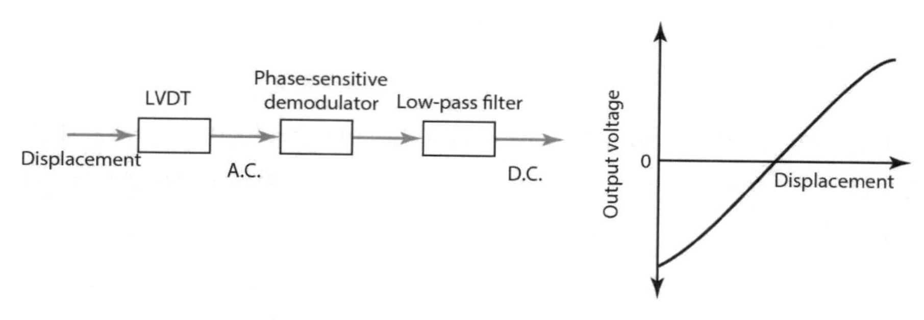

그림 2.13 LVDT 직류 출력

일반적인 LVDT는 유효변위가 ±2mm에서 ±400mm 정도이고 비선형 오차는 대략 ±0.25% 정도이다. LVDT는 변위를 계측하는 변환기로 널리 사용되고 있다. 코어의 한쪽 끝은 스프링을 통하여 계측하고자 하는 표면에 연결되거나 장치에 나사 체결되어 있다. 또한 직접적인 변위 이외에도 힘, 중량, 압력 등의 계측에도 많이 사용되는데, 이때는 이러한 물리량이 변위의 형태로 나타날 수 있도록 하는 장치를 만들어 LVDT로 계측한다.

회전형 가변 차동변압기(Rotary Variable Differential Transformer: RVDT)는 원리상으로

는 LVDT와 동일하지만 그림 2.14와 같이 회전각도 계측에 이용할 수 있다. RVDT의 코어는 심장(cardioid) 형상의 자성체로 제작되어 있어 회전을 하면 2차측 코일 중 한쪽에 치우치게 고안되어 있다. 회전각은 대개 ±40° 정도이고 비선형 오차는 약 ±0.5% 정도이다.

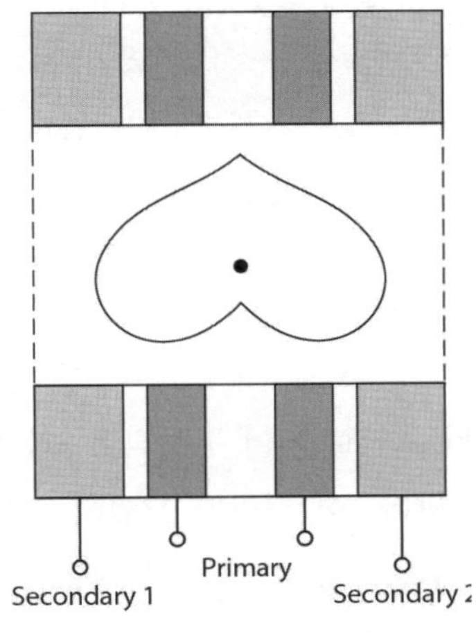

그림 2.14 RVDT

2.3.5 와전류 근접 센서

코일에 교류를 가하면 교번하는 자기장이 형성된다. 만일 이 교번하는 자기장에 금속물체가 가까이 접근하게 되면 물체에 와전류(eddy current)가 발생한다. 와전류에 의하여 물체 내에서도 새로운 자기장이 형성되게 되어 원래의 교번 자기장을 왜곡시키게 된다. 그 결과 코일의 임피던스가 바뀌게 되고 이에 따라서 교류전류의 크기가 변화된다. 이 변화를 감지하여 미리 설정된 레벨에서 스위치를 동작시킬 수 있는 것이다. 그림 2.15는 이 센서의 기본 형태를 보여 주고 있는데 비자성(non-magnetic) 도전체의 검출에 유용하게 사용되고 있다. 이 센서의 장점은 비교적 염가이고, 크기가 작으며, 신뢰성이 높고, 미세한 변위에 대해 높은 감도(sensitivity)를 가지고 있다는 것이다.

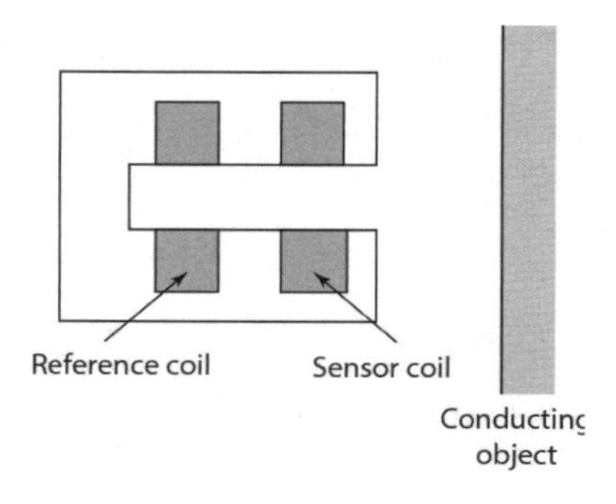

그림 2.15 와전류 센서

2.3.6 유도형 근접 스위치

이 센서는 코어의 주위에 권선된 코일로 되어 구성되어 있는데 코일의 한쪽 끝이 금속물체에 근접하면 코일의 인덕턴스가 변화한다. 이 변화가 코일에 의한 공진(resonant)회로에 영향을 주기 때문에 이를 감지하여 스위치를 기동할 수 있다. 이 센서는 일반 금속의 근접 스위치로 사용할 수 있지만 철계열(ferrous) 금속에 가장 적합하다.

2.3.7 광학식 인코더

인코더(encoder)는 직선 또는 회전변위를 디지털로 출력하는 대표적 센서이다. 위치 인코더는 기준 위치로부터의 회전각도 변화를 계측하는 **증분**(incremental) **인코더**와 절대 회전각도를 읽을 수 있는 **절대**(absolute) **인코더**로 분류할 수 있다.

그림 2.16(a)는 회전각을 계측하는 증분 인코더를 보여 주고 있다. 광선이 디스크의 사각 구멍인 슬롯을 통하여 투과하게 되면 적절한 광센서로 감지하는 구조이다. 디스크가 회전하면 광센서로부터 펄스 출력을 얻을 수 있는데 이 펄스의 수가 디스크가 회전한 각도에 비례하게 된다. 그러므로 어느 기준 각도로부터 발생하는 펄스수를 카운트하면 디스크 또는 축이 회전한 각도를 알 수 있다. 그림 2.16(b)와 같이 실제로는 3줄의 동일 중심의 트랙(track)과 3개의 광센서를 사용하는 것이 보통이다. 가장 안쪽의 트랙에는 1개의 슬롯이 있는데 디스크의 '홈(home)' 위치를 정확하게 잡기 위한 용도이다. 그리고 나머지 2개의 트랙에는 각각 등간격 슬롯이 원주방향으로 촘촘하게 설치되어 있다. 중간 트랙은 최외곽 트랙에 대하여 슬롯 폭의 절반에 해당하는 오프셋(offset)을 가지고 있다. 이 오프셋은 회전방향을 결정할 때 이용하기 위한 것이다. 이 오프셋에 의하여 시계방향으로 회전할 때에는 최외곽 트랙의 펄스가 중간 트랙의 펄스에 비하여 지연되어 발생되고 반시계 방향의 경우는 앞서서 나오게 된다. 분해능은 디스크상의 슬롯의 개수에 의하여

결정된다. 1회전당 60개의 슬롯이 있다면 1회전이 360°이므로 분해능은 360/60=6°가 된다.

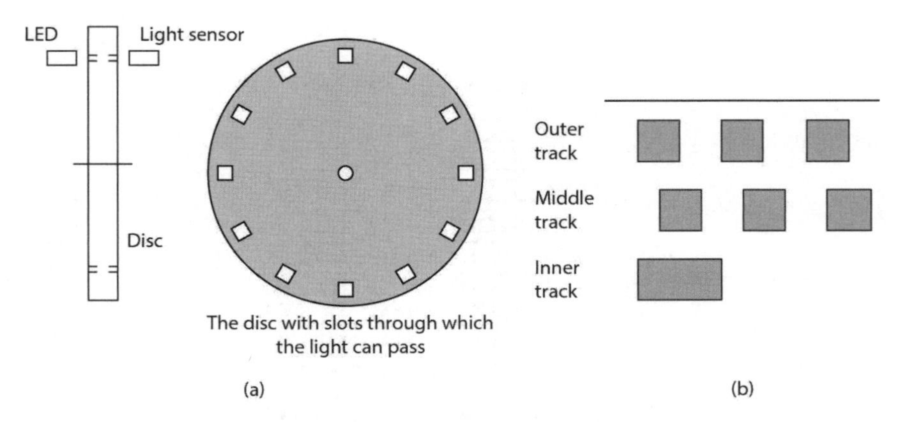

그림 2.16 증분 엔코더: (a) 기본 원리, (b) 동일 중심의 트랙

그림 2.17은 회전각을 계측하는 절대 인코더(absolute encoder)의 기본 형태를 보여 주고 있다. 이것은 출력이 2진수로 나오는데 이 값이 특정 회전각을 나타내게 되어 있다. 회전 디스크는 동일 중심을 갖는 3개의 슬롯열과 3개의 광센서로 구성되어 있다. 슬롯은 센서로부터의 출력이 2진수가 되도록 제작되어 있다. 일반적인 인코더는 10에서 12개까지의 트랙을 가지고 있는 것이 보통이다. 이 트랙수가 바로 2진 데이터의 자리수가 된다. 그러므로 10개의 트랙이 있다면 위치 데이터는 10비트가 될 것이고 이는 2^{10}, 즉 1024개의 위치를 나타낼 수 있어서 분해능은 360/1024=0.35°가 된다.

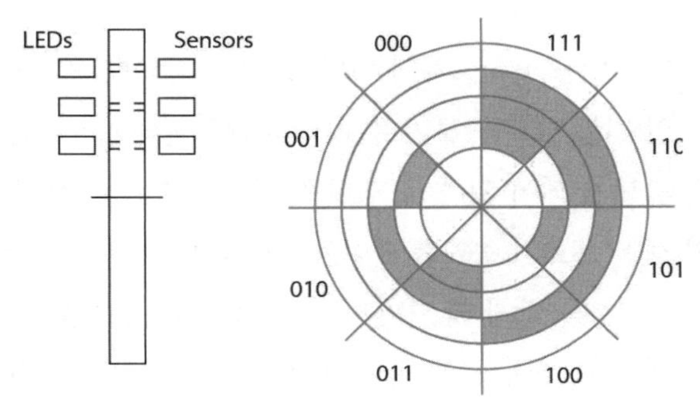

그림 2.17 3비트 절대 엔코더

실제로 2진 코드는 경계부근에서 약간만 정렬이 잘못되면 여러 비트가 동시에 변화하게 되어 있어 커다란 오류를 일으킬 수 있다. 이러한 이유로 일반 2진 코드는 사용되지 못하고 **그레이**

코드(gray code)가 널리 사용하고 있다. 이 코드는 다음 수로 이동할 때 항상 1비트씩 변하도록 고안되어 있다. 그림 2.18은 2진 코드와 그레이 코드에 대한 트랙들을 보여 주고 있다.

	Normal binary	Gray code
0	0000	0000
1	0001	0001
2	0010	0011
3	0011	0010
4	0100	0110
5	0101	0111
6	0110	0101
7	0111	0100
8	1000	1100
9	1001	1101
10	1010	1111

그림 2.18 2진 코드와 그레이 코드

HP 사의 HEDS-5000 광학식 인코더는 축에 장착할 수 있도록 설계되어 있고 코드 휠과 LED로 구성되어 있다. 마이크로프로세서와 인터페이스할 수 있는 IC도 제공되어 인코더 정보를 해독하여 곧바로 디지털 출력을 얻는 것이 가능하다. 코드 디스크에 7개의 트랙을 가지고 있는 절대 인코더는 각 트랙이 1비트에 해당하므로 이는 2^7, 즉 128개의 위치정보를 표시할 수 있다. 만일 8개의 트랙을 갖는다면 분해능은 2^8, 즉 256개의 위치정보를 가진다.

2.3.8 공기압 센서

공기압 센서는 압축공기를 이용하여 물체의 변위 및 근접 상태를 공기의 압력변화로 변환한다. 그림 2.19는 이러한 센서의 기본 형태를 보여 주고 있다. 이 센서에는 저압의 공기가 센서 전면의 구멍을 통하여 대기로 방출되게 되어 있다. 근접한 물체가 없으면 이 방출공기는 아무 저항 없이 빠져나가게 되고 중앙의 센서 포트의 공기를 빨아들이게 되어 압력을 하강시킨다. 그러나 물체가 전면으로 근접하면 공기가 저항을 받게 되고 따라서 중앙의 센서 포트의 압력을 상승시키게 된다. 그러므로 센서포트의 압력을 통하여 물체의 근접 정도를 파악할 수 있다.

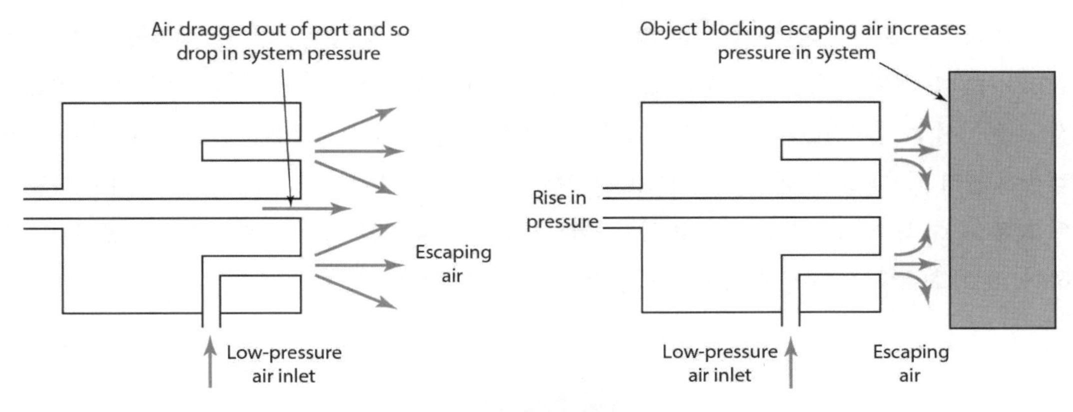

그림 2.19 공기압 근접 센서

이러한 센서는 3에서 12mm 정도의 범위를 수분의 1mm 정도로 계측하는 데 이용할 수 있다.

2.3.9 근접 스위치

근접 스위치는 온-오프 출력을 내는 스위치로서 물체의 유무에 의하여 동작하는 다양한 종류가 있다.

마이크로스위치(microswitch)는 작은 전기 스위치로서 접점을 닫기 위하여 작은 힘에 의한 직접적 접촉이 필요하다. 예컨대 컨베이어 벨트상의 물체의 존재 유무를 결정하는 경우에 물체의 무게에 의하여 벨트를 누르게 되고 이에 따라 벨트 아래의 스프링이 장착된 플랫폼이 움직이게 되어 이 플랫폼이 스위치를 동작시키도록 할 수 있다. 그림 2.20은 마이크로스위치를 동작시키는 몇 가지 방법들을 보여 주고 있다.

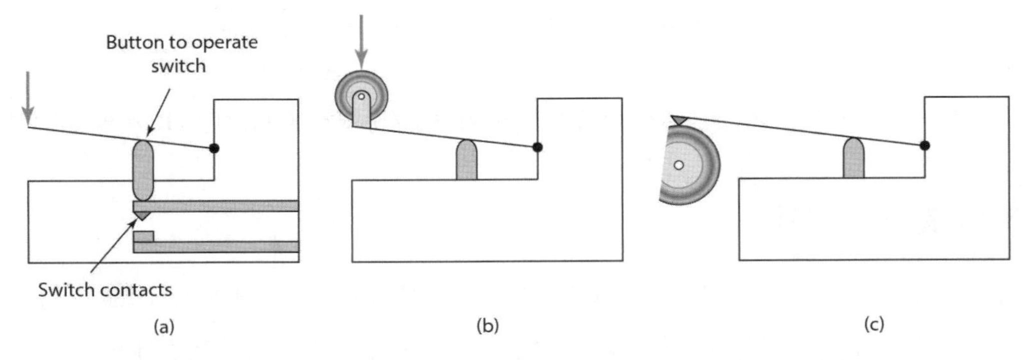

그림 2.20 (a) 레버 구동형, (b) 롤러 구동형, (c) 캠 구동형 스위치

그림 2.21은 **리드 스위치**(reed switch)의 구조를 보여 주고 있다. 이것은 밀폐된 유리 튜브 안에 2개의 마그네틱 접점을 가지고 있다. 자석을 스위치에 가까이 가져가면 이 마그네틱 접점이 서로 붙어서 스위치가 닫히게 된다. 이것은 비접촉 근접 스위치가 되며 문의 개폐 여부 등의 검출에 널리 사용되고 있다. 또한 치차(tooth)를 이용한 회전체의 속도검출에 이용하기도 하는데 이 치차의 1개의 이에 자석이 붙여져 있다. 이것이 리드 스위치를 지날 때마다 펄스가 발생되도록 하여 이를 회로에 의하여 해석하면 회전수를 얻을 수 있다.

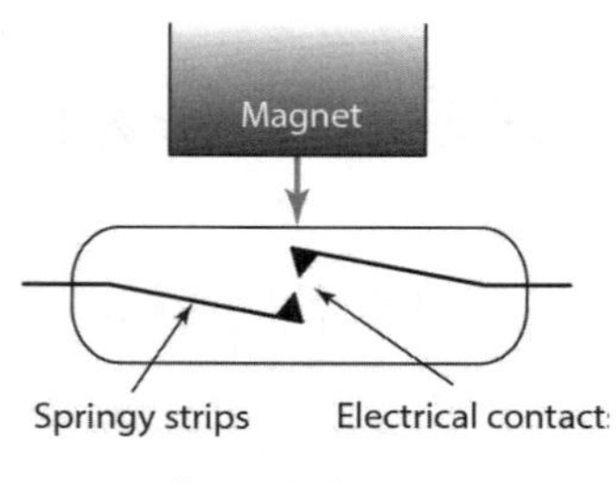

그림 2.21 리드 스위치

감광성 소자(photosensitive device)도 불투명한 물체의 유무검출에 이용할 수 있다. 그림 2.22와 같이 적외선 또는 일반광의 광선을 물체가 차단하거나 반사시켜서 소자에 도달하는 광선이 바뀌게 되므로 이를 이용하여 물체의 유무를 판단한다.

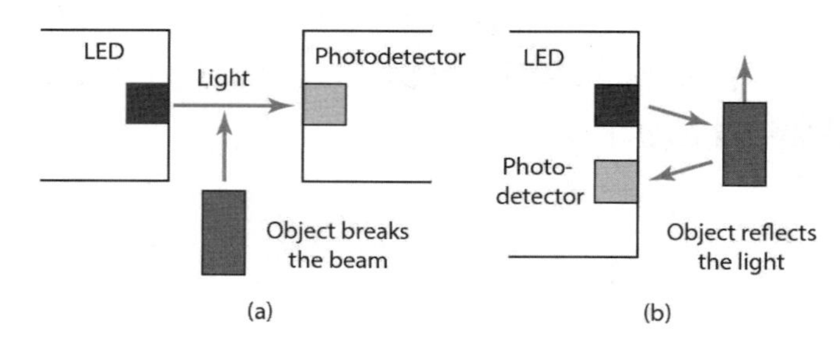

그림 2.22 감광성 센서를 이용한 물체 감지: (a) 물체가 광선을 차단하는 방식, (b) 물체가 광선을 반사하는 방식

2.3.10 홀효과 센서

대전된 입자빔(beam)이 자기장을 통과하면 입자에 힘이 작용되어 입자의 직선경로가 휘게 된다. 도체에서의 전류흐름도 대전 입자빔과 같은 원리로 자장 속에서 휘게 되는데 이 현상은 E. R. Hall에 의하여 1879년에 발견되었기 때문에 **홀효과**(Hall effect)라 부른다. 그림 2.23과 같이 도체 평판에 수직으로 자장이 작용되고 있는 상태에서 전자들이 움직이고 있다고 하자. 자기장의

영향으로 이 전자의 흐름은 평판의 한쪽으로 휘게 될 것이고 그쪽 면은 전자수가 많아져 －로 대전될 것이며 반면에 반대쪽 면은 전자가 빠져나가 ＋로 대전될 것이다. 이러한 불균등 대전으로 평판에 전기장(electric field)이 형성된다. 이러한 대전 현상은 흐르는 대전 입자에 가해지는 전기장에 의한 힘과 자기장에 의한 힘이 평형을 이룰 때까지 계속된다. 그 결과 전류의 방향과 수직인 평판의 양끝에는 전위차 V가 생긴다.

$$V = K_H \frac{BI}{t}$$

여기서 B는 평판에 수직한 방향으로의 자속밀도(magnetic flux density)이고, I는 전류, t는 평판의 두께이며, K_H는 **홀계수(Hall coefficient)**라 부르는 상수이다. 그러므로 일정한 전류에 대하여 홀전압 V는 자속밀도를 계측하는 데 사용할 수 있게 된다.

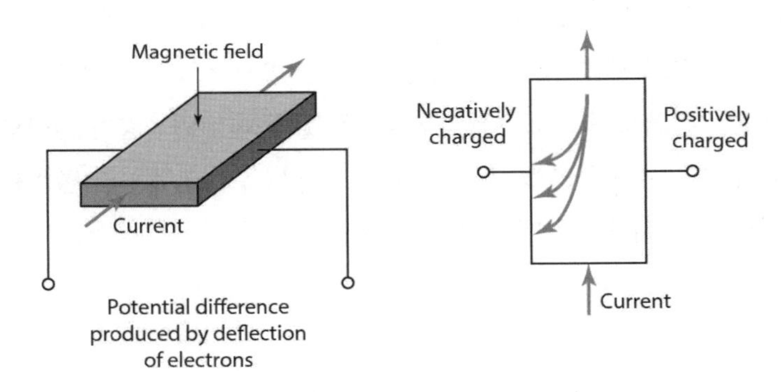

그림 2.23 홀효과

홀효과 센서는 대개 적절한 신호처리회로를 포함하여 IC의 형태로 제공된다. 이 센서는 대개 선형과 스레쉬홀드(threshold)형의 두 가지 형태로 시판되고 있다. 그림 2.24(a)처럼 선형은 자속밀도에 의하여 출력전압이 어느 정도 선형 관계를 가지고 있으며, 그림 2.24(b)의 스레쉬홀드형은 특정 수준(스레쉬홀드) 이상의 자속밀도에서 출력이 급격하게 하강하도록 되어 있다. 선형 홀효과 센서인 634SS2는 공급전원이 5V일 때 －40에서 ＋40mT(－400에서 ＋400 gauss)의 자속밀도 범위에서 사용할 수 있고 mT당 10mV(gauss당 1mV)의 출력을 얻을 수 있다. 스레쉬홀드형인 Allegro 사의 UGN3132U는 자속밀도가 3mT(30 gauss)일 때 0에서 145mV로 출력이 전환된다. 홀효과 센서의 장점은 100kHz까지의 연속적으로 동작하는 고속 스위치로 사용이 가능하면서도 기계식 스위치에 비하여 가격이 저렴하고 기계식 접점에서 발생할 수 있는 바운싱

(bouncing) 문제가 없다. 또한 홀효과 센서는 주변의 환경적 영향을 받지 않기 때문에 열악한 조건에서도 사용이 가능하다.

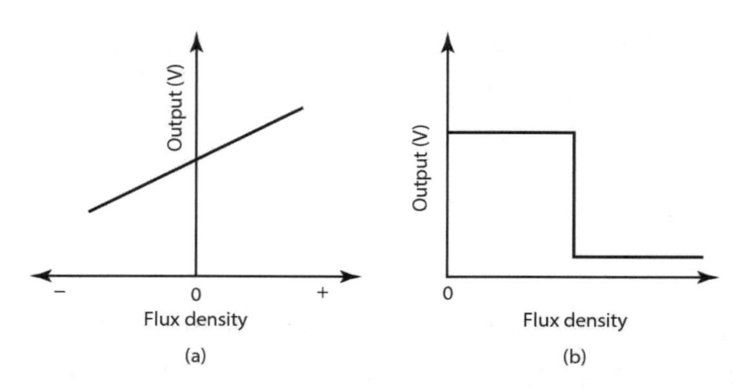

그림 2.24 홀 효과 센서: (a) 선형, (b) 스레쉬홀드

계측하고자 하는 물체에 작은 영구자석을 장착시키면 위치, 변위, 근접 센서로 사용할 수 있다. 일례를 든다면 자동차 연료 탱크 내의 연료량을 이러한 방법으로 계측할 수 있다. 그림 2.25에 그 구조를 도시하였는데 플로트(float)에 영구자석을 장착시켜 연료량이 변하면 홀효과 센서와 플로트 간의 변위가 변화하는 구조를 가지고 있다. 그러므로 이 센서의 출력은 플로트와 센서 간의 변위에 해당하고 이 값을 근거로 탱크 내의 연료량을 알 수 있다.

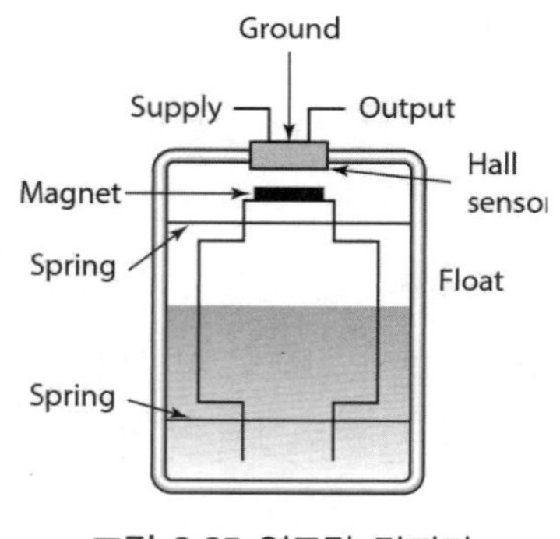

그림 2.25 연료량 감지기

다른 홀효과 센서의 응용으로써 브러시리스(brushless) 직류 모터를 들 수 있다. 이 모터에서는 모터를 계속 회전시키기 위하여 적절한 순간에 권선에 흐르는 전류를 변경해야 하므로 회전자의 영구자석과 고정자의 권선과 정렬되는 정확한 타이밍을 알아야 한다. 그러므로 홀효과 센서가 정렬을 판단하는 데 사용되고 있다.

2.4 속도와 운동

다음은 직선 또는 회전속도를 계측하고 운동을 감지하는 센서들을 소개한다. 운동감지 센서는 보안 시스템, 감응식(interactive) 장난감, 가전 등에 많이 이용되고 있다.

2.4.1 증분 인코더

2.3.7절에서 설명한 증분식 인코더는 각속도 계측에 사용될 수 있으며 단위시간당의 펄스 수를 카운트하게 된다.

2.4.2 회전속도 발전기

회전속도 발전기는 회전속도를 계측하기 위하여 사용된다. 그중 한 형태로 **가변 릴럭턴스형 회전속도 발전기(variable reluctance tachogenerator)**가 있는데 그림 2.26과 같이 강자성체(ferromagnetic)로 제작된 치차가 회전축에 장착되어 있다. 이 치차에 근접하여 픽업(pick-up)이 있는데, 이것은 영구자석 주위에 코일이 감겨져 있다. 치차가 회전할 때 이가 픽업을 지나게 되고 따라서 코일과 강자성체 이 사이의 공기 간극(air gap)이 변하게 된다. 이는 공기 간극에 따라 자기 회로(magnetic circuit)가 주기적으로 바뀌게 됨을 의미한다. 따라서 픽업을 통과하는 자속(flux)이 주기적으로 변화하게 되어 픽업 코일에 교류 기전력이 유도된다.

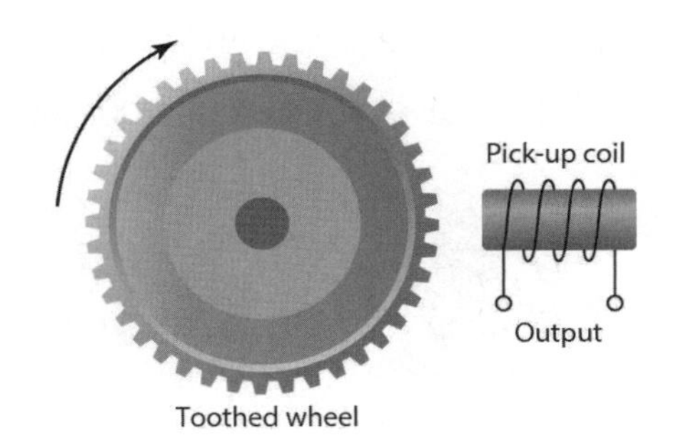

그림 2.26 가변 릴럭턴스형 회전속도 발전기

만약 치차가 n개의 이를 가지고 있고 w의 속도로 회전하고 있다면 코일의 시간에 따른 자속변화는 다음과 같다.

$$\Phi = \Phi_0 + \Phi_a \cos nwt$$

여기서 Φ_0는 자속의 평균이고, Φ_a는 자속변화에 따른 진폭이다. N회 권선된 코일에 유도된 기전력 e는 다음과 같다.

$$e = N\Phi_a nw \sin wt$$

그러므로

$$e = E_{\max} \sin wt$$

여기서 유도된 기전력 $E_{\max}$는 $N\Phi_a nw$로 정의되고, 이 값이 회전속도의 계측값이 된다.

회전속도 계측에 기전력의 최댓값 대신에 위의 사인 변동을 펄스로 바꿀 수 있는 신호조절기를 이용하여 펄스수를 카운트하는 방법도 이용할 수 있다. 이때 단위시간당의 발생 펄스수로부터 회전속도를 환산한다.

다른 형태의 회전속도 발전기로는 **교류발전기(a.c. generator)**가 있다. 이것은 영구자석 또는 전자석으로 되어 있는 고정자 내에서 회전자라는 코일이 회전축에 연결되어 회전하는 구조로 되어 있다. 그림 2.27에서 보는 것과 같이 고정자가 형성한 자기장을 코일이 회전함으로써 코일에 교류가 유도된다. 이 기전력의 크기 또는 주파수로부터 회전자의 회전속도를 계측할 수 있는 것이다. 크기를 계측하려면 출력을 직류전압으로 만들어야 하므로 정류(rectify)를 한다. 이 센서의 비선형성은 대략 전체 레인지의 ±0.15% 정도이고 10,000rpm 정도까지 사용된다.

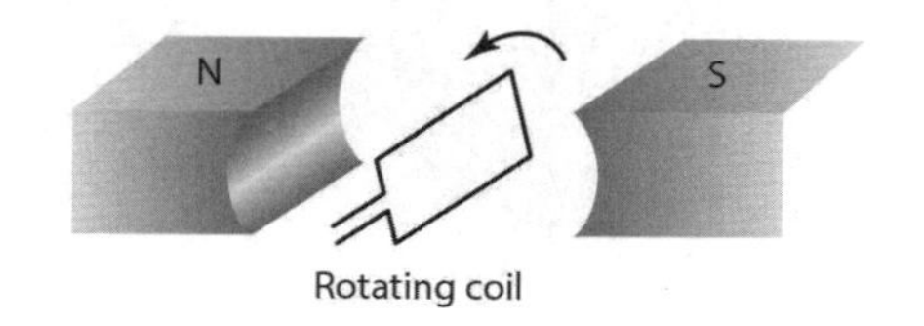

그림 2.27 회전속도 발전기의 교류발전기 형태

2.4.3 초전기 센서

리튬 탄탈레이트(lithium tantalate)와 같은 **초전기 재료(pyroelectric material)**는 열류(heat flow)에 의하여 전하를 발생시킬 수 있는 결정구조체(crystalline) 물질이다. 이 물질에 전기장을

가한 상태에서 큐리(Curie) 온도(리튬 탄탈레이트의 경우 610°C) 직전까지 가열하고 서서히 냉각시키면 물체 내의 쌍극자(dipole)들이 정렬을 하여 분극(polarise)현상이 일어난다(그림 2.28의 (a) 상태에서 (b)로). 이때 전기장을 제거하여도 분극현상이 유지된다. 이 현상은 마치 철편이 자기장 내에 노출되면 자화되는 것과 동등한 원리이다. 이 초전기 재료에 적외선을 쪼이면 온도가 상승하게 되고 이에 따라서 쌍극자의 배열을 흩어버리므로 물체 내부의 분극을 감소시킨다(그림 2.28(c)).

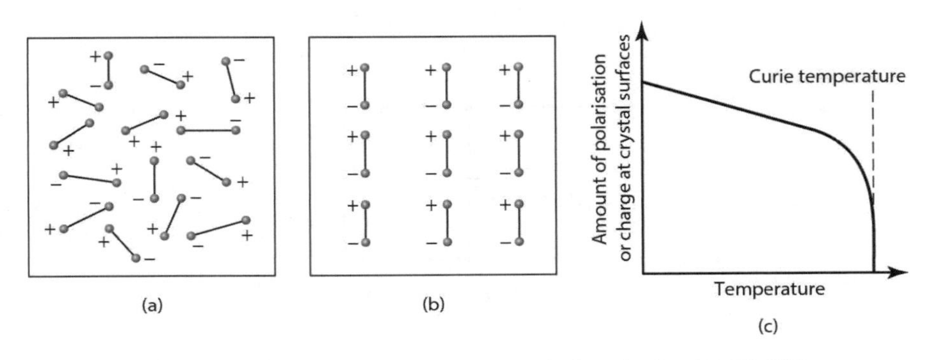

그림 2.28 (a), (b) 초전기 재료의 분극, (c) 온도에 따른 분극량 변화

초전기 센서는 분극화된 초전기 결정의 양쪽면에 금속박막의 전극을 붙인 구조로 되어 있다. 이 결정이 분극화되어 있기 때문에 주변의 공기로부터 이온과 전극에 연결된 회로의 전자를 뺏어와 표면의 전하들이 평형을 이룬다(그림 2.29(a)). 만일 결정에 적외선을 쪼여 온도가 바뀌면 결정 내의 분극이 감소되어 결정의 양쪽 표면의 전하가 줄어들게 된다. 그래서 금속전극판에 결정면의 전하에 비하여 남는 전하들이 생긴다(그림 2.29(b)). 이 잉여 전하가 전극과 결정 사이에 균형이 이루어질 때까지 계측회로를 통하여 빠져나간다. 초전기 센서는 적외선을 쪼임으로 나타나는 온도변화에 따라 전하를 발생시키는 일종의 전하발생기(charge generator)라 하겠다. 그림 2.28(c)의 그래프를 보면 온도변화와 이에 따른 전하의 변화 사이에서 선형 구간이 존재한다. 이 구간에서 온도변화 Δt와 전하의 변화 Δq가 서로 비례관계이므로 다음 식으로 표현할 수 있다.

$$\Delta q = k_p \Delta t$$

여기서 k_p는 결정체에 대한 감도(sensitivity) 상수이다. 그림 2.30은 초전기 센서의 등가 회로를 보여 주고 있는데, 전하발생기로부터의 잉여 전하를 충전하는 커패시터와 내부의 누설저항 및 외부 회로의 저항을 대별하는 저항으로 표현하고 있다.

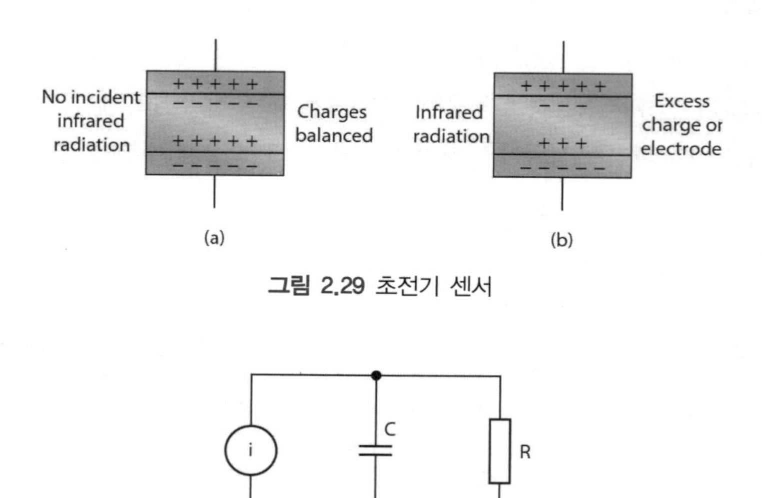

그림 2.29 초전기 센서

그림 2.30 등가 회로

인간 또는 어떤 열원의 움직임을 감지하기 위해서는 물체와 배경에 의한 복사를 구별할 수 있어야 한다. 이를 위해서는 그림 2.31과 같이 2개의 초전기소자가 필요하다. 이 형태는 1개의 전면 전극이 있고 2개의 분리된 후면 전극을 가지고 있다. 2개의 센서가 서로 연결되어 같은 열원에 대해서는 2개 전극의 전위가 같아져 서로 상쇄된다. 그런데 열원이 움직여 복사가 한쪽 소자에서 다음 소자로 진행된다면 저항 R에 흐르는 전류는 한쪽 방향으로 흐르다 곧 역전될 것이다. 보통 인체의 복사는 약 $10^{-12}A$ 정도의 교류전류를 발생시킨다. 그러므로 저항 R은 매우 큰 값이 되어야 양단의 전압의 측정이 가능하다. 예컨대 저항이 50GΩ이라면 50mV 정도의 전압을 얻을 수 있다. 이러한 이유로 출력 임피던스를 수 kΩ 정도로 낮추기 위하여 전압 폴로어로 JFET 트랜지스터를 회로에서 사용하고 있다.

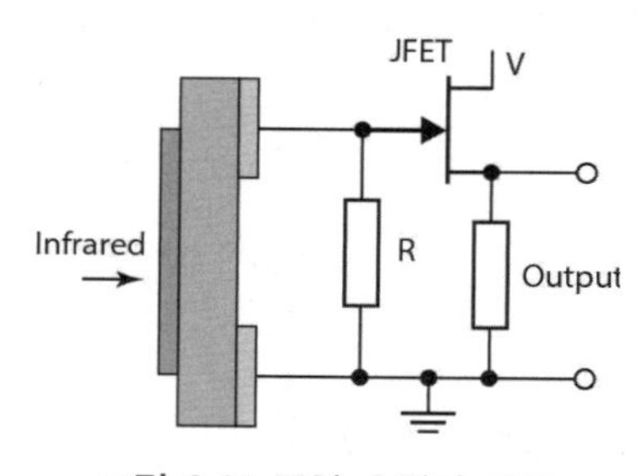

그림 2.31 듀얼 초전기 센서

센서에 적외선 복사를 집중시키기 위하여 초점조절(focusing) 장치가 필요하다. 파라볼릭 거울(parabolic mirror)을 사용할 수 있지만 일반적으로 플라스틱 프리넬(Fresnel) 렌즈를 많이 사용하고 있다. 이 렌즈는 센서의 전면을 보호하는 역할도 하고 침입자 경보, 자동점등 등의 용도에서 많이 사용된다.

2.5 힘

용수철 저울이 힘 센서의 가장 흔한 예이다. 이 경우 중량, 즉 힘이 저울판에 가해지고 이에 따라 스프링이 늘어나는 변위를 만들어낸다. 이 변위가 바로 힘이 된다. 그러므로 힘을 계측하기 위해서는 변위를 계측하면 되며 다음에서 그 사례들을 설명하고 있다.

2.5.1 스트레인 게이지 로드셀

가장 일반적인 힘 계측방법은 전기 저항형 스트레인 게이지를 이용하여 어떤 구조물이 힘을 받아 인장, 압축, 휨이 발생할 때의 변형량을 계측하는 것이다. 이러한 구조를 **로드셀(load cell)**이라 한다. 그림 2.32는 이 로드셀의 예를 보여 주고 있다. 스트레인 게이지들이 원통형 튜브에 접착되어 있다. 힘이 작용하여 이 튜브가 압축되면 변형량이 발생하고 변형량에 따라 스트레인 게이지의 저항이 변하게 되므로 이 저항변화가 바로 가해진 힘에 해당하게 된다. 온도에 의해서도 스트레인 게이지의 저항이 변화하므로 적절한 신호조절장치를 이용하여 온도의 영향을 보상시켜야 한다(3.5.1절 참조). 보통 사용되는 로드셀은 10MN까지의 힘에 사용할 수 있고 비선형 오차는 전체 레인지의 ±0.03% 정도이고 히스테리시스 오차는 ±0.02% 정도이며 반복 오차도 ±0.02% 정도이다. 작은 힘의 계측에는 스트레인 게이지가 장착된 금속판의 휨을 이용한 로드셀을 많이 사용한다. 이 형태의 경우에는 0~5N에서 0~50kN까지의 범위가 보통이고 비선형 오차는 전체 레인지의 ±0.03% 정도이고 히스테리시스 오차는 ±0.02% 정도이며 반복오차도 ±0.02% 정도이다.

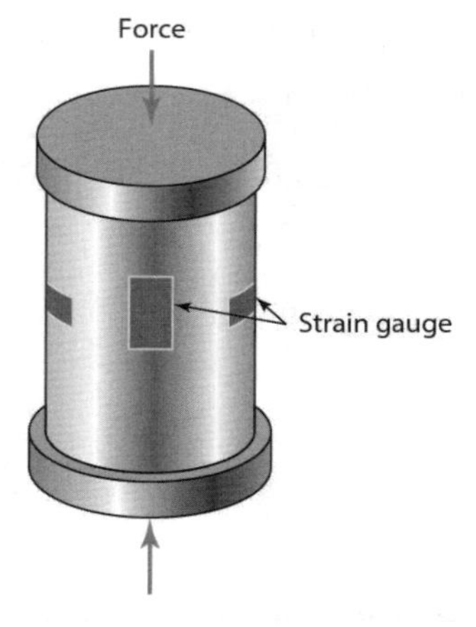

그림 2.32 스트레인 게이지 로드셀

2.6 유체압력

산업공정에서 유체의 압력계측을 위하여 다이어프램(diaphragm), 캡슐(capsule), 벨로우즈(bellows), 튜브 등의 탄성 변형을 측정하는 방법을 이용하고 있다. 압력계측의 형태는 절대압력, 차동압력, 게이지 압력이 있다. 절대압력은 진공상태인 0 압력을 기준으로 한 압력이며 차동압력은 2가지 압력의 차이를 말한다. 게이지 압력은 대기압에 대한 상대적 압력이다.

그림 2.33(a)와 (b)는 다이어프램을 나타내고 있고 박판의 양측의 압력차에 따라 중심이 이동하게 되어 있다. 박판의 주름(corrugation)은 감도를 증진시키는 역할을 한다. 판의 변형의 계측은 그림 2.34와 같이 스트레인 게이지와 같은 적절한 변위 센서를 이용한다. 이 경우 4개의 스트레인 게이지를 이용하는데 2개는 원주방향으로 배치하고 2개는 직경방향으로 배치시키고 있다. 이 4개의 게이지를 휘트스톤 브리지의 4가지에 넣어 연결하고 있다(3장 참조). 스트레인 게이지를 다이어프램에 접착한 압력 센서 외에 스트레인 게이지를 제조 시에 첨가시킨 실리콘 다이어프램을 이용할 수 있다.

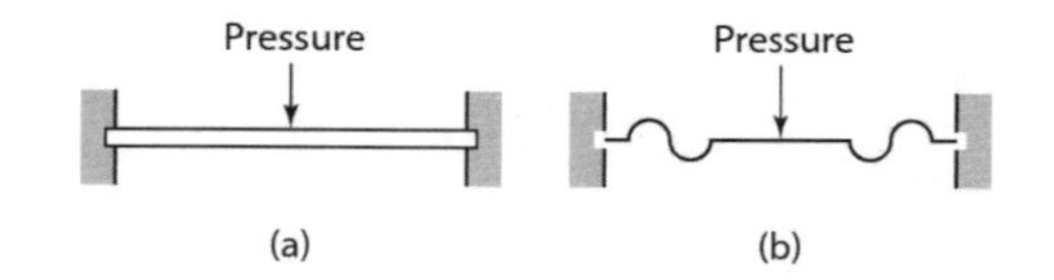

그림 2.33 다이어프램: (a) 평판형, (b) 물결 무늬형

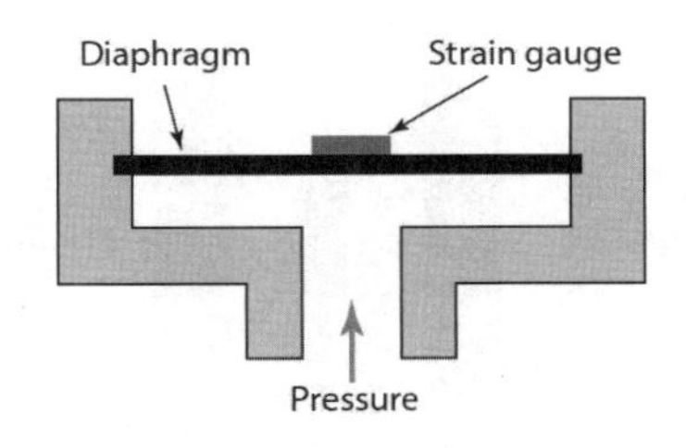

그림 2.34 다이어프램 압력 게이지

또 다른 형태의 실리콘 다이어프램 압력 센서는 Motorola 사의 MPX라는 제품이다. 이것은 1개의 실리콘칩에 저항 네트워크와 함께 스트레인 게이지를 집적시켰다. 스트레인 게이지에 전류를 흘리며 평면에 수직방향으로 압력을 가하면 횡방향으로 접압차가 생긴다. MPX 센서는 그 외에도 신호조절, 온도보상회로를 모두 내장하고 있다. 이 센서의 출력은 압력에 직접 비례한다. 이 센서는 절대압력(모델 번호 끝에 A, AP, AS, ASX가 붙는 것들), 차동압력(D, DP), 게이지 압력(GP, GVP, GS, GVS, GSV, GVSX) 모든 형태를 측정할 수 있다. 예컨대 MPX2100 시리즈는 압력측정 범위가 100kPa까지이고 공급전압이 직류 16V이며 절대압력과 차동압력 계측이 가능하고 출력전압 레인지가 40mV이다. 0에서 100kPa의 계단파 압력변화에 대하여 출력이 10%에서 90%까지 바뀌는 상승시간은 약 1.0ms이고 출력 임피던스는 1.4에서 3.0kΩ 정도이다. 절대압력 센서는 기압계, 고도계 등에 사용될 수 있고 차동압력 센서는 공기유량 계측에 이용될 수 있으며 게이지 압력 센서는 엔진과 타이어 압력측정에 이용할 수 있다.

그림 2.35(a)의 캡슐형의 경우는 2장의 주름 다이어프램으로 간주할 수 있으므로 다이어프램보다 압력감도가 크다. 캡슐을 적층한 형태가 바로 그림 2.35(b)와 같은 벨로우즈형이고 이 구조는 캡슐형보다 더욱 압력에 민감하다. 그림 2.36은 압력 센서에서 전기신호를 얻기 위하여 벨로우즈와 LVDT를 조합한 구조를 보여 주고 있다. 다이어프램, 캡슐, 벨로우즈는 스테인레스강, 인청동(phosphor bronze), 니켈 등의 소재로 재작된다. 초저압 센서의 경우 고무나 나일론으로 제작될 수 있는데 대략 10^3에서 10^8Pa까지도 계측이 가능하다.

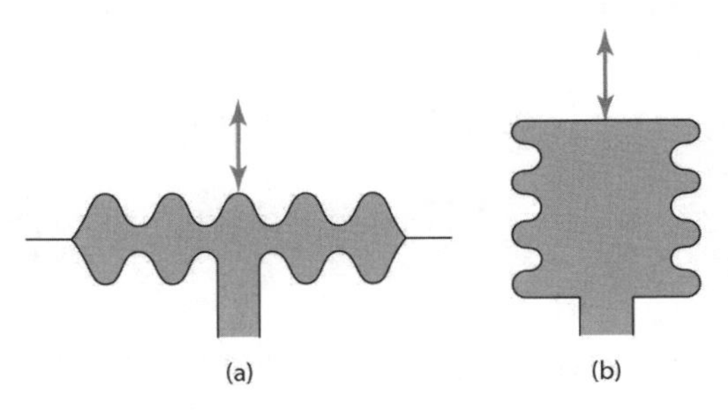

그림 2.35 (a) 캡슐, (b) 벨로우즈

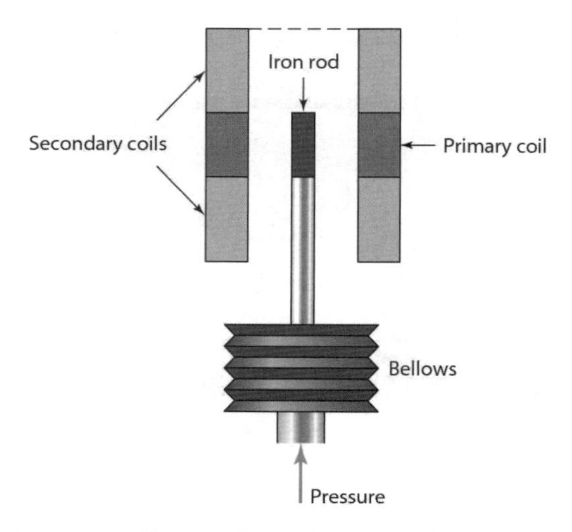

그림 2.36 벨로우즈와 LVDT 조합

그림 2.37(a)와 같이 타원의 단면을 갖는 튜브를 다양한 형태로 제작하여 압력에 따른 변형을 만들어낼 수 있다. 이 튜브는 압력이 증가함에 따라 더욱 큰 단면공간을 가지려는 속성이 있다. 튜브를 그림 2.37(b)와 같이 C자형으로 만들면 압력이 증가할 때 C자가 위로 열리는 방향으로 변형되며 이를 **부르동 튜브(Bourdon tube)**라고 한다. 또한 그림 2.37(c)와 같이 나선형으로 감으면 C자형이 연속으로 연결되어 있는 것과 동등하므로 감도가 훨씬 커진다. 이러한 튜브는 주로 스테인레스강이나 인청동 등의 재료로 제작되고 사용압력 레인지는 10^3에서 10^8Pa 정도이다.

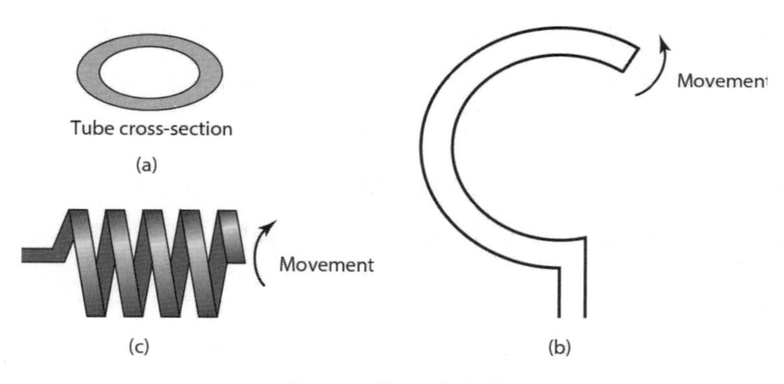

그림 2.37 튜브 압력 센서

2.6.1 압전 센서

압전소자(piezoelectric materials)는 인장하거나 압축시키면 전하를 발생시켜 그림 2.38(a)와 같이 한쪽 면은 양으로 대전되고 반대편은 음으로 대전되어 양쪽 면 간에 전위차가 발생한다.

압전소자는 이온결정체(ionic crystal)로서 인장이나 압축을 받으면 결정 내의 전하분포가 변화되어서, 전체적으로 한쪽 면은 양전하가, 반대편은 음전하가 많아진다. 각 표면의 총 전하량 q는 전하이동변위 x에 비례하고 이 x는 가해진 힘에 비례하므로

$$q = kx = SF$$

여기서 k는 상수이고, S는 **전하감도(charge sensitivity)**라고 한다. 이 전하감도는 물질에 따라 다르고, 또한 결정의 방위(orientation)에도 좌우된다. 특정 방향으로 절단되어 정해진 방향으로 힘을 받을 때 전하감도가 수정(Quartz)은 2.2pC/N, 바륨 타이타네이트(barium titanate)는 130pC/N, 납 지르코네이트-타이타네이트(lead zirconate-titanate)는 265pC/N 정도가 된다.

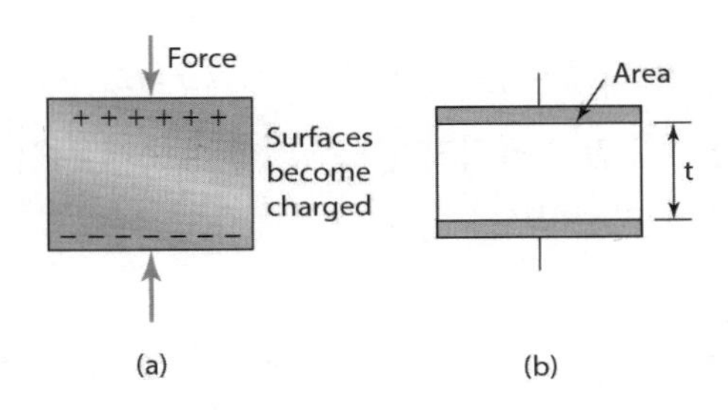

그림 2.38 (a) 압전기, (b) 압전 용량

그림 2.38(b)는 금속전극을 압전결정 양면에 증착시킨 상태를 보여 주고 있다. 2개 판 간의 커패시턴스는 다음과 같다.

$$C = \frac{\varepsilon_0 \varepsilon_r A}{t}$$

여기서 ε_r은 물질의 상대유전율이고, A는 면적, t는 두께이다. v를 커패시터 양단의 전압이라 하면 전하 $q = Cv$이므로

$$v = \frac{St}{\varepsilon_0 \varepsilon_r A} F$$

힘이 면적 A에 작용하므로 압력 p는 F/A가 되며 **전압감도인자(voltage sensitivity factor)**

$S_v = (S/\varepsilon_0 \varepsilon_r)$라 하면

$$v = S_v tp$$

발생된 전압은 인가된 압력에 비례한다. 전압감도는 수정의 경우 약 0.055V/mPa, 바륨 타이타네이트는 약 0.011V/mPa 정도가 된다.

압전 센서는 압력, 힘, 가속도의 계측에 사용된다. 그런데 압력변화에 의하여 생성된 전하가 오랜 시간 동안 보존되지 않고 곧 사라지므로 주로 정상상태 계측보다 과도변화 계측에 사용된다.

그림 2.39(a)와 같은 압전 센서의 등가회로는 전하발생기와 커패시터 C_S 그리고 유전체를 통한 누설을 나타내는 저항이 병렬로 연결되어 있다. 센서는 커패시턴스가 C_C인 케이블을 통하여 입력 커패시턴스가 C_A이고 저항이 R_A인 증폭기에 연결되면 그림 2.39(b)와 마찬가지로 전체 커패시턴스는 $C_S + C_C + C_A$가 되고 이는 전체 저항 $R_A R_S/(R_A + R_S)$과 병렬로 연결된 형태의 회로가 된다. 센서가 압력을 받으면 충전되지만 병렬저항 때문에 서서히 방전이 된다. 이 방전시간은 회로의 시상수에 의하여 정해진다.

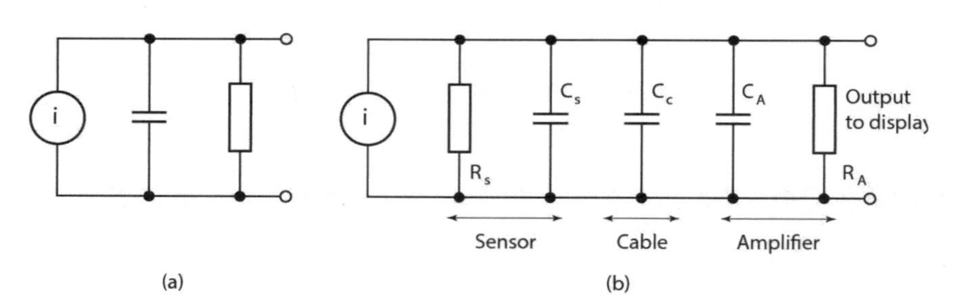

그림 2.39 (a) 센서 등가회로, (b) 전하 증폭기에 연결된 센서

2.6.2 접촉 센서

접촉 센서는 압력 센서의 특별한 형태이다. 이 센서는 로봇 '팔'의 '핑거 끝(fingertips)'에 장착되어 물체와 접촉하는 시점을 포착할 때 사용될 수 있으며 또한 '터치 스크린'에서 물리적 접촉을 감지하는 데 이용되기도 한다. 접촉 센서의 한 형태로서 압전 폴리비닐 훌로라이드(Polyvinylidene Fluoride: PVDF) 필름을 이용한 것이 있다. 2개 층의 PVDF 필름을 사용하는 데 2개 층 사이에는 그림 2.40과 같이 진동을 전달할 수 있는 부드러운 필름층이 있다. 하층의 PVDF에는 교류전압을 가하여 기계적 진동을 발생시키고 있다(이것은 앞 절에서 설명한 압전 센서의 역과정으로 설명할 수 있다). 이 진동을 중간층 필름이 상층의 PVDF 필름으로 전달한다. 압전효과로 이 진동에 의하

여 상층의 PVDF 필름에는 교류전압이 발생된다. 접촉 센서에 압력이 가해지면 상층 필름의 진동이 변화를 받게 되고 그 결과 교류전압출력에 변동이 생기게 된다. 이를 검출하면 접촉상태를 알 수 있다.

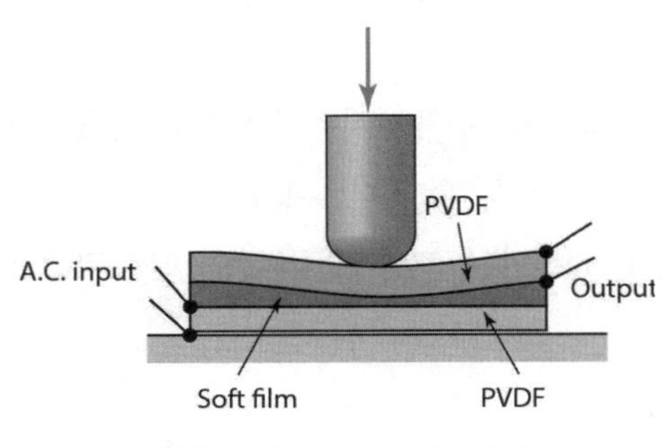

그림 2.40 PCDF 접촉 센서

2.7 유체흐름

전통적인 액체의 유량(flow rate)을 계측하는 방법으로서 유체가 그림 2.41과 같은 저항(constriction)을 통과할 때의 압력변화를 계측하는 것이 있다. 수평관에 대하여 저항을 통과하기 전의 유속을 v_1, 압력을 p_1, 단면적을 A_1이라고 하고 저항에서의 유속을 v_2, 압력을 p_2, 단면적을 A_2라고 정의하며 유체의 밀도를 ρ라고 할 때 베르누이(Bernoulli) 방정식을 적용하면

$$\frac{v_1^2}{2g}+\frac{p_1}{\rho g}=\frac{v_2^2}{2g}+\frac{p_2}{\rho g}$$

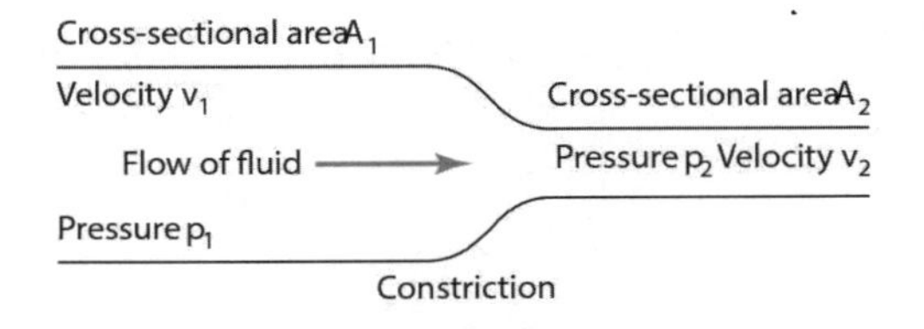

그림 2.41 저항을 통과하는 유체

단위시간당 통과하는 유체의 질량은 저항 전과 저항 내에서 동일해야 하기 때문에 연속방정식 $A_1v_1\rho = A_2v_2\rho$가 만족되어야 한다. 그리고 밀도의 변화가 없는 상태에서 단위시간당 통과하는

유체체적 Q는 $A_1 v_1 = A_2 v_2$가 된다. 따라서

$$Q = \frac{A_2}{\sqrt{1-(A_2/A_1)^2}}\sqrt{\frac{2(p_1-p_2)}{\rho}}$$

그러므로 단위시간당 관을 통과하는 유체체적은 압력차의 제곱근에 비례하는 것을 알 수 있으며 압력차를 계측하면 유량으로 환산할 수 있다. 이 법칙을 이용한 많은 유량측정방법이 있으며 다음에 설명하는 오리피스(orifice)판은 그중 가장 많이 사용되는 방법이다.

2.7.1 오리피스판

그림 2.42처럼 오리피스판은 유체가 흐를 관에 설치된 중앙 홀이 있는 단순한 판이다. 압력은 오리피스로부터 상류로 직경만큼 떨어진 지점과 하류로 반경만큼 떨어진 지점에서 계측된다. 오리피스판은 단순하면서도 염가이고 가동부(moving part)가 없어서 널리 사용되고 있다. 그러나 이물질(slurry)이 있는 경우는 잘 동작하지 않는다. 정밀도는 대개 전체 레인지의 ±1.5% 정도이고 비선형이며 장치의 압력손실을 유발시키는 단점이 있다.

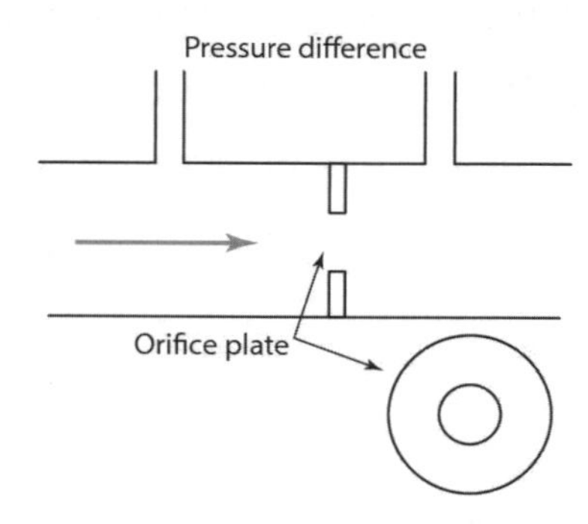

그림 2.42 오리피스판

2.7.2 터빈 미터

그림 2.43과 같은 터빈 유량계는 유체가 흐르는 관의 중심에 복수의 날개판이 달린 회전체(rotor)를 가지고 있다. 유체의 흐름이 회전체를 회전시키게 되는데 개략적으로 회전속도가 유량과 비례관계를 갖는다. 회전체의 회전속도는 마그네틱 픽업(magnetic pick-up)을 이용하여 계측한다. 픽업으로부터의 펄스를 카운트하여 회전체의 속도를 결정한다. 이 유량계는 고가이며

정밀도는 대개 ±0.3% 정도이다.

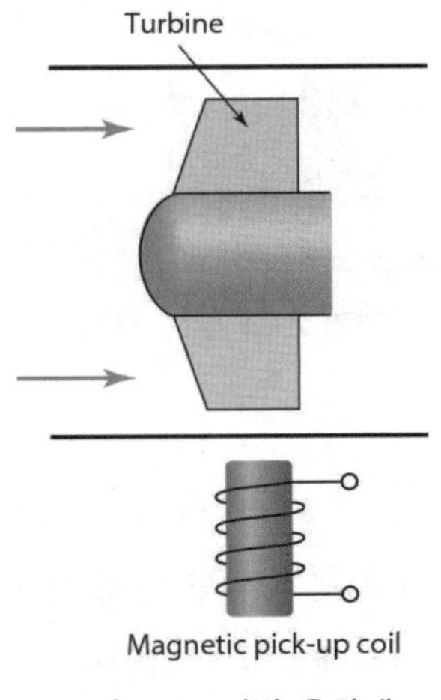

그림 2.43 터빈 유량계

2.8 액 위

탱크 내의 액위(liquid level)는 직접 액체의 수면의 위치를 계측하거나 액위와 관련된 다른 물리량을 계측함으로써 결정할 수 있다. 직접적인 방법으로써 부표(float)를 사용하는 것이 있고 간접적인 방법으로 로드셀을 이용한 탱크 무게를 계측하는 것이 있다. 탱크의 단면적을 A, 액위를 h, 밀도를 ρ, 중력가속도를 g라고 하면 유체의 중량은 $Ah\rho g$가 된다. 그러므로 액위가 변하면 중량이 바뀐다. 또한 유체압력이 $h\rho g$로 표현되기 때문에 압력을 계측하는 방법이 더 일반적 방법이 될 수 있다.

2.8.1 부 표

직접적인 방법으로 부표의 위치를 계측하여 탱크의 액위를 파악하는 방법이 있다. 그림 2.44는 간단한 부표 시스템을 보여 주고 있다. 부표의 변위가 레버를 회전시키고 회전축에 연결된 전위차계의 슬라이더를 움직인다. 결과적으로 액위와 관련된 전압출력을 얻을 수 있다. 다른 형태로 레버가 LVDT의 코어를 움직이거나 스트레인 게이지가 장착된 구조물을 인장 또는 압축시키는 것이 있다.

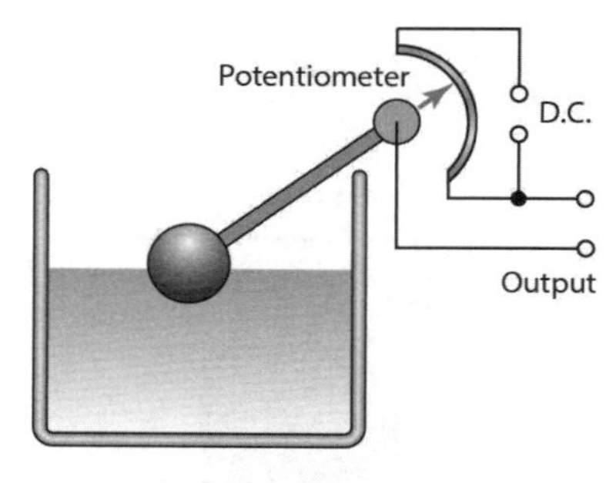

그림 2.44 부표 시스템

2.8.2 차동압력

그림 2.45는 차동압력을 이용한 액위 계측의 두 가지 형태를 보여 주고 있다. 그림 2.45(a)는 차동압력 센서가 대기 중에 열려 있는 탱크의 바닥압력과 대기압과의 차이를 계측하고 있다. (b)는 차동압력 센서가 밀폐된 탱크의 바닥압력과 액체의 수면 위의 공기 또는 가스 압력의 차이를 계측하고 있다.

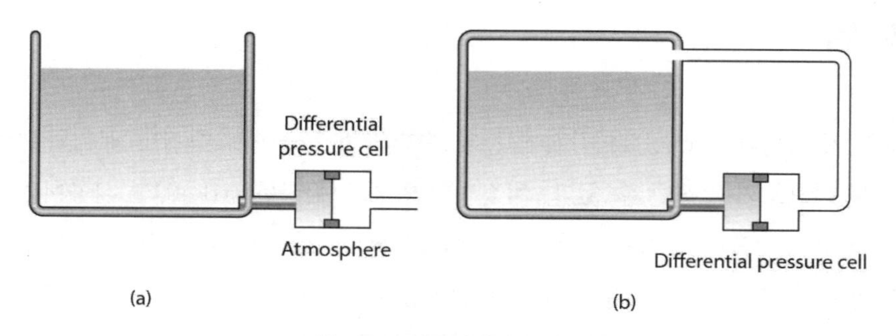

그림 2.45 차동압력 센서 이용

2.9 온 도

온도를 계측하기 위하여 여러 종류의 변화를 이용하고 있는데 고체, 액체, 기체의 수축팽창변화, 도체 또는 반도체의 전기저항 변화, 열전현상에 의한 기전력 변화 등이 많이 이용된다. 다음은 온도제어 시스템에서 흔히 사용되는 온도계측 센서에 대하여 설명하고 있다.

2.9.1 바이메탈

이 장치는 서로 다른 2개의 금속 띠를 같이 접합시킨 것이다. 2개의 금속은 서로 다른 열팽창계수를 가지고 있기 때문에 온도가 바뀌면 접합된 띠가 굽힘변형을 받게 된다. 그림 2.46과 같이 이 변형을 이용하여 가정용 난방기에 흔히 사용되는 온도제어용 스위치를 작동시킬 수 있다. 작은 자석을 히스테리시스 특성을 갖도록 접점에 장착시켜 놓았는데 이로 인하여 스위치가 열리는 온도와 닫히는 온도가 차이가 난다.

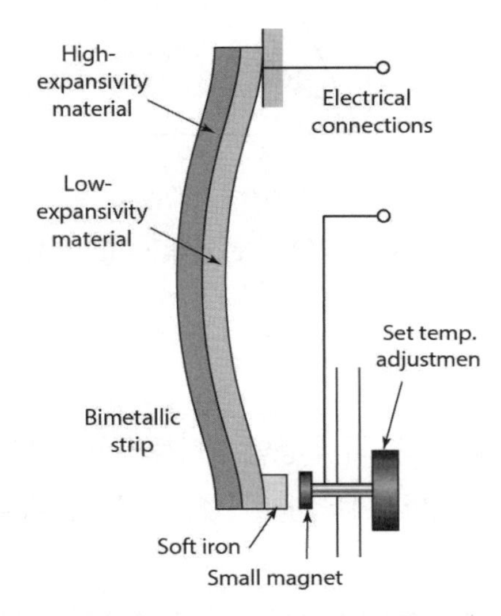

그림 2.46 바이메탈 온도제어용 스위치

2.9.2 저항온도검출기

그림 2.47에서 보는 것과 같이 대부분의 금속은 제한된 온도범위까지는 선형적으로 온도 증가에 따라 저항이 증가한다. 이 선형 관계는 다음 식과 같이 표현된다.

$$R_t = R_0(1+\alpha t)$$

여기서 R_t는 온도 t°C에서의 저항, R_0는 0°C의 저항이며 α는 온도저항계수(temperature coefficient of resistance)이다. 저항온도검출기(Resistance Temperature Detector: RTD)는 백금, 니켈, 니켈-구리 합금과 같은 금속이 코일 형태로 감겨진 단순한 저항체이며 백금이 가장 많이 사용된다. 필름형 백금을 적절한 재료의 표면에 증착시켜 제조되고 코일형은 와이어를 코일로 감아 실리콘 튜브에 넣고 고온의 유리접착제로 고정시킨 것이다. 이 검출기는 안정성이 높고 장기간 사용해도 성능변화가 작다. 응답시간은 대개 0.5에서 5초 이상이 된다.

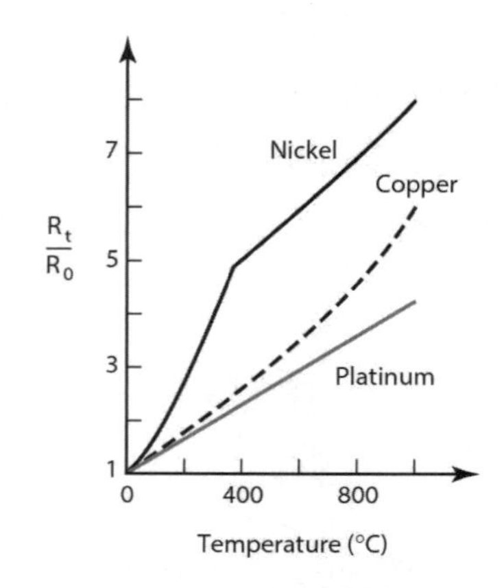

그림 2.47 온도에 따른 금속의 저항 변화

2.9.3 서미스터

서미스터는 크롬, 코발트, 철, 망간, 니켈 등의 산화물의 혼합물로 제작된 작은 금속조각이다. 이 산화물은 반도체의 성질을 갖는다. 이 소재는 구슬, 디스크, 막대 등의 다양한 형태로 제작되어 있다(그림 2.48(a)).

그림 2.48(b)와 같이 금속화합물(metal-oxide) 서미스터의 저항은 일반적으로 온도 증가에 따라 상당히 비선형적으로 감소한다. 이 서미스터는 음의 온도계수(NTC)를 가지고 있으나 양의 온도계수(PTC)를 갖는 것도 있다. 서미스터의 경우는 온도변화 1°C당의 저항변화가 금속에 비하여 매우 크다. 서미스터의 저항-온도 관계는 다음 식으로 표현할 수 있다.

$$R_t = Ke^{\beta/t}$$

여기서 R_t는 온도 t°C에서의 저항이고, K와 β는 상수이다. 서미스터는 다른 온도 센서에 비하여 많은 장점을 가지고 있다. 이 센서는 매우 튼튼하고 작기 때문에 특정한 점의 온도를 계측할 수 있다. 크기가 작기 때문에 온도변화에 빠르게 응답하며 단위온도 변화당 저항변화가 크다. 가장 큰 단점은 비선형 특성이다. 서미스터는 자동차 내 전자 시스템에서 기온과 냉각제 온도 등을 모니터링하는 데 사용된다.

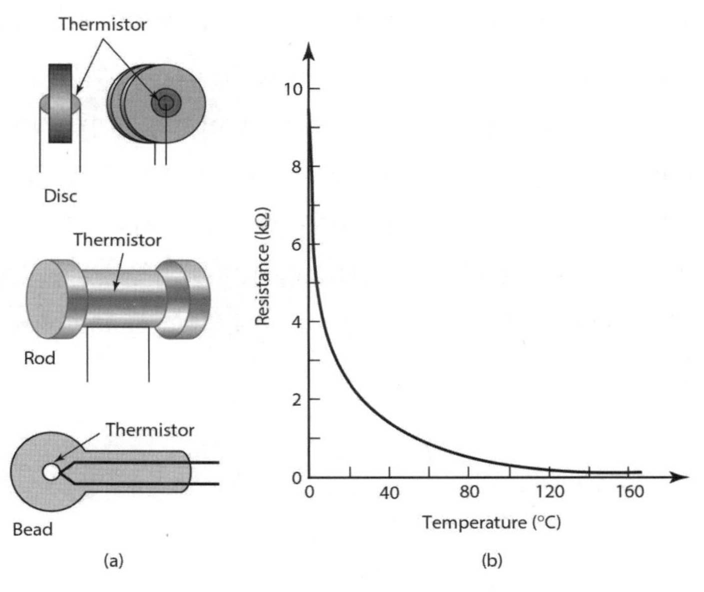

그림 2.48 서미스터: (a) 일반적인 형태, (b) 온도에 따른 저항 변화

2.9.4 서모다이오드와 트랜지스터

접합(junction) 반도체 다이오드도 온도 센서로 많이 사용되고 있다. 불순물이 첨가된(dopping) 반도체의 온도가 바뀌게 되면 전하의 캐리어의 운동성이 변화되어 전자와 정공이 p-n 접합에서 확산되는 속도가 달라진다. 그러므로 p-n 접합 양단의 전위차가 V라면 접합을 통하여 흐르는 전류 I는 온도의 함수로 표시된다.

$$I = I_0 (e^{eV/kT} - 1)$$

여기서 T는 켈빈(Kelvin)으로 표시한 온도이고, e는 전자의 전하량이며 k와 I_0는 상수이다. 이 식에 로그를 취하면 전압으로 표시할 수 있다.

$$V = \left(\frac{kT}{e}\right) \ln\left(\frac{I}{I_0} + 1\right)$$

일정한 전류 I에 대하여 V가 온도 T에 비례하므로 일정한 전류가 흐르는 다이오드 양단의 전압차를 계측하면 온도를 알 수 있다. 이 센서는 서미스터처럼 작으면서도 온도에 비례하는 전압을 얻을 수 있다는 장점이 있다. 온도 센서로 이용되는 다이오드는 적절한 신호조절회로를 내장한 LM3911과 같은 IC의 형태로 제공되고 있어 작고 컴팩트한 센서로 사용될 수 있다. LM3911의 출력은 온도에 비례하고 그 비율은 10mV/°C이다.

서모다이오드와 마찬가지로 서모트랜지스터에서도 베이스와 이미터 사이의 접점에서의 전압은 온도에 따라 바뀌므로 온도 계측에 사용할 수 있다. 서로 다른 콜렉터 전류를 갖는 2개의 트랜지스터에서 두 베이스-이미터 간의 전압차가 켈빈으로 표시된 온도에 비례하게 된다. 이러한 트랜지스터와 함께 주변회로 및 신호조절회로를 포함한 집적회로가 상용화되어 있다. 그림 2.49는 이러한 센서로서 LM35를 보여 주고 있는데, 계측범위는 −40°C에서 +110°C이고 감도는 10 mV/°C이다.

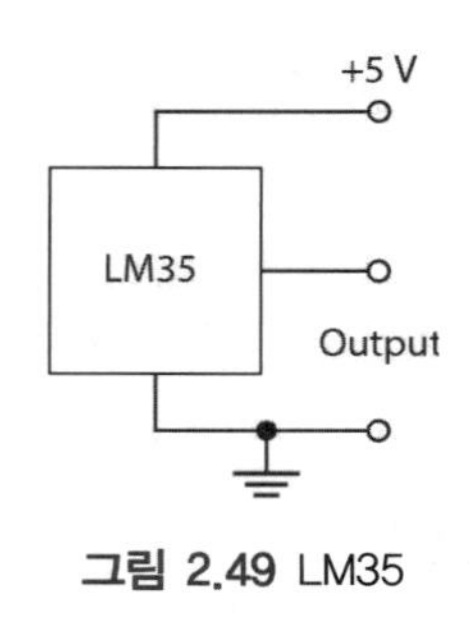

그림 2.49 LM35

2.9.5 열전대

2종의 금속이 서로 접합되면 접합(junction) 사이에 전압이 발생된다. 이 전위차는 사용된 금속과 접합의 온도에 따라 달라진다. 열전대는 그림 2.50(a)와 같이 2개의 접합을 가지고 있다.

만일 2개 접합이 같은 온도라면 전체 기전력이 0이 된다. 그러나 접합 간의 온도차가 생기면 기전력이 발생한다. 이 기전력 E는 두 금속의 종류와 두 접합의 온도 t에 좌우된다. 만일 한쪽 접합을 0°C로 유지시키면 다음과 같은 관계식이 만족된다.

$$E = at + bt^2$$

여기서 a와 b는 해당 금속에 대한 상수이다. 흔히 사용되는 열전대는 표 2.1에 열거되어 있는데 주로 사용되는 온도범위와 감도를 보여 주고 있다. 이들 열전대는 타입을 나타내는 문자를 가지고 있다. 예컨대 철-콘스탄탄 열전대는 J타입 열전대로 불린다. 그림 2.50(b)는 흔히 사용되는 타입의 열전대에 대하여 온도와 기전력의 관계를 보여 주고 있다.

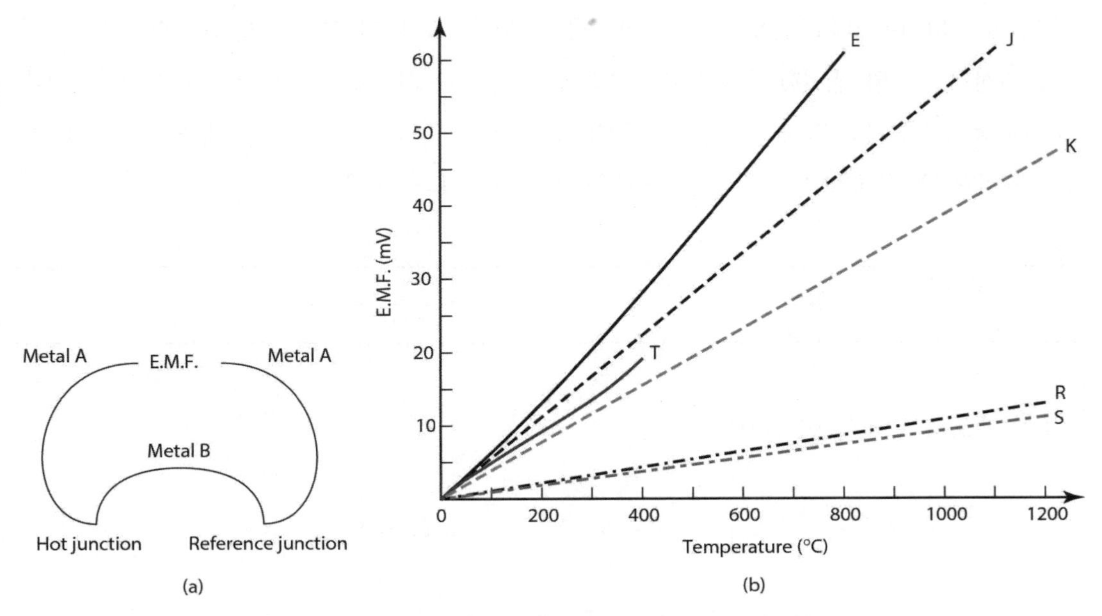

그림 2.50 (a) 열전대, (b) 열 기전력-온도 그래프

표 2.1 열전대

Ref.	Materials	Range(℃)	(μV/℃)
B	Platinum 30% rhodium/platinum 6% rhodium	0~1800	3
E	Chromel/constantan	−200~1000	63
J	Iron/constantan	−200~900	53
K	Chromel/alumel	−200~1300	41
N	Nirosil/nisil	−200~1300	28
R	Platinum/platinum 13% rhodium	0~1400	6
S	Platinum/platinum 10% rhodium	0~1400	6
T	Copper/constantan	−200~400	43

열전대회로에는 다른 금속이 회로 내에 포함될 수 있는데 그 접합들이 같은 온도라는 조건만 만족하면 열 기전력(thermoelectric e.m.f.)에 영향을 주지 않는다. 이를 **중간 금속의 법칙(law of intermediate metals)**이라고 한다.

열전대의 기준 접합은 0°C 외에 온도로도 사용할 수 있지만, 표준 테이블은 0°C 접합을 기준으로 하기 때문에 보정이 필요하다. 이 보정은 다음과 같은 **중간 온도의 법칙(law of intermediate temperature)**을 이용한다.

$$E_{t,0} = E_{t,I} + E_{I,0}$$

냉접합(cold junction) 온도가 0°C이고 접합 온도가 t일 때의 기전력 $E_{t,0}$는 중간 온도 I에 대한 기전력 $E_{t,I}$와 냉접합 온도가 0°C이고 접합 온도가 I일 때의 기전력 $E_{I,0}$의 합과 같다. 20°C의 냉접점을 가진 E 타입의 열전대를 가지고 온도를 측정하는 것을 고려해 보자. 이 열전대는 200°C일 때 기전력이 얼마인가? 다음은 표준 테이블로부터의 데이터이다.

Temp.(°C)	0	20	200
e.m.f.(mV)	0	1.192	13.419

중간 온도의 법칙을 이용하면

$$E_{200,0} = E_{200,20} + E_{20,0} = 13.419 - 1.192 = 12.227\text{mV}$$

이 결과는 냉접합 0°C일 때 180°C의 테이블 데이터인 11.949mV와는 다르다는 것을 유의하기 바란다.

일반적으로 냉접합을 0°C로 유지시키는 것은 물과 얼음이 섞인 보온통에 접합을 넣어야 하는 불편함이 있다. 그러나 그림 2.51과 같은 보상회로를 사용하면 상온에 냉접합이 있어도 이를 보상하는 전압을 발생시킬 수 있다. 이 보상전압은 저항형 온도 센서를 이용하여 구할 수 있다.

일반 금속의 열전대인 E, J, K, T 타입들은 상대적으로 염가이지만 사용시간에 따른 성능저하가 단점이다. 이들의 정밀도는 대략 ±1에서 3% 정도이다. 귀금속의 열전대인 R 타입은 고가이지만 안정성과 내구성이 뛰어나다. 정밀도는 대략 ±1% 이하이다.

열전대는 기계적 화학적 손상에 대응하기 위하여 적절한 외장(sheath)을 가지고 있다. 외장의 형태는 사용온도에 따라 달라진다. 어떤 경우는 열전도도가 크고 전기 전도도가 낮은 광물의 외장을 사용하기도 한다. 외장이 없는 경우의 열전대는 응답속도가 매우 빠르다. 큰 외장을 사용한다면 이 시간은 수 초대로 늘어난다. 발생되는 기전력을 키우기 위하여 10개 또는 그 이상의 열전대의 접점을 직렬로 연결하여 같은 용기에 내장시키는 경우가 있는데 이를 **서모파일**(thermopile)이라 한다.

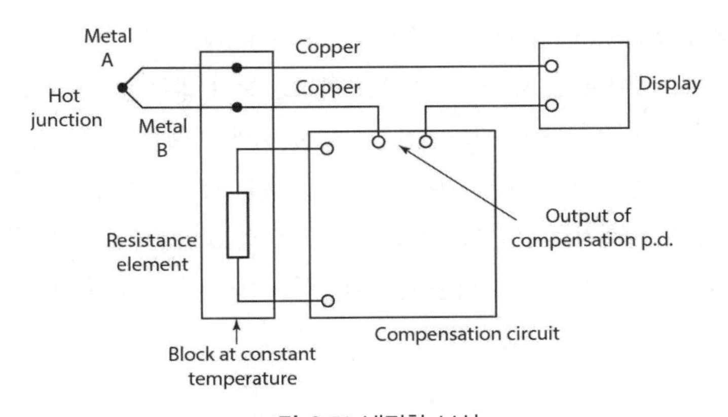

그림 2.51 냉접합 보상

2.10 광센서

포토다이오드(photodiode)는 반도체 접합다이오드이다(9.3.1절 참조). 이것이 역바이어스(reverse bias)가 걸리는 회로에 연결되면 저항이 매우 높아서(그림 2.52(a)) 미세한 전류밖에 흘릴 수 없으나 접점에 빛을 쪼이게 되면 다이오드의 저항이 낮아져(그림 2.52(b)) 전류가 크게 증가한다. 예컨대 3V의 역바이어스가 걸렸을 때 빛이 없으면 25μA 정도의 전류가 흐르지만 25000lumens/m^2의 조명에서는 전류가 375μA로 증가한다. 소자의 저항은 빛이 없으면 $3/(25\times10^{-6})=120k\Omega$이 되고 조명이 있으면 $3/(375\times10^{-6})=8k\Omega$이 된다. 그러므로 포토다이오드는 조사된 빛에 의하여 조절되는 가변저항으로서 사용될 수 있다. 포토다이오드의 빛에 대한 반응속도는 매우 빠르다.

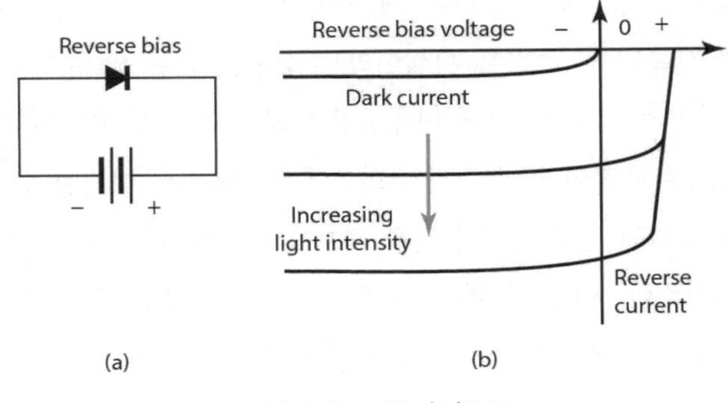

그림 2.52 포토다이오드

포토트랜지스터(phototransistor)는 광감응(light-sensitive) 콜렉터 베이스 간 p-n 접합을 가지고 있다(트랜지스터에 관한 내용은 9.3.3절 참조). 빛이 없는 상태에서는 콜렉터-이미터 간 전류가 매우 작지만 빛을 받으면 광도(light intensity)에 비례하는 베이스 전류가 생성된다. 이 베이스 전류에 따라 큰 콜렉터 전류가 흐르게 되므로 빛의 광도를 계측할 수 있게 된다. 포토트랜지스터는 종종 일반 트랜지스터와 그림 2.53처럼 달링턴(Darlington) 결합으로 연결시켜 한 소자를 구성시킨다. 이러한 달링턴 결합은 전류이득이 높아서 주어진 광도에 대하여 큰 전류를 얻을 수 있다.

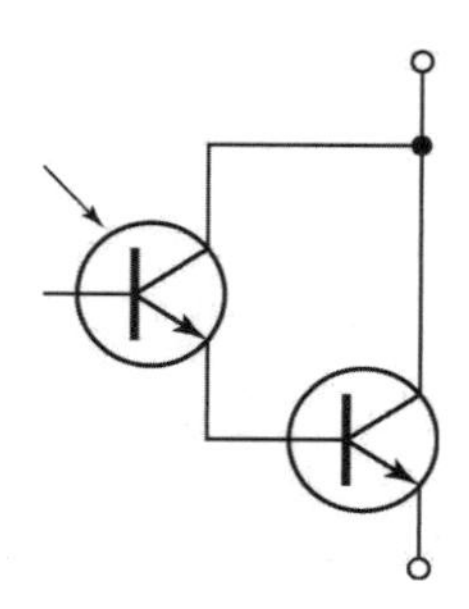

그림 2.53 포토 달링턴

포토레지스터(photoresister)는 조사된 광도에 따라 저항값이 변화하는 소자로서 광도가 증가하면 선형적으로 저항이 감소된다. 카드뮴 설파이드(cadmium sulphide)라는 황화물 포토레지스터는 515nm 이하의 파장을 갖는 빛에 가장 잘 반응하고 카드뮴 셀레나이드(cadmium selinide)는 700nm 이하의 파장을 갖는 빛에 잘 반응한다.

자동카메라에서 화상의 광도변화를 고려하여 노출을 정하는 것과 같이 광도변화를 계측하기 위해서는 광센서 배열이 필요하다. 한 예로 이러한 배열은 디지털 카메라에서 촬영되고 있는 이미지를 포착하여 디지털 형태로 변환하는 데 쓰이며, 이때 **전하 결합 장치(charge-coupled device: CCD)**가 자주 사용된다. CCD는 픽셀이라는 수많은 감광 셀(light-sensitive cell)들의 배열이다. 이 셀들은 기본적으로 결핍층에 의해 n형 실리콘 층으로부터 분리된 p형 층이다. 빛에 노출되면 셀은 전기적으로 충전되고 이는 전자 회로에 의해 8비트 디지털 숫자로 변환된다. 디지털 카메라로 사진을 촬영하면 전자 회로가 감광 셀들을 방전시키고 전자기계식 셔터를 작동시켜 셀들을 이미지에 노출시킨다. 이때 각 셀의 8비트 충전값을 읽음으로써 이미지를 포착한다. 이 pn셀은 색상을 읽지 못하기 때문에 컬러 사진을 촬영하기 위해서는 빛이 셀에 도달하기 전에 컬러 필터 배열을 통과하여야 한다. 이 필터 배열은 특정 셀에는 녹색광, 다른 셀에는 청색광, 또 다른 셀에는 적색광만 비추어지도록 하며, 한 지점에 모여 있는 3개의 셀들을 각 적색, 청색,

녹색의 출력값을 계산함으로써 컬러 이미지를 만들 수 있다.

2.11 센서의 선택

주어진 응용에 대한 센서의 선택에는 고려해야 할 많은 요소가 있다.

1. 계측의 본질: 측정하는 변수의 대푯값, 측정범위, 필요 정밀도, 필요 계측속도, 필요 신뢰성, 계측이 진행되는 주변 환경조건 등의 인자를 검토한다.
2. 센서로부터의 출력 특성: 이것은 원하는 출력신호를 얻기 위한 적절한 신호조절을 결정하는 것이다.
3. 센서의 결정: 레인지, 정밀도, 선형성, 응답속도, 신뢰성, 보수유지의 용이성, 수명, 전원공급, 내구성, 입수의 유효성, 가격 등의 인자를 따져서 선정한다.

센서의 선정 작업에는 신호조절 후에 요구되는 출력신호의 형태를 고려해야만 하므로 센서와 그에 따르는 신호조절기의 적절한 매칭이 이루어져야 한다.

부식성 산이 저장된 탱크의 액위를 계측하는 시스템의 센서 선정에 대하여 고려해 보자. 직경 1m의 원통형 탱크에서 액위는 0에서 2m까지 변한다고 한다. 빈 탱크의 무게는 100kg이고 계측해야 할 최소 액위변화가 10cm라 하고 산의 밀도는 1050kg/m^{3}이다. 계측한 액위의 출력은 전기신호이어야 한다.

액위를 결정할 산이 부식성이므로 간접적 측정방법이 적절할 것이다. 탱크의 무게를 측정하는 1개 또는 여러 개의 로드셀을 사용하는 방법이 가능할 것이다. 액체의 무게는 비어 있을 때 0이고 완전히 차 있을 때 $1050 \times 2 \times \pi(1^2/4) \times 9.8 = 16.2$kN이 된다. 이 액체의 무게에 빈 탱크의 무게를 더하면 무게가 대략 1에서 17kN까지 변화된다는 것을 알 수 있다. 액위의 분해능이 10cm이므로 무게의 변화는 $0.10 \times 1050 \times \pi(1^2/4) \times 9.8 = 0.8$kN이 된다. 만일 3개의 로드셀을 이용한다면 각각의 로드셀의 측정 레인지는 대략 0에서 6kN이며 분해능은 0.27kN 이하라야 한다. 제조업체의 카달로그를 참조하여 위와 같은 로드셀을 구할 수 있는지 확인해야 한다.

2.12 스위치에 의한 입력

기계적 스위치(mechanical switch)는 실제로 1개 이상의 회로를 여닫을 수 있는 접점을 가지고 있다. 그러므로 0 또는 1의 신호를 스위치의 여닫음에 따라 전달시킬 수 있다. **리미트 스위치**(limit switch)는 용어는 물체의 이동에 의하여 여닫히는 스위치로서 물체가 이동하기 전에 물체 이동의 한계를 정하는 데 주로 사용된다.

기계적 스위치는 극의 수와 절환의 수에 의하여 구별된다. **극**(pole) 수는 같은 스위치 동작으로 연결되는 독립된 회로의 수를 나타내고 **절환**(throw) 수는 각 극에 대하여 전환할 수 있는 접점의 수를 말한다. 그림 2.54(a)는 단극-단절환(Single Pole-Single Throw: SPST) 스위치이고, 그림 2.54(b)는 단극-복절환(Single Pole-Double Throw: SPDT) 스위치이며, 그림 2.54(c)는 복극-복절환(Double Pole-Double Throw: DPDT) 스위치를 보여 주고 있다.

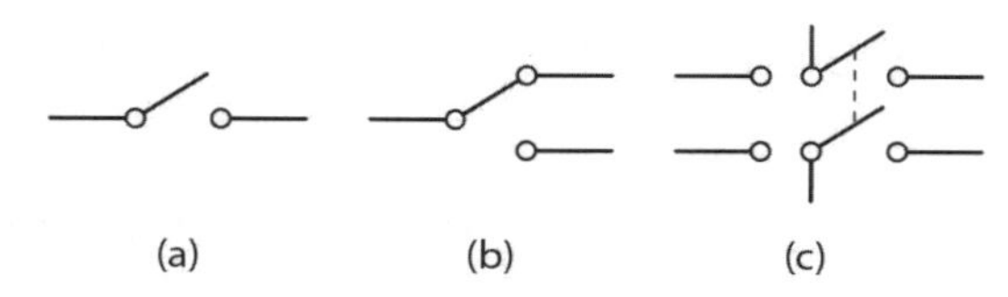

그림 2.54 스위치: (a) SPST, (b) SPDT, (c) DPDT

2.12.1 디바운싱

기계적 스위치에서 흔히 발생하는 문제가 **스위치의 바운스**(bounce) 문제이다. 스위치를 작동하여 접점을 닫으려 하면 한 접점이 다른 접점을 향하여 움직이게 된다. 이 두 접점이 충돌을 하게 되는데 접점 재료가 탄성체이므로 그림 2.55(a)와 같이 다시 튀어 오르기를 수차례 반복하게 된다. 대략 20ms 정도를 반복하다가 완전하게 닫힌 상태를 유지하게 된다. 그 결과 마이크로프로세서에는 수차례의 온-오프의 반복으로 인식될 수 있는 것이다. 마찬가지로 스위치가 열릴 때에도 비슷한 바운싱 문제가 발생할 수 있다. 이 바운싱 문제를 해결할 수 있는 하드웨어와 소프트웨어적 방법들이 있다.

소프트웨어적 방법은 마이크로프로세서의 프로그램으로 1번 스위치가 닫히면 20ms 정도를 기다린 후에 다시 체크를 하여 계속 닫힌 상태인 경우에만 다음 과정을 수행하도록 하는 것이다. 하드웨어적 바운스 문제해결방법은 플립플롭(flip-flop)을 이용하는 것들이다. 그림 2.55(b)는 SPDT 스위치의 디바운싱 대책을 SR 플립플롭을 이용한 것이다(5.4.1절 참조). 회로에서 보는 것과 같이 S가 0이고 R이 1일 때 출력은 리셋 상태로 0이 된다. 그런데 스위치가 아래쪽으로 전환되면 S는 1이 되고 R은 0이 되어 출력은 1이 된다. 이때 바운싱은 S를 0과 1을 반복하게 만들 수 있지만 S가 일단 1이 되는 순간부터 출력은 변동하지 않는다. 이 플립플롭은 2개의 NOR 또는 NAND 게이트로 구성할 수 있다. 그림 2.55(c)와 같이 SPDT 스위치의 바운스 해결방법으로 D플립플롭으로도 구성할 수 있다(5.4.4절 참조). 이 플립플롭의 출력은 새로운 클록 신호가 들어올 때에만 바뀌게 된다. 그래서 바운스가 진행되는 시간, 즉 20ms 이상으로만 클록의 주기를 설정하면 바운스 신호는 나타나지 않게 된다.

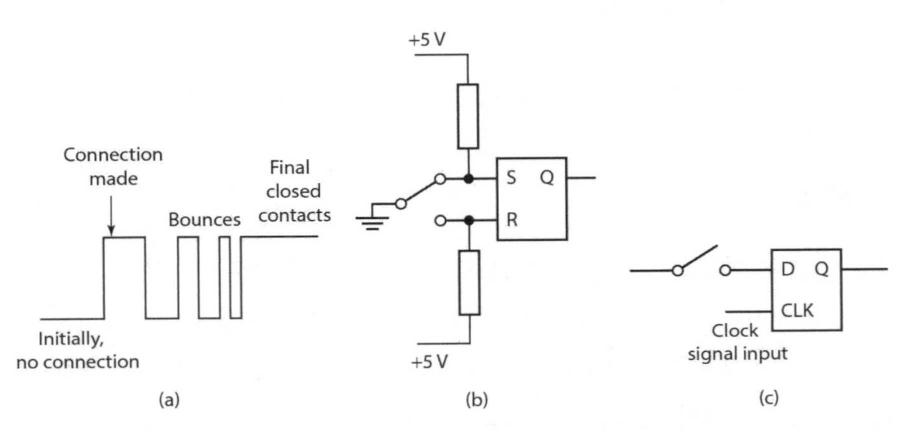

그림 2.55 (a) 스위치를 닫을 때의 바운스, (b) SR 플립플롭을 이용한 디바운싱, (c) D플립플롭을 이용한 디바운싱

디바운싱에 관련된 또다른 하드웨어 대안은 **슈미트 트리거(Schmitt trigger)**이다. 그림 2.56(a)의 특성 그래프와 같이 이 소자는 '히스테리시스' 특성을 가지고 있다. 이 소자에서 입력전압이 상위 문턱값(upper threshold) 이상에서는 출력이 low가 되는데 출력이 high가 되기 위해서는 입력전압이 하위 문턱값(lower threshold) 이하로 떨어져야 한다. 반대로 입력전압이 하위 문턱값 이하에서 출력을 low로 만들기 위해서는 입력전압을 상위 문턱값 이상까지 올려야 한다. 이 소자는 서서히 바뀌는 신호를 날카로운 신호로 바꾸는 데 사용하는데 신호가 문턱값을 통과하면서 두 논리 레벨 사이를 날카롭게 바꾸는 것이다. 그림 2.56(b)는 슈미트 트리거를 사용한 디바운싱 회로를 보여 주고 있다. 스위치가 열려 있는 상태에서는 캐패시터가 충전되어 슈미트 트리거의 입력에 high 전압이 인가되어 그 출력이 low가 된다. 스위치가 닫히면 캐패시터가 급속하게 방전되면서 첫째 바운스도 소멸된다. 따라서 슈미트 트리거의 입력이 low이므로 출력이 high가 된다. 이후의 바운스들은 캐패시터를 재충전할 시간이 없기 때문에 슈미트 트리거를 스위칭하지 못한다.

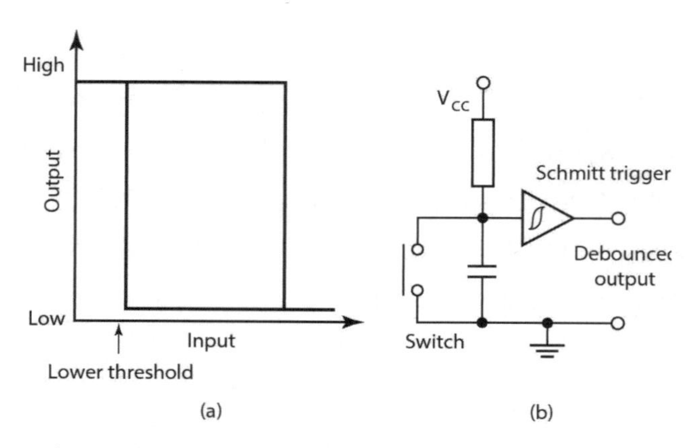

그림 2.56 슈미트 트리거: (a) 특성 그래프, (b) 스위치 디바운싱

2.12.2 키패드

키패드는 스위치의 배열로서 컴퓨터의 키보드나 전자 오븐과 같은 기기의 터치 입력 멤브레인 패드(membrane pad)와 같은 것이다. 그림 2.57(a)와 같은 키보드에 많이 사용되는 접점형태의 키 스위치는 키를 누르면 플런저(plunger)가 접점에 힘을 가하여 온시키며 키를 놓으면 스프링에 의하여 오프 위치로 복원하여 접점을 오프로 만드는 구조를 가지고 있다.

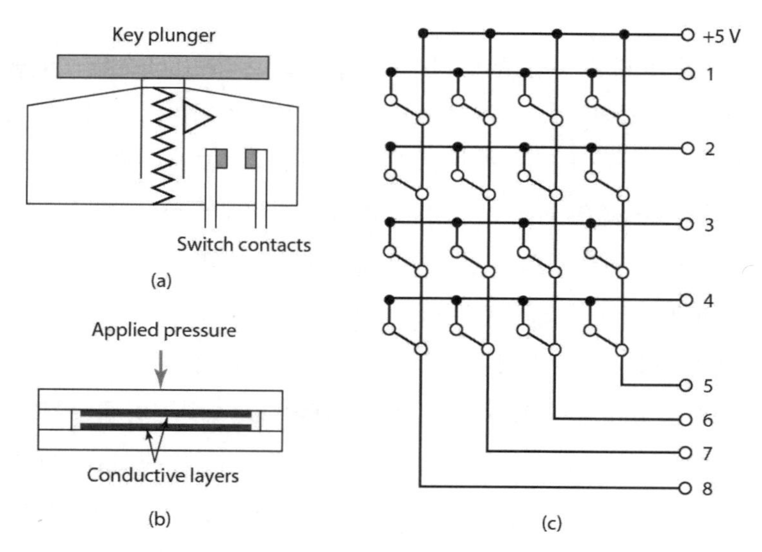

그림 2.57 (a) 접점 키, (b) 멤브레인 키, (c) 16-웨이 키패드

그림 2.57(b)와 같은 멤브레인 스위치는 도체층이 인쇄된 2장의 매우 얇은 플라스틱 필름으로 제작되어 있다. 이 2장의 필름은 스페이서(spacer) 층에 의하여 분리되어 있는데 스위치 영역을

누르면 윗면 도체층이 아래 도체층에 붙어서 접점이 닫히게 되고 키를 놓으면 층이 떨어져서 접점이 열리게 된다.

배열로 되어 있는 스위치들의 각 상태를 입력받도록 연결할 수도 있지만 소요되는 마이크로프로세서의 입력수가 많아지기 때문에 더 경제적인 방법으로 그림 2.57(c)와 같이 결선하는 방법이 있다. 이 16-웨이 키패드용 방법은 1에서 4번 단자에 순차적으로 입력을 주면서 5에서 8번 단자를 읽어보는 방법을 사용하여 눌려진 키의 행과 열을 알아낼 수 있게 한다.

요 약

센서는 측정하고자하는 물리량에 관계되는 신호를 생성하는 요소이다. **변환기**는 어떤 물리적 변화를 받았을 때 그에 따른 변화를 일으키는 요소이다. 그러므로 센서도 변환기라고 볼 수 있다. 그러나 실제 계측 시스템의 경우 센서를 사용하면서도 부가적으로 신호의 형태를 변환시키기 위해 변환기를 사용하기도 한다.

변환기의 **레인지**는 입력이 변화할 수 있는 범위로 정의될 수 있다. **스팬**은 입력의 최댓값에서 최소값을 뺀 것이다. **오차**는 참값과 측정값의 차이를 의미한다. **정밀도**는 측정한 값이 얼마나 틀리는지의 정도를 말한다. **비선형 오차**는 비선형시스템을 선형이라고 가정했을 때 나오는 오차를 말한다. **반복도·재현도**는 동일한 입력을 반복적으로 인가했을 때 동일한 출력이 나올 수 있는 능력을 말한다. **안정성**은 일정한 입력에 대하여 동일한 출력이 나올 수 있는 능력을 말한다. **불감대**는 출력이 나오지 않는 입력의 범위를 말한다. **분해능**은 출력이 측정가능한 변화를 보일 수 있는 입력의 최소변화를 말한다. **응답시간**은 단위계단파 입력이 인가되고 난 후에 출력이 입력의 특정 %(예컨대 95%)에 도달하는 시간을 말한다. **시정수** 또는 **시상수**는 출력이 63.2%에 도달하기 위한 응답시간을 의미한다. **상승시간**은 출력값의 특정 %만큼 도달하는 시간을 말한다. **정착시간**은 출력이 정상상태 값의 특정 %이내 예컨대 2% 이내에 정착되는 데 소요되는 시간을 말한다.

연습문제

2.1 Explain the significance of the following information given in the specification of transducers.

(a) A piezoelectric accelerometer.

Non-linearity: ±0.5% of full range.

(b) A capacitive linear displacement transducer.

Non-linearity and hysteresis: ±0.01% of full range.

(c) A resistance strain gauge force measurement transducer.

Temperature sensitivity: ±1% of full range over normal environmental temperatures.

(d) A capacitance fluid pressure transducer.

Accuracy: ±1% of displayed reading.

(e) Thermocouple.

Sensitivity: nickel chromium-nickel aluminium thermocouple: 0.039mV/°C when the cold junction is at 0°C.

(f) Gyroscope for angular velocity measurement.

Repeatability: ±0.01% of full range.

(g) Inductive displacement transducer.

Linearity: ±1% of rated load.

(h) Load cell.

Total error due to non-linearity, hysteresis and non-repeatability: ±0.1%.

2.2 A copper-constantan thermocouple is to be used to measure temperatures between 0 and 200°C . The e.m.f. at 0°C is 0mV, at 100°C it is 4.277mV and at 200°C it is 9.286mV. What will be the non-linearity error at 100°C as a percentage of the full range output if a linear relationship is assumed between e.m.f. and temperature over the full range?

2.3 A thermocouple element when taken from a liquid at 50°C and plunged into a liquid at 100°C at time $t=0$ gave the following e.m.f. values. Determine the 95% response time.

Time(s)	0	20	40	60	80	100	120
e.m.f.(mV)	2.5	3.8	4.5	4.8	4.9	5.0	5.0

2.4 What is the non-linearity error, as a percentage of full range, produced when a 1kΩ potentiometer has a load of 10kΩ and is at one-third of its maximum displacement?

2.5 What will be the change in resistance of an electrical resistance strain gauge with a gauge factor of 2.1 and resistance 50Ω if it is subject to a strain of 0.001?

2.6 You are offered a choice of an incremental shaft encoder or an absolute shaft encoder for the measurement of an angular displacement. What is the principal difference between the results that can be obtained by these methods?

2.7 A shaft encoder is to be used with a 50mm radius tracking wheel to monitor linear displacement. If the encoder produces 256pulses per revolution, what will be the number of pulses produced by a linear displacement of 200mm?

2.8 A rotary variable differential transformer has a specification which includes the following information:

Ranges: ±30°, linearity error ±0.5% full range
±60°, linearity error ±2.0% full range
Sensitivity: 1.1 (mV/V input)/degree
Impedance: Primary 750Ω, Secondary 2000Ω

What will be (a) the error in a reading of 40° due to non-linearity when the RDVT is used on the ±60° range, and (b) the output voltage change that occurs per degree if there is an input voltage of 3V?

2.9 What are the advantages and disadvantages of the plastic film type of potentiometer when compared with the wire-wound potentiometer?

2.10 A pressure sensor consisting of a diaphragm with strain gauges bonded to its surface has the following information in its specification:

Ranges: 0 to 1400kPa, 0 to 35000kPa
Non-linearity error: ±0.15% of full range
Hysteresis error: ±0.05% of full range

What is the total error due to non-linearity and hysteresis for a reading of 1000kPa on the 0 to 1400kPa range?

2.11 The water level in an open vessel is to be monitored by a differential pressure cell responding to the difference in pressure between that at the base of the vessel and the atmosphere. Determine the range of differential pressures the cell will have to respond to if the water level can vary between zero height above the cell measurement point and 2m above it

2.12 An iron-constantan thermocouple is to be used to measure temperatures between 0 and 400°C. What will be the non-linearity error as a percentage of the full-scale reading at

100°C if a linear relationship is assumed between e.m.f. and temperature?

e.m.f. at 100°C=5.268mV; e.m.f. at 400°C=21.846mV

2.13 A platinum resistance temperature detector has a resistance of 100.00Ω at 0°C, 138.50Ω at 100°C and 175.83Ω at 200°C. What will be the non-linearity error in °C at 100°C if the detector is assumed to have a linear relationship between 0 and 200°C?

2.14 A strain gauge pressure sensor has the following specification. Will it be suitable for the measurement of pressure of the order of 100kPa to an accuracy of ±5kPa in an environment where the temperature is reasonably constant at about 20°C?

Ranges: 2 to 70MPa, 70kPa to 1MPa
Excitation: 10V d.c. or a.c.(r.m.s.)
Full range output: 40mV
Non-linearity and hysteresis errors: ±0.5%
Temperature range: −54 to +120°C
Thermal shift zero: 0.030% full range output/°C
Thermal shift sensitivity: 0.030% full range output/°C

2.15 A float sensor for the determination of the level of water in a vessel has a cylindrical float of mass 2.0kg, cross-sectional area 20cm^2 and a length of 1.5m. It floats vertically in the water and presses upwards against a beam attached to its upward end. What will be the minimum and maximum upthrust forces exerted by the float on the beam? Suggest a means by which the deformation of the beam under the action of the upthrust force could be monitored.

2.16 Suggest a sensor that could be used as part of the control system for a furnace to monitor the rate at which the heating oil flows along a pipe. The output from the measurement system is to be an electrical signal which can be used to adjust the speed of the oil pump. The system must be capable of operating continuously and automatically, without adjustment, for long periods of time.

2.17 Suggest a sensor that could be used, as part of a control system, to determine the difference in levels between liquids in two containers. The output is to provide an electrical signal for the control system.

2.18 Suggest a sensor that could be used as part of a system to control the thickness of rolled sheet by monitoring its thickness as it emerges from rollers. The sheet metal is in continuous motion and the measurement needs to be made quickly to enable corrective action to be made quickly. The measurement system has to supply an electrical signal.

Chapter 03 신호조절

목 표

학생들은 이 장을 학습하고 난 후 다음과 같은 능력을 갖는다.

- 신호조절에 대한 요구사항들을 설명할 수 있다.
- 어떻게 연산증폭기를 이용하는지를 설명할 수 있다.
- 보호회로와 필터링에 대한 요구 사항을 설명할 수 있다.
- 휘스톤 브리지의 원리를 설명한다. 특히 스트레인 게이지에 어떻게 이용되는지를 설명할 수 있다.
- 펄스 변조의 원리를 설명할 수 있다.
- 접지 루프와 간섭에 의하여 발생하는 문제점들을 설명하고 이 문제점들에 대한 가능한 해결책을 제시할 수 있다.
- 전기 소자들 간에 최대 전력전달을 위한 요구사항들을 말할 수 있다.

3.1 신호조절

계측 시스템의 센서로부터의 신호는 다음 단계의 처리에 적합하도록 여러 방법을 이용하여 조절하는 것이 보통이다. 예를 들어 신호가 너무 작은 경우는 증폭이 필요하고, 간섭이 있다면 제거되어야 하고, 비선형성을 갖는다면 선형화시켜야 하고, 아날로그이면 디지털로 변환시켜야 하고, 때에 따라서는 디지털을 아날로그로 바꾸어야 하며, 저항의 변화를 전류의 변화로 전압의 변화를 해당하는 전류의 변화로 바꾸어야 하는 경우가 있을 것이다. 이러한 신호의 변환 또는 처리를 **신호조절(signal conditioning)**이라고 부르고 있다. 예를 들어서 열전대(thermocouple)의 출력이 아주 작은 수 mV의 신호라고 할 때 이를 적당한 크기의 전류로 변환해야 하고 잡음제거, 선형화를 거쳐야 하고 냉접점 보상(cold junction compensation)도 필요할 것이다.

디지털 신호와 관련된 신호조절은 4장에서 계속한다.

3.1.1 신호조절 과정

다음은 신호처리에 요구되는 몇몇 과정을 나열하고 있다.

1. 고전류나 고전압에 대하여 마이크로프로세서 등과 같은 민감한 회로의 손상을 막기 위한

보호(protection)이다. 직렬로 연결된 전류 제한 저항, 역극성 방지회로 그리고 전압 제한 회로 등이 있다(3.3절 참조).

2. 신호를 **알맞은 신호형태**로 조절한다. 이는 신호를 직류전류나 전압으로 변환함을 의미할 수 있다. 예를 들어 스트레인 게이지(strain gauge)의 저항변화를 전압변화로 바꾸는 것이 이 범주에 속한다. 3.5절에서 살펴보겠지만 휘트스톤 브리지의 불균형 전압을 이용하여 전압변화로 바꾸는 방법이 있다. 또한 신호를 필요에 따라 아날로그나 디지털로 변환하는 과정도 이 범주에 속한다고 할 수 있다(4.3절 아날로그-디지털 변환기와 디지털-아날로그 변환기 참조).
3. 신호를 **알맞은 레벨**(level) **또는 크기**로 조절한다. 열전대의 출력은 수 mV 정도밖에 되지 않기 때문에 마이크로프로세서에 인터페이스하기 위하여 아날로그-디지털 변환기에 직접 입력하기에는 너무 레벨이 낮다. 이러한 신호의 증폭에는 연산증폭기(operational amplifier)가 널리 사용되고 있다(3.2절 참조).
4. **노이즈**(noise)를 감쇠 또는 제거한다. 신호에 섞여 있는 노이즈 성분을 제거하기 위하여 필터가 널리 사용되고 있다(3.4절 참조).
5. **신호조작**(manipulation)은 신호를 어떤 물리량의 선형 관계로 만드는 작업이다. 유량 센서와 같이 비선형성이 큰 경우에는 다음 단계의 처리를 위하여 유량과 신호가 선형 관계가 되도록 하는 신호조절이 필요하다(3.2.6절 참조).

다음은 이와 같은 신호조절 과정에 쓰는 요소들을 더 자세히 설명한다.

3.2 연산증폭기

본질적으로 증폭기(amplifier)는 1개의 입력과 1개의 출력을 가지는 시스템(그림 3.1)이라고 볼 수 있으며, 접지(earth)를 기준으로 계측된 입력 전압과 출력 전압의 비를 **전압 이득**(voltage gain)이라고 한다. 증폭기의 **입력 임피던스**(input impedance)는 입력 전압을 입력 전류로 나눈 값이며, **출력 임피던스**(output impedance)는 출력 전압을 출력 전류로 나눈 값이다.

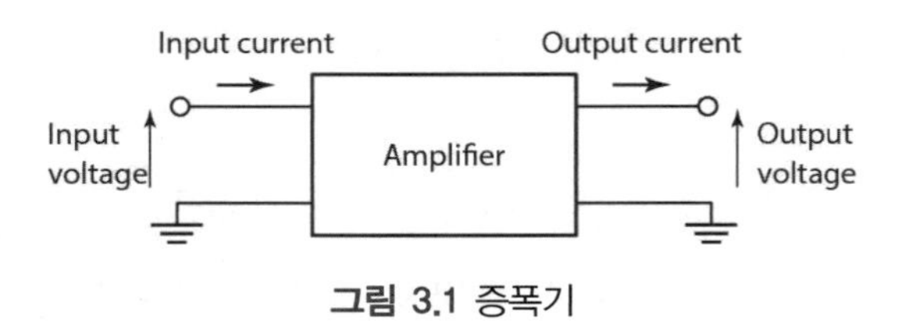

그림 3.1 증폭기

연산증폭기(**operational amplifier**)가 대부분의 아날로그 신호조절 모듈에 기본적으로 사용되고 있다. 연산증폭기는 대개 이득이 100,000배 이상 되는 고이득(high gain)의 반도체 직류증폭기이다. 이것은 반전(inverting)입력(−)과 비반전(non−inverting)입력(+) 2개가 있으며 1개의 출력이 있다. 그 밖에 (−)공급전원, (+)공급전원 그리고 비이상적 연산증폭기의 특성을 보상하기 위한 2개의 오프셋 널(offset null) 단자가 있다(3.2.8절 참조). 그림 3.2는 741형의 연산증폭기의 핀 배열을 보여 주고 있다.

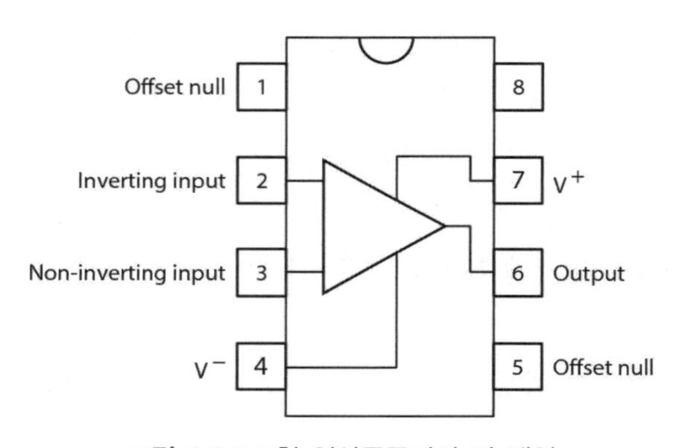

그림 3.2 741형 연산증폭기의 핀 배열

이상적인 연산 증폭기의 이득과 입력 임피던스는 무한대이며 출력 임피던스는 0이다. 즉, 이상적인 연산 증폭기의 출력 전압은 부하로부터 독립적이다.

다음 절은 신호조절에 사용되고 있는 연산증폭기 회로들을 설명한다. 더 자세한 내용은 D.H. Horrocks의 Feedback Circuits and Op. Amps (Chapman and Hall 1990) 또는 P.R. Gray와 R.G. Meyer의 Analysis and Design of Analog Integrated Circuits (Wiley 1993)을 참고하기 바란다.

3.2.1 반전증폭기

그림 3.3은 **반전증폭기**(**inverting amplifier**) 회로도이다. 입력은 R_1을 통하여 반전입력단자

에 연결되어 있고 비반전입력단자는 접지되어 있다. R_2를 통하여 출력단이 반전입력단에 연결되어 있어 피드백 패스를 형성하고 있다. 연산증폭기는 대략 이득이 100,000이고 출력전압이 ±10V로 제한되어 있다. 그러므로 입력전압이 +0.0001V와 −0.0001V 사이에 있어야 출력이 포화되지 않는다. 이러한 미세한 X단의 전압 레벨은 가상적으로 0이라고 가정할 수 있다. 이러한 이유로 **가상접지(virtual earth)**라고 부른다. R_1 양단의 전압 차는 $(V_{in} - V_X)$이다. 그러므로 무한의 이득을 갖는 이상적인 연산증폭기에서 $V_X = 0$이기 때문에 입력전압 V_{in}과 R_1을 흐르는 전류 I_1와의 관계는

$$V_{in} = I_1 R_1$$

이 된다. 연산증폭기는 입력단의 임피던스(impedance)가 매우 높은 것이 보통이고 741의 경우에는 대략 2MΩ 정도가 된다. 그러므로 가상적으로 입력단 X에서 연산증폭기 내부로 흘러들어가는 전류가 없다고 가정할 수 있다. 따라서 R_1을 흐르는 전류 I_1은 R_2를 흐르는 전류와 같아진다. 이상적 연산증폭기에서 $V_X = 0$이라고 가정하였고 R_2 양단의 전압 차가 $(V_X - V_{out})$이므로

$$-V_{out} = I_1 R_2$$

가 된다. 위의 두 식의 양변을 나누면 다음을 얻을 수 있다.

$$전압이득 = \frac{V_{out}}{V_{in}} = -\frac{R_2}{R_1}$$

그러므로 반전증폭기의 전압이득은 R_1, R_2 두 저항의 비에 의해서만 결정되는 것을 알 수 있다. (−)부호는 출력이 입력에 대해 반전되는 것을 의미하며 사인파 입력에 대하여 180°의 위상차가 생긴다는 것을 알 수 있다.

예컨대 반전입력단에 1MΩ 그리고 피드백 저항이 10MΩ인 회로의 전압이득은 다음과 같다.

$$전압이득 = \frac{V_{out}}{V_{in}} = -\frac{R_2}{R_1} = -\frac{10}{1} = -10$$

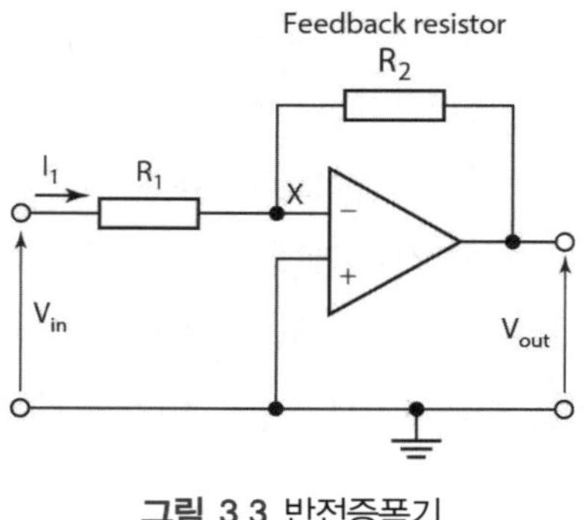

그림 3.3 반전증폭기

3.2.2 비반전증폭기

그림 3.4(a)는 비반전증폭기(non-inverting amplifier)로서 결선된 연산증폭기를 나타내고 있다. 반전입력단자의 전압은 직렬로 연결된 R_1, R_2 두 저항의 전압분배회로에서부터 구할 수 있다. 그러므로

$$V_X = \frac{R_1}{R_1 + R_2} V_{out}$$

이상적인 연산증폭기에서는 두 입력단자의 전압 차가 0이므로 $V_X = V_{in}$이다. 그러므로

$$\text{전압이득} = \frac{V_{out}}{V_{in}} = \frac{R_1 + R_2}{R_1} = 1 + \frac{R_2}{R_1}$$

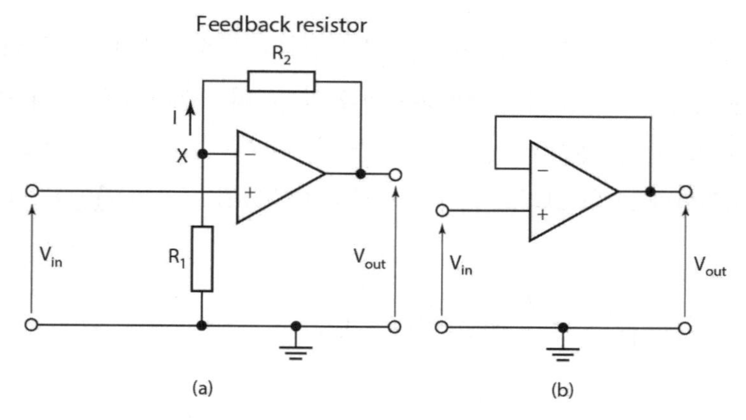

그림 3.4 (a) 비반전증폭기, (b) 전압 팔로워

피드백 패스가 단락된, 즉 $R_2=0$인 특별한 경우는 전압이득이 1이 되고 **전압 팔로워**(voltage follower)라고 부른다. 이 회로는 그림 3.4(b)에서 보여 주고 있는데 입력저항이 2MΩ 정도로 매우 크고 출력저항이 75Ω 정도로 매우 작아 다음 회로의 영향을 거의 받지 않는 특징이 있다.

3.2.3 가산증폭기

그림 3.5는 **가산증폭기**(summing amplifier)의 회로이다. 3.2.1절의 반전증폭기와 마찬가지로 X는 가상접지점이 된다. 그러므로 X로 들어오는 모든 전류의 합은 나가는 전류와 같다.

$$I = I_A + I_B + I_C$$

그러나 $I_A = V_A / R_A$, $I_B = V_B / R_B$, $I_C = V_C / R_C$이고 피드백 저항을 통과하는 전류를 I라고 할 때 R_2 양단의 전위차는 $(V_X - V_{out})$이다. 이때 $V_X=0$이라는 가상접지 가정을 이용하면 $I = -V_{out}/R_2$가 된다. 그러므로 이 결과를 위 식과 결합하면

$$-\frac{V_{out}}{R_2} = \frac{V_A}{R_A} + \frac{V_B}{R_B} + \frac{V_C}{R_C}$$

V_{out}에 대하여 정리하면 출력이 각 입력의 가중합(scaled sum)이 된다는 것을 알 수 있다. 즉,

$$V_{out} = -\left(\frac{R_2}{R_A}V_A + \frac{R_2}{R_B}V_B + \frac{R_2}{R_C}V_C\right)$$

만일 $R_A = R_B = R_C = R_1$이라고 하면

$$V_{out} = -\frac{R_2}{R_1}(V_A + V_B + V_C)$$

이 결과의 예로서 3개의 센서로부터의 전압을 평균하는 회로를 설계해 보자. 출력전압이 역으로 나온다는 것만을 빼고는 그림 3.5의 회로를 그대로 사용할 수 있다. 출력이 평균이 되기 위해서는 각 입력의 가중치를 1/3로 조정해야 하므로 피드백 저항을 4kΩ으로 선정했다면 각 입력단의 저항을 12kΩ으로 설계해야 한다.

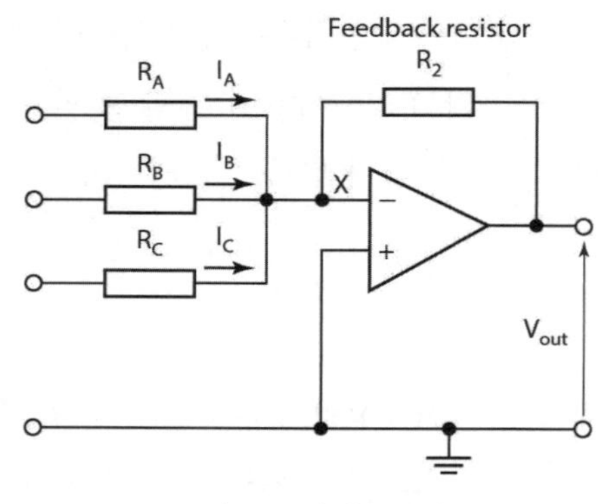

그림 3.5 가산증폭기

3.2.4 적분증폭기와 미분증폭기

그림 3.6(a)와 같이 피드백 라인에 커패시터를 연결한 경우를 고찰해 보자. 커패시터에서, C를 용량, 전하를 q라고 정의하려 할 때 양단의 전압 $q = Cv$가 되고 전류는 전하이동의 시간변화율이 된다. 그러므로 C를 흐르는 전류 $i = dq/dt = Cdv/dt$가 된다. 그리고 C 양단의 전위차는 $(v_X - v_{out})$이고 가상접지 가정에 의하여 $v_X = 0$이므로 전위차는 $-v_{out}$이 된다. 또한 R을 흐르는 전류와 C를 흐르는 전류가 같아야 하므로 다음 결과를 얻을 수 있다.

$$\frac{v_{in}}{R} = -C\frac{dv_{out}}{dt}$$

이를 재정렬하면

$$dv_{out} = -\left(\frac{1}{RC}\right)v_{in}dt$$

가 되고, 양변을 적분하면

$$v_{out}(t_2) - v_{out}(t_1) = -\frac{1}{RC}\int_{t_1}^{t_2} v_{in}dt$$

$v_{out}(t_1)$과 $v_{out}(t_2)$는 각각 t_1, t_2 시간의 출력전압값을 의미한다. 이 출력전압은 입력전압을 적분한 값에 비례하며 시간에 대한 입력전압 그래프의 면적에 해당하는 값이다.

미분회로(differentiation circuit)는 적분증폭기의 저항과 커패시터를 서로 바꾸어 연결하면 얻을 수 있다. 그림 3.6(b)는 이러한 회로를 보여 주고 있다. 커패시터 C의 입력 전류 i_{in}는 $dq/dt = Cdv/dt$이다. 이상적인 경우 연산증폭기 전류는 0이며 이는 또한 피드백 저항 R에 흐르는 전류 $-v_{out}/R$이기도 하므로

$$\frac{v_{out}}{R} = -C\frac{dv_{in}}{dt}$$

$$v_{out} = -RC\frac{dv_{in}}{dt}$$

높은 주파수에서 미분회로는 안정도와 노이즈 문제에 민감해진다. 입력 저항 R_{in}을 더하여 높은 주파수에서의 이득을 제한하면 이러한 문제를 줄일 수 있다.

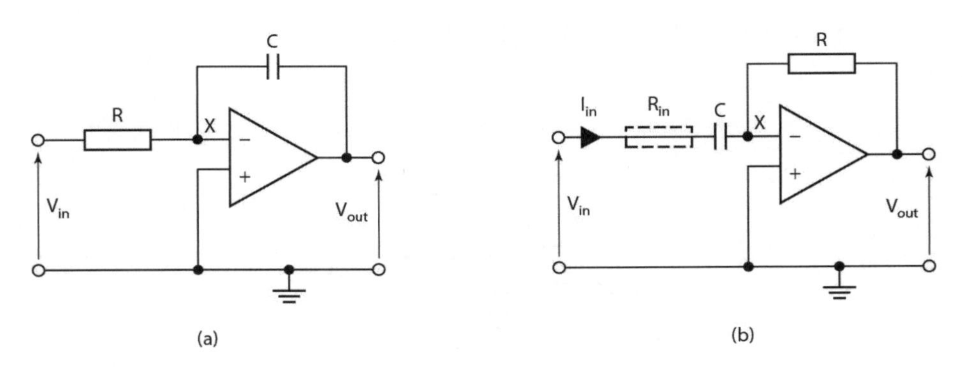

그림 3.6 (a) 적분증폭기, (b) 미분증폭기

3.2.5 차동증폭기

차동증폭기는 두 입력전압의 차이를 증폭하는 것이며 그림 3.7은 그 회로이다. 연산증폭기의 두 입력단은 임피던스가 상대적으로 커서 전류가 흘러들어가지 못하므로 두 입력단의 전위가 동일한 값 V_X라고 볼 수 있다. V_2 전압을 R_1과 R_2가 분압을 시켰으므로

$$\frac{V_X}{V_2} = \frac{R_2}{R_1 + R_2}$$

V_1로부터 R_1로의 전류와 피드백 저항 R_2를 통하여 흐르는 전류와 같으므로

$$\frac{V_1 - V_X}{R_1} = \frac{V_X - V_{out}}{R_2}$$

이 식을 다시 정리하면

$$\frac{V_{out}}{R_2} = V_X\left(\frac{1}{R_2} + \frac{1}{R_1}\right) - \frac{V_1}{R_1}$$

그러므로 V_X를 대입하여 소거시키면

$$V_{out} = \frac{R_2}{R_1}(V_2 - V_1)$$

출력은 두 입력전압의 차이에 비례하는 값을 갖게 된다.

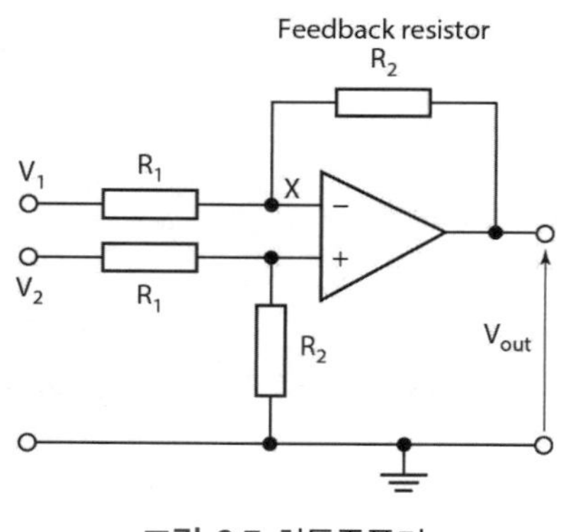

그림 3.7 차동증폭기

응용회로로서 그림 3.8의 열전대를 살펴보자. 열전대의 두 접점(junction)의 전위차가 증폭되고 있는 것을 알 수 있다. 회로 내의 저항 R_1, R_2를 열전대의 두 접점간의 온도차 10°C에 대하여 10mV의 출력이 나오도록 선택할 수 있다. 예를 들어 열전대에서 접점 간 온도차 10°C에 대하여 530μV의 기전력이 발생된다면 위 식으로부터 다음과 같은 계산을 할 수 있다.

$$V_{out} = \frac{R_2}{R_1}(V_2 - V_1)$$

$$10 \times 10^{-3} = \frac{R_2}{R_1} \times 530 \times 10^{-6}$$

그러므로 R_2/R_1가 18.9가 되며 R_1이 10kΩ이라 할 때 R_2는 189kΩ으로 정하게 된다.

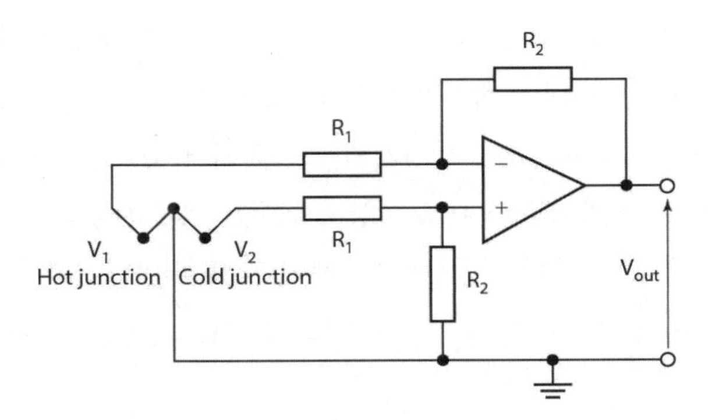

그림 3.8 열전대와 연결된 차동증폭기

차동증폭기를 스트레인 게이지 센서에 적용할 때에는 휘트스톤 브리지회로(3.5절 참조)의 불균형 전압을 이용하여 구성하여야 한다. 이 불균형 전압은 브리지의 각 암(arm)에 있는 저항들의 변화에 의하여 야기된다. 브리지가 균형 상태일 때에는 브리지의 두 출력 단자의 전위차가 0인 상태이다. 예를 들어 두 단자 모두가 5.00V라면 브리지는 균형 상태이고 차동증폭기의 두 입력단에도 각각 5.00V가 인가되게 된다. 만일 이 전압이 브리지의 불균형으로 각각 5.01V, 4.99V로 바뀌었다면 차동증폭기가 전위차인 0.02V를 증폭할 것이다. 원래의 공통 전압인 5.00 V를 **동상전압**(common mode voltage) V_{CM}이라고 부른다. 차동증폭회로의 연산증폭기의 두 입력단자는 서로 완벽하게 대칭이고 동일한 이득값을 갖는다고 가정하고 사용하지만, 실제로는 이러한 이상적 가정은 성립될 수 없고 출력이 완벽하게 입력 전압 차에 비례하지 않는다. 이를 출력의 식으로 표현하면

$$V_{out} = G_d \Delta V + G_{CM} V_{CM}$$

여기서 G_d는 전압 차 ΔV에 대한 이득이고 G_{CM}은 동상전압 V_{CM}에 대한 이득이다. G_{CM}이 작으면 작을수록 동상전압에 대한 출력의 영향이 작아진다. 이 개념을 확장하여 연산증폭기가 이상적 가정에서 얼마만큼 벗어났는지의 한 척도를 **동상전압 제거율**(Common Mode Rejection Ratio: CMRR)이라고 하고 다음과 같이 정의할 수 있다.

$$CMRR = \frac{G_d}{G_{CM}}$$

동상전압의 영향을 최소화하기 위해서는 CMRR 값이 커야 한다. CMRR 값은 주로 데시벨(dB)로 표시한다. 그러므로 CMRR이 10,000인 경우 이를 데시벨로 표시하면 20 lg 10000 = 80dB이 된다. 일반적인 연산증폭기의 CMRR 값은 대략 80에서 100dB 정도가 된다.

그림 3.9와 같이 일반적인 형태의 **계측증폭기(instrumentation amplifier)**는 3개의 연산증폭기로 구성되며 회로를 한 IC 패키지에 내장시켜 상용화되어 있다. 이 회로는 300MΩ 이상의 높은 입력 임피던스, 높은 전압이득, 100dB 이상의 뛰어난 CMRR 등의 특성을 갖도록 설계되어 있다. 첫째 단계는 A_1과 A_2, 2개의 연산증폭기로서 반전 및 비반전 입력을 모두 사용할 수 있도록 결선되어 있다. 증폭기 A_3는 A_1과 A_2로부터의 입력을 차동증폭하는 역할을 한다.

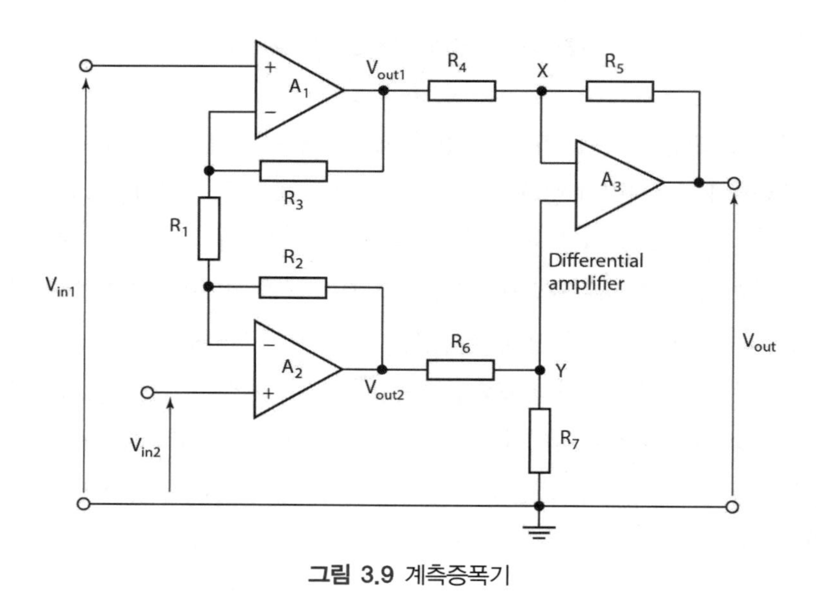

그림 3.9 계측증폭기

가상적으로 A_3를 통하여 아무 전류도 흐를 수 없기 때문에 R_4를 통하여 흐르는 전류는 R_5를 통하여 흐르는 전류와 같다. 그러므로

$$\frac{V_{out1} - V_X}{R_4} = \frac{V_X - V_{out}}{R_5}$$

A_3의 입력단의 전위차가 가상적으로 0이므로 $V_Y = V_X$이다. 그러므로

$$V_{out} = \left(1 + \frac{R_5}{R_4}\right) V_Y - \frac{R_5}{R_4} V_{out1}$$

V_{out2}에 대하여 R_6, R_7 저항에 의한 전압분배를 고려하면

$$V_Y = \frac{R_6}{R_6 + R_7} V_{out2}$$

그러므로

$$V_{out} = \frac{1 + \dfrac{R_5}{R_4}}{1 + \dfrac{R_7}{R_6}} V_{out2} - \frac{R_5}{R_4} V_{out1}$$

따라서 적절한 저항값의 선택에 따라 두 입력에 대한 배율이 같은 차동증폭기를 만들 수 있다. 이 조건은 다음과 같다.

$$1 + \frac{R_5}{R_4} = \left(1 + \frac{R_7}{R_6}\right) \frac{R_5}{R_4}$$

그러므로 $R_4/R_5 = R_6/R_7$이 된다.

우리는 이 증폭기의 해석에 대하여 **중첩의 원리**(principle of superposition)를 적용할 수 있다. 이 원리는 각각의 출력에 영향을 주는 인자에 대한 출력을 따로 구해서 더하면 모든 인자가 동시에 가해졌을 때의 출력과 같아진다는 것이다. 물론 이 원리는 선형 시스템에 대해서만 성립된다. A_1 증폭기는 비반전 증폭기로 V_{in1} 신호가 들어오며 이 신호에 대한 전압이득은 $1 + R_3/R_1$가 된다. 또한 이 A_1 증폭기는 A_2의 두 입력단의 전압이 서로 같다는 가정하에 신호 V_{in2}가 반전증폭기로 들어오고 이 신호에 대한 전압이득이 $-R_3/R_1$이 된다. 동상전압 V_{cm}도 비반전 증폭기로 입력되므로 A_1에 대한 출력은 다음과 같이 쓸 수 있다.

$$V_{out1} = \left(1 + \frac{R_3}{R_1}\right) V_{in1} - \left(\frac{R_3}{R_1}\right) V_{in2} + \left(1 + \frac{R_3}{R_1}\right) V_{cm}$$

같은 방법으로 A_2의 출력도 구할 수 있다.

$$V_{out2} = \left(1 + \frac{R_2}{R_1}\right) V_{in2} - \left(\frac{R_2}{R_1}\right) V_{in1} + \left(1 + \frac{R_2}{R_1}\right) V_{cm}$$

A_3에 대한 입력은 $V_{out1} - V_{out2}$가 되므로

$$V_{out2} - V_{out1} = \left(1 + \frac{R_3}{R_1} + \frac{R_2}{R_1}\right) V_{in1} - \left(1 + \frac{R_2}{R_3} + \frac{R_3}{R_1}\right) V_{in2} + \left(\frac{R_3}{R_1} - \frac{R_2}{R_1}\right) V_{cm}$$

이때 $R_2 = R_3$인 경우 동상전압항은 0이 된다. 그러므로

$$V_{out2} - V_{out1} = \left(1 + \frac{2R_2}{R_1}\right)(V_{in1} - V_{in2})$$

전체 이득은 $(1 + 2R_2/R_1)$이 되고 대개 R_1을 조정하여 결정한다.

그림 3.10은 연산증폭기 3개를 사용한 염가의 범용 계측증폭기(Burr-Brown INA114)의 핀배치와 사양이다. 전압이득은 1번과 8번 핀에 저항 R_G를 달아서 결정하게 되고, 이때 이득은 R_G를 kΩ 단위로 표시할 때 $1 + 50/R_G$가 된다. 이 식에서 50kΩ 항은 내부의 두 피드백 저항의 합으로부터 산출되었다.

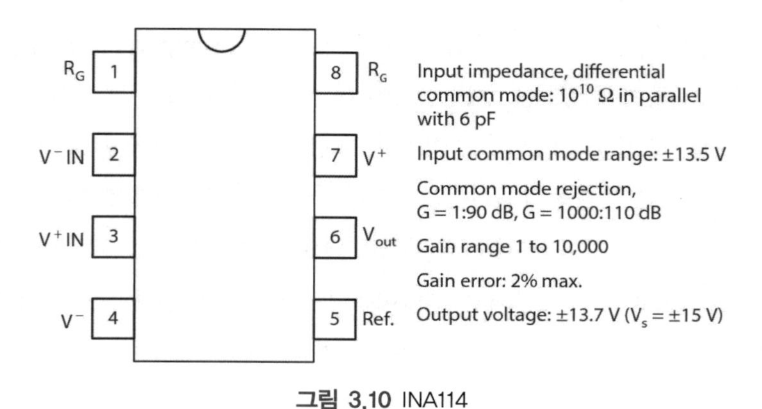

그림 3.10 INA114

3.2.6 대수증폭기

센서에 따라 계측하는 물리량에 대한 출력이 비선형인 경우가 있다. 예컨대 열전대의 출력은 각 접점 간의 온도차와 완전하게 선형관계가 아니다. 이러한 센서의 출력을 선형화하기 위해서는 적절한 신호조절이 필요하다. 이 신호조절기는 연산증폭기를 이용하여 구성할 수 있는데 비선형 입력에 대하여 출력이 선형이 되도록 하는 비선형 특성을 갖는 회로를 설계하면 된다. 이는 피드백 루프에 적절한 소자를 선택함으로써 얻을 수 있다.

그림 3.11에 도시된 대수증폭기가 바로 그런 예가 된다. 이 경우 피드백 루프에 다이오드나 베이스 단자가 접지된 트랜지스터를 사용할 수 있다. 다이오드는 C를 상수라 할 때 $V = C\ln I$라는 비선형성을 가지고 있다. 그런데 피드백 루프에 흐르는 전류가 입력저항에 흐르는 전류와 같고 다이오드 양단의 전위차가 $-V_{out}$이므로 다음 식을 얻을 수 있다.

$$V_{out} = -C\ln(V_{in}/R) = K\ln V_{in}$$

여기서 K는 상수이다. 만일 입력이 t이고 출력이 V_{in}인 센서에서 상수 A와 a에 대하여 $V_{in} = Ae^{at}$의 관계를 보인다고 할 때 위의 대수증폭기를 사용한다면 출력은 다음과 같을 것이다.

$$V_{out} = K\ln V_{in} = K\ln(Ae^{at}) = K\ln A + Kat$$

결과적으로 V_{out}과 t의 관계가 선형이 되었다는 것을 확인할 수 있다.

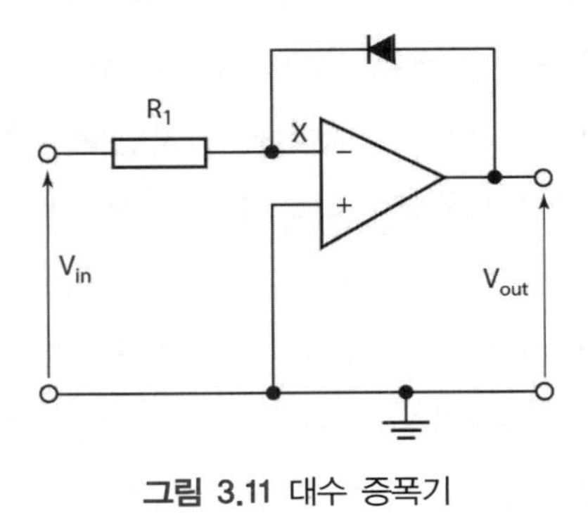

그림 3.11 대수 증폭기

3.2.7 비교기

비교기(comparator)는 2개의 전압입력 중 어느 쪽이 큰가를 판별하는 역할을 한다. 일반적으로 연산증폭기도 피드백을 걸지 않으면 비교기로 동작하게 된다. 그림 3.12(a)와 같이 하나의 전압을 반전, 나머지를 비반전 입력단에 연결한다. 그림 3.12(b)는 두 입력전압에 대한 차이와 비교기의 출력을 도시한 것이다. 두 입력이 동일하면 출력은 0이 된다. 비반전입력이 반전입력에 비하여 약간만 커져도 출력은 바로 양의 포화(saturation) 전압인 +10V가 된다. 반대로 반전입력이 비반전입력에 비하여 조금만 커져도 출력은 곧바로 음의 포화 전압인 −10V가 된다. 그러므로 이러한 특성을 이용하여 어떤 기준전위보다 입력전위가 커지면 출력이 변화되도록 하고 이 변화로 다른 동작을 개시하도록 응용될 수 있다.

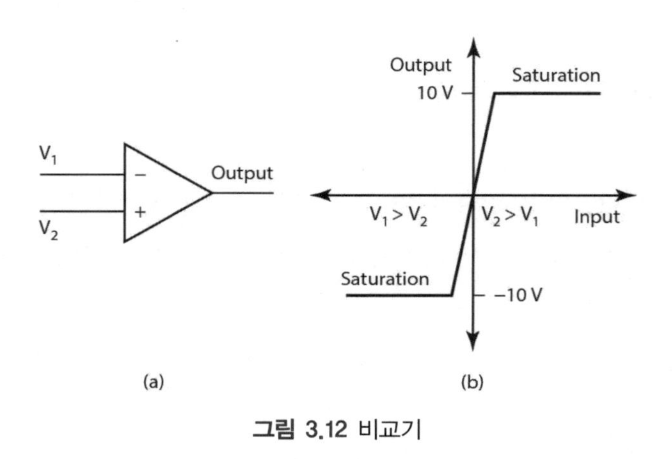

그림 3.12 비교기

그림 3.13의 회로와 같은 예를 살펴보자. 이 회로는 온도가 어떤 기준 온도에 도달하면 출력단의 릴레이가 작동하여 적절한 동작을 개시하도록 사용할 수 있다. 이 회로는 휘스톤 브리지의 한쪽 가지에 서미스터가 연결되어 있다. 브리지에 각 저항들은 기준온도에서 균형을 이루도록 선정되어 있다. 온도가 기준 온도보다 낮아지면 서미스터의 저항 R_1이 R_2보다 커지게 되므로 브리지가 불균형 상태가 된다. 그 결과 연산증폭기로의 두 입력단의 전압 차가 생겨서 출력의 전압이 음의 포화전압으로 떨어진다. 이 상태는 트랜지스터를 오프 상태로 만든다. 즉, 베이스−이미터(base−emitter), 베이스−콜렉터(base−collector) 간의 역바이어스 (bias)가 걸리게 되므로 릴레이에 전류가 흐르지 못하게 되는 것이다. 반면에 온도가 기준 온도보다 높아지면 서미스터의 저항 R1이 R2보다 작아지게 되므로 브리지가 불균형 상태가 되고 연산증폭기의 출력이 양의 포화전압으로 상승하게 된다. 따라서 트랜지스터에 정바이어스가 걸리므로 온상태가 되어 릴레이를 동작시키게 된다.

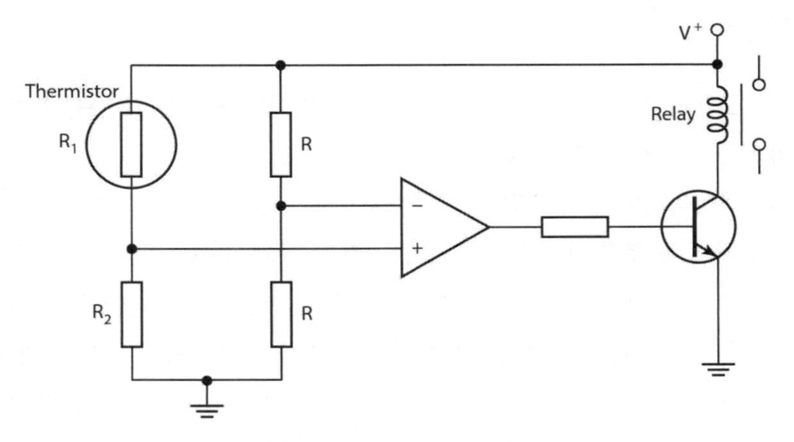

그림 3.13 온도 스위치 회로

또 다른 비교기의 예로서 CD 플레이어에서 레이저 빔(beam)이 디스크의 표면에 정확하게 초점이 맞도록 하는 시스템에 대하여 고찰해 보자. CD는 정보를 저장하기 위하여 일련의 미세한 요철이 각인되어 있는데, 이것을 판독하기 위하여 렌즈를 사용하여 레이저 빔의 초점을 맞추도록 되어 있다. 그림 3.14와 같이 4개의 포토다이오드의 배열에 디스크에서 반사된 광선을 투사시키며 이 다이오드의 출력을 가지고 음악이나 데이터를 재생한다. 4개의 다이오드를 사용한 이유는 그 배열을 이용하여 레이저 빔의 초점이 가부를 판단하는 기능을 하기 위해서이다. 초점이 맞은 경우는 원형의 스폿(spot)이 비쳐지게 되어 동일한 광량이 각 다이오드에 들어가게 된다. 그 결과 비교기로 연결된 연산증폭기의 출력은 0이 된다. 만일 초점이 맞지 않는 경우는 타원형의 스폿이 비쳐지게 되어 광량이 각 셀에 다르게 나타나게 될 것이다. 두 그룹의 대각선 셀들이 비교되고 그 출력이 서로 다르기 때문에 비교기의 출력은 초점이 어떤 방향으로 안 맞는지를 나타내게 될 것이다. 이 비교기 출력을 이용하여 디스크 표면에 조사되는 빔의 초점을 보정하도록 렌즈를 구동하는 제어 시스템을 구성할 수 있다.

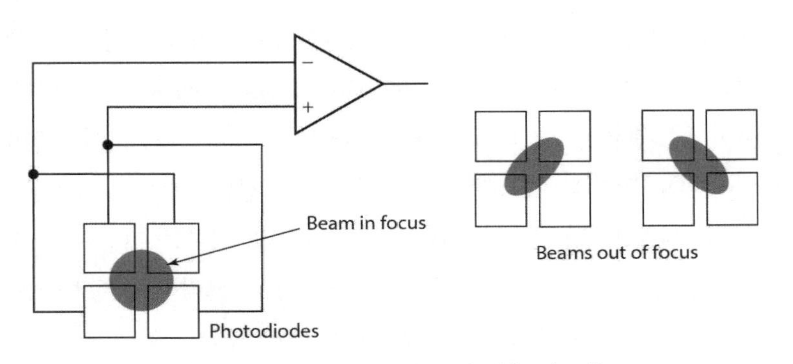

그림 3.14 CD 플레이어 초점 맞춤 시스템

3.2.8 실제증폭기

연산증폭기는 앞에서 설명한 것과 같이 이상적으로 완벽한 요소가 아니다. 특히 **오프셋 전압**(offset voltage)은 중대한 문제점 중 하나이다.

연산증폭기는 고이득으로 두 입력단의 전위차를 증폭하는 것이다. 그렇다면 입력단을 단락시키면 출력이 0이 될 것이 분명하다. 그러나 실제의 경우는 상당히 큰 전압이 출력된다. 이 현상은 연산증폭기 내부 회로의 비대칭성에 의하여 유발된다. 입력단에 적절한 전압을 인가해야만 0의 출력을 얻을 수 있다. 이 전압을 **오프셋 전압**이라 칭하고 많은 연산증폭기는 전위차계를 통하여 이 오프셋 전압을 제거할 수 있는 기능을 가지고 있다. 그림 3.2에서 보는 것과 같이 741 연산증폭기의 1번과 5번 핀이 오프셋 단자로서 그림 3.15처럼 10kΩ의 전위차계를 연결하고 슬라이더단에 음의 공급전압을 인가한다. 연산증폭기의 입력이 0일 때 출력도 0이 되도록 전위차계를 조정하면 오프셋 문제를 해결할 수 있다. 보편적으로 일반 증폭기는 1에서 5mV의 오프셋 전압을 가진다.

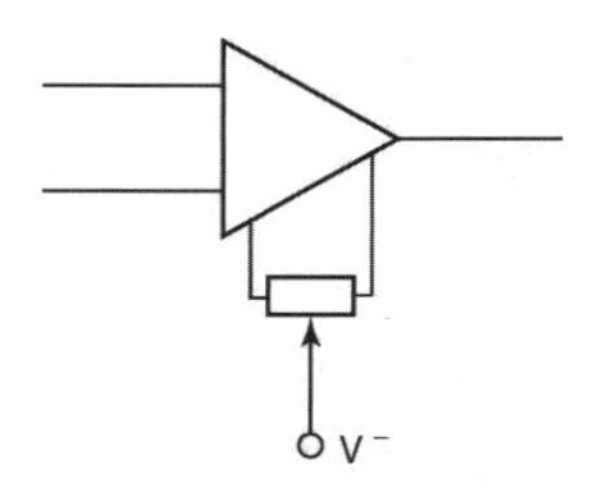

그림 3.15 오프셋 전압 조정

연산 증폭기는 입력 트랜지스터를 바이어스시키기 위해 입력단에 소량의 전류가 흐른다. 각 입력단의 원천저항(source resistance) 흐르는 바이어스 전류는 입력과 더불어 전압을 발생시킨다. 이상적인 증폭기에서 두 입력의 바이어스 전류는 동일하나, 실제로 이러한 경우는 없다. 따라서 입력 신호가 없을 때 이상적인 증폭기라면 출력 전압은 0이나 실제 증폭기는 바이어스 전류로 인해 출력 전압이 발생한다. 이는 특히 증폭기가 직류전압으로 작동할 경우 문제가 될 수 있다. 두 바이어스 전류의 평균값을 **입력 바이어스 전류**(input bias current)라고 한다. 일반용 연산증폭기의 입력 바이어스 전류는 약 110nA이다. 두 바이어스 전류 간의 차이를 **입력 오프셋 전류**(input-offset current)라고 한다. 이상적으로 입력 오프셋 전류는 0이나, 일반용 증폭기는 입력 바이어스 전류의 약 10에서 15%인 약 10nA의 입력 오프셋 전류를 가진다.

슬루율(slew rate)은 교류 전류를 연산 증폭기에 사용 할 때 고려하여야 할 중요한 매개변수이다. 슬루율은 계단함수 입력(step-function input)에 대한 응답으로 단위 시간당 출력 전압의 최대로 변할 수 있는 비율이다. 보편적으로 이 값의 범위는 0.2V/μs에서 20V/μs이다. 고주파수 영역에서 증폭기의 대신호 동작(large-signal operation)은 출력이 한 전압값에서 다른 전압값으로 얼마나 빠르게 이동할 수 있는가에 따라 성능이 결정된다. 따라서 고주파수의 입력을 사용하려면 슬루율이 높아야 한다.

위에서 언급한 내용들의 예를 들면 96dB의 오픈루프 전압이득을 가지는 일반용 증폭기 LM348은 30nA의 입력 바이어스 전류와 0.6V/μs의 슬루율을 가진다. 100dB의 오픈루프 전압이득을 가지는 광대역(wide-band) 증폭기 AD711은 25pA의 입력 바이어스 전류와 20V/μs의 슬루율을 가진다.

3.3 보호회로

센서가 인터페이스되는 마이크로프로세서와 같은 섬세한 장치가 고전류, 고전압 등에 의해 손상될 가능성이 있다. 고전류에 의한 파손은 입력단에 최대 전류 이하로 전류를 제한시킬 수 있도록 직렬저항을 추가한다든지 퓨즈를 사용하여 안전전류 이상에서 차단시키는 방법으로 대처한다. 고전압과 역극성(wrong polarity)에 대해서는 그림 3.16과 같이 제너 다이오드(Zener diode) 회로를 도입함으로써 보호한다. 제너 다이오드는 어떤 브레이크다운(breakdown) 전압까지는 일반 다이오드와 같은 동작을 하지만 이 전압 이상에서는 역방향으로도 도통이 된다. 그러므로 최대 전압을 5V 이하로 보장하기 위하여 브레이크다운 전압이 5.1V인 제너 다이오드를 선정하면 된다. 전압이 5.1V 이상이 되면 브레이크다운 상태가 되어 다이오드의 저항이 상당히 작아지므로 다이오드 양단의 전위가 작아져서 다음 회로에 5V 이상의 전압이 걸릴 수 없다. 또한 제너 다이오드는 일반 다이오드와 마찬가지로 한 방향으로는 저항이 작고 역방향으로는 저항이 크므로 역극성에 대한 보호가 된다. 입력이 정상적인 극성으로 인가된 경우에는 다이오드 양단의 저항이 커서 적당한 전압으로 신호가 다음 단에 입력된다. 반면에 역극성의 입력에 대해서는 양단의 저항이 작아 전압 차가 극히 작아져서 신호를 차단하는 역할을 한다.

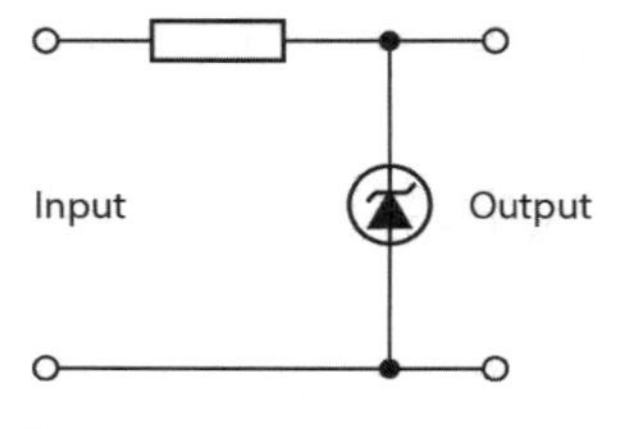

그림 3.16 제너 다이오드 보호회로

때로는 센서단과 다음 유닛 간을 전기적으로 완전히 분리시키는 분리회로(isolation)가 필요한 경우가 있다. 이 분리회로는 **광분리기(optoisolator)**를 이용하여 구성할 수 있다. 그래서 마이크로프로세서의 출력을 적외선 방사를 하는 적외선 발광 다이오드(light-emitting diode: LED)에 인가한다. 이 빛은 광트랜지스터(phototransistor) 또는 트라이액(triac)에 의해 감지된다. 그림 3.17은 몇 가지 형태의 광분리기를 나타낸다. **전달률(transfer ratio)**은 입력전류에 대한 출력전류의 비를 나타내는 데 사용된다. 대표적으로 간단한 트랜지스터 광분리기(그림 3.17(a))는 입력전류보다 작은 출력전류를 주며, 이는 7mA의 최대 출력전류로서 약 30% 정도의 전달률을 가진다. 그러나 달링턴(Darlington) 형태(그림 3.17(b))는 입력전류보다 큰 출력전류를 준다. 즉, Siemens 6N139는 60mA의 최대 출력값을 가지며 800%의 전달률을 준다. 광분리기의 다른 형태(그림 3.17(c))는 트라이액을 사용하므로 교류를 사용할 수 있으며, 대표적인 트라이액 광분리기는 주 전압으로 작동될 수 있다. 다른 형태(그림 3.17(d))는 과도적으로 전자기적인 간섭을 줄이기 위하여 제로교차유닛(zero-crossing unit)을 가진 트라이액, 즉 Motorolla MOC3011을 사용한다.

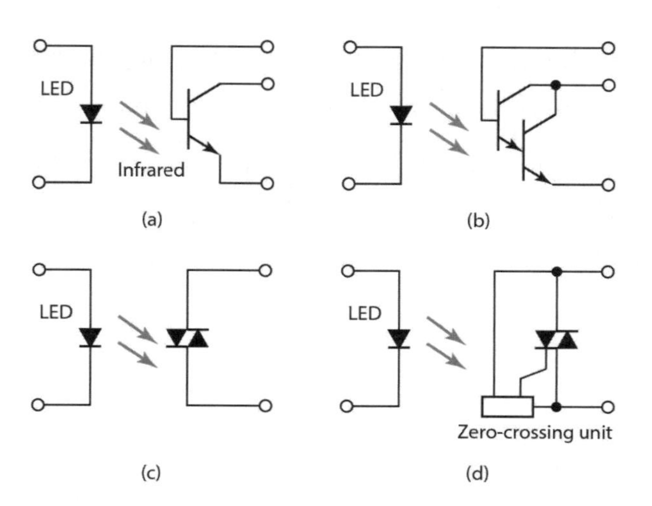

그림 3.17 광분리기: (a) 트랜지스터, (b) 달링턴, (c) 트라이액, (d) 제로교차유닛을 가진 트라이액

광분리기 출력은 저전류 부하회로에 사용될 수 있다. 그래서 달링턴 광분리기는 마이크로프로세서와 램프 또는 릴레이 사이의 인터페이스로서 사용될 수도 있다. 고전력 회로를 스위칭하기 위하여 옵토커플러(optocoupler)는 릴레이를 구동하는 데 사용될 수도 있으므로 고전류장치를 스위칭하는 데는 릴레이를 사용하다.

마이크로프로세서를 위한 보호회로는 그림 3.18과 같은 회로로 설계될 수 있다. 이 회로는 분리회로뿐만 아니라 그림 3.16과 같은 고전류, 고전압, 역극성 보호회로가 포함되어 있고 나아가서는 직렬로 다이오드를 달아서 교류입력도 정류하여 입력할 수 있다.

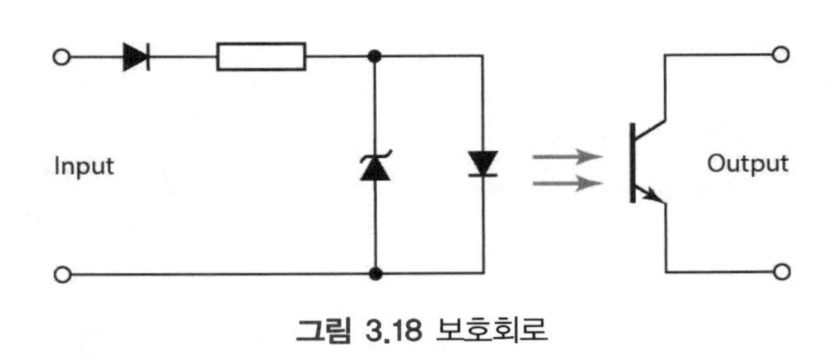

그림 3.18 보호회로

3.4 필터링

필터링(filtering)은 신호로부터 어떤 주파수 대역의 성분만을 제거시키는 처리를 말한다. 필터에 의하여 통과시키는 주파수의 범위를 **통과대역**(pass band)이라 하고 통과시키지 않는 범위를 **차단대역**(stop band)이라 하며, 이 두 대역을 나누는 경계를 **차단 주파수**(cut-off-frequency)라 한다. 통과와 차단 주파수의 범위에 따라 필터들을 분류할 수 있다. 그림 3.19(a)는 0에서 어떤 주파수까지의 대역만을 통과시키는 **저역통과 필터**(low-pass filter)이고 그림 3.19(b)는 어떤 주파수에서 무한대까지의 대역을 통과시키는 **고역통과 필터**(high-pass filter)이다. 그림 3.19(c)는 정해진 특정 주파수 대역만을 통과시키는 **대역통과 필터**(band-pass filter)이고 그림 3.19(d)는 특정 대역의 통과를 차단하는 **대역차단 필터**(band-stop filter)이다. 이 모든 경우에 대하여 통과대역 출력의 70.7%에 해당하는 출력전압이 나가는 주파수로 차단 주파수를 정의한다. **어테뉴에이션**(attenuation)이라는 용어는 입력에 대한 출력의 파워비를 말하고 주로 이 비의 로그를 취하여 사용하며 단위를 벨(bels)이라고 한다. 이 벨 값은 대개 매우 큰 값이므로 데시벨(dB)을 정의하여 사용하는데 어테뉴에이션에서의 데시벨은 10 log(입력 파워/출력 파워)가 된다. 그런데 주어진 임피던스에 대하여 파워는 전압의 제곱에 비례하므로 전압비로 표현된 어테뉴에이션의 데시벨은 dB=20 log(입력 전압/출력 전압)가 된다. 그러므로 출력전압이 통과대역에 비해 70.7%가 된다는 것은 어테뉴에이션이 3dB라고도 표현할 수 있다.

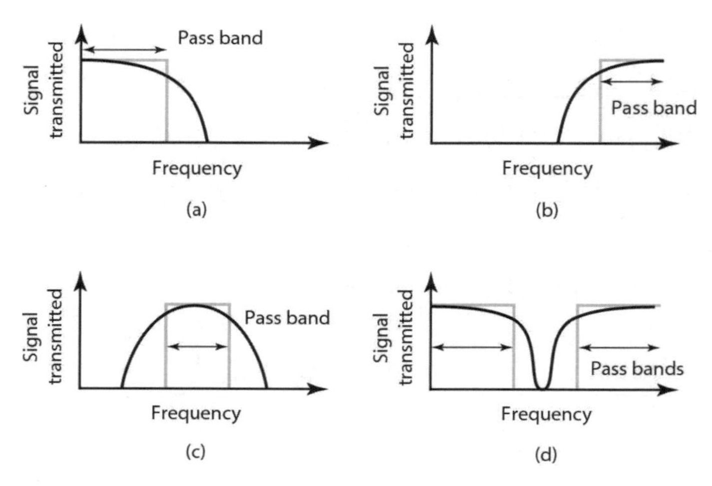

그림 3.19 이상적 필터의 특성: (a) 저역통과, (b) 고역통과, (c) 대역통과, (d) 대역차단

수동(passive) 필터라는 것은 저항, 커패시터, 인덕터로만 구성된 것을 말하고, **능동**(active) 필터는 연산증폭기까지를 포함한 소자들로 설계된 것을 말한다. 수동 필터는 능동 필터와 달리 주변회로에 의한 로딩 현상으로 설계한 것과 같은 이상적인 필터를 구성하기 곤란하다는 단점이 있다.

대개의 유용한 정보들이 저주파이고 노이즈는 대개 고주파 성분인 경우가 많기 때문에 저역통과 필터는 신호조절용으로 널리 사용되고 있다. 다시 말하면 이 필터는 고주파인 잡음은 제거시키고 저주파의 유용한 신호만을 통과시키는 용도로 사용하고 있다. 그러므로 교류전원으로부터의 60Hz 노이즈 성분 및 그 이상의 고주파 노이즈를 제거시키기 위해서는 저역통과 필터의 차단 주파수를 40Hz 정도로 정하여 설계해야 한다. 그림 3.20은 기본 형태의 저역통과 필터를 보여주고 있다. 더 상세한 필터의 내용은 S. Niewiadomski의 Filter Handbook (Heinemann Newnes 1989)를 참조하기 바란다.

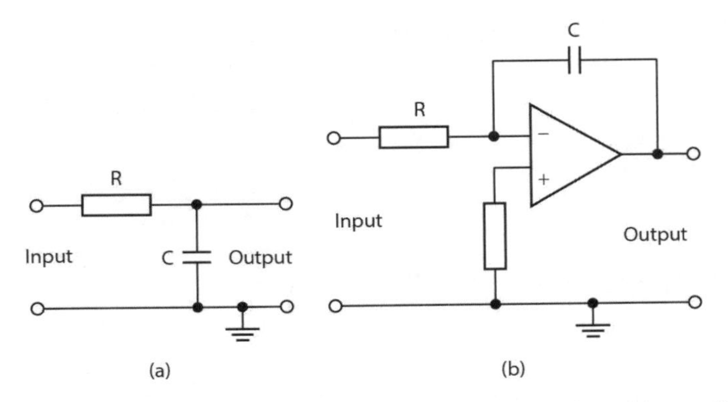

그림 3.20 연산 증폭기를 사용한 저역통과 필터: (a) 수동형, (b) 능동형

3.5 휘트스톤 브리지

휘트스톤 브리지(Wheatstone bridge)는 저항의 변화를 전압의 변화로 변환하는 데 사용된다. 그림 3.21은 이 브리지의 기초 형태를 보여 주고 있다. 출력전압 V_O가 0일 때 B와 D점의 전위가 같아야 한다. 이 경우 저항 R_1 양단의 전압 V_{AB}와 R_3 양단의 전압 V_{AD}가 같아야 한다. 그러므로 $I_1R_1 = I_2R_2$이 성립된다. 같은 논리로 저항 R_2 양단의 전압 V_{BC}와 R_4 양단의 전압 V_{DC}가 같아야 한다. B와 D점은 전위가 같으므로 전류가 흐르지 않기 때문에 R_1에 흐르는 전류와 R_2에 흐르는 전류가 같고 R_3에 흐르는 전류와 R_4에 흐르는 전류도 서로 같다. 그러므로 $I_1R_2 = I_2R_4$ 라는 관계가 얻어지고 두 전류식의 양변을 나누면 다음 관계가 얻어진다.

$$\frac{R_1}{R_2} = \frac{R_3}{R_4}$$

이 경우 브리지가 **균형**(balanced) **상태**라고 한다.

이제 한 저항이 균형 상태로부터 변화될 경우 어떤 변화가 일어나는지 살펴보자. 균형 상태의 경우 공급전압 V_S가 A와 C점에 결선되었다면 R_1에 의한 전압강하는 공급전압의 $R_1/(R_1 + R_2)$에 의한 전압분배로 쉽게 구해질 수 있다.

$$V_{AB} = \frac{V_S R_1}{R_1 + R_2}$$

마찬가지 방법으로 R_3에 대한 전압강하는

$$V_{AD} = \frac{V_S R_3}{R_3 + R_4}$$

그러므로 B와 D 사이의 전위차, 즉 출력전압 V_O는

$$V_O = V_{AB} - V_{AD} = V_S\left(\frac{R_1}{R_1 + R_2} - \frac{R_3}{R_3 + R_4}\right)$$

이 식으로부터 $V_O = 0$일 때 균형조건을 구할 수 있다.

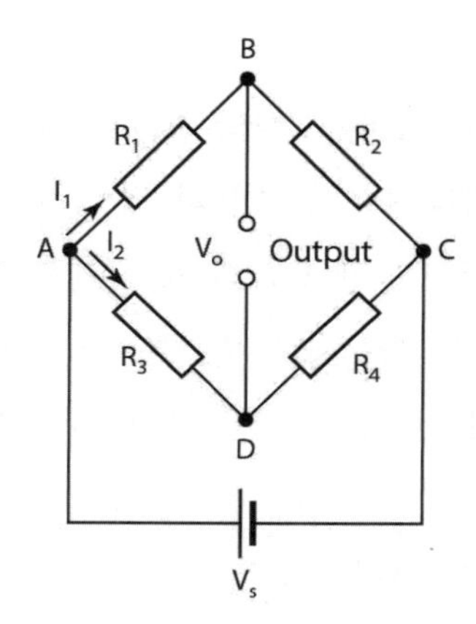

그림 3.21 휘트스톤 브리지

R_1을 저항값이 바뀌는 센서라고 생각한다면 R_1이 $R_1 + \delta R_1$으로 변화되었을 때 출력전압도 V_O에서 $V_O + \delta V_O$로 변화될 것이다.

$$V_O + \delta V_O = V_S\left(\frac{R_1 + \delta R_1}{R_1 + \delta R_1 + R_2} - \frac{R_3}{R_3 + R_4}\right)$$

그러므로 위 두 식의 양변을 빼면

$$(V_O+\delta V_O)-V_O=V_S\left(\frac{R_1+\delta R_1}{R_1+\delta R_1+R_2}-\frac{R_1}{R_1+R_2}\right)$$

만일 δR_1이 R_1에 비하여 상대적으로 작다고 가정한다면 근사적으로 다음 식을 얻을 수 있다.

$$\delta V_O \approx V_S\left(\frac{\delta R_1}{R_1+R_2}\right)$$

이 근사식으로 볼 때 센서의 저항변화가 출력의 전압변화와 비례한다는 것을 알 수 있다. 그 결과는 출력단에 부하저항이 없는 경우이고, 부하저항이 유한한 경우에는 로딩 효과(loading effect)를 고려해야 한다.

위의 결과에 대한 예로서 0°C에서 100Ω 백금저항 온도 센서가 휘트스톤 브리지에 장착된 경우를 고려해 보자. 이 온도조건에서 균형 상태를 이루도록 다른 모든 저항이 100Ω으로 선정되어 있다. 만일 백금저항의 온도계수가 0.0039/K이고 출력단의 부하저항이 무한하다고 할 때 온도 1도에 대한 출력의 변화는 얼마이겠는가? 내부 저항을 무시할 만한 공급전원은 전압이 6.0V이다. 온도변화에 따른 백금의 저항변화는 다음과 같이 구할 수 있다.

$$R_t=R_0(1+\alpha t)$$

여기서 R_t는 t°C에서의 저항이고 R_0는 0°C의 저항이며 α는 저항의 온도계수이다. 그러므로

$$\begin{aligned}\text{저항변화}&=R_t-R_0=R_0\alpha t\\&=100\times 0.0039\times 1=0.39\Omega/K\end{aligned}$$

저항의 변화가 저항값 100Ω보다 작기 때문에 근사식을 이용할 수 있다.

$$\delta V_O \approx V_S\left(\frac{\delta R_1}{R_1+R_2}\right)=\frac{6.0\times 0.39}{100+100}=0.012\,V$$

3.5.1 온도 보상

저항형 센서를 이용한 계측의 대부분은 계측소자가 긴 리드(lead) 끝에 연결될 수밖에 없다.

이 경우 센서의 저항뿐만 아니라 리드의 저항도 온도에 영향을 받고 있다. 예컨대 백금저항 온도 센서는 리드선 끝에 백금 코일이 접합되어 있고 온도가 변하면 코일뿐만 아니라 리드의 저항도 변화한다. 이 경우 코일의 저항을 계측하는 것뿐만 아니라 리드의 저항을 보상하는 적절한 방법도 강구해야 한다. 한 가지 방안으로서 그림 3.22와 같이 3선의 리드를 사용하는 것이다. 코일을 이 방법으로 코일에 연결하면 리드 3이 코일의 저항 R_1과 직렬로 연결되면서 동시에 리드 1이 R_3과 직렬로 연결된다. 이때 리드 2는 전원을 공급하는 라인이다. 이 3개의 리드 모두 동일한 재질, 직경, 길이로 제작되어 있고 서로 밀착되어 있기 때문에 온도에 의한 각 리드의 저항변화는 동일하다고 할 수 있다. 그 결과 리드의 변화가 브리지의 양변에 동일하게 작용함으로써 R_1과 R_3가 동일하다면 서로 상쇄된다.

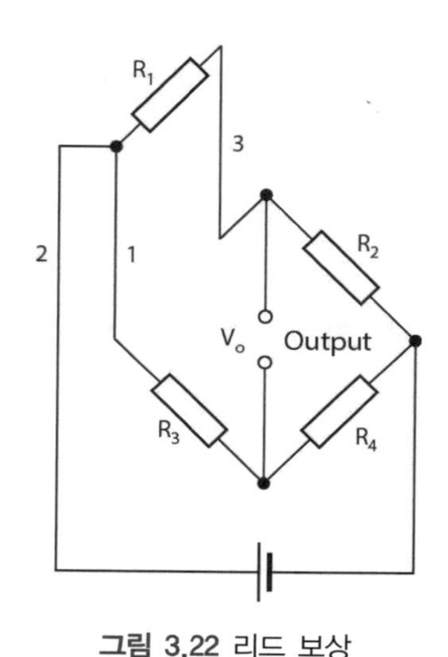

그림 3.22 리드 보상

저항형 스트레인 게이지도 온도에 대한 영향을 보상해야 할 또 하나의 센서이다. 스트레인 게이지의 저항은 게이지가 부착된 물체의 변형량에 따라 변화하게 된다. 문제는 온도에 의해서도 게이지의 저항이 변한다는 것이다. 이 온도영향을 제거할 수 있는 한 가지 방법은 **더미 스트레인 게이지**(dummy strain gauge)를 이용하는 것이다. 이 더미 게이지는 변형을 받는 주 스트레인 게이지와 동일한 것으로 선택하고 같은 표면에 인접하여 부착하지만 변형을 받지 않도록 한다. 이 더미 게이지가 주 게이지에 인접해 있기 때문에 동일한 온도변화를 받게 된다. 그러므로 온도변화가 각 게이지에 동일한 양만큼의 저항변화를 발생시킨다. 그림 3.23(a)와 같이 주 게이지를 휘트스톤 브리지의 1가지에 그리고 더미 게이지를 반대편에 장착하여 온도에 의하여 유발되는 저항변화가 서로 상쇄되도록 구성되어 있다.

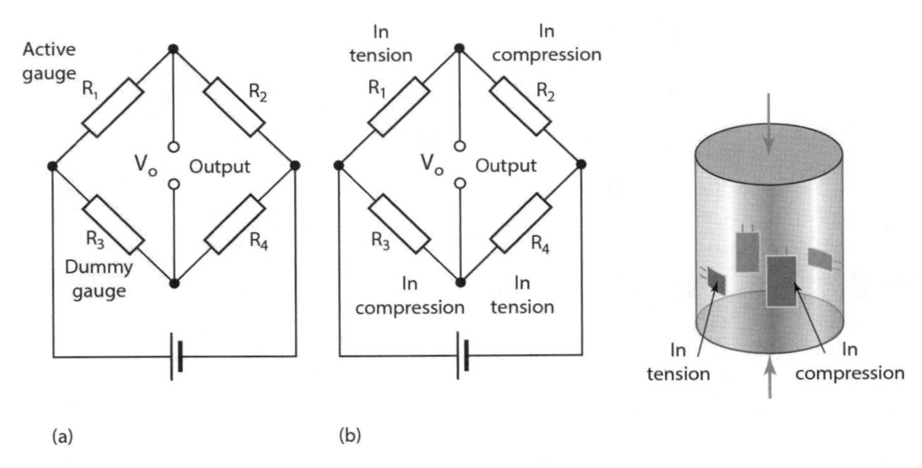

그림 3.23 스트레인 게이지 보상: (a) 더미 게이지 사용, (b) 4개 주 게이지 암 브리지

스트레인 게이지는 로드셀(load cell)이나 다이어프램(diaphragm) 압력 게이지 등의 변위를 계측하기 위하여 자주 사용된다. 이러한 경우에서도 온도보상이 필요하다. 더미 게이지를 이용할 수도 있지만 더 좋은 방법은 4개의 스트레인 게이지를 이용하는 방법이다. 이 중 2개는 힘을 받을 때 인장(tension)을 받도록 장착되고 나머지 2개는 압축(compression)을 받도록 장착한다. 그림 3.23(b)는 이러한 게이지의 장착 상태를 보여 준다. 인장을 받는 게이지는 저항이 증가하는 반면에 압축을 받는 것은 저항이 감소한다. 그림 3.23(b)와 같이 브리지의 4개의 암마다 게이지가 연결되어 있어 4개의 게이지가 동일한 온도변화의 영향을 받음으로써 자동적으로 온도보상이 된다. 또한 1개의 게이지를 주 게이지로 사용할 때보다 훨씬 큰 출력전압을 얻게 된다.

그림 3.23과 같이 4개의 게이지가 배치된 로드셀에 대하여 고찰해 보자. 이때 게이지의 게이지 팩터가 2.1이고 저항이 100Ω이다. 로드셀이 압축력을 받을 때 수직으로 장착된 게이지는 원통의 높이가 줄어드는 방향으로 수축되므로 압축변형을 받고, 수평으로 장착된 게이지는 원통의 직경이 늘어나는 방향으로 팽창하게 됨으로 인장변형을 받게 된다. 이때 수평방향과 수직방향의 변형 간 비를 포와송 비(poisson‘s ratio)라고 하고 대개는 0.3 정도의 값이다. 여기서 압축변형이 -1.0×10^{-5}이고 인장변형이 $+0.3\times10^{-5}$이며, 브리지에 공급전압이 6V가 공급되고 브리지의 전위차가 차동증폭기에 의하여 증폭된다고 가정하자. 출력전압이 1mV가 되기 위하여 차동증폭기의 입력저항 및 피드백저항은 얼마로 선정해야 하는가?

압축변형에 대한 게이지의 저항변화는 $\Delta R/R = G\epsilon$을 만족한다. 그러므로

$$\text{저항변화} = G\varepsilon R = -2.1\times1.0\times10^{-5}\times100$$
$$= -2.1\times10^{-3}\Omega$$

인장변형을 받는 게이지에 대해서도

$$\text{저항변화} = G\varepsilon R = 2.1 \times 0.3 \times 10^{-5} \times 100$$
$$= 6.3 \times 10^{-4}\Omega$$

3.5절을 참조하여 불균형 전위차를 구하면

$$V_O = V_S\left(\frac{R_1}{R_1 + R_2} - \frac{R_3}{R_3 + R_4}\right)$$
$$= V_S\left(\frac{R_1(R_3 + R_4) - R_3(R_1 + R_2)}{(R_1 + R_2)(R_3 + R_4)}\right)$$
$$= V_S\left(\frac{R_1R_4 - R_2R_3}{(R_1 + R_2)(R_3 + R_4)}\right)$$

이 식에 각 저항의 변화를 대입하게 되는데 두 저항값의 합보다 저항의 변화가 매우 작기 때문에 분모에는 그 영향을 무시하기로 한다. 그러므로

$$V_O = V_S\left(\frac{(R_1 + \delta R_1)(R_4 + \delta R_4) - (R_2 + \delta R_2)(R_3 + \delta R_3)}{(R_1 + R_2)(R_3 + R_4)}\right)$$

여기서 δ 간의 곱인 항은 무시하고 브리지의 균형 조건인 $R_1R_4 = R_2R_3$을 이용하면

$$V_O = \frac{V_SR_1R_4}{(R_1 + R_2)(R_3 + R_4)}\left(\frac{\delta R_1}{R_1} - \frac{\delta R_2}{R_2} - \frac{\delta R_3}{R_3} + \frac{\delta R_4}{R_4}\right)$$

여기에 값을 대입하면

$$V_O = \frac{6 \times 100 \times 100}{200 \times 200}\left(\frac{2 \times 6.3 \times 10^{-4} + 2 \times 2.1 \times 10^{-3}}{100}\right)$$

그러므로 브리지의 출력은 8.19×10^{-5}V가 된다. 이 전압이 차동증폭기의 입력이 되므로 3.2.5절에서 유도된 식을 이용한다.

$$V_O = \frac{R_2}{R_1}(V_2 - V_1)$$

$$1.0 \times 10^{-3} = \frac{R_2}{R_1} \times 8.19 \times 10^{-5}$$

그러므로 $R_2/R_1 = 12.2$로 결정된다.

3.5.2 열전대 보상

2.9.5절에 설명된 것과 같이 열전대는 두 접점의 온도에 따른 기전력을 발생시킨다. 이상적으로 한 접점을 0°C로 유지함으로써 발생되는 기전력에 해당되는 온도를 직접 테이블로부터 읽는 방법을 사용할 수 있다. 그러나 이러한 방법은 항상 가능한 것이 아니고 냉접점을 상온으로 택하는 경우가 많이 있다. 이를 보상하기 위해서는 적절한 전압을 더해야 한다. 이 양은 0°C의 기전력과 상온에서의 기전력의 차이가 될 것이다. 이러한 전위차는 저항형 온도 센서를 휘트스톤 브리지로 연결하여 구할 수 있다. 이 브리지는 0°C에서 균형을 이루도록 조정되어서 다른 온도에서의 보정전위차를 출력해 줄 수 있다.

금속저항 온도 센서의 저항은 다음 식으로 표현할 수 있다.

$$R_t = R_0(1 + \alpha t)$$

여기서 R_t는 t°C에서의 저항이고 R_0는 0°C의 저항이며 α는 저항의 온도계수이다. 그러므로

$$\text{저항변화} = R_t - R_0 = R_0 \alpha t$$

브리지의 출력전압은 R_1을 온도 센서로 잡았을 경우 다음 식으로 구할 수 있다.

$$\delta V_O \approx V_S\left(\frac{\delta R_1}{R_1 + R_2}\right) = \frac{V_S R_0 \alpha t}{R_0 + R_2}$$

열전대의 기전력 e는 온도 t에 대하여 0°C에서 상온까지의 낮은 온도범위에서는 거의 선형관계가 성립된다. 그러므로 $e = kt$가 되고 k는 단위온도당의 기전력을 나타내는 상수이다. 그러므로 보상을 위하여 다음 관계가 성립되어야 한다.

$$kt = \frac{V_S R_0 \alpha t}{R_0 + R_2}$$

그래서

$$kR_2 = R_0(V_S\alpha - k)$$

k가 51μV/°C인 철-콘스탄탄(constantan) 열전대를 0°C에서 저항이 10Ω이고 저항의 온도계수가 0.0067/K인 니켈 저항소자로 보상하려면 공급전압이 1.0V에서 가 1304Ω이 되도록 설계해야 한다.

3.6 펄스 변조

센서로부터의 낮은 레벨의 직류신호를 전송할 때 연산증폭기의 이득이 드리프트(drift)하기 때문에 야기되는 출력의 전압 드리프트 문제를 자주 경험하게 된다. 이 문제는 신호를 연속한 아날로그 신호 대신에 펄스열로 변환하여 사용하면 해결할 수 있다.

이러한 변환의 한 방법이 그림 3.24와 같이 직류 신호를 초핑(chopping)하는 것이다. 초퍼(chopper)로부터의 출력은 그 크기가 입력 신호의 직류 레벨과 일치하는 일련의 펄스가 된다. 이 과정을 **펄스 진폭 변조(Pulse Amplitude Modulation: PAM)**라고 한다. 이 신호는 증폭과 다른 신호조절 후 복조(demodulation)과정을 거쳐 원래 직류 신호로 복원된다. 펄스 진폭 변조에서는 펄스의 크기가 입력직류전압에 비례한다.

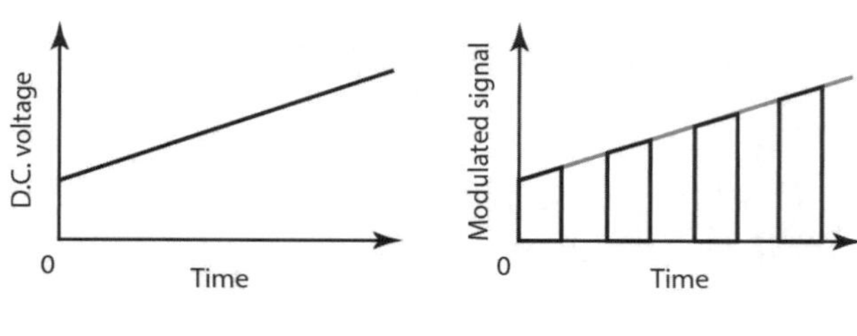

그림 3.24 펄스 진폭 변조(계속)

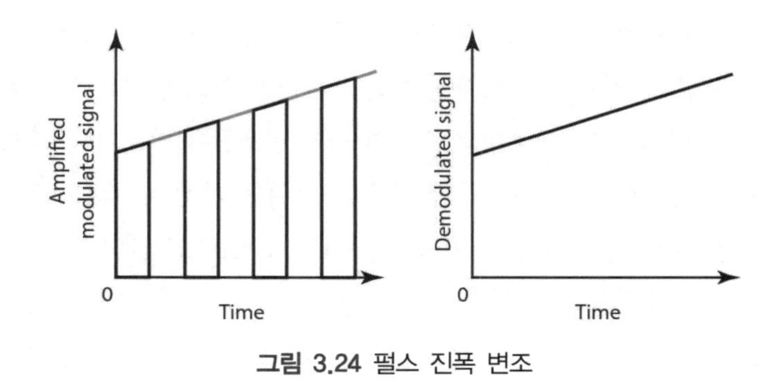

그림 3.24 펄스 진폭 변조

펄스 폭 변조(Pulse Width Modulation: PWM)은 제어 시스템의 출력에 많이 사용되는데 그림 3.25와 같이 펄스의 폭을 변화하여 출력되는 평균 직류전압을 조절할 수 있다. 각 펄스 출력 사이클 간에 출력이 high가 되는 비율을 **듀티 사이클**(duty cycle)이라고 한다. 그러므로 각 사이클의 절반이 high가 되는 PWM은 듀티 사이클이 1/2 또는 50%라 칭한다. 또한 high가 각 주기의 1/4이면 듀티 사이클이 1/4 또는 25%라고 한다.

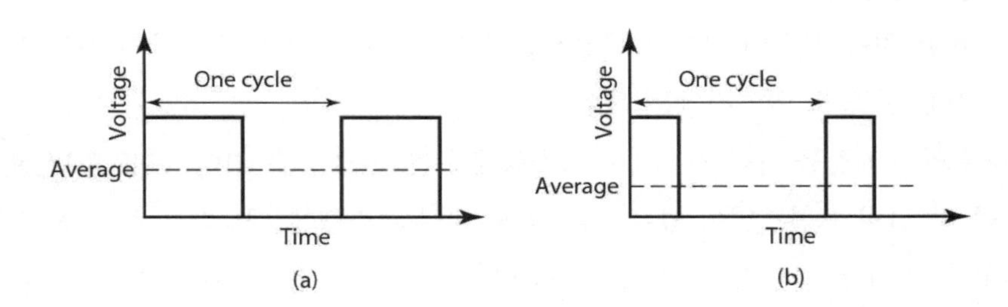

그림 3.25 펄스 폭 변조를 통한 전압 제어: (a) 듀티 사이클 50%, (b) 듀티 사이클 25%

3.7 신호와 관련된 문제

센서를 신호조절 장치와 컨트롤러에 연결하면 접지와 전자기 간섭으로 인해 신호에 문제가 발생할 수 있다.

3.7.1 접 지

일반적으로 센서와 신호조절 장치의 신호는 전압으로 컨트롤러에 전송되며, 이러한 전압은 두 지점 간에 전위차이다. 만약 지점들 중 한 지점이 접지가 되어 있으면 이를 **접지된 신호원**

(grounded signal source)이라 하고, 접지가 안 되어 있는 지점은 **플로팅 신호원**(floating signal source)이라고 한다. 접지된 신호원에서 전압 출력은 시스템 접지와 신호원의 (+)신호선(signal lead) 사이의 전위차이다. 플로팅 신호원의 경우 신호원은 기준이 될 절대적인 값을 가지지 않으므로 각 전압선은 지면을 접지로 한 상대적 전위를 가질 수 있다.

차동 시스템(differential system), 즉 차동 증폭기는 두 입력선 간의 전위차를 이용한다. 각 입력선이 공통된 접지를 기준으로 각 전압 V_A와 V_B을 가진다고 할 때 **동상전압**(common mode voltage)는 두 전압의 평균값, 즉 $(V_A + V_B)/2$이다. 즉, 만약 한 입력선에 10V, 다른 입력선에 12V의 전압이 걸리면 전위차는 2V이고 동상전압은 11V이다. 차동 계측 시스템(differential measurement system)은 두 입력의 차이($V_A - V_B$)만 이용하며, 동상전압은 이용하지 않는다. 하지만 불행히도 동상전압은 실제 전위차값에 영향을 주며, 이러한 전위차에 영향을 주는 정도를 **동상전압 제거율**(Common Mode Rejection Ratio: CMRR)로 나타낼 수 있다(3.2.5절 참조). 동상전압 제거율은 동상 이득에 대한 전위차 이득의 비율이며, 20 log(전위차 이득/동상 이득)라고 데시벨(dB)로 표현될 수 있다. CMRR이 높을수록 동상전압 이득에 대한 전위차 이득의 상대적 값이 높아지며 동상전압의 영향력도 약해진다. 한 차등 증폭기의 CMRR이 10,000 또는 80dB이라는 것은 원하는 차동 신호의 크기가 동상전압의 크기와 같을 경우 출력에서 차동 신호가 동상전압보다 10,000배 크게 반영된다는 뜻이다.

회로가 다수의 접지점을 가질 경우에도 시스템에 문제가 생길 수 있다. 예를 들면 센서와 신호조절 장치 둘 다 접지가 연결되어 있는 경우이다. 대형 시스템에서는 다수 접지를 피할 수 없는 경우가 많다. 하지만 불행히도 두 접지점 사이에서 전위차가 있을 가능성이 있으며 이로 인해 상당량의 전류가 낮지만 유한한 값의 접지 저항을 통해 접지점들 간에 흐를 수 있다(그림 3.26). 이러한 전류를 **접지 루프 전류**(ground-loop current)라고 한다. 두 접지점 간의 전위차는 반드시 직류가 아닌 교류일 수도 있으며 이 경우 교류 전위차를 교류 주요 험(mains hum) 잡음이라고 한다. 주변 회로의 자기 결합(magnetic coupling)으로 인해 전류가 유도하는 루프가 생기는 것도 문제가 될 수 있다. 즉, 접지 루프가 생기면 원격 계측에 어려움이 따른다.

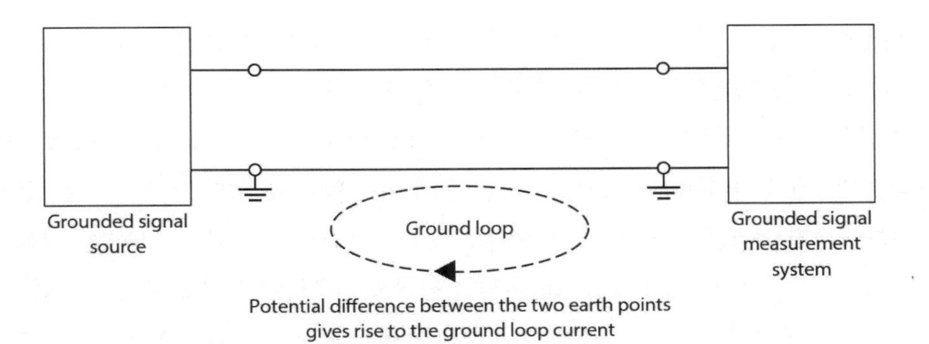

그림 3.26 접지 루프

다수의 접지점으로 인한 접지 루프를 최소화시키는 방법으로는 접지 연결들 간의 거리를 좁히는 것과 공통 접지의 저항을 충분히 낮추어 접지점들 간의 전압 강하를 무시할 수 있을 정도로 만드는 방법이 있다. 접지 루프를 없애는 또 다른 방법으로는 광분리기(optoisolator, 3.3절 참조)나 변압기(그림 3.27)를 이용하여 신호원 시스템을 계측 시스템으로부터 전기적 분리시키는 것이 있다.

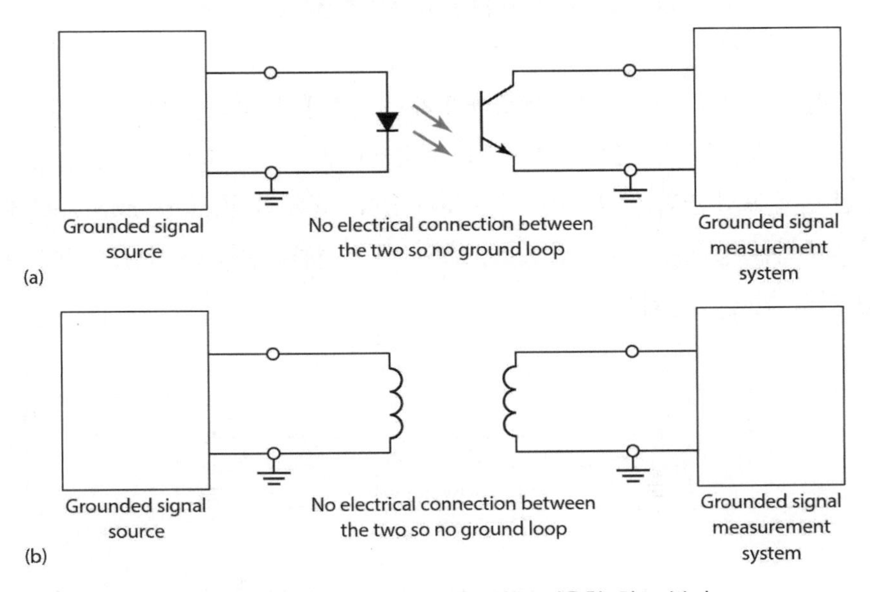

그림 3.27 (a) 광분리기, (b) 변압기를 이용한 회로 분리

3.7.2 전자기 간섭

전자기 간섭(electromagnetic interference)은 전기장과 자기장이 시간에 따라 변함으로 인해

회로에 발생하는 일종의 부작용이다. 이러한 간섭을 발생시키는 대표적인 예로는 형광등, DC 모터, 릴레이 코일, 가전제품, 자동차의 전기 장치가 있다.

전자기 간섭은 서로 근접한 전도체들 간의 상호 정전용량(mutual capacitance)으로 인해 나타나는 결과이며, 전기 차폐(eletric shielding)를 통해 이를 막을 수 있다. 전기 차폐는 구리, 알루미늄과 같은 전기 전도율이 높은 물질로 전도체 또는 회로를 감싸는 것이다. 차폐 케이블(screened cable 또는 shielded cable)은 이러한 원리를 이용하여 센서를 계측 시스템에 연결하는 데 사용된다. 센서가 접지되어 있을 경우 차폐 케이블도 센서와 같은 지점에 접지되어 접지 루프를 최소화하여야 한다(그림 3.28).

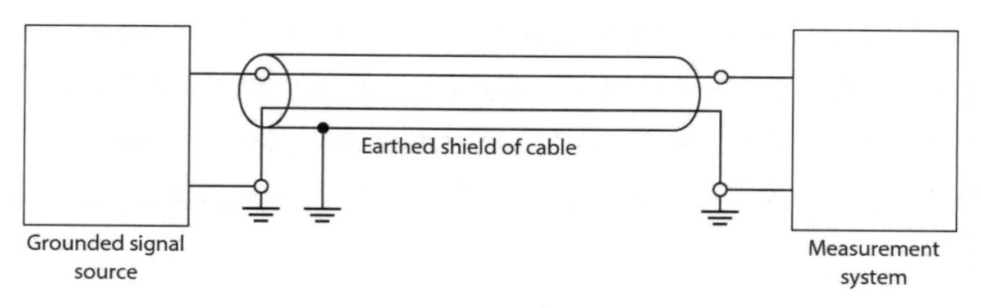

그림 3.28 차폐 케이블을 이용한 정전기 간섭 최소화

이러한 간섭은 자기장 변화로 인해 발생하여 계측 시스템에 전압을 유도할 수 있다. 이로부터 회로를 보호하는 방법으로는 간섭이 발생하는 지점으로부터 전자 소자를 가능한 멀리 배치하는 것과 시스템 내 루프의 면적을 최소화시키는 것이 있다. 상호 연결(interconnection)에서 전선들을 꼬아서 사용하는 방법도 있다(그림 3.29). 꼬인 전선 결합은 근접한 전선들 간에 위상을 교대로 행하여 간섭 현상을 상쇄시킨다.

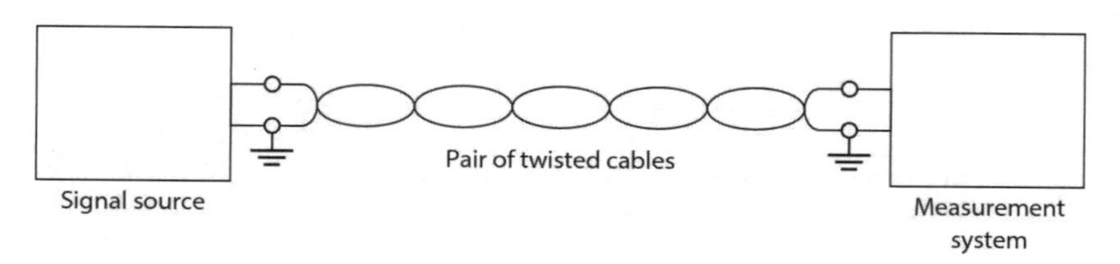

그림 3.29 두 전선을 꼼으로써 전자기 간섭 최소화

3.8 전력 전달

많은 경우에서 제어 시스템의 요소들이 상호 연결(interconnected)될 수 있다. 증폭기에 연결된 센서 시스템과 부하가 걸린 상태로 회전하는 모터가 이러한 경우이다. 여기서 고려할 사항은 두 요소 간의 최대 전력 전달 조건이다.

예를 들어, 기전력 E와 내부 저항 r의 직류원(direct current source)이 저항 R의 부하에 전력을 공급한다고 간주하자(그림 3.30). 부하에 공급되는 전류는 $I=E/(R+r)$이므로 부하의 전력은 다음과 같다.

$$P=I^2R=\frac{E^2R}{(R+r)^2}$$

$dP/dt=0$일 때 부하에는 최대 전력이 주어진다.

$$\frac{dP}{dt}=\frac{(R+r)^2E^2-E^2R^2(R+r)}{(R+r)^3}$$

$dP/dt=0$이면 $(R+r)=2R$이 되므로 최대 전력 전달의 조건은 $R=r$, 즉 직류원의 내부 저항과 부하의 저항이 일치하는 것이다. 내부 임피던스를 가지는 교류원(alternating current source)이 부하 임피던스에 전력을 공급할 경우의 최대 전력 전달 조건은 직류원과 유사하며 이는 교류원의 임피던스와 부하의 임피던스가 일치하는 것이다. 예를 들어 전자 시스템에 부합하는 높은 임피던스의 센서를 통해 알맞은 임피던스를 가진 증폭기를 교류원과 부하 사이에 사용하여 전력 전달을 최대화시킬 수 있다. 이러한 증폭기는 일반적으로 높은 입력 임피던스와 낮은 출력 임피던스를 가지는 고이득 증폭기이다.

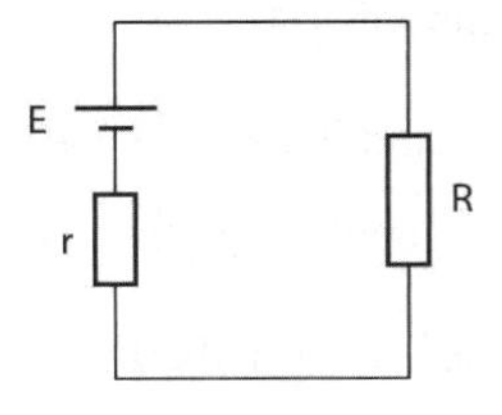

그림 3.30 부하와 d.c 전원

요 약

신호조절은 시스템의 다음 요소의 파손을 막고, 원하는 신호형태를 만들며, 적절한 신호의 레벨을 보장하고, 잡음을 줄이며, 나아가서는 신호를 조작하여 선형으로 만드는 것을 포함하는 개념이다.

흔히 많이 사용하고 있는 신호조절용 소자는 **연산증폭기**인데 이는 이득이 수십만 배 수준의 고이득 d.c. 증폭기이다.

고전압 또는 고전류로부터의 **보호**는 저항과 퓨즈를 많이 사용하고 있는데 특히 제너 다이오드는 역극성이나 고전압으로부터의 보호에 많이 이용되고 있다. 광분리기는 두 개의 회로를 전기적으로 완전하게 분리시키기 위하여 빛을 매개로 사용하는 소자이다.

필터는 어떤 신호에서 특정 주파수 대역의 성분을 차단하고 나머지 대역을 통과시키는 용도로 많이 사용한다.

휘스톤 브리지는 전기저항의 변화를 전압의 변화로 바꾸어주는 용도로 사용된다.

신호조절 장치와 제어기에 센서를 연결할 경우는 하나의 회로가 여러 지점의 **접지**를 가지고 있을 때와 시간에 따라 바뀌는 전기 또는 자기장에 의한 전자기 **간섭**이 있을 때 여러 문제들이 발생한다.

전기 요소들 간에 **최대 동력전달**을 하기 위하여 임피던스들을 일치시켜줘야 한다.

연습문제

3.1 Design an operational amplifier circuit that can be used to produce an output that ranges from 0 to −5V when the input goes from 0 to 100mV.

3.2 An inverting amplifier has an input resistance of 2kΩ. Determine the feedback resistance needed to give a voltage gain of 100.

3.3 Design a summing amplifier circuit that can be used to produce an output that ranges from −1 to −5V when the input goes from 0 to 100mV.

3.4 A differential amplifier is used with a thermocouple sensor in the way shown in Fig. 3.8. What values of R_1 and R_2 would give a circuit which has an output of 10mV for a temperature difference between the thermocouple junctions of 100°C with a copper-constantan thermocouple if the thermocouple is assumed to have a constant sensitivity of 43μV/°C?

3.5 The output from the differential pressure sensor used with an orifice plate for the measurement of flow rate is non-linear, the output voltage being proportional to the square of the flow rate. Determine the from of characteristic required for the element in the feedback loop of an operational amplifier signal conditioner circuit in order to linearise this output.

3.6 A differential amplifier is to have a voltage gain of 100. What will be the feedback resistance required if the input resistances are both 1kΩ?

3.7 A differential amplifier has a differential voltage gain of 2000 and a common mode gain of 0.2. What is the common mode rejection ration in dB?

3.8 Digital signals from a sensor are polluted by noise and mains interference and are typically of the order of 100V or more. Explain how protection can be afforded for a microprocessor to which these signals are to be inputted.

3.9 A platinum resistance temperature sensor has a resistance of 120Ω at 0°C and forms one arm of a Wheatstone bridge. At this temperature the bridge is balanced with each of the other arms being 120Ω. The temperature coefficient of resistance of the platinum is 0.0039/K. What will be the output voltage from the bridge for a change in temperature of 20°C? The loading across the output is effectively open-circuit and the supply voltage to the bridge is from a source of 6.0V with negligible internal resistance.

3.10 A diaphragm pressure gauge employs four strain gauges to monitor the displacement of the diaphragm. The four active gauges form the arms of a Wheatstone bridge, in the way shown in Fig. 3.23. The gauges have a gauge factor of 2.1 and resistance 120Ω. A differential pressure applied to the diaphragm results in two of the gauges on one side of the diaphragm being subject to a tensile strain of 1.0×10^{-5} and the two on the other side a compressive strain of 1.0×10^{-5}. The supply voltage for the bridge is 10V. What will be the voltage output from the bridge?

3.11 A Wheatstone bridge has a single strain gauge in one arm and the other arms are resistors with each having the same resistance as the unstrained gauge. Show that the output voltage from the bridge is given by $0.25\,V_S G\varepsilon$, where V_S is the supply voltage to the bridge, G the gauge factor of the strain gauge and ε the strain acting on it.

Chapter 04 # 디지털 신호

목 표

학생들은 이 장을 학습하고 난 후 다음과 같은 능력을 갖는다.

- 아날로그 디지털 변환과 디지털 아날로그 변환의 방법과 원리에 대해 설명할 수 있다.
- 멀티플렉서의 원리와 사용법에 설명할 수 있다.
- 디지털 신호처리에 대한 원리를 설명할 수 있다

4.1 디지털 신호

대부분의 센서로부터의 신호는 아날로그이다. 마이크로프로세서가 계측 또는 제어용으로 사용될 때는 센서로부터의 신호가 아날로그이기 때문에 마이크로프로세서에 입력되기 전에 디지털로 변환되어야 한다. 마찬가지로 대부분의 액추에이터가 아날로그입력에 동작하므로 마이크로프로세서로부터의 디지털 신호는 액추에이터에 인가되기 전에 아날로그로 변환되어야 한다.

4.1.1 2진수

2진 체계(binary system)는 2개의 기호 또는 0과 1의 상태를 기본으로 구성된다. 이 두 상태를 2진수(binary digits) 또는 비트(bits)라고 한다. 숫자가 2진 체계로 표현될 때 각 수의 위치는 해당 수의 가중치를 나타내는데 가중치는 우측에서 좌측으로 진행할 때 2배씩 증가한다.

...	2^3	2^2	2^1	2^0
	bit 3	bit 2	bit 1	bit 0

예컨대 10진수 15는 2진수로 $2^0+2^1+2^2+2^3=1111$이 된다. 2진수에서 비트 0은 **최하위 비트**(Least Significant Bit: LSB)라고 하며, 가장 높은 비트는 **최상위 비트**(Most Significant Bit: MSB)라고 한다. 어떤 수를 표현하기 위한 비트의 조합을 워드(word)라 부른다. 예를 들어 1111은 4비트 워드이다. 바이트란 용어는 8비트를 말한다. 부록 B에서 2진수에 대한 자세한 내용을 다루

도록 한다.

4.2 아날로그 신호와 디지털 신호

아날로그-디지털 변환(Analogue-to-Digital Conversion: ADC)은 아날로그 신호를 2진 워드로 변환하는 것을 말한다. 그림 4.1(a)는 아날로그-디지털 변환의 기본 과정을 보여 준다.

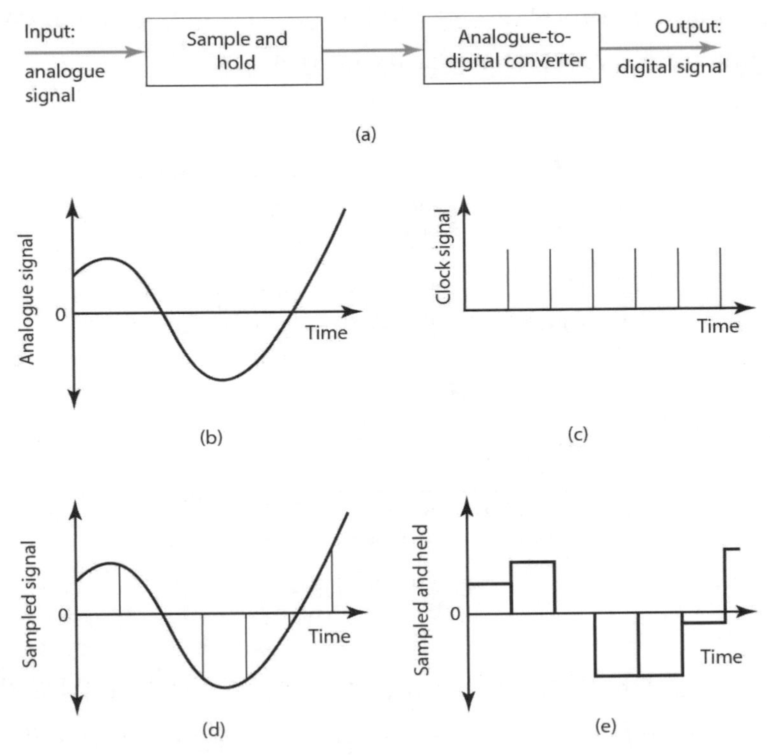

그림 4.1 (a) 아날로그-디지털 변환, (b) 아날로그 입력, (c) 클록 신호, (d) 샘플 신호, (e) 샘플-홀드 신호

이 과정 중에는 클록(clock)이 일정한 간격으로 펄스 신호를 발생시키고 이 펄스가 ADC에 전달될 때마다 아날로그 신호가 샘플(sample)된다. 그림 4.1은 ADC의 각 과정을 신호의 형태에 따라 단계별로 보여 주고 있다. 그림 4.1(b)는 아날로그 신호이고 그림 4.1(c)는 샘플이 일어날 시간을 정해 주는 클록 신호이다. 그림 4.1(d)와 같이 샘플된 결과는 일련의 좁은 펄스열이 된다. 그 다음으로 **샘플-홀드(sample and hold)**가 샘플된 값을 다음 펄스까지 유지시키는 역할을 하며 그 결과가 그림 4.1(e)에 표시되어 있다. 여기서 ADC는 유한한 **변환시간(conversion time)**이

필요하기 때문에 샘플-홀드로 다음 변환까지 값을 유지할 필요가 있다.

그림 4.2는 ADC에서 출력이 3비트로 표현될 때의 입출력관계를 그래프로 도시하였다. 3비트의 경우 출력은 2^3=8단계로 표현될 수 있다. 그러므로 디지털 출력으로 아날로그 입력을 표현하는데 8개의 레벨 중 하나를 택해야 하기 때문에 필연적으로 출력의 변화가 없는 입력의 범위들이 존재하게 된다. 이 8개의 출력 레벨을 **양자화 레벨**(quantisation levels)이라 부르며 2개의 인접한 레벨간의 아날로그 전압차를 **양자화 구간**(quantisation interval)이라 부른다. 그러므로 그림 4.2와 같은 ADC의 경우 양자화 구간은 1V가 된다. 입출력관계가 계단 같은 모습의 그래프로 표시되기 때문에 디지털 출력이 항상 아날로그 입력에 비례하지 못하고 오차가 존재하며, 이를 **양자화 오차**(quantisation error)라고 한다. 입력이 각 구간의 중앙에 위치할 때는 양자화 오차가 0이 되고 최대 오차는 구간의 절반 또는 ±1/2비트가 된다.

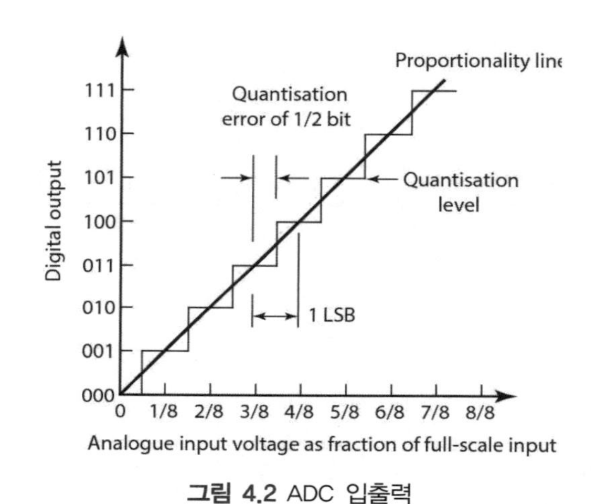

그림 4.2 ADC 입출력

표현 가능한 워드 길이가 **분해능**(resolution)을 결정한다. 분해능은 디지털 출력에 변화를 줄 수 있는 최소의 입력변화량을 말한다. 디지털 출력의 최소 변화량은 워드의 최우측에 있는 LSB 위치의 1비트의 변화가 된다. 그러므로 n비트의 워드 길이를 갖는 ADC의 경우 풀-스케일(full-scale) 아날로그 입력 V_{FS}를 2^n으로 나눈 값이 변화가 출력에 반영되는 최소의 입력량, 즉 분해능 $V_{FS}/2^n$이 된다.

따라서 워드의 길이가 10비트인 ADC에서 입력 아날로그 전압 레인지가 10V라면, 10비트는 2^{10}=1024개의 단계를 갖게 되므로 분해능은 10/1024=9.8mV가 된다.

출력이 0.5mV/°C인 열전대를 고려해 보자. 0에서 200°C까지의 온도범위를 분해능 0.5°C로 계측하고자 할 때 요구되는 ADC의 워드 길이는 얼마가 되겠는가? 센서로부터의 풀-스케일 출력은 200×0.5=100mV가 된다. 워드 길이 n으로 이 전압을 나누기 때문에 $100/2^n$ mV steps가 되며 분해능 0.5°C를 내기 위해서는 최소 0.5×0.5=0.25mV를 감지할 수 있어야 된다. 그래서

$$0.25 = \frac{100}{2^n}$$

그러므로 n=8.6이 되고 적어도 9비트의 워드 길이가 요구된다.

4.2.1 샘플링 정리

ADC는 아날로그 신호를 일정한 주기로 샘플하여 2진 워드로 변환시킨다. 그런데 얼마나 자주 아날로그 신호를 샘플해야 출력이 원래 아날로그 신호의 속성을 재현할 것인가?

그림 4.3은 동일한 아날로그 신호를 서로 다른 샘플 속도로 샘플했을 때의 문제점을 보여 주고 있다. 샘플한 데이터를 가지고 원래 신호를 복원할 때 신호의 최대 주파수 성분보다 적어도 2배 이상의 주파수로 샘플해야만 원래 신호의 형태를 잃지 않는다. 이 조건이 바로 잘 알려진 **나이키스트 조건**(Nyquist criterion) 또는 **샤논의 샘플링 정리**(Shannon's sampling theorem)이다. 신호의 최대 주파수 성분의 2배 이하로 샘플하면 복원된 신호는 원래의 형태를 잃고 예상치 못했던 왜곡된 신호를 얻게 된다. 이 현상을 **에일리어싱**(aliasing)이라 부른다. 그림 4.3(c)는 실제 아날로그 신호에 비하여 상이한 신호를 얻게 되는 것을 보여 준다.

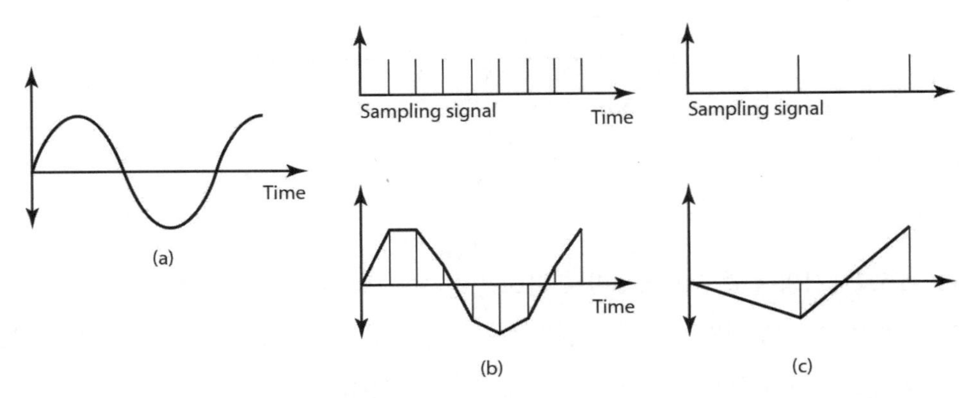

그림 4.3 샘플링 주파수의 영향: (a) 아날로그 신호, (b) 샘플 신호, (c) 샘플 신호

신호를 너무 느리게 샘플하면 항상 에일리어싱 현상 때문에 고주파 성분에 대한 잘못된 정보가 읽혀지곤 한다. 그러므로 예상치 못했던 고주파 노이즈도 샘플 과정에서 신호 왜곡 및 오차를

유발시킬 수 있다. 이러한 에일리어싱과 고주파 노이즈를 최소화하기 위하여 ADC 전단에 저역통과 필터를 사용한다. 이 필터를 **안티 에일리어싱 필터**(**anti-aliasing filter**)라 하는데, 대역폭(bandwidth)을 주어진 샘플링 속도에 대해 에일리어싱이 일어나지 않는 주파수까지의 신호만을 통과시키도록 결정한다.

4.2.2 디지털-아날로그 변환

디지털-아날로그 변환기(DAC)의 입력은 2진 워드가 되고 출력은 이 워드 내의 0이 아닌 비트들의 가중합에 해당되는 아날로그 신호가 된다. 그러므로 예를 들어 입력 0010에 대한 출력은 0001에 비하여 2배가 될 것이다. 그림 4.4는 분해능이 1V인 DAC에서 2진 워드에 대한 출력을 나타내는 그래프를 보여 주고 있다. 한 비트씩 2진 워드값이 증가할 때마다 출력은 1V씩 증가하고 있다.

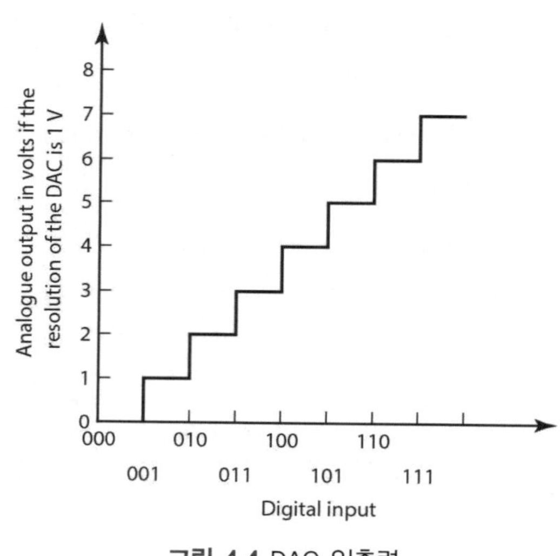

그림 4.4 DAC 입출력

마이크로프로세서의 출력 포트가 8비트 워드인 경우에 대하여 고려해 보자. 예로서 출력 디지털 신호가 8비트 DAC에 인가되어 제어 밸브를 구동하고 있는 경우를 생각해 보자. 제어 밸브가 완전하게 열리기 위하여 6.0V가 필요하고 이 상태에서 11111111의 디지털 출력이 나간다면 1비트 변화에 대한 출력의 변화는 얼마가 되는가?

풀-스케일 출력전압 6.0V를 2^8단계로 나누면 1비트 변화에 따른 전압변화가 $6.0/2^8=0.023$V인 것을 알 수 있다.

4.3 디지털-아날로그 변환기와 아날로그-디지털 변환기

다음은 일반적으로 접할 수 있는 디지털-아날로그 변환기(DAC)와 아날로그-디지털 변환기(ADC)의 형태이다.

4.3.1 디지털-아날로그 변환기(DAC)

단순한 형태의 디지털-아날로그 변환기는 3.2.3절에서 설명했던 가산증폭기를 이용하고 있는데, 그림 4.5와 같이 입력 워드의 0이 아닌 비트의 가중합(weighted sum)을 구하기 위한 것이다. 기준(reference) 전압은 각 비트에 해당되는 전자 스위치를 통하여 저항들에 연결되어 있다. 각 입력의 저항값은 스위치에 할당되는 비트의 워드 내의 위치에 따라 결정되는데 LSB로부터 절반씩 감소해 나간다. 그러므로 전압의 합이 워드 내의 각 비트의 가중합이 된다. 이 시스템을 **가중저항 네트워크(weighted-resistor network)**라고 한다. 연산 증폭(op-amp, operational amplifier) 회로의 기능은 버퍼로서 작동하여 저항 네트워크에서 나오는 전류가 출력 부하의 영향을 받지 않도록 하는 것이다. 이를 통해 활용 목적에 알맞은 전압 출력 범위를 가지도록 이득(gain)값을 보정할 수 있다.

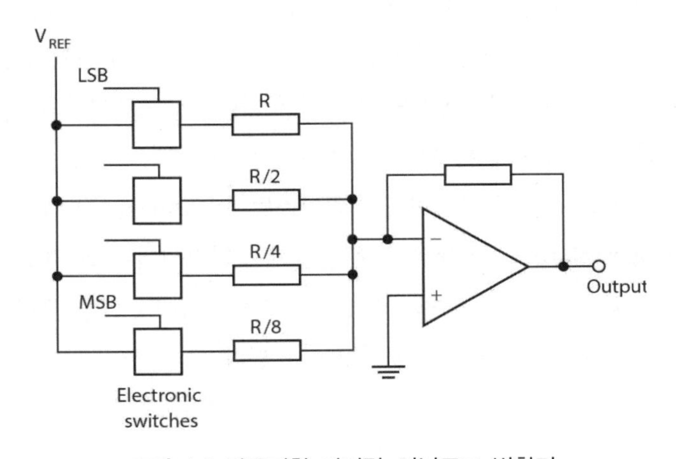

그림 4.5 가중저항 디지털-아날로그 변환기

가중저항 네트워크의 문제점은 DAC의 정도가 각 저항들의 정밀도에 좌우되므로 비트수가 증가할 때 넓은 범위의 정밀한 저항들을 구하는 것이 어렵다는 데 있다. 그래서 이 형태의 DAC는 4비트까지만 사용되고 있다.

다른 보편적인 방식은 그림 4.6과 같은 **R-2R 래더 네트워크(ladder network)**이다. 이 방식에서는 두 종류의 저항만이 필요하므로 넓은 범위의 정밀저항이 소요되는 문제를 해결했다. 출력전압은 디지털 입력이 0 또는 1인지에 따라 스위치가 0V 또는 기준 전압에 연결됨으로써 결정된다.

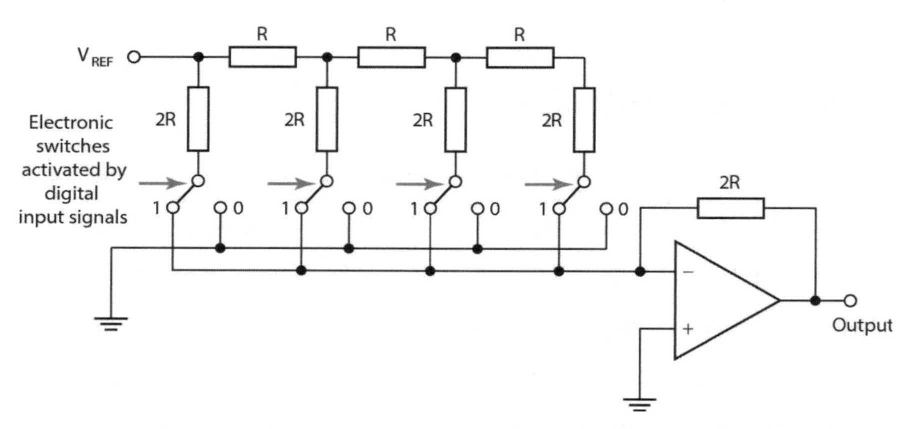

그림 4.6 R-2R 래더 디지털-아날로그 변환기

그림 4.7은 R-2R 래더 네트워크를 이용한 GEC Plessey 사의 ZN558D 8비트 래치(latched) 입력 DAC를 보여 주고 있다. 변환이 끝난 후 8비트의 결과는 내부의 래치에서 다음 변환이 완료될 때까지 보관된다. ENABLE 단자가 high일 때는 데이터가 래치되어 보관되고 ENABLE 단자가 low이면 래치가 풀린다. **래치(latch)**는 새로운 입력이 들어올 때까지 디지털 출력값을 유지시켜 주는 소자이다. 래치를 가지고 있는 DAC의 경우에는 마이크로프로세서의 데이터 버스에 직접 연결하면 된다. 반면에 래치가 없는 DAC의 경우에는 래치의 기능을 하는 PIA(Peripheral Interface Adapter)와 같은 소자를 통하여 인터페이스될 수 있다(13.4절 참조). 그림 4.8은 출력이 **단극성(unipolar operation)**으로 0에서 기준 전압까지 변화되어야 할 경우 ZN558D가 어떻게 사용되는가를 보여 주고 있다. $V_{refin}=2.5$V인 경우 출력 레인지는 $R_1=8\text{k}\Omega$, $R_2=8\text{k}\Omega$일 때 +5V이고, $R_1=16\text{k}\Omega$, $R_2=5.33\text{k}\Omega$일 때 +10V가 된다.

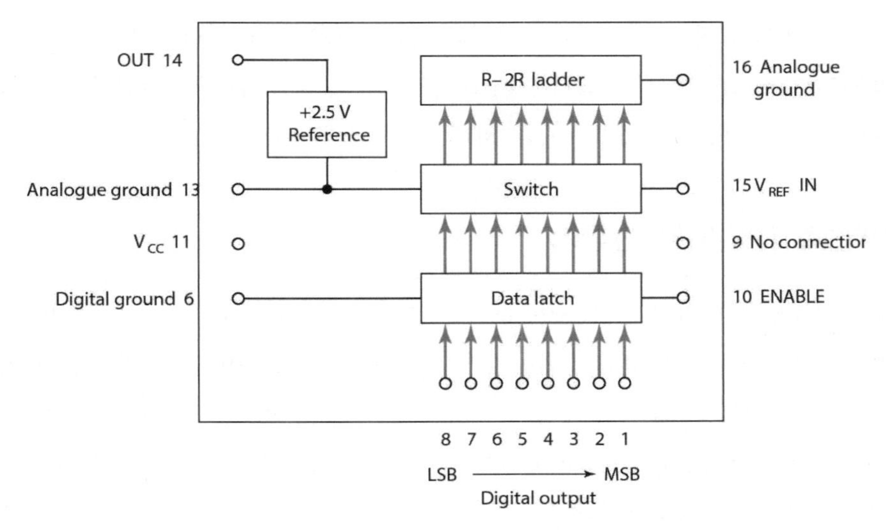

그림 4.7 ZN558D 디지털-아날로그 변환기

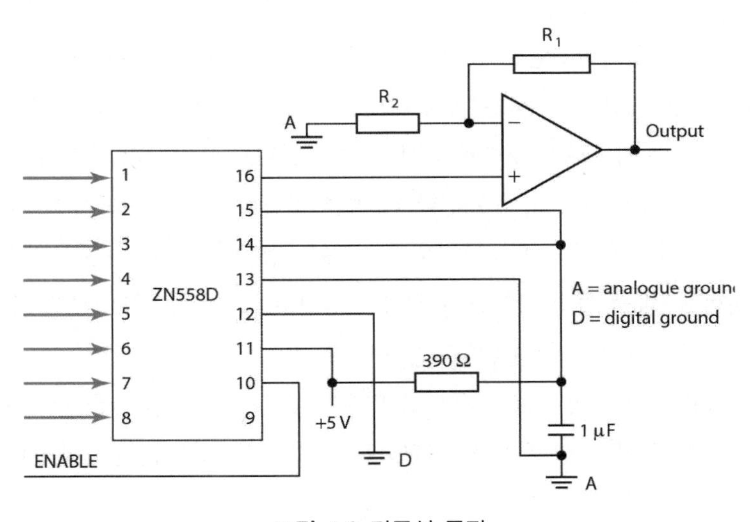

그림 4.8 단극성 동작

DAC의 성능사양은 다음과 같은 항목을 포함하고 있다.

1. 풀-스케일 출력(Full-scale output): 입력 워드의 모든 비트가 1이 될 때의 출력전압이다. ZN558D의 경우 2.550V가 된다.
2. 분해능(Resolution): 8비트 DAC는 일반적으로 소규모 마이크로프로세서에 적합하며 256 단계의 출력전압을 낼 수 있다. ZN558D의 경우 8비트이다.
3. 세팅 시간(Settling time): 2진 데이터가 바뀌었을 때 해당 출력전압값에 1/2 LSB 오차로

도달하는 데 DAC에서 소요되는 시간이다. ZN558D의 경우 800ns이다.

4. 선형성(Linearity): 0에서 출력의 최대 레인지까지를 잇는 직선으로부터 실제 출력이 최대로 벗어나는 오차로 표현한다. ZN558D의 경우 최대 ±0.5 LSB이다.

4.3.2 아날로그-디지털 변환기

아날로그-디지털 변환기의 입력은 아날로그 신호이고 출력은 입력 신호의 크기를 표현하는 2진 워드이다. 다양한 종류의 ADC 방법이 있지만 그중에서 대표적인 것이 연속근사(successive approximation)법, 램프(ramp)법, 2중 램프(dual ramp)법, 플래시(flash)법 등이다.

연속근사법(successive approximations)이 가장 많이 사용되는 방법인데 그림 4.9와 같은 형태로 구성되어 있다. 우선 클록에 의하여 주기적인 펄스가 발생되고 있으며 이 펄스를 2진 카운트를 하고 DAC가 이 카운트값에 해당하는 아날로그 출력을 발생시킨다. 이 전압은 단계적으로 상승을 하게 될 것이고 그 순간마다 센서로부터의 입력전압과 비교를 하게 된다. DAC에서 발생시킨 이 아날로그 전압이 입력전압을 넘어서는 순간 게이트(gate)가 차단되어 클록의 카운트가 정지된다. 이때의 카운트값에 의한 DAC로부터의 전압이 입력전압에 대한 디지털 표현이 된다. 이 방법에서 전압비교는 카운트가 LSB에서 시작되어 1비트씩 증가시켜 나가며 진행되기 때문에 시간이 많이 걸리는 단점이 있고 이를 개선한 더 빠른 방법이 바로 연속근사법이다. 이 방법에서는 우선 출력전압이 입력에 비하여 작아지도록 MSB를 정한 후 다음 하위 비트도 출력이 입력 이하가 되도록 정한다. 예를 들면 1000으로 시작하여 너무 크면 0100을 택하고 너무 작으면 0110을 비교해 본다. 이 값도 너무 크면 0101로 변경해 나간다. 워드의 각 비트를 차례로 바꿔나가는 방법이므로 n비트 워드에 대하여 n번 시도로 비교를 완수할 수 있다. 클록의 주파수가 f이면 펄스의 주기는 $1/f$가 되므로 한 워드를 비교하는 시간, 즉 변환시간은 n/f가 된다.

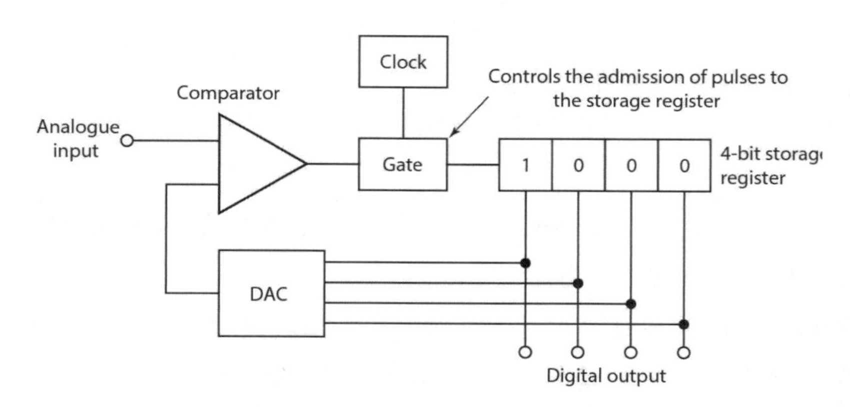

그림 4.9 연속근사 아날로그-디지털 변환기

그림 4.10은 GEC Plessey 사의 ZN439 ADC로서 연속근사법을 이용하고 있으며 마이크로프로세서에 인터페이스가 용이하도록 설계되어 있다. 그림 4.11은 ADC가 어떻게 마이크로프로세서에 의하여 제어되고 그 디지털 출력이 마이크로프로세서에 입력되는지를 보여 주고 있다. 클록을 포함한 모든 능동소자는 하나의 단일 칩에 내장되어 있다. ADC는 칩 선택(chip select)핀을 low로 전환하면서 처음 선택된다. 변환시작(start conversion)핀에 하강하는 에지가 입력될 때 변환이 일어난다. 변환이 완료되면 출력유효(output enable) 신호가 low로 전환되고 디지털 출력은 이 출력유효 신호에 따라 데이터가 읽혀질 때까지 내부의 버퍼에 유지된다.

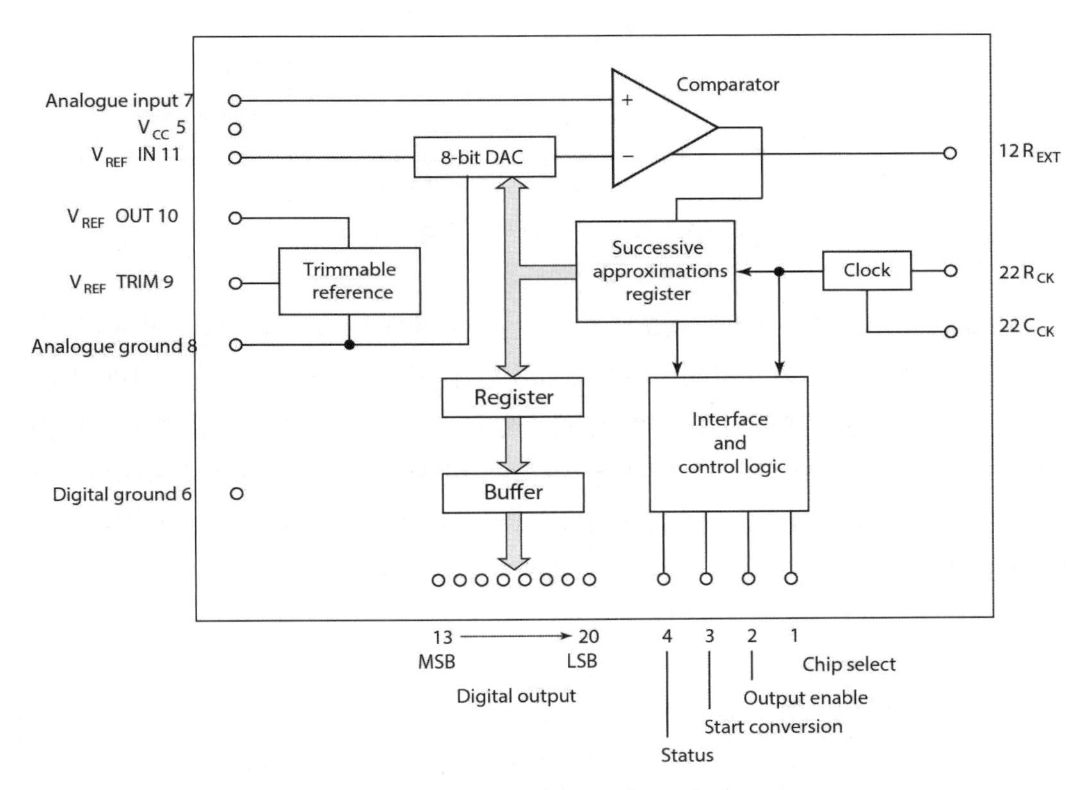

그림 4.10 ZN439 아날로그-디지털 변환기

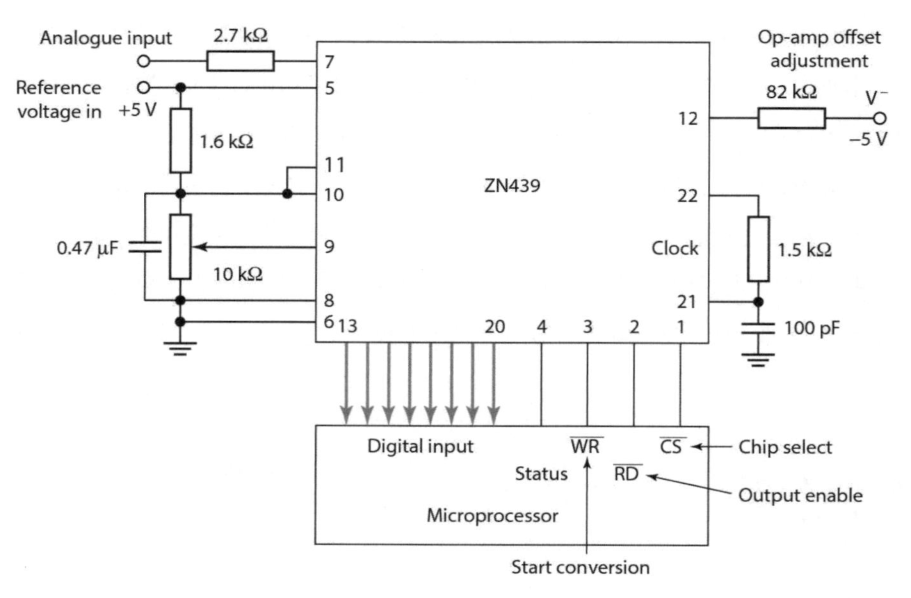

그림 4.11 마이크로프로세서에 연결된 ZN439

램프(ramp)형의 ADC는 일정한 속도로 증가하는 램프전압이 있고 이 전압과 센서로부터의 입력전압을 비교하는 비교기가 있다. 이 램프전압이 입력전압에 도달하는 시간을 잰다면 이 값이 바로 해당하는 디지털 변환값이 될 것이다. 램프전압이 증가를 시작하는 순간 게이트가 열려 클록으로부터의 일정한 펄스를 2진 카운트를 시작하게 된다. 두 전압이 같아지게 되면 비교기에 의하여 게이트가 닫히게 되고 카운트가 정지된다. 이때의 2진 카운터의 2진 워드가 입력전압의 디지털 표현이 된다. 그림 4.12는 램프형 ADC의 구조를 보여 주고 있다.

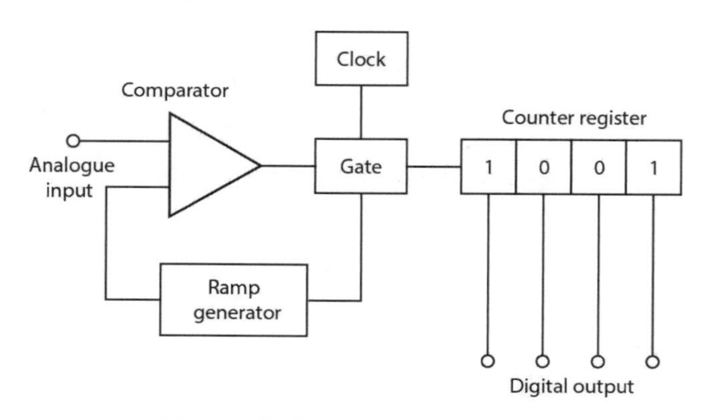

그림 4.12 램프형 아날로그-디지털 변환기

또한 **2중 램프변환기**(dual ramp converter)가 있는데 단일 램프형보다 더 널리 사용된다. 그림 4.13은 기본 회로를 보여 주고 있다. 아날로그 전압이 비교기를 구동하고 있는 적분기의 입력에 인가된다. 비교기의 출력은 적분기의 출력이 수 mV 이상에서 즉시 high가 된다. 비교기의 출력이 high가 되면 AND 게이트가 펄스를 카운터로 통과시키게 된다. 카운터는 펄스를 오버플로우(overflow)가 될 때까지 카운트하게 된다. 그리고 카운터는 0으로 리셋되고 적분기의 입력이 미지의 전압에서 기준 전압으로 전환되도록 스위치를 전환하며 다시 카운트가 시작된다. 기준 전압의 극성이 입력전압과 반대이기 때문에 적분기의 전압이 0에 근접하면 비교기의 출력이 0이 되고 다시 AND 게이트를 닫게 되어 클록 펄스가 들어오지 않게 된다. 이때 카운트가 아날로그 입력에 대응되는 값이 된다. 2중 램프 방법은 샘플링 기간 동안 들어오는 음과 양의 극성을 갖는 노이즈의 영향들이 평균이 되므로 탁월한 노이즈에 대하여 비교적 둔감하지만 변환속도가 매우 느린 단점이 있다.

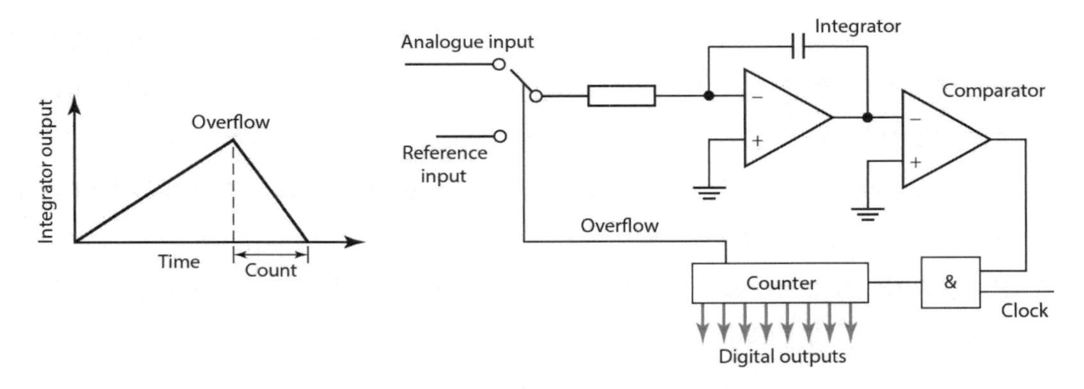

그림 4.13 2중 램프형 아날로그–디지털 변환기

플래시 ADC 법(flash analogue–to–digital converter)은 병렬로 처리되기 때문에 매우 빠른 방법이다. 그림 4.14와 같이 n비트 변환의 경우 아날로그 입력전압이 한 입력단에 공급되고 있는 $2^n - 1$개의 개별적 비교기가 동시에 병렬로 비교된다. 기준 전압은 저항의 래더를 통하여 각 비교기의 나머지 입력단에 공급되며 하위 비트에 해당하는 입력단보다 1비트에 해당하는 만큼 큰 전압이 공급되도록 구성되어 있다. 그러므로 아날로그 전압이 ADC에 인가되었을 때 각 기준 전압보다 낮은 비교기들의 출력은 모두 low가 될 것이고 높은 것은 모두 high가 될 것이다. 이 결과를 다음 게이트에서 해석하면 원하는 디지털 워드를 구할 수 있다.

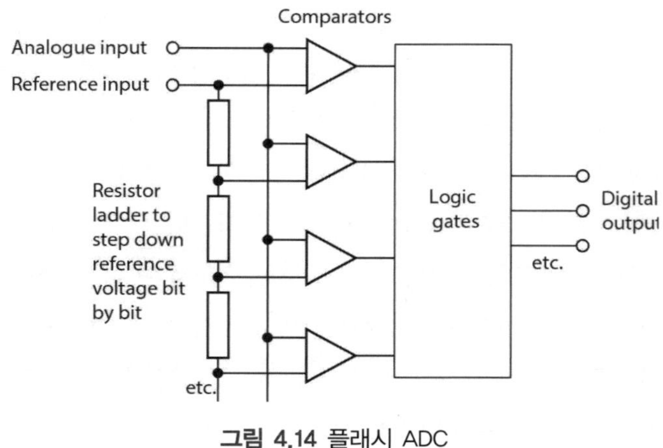

그림 4.14 플래시 ADC

ADC의 사양을 고려할 때 다음과 같은 용어들의 검토가 필요하게 될 것이다.

1. 변환시간(Conversion time): 입력신호의 변화를 완료할 때까지 소요되는 시간을 말한다. 이 값에 의하여 에일리어싱 현상 없이 샘플링할 수 있는 상한의 주파수가 결정되며 이 주파수는 1/(2×변환시간)이 된다.
2. 분해능(Resolution): n을 워드의 길이라고 할 때 풀-스케일 신호를 2^n으로 나눈 값이 된다. 때로는 비트수로 표현되기도 한다.
3. 선형성 오차(Linearity error): 0에서 풀 스케일까지를 연결한 직선에서 벗어난 최대의 오차를 의미한다. 대개 최대 ±1/2 LSB가 된다.

표 4.1은 보편적으로 많이 사용되는 ADC의 주요 사양을 비교한 표이다.

표 4.1 아날로그-디지털 변환기

ADC	타입	해상도 (비트수)	변환시간 (ns)	선형오차 (LSB)
ZN439	SA	8	5000	±1/2
ZN448E	SA	8	9000	±1/2
ADS7806	SA	12	20000	±1/2
ADS7078C	SA	16	20000	±1/2
ADC302	F	8	20	±1/2

SA=연속근사법, F=플래시

4.3.3 샘플-홀드

아날로그-디지털 변환기가 아날로그 신호를 디지털로 변환하는 데는 유한한 시간이 소모되며, 변환시간 동안 아날로그 신호가 변하면 문제가 야기될 수 있다. 샘플-홀드는 ADC가 디지털로 변환을 마칠 때까지 일시적으로 아날로그 전압을 유지하기 위하여 사용된다.

기초 회로는 그림 4.15와 같고 샘플을 하기 위한 전자 스위치, 전압유지를 위한 커패시터, 전압 플로어로 사용되는 연산증폭기로 구성된다. 전자 스위치는 제어입력에 의하여 샘플이 지령되는 순간 동작한다. 스위치가 닫혀 있으면 입력전압이 커패시터에 인가되어 출력전압이 입력전압과 같아진다. 물론 스위치가 닫혀 있는 동안 입력이 바뀌면 출력도 그에 따라 바뀌게 된다. 스위치가 열려 있는 동안에는 커패시터의 충전효과에 의하여 스위치가 열릴 때의 입력전압으로 출력전압을 유지시킨다. 그러므로 이 전압은 다시 스위치가 닫힐 때까지 유지되게 되어 있다. 커패시터가 새로운 샘플전압까지 충전되는 데 소요되는 시간을 **획득시간(acquisition time)**이라 하고 전기용량(capacitance)값과 스위치가 온될 때의 회로저항에 의하여 결정되며 대개 4μs 정도가 보통이다.

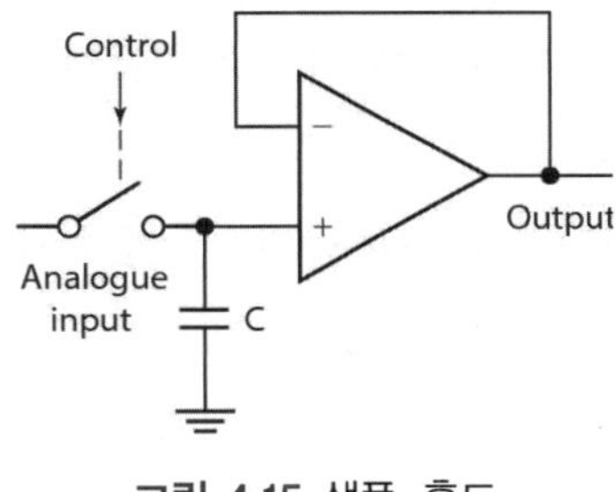

그림 4.15 샘플-홀드

4.4 멀티플렉서

멀티플렉서(multiplexer)는 여러 개의 입력 소스로부터 입력 데이터를 받을 수 있고 입력 채널 선택에 의하여 그중 1개를 출력할 수 있다. 여러 지점의 신호를 계측하고자 하는 경우 각 계측지점마다 별도의 ADC와 마이크로프로세서를 사용하는 것보다 그림 4.16과 같이 멀티플렉서를 이용하여 각 입력을 순차적으로 선택하여 하나의 ADC와 마이크로프로세서로 보내는 편이 효율적이다. 멀티플렉서는 본질적으로 각각의 입력이 순차적으로 입력될 수 있는 일종의 전자 스위치 소자이다.

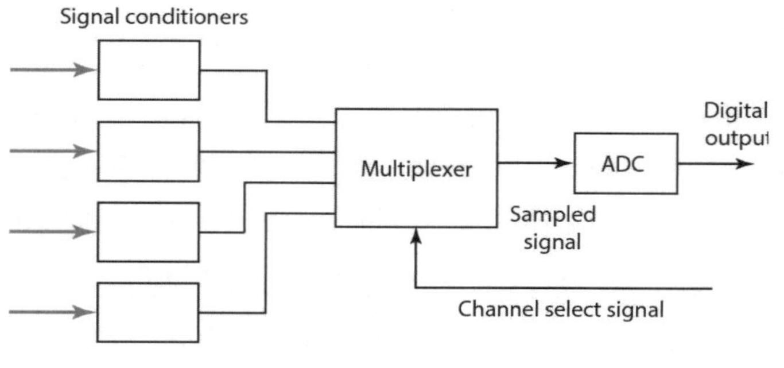

그림 4.16 멀티플렉서

그 예로서 DG508ACJ는 8채널용 아날로그 멀티플렉서이며 각 채널마다 서로 다른 3비트 2진 어드레스가 할당되어 개별 선택이 가능하다. 채널 변환에 소요되는 전환시간은 대개 0.6μs 정도이다.

4.4.1 디지털 멀티플렉서

그림 4.17은 디지털 데이터의 선택에 이용되는 멀티플렉서의 기본 원리를 보여 주고 있다. 간략성을 위해 그림 4.17은 2 입력채널 시스템을 보여 주고 있다. 선택(select)단의 논리입력에 따라 어느 쪽의 AND 게이트가 인에이블(enable)될지가 결정되어 OR 게이트로 전달되는 입력이 선택된다(논리 게이트에 대한 자세한 내용은 5장을 참조). 다양한 형태의 멀티플렉서가 IC 패키지로 상용화되어 있으며 151타입은 8개의 입력 중 1개의 출력을 선택하게 되고 153타입은 4개의 입력 중 1개를 선택하는 멀티플렉서가 2개 내장되어 있으며 157타입은 2개의 입력 중 1개를 선택하는 멀티플렉서가 4개 내장되어 있다.

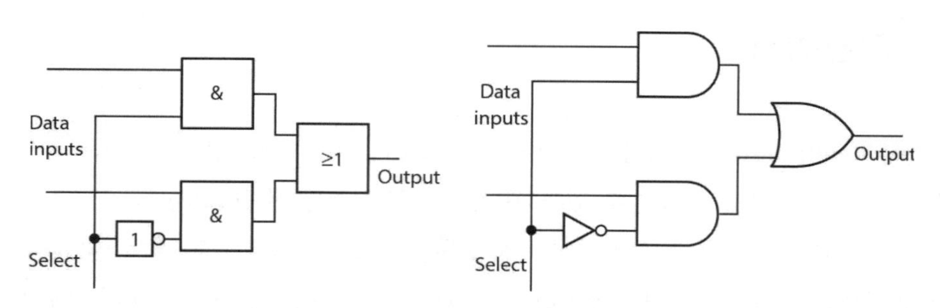

그림 4.17 2채널 멀티플렉서

4.4.2 시분할 멀티플렉싱

종종 마이크로프로세서의 입출력 포트를 여러 개의 주변 장치가 공유하면서 사용하는 경우가 있다. 이 경우에는 각 장치에 서로 다른 내용의 데이터를 주고받아야 하므로 시간을 분할하여 입출력 포트를 할당해야 한다. 이를 **시분할 멀티플렉싱**(time division multiplexing)이라 한다. 그림 4.18은 2개의 표시장치를 구동하기 위하여 이 방법이 어떻게 이용되는가를 보여 주고 있다. 그림 4.18(a)는 시분할을 사용하지 않는 경우이고, (b)는 시분할을 하는 경우이다.

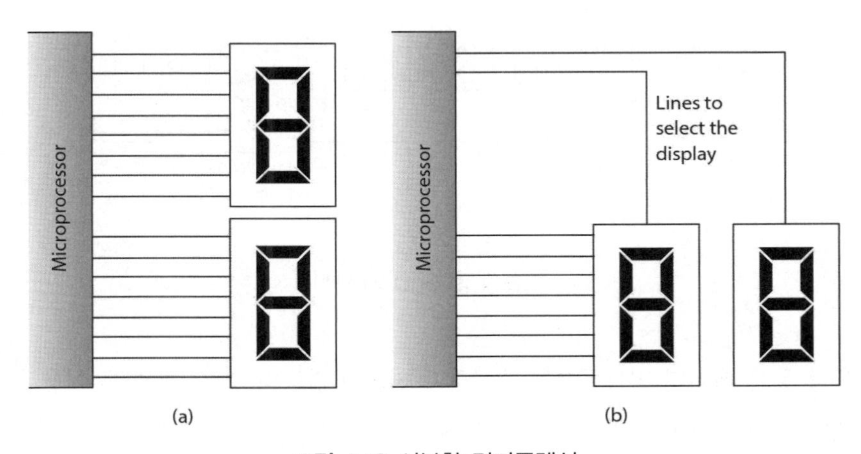

그림 4.18 시분할 멀티플렉싱

4.5 데이터 획득

데이터 획득(data acquisition) 또는 DAQ는 센서들로부터 데이터를 입력받아 처리를 위하여 컴퓨터로 입력되는 과정을 일컫는 말이다. 그림 4.19(a)와 같이 센서들이 대개 신호조절기를 통하여 데이터 획득 보드에 입력되고 이 보드가 컴퓨터의 슬롯으로 플러그인(plug-in)된다. 이 DAQ 보드는 인쇄회로기판으로서 아날로그 입력을 위하여 멀티플렉서, 증폭기, ADC, 레지스터(register)와 제어회로 등이 내장되어 있어 변환된 디지털 데이터가 컴퓨터로 전달되게 되어 있다. 그림 4.19(b)는 이러한 보드의 기본 구조를 보여 주고 있다.

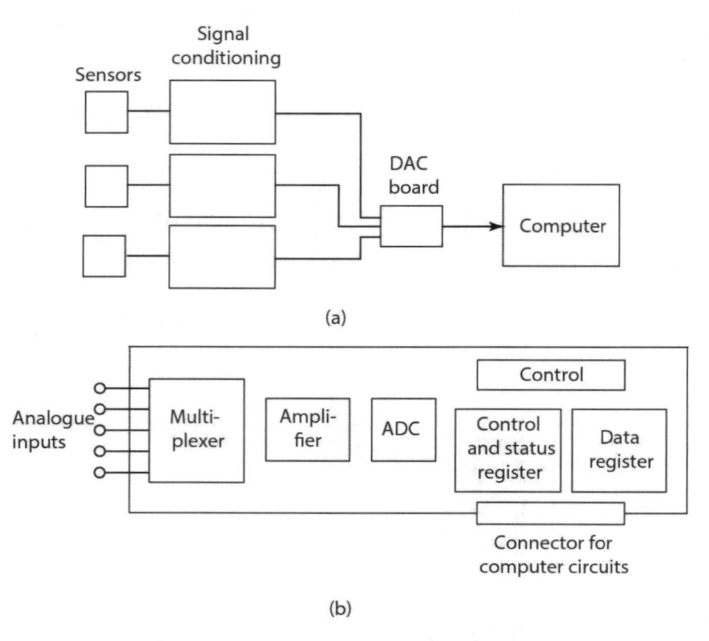

그림 4.19 DAQ 시스템

DAQ 보드를 통한 데이터 획득동작을 제어하기 위하여 컴퓨터 소프트웨어를 이용한다. 프로그램이 특정 센서로부터 입력을 받으려 한다면 제어 및 상태 레지스터에 제어 워드를 보냄으로써 보드를 동작시킬 수 있다. 이러한 워드는 보드가 수행해야 할 동작의 종류를 표현하고 있다. 그 결과 보드는 멀티플렉서를 통하여 적절한 채널을 선택하게 된다. 입력 채널에 연결된 센서로부터의 입력이 앰프를 통하여 ADC로 전달된다. 변환이 완료된 후 결과의 디지털 신호가 데이터 레지스터에 저장되고 신호의 변환완료를 표시하기 위하여 제어 및 상태 레지스터의 해당 워드를 갱신한다. 이 완료 신호에 이어 보드는 컴퓨터가 이 디지털 데이터를 읽어서 처리하게 하기 위하여 별도의 신호를 발생시킨다. 이 신호는 보드에서 데이터를 획득하는 동안 컴퓨터가 작업을 멈추고 대기하지 않도록 하기 위하여 발생시키는 일종의 인터럽트 동작이다. 그래서 획득이 끝나면 컴퓨터에 알려 컴퓨터가 수행하던 어떤 작업을 일시 중지하고 DAQ로부터 데이터를 가져온 후 원래의 작업을 계속하게 한다. 더 빠른 시스템에서는 컴퓨터가 DAQ 데이터를 메모리로 전달하는 일에 개입하지 않도록 하고 있다. 대신에 직접 보드에서 DAQ 데이터를 메모리로 이동한다. 이를 **직접 메모리 어드레스(Direct Memory Address: DMA)**라고 한다.

DAQ 보드의 성능사양 중에는 아날로그 입력에 대한 샘플링 속도(sampling rate)가 있는데 대개 100kS/s(100,000 sample/second) 정도가 된다. 나이키스트의 샘플링 조건을 적용하면 샘플 속도가 최대 주파수 성분의 2배가 되어야 하므로 이 보드가 샘플할 수 있는 아날로그 신호의 최대 주파수가 50kHz가 되는 것을 알 수 있다. 위에서 설명한 기본적 기능 이외에도 아날로그 출력, 센서 시스템의 트리거(trigger)에 사용할 수 있는 타이머/카운터 등이 제공되기도 한다.

IBM PC에 사용될 수 있는 염가형 다기능 보드의 예로서 그림 4.20은 National Instruments사의 DAQ 보드인 PC-LPM-16의 기본 구조를 보여 주고 있다. 이 보드는 16개의 아날로그 채널이 있으며 샘플 속도는 50kS/s이며 8비트 디지털 입력, 8비트 디지털 출력, 출력을 낼 수 있는 타이머/카운터를 가지고 있다. 채널은 순서적으로 스캔(scan)될 수도 있고 또는 개별 채널에 대한 연속 스캔도 가능하다.

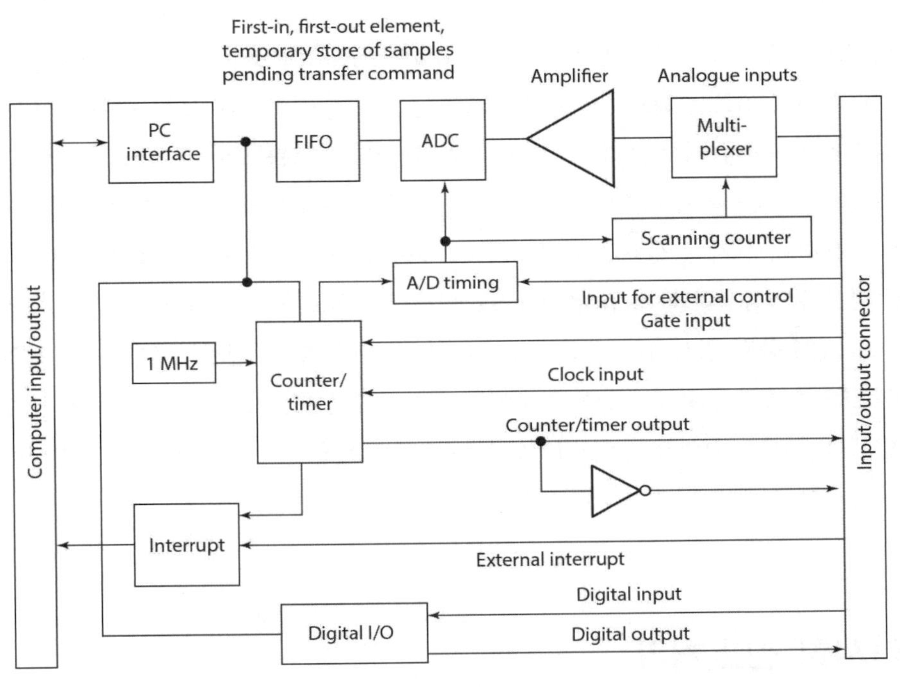

그림 4.20 PC-LPM-16 DAQ 보드

4.5.1 데이터 정확도

디지털 신호 처리의 장점은 각 비트의 2진 상태, 즉 0인지 1인지를 구별하는 데 2개의 정확한 전압값을 사용하지 않고 2개의 전압 범위를 사용한다는 것이다. 따라서 노이즈, 드리프트, 부품 허용 오차 등과 같이 전압 변동을 일으키는 요소들은 아날로그 전압을 전송하는 데 치명적일 수 있어도, 디지털 신호 처리의 데이터의 정확도에 주는 영향은 상대적으로 적다. 예를 들어, 5V 시스템에서 2진 상태 0과 1의 전압 차이는 보편적으로 최소 3V이다. 이 덕분에 2개의 신호가 각 0V와 5V, 또는 1V와 4V일 때 두 경우 모두 0과 1로 구별된다.

4.5.2 오류 감지용 패리티 방법

한 위치에서 다른 위치로의 디지털 데이터 이동은 전송 오류를 수반할 수 있으며, 전송 과정에서 전기 노이즈로 인해 수신기가 송신기에서 전송한 신호와 동일한 신호를 수신 받지 못하는 경우를 말한다. 때때로 노이즈 펄스는 신호의 논리 레벨을 바꿀 수 있을 정도로 클 수 있다. 예를 들어 수열 1001을 전송하였으나 1101로 수신 받는 경우가 발생할 수 있다. 이러한 오류를 감지하는 데는 **패리티 비트(parity bit)**가 주로 사용된다. 패리티 비트는 전송 단계에서 코드에 붙이는 여분의 0 또는 1비트이다. **짝수 패리티(even parity)**에서 패리티 비트의 값은 패리티 비트를 포함한 코드 전체에 있는 1비트의 개수가 짝수가 되도록 만들어 전송한다. 예를 들어 1001을 전송한다면 패리티 비트는 0으로 주어져 전체 코드는 01001이 되고 1비트의 개수는 짝수가 된다. 1101을 전송한다면 패리티 비트는 1로 주어져 전체 코드는 11101이 되고 1비트의 개수는 짝수가 된다. **홀수 패리티(odd parity)**에서 패리티 비트의 값은 패리티 비트를 포함한 코드 전체에 있는 1비트의 개수가 홀수가 되도록 주어진다. 따라서 수신기가 받은 코드의 1비트 개수가 패리티 조건에 만족하지 않으면 수신기는 전송 오류가 있다는 것을 감지하고 코드 재전송을 요청할 수 있다.

패리티 검사의 연장선인 **합계 검사(sum check)**는 전송하고자 하는 여러 개 코드의 2진 합계를 구하여 이를 전송하고 검사하는 방법이다. 패리티 검사와 합계 검사는 코드 내 1건의 오류만 감지할 수 있으며, 2건의 오류가 있을 경우에는 감지할 수 없다. 또한 수신기가 수정할 수 있도록 오류가 발생한 위치를 알아낼 수 없다. 현재 다수의 오류를 감지하거나 오류가 발생한 위치를 찾아내는 다양한 기술과 방법이 개발되고 있다.

4.6 디지털 신호처리

디지털 신호처리(digital signal processing) 또는 **이산시간 신호 처리(discrete-time signal processing)**는 입력된 신호의 질을 바꾸기 위하여 마이크로프로세서에 의해 수행되는 각종 처리를 말한다. 디지털 신호는 이산시간(discrete time)에서만 존재하고 시간에 대하여 연속이 아니라는 점에서 이산시간 신호이다. 아날로그 신호에 대한 신호조절에 증폭기나 필터가 사용되는 반면에 디지털 신호조절은 마이크로프로세서에 적용되는 프로그램에 의하여 수행되므로 신호조절(conditioning) 대신에 신호처리(processing)라는 말이 사용된다. 아날로그 신호를 다루는 필터의 특성을 바꾸기 위해서는 하드웨어 소자를 바꿔야 하는 반면에 디지털 필터의 특성을 바꾸는 데는 마이크로프로세서의 프로그램 명령어 소프트웨어만 변경하면 된다.

디지털 신호처리의 경우 한 입력 펄스의 크기를 나타내는 입력 워드가 있고 출력을 나타내는 또다른 워드가 있다. 어떤 특정 시간의 출력은 현재의 입력값과 함께 지난 순간의 입력과 출력을 기반으로 처리된 결과로 산출된다.

예를 들어 마이크로프로세서를 이용한 프로그램은 현재 입력과 지난번의 출력을 더하여 새로운 출력을 계산한다. 만일 일련의 입력의 펄스 중 현재를 k번째라 하면 이 펄스를 $x[k]$로 나타낼 수 있을 것이다. 마찬가지로 k번째 출력은 $y[k]$가 된다. 지난번의 출력, 즉 $(k-1)$번째 출력은 $y[k-1]$가 된다. 그러므로 현재 입력과 지난번의 출력을 더하여 새로운 출력을 계산하는 프로그램은 다음과 같이 표현될 것이다.

$$y[k] = x[k] + y[k-1]$$

이런 형태의 식을 **차분방정식(difference equation)**이라고 한다. 이것은 이산시간계(discrete time system)에서 입력과 출력의 관계를 규정하고 있으며 입출력이 연속적으로 바뀌는 연속시간계에서 입출력의 관계를 나타내는 미분방정식과 비교할 만하다.

위와 같은 차분방정식에 대하여 다음과 같은 일련의 펄스로 나타낸 사인(sine) 신호의 샘플이 입력이라고 가정하자.

$$0.5,\ 1.0,\ 0.5,\ -0.5,\ -1.0,\ -0.5,\ 0.5,\ 1.0,\ \cdots$$

$k=1$일 때 입력 펄스는 크기가 0.5이다. 만일 그전의 출력을 0, 즉 $y[k-1]=0$이라고 가정한다면 $y[1]=0.5+0=0.5$가 된다. $k=2$에 대해서는 입력이 1.0이므로 $y[2]=x[2]+y[2-1]=1.0+0.5=1.5$가 된다. $k=3$에 대해서는 입력이 0.5이므로 $y[3]=x[3]+y[3-1]=0.5+1.5=2.0$이 된다. $k=4$에 대해서는 입력이 -0.5이므로 $y[4]=x[4]+y[4-1]=-0.5+2.0=1.5$가 된다. $k=5$에 대해서는 입력이 -1.0이므로 $y[5]=x[5]+y[5-1]=-1.0+1.5=0.5$가 된다. 이러한 과정을 거쳐 출력은 다음과 같은 펄스로 산출된다.

$$0.5,\ 1.5,\ 2.0,\ 1.5,\ 0.5,\ \cdots$$

나머지 출력 펄스를 구하기 위하여 나머지 계산을 계속하기만 하면 된다.

차분방정식의 다른 예로서 다음 식을 보자.

$$y[k]=x[k]+ay[k-1]-by[k-2]$$

출력은 현재 입력과 a배 한 전번 출력 그리고 −b배 한 전전번 출력의 합으로 구해진다. 만일 $a=1$이고 $b=0.5$일 때 앞에서 사용한 사인 신호를 입력으로 사용하면 출력은 다음과 같이 구할 수 있다.

$$0.5,\ 1.5,\ 1.75,\ 0.5,\ -1.37,\ \cdots$$

한편 디지털 신호처리를 이용하면 연속시간계 적분기와 유사한 출력을 산출하는 차분방정식을 구할 수 있다. 연속시간에서의 주어진 시간구간 동안의 적분은 신호의 연속함수에 대한 이 구간의 면적에 해당된다. 그러므로 두 이산시간계 신호 $x[k]$와 $x[k-1]$을 신호 사이의 시간 간격 T 동안을 고려해 보면 그림 4.21과 같이 면적의 변화량은 $0.5T(x[k]+x[k-1])$이 된다. 따라서 출력은 지난번까지의 면적과 면적의 변화를 합한 것이 될 것이므로 차분방정식은 다음과 같이 구할 수 있다.

$$y[k]=y[k-1]+0.5T(x[k]+x[k-1])$$

이 식이 적분에 대한 **터스틴의 근사법**(Tustin's approximation)으로 알려져 있다.

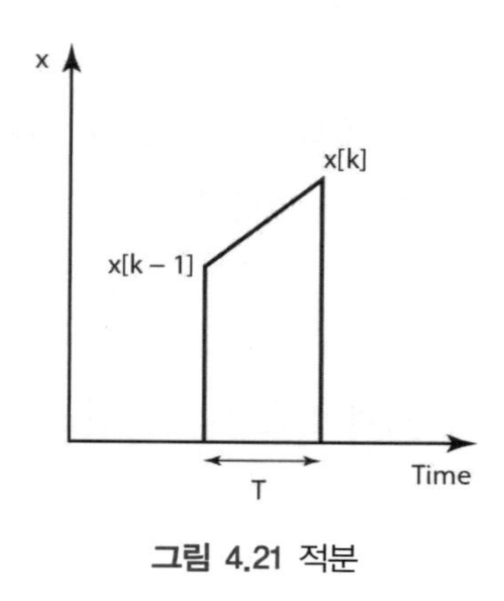

그림 4.21 적분

미분은 입력의 변화율을 정하는 것으로 근사화할 수 있다. 시간 T 동안 입력이 $x[k-1]$에서 $x[k]$로 변화되었다면, 출력은 다음과 같다.

$$y[k] = (x[k] - x[k-1])/T$$

요 약

아날로그-디지털 변환은 아날로그 신호를 이진데이터로 바꾸는 것을 말한다. 클록이 아날로그-디지털 변환기(ADC)에 규칙적인 시간 신호를 주고 각 클록 펄스마다 아날로그 신호를 샘플링한다. 샘플-홀드 유닛은 샘플링된 값을 다음 클록 펄스가 발생할 때까지 유지하는 역할을 한다. 연속근사법, 램프법, 이중램프법, 플래시법 등의 다양한 방법이 ADC에 사용되고 있다.

디지털-아날로그 변환은 이진데이터를 아날로그 신호로 바꾸는 것을 말한다. 가중저항법과 R-2R 래더 방법이 DAC에 사용되고 있다.

멀티플렉서는 여러 개의 소스로부터 입력을 받아서 입력채널 선택에 의하여 하나의 입력을 선택하여 출력하는 회로를 말한다.

데이터 획득 또는 DAQ는 센서로부터 데이터를 받아서 처리를 위하여 컴퓨터로 입력시키는 프로그램을 말한다.

디지털 신호처리 또는 **이산시간 신호 처리**는 마이크로프로세서에 의하여 신호를 처리하는 것을 말한다.

연습문제

4.1 What is the resolution of an analogue-to-digital converter with a word length of 12 bits and an analogue signal input range of 100V?

4.2 A sensor gives a maximum analogue output of 5V. What word length is required for an analogue-to-digital converter if there is to be a resolution of 10mV?

4.3 A R-2R DAC ladder of resistors has its output fed through an inverting operational amplifier with a feedback resistance of 2R. If the reference voltage is 5V, determine the resolution of the converter.

4.4 For a binary weighted-resistor DAC how should the values of the input resistance be weighted for a 4-bit DAC?

4.5 What is the conversion time for a 12-bit ADC with a clock frequency of 1MHz?

4.6 In monitoring the inputs from a number of thermocouples the following sequence of modules is used for each thermocouple in its interface with a microprocessor.

Protection, cold junction compensation, amplification, linearisation, sample and hold, analogue-to-digital converter, buffer, multiplexer.

Explain the function of each of the modules.

4.7 Suggest the modules that might be needed to interface the output of a microprocessor with an actuator.

4.8 For the 4-bit weighted-resistor DAC shown in Figure 4.5, determine the output from the resistors to the amplifier for inputs of 0001, 0010, 0100 and 1000 if the inputs are 0V for a logic 0 and 5V for a logic 1.

4.9 If the smallest resistor in a 16-bit weighted-resistor DAC is R, how big would the largest resistor need to be?

4.10 A 10-bit ramp ADC has a full-scale input of 10 V. How long will it take to convert such a full-scale input if the clock period is 15μs?

4.11 For a 12-bit ADC with full-scale input, how much faster will a successive approximations ADC be than a ramp ADC?

Chapter 05 디지털 논리

목 표

이 장의 목적은 학습 후에 다음을 할 수 있어야 한다.

- 논리 게이트 AND, OR, NOT, NAND, NOR 및 XOR에 사용되는 기호를 인식하고 논리 패밀리의 중요성을 인식하는 응용 프로그램에서 이러한 게이트를 적용하기
- SR, JK 및 D 플립플롭을 제어 시스템에서 사용하는 방법을 설명하기
- 디코더 및 555 타이머의 작동을 설명하기

5.1 디지털 논리

대부분의 제어 시스템들은 어떤 조건과 마주쳤을 때 동작 중인 이벤트를 설정하거나 멈추게 하는 데 관계한다. 예를 들어, 가정용 세탁기의 경우에는 미리 정해진 레벨까지 드럼에 물이 있을 경우에만 히터 스위치가 작동하게 된다. 이와 같은 제어는 2개의 신호 준위만 있는 디지털(digital) 신호로 이루어진다. 디지털 회로는 디지털 컴퓨터와 마이크로프로세서 제어 시스템의 기본이다.

예를 들면, 디지털 제어(digital control)에서 가정용 세탁기의 문이 닫혀 있고 일정시간이 되었을 때 스위치가 작동하여 물이 들어가게 된다. 여기에는 2개의 yes이거나 no인 입력 신호와 하나의 yes이거나 no인 출력 신호가 있다. 제어기에는 2개의 입력 신호가 모두 yes일 때만 출력을 yes로 주도록 프로그램되어 있다. 다시 말해서, 입력 A와 B가 모두 1이면 출력은 1이 된다. 이런 동작은 논리 게이트(logic gate)에 의해 제어가 되는데 이 경우는 논리곱(AND) 게이트이다. 이와 같은 방법으로 제어되는 기계와 공정들이 많이 있다.

요구되는 함수를 구성하기 위해 2개나 그 이상의 기본적인 논리 게이트의 조합이 사용되는데 이를 조합 논리(combinational logic)라고 한다. 예를 들어, 키가 꽂혀 있으면서 문이 열려 있거나 헤드라이트가 켜져 있으면서 운전자의 문이 열려 있다면 자동차에서 경고음이 울리도록 하는 경우이다.

이 장에서는 조합 논리 외에 순차 논리(sequential logic)에 대해서도 논의하고자 한다. 그러한

디지털회로는 제어 클록이나 인에이블(enable)-디스에이블(disable) 제어 신호에 의해 지시된 특정 순서로 제어를 수행하는 데 사용된다. 그 예로서 메모리를 갖는 조합 논리회로가 있다. 즉, 입력 신호의 타이밍 또는 순차적 과정이 출력을 결정하는 데 기여하게 된다.

5.2 논리 게이트

논리 게이트(logic gate)는 디지털 전자회로를 위한 기본적인 구성 블록이다.

5.2.1 AND 게이트

입력 A와 입력 B가 모두 하이(high)일 때만 하이 출력을 제공하는 게이트가 있다면, 나머지의 모든 조건에 대해서 그 게이트는 로우(low) 출력을 제공한다. 이것이 AND(논리곱) 게이트이다. AND 게이트는 직렬로 연결된 2개의 스위치로 구성된 전자회로로 표현된다(그림 5.1). 스위치 A와 스위치 B가 닫혀 있을 때만 전류가 흐른다.

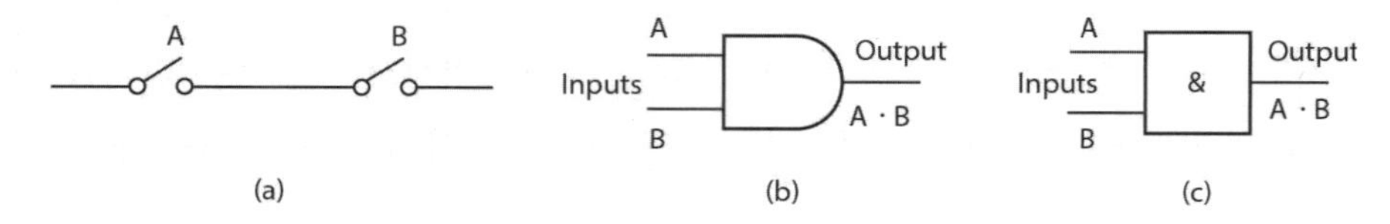

그림 5.1 AND 게이트: (a) 스위치로 표시, (b) US 기호, (c) 새로운 표준 기호.

미국에서 시작된 기본 형태를 가지고, 논리 게이트에 대한 표준 회로 기호의 여러 다른 세트들이 사용되었다. 그러나 국제 표준 형식(IEEE/ANSI)이 개발되었는데, 독특한 모양들은 제거되고 내부에 논리 함수가 있는 사각형이 채택되었다. 그림 5.1(b)는 AND 게이트에 사용 된 미국식 기호를 보여 주며 (c)는 AND를 나타내는 & 기호인 새로운 표준화된 양식을 보여 준다. 두 가지 형식이 책에서 사용된다. 그림에서 볼 수 있듯이 부울 방정식(부록 C 참조)이라는 방정식의 형태로 AND 게이트의 입력과 출력 사이의 관계를 나타낼 수 있다. AND 게이트의 부울 방정식은 다음과 같이 작성된다.

$$A \cdot B = Q$$

AND 게이트의 예로서 공작기계용 인터록 제어 시스템(interlock control system)이 있다. 만약 안전장치가 제 위치에 있어 1이라는 신호가 주어지고 전원이 켜져서 1이라는 신호가 주어지면, 그때 출력 신호 1이 제공될 수 있으므로 기계는 작동하게 된다. 다른 예로는 도난경보기가 있다. 경보기 스위치가 켜져 있어야 하고 센서가 있는 문이 열렸을 때 경보기가 작동한다.

논리 게이트에서의 입력과 출력의 관계는 진리표 (truth table)로 도표화할 수 있다. AND 게이트의 입력을 A와 B라 하고 출력을 Q라고 하면, $A=1$이고 $B=1$일 때만 출력 Q=1이다. 나머지 모든 조합의 A와 B는 출력값으로 0을 발생시킨다. 따라서 다음과 같이 진리표를 쓸 수 있다.

입력		출력
A	B	Q
0	0	0
0	1	0
1	0	0
1	1	1

그림 5.2에서처럼 시간의 함수인 두 개의 디지털 입력이 있을 때 어떤 일이 발생하는지 살펴보자. 이러한 그림을 AND 게이트 타이밍 다이어그램이라고 한다. 각각의 입력이 하이일 때 AND 게이트로부터의 출력만 있을 것이므로 출력은 그림과 같다.

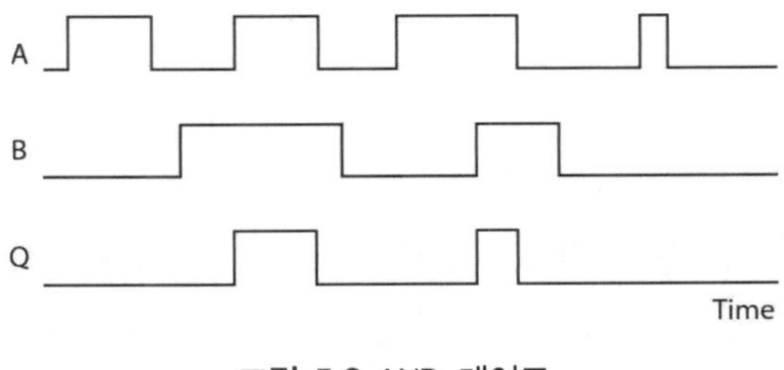

그림 5.2 AND 게이트

5.2.2 OR 게이트

입력 A와 B가 있는 OR 게이트는 A 또는 B가 1일 때 1의 출력을 제공한다. 이 게이트는 두 개의 스위치가 병렬로 연결된 전기 회로처럼 시각화 할 수 있다(그림 5.3(a)). 스위치 A 또는 B가 닫히면 전류가 흐른다. OR 게이트는 2개 이상의 입력을 가질 수 있다. 게이트 진리 테이블은 다음과 같다.

입력		출력
A	B	Q
0	0	0
0	1	1
1	0	1
1	1	1

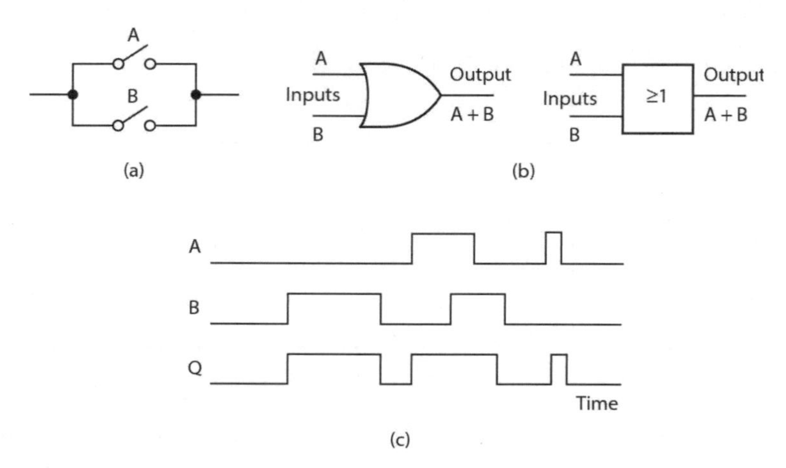

그림 5.3 OR 게이트: (a) 스위치로 표현, (b) 기호, (c) 타이밍 다이어그램

OR 게이트에 대한 부울 방정식은 다음과 같다.

$$A + B = Q$$

OR 게이트에 사용 된 기호는 그림 5.3(b)에 나와 있다. OR을 묘사하기 위해 1보다 크거나 같은 기호를 사용하는 것은 둘 이상의 입력이 참이라면 참이 되는 OR 함수를 나타낸 것이다. 그림 5.3(c)는 타이밍 다이어그램을 보여 준다.

5.2.3 NOT 게이트

NOT 게이트는 입력이 0일 때 1 출력을 제공하고 입력이 1일 때 0 출력을 제공하는 단 하나의 입력 및 출력을 가진다. NOT 게이트는 입력의 반전이고 인버터라고 하는 출력을 제공한다. 그림 5.4(a)는 NOT 게이트에 사용된 기호를 보여 준다. NOT을 나타내는 1은 실제로 로직상 동일, 즉 아무런 동작도 상징하지 않으며, 반전은 출력상의 원으로 표시된다. 따라서 그림 5.4(b)에서와 같이 시간에 따라 변화하는 디지털 입력이 있는 경우 시간에 따른 변화는 역이 된다.

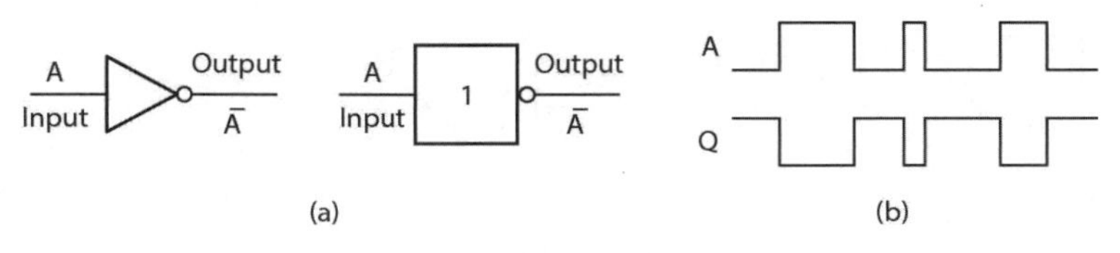

그림 5.4 NOT 게이트

다음은 NOT 게이트의 진리표이다.

입력 A	출력 Q
0	1
1	0

NOT 게이트를 나타내는 부울 방정식은 다음과 같다.

$$\overline{A} = Q$$

심벌 위의 막대는 역수 또는 보수를 표현하는데 사용된다. 즉, A 위의 막대는 출력 Q는 A의 역수임을 나타낸다.

5.2.4 NAND 게이트

NAND(부정 논리곱) 게이트는 NOT 게이트에 AND 게이트가 따라가는 조합으로 생각할 수 있다(그림 5.5(a)). 그러므로 입력 A에 1, 입력 B에 1을 대입하면 출력은 0이 되고, 나머지 모든 입력에 대하여 출력은 1이 된다.

NAND 게이트는 AND 게이트의 진리표의 출력을 반전한 값이다. 이 게이트를 생각할 수 있는 다른 방법은 AND 게이트에 도착하기 전에 2개의 입력을 NOT 게이트를 적용한 반전된 입력을 가지는 AND 게이트와 같다.

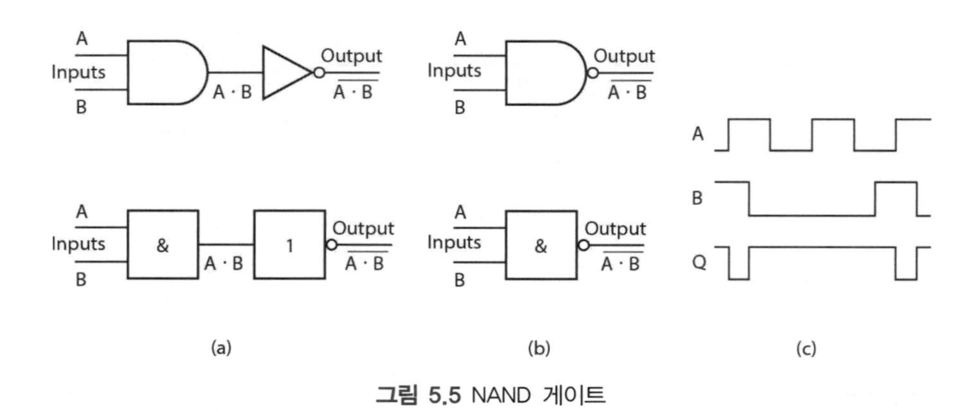

그림 5.5 NAND 게이트

그림 5.5(b)는 NAND 게이트의 심벌을 보여 주는데, 반전을 나타내는 원의 뒤에 AND 심벌이 있다. 진리표는 다음과 같다.

입력		출력
A	B	Q
0	0	1
0	1	1
1	0	1
1	1	0

NAND 게이트를 표현하는 부울 방정식은 다음과 같다.

$$\overline{A \cdot B} = Q$$

그림 5.5(c)는 NAND 게이트에서 발생하는 출력을 보여 주는데, 이때 2개의 입력은 시간에 따라 변화한다. 여기에서는 2개의 입력이 하이일 때 출력이 로우임을 보여 준다.

5.2.5 NOR 게이트

NOR(부정 논리합) 게이트는 NOT 게이트에 OR 게이트가 뒤에 따라오는 조합으로 생각할 수 있다(그림 5.6(a)). 그러므로 입력 A나 입력 B가 1이면 출력의 값은 0이다. 이것은 OR 게이트 값의 출력을 반전한 것이다. 생각할 수 있는 게이트의 다른 방법은 OR 게이트에 도착하기 전에 2개의 입력을 반전시킨 후 OR 게이트에 입력하는 것과 같다. 그림 5.6(b)는 NOR 게이트의 기호를 보여 주는데, OR 심벌은 반전를 나타내는 원의 뒤에 있다.

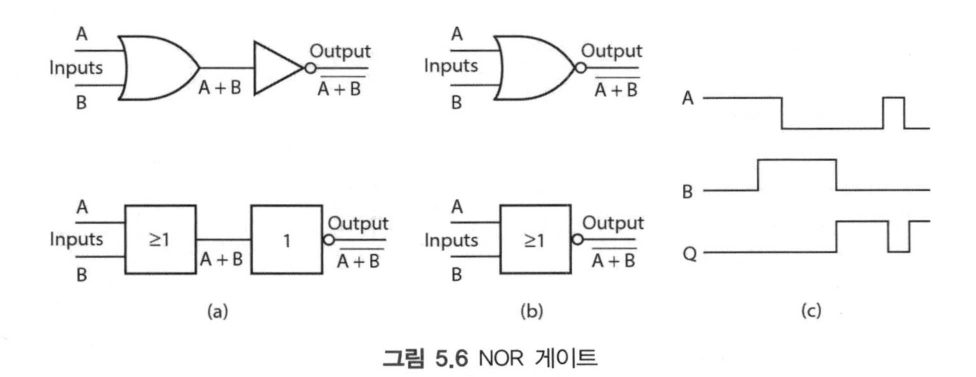

그림 5.6 NOR 게이트

NOR 게이트에서 부울 방정식을 표현하면 다음과 같다.

$$\overline{A+B} = Q$$

다음은 NOR 게이트의 진리표이며 그림 5.6(c)는 NOR 게이트의 타이밍 다이어그램이다.

입력		출력
A	B	Q
0	0	1
0	1	0
1	0	0
1	1	0

5.2.6 XOR 게이트

배타적 논리합(EXCLUSIVE-OR) 게이트(XOR)는 입력이 OR 게이트에 도착하기 전에 하나의 입력을 NOT 게이트를 이용하여 반전시킨 후 OR 게이트에 입력시킨 것으로 생각할 수 있다(그림 5.7(a)). 생각할 수 있는 게이트의 다른 방법은 입력이 AND 게이트에 도착하기 전에 하나의 입력을 NOT 게이트를 이용하여 반전시킨 후 AND 게이트에 입력시키는 것으로 생각할 수 있다. 심벌은 그림 5.7(b)와 같다. =1 기호는 하나의 입력만이 참일 때 출력이 참이라는 것을 나타내고 있다. 다음은 진리표이며 그림 5.7(c)는 타이밍 다이어그램이다.

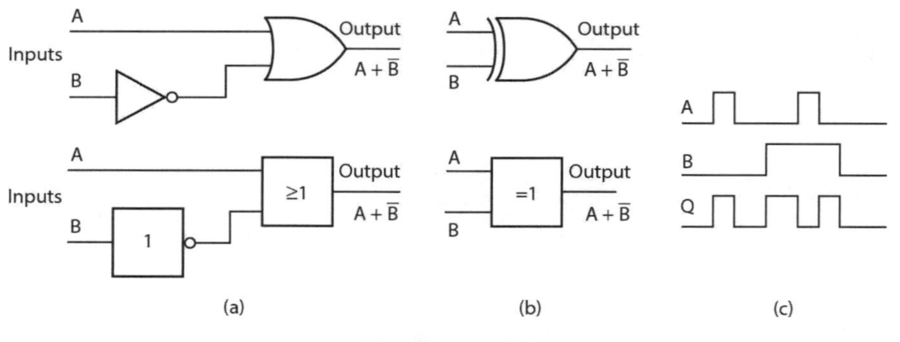

그림 5.7 XOR 게이트

입력		출력
A	B	Q
0	0	0
0	1	1
1	0	1
1	1	0

5.2.7 조합 게이트

이것은 일련의 게이트로 우리가 원하는 논리 시스템을 만드는 것이다. 다음과 같이, 1개에서부터 모든 게이트를 만들 수 있다. 그림 5.8에 나타낸 NOR 게이트 3개의 조합을 생각해 보자.

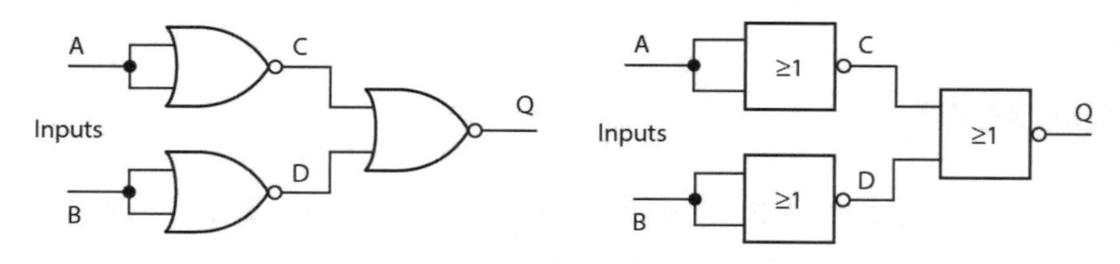

그림 5.8 3개의 NOR 게이트

진리표에서 중간 부분과 마지막 부분의 출력을 함께 표시해 보면,

A	B	C	D	Q
0	0	1	1	0
0	1	1	0	0
1	0	0	1	0
1	1	0	0	1

결과는 AND 게이트와 같다. 만약 이 집합의 게이트가 NOT 게이트를 따르게 한다면 NAND 게이트의 진리값과 같은 결과를 얻을 수 있을 것이다.

그림 5.9는 NAND 게이트 3개의 조합을 보여 준다. 진리표에서 중간 부분과 마지막 부분의 출력을 함께 표시해 보면 다음과 같다.

A	B	C	D	Q
0	0	1	1	0
0	1	1	0	1
1	0	0	1	1
1	1	0	0	1

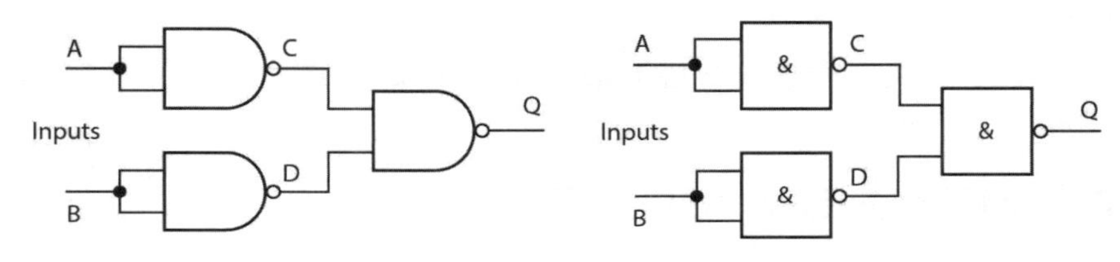

그림 5.9 3개의 NAND 게이트

결과는 OR 게이트와 같다. 만약 이 집합의 게이트가 NOT 게이트를 따르게 한다면 NOR 게이트의 진리값과 같은 결과를 얻을 수 있을 것이다.

위의 두 조합 게이트의 예는 만일 하나의 게이트보다 더 많은 게이트를 이용한다면, 어떻게 한 가지 종류의 게이트, 즉 NOR 또는 NAND를 다른 게이트들을 대신하여 사용할 수 있는지를 보여 준다. 게이트는 복잡한 게이트회로나 순차회로를 만들기 위해서 조합될 수 있다.

논리 게이트는 집적회로로 구성할 수 있다. 여러 다른 제조회사들의 기본적인 부품 번호들이 제조회사에 관계없이 같도록 그 번호기입방법을 표준화하였다. 예를 들어, 그림 5.10(a)에 보이는 게이트 시스템은 7408에서 사용하고 있다. 이것은 4개의 2-입력 AND 게이트이고, 14-핀 형태로 공급된다. 전원연결은 7번과 14번 핀에 만들어져 있다. 이것들은 4개의 AND 게이트에 동작전압을 공급한다. 끝부분의 1번 시작 핀을 나타내기 위하여 1번 핀과 14번 핀 사이에 노치를 두었다. 7411에서는 3개의 AND 게이트가 각각 3개의 입력부분을 가지고 있다. 7421은 2개의 AND 게이트에 각각 4개의 입력부분을 가지고 있다. 그림 5.10(b)는 7402를 나타내고 있다. 이것은 4개의 2-입력 NOR 게이트로서 14개의 핀을 가지고 있고, 전원은 역시 7번 핀과 14번 핀에 연결한다. 7427은 3개의 게이트에 각각 3개의 입력부분을 가지고 있다. 7425는 2개의 게이트에 각각 4개의 입력을 가지고 있다.

논리 게이트에서 필요한 논리 함수를 생성하기 위해 부울 대수와 Demorgan's law 및 Karnaugh 맵과 같은 기법을 사용하는 방법에 대한 설명은 부록 C를 참조하라.

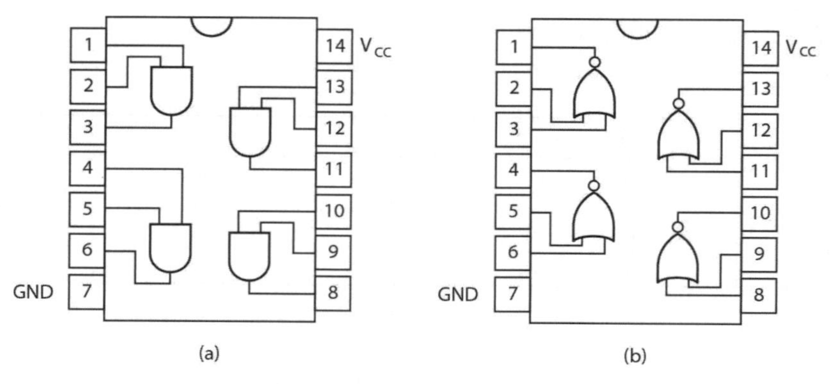

그림 5.10 집적 회로: (a) 7408, (b) 7402

5.2.8 로직 제품군 및 집적 회로

디지털 로직 설계를 구현하려면 로직 제품군의 중요성과 각기 다른 작동 원리를 이해해야 한다. 동일한 기술 및 전기적 특성으로 제조 된 집적 회로는 로직 제품군을 구성한다. 일반적으로 발생하는 제품군은 트랜지스터-트랜지스터 로직(TTL), 상보 형 금속 산화물 반도체(CMOS) 및 이미터 결합 로직(ECL)이다. 일반적인 매개 변수는 다음과 같다.

1. **로직 레벨,** 즉 2진수 1 및 0 상태에 대응할 수 있는 전압 레벨의 범위. 표준 74XX TTL 시리즈의 경우, 2진수 0으로 레지스터 하도록 보장되는 일반적인 전압은 0과 0.4V 사이이며 2진수 1은 2.4V와 5.0V 사이이다. CMOS의 경우 레벨은 사용된 전원 전압 V_{DD}에 따라 달라진다. 이것은 +3V에서 +15V까지 가능하며 로직 1의 최대 전압은 0.3 V_{DD}이고 로직 1의 최소 전압은 0.7 V_{DD}이다.
2. **노이즈 내성 또는 노이즈 마진,** 즉 회로가 출력 전압에 가짜 변화를 일으키지 않고 잡음을 견딜 수 있는 능력으로, 표준 74XX TTL 시리즈의 경우 노이즈 마진은 0.4V이다. 따라서 0.4V는 로직 0 및 로직 1 입력에서 수용 할 수 있는 여유 공간이며 여전히 0 및 1로 등록된다. CMOS의 경우 노이즈 마진은 공급 장치에 따라 달라지며 0.3 V_{DD}이다.
3. **팬 아웃,** 즉 원하는 로우 또는 하이 레벨을 유지하면서 표준 게이트 출력에 의해 구동 될 수 있는 게이트 입력의 수. 이것은 게이트가 공급할 수 있는 전류의 양과 게이트를 구동하는 데 필요한 전류의 양에 따라 결정된다. 표준 TTL 게이트의 경우 팬 아웃은 10이며, CMOS의

경우 50이고 ECL은 25이다. 더 많은 게이트가 드라이버 게이트에 연결되면 드라이브 게이트에 충분한 전류가 공급되지 않는다.

4. **전류 소싱 또는 전류 싱킹 동작,** 즉 한 논리 게이트의 출력과 다른 논리 게이트의 입력 간에 전류가 흐르는 방식. 하나의 게이트가 다른 게이트를 구동할 때, 전류 소싱으로 구동 게이트는 하이가 다음 게이트의 입력에 전류를 공급할 때 발생한다. 전류 싱킹에서, 로우일 때 구동 게이트는 구동 된 게이트로부터 전류를 받는다. TTL 게이트는 전류 싱킹으로 작동한다.
5. **전파 지연 시간,** 즉 디지털 회로가 입력 레벨의 변화에 얼마나 빨리 반응하는지를 나타낸다. 일반적으로 TTL 게이트는 2~40ns의 지연 시간을 가지며 일반적으로 CMOS 게이트보다 약 5~10배 빠르지만 일반적으로 2ns의 전파 지연을 갖는 ECL 게이트보다는 느리다.
6. **전력 소비,** 즉 논리 게이트가 전원 공급 장치에서 소모할 전력량. TTL은 게이트 당 약 10mW를 소모하지만 CSMOS는 스위칭 동작이 아니면 전원을 소비하지 않는다. ECL은 게이트 당 약 25~60mW를 소비한다.

어떤 로직 패밀리를 사용할지 결정하는 데 주로 관련된 주요 기준은 전파 지연 및 전력 소비이다. TTL 대비 CMOS의 가장 큰 장점은 저전력 소비로 배터리 구동 장비에 이상적이다. 서로 다른 로직 제품군의 집적 회로를 함께 연결할 수는 있지만 특별한 인터페이싱 기술을 사용해야 한다.

TTL 제품군이 널리 사용되고 있으며 이 제품군은 74XX 시리즈로 분류되며 여러 형태가 있다. 일반적으로 표준 TTL은 7400이며 전력 손실은 10mW이고 전파 지연은 10ns이다. 저 전력 쇼트키 TTL(LS)은 전력 손실이 2mW이고 전파 지연이 동일한 74LS00이다. 첨단 저 전력 쇼트 키 TTL(ALS)은 74ALS00이며, 더 낮은 전력을 전달하며, 전파 지연은 4ns이고 전력 소모는 1mW이다. 빠른 TTL(F)은 74F00이며 전파 지연은 3ns이고 소비 전력은 6mW이다.

CMOS 제품군에는 TTL 시리즈보다 낮은 전력 손실 이점을 가진 4000 시리즈가 포함되어 있지만 불행히도 훨씬 느리다. 40H00 시리즈는 빠르지 만 TTL(LS)보다 여전히 느리다. 74C00 시리즈는 TTL 제품군과 핀 호환이 가능하도록 개발되었으며 동일한 번호 체계를 사용하지만 74C로 시작한다. TTL 제품군에 비해 강력한 이점을 제공하지만, 여전히 느리다. 74HC00 및 74HCT00은 TTL(LS) 시리즈에 필적하는 속도로 더 빠르다.

5.3 논리 게이트 응용

다음은 간단하게 적용될 수 있는 논리 게이트의 몇 가지 예이다.

5.3.1 패리티 발생기

이전 장에서는 오류 검출 방법으로 패리티 비트를 사용하는 방법에 대해 설명했다. 홀수 패리티가 사용되는 경우 홀수, 짝수 패리티가 사용되는 경우 짝수가 되도록 패리티 비트를 포함하여 블록의 1의 수를 강제로 하기 위해 각 코드 블록에 단일 비트가 추가된다.

그림 5.11의 논리 게이트는 적절한 패리티 비트를 결정하고 추가할 수 있는데, 이 시스템에는 XOR 게이트가 사용되었다(입력값이 모두 0이거나 또는 모두 1인 경우에 출력이 0이 되고, 입력값이 같지 않을 때의 출력은 1이 되는 게이트이다). 1쌍의 비트는 XOR 게이트에 의해서 확인되고, 만약 그 두 수가 같지 않으면 1이 출력된다. 만약 홀수 패리티라면 패리티 비트는 0이 될 것이고, 짝수 패리티라면 1이 될 것이다. 적절한 패리티 비트가 더해졌을 때 신호가 변환될 수 있다. 같은 회로에서 마지막 출력값이 1로 나타나면 이를 검사하여 송신 오차를 검사할 수 있다. 이와 같은 회로는 제품화하여 사용할 수 있다.

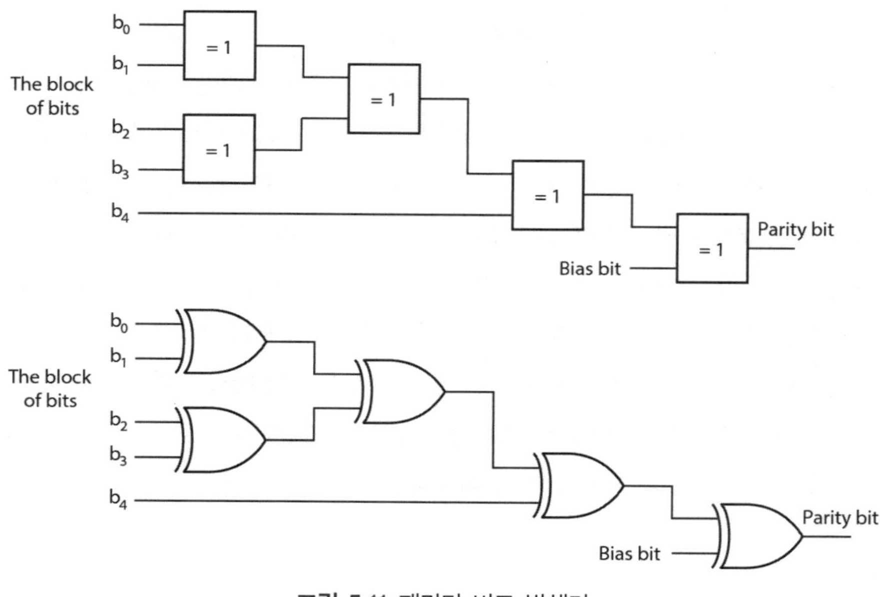

그림 5.11 패리티 비트 발생기

5.3.2 디지털 비교기

디지털 비교기는 2개의 디지털 워드(digital word)가 정확히 같은지를 비교하는 데 사용된다. 2개의 워드는 하나의 비트씩 비교되고 이 워드가 동일하면 1을 출력한다. 2개의 비트가 동일한가를 비교하는 데는 XOR 게이트가 사용된다(입력값이 모두 0이거나 모두 1인 경우에 출력이 0이 되고, 입력값이 같지 않을 때의 출력은 1이 되는 게이트이다). 같은 비트가 되었을 때 출력은 1이 나와야 되므로 NOT 게이트를 이용한다. 이때 XOR과 NOT의 조합은 XNOR 게이트로 표시한다. 두 워드의 비트값을 비교하는 데는 각 쌍에 대해서 XNOR 게이트가 1개씩 필요하다. 만약 각 쌍의 비트가 같다면 각각의 XNOR 게이트에서의 출력값은 1이 된다. 이때 모든 XNOR 게이트의 출력이 1일 때 AND 게이트를 이용해 출력을 1로 만들 수 있다. 그림 5.12는 그 시스템을 보여 준다.

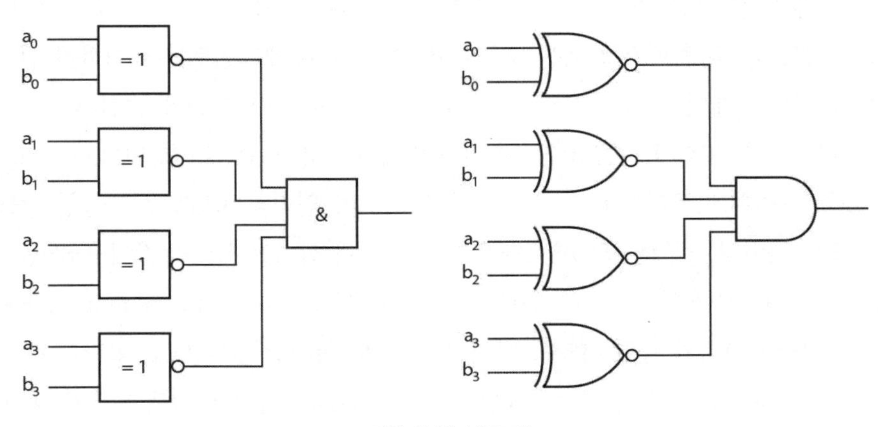

그림 5.12 비교기

디지털 비교기는 제품화된 회로로 이용할 수 있고, 2개의 워드가 같다는 것뿐만 아니라 두 워드 중 어떤 것이 큰가를 결정할 수도 있다. 예를 들어, 4비트 크기 비교기인 7485는 2개의 4비트 워드의 A와 B를 비교하고, A가 B보다 크면 5번 핀에서 1을 출력하고, A와 B가 1로 같으면 6번 핀에서 1을, A가 B보다 적으면 7번 핀에서 1을 출력한다.

5.3.3 코 더

그림 5.13은 컨트롤러가 코드화된 디지털 신호를 교통 신호등으로 전송하여 코드가 켜지는 빨강, 호박색 또는 녹색을 결정할 수 있는 간단한 시스템을 보여 준다. 적색광을 비추기 위해서는 $A=0$, $B=1$, 녹색광 $A=1$, $B=0$에 대해 $A=0$, $B=0$ 신호를 사용할 수 있다. 이 코드는 3개의 AND 게이트와 2개의 NOT 게이트를 사용한다.

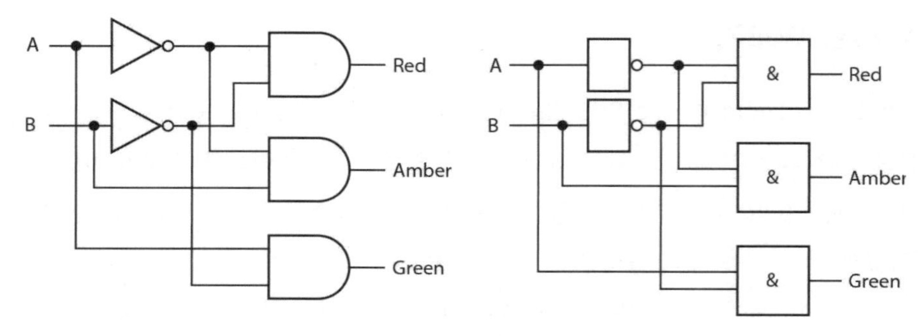

그림 5.13 교통 신호등

5.3.4 코드 변환기

하나의 코드에서 다른 형태의 코드로 변환시키는 것은 많은 응용부분에서 필요하다. 예를 들어 마이크로프로세서에서의 출력 시스템은 BCD이고, 이를 세븐 세그먼트에 표시하기 위해서는 코드 변환이 필요하다. 데이터 디코딩(data decoding)은 다른 코드그룹을 변환시키는 과정에서 이용되는데 BCD, 2진, 16진과 같은 코드그룹이 출력에서 사용될 수 있도록 한다. n-비트로 코딩된 워드의 입력을 위해 디코더는 n개의 입력 라인이 있고, 입력의 조합으로 가능한 값들이 단지 하나의 라인으로 출력되는 부분으로 m개가 있다. 즉, 입력 신호인 워드의 값에 따라 출력 라인으로 하나가 주어진다. 예를 들어, 2진화 10진수-10진수 디코더(BCD-to-decimal decoder)는 4비트의 입력 코드와 10개의 출력 라인을 가지고 있는데, 특정한 값의 BCD 입력은 하나의 출력 라인이 활성화되도록 할 것이고, 특정한 값을 가지는 BCD의 입력에 대해 10 진수에 대응하는 각각의 출력부분 중 하나의 출력 라인이 활성화될 것이다(그림 5.14).

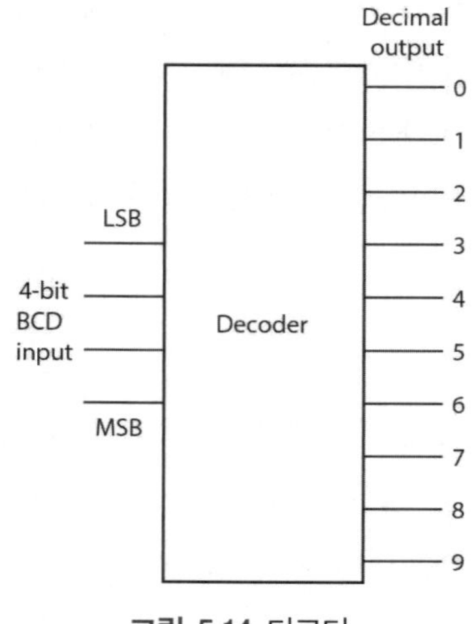

그림 5.14 디코더

디코더는 활성화된 출력을 하이로 하고 활성화되지 않은 출력은 모두 로우로 하거나, 활성화된 출력을 로우로 하고 활성화되지 않은 출력은 모두 하이로 할 수 있다. 활성화–하이(active-high)가 되는 디코더에서의 출력은 AND 게이트로 만들 수 있고, 활성화–로우(active-low)는 NAND 게이트를 이용할 수 있다. 그림 5.15는 2진화 10진수–10진수 디코더에서 어떻게 활성화–로우의 출력값이 만들어지는가를 보여 준다. 진리표는 디코더에 따른 값이다. 이와 같은 디코더에는 제품화된 회로로서 쉽게 사용할 수 있는 74LS145가 있다.

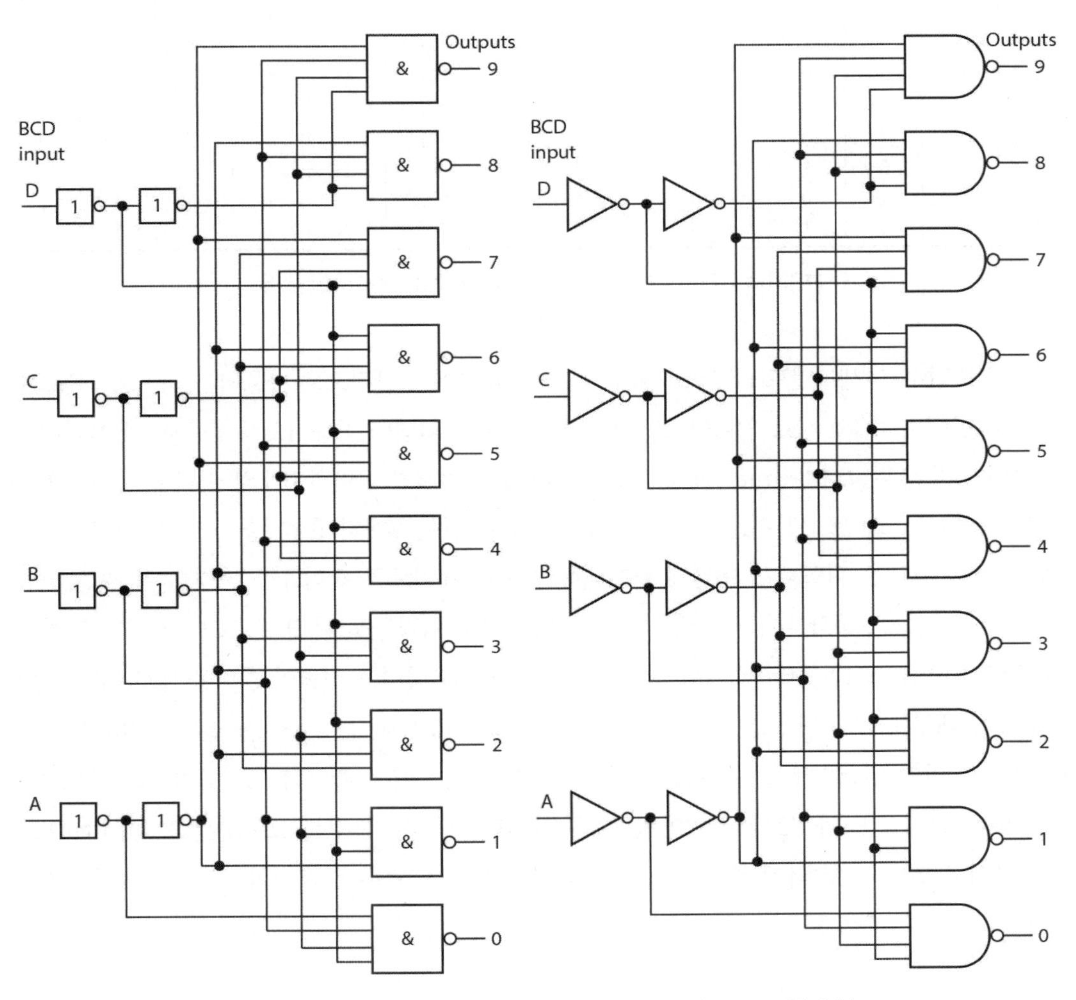

그림 5.15 2진화 10진수–10진수 디코더: 1=하이, 0=로우(계속)

입력				출력									
A	B	C	D	0	1	2	3	4	5	6	7	8	9
0	0	0	0	0	1	1	1	1	1	1	1	1	1
0	0	0	1	1	0	1	1	1	1	1	1	1	1
0	0	1	0	1	1	0	1	1	1	1	1	1	1
0	0	1	1	1	1	1	0	1	1	1	1	1	1
0	1	0	0	1	1	1	1	0	1	1	1	1	1
0	1	0	1	1	1	1	1	1	0	1	1	1	1
0	1	1	0	1	1	1	1	1	1	0	1	1	1
0	1	1	1	1	1	1	1	1	1	1	0	1	1
1	0	0	0	1	1	1	1	1	1	1	1	0	1
1	0	0	1	1	1	1	1	1	1	1	1	1	0
1	0	1	0	1	1	1	1	1	1	1	1	1	1
1	0	1	1	1	1	1	1	1	1	1	1	1	1
1	1	0	0	1	1	1	1	1	1	1	1	1	1
1	1	0	1	1	1	1	1	1	1	1	1	1	1
1	1	1	0	1	1	1	1	1	1	1	1	1	1
1	1	1	1	1	1	1	1	1	1	1	1	1	1

그림 5.15 2진화 10진수–10진수 디코더: 1=하이, 0=로우

2진화 10진수–7 세그먼트(BCD–to–seven segments)에 일반적으로 사용되는 회로로 74LS244가 있는데, 이는 4개의 비트 입력이 있을 때 7세그먼트의 화면이 작동하도록 출력이 나오게 된다.

3라인–8라인 디코더(3–line–to–8–line decoder)는 3개의 입력과 8개의 출력을 가지는 디코더에 사용된다. 3비트 2진수를 가지고 있고 그 수에 맞는 8개의 출력 중 하나에 활성화된다. 그림 5.16은 그러한 디코더가 어떻게 표현되는지 논리 게이트와 진리표를 통해 보여 주고 있다.

몇몇 디코더들은 동작제어를 위해 사용되는 ENABLE 입력을 하나 또는 그 이상 가지고 있다. ENABLE 입력 HIGH인 디코더는 평범한 방식으로 작동할 것이고 입력이 출력을 HIGH로 결정할 것이다. 반대로 LOW이면 모든 출력은 입력에 관계없이 LOW이다. 그림 5.17은 74LS138을 내장한 3라인–8라인 디코더를 보여 주고 있다. 그림 5.16의 출력은 활성화–HIGH가 아닌 활성화–LOW이다. 그리고 E1과 E3이 LOW이면 E3은 HIGH를 가지는 함수를 요구하는 3개의 ENABLE 선을 가지고 있다. 디코더에 존재하는 모든 다른 다양한 결과는 비활성화되고 HIGH 출력으로 된다.

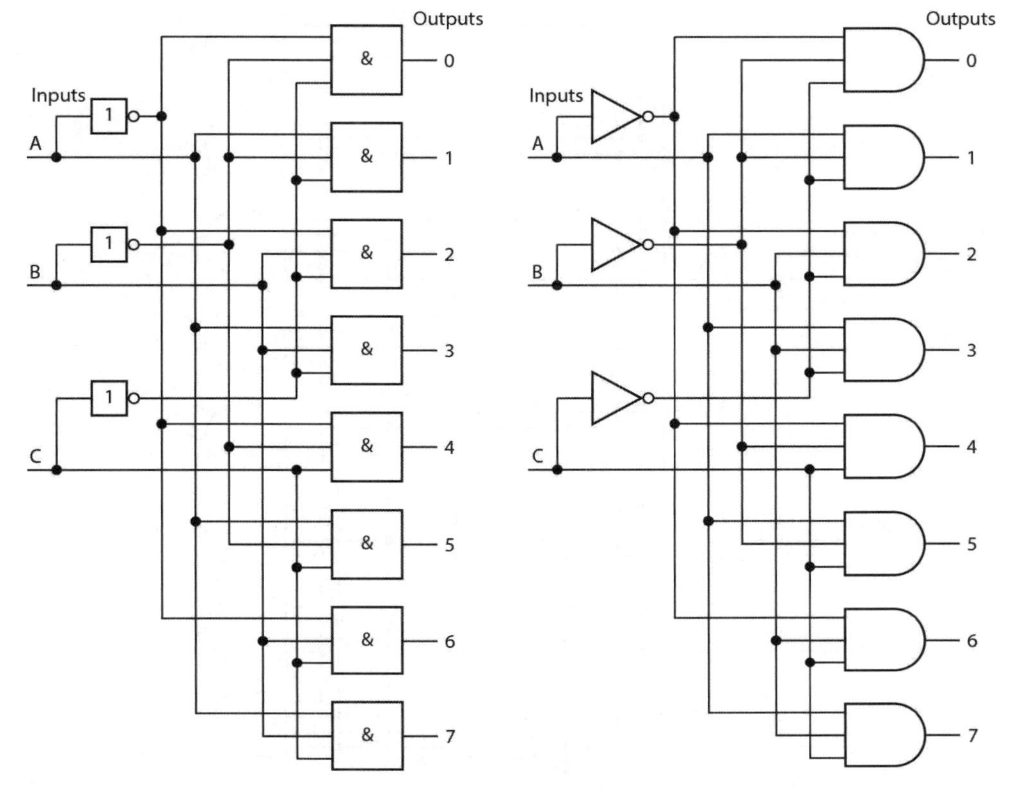

입력			출력							
C	B	A	0	1	2	3	4	5	6	7
0	0	0	1	0	0	0	0	0	0	0
0	0	1	0	1	0	0	0	0	0	0
0	1	0	0	0	1	0	0	0	0	0
0	1	1	0	0	0	1	0	0	0	0
1	0	0	0	0	0	0	1	0	0	0
1	0	1	0	0	0	0	0	1	0	0
1	1	0	0	0	0	0	0	0	1	0
1	1	1	0	0	0	0	0	0	0	1

그림 5.16 3-라인에서 8라인 디코더

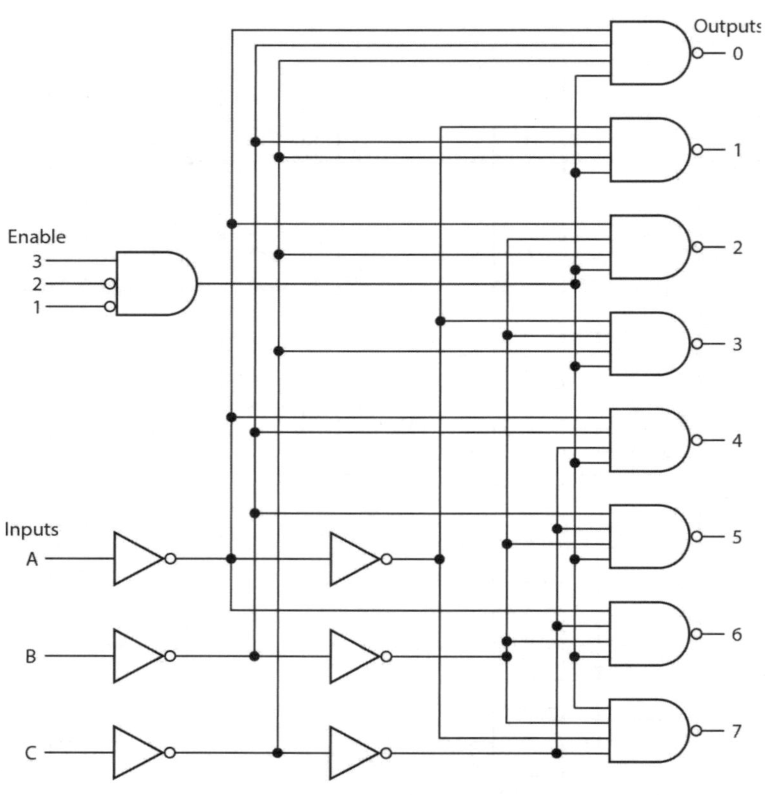

Enable			입력			출력							
E1	E2	E3	C	B	A	0	1	2	3	4	5	6	7
1	X	X	X	X	X	1	1	1	1	1	1	1	1
X	1	X	X	X	X	1	1	1	1	1	1	1	1
X	X	0	X	X	X	1	1	1	1	1	1	1	1
0	0	1	0	0	0	0	1	1	1	1	1	1	1
0	0	1	0	0	1	1	0	1	1	1	1	1	1
0	0	1	0	1	0	1	1	0	1	1	1	1	1
0	0	1	0	1	1	1	1	1	0	1	1	1	1
0	0	1	1	0	0	1	1	1	1	0	1	1	1
0	0	1	1	0	1	1	1	1	1	1	0	1	1
0	0	1	1	1	0	1	1	1	1	1	1	0	1
0	0	1	1	1	1	1	1	1	1	1	1	1	0

그림 5.17 74LS138: 1=HIGH, 0=LOW, X=고려 않음

그림 5.18은 여러 가지 입력에 대한 74LS138 디코더의 반응을 나타내고 있다. 74LS138 디코더는 스위치로 사용될 ENABLE 입력을 가진 마이크로프로세서에 사용된다.

디코더의 출력은 3개의 입력 라인 상태에 의존한다. 그래서 8개의 디코더 출력 중에 하나는 LOW 출력을 받는다. 나머지 것은 HIGH인 상태로 남아 있다. 그래서 각각 하나의 이진출력 숫자인 어드레스를 가지는 출력에 대해 고려해야 한다. 마이크로프로세서가 디코더로 어드레스를 보낼 때 그것은 어드레스가 할당된 곳을 활성화시킨다. 74LS138은 어드레스 디코더로 불린다.

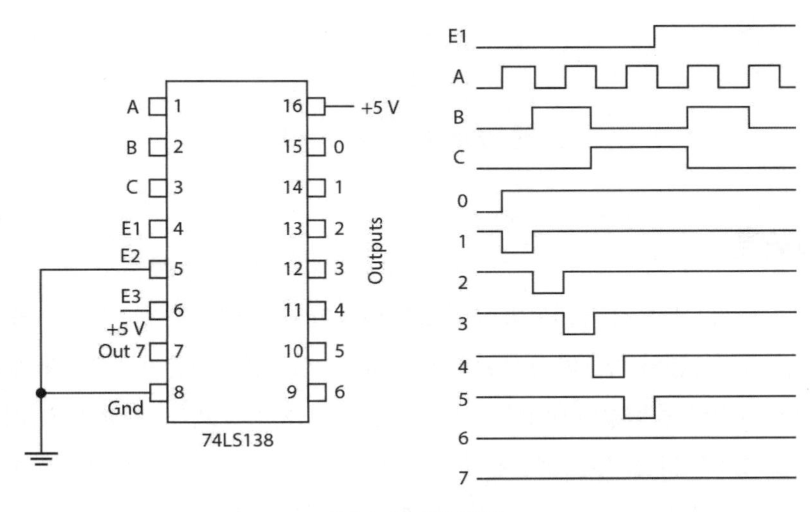

그림 5.18 74LS138

5.4 순차 논리

앞에서 다뤘던 논리회로의 모든 예들은 조합 논리 시스템이 전부이다. 그와 같은 시스템의 출력은 그 시간대에 입력되는 변수값의 조합에 의해 결정된다. 예를 들어, 입력 A와 입력 B가 같은 시간에 AND 게이트를 지나면 출력이 나온다. 이때 출력값은 이전의 입력값에 의존적이지 않다. 순차 논리 시스템(sequential logic system)에서는 먼저 들어온 입력의 값에 따라 출력값이 결정된다. 조합 논리 시스템(combinational logic system)과 순차 논리 시스템과의 가장 주요한 차이점은 순차 논리 시스템은 반드시 어떠한 형태로든 메모리를 가지고 있어야 한다는 점이다.

그림 5.19는 순차 논리 시스템의 기본적인 형태를 보여 주고 있다. 시스템의 조합 논리부분은 외부의 입력과 메모리로부터 출력된 입력으로 논리 신호를 받아들인다. 조합 논리부분에서는 출력에서 발생된 입력이 영향을 미친다. 출력값은 외부로부터 입력된 값과 메모리에 있던 정보에 대한 함수로 나타난다.

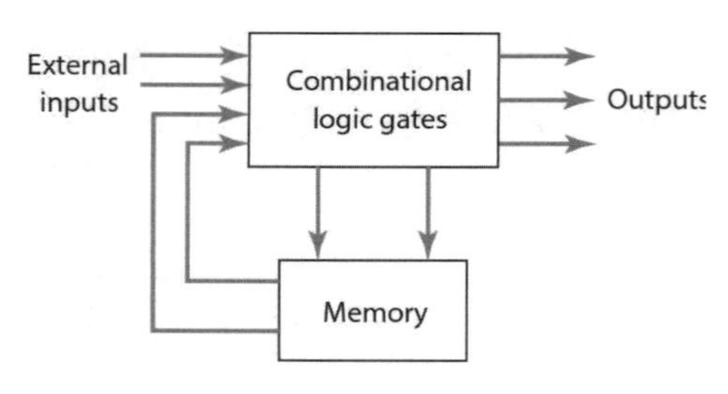

그림 5.19 순차 논리 시스템

5.4.1 플립플롭

플립플롭(flip-flop)은 논리 게이트의 조합으로 만들어진 기본적인 메모리 요소라 할 수 있다. 그림 5.20(a)는 플립플롭의 하나의 형태로서 SR(set-reset) 플립플롭이고, NOR 게이트를 포함하고 있다. 만약 처음에 출력값이 0이고 $S=0$, $R=0$이라 가정하고, S의 값을 0에서 1로 바꾼다면, NOR 게이트 2로부터 출력은 0이 된다. 이 결과값은 옆에 있는 NOR 게이트 1을 0이 되게 하고, 이때의 출력값은 1이 된다. 이 출력값 1은 다시 입력으로 사용되어 NOR 게이트 2의 입력으로 피트백되고 결과는 변화가 없다.

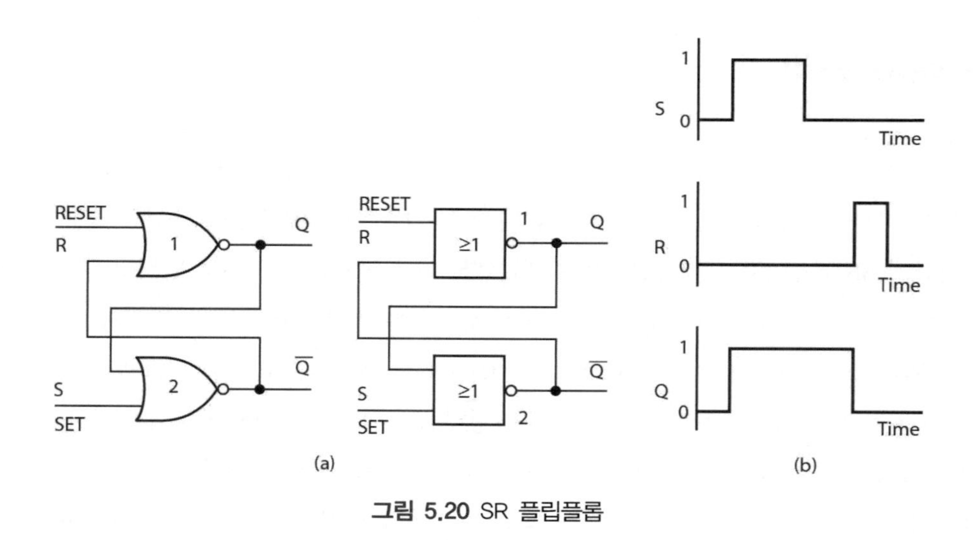

그림 5.20 SR 플립플롭

만약 S값이 1에서부터 0으로 변화한다면 NOR 게이트 1의 출력은 1이 되고, NOR 게이트 2의 출력은 0이 된다. 입력 S가 1에서 0으로 변화할 때는 출력의 변화가 없다. 이 상태에는 S값이 변화해도 출력값은 변함없이 유지될 것이다. 이와 같은 상태를 '기억(remembers)' 상태라 한다. 그림 5.20(b)는 입력 S에 사각파를 이용하여 시간에 따른 도표를 그린 것이다.

만약 우리가 S가 0인 상태에서 R값을 0에서 1로 변화시킨다면 NOR 게이트의 1번에서 출력은 0으로 변화하고 NOR 게이트 2의 출력은 1로 변화한다. 플립플롭은 리셋되었다. R이 0으로 변화하는 것은 출력에 아무런 영향을 미치지 않는다.

그러므로 S는 1로 고정되어 있고 R은 0일 때 출력 Q값이 0이었다면 1로 바뀔 것이고, 1이었다면 그대로 1일 것이다. 이 상태는 계속 유지될 것이고, S가 0으로 변화할 때까지 상태가 지속될 것이다. S가 0이고 R값이 1이 될 때 출력 Q값이 1이었다면 0으로 바뀔 것이고, 0이었다면 그대로 0일 것이다. 이때는 정지된 상태이다. 출력 Q는 입력 S와 R뿐만 아니라 마지막의 출력값에 따라 특정한 순간에 변화한다. 이것을 아래의 도표로 나타내었다.

S	R	$Q_t \rightarrow Q_{t+1}$		$\overline{Q}_t \rightarrow \overline{Q}_{t+1}$
0	0	0→0		1→1
0	0	1→1		0→0
0	1	0→0		1→1
0	1	1→0		0→0
1	0	0→1		1→1
1	0	1→1		0→0
1	1		Not allowed	
1	1		Not allowed	

만약 S와 R값이 모두 1이 되면, 불안정한 상태가 발생하므로 이러한 입력을 해서는 안 된다. 그림 5.21은 SR 플립플롭을 이용한 블록 기호를 보여 준다.

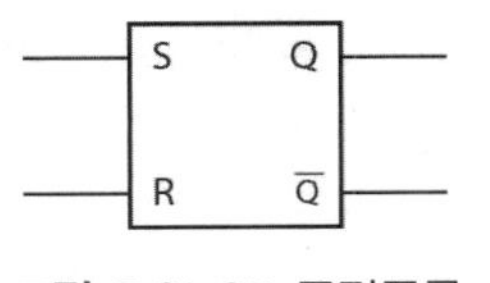

그림 5.21 SR 플립플롭

플립플롭을 사용한 간단한 경보기 시스템을 생각해 보면, 알람은 빛이 없어졌을 때 작동하고 다시 빛이 있어도 알람은 계속 작동한다고 하자. 그림 5.22에서 그 시스템을 보여 준다. 포토트랜지스터는 센서로서 이용되어 연결되어 있고, 빛을 비추면 S의 입력에 0V가 입력되고 빛을 비추는 것을 그만두면 S의 입력이 5V가 된다. 빛이 없어지게 되면 S의 값은 1이 되고, 플립플롭의 출력값은 1이 되어 알람이 작동하게 된다. 출력은 S가 0으로 변해도 계속 1로 남아 있다. 알람은 단지 R의 입력에 잠깐 동안의 5V 입력을 할 수 있는 리셋 스위치로서 멈추게 할 수 있다.

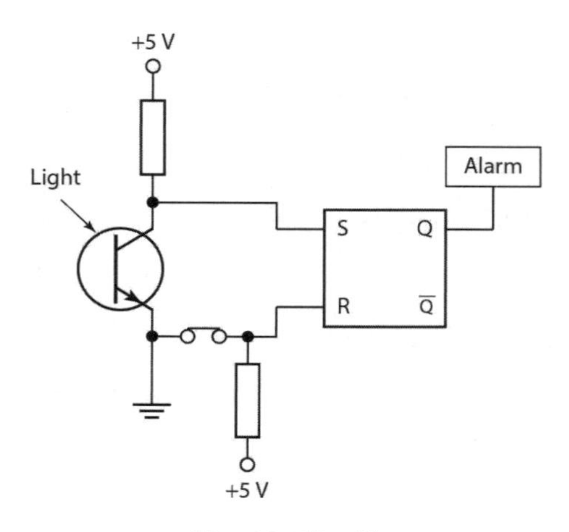

그림 5.22 경보 회로

5.4.2 동기 시스템

이것은 특정한 시간에 세트나 리셋을 발생시키기 위해 종종 필요하다. 비동기 시스템(asynchronous system)에서의 출력값은 시간의 변화나 입력의 변화 등에 따라 상태를 변화시킬 수 있다. 동기 시스템(synchronous system)에서의 출력값의 변화는 클록 신호의 간격에 따라 정확한 시간으로 결정된다. 클록은 일반적으로 연속적인 사각파이고, 시스템의 모든 부분에서 같은 클록 신호를 사용한다면 출력값은 동기화가 된다. 그림 5.23(a)는 SR 플립플롭에 게이트를 추가하여 구성하였다. 세트와 클록 신호는 AND 게이트를 통해서 플립플롭의 입력 S에 들어간다. 그러므로 클록 신호가 단지 1일 때만 세트 신호가 플립플롭에 들어간다. 마찬가지로 리셋 신호도 클록 신호와 같이 AND 게이트를 경유하여 플립플롭의 R에 공급된다. 이와 같은 결과로 단지 클록의 시간에 의해 세팅과 리세팅이 될 수 있다. 그림 5.23(b)는 시간에 따른 표를 보여 준다.

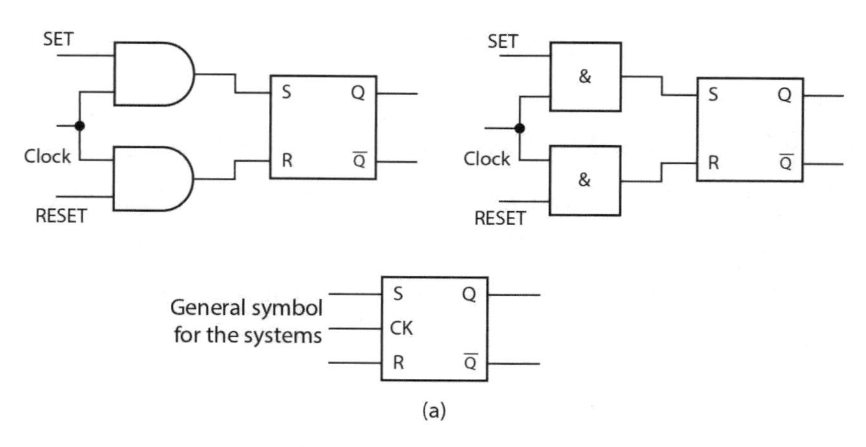

그림 5.23 클록 SR 플립플롭(계속)

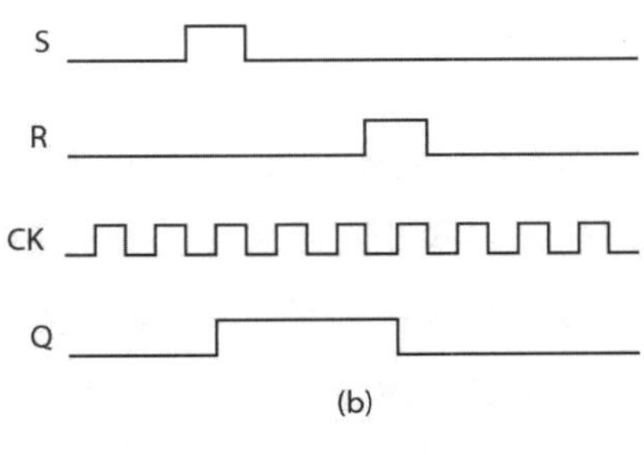

그림 5.23 클록 SR 플립플롭

5.4.3 JK 플립플롭

많은 응용에서 SR 플립플롭은 $S=1$과 $R=1$이 수락되지 않았을 때 불안정한 상태를 발생시키므로 다른 형태의 플립플롭을 이용하게 되는데, 그중에는 JK 플립플롭(JK flip-flop)이 있다(그림 5.24). 이 플립플롭은 여러 장치에 매우 폭넓게 사용되고 있다. 다음은 플립플롭의 진리표이다. SR 플립플롭의 진리표에서 단지 두 입력이 1일 때의 상태만 바뀌어 있다.

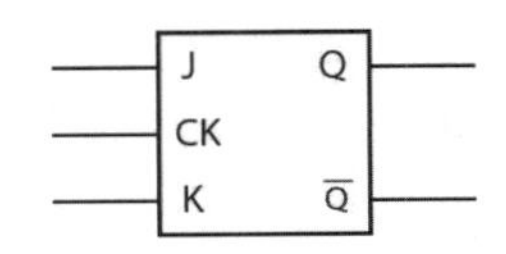

그림 5.24 JK 플립플롭

J	K	$Q_t \rightarrow Q_{t+1}$	$\overline{Q}_t \rightarrow \overline{Q}_{t+1}$
0	0	0→0	1→1
0	0	1→1	0→0
0	1	0→0	1→1
0	1	1→0	0→0
1	0	0→1	1→0
1	0	1→1	0→0
1	1	0→1	1→0
1	1	1→0	0→1

입력 A가 하이이고 잠시 후에 입력 B가 하이가 되었을 때 하이를 출력하도록 하는 것에 대해 앞의 플립플롭을 이용하여 생각해 보자. 논리곱 게이트를 사용할 경우 2개의 입력이 하이인 경우를 결정하는 데 이용할 수 있지만 먼저 들어온 입력을 구분해내지 못하고 무조건 하이를 출력할 것이다. 그렇지만 A와 B를 JK 플립플롭에 입력시켰을 때, B가 하이일 때, A가 하이가 되어야만 하이가 출력된다.

5.4.4 D 플립플롭

데이터(D) 플립플롭은 클록된 SR 플립플롭이나 JK 플립플롭에서 D 입력은 S나 J에 바로 연결되어 있고 R이나 K의 입력에는 부정 게이트를 통과해서 연결된 형이다(그림 5.25(a)). D 플립플롭의 심벌에서 R과 K의 입력에 D가 적혀 있다. 이것은 0이나 1이 입력이 되면 클록이 1이 될 때 입력에 따라 출력이 변하게 되는 것을 의미한다(그림 5.25(b)). D 플립플롭이 이용되는 경우로 앞선 시간에서의 입력 신호 D의 값을 단지 확실하게 출력하는 데 사용된다. 그림 5.25(c)는 D 플립플롭의 심벌을 보여 준다.

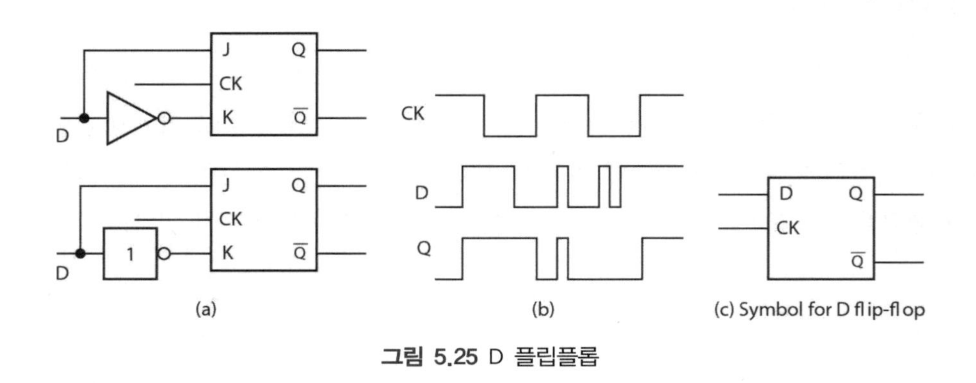

그림 5.25 D 플립플롭

클록이나 인에이블 입력이 하이인 경우 D 플립플롭에서 출력은 입력 데이터 D에 따른다. 이러한 플립플롭은 투명하다 (transparent)라고도 한다. 입력이 가능한 상태에서 하이에서 로우로 바뀌었다면, 출력 Q는 변화하지 않고 데이터를 가지고 있다. 이때 변화하는 데이터를 래치(latched)라 한다. D 플립플롭은 제품화된 회로가 있다. 7475가 그것인데, 4개의 D 래치를 가지고 있다.

7474 D 플립플롭은 7475와 다른데 7475는 에지-트리거(edge-triggered) 장치가 있다. 이와 같은 두 가지 플립플롭이 있다. 에지-트리거 D 플립플롭은 입력 클록의 모서리부분에서 Q가 변화하고 7474는 상승 모서리부분에서만 변화한다. 로우에서 하이로 변화한다. 그림 5.26(a)를 참조하라. 에지-트리거 플립플롭의 심벌은 D 플립플롭과 조금 다른데 D 플립플롭에서 CK에 조그마한 삼각형 표시가 포함되어 있다(그림 5.26(b)). 또한 프리셋(preset)과 클리어(clear)라 불리는 입력이 있다. 프리셋이 로우인 상태에서 출력 Q는 1로, 클리어가 로우인 상태에서 출력 Q는 0으로 세팅된다.

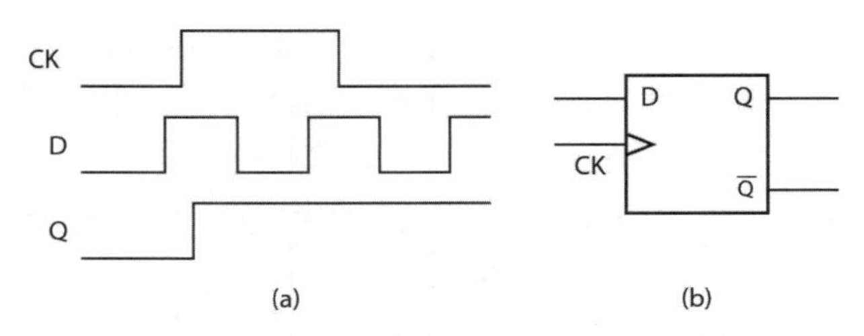

그림 5.26 (a) 포지티브 에지 트리거링, (b) 에지 트리거 D 플립플롭의 심벌

플립플롭을 이용한 간단한 예를 보면, 그림 5.27에서 센서 입력이 로우일 때 녹색불이 들어오고, 하이일 때 적색불이 들어오고 경보음이 울리게 되어 있다. 적색불은 센서 입력이 하이가 되기 전까지 그대로 유지되지만, 알람은 스위치로 끌 수가 있다. 이것은 어떤 공정에서 온도를 모니터링하는 과정일 것인데, 온도가 낮아 안전한 경우 센서와 신호의 상태는 로우 신호가 주어지고, 온도가 높으면 하이 신호가 주어진다. 플립플롭은 하이 입력을 가지고 있다. 이때 로우 입력을 이용하여 CK 입력에 신호를 주면 센서 입력은 로우로 되고, 녹색불이 켜진다. 센서 입력이 하이가 되면 녹색불은 꺼지면서 적색불은 켜지고 경보음이 울리게 된다. 경보는 CK 입력에 하이 신호를 입력함으로써 없앨 수 있다. 그러나 적색불은 센서 입력이 하이가 유지되는 동안 계속 남아 있다. 이와 같은 시스템은 7474의 제품화된 회로와 3개의 NAND 게이트로 구성되어 있다.

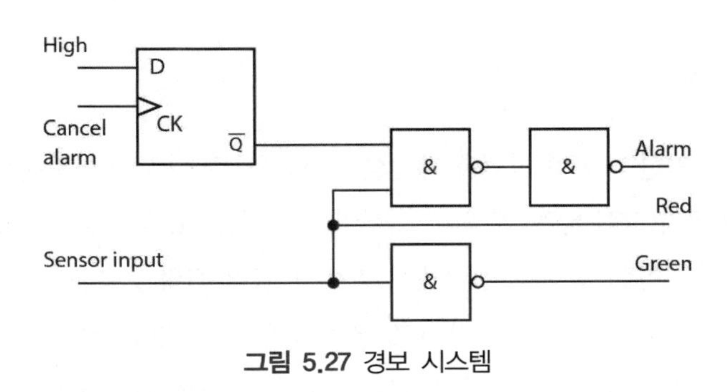

그림 5.27 경보 시스템

5.4.5 레지스터

레지스터(register)는 메모리이고 필요로 하는 정보를 유지하는 데 이용한다. 이것은 한 세트의 플립플롭에 의해 만들어진다. 각각의 플립플롭은 2진 신호(1 또는 0)를 저장한다. 그림 5.28은 D 플립플롭을 이용한 4비트 레지스터의 형태이다.

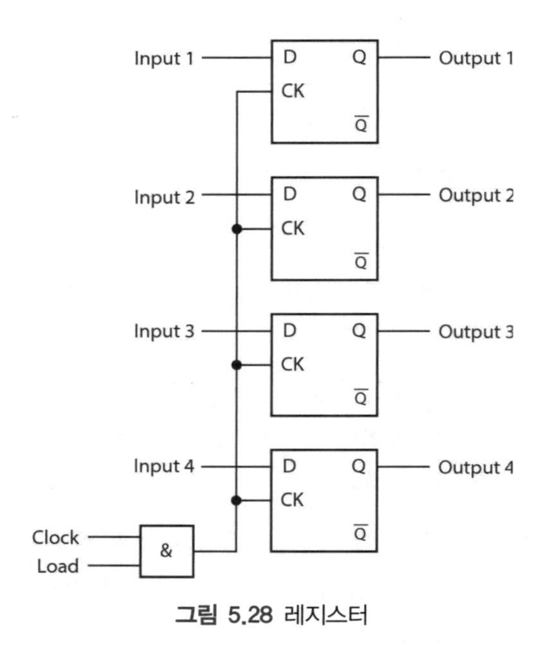

그림 5.28 레지스터

여기서 로드(load) 신호가 0이면 D 플립플롭에서 클록 입력이 발생되지 않고 플립플롭의 상태 변화가 없다. 로드 신호를 1로 하였을 때 플립플롭의 입력은 상태를 변화시킨다. 로드 신호가 0인 이상 플립플롭의 상태는 변화하지 않고 멈추어 있을 것이다.

5.4.6 555 타이머

555 타이머 칩은 다양한 타이밍 작업을 제공할 수 있으므로 디지털 회로에서 매우 널리 사용된다. 이것은 2개의 비교기(그림 5.29)에 의해 입력이 공급되는 SR 플립플롭으로 구성된다. 비교기는 각각 크기가 같은 저항의 전위차 체인에서 파생된 입력 전압을 가진다. 따라서 비교기 A는 $V_{cc}/3$의 비 반전 전압 입력을 가지며 비교기 B는 $2V_{cc}/3$의 반전 입력을 갖는다.

555 타이머의 한 가지 용도는 모노 스 테이블 멀티 바이브레이터로서 트리거 신호를 수신하면 원하는 지속 시간의 단일 펄스를 생성하는 회로이다. 그림 5.30(a)는 그러한 사용을 위해 시간이 어떻게 연결되어 있는지 보여 준다. 처음에는 출력이 낮아 트랜지스터가 커패시터를 단락시키고 두 비교기의 출력은 낮아진다(그림 5.30(b)).

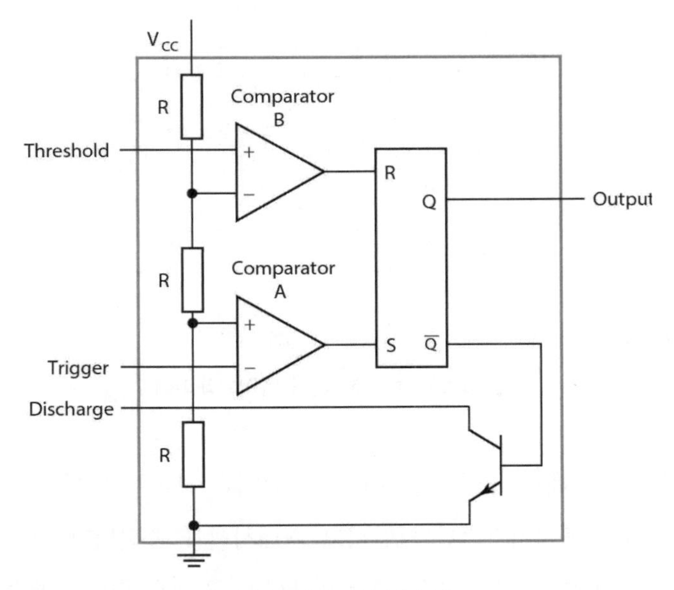

그림 5.29 555 타이머

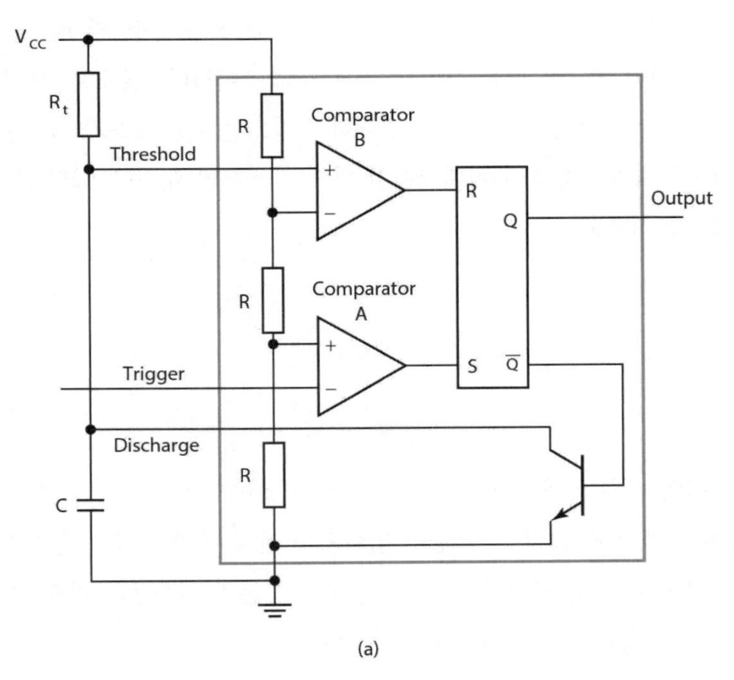

그림 5.30 단 안정 멀티 바이브레이터(계속)

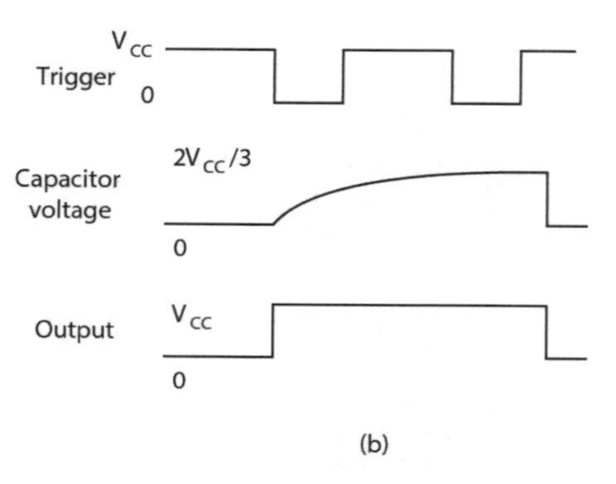

그림 5.30 단 안정 멀티 바이브레이터

트리거 펄스가 $V_{cc}/3$ 아래로 내려가면 트리거 비교기가 하이가 되어 플립플롭을 설정한다. 그러면 출력이 높아지고 트랜지스터가 차단되고 커패시터가 충전되기 시작한다. 커패시터가 $2V_{cc}/3$에 도달하면, 임계 비교기는 플립플롭을 리셋하고, 따라서 출력을 로우로 리셋하여 커패시터를 방전시킨다. 출력이 높을 때 트리거가 펄스되는 경우 효과가 없다. 따라서 펄스의 길이는 커패시터가 $2V_{cc}/3$까지 충전하는 데 걸리는 시간이며, 이는 시간 상수, 즉 RtC의 값이며 $1.1R_tC$의 저항을 통한 커패시터 충전에 대한 정상 관계에 의해 주어진다. 실례로, 문이 열리고 적법한 주거가 30초 이내에 키패드에 필요한 번호를 입력하지 않으면 도난 경보가 울리는 상황을 고려하십시오. 그림 5.30의 회로를 1μF의 커패시터와 함께 사용하면 R_t는 30Ω의 값을 가져야 한다. $30/(1.1\times1\times10^{-6})=27.3\text{M}\Omega$.

요 약

조합 논리 시스템의 경우 특정 시점에서 입력 변수의 조합으로 출력이 결정된다. 출력은 이전에 입력 한 내용에 달려 있지 않다. 시스템이 입력의 초기 값에 의존하는 출력을 요구하는 경우 순차 논리 시스템이 필요하다. 조합 논리 시스템과 순차 논리 시스템의 가장 큰 차이점은 순차 논리 시스템에는 일정 형태의 메모리가 있어야 한다는 것이다.

일반적으로 발생하는 로직 제품군은 로직 레벨, 잡음 내성, 팬, 전류 소싱 또는 전류 싱크(current-sourcing) 또는 전류 싱킹(current-sinking), 동작, 전파 지연 시간 및 전력 소실로 구별되는 트랜지스터 트랜지스터 로직(TTL), 상보형 금속 산화물 반도체(ECM) 및 이미 터 결합 로직이 있다.

디코더는 그 입력을 보고, 그 수를 결정하고, 그 수에 해당하는 하나의 출력을 활성화하는 논리 회로이다.

플립플롭은 논리 게이트들의 집합으로 이루어지고 순차 논리 장치인 기본 메모리 요소이다.

레지스터는 메모리 요소 세트이며 필요할 때까지 정보를 보유하는 데 사용된다.

555 타이머 칩은 2 개의 비교기에 의해 입력이 공급되는 SR 플립플롭으로 구성된다.

연습문제

5.1 Explain what logic gates might be used to control the following situations.

(a) The issue of tickets at an automatic ticket machine at a railway station.

(b) A safety lock system for the operation of a machine tool.

(c) A boiler shut-down switch when the temperature reaches, say, 60°C and the circulating pump is off.

(d) A signal to start a lift moving when the lift door is closed and a button has been pressed to select the floor.

5.2 For the time signals shown as A and B in Figure 5.31, which will be the output signal if A and B are inputs to (a) an AND gate, (b) an OR gate?

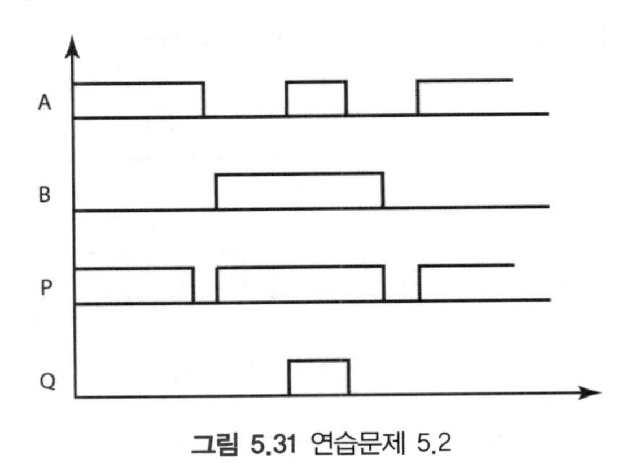

그림 5.31 연습문제 5.2

5.3 A clock signal as a continuous sequence of pulses is applied to a logic gate and is to be outputted only when an enable signal is also applied to the gate. Whatlogic gate can be used?

5.4 Input A is applied directly to a two-input AND gate. Input B is applied to a NOT gate and then to the AND gate. What condition of inputs A and B will result in a 1 output from the AND gate?

5.5 Figure 5.32(a) shows the input signals A and B applied to the gate system shown in Figure 5.32(b). Draw the resulting output waveforms P and Q.5.6 Figure 5.33 shows the timing diagram for the S and R inputs for an SR flip-flop. Complete the diagram by adding the Q output.

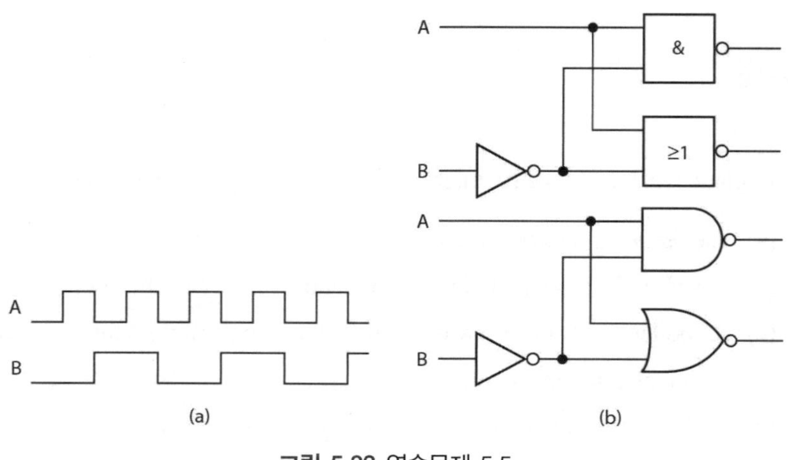

그림 5.32 연습문제 5.5

5.6 Figure 5.33 shows the timing diagram for the S and R inputs for an SR flip-flop. Complete the diagram by adding the Q output.

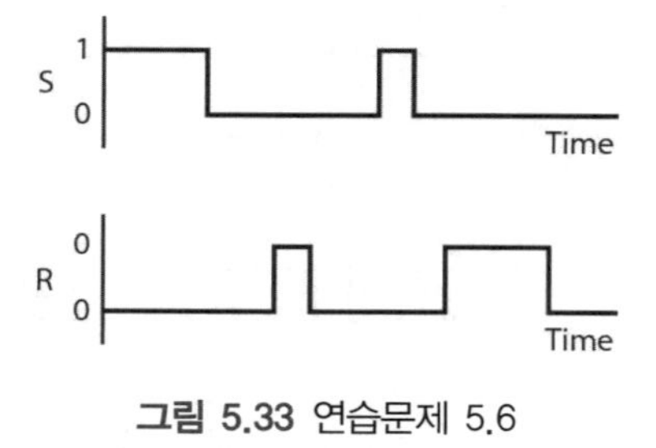

그림 5.33 연습문제 5.6

5.7 Explain how the arrangement of gates shown in Figure 5.34 gives an SR flip-flop.

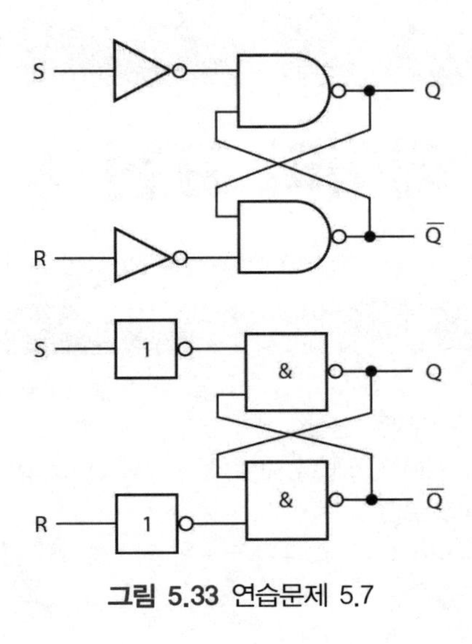

그림 5.33 연습문제 5.7

Chapter 06 데이터 표현 시스템

목 표

학생들은 이 장을 학습하고 난 후 다음과 같은 능력을 갖는다.

- 측정시스템에서 부하효과의 문제점을 설명할 수 있다.
- 일반적으로 사용되는 데이터 표현 요소들을 구별할 수 있으며 그 특징들을 설명할 수 있다.
- 자기식과 광학식기록의 원리를 설명할 수 있다.
- LED 7 세그먼트 및 도트 매트릭스 디스플레이와 같은 디스플레이 장치의 원리를 설명할 수 있다.
- 데이터 획득 시스템과 가상계측의 기본 구성 요소를 설명할 수 있다.

6.1 디스플레이

이 장은 데이터가 LED 표시기나 컴퓨터의 스크린과 같은 장치에 어떻게 표시되고 하드 디스크, CD와 같은 장치에 저장되는가를 살펴보기로 한다.

계측 시스템은 1.4절에서 언급했던 것과 같이 센서, 신호조절기, 디스플레이 또는 데이터 표현 장치의 세 가지 요소로 구성된다. 데이터를 표현하기 위한 매우 다양한 장치들이 있는데 대개 **지시기**(indicator)와 **기록계**(recorder) 두 그룹으로 분류하고 있다. 지시기는 계측된 정보를 즉시 시각적으로 표시해 주는 장치이고, 반면에 기록계는 일정기간 동안의 출력 신호를 기록하여 영원히 정보를 남기는 기기이다.

이 장은 계측 시스템을 구성하는 센서, 신호조절, 디스플레이와 같은 내용을 완결하는 장으로서 추가로 계측 시스템 전체에 대한 설계 주안점 및 각 요소 간의 결합에 관련된 내용을 다루고자 한다.

6.1.1 부하효과(loading effect)

계측 시스템에서 요소들을 결합시킬 때 간과할 수 없는 기본 사항이 바로 **부하효과**이다. 이것은 계측 시스템을 구성하는 한 요소의 출력단에 부하를 연결했을 때 발생되는 현상이다.

전류변화를 측정하기 위하여 회로에 전류계를 연결하면 회로의 저항이 변화를 일으키게 되고 따라서 전류도 왜곡이 될 것이다. 이와 같이 계측을 하려는 행위 자체가 계측하고자 하는 회로의 전류를 바꾸어 버리는 문제가 발생하는 것이다. 또한 저항 양단의 전압을 계측하고자 전압계를 연결하면 실제로 우리는 2개의 저항이 병렬로 연결된 새로운 저항의 전압을 측정하는 셈이 된다. 전압계의 저항이 계측하고자 하는 저항보다 상당히 큰 값이 아니면 저항을 흐르는 전류가 크게 감소하여 저항 양단의 올바른 전압값을 계측할 수 없다. 계측하려는 연결 자체가 대상의 특성을 변화시키는 것이다. 이러한 현상을 부하효과라고 한다.

부하효과는 계측 시스템 내에서도 일어날 수 있는데 어떤 요소에 다음 요소를 결합시키면 원래 요소의 특성이 바뀌게 된다. 그림 6.1과 같이 센서, 증폭기, 디스플레이로 구성된 계측 시스템에 대하여 이 문제를 고찰해 보자. 센서는 무부하일 때 전압 V_S를 출력하고 그 출력단 저항이 R_S이며 증폭기의 입력저항이 R_{in}이라 하자. 이 저항이 바로 센서에 대한 부하로 작용하게 된다. 그러므로 센서 전압 V_S가 분압되어 증폭기 입력단의 전압 V_{in}은 다음과 같이 표현된다.

$$V_{in} = \frac{V_S R_{in}}{R_S + R_{in}}$$

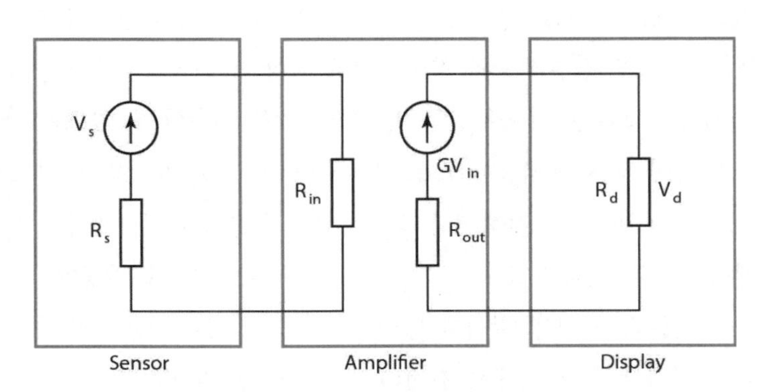

그림 6.1 계측 시스템의 부하효과

만일 증폭기의 전압이득을 G라고 하면 무부하시의 출력은 GV_{in}이 될 것이다. 증폭기의 출력 저항이 R_{out}이면 증폭기 출력도 디스플레이 입력저항 R_d로 분압되어 다음과 같은 디스플레이 전압 V_d가 표시될 것이다.

$$V_d = \frac{GV_{in}R_d}{R_{out}+R_d} = \frac{GV_S R_{in} R_d}{(R_{out}+R_d)(R_S+R_{in})}$$
$$= \frac{GV_S}{\left(\frac{R_{out}}{R_d}+1\right)\left(\frac{R_S}{R_{in}}+1\right)}$$

그러므로 이 부하효과를 무시할 수 있는 수준으로 줄이기 위해서는 $R_{out} \gg R_d$와 $R_S \gg R_{in}$가 만족되도록 해야 한다.

6.2 데이터 표현 요소

이 절에서는 일반적으로 사용되고 있는 데이터 표현요소들에 대한 개요를 살펴보기로 한다.

6.2.1 아날로그와 디지털 계기

가동 코일 계기(moving coil meter)는 눈금을 따라 움직이는 지침을 가진 아날로그 지시기이다. 기본 계측 코일은 초소형 전류계로서 병렬(shunt)저항, 승산기, 정류기 등을 포함하고 있어 여러 레인지의 직류전류, 교류전류, 직류전압 및 교류전압을 계측할 수 있도록 하였다. 교류전류나 전압의 경우는 계측이 50Hz에서 10kHz로 제한된다. 이러한 계기의 정밀도는 여러 인자에 의하여 결정되는데 그중에는 온도, 자석이나 강자성체와의 근접 여부, 계기의 장착방법, 베어링의 마찰, 제조상에서 야기된 눈금의 오차 등이 있다. 또한 계기의 판독과정에서 발생되는 오차들이 있는데 그중에는 눈금과 지침에 수직한 방향으로 지침을 읽지 않기 때문에 발생하는 시차(parallax) 오차와 눈금과 눈금 사이에서 지침의 값을 추정할 때 발생하는 보간(interpolation) 오차 등이 있다. 가변코일 계기의 정밀도는 대개 ±0.1에서 ±5% 정도가 된다. 가변 코일 계기에서 지침이 움직여 정상상태가 될 때까지 소요되는 시간은 대개 수 초 정도가 된다. 일반적으로 계기의 입력저항값이 낮으면 부하효과 문제를 일으킬 수 있다.

디지털 전압계(digital voltmeter)는 데이터를 일련의 숫자형태로 표시하는 장치이다. 이러한 표시기는 시차오차와 보간오차 문제를 해결하였기 때문에 정밀도는 ±0.005%이상이 된다. 디지털 전압계는 그림 6.2와 같이 근본적으로 샘플-홀드를 통하여 ADC에 연결되어 있고 그 출력이 카운트되고 있다. 이 계기는 입력저항이 10MΩ 정도로 높기 때문에 가동 코일 계기와 같은 낮은 저항에 따른 부하효과 문제가 거의 나타나지 않는다. 디지털 전압계의 사양에 샘플 속도가 초당

5회 리딩(reading)으로 표기되어 있으면 매 0.2초마다 입력전압이 샘플된다는 것을 의미한다. 이 시간이 계측된 신호를 처리하여 표시하는 시간이다. 만일 중대한 입력전압변화가 이 0.2초 내에 발생한다면 표시내용은 큰 오차를 포함할 것이다. 저가의 디지털 전압계는 보통 샘플 속도가 초당 3회이고 입력 임피던스가 100MΩ 정도이다.

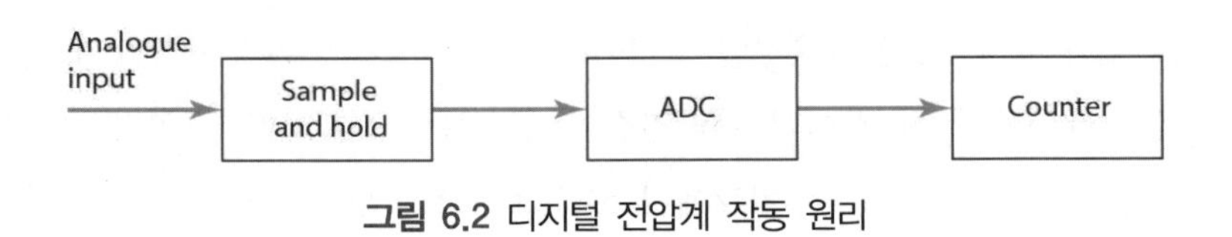

그림 6.2 디지털 전압계 작동 원리

더 자세한 계기의 메커니즘은 W. Bolton의 Electrical and Electronic Measurement and Testing(Longman 1992) 또는 F.F. Mazda의 Electronic Instruments and Measurement Techniques(Cambridge University Press 1987)와 같은 도서를 참조하기 바란다.

6.2.2 아날로그 차트 기록계

아날로그 차트 기록계에는 세 가지 기본 형태가 있는데 직접 판독(direct reading) 기록계, 검류(galvanometric) 기록계, 전위차(potentiometric) 또는 폐루프(closed-loop) 기록계가 있다. 데이터는 모세관 촉의 잉크 펜으로 종이 위에 그려지거나, 기계적 핀이 잉크 리본(ribbon)을 종이에 때리거나, 가열된 포인터가 접근하면 변색하는 열감응지(thermally sensitive paper)를 사용하거나, 자외선(ultraviolet)에 민감한 종이에 빛을 쪼이거나, 텅스텐 와이어 기록침으로 특수 코팅된 종이를 긁거나 염료 위에 얇은 알루미늄막을 코팅하고 이를 전기적으로 벗겨내어 염료를 보이게 하는 등의 방법으로 기록한다. 다양한 분야에서 아날로그 차트 기록계는 가상 계측(virtual instrument)으로 대체되었다(6.6.1절 참조).

6.2.3 음극선 오실로스코프

음극선 오실로스코프(cathode-ray oscilloscope)는 극단적으로 높은 주파수까지 표시할 수 있는 일종의 전압 계측장치이다. 일반적 용도의 계측은 대개 10MHz까지의 신호를 포착할 수 있으나 더 전문적 계측에는 1GHz까지도 가능한 기종도 있다. 2중선(double-beam) 오실로스코프는 화면상에서 2개의 신호를 동시에 관측하는 것이 가능하고 저장(storage) 오실로스코프는 신호입력이 끝난 후에도 신호의 궤적이 화면에 남아 있어 계속적 관찰이 가능하며 의도적으로 지울 경우만 지워진다. 디지털 저장 오실로스코프는 입력 신호를 디지털 신호로 바꾸어 메모리에 저장하기 때문에 이 신호에 대한 해석과 조작이 가능하며 이러한 처리를 마친 후 다시 아날로그로 변환하여 화면에 표시한다. 기록을 영구히 남기고자 할 때는 스코프에 직접 장착할 수 있는 특수 카메라를 이용한다.

일반용 오실로스코프는 수직편향, 즉 Y-편향을 사용하며 감도는 대개 구간(division)당 5mV에서 20V인 것이 보통이다. 높은 직류전압에 섞여 들어오는 교류성분을 관측할 수 있도록 스위치로 선택하여 입력 라인에 차단 커패시터를 연결할 수 있는 교류 모드가 있다. 오실로스코프는 교류 모드에서 대역폭(bandwidth)이 2Hz에서 10MHz이고 직류 모드에서는 0에서 10MHz이다. Y 입력의 임피던스는 1MΩ 정도이고 20pF의 병렬 커패시터가 연결되어 있다. 외부 회로가 Y 입력에 연결되면 부하효과와 간섭 문제로 신호의 왜곡이 생길 수 있다. 간섭 현상은 동축 케이블을 사용함으로써 감소시킬 수 있는 반면에, 탐침(probe)과 동축 케이블의 커패시턴스에 의하여 특히 저주파에서 임피던스가 상대적으로 작아져 심각한 부하효과를 유발시킨다. 이 문제를 줄이기 위하여 입력 임피던스를 증가시킨 다양한 탐침들이 개발되어 있다. 그림 6.3과 같이 흔히 사용하는 수동형 전압탐침은 10 대 1 감쇠기(attenuator)이다. 이것은 9MΩ 저항과 가변 커패시터로 구성되어 있다. 그러나 이것은 커패시턴스의 부하효과만을 줄일 뿐만 아니라 전압감도도 줄이기 때문에 FET를 사용한 능동형 전압탐침도 자주 사용되고 있다.

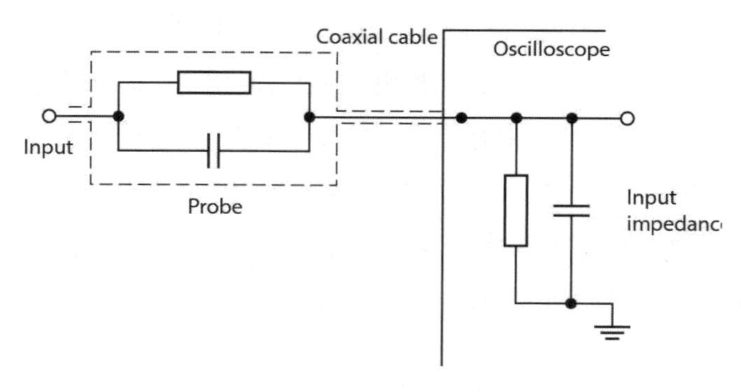

그림 6.3 수동형 전압탐침

더 자세한 음극선 오실로스코프에 대한 내용은 W. Bolton의 Newnes Instrumentation and Measurement(Newnes 1991, 1996, 2000), H.M. Berlin과 F.C. Gerz의 Principles of Electronic Instrumentation and Measurement(Merrill, 1998) 또는 F.F. Mazda의 Electronic Instruments and Measurement Techniques(Cambridge University Press 1987)를 참조하기 바란다.

6.2.4 시각표시장치

출력 데이터는 시각표시장치(Visual Display Unit: VDU)라고 불리는 TV형 장치를 통하여 제공되는 경우가 많아지고 있다. 이 장치는 전자빔에 의하여 형성된 움직이는 스폿(spot)으로 일련의 수평 라인을 만들어 나감으로써 음극선관 화면에 데이터를 표시한다. 화상은 화면상에서 스폿의 강도를 변화시키면서 수평 라인들을 주사해 나가면서 생성된다. 그림 6.4(a)와 같은 주사 방식을 **순차주사**(non-interlaced)라 한다. 이것은 깜박거림(flicker) 현상을 없애기 위하여 전체 화상을 두 번에 나누어 주사하는 방식이다. 처음에는 홀수 번째 라인을 주사하고 다음은 짝수 번째를 주사한다. 그림 6.4(b)와 같은 이 주사방식을 **비월주사 스캐닝**(interlaced scanning)이라고 한다.

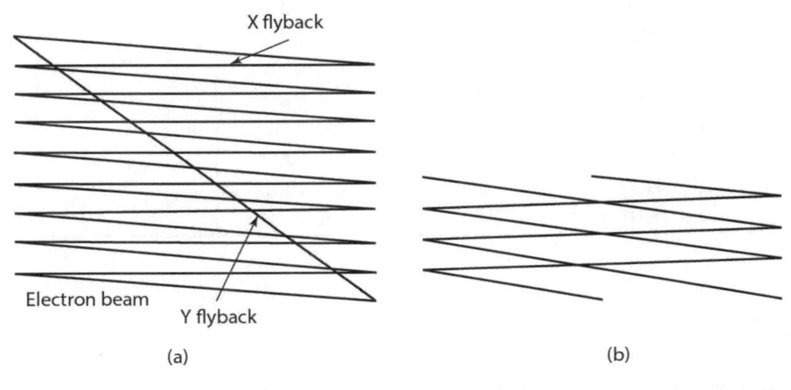

그림 6.4 (a) 순차주사, (b) 비월주사

VDU의 화면은 수많은 형광체의 점이 코팅되어 있으며 이 점들은 **화소**(pixel)를 형성한다. 일반적으로 표시장치에서 화소라는 용어는 독립적으로 지정 가능한 최소의 점을 나타내는 말이다. 화면상의 문자나 그림은 이 점들을 선택적으로 켜고 끄면서 생성시킬 수 있다. 그림 6.5는 화면상의 7×5 화소행렬에 아래로 지그재그로 내려가는 전자빔으로 어떻게 문자를 표시하는가를 보여준다. VDU에 표시하기 위한 입력 데이터는 주로 디지털의 **아스키**(American Standard Code for Information Interchange: ASCII) 코드를 사용한다. 이 코드는 7비트 코드이며 $2^7=128$개의 문자를 표현할 수 있다. 이것은 키보드의 모든 문자뿐만 아니라 줄의 끝에서 다음 줄로 넘기는 리턴(RETURN)키와 같은 제어키도 포함되어 있다. 표 6.1은 이 코드의 축약된 목록이다.

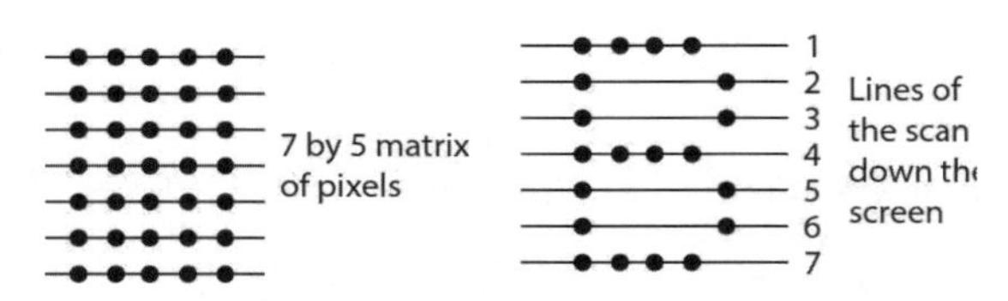

그림 6.5 선택적으로 켜고 끔을 이용한 문자 생성

표 6.1 아스키 코드

Character	ASCII	Character	ASCII	Character	ASCII
A	100 0001	N	100 1110	0	011 0000
B	100 0010	O	100 1111	1	011 0001
C	100 0011	P	101 0000	2	011 0010
D	100 0100	Q	101 0001	3	011 0011
E	100 0101	R	101 0010	4	011 0100
F	100 0110	S	101 0011	5	011 0101
G	100 0111	T	101 0100	6	011 0110
H	100 1000	U	101 0101	7	011 0111
I	100 1001	V	101 0110	8	100 1000
J	100 1010	W	101 0111	9	100 1001
K	100 1011	X	101 1000		
L	100 1100	Y	101 1001		
M	100 1101	Z	101 1010		

6.2.5 프린터

프린터는 종이에 데이터를 기록하는 장치이며 도트 매트릭스(dot matrix), 잉크/버블젯(ink/bubble jet), 레이저(laser) 프린터 등과 같은 다양한 종류가 있다.

도트 매트릭스 프린터(dot matrix printer)의 헤드는 그림 6.6과 같은 9개 또는 24개의 핀들이 수직으로 배치되어 있다. 각 핀은 전자석에 의하여 구동되는데 전자석이 당기면 잉크 리본을 핀이 타격한다. 이 충격에 의하여 작은 점의 잉크가 리본 뒤에 있는 종이로 옮겨지는 방식이다. 이 헤드가 종이 위를 좌우로 움직이며 적절한 핀을 때림으로써 문자를 인쇄하게 된다.

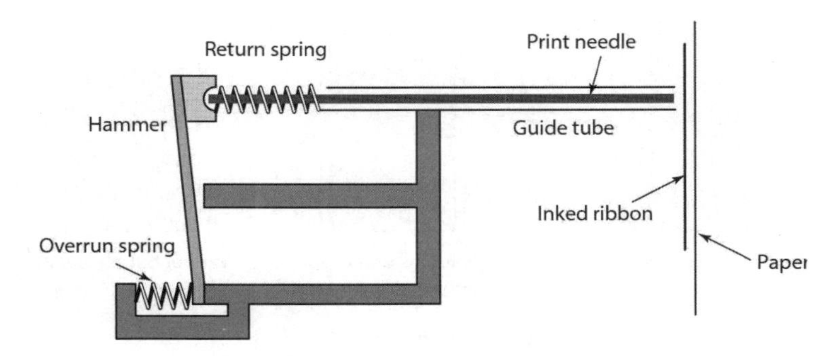

그림 6.6 도트 매트릭스 프린터 헤드의 작동 원리

잉크젯 프린터(ink jet printer)는 도전성 잉크를 사용하는데, 이 잉크를 작은 노즐을 통하여 밀어냄으로써 일정한 직경의 매우 작은 잉크 방울을 일정한 빈도로 분사시킨다. 이 방식의 한 형태로서 일정한 흐름의 잉크가 튜브를 통하여 흐를 때 약 100kHz로 진동하는 압전 결정에 의하여 펄스가 발생됨으로써 작은 잉크 방울을 생성하는 방법이 있다(그림 6.7). 또 다른 방식은 모세관(capillary tube) 안에 기화된 잉크가 들어 있는 헤드에 작은 히터를 사용하는 것인데, 그림 6.8과 같이 히터의 열에 의하여 기포를 발생시키고 이것이 잉크 방울을 밀어내게 된다. 또한 이 잉크 방울들이 충전 전극을 통과하면서 전하를 띠게 되고 다시 전기장을 형성하는 두 판 사이를 통과하면서 편향되는 구조가 있다. 그 외에도 노즐이 수직으로 적층되어 있고 각 제트가 필요에 따라 온-오프될 수 있는 방식도 있다. 잉크젯 프린터는 3개의 서로 다른 색깔의 잉크젯 시스템을 사용함으로써 칼라 프린트가 가능하다. 잉크 방울의 미세함에 의하여 인치당 600도트 이상을 인쇄할 수 있다.

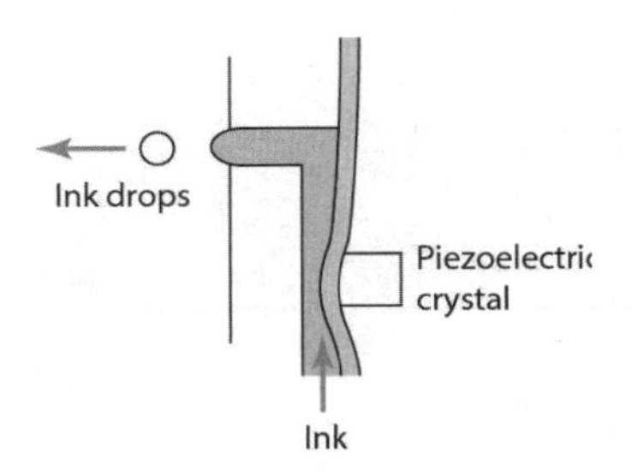

그림 6.7 잉크 방울 분사

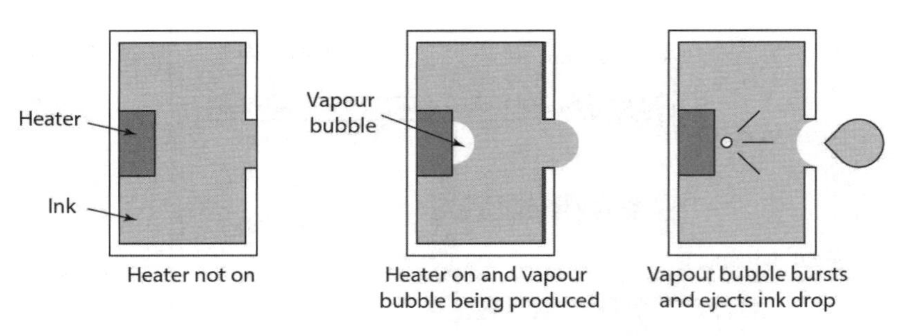

그림 6.8 버블 제트의 작동 원리

레이저 프린터(laser printer)는 그림 6.9와 같이 셀레늄 계열(selenium-based)의 소재로 코팅된 감광성 드럼을 가지고 있다. 어두운 곳에서 셀레늄은 높은 저항값을 가지고 있어 높은 전압으로 대전된 와이어 부근을 지날 때 전하를 전달받게 된다. 작은 팔각 회전거울을 이용하여 드럼의 길이방향을 따라 광선이 스캔하게 된다. 셀레늄은 광선을 맞으면 저항이 낮아져 전하를 잃게 된다. 광선의 밝기를 제어함으로써 드럼상의 점들의 전하를 조절할 수 있다. 드럼이 토너 탱크를 지나게 되면 대전된 부분은 토너 입자를 끌어당기게 되므로 결국 광선이 쪼여지지 않은 부분은 토너가 달라붙고 쪼인 부분은 달라붙지 않게 된다. 용지도 드럼과 마찬가지로 코로나(corona) 와이어에 의하여 대전되기 때문에 드럼에 가까워지면 드럼에 붙은 토너를 당겨서 떼어내게 된다. 그 후 종이가 뜨거운 퓨징 롤러를 통과하면 롤러가 토너를 녹여 종이에 완전하게 정착시키게 된다. 요즘 사용되는 일반 용도의 레이저 프린터는 대개 인치당 1200도트 정도까지 인쇄할 수 있다.

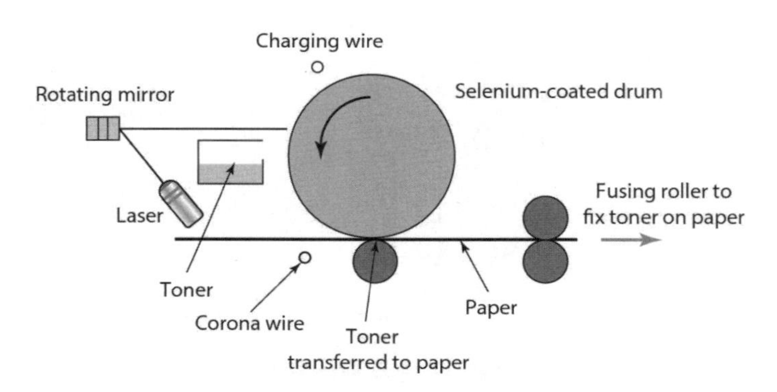

그림 6.9 레이저 프린터의 기본 요소

6.3 자기 기록

자기 기록(magnetic recording)은 컴퓨터의 플로피나 하드 디스크에 데이터를 저장할 때 이용되고 있다. 기록 헤드는 자성체 소재의 얇은 층에 입력 신호에 따라 자기 패턴을 형성시키고 재생 헤드는 자성체에 형성된 자기 패턴을 판독하여 전기적 출력을 발생시키는 것이 기본적 원리이다. 또한 이 시스템은 헤드 이외에도 자성체층이 헤드를 따라 정확하게 움직일 수 있도록 제어하는 이동장치를 가지고 있다.

그림 6.10(a)는 기록 헤드의 간략한 구조를 보여 주고 있는데 비자성체 간극(non-magnetic gap)을 갖는 강자성체의 코어를 가지고 있다. 코어를 감고 있는 코일에 전류가 인가되면 코어에 자속이 발생된다. 자성체가 코팅된 수지가 비자성체 간극에 접근하면 자속의 경로가 간극 부근에서는 자성체 코팅을 따라 지나가게 된다. 자성체 코팅에 자속이 지나가면 코팅이 영구자석으로 자화된다. 이러한 방법으로 전기적 신호가 자기로 기록되게 된다. 전류의 방향이 반대가 되면 이에 따라 자속의 방향도 역전된다.

그림 6.10(b)와 같은 재생 헤드는 기록 헤드와 동일한 구조를 가지고 있다. 자화된 코팅이 비자성 간극에 놓이면 코어에 해당되는 자속이 유도된다. 이 자속에 의하여 코어에 감긴 코일에 기전력이 유도된다. 그러므로 코일로부터의 출력은 코팅에 기록된 자기 정보와 관계되는 전기신호가 된다.

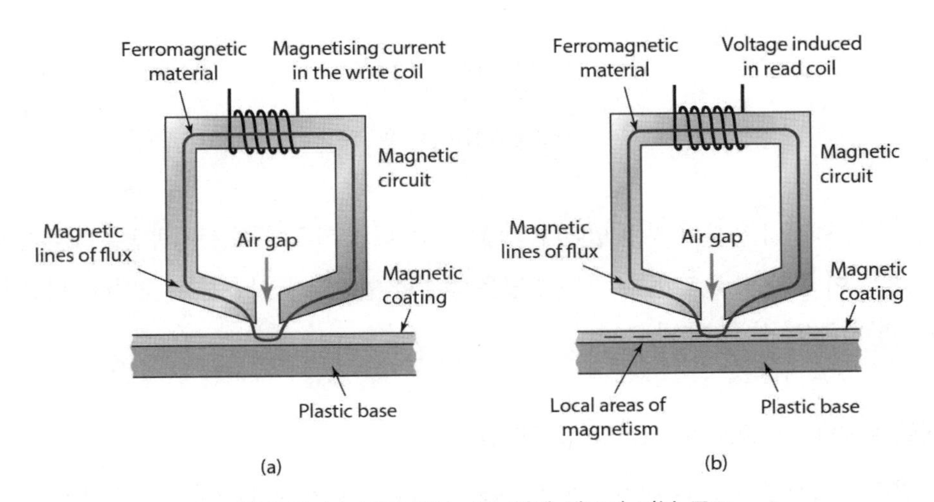

그림 6.10 (a) 기록 헤드, (b) 재생 헤드의 기본 구조

6.3.1 자기 기록 코드

디지털 기록은 코드화된 비트들의 조합을 갖는 신호를 기록함으로써 이루어진다. 비트 셀(bit cell)이라는 것은 정 또는 역방향으로 자기 포화(saturated)된 자성체 코팅의 한 구간을 말한다. 자기 포화라는 말은 자성체가 최대로 자화되어 더 이상의 전류 증가에 대해서 더 이상 자속이 증가하지 않는 상태를 말한다.

자성체 표면의 비트 셀은 그림 6.11과 같은 형태로 나타날 것이다. 데이터를 기록하는 자명한 방법 중 하나는 한 자속의 방향은 0으로 하고 반대를 1로 정하는 것이다. 그러나 이 경우 각각의 셀을 하나씩 읽어야 하므로 언제 샘플링을 하여야 하는지에 대한 정확한 타이밍이 요구된다. 외부의 클록을 기준으로 사용한다면 샘플 시간과 자성체의 진행속도 간의 약간의 시차에 의해서도 셀을 건너뛰거나 한 셀을 두 번 읽는 문제가 발생할 수 있다. 그러므로 동기화(synchronisation)가 매우 중요하다. 동기화 문제는 비트 셀 자체를 이용하여 샘플 타이밍 신호를 발생시키는 방법으로 해결할 수 있다. 한 방법으로서 자성체 표면이 한 방향의 포화에서 반대 방향의 포화로 바뀌는 천이를 이용하는 것인데 비트 셀의 간격이 명백하게 나타나는 때에는 타이밍 신호가 비트 셀과 동기화되도록 타이밍 신호발생기에 피드백시켜 타이밍을 조절하는 것이다.

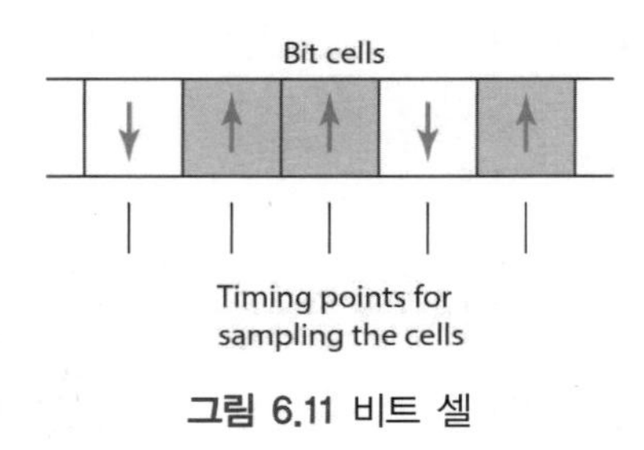

그림 6.11 비트 셀

만일 자속의 역전이 충분히 자주 일어나지 않는 데이터의 경우에 이 동기방법은 오류가 발생할 소지가 있다. 이 문제를 극복할 수 있는 방법은 적절한 인코딩을 사용하는 것이다. 다음은 자주 사용되는 방법들을 소개하였다.

1. 비제로 복귀(Non-Return-to-Zero: NRZ)

이 방법은 자속으로 기록된 테이프의 정보를 해석하는 데 자속의 변화가 없으면 0을, 변화가 생기면 1을 의미하게 된다(그림 6.12(a)). 그러나 이 방법은 자체 클록은 발생시키지 못한다.

2. 위상 인코딩(Phase Encoding: PE)

위상 인코딩은 자체-클록킹(self-clocking) 기능이 있어 외부 클록이 필요 없다는 장점을 가지고 있다. 각 셀은 2개의 파트로 나뉘는데 절반은 양으로 자속이 포화되어 있고 나머지는 음으로 포화되어 있다. 데이터 0은 반 비트폭으로 양의 포화를 가진 뒤에 음의 포화가 나오고 1은 음의 포화 뒤에 양의 포화가 따라 온다. 그림 6.12(b)와 같이 셀 중간의 양에서 음으로의 변동은 0을 의미하게 되고 음에서 양으로의 변화는 1을 나타낸다.

3. 주파수변조(Frequency Modulation: FM)

이 방법은 자체-클록킹을 포함하며 위상 인코딩과 유사하나 그림 6.12(c)와 같이 항상 셀이 시작하는 시점에서 위상이 반전된다. 데이터 0은 셀 기간 동안에 자속의 반전이 일어나지 않고 1은 반전이 일어난다.

4. 수정 주파수변조(Modified Frequency Modulation: MFM)

수정된 주파수변조 코드로서 차이는 자속의 반전이 현재와 지난번의 데이터가 모두 0인 경우에만 일어난다(그림 6.12(d)). 이것은 1비트당 1회의 자속의 반전이 일어난다는 것을 의미한다. 이 방법과 다음에 설명될 연속길이제한 방법이 자기 디스크에서 일반적으로 많이 사용되고 있다.

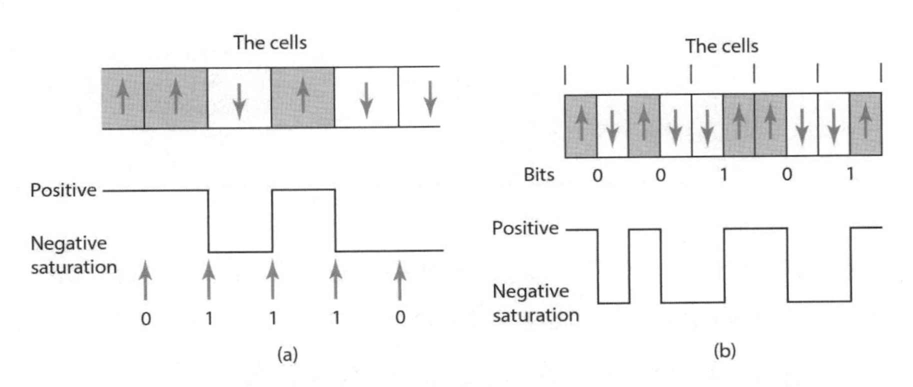

그림 6.12 (a) 비제로복귀, (b) 위상, (c) 주파수, (d) 수정 주파수변조(계속)

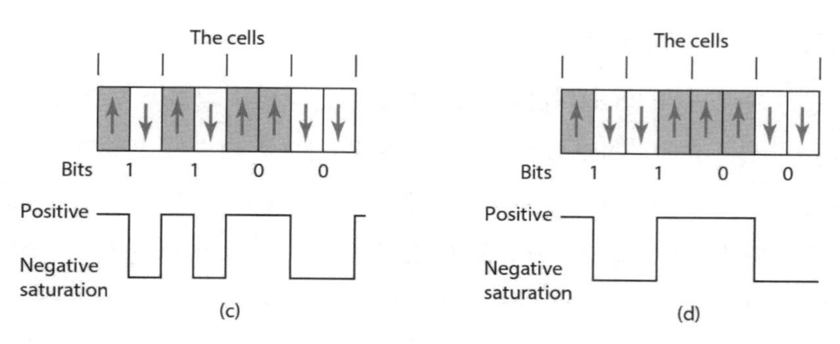

그림 6.12 (a) 비제로복귀, (b) 위상, (c) 주파수, (d) 수정 주파수변조

5. 연속길이제한(Run Length Limited: RLL)

이것은 자체-클록킹 코드로서 자속의 반전 사이의 길이의 최소와 최대를 정하는 것이다. 가장 흔히 사용되는 것이 $RLL_{2,7}$로서 자속 반전의 최소가 2비트 최대가 7비트가 되며, 최대 실행(run)은 자속의 반전이 충분하게 빨라서 자체-클록킹을 갖는 코드가 된다. 일련의 코드는 S코드와 R코드로 표현한다. S코드는 공란(space) 코드로서 자속의 반전이 없고 R코드는 반전(reversal) 코드로 해당 비트 간에 반전이 있다. 2개의 S/R코드가 1비트를 표현하는데 이 비트가 2, 3, 4개 모여 그룹을 형성하고 그 코드들은 다음과 같다.

Bit sequence	Code sequence
10	SRSS
11	RSSS
000	SSSRSS
010	RSSRSS
011	SSRSSS
0010	SSRSSRSS
0011	SSSSRSSS

그림 6.13은 비트 열 0110010에 대한 코딩을 보여 주고 있는데, 이 열은 011과 0010 두 그룹으로 나누어지기 때문에 SSRSSSSRSSRSS로 표현된다. R코드 사이에는 적어도 2개 이상의 S코드가 있고 또 아무리 많아도 S코드가 7개 이상은 존재하지 못한다.

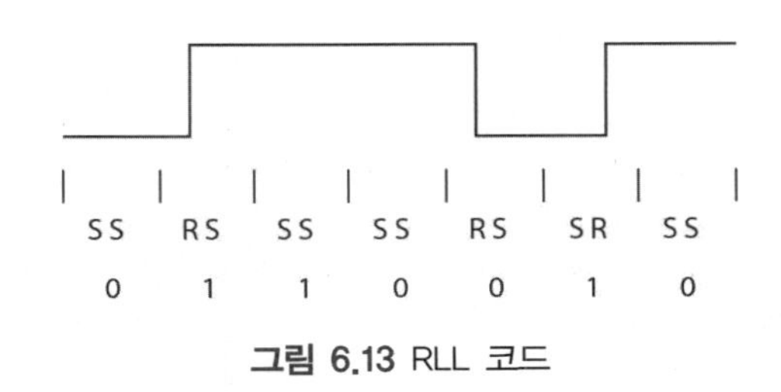

그림 6.13 RLL 코드

최적의 코드는 가급적 주어진 공간에 비트 데이터를 많이 수록하면서도 판독 오류가 발생하지 않는 것이다. 재생 헤드는 자속의 반전 지점이 너무 가까이 붙어 있으면 판독할 수 없기 때문에 주어진 재생 헤드에 대하여 최소의 자속 반전 간격이 정해진다. RLL 코드는 반전 간의 최소 간격이 2비트 이상이므로 다른 코드에 비하여 기록밀도를 높일 수 있는 장점이 있고 PE와 FM이 가장 밀도가 낮다. MFM과 NRZ는 동일한 밀도를 갖지만 NRZ는 다른 코드와 달리 자체-클록킹이 없다는 단점이 있다.

6.3.2 자기 디스크

디지털 기록은 주로 플로피나 하드 디스크를 사용하고 있다. 디지털 데이터는 디스크의 표면에 존재하는 트랙(track)이라는 동심의 원상에 기록되는데 하나의 디스크는 여러 개의 트랙을 가지고 있다. 각 디스크 표면마다 읽기/쓰기 일체형 헤드를 가지고 있고 이것은 기계적 액추에이터에 의하여 서로 다른 트랙을 옮겨 다닐 수 있다. 디스크는 구동 모터에 의하여 회전되고 헤드는 트랙에 데이터를 쓰거나 읽을 수 있다. 그림 6.14(a)의 하드 디스크는 여러 장의 디스크들이 밀폐용기 내에 장착되어 있는데 각 디스크 표면상에 동심원을 따라 데이터를 저장할 수 있도록 되어 있다. 하드 디스크의 각 디스크는 자성물질이 양면에 코팅되어 있어서 양면에 데이터를 저장할 수 있다. 디스크가 고속으로 회전할 때 각 트랙에 읽기-쓰기 헤드로 데이터를 읽거나 쓸 수 있다. 이러한 하드 디스크에는 많은 양의 데이터를 저장할 수 있는데 요즘은 수백 기가바이트 정도의 저장용량도 보통이다.

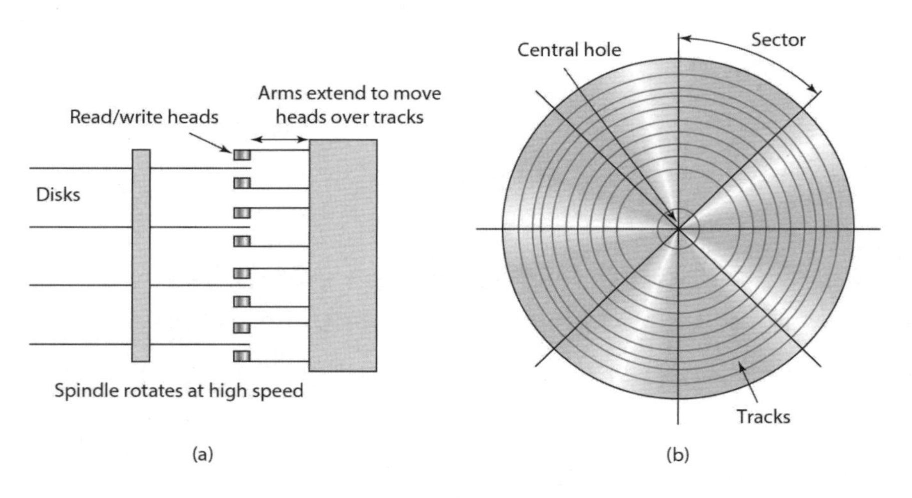

그림 6.14 하드디스크의 (a) 디스크 배치, (b) 트랙과 섹터

디스크의 표면은 그림 6.14(b)와 같이 섹터(sector)로 나누어지므로 디스크에서의 정보 단위는 트랙 번호와 섹터 번호로 구성된 어드레스로 구분된다. 플로피 디스크는 8개에서 18개의 섹터와 100개의 트랙을 가지고 있는데 하드 디스크는 디스크면당 대략 2000개의 트랙과 32개의 섹터를 가지고 있다. 데이터를 찾기 위하여 헤드는 원하는 트랙으로 움직여 가야 하는데 이때 소요되는 시간을 **탐색시간(seek time)**이라 하고, 트랙을 찾은 후 해당 세그먼트가 올 때까지 대기하는 시간을 대기시간(latency)이라 한다. 데이터를 저장할 주소를 식별해야 하므로 각 섹터와 트랙을 분별할 수 있는 정보를 디스크상에 기록해 놓아야 한다. 이 정보를 기록하는 작업을 **포멧팅(formatting)**이라 하고 데이터를 디스크에 저장하기 전에 이 작업을 수행해야 한다. 일반적으로 사용하는 기술은 데이터가 저장될 때 트랙상의 데이터가 다음과 같도록 위치정보를 트랙에 저장시키는 것이다.

인덱스 마커(index marker),
섹터 0 헤더, 섹터 0 데이터, 섹터 0 트레일러,
섹터 1 헤더, 섹터 1 데이터, 섹터 1 트레일러,
섹터 2 헤더, 섹터 2 데이터, 섹터 2 트레일러,
기타.

인덱스 마커는 트랙 번호와 함께 섹터를 구별할 수 있는 섹터 헤더를 가지고 있다. 섹터 트레일러는 섹터를 올바로 읽었는지를 체크할 순환중복검사(Cyclic Redundancy Check: CRC)와 같은 정보를 가지고 있다.

6.4 광학 기록

CD-ROM은 자기 디스크처럼 트랙에 데이터 저장하나, 동심 원상의 여러 개 트랙을 가지는 자기 디스크와 달리 CD-ROM은 하나의 나선형 트랙을 가진다. 기록 표면(recording surface)은 알루미늄으로 코팅되어 있어 빛의 반사도가 매우 높다. 정보는 직경 1μm 레이저 빔을 표면에 집중시켜 트랙에 0.6μm 폭으로 일련의 홈을 팜으로써 저장된다. 홈이 파였는가 안 파였는가에 의해 결정되는 빛의 반사 여부를 펄스로 받아들임으로써 데이터를 읽을 수 있다.

광학 기록은 자기 기록과 유사한 코딩 방식을 사용하며, 일반적으로 RLL 형태의 코딩이 쓰인다. 광학 기록은 표면 긁힘이나 먼지로 인해 레이저 빔이 기록을 읽는 과정에서 데이터가 쉽게 손상될 수 있으므로 에러를 감지하고 수정할 방법이 필요하다. 패리티 검사(parity checking)는 대표적인 방법 중 하나로, 데이터 비트 뒤에 추가로 패리티 비트(parity bit)를 붙여 1비트의 개수가 홀수 또는 짝수가 되도록 맞추는 방법이다. 정보를 읽는 과정에서 비트 하나가 손상될 경우 홀수 짝수 비트의 개수가 바뀌므로 이를 이용하여 에러를 감지하게 된다.

6.5 디스플레이

많은 디스플레이 시스템은 광지시기(indicator)를 사용하여 온-오프 상태를 나타내거나 **영문숫자**(**alphanumeric**)를 표시한다. 영문숫자라는 용어는 영문자와 소수점을 포함한 숫자 0에서 9를 축약한 것이다. 그 한 형태가 영문자와 숫자를 7개의 '광' 세그먼트를 이용하여 표시하는 것이 있다. 그림 6.15는 이 세그먼트를 보여 주고 있고 표 6.2는 4비트의 2진 코드 입력을 어떻게 사용하여 각 세그먼트들을 선택할 수 있는가를 보여 주고 있다.

그림 6.15 7-세그먼트 디스플레이

표 6.2 7-세그먼트 디스플레이

Binary input				Segments activated							Number displayed
				a	b	c	d	e	f	g	
0	0	0	0	1	1	1	1	1	1	0	0
0	0	0	1	0	1	1	0	0	0	0	1
0	0	1	0	1	1	0	1	1	0	1	2
0	0	1	0	1	1	1	1	0	0	1	3
0	1	0	0	0	1	1	0	0	1	1	4
0	1	0	1	1	0	1	1	0	1	1	5
0	1	1	0	0	0	1	1	1	1	1	6
0	1	1	1	1	1	1	0	0	0	0	7
1	0	0	0	1	1	1	1	1	1	1	8
1	0	0	1	1	1	1	0	0	1	1	9

또 다른 형태로는 그림 6.16과 같은 7×5 또는 9×7의 도트 매트릭스가 있다. 적절한 도트들을 켜서 글자들을 표시할 수 있다.

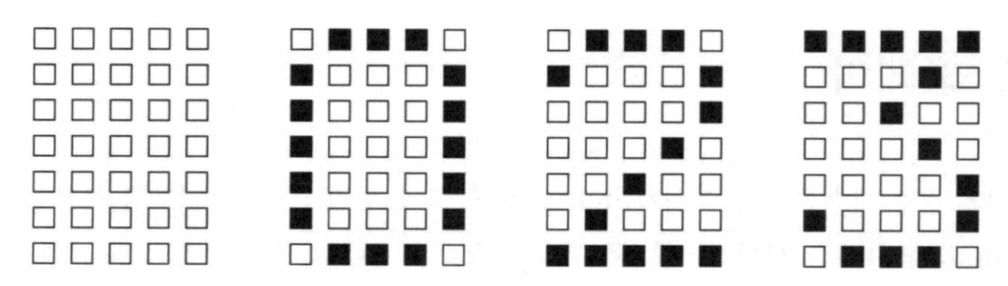

그림 6.16 7×5 도트 매트릭스 디스플레이

이러한 디스플레이 장치에 많이 사용되는 광지시기(light indicator)는 네온램프(neon lamp), 백열전구, **발광 다이오드**(LED) 또는 **액정 디스플레이**(Liquid Crystal Display: LCD) 등이 있다. **네온램프**(neon lamps)는 고전압이 저전류에 동작하므로 주전원을 바로 이용할 수 있으나 적색 빛만 낼 수 있다. **백열전구**(incandescent lamps)는 넓은 전압범위에서 사용할 수 있지만 고전류가 필요하다. 이것은 백색광을 내기 때문에 원하는 색을 얻기 위하여 필터를 사용한다. 매우 밝다는 것이 주요 장점이다.

6.5.1 발광 다이오드

일반적으로 발광 다이오드(light-emitting diodes)는 저전압 저전류이면서도 가격이 저렴하다. 이 다이오드에 정바이어스(forward biased)를 걸면 특정 대역의 파장을 갖는 빛을 발하게 된다. 그림 6.17은 LED의 기본적 구조를 보여 주고 있는데 반사경에 의하여 한쪽 방향으로 보강되어 발광되는 것을 알 수 있다. 흔히 LED에 사용되는 재료는 갈륨 비소화합물(gallium arsenide), 갈륨-인 화합물(gallium phosphide) 그리고 이 두 재료의 합금 등이 있다. 적색, 황색, 녹색을 내는 LED에 가장 많이 사용되고 있고 마이크로프로세서 기반 시스템에서 광지시기로 가장 많이 사용하고 있다.

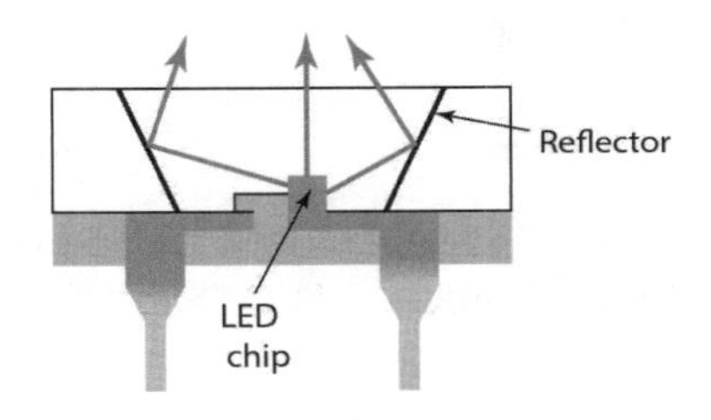

그림 6.17 LED

발광 다이오드는 허용 최대 전류가 10에서 30mA 정도 되는데 이를 제한하기 위하여 대개 전류제한 저항이 필요하다. LED는 전형적으로 전류가 20mA로 제한될 때, 2.1V의 전압강하가 된다. 그래서 5V 출력이 걸리면 그 직렬저항에 2.9V의 전압강하가 된다. 이것은 2.9/0.020=145Ω의 저항이 필요하다는 의미이고, 그래서 150Ω의 표준저항이 사용된다. 어떤 LED들은 마이크로프로세서 시스템에 직접 연결될 수 있도록 내장 저항을 포함한다.

LED는 1개의 발광 디스플레이뿐만 아니라 7 또는 16 세그먼트 영문숫자 디스플레이, 도트매트릭스, 막대그래프 형태로 사용되고 있다.

그림 6.18(a)는 LED가 그림 6.16과 같은 세븐 세그먼트 디스플레이에 사용될 때 드라이버에 어떻게 연결되는지를 보여 주고 있는데 1개의 라인이 low가 되면 양단에 전압이 걸리게 되므로 그 라인의 LED는 켜지게 된다. LED가 정상적 빛을 발하기 위해서는 턴온(turn-on) 전압 이상이 인가되어야 하는데 대개 이 전압은 1.5V 정도이다. 이러한 연결방법은 애노드가 공통으로 묶여 있기 때문에 **애노드 공통**(common anode) 연결이라 한다. 다른 방법으로는 그림 6.18(b)와 같은 **캐소드 공통**(common cathode) 연결이 있다. 애노드 공통의 각 LED는 해당 입력을 low로 떨어

뜨리면 켜지게 되고 캐소드 공통은 high가 되면 켜진다. 사용되는 전류의 방향과 크기가 적절하므로 애노드 공통이 자주 사용되고 있다.

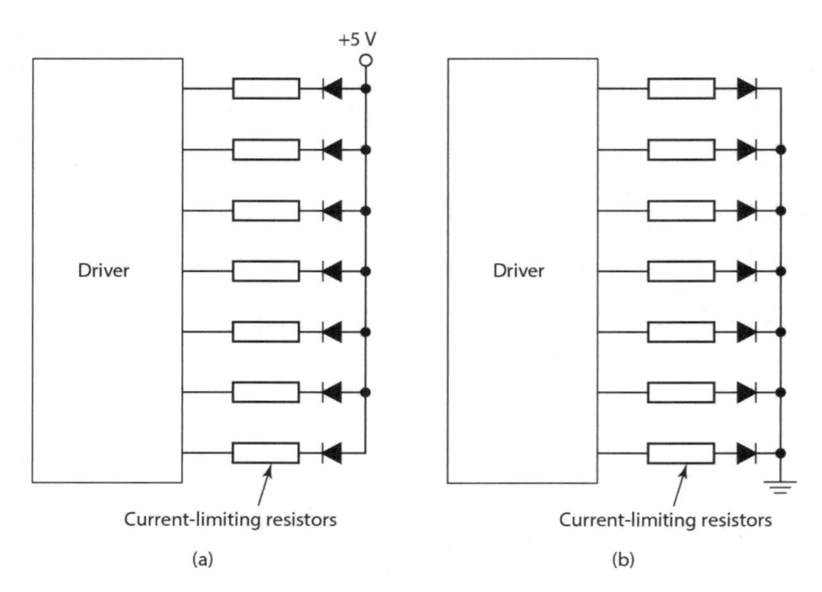

그림 6.18 (a) LED 애노드 공통 연결, (b) 캐소드 공통

이러한 형태의 디스플레이의 대표적인 예가 Hewlett Packard 사의 7.6과 10.9mm의 세븐 세그먼트 고광도 디스플레이인데 애노드 공통과 캐소드 공통 모두를 구할 수 있다. 또한 문자를 위한 세븐 세그먼트 이외에 좌측 또는 우측에 소수점이 있다. 몇몇 개의 세그먼트를 선택적으로 켜서 모든 숫자뿐만 아니라 약간의 문자도 표시할 수 있다.

종종 드라이버로의 입력이 보통의 2진수가 아니라 **2진화 10진수**(Binary Coded Decimal: BCD)인 경우가 있다(부록 B 참조). BCD의 경우 10진수의 각 자리가 개별적으로 4비트 2진수로 변환되어 있다. 예컨대 10진수 15는 1이 0001로 5가 0101로 각각 변환되어 BCD로는 0001 0101이 된다. 드라이버의 출력은 LED 디스플레이를 켜기 위하여 적절한 형태로 디코드(decode)되어 나오게 된다. 그림 6.19와 같은 7447이 세븐 세그먼트 디스플레이를 위한 대표적 디코더이다.

그림 6.20은 5×7 도트 매트릭스의 기본 내부 구조를 보여 주고 있다. 배열은 5개의 접속열을 가지고 있고 각 열에는 7개의 LED의 애노드들이 연결되어 있다. 각 행에는 5개의 LED의 캐소드들이 연결되어 있다. 특정 LED를 켜기 위해서는 해당 열에 전원이 공급되고 해당 행을 접지시키면 된다. 이러한 디스플레이는 모든 ASCII 문자를 전부 표시하는 것이 가능하다.

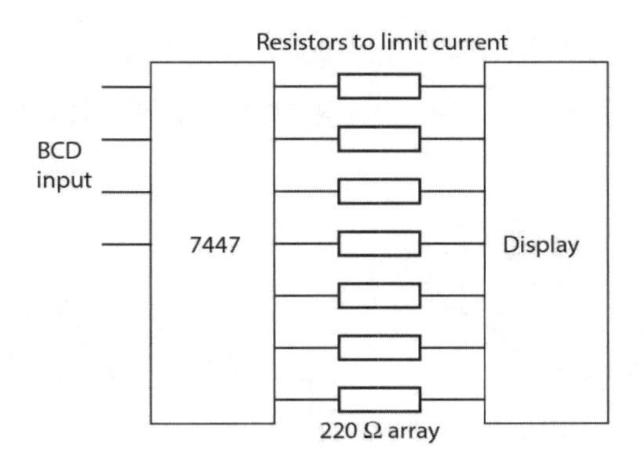

그림 6.19 7-세그먼트 디스플레이 디코더

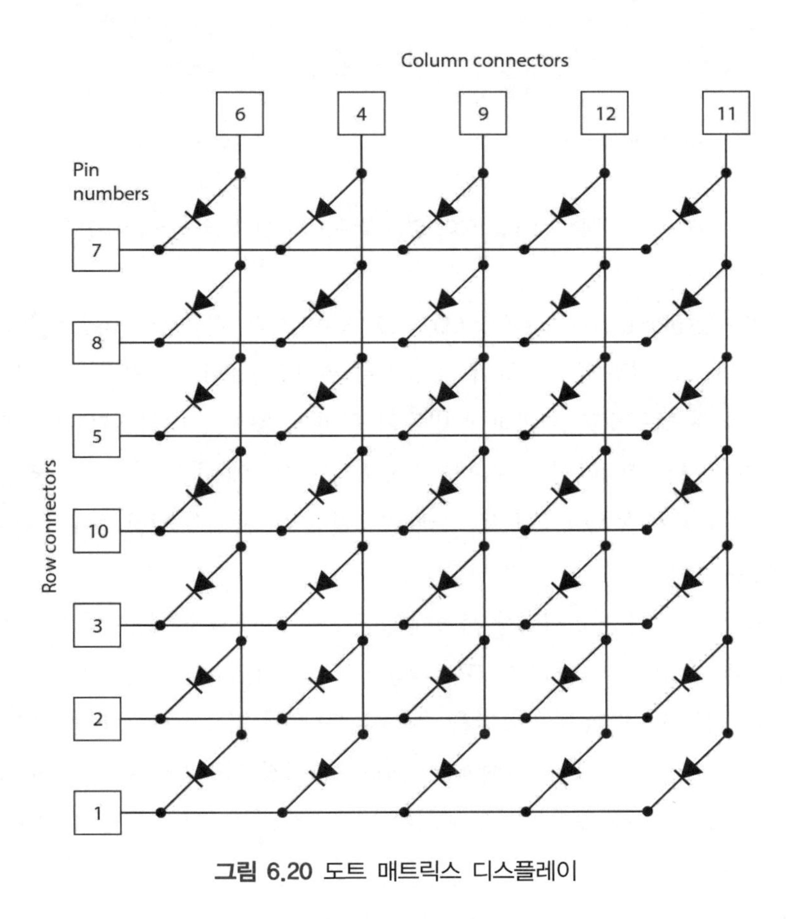

그림 6.20 도트 매트릭스 디스플레이

6.5.2 액정 디스플레이

액정 디스플레이(liquid crystal display)는 직접 빛을 발하지 못하고 반사광이나 투과광을 이용한다. 액정재료는 긴 막대모양이 분자로서 미세한 홈이 있는 2장의 고분자판 사이에 끼워져 있다. 상판과 하판에 있는 홈의 방향은 서로 90°로 엇갈려 있다. 액정분자가 서로 고분자의 홈방향에 따라 정렬하면 그림 6.21과 같이 분자의 방향이 두 판 사이에서 서서히 90°를 틀게 된다.

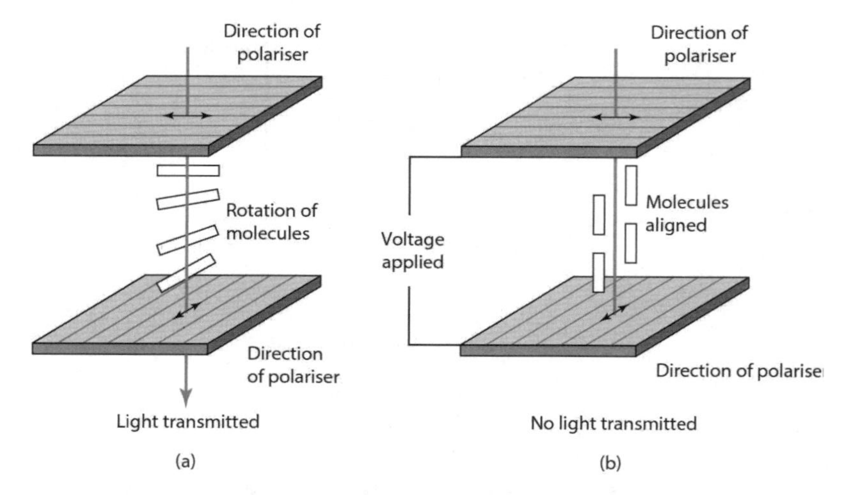

그림 6.21 액정 (a) 전기장이 없을 경우, (b) 전기장이 가해질 경우

액정재료에 면편광(plane polarised light)이 조사되면 빛의 편광면이 액정을 통과하면서 회전을 하게 된다. 그러므로 서로 투과방향이 직각인 두 편광판(polariser)을 맞붙여 놓은 경우 액정에 의한 편광의 회전으로 빛을 투과하게 만들어 하판을 통하여 빛이 나오게 된다.

그러나 전기장(electric field)이 가해져서 액정분자가 전장에 대해 정렬하게 되면 위 편광판을 투과된 빛이 회전을 하지 못하게 되므로 아래 편광판을 투과할 수 없고 흡수되어 버린다. 결국 하판 표면은 어두워진다.

이러한 구조를 투명 전극 유리판 2장 사이에 넣은 액정 디스플레이는 빛을 투과시키는 방식에 따라 투사형(transmissive)과 반사형(reflective)으로 나뉜다. 투사형 디스플레이는 뒤에서 조명을 주는 방식으로 편광면을 회전시켜 빛을 투과시킴으로써 디스플레이를 비추고, 반대로 빛을 막아 디스플레이를 어둡게 한다. 반사형 디스플레이는 액정 뒤에 반사판(reflective surface)이 있어 입사광을 디스플레이를 통과하여 반사시킴으로써 디스플레이를 비추고, 반대로 빛을 막아 디스플레이를 어둡게 한다.

액정 디스플레이는 7-세그먼트 LED과 유사한 7-세그먼트 디스플레이를 포함하여 다양한 세그먼트 레이아웃을 가질 수 있다. 이러한 액정 디스플레이들은 전압을 조절하여 전기장을 끔으로써 디스플레이에 검은 색을 나타낼 수 있으며, 한 세그먼트를 켜는 데는 약 3부터 12V의 교류 전기장이 쓰인다. 직류 전압은 액정이 파손되는 현상을 일으키기 때문에 구동 전압은 반드시 직류가 아닌 교류 전압이어야 한다. LCD는 응답 시간이 상대적으로 느리며 일반적으로 100부터 150ms이다. 또한 LCD는 전력 소모가 낮다.

LCD는 도트 매트릭스 디스플레이로도 사용할 수 있다. LCD 모듈은 또한 1줄 이상의 문자를 표시할 수 있으며, 예를 들어 어떠한 LCD 모듈은 2줄×40자 문자를 표시할 수 있다.

IC 드라이버는 LCD를 구동하는 데 사용되며, 예를 들어 MC14543B는 7-세그먼트 LCD 디스플레이를 구동하는 데 사용된다. 입력이 BCD 코드일 때 드라이버를 사용할 수 있다. 5×8 도트 매트릭스 디스플레이는 MC145000 드라이버로 구동될 수 있다. 디스플레이는 드라이버와 결합될 수 있으며, 예를 들어 히타치 LM018L은 40자×2줄 반사형 LCD 모듈로 192개의 5×7 도트 문자와 8개의 사용자 정의 문자를 사용할 수 있는 HD44780 드라이버가 내장되어 있다. 내장된 드라이버 덕분에 LCD 모듈은 4 또는 8비트 마이크로프로세서에 직접 연결될 수 있다.

LCD는 휴대폰, 손목시계, 계산기와 같이 전지로 구동되는 장치의 디스플레이로 사용된다.

6.6 데이터 획득 시스템

데이터 획득(DAQ)은 센서로부터 받은 입력을 컴퓨터에서 해석, 분석, 표시할 수 있도록 디지털 형태로 전환하는 시스템을 일컫는 데 자주 쓰이는 용어이다. 이러한 시스템의 구성 요소로는 센서, 필터링 및 증폭을 수행하는 신호조절 장치와 센서를 연결하는 배선 장치, 입력을 디지털 형식으로 전환하거나 출력 신호를 제어 시스템에서 쓰이는 아날로그 형식으로 전환하는 등의 기능을 수행하는 DAQ 하드웨어, 컴퓨터, DAQ 소프트웨어가 있다. 소프트웨어는 디지털 입력 신호의 분석을 수행한다. 이러한 시스템은 종종 제어 기능까지 수행하도록 설계되기도 한다.

6.6.1 플러그인 보드를 장착한 컴퓨터

그림 6.22는 플러그인 보드를 장착한 컴퓨터를 이용한 데이터 획득 시스템의 기본 구성을 보여주고 있다. 센서의 종류에 따라 보드 입력 전단에 필요한 신호조절장치가 결정된다. 열전대는 증폭기, 냉접점 보상, 선형화 등이 필요할 것이고 스트레인 게이지는 휘트스톤 브리지, 브리지용 전원, 선형화 등이 필요할 것이며, RTD는 전류공급장치, 보상회로, 선형화 등이 필요할 것이다.

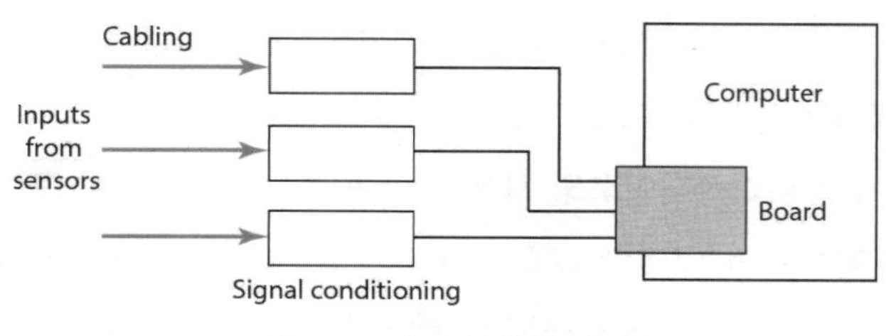

그림 6.22 데이터 획득 시스템

DAQ 보드를 선정할 때에는 다음과 같은 관점들을 고려해야 한다.

1. 어떤 컴퓨터 소프트웨어 시스템을 사용하고 있는가? 즉, Windows인가 MacOS인가?
2. 보드를 장착하는 커넥터가 어떤 형태인가? 즉, 노트북용 PCMCIA, Mac용 NuBus, PCI 중 어떤 것인가?
3. 얼마나 많은 아날로그 입력이 필요하며 그것들의 입력범위는 얼마인가?
4. 디지털 입력은 몇 개가 필요한가?
5. 얼마의 분해능이 필요한가?
6. 요구되는 최소 샘플 속도는 얼마인가?
7. 타이밍 또는 카운트 신호가 필요한가?

그림 6.23은 DAQ 보드의 기본적인 요소를 보여 주고 있다. 어떠한 보드는 아날로드 입출력만 사용하며, 디지털 입출력만 사용하는 보드도 있다.

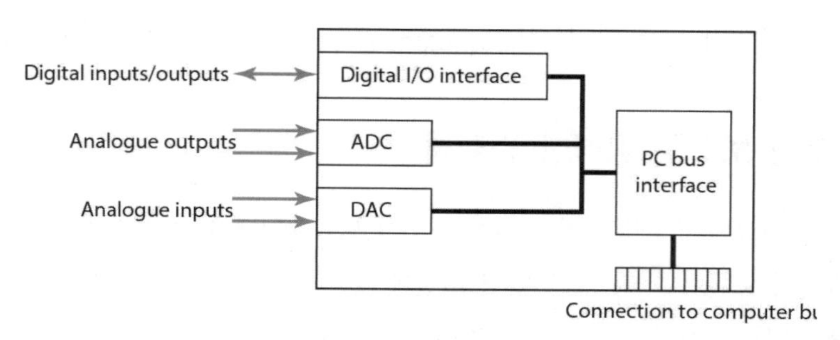

그림 6.23 DAQ 보드의 기본 요소

모든 DAQ 보드는 보드와 함께 제조사에서 제공하는 **드라이버**라는 소프트웨어를 사용하게 되는데 이것은 컴퓨터와 장착된 보드가 정보를 교환하게 만들어 주는 역할을 한다. 보드를 사용하기 전에 세 가지의 파라미터를 설정해야 한다. 그것은 입력과 출력의 주소, 인터럽트의 레벨,

직접 메모리 접근(DMA)에 사용하는 채널이다. Windows용 소프트웨어와 함께 사용하는 '플러그-앤-플레이(plug-and-play: PnP)' 보드에서 이러한 파라미터는 소프트웨어에 의하여 설정되는 반면, PnP가 지원되지 않는 보드는 설치설명서에 따라 보드상의 마이크로 스위치로 설정해야 한다.

계측 시스템의 설계와 데이터 해석을 돕기 위하여 응용 소프트웨어를 사용할 수 있다. 응용프로그램 하나를 소개한다면 National Instruments사에서 데이터 획득과 계측제어용으로 개발한 그래픽 프로그래밍 소프트웨어인 LabVIEW를 들 수 있다. LabVIEW로 제작한 프로그램은 **가상계측(virtual instruments)**이라고 하는데, 외관과 동작이 실제 계측기들을 흉내 냈기 때문이다. 가상계측은 세 부분으로 나눌 수 있는데 프론트 패널(front panel), 블록선도(block diagram), 리프리젠테이션(representation)이다. 프론트 패널은 계측장치의 패널을 모사하기 위하여 제어스위치 노브(knob), 푸시버튼, 그래픽 디스플레이 등의 인터렉티브 사용자 인터페이스를 제공하고 있다. 블록선도는 컴퓨터 화면상의 아이콘과 그들을 연결하는 연결선들을 이용하여 그래픽으로 프로그램하는 일종의 소스 코드이다. 리프리젠테이션은 다른 블록선도에서 사용할 수 있도록 가상계측을 그래픽으로 표현한 것으로서 아이콘들과 그 연결들로 구성된다.

그림 6.24(a)는 가상계측용 아이콘의 예를 표시한 것으로서 어떤 채널을 통하여 들어오는 아날로그 신호를 샘플하는 기능이며 아날로그 입력 팔레트(Analogue Input palette)로부터 선택된 것이다. '디바이스(device)'는 DAQ 보드에 붙여진 디바이스 번호를 나타내고 '채널(channel)'은 데이터의 소스를 나타낸다. '샘플'은 1번의 아날로그-디지털 변환 결과를 나타내고 '상한(high limit)'과 '하한(low limit)'은 해당 입력 신호의 전압 상한과 하한을 말하며 기본값은 +10V와 −10V이고 DAQ 보드의 증폭이득을 바꾸면 자동으로 이 값이 바뀐다.

만일 지정한 채널에 대한 파형을 얻고자 한다면 그림 6.24(b)와 같은 아이콘을 선택해야 한다. 해당 채널의 일련의 샘플들이 지정한 시간 동안 지정한 샘플 속도로 얻어지고 이것이 시간에 대한 그래픽 파형으로 표시된다.

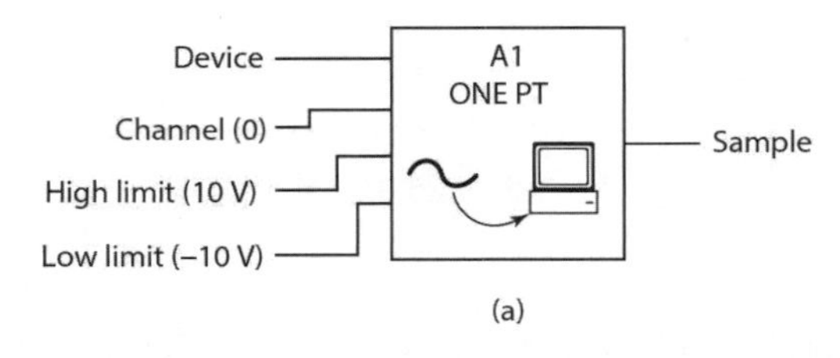

그림 6.24 아날로그 입력 아이콘 (a) 단일 입력, (b) 다수 채널 샘플링(계속)

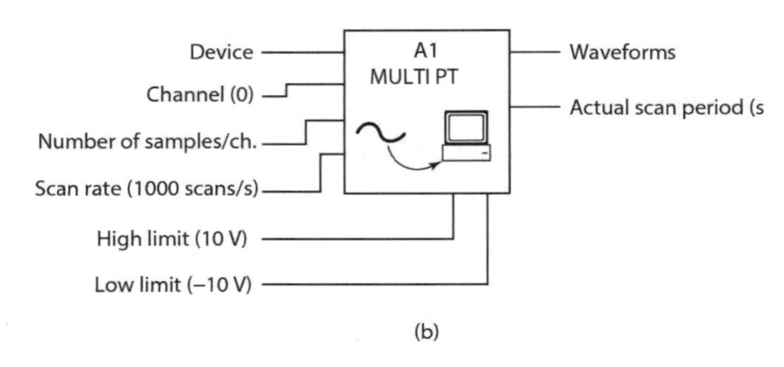

그림 6.24 아날로그 입력 아이콘 (a) 단일 입력, (b) 다수 채널 샘플링

이 아이콘에 다른 아이콘을 연결함으로써 블록선도가 구해지는데 이것은 여러 아날로그 채널로부터 입력 신호를 취하여 순차적으로 샘플하여 그래프로 표시하는 일련의 과정을 나타내는 것이다. 그림 6.25는 간단한 DAQ의 데이터 획득 및 디스플레이를 위한 프론트 패널을 보여 주고 있다. 이 패널의 상하 화살표를 사용하여 각종 파라미터를 변경할 수 있고 그 결과를 확인할 수 있다.

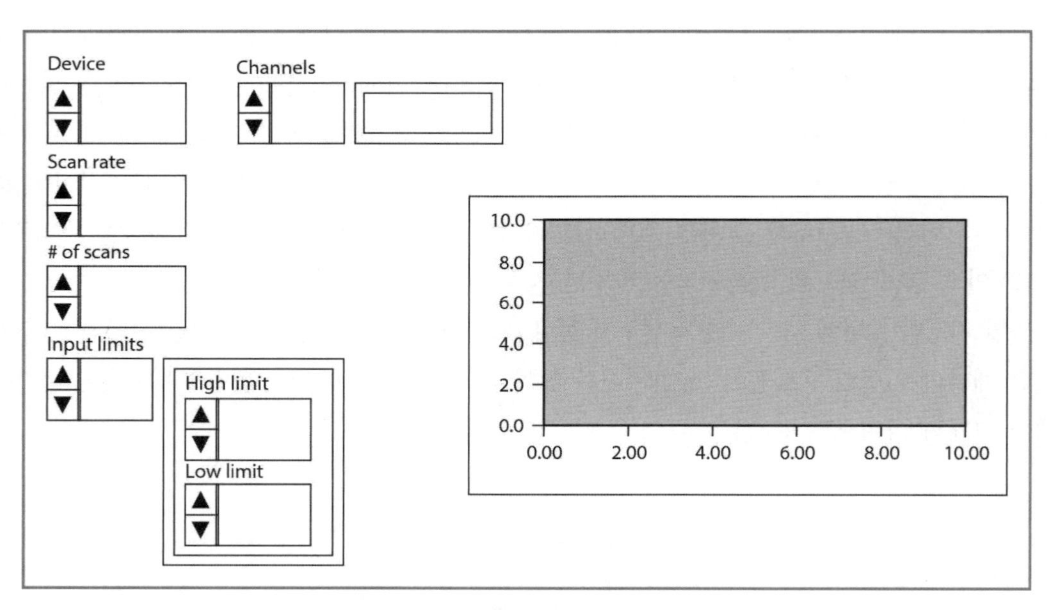

그림 6.25 프론트 패널

전통 계측기와 비교해서 가상계측이 가지는 큰 장점은 전통 계측기의 경우 판매 회사가 계측기의 특성과 인터페이스를 결정하지만 가상계측은 이를 사용자가 마음대로 손쉽게 정의할 수 있다는 것이다.

더 자세한 내용은 L.K. Wells & J. Travis의 LabVIEW Manual 또는 LabVIEW for Everyone (Prentice-Hall 1997), 또는 G.W. Jhonson의 LabVIEW Graphical Programming(McGraw-Hill, 1994)을 참조하기 바란다.

6.6.2 데이터 로거

데이터 로거(data logger)는 컴퓨터로부터 떨어져 사용될 수 있는 DAQ 시스템을 지칭하는 용어이다. 일단 프로그램이 컴퓨터에서 만들어지면, 이를 메모리 카드에 넣어 데이터 로거에 삽입하거나 컴퓨터를 통해 다운로드시킴으로써 필요한 DAQ 기능을 수행하도록 할 수 있다.

그림 6.26은 데이터 로거(data logger)의 주요 요소를 보여 주고 있다. 이러한 장치는 복수개의 센서로부터의 신호를 입력받아 관측할 수 있다. 각각의 센서로부터 입력은 적절한 신호를 조절하여 멀티플렉서로 전달된다. 이 멀티플렉서는 하나의 신호를 선택하여 증폭한 후 아날로그 디지털 변환기로 보낸다. 그래서 디지털 데이터가 마이크로프로세서에 의하여 처리된다. 마이크로프로세서는 간단한 연산을 할 수 있는데, 예컨대 계측 데이터의 평균을 산출할 수 있다. 시스템의 출력은 채널 번호와 함께 디지털 계기에 디스플레이 되거나 프린터에 의하여 영구 기록물을 남기거나 플로피 디스크에 저장되거나 해석을 위하여 컴퓨터로 전송될 수 있다.

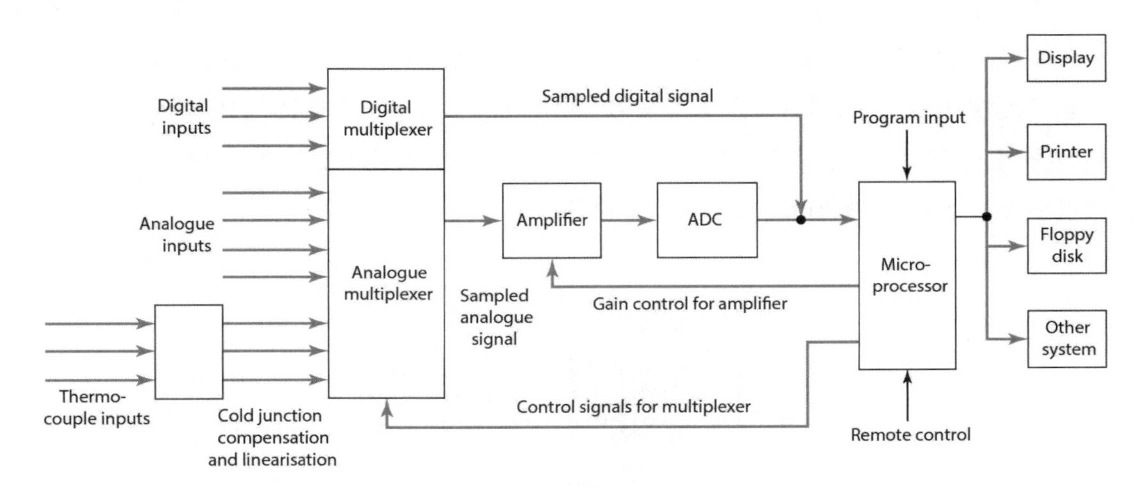

그림 6.26 데이터 로거 시스템

데이터 로거가 열전대에 자주 사용되기 때문에 열전대용의 특수 입력이 있어 냉접점 보상과 선형화 기능을 제공하고 있다. 멀티플렉서는 각 센서를 순차적으로 스위칭할 수 있어 그 출력은 복수 개의 센서 입력에 대한 샘플이 된다. 마이크로프로세서 프로그래밍을 통하여 멀티플렉서를 제어함으로써 1개의 센서 입력을 샘플하거나, 모든 채널을 1번 스캔하거나, 모든 채널을 주기적으로 1, 5, 15, 30, 60분 간격으로 스캐닝하는 등의 입력 스캐닝 방법을 선택할 수 있다.

일반적인 데이터 로거는 20에서 100개의 입력을 처리하는데 어떤 것은 1000개까지도 가능하다. 대개 변환시간이 10μs 정도이고 초당 1000개의 데이터를 획득할 수 있다. 정밀도는 대개 최대 입력의 0.01% 정도이고 선형도는 약 최대 입력의 ±0.005% 정도이다. 다른 센서로부터의 입력에 의한 채널간의 간섭을 나타내는 **누화**(cross-talk)는 대개 한 입력에 대한 최대 입력의 0.01% 정도가 된다.

6.7 계측 시스템

다음의 예들은 몇몇 응용의 계측 시스템 설계에 대한 주안점들을 설명하고 있다.

6.7.1 인장부하측정을 위하여 링크로 사용된 로드셀

그림 6.27과 같은 링크 형태의 로드셀은 4개의 스트레인 게이지를 가지고 있으며 부하와 부하를 달아올리는 케이블 사이에 장착하여 매달린 하중을 계측한다. 2개의 스트레인 게이지는 종방향으로 나머지 2개는 횡방향으로 부착되어 있다. 이 링크가 인장력을 받게 되면 종방향 게이지는 인장, 횡방향 게이지는 압축응력을 받게 될 것이다. 500MPa의 응력을 받는 게이지에서 약 30mV의 출력이 나오도록 하는 로드셀의 감도에 대한 설계기준을 가지고 있다고 가정하고 게이지의 게이지 상수가 2.0이며 저항이 100Ω이라 하자.

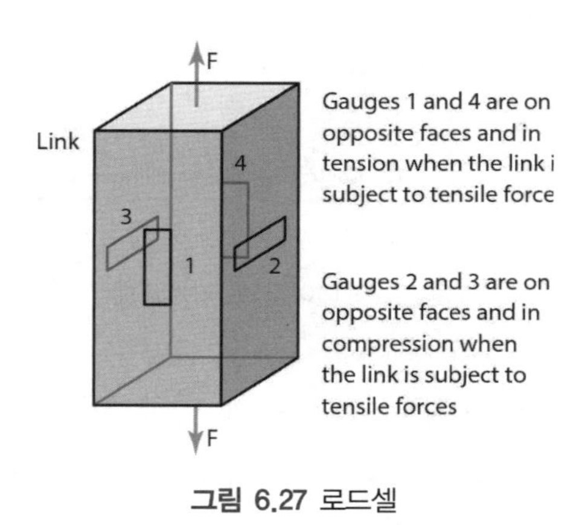

그림 6.27 로드셀

이 링크에 부하 F가 작용하였을 때 탄성계수(elastic modulus) E는 응력/변형량(stress/strain)이고 응력을 단위면적당 작용하는 힘이므로 종방향의 변형량 ε_1은 F/AE가 되고 횡방향의 변형량 ε_t는 $-vF/AE$가 되며, 여기서 A는 단면적이고 v는 링크 재료에 대한 포와송의 비이다. 2.3.2절에서 설명한 것과 같이 이러한 변형량에 대한 게이지의 응답은 다음과 같다.

$$\frac{\delta R_1}{R_1} = \frac{\delta R_4}{R_4} = G\varepsilon_1 = \frac{GF}{AE}$$

$$\frac{\delta R_3}{R_3} = \frac{\delta R_2}{R_2} = G\varepsilon_t = -\frac{vGF}{AE}$$

3.5절에서 설명한 휘트스톤 브리지의 출력전압은 다음과 같다.

$$V_o = \frac{V_s R_1 R_4}{(R_1 + R_2)(R_3 + R_4)}\left(\frac{\delta R_1}{R_1} - \frac{\delta R_2}{R_2} - \frac{\delta R_3}{R_3} + \frac{\delta R_4}{R_4}\right)$$

여기서 $R_1 = R_2 = R_3 = R_4 = R$, $\delta R_1 = \delta R_4$, $\delta R_2 = \delta R_3$이라 가정하면

$$V_o = \frac{V_s}{2R}(\delta R_1 - \delta R_2) = \frac{V_s GF}{2AE}(1 + v)$$

링크의 소재가 강철이라 하면 탄성계수 E는 약 210GPa이고 프와송 비 ν는 약 0.3이라는 것을 테이블에서 찾을 수 있다. 그러므로 응력$(= F/A)$ 500MPa에 대하여 게이지 상수가 2.0인 스트레인 게이지는 다음을 만족한다.

$$V_o = 3.09 \times 10^{-3} V_s$$

공급전원 V_s가 10V일 때 브리지의 출력전압은 30.9mV가 된다. 만일 이 경우가 측정하고자 하는 최소의 부하라면 증폭이 필요 없지만, 이 값 이하까지도 계측하려면 차동증폭기를 사용하여야 한다. 부하효과 문제를 피하기 위해서는 높은 입력저항의 전압계를 사용하여 출력을 표시할 수 있다. 이러한 이유로 디지털 전압계가 적합할 것이다.

6.7.2 온도경보 시스템

액체의 온도가 40°C 이상 올라가면 경보를 울리는 시스템이 있다면 적절한 온도계측 시스템이 필요할 것이다. 액체의 온도가 평상시 30°C라고 하고 경보를 발생시키기 위한 시스템의 출력이 1V라 하자.

출력이 전기 신호이어야 하고 응답이 빨라야 하므로 전기저항 소자를 선정할 수 있을 것이다. 전압출력을 내기 위하여 전기저항 소자를 휘트스톤 브리지와 함께 사용하면 된다. 온도가 30에서 40°C 사이에서 변할 때 출력전압은 1V 이하에서 변화하도록 할 수 있지만 차동증폭기를 사용하여 임의의 원하는 출력이 나오도록 조정할 수 있다. 그리고 비교기를 사용하여 경보 설정전압과 계측된 전압을 비교하도록 할 수 있다.

니켈 소자를 센서로 사용한다고 하자. 니켈은 온도저항계수가 0.0067/K이므로 소자의 저항이 0°C에서 100V이라 하면 30°C에서의 저항은 다음과 같이 구할 수 있다.

$$R_{30} = R_0(1+\alpha t) = 100(1+0.0067\times 30) = 120.1\Omega$$

또한 40°C에서는

$$R_{40} = 100(1+0.0067\times 40) = 126.8\Omega$$

그러므로 저항변화는 6.7Ω이 된다. 만일 소자가 30°C에서 균형을 이루고 있는 휘트스톤 브리지의 한 가지에 연결되었다면 출력전압 V_o는 3.5절에서 설명한 것과 같이 다음과 같이 구할 수 있다.

$$\delta V_o = \frac{V_s \delta R_1}{R_1 + R_2}$$

30°C에서 균형을 이루고 있는 브리지의 저항이 모두 동일하고 공급전압이 4V라 하면,

$$\delta V_o = \frac{4\times 6.7}{126.8+120.1} = 0.109\text{V}$$

3.2.5절에서 설명한 것과 같이 차동증폭기로 1V의 출력이 나오기 위해서는

$$V_o = \frac{R_2}{R_1}(V_2 - V_1)$$

$$1 = \frac{R_2}{R_1} \times 0.109$$

그러므로 $R_2/R_1 = 9.17$이 되므로 입력저항 R_1을 1kΩ으로 정했다면 피드백 저항 R_2는 9.17kΩ으로 조정되어야 한다.

6.7.3 풀리휠(Pulley wheel)의 각 위치

풀리휠의 각 위치를 계측하고자 전위차 센서를 사용하려 한다. 전위차계의 최대 회전각도가 320°라고 할 때 기록계에 1°당 10mV가 입력되도록 시스템을 구성하고자 한다.

공급전압 V_s가 전위차계에 인가될 때 고전류에 대한 보호로서 전위차계 R_p와 직렬로 저항 R_s를 삽입한다. 그러므로 전위차계 양단의 전압강하는 $V_sR_p/(R_s + R_p)$가 된다. 전위차계의 최대 회전각을 θ_F, 회전각을 θ라고 할 때 전위차계의 출력전압은 다음과 같이 구해진다.

$$V_\theta = \frac{\theta}{\theta_F} \frac{V_s R_p}{R_s + R_p}$$

전위차계의 저항 Rp를 4kΩ이라고 하고 Rs를 2kΩ이라 하면, 1°당 10mV가 출력되도록 하기 위해서는

$$0.01 = \frac{1}{320} \frac{4V_s}{4+2}$$

그러므로 공급전압은 4.8V가 된다. 그리고 기록계의 입력저항에 의한 부하효과를 막기 위하여 그림 6.28의 회로와 같이 전압 폴로어를 사용할 수 있다.

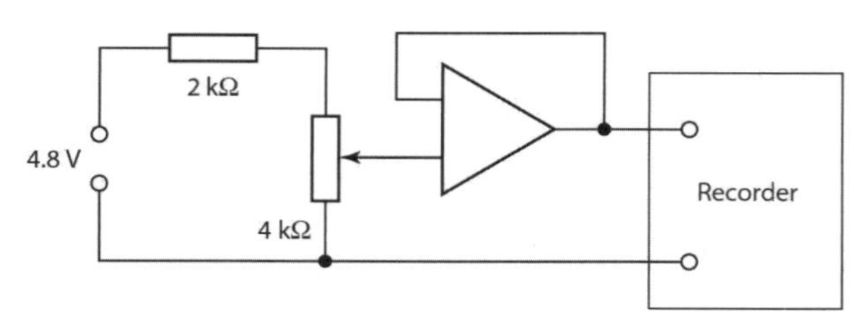

그림 6.28 풀리휠의 각 위치 모니터

6.7.4 2진 출력을 내는 온도계측 시스템

온도 레인지 0에서 100°C에 대하여 1°C당 1비트씩 변화하는 8비트 2진 출력을 내는 온도계측 시스템을 설계하려 한다. 이 출력은 온도제어 시스템의 일부로서 마이크로프로세서로 입력될 것이다.

선형 온도 센서가 필요하므로 2.9.4절에서 소개한 서모트랜지스터 LM35를 사용할 수 있다. LM35는 5V 전원에 대하여 10mV/°C의 출력을 낸다. 이 출력을 아날로그-디지털 변환기에 입력시키면 디지털 출력을 얻을 수 있다. 매 10mV에 대하여 1비트씩 변화시키기 위해서는 ADC의 분해능이 10mV가 되어야 한다. 연속근사법의 ADC, 즉 ADC0801을 사용하고 있다면 기준 전압이 2^8=256단계로 나누어져서 매 비트당 10mV가 되도록 기준 전압을 설정해야 한다. 즉, 기준 전압 2.56V가 필요한 것이다. ADC0801의 경우는 $V_{ref}/2$의 전압을 인가하도록 되어 있으므로 1.28V의 안정된 전압이 필요하게 된다. 이 전압은 5V의 공급전압의 전위차계와 부하효과 문제를 해결하기 위한 전압 폴로어를 사용하여 얻을 수 있다. 5V 공급전압이 변동을 하더라도 1.28V의 전압은 흔들리지 않아야 하므로 전압조정기(voltage regulator)를 사용해야 한다. 예를 들어 2.45V 전압조정기에는 ZN458/B이 있고, 이를 사용한 전체 회로는 그림 6.29와 같다.

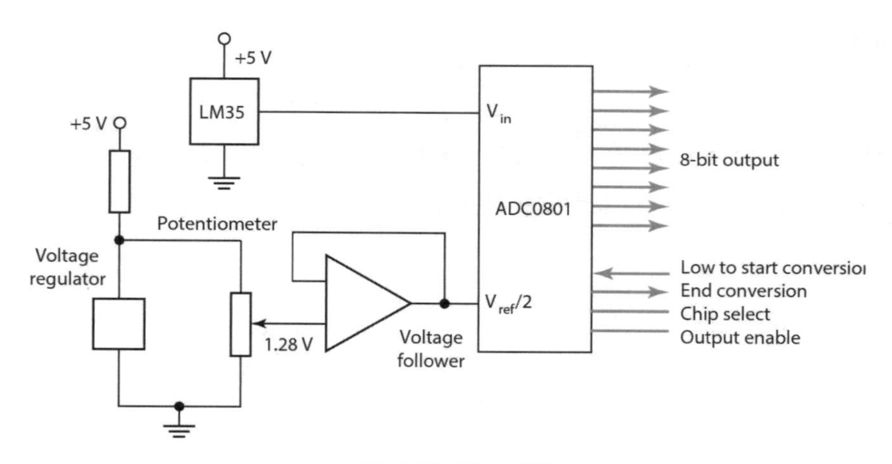

그림 6.29 온도 센서

6.8 시험과 교정

계측 시스템의 설치에 대한 시험은 다음과 같은 3단계가 될 것이다.

1. 설치 전 시험(Pre-installation testing)

시스템의 설치 이전에 각 기기에 대한 교정과 동작 시험 단계이다.

2. 배관 및 배선 시험(Piping and cabling testing)

공기압 배관을 사용할 때는 기기를 장착하기 이전에 건조하고 깨끗한 공기로 이물질이 제거되도록 불어내고 누출이 없는지 시험을 해야 한다. 공정용 배관의 경우 기기에 연결하기 전에 모든 배관을 플러싱(flushing)하고 누출 시험을 실시해야 한다. 계측용 전선의 경우 기기에 연결하기 전에 도통 상태와 절연저항을 점검해야 한다.

3. 예비작동 시험(Pre-commissioning)

설치가 완료된 시점에서 모든 계측장치들이 서로 연결되었을 때 완벽하게 동작하고 제어실 패널의 디스플레이 장치들이 올바른 값을 표시하는가를 시험하는 단계이다.

6.8.1 교 정

교정(calibration)은 정밀도가 알려진 표준(standard)과 계측 시스템 또는 그 하부 시스템의 출력을 비교하여 절대오차를 줄이는 작업이다. 표준은 특별하게 교정용으로 보존된 정밀한 계측 시스템이 될 수도 있고 표준값을 나타낼 수 있는 특정 샘플이 될 수도 있다. 많은 기업에서는 몇몇 계기와 교정용 저항, 전지와 같은 품목을 기업 내의 표준 부서에서 관리하며 교정 용도로만 사용하고 있다. 국가 표준과 매일 사용하는 기기에 대한 교정 사이에는 다음과 같은 관계가 있다.

1. 국가의 표준은 교정 센터의 표준을 교정할 때 사용된다.
2. 교정 센터의 표준은 기기생산업체의 표준을 교정할 때 사용된다.
3. 기기생산업체로부터의 표준화된 기기는 기업 내의 표준을 정하는 데 사용된다.
4. 기업 내의 표준은 공정용 기기들의 교정에 사용된다.

이와 같이 공정용 기기에서부터 국가 표준까지를 거슬러 올라갈 수 있는 일련의 검정과정이 있다. 교정에 관련된 더 자세한 내용은 A.S. Morris의 Measurement and Calibration for Quality Assurance(Prentice-Hall 1991)를 참조하기 바란다. 다음은 기업 내에서 수행되어야 할 교정순서의 예들이다.

1. 전압계(Voltmeters)

이것은 표준 전압계에 대하여 비교하거나 표준 기전력을 갖는 전지를 이용하여 조정한다.

2. 전류계(Ammeters)

표준 전류계에 대하여 비교 조정한다.

3. 스트레인 게이지의 게이지 상수(Gauge factor for strain gauges)

1개의 배치(batch)에서 표본 추출한 게이지를 사용하여 검사할 수 있다. 우선 게이지를 검사용 시편에 부착한 후 계측된 변형을 인가한다. 이때 저항변화를 계측함으로써 게이지 상수를 산출할 수 있다.

4. 휘트스톤 브리지 회로(Wheatstone bridge circuits)

표준 저항을 브리지의 한 가지에 연결한 후 출력전압을 검사한다.

5. 로드셀(Load cells)

낮은 용량의 로드셀의 경우 표준 무게추를 이용하여 검사할 수 있다.

6. 압력 센서(Pressure sensors)

압력 센서는 그림 6.30과 같은 자중교정기(dead-weight tester)를 이용하여 교정한다. 이것은 표준 무게추(weight) W를 피스톤 트레이에 올려놓음으로써 교정압력을 발생시키는 장치이다. 무게추를 트레이에 올린 후 플런저 나사를 돌려 유압유를 탱크로 밀어 넣음으로써 피스톤과 무게추를 들어올린다. 이때 W를 피스톤의 단면적이라 할 때 교정압력은 W/A가 된다. 이 자중교정기로 압력계기를 교정할 수 있고 또 그 계기를 이용하여 다른 계기를 교정할 수 있다.

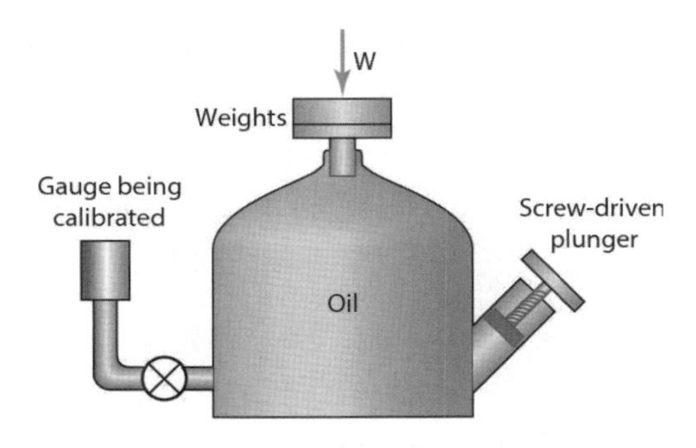

그림 6.30 압력 센서의 자중 교정

7. 온도 센서(Temperature sensors)

이것은 순수한 금속의 액상 또는 물에 담가 교정한다. 그 후 서서히 냉각시키면서 온도-시간 데이터를 기록한다. 그런데 물질이 액체에서 고체로 상변화를 하게 되면 그 시점에서 일정한 온도를 유지하게 된다. 그 온도값은 테이블에서 찾을 수 있으므로 정확한 교정용 온도를 얻을 수 있게 된다. 또한 액체가 비등하는 점을 이용할 수도 있다. 그러나 물질의 비등점은 대기압에 의하여 변화되므로 표준 대기압이 아닌 환경에서 교정작업을 하게 된다면 적절한 보정이 필요하다. 기업의 사내 교정부서에서는 해당 계측 시스템의 판독결과를 표준 온도계와 비교하는 방법도 많이 사용하고 있다.

요 약

측정신호에 관련하여 일반적 고려해야 할 사항은 모든 측정시스템의 출력단자에 부하를 연결하면서 발생하는 **부하효과**이다.

지시기는 센서로 측정된 값을 즉시 시각적으로 표시해 주는 기기이고 **기록계**는 일정기간 동안의 출력신호를 기록하여 영원히 정보를 남기는 장치이다.

데이터 획득(DAQ)는 센서에서 검출한 신호를 디지털 데이터로 변환하여 컴퓨터에 의하여 처리하고 해석하여 표시하는 시스템이다. **데이터 로거**는 컴퓨터 없이 현장에서 사용할 수 있는 DAQ시스템을 지칭하고 있다.

가상계측은 소프트웨어에 의해 만들어진 계측 시스템으로 사용자 인터페이스나 동작방법이 실제 계측과 매우 유사하도록 구성되어 있다.

계측 시스템의 시험은 세 단계로 나눌 수 있는데 설치전 시험, 배관 및 배선 시험, 예비작동

시험이 있다. **교정**은 정밀도가 주어진 표준과 계측 시스템 또는 그 하부 시스템의 출력을 비교하는 작업이다.

연습문제

6.1 Explain the significance of the following terms taken from the specifications of display systems:

(a) Closed-loop servo recorder: dead band ±0.2% of span.

(b) The hard disk has two disks with four read/write heads, one for each surface of the disks. Each surface has 614 tracks and each track 32 sectors.

(c) Data logger : number of inputs 100, cross-talk on any one input 0.01% of full-scale input.

(d) Double-beam oscilloscope: vertical deflection with two identical channels, bandwidth d.c. to 15MHz, deflection factor of 10mV/div to 20V/div in 11 calibrated steps, time base of 0.5μs/div to 0.5 s/div in 19 calibrated steps.

6.2 Explain the problems of loading when a measurement system is being assembled from a sensor, signal conditioner and display.

6.3 Suggest a display unit that could be used to give:

(a) A permanent record of the output from a thermocouple.

(b) A display which enables the oil pressure in a system to be observed.

(c) A record to be kept of the digital output from a microprocessor.

(d) The transient voltages resulting from monitoring of the loads on an aircraft during simulated wind turbulence.

6.4 A cylindrical load cell, of the form shown in Fig. 2.32, has four strain gauges attached to its surface. Two of the gauges are in the circumferential direction and two in the longitudinal axis direction. When the cylinder is subject to a compressive load, the axial gauges will be in compression while the circumferential ones will be in tension. If the material of the cylinder has a cross-sectional area A and an elastic modulus E, then a force F acting on the cylinder will give a strain acting on the axial gauges of -F/AE and on the circumferential gauges of +vF/AE, where v is Poisson? ratio for the material.

Design a complete measurement system, using load cells, which could be used to monitor the mass of water in a tank. The tank itself has a mass of 20kg and the water when at the required level 40kg. The mass of 20kg and the water when at the required level 40kg. The mass is to be monitored to an accuracy of ±0.5kg. The strain gauges have a gauge factor of 2.1 and are all of the same resistance of 120.0Ω. For all other items, specify what your design requires. If you use mild steel for the load cell material, then the tensile modulus may be taken as 210GPa and Poisson? ratio 0.30.

6.5 Design a complete measurement system involving the use of a thermocouple to determine the temperature of the water in a boiler and give a visual indication on a meter. The temperature will be in the range 0 to 1008C and is required to an accuracy of ±1% of full-scale reading. Specify the materials to be used for the thermocouple and all other items necessary. In advocating your design you must consider the problems of cold junction and non-linearity. You will probably need to consult thermocouple tables. The following data is taken from such tables, the cold junction being at 0°C , and may be used as a guide.

Materials	e.m.f. in mV at				
	20°C	40°C	60°C	80°C	100°C
Copper-constantan	0.789	1.611	2.467	3.357	4.277
Chromel-constantan	1.192	2.419	3.683	4.983	6.317
Iron-constantan	1.019	2.058	3.115	4.186	5.268
Chromel-alumel	0.798	1.611	2.436	3.266	4.095
Platinum-10% Rh, Pt	0.113	0.235	0.365	0.502	0.645

6.6 Design a measurement system which could be used to monitor the temperatures, of the order of 100°C, in positions scattered over a number of points in a plant and present the results on a control panel.

6.7 A suggested design for the measurement of liquid level in a vessel involves a float which in its vertical motion bends a cantilever. The degree of bending of the cantilever is then taken as a measure of the liquid level. When a force F is applied to the free end of a cantilever of length L, the strain on its surface a distance x from the clamped end is given by

$$\text{strain} = \frac{6(L-x)}{wt^2E}$$

where w is the width of the cantilever, t its thickness and E the elastic modulus of the material. Strain gauges are to be used to monitor the bending of the cantilever with two strain gauges being attached longitudinally to the upper surface and two longitudinally to the lower surface. The gauges are then to be incorporated into a four-gauge Wheatstone bridge and the output voltage, after possible amplification, then taken as a measure of the liquid level. Determine the specifications required for the components of this system if there is to be on output of 10mV per 10cm change in level.

6.8 Design a static pressure measurement system based on a sensor involving a 40mm diameter diaphragm across which there is to be a maximum pressure difference of 500MPa. For a diaphragm where the central deflection y is much smaller than the thickness t of the diaphragm,

$$y \approx \frac{3r^2 P(1-v^2)}{16Et^3}$$

where r is the radius of the diaphram, P the pressure difference, E the modulus of elasticity and v Poisson? ratio. Explain how the deflection y will be converted into a signal that can be displayed on a meter.

6.9 Suggest the elements that might be considered for the measurement systems to be used to:

(a) Monitor the pressure in an air pressure line and present the result on a dial, no great accuracy being required.
(b) Continuously monitor and record the temperature of a room with an accuracy of ±1°C.
(c) Monitor the weight of lorries passing over a weighing platform.
(d) Monitor the angular speed of rotation of a shaft.

PART III
구 동

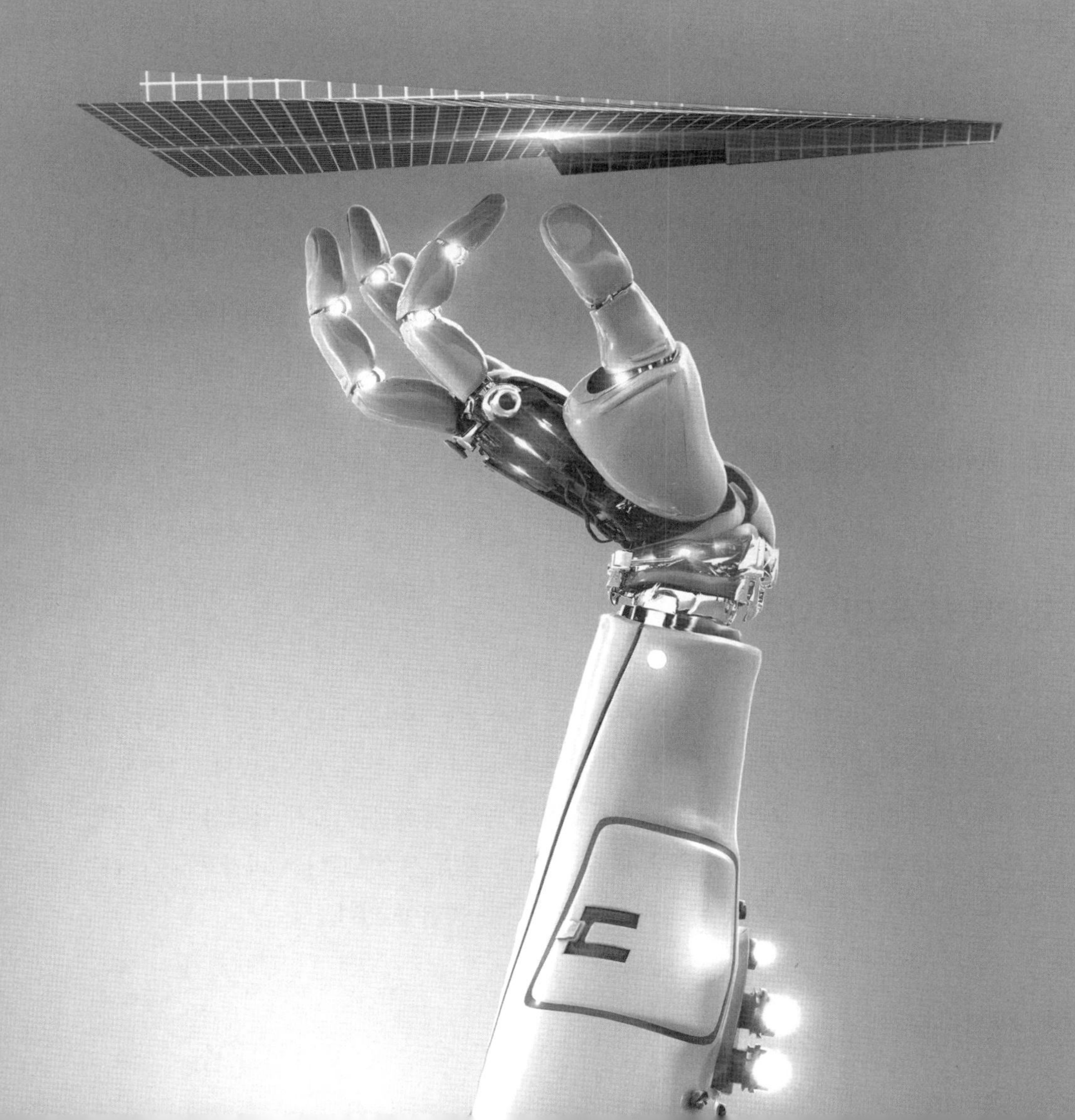

Chapter 07 공압 및 유압구동 시스템

목 표

본 장의 목표는 학생들이 공부한 후에 다음과 같은 것을 할 수 있어야 한다.

- 유압/공압 방향 제어 밸브 및 실린더를 포함한 시퀀스제어 시스템에 대하여 시스템 도면을 해독하고 간단한 시스템을 디자인할 수 있어야 한다.
- 프로세스제어 밸브의 동작 원리 및 특성 및 크기 선정에 대하여 설명할 수 있어야 한다.

7.1 구동 시스템

구동 시스템(actuation systems)은 마이크로프로세서나 제어계의 출력을 기계나 장치의 제어 동작으로 변환하는 제어계의 요소이다. 예를 들어, 부하를 직선운동으로 이동하기 위해 컨트롤러(controller)로부터 전기적인 외부 신호를 받는다. 또 다른 예로는 파이프를 따라 통과하는 유체의 유량을 제어하기 위해 제어기로부터 전기적인 외부 신호를 받는다.

본 장에서는 공압과 유압 구동 시스템인 유체 동력시스템에 대하여 기술되어 있다. 공압(pneumatics)은 압축공기를 사용할 때를 말하며, 유압(hydraulics)은 오일 같은 유체를 사용할 때를 말한다. 기계적 구동 시스템(mechanical actuator systems)은 8장에, 전기적 구동 시스템(electrical actuation systems)은 9장에 각각 기술되어 있다.

7.2 공압 및 유압 시스템

공압 신호들은 제어 시스템이 다른 전기적일 때에도 최종 제어요소로 종종 사용된다. 왜냐하면 이러한 신호들은 큰 밸브 및 다른 큰 동력의 제어장치를 제어하는 것을 할 수 있고, 그래서 큰 부하를 움직이게 할 수 있다. 그러나 이 공압 시스템의 중요한 결점은 공기 압축성이다. 유압 시스템은 보다 큰 동력의 제어장치에 사용이 될 수 있으나, 공압 시스템보다는 비싸고 공기 누수는 사고와 연관되지 않지만 오일 누수는 사고와 연관되는 위험이 있다.

대기압은 위치와 시각에 따라 변하는데, 공압에서는 일반적으로 10^5Pa이며, 이러한 압력을 1 바(bar)라고 일컫는다.

7.2.1 유압 시스템

유압 시스템은 전기 모터로 구동되는 펌프에 의해 일정한 압력의 오일이 공급된다. 오일 탱크에서 펌프로 흡입된 오일은 체크밸브(non-return valve)와 어큐뮬레이터(accumulator)를 통하여 오일 탱크로 되돌아온다. 그림 7.1(a)는 이러한 배치를 보여 준다. 압력 릴리프 밸브(pressure relief valve)는 안전 수준 이상으로 압력이 올라가면 압력을 낮춰주는 것이고, 체크밸브는 펌프로 오일이 되돌아가는 것을 방지하고, 어큐뮬레이터는 짧은 시간에 오일 압력의 변동을 완화시킨다. 일반적으로 어큐뮬레이터는 용기 속의 오일이 외부의 힘에 대하여 낮은 압력을 유지한다. 그림 7.1(b)는 가장 보편적으로 쓰이는 형태인 가스 압력식 형태로서 안쪽의 가스는 유압유(hydraulic fluid)가 들어 있는 용기 안의 주머니에 들어 있다. 기존의 형태는 스프링으로 힘이 가해진 피스톤이 들어 있다. 만약 오일 압력이 올라가면 주머니가 수축하고 오일이 차지하는 체적이 늘어나고 압력이 줄어들게 된다. 만약 오일 압력이 떨어지면 오일이 차지하는 체적이 줄어든 만큼 주머니가 늘어나고 압력은 높아진다.

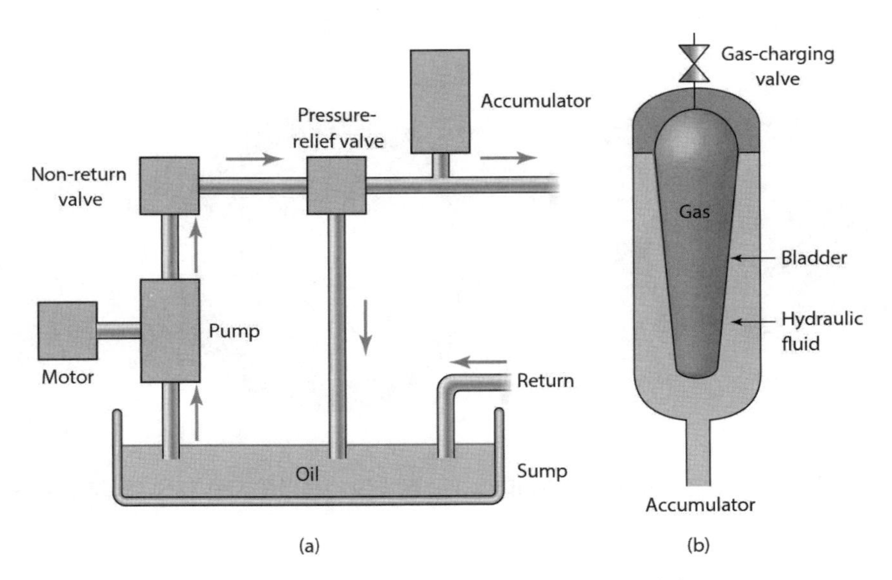

그림 7.1 (a) 유압의 동력공급, (b) 어큐뮬레이터

일반적으로 사용되는 유압펌프는 기어펌프, 베인펌프 및 피스톤펌프이다. 기어펌프(gear pump)

는 서로 반대 방향으로 회전하는 두 개의 맞물려 있는 기어휠로서 구성되어 있다(그림 7.2(a)). 유체는 회전하는 기어 치차와 하우징 사이에서 갇히면서 펌프를 통하여 힘을 받고, 그리하여 유체는 입구포트로부터 들어와 출구포트로 배출된다. 이러한 펌프는 널리 사용되며, 가격이 저렴하고 강인하다. 이러한 펌프는 2,400rpm의 회전속도, 15MPa 이하의 압력에 일반적으로 사용된다. 최대 유동량은 약 0.5m^3/min이다. 그러나 누유는 치차와 케이싱, 교차되는 치차 사이에서 일어나며, 이것이 효율을 제한시킨다. 베인펌프(vane pump)는 구동 로터에 파여진 홈을 따라 슬라이딩하고 스프링으로 로드된 베인을 갖고 있다(그림 7.2(b)). 이러한 결과 유체는 연속적인 베인들과 케이싱 사이에서 압력을 가지며, 입구 포트로부터 출구 포트로 전달된다. 누유는 기어펌프의 경우보다 적다. 유압에 사용되는 피스톤 펌프(piston pump)는 몇 가지 종류가 있다. 래이디얼 피스톤 펌프(radial piston pump)(그림 7.2(c))는 실린더 블록이 정지 캠을 따라 돌며, 이것은 스프링으로 복귀한 빈 피스톤을 입구에서 출구로 움직이게 만든다. 그 결과 유체는 입구 포트로부터 들어와 출구포트로 배출되어 전달된다. 액셜 피스톤 펌프(axial piston pump)(그림 7.2(d))는 반경방향으로보다는 축방향으로 움직이는 피스톤을 갖고 있다. 피스톤은 회전하는 실린더 블록에 축방향으로 설치되어 있으며, 회전 사판(swash plate)에 붙어서 움직인다. 이 판은 구동축에 일정한 각도를 유지하고 있으며, 축이 회전함에 따라서 피스톤은 입구포트 반대방향일 때 공기가 흡입되도록 하고, 출구포트 반대방향일 때 뿜어내도록 움직인다. 피스톤 펌프는 고효율을 가지며, 기어펌프나 베인펌프보다 높은 유체 압력에서 사용될 수 있다.

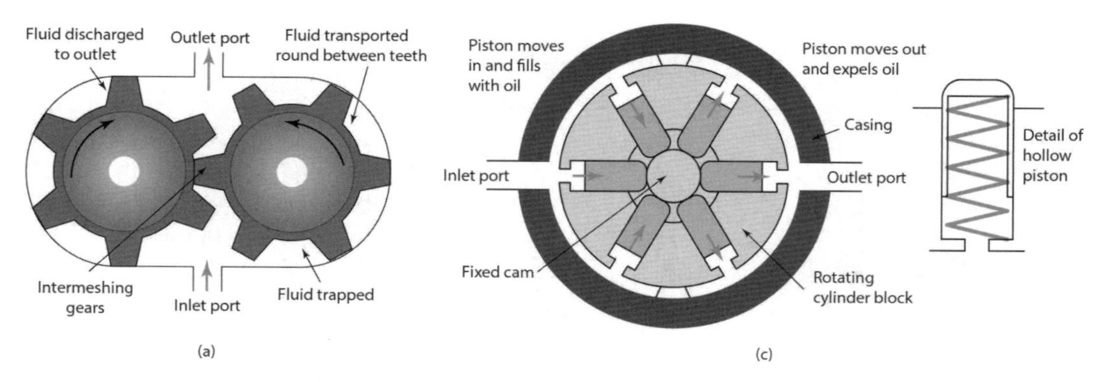

그림 7.2 (a) 기어펌프, (b) 베인펌프, (c) 래이디얼 피스톤 펌프, (d) 회전사판 부착 액셜피스톤 펌프(계속)

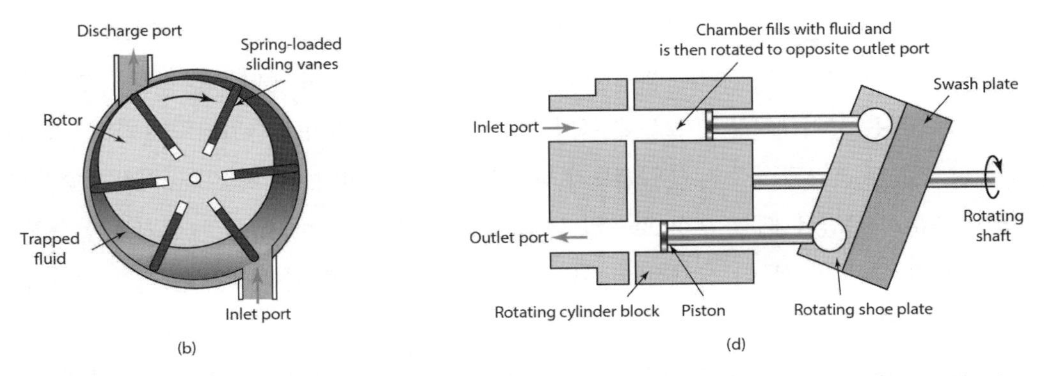

그림 7.2 (a) 기어펌프, (b) 베인펌프, (c) 래이디얼 피스톤 펌프, (d) 회전사판 부착 액셜피스톤 펌프

7.2.2 공압 시스템

공압 동력공급(그림 7.3)으로서 전기 모터에 의해 공기압축기(compressor)가 구동된다. 압축기의 입구공기는 필터링되고 소음기(silencer)를 경유하여 소음을 줄인다. 릴리프 밸브는 공급압력이 안전치 이상으로 상승하는 것을 방지하는 것이다. 공기압축기는 공기의 온도가 상승하기 때문에 냉각 시스템이 사용되고 공기 필터와 급수전(water trap)에서 물과 불순물이 제거된다. 공기 탱크(air receiver)는 시스템에서 공기의 체적을 증가시키고 짧은 시간 압력의 변동을 부드럽게 해준다.

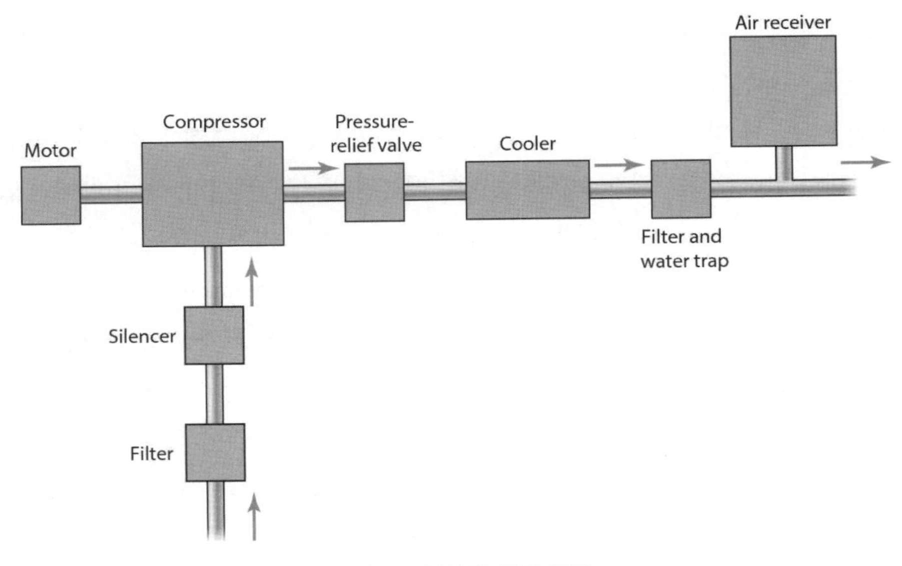

그림 7.3 공압의 동력 공급

일반적으로 사용되는 공기 압축기는 공기의 연속적인 체적이 절연되고 압축되도록 한다. 그림 7.4(a)는 단동, 1-스테이지, 수직, 왕복 압축기의 기본 형태를 보여 준다. 공기 흡입 행정에서 하강하는 피스톤은 공기가 스프링 로드된 흡입 밸브를 통하여 체임버에 흡입되도록 하며, 피스톤이 다시 상승할 때 흡입된 공기는 흡입밸브가 닫히도록 힘을 가하며, 그리하여 공기가 압축된다. 공기압이 충분히 올랐을 때 스프링 로드된 출구 밸브는 열리고 갇혀져 있는 공기는 압축공기 시스템으로 흐른다. 피스톤이 상사점(top dead center)에 도달할 때 피스톤은 다시 하강하기 시작하며, 이러한 사이클이 반복된다. 이러한 압축기를 피스톤 한 행정에 한 번의 공기가 압축되기 때문에 단동(single-acting)이라고 부르며, 복동(double-acting) 압축기는 피스톤의 상승 및 하강 행정에 각각 공기를 압축되도록 한다. 압축기가 한 번의 작동에 의하여 대기압으로부터 원하는 압력을 갖기 때문에 1-스테이지(single-stage)라고 부른다. 수 바보다 더 큰 압축공기를 얻기 위해서는 2-스테이지 이상이 일반적으로 사용된다. 정상적으로 약 10~15바 이상의 압력을 얻는 데 사용되며, 더욱 높은 압력을 얻기 위하여 더 이상의 스테이지가 필요하다. 그래서 2-스테이지 압축기는 첫 번째 단계에서는 대기압의 공기를 흡입하여 2 바 정도로 압축하며, 두 번째 단계에서 이 압축된 공기를 7바까지 압축한다. 왕복 피스톤 압축기는 1-스테이지 압축기로서 약 12 바까지 압축공기를 만드는 데 사용되며, 다단계 압축기로서 약 140 바까지 압축공기를 만드는 데 사용된다. 전형적으로 공기 흐름은 약 0.02~600m^3/min 공기 자유흐름을 말하는데, 자유흐름은 공기 대기압에서 공기의 흐름을 나타낸다.

다른 형태의 압축기는 로터리 베인 압축기(rotary vane compressor)이다. 이것은 원통형 체임버에 편심되어 장착된 로터를 가지고 있다(그림 7.4(b)). 로터는 블레이드와 베인들을 가지고 있으며, 이것들은 베인이 실린더 벽면에 대하여 바깥 방향으로 구동되도록 반경방향의 슬롯을 따라서 미끄러지는 데 자유롭다. 로터가 회전함에 따라서 공기는 포켓에 갇히게 되어 공기는 압축된다. 그래서 압축공기는 배기 포트를 통하여 배출된다. 1-스테이지, 로터리 베인 압축기는 전형적으로 0.3~30m^3/min 공기 유량에서 약 800kPa까지 압력에 사용된다.

다른 압축기의 한 형태가 로터리 스크류 압축기(rotary screw compressor)이다(그림 7.4(c)). 이것은 서로 반대방향으로 회전하는 상호 맞물려 있는 회전 스크류를 가진다. 스크류가 회전함에 따라서 공기가 흡입 포트를 통하여 케이싱 안으로 유입되어 스크류 사이의 공간에 유입된다. 이때 여기에 유입된 공기는 스크류의 길이방향으로 움직이고 그 공간이 점차 작아지면서 압축되고 배기포트로 배출된다. 대표적인 1-스테이지, 로터리-스크류 압축기는 1.4~60m^3/min 공기 유량에서 1,000kPa의 압력을 얻는 데 사용될 수 있다.

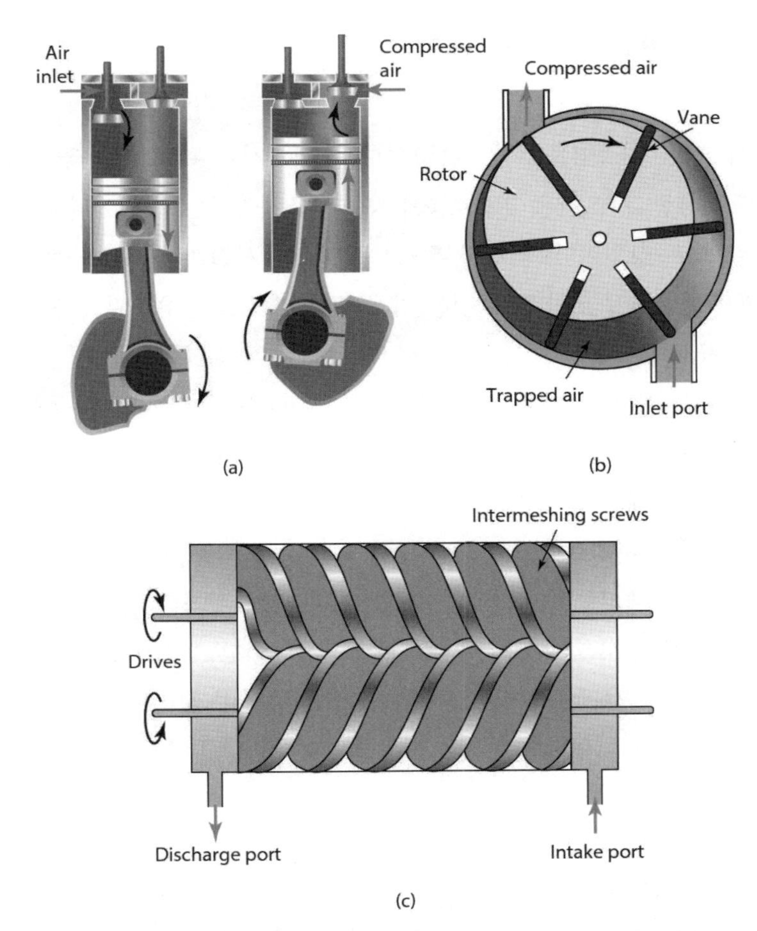

그림 7.4 (a) 단동, 1-스테이지, 수직왕복 압축기, (b) 로터리 베인 압축기, (c) 스크류 압축기

7.2.3 밸 브

밸브는 유압과 공압 시스템에서 유체의 흐름을 조정하거나 제어하기 위하여 사용된다. 기본적으로 2가지 형태의 밸브, 즉 유한위치(finite position)와 무한위치(infinite position) 밸브가 있다. 유한위치 밸브는 유체 흐름을 단지 허용하거나 차단하는지 하는 동작이며, 그래서 구동을 온(on) 또는 오프(off) 스위칭하는 데 사용된다. 흐름을 어떤 경로로부터 다른 경로로, 즉 어떤 구동기로부터 다른 구동기로 스위칭하는 방향 제어에 사용될 수 있다. 무한위치 밸브는 완전 온과 완전 오프 사이의 어떠한 위치에서 흐름을 제어할 수 있으며, 따라서 프로세스 제어에서 가변 구동력과 유체 유동량을 제어하는 데 사용될 수 있다.

7.3 방향 제어 밸브

공압과 유압 시스템은 시스템을 통해 유체의 흐름을 제어하기 위해 방향 제어 밸브(directional control valve)를 사용한다. 그것은 유체흐름의 양을 변화시키려는 것이 아니라 완전히 열리거나 닫히는 것, 즉 온-오프 장치이다. 이러한 온-오프 밸브는 시퀀스 제어 시스템(7.5.1절 참조)을 개발하기 위하여 광범위하게 쓰인다. 이것은 기계적, 전기적 또는 유체압력 신호에 의하여 유체 흐름의 방향을 바꾸도록 작동된다.

방향 제어 밸브의 일반적인 형태는 스풀 밸브(spool valve)이다. 스풀은 유동을 제어하기 위해 밸브 몸체 내에서 수평으로 움직인다. 그림 7.5에 전형적인 형태를 나타낸다. 그림 7.5(a)에서 공기공급은 포트(port) 1에 연결되어 있고, 포트 3은 닫혀 있다. 따라서 포트 2에 연결된 장치는 압축될 수 있다. 스풀이 왼쪽으로 이동되면(그림 7.5(b)) 공기공급은 차단되고 포트 2는 포트 3과 연결된다. 포트 3은 대기로 배출되고, 그러므로 포트 2에 부착된 시스템의 공기압도 배출된다. 따라서 스풀의 이동은 시스템에 처음으로 공기가 유입되고 스풀이 전환되어 시스템 밖으로 흐르게 한다. 회전 스풀을 갖는 로터리 스풀 밸브(rotary spool valve)는 스풀이 회전할 때 열리고 닫힌다.

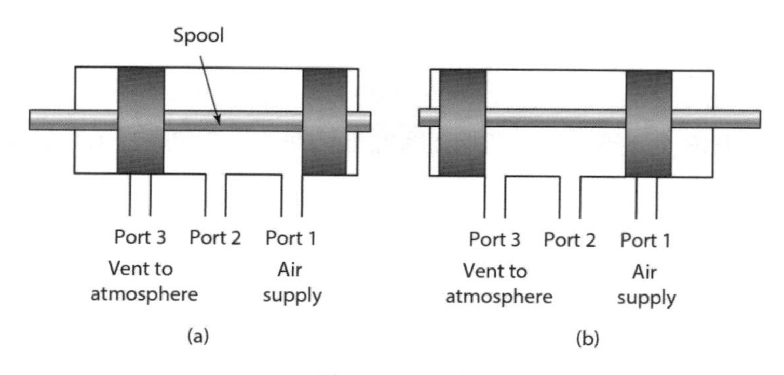

그림 7.5 스풀 밸브

방향 제어 밸브의 다른 형태는 포핏 밸브(poppet valve)이다. 그림 7.6은 한 형태를 보여 준다. 이 밸브는 압력공급기에 연결된 포트 1과 시스템에 연결되어 있는 포트 2 사이에는 연결되어 있지 않고 보통 닫힌 상태로 있다. 포핏 밸브에서, 포핏은 유동을 제어하기 위한 밸브 시트(seat)와 연관하여 볼(ball), 디스크(disc), 원추(cone)의 형태가 이용된다. 그림은 볼 형태를 보여 준다. 누름 버튼을 누르면 볼은 시트의 바깥으로 밀려나고 포트 1과 포트 2가 연결되어 유동이 생긴다. 버튼을 놓으면 스프링의 힘에 의해 볼이 시트를 막아서 유동이 닫히게 된다.

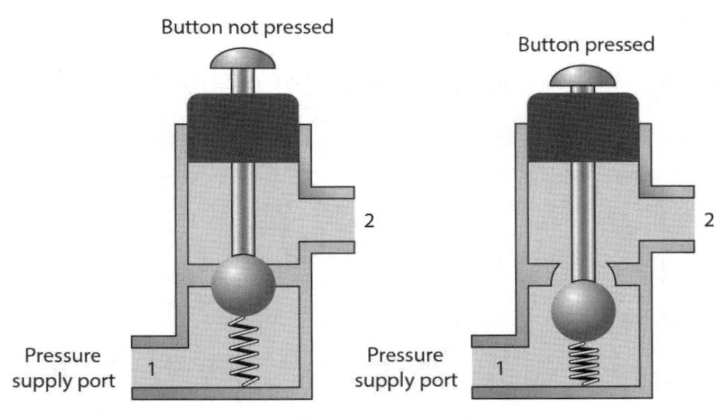

그림 7.6 포핏 밸브

7.3.1 밸브 기호

제어 밸브에 사용되는 기호는 각 스위치의 위치에 대해 사각형으로 구성되어 있다. 따라서 포핏 밸브에 대해 그림 7.6처럼 나타나고, 이것은 2개의 위치를 갖는다. 하나의 위치는 버튼을 누르지 않았을 때이고, 다른 하나의 위치는 버튼을 누를 때이다. 따라서 2-위치 밸브는 2개의 사각형을 갖고, 3-위치 밸브는 3개의 사각형을 갖는다. 그림 7.7(a)의 화살표는 각 유동의 방향을 나타내고, 그림 7.7(b)의 막힌 선은 유로가 닫혀 있음을 나타낸다. 그림 7.7(c)는 4개의 포트가 처음에 밸브 위치에 포트로 연결되어 있는 것이다. 포트는 숫자에 의해 표시되거나 그들의 기능에 따라 문자로 표현된다. 1(또는 P)이라고 표시된 포트는 압력공급이고, 3(또는 T)은 유압 리턴 포트(hydraulic return port), 3 또는 5(R 또는 S)는 공기배출 포트(pneumatic exhaust port) 그리고 2 또는 5(B 또는 A)는 출구 포트(output port)를 나타낸다.

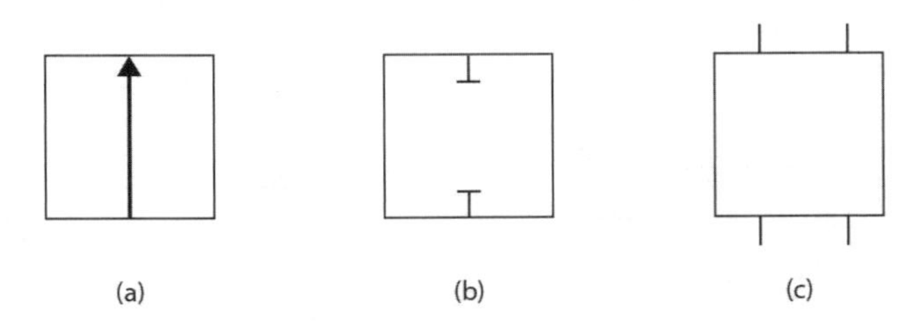

그림 7.7 (a) 유동 방향, (b) 유동 차단, (c) 초기 연결

그림 7.8(a)는 밸브를 구동하기 위한 다양한 방법을 나타내는 기호들이다. 이러한 기호는 밸브 기호로서 쓰인다. 이런 다양한 기호들이 밸브 작동 방법을 기술하는 데 어떻게 조합될 수 있는가의 예로서, 그림 7.8(b)는 그림 7.6의 2포트 2위치 포핏 밸브에 대한 기호를 나타낸다. 2포트

2위치 밸브는 2/2 밸브처럼 표현될 수 있고, 처음 수는 포트의 수, 두 번째 수는 위치의 수를 나타낸다. 밸브 구동은 푸시-버튼과 스프링에 의하여 이루어진다.

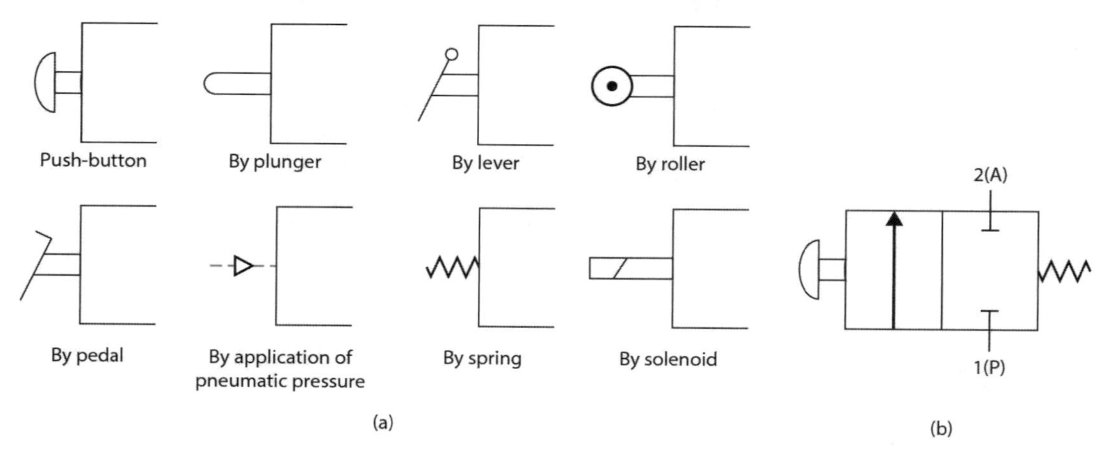

그림 7.8 밸브 구동 기호

다른 예로서 그림 7.9는 솔레노이드(solenoid)로 작동되는 스풀 밸브와 그 기호를 나타낸다. 이 밸브는 솔레노이드에 흐르는 전류에 의해 작동되고 스프링에 의해 원래 위치로 되돌아온다.

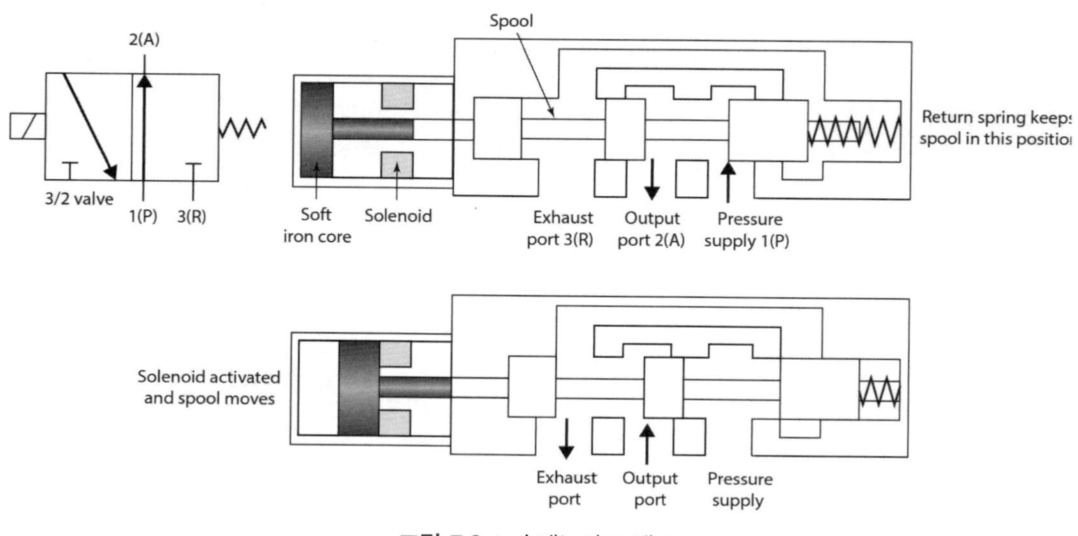

그림 7.9 1-솔레노이드 밸브

그림 7.10은 4/2 밸브에 대한 기호를 보여 준다. 그 연결은 초기 상태를 보여 준다. 즉, 1(P)과 2(A)는 연결되어 있고, 3(R)은 닫혀 있다. 솔레노이드가 작동되면 1(P)은 닫히고 2(A)와 3(R)이

연결된다. 솔레노이드에 흐르는 전류를 차단했을 때 스프링은 밸브의 초기 위치로 민다. 스프링의 움직임은 부착된 사각형에 사용된 표시와 같다.

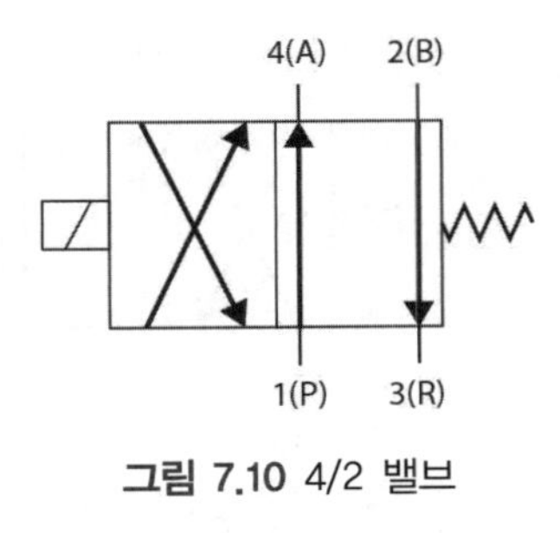

그림 7.10 4/2 밸브

그림 7.11은 공압을 이용한 리프트(lift) 시스템에서의 밸브 적용 예이다. 2개의 푸시-버튼 2/2 밸브가 사용된다. Up 버튼을 누르면 부하가 위로 올라가고, Down 버튼을 누르면 부하가 내려간다. 공압 시스템에서 열린 화살표(open arrow)는 대기로의 배출을 의미한다.

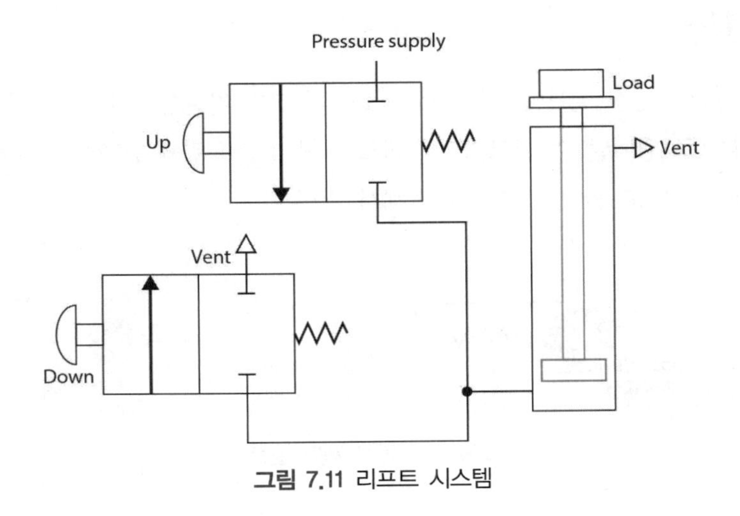

그림 7.11 리프트 시스템

7.3.2 파일럿 조작형 밸브

밸브에서 볼이나 셔틀(shuttle)을 움직이는 데 필요한 힘은 수동으로나 솔레노이드로 작동하기에는 종종 너무 큰 경우도 있다. 이러한 문제를 해결하기 위해서 두 번째 밸브를 제어하는 파일럿 조작형 시스템(pilot-operated system)이 사용된다. 그림 7.12는 이것에 대한 예를 나타내고 있다. 파일럿 밸브는 용량이 작고 인력으로나 솔레노이드로 작동될 수 있다. 이것은 주 밸브(main valve)가 시스템의 압력에 의해 작동되도록 하는 데 쓰인다. 점선은 파일럿 압력 라인(pilot pressure line)을 나타낸다. 파일럿과 주 밸브는 2개의 분리된 밸브로 작동되고 하나의 하우징에 묶여 있다.

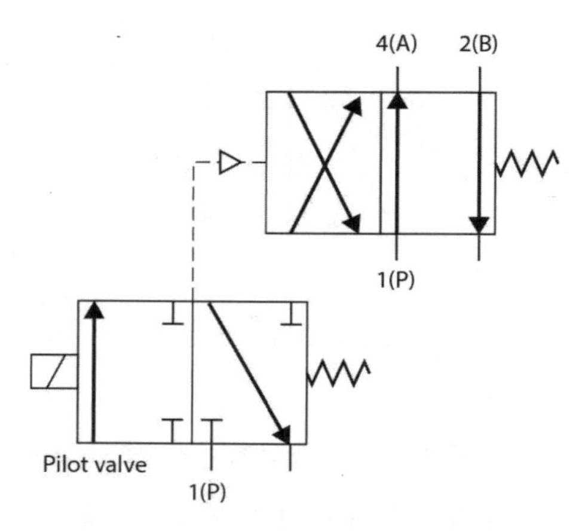

그림 7.12 파일럿 조작 시스템

7.3.3 방향 밸브

그림 7.13은 간단한 방향 밸브(directional valve)와 그의 기호를 나타낸다. 자유 유동은 밸브를 통해 한 방향으로 일어날 수 있고, 그 결과로서 볼이 스프링을 압축한다. 다른 방향으로의 유동은 볼에 힘을 가하고 있는 스프링에 의해서 막힌다.

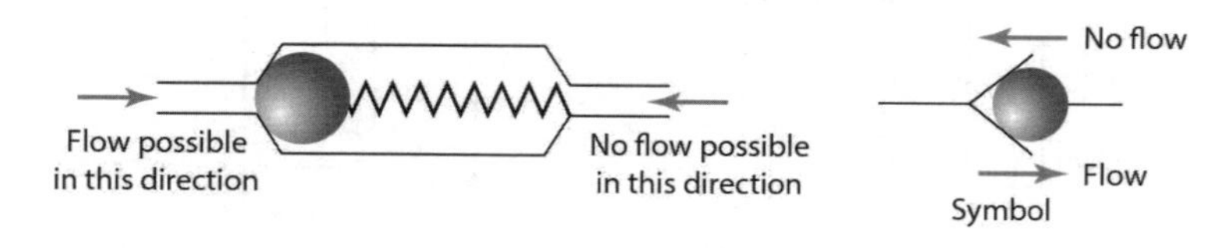

그림 7.13 방향 제어 밸브

7.4 압력 제어 밸브

압력 제어 밸브에는 크게 3가지 종류가 있다.

1. 압력조절 밸브(Pressure regulating valves)

이것은 회로에서 작동압력을 제어하는 데 사용되고 일정한 압력을 유지하는 데 사용된다.

2. 압력제한 밸브(Pressure limiting valves)

이것은 회로에서 어떤 안전압력 이하로 압력을 제한하는 안전장치이다. 만약 압력이 설정한 안전압력을 넘어서면 밸브는 열리고 대기로 배출되거나 오일 탱크로 되돌려진다. 그림 7.14는 보통 닫혀 있는 오리피스를 가진 압력제한/릴리프 밸브(pressure limiting/relief valve)를 나타낸다. 입구압력이 스프링에 의해 가해진 힘을 이기면 밸브는 열리고 대기로 배출된다. 또는 오일 탱크로 돌아간다. 이것은 초과 압력에 대해 시스템을 보호하기 위해 릴리프 밸브로써 사용되기도 한다.

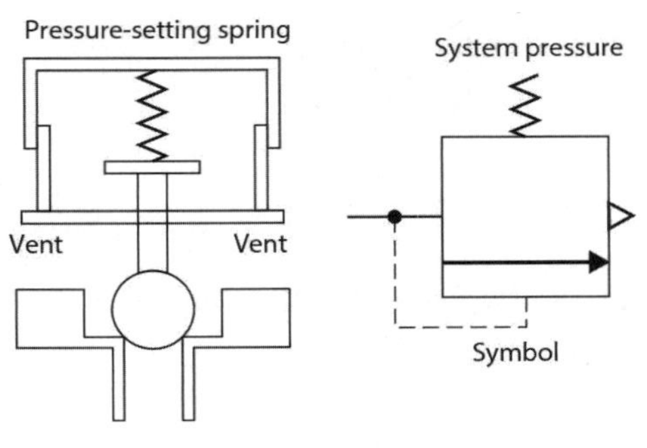

그림 7.14 압력제한 밸브

3. 압력 시퀀스 밸브(Pressure sequence valves)

이 밸브는 외부 라인의 압력을 감지하는 데 사용되고, 어떤 설정압력에 도달하면 그 신호를 알려주는 데 사용된다. 그림 7.15의 압력제한 밸브의 압력제한은 밸브 입구의 압력에 의해 설정된다. 이러한 밸브는 시퀀스 밸브로서 적용할 수 있다. 이것은 압력이 필요 이상으로 상승할 때 유동이 다른 부분으로 일어나도록 할 경우에 사용된다. 예를 들면, 자동화 기계들에서 공작물에 가해진 클램핑 압력이 어떤 특정한 압력에 도달했을 때 어떤 동작이 시작되도록 할 경우에 사용할 수 있다. 그림 7.15(a)는 시퀀스 밸브의 기호를 나타낸다. 입구압력이 어떤 특정한 압력에 도달하여 그 압력이 시스템에 가해질 때 작동하는 밸브이다. 그림 7.15(b)는 시퀀스 밸브가 사용된 시스템을 보여 준다. 4/3밸브의 처음 작동 시 압력이 실린더 1에 공급되고 실린더가 오른쪽으로 전진하게 된다. 이런 일이 일어나는 동안 그 압력은 너무 낮아서 시퀀스 밸브를 열 수 없으며 어떤 압력도 실린더 2에 공급되지 않는다. 실린더 1의 램이 끝 지점에 도달했을 때 시스템 압력이 적당한 레벨로 상승하게 되고, 그때 시퀀스 밸브가 열리기 시작하여 실린더 2의 램이 오른쪽으로 전진하게 된다.

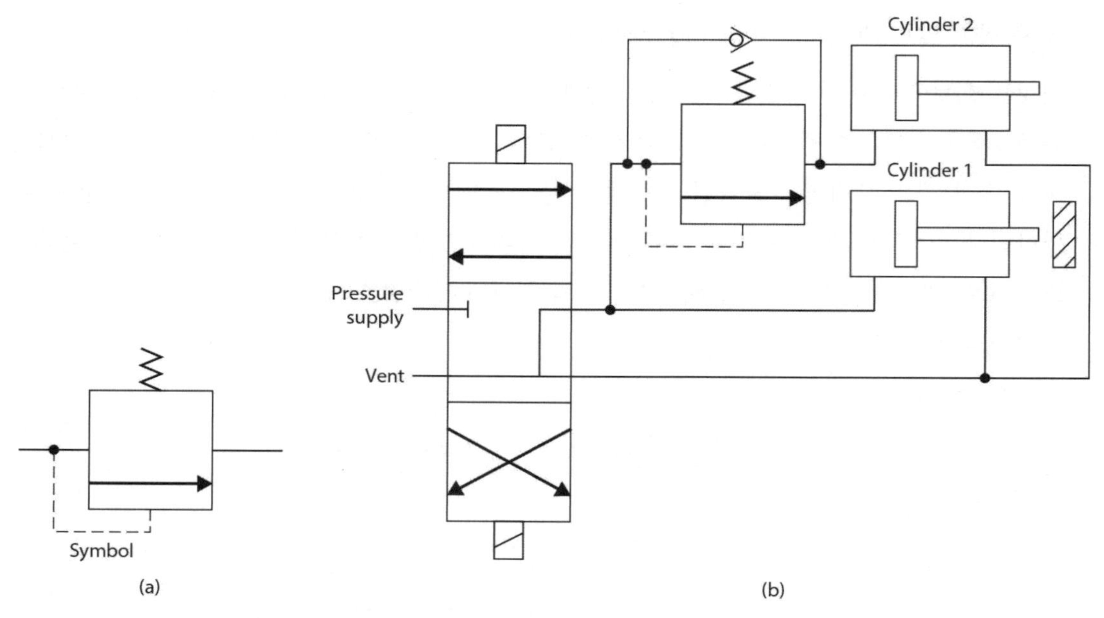

그림 7.15 (a) 압력시퀀스 밸브, (b) 시퀀스 시스템

7.5 실린더

유압(hydraulic) 또는 공압 실린더(pneumatic cylinder)는 직선 액추에이터의 예이다. 원리와 형태는 동일하지만 유압이 보다 높은 압력에 사용되기 때문에 크기의 차이는 있다. 실린더는 피스톤/램(piston/ram)이 미끄러질 수 있는 원통형의 튜브로 구성된다. 단동 및 복동 실린더의 두 가지 기본형태가 있다.

단동(single acting)은 제어압력이 단지 피스톤의 한 방향으로만 움직이는 데 작용되고 스프링은 피스톤을 반대로 움직이는 데 사용된다. 피스톤의 반대편은 대기에 노출되어 있다. 그림 7.16은 스프링에 의하여 피스톤이 복귀한 실린더를 나타낸다. 유체는 피스톤의 한쪽 면에 게이지 압력 p가 걸리고, 피스톤의 다른 쪽에는 대기압이 걸리므로 피스톤의 단면적을 A라고 하면 피스톤에 pA라는 힘이 걸린다. 피스톤 로드에 실제로 걸리는 힘은 마찰로 인하여 그보다 적다.

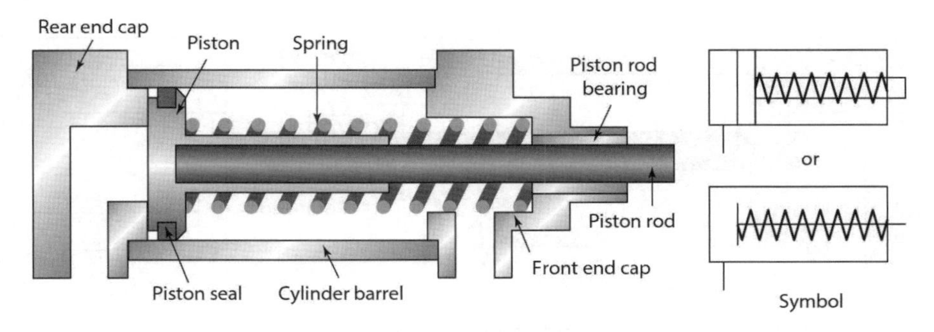

그림 7.16 단동 실린더

그림 7.17에 나타낸 단동 실린더에 대하여 전류가 솔레노이드를 통해 흐르면 밸브는 위치를 변환시키고 압력은 실린더를 따라 피스톤을 전진시키는 데 작용한다. 솔레노이드를 통한 전류가 차단되면, 밸브는 초기 위치로 복귀되고 공기는 실린더로부터 대기로 방출된다. 그 결과 스프링이 피스톤을 실린더를 따라 후진하도록 한다.

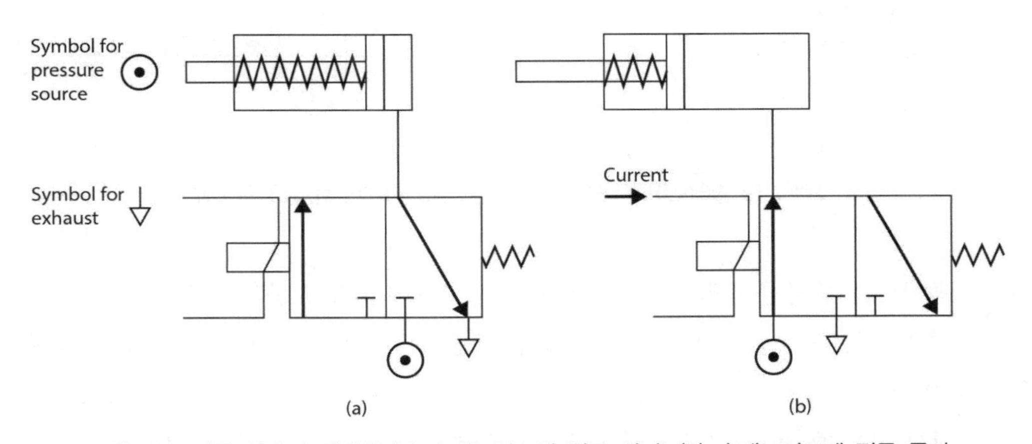

그림 7.17 단동 실린더 제어와 (a) 솔레노이드에 전류 차단, (b) 솔레노이드에 전류 통과

복동(double acting)은 제어압력이 피스톤의 각 양단에 작용할 때 사용된다(그림 7.18). 2개의 단 사이의 압력 차이는 피스톤이 움직이도록 하고, 피스톤은 높은 압력신호의 결과에 따라 실린더 내의 어느 한 방향으로 이동할 수 있다. 그림 7.19에 나타낸 복동 실린더에 대하여 하나의 솔레노이드에 전류를 흘려주면 한 방향으로 피스톤이 움직이고, 다른 솔레노이드에 전류를 흘려주면 운동방향이 바뀐다.

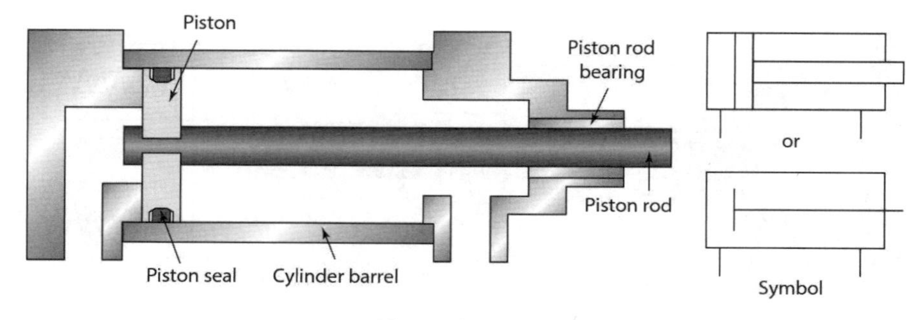

그림 7.18 복동 실린더

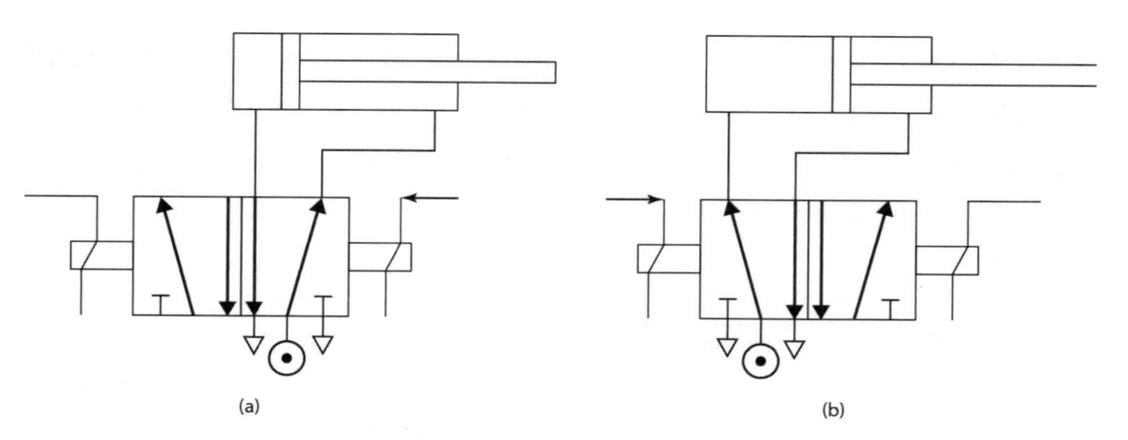

그림 7.19 솔레노이드 부착 복동 실린더 (a) 비활성화, (b) 활성화

실린더의 선택은 하중을 움직이는 데 필요한 힘과 속도에 의해 결정된다. 유압 실린더는 공압 실린더보다 더 큰 힘을 낼 수 있다. 그러나 공압 실린더는 유압 실린더보다 속도를 빨리 할 수 있다. 실린더에서 발생하는 힘은 실린더의 단면적에 사용압력(working pressure)을 곱한 것과 같다. 여기서 사용압력이란 실린더 내 피스톤의 양면에 작용하는 압력의 차이를 말한다. 예를 들어 실린더의 사용공압이 500kPa이고 내경이 50mm이면 982N의 힘이 발생한다. 동일한 내경을 갖는 유압 실린더에 사용압력이 15,000kPa이면 29.5kN의 힘이 발생한다.

만약 실린더 내로 흘러들어가는 유압유의 유량이 초당 Q이면, 1초 동안 피스톤에 의해 밀려나간 체적은 Q가 되어야 한다. 단면적이 A인 피스톤일 경우 1초 후의 변위는 v이므로 유량 $Q = Av$와 같이 쓸 수 있다. 따라서 유압 실린더의 속도 v는 유압유의 유량 Q를 실린더의 단면적 A로 나눈 것과 같다. 예를 들어, 유압 실린더의 단면적이 50mm이고 유량이 $7.5 \times 10^{-3} \mathrm{m}^3/\mathrm{s}$이면 실린더의 속도는 3.8m/s이다. 공압 실린더의 속도는 공기가 전진하는 피스톤의 헤드에서 대기로 빠질 수 있는 유동률에 따라 달라지므로 앞의 방법으로 계산할 수는 없다. 이것을 조절한 밸브는 속도를 제어하기 위해 사용될 수 있다.

상기 과정을 예시하기 위하여 어떤 제작과정에서 공작물을 15초 동안 250mm 이동하는 데 필요한 유압 실린더에 대한 문제를 고려해 보자. 공작물을 움직이는 데 50kN이 필요하면 지름이 150mm인 피스톤을 가진 실린더에 필요한 유량과 사용압력은 얼마인가? 피스톤의 단면적은 $(1/4)\pi\times0.150^2=0.0177\text{m}^2$이다. 실린더에서 발생하는 힘은 이 단면적에 사용압력을 곱한 것이다. 따라서 필요한 사용압력은 $50\times10^3/0.0177=2.8\text{MPa}$이다. 유압실린더의 속도는 유량을 피스톤의 단면적으로 나눈 것이므로 필요한 유량은 $(0.250/15)(0.0177)=2.95\times10^{-4}\text{m}^3/\text{s}$이다.

7.5.1 실린더의 동작순서

많은 제어 시스템의 구동요소로서 공압이나 유압 실린더가 사용되고, 실린더는 일련의 전진, 후진 동작이 필요하다. 예를 들어 A와 B라는 2개의 실린더가 있고 시작 버튼이 눌러졌을 때 실린더 A의 피스톤이 전진하고, 그 다음에 실린더 B의 피스톤이 전진한다고 가정하자. 이 과정이 끝나고 두 실린더가 모두 전진한 상태이면 다시 실린더 A가 후진하고, 완전히 후진하면 실린더 B가 후진해야 한다. 실린더의 시퀀스제어를 논의하는 데 각 실린더에 A, B, C, D와 같은 심벌을 붙이는 것이 일반적으로 편리하고, 각 실린더의 상태가 전진할 때는 +, 후진할 때는 − 심벌을 사용하여 나타낸다. 따라서 위에서 보았던 실린더의 동작은 A+, B+, A−, B−와 같이 나타낼 수 있다. 그림 7.20은 이러한 시퀀스를 생성할 수 있는 회로를 보여 준다.

시퀀스 운전은 아래와 같다.

1. 초기에 두 실린더는 피스톤을 후진한 상태이다. 밸브 1의 시작 버튼을 누르면 밸브 2에 압력이 가해지고 초기에 제한 스위치 b−가 작동하여 밸브 3을 스위칭시키고 실린더 A에 압력이 가해져 피스톤이 전진한다.
2. 실린더 A가 전진하면 제한 스위치 a−를 해제시킨다. 실린더 A가 완전히 전진하면 제한 스위치는 a+가 동작한다. 이것은 밸브 5를 스위치시켜 밸브 6에 압력을 가하고 이로 인해 밸브 6이 스위치되면 실린더 B에 압력이 가해져 피스톤이 전진하게 된다.
3. 실린더 B가 전진하면 제한 스위치 b−를 해제시키고, 실린더 B가 완전히 전진하면 제한 스위치가 b+가 동작한다. 이것은 밸브 4를 스위치시켜 밸브 3에 압력을 가하게 되고 이로 인해 실린더 A의 피스톤이 후진하기 시작한다.
4. 실린더 A가 후진하면서 제한 스위치 a+를 해제시키고, 실린더 A가 완전히 후진하면 제한 스위치 a−가 동작한다. 이것은 밸브 7을 스위치시키고 밸브 6에 압력을 가하여 실린더 B의 피스톤이 후진하기 시작한다.

5. 실린더 B가 후진하고 제한 스위치 b+가 해제된다. 실린더 B가 완전히 후진하면 제한 스위치 b−가 작동되어 완전 사이클을 이룬다.

이 사이클은 시작 버튼의 누름에 의해 다시 시작할 수 있다. 만약 시스템을 시퀀스에서 마지막 이동 후에도 연속적으로 작동시키면 첫 이동이 시작될 것이다.

공기 공급 온-오프 스위치가 하나로 되어 시퀀스에 포함되어 있는 방법을 캐스케이드제어(cascade control)라 한다. 이것은 그림 7.20에 나타나 있는 제어 밸브에서 압력 라인에서 공기가 갇히고 그래서 스위치로부터 밸브를 막는 형태와 회로에서 나타날 수 있는 문제를 피할 수 있다. 캐스케이드제어에서 시퀀스의 작용은 각각 그룹의 한 방법보다 작게 나타난다. 그리하여 시퀀스의 A+, B+, B−, A−를 A+, B+와 A−, B−로 그룹화할 수 있다. 그 밸브는 A+, B+와 A−, B− 사이의 공기공급 스위치로 사용이 된다. 라인에 포함된 시작-스톱 밸브는 처음 그룹을 선택하고 시퀀스가 연속적으로 작동한다면 마지막 동작은 시퀀스의 재시작 신호를 줄 것이다. 각각의 그룹은 그룹의 스위치가 켜짐에 따라 초기화된다. 따라서 스위치의 조작에 의해서 그룹 내의 동작이 제어되고, 마지막 밸브의 작동은 선택된 다음 그룹을 초기화한다. 그림 7.21은 그 공압 회로를 보여 준다.

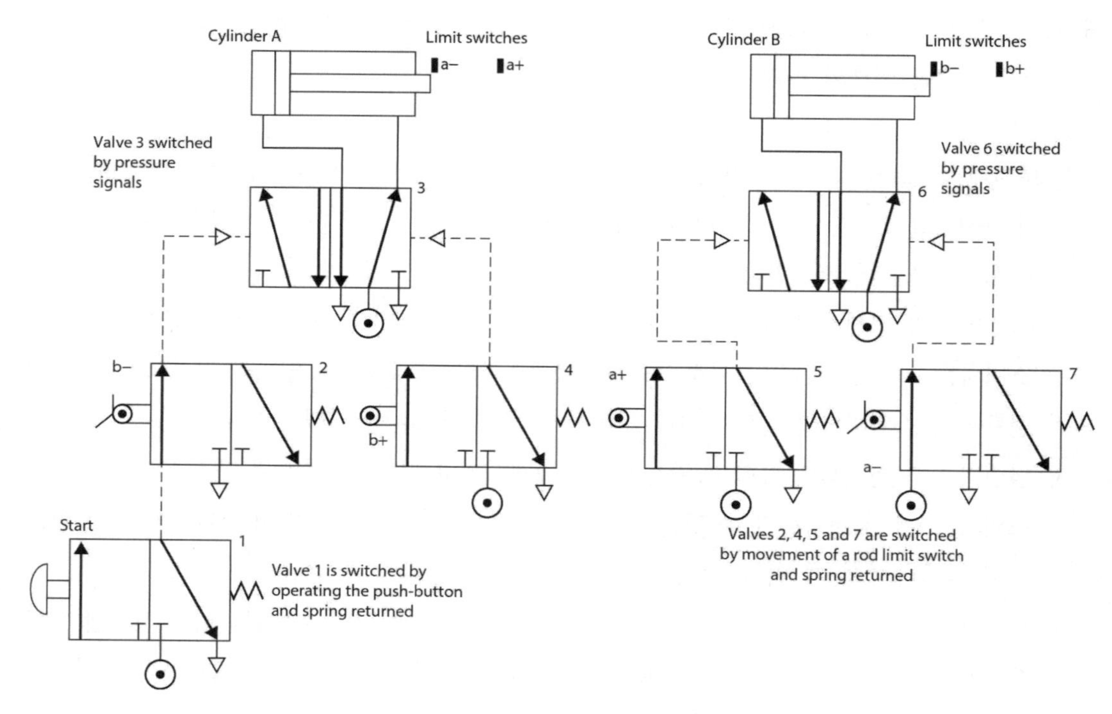

그림 7.20 2개 액추에이터의 시퀀스 운전

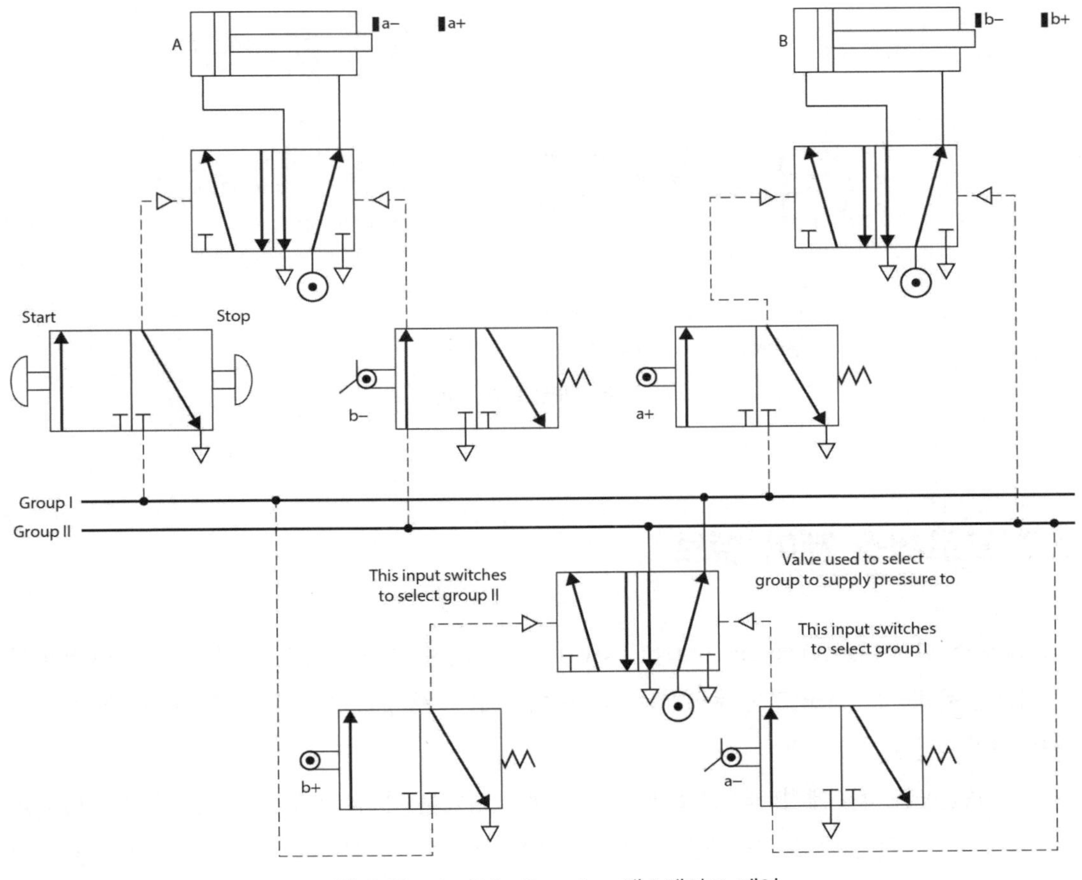

그림 7.21 A+, B+, B−, A− 캐스케이드 제어

7.6 서보 및 비례 제어 밸브

서보(servo) 및 비례 제어 밸브(proportional control valve)는 솔레노이드에 공급되는 전류에 비례하는 밸브 스풀 변위를 주는 무한위치 밸브이다. 서보 밸브는 기본적으로 밸브 내의 스풀을 움직이는 토크 모터를 가진다(그림 7.22). 토크 모터에 공급되는 전류를 변화시킴으로서 전기자가 편향되며, 이것은 밸브 내의 스풀을 움직이고, 이것은 전류에 비례하는 유량을 준다. 서보 밸브는 고정밀도를 가지며 가격이 비싸고, 일반적으로 폐루프 제어 시스템에 사용된다.

비례 제어 밸브는 가격이 다소 싸며, 기본적으로 솔레노이드에 인가된 전류에 의하여 직접적으로 제어되는 스풀 위치를 결정한다. 그것들은 개루프 제어 시스템에 흔히 사용된다.

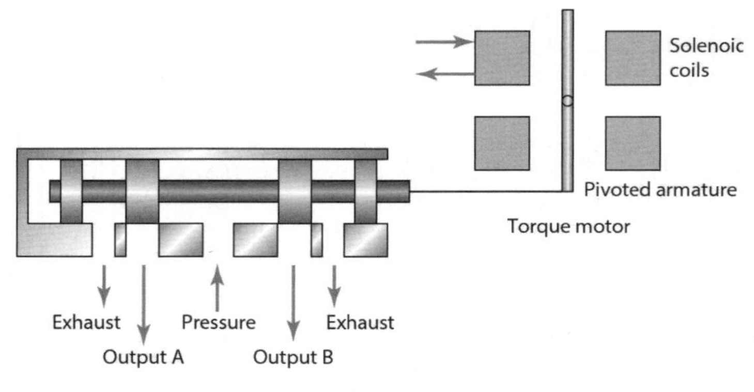

그림 7.22 서보밸브의 기본 구조

7.7 프로세스 제어 밸브

프로세스 제어 밸브(process control valve)는 유체의 유량을 제어할 때 쓰인다. 그러한 밸브의 기본은 유로 속의 플러그를 움직이는 액추에이터이며, 즉 유체가 흐를 수 있는 파이프의 단면적을 변경시킨다.

일반적인 공압 액추에이터의 프로세스 제어 밸브 형태는 다이어프램 액추에이터(diaphragm actuator)이다. 일반적으로 다이어프램 한 쪽은 압력 신호를 받아들이는 제어기, 다른 쪽은 대기와 연결되어 있고 압력의 차이는 게이지 압력(gauge pressure)에 의해 결정된다. 다이어프램은 두 개의 둥근 철재 디스크와 이를 둘러싼 고무로 되어 있다. 입구압력의 변화는 그림 7.23(a)에 있는 것처럼 다이어프램의 중심부분을 움직인다. 이 이동은 7.23(b)와 같이 다이어프램과 연결된 샤프트에 의해서 최종 제어부에 전달된다.

샤프트의 힘 F는 다이어프램을 움직인 힘이고 그리하여 다이어프램의 면적 A에 대한 게이지 압력은 P이다. 이 힘은 스프링에 의해 전달된다. 만약 샤프트의 이동거리가 x이고 스프링의 상수 k가 일정하고 $F=kx$처럼 힘에 비례할 때, $kx=PA$이므로 샤프트의 변위는 압력에 비례한다.

위의 설명은 500N의 힘이 밸브에 가해졌을 때 다이어프램 액추에이터의 제어 밸브 열림 문제를 고찰한 것이다. 제어 게이지 압력이 100kPa일 때 다이어프램 면적은 얼마나 요구되는가? 힘 F는 다이어프램 면적 A에 압력 P로 적용되므로 $P=F/A$로 구할 수 있다. 따라서 $A=500/(100\times10^3)=0.005\text{m}^2$이다.

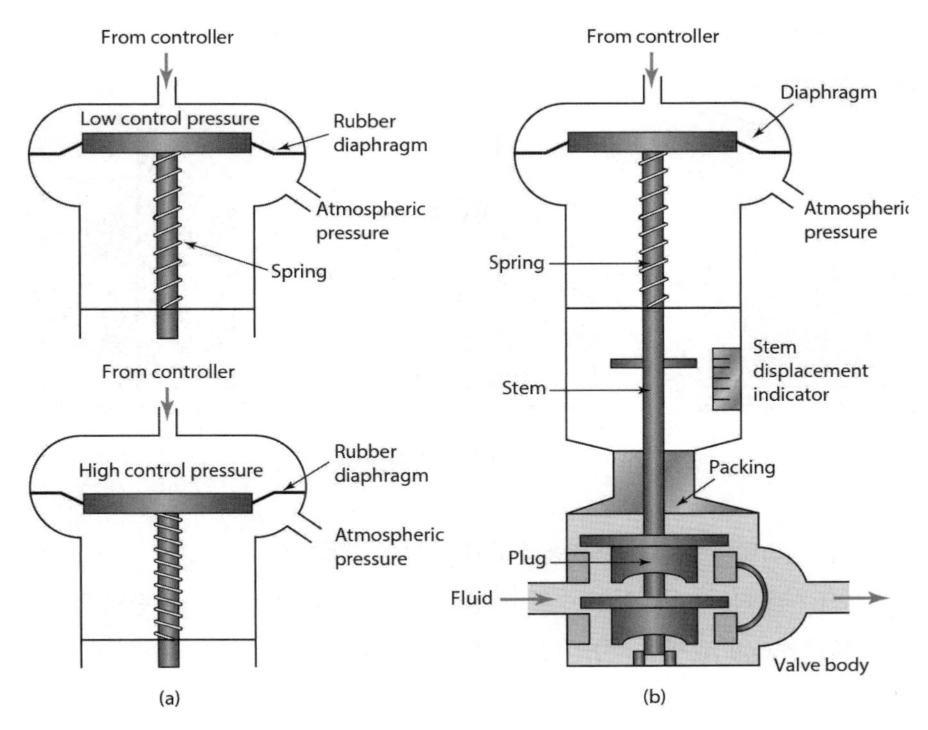

그림 7.23 (a) 공압 다이어프램 액추에이터, (b) 제어 밸브

7.7.1 밸브 본체와 플러그

그림 7.23(b)는 유량제어 밸브의 단면을 나타낸다. 액추에이터에서 압력변화는 다이어프램을 움직이게 하고 그 결과로 밸브 스템(stem)을 움직이게 한다. 이것의 결과는 밸브 본체 안의 내부-밸브 플러그의 이동이다. 플러그는 유체의 흐름과 유량을 결정하기 위한 위치를 제한한다.

많은 밸브 본체와 플러그의 모양이 있다. 그림 7.24는 몇몇의 밸브 본체의 모양을 보여 준다. 단일-시트(single seated)에서 밸브에서의 유동을 제어할 때 밸브를 통과하는 유체는 단 하나의 경로와 하나의 플러그를 필요로 한다. 2중-시트(double seated)는 그림 7.23에서와 같이 유체가 밸브 스플릿 안으로 2개의 흐름으로 들어온다. 각각의 흐름은 오리피스 제어를 통해 플러그를 가로질러 통과한다. 그러므로 두 플러그는 그러한 밸브와 함께 있다.

단일-시트 밸브는 2중-시트보다 더 단단히 닫히는 이점을 가지고 있으나 유동에 기인하는 플러그에 미치는 힘이 훨씬 더 높고 액추에이터 내의 다이어프램이 스템에 상당히 높은 힘을 가해야 하는 단점이 있다. 이것은 플러그의 위치를 정확히 해야 하는 문제의 결과이다. 따라서 2중-시트 밸브는 여기에서는 이점을 가진다. 또한 본체의 형상은 증가된 공기압력이 밸브를 열게 하거나 닫게 하는 어느 하나에 의해서 결정한다.

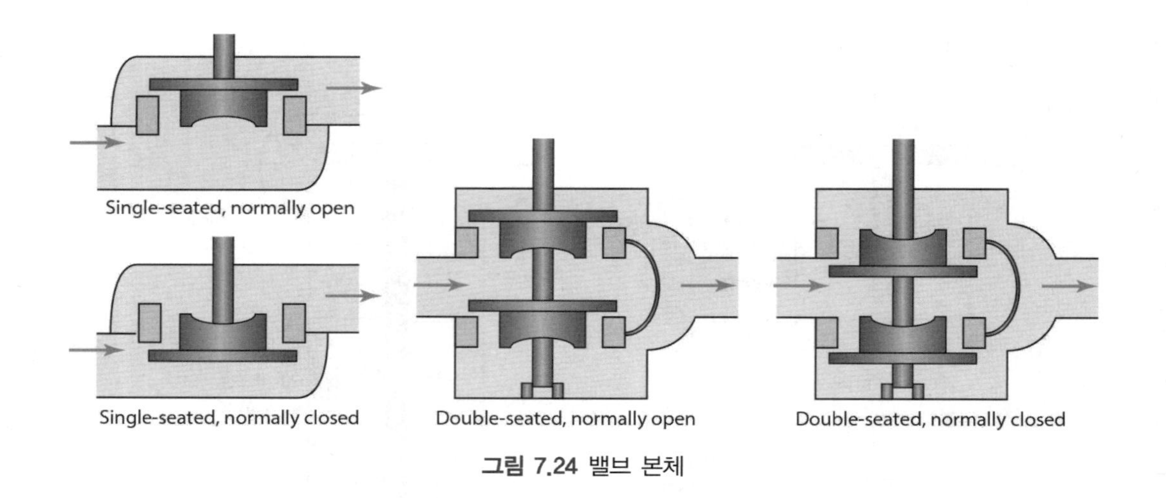

그림 7.24 밸브 본체

플러그의 형상은 스템의 움직임과 유량의 효과 사이의 관계에서 결정된다. 그림 7.25(a)는 3가지의 일반적으로 사용되는 형상을 보여 주고 있다. 그림 7.25(b)는 체적 유량의 백분율과 밸브 스템의 변위 백분율과의 관계가 어느 정도인가를 나타내고 있다.

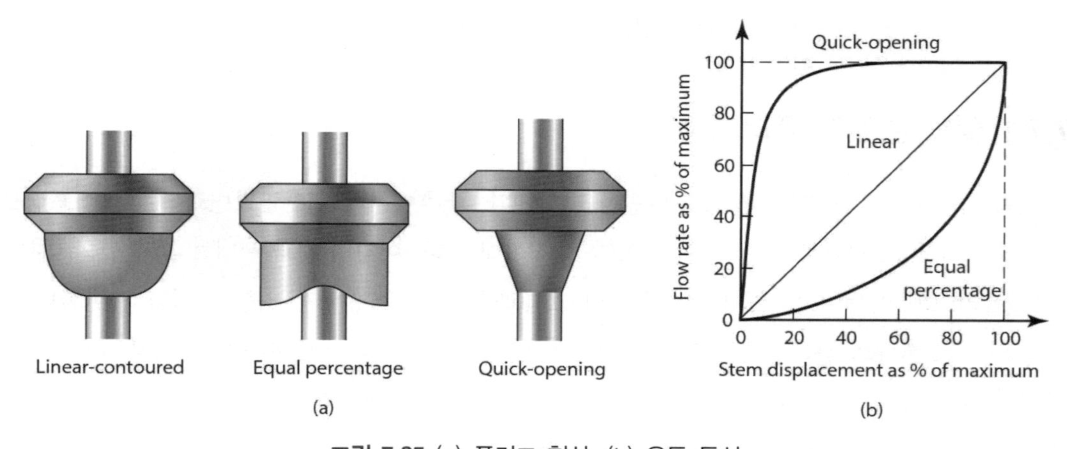

그림 7.25 (a) 플러그 형상, (b) 유동 특성

급속-열림(quick-opening) 방식에서 유량의 큰 변화는 밸브 스템의 작은 움직임을 발생시킨다. 이와 같은 플러그는 유량의 온-오프제어가 요구되는 것에서 사용된다.

선형등고선(liner-contoured) 방식에서 유량의 변화는 밸브 스템의 변위변화에 비례한다. 즉,

$$\text{유량의 변화} = k(\text{스템 변위의 변화})$$

여기서 k는 상수이다. 만약 Q가 밸브 스템의 변위 S에 의한 유량이고 Q_{max}가 최대 밸브 스템의 변위 S_{max}에 의한 유량이라면

$$\frac{Q}{Q_{max}} = \frac{S}{S_{max}} \text{ (관계식)}$$

또는 유량변화의 비율과 스템 변위변화의 비율은 같은 것을 얻을 수 있다.

위에서 설명한, 30mm의 완전한 이동의 스템 움직임을 갖는 액추에이터의 문제를 고찰한다. 설치된 선형 플러그 밸브는 최소 유량 0에서부터 최대 유량 $40\text{m}^3/\text{s}$까지를 가진다. 스템의 움직임이 (a) 10mm, (b) 20mm일 때 유량은 얼마가 될 것인가? 유량의 비율은 스템 변위의 비율과 동일하므로 (a) 33%의 스템 변위의 비율은 33%의 유량의 비율을 가져다주므로 $13\text{m}^3/\text{s}$, (b) 67%의 스템 변위의 비율은 67%의 유량의 비율을 가져다주므로 $27\text{m}^3/\text{s}$가 된다.

등비율(equal percentage) 방식의 플러그에서 유량의 동일한 비율변화는 밸브 스템 위치의 동일한 변화를 발생시킨다. 따라서

$$\frac{\Delta Q}{Q} = k\Delta S$$

여기서 ΔQ는 유량 Q에 의한 유량의 변화이고, ΔS는 이러한 변화로부터 밸브 위치의 변화에 따른 결과이다. 만일 우리가 이 작은 변화의 표현을 쓰고 그 다음으로 적분을 한다면 다음을 얻을 수 있다.

$$\int_{Q_{min}}^{Q} \frac{1}{Q} \mathrm{d}Q = k\int_{S_{min}}^{S} \mathrm{d}S$$

$$\ln Q - \ln Q_{min} = k(S - S_{min})$$

만약 S_{max}에 의해 유량 Q_{max}가 주어진다고 가정하면

$$\ln Q_{max} - \ln Q_{min} = k(S_{max} - S_{min})$$

주어진 두 식으로부터 k를 제거하면

$$\frac{\ln Q - \ln Q_{\min}}{\ln Q_{\max} - \ln Q_{\min}} = \frac{S - S_{\min}}{S_{\max} - S_{\min}}$$

$$\ln \frac{Q}{Q_{\min}} = \frac{S - S_{\min}}{S_{\max} - S_{\min}} \ln \frac{Q_{\max}}{Q_{\min}}$$

따라서

$$\frac{Q}{Q_{\min}} = \left(\frac{Q_{\max}}{Q_{\min}}\right)^{(S - S_{\min})/(S_{\max} - S_{\min})}$$

유량범위(rangeability) R은 $Q_{\max}/Q_{\min}$의 비로 사용된다.

위에서 설명한, 30mm의 완전한 이동의 스템 움직임을 갖는 액추에이터 문제를 고찰한다. 설치된 제어 밸브는 동일한 비율의 플러그를 가지고 최소 유량 $2\text{m}^3/\text{s}$에서부터 최대 유량 $24\text{m}^3/\text{s}$까지를 가진다. 스템의 이동이 (a) 10mm, (b) 20mm일 때 유량은 얼마나 될 것인가? 방정식을 사용하면

$$\frac{Q}{Q_{\min}} = \left(\frac{Q_{\max}}{Q_{\min}}\right)^{(S - S_{\min})/(S_{\max} - S_{\min})}$$

(a) $Q = 2 \times (24/2)^{10/30} = 4.6\text{m}^3/\text{s}$와 (b) $Q = 2 \times (24/2)^{20/30} = 10.5\text{m}^3/\text{s}$를 얻는다.

유량과 스템 변위 사이의 관계는 밸브의 고유한 특성이다. 만약 나머지 작업관(pipework) 내의 압력손실 등은 밸브 자체를 통과하는 압력강하와 비교하여 무시될 수 있다면, 그것은 단지 경험에 의해서 알 수 있다. 만일 작업관 내에서 큰 압력강하가 일어나면 그것은 예를 들어, 밸브를 가로질러 발생한 압력강하의 절반보다 적다면 선형 특성은 거의 대부분 급속 열림 특성으로 되어도 좋다. 따라서 선형 특성은 선형 응답이 요구되고 대부분의 시스템 압력이 밸브를 가로질러 떨어질 때 폭넓게 사용된다. 동일한 비율의 밸브로 인한 작업관 내의 큰 압력강하의 효과는 더욱 이것을 선형 특성처럼 만든다. 이러한 이유로 인하여 만일 단지 시스템 압력이 밸브를 가로질러 떨어지는 작은 비율일 때 선형 응답이 요구된다면 동일한 비율의 밸브를 사용해도 좋다.

7.7.2 제어 밸브의 크기

제어 밸브의 크기는 정확한 밸브 본체 크기 결정의 절차에 따른다. 밸브를 통과하는 유체 유량

Q의 방정식에서 그것의 크기는

$$Q = A_V \sqrt{\frac{\Delta P}{\rho}}$$

여기서, A_V는 밸브 유동계수(valve flow coefficient)이고 ΔP는 밸브를 통과할 때의 압력강하(pressure drop)이며 ρ는 유체의 밀도이다. 이 식이 때때로 SI 단위로 쓸 때

$$Q = 2.37 \times 10^{-5} C_V \sqrt{\frac{\Delta P}{\rho}}$$

여기서 C_V는 밸브 유량계수이다. 다르게는 다음과 같이 쓴다.

$$Q = 0.75 \times 10^{-6} C_V \sqrt{\frac{\Delta P}{G}}$$

여기서 G는 비중 또는 상대적인 밀도이다. 이들 마지막 2개의 방정식 형식은 US gallon으로 명기된 원래 식에서 유도된 것이다. 표 7.1은 몇몇 전형적인 A_V와 C_V 그리고 밸브 크기의 값을 나타낸다.

표 7.1 유동계수와 밸브 크기

Flow coefficients	Valve size(mm)							
	480	640	800	960	1260	1600	1920	2560
C_V	8	14	22	30	50	75	110	200
$A_V \times 10^{-5}$	19	33	52	71	119	178	261	474

위에서 설명한 것에 대해 예를 들어, 필요한 최대 유량이 $0.012\text{m}^3/\text{s}$이고, 이 유량이 밸브를 흐를 때 허용되는 압력강하가 300kPa일 때, 물의 유량제어에 요구되는 밸브의 크기를 결정하는 문제에 대해서 고찰해 보자. 유량 방정식을 사용하면

$$Q = A_V \sqrt{\frac{\Delta P}{\rho}}$$

다음으로 물의 밀도는 1,000kg/m^{3}이므로

$$A_V = Q\sqrt{\frac{\rho}{\Delta P}} = 0.012\sqrt{\frac{1000}{300 \times 10^3}} = 69.3 \times 10^{-5}$$

따라서 표 7.1을 이용하면 밸브 크기가 960mm임을 알 수 있다.

7.7.3 유압제어 시스템의 예

그림 7.26(a)는 액체가 용기 안으로 흘러들어갈 때 유량을 제어함으로써 용기 안의 액체의 높이와 같은 변수를 제어하는 전형적인 시스템의 형상을 보여 준다. 출력은 액체 높이 센서로부터 신호정보인 압력이 4~20mA의 전류로 전환되어 전달된다. 그것은 20~100kPa의 게이지 압력으로 변환되고, 그때 공압제어 밸브를 작동시키고 용기로 흘러들어가는 액체를 제어한다.

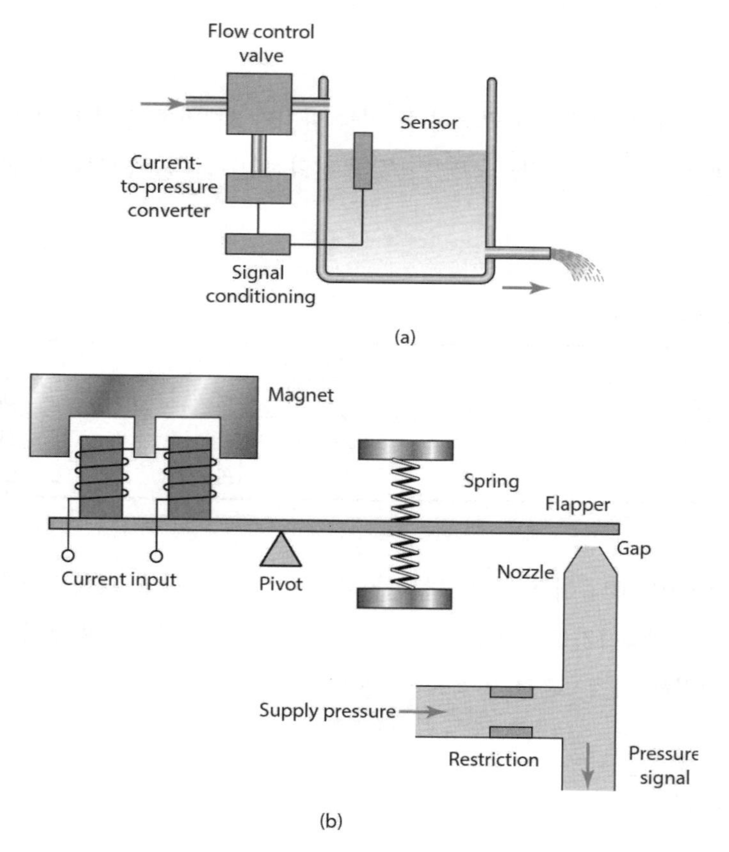

그림 7.26 (a) 유체 제어 시스템, (b) 전류–압력 변환기

그림 7.26(b)는 전류가 압력으로 변환되는 기본 형태를 보여 준다. 입력된 전류는 코일을 따라 전자석 철심을 전류의 세기에 의존하여 자석 쪽으로 끌어당긴다. 전자석의 움직임은 노즐(nozzle) 위의 플랩(flapper)의 움직임과 피봇 위의 레버의 움직임의 원인이 된다. 노즐과 플랩 사이의 간격은 시스템 내부의 공기의 입력과 시스템으로부터 공기가 배출되는 비율에 따라 결정된다. 플랩 위의 스프링은 입력전류 4~20mA가 20~100kPa의 게이지 압력을 나타내는 변환기의 감도를 조정하는 데 사용된다. 이것들은 그러한 시스템에 일반적으로 사용되는 표준 값들이다.

7.8 회전 액추에이터

적절한 기계적 링크장치를 갖는 직선 실린더는 그림 7.27(a)에 나타낸 배열과 같은 구조로 하면, 360°보다 작은 각도의 회전운동을 위해서 사용될 수 있다. 다른 방법은 베인(그림 7.27(b))을 갖는 반회전형 액추에이터(semi-rotary actuator)이다. 두 포트 사이의 압력 차이는 회전하기 위해 베인에 작동하고, 그래서 축 회전을 일으키고 그것은 압력차이의 측도가 된다. 베인은 압력에 의존하므로 시계방향이나 반시계방향으로 회전할 수 있다.

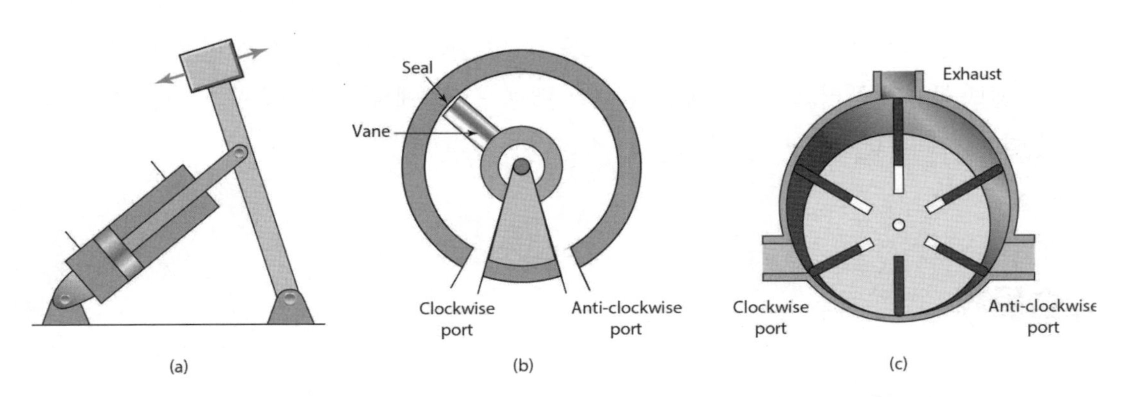

그림 7.27 (a) 회전운동에 사용된 선형 실린더, (b) 베인형 세미로타리 액추에이터, (c) 베인 모터

360°보다 큰 각의 회전에는 공압 모터가 이용될 수 있다. 그러한 형태의 하나가 그림 7.27(c)와 같은 베인 모터(vane motor)이다. 편심된 로터는 회전에 의해 실린더 벽에 대항하여 베인이 바깥 방향으로 힘을 받는 곳에 슬롯을 가지고 있다. 베인은 흡입 포트에서부터 배출 포트까지 크기가 증가하는 방향으로 체임버 속의 구역을 나눈다. 공기가 이 구역으로 들어가 베인에 힘을 작용하여 로터를 회전시킨다. 이 모터는 다른 흡입 포트를 사용함으로써 역방향 회전을 만들 수 있다.

요 약

공압 시스템은 공기를 사용하고, 유압 시스템은 오일을 사용한다. 공압 시스템의 중요한 결점은 공기 압축성이다. 유압 시스템은 보다 큰 동력의 제어장치에 사용이 될 수 있으나, 공압 시스템보다는 비싸고 공기 누수는 사고와 연관되지 않지만 오일 누수는 사고와 연관되는 위험이 있다.

공압과 유압 시스템은 시스템을 통해 유체의 흐름을 제어하기 위해 방향 제어 밸브를 사용한다. 이러한 밸브가 온-오프 밸브이다. 그러한 밸브에 사용된 기호는 각 스위칭 위치에 대해 사각형으로 구성되어 있다. 각 사각형에 사용된 기호는 스위칭 위치가 동작될 때 구성된 연결을 지시하는 것이다.

유압과 공압 실린더는 피스톤/램이 미끄러질 수 있는 원통형의 튜브로 구성된다. 단동 실린더 및 복동 실린더의 두 가지 기본형태가 있다. 단동 실린더는 제어압력이 단지 피스톤의 한 방향으로만 움직이는 데 작용되고 스프링은 피스톤을 반대로 움직이는 데 사용된다. 피스톤의 반대편은 대기에 노출되어 있다. 복동 실린더는 제어압력이 피스톤의 각 양단에 작용될 때 사용된다.

서보 및 비례 제어 밸브는 솔레노이드에 공급되는 전류에 비례하는 밸브 스풀 변위를 주는 무한위치 밸브이다.

프로세스 제어 밸브는 유체의 유량을 제어할 때 쓰인다. 그러한 밸브의 기본은 유로 속의 플러그를 움직이는 액추에이터이며, 즉 유체가 흐를 수 있는 파이프의 단면적을 변경시킨다. 많은 형태의 밸브 몸체와 플러그가 있는데, 이것들은 밸브가 어떻게 유체의 흐름을 제어할 것인지를 결정한다.

연습문제

7.1 Describe the basic details of (a) a poppet valve, (b) a shuttle valve.

7.2 Explain the principle of a pilot-operated valve.

7.3 Explain how a sequential valve can be used to initiate an operation only when another operation has been completed.

7.4 Draw the symbols for (a) a pressure relief valve, (b) a 2/2 valve which has actuators a push-button and a spring, (c) a 4/2 valve, (d) a directional valve.

7.5 State the sequence of operations that will occur for the cylinders A and B in Figure

7.28 when the start button is pressed. a−, a+, b− and b+ are limit switches to detect when the cylinders are fully retracted and fully extended.

7.6 Design a pneumatic valve circuit to give the sequence A+, followed by B+ and then simultaneously followed by A− and B−.

7.7 A force of 400N is required to open a process control valve. What area of diaphragm will be needed with a diaphragm actuator to open the valve with a control gauge pressure of 70kPa?

7.8 A pneumatic system is operated at a pressure of 1,000kPa. What diameter cylinder will be required to move a load requiring a force 12kN?

7.9 A hydraulic cylinder is to be used to move a work piece in a manufacturing operation through a distance of 50mm in 10s. A force of 10kN is required to move the work piece. Determine the required working pressure and hydraulic liquid flow rate if a cylinder with a piston diameter of 100mm is available.

7.10 An actuator has a stem movement which at full travel is 40mm. It is mounted with a linear plug process control valve which has a minimum flow rate of 0 and a maximum flow rate of 0.20m^3/s. What will be the flow rate when the stem movement is (a) 10mm, (b) 20mm?

7.11 An actuator has a stem movement which at full travel is 40mm. It is mounted on a process control valve with an equal percentage plug and which has a minimum flow rate of 0.2m^3/s and a maximum flow rate of 4.0m^3/s. What will be the flow rate when the stem movement is (a) 10mm, (b) 20mm?

7.12 What is the process control valve size required for a valve that is required to control the flow of water when the maximum flow required is 0.002m3/s and the permissible pressure drop across the valve at this flow rate is 100kPa? The density of water is 1,000kg/m^3.

Chapter 08 기계구동 시스템

목 표

본 장의 목표는 학생들이 공부한 후에 다음과 같은 것을 할 수 있어야 한다.

- 직선운동을 회전운동으로, 회전운동을 다른 회전운동으로, 회전운동을 직선운동으로, 사이클 운동 변환(transmission)에 대한 가능한 기계 구동 시스템 결정할 수 있어야 한다.
- 구동 시스템에 대한 링크장치, 캠, 기어, 래칫-폴, 벨트 및 체인 드라이브와 베어링의 능력을 평가할 수 있어야 한다.

8.1 기계 시스템

본 장에서는 기구(mechanism)에 대해서 살펴본다. 기구는 하나의 형태에서 다르게 요구되는 어떤 형태로 운동을 전환하도록 고안된 장치를 말한다. 예를 들어, 직선운동을 회전운동으로 바꾸든지 어느 한 방향의 운동을 직각인 방향으로 바꾸든지 마치 내연기관에서 피스톤의 왕복운동이 크랭크의 회전운동으로 전환되는 것처럼 직선왕복운동이 회전운동으로 전환된다.

기계적인 요소들은 링크장치, 캠, 기어, 랙-피니언, 체인, 벨트 등을 포함한다. 예를 들어, 랙-피니언은 회전운동이 직선운동으로 변환된다. 평형샤프트 기어는 샤프트의 이동속도를 줄이는 데 사용되며, 베벨 기어는 회전운동을 90°로 바꾸어서 전달해 주는 역할을 하고, 기어 벨트나 체인 구동은 한쪽 방향으로의 회전운동을 다른 축에 대한 회전운동으로 전달해 주는 역할을 한다. 캠과 링크장치는 좀 특이한 방법으로 규정되는 운동을 얻기 위해서 사용되곤 한다. 본 장은 이러한 기구의 범주 내의 기본적인 특성에 대해서 생각해 보기로 한다.

기구에 의해 얻어지는 많은 동작들이 요즘에는 종종 마이크로프로세서를 활용하는 메카트로닉스 접근방식의 결과로서 얻어지기도 한다. 예를 들자면, 예전의 가정용 세탁기에서 사용되던 회전축에서의 캠은 드럼에 물을 공급하도록 밸브를 작동하고, 배수하고, 히터를 가동하는 등 주어진 시간에 따른 일련의 동작들을 실행시키기 위해 사용되기도 했다. 현재의 가정용 세탁기는 요구되는 시퀀스에 대해 출력을 조정하도록 프로그램된 마이크로프로세서가 내장된 시스템을 사용한다. 또 다른 예로서, 태엽, 기어와 시침으로 구성된 시계는 LCD가 부착된 집적회로로 대체되고 있다. 메카트로닉스 접근 방식은 단순화와 비용 절감을 가져온다.

그러나 기구는 아직 메카트로닉스의 한 부분을 담당하고 있다. 한 예로, 자동카메라에서 사용되는 메카트로닉스 시스템은 빛의 노출 및 크기를 조절하는 조리개의 조정에 사용된다.

예전에 기구에 의해 이루어지던 기능들을 지금은 전자공학이 종종 담당하고 있는 반면에 기구는 다음과 같은 역할을 하고 있다.

1. 레버 조작에 의한 힘의 증폭
2. 기어 변속에 의한 속도의 변화
3. 타이밍 벨트에 의한 하나의 축에 관한 회전을 다른 축에 관한 회전으로 변환
4. 급속귀환(quick return) 기구에 의한 운동의 특이한 형태

운동학(kinematics)이란 용어는 외부로부터의 작용력이 없다고 가정한 운동에 대한 연구를 말하며, 기구에서 운동학적 해석을 할 때 힘이나 에너지의 고려 없이 단지 운동만을 생각하는 것으로서, 본 장은 그 운동학적 고찰의 도입에 대한 부분이다.

8.2 운동의 형태

강체는 매우 복잡한 운동을 가지기 때문에 그 운동을 묘사하기란 쉽지가 않다. 하지만 어떠한 강체의 운동이라 할지라도 병진운동과 회전운동의 조합으로 이루어진다. 3차원 공간상에서의 운동을 고려할 때 병진운동(translation motion)은 3축 중에 1축 이상의 운동 성분으로 나누어서 생각할 수 있다(그림 8.1(a)). 회전운동(rotational motion)은 1축 이상의 축에 대한 회전운동 성분으로 나누어서 생각할 수 있다(그림 8.1(b)).

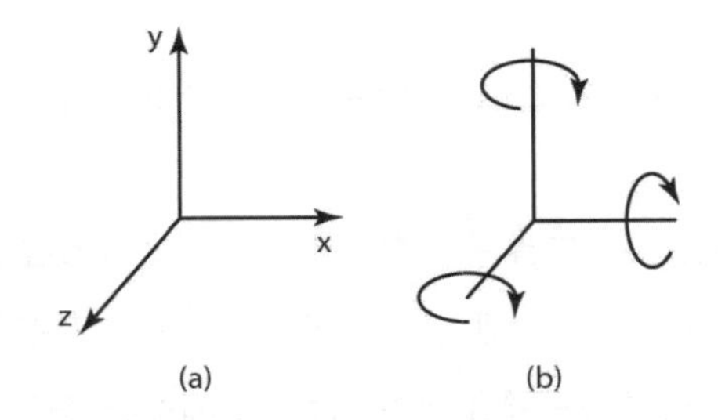

그림 8.1 운동의 형태 (a) 병진 운동, (b) 회전운동

복잡한 운동은 병진운동과 회전운동의 조합으로 이루어진다. 예를 들어, 책상 위에 있는 펜을 집는 데 필요한 운동을 생각해 보자. 이 운동에는 책상을 향해 일정 각만큼의 손의 회전을 포함하여, 펜을 집기 위한 각 손가락의 운동이 필요하다. 이것은 아주 복잡한 운동의 연속이지만, 이런 운동들은 병진운동과 회전운동의 조합으로 분해시킬 수가 있다. 그리고 이러한 해석이란 사람의 손으로 펜을 잡는 것이 아니라 만약에 로봇으로 하여금 그 일을 수행하도록 훈련시킨다는 것과 비슷한 작업이다. 운동의 이러한 일을 수행하는 기구를 디자인하기 위해 이러한 운동을 병진운동과 회전운동으로 분해하는 것은 아주 필요한 작업이다. 예를 들어 기구에 보내는 일련의 제어 신호들은 조인트 1로 하여금 20°만큼 회전하게 하고, 링크 2로 하여금 4mm 정도 병진운동을 하는 등의 통합 신호가 될 것이다.

8.2.1 자유도와 구속조건

기계요소를 설계하는 데 가장 중요한 점은 요소(element)와 부품(part)들의 방향과 배열이다. 공간상에 자유로운 강체는 3개의 서로 독립적이며 상호 수직 방향으로 움직일 수 있고, 그 방향 중심으로의 3축 회전이 가능하다(그림 8.1). 즉, 6자유도를 가진다. 자유도(degrees of freedom)의 수는 운동을 발생시키는 데 필요한 운동성분의 수를 말한다. 만약에 조인트가 직선을 따라서 움직이도록 구속되어 있다면, 병진운동의 자유도 하나만을 가지게 된다. 그림 8.2(a)는 단지 하나의 병진운동의 자유도를 가짐을 보여 주고 있다. 만약에 이 조인트가 평면을 움직이도록 구속되어 있다면 이것은 2개의 병진운동의 자유도를 가지게 된다. 그림 8.2(b)는 하나의 병진운동의 자유도와 하나의 회전운동의 자유도를 가지는 조인트를 보여 주고 있다.

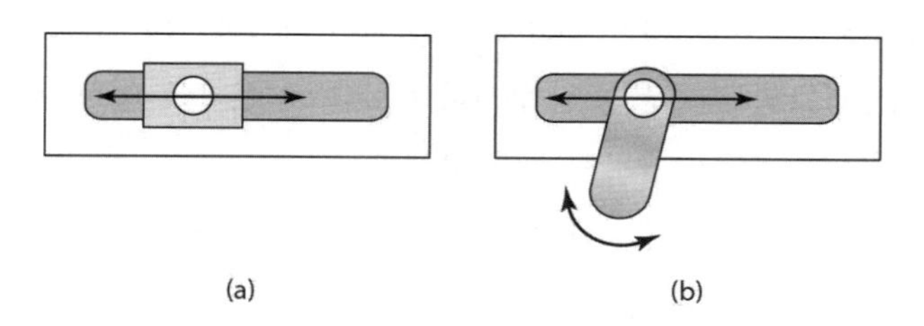

그림 8.2 조인트 (a) 1-자유도, (b) 2-자유도

설계상의 문제점으로는 종종 자유도를 줄이고, 적절한 수의 구속조건을 필요로 하는 데서 발생하기도 한다. 아무 구속조건이 없는 강체의 경우 6 자유도를 가진다. 구속조건은 각 자유도의 수를 줄이는 데 필요로 한다. 잉여의 구속조건이 없을 때 제공된 자유도의 수는 6에서 구속조건을 뺀 것이 된다. 하지만 잉여의 구속조건은 종종 발생하게 되므로 하나의 강체의 구속조건에 대한

기본적인 규칙을 가지고 있다.

$$6-\text{구속조건 수}=\text{자유도 수}-\text{잉여 구속조건 수}$$

그래서 만약 강체가 고정될 필요가 있다면, 즉 0의 자유도를 가진다면, 잉여 구속조건이 없을 경우 요구되는 구속조건의 수는 6이 된다.

설계에서 사용되는 기본 개념은 최소 구속 원리(principle of least constraint)이다. 강체를 고정하든, 어떤 특별한 운동을 하도록 유도하든 최소한의 구속조건의 수가 사용되어야 한다는 뜻이다. 즉, 잉여의 구속조건이 없어야 하고, 이러한 설계를 종종 운동학적 설계(kinematic design)라고 한다.

예를 들어 병진운동을 하지 않고 하나의 축을 중심으로 회전하는 샤프트가 되기 위해서는 자유도의 수를 1로 줄여야만 한다. 그러면, 최소한의 구속조건은 5가 되고, 더 이상의 구속조건은 없다. 마운팅은 한쪽 끝을 볼 베어링으로 가지고 다른 끝은 구름 베어링으로 이루어진 구조로 되어 있다(그림 8.3). 이 2개의 베어링은 서로 축의 직각방향(y축)으로 병진운동을 방지한다. 그리고 z축 및 y축을 중심으로 회전운동도 방지한다. 볼 베어링은 x축과 z축으로의 병진운동을 방지한다. 그래서 모두 5개의 구속조건이 되어 x축 중심방향의 회전, 1자유도가 된다.

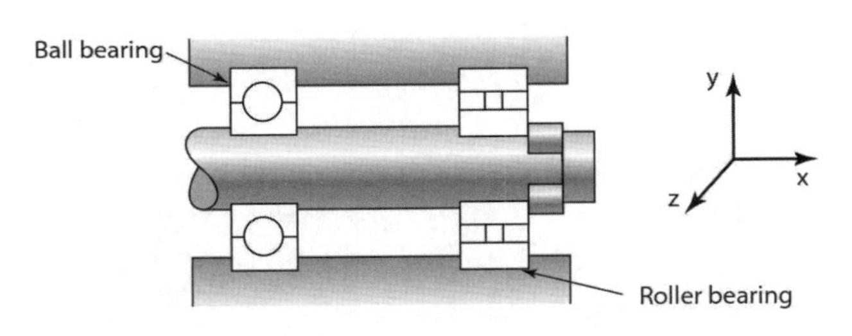

그림 8.3 잉여 구속이 없는 회전축

만약 샤프트의 양쪽 끝에 구름 베어링이 있고, 두 베어링이 x축과 z축으로의 병진운동을 방해하게 되면 여기에는 여분의 구속조건이 발생하게 된다. 이런 여분의 구속조건은 파손을 일으킬 소지가 있다. 만약 볼 베어링이 축 양 끝단에서 이러한 여분의 구속조건이 발생하는 것을 막기 위해서 사용된다면 하우징에서 바깥쪽으로 헛도는 것을 막아 축 방향으로 얼마간 미끄러지도록 유도할 수가 있다.

8.2.2 로딩(하중, 부하)

기구는 하중을 전달하고 지지하는 하나의 구조물이다. 그래서 이 기구에 대한 해석은 각각의 요소에 의해 전달되는 하중을 먼저 결정해 줄 필요가 있다. 그런 다음에 그 요소들의 차원에 대해서 생각해야 한다. 예를 들면, 그런 하중 하에서 견딜 수 있는 강성과 강도를 결정해야 한다.

8.3 연쇄(Kinematic chain)

어느 외부의 힘을 고려하지 않은 채 기구의 움직임을 생각할 때 그러한 기구를 일련의 링크의 조합이라고 생각할 수 있다. 어떤 다른 부분에 대해 상대적인 운동을 하는 기구 각각의 부분은 링크(link)라고 한다. 링크는 반드시 강체이어야 할 필요는 없지만 변형을 일으키지 않고 외부의 전달되는 힘을 수용할 수 있을 정도의 강도는 가져야 한다. 이런 이유로, 두 개 이상의 각 링크들의 접합점, 즉 노드(node)는 보통 강체라고 본다. 각각의 링크는 이웃해 있는 링크의 상대적인 움직임을 수용할 수 있다. 그림 8.4는 각각 2개, 3개, 4개의 노드를 가지는 링크의 예를 보여주고 있다. 조인트(joint)는 그들의 노드에서 2개 혹은 그 이상의 링크 사이의 연결을 말하고, 연결된 링크 사이에 어떤 운동을 허용하게 되는데, 레버, 크랭크, 커넥팅로드, 피스톤, 슬라이더, 풀리, 벨트와 샤프트들이 이러한 링크의 모든 예이다.

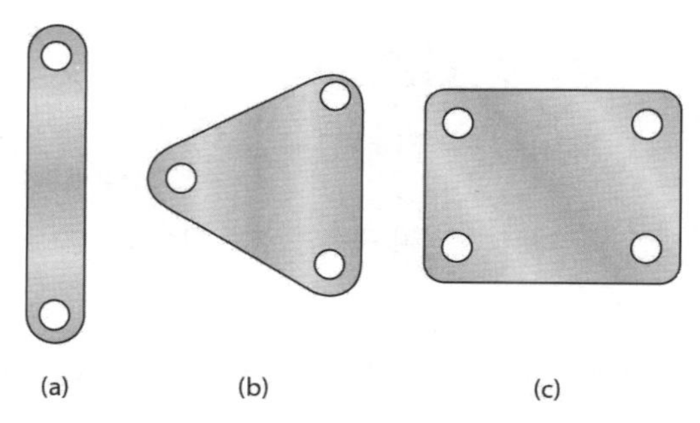

그림 8.4 링크 (a) 2-노드, (b) 3-노드, (c) 4-노드

일련의 조인트와 링크는 연쇄(kinematic chain)로 알려져 있다. 기구학적 연쇄가 전달운동을 할 때에는 반드시 한쪽이 고정되어 있어야 한다. 한 링크의 움직임은 어느 정도 예측 가능한 다른 링크의 상대적인 운동을 유발시킨다. 하나의 기구학적 연쇄로부터 여러 개의 다른 기구를 구할 수 있다.

한쪽 노드가 고정된 다른 링크를 가짐으로써 기구학적 연쇄의 예로서 차량 엔진에서의 경우, 피스톤의 왕복운동은 고정된 프레임에 장착된 베어링에서의 크랭크샤프트의 회전운동으로 전환되는데(그림 8.5(a)), 이 운동은 4개의 연계된 링크로서 표현 가능하다(그림 8.5(b)). 링크 1은 크랭크샤프트, 링크 2는 커넥팅로드, 링크3은 고정 프레임 그리고 링크 4는 슬라이더, 즉 고정 프레임에 대해 상대 운동하는 피스톤이다(상세한 내용은 8.3.2절 참조).

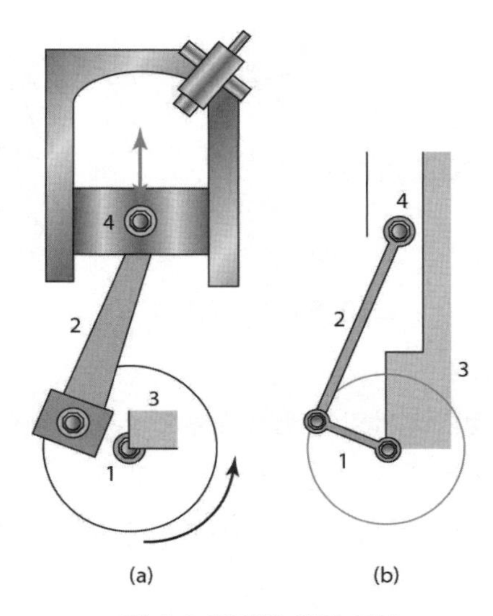

그림 8.5 간단한 엔진 기구

많은 기구의 설계는 기구학적 연쇄, 4절 연쇄와 슬라이더-크랭크 연쇄, 이 두 가지 기본적인 형태에 기반을 두고 있다. 아래에서 이러한 연쇄들이 가질 수 있는 몇몇의 형태를 설명하기로 한다.

8.3.1 4절 연쇄

4절 연쇄는 회전이 가능한 4개의 조인트에 의해 연결된 4개의 링크로서 구성된다. 그림 8.6은 링크의 상대적인 길이를 바꿔 가면서 나타낼 수 있는 4절 링크 형태의 수를 보여 주고 있다. 만일 제일 긴 링크와 제일 짧은 링크의 길이의 합이 나머지 2개 링크 길이의 합보다 적다면 최소한 하나의 링크를 다른 고정된 링크에 대해서 완전히 회전시키는 것이 가능하다. 만일 이 조건이 충족되지 않는다면 완전한 회전이 가능한 링크는 존재하지 않는다. 이것을 그라스호프 조건(Grashof condition)이라 한다. 그림 8.6(a)에서 링크 3은 고정되고, 링크의 상대적인 길이로 인해 링크 1과 4는 흔들릴 뿐 회전하지는 않는다. 결과적으로 2중-레버 기구(double-lever mechanism)이다. 링크4를 링크1에 비해 상대적으로 짧게 함으로써 링크 1은 흔들리고, 링크 4는 회전 가능하게 되어 레버-크랭크 기구(lever-crank mechanism)이 된다(그림 8.6(b)). 그리고 링크 1과 4를 같은 길이를 가지게 함으로써 두 개 모두 회전이 가능하게 하면 2중-크랭크 기구(double-crank mechanism)이 된다(그림 8.6(c)). 그 외, 고정시키는 링크를 바꿈으로써 다른 형태의 기구 생성도 가능하다.

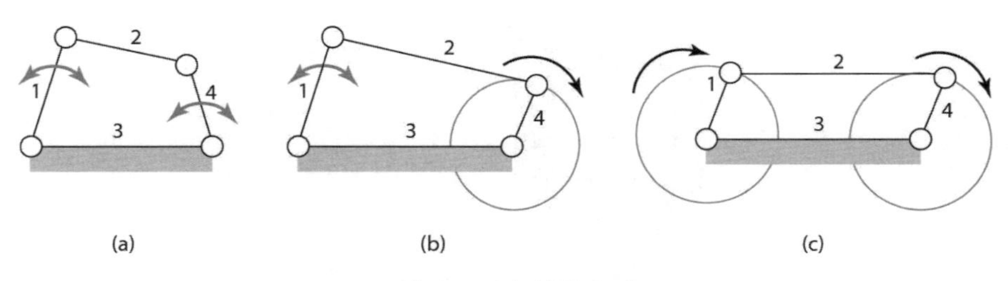

그림 8.6 4절 연쇄의 예

그림 8.7은 이러한 기구가 영화 카메라의 필름에서 어떻게 사용되고 있는가를 보여 주고 있다. 링크1을 링크2의 끝에서 회전시킴으로써 필름의 스프로킷(sprocket)을 못 움직이도록 잠가 놓은 채로, 앞으로 당겼다가 위로 움직인 후 다시 스프로킷을 잠그도록 되어 있다.

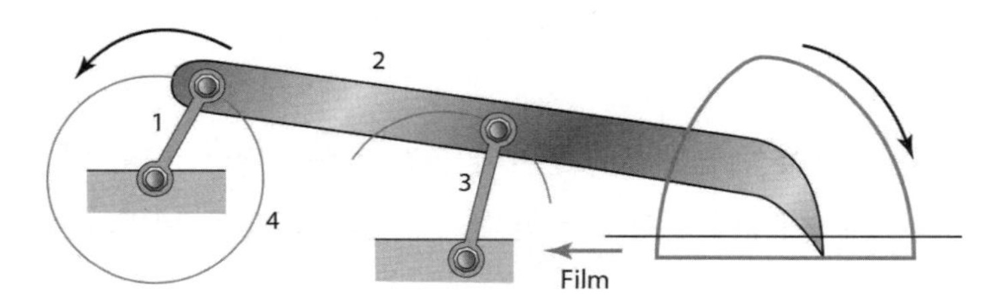

그림 8.7 영화 필름 구동 기구

어떤 링크장치들은 토글 위치(toggle position)를 가질 수도 있다. 토글 위치란 그 링크들 중 어느 것의 입력에도 반응하지 않는 위치를 말한다. 그림 8.8이 그러한 토글을 보여 주고 있는데 보통 트럭 뒷부분의 테일게이트(tailgate)를 제어하는 데 사용된다. 링크 2가 수평 위치에 도달해 링크 2에 걸리는 하중이 더 이상 없게 되면, 링크2는 더 이상 움직이지 않게 된다. 그리고 링크 3과 4가 모두 수직이 되고, 테일게이트 역시 수직이 되면 다른 토글 위치가 생성된다.

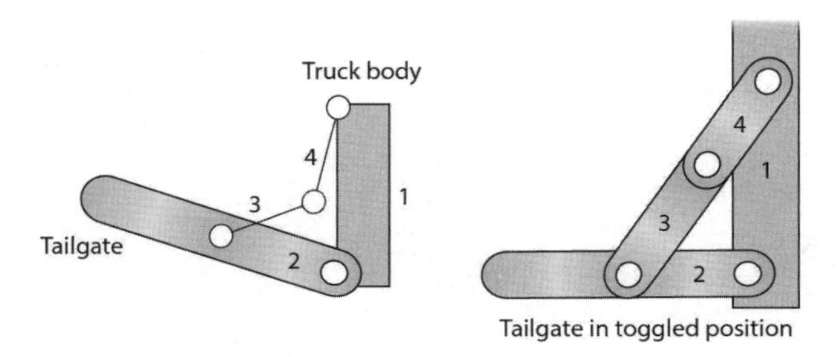

그림 8.8 토글 링크 기구

8.3.2 슬라이더-크랭크 기구

이 기구의 형상은 크랭크, 커넥팅로드, 슬라이더로 이루어져 있고, 간단한 엔진 기구를 보여 주는 그림 8.5가 이러한 기구의 형태이다. 링크3이 고정된 형태에서는, 즉 크랭크 회전 중심과 피스톤이 미끄러지는 하우징 사이에 아무런 상대적 운동이 없다. 링크1은 회전하는 크랭크, 링크2는 커넥팅로드, 링크4는 고정된 링크에 대해 움직이는 슬라이더이다. 피스톤이 앞뒤로 움직일 때 링크1(크랭크)은 회전하려고 한다. 그러므로 병진운동이 회전운동으로 변한다. 그림 8.9는 이 운동을 단계별로 나타낸다. 어떠한 기구가 어떻게 거동하는지 알아보는 유용한 방법은 카드보드 모델을 구성하고 그 링크들을 움직이는 것이다. 링크의 길이를 변화시키면 결정되어야 할 기구의 거동이 변화할 수 있도록 할 것이다.

그림 8.10은 급속귀환 기구(quick-return mechanism)의 다른 기구 형태를 보여 준다. 기구는 회전 크랭크, 둥글게 고정된 중심을 회전하는 링크 AB, 이것이 회전함으로써 CD 사이의 B에서 블록의 슬라이딩으로 인해 C 주위의 흔들림을 유발시키는 오실레이팅 레버 CD, E가 병진운동을 하게 하는 링크 DE로 되어 있다. E는 기계의 램이 되고 또한 그 끝에 절삭공구를 가진다. 램은 크랭크 위치가 AB_1과 AB_2에 있을 때 램 운동의 맨 가장자리에 있을 것이다. 그래서 크랭크가 B_1에서 B_2까지 반시계 방향으로 움직일 때, 램은 완전한 행정(stroke), 즉 절삭행정이 된다. 크랭크가 B_2에서 B_1까지 반시계 방향으로 계속 운동할 때, 반대방향으로 완전한 행정, 즉 귀환행정이 된다. 등속 크랭크 회전에 대해서 그때는 절삭행정의 각이 더 큰 귀환행정의 각을 필요로 하는 크랭크 회전각 때문에 절삭행정은 귀환행정보다 더 많은 시간이 걸린다. 카드보드 모델과 유사한 다이어그램은 그림 8.9에 보여 준 것과 같은 방법으로 구현될 수 있다.

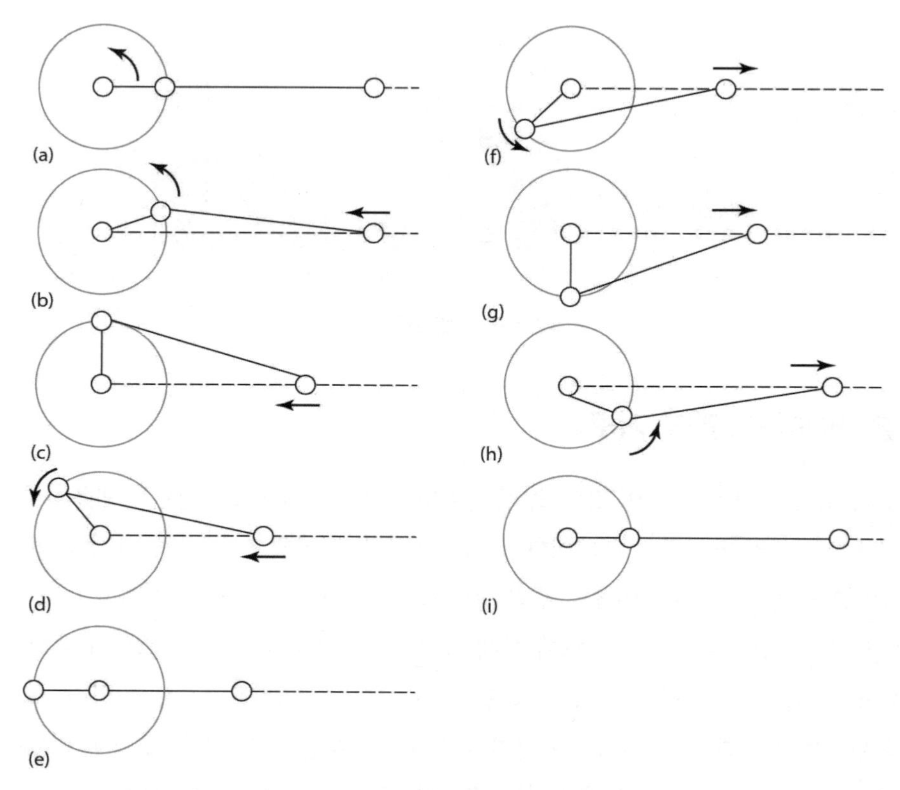

그림 8.9 슬라이더–크랭크 기구의 링크에 대한 위치 시퀀스

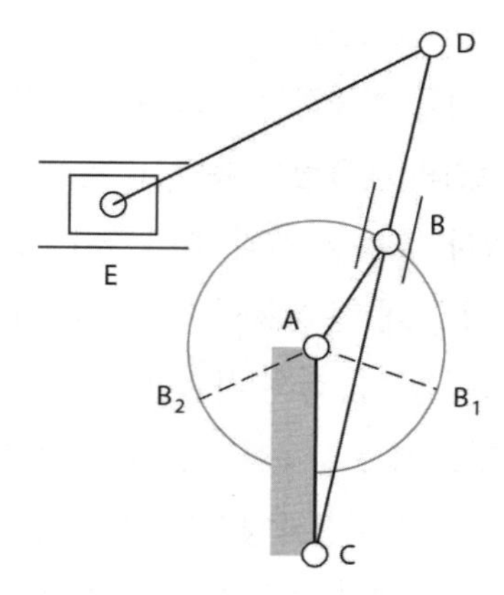

그림 8.10 급속귀환 기구

8.4 캠

캠(cam)은 회전 또는 진동하는 강체이며, 회전 또는 진동하면서 종동절(follower)이라고 하는 2차 강체까지 왕복운동이나 진동운동을 전달한다(그림 8.11). 캠은 회전함으로써 종동절을 상승, 정지, 하강시킨다. 캠의 형상에 따라 이러한 위치(상승, 정지, 하강)가 결정된다. 캠의 상승부분은 종동절을 위쪽으로 구동하는 부분이며 그 형상은 캠의 종동절이 얼마나 빨리 올라가느냐로 결정한다. 캠의 정지부분은 종동절이 상당한 기간 동안 동일한 수준으로 머물게 하는 부분으로써 회전반경에 변화 없이 운동한다.

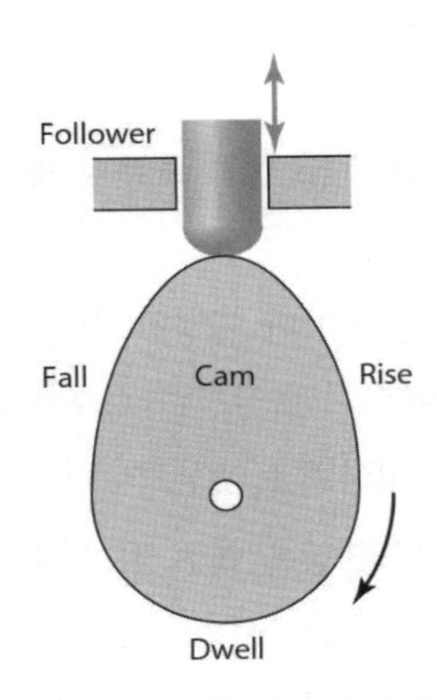

그림 8.11 캠과 캠 종동절

종동절의 특별한 운동을 일으키는 데 요구되는 캠 형상은 캠 모양과 사용되는 종동절 형태에 따라 좌우되는 것이다. 그림 8.12는 점형상 종동절을 가진 편심캠에 의하여 생성될 수 있는 종동절 변위도를 나타낸다. 이것은 회전 편심을 가지는 회전 캠으로서, 단순 조화운동을 하는 종동절의 진동을 발생시키며, 흔히 펌프에 사용된다. 캠의 회전축으로부터 종동절을 가진 캠 접촉점까지의 반지름 거리는 캠 회전축에 대한 종동절 변위로 주어진다. 그림은 반지름 거리가 얼마인지를 보여 준다. 그러므로 종동절 변위는 캠의 회전각에 따라 변하게 된다. 수직 변위 도식은 다른 각도에서 회전점으로부터 캠 표면의 반경거리를 취함으로써 얻어진다. 그 각도에서 그것들을 투시하여 변위를 얻는다.

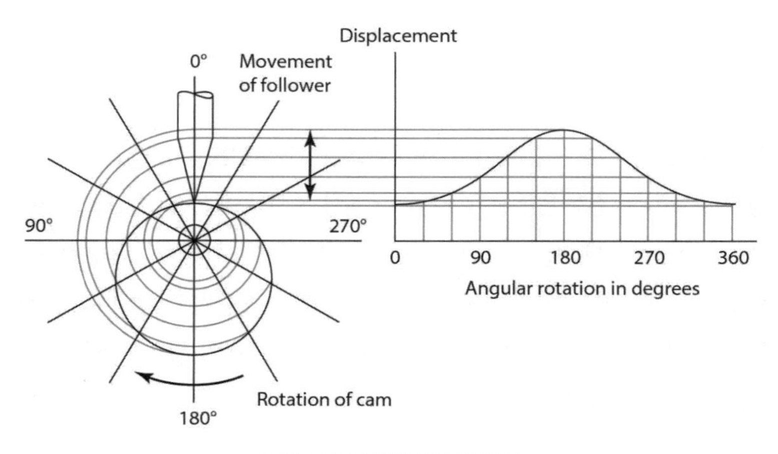

그림 8.12 편심캠의 변위도

그림 8.13은 2가지 다른 모양의 캠과 점(point) 종동절 또는 나이프(knife) 종동절로 생성되는 종동절 변위도를 보여 준다.

하트 모양의 캠(그림 8.13(a))은 시간에 따라 일정한 비율로 증가한 후 일정한 비율로 감소하는 종동절의 변위를 준다. 그래서 종동절에 대해 일정한 속도를 가지게 된다. 배(pear) 모양의 캠(그림 8.13(b))은 캠의 반 회전에 대해 움직이지 않고 남은 반 회전에서 동시에 상승, 하강하는 종동절 운동으로 나타난다. 이와 같은 배 모양 캠은 엔진 밸브 제어에 사용된다. 정지기간은 혼합액이 실린더로 지나가는 동안 밸브가 열려 있도록 한다. 정지기간이 길면 길수록, 즉 일정한 반경을 가진 캠 표면의 길이가 길면 길수록 실린더를 완전히 가연성의 증기로 채우는 데 많은 시간을 부여하게 된다.

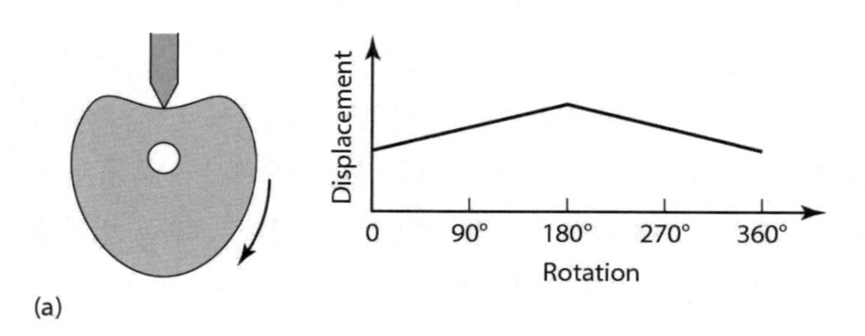

그림 8.13 캠 (a) 하트 형상, (b) 배 형상

그림 8.14는 많은 캠 종동절의 다른 형태를 보여 준다. 구름(roller) 종동절은 본래 볼 또는 구름 베어링이다. 이것들은 접촉면이 미끄럼의 경우보다 마찰을 줄이는 데 더 유용하나 값이 비싸다. 평면(flat-faced) 종동절이 값도 싸고 구름 종동절보다 더 작게 만들 수 있기 때문에

흔히 사용된다. 이러한 종동절들은 엔진 밸브 캠에 폭넓게 사용된다. 캠이 건조해질 수 있기 때문에 윤활유를 자주 사용하고 오일 액에 담가 사용할 수도 있다.

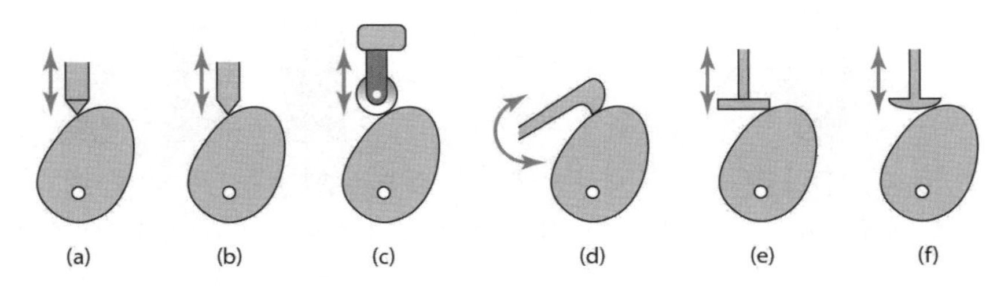

그림 8.14 캠 종동절 (a) 점, (b) 나이프, (c) 롤러, (d) 슬리이딩과 진동, (e) 편평한, (e) 버섯

8.5 기어열

기어열(gear train)은 회전운동으로의 전달 및 변환에 아주 널리 사용되고 있는 기구로 회전하는 장치가 필요로 하는 곳에 속도나 토크로 바꾸어 이용된다. 예를 들어, 운전자의 경우 지형에 맞는 엔진의 출력이 가능하도록 기어를 바꾸어 원하는 속도나 토크를 얻을 수가 있다.

기어는 평행한 샤프트 사이의 회전운동을 전달하는 데 사용되고(그림 8.15(a)), 하나의 샤프트에 다른 샤프트가 기울어져 있는 경우에도 사용된다(그림 8.15(b)). 베벨 기어(bevel gear)는 그림 8.15(b)에서 보여 주는 것과 같이 샤프트의 연장선이 엇갈리는 경우에 사용된다. 2개의 기어가 맞물려 있을 때, 큰 기어 휠을 주로 스퍼 또는 크라운 휠(spur or crown wheel)이라 하고, 작은 것은 피니언(pinion)이라 한다. 평행 샤프트에 사용되는 기어들은 중심 샤프트와 평행한 선들을 따라 깎은 축방향의 이빨을 가지는데(그림 8.15(c)), 이러한 기어들을 스퍼 기어(spur gear)라고 한다. 그와는 달리 나선형의 이빨을 가진 기어도 있는데(그림 8.15(d)), 이를 헬리컬 기어(helical gear)라고 한다. 헬리컬 기어는 각각의 이빨의 맞물림으로 인해 점차적이고 연속적으로 부드럽게 구동시킴으로써 일반적으로 기어의 수명을 연장시킨다는 장점을 갖고 있다. 샤프트 중심축에 대한 톱니의 경사도는 결과적으로 샤프트 베어링에 대한 수직하중으로 작용한다는 단점이 있지만, 이 역시도 2중 헬리컬 이빨을 이용함으로써 극복 가능하다(그림 8.15(e)).

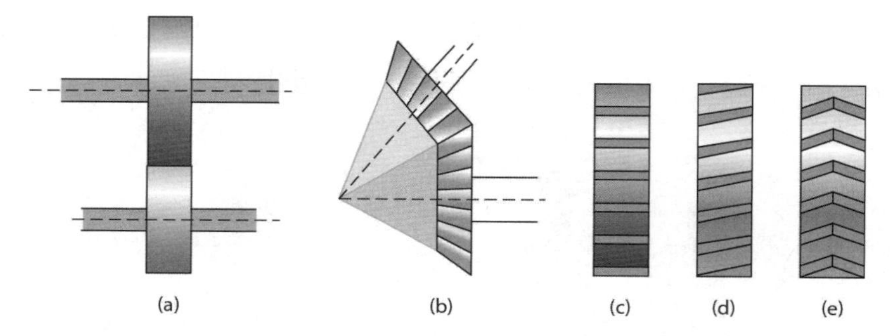

그림 8.15 (a) 평기어축, (b) 경사축, (c) 축방향 치차, (d) 나선형 치차, (e) 이중 헬리컬 치차

2개의 가공된 기어휠 A와 B를 생각해 보자(그림 8.16). 만약 A가 40개의 이빨을 가지고 B가 80개의 이빨을 가진다면, 휠 B가 1바퀴 도는 동안 휠 A는 2바퀴를 회전해야만 한다. 그러므로 휠 A의 각속도 ω_A는 휠 B의 각속도 ω_B의 2배가 되어야 한다. 즉,

$$\frac{\omega_A}{\omega_B} = \frac{\text{number of teeth on B}}{\text{number of teeth on A}} = \frac{80}{40} = 2$$

그리고 기어휠의 이빨수는 그 기어휠의 반경에 비례하므로 다음과 같이 쓸 수 있다.

$$\frac{\omega_A}{\omega_B} = \frac{\text{number of teeth on B}}{\text{number of teeth on A}} = \frac{d_B}{d_A}$$

그래서 이 데이터로부터, 휠 B는 휠 A의 2배가 되는 휠 반경을 가져야 한다. 기어비(gear ratio)는 1쌍의 맞물린 기어의 각속도의 비로 사용된다. 따라서 예제의 기어비는 2이다.

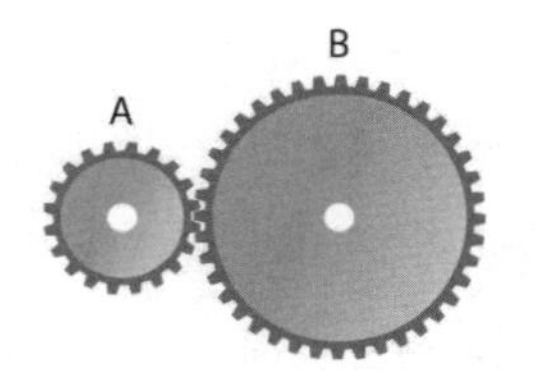

그림 8.16 2개의 맞물린 기어

8.5.1 기어열

기어열은 상호 맞물린 기어의 연속으로 되어 있다. 단순 기어열은 그림 8.17과 같이 각각의

샤프트가 기어휠 1개를 구동시키는 시스템에 사용된다.

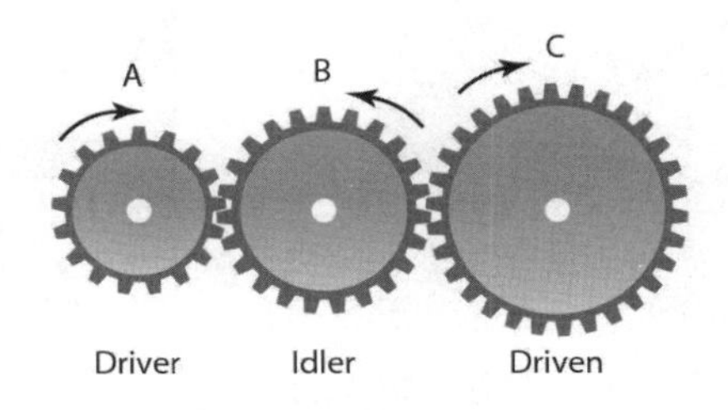

그림 8.17 단순 기어열

이런 기어열에서 평균 기어비는 입력과 출력 샤프트에 대한 각속도의 비다. 즉, ω_A/ω_C로 표현된다.

$$G = \frac{\omega_A}{\omega_C}$$

단순 기어열(simple gear train)은 그림 8.15와 같이 휠 A, B, C로 구성되어 있다. 여기서 휠 A는 9개의 치차를 가지고 있으며 휠 C는 27개의 이빨을 가지고 있다. 이때의 기어비는 27/9=3이다. 즉, 휠의 각속도는 휠이 가지는 이빨의 수에 역비례한다. 휠 B는 출력휠의 방향만 바꿔준다. 이런 중간 역할의 휠 B를 중간차 휠(idler wheel)이라 한다.

평균 기어비 G를 수식으로 표현하면 다음과 같다.

$$G = \frac{\omega_A}{\omega_C} = \frac{\omega_A}{\omega_B} \times \frac{\omega_B}{\omega_C}$$

그러나 ω_A/ω_B는 첫 번째 쌍의 기어비를 나타내고, ω_A/ω_C는 2번째 쌍의 기어비를 나타낸다. 단순 기어열에서 평균 기어비는 각각의 연속적인 쌍의 기어에 대한 기어비의 곱이다.

복합 기어열(compound gear train)은 2개의 휠이 일반적인 샤프트에 지지되어 있을 때의 기어열을 말한다. 그림 8.18(a)와 (b)는 이런 복합적인 기어 열의 예이다. 그림 8.18(b)에 나타난 기어열은 입력 및 출력 샤프트가 일직선이 되도록 한다.

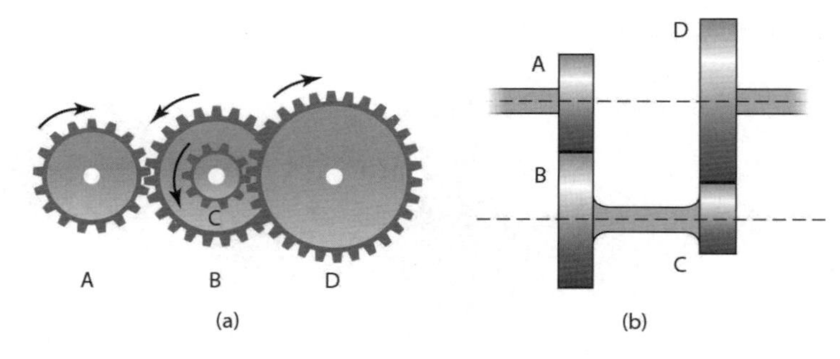

그림 8.18 복합 기어

2개의 기어휠이 같은 샤프트에 지지되어 있을 때는 같은 각속도를 가진다. 즉, 그림 8.18에 나타나 있는 복합적인 기어열에서도 $\omega_B = \omega_C$이다. 평균 기어비 G는 다음과 같다.

$$G = \frac{\omega_A}{\omega_D} = \frac{\omega_A}{\omega_B} \times \frac{\omega_B}{\omega_C} \times \frac{\omega_C}{\omega_D} = \frac{\omega_A}{\omega_B} \times \frac{\omega_C}{\omega_D}$$

그림 8.16(b)에서의 일직선상에 있는 입력 및 출력 샤프트가 가지는 기어 반경은 다음과 같다.

$$r_A + r_B = r_D + r_C$$

그림 8.18(a)에서 보여 주는 형태의 복합 기어열의 경우, 첫 번째 구동 기어 A가 15개의 이빨을 가지고, B가 30개, C가 18개, 마지막으로 D가 36개의 이빨을 가지고 있다. 휠의 각속도는 이빨의 개수와는 반비례하기 때문에, 전체적인 기어비는 다음과 같다.

$$G = \frac{30}{15} \times \frac{36}{18} = 4$$

따라서 만약 휠 A에의 입력으로 160rev/min의 각속도가 주어진다면, 휠 D의 출력 각속도는 160/4=40rev/min이 된다.

스퍼, 헬리컬, 베벨 기어의 단순 기어열은 일반적으로 전체적인 기어비가 약 10 정도로 제한되어 있다. 이것은 만약 피니언의 톱니수가 10개나 20개 이상의 개수로 유지된다면 기어열을 조절하기 쉬운 크기로 작게 유지시킬 필요가 있기 때문이다. 하지만 헬리컬 기어의 경우 기어비는 복합 기어열에서도 얻을 수 있는데, 이것은 기어비라는 것이 평행한 기어 장치들의 각각의 기어

비로부터 산출되는 것이기 때문이다.

8.5.2 회전 및 병진 운동

랙-피니언(rack-and-pinion)(그림 8.19)은 기어의 한 형태이며, 무한 반경을 갖는 기어와 서로 맞물리는 기어들이다. 이러한 기어는 직선운동을 회전운동으로 또는 회전운동을 직선운동으로 변환하는 데 사용될 수 있다.

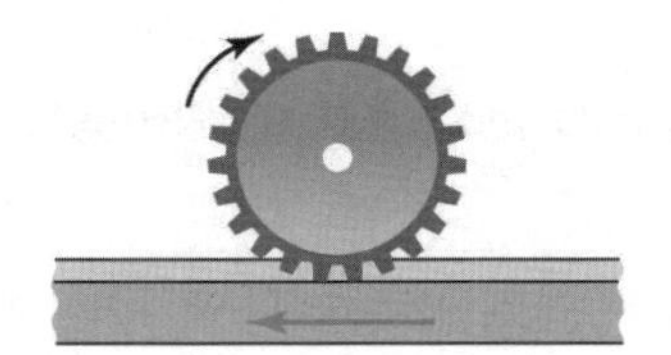

그림 8.19 랙-피니언

회전운동을 병진운동으로 바꾸는 데 사용되는 다른 방법은 스크류-너트(screw-and-nut) 시스템이다. 스크류-너트의 기존 형태로서, 너트는 회전되고 정지 스크류를 따라서 이동된다. 그러나 만약 스크류가 회전하면, 그때 구동부에 부착된 너트는 스크류를 따라서 움직인다. 이러한 배열을 리드스크류(lead screw)라고 한다. 리드는 너트가 1회전 했을 때 스크류 축과 평행하게 이송한 거리이며, 단열 나사인 경우에는 리드는 피치(pitch)와 같다. n 회전을 하면 스크류 축과 평행하게 이송한 거리는 nL이 될 것이다. 시간 t 동안에 n 회전이 완료된다면, 스크류 축에 평행한 선속도 v는 nL/t이다. n/t은 스크류의 초당 회전수 f이므로,

$$v = \frac{nL}{t} = fL$$

그러나 회전운동을 직선운동으로 바꾸는 배열을 사용하는 데 문제가 있으며, 높은 마찰력이 발생하고 강성이 부족하다. 볼스크류(ball screw)를 사용함으로써 마찰 문제를 극복할 수 있다. 볼스크류는 리드스크류의 원리와 동일하나, 볼 베어링이 너트의 나사에 위치한다. 이런 배열은 기어 장착형 직류 모터에 의해 구동되는 볼 스크류에 의해 구동되는 암을 가진 로봇에 사용된다(그림 8.20). 모터는 스크류의 아래위로 너트를 움직이도록 하는 스크류를 회전시킨다. 너트의 이동은 링크로서 암을 이동시킨다.

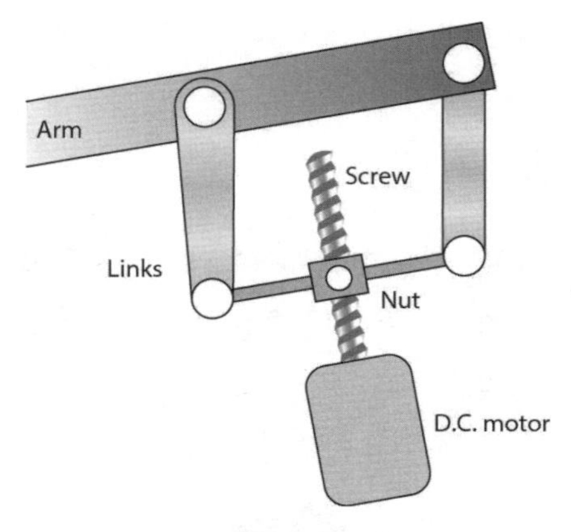

그림 8.20 볼스크류와 로봇암 이동용 링크

8.6 래칫과 폴

래칫은 부하가 걸렸을 때 기구를 잠기도록 하는 장치이다. 그림 8.19에 래칫과 폴을 나타내고 있다. 기구는 래칫(ratchet)이라 불리는 톱날형태의 치차를 가지는 휠과 그 치차에 맞물리는 폴(pawl)이라는 지렛대로 이루어진다. 지렛대는 피벗되어 있고, 휠에 따라 앞뒤로 움직일 수 있다. 치차의 형태는 한쪽 방향으로만 회전이 가능하도록 한 형태를 가진다. 래칫이 시계방향으로 회전하려 할 때는 이 폴에 의해 저지되고, 폴이 올라가면 비로소 움직일 수가 있게 된다. 이 폴은 보통 스프링으로 지지되어 자동적으로 래칫에 이빨이 맞춰지도록 되어 있다.

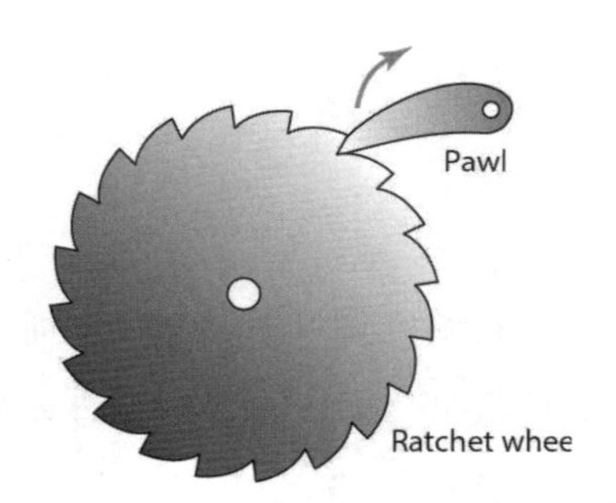

그림 8.21 래칫과 폴

따라서 드럼에 케이블을 감아올릴 때 사용되는 윈치의 경우 핸들을 놓아도 드럼으로부터 케이블이 풀리지 않도록 래칫과 폴을 사용한다.

8.7 벨트와 체인 구동

벨트(belt) 구동은 벨트에 의해 하나의 실린더의 운동이 다른 하나의 실린더로 이동이 되는 1쌍의 롤링 실린더로 구성된다(그림 8.22). 벨트 구동은 축에 부착된 풀리(pulley)와 토크 전달을 위해 풀리의 원주에 접촉해 있는 벨트 사이의 마찰력을 이용하여 구동한다. 전달이 단순히 마찰력에만 의존하기 때문에 미끄럼이 발생할 수도 있다. 구동 중에 전달된 토크는 벨트의 장력 차이로 인하여 긴장측면과 이완측면을 만들게 되는데, 그림 8.22의 구동축 풀리 A에서 긴장측면의 장력이 T_1 이고 이완측면이 T_2 라면

$$\text{토크 A} = (T_1 - T_2)r_{\text{A}}$$

r_{A} 가 풀리 A의 반경일 때, 피구동 풀리 B의 토크는 다음과 같다.

$$\text{토크 B} = (T_1 - T_2)r_{\text{B}}$$

r_{B} 는 풀리 B의 반경이다. 전달된 힘은 토크와 각속도의 결과이므로, 각각의 각속도는 풀리 A의 경우 v/r_{A}, 풀리 B의 경우 v/r_{B} 이다(단, v는 벨트의 속도). 이때 어느 한쪽 풀리의 힘은 다음과 같다.

$$\text{힘} = (T_1 - T_2)v$$

두 축 사이의 힘을 전달하는 수단으로서의 벨트 구동은 벨트 길이의 조절이 용이하고, 축간거리의 조절범위가 넓으며, 마찰력으로 견딜 수 있는 최대 장력 이상의 부하가 걸릴 경우 미끄러져 버림으로써 자동적으로 시스템을 보호한다는 장점을 갖고 있다. 만약 축간거리가 길면 벨트 구동이 기어 구동보다 적합하지만, 짧은 거리의 경우에는 기어 구동 쪽이 적합하다. 크기가 다른 풀리는 기어 효과를 주는 데 사용될 수 있다. 하지만 벨트와 풀리 사이에 접촉하는 원호를 적정하게 유지시킬 필요가 있기 때문에 기어비는 보통 3 정도로 제한되어 있다.

그림 8.22에서의 벨트 구동은 구동휠(driver wheel)에 의해 종동휠(driven wheel)이 같은 방향으로 회전하도록 되어 있고, 그림 8.23은 역회전 구동의 2가지 형태를 보여 주고 있다. 2가지 구동형태로서, 벨트의 양면이 휠과 접촉하는 형태로 되어 있으므로 V-벨트나 타이밍 벨트는 사

용될 수 없다.

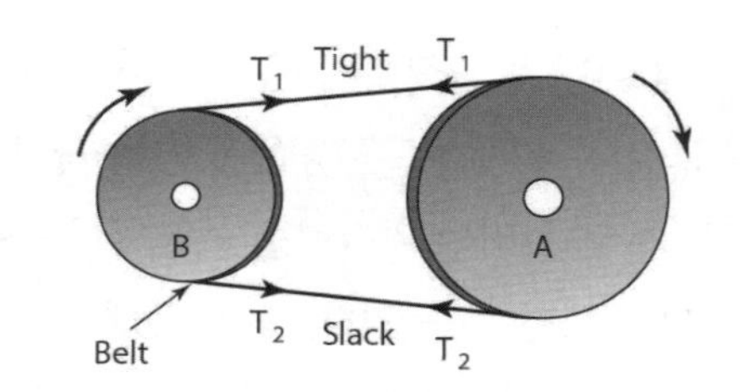

그림 8.22 벨트 구동

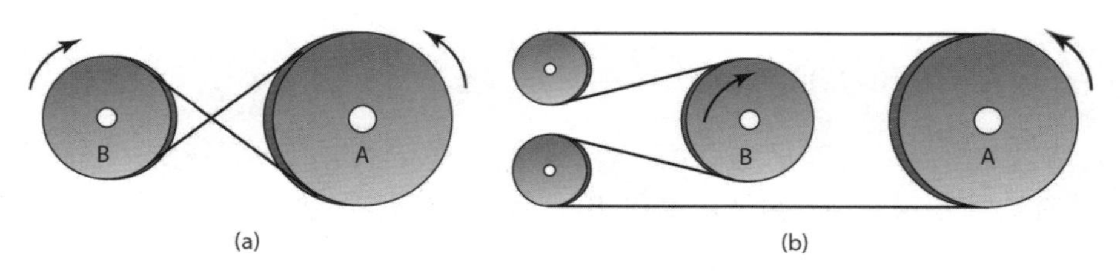

그림 8.23 역회전 벨트구동 (a) 교차 벨트, (b) 오픈 벨트

8.7.1 벨트의 형태

벨트에 주로 사용되는 4가지 형태(그림 8.24)는 다음과 같다.

1. 플랫(Flat)

벨트는 사각단면을 가지고 있다. 이러한 구동계의 효율은 약 98%이고 약간의 소음을 발생시킨다. 풀리 중심 사이의 긴 거리를 따라서 동력을 전달할 수 있다. 크라운 풀리(crowned pulley)는 구동 중에 벨트가 이탈되지 않게 유지시켜 준다.

2. 환형(Round)

벨트는 원형단면을 가지고 있고 홈이 있는 풀리를 사용한다.

3. V

V-벨트는 홈이 있는 풀리를 사용하며 효율이 플랫 벨트에 비하여 낮다. 그러나 1개의 바퀴에 여러 개의 벨트를 사용할 수 있다. 따라서 다수의 구동계에 힘을 전달할 수 있다.

4. 타이밍(Timing)

타이밍 벨트는 이빨이 있는 바퀴가 필요하며, 이 이빨은 바퀴의 홈에 맞아야 한다. 타이밍 벨트는 다른 벨트들과 다르게 늘어나거나 미끄러지지 않으며, 항상 일정한 각 속도비로 동력을 순간적으로 전달한다. 이빨은 느리거나 빠른 속도에 대하여 작동 가능하도록 만든다.

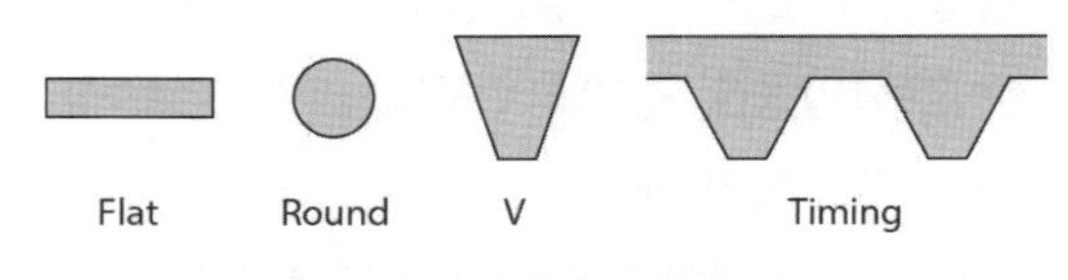

그림 8.24 벨트의 형태

8.7.2 체 인

체인(chain)은 상호 맞물린 기어휠 한 쌍에 상당하는 회전 실린더 사이의 치차로 미끄럼을 막을 수 있다. 체인 구동은 기어 구동과 마찬가지로 기어비의 관계를 가지고 있다. 자전거에서 사용되는 구동 기구는 체인 구동의 하나의 예이다. 체인은 1개의 바퀴에 의하여 구동되는 많은 축들을 사용하여 다양한 구동계에 힘을 전달할 수 있다. 타이밍 벨트만큼 조용하진 않지만 큰 토크를 전달할 수 있다.

8.8 베어링

회전이나 미끄러짐에 의한 것이든지, 하나의 면과 다른 면이 접촉하는 상대적인 운동이 있을 때, 결과적으로 마찰력에 의해 생성된 열은 에너지를 낭비시키고 마모를 발생시킨다. 베어링(bearing)의 기능은 마찰을 최소화하여 구동부위를 보호하고 상대적인 부분들 사이의 움직임의 정확성을 최대화하는 데에 있다.

특별히 중요한 점은 반경방향 하중을 지지하는 것과 같이 회전축을 지지할 필요가 있을 경우이다. 트러스트 베어링(thrust bearing)은 주로 상대적인 회전운동을 할 때 축방향을 따라 발생하는 힘을 지지하기 위하여 고안되었다. 본 절에서는 일반적으로 사용되는 베어링 형태에 따른 특성을 간단히 설명한다.

8.8.1 미끄럼 저널 베어링

저널 베어링들은 반경 방향의 하중을 받는 회전 샤프트를 지지할 때 사용된다. 이때 저널(journal)은 샤프트에 사용된다. 베어링은 기본적으로 샤프트와 지지대 사이에 어떤 적당한 재료를 끼워 넣어서 구성한다(그림 8.25). 샤프트가 회전함으로 인하여 샤프트의 표면이 베어링 표면의 재료에 미끄러진다. 삽입물은 보통 백색 합금, 알루미늄 합금, 구리 합금, 청동 또는 나일론 또는 PTFE와 같은 중합체이다. 삽입물은 지지대의 구멍에 샤프트가 꼭 끼워져 있을 때보다 저항과 마모를 작게 한다. 베어링은 건조 마찰 베어링 또는 윤활 베어링이다. 나일론과 같은 플라스틱과 PTFE는 일반적으로 특별히 재료의 마찰률이 낮기 때문에 윤활제 없이 사용된다. 널리 사용되는 베어링 재료는 소결청동인데, 이는 오일을 머금을 수 있는 다공 구조를 가진 청동을 의미한다. 따라서 그 베어링은 '내장(built in)' 윤활제를 가진다.

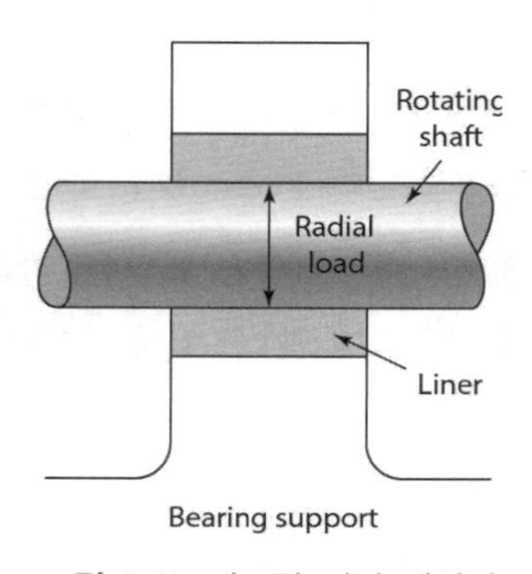

그림 8.25 미끄럼 저널 베어링

가능한 윤활제는 다음과 같다.

1. 유체동역학(Hydrodynamic)

유체동역학 저널베어링(hydrodynamic journal bearing)은 금속에 의하여 지지되는 것이 아니라 오일 위를 움직이는 방법으로 샤프트가 회전하면서 연속적으로 오일 속에 있다(그림 8.26). 샤프트의 회전결과 생성되는 오일의 압력에 의하여 하중이 지지된다.

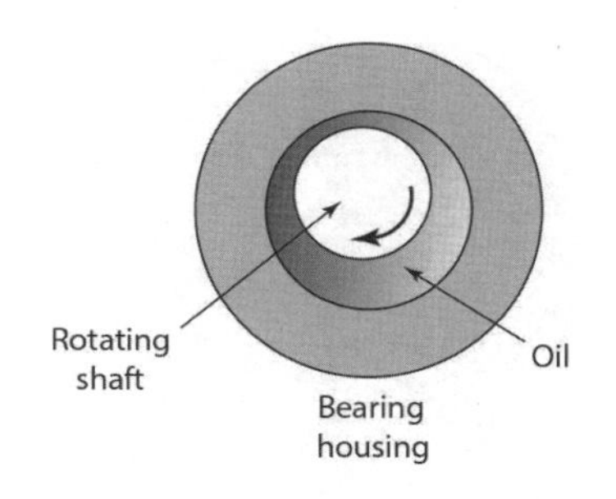

그림 8.26 유체동역학 저널 베어링

2. 유체정역학(Hydrostatic)

유체동역학적 윤활 문제는 샤프트가 회전할 때나 적어도 금속과 금속이 접촉할 때와 같이 단지 오일 위를 움직이는 동안만이다. 작동하기 시작할 때의 과도한 마모를 피하거나, 적은 하중일 때, 오일을 부하-베어링 구간으로 높고 충분한 압력으로 밀어 넣어 샤프트를 금속으로부터 떨어뜨려 놓는다.

3. 솔리드 필름(Solid-film)

탄화물 또는 몰리브덴 황화물과 같은 금속으로 코팅하는 것이다.

4. 경계층(Boundary layer)

베어링 표면에 윤활제의 얇은 층이 들러붙는 것이다.

8.8.2 볼과 구름 베어링(ball and roller bearings)

이런 베어링 타입은 회전하는 샤프트에 의하여 전달되는 주된 부하를 미끄럼 접촉보다는 구름 접촉에 의하여 지지한다. 구름 요소 베어링은 다음과 같은 4가지의 주된 구성요소, 즉 내측 레이스(inner race), 외측 레이스(outer race), 볼 (ball) 또는 롤러(roller)와 같은 구름요소 그리고 구름요소를 감싸고 있는 영역으로 구성되어 있다(그림 8.27). 내측과 외측 레이스들은 구름요소들이 구를 수 있도록 경화된 트랙을 포함한다.

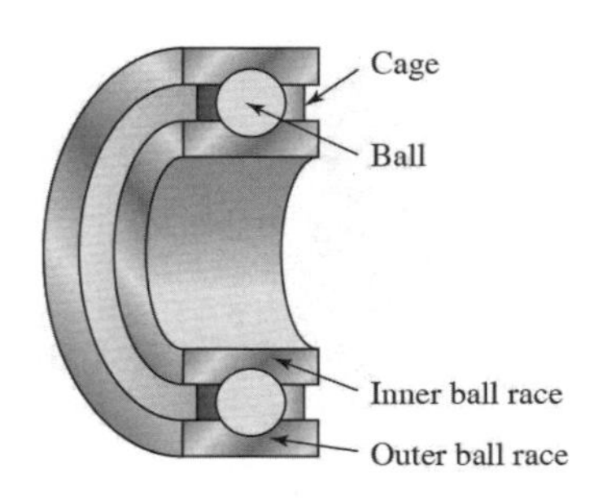

그림 8.27 볼 베어링의 기본요소

볼 베어링의 종류는 다음과 같다.

1. 깊은 홈(Deep-groove)(그림 8.28(a))

반경방향의 하중에 적합하나 축방향 하중에는 적합하지 않다. 하중과 속도에 대한 범위가 넓어서 다양하게 사용되는 베어링이다.

2. 필링 슬롯(Filling-slot)(그림 8.28(b))

깊은 홈보다 반경방향 하중에 더 적합하지만 축방향 하중에 대하여는 사용할 수 없다.

3. 각접촉(Angular contact)(그림 8.28(c))

반경방향과 축방향 하중에 대하여 모두 좋은 성질을 나타낸다. 그리고 축방향 하중에 대하여는 깊은 홈보다 더 적합하다.

4. 2중-열(Double-row)(그림 8.28(d))

이중-열 볼 베어링은 많은 종류가 있으며, 단열보다 반경방향 하중에 적합하다. 그림은 이중-열 깊은 홈 볼 베어링을 나타낸다.

5. 자동중심조정(Self-aligning)(그림 8.28(e))

단열 베어링은 축이 정렬되어 있지 않으면 저항성이 적다. 하지만 심하게 정렬되어 있지 않더라도 자동중심조정 베어링을 사용하면 저항성이 좋아진다. 이것은 반경방향의 하중에 대한 저항성이 조금 좋아지고, 축방향 하중에 대하여 약하기는 마찬가지이다.

6. 스러스트, 홈가공 레이스(Thrust, Grooved race)(그림 8.28(f))

축방향 하중에 대한 저항성을 위하여 고안되었다. 하지만 반경방향 하중에 대해서는 적당하지 않다.

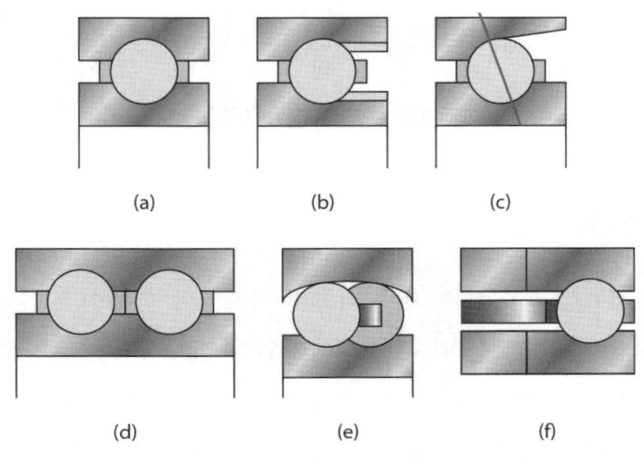

그림 8.28 볼 베어링의 종류

구름 베어링의 종류는 여러 가지가 있다. 보통 다음과 같이 분류한다.

1. 직선 롤러(Straight roller)(그림 8.29(a))

동등한 볼 베어링에 비하여 반경방향 하중에 대하여 좋은 경향을 나타낸다. 하지만 축방향 하중에 대해서는 적당하지 않다. 같은 크기의 볼 베어링에 비하여 접촉 면적이 넓음으로 인하여 높은 하중을 운반할 수 있다. 그러나 정렬되어 있지 않다면 내구성이 나빠진다.

2. 테이퍼 롤러(Taper roller)(그림 8.29(b))

반지름방향의 하중에 적합하고, 축방향 하중에 대하여 한 방향에 대해서 효과적이다.

3. 니들 롤러(Needle roller)(그림 8.29(c))

동등한 볼 또는 구름 베어링에 대하여 공간이 충분치 못한 상황에서 사용되는 경향이 있는데, 길이·지름 비가 높은 롤러이다.

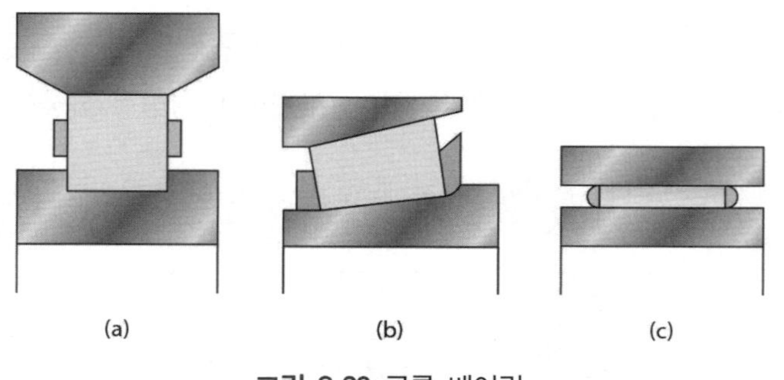

그림 8.29 구름 베어링

8.8.3 베어링의 선택

일반적으로, 건조 미끄럼 베어링은 작은 지름의 샤프트에 대하여 작은 하중과 낮은 속도의 상황에서 사용되는 경향이 있고, 볼 및 구름 베어링은 구르는 동작을 포함하고 있는 베어링으로서, 넓은 범위의 지름의 샤프트에 대하여 큰 하중과 높은 속도의 상황에서 사용된다. 그리고 유체동역학 베어링은 큰 지름의 샤프트에 대하여 높은 하중에서 사용된다.

요 약

기구란 하나의 형태에서 다르게 요구되는 어떤 형태로 운동을 전환하도록 고안된 장치를 말한다.

강체의 운동은 병진운동과 회전운동의 조합으로 이루어진다. 자유도의 수는 운동을 발생시키는 데 필요한 운동성분의 수를 말한다.

어떤 다른 부분에 대해 상대적인 운동을 하는 기구 각각의 부분을 링크라고 한다. 이웃하는 링크들의 접합점을 노드라고 한다. 조인트는 그들의 노드에서 2개 혹은 그 이상의 링크 사이의 연결이다. 일련의 조인트와 링크는 연쇄로 알려져 있다. 4절 연쇄는 회전이 가능한 4개의 조인트에 의해 연결된 4개의 링크로서 구성된다.

캠은 회전 또는 진동하는 강체이며, 회전 또는 진동하면서 종동절이라는 2차 강체까지 왕복운동이나 진동운동을 전달한다.

기어는 평행한 샤프트 사이의 회전운동을 전달하는 데 사용되거나, 하나의 샤프트에 다른 샤프트가 기울어져 있는 경우에도 사용된다.

랙-피니언과 스크류-너트 시스템은 회전운동을 직선운동으로 변환하는 데 사용될 수 있다.

래칫은 부하가 걸렸을 때 기구를 잠기도록 하는 장치이다.

벨트 및 체인 구동은 평행하고 어느 정도 거리가 떨어진 샤프트들에 회전운동을 전달하는 데 사용된다.

베어링은 상대적으로 움직임을 최소의 마찰력과 최대의 정확성으로서 안내하는 데 사용된다.

연습문제

8.1 Explain the terms (a) mechanism, (b) kinematic chain.

8.2 Explain what is meant by the four-bar chain.

8.3 By examining the following mechanisms, state the number of degree of freedom each has.

(a) A car hood hinge mechanism.
(b) An estate car tailgate mechanism.
(c) A windscreen wiper mechanism.
(d) Your knee.
(e) Your ankle.

8.4 Analyse the motions of the following mechanisms and state whether they involve pure rotation, pure translation or are a mixture of rotation and translation components.

(a) The keys on a computer keyboard.
(b) The pen in an XY plotter.
(c) The hour hand of a clock.
(d) The pointer on a moving coil ammeter.
(e) An automatic screwdriver.

8.5 For the mechanism shown in Fig. 6.31, the arm AB rotates at a constant rate. B and F are slider moving along CD and AF. Describe the behaviour of this mechanism.

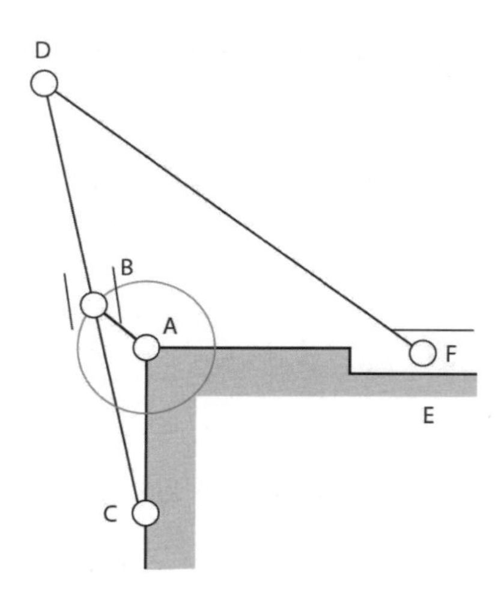

그림 8.30 연습문제 8.5

8.6 Describe how the displacement of the cam follower shown in Fig. 6.32 will vary with the angle of rotation of the cam.

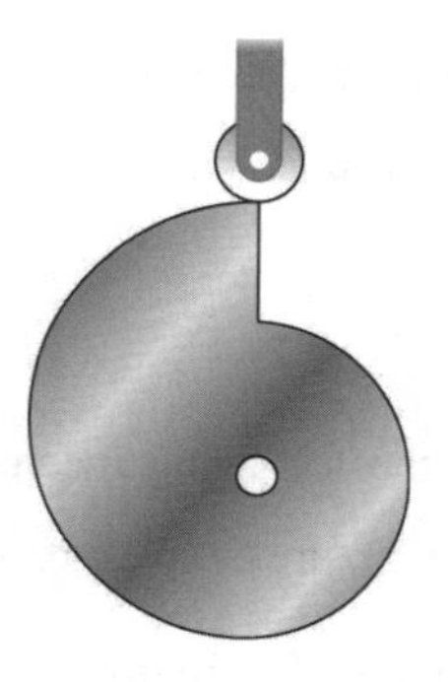

그림 8.31 연습문제 8.6

8.7 A circular cam of diameter 100 mm has an eccentric axis of rotation which is offset 30 mm from the centre. When used with a knife follower with its line of action passing through the centre of rotation, what will be the difference between the maximum and minimum displacements of the follower?

8.8 Design a cam follower system to give constant follower speeds over follower displacement varying from 40 to 100mm.

8.9 Design a mechanical system which can be used to:

(a) Operate a sequence of microswitches in a timed sequence.

(b) Move a tool at a steady rate in one direction and then quickly move it back to the beginning of the path.

(c) Transform a rotation into a linear back-and-forth movement with simple harmonic motion.

(d) Transform a rotation through some angle into a linear displacement.

(e) Transform a rotation of a shaft into rotation of another, parallel shaft some distance away.

(f) Transform a rotation of one shaft into rotation of another, close shaft which is at right angles to it.

8.10 A compound gear train consists of the final driven wheel with 15 teeth which meshes with a second wheel with 90 teeth. On the same shaft as the second wheel is a wheel with 15 teeth. This meshes with a fourth wheel, the first driver, with 60 teeth. What is the overall gear ratio?

Chapter 09 전기구동 시스템

목 표

본 장의 목표는 학생들이 공부한 후에 다음과 같은 것을 할 수 있어야 한다.

- 릴레이, 고체소자 스위치(사이리스터, 바이폴러 트랜지스터, MOSFET), 솔레노이드, 직류 모터, 교류 모터, 스텝모터 등의 전기 구동 시스템의 동작특성을 평가할 수 있어야 한다.
- 영구자석 직류 모터를 포함한 직류 모터의 원리 및 그 모터의 속도를 어떻게 제어되는지 설명할 수 있어야 한다.
- 브러시리스 영구자석 직류 모터의 원리에 대하여 설명할 수 있어야 한다.
- 가변 릴럭턴스형, 영구자석형, 하이브리드형 스텝모터의 원리 및 단계별 시퀀스가 어떻게 생성되는지를 설명할 수 있어야 한다.
- 관성 매칭의 모터를 선정하는 요구사항과 토크와 동력 요구사항을 설명할 수 있어야 한다.

9.1 전기 시스템

제어용 액추에이터로서 사용되는 전기제어 시스템을 논할 때는 다음과 같은 소자들의 언급이 필요하다.

1. 스위칭 소자(switching devices)

   히터나 모터와 같은 전기장치의 제어 신호를 온-오프할 때 사용되는 스위치들로서, 그 종류로는 릴레이 같은 기계적인 스위치들이나 다이오드, 사이리스터, 트랜지스터와 같은 고체소자 스위치들이 있다.

2. 솔레노이드형 소자(solenoid type devices)

   솔레노이드에 전류를 통하게 함으로써 연성의 철심을 동작시키는 솔레노이드형의 소자가 있다. 예를 들면 솔레노이드에 인가되는 제어 전류로서 유공압 유체의 흐름을 구동하는 솔레노이드 유공압 밸브를 들 수 있다.

3. 드라이브 시스템(drive systems)

전류를 인가하면 회전운동을 만들어내는 직류, 교류 모터와 같은 드라이브 시스템이 있다. 본 장에서는 이러한 각각의 소자들에 대한 개요와 특성을 간단히 설명한다.

9.2 기계적 스위치

기계적인 스위치들은 주로 키보드와 같이 시스템에 입력 신호를 주는 센서처럼 사용된다(2.12절 참조). 본 장에서는 전기 모터, 가열장치 등에 사용되는 스위치나 유압 및 공압 실린더의 솔레노이드 밸브를 구동시키는 스위치들에 대해서 언급한다. 전기적 릴레이(relay)는 액추에이터로서 제어 시스템에 사용되는 기계적 스위치의 한 예이다.

9.2.1 릴레이(계전기)

릴레이는 어떤 한 전기회로에 흐르는 전류를 다른 전기회로에서 전류를 온-오프 스위칭으로 바꾸는 전기적으로 동작하는 스위치이다. 그림 9.1(a)에 나타낸 릴레이에 대하여 전류가 코일을 통해 흐르면 코일 주위에 자기장이 생겨서 철심 전기자를 끌어당겨 푸쉬 로드를 움직여서 정상 열림(NO) 스위치의 접점을 닫고, 정상 닫힘(NC) 스위치의 접점을 연다.

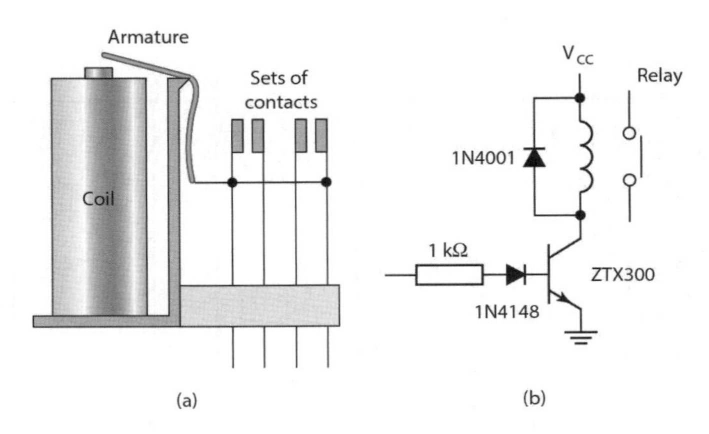

그림 9.1 (a) 릴레이, (b) 구동회로

릴레이는 흔히 제어 시스템에 사용된다. 제어기 출력은 상당히 낮은 전류이며, 더욱더 큰 전류가 최종 보정요소인 온도제어 시스템에서 전기 히터에 필요한 전류를 스위칭 온-오프하는 데 필요하다. 그러한 상황에서 릴레이는 트랜지스터로 대체되어 사용되기도 한다. 그림 9.1(b)는 사용될 수 있는 회로이다. 릴레이는 인덕턴스이기 때문에 동작전류가 스위치-오프될 때, 또는 입력이 하이에서 로우 신호로 스위칭될 때 역전압을 발생할 수 있다. 결과적으로 연결회로가 손상될 수도 있다. 이러한 문제를 극복하기 위하여 다이오드는 릴레이와 반대방향으로 연결된다. 역기전력이 발생할 때 다이오드가 통전되어 그것을 소진한다. 이런 다이오드를 자유 역기전력 다이오드(free-wheeling or flyback diode)라고 한다.

릴레이가 제어 시스템에서 사용되는 방법들의 한 가지 예로서 그림 9.2는 2개의 릴레이로 3개의 실린더 A, B, C를 작동시켜서 공압 밸브를 제어하는 방법을 보여 준다. 그 작동 순서는 다음과 같다.

1. 시작(start) 스위치가 닫히면 전류가 솔레노이드 A, B에 인가되어 실린더 A, B가 전진한다. 즉, A+, B+이다.
2. 그러면 제한 스위치 a+, b+가 닫힌다. a+가 닫히면 전류가 릴레이 코일1에 흘러서 닫히고, 이는 솔레노이드 C를 통전시켜서 실린더 C를 전진시킨다. 즉, C+이다.
3. 실린더 C의 전진에 의해 제한 스위치 c+가 닫히면, 제어밸브 A, B가 통전되어 다시 실린더 A, B는 후진하게 된다. 즉, A−, B−이다.
4. 제한 스위치 a−가 닫히면 릴레이 코일2에 전류가 흘러서 밸브 C를 통전시켜 실린더 C를 후진시킨다. 즉, C−이다. 그러므로 이 시스템의 시퀀스는 동시에 A+와 B+가 되고, 그러면 C+가 되고, 뒤이어 A−, B−가 되고, 마지막으로 C−가 된다.

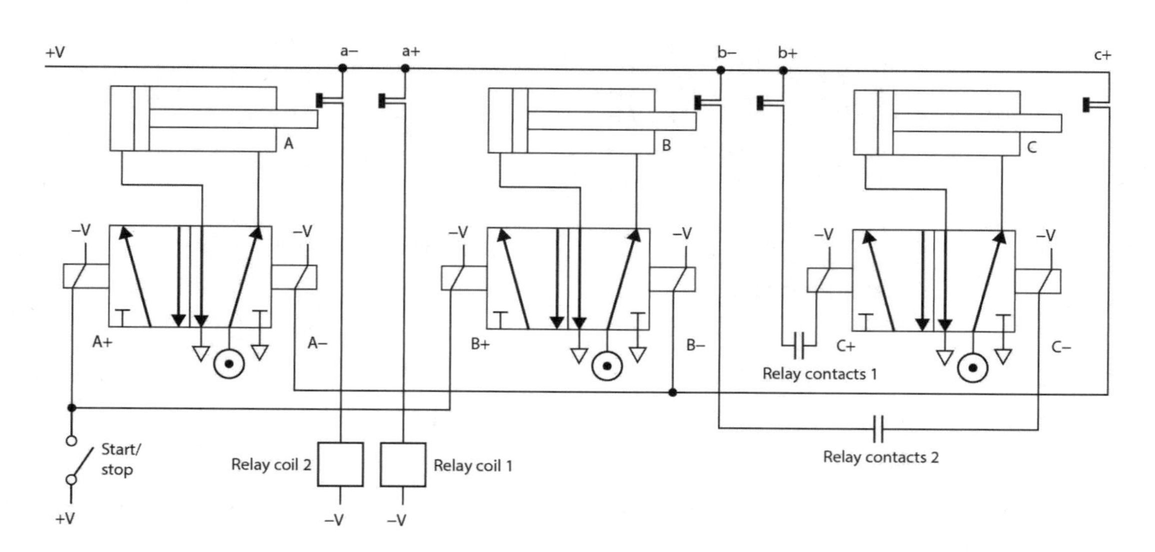

그림 9.2 릴레이 제어 시스템

시간지연 릴레이(time-delay relay)는 스위칭 동작을 지연시키는 제어 릴레이이다. 시간지연 릴레이는 보통 릴레이 코일에 전류를 도통하거나 코일에 흐르는 전류를 끊을 때 사용되고 초기화된다.

9.3 고체 스위치

전기 스위치 회로에 사용되는 고체 소자들은 다음과 같이 여러 종류가 있다.

1. 다이오드
2. 사이리스터와 트라이액
3. 양극성 트랜지스터
4. 전력(power) 금속산화막 반도체 전계효과 트랜지스터(MOSFET)

9.3.1 다이오드

다이오드(diode)는 그림 9.3(a)에 나타낸 것처럼 오직 한 방향으로만 전류의 흐름이 가능하다. 순방향 바이어스(forward bias)일 때, 즉 캐소드에 대하여 애노드에 양극을 연결할 때 전류를 통과시키므로, 다이오드는 방향성 소자로서 간주된다. 만약 다이오드에 과도한 역방향 바이어스(reverse bias)가 걸리면 고장을 일으키게 된다. 또한 다이오드에 교류전압이 인가되면 전압의 방향이 계속 바뀌므로 다이오드는 단순히 스위치처럼 동작하게 된다. 그 결과 전류가 다이오드를 통해 흐를 때 입력 전압의 양의 파형만이 정류가 이루어진다(그림 9.3(b)).

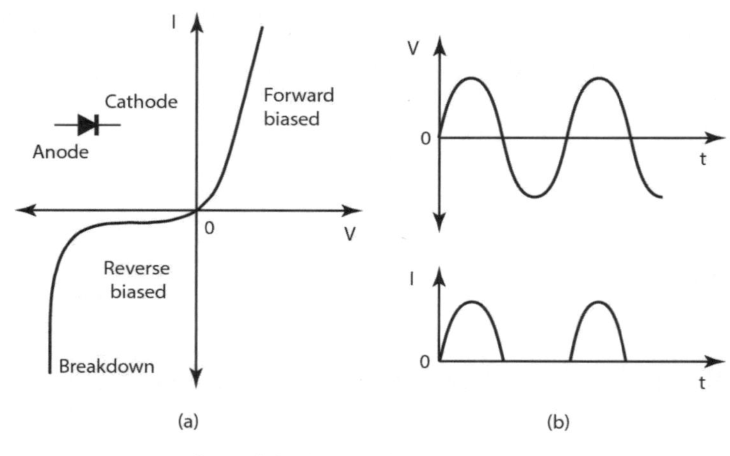

그림 9.3 (a) 디이오드 특성, (b) 반파 정류

9.3.2 사이리스터와 트라이액

사이리스터(thyristor) 또는 실리콘-제어 정류기(Silicon-Controlled Rectifier: SCR)는 다이오드가 동작할 수 있는 조건을 제어하는 게이트를 가진 다이오드로 간주될 수 있다. 그림 9.4(a)에 사이리스터의 특성을 나타내었다. 역방향 바이어스가 걸리면 사이리스터는 미소한 전류를 통과시켜서 게이트 전류(gate current)는 0이 된다(단, 수백 volts의 전압이 걸리거나 고장이 났을 경우 제외). 또한 순방향 바이어스일 때 전류가 흐르더라도 허용전압 이상 넘지 않으면 통과되는 전류는 무시할 만하다. 다이오드의 전압이 약 1~2V 정도로 낮게 떨어지면 전류는 오로지 회로 안에서 외부저항에 의해서만 제한될 수 있다. 그래서 예를 들면 순방향 브레이크다운(forward breakdown)이 300V에서 생기면 사이리스터 스위치에 이르러서 전압은 1V 또는 2V의 강하를 이루면서 흐르게 된다. 만약 사이리스터가 20Ω의 저항에 직렬로 연결되면(그림 9.4(b)), 브레이크다운 전에 20Ω과 직렬로 연결된 저항에서 매우 높은 저항을 얻을 수 있고, 따라서 사이리스터를 통하는 300V의 모든 가상적인 전압도 얻을 수 있고, 거기에서 전류는 무시할 만하다. 순방향 브레이크다운이 발생했을 때 전압은 사이리스터를 통할 때 약 2V의 강하를 보이고, 따라서 현재 300−2=298V가 20Ω 저항에 흐르게 된다. 그러므로 전류는 298/20=14.9A가 상승하게 된다. 일단 전류가 흐르게 되면 사이리스터는 순방향 전류가 수 mA 이하로 내려갈 때까지 존재하게 된다. 순방향 브레이크다운이 생겼을 때의 전압은 게이트에 들어가는 전압에 의해 결정되고, 전류는 더 높아짐에 따라 브레이크다운 전압은 더 낮아지게 된다. 사이리스터는 전력 핸들링 능력이 높으므로 이것은 높은 전력장치를 스위칭하는데 널리 쓰이고 있다. 그 예로서 Texas Instruments CF106D는 최대 400V의 오프상태 전압과, 최대 0.2mA의 게이트 트리거 전류를

가지고 있다.

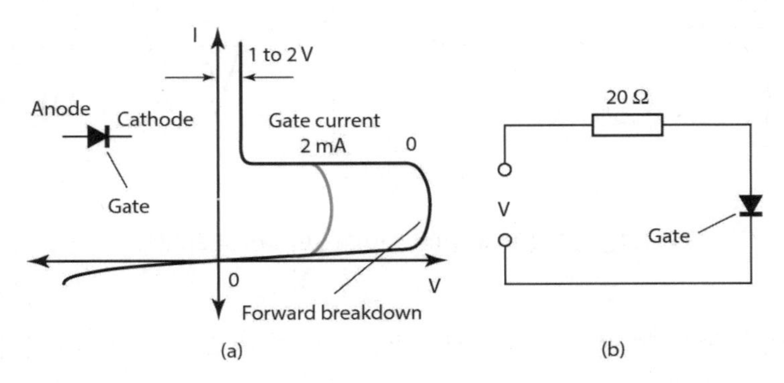

그림 9.4 (a) 사이리스터 특성, (b) 사이리스터 회로

트라이액(triac)은 사이리스터와 비슷하고, 같은 칩에 역병렬로 연결한 사이리스터 한 쌍과 동등하다. 트라이액은 순방향 또는 역방향 중 어느 하나에 의해 작동될 수 있다. 그림 9.5는 그러한 특성을 보여 준다. 예를 들면, Motorola MAC212-4 트라이액은 최대 200V 오프-상태 전압과 최대 12A r.m.s.의 온-상태 전류를 가지고 있다. 트라이액은 간단하고 비교적 값싼, 교류전력장치 제어의 한 방법이다.

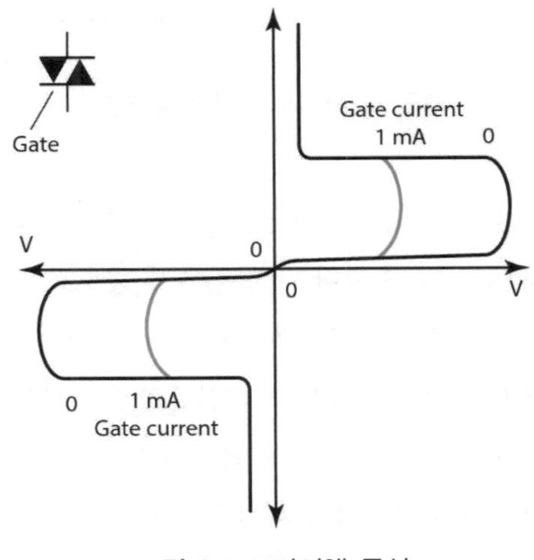

그림 9.5 트라이액 특성

그림 9.6은 정현파의 교류전압이 사이리스터에 공급될 때(a), 트라이액에 공급되었을 때(b)의 결과의 한 형태이다. 전압이 브레이크다운 값에 도달하면 순방향 브레이크다운이 발생하며, 그때 장치에 걸리는 전압은 low-상태로 유지된다.

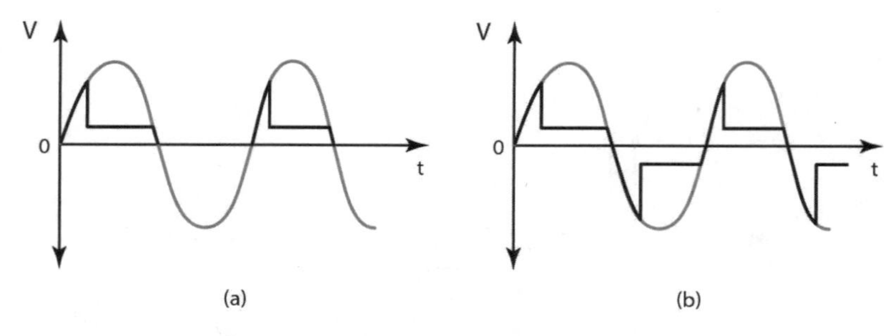

그림 9.6 전압제어 (a) 사이리스터, (b) 트라이액

이러한 디바이스들이 제어를 위해 어떻게 사용되는지 한 예로, 그림 9.7에 사이리스터가 어떻게 직류전압 V를 제어하는지에 대해서 나타내었다. 여기서 사이리스터는 게이트를 온-오프하면서 스위치처럼 작동된다. 게이트에 교류전압을 인가하면, 전압의 파형을 초퍼하여(chopped) 간헐시킬 수 있다. 그래서 게이트에 교류 신호를 가하면 직류 출력 평균 전압을 변형 및 제어할 수 있다.

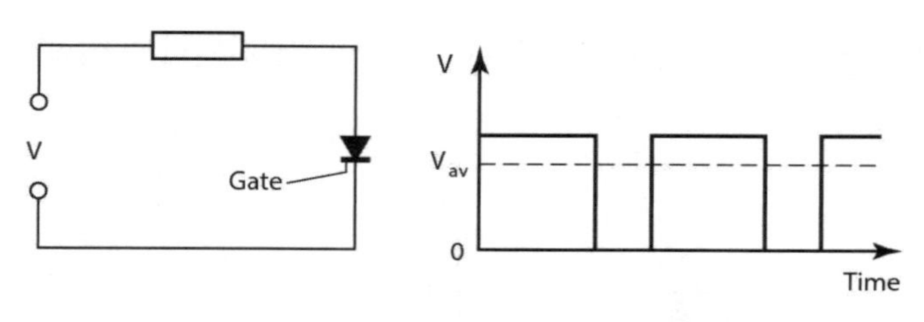

그림 9.7 사이리스터 직류 제어

다른 예로서 램프조절기, 전기 모터, 전기 히터 등의 교류전류의 제어가 있다. 그림 9.8(a)는 반파형, 가변저항, 위상제어회로를 보여 준다. 교류전류가 램프조절기 회로의 부하인 사이리스터들에 차례로 인가된다. R_1은 전류제한 저항, R_2는 사이리스터가 트리거되는 레벨을 설정하는 전위차계이다. 다이오드는 게이트에 가해지는 교류전압의 -부분을 막아 주는 역할을 한다. R_2를 조절함으로써 인가되는 교류전압의 양의 반 사이클인 0~90° 사이의 어떠한 지점에서도 사이리스터를 트리거 시킬 수 있다. 사이리스터가 사이클이 시작되는 0° 부근에서 트리거되면, 전체 양의 반-사이클이 도통되어서 최대 전력이 부하에 가해진다. 그리고 사이리스터의 트리거가 사이클에서 지연되면 부하에 가해지는 전력이 감소된다.

게이트가 오프되고 공급전압이 갑자기 사이리스터나 트라이액에 가해지면, 사이리스터는 오프에서 온으로 전환된다. 이러한 효과를 주는 전형적인 전압의 변화 비율은 50V/μs 정도이다. 만약 전원이 직류전압이면 사이리스터는 회로에 인터럽트가 걸릴 때까지 이러한 전도상태를 유지시키게 된다. 이러한 갑작스런 전원의 변화에 의한 현상을 막기 위해서 시간에 대한 전압의 변화율 dV/dt는 스너버 회로(snubber circuit)를 사용하여 제어한다. 이는 그림 9.8(b)와 같이 커패시터와 저항을 직렬연결하고, 또한 사이리스터와 병렬로 연결된다.

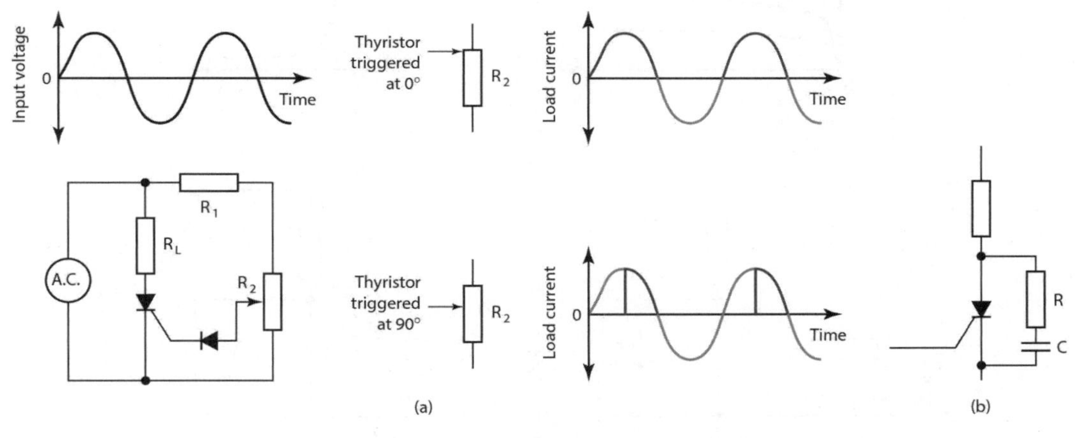

그림 9.8 (a) 위상제어, (b) 스너버 회로

9.3.3 바이폴라 트랜지스터

바이폴라 트랜지스터(bipolar transistors)는 npn과 pnp형으로 두 가지 형태가 있다. 그림 9.9(a)에 각각에 대한 기호를 나타내었다. npn 트랜지스터는 주 전류가 콜렉터(collector)로 흘러서 이미터(emitter)로 나오고, 베이스(base)에는 제어신호가 인가된다. pnp형 트랜지스터는 주 전류가 이미터로 흘러서 콜렉터로 나오고, 베이스에 제어 신호가 인가된다.

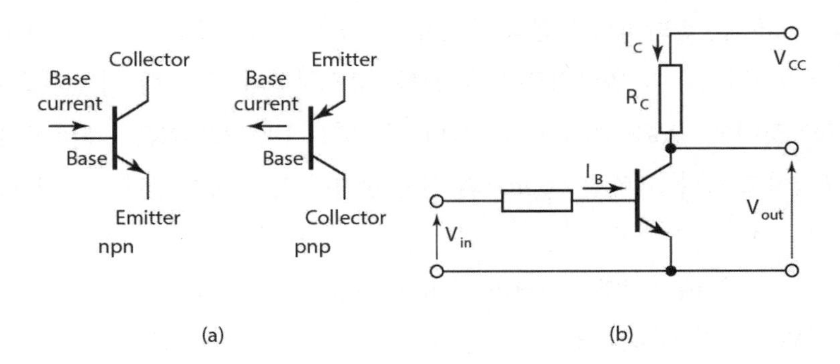

그림 9.9 (a) 트랜지스터 기호, (b), (c), (d), (e) 트랜지스터 스위치(계속)

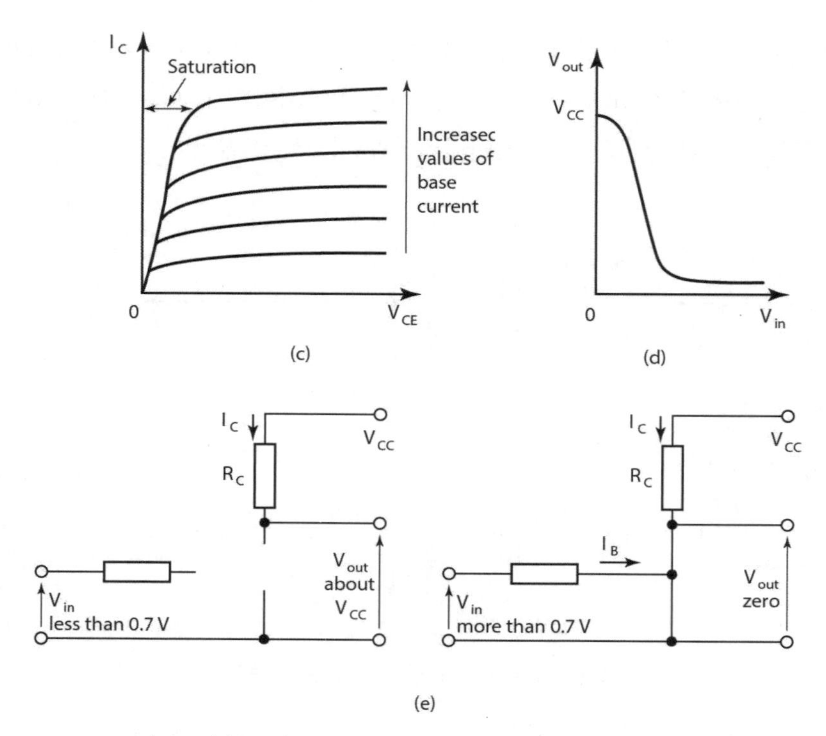

그림 9.9 (a) 트랜지스터 기호, (b), (c), (d), (e) 트랜지스터 스위치

바이폴라 전력 트랜지스터(power transistor)를 구동하기 위해 필요한 베이스 전류가 상당히 크기 때문에, 비교적 적은 전류로 스위칭을 가능하기 위해 두 번째 트랜지스터가 자주 필요하다(예를 들면 마이크로프로세서에 의해 공급되는 것). 그러므로 스위칭 회로는 그림 9.10(a)와 같은 형태로 될 수 있다. 작은 입력전류로 높은 전류를 스위칭하는 이러한 트랜지스터의 조합을 달링턴(Darlington pair)으로 표시하며, 이것은 싱글칩(single-chip) 장치에 유용하다. 보호 다이오드(protection diode)는 일반적으로 전력 트랜지스터와 병렬로 연결되는데, 그 이유는 트랜지스터가 오프로 스위칭되었을 때 일반적으로 발생하는 유도부하와 과도전압의 발생으로 인한 피해를 줄이기 위한 것이다. SGS-Thompson 사의 집적회로 ULN2001N은 7개의 달링턴 및 보호 다이오드를 포함하고 있다. 각각은 500mA의 연속 정격이며, 600mA까지의 서지(surge)를 견딜 수 있다.

그림 9.10(b)는 작은 npn 트랜지스터와 큰 npn 트랜지스터를 연결한 경우의 달링턴 접속을 나타내었다. 결과적으로 큰 증폭계수를 가진 큰 npn 트랜지스터와 같다. 그림 9.10(c)는 작은 pnp 트랜지스터와 큰 npn 트랜지스터를 연결한 경우의 달링턴 접속을 나타내었으며, 이 결과는 하나의 큰 pnp 트랜지스터와 같다.

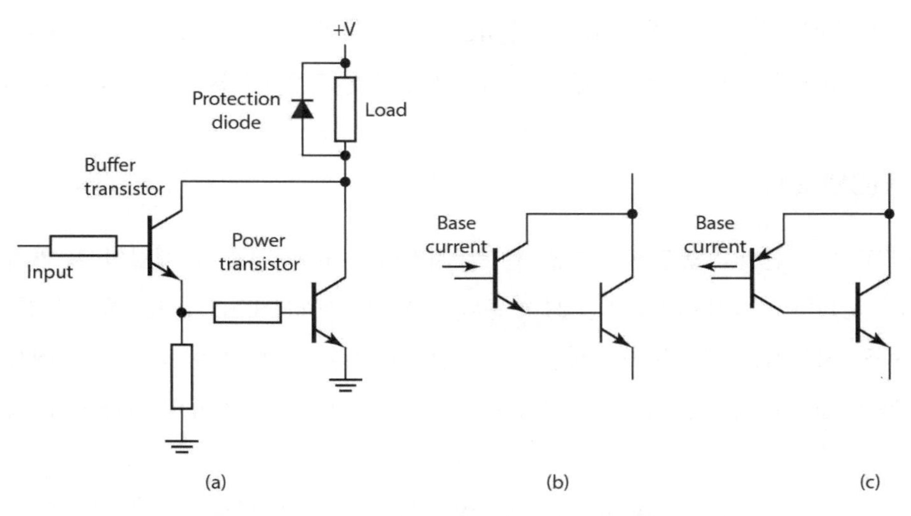

그림 9.10 (a) 부하 스위칭 (b), (c) 달링턴 트랜지스터

마이크로프로세서를 사용하여 액추에이터를 스위칭하는 데 트랜지스터를 이용하는 경우, 주의할 점은 요구되는 베이스 전류의 크기와 방향을 주는 것이다. 요구되는 베이스 전류는 상당히 높다. 따라서 버퍼(buffer)는 반드시 사용되어야 한다. 버퍼는 구동전류들을 필요한 값만큼 증가시킨다. 이것은 반전되어 사용될 수도 있다. 그림 9.11은 트랜지스터 스위치가 온-오프로서 직류 모터를 제어할 때, 버퍼를 어떻게 이용해야 하는지를 나타내었다. 241과 244 타입의 버퍼가 비반전인 반면에 240 타입의 버퍼는 반전이 된다. 버퍼 74LS240은 고 레벨의 최대 15mA의 출력전류를 가지고, 저 레벨의 최대 24mA의 출력전류를 가진다.

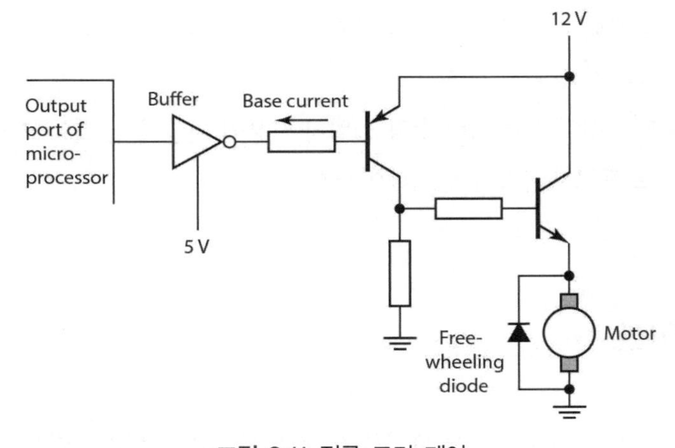

그림 9.11 직류 모터 제어

바이폴러 트랜지스터 스위칭은 베이스 전류로써 이루어지고, 사이리스터의 경우보다 높은 주파수로 스위칭하는 것이 가능하다. 용량을 조절할 수 있는 전력은 사이리스터의 경우보다 적다.

9.3.4 MOSFETs

MOSFETs(금속산화막 반도체 전계효과 트랜지스터)는 n-채널과 p-채널의 두 가지 종류가 있다. 그림 9.12(a)와 (b)는 그 심벌을 보여 준다. 스위치에서 MOSFET와 바이폴러 트랜지스터의 사용의 주된 차이점은 제어작용을 하는 데 게이트에 전류흐름이 없는 것이다. 그래서 게이트 전압은 제어 신호이다. 그러므로 구동회로는 전류의 크기에 관계없이 단순화될 수 있다.

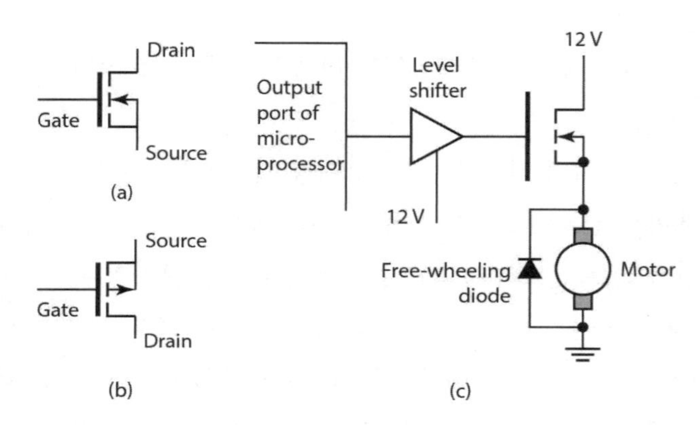

그림 9.12 MOSFETs (a) n-채널, (b) p-채널, (c) 직류 모터 사용 예

그림 9.12(c)는 모터의 온-오프 스위치 작용에 대한 MOSFET의 이용을 양극성 트랜지스터가 사용된 그림 9.11의 회로와 비교하여 보여 주고 있다. 레벨 시프트 버퍼는 MOSFET에서 요구되는 전압 레벨까지 높이는 것이다.

MOSFETs는 1MHz 이상의 높은 주파수의 스위치 작용이 가능하다. 그리고 양극성 트랜지스터와 비교하여 마이크로프로세서와의 인터페이스가 간단하다.

9.4 솔레노이드

솔레노이드(solenoid)는 전류가 흐를 때 코일이 자화시키고 자기장을 발생하는 전기자를 가진 전선의 코일로 구성된다. 전기자의 이송은 전류를 끊었을 때 전기자가 원래 위치로 복귀하는 복귀 스프링을 당긴다. 솔레노이드는 직선 또는 회전 운동, 온-오프 또는 가변 위치, 교류 또는 직류 전원에 의해 제어될 수 있다. 이러한 배열은 25mm까지의 짧은 스트로크에 널리 사용되는 전기적으로 작동되는 액추에이터로서 사용된다.

그림 9.13은 다른 형태의 전기자를 가진 4가지의 직선형 솔레노이드의 예이다. 전기자, 극판과 중앙튜브의 형태는 설계되는 액추에이터의 용도에 의존한다. 디스크형 전기자는 적은 이송거리와 급속 작동이 필요한 경우 적합하다. 플런저형 전기자는 적은 이송거리와 급속 작동이 필요한 경우 널리 사용된다. 원추형 전기자는 긴 이송거리에 사용되며, 대표적으로 자동 도어록 기구에 사용된다. 볼 전기자는 유체 제어에 사용되며, 대표적으로 에어백 기구에 사용된다.

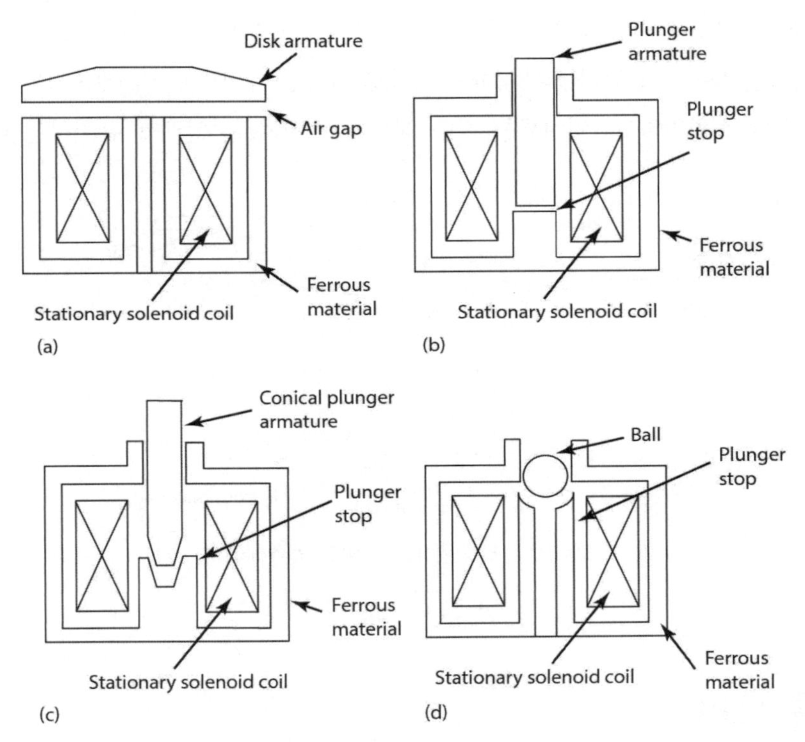

그림 9.13 선형 솔레노이드 기본 형태 (a) 디스크, (b) 플런저, (c) 원추형 플런저, (d) 볼 형상의 전기자

간단한 온/오프 디바이스용으로는 선형특성을 가질 필요가 없다. 비례 제어 액추에이터가 필요한 경우에는 전기자가 솔레노이드에 흐르는 전류에 비례하여 이송할 수 있도록 주의 깊은 설계가 필요하다. ON/OFF 솔레노이드 액추에이터의 사용의 간단한 예는 솔레노이드에 전류를 도통하면서 도어를 잠그고, 전류를 차단함으로써 도어를 여는 도어 록 장치이다.

솔레노이드는 전기적으로 작동하는 액추에이터에 사용될 수 있다. 유압 또는 공압의 유체흐름

제어에 사용되는 솔레노이드 밸브(solenoid valve)를 나타내었다(그림 7.9 참조). 코일에 전류가 흐르면 연철심이 코일 내에서 당겨져서 유체가 흐를 수 있도록 포트를 열거나 닫을 수 있다. 솔레노이드 철심에 발생된 힘은 코일에 흐르는 전류와 코일 내의 철심의 길이의 함수이다. 방향 제어에 사용되는 온-오프 밸브로서, 코일에 흐르는 전류는 온 또는 오프를 제어하고, 철심은 두 위치 중 어느 하나를 갖는다. 비례 제어 밸브로서 철심에 흐르는 전류는 그 전류의 크기에 비례하여 철심을 이동하도록 제어한다.

솔레노이드는 래칭되도록 만들 수 있다. 즉, 솔레노이드 전류가 오프 되었을 때 작동한 위치에 그대로 유지하는 것이다. 그림 9.14는 이러한 것을 나타낸다. 솔레노이드에 전류가 흐르지 않을 때 전기자가 밀리지 않게 하도록 영구자석이 추가된다. 그러나 영구자석과 같은 방향으로 자기장을 주도록 솔레노이드에 전류가 흐를 때 전기자는 밀린다. 솔레노이드에 흐르는 전류를 오프할 때 영구자석은 전기자가 그 위치를 유지하는 데 충분히 강하다. 이러한 솔레노이드 액추에이터는 어떤 디바이스를 스위칭하고, 역전류를 받을 때까지 스위치 온 상태를 유지하는 데 사용된다.

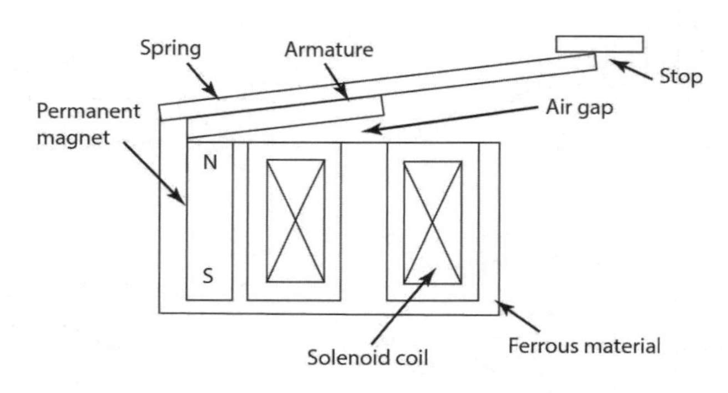

그림 9.14 래칭된 솔레노이드 액추에이터

9.5 직류 모터

전기 모터는 종종 위치 또는 속도제어 시스템의 마지막 제어요소로 사용된다. 모터는 직류 모터와 교류 모터의 2종류로 분류될 수 있고, 현대 제어 시스템에 사용된 대부분의 모터는 직류 모터이다. 직류 모터는 크게 2가지로 분류되며, 회전자 권선에서 다른 권선으로 전류를 스위칭하기 위하여 정류자와 접촉되어 있는 브러시를 갖는 경우와 브러시가 없는 경우이다. 브러시 직류 모터의 경우에는, 회전자는 코일권선을 갖고 있으며, 고정자는 영구자석이나 전자석으로 구성될 수 있다. 브러시리스 직류 모터의 경우에는, 회전자가 영구자석이고 고정자가 코일 권선을 갖는 것으로서 그 배열이 반대이다.

9.5.1 브러시 직류 모터

브러시 직류 모터(brush-type d.c. motor)는 고정되어 있기 때문에 고정자라고 불리는 영구 자석 또는 전자석의 자기장 내에서 회전자라고 말하는 회전하는 데 자유로운 코일이다(그림 9.15(a)). 전류가 코일에 인가될 때, 자기장 내에서의 힘은 오른쪽으로 작용하고 그 결과 회전이 발생한다. 그러나 연속적인 회전을 위해서는, 코일에 작용하는 전류의 방향이 바뀌어야 한다. 이것은 코일과 함께 회전하는 분할링 정류자(split ring commutator)와 접촉되도록 브러시를 사용함으로써 구현된다.

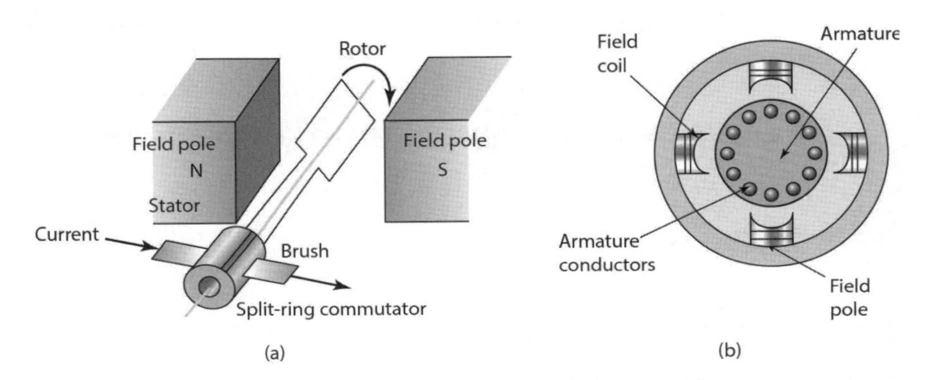

그림 9.15 직류 모터 (a) 기본 개념, (b) 2개의 극

전형적인 직류 모터에서, 와이어 코일은 전기자(armature)라 불리는 자계물질의 실린더 내부의 슬롯에 고정된다. 전기자는 베어링에 장착되어 있고 회전이 자유롭다. 이것은 계자극(field pole)에 의해 만들어진 자기장 내에 설치된다. 소형 모터에서 이것은 영구자석이나 계자코일(field coil)에 가해지는 전류에 의해 만들어지는 자기장이 생성되는 전자석(electromagnet)일 수도 있다. 그림 9.15(b)는 전류가 흐르는 코일에 의해 자기장이 생성되는 4개의 극을 가지는 직류 모터의 기본 원리를 보여 준다. 각 전기자 코일의 끝은 정류자(commutator)라고 불리는 세그먼트 링의 이웃한 세그먼트와 전기적 접촉으로 연결되어 있고, 브러시와 카본 접촉을 통해서 세그먼트로 만들어진다. 전기자의 회전에 따라 정류자는 계자극 사이의 움직임에 의해 각각의 코일전류의 방향을 전환한다. 만일 코일에 작용하는 힘이 같은 방향으로 유지되고 연속적으로 회전하려면 이것이 필요하다. 직류 모터의 회전방향은 전기자 전류 또는 계자 전류 2개 중 1개의 전환에 따라 바뀔 수 있다.

영구자석의 직류 모터를 고려해 보자. 영구자석은 항상 일정한 자속밀도를 갖는다. 길이가 L이고 전류 i가 흐르는 전기자 도체에 대하여, 도체의 오른쪽으로 자속밀도 B에 발생되는 힘은 BiL이다(그림 9.16(a)). N개의 도체에는 그 힘이 $NBiL$이다. 코일의 너비를 b라 했을 때 코일 축에 대한 토크 T는 Fb이다. 따라서 다음과 같이 주어진다.

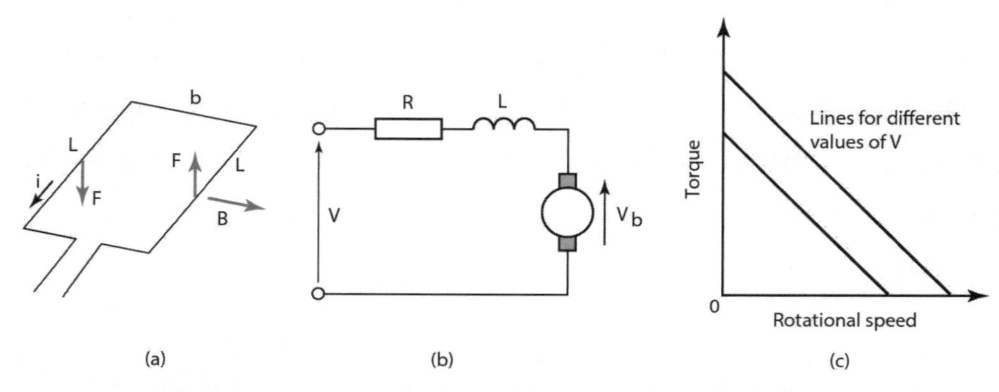

그림 9.16 직류 모터 (a) 전기자 작용력, (b) 등가회로, (c) 토크-속도 특성

$$\text{토크 } T = k_t \Phi i$$

여기서 k_t는 토크 상수이다. 전기자 코일이 자기장에서 회전하게 되면, 전자기 유도가 발생할 것이고, 역기전력이 유도된다. 역기전력 v_b는 코일에 링크된 자속의 변화율에 비례하며, 그러므로 일정한 자기장에서 회전속도 ω에 비례한다. 즉, 다음과 같이 나타낼 수 있다.

$$\text{back e.m.f. } v_b = k_v \Phi \omega$$

여기서 k_v는 역기전력 상수이다.

그림 9.16(b)와 같이 직류 모터 회로를 등가할 수 있다. 즉, 역기전력과 직렬 연결된 인덕턴스 L과 직렬 연결된 저항 R로서 전기자 코일을 나타낼 수 있다. 만약 전기자 코일의 인덕턴스를 무시한다면, 저항을 통하여 전류 i를 공급하는 전압은 가해진 전압 V에서 역기전력을 뺀 값이 된다. 즉, $V - v_b$이다. 따라서

$$i = \frac{V - v_b}{R} = \frac{V - k_v \Phi \omega}{R} = \frac{V - k_v \omega}{R}$$

따라서 토크 T는 다음과 같다.

$$T = k_t \Phi i = \frac{k_t \Phi}{R}(V - k_v \Phi \omega) = \frac{K_t}{R}(V - K_v \omega)$$

그림 9.16(c)에 회전속도 ω에 대한 토크를 두 가지의 다른 전압에 대하여 나타내었다. 유도된 식에서 $\omega=0$을 넣으면 $T = K_t V/R$이 되며, 즉 기동토크(starting torque)는 인가되는 전압에 비례하며, 기동 전류는 V/R가 된다. 회전속도의 증가에 따라 토크는 감소한다. 만약 영구자석 모터는 2A의 전기자 전류에 대하여 $T = K_t i = 6$Nm의 토크를 발생시키며, 1A의 전기자 전류에 대하여 3Nm의 토크를 발생시킨다.

영구자석 모터의 속도는 전기자 코일에 흐르는 전류에 의존하며, 따라서 전기자 전류를 변화함으로써 제어될 수 있다. 모터가 정상상태로 구동될 때 전기적 동력(power)에서 변환되어 생성된 기계적인 동력은 토크와 각속도의 곱이다. 정상상태에서 모터에 생성된 동력은 전기자 저항을 통한 동력 손실과 생성된 기계적인 동력의 합이다.

예를 들면, PMI Motors 사에서 생산된 작은 S6M41 영구자석 모터는 $K_t=3.01$Ncm/A, $K_V=$ 3.15V/Krpm, 단자 저항은 1.207Ω, 전기자 저항은 0.940Ω이다.

9.5.2 계자 코일을 갖는 브러시 직류 모터

계자코일 직류 모터(D.C. motor with field coil)는 계자권선(field winding)과 전기자권선(armature winding)의 연결 방법에 따라 직권형, 분권형, 복권형, 타려형으로 구분된다(그림 9.17).

1. 직권형 모터(Series wound motor)(그림 9.17(a))

직권형 모터는 전기자 코일과 계자 코일이 직렬로 연결되어 있다. 자속 Φ는 전기자 전류 i_a에 의존하며 따라서 전기자에 작용하는 토크는 $k_t \Phi i_a = k_i A^2$이다. 기동할 때 $\omega=0$, $i_a = V/R$이며, 기동 토크는 $k(V/R)^2$이다. 이러한 모터는 적은 저항을 가지기 때문에 기동 토크가 가장 높은 편이며, 무부하시 속도가 높다. 속도가 증가함에 따라 토크가 감소한다. Ri는 작으므로 $V = v_b + RiA \simeq v_b$이고, $v_b = k_v \Phi \omega$이고 Φ는 전류 i에 비례하므로 V는 $i\omega$에 비례한다. 여기서 V는 일정하기 때문에 속도는 전류에 역비례 한다. 부하가 증가함에 따라 속도는 아주 급격하게 떨어진다. 코일에 공급되는 전류의 극을 바꾸더라도 모터의 회전방향은 변하지 않는다.

따라서 계자 코일과 전기자 코일의 전류의 방향이 바뀌더라도 모터는 같은 방향으로 회전을 유지한다. 이러한 직류 모터는 큰 기동 토크가 필요한 곳에 사용된다. 오히려 저부하에서 이러한 모터를 사용하면 속도가 상당히 높아지므로 위험하다.

2. 분권형 모터(Shunt wound motor)(그림 9.17(b))

분권형 모터는 전기자 코일과 계자 코일이 병렬로 연결되어 있다. 이러한 모터는 기동 토크가 가장 낮으며, 무부하 동작에서도 속도가 상당히 낮으며, 좋은 속도 조정 성능을 갖는다. 계자 코일은 가는 전선으로 많은 권선을 갖고 있으므로 전기자 코일보다 더욱더 큰 저항을 가진다. 따라서 일정한 공급 전압에 대하여 계자 전류가 가상적으로 일정하다. 기동할 때 토크는 $k_t V/R$이며, 낮은 기동토크와 무부하에서 낮은 속도를 공급한다. V는 가상적으로 일정하므로 모터는 부하에 크게 영향을 받지 않으면서 거의 일정한 속도를 주며, 이러한 특성 때문에 분권형 모터는 넓게 사용된다. 모터의 회전 방향을 바꾸기 위해서는 계자 또는 전기자 코일의 전원 입력 방향을 바꿔 주어야 한다.

3. 복권형 모터(Compound motor)(그림 9.17(c))

복권형 모터는 2개의 계자 코일을 갖고 있으며, 하나는 전기자 코일과 직렬 연결되고 다른 하나는 병렬로 연결된다. 복권형 모터는 직권형과 분권형의 장점, 즉 높은 기동토크와 좋은 속도 조정을 모두 얻기 위한 것이다.

4. 타려형 모터(Separately excited motor)(그림 9.17(d))

타려형 모터는 계자 코일과 전기자 코일의 전류를 별도로 제어할 수 있는 것으로서 분권형 모터의 특별한 경우에 해당한다.

그림 9.17(e)에 위에 열거한 모터들의 토크-속도 특성을 나타내었다. 직류 모터의 속도는 전기자 또는 계자의 전류를 변화시킴으로써 조절이 가능하다. 일반적으로 전기자 전류를 조절한다. 이것은 직렬로 연결된 저항에 의하여 이루어진다. 그러나 제어기 저항이 상당한 전력을 소모하기 때문에 이러한 방법은 비효율적이다. 한 가지 대안이 전기자 전압을 제어하는 것이다(9.5.3절 참조). 직류 모터는 정지상태에서 토크를 발생시키고 자기 기동이 가능하다. 그러나 직류 모터에는 기동 전류, $i=(V-v_b)/R$를 제한하기 위하여 기동 저항이 필요하다. 전류를 제한하기 위한 역기전력이 처음에는 발생하지 않기 때문에 기동 전류가 매우 커질 수 있다.

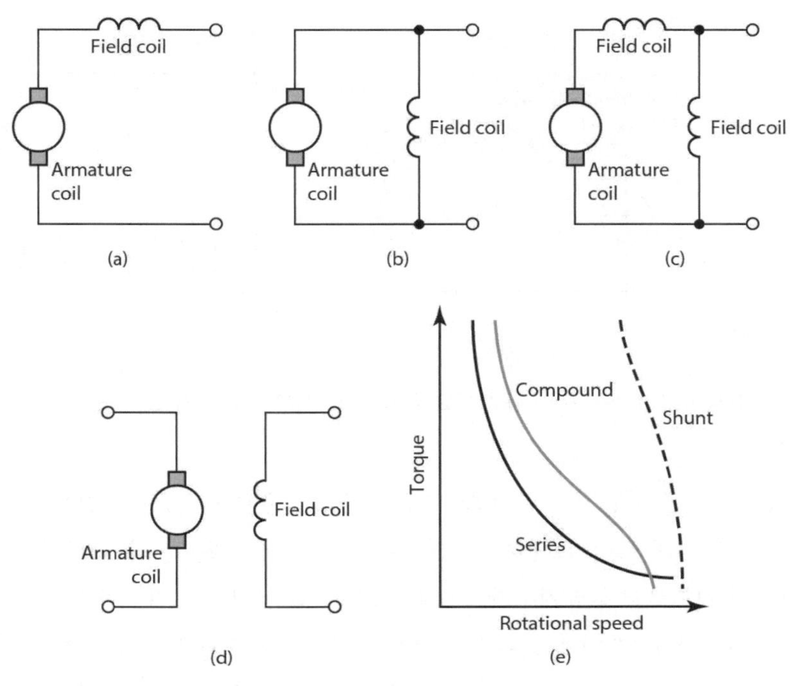

그림 9.17 직류 모터 (a) 직권형, (b) 분권형, (c) 복권형, (d) 타려형, (e) 토크-속도 특성

모터의 선택은 모터의 적용 상황에 따라 달라진다. 예를 들어, 로봇 머니퓰레이터로 사용된다면 로봇의 손목은 직권형 모터가 적합하다. 하중의 증가에 따라 속도도 감소하기 때문이다. 또한 분권형은 부하에 상관없이 일정한 속도가 필요한 상황에 적합하다.

9.5.3 브러시 직류 모터의 제어

영구자석 모터의 속도는 전기자 코일을 통하는 전류에 따라 다르다. 계자코일 모터라면 전기자의 전류를 바꾸거나 계자 전류를 바꿈으로써 속도는 변화될 수 있다. 일반적으로 변화되는 것은 전기자의 전류이다. 이와 같이 속도제어는 전기자에 인가되는 전압을 제어함으로써 가능하다. 그러나 고정된 전압공급원을 흔히 사용하기 때문에, 가변전압은 전자회로에 의해 가능하다.

교류공급원을 가진 그림 9.4(b)의 사이리스터 회로는 전기자에 인가된 평균 전압을 제어하기 위해 사용되었다. 그러나 마이크로프로세서로서 종종 직류 모터를 제어하는 수단으로 연계시키곤 한다. 그런 경우에 펄스 폭 변조(Pulse Width Modulation: PWM)로 알려진 기술이 일반적으로 사용된다. 이것은 기본적으로 일정한 직류공급전압을 가져야 하고, 그 일정한 공급전압을 재단하여(chopping) 평균값을 변화시킨다(그림 9.18).

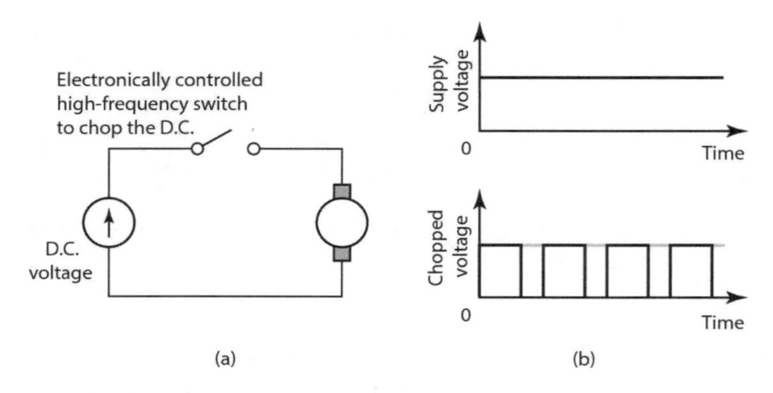

그림 9.18 PWM: (a) PWM 회로 원리, (b) 직류전압의 초핑으로 가변 전기자 전압

그림 9.19(a)는 기본 트랜지스터 회로에 의해 PWM을 얻을 수 있는 방법을 보여 준다. 베이스에 부가된 신호에 의해 트랜지스터는 통하거나 통하지 않게 된다. 다이오드는 제너레이터로서 작동되는 모터의 결과로서 트랜지스터가 오프 되었을 때 일어나는 전류의 통로를 제공한다. 그러한 회로는 단지 한 방향으로만 모터를 구동시키기 위해서 사용된다. 그림 9.19(b)는 4개의 트랜지스터를 가지고 있는 회로이고, H-회로(H-circuit)라 한다. 이 회로는 모터를 앞뒤 방향으로 작동시킬 수 있다. 이러한 회로는 논리 게이트를 사용함으로써 변경될 수 있어 하나의 입력으로 스위칭과 회전방향을 제어할 수 있다(그림 9.19(c)).

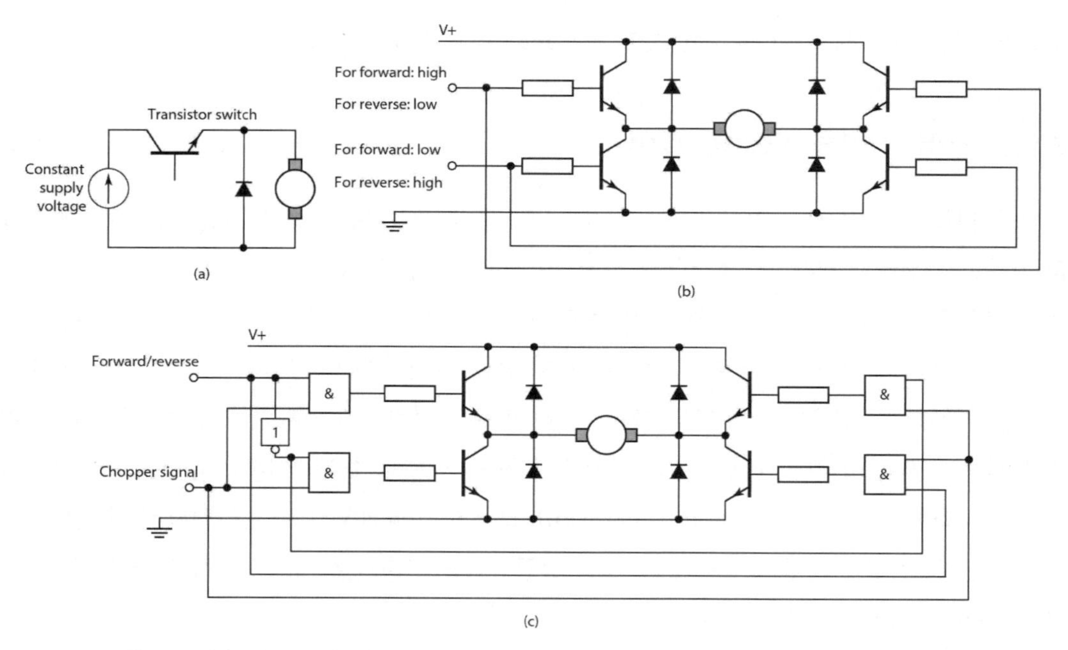

그림 9.19 (a) 기본 트랜지스터 회로, (b) H-회로, (c) 논리 게이트를 갖는 H-회로(계속)

앞에서 기술한 것은 개루프 제어의 예이다. 이것은 공급전압과 모터에 의해 구동되는 부하가 일정할 것이라고 가정을 한 것이다. 폐루프 제어 시스템은 피드백을 사용하여 조건이 변화하면 모터 속도를 조절한다. 그림 9.20은 구현될 수 있는 몇 가지 방법을 나타낸 것이다.

그림 9.20(a)에서 피드백 신호는 타코제너레이터(tachogenerator)에서 받는다. 이것은 아날로그 신호이므로 마이크로프로세서로 입력하기 위해서는 ADC에 의해 디지털 신호로 변경되어야 한다. 마이크로프로세서로부터의 출력은 DAC에 의해 아날로그 신호로 바뀌고 직류 모터의 전기자에 인가한 전압을 변화시키기 위해 사용된다. 그림 9.20(b)에서 피드백 신호는 인코더(encoder)에 의해 주어진다. 이것은 디지털 신호이므로 코드변환 후에 직접 마이크로프로세서에 입력된다. 그림 9.20(a)의 시스템에서 아날로그 전압은 모터 속도를 제어하기 위해 조절된다. 그림 9.20(c)에서 시스템은 완전히 디지털이고, PWM 회로가 전기자에 인가한 평균전압을 제어하기 위해 사용된다.

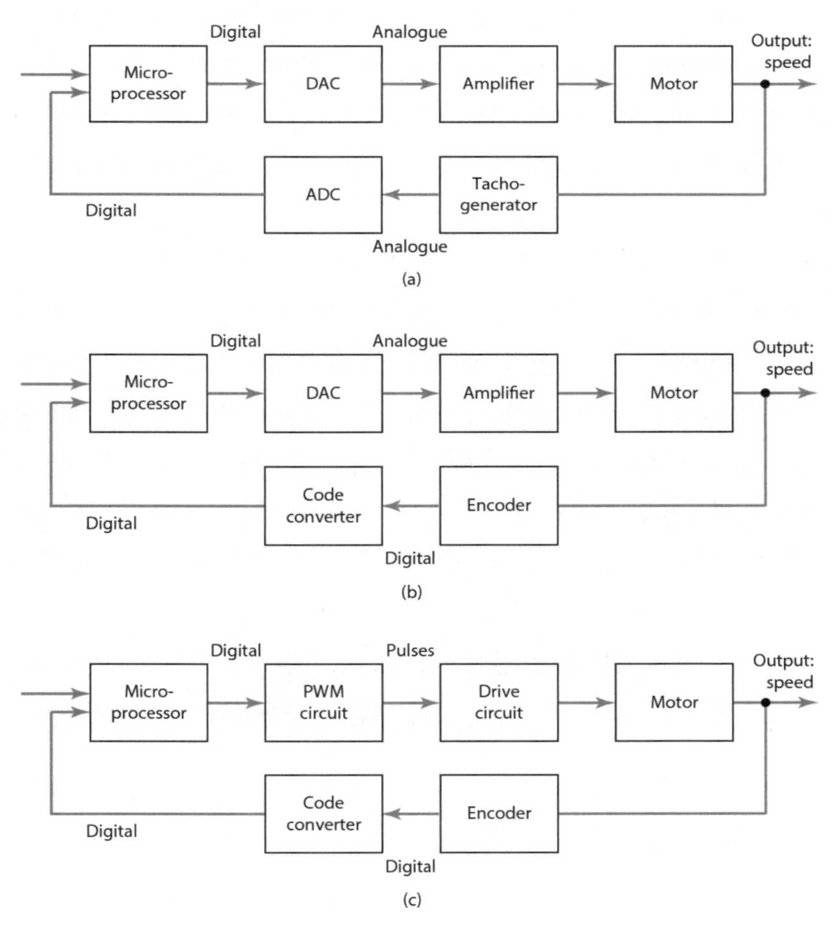

그림 9.20 피드백 속도 제어

9.5.4 브러시리스 영구자석 직류 모터

직류 모터가 가진 문제점은 각각의 전기자 코일을 통하여 전류를 주기적으로 역전하기 위해 정류자와 브러시가 필요하다는 것이다. 브러시들은 정류자와 미끄러지듯이 접촉해야 하고, 둘 사이의 연속적인 스파크 점프로 인해 마모된다. 이와 같이 브러시는 주기적으로 바꾸어야만 하고 정류자는 재 표면가공이 되어야 한다. 이러한 문제점을 없애기 위해 브러시리스 모터(brushless motors)가 고안되었다.

그것은 필수적으로 일련의 고정자(stator) 코일들과 영구자석 회전자(rotor)로 구성된다. 자기장에서 전류를 수반하는 도체는 힘을 받게 되고, 반대로 뉴턴의 3법칙에 따라 자석은 반대 방향으로 똑같은 힘을 받게 된다. 재래식 직류 모터라면 자석은 고정되고 전류가 흐르는 도체를 움직인다. 브러시리스 영구자석 직류 모터라면 반대로 작용한다. 전류가 흐르는 도체는 고정되고 자석이 움직인다. 회전자는 페라이트 또는 세라믹 영구자석이다. 그림 9.21(a)는 그러한 모터의 기본적인 형태를 보여 준다. 고정자 코일로 흐르는 전류는 트랜지스터에 의해 전기적으로 스위칭된다. 그 결과 코일을 회전하게 되고, 스위치는 회전자의 위치에 의해 제어되어 일정한 방향으로 회전하게 하는 자석에 작용하는 힘이 항상 존재하게 된다. 홀 센서(hall sensor)는 일반적으로 회전자의 위치를 파악 감지하여 트랜지스터로서 스위칭 하는 데 사용되며, 센서들을 고정자 주변에 부착한다.

그림 9.21(b)는 그림 9.21(a)의 모터를 사용한 트랜지스터 스위칭 회로를 보여 준다. 코일을 일렬로 스위칭하기 위해서는 트랜지스터를 적절하게 스위칭하는 신호를 공급할 필요가 있다. 이것은 3개 센서의 출력에 의해 제공된다. 디코더 회로를 통하여 작동하고 적절한 베이스 전류를 주게 된다. 이와 같이 회전자가 수직위치(0°)에 있을 때, 센서 c로부터 출력이 있지만 a, b로부터는 어떠한 출력도 없다. 이것은 트랜지스터 A+, B−로 스위칭하기 위해 사용된다. 60°의 위치의 회전자에 대해서는 센서 b와 c로부터 신호가 있고, 트랜지스터는 A+와, C−로 스위칭된다. 표 9.1은 전체 스위칭 순서를 나타낸다. 이러한 모터를 제어하는 전체 회로는 1개의 집적회로로 가능하다.

브러시리스 영구자석 직류 모터들은 신뢰성과 낮은 보수유지와 함께 고성능이 필수적인 곳에 점차적으로 많이 사용되고 있다. 브러시가 없기 때문에 조용하고 고속이 가능하다.

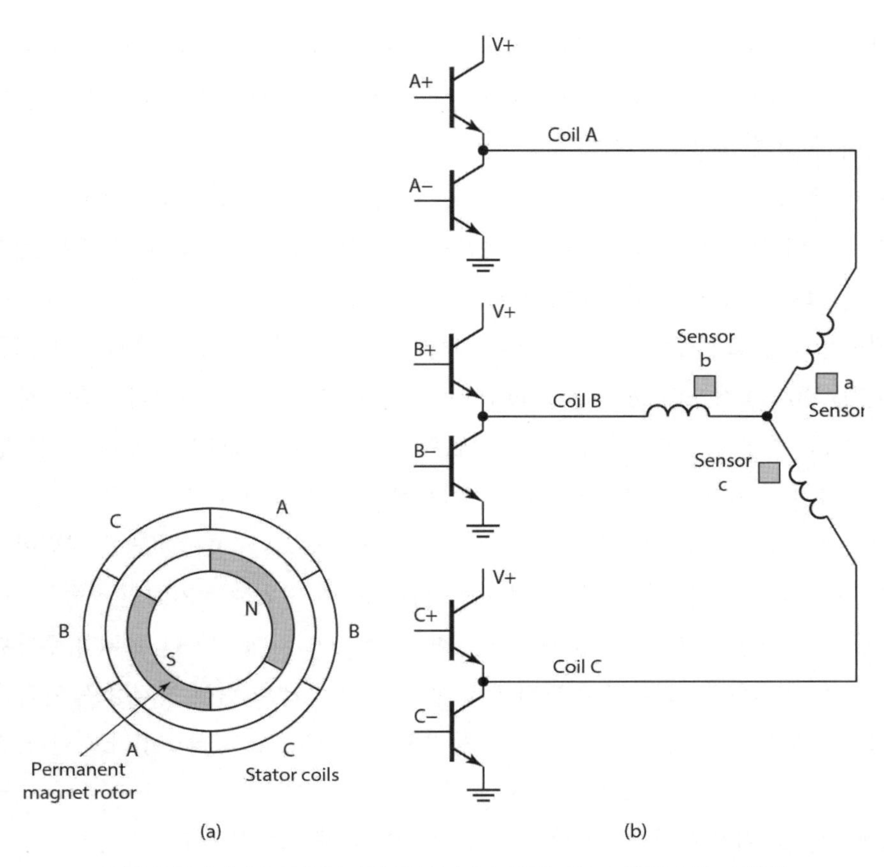

그림 9.21 (a) 브러시리스 영구자석 직류 모터, (b) 트랜지스터 스위칭

표 9.1 스위칭 순서

Rotor position	Sensor signals			Transistors on	
	a	b	c		
0°	0	0	1	A+	B−
60°	0	1	1	A+	C−
120°	0	1	0	B+	C−
180°	1	1	0	B+	A−
240°	1	0	0	C+	A−
360°	1	0	1	C+	B−

9.6 교류 모터

교류 모터는 2개의 그룹으로 분류된다. 단상(single phase)과 다상(polyphase)으로 나뉘고,

각 그룹은 유도(induction)와 동기(synchronous) 모터로 더욱 세분된다. 단상 모터는 낮은 전력 소모용으로 사용되는 반면에, 다상 모터는 더 높은 전력용으로 사용된다. 유도 모터는 동기 모터보다 저렴하여 널리 통용되고 있다.

단상 농형 유도 모터(single-phase squirrel-cage induction motor)는 단상 농형 회전자로 구성되고, 구리와 알루미늄 바(bar)로 되어 있고 고리 끝의 슬롯에 맞춰지며 완전한 전기적 회로를 구성한다(그림 9.22(a)). 회전자에 어떠한 외부의 전기적인 연결은 없다. 기본적인 모터는 일련의 권선을 갖는 고정자로 구성되어 있다. 교류 전류가 고정자 권선을 통과할 때 교류 자기장이 형성된다. 전자기 유도(electromagnetic induction)의 결과로서 기전력이 회전자의 도체에 유도되고 전류는 회전자로 흐르게 된다. 초기에 회전자가 정지 상태에서 고정자의 자기장 속에서 회전자의 전류를 수반하는 회전자의 도체에 작용하는 힘은 토크를 발생시킬 수 없다. 따라서 모터는 자기 시동(self-starting)을 하지 못한다. 모터를 스스로 시동시킬 많은 방법이 만들어졌고 시동을 위해 초기에 자극을 준다. 회전자에 기동력을 주기 위해 부가적인 시동권선(starting winding)을 사용하는 것이 한 가지 방법이다. 회전자는 고정자에 인가한 교류의 주파수에 의해 결정된 속도로 회전한다. 2극 단상 모터에 일정 주파수 공급을 위해 자기장은 이러한 주파수 비율로 교번할 것이다. 자기장의 회전속도는 동기속도(synchronous speed)라고 한다. 회전자는 이러한 회전의 주파수와 완전히 동기 되지는 않으며, 전형적으로 약 1~3%까지 다르다. 이러한 차이점을 슬립(slip)이라 한다. 이와 같이 50Hz 공급에 대해서는 회전자의 회전속도가 거의 초당 50회전이 될 것이다.

3상 유도 모터(three-phase induction motor)(그림 9.22(b))는 단상 유도 모터와 유사하지만 각각 120°씩 떨어진 3개의 권선을 가진 고정자를 갖는다. 각 권선은 3상 전원라인 중의 하나와 연결된다. 3상은 각각 다른 시간에 최대 전류에 이르기 때문에, 자기장은 고정자 극(pole) 주변을 회전하며, 즉 전류의 전 사이클에 대하여 1회전을 한다고 볼 수 있다. 자기장의 회전은 단상 모터보다 유연하다. 3상 모터는 자기 기동 면에서 단상 모터보다 큰 장점을 가지고 있다. 회전방향은 어느 두 라인 연결을 상호 교환함으로써 역전되고, 이것은 자기장의 회전방향을 바꾼다.

동기 모터(synchronous motors)는 위에서 언급한 유도 모터와 유사한 고정자를 가지고 있으나 영구자석인 회전자를 갖고 있다(그림 9.22(c)). 자기장은 고정자 회전에 의해 형성되고 자석은 이것과 함께 회전한다. 공급전원의 한 쌍의 극을 가지며, 자기장은 공급전원의 한 사이클에 360°를 회전하고 이러한 정렬을 가진 회전주파수는 공급전원의 주파수와 같다. 동기 모터는 정밀한 속도가 요구되는 곳에서 사용된다. 자기 기동은 할 수 없고 기동을 위해서는 어떤 시스템이 필요하다.

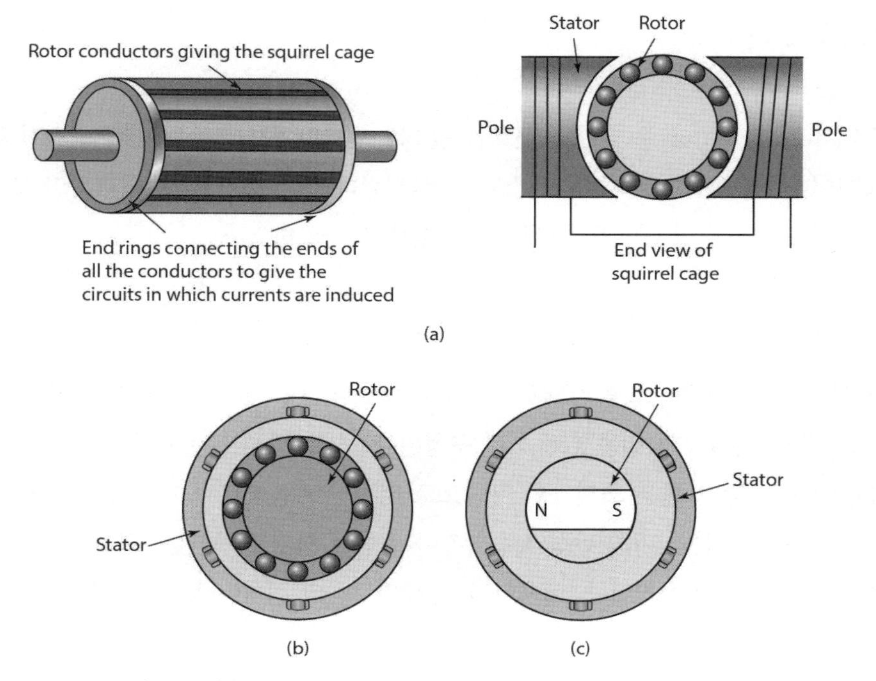

그림 9.22 (a) 단상 유도 모터, (b) 3상 유도모터, (c) 3상 동기모터

교류 모터는 직류 모터에 비해 더욱 저렴하고, 튼튼하고, 신뢰성이 있으며, 보수가 필요 없다는 장점이 있다. 그러나 속도제어가 직류 모터보다 일반적으로 더욱 복잡하다. 제어장치의 가격은 기술적인 발전과 반도체소자 장치의 가격의 감소로 인해 꾸준히 떨어지고 있다. 교류 모터의 속도제어는 속도가 공급주파수에 의해 결정되므로 다양한 주파수공급에 기초를 두고 있다. 교류 모터에 의해 발생한 토크는 인가된 고정자 전압 대 주파수의 비가 일정할 때 일정하다. 이와 같이 다른 속도에서 일정한 토크를 유지하기 위해서는 주파수가 변화할 때 고정자에 인가된 전압이 변해야만 한다. 한 가지 방법으로 교류는 우선 컨버터(converter)에 의해 직류로 정류되고, 그림 9.23에서 선택된 주파수에 따라 교류로 다시 변환된다(inverted). 낮은 속도 모터를 작동시키는 데 사용되는 다른 방법은 사이클로컨버터(cycloconverter)이다. 이것은 중간에 직류로 변환 없이 하나의 주파수의 교류에서 다른 주파수의 교류로 직접적으로 변환한다.

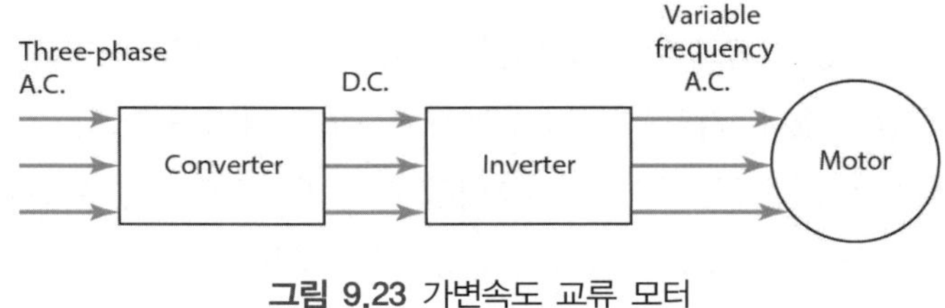

그림 9.23 가변속도 교류 모터

9.7 스텝모터

스텝모터(stepper motor)는 디지털 신호를 펄스로 입력받아서 그 펄스만큼 일정한 각도로 회전하는 장치이다. 예를 들어 모터가 1펄스당 6° 회전한다면, 펄스가 60번 입력되면 모터는 360° 회전하게 된다. 여기에 몇 가지의 스텝모터의 형태를 나열하였다.

1. 가변 릴럭턴스형 스텝모터(variable reluctance stepper)

그림 9.24에 가변 릴럭턴스형 스텝모터를 나타내었다. 이 모터의 회전자는 연강 재질이고, 고정자보다는 적은 4개의 원통형 극으로 구성된다. 서로 마주보는 권선에 전류가 가해지면, 고정자 극에서 가장 가까운 회전자의 극단으로 전류가 흐름으로써 자기장이 생성된다. 극단 간에 발생되는 힘 성분은 마치 탄성나사와 같아서 항상 서로를 당긴다. 회전자는 고정자 극단과 일직선이 될 때까지 움직인다. 이때가 최소 릴럭턴스의 위치이다. 보통 이러한 모터의 스텝각은 7.5° 또는 15°이다.

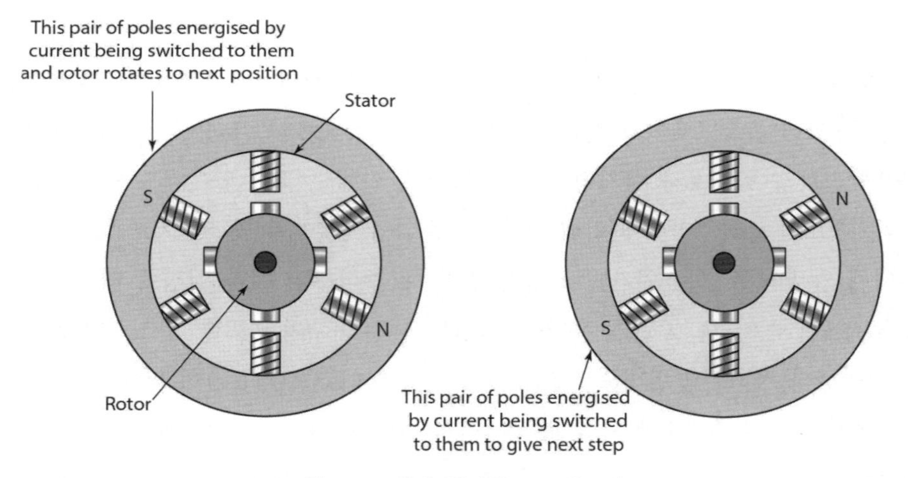

그림 9.24 가변 릴럭턴스 스텝모터

2. 영구자석형 스텝모터(permanent magnet stepper)

그림 9.25에 영구자석형 스텝모터의 기본적인 형태에 대해서 나타내었다. 이 형태의 모터는 고정자에 4개의 극단이 있다. 각각의 극단은 계자권선으로 감겨져 있고, 코일은 마주보는 쌍의 극단에 직렬로 연결된다. 전류는 스위치를 통해서 직류 전원으로부터 권선에 공급된다. 회전자는 영구자석이어서, 한 쌍의 고정자 극단에 전류가 인가되면, 회전자는 고정자와 일직선상에

있도록 움직인다. 그림과 같은 상황에서 전류가 인가되면, 회전자는 45° 움직인다. 만약 전류가 스위칭되면 극성이 반전되어서, 회전자는 일직선을 유지하기 위해 45° 더 움직이게 된다. 따라서 코일에 가해지는 전류를 스위칭 함으로써 회전자는 45° 스텝을 가지고 움직인다. 보통 이러한 모터는 스텝 각이 1.8°, 7.5°, 15°, 30°, 34°, 또는 90°이다.

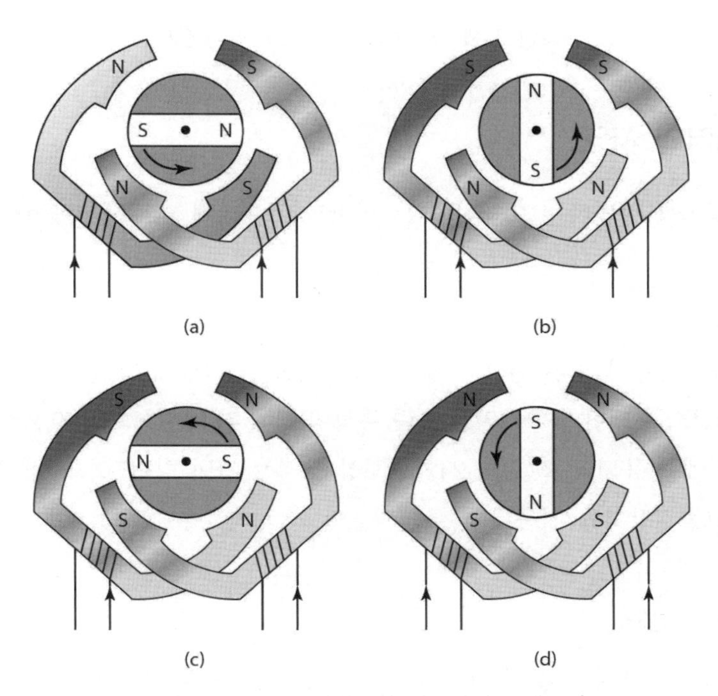

그림 9.25 90° 스텝의 2상 영구자석 스텝모터

3. 하이브리드형 스텝모터(hybrid stepper)

하이브리드형 스텝모터는 그림 9.26에서 보는 것과 같이, 가변 릴럭턴스형과 영구자석형 모터의 장점을 조합한 것이고, 톱니를 주기 위해서 깎은 철 덮개 안에 영구자석이 내장되어 있다. 회전자는 고정자 코일에 자기력이 생길 때, 최소의 릴럭턴스를 갖는 위치로 세팅되어 있다. 전형적인 스텝 각은 0.9°, 1.8°이다. 이러한 스텝모터는 컴퓨터 하드디스크 드라이브처럼 정밀한 위치제어가 필요한 곳에 폭넓게 사용된다.

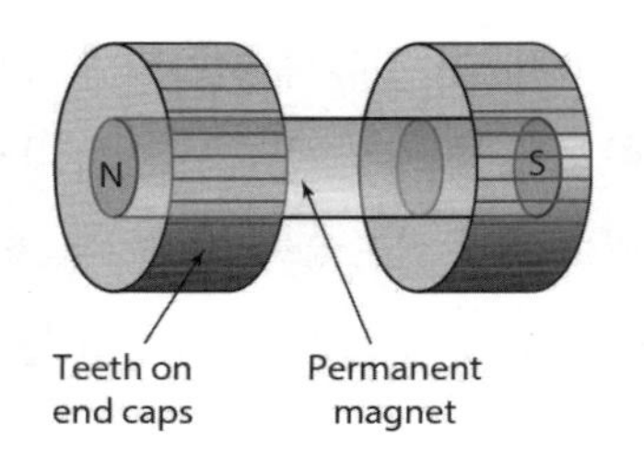

그림 9.26 하이브리드 스텝모터의 회전자

9.7.1 스텝모터의 사양

다음은 스텝모터를 설명하는 데 사용되는 일반적인 용어에 대해서 기술한다.

1. 위상(phase)

위상은 고정자에 있는 독립된 권선의 개수로서, 예를 들면 4상 모터 등이다. 위상당 필요 전류와 저항, 인덕턴스는 제어기의 스위칭 출력 특성에 의해 결정된다. 그림 9.25와 같이 2상 모터는 저출력장치에 사용되고, 그림 9.24처럼 3상 모터는 가변 릴럭턴스 스텝모터에 적용되며, 4상 모터는 고출력장치에 적용된다.

2. 스텝 각(step angle)

스텝 각은 고정자 코일의 1회 스위칭 변화에 대한 회전자의 회전각도를 의미한다.

3. 유지 토크(holding torque)

유지 토크는 모터가 회전하지 않는 상태에서 모터에 작용 가능한 최대 토크를 의미하며, 스핀들 회전을 발생시킨다.

4. 인입 토크(pull-in torque)

인입 토크는 주어진 펄스속도에 대해 모터가 회전을 시작하여 펄스 스텝의 손실 없이 동기속도에 도달했을 때의 최대 토크이다.

5. 이탈 토크(pull-out torque)

이탈 토크는 동기속도의 손실 없이 주어진 회전속도로 회전하고 있을 때 모터에 적용될 수 있는 최대 토크이다.

6. 인입속도(pull-in rate)

인입속도는 부하가 가해진 모터가 스텝의 손실 없이 기동할 수 있는 최대 스위칭 속도이다.

7. 이탈속도(pull-out rate)

이탈속도는 스위칭 속도가 감소되더라도 부하가 가해진 모터가 여전히 동기상태를 유지하는 스위칭 속도이다.

8. 슬루 범위(slew range)

슬루 범위는 모터가 동기속도로 회전하나 기동 또는 역회전을 할 수 없는 인입과 이탈 사이의 스위칭 속도 범위를 말한다.

그림 9.27은 스텝모터의 일반적 특성을 보여 준다.

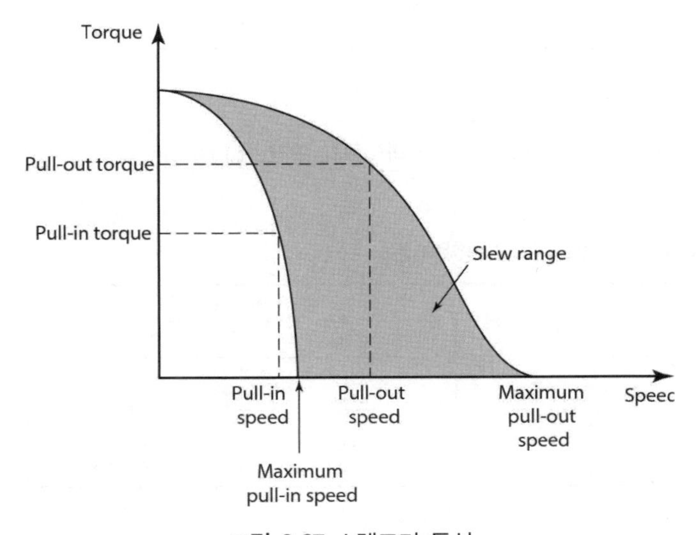

그림 9.27 스텝모터 특성

9.7.2 스텝모터 제어

반도체 전자부품은 고정자 권선들 사이의 직류전원을 스위칭하는 데 사용된다. 예를 들어 그림 9.25의 2상 모터는 4개의 연결선을 가지고 스위칭 시퀀스 신호를 발생시킬 때 바이폴라 모터(bipolar motor)라고 한다(그림 9.28(a)). 이러한 모터는 H-회로에 의하여 구동될 수 있다(그림 9.19와 참조). 그림 9.28(b)는 회로를 보여 주고, 표 9.2는 각각의 트랜지스터들이 4개의 스텝을 실행하는 데 필요한 스위칭 시퀀스를 보여 주며, 그 순서는 다음의 스텝에 반복된다. 그 순서는 시계방향으로 회전하도록 하며, 반시계방향의 회전을 위해서 순서는 역전한다.

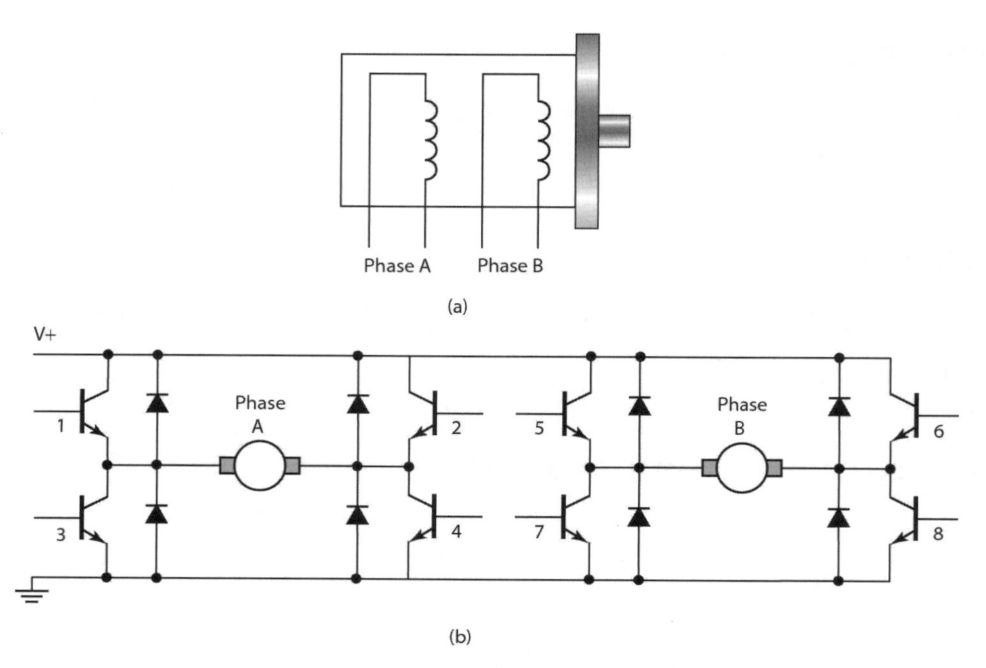

그림 9.28 (a) 바이폴라 모터, (b) H-회로

표 9.2 전-스텝 바이폴라 스텝모터의 스위칭 시퀀스

Step	Transistors			
	1, 2	2, 3	3, 4	4, 5
1	On	Off	On	Off
2	On	Off	Off	On
3	Off	On	Off	On
4	Off	On	On	Off

보다 세밀한 분해능을 가진 반-스텝(half-step)은 만약 하나의 스텝에서 다음으로 역전하는 전-스텝(full-step) 시퀀스 대신에 코일은 다음의 전-스텝의 중간위치에 모터를 정지시키기 위하여 스위칭된다. 표 9.3은 양극성 스텝모터의 반-스텝 시퀀스를 보여 준다.

표 9.3 반-스텝 바이폴라 스텝모터의 스위칭 시퀀스

Step	Transistors			
	1, 2	2, 3	3, 4	4, 5
1	On	Off	On	Off
2	On	Off	Off	Off
3	On	Off	Off	On
4	Off	Off	Off	On
5	Off	On	Off	On
6	Off	On	Off	Off
7	Off	On	On	Off
8	Off	Off	On	Off

2상 모터가 6개의 연결선을 가지고 스위치 시퀀스 신호를 발생시킬 때 유니폴라(unipolar)라고 한다(그림 9.29). 각각의 코일은 센터 탭을 가진다. 위상 코일의 센터 탭은 서로 연결되어 있으며, 스텝모터는 단지 4개의 트랜지스터에 의해 스위칭될 수 있다. 표 9.4는 트랜지스터들이 시계방향의 스텝을 생성하기 위한 스위칭 시퀀스를 보여 주고 있고, 그 순서는 다음의 스텝에도 반복된다. 반시계방향의 회전을 위해서 그 순서는 역전된다. 표 9.5는 유니폴라 스텝모터가 반-스텝인 경우의 시퀀스를 보여 준다.

표 9.4 전-스텝 유니폴라 스텝모터의 스위칭 시퀀스

Step	Transistors			
	1	2	3	4
1	On	Off	On	Off
2	On	Off	Off	On
3	Off	On	Off	On
4	Off	On	On	Off

표 9.5 반-스텝 유니폴라 스텝모터의 스위칭 시퀀스

Step	Transistors			
	1	2	3	4
1	On	Off	On	Off
2	On	Off	Off	Off
3	On	Off	Off	On
4	Off	Off	Off	On
5	Off	On	Off	On
6	Off	On	Off	Off
7	Off	On	On	Off
8	Off	Off	On	Off

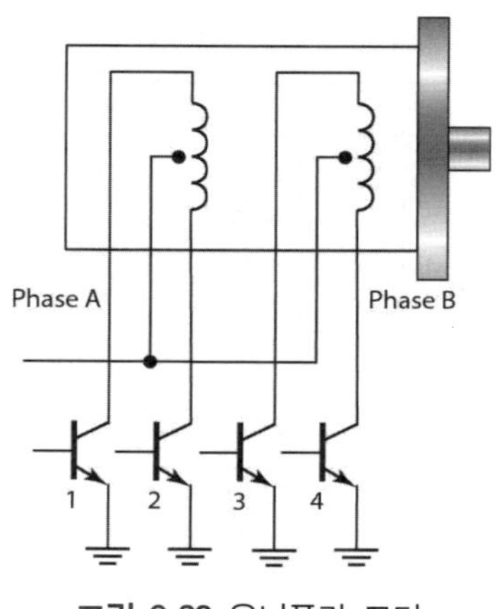

그림 9.29 유니폴라 모터

집적회로는 구동회로에 유용하다. 그림 9.30은 집적회로 SAA1027이 4상 스텝모터와 연결된 것을 보여 준다. 3개의 입력들은 집적회로에 하이(high) 또는 로우(low) 신호가 인가됨으로써 제어된다. 세트 단자에 하이가 유지되면 집적회로에서부터 출력은 트리거 단자에 로우에서 하이로 상승될 때마다 상태를 변화시킨다. 순서는 4개의 스텝 동안 반복되나, 트리거 단자에 로우 신호가 인가되면 언제든지 0의 상태로 리셋될 수 있다. 회전 입력이 로우로 유지될 때 시계방향으로 회전하고, 하이일 때 반시계방향으로 회전한다.

몇몇의 적용에는 아주 작은 스텝 각도를 필요로 한다. 회전자 톱니(rotor teeth) 혹은 상의 수를 증가시킴에 따라 작은 스텝 각도를 만들 수 있지만, 일반적으로 4상 이상과 50~100개 이상의 이빨은 사용하지 않는다. 대신에 미니-스테핑(mini-stepping)이라고 알려진 기술을 사용한다. 이것은 각각의 스텝을 많은 수의 동일한 서브 스텝(sub-step)으로 나누는 것을 포함한다. 이것은 일반적인 스텝 위치 사이에서 회전자를 중간의 위치로 움직이기 위해 코일에 다른 전류를 사용함으로써 이루어질 수 있다. 따라서 예를 들면 1.8°의 스텝은 아마도 10개의 동일한 스텝으로 나누어질 것이다.

스텝모터는 제어된 회전 스텝을 주는 데 사용할 수 있지만, 스테핑을 일으키도록 인가되는 펄스 속도를 제어함으로써 제어된 회전속도로 연속적인 회전이 가능하다. 이것은 아주 유용한 속도제어이며, 가변속도 모터에 많이 응용된다.

스텝모터의 코일은 인덕턴스를 가지고, 스위칭된 유도부하는 스위치 동작 시에 큰 역기전력을 발생하기 때문에 스텝모터가 마이크로프로세서의 출력단자와 연결되었을 때 마이크로프로세서의 손상을 피하기 위한 보호대책을 포함하는 것이 필요하다. 코일에 있는 다이오드는 역방향으로 전류가 흐르는 것을 방지하여 보호를 한다. 대안으로는 광아이솔레이터(optoisolator)를 사용하는 것이다(3.3절 참조).

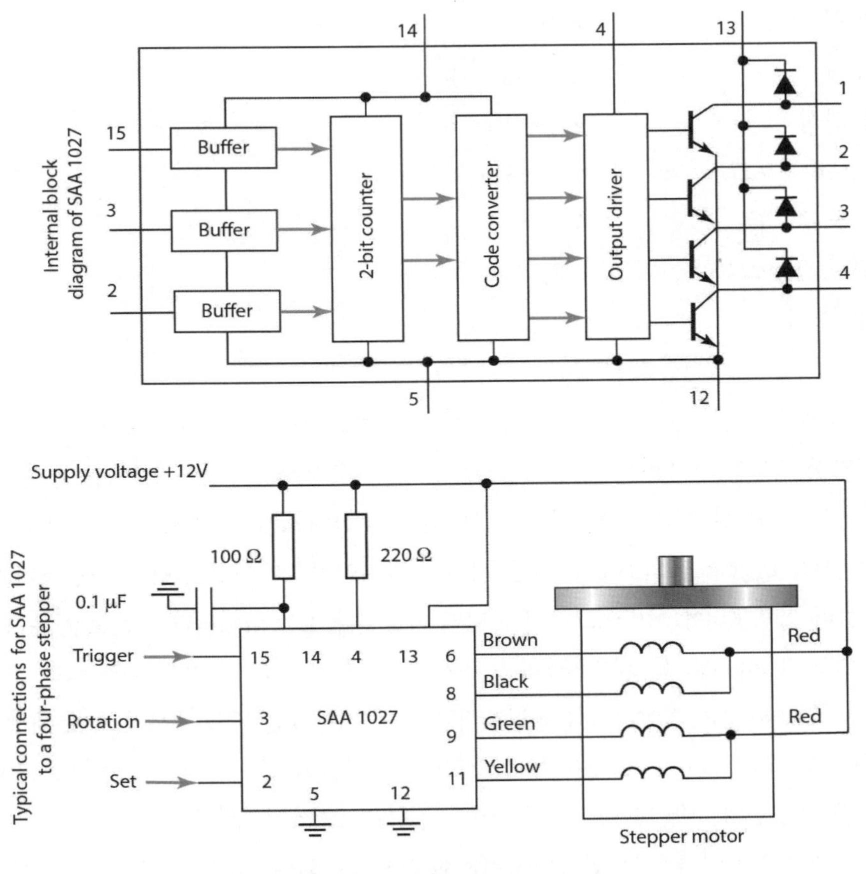

그림 9.30 스텝모터용 집적회로 SAA1027

9.7.3 스텝모터의 선정

다음의 사항은 스텝모터의 선정에 고려되어야 한다.

1. 운전 토크 요구사항: 정격 토크는 토크와 슬루 범위의 요구사항을 충분히 수용할 수 있어야 한다.
2. 스텝 각도는 출력 운동의 충분히 높은 분해능을 유지해야 한다.
3. 비용: 이것은 스텝모터의 데이터 사양에서 찾아보는 것을 요구할 것이다. 다음은 유니폴라 스텝모터(Canon 42M048C1U-N)에 대한 제조사 데이터 시트로부터 발췌한 사양이다.

직류 운전 전압	5V
권선당 저항값	9.1Ω

권선당 인덕턴스	8.1mH
유지 토크	66.2mNm/9.4oz.in
회전자 관성	12.5×10^{-4}gm^2
멈춤(detent) 토크	12.7mNm/1.8oz.in
스텝 각도	7.5°
스텝 각도 허용오차	±0.5°
회전 당 스텝 수	48

멈춤 토크는 모터 권선이 자화되지 않았을 때 스텝모터를 회전하는 데 필요한 토크이다.

선 모터가 선정되면, 모터에 적합한 드라이브 시스템을 찾게 될 것이다. 예를 들면, 만약 최대 입력전압이 7V이고 상당 최대전류가 80mA이라면, Cybernetics CY512가 유니폴라 모터로서 사용될 수 있다. Signetics의 SAA1027은 최대 입력전압이 18V이고 상당 최대전류가 350mA인 작은 유니폴라 스텝모터용 드라이브로서 폭넓게 사용된다. 2상 바이폴라 또는 4상 유니폴라 모터용으로서 SCS-Thomson L297/L298이 고려될 수 있으며, 그것은 2개의 칩으로 구성된 로직 드라이브이다. L297 칩은 2상과 4상 유니폴라 모터에 대한 4상 TTL 로직 신호에 해당하는 모터의 상 시퀀스를 생성한다. L298은 이러한 신호를 받아들이도록 설계된 브릿지 드라이브이며, 유도 부하를 구동한다. 바이폴라 모터는 권선 전류를 2A까지 구동될 수 있다.

펄스가 스텝모터에 인가될 때 인덕터-저항 회로에 입력되며, 결과적으로 토크가 부하에 인가되며, 각가속도가 발생된다. 결과적으로 시스템은 고유진동수를 가질 것이며, 모터는 즉각 다음 스텝 위치에 가질 않고, 일반적으로 정상상태에 정착하기 전에 감쇠된 진동을 발생할 것이다(그림 9.31). 이러한 검토 및 고유진동수와 감쇠 인자의 유도에 대해서는 24.1.2절을 참고하라.

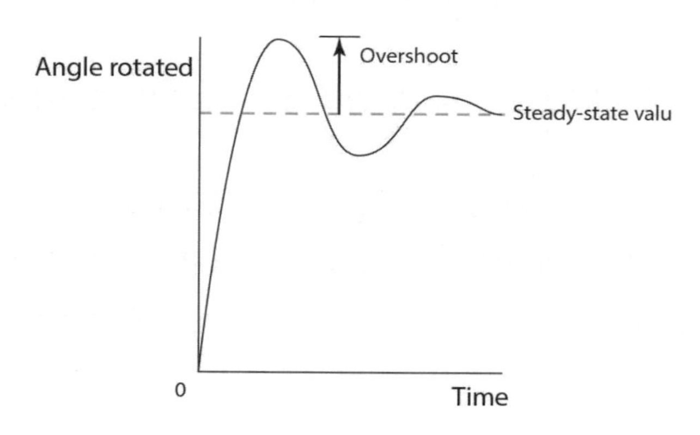

그림 9.31 정상상태 각도에 대한 진동

9.8 모터의 선정

특별한 응용으로서 모터를 선정할 때 고려되어야 할 요소는 아래와 같다.

1. 관성 매칭
2. 토크 요구사항
3. 동력 요구사항

9.8.1 관성 매칭

전기적 임피던스에 대하여 3.8절에 소개된 임피던스 매칭의 개념이 기계적 시스템에 확장될 수 있다(그림 9.32(a)). 관성 I_L, 각가속도 α인 부하를 구동하는 데 필요한 토크는 $I_L\alpha$이다. 모터 축을 가속하는 데 필요한 토크는 $T_M = I_M\alpha_M$이고, 부하를 가속하는 데 필요한 토크는 $T_L = I_L\alpha_L$이다. 전동장치가 없는 경우에 모터축은 같은 각 가속도와 각속도를 가진다. 시스템을 가속시키는 데 필요한 동력은 $T_M\omega = T_L\omega$이며, 여기서 ω는 각속도이다. 따라서

$$\text{파워} = (I_M + I_L)\alpha\omega$$

이 동력은 모터의 토크 T_M에 의해 발생되므로, $T_M\omega$와 같아져야 한다. 따라서

$$T = (I_M + I_L)\alpha$$

이다. 주어진 각가속도를 얻는 데 필요한 토크는 $I_M = I_L$일 때 최소화 될 것이다. 따라서 부하의 관성 모멘트가 모터의 관성 모멘트와 같아야만 최대 동력이 전달된다.

모터가 기어를 통하여 부하를 회전시킬 때(그림 9.32(b)), 최대 출력의 전달은 모터의 관성 모멘트가 부하의 관성 모멘트(n^2I_L, 여기서 n은 기어비, I_L은 부하의 관성)와 같아야 한다(17.2.2절 참조).

따라서 최대 동력을 전달하기 위하여, 모터의 관성 모멘트는 부하 관성 모멘트와 같아야 하거나, 전동장치가 사용될 때는 전동장치를 고려한 부하 관성 모멘트와 같아야 한다. 이것은 주어진 각가속도를 얻는 데 필요한 토크는 최소화될 것이란 의미이다. 이것은 모터가 빠른 위치결정에

사용될 경우 특별히 유용하다. 기어 시스템에서 기어비를 조정은 매칭을 가능하게 하는 데 사용된다.

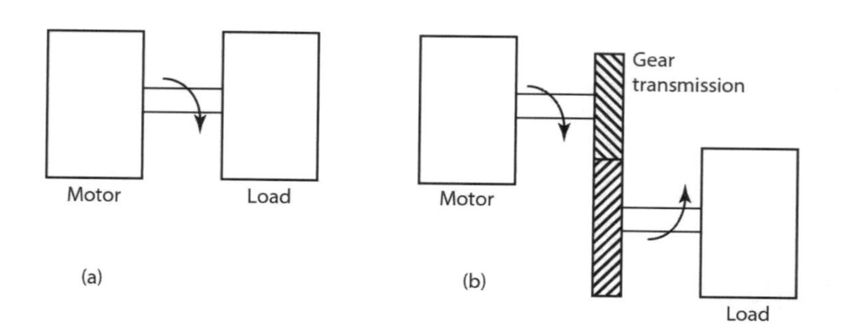

그림 9.32 (a) 부하를 직접 회전시키는 모터, (b) 부하를 회전시키는 전동장치를 갖는 모터

9.8.2 토크 요구사항

그림 9.33은 전형적인 모터의 운전 곡선을 나타낸다. 연속운전에 대하여 정지 토크를 초과해서는 안 된다. 이것은 과열이 일어나지 않는 최대 토크 값이다. 간헐적인 사용에 대보다 큰 토크가 가능할 것이다. 각속도가 증가함에 따라서 토크를 전달하는 모터의 능력은 감소할 것이다. 필요한 각속도와 토크가 높아지면 질수록, 더욱더 출력이 큰 모터가 선정될 필요가 있다.

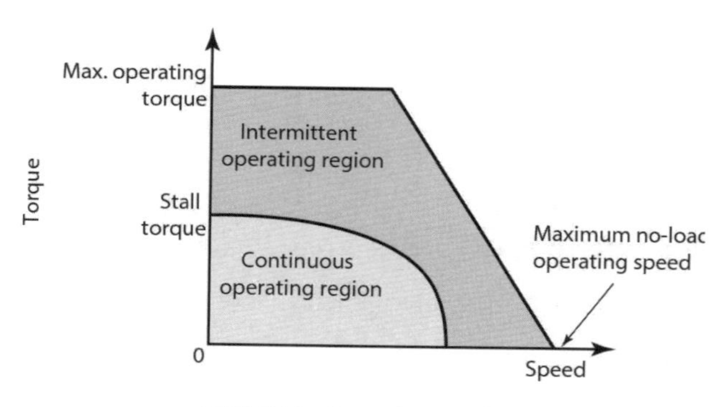

그림 9.33 토크-속도 그래프

드럼형의 호이스트를 작동하고 부하를 리프팅하는 모터를 상상해 보자(그림 9.34). 드럼 직경 0.5m, 최대부하 m=1,000kg, 케이블의 장력은 mg=1,000×9.81=9,810N이다. 드럼에서 토크는 9,810×0.25=2452.5Nm, 즉 거의 2.5kNm이다. 호이스트가 일정한 속도 v=0.5m/s로 운전된다면, 드럼의 각속도 $\omega = v/r$=0.5/0.25=2rad/s, 즉 2/2π=0.32rev/s이다. 모터는 기어

를 통해서 구동하고 있다. 최대 모터 속도가 약 1,500rev/min, 즉 25rev/s가 되도록 기어비를 결정되어야 한다. 이것은 기어비 n =25/0.32, 즉 80 : 1이면 충분하다는 의미이다. 모터의 부하 토크는 드럼에서의 부하토크로부터 80배로 줄어들 것이며, 그래서 2,500/80=31.25Nm이다. 기어에서 마찰을 고려한다면, 모터의 최대 토크는 약 35Nm 정도 되어야 한다.

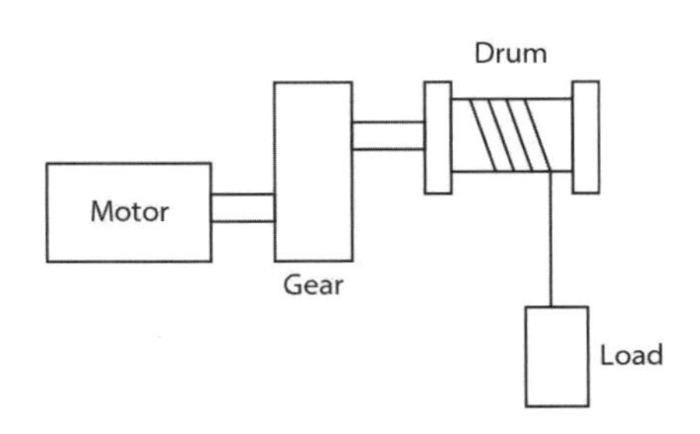

그림 9.34 부하를 리프팅하는 모터

그러나 이것은 부하가 일정한 속도로 리프팅될 때의 최대 토크일 뿐이다. 정지 상태로부터 속도 0.5m/s 까지 가속하는 데 필요한 토크가 더해져야 한다. 1초 동안에 정지 상태로부터 이 속도에 도달하기를 원하며, 이때 필요한 가속 토크는 $I\alpha$ 이며, 여기서 I는 관성 모멘트이고 α는 각가속도이다. 기어를 통한 모터 측에서 본 유효 부하관성 모멘트는 $(1/n^2)$×부하 관성 모멘트 mr^2, 따라서 $(1/80)^2 \times 1{,}000 \times 0.25^2 = 0.0098\text{kgm}^2$, 즉 약 0.01kgm²이다. 드럼과 기어의 관성 모멘트는 0.02kgm^2가 더해진다. 리프팅하는 데 필요한 전체 관성 모멘트는 모터 관성 모멘트에 이것을 더해야 한다. 따라서 리프팅하는 데 필요한 전체 관성 모멘트는 0.01+0.02+0.02= 0.05kgm^2가 된다. 모터 속도가 1초 동안에 정지 상태에서 25rev/s로 올라오는 데 필요한 각가속도는 $(25 \times 2\pi)/1 = 157\text{rad/s}^2$, 즉 약 160rad/s^2이다. 필요한 가속 토크는 0.05×160=8Nm이다. 따라서 허용되는 최대 토크는 일정한 속도로 부하를 리프팅하는 데 필요한 토크와 정지 상태로부터 이 속도로 가속시키는 데 필요한 토크를 더한 것으로서, 35+8=43Nm이다. 산술적인 위의 예제의 산술적인 풀이에서 아래와 같이 쓸 수 있다. 모터의 필요한 토크 T_m은 기어로 연결된 부하에 의해 필요한 토크 T_L/n(여기서 n은 기어비)와 모터를 가속하는 데 필요한 토크 $I_m\alpha_m$(여기서 I_m은 모터의 관성 모멘트, α_m은 모터의 각가속도)의 합이다.

$$T_m = \frac{T_L}{n} + I_m\alpha_m$$

부하의 각가속도는 α_L은 다음과 같다.

$$\alpha_m = n\alpha_L$$

부하의 마찰을 이겨내는 데 필요한 토크는 T_f이기 때문에 부하를 가속하는 데 사용되는 토크는 $(T_L - T_f)$이다.

$$T_L - T_f = I_L\alpha_L$$

따라서 아래와 같이 나타낼 수 있다.

$$T_m = \frac{1}{n}[T_f + \alpha_L(I_L + n^2 I_m)]$$

9.8.3 동력 요구사항

모터는 과열되지 않고 요구되는 최대속도로 운전할 수 있는 것이 필요하다. 필요한 전체 동력 P는 마찰력을 이기는 데 필요한 토크와 부하를 가속시키는 데 필요한 토크의 합이다. 동력은 토크와 각속도의 곱이다. 따라서 마찰 토크 T_f를 이기는 데 필요한 동력 $T_f\omega$와 각가속도 α로 가속하는 데 필요한 토크 $(I_L\alpha)\omega$(여기서 I_L은 부하의 관성 모멘트이다)의 합이다. 따라서

$$P = T_f\omega + I_L\alpha\omega$$

요 약

릴레이는 어떤 한 전기회로에 흐르는 전류를 다른 전기회로에서 전류를 온-오프 스위칭으로 바꾸는 전기적으로 동작하는 스위치이다. 다이오드는 오직 한 방향으로만 전류의 흐름이 가능하며, 반대 방향으로는 매우 높은 저항을 갖는다.

사이리스터는 다이오드가 동작할 수 있는 조건을 제어하는 게이트를 가진 다이오드로 간주될 수 있다. 트라이액은 사이리스터와 비슷하고, 같은 칩에 역병렬로 연결한 사이리스터 한 쌍과 동등하다.

바이폴라 트랜지스터는 0과 트랜지스터가 포화되는 값 사이의 베이스 전류를 선택함으로써

스위치로 사용될 수 있다. MOSFET는 바이폴러 트랜지스터와 비슷하며 스위칭에 사용될 수 있다.

직류 모터의 기본 원리는 권선에 전류를 인가하여 생성된 자기장 내에서 자유롭게 회전하는 전기자 권선이다. 여기서 자기장은 영구자석이나 계자코일인 전자석으로부터 공급받는다. 영구자석 회전자의 속도는 전기자에 흐르는 전류의 세기에 의존한다. 계자코일 모터의 경우, 그 회전 속도는 전기자 코일을 통과하는 전류나 계자 코일을 통과하는 전류에 의존하다. 이러한 직류 모터는 전기자에 흐르는 전류의 방향을 정기적으로 바꾸어 주기 위하여 정류자와 브러시가 필요하다. 브러시리스 영구자석 직류 모터는 영구자석 회전자와 고정자를 통과하는 전류를 스위칭하는 시퀀스를 갖는 고정자를 갖는다.

교류 모터는 2개의 그룹으로 분류된다. 단상과 다상으로 나뉘고, 각각은 유도와 동기 모터로 더욱 세분된다. 단상 모터는 낮은 전력 소모용으로 사용되는 반면에, 다상 모터는 더 높은 전력용으로 사용된다. 유도 모터는 동기 모터보다 저렴하여 널리 통용되고 있다.

스텝모터는 디지털 신호를 펄스로 입력받아서 그 펄스만큼 스텝이라 불리는 일정한 각도로 회전하는 장치이다.

모터 선정은 관성 매칭, 토크와 출력 요구사항을 고려해야만 한다.

연습문제

9.1 Explain how the circuit shown in Fig. 9.35 can be used to debounce a switch.

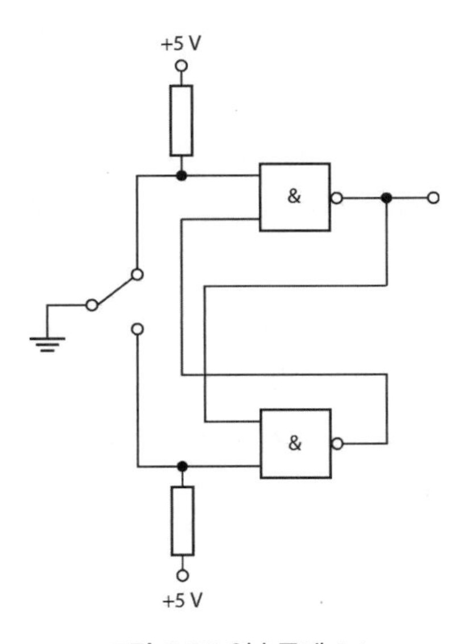

그림 9.35 연습문제 9.1

9.2 Explain how a thyristor can be used to control the level of a d.c. voltage by chopping the output from a constant voltage supply.

9.3 A d.c. motor is required to have (a) a high torque at low speeds for the movement of large loads, (b) a torque which is almost constant regardless of speed. Suggest suitable forms of motor.

9.4 Suggest possible motors, d.c. or a.c., which can be considered for applications where (a) cheap, constant torque operation is required, (b) high controlled speeds are required, (c) low speeds are required, (d) maintenance requirement have to be minimised.

9.5 Explain the principle of the brushless d.c. permanent magnet motor.

9.6 Explain the principles of operation of the variable reluctance stepper motor.

9.7 If a stepper motor has a step angle of 7.5°, what digital input rate is required to produce a rotation of 10 rev/s?

9.8 What will be the step angle for a hybrid stepper motor with eight stator windings and ten rotor teeth?

9.9 A permanent magnet d.c. motor has an armature resistance of 0.5Ω and when a voltage of 120V is applied to the motor it reaches a steady-state speed of rotation of 20 rev/s and draws 40A. What will be (a) the power input to the motor, (b) the power loss in the armature, (c) the torque generated at that speed?

9.10 If a d.c. motor produces a torque of 2.6 Nm when the armature current is 2 A, what will be the torque with a current of 0.5A?

9.11 How many steps/pulses per second will a microprocessor need to output per second to a stepper motor if the motor is to give an output of 0.25 rev/s and has a step angle of 7.5°?

9.12 A stepper motor is used to rotate a pulley of diameter 240mm and hence a belt which is moving a mass of 200kg. If this mass is to be accelerated uniformly from rest to 100mm/s in 2s and there is a constant frictional force of 20N, what will be the required pull-in torque for the motor?

PART IV
마이크로프로세서 시스템

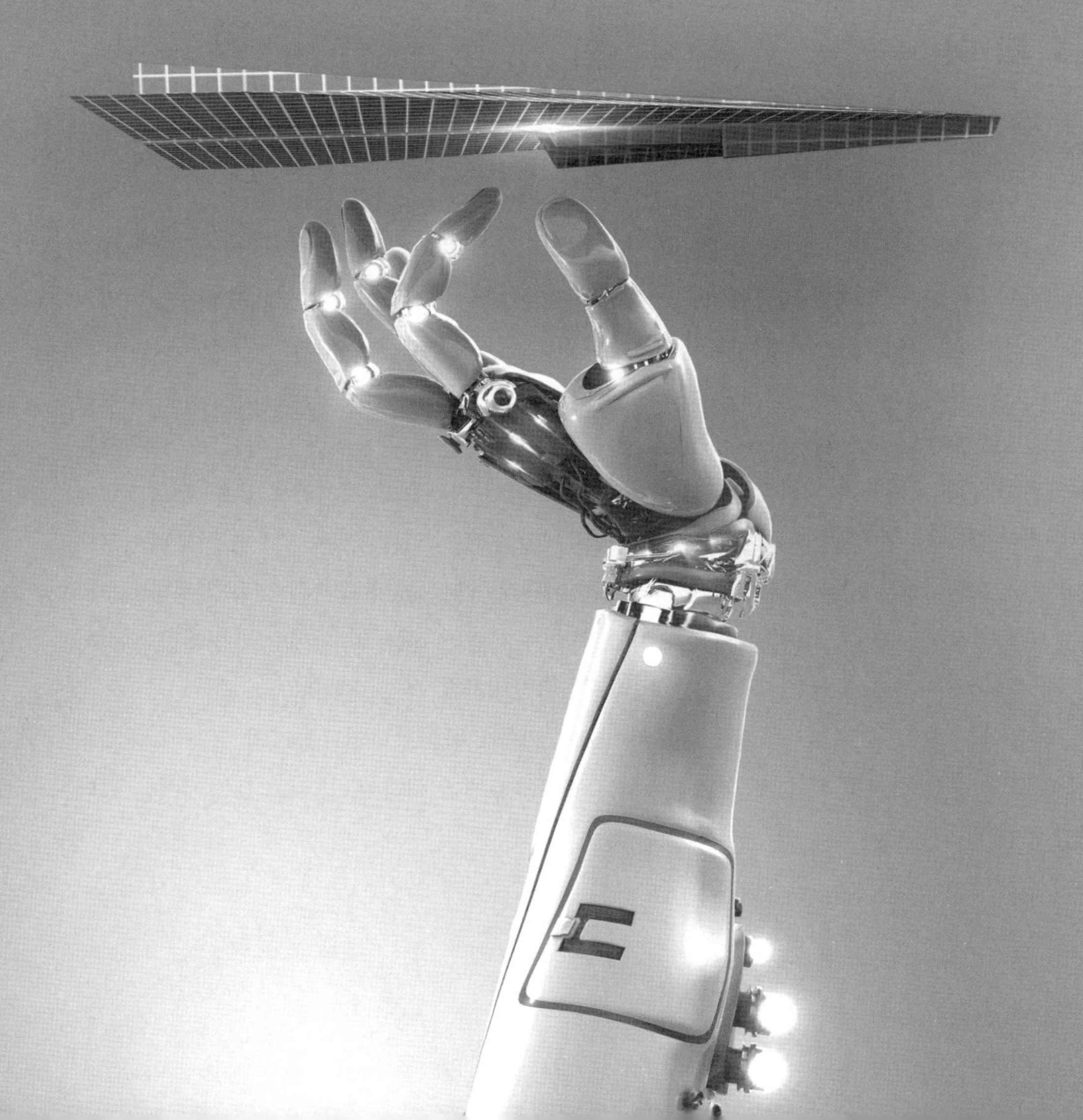

Chapter 10 마이크로프로세서 및 마이크로컨트롤러

목 표

본 장에서는 다음과 같은 내용을 학습한다.

- 마이크로프로세서 시스템의 기본적인 구조
- 상용 마이크로프로세서의 구조와 이들이 어떻게 마이크로프로세서 시스템에 통합되는가
- 마이크로컨트롤러의 기본구조와 주어진 작업을 수행하기 위한 레지스터들의 역할 및 구성
- 순서도와 의사코드를 이용한 프로그램 개발 방법

10.1 제 어

도로 사거리에 있는 신호등의 적색, 황색, 녹색등을 순차적으로 제어하는 간단한 제어문제를 해결하기 위해 조합 및 순차 논리 집적회로를 사용한 전기제어 시스템을 사용할 수 있다. 그러나 좀 더 복잡한 상황에 직면하게 되면 제어에 필요한 변수들이 증가하게 된다. 이러한 복잡한 문제를 해결하기 위하여 전기적인 하드웨어를 사용한 조합 및 순차 논리 집적회로를 이용하는 방법이 있으나, 이보다는 마이크로프로세서와 적절한 소프트웨어를 사용하는 것이 보다 간단한 방법이다.

이 책에서 다루고 있는 마이크로프로세서 시스템은 제어 시스템으로 사용되며, 이를 **내장된 마이크로프로세서**(embedded microprocessor)라고 한다. 이 이유는, 이런 마이크로프로세서는 구체적인 기능을 제어하기 위한 것이고, 사람의 개입 없이 전적으로 자기만의 운영 프로그램에 의해 스스로 동작할 수 있기 때문이다. 우리가 일상생활에 볼 수 있는 많은 시스템들이 마이크로프로세서 시스템이라는 것을 겉으로 알아차리기는 어렵다. 예를 들어 요즘의 세탁기는 마이크로프로세서를 내장하고 있다. 하지만 세탁을 하기 위하여 사람이 하는 일은 세탁의 형태를 결정하기 위해 원하는 버튼을 누르든지 레버를 돌린 후 시작버튼을 누를 뿐이다.

본 장에서는 마이크로프로세서(Microprocessor: μP)와 마이크로컨트롤러의 구조에 대해서 개괄적으로 기술한다. 이후의 11장과 12장에서는 프로그래밍에 대하여, 그리고 13장에서는 인터페이싱에 대해 다룬다.

10.2 마이크로프로세서 시스템

마이크로프로세서를 사용하는 시스템은 기본적으로 다음과 같이 세 부분으로 구성된다.

1. **중앙처리장치(Central Processing Unit: CPU)**: 프로그램을 인식하고 실행한다. 이것은 마이크로프로세서를 사용하는 부분이다.
2. **입출력 인터페이스(Input and output interfaces)**: 컴퓨터와 외부 사이의 통신을 담당한다. 포트(port)라는 용어가 인터페이스에서 사용된다.
3. **기억장치(Memory)**: 프로그램 명령이나 데이터를 저장한다.

그림 10.1은 마이크로프로세서 시스템의 일반적인 형태를 나타낸다.

한 칩에 기억장치(memory)와 여러 가지 입출력을 갖는 마이크로프로세서를 마이크로컨트롤러(microcontroller)라 부른다.

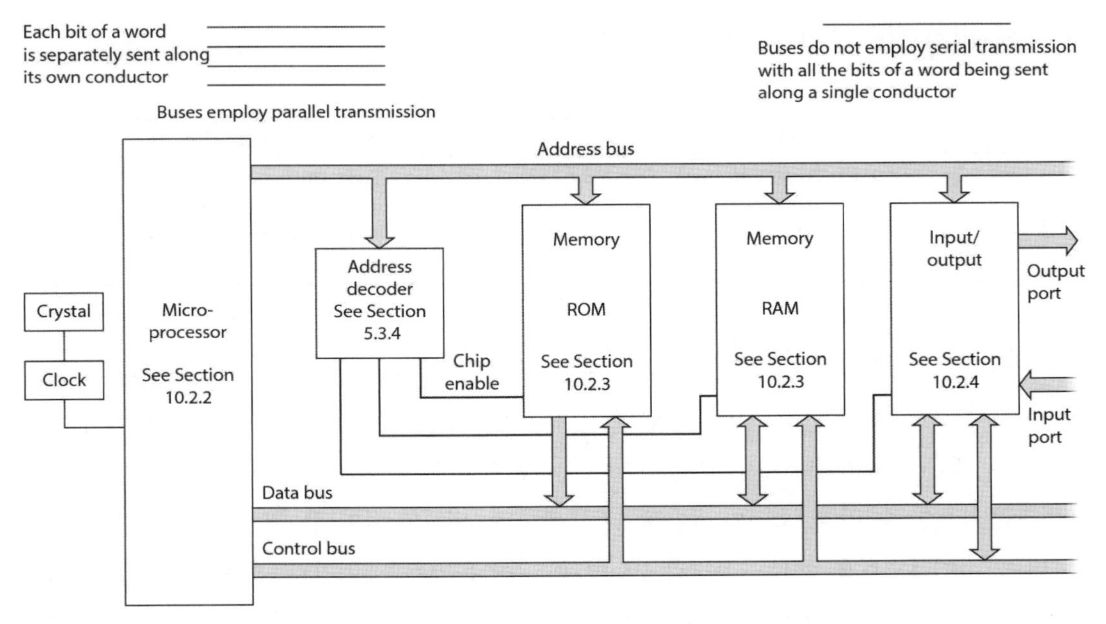

그림 10.1 마이크로프로세서 시스템과 버스의 일반적인 형태

10.2.1 버 스

디지털 신호는 **버스(buses)**라고 부르는 통로를 따라 한쪽에서 다른 한쪽으로 이동한다. 물리적

인 의미로 버스는 단지 전기 신호를 운반하는 전도체로서 이를 통하여 전기신호들이 전달되며, 이와 이울러 시스템의 모든 칩들에 의해 공유되는 경로이다. 만일 칩들 간에 별도의 연결경로를 사용하게 되면 매우 많은 수의 연결 도체를 필요로 하게 된다. 이러한 공유 버스를 사용하는 경우에 한 칩에서 버스에 데이터를 전송할 때는 다른 칩들은 그 데이터 전송이 완료될 때까지 자기 차례를 기다려야 한다. 일반적으로 버스는 16개나 32개의 병렬 연결선으로 이루어지고, 각 연결선은 동시에 데이터 단어 1비트씩 전송한다. 이러한 병렬전송방법은 한 단어를 한 개의 도체에 비트열을 전송하는 방식인 직렬전송에 비해 더 빠르게 데이터를 전송할 수 있다.

마이크로 시스템에서 다음과 같은 세 가지 형태의 버스가 있다.

1. 데이터 버스(Data bus)

CPU의 처리 기능과 관련된 데이터는 **데이터 버스**를 통해 이동한다. 데이터 버스는 한 단어(word)를 CPU와 기억장치 간 또는 CPU와 입출력 인터페이스 간에 전송한다. 사용되는 한 단어의 길이는 4, 8, 16, 32, 64비트이고, 버스의 각 와이어는 이진 신호인 0 또는 1을 전송한다. 예를 들어 4개 와이어로 구성된 버스는 1010과 같은 단어를 전송할 수 있고, 각 비트는 다음과 같이 버스 내의 각 와이어에 의해서 전송된다.

단어(Word)	버스 와이어(Bus wire)
0(least significant bit)	First data bus wire
1	Second data bus wire
0	Third data bus wire
1(most significant bit)	Fourth data bus wire

데이터 버스의 와이어 수가 많으면 많을수록 더 긴 길이의 단어가 전송될 수 있다. 하나의 데이터가 가질 수 있는 값의 범위는 단어 길이와 관계가 있다. 예를 들어 4비트의 단어가 가질 수 있는 값은 $2^4=16$이다. 그러므로 만일에 4비트 단어로 온도를 표현한다면 16등분으로 온도 범위를 표현할 수 있다. 초기의 마이크로프로세서는 4비트의 단어 길이를 갖고 있었고, 현재도 4비트 마이크로프로세서는 장난감, 세탁기, 가정용 난방제어기로 사용되고 있다. 이후 Motorola 6800, Intel 8085A, Zilog Z80과 같은 8비트 마이크로프로세서가 등장하였고, 현재는 16비트, 32비트, 64비트의 마이크로프로세서들도 사용되고 있으며, 8비트 마이크로프로세서는 현재에도 제어장치로 널리 사용되고 있다.

2. 주소 버스(Address bus)

주소 버스는 데이터를 어디에서 찾을 것인가에 대한 신호를 운반하여 기억장치 장소 및 입력과 출력 포트를 선택하는 역할을 한다. 기억장치 내에 각각의 저장 장소는 주소(address)라고 부르는 독특한 표시를 가지고 있어서 시스템이 기억장치 내의 특정 명령어나 데이터를 선택할 수 있다. 각각의 입출력 인터페이스 또한 주소를 가지고 있다. 주소 버스 상에 실려 있는 주소에 의해 어느 한 주소가 선택되면 그 해당 지역만 열리게 되어 CPU와 통신하게 된다. 따라서 CPU는 한 번에 단지 한 지역과 통신할 수 있다. 8비트 데이터 버스를 갖는 컴퓨터는 일반적으로 16비트의 주소 버스, 즉 16개 와이어를 갖고 있다. 이 경우 주소 버스는 2^{16}지역의 주소를 할당할 수 있다. 2^{16}은 65,536이 되고 이를 일반적으로 64 K로 표현하는데, 여기서 K는 1,024이다. 주소를 지정할 수 있는 기억장치가 많아지면 많아질수록 그만큼 더 많은 양의 데이터를 저장할 수 있어 더 크고 복잡한 프로그램의 사용이 가능하다.

3. 제어 버스(Control bus)

제어와 관련된 신호들은 **제어 버스**를 통해 이동한다. 예를 들어 마이크로프로세서는 입력장치로부터 데이터를 읽어야 할 것인가 또는 출력장치로 데이터를 내보내야 할 것인가를 기억장치에게 알려주어야 한다. READ라는 용어는 신호를 받는 데 사용되고 WRITE라는 용어는 신호를 보내는 데 사용된다. 제어 버스는 또한 시스템 클록 신호를 운반하는 데 사용된다. 이 클록 신호들은 마이크로프로세서 시스템의 모든 동작을 동기화시킨다. 클록은 수정제어 진동자(crystal-controlled oscillator)이고 이는 일정한 간격의 펄스를 발생시키는 소자이다.

10.2.2 마이크로프로세서

마이크로프로세서는 일반적으로 중앙처리장치(Central Processing Unit: CPU)라고 한다. 이는 데이터를 처리하고 기억장치로부터 명령어를 불러오고, 명령어를 복호화(decoding)하고 실행하는 프로세서 시스템의 한 부분이다. 마이크로프로세서의 내부 구조는 간략하게 **구조(architecture)**라 하며 이는 마이크로프로세서의 종류에 따라 다르다. 그림 10.2는 일반적인 마이크로프로세서의 구조를 간략하게 나타낸다.

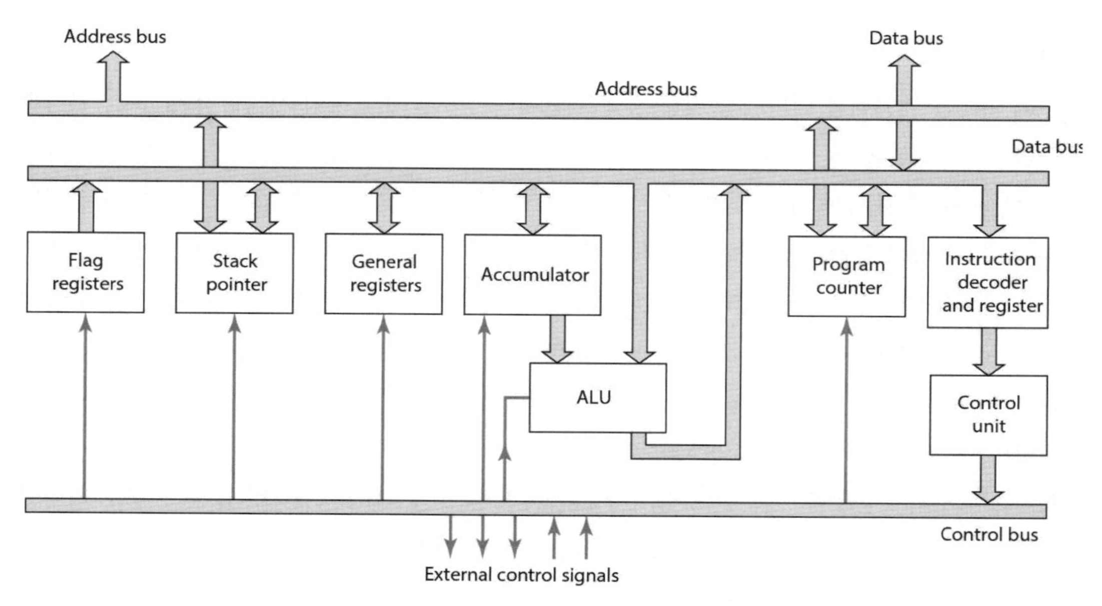

그림 10.2 마이크로프로세서의 일반적인 내부 구조

마이크로프로세서 구성요소의 기능은 다음과 같다.

1. 산술 논리 연산장치(Arithmetic and Logic Unit: ALU)

   이 연산장치는 데이터 조작을 수행한다.

2. 레지스터(Register)

   명령어가 실행 중일 때 CPU가 사용 중인 내부 데이터는 일시적으로 **레지스터** 그룹에 저장된다. 이는 마이크로프로세서 내의 기억 장소로서 프로그램 실행에 관련된 정보를 저장하는 데 사용된다. 마이크로프로세서는 레지스터 그룹을 갖고 있으며 레지스터는 각각의 다른 기능을 가지고 있다.

3. 제어장치(Control unit)

   제어장치는 마이크로프로세서 동작의 타이밍과 순서를 결정한다. 이는 기억장치로부터 명령어를 가져오고 실행하는 데 사용되는 타이밍 신호를 발생한다. Motorola 6800은 최대 1 MHz의 주파수 클록을 사용한다. 즉, 클록 주기는 1 ms이고, 한 명령어는 통상 2에서 12개의 클록 주기를 필요로 한다. 마이크로프로세서의 동작은 그들이 갖는 클록 주기 수로서 계산된다.

레지스터에는 여러 가지 종류가 있고, 그 개수와 크기 형태는 각 마이크로프로세서별로 천차만별이다. 레지스터에는 다음과 같은 종류가 있다.

1. 누산기 레지스터(Accumulator registers)

누산기(A)는 산술 논리 연산장치(ALU)로 들어가는 입력 데이터가 일시적으로 저장되는 곳이다. CPU가 기억장치에 있는 명령어나 데이터를 읽어오는 것을 접근(access)이라 하는데, 이 접근이 가능하도록 주소 버스를 이용하여 필요한 기억장치 단어의 주소가 공급되어야 한다. 그래야 필요한 명령어나 데이터가 데이터 버스에 의해 CPU로 읽혀진다. 한 번에 한 기억장치 지역만의 주소가 부여될 수 있으므로 만일 2개 이상의 수들이 조합되는 경우에는 일시적인 저장 장소가 필요하게 된다. 예를 들어 두 수를 덧셈하는 경우 한 숫자는 주소로부터 가져와 누산기 레지스터에 놓여지고, 이 동안에 CPU는 다른 기억장치 주소에서 다른 숫자를 가져온다. 이후 두 숫자는 CPU의 ALU에서 처리되고 그 결과는 누산기 레지스터로 다시 전달된다. 즉, 누산기 레지스터는 데이터를 ALU에서 처리하고, 또한 데이터 처리 후 그 결과를 일시적으로 저장하기 위한 레지스터이다. 즉, 누산기는 ALU의 실행에 관계되는 모든 데이터의 처리에 관여한다.

2. 상태 레지스터(Status register)

이것은 조건 코드 레지스터(condition code register) 또는 플래그 레지스터(flag register)라고도 하며, 이는 ALU에서 수행한 최근의 처리결과에 관한 정보를 담고 있다. 이것이 갖고 있는 비트를 플래그(flag)라 하고 각 비트는 고유의 의미를 갖는다. 가장 최근 연산의 상태를 구체적으로 나타내기 위해 셋 또는 리셋을 갖는 플래그에 의해 표시된다. 예를 들면 플래그들은 마지막 연산의 결과가 음수인지, 제로인지, 자리올림(carry)이 발생하는지를 나타내는 데 사용된다(예: 마이크로프로세서의 워드 크기보다 클 1010과 1100의 두 2진수의 합은 넘침(overflow)이 발생한다). 다음은 일반적인 플래그들이다.

플래그(Flag)	1(Set)	0(Reset)
Z	결과가 0	결과가 0이 아님
N	결과가 음수	결과가 음수가 아님
C	자리올림 발생	자리올림 발생 없음
V	넘침 발생	넘침 발생 없음
I	인터럽트 무시	인터럽트가 정상적으로 처리됨

예로 16진수 02와 06의 덧셈 연산을 실행하기 위한 Z, N, C, V 플래그의 상태를 생각해 보자. 그 덧셈 결과는 08이다. 이는 0이 아니기 때문에 Z는 0이다. 또한, 결과는 양수이므로 N은 0이고, 자리올림이 없으므로 C는 0이다. 부호가 없는(unsigned) 결과는 −128에서 +127 사이에 있다. 그래서 넘침은 없기 때문에 V는 0이다. 이제 16진수 F9와 08을 더하는 연산을 할 경우 플래그를 생각해 보자. 결과는 (1)01이다. 결과가 0이 아니기 때문에 Z는 0이고, 양수이기 때문에 N은 0이다. 부호없는 결과는 자리올림이 있으므로 C는 1이고, 이는 −128과 +127 사이에 있기 때문에 V는 0이다.

3. 프로그램 계수기 레지스터(Program Counter register: PC) 또는 명령 지시자(Instruction Pointer: IP)

이 레지스터는 CPU가 수행하고 있는 프로그램의 위치를 추적하는 데 사용된다. 이 레지스터는 다음에 수행해야 할 프로그램 명령어의 기억장치 위치에 관한 주소를 갖고 있다. 한 명령어가 수행되면 프로그램 계수기 레지스터는 다음 명령어가 수행할 위치에 대한 주소로 변경된다. JUMP나 BRANCH와 같이 프로그램 계수기가 다른 곳으로 바뀌는 경우가 아니면, CPU가 순차적으로 명령어를 수행할 때마다 이 프로그램 계수기는 다음 명령어에 관한 주소로 바뀐다.

4. 기억장치 주소 레지스터(Memory Address Register: MAR)

이 레지스터는 데이터 주소를 담고 있다. 예를 들어 두 숫자의 덧셈의 경우 첫 번째 숫자의 주소가 이 기억장치 주소 레지스터에 입력된다. 그리고 그 주소에 있는 데이터는 누산기로 옮겨진다. 다음으로는 두 번째 숫자의 기억장치 주소가 기억장치 주소 레지스터로 입력되고 이 주소에 있는 데이터는 누산기에 있는 데이터와 더해진다. 더한 결과는 기억장치 주소 레지스터로 지정된 기억장치 주소로 저장된다.

5. 명령어 레지스터(Instruction Register: IR)

이 레지스터는 명령어를 저장한다. CPU가 데이터 버스를 통해 기억장치에서 명령어를 가져오면 이를 명령어 레지스터에 저장한다. 각각 불러온 후에 마이크로프로세서는 다음에 읽혀질 명령어를 가리키는 프로그램 계수기를 하나씩 증가시킨다. 이 명령어는 복호화되어 동작을 실행하는 데 사용된다. 이런 과정들은 **인출-실행 주기**(fetch-execute cycle)라고 알려져 있다.

6. 범용 레지스터(General-purpose registers)

이 레지스터는 데이터나 주소의 임시 저장소로 활용되며, 또한 다른 레지스터들 간의 데이터 이동에 관련된 연산에 사용된다.

7. 스택 포인터 레지스터(Stack Pointer register: SP)

이 레지스터의 내용은 RAM 안의 스택 맨 윗부분의 주소를 담고 있다. **스택**은 특수한 기억장치로서 프로그램의 서브루틴이 사용될 때 이 기억장치 안에 프로그램 계수기 값이 저장된다.

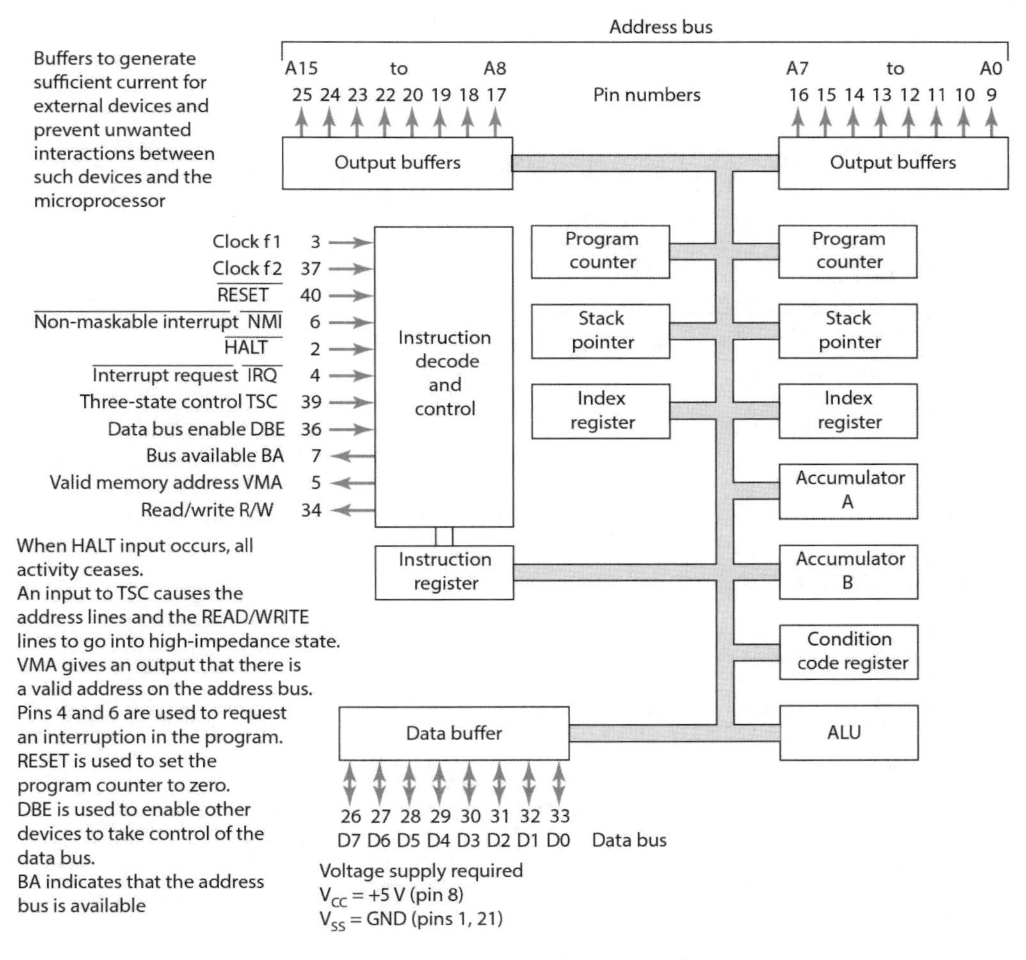

그림 10.3 Motorola 6800 구조

레지스터의 개수와 종류는 마이크로프로세서별로 차이가 있다. 예를 들어 그림 10.3의 Motorola 6800은 2개의 누산기 그리고 상태 레지스터, 인덱스 레지스터, 스택 포인터 레지스터,

프로그램 계수기 레지스터를 각각 1개씩 갖고 있다. 상태 레지스터는 음수, 영, 자리올림, 넘침, 반올림, 인터럽트에 관한 플래그 비트들로 구성된다. Motorola 6802는 6800과 유사하지만 소규모의 RAM과 내부 클록 발생기를 추가로 갖고 있다.

Intel 8085A 마이크로프로세서는 이전의 8085 프로세서의 발전한 형태이다. 8085는 외부 클록 발생기를 필요로 하지만, 8085A는 내부 클록 발생기를 가지고 있다. 8080용 프로그램은 8085A에서도 작동된다. 그리고 8085A는 B, C, D, E, H, L과 같은 6개의 다용도 레지스터와 스택 포인터, 프로그램 계수기, 플래그 레지스터, 두 개의 임시 레지스터를 가진다. 범용 레지스터는 여섯 개의 8비트 레지스터로 사용되거나 또는 BC, DE, HL과 같은 쌍으로 세 개의 16비트 레지스터로 사용될 수 있다. 그림 10.4는 Intel 8085A의 내부 구조를 나타내는 블록선도이다.

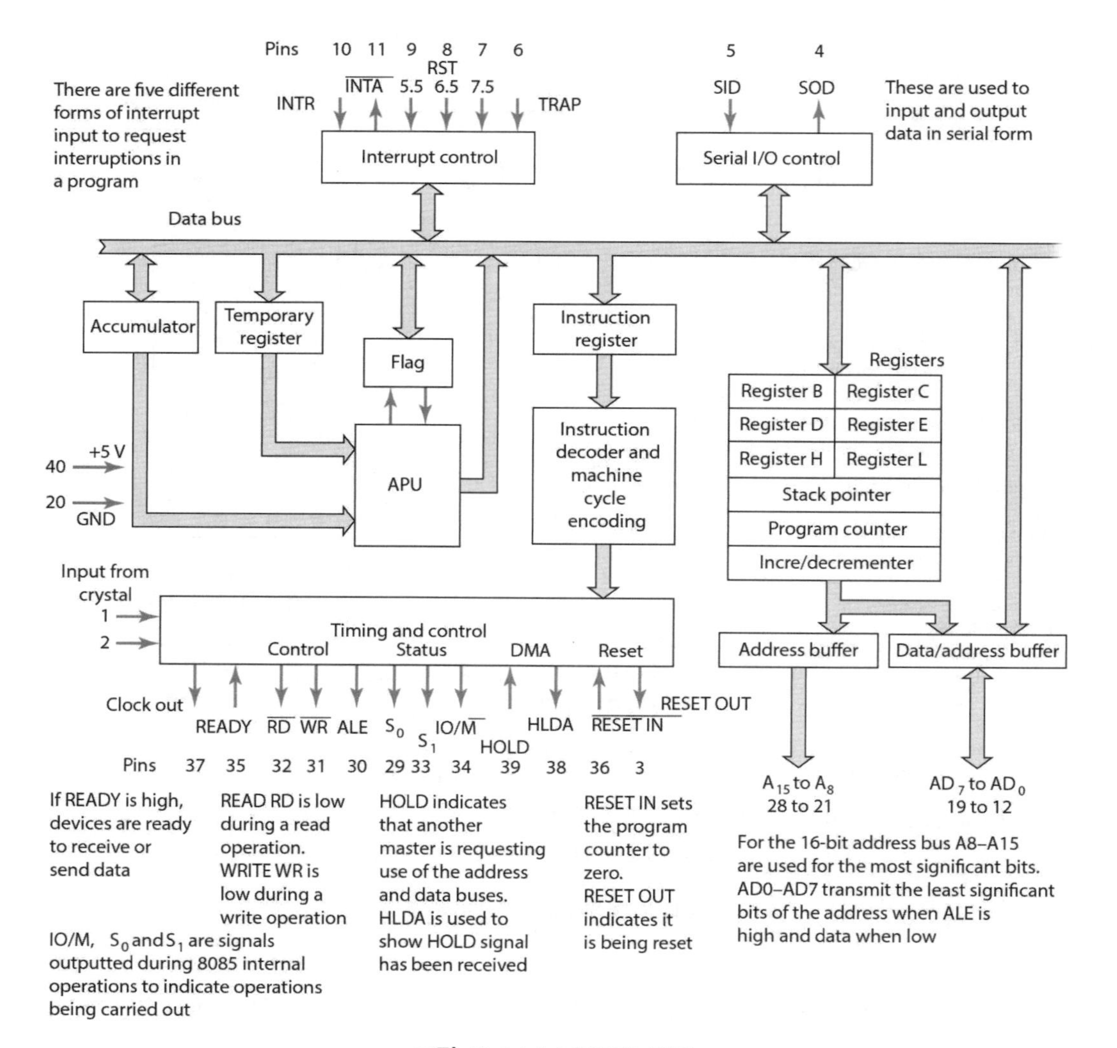

그림 10.4 Intel 8085A 구조

그림 10.3과 10.4에서 나타나는 것처럼 마이크로프로세서는 어느 범위의 타이밍과 제어 입출력들을 갖고 있다. 이들은 마이크로프로세서가 어떤 연산을 수행할 때 출력들을 제공하고 제어 연산에 영향을 주는 입력을 제공한다. 이들은 외부사건에 의해 프로그램 연산이 인터럽트될 수 있도록 설계되어 있다.

10.2.3 기억장치(Memory)

마이크로프로세서의 기억장치는 이진 데이터를 저장하며 한 개 이상의 집적회로 형태를 띠고 있다. 일반적으로 이 데이터는 동작되고 있는 프로그램 명령어 코드나 숫자이다.

기억장치 크기는 주소 버스의 와이어 개수에 의해서 결정된다. 한 유닛 안의 기억장치 요소들은 근본적으로 상당히 많은 수의 저장 셀(cell)로 구성이 되는데, 각 셀은 0 또는 1의 한 비트를 저장한다. 저장 셀들은 기억장치 지역에 모여 있으며, 각 지역은 한 단어를 저장할 수 있다. 저장된 단어를 접근하기 위하여 각 지역은 고유의 주소가 부여된다. 4비트 주소 버스로는 16개의 주소를 가질 수 있으며, 각 주소는 예를 들어 8비트로 이루어진 한 바이트를 저장할 수 있다(그림 10.5).

Address Data contents
0000
0001
0010
0011
0100
etc.
1111

그림 10.5 주소버스 크기

기억장치의 크기는 저장이 가능한 장소의 개수로 나타낸다. 즉, 1K는 2^{10}=1024개의 장소를 의미하고 4K 기억장치는 4096개의 장소를 갖는다.

기억장치로는 다음과 같이 여러 종류가 있다.

1. 읽기전용 기억장치(Read-Only Memory: ROM)

읽기전용 기억장치 ROM은 데이터를 영구적으로 저장하기 위하여 사용된다. ROM은 집적회로의 제조과정에서 필요한 내용을 프로그램으로 저장한다. 이 메모리칩이 컴퓨터 안에 있을 때는 어떠한 데이터도 저장할 수 없다. 저장된 데이터는 단지 읽을 수밖에 없으며, 이는 컴퓨터의 운영체제나 마이크로프로세서 응용 프로그램과 같은 고정 프로그램으로 사용된다. 이는 전원이 끊어진 상태에서도 저장내용을 잃어버리지 않는다. 그림 10.6(a)는 1K×8비트를 저장할 수 있는 대표적인 ROM 칩의 핀 연결을 나타낸다.

2. 프로그램 가능 ROM(Programmable ROM: PROM)

사용자에 의해서 프로그램이 가능한 ROM을 **PROM**이라 한다. 이 PROM의 각 메모리 셀은 초기 기억장치 값이 0인 가변 연결(fusible link)로 되어 있다. 0값을 갖고 있는 이 가변 연결에 전류를 흘리면 이 연결은 열리고 이 값은 영원히 1로 바뀐다. 가변 연결이 한번 열리게 되면 데이터는 기억장치에 영원히 저장되고 이후 그 값은 바뀌지 않는다.

3. 소거 가능 PROM(Erasable and Programmable ROM: EPROM)

EPROM은 프로그램 되어 있는 ROM의 내용을 바꿀 수 있다. 일반적으로 EPROM 칩은 여러 개의 소규모 전자회로와 전하를 저장할 수 있는 셀들로 구성된다. 이 집적회로의 연결핀에 전압을 인가하고 충전 또는 미 충전 셀들의 패턴을 만들어 주는 과정을 통해서 프로그램을 저장한다. 한편 EPROM의 위쪽에 있는 수정 창에 자외선 광을 쐬어 주면 셀들이 방전되어 저장된 프로그램은 소거되고, 재 프로그램이 가능하다. Intel 2716 EPROM 은 11개의 주소 핀 그리고 로우(low)일 때 동작되는 단일 칩 가능(single chip enable) 핀을 갖는다.

4. 전기 소거식 PROM(Electrically Erasable PROM: EEPROM)

이 **EEPROM**은 EPROM과 유사한데, 차이점은 프로그램을 소거할 때 자외선 광 대신 상대적으로 높은 전압을 가한다.

5. 램(Random-Access Memory: RAM)

마이크로프로세서에서 사용 중인 일시적인 데이터는 **RAM**이라 부르는 읽고 쓰기가 가능한 기억장치에 저장된다. 그림 10.6(b)는 대표적인 1K×8비트 RAM 칩의 핀 연결을 나타낸다. Motorola 6810 RAM은 7개의 주소 핀과 6개의 칩 선택 핀을 갖고 있는데 칩 선택 핀 중 4개는 로우 (low)일 때 동작하고 2개는 하이(high)일 때 동작하며 모두가 1일 때 RAM이 동작된다.

마이크로프로세서 시스템이 온 상태가 되면 ROM에 저장된 프로그램 사용이 가능하다. ROM에 저장된 프로그램을 펌웨어(firmware)라고 하고, 이는 시스템에 항상 필요하다. 반면에 RAM

에 저장된 프로그램은 소프트웨어라고 한다. 시스템이 온 상태가 되면 소프트웨어들은 키보드, 하드 디스크, 플로피 디스크, CD와 같은 주변장치로부터 RAM에 저장된다.

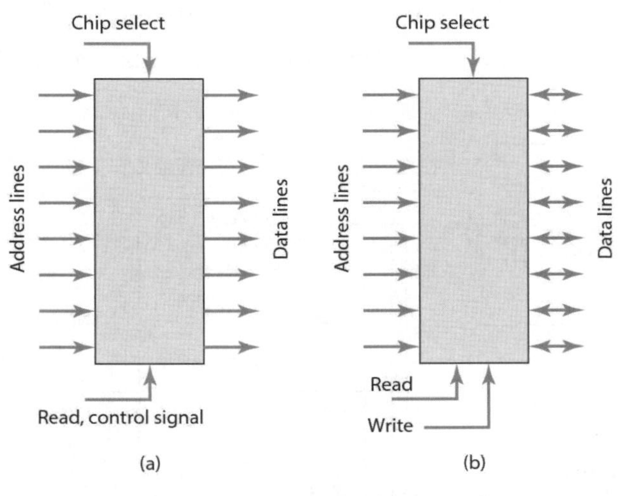

그림 10.6 (a) ROM 칩, (b) RAM 칩

10.2.4 입력 및 출력

입출력 동작은 마이크로프로세서와 외부 간의 데이터 전송에 관계된다. **주변장치(peripheral devices)**는 마이크로프로세서 시스템과 데이터를 교환하는 장치의 일부이다. 일반적으로 이 주변장치의 속도 및 특성이 마이크로프로세서와 다르기 때문에 인터페이스 칩을 통해서 이들을 연결한다. 이 인터페이스 칩은 마이크로프로세서와 주변장치 간의 데이터 전송을 동기시키는 역할을 한다. 데이터의 입력 시 입력장치는 데이터를 인터페이스 칩의 데이터 레지스터에 갖다 놓고, 이 데이터는 마이크로프로세서가 이를 읽을 때까지 보관된다. 데이터 출력 시에는 마이크로프로세서는 데이터를 레지스터에 가져다 놓고 주변장치가 이를 읽을 때까지 데이터는 레지스터에 간직된다.

입력장치로부터 유효한 데이터가 마이크로프로세서에 입력되기 위해서 인터페이스 칩은 입력 데이터를 정확하게 래치시켜야 한다. 이는 **폴링(polling)** 또는 **인터럽트(interrupt)** 과정을 통해서 이루어진다. 폴링에서는 인터페이스 칩의 상태 비트가 1일 때 유효 데이터를 나타낸다. 마이크로프로세서는 인터페이스 칩의 상태 비트가 1인지를 항상 감시한다. 이 방법의 문제점은 마이크로프로세서가 이 상태 비트가 나타날 때까지 기다리고 있다는 점이다. 한편 인터럽트 방법에서는 인터페이스 칩이 유효한 데이터를 가질 때 마이크로프로세서에 인터럽트 신호를 보낸다. 그러면 마이크로프로세서는 실행하고 있는 프로그램을 잠시 중지하고 인터럽트에 관계된 루틴을 수행한다.

10.2.5 시스템들의 예

그림 10.7은 Intel 8085A를 사용한 마이크로프로세서의 예를 보인다. 이는 한 개의 74LS373 주소 래치, 3-8라인의 주소 복호기(address decoder) 74LS138, 두 개의 4RAM 칩 2114, 한 개의 2K×8EPROM 칩 2716 그리고 입출력 인터페이스 칩 74LS244와74LS374로 구성된다.

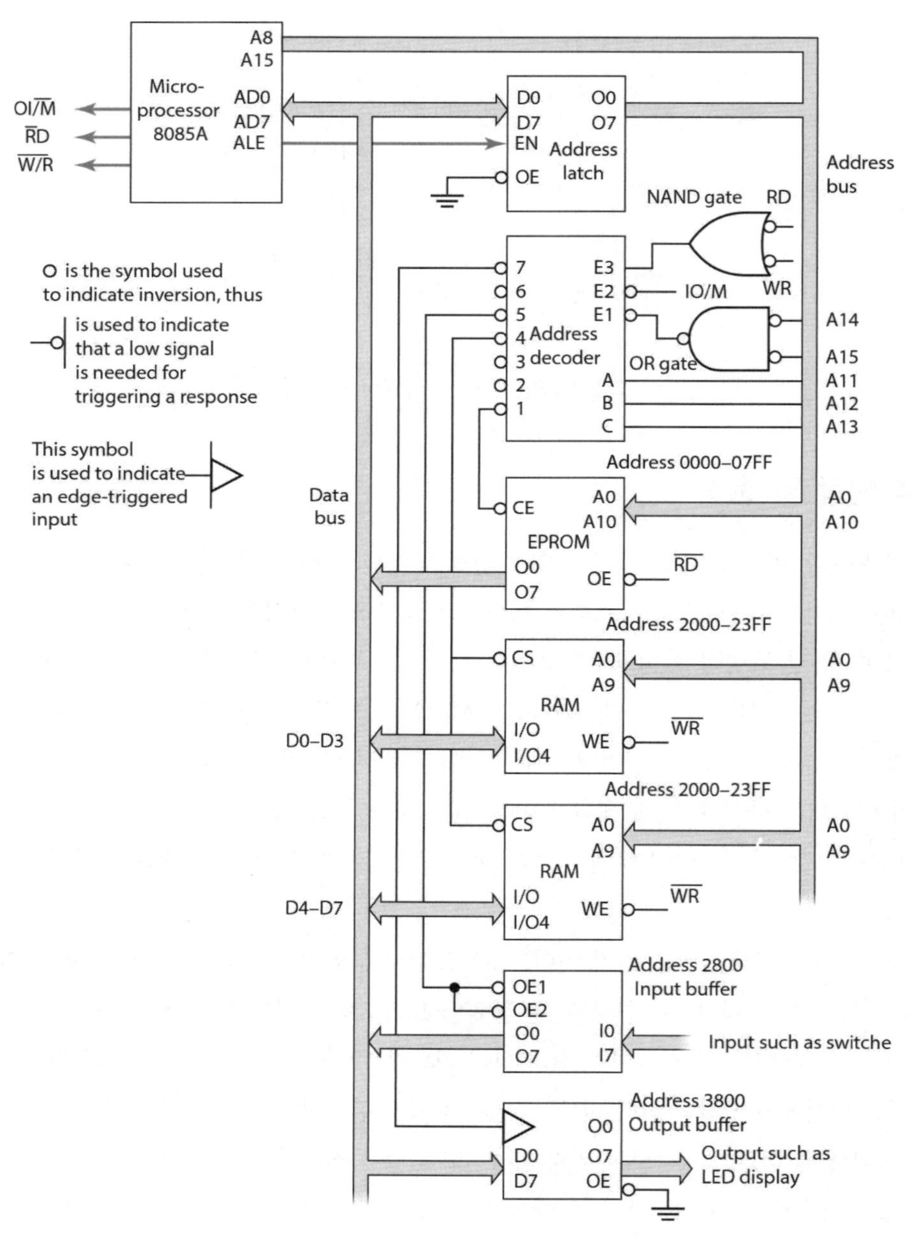

그림 10.7 Intel 8080A 시스템

1. 주소 래치(Address latch)

출력 ALE(address latch enable)는 AD0-AD7 라인이 주소와 데이터를 가지고 있을 때 이를 표시하기 위하여 외부 하드웨어에 출력을 제공한다. ALE가 하이로 되면 래치가 작동되고 A0-A7 라인은 주소의 아래 부분을 래치된 곳으로 통과시킨다. 그리고 ALE가 로우 상태로 되돌아가 데이터가 마이크로프로세서로부터 나가게 되면 이 주소부분은 74LS373에서 래치된 상태로 남게 된다. 주소의 위 부분은 A8-A15를 통해 보내져 항상 유효하게 되며, 전체 주소의 아래 부분은 래치로부터, 위 부분은 마이크로프로세서 주소 버스에서 얻게 된다.

2. 주소 복호기(Address decoder)

74LS138은 3×8라인 복호기로서 8개 출력 중의 하나만 로우 신호로 시동된다. 출력 결정은 세 개의 입력라인 A, B, C(그림 14.32)에 걸리는 신호에 따라 결정된다. 출력이 결정되기 전에 복호기는 enable1과 enable2는 로우상태로 enable3은 하이상태로 있어야 한다.

3. EPROM

주소 비트 A11, A12, A13, A14는 장치의 주소를 선택하는 데 사용된다. 이것은 A0-A10에 주소 비트를 남겨둔다. 그래서 EPROM은 $2^{11}=2048$개의 주소를 가질 수 있는데, 이것이 Intel 2716 EPROM의 크기이다. 그리고 EPROM은 마이크로프로세서가 0000에서 07FF까지의 주소를 읽고, O0에서 O7을 통하여 데이터 버스로 8비트 데이터들을 보낼 때마다 선택된다. 출력 허용라인 OE는 EPROM에 기록되고 있음을 확실히 하기 위하여 마이크로프로세서의 출력 읽기 부분에 연결된다.

4. RAM

두 개의 칩이 사용되고 있는 것을 볼 수 있고, 이는 각각 1K×4이다. 이들은 공동으로 8비트 대역 신호의 기억장치를 제공한다. 두 메모리칩은 기억장치 선택을 위해 같은 주소 비트 A0-A9를 사용하고 있는데, 한 칩은 D0-D3 데이터, 다른 한 칩은 D4-D7 데이터를 제공한다. 10개의 주소 비트로 2000에서 23FF까지의 주소, 즉 총 $2^{10}=1024$의 주소를 갖는다. 쓰기허용 WE 입력은 RAM이 기록되거나 읽혀지는가를 결정하는 데 사용된다. 이 WE 입력 신호가 로우이면 선택된 RAM에는 기록되고 하이이면 읽혀진다.

5. 입력 버퍼(Input buffer)

입력 버퍼 74LS244는 OE1, OE2가 로우일 때마다 데이터 버스를 통하여 이진 입력값을 전달시키는 장치이다. 이는 2800에서 2FFF 사이의 주소로 접근될 수 있는데 본 그림에서는 2800을 사용한다. 버퍼는 마이크로프로세서에 부하를 거의 주지 않게 하기 위하여 사용된다.

6. 출력 래치(Output latch)

74LS374는 출력 래치이다. 이는 마이크로프로세서가 자신의 프로그램에서 다른 명령어를 수행하는 동안 마이크로프로세서 출력을 래치시켜 출력장치가 그 출력을 읽을 수 있는 시간을 주게 하는 역할을 한다. 출력 래치는 3800에서 3FFF 사이의 주소 범위가 주어지는데 여기서는 3800을 사용한다.

그림 10.8은 Motorola 6800 마이크로프로세서와 한 개의 RAM과 한 개의 ROM, 프로그램 가능한 입출력을 가진 시스템의 예이다. 적은 수의 장치가 사용되었기 때문에 이 시스템에는 주소 복호화가 불필요하다. 병렬 입출력을 위해서 PIA(Peripheral Interface Adapter: 13.4절 참조)가 사용되고 직렬 입출력을 위해서 ACIA(Asynchronous Interface Adapter: 13.5절 참조)가 사용된다. 이들은 입출력 모두를 제어하기 위해 프로그램 될 수 있고 필요한 버퍼를 제공할 수도 있다.

1. RAM

주소 라인 A14와 A15는 RAM의 입력가능 E에 연결되어 있다. 두 라인이 모두 로우일 때 RAM은 마이크로프로세서와 데이터를 주고받을 수 있다.

2. ROM

주소 라인 A14와 A15는 ROM의 입력가능 E에 연결되어 있다. 이 라인의 신호가 모두 하이일 때 ROM이 주소화된다.

3. 입출력(Input/outputs)

주소 라인 A14와 A15는 각각 PIA와 ACIA의 입력 가능 CS1과 CS2에 연결되어 있다. A15의 신호가 로우이고 A14의 신호가 하이일 때 입출력 인터페이스는 주소화된다. PIA가 사용 가능하려면 주소 A2가 하이이어야 하고, 반면에 ACIA가 사용 가능하려면 주소 A3이 하이이어야 한다.

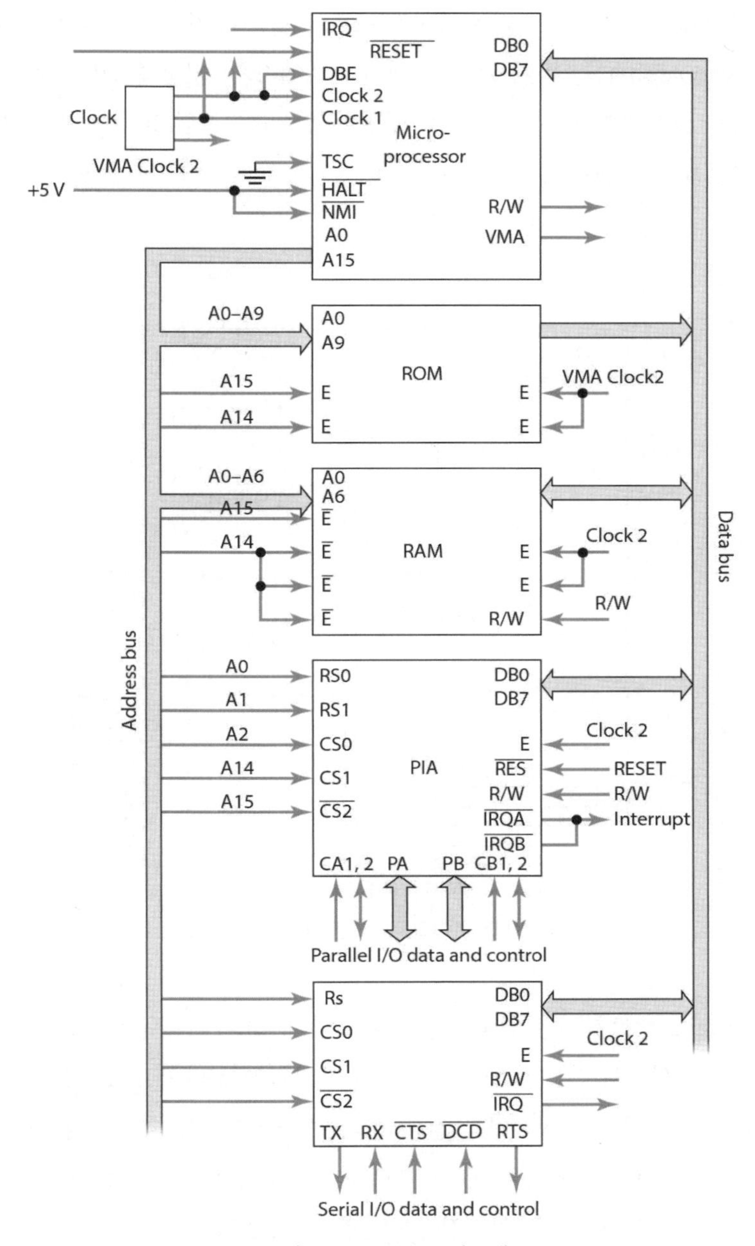

그림 10.8 M6800 시스템

10.3 마이크로컨트롤러

마이크로프로세서가 다른 시스템의 제어용 시스템으로 사용되려면, 프로그램과 데이터 저장을 위한 기억장치, 외부와 신호를 주고받는 입출력 포트와 같은 부가적인 칩들이 필요하다. 마이크로컨트롤러(microcontroller)는 마이크로프로세서와 기억장치, 입출력 인터페이스, 타이머 등과 같은 주변장치들을 통합하여 하나의 칩으로 구현한 것이다. 그림 10.9는 마이크로컨트롤러의 일반적인 블록선도를 나타낸다.

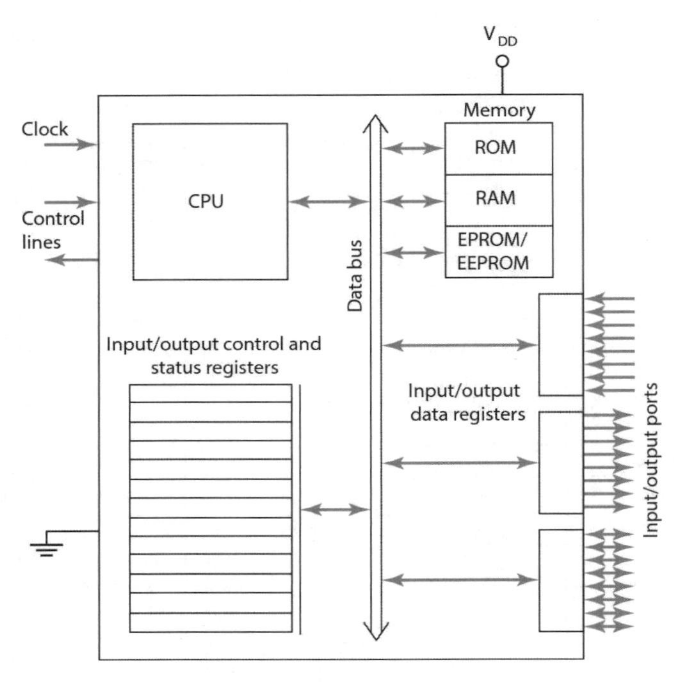

그림 10.9 마이크로컨트롤러의 블록선도

일반적으로 마이크로컨트롤러는 입출력을 위한 외부 연결, 전원, 클록 그리고 제어 신호들을 위한 핀을 갖고 있다. 입출력 핀들은 입출력 포트라고 부르는 하나의 유닛으로 그룹화되어 있다. 통상 이 포트들은 8비트 단어의 데이터를 전송하기 위한 8개의 선으로 구성된다. 16비트의 단어에 대해서는 두 개의 포트를 이용하는데, 한 포트는 상위 8비트를 다른 한 포트는 하위 8포트를 전송하는 데 사용된다. 이 포트들은 입력전용이나 출력전용으로 사용될 수도 있고, 아니면 프로그램에 의해 입력 또는 출력으로 선택 사용될 수 있다.

8비트 마이크로컨트롤러의 예로서 Motorola 68HC11, Intel 8051, PIC16C6x/7x가 있으며, 이들은 8비트의 데이터 경로를 사용한다. Motorola 68HC16은 16비트 마이크로컨트롤러이고 Motorola 68300은 32비트 마이크로컨트롤러이다. 마이크로컨트롤러는 제한된 수의 ROM과 RAM을 갖고 있으며 내장 시스템으로 널리 사용된다. 분리된 기억장치와 입출력 칩을 가진 마이크로프로세서 시스템은 컴퓨터 시스템에서 정보들을 처리하는 데 더 적합하다.

10.3.1 Motorola M68HC11

Motorola는 두 가지 8비트 마이크로컨트롤러를 제공하는데, 68HC05는 염가형이고 68HC11은 고성능용이다. 그림 10.10의 Motorola M68HC11계열은 6800 마이크로프로세서에 사용되며, 이는 제어 시스템에 널리 이용된다. 이 마이크로컨트롤러는 당초Motorola사에서 개발되었으나 현재는 Freescale Semiconductor사에서 생산되고 있다.

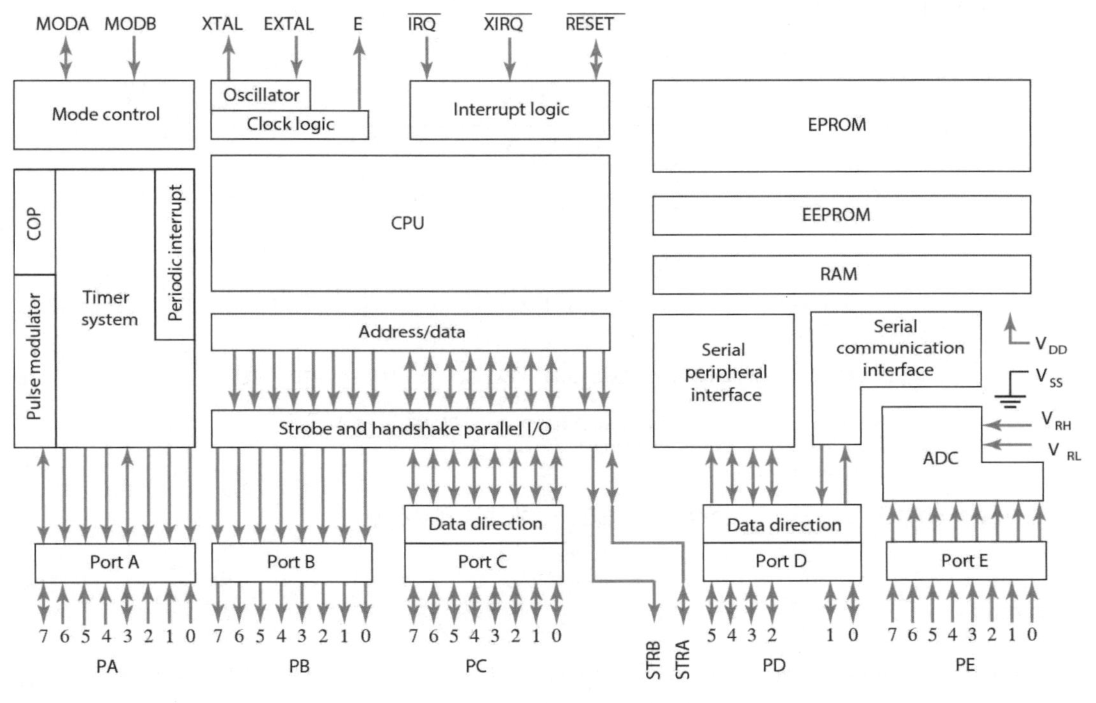

그림 10.10 M68HC11의 블록선도

RAM, ROM, EPROM, EEPROM이나 레지스터의 형태 등에 따라서 여러 가지 버전이 나와 있다. 예를 들어, 68HC11A8 버전은 8K ROM, 512바이트의 EEPROM, 256바이트의 RAM, 16비트 타이머 시스템, 동기 직렬 주변 인터페이스(synchronous serial peripheral interface), 비동기 비제로 복귀 직렬통신 인터페이스(asynchronous non-return-to-zero serial communication interface), 아날로그 입력을 위한 8채널 8비트 아날로그-디지털 변환기(ADC) 그리고 다음과 같은 A, B, C, D, E의 5개 포트를 갖추고 있다.

1. 포트 A

포트 A는 입력전용 3선, 출력전용 4선 그리고 입력과 출력 중의 하나로 선택될 수 있는 나머지 한 선으로 이루어진다. 포트 A 데이터 레지스터의 주소는 $1000이다(그림 10.11). 그리고 그림 10.12에 나타나 있는 펄스 누산기 제어 레지스터(pulse accumulator control register) 주소는 $1026이고, 이는 포트 A의 각 비트의 기능을 제어하는 데 사용된다. 이 포트는 마이크로컨트롤러의 내부 타이머를 접근하는 데 사용하는데, 여기서 PAMOD, PEDGE, RTR1, RTRO비트는 펄스 누산기와 클록을 제어한다.

Port A data register $1000

Bit	7	6	5	4	3	2	1	0

그림 10.11 포트 A 레지스터

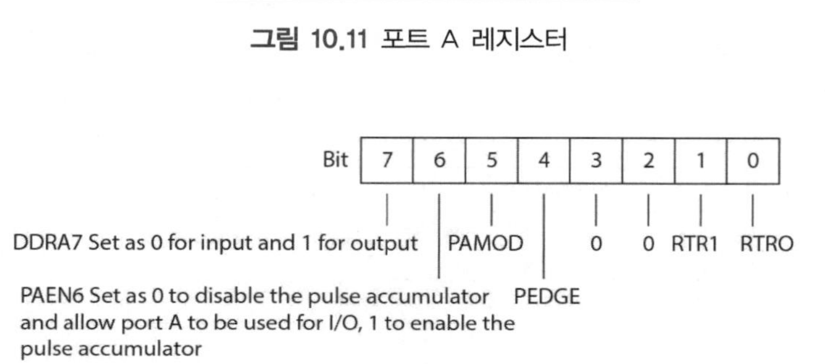

그림 10.12 펄스누산기 제어레지스터

2. 포트 B

포트 B는 출력전용으로서 8개의 출력 선을 가지며(그림 10.13), 데이터 입력용으로는 사용될 수 없다. 이 데이터 레지스터는 $1004 주소에 있고, 데이터를 출력하기 위해서는 이 기억장치 위치에 기록해야 한다.

Port B data register $1004

Bit	7	6	5	4	3	2	1	0

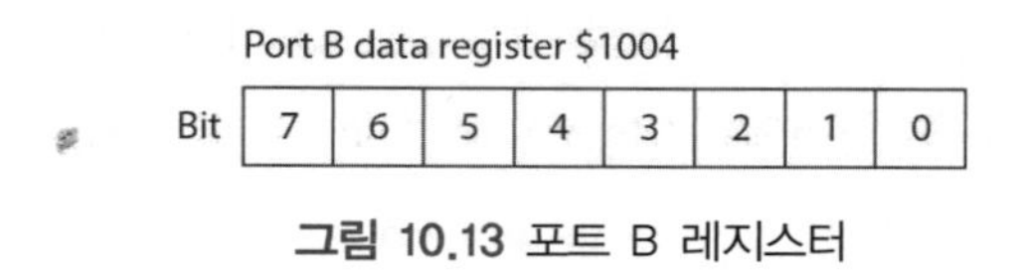

그림 10.13 포트 B 레지스터

3. 포트 C

포트 C는 입력 또는 출력이 될 수 있고, 데이터는 데이터 레지스터 $1003 주소에 있다(그림 10.14). 입출력 방향은 $1007 주소의 포트 데이터 방향 레지스터(port data direction register)

에 의해 제어된다. 이 방향 레지스터의 8비트는 포트 C의 각 비트에 해당하며 각 비트의 값에 따라 각 선이 입력이나 출력으로 결정된다. 즉, 비트가 0이면 입력이고 1이면 출력을 나타낸다. 단일 칩 모드로 동작할 때, STRA와 STRB 선은 포트 B와 포트 C에 연관되어 있고, 이 선들은 각 포트들과 핸드셰이크 신호로 사용된다. 또한 이 선들은 데이터 전송의 타이밍을 제어한다. 병렬 I/O 제어 레지스터(Parallel I/O Control register: PIOC)는 $1002 주소에 있고, 이 레지스터의 비트는 핸드셰이킹 모드 및 핸드셰이킹 신호의 극성과 동작 에지 제어에 관한 정보를 갖고 있다.

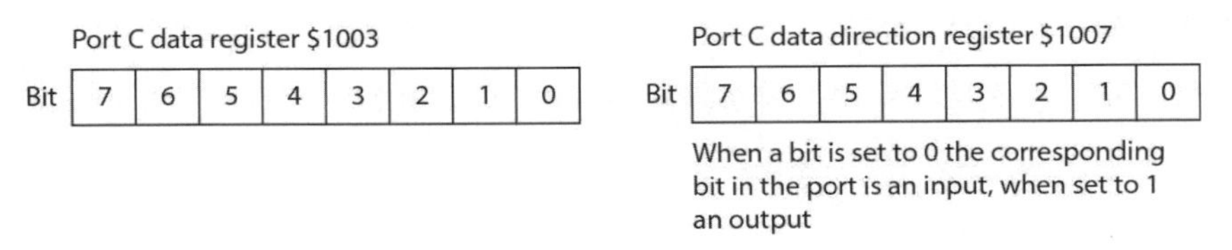

그림 10.14 포트 C 레지스터

4. 포트 D

포트 D에는 6개의 선이 있고, 이 선들은 입력과 출력 모두 사용이 가능하며 데이터 레지스터는 $1008 주소에 있다(그림 10.15). 입출력 방향은 $1009 주소에 있는 포트 데이터 방향 레지스터에 의해 제어되는데, 비트가 0이면 입력, 1이면 출력을 나타낸다. 또한 포트 D는 마이크로컨트롤러와 2개의 직렬 서브시스템 간의 연결로도 사용된다. 직렬통신 인터페이스는 모뎀과 터미널에 호환될 수 있는 비동기 시스템이다. 한편, 직렬 주변장치 인터페이스는 고속 동기 시스템으로, 마이크로컨트롤러는 이를 이용하여 주변장치들을 고속으로 접근할 수 있다.

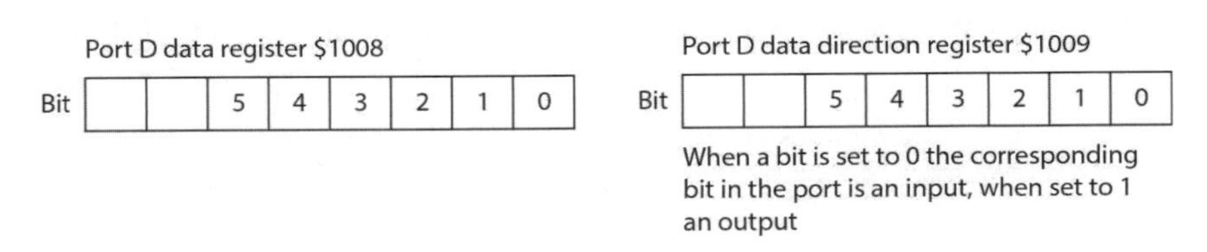

그림 10.15 포트 D 레지스터

5. 포트 E

포트 E는 8비트 입력전용(그림 10.16)으로 범용 입력 포트나 내부 아날로그-디지털 변환기(ADC)의 아날로그 입력으로 사용된다. 두 입력 VRH와 VRL은 ADC의 기준 전압이다. 포트 E 데이터 레지스터 주소는 $1002이다.

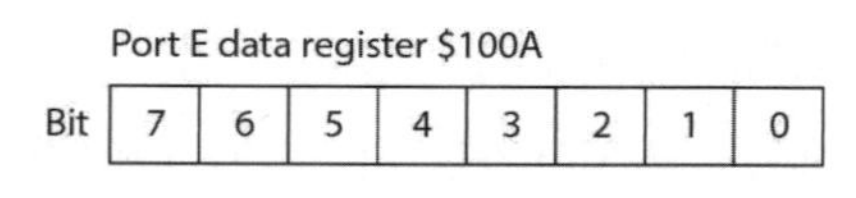

그림 10.16 포트 E 레지스터

68HC11은 내부 ADC를 갖고 있다. 이 포트의 비트 0에서 7까지는 아날로그 입력 핀이다. VRH, VLH 두 라인은 ADC에 사용되는 기준 전압을 제공한다. 상위 기준 전압 VRH는 VDD의 전압 5V보다 낮아서는 안 된다. 그리고 하위 기준 전압 VLH는 VSS의 전압 0V보다 낮아서는 안 된다. ADC는 사용 전에 가능 상태로 되어 있어야 한다. 이것은 OPTION 레지스터(그림 10.17)의 7번 비트인 ADPU(A/D power up)를 설정하면 된다. 비트 6은 ADC를 위한 클록 신호를 선택하는 데 사용된다. 전원을 켠 후 시스템 안정화를 위하여 최소 100의 시간지연이 필요하다.

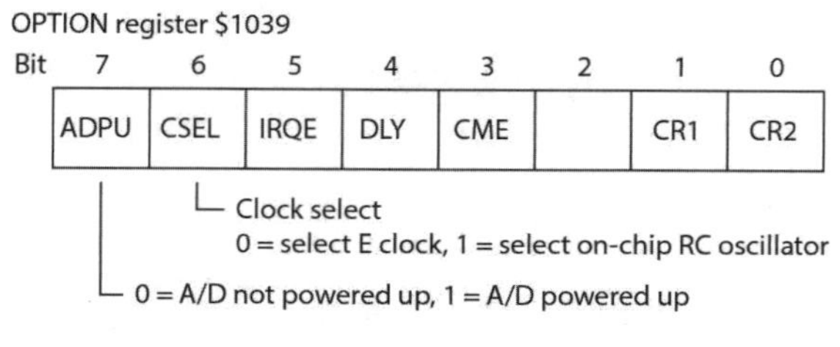

그림 10.17 OPTION 레지스터

아날로그-디지털 변환기는 전원을 켜고 안정화를 위한 지연 후에 A/D 제어/상태 레지스터(A/D control/status register: ADCTL)에 기록해서 초기화된다(그림 10.18). 이는 해당채널과 동작 모드를 선정하는 과정이다. 한 클록 주기 후에 연산이 가능하다. 예를 들어 만약 MULT 5 0으로 하여 단일 채널 모드가 선택되면 CD-CA 비트에 의해 선택된 채널에서 4개의 연속 A/D 변환이 발생한다. 연산의 결과는 A/D 결과 레지스터 ADR1-ADR4에 저장된다.

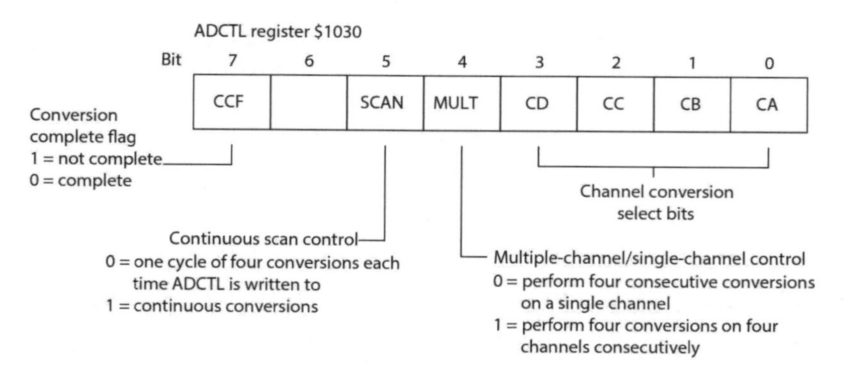

그림 10.18 ADCTL 레지스터(계속)

MULT = 0

CD	CC	CB	CA	Channel converted
0	0	0	0	PE0
0	0	0	1	PE1
0	0	1	0	PE2
0	0	1	1	PE3
0	1	0	0	PE4
0	1	0	1	PE5
0	1	1	0	PE6
0	1	1	1	PE7

MULT = 1

				A/D result register			
CD	CC	CB	CA	ADR1	ADR2	ADR3	ADR4
0	0	×	×	PE0	PE1	PE2	PE3
0	1	×	×	PE4	PE5	PE6	PE7

그림 10.18 ADCTL 레지스터

6. 모드(Modes)

두 개의 핀 MODA와 MODB는 마이크로컨트롤러를 다음의 4가지 모드로 사용하도록 제어한다.

MODB	MODA	모드(Modes)
0	1	특수 부트스트랩(Special Bootstrap)
0	1	특수 테스트(Special Test)
1	0	단일칩(Single Chip)
1	1	확장(Expanded)

단일 칩 모드에서 마이크로컨트롤러는 외부 클록과 리셋회로를 제외하고는 완전한 형태를 갖는다. 이 모드에서 마이크로컨트롤러는 어떤 응용에서는 기억장치 등의 자원을 충분히 사용하지 못하는 경우가 발생한다. 이 경우 만일 주소 개수를 증가시키려면 확장 모드를 사용한다. 이 확장 모드에서 포트 B와 C는 주소 및 데이터와 제어 버스를 제공한다. 포트 B는 상위 8개 주소에 대한 핀 기능을 하고, 포트 C는 멀티플렉스 데이터와 하위 주소 핀 기능을 한다. 한편, 부트스트랩 모드를 사용하면 MC68HC11 사용 시 특수 ROM에 특수 프로그램을 입력시킬 수 있다. 이 모드에서는 마이크로컨트롤러가 그 특수 프로그램을 불러와 사용한다. 특수 테스트

모드는 Motorola사에서 마이크로컨트롤러의 제조 시에 시험용으로 사용된다.

일단 한 모드가 정해지면 MODA 핀은 한 명령어의 실행시작을 결정하는 데 사용된다. 그리고 MODB 핀은 다른 기능으로서 외부 전원이 제거되었을 때 칩의 내부 RAM에 전원이 공급될 수 있는 수단을 제공한다.

7. 발진기 핀(Oscillator pins)

발진기 핀 XTAL과 EXTAL은 내부 발진기로의 접근에 사용된다. 그림 10.19는 사용되는 외부 회로 예를 보인다. E는 버스 클록이고 발진기 주파수의 1/4 위치에서 동작하며 외부 사건들(events)을 동기시키는 데 사용된다.

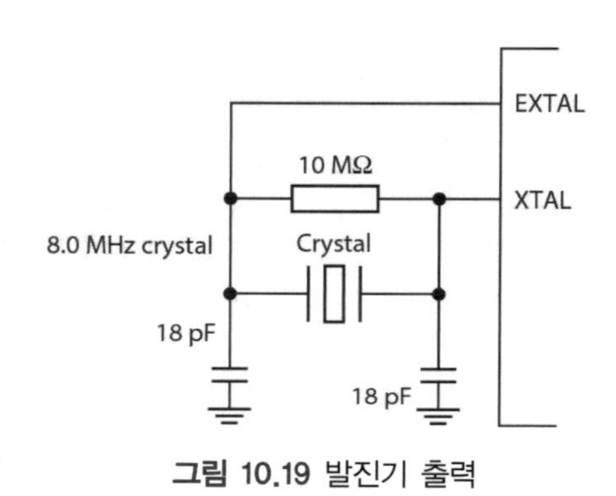

그림 10.19 발진기 출력

8. 인터럽트 제어기(Interrupt controller)

인터럽트 제어기는 마이크로컨트롤러의 프로그램에 인터럽트를 거는 역할을 한다(13.3.3절 참조). 인터럽트가 발생하면 CPU는 정상적으로 실행하고 있는 프로그램을 중단시키고, 그 인터럽트에 관계된 작업을 수행한다. 두 선 IRQ와 XIRQ는 인터럽트 신호의 외부 입력용으로 사용된다. RESET은 마이크로컨트롤러의 리셋신호로서 프로그램을 정상 가동시키는 데 사용된다. 핀의 상태는 내부적으로나 외부적으로 모두 설정이 가능하다. 리셋 조건이 감지되면 네 클록 사이클 동안 핀 신호는 로우로 설정된다. 이후에 두 사이클이 경과하여도 이 신호가 로우라면 외부 리셋신호가 발생된 것으로 간주된다. 전원 입력 V_{DD}에서 양으로의 부호변환이 감지되면 전원 켜짐(power-on) 리셋이 발생하고, 이 경우 4064 사이클에 해당하는 시간 지연이 발생한다. 만일 리셋 핀이 이 지연시간 후에도 로우라면 마이크로컨트롤러는 이신호가 하이로 변할 때까지 리셋상태를 유지한다.

9. 타이머(Timer)

M68HC11은 타이머 시스템을 갖추고 있다. 이 종류로는 프리러닝(free-running) 계수기, 5개의 출력비교 기능(output compare function), 외부 사건발생 시간을 포착하는 기능 그리고 실시간 주기적 인터럽트(real-time periodic interrupt)와 외부 사건용으로 펄스 누산기라 부르는 계수기 등이 있다. 프리러닝 계수기는 TCNT로 표시하고, 이는 16비트의 계수기로서 CPU가 리셋되면 0000부터 계수를 시작하여 이후 프로그램에 의해서는 리셋되지 않고 계속적으로 가동한다. 계수기 값은 필요할 때마다 읽을 수 있으며, 계수기의 입력신호는 시스템 버스 클록이다. 그리고 그 출력은 $1024 주소의 TMSK2 레지스터에 있는 PR0과 PR1비트를 0과 1로 세팅하면 스케일링되어 출력된다(그림 10.20 참조).

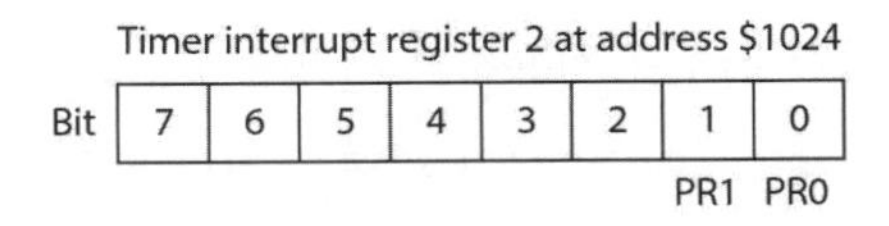

Prescale factors

PR1	PR0	Prescale factor	One count Bus frequency 2 MHz	1 MHz
0	0	1	0.5 ms	1 ms
0	1	4	2 ms	4 ms
1	0	8	4 ms	8 ms
1	1	16	8 ms	16 ms

그림 10.20 TMSK2 레지스터

한편, 출력비교 기능에서는 시간을 표시하는 타이머 계수 값이 어느 설정 값에 도달하면 출력이 발생하도록 타이머 계수기를 설정할 수 있다. 입력포착 시스템(input capture system)에서는 입력이 발생할 때의 계수기 값을 포착하여 정확한 입력발생 시간을 알 수 있도록 한다. 펄스 누산기는 사건 계수기로 동작될 수 있고 또한 외부 클록 펄스수를 세거나 게이트 시간 누산기로도 사용될 수 있다. 또한 계수기가 허용된 후부터 금지될 때까지의 특정 시간구간 동안 발생한 펄스 수를 세는 데에도 사용한다. 그림 10.12에 나타나 있는 펄스 계수기 제어 레지스터 PACTL은 $1026 주소에 있고, 이는 동작 모드를 선택하는 데 사용된다. PAEN 비트가 0이면 펄스 계수기가 금지되고 1이면 허용된다. 한편, PAMOD비트가 0이면 사건 계수기 모드(event counter mode)로, 1이면 게이트 시간 모드 (gated time mode)로 선택되는데, 사건 계수기 모드에서 PEDGE 비트가 0이면 펄스 누산기는 하강에지로 동작되고, 1이면 상승에지로 동작한다. 게이트 모드에서는 포트 A의 7번 비트가 0일 때, PEDGE 비트가 0이면 계수는 금지되고 1이면 허용된다. 반면에 이 모드에서 포트 A의 7번 비트가 1일 때, PEDGE 비트가 1이면 계수는 금지되고 0이면 허용된다.

10. COP

다른 타이머 기능인 컴퓨터 동작정상(Computer Operating Properly: COP)의 역할은 어떤 동작이 예정된 일정 시간 이상 경과해도 완료되지 않으면 그 동작을 중지시키고 시스템을 리셋시킨다(16.2절 참조). 이는 감시 타이머(watchdog timer)라고도 한다.

11. PWM

펄스 폭 변조(Pulse Width Modulation: PWM)는 직류 모터의 속도제어에 이용된다(3.6절과 9.5.3절 참조). 이는 사각 파형 신호를 사용하고 신호가 온(on)되어 있는 시간을 변화시켜 신호의 평균값을 변화시키도록 하는 것이다. 사각 파형은 마이크로컨트롤러에서 출력을 매 반주기에 오도록 배치하여 발생시킬 수 있다. 그러나 M68HC11의 일부 버전은 PWM 모듈을 구비하고 있어 이를 초기화시키고 허용시키면 PWM 파형을 자동으로 출력한다.

위에서 기술한 것과 같이 마이크로컨트롤러를 목적에 맞게 사용하려면, 이를 초기화시키고 각 레지스터의 비트들을 적절하게 맞추어야만 요구하는 바를 얻을 수 있다.

10.3.2 Intel 8051

유사한 마이크로컨트롤러 계열로서 Intel 8051이 있다. 그림 10.21은 이 마이크로컨트롤러의 핀 연결과 그 구조를 나타낸다. 8051에는 포트 0, 1, 2, 3의 4개의 병렬 입출력 포트 (parallel input/output ports)가 있다. 포트 0, 2, 3에는 다른 기능도 갖고 있다. 8051AH는 4 K ROM, 128바이트 RAM, 2개의 타이머 그리고 5개의 인터럽트 신호를 위한 인터럽트 제어를 갖고 있다.

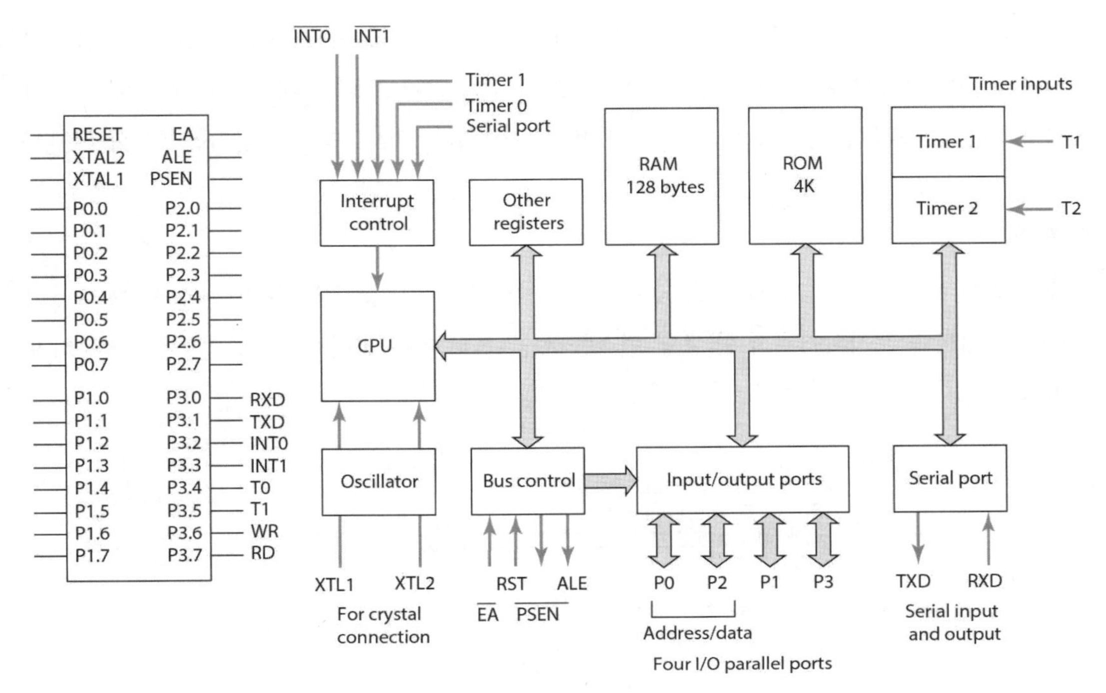

그림 10.21 Intel 8051

1. 입출력 포트

포트 0은 주소 80H에 있고 포트 1은 90H, 포트 2는 A0H 그리고 포트 3은 B0H에 있다(Intel 제품의 주소 뒤에 있는 H, h는 16진수를 의미함). 어떤 포트가 출력 포트로 사용될 때 데이터는 이에 해당하는 특수 기능 레지스터에 놓인다. 어떤 포트가 입력으로 사용될 때는 FFH값이 먼저 그곳에 기록되어야 한다. 모든 포트는 비트 주소화가 가능하다. 예를 들어 모터를 온-오프하는 데는 0번 포트의 6번째 비트를 사용하고 펌프를 온-오프하는 데는 7번째 비트를 사용할 수 있다.

포트 0은 입력 또는 출력 포트로 사용된다. 또는 외부 기억장치에 접근하기 위하여 다중 주소와 버스로 사용할 수 있다. 포트 1은 입력 또는 출력 포트로 사용된다. 포트 2도 입력 또는 출력 포트로 사용되든지 또는 외부 기억장치에 접근하기 위한 상위 주소 버스용으로도 사용된다. 포트 3은 입력 또는 출력 포트로 사용되며 특수용도의 입출력 포트로도 사용된다. 포트 3의 다른 기능으로서 인터럽트와 타이머 출력, 직렬포트 입력과 출력 그리고 외부 기억장치와의 인터페이스를 위한 제어 신호로 사용된다. RXD는 직렬 입력 포트, TXD는 직렬 출력 포트, INT0은 외부 인터럽트 0 그리고 INT1은 외부 인터럽트 1이다. T0은 타이머/계수기 0 외부 입력, T1은 타이머/계수기 1 외부 입력, WR은 외부 기억장치 쓰기 스트로브(external memory write strobe) 그리고 RD는 외부 기억장치 읽기 스트로브(external memory read strobe)이다. 여기서 스트로브는 특정 기능을 허용(enable) 또는 금지(disable)시키는 데 사용되는 연결을 나타낸다. 포트 0은 입출력 포트로 사용되거나 외부 기억장치를 접근하는 데 사용된다.

2. ALE

주소 래치 허용(Address Latch Enable: ALE) 핀은 외부 기억장치에 접근하는 동안 그 주소의 하위 바이트를 래치시키기 위한 출력 펄스를 제공한다. 이는 16비트의 주소를 사용 가능하게 한다. 그림 10.22는 이 ALE 사용 예를 나타낸다.

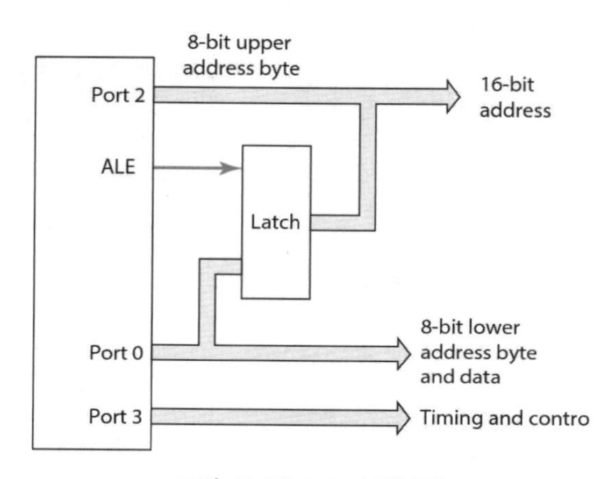

그림 10.22 ALE 사용방법

3. PSEN

프로그램 저장 허용(Program Store Enable: PSEN) 핀은 외부 프로그램 기억장치를 위한 읽기신호 핀으로, 0일 때 능동적(active)으로 된다. 이는 외부 ROM이나 EPROM의 출력 허용 핀과 연결된다.

4. EA

외부 접근(External Access: EA) 핀은 마이크로프로세서가 외부 프로그램 코드에 접근할 때만 로우이다. 하이이면 주소에 따라 내부 코드나 외부 코드를 자동으로 접근한다. 예를 들어 8051이 처음으로 리셋될 때 프로그램 계수기는 $0000에서 시작하고 EA가 로우에 묶여 있지 않다면 내부 코드 기억장치에 저장된 첫 번째 프로그램 명령을 가리킨다. 이때 CPU는 외부 코드 기억장치의 사용을 허용하기 위해 PSEN에 로우를 발생시킨다. 이 핀은 EPROM을 프로그램하기 위한 프로그래밍 입력 전원을 받기 위하여 EPROM이 있는 마이크로컨트롤러에 사용된다.

5. XTALI1, XTAL2

이는 수정 발진기나 외부 발진기를 위한 연결핀이다. 그림 10.23은 수정 발진기의 사용 예를 보여 준다. 가장 일반적으로 사용되는 수정 발진기 주파수는 12MHz이다.

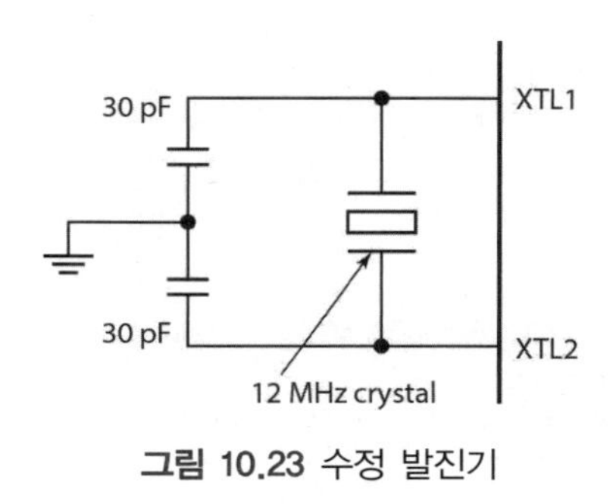

그림 10.23 수정 발진기

6. RESET

적어도 두 사이클 동안 이 핀이 하이 상태면 마이크로컨트롤러는 리셋되어 정상적인 동작을 수행한다.

7. 직렬 입출력(Serial input/output)

99H 주소에 있는 직렬 데이터 버퍼(SBUF)에 기록하면 전송을 위한 데이터가 로드된다. 즉, SBUF를 읽는 것은 받은 데이터에 접근하는 것이다. 98H 주소에 있는 비트 주소화 가능 직렬포트 제어 레지스터(serial port control register: SCON)는 다양한 모드의 연산을 제어하는 데 사용된다.

8. 타이밍(Timing)

89H 주소에 있는 타이머 모드 레지스터(TMOD)는 타이머 0이나 타이머 1을 위한 연산 모드를 준비하는 데 사용된다(그림 10.24). 이것은 한 항목으로 로드되고, 각각이 비트 주소화될 수 없다. 타이머 모드 레지스터(TCON, 그림 10.25)는 상태를 저장하고 타이머 0과 타이머 1을 위한 비트를 제어한다. 상위 4비트는 타이머를 켜고 끄거나 타이머 넘침을 나타내는 데 사용된다. 하위 4비트는 타이머와 관련이 없고, 외부 인터럽트를 감지하고 초기화시키는 데 사용된다. 각각의 타이머에 의해 계수되는 비트 신호는 C/T 비트에 의해 설정된다. 즉, 만약 비트가 로우

이면 입력신호는 시스템 클록을 12로 나눈 것이고, 반면에 하이이면 외부로부터 입력신호를 계산하도록 설정된다. 타이머는 TR0나 TR1을 1로 설정하여 시작되고 0으로 설정하면 정지된다. 타이머를 제어하는 다른 방법은 GATE를 1로 설정하는 것인데, 이 경우 마이크로컨트롤러에 있는 INT0이나 INT1 핀을 1로 가게 하는 것에 의해 타이머의 제어가 허용된다. 이런 방법으로 이런 핀들 중 하나에 연결되어 있는 외부장치에 의해 계수기 온-오프가 제어될 수 있다.

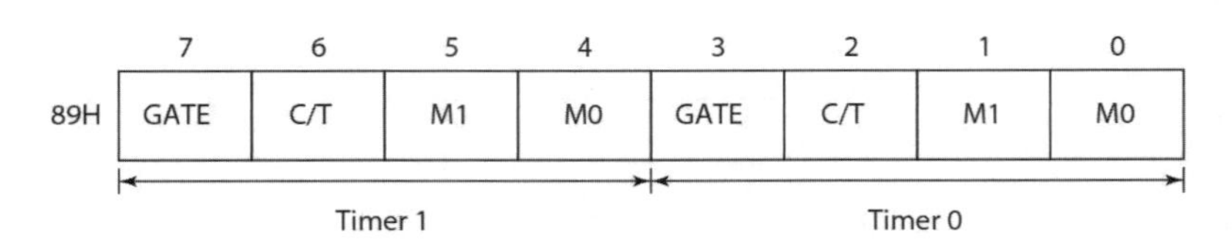

Gate: 0 = timer runs whenever TR0/TR1 set
1 = timer runs only when INT0/INT1 is high along with TR0/TR1

C/T: counter/timer select
0 = input from system clock, 1 = input from TX0/TX1

M0 and M1 set the mode

M1	M0	Mode	
0	0	0	13-bit counter, lower 5 bits of TL0 and all 8 bits of TH0
0	1	1	16-bit counter
1	0	2	8-bit auto-reload timer/counter
1	1	3	TL0 is an 8-bit timer/counter controlled by timer 0 control bits. TH0 is an 8-bit timer controlled by timer 1 control bits. Timer 1 is off

그림 10.24 TMOD 레지스터

	7	6	5	4	3	2	1	0
88H	TF1	TR1	TF0	TR0	IE1	IT1	IE0	IT0

TF0, TF1	Timer overflow flag; set by hardware when time overflows and cleared by hardware when the processor calls the interrupt routine
TR0, TR1	Timer run control bits: 1 = timer on, 0 = timer off
IE0, IE1	Interrupt edge flag set by hardware when external interrupt edge or low level detected and cleared when interrupt processed
IT0, IT1	Interrupt type set by software: 1 = falling-edge-triggered interrupt, 0 = low-level-triggered interrupt

그림 10.25 TCON 레지스터

9. 인터럽트(Interrupts)

인터럽트에 의해 프로그램은 기억장치의 특정 주소에 있는 서브루틴을 강제로 호출한다. 이 인터럽트는 A8H 주소에 있는 인터럽트 가능 레지스터(IE)에 기록하면 허용된다(그림 10.26).

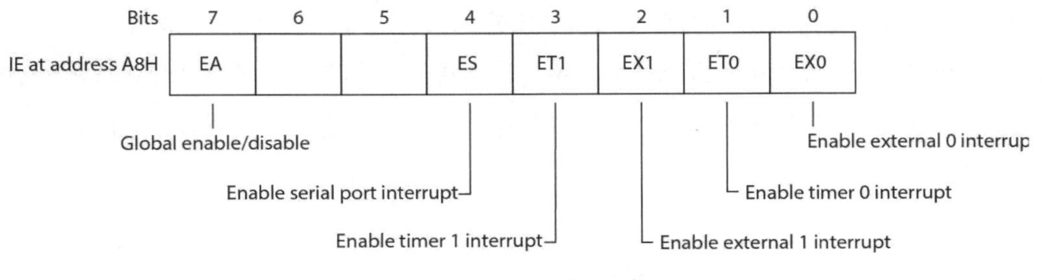

그림 10.26 IE 레지스터

특수기능 레지스터(special function register)라는 용어는 입출력 레지스터에 사용된다(그림 10.27). 그리고 이것은 80에서 FF 주소에 있다. 누산기 A(ACC)는 데이터 연산을 위해 사용하는 주 레지스터이다. B 레지스터는 곱셈과 나눗셈에 사용된다. P0에서 P3은 포트 0에서 포트3용 래치 레지스터이다.

8D	TH1	F0	B
8C	TH0	E0	ACC
8B	TL1	D0	PSW
8A	TL0	B8	IP
89	TMOD	B0	P3
88	TCON	A8	IE
87	PCON	A0	P2
83	DPH	99	SBUF
82	DPL	98	SCON
81	SP	90	P1
80	P0		

그림 10.27 레지스터들

10.3.3 마이크로칩(Microchip^{TM}) 마이크로컨트롤러

다른 종류의 8비트 마이크로컨트롤러 계열로서 마이크로칩(Microchip^{TM})이 널리 사용된다. 여기서 PIC는 주변장치 인터페이스 제어기(Peripheral Interface Controller)의 약자로서 단일칩 마이크로컨트롤러용으로 사용된다. 이것들은 **하바드 구조**(Harvard architecture)라 불리는 형태의 구조를 사용한다. 이런 구조에서 명령어들을 버스를 통하여 프로그램 기억장치로부터 가져오는데, 여기서 이 버스는 변수들을 접근하는 데 사용되는 버스들과는 구분된다(그림 10.28). 본 장에서 언급되는 다른 마이크로컨트롤러들에서는 별개의 버스들이 사용되지 않으므로, 프로그램 데이터를 가져오려면 기억장치에서 다음 명령어를 가져오기 전에 변수를 읽거나 쓰는 것 또는 입출력 연산이 끝나기를 기다려야 한다. 반면에 이 하바드 구조에서 기다릴 필요

없이 매 주기에서 명령어를 가져올 수 있고, 또한 각각의 명령어는 이를 가져온 다음 그 주기 동안 실행된다. 따라서 하바드 구조에서는 주어진 클록 주파수에서 더 빠른 실행속도를 가진다. 그림 10.29는 PIC16C74A 마이크로컨트롤러의 한 버전의 핀 연결을 나타내고, 그림 10.30은 그 구조이다.

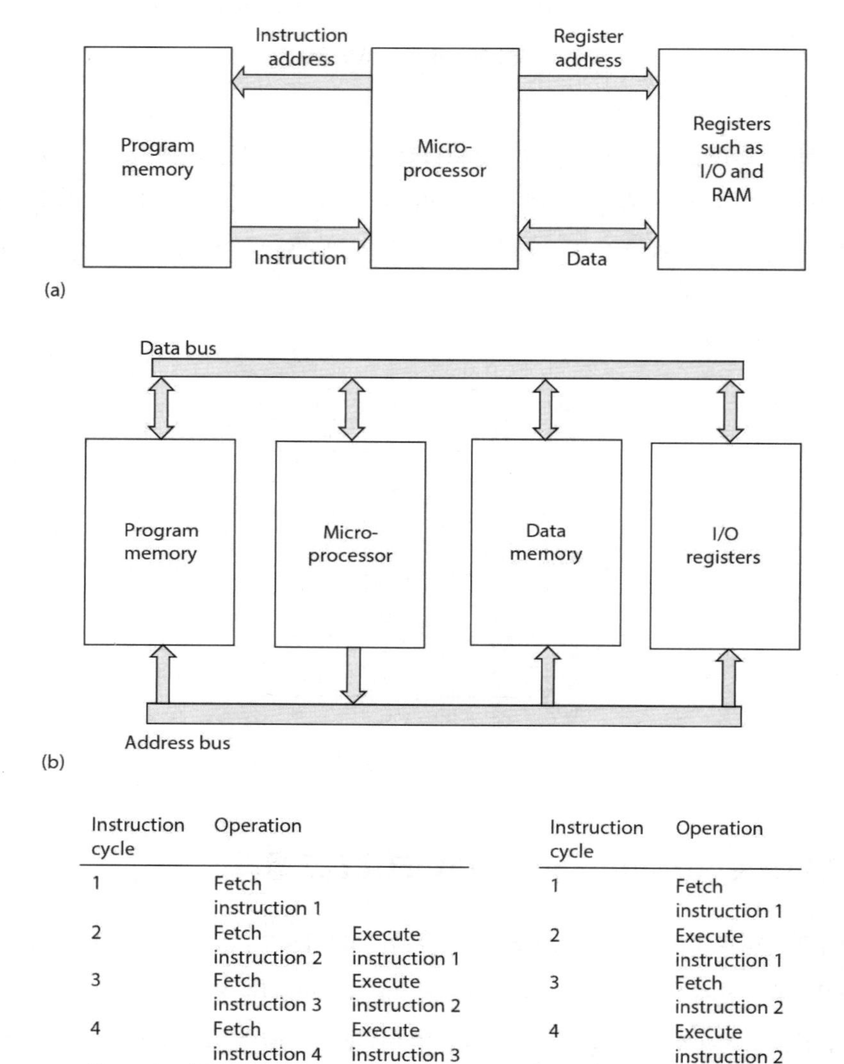

그림 10.28 하바드 구조(Harvard architecture)

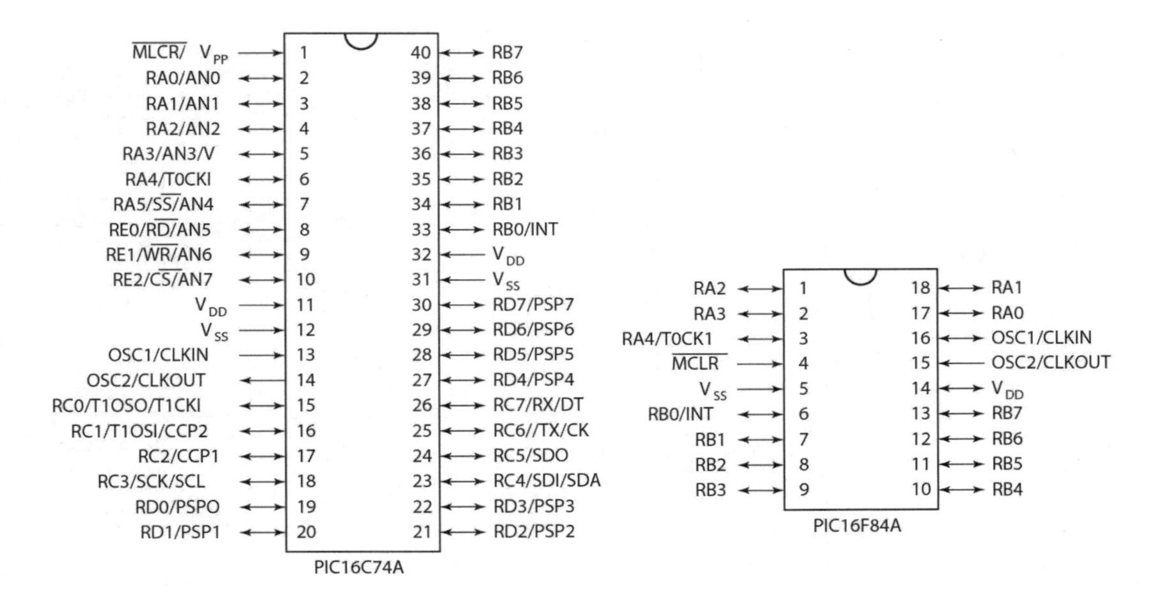

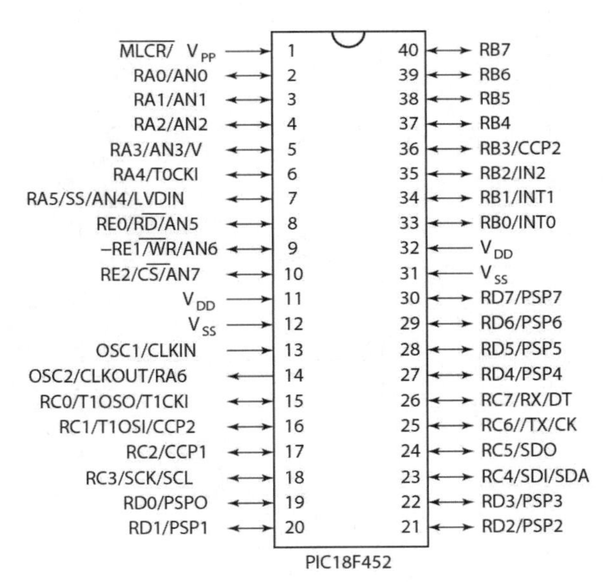

그림 10.29 PIC 핀 선도

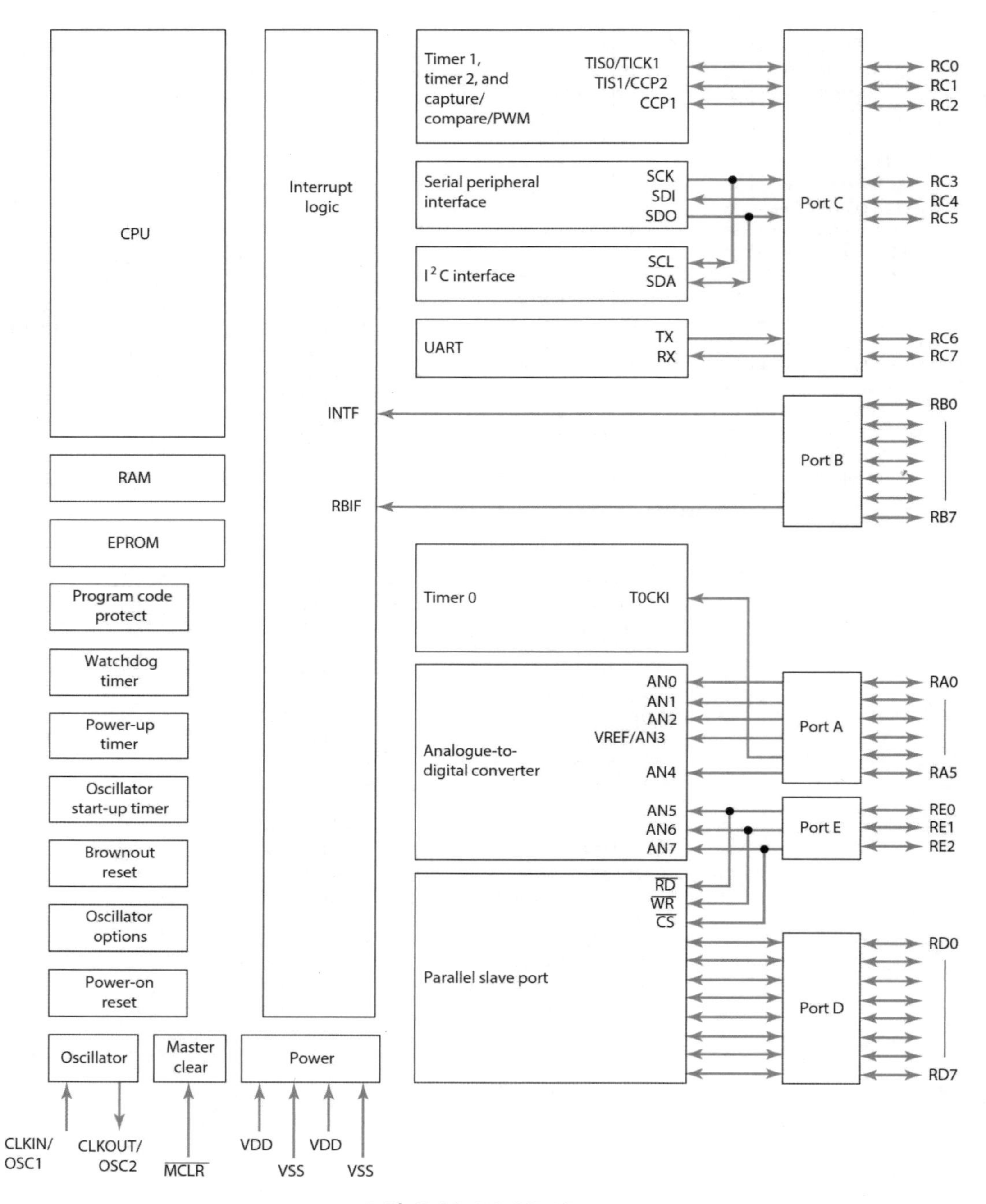

그림 10.30 PIC16C74/74A

마이크로컨트롤러의 기본적인 특징들은 다음과 같다.

1. 입출력 포트(Input/output ports)

핀 2, 3, 4, 5, 6, 7은 양방향 입출력 포트 A용이다. 다른 양방향 포트에서와 마찬가지로 신호는 포트 레지스터를 통해서 읽혀지거나 기록된다. 신호의 방향은 TRIS 방향 레지스터에 의해 제어된다. 즉, 각 포트에 대한 TRIS 레지스터가 있다. TRIS는 읽을 때는 1, 기록할 때는 0의 값을 갖는다(그림 10.31).

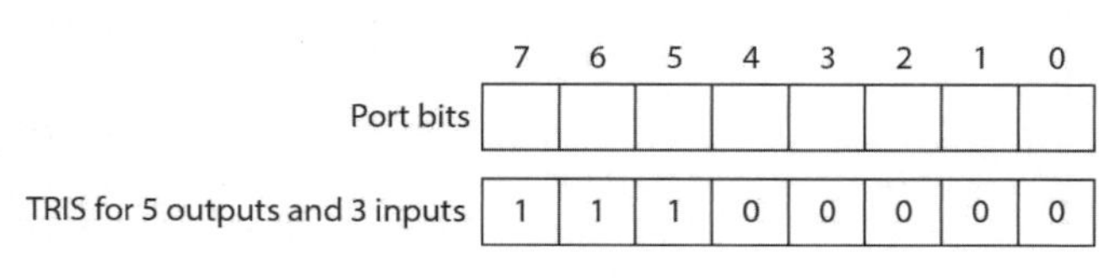

그림 10.31 포트 방향

핀 2, 3, 4, 5는 아날로그 입력에도 사용되고, 핀 6은 타이머 0에 대한 클록 입력으로 사용된다. 핀 7은 동기 직렬포트용 슬레이브 선택으로도 사용된다(이 장의 뒷부분을 참조하라).

핀 33에서 40까지는 양방향 입출력 포트 B이고, 신호의 방향은 이에 해당하는 TRIS 방향 레지스터에 의해 제어된다. 핀 33은 외부 인터럽트 핀으로도 사용된다. 핀 37, 38, 39, 40은 변경 핀(change pin)의 인터럽트로도 사용된다. 핀 39는 직렬 프로그래밍 클록이고, 핀 40은 직렬 프로그래밍 데이터로도 사용한다.

핀 15, 16, 17, 18, 23, 24, 25, 26은 양방향 입출력 포트 C용이다. 신호의 방향은 이에 해당하는 TRIS 방향 레지스터에 의해 제어된다. 핀 15는 타이머 1의 출력 또는 타이머 1의 클록 입력용으로도 사용된다. 핀 16은 타이머 1 발진기 입력이나 포착 2(Capture 2) 입력/비교 2(Compare 2) 출력/PWM 2 출력으로도 사용된다.

핀 19, 20, 21, 22, 27, 28, 29, 30은 양방향 입출력 포트용이다. 신호의 방향은 이에 해당하는 TRIS 방향 레지스터에 의해 제어된다.

핀 8, 9, 10은 양방향 입출력 포트 E용이다. 신호의 방향은 해당 TRIS 방향 레지스터에 의해 제어된다. 핀 8은 병렬 슬레이브 포트 또는 아날로그 입력 5용의 읽기 제어로도 사용된다. 병렬 슬레이브 포트는 PC 인터페이스 회로설계를 쉽게 하기 위한 것이다. 즉, 사용 중일 때 포트 D, E의 핀들은 이 동작을 위해서만 사용된다.

2. 아날로그 입력(Analog inputs)

포트 A의 핀 2, 3, 4, 5, 7과 포트 E의 8, 9, 10은 아날로그 입력용으로도 사용되고, 이 신호들은 내부 ADC로 공급된다. 포트 A용 레지스터 ADCON1과 TRISA(포트 E용 TRISE)는 변환 및 입력용으로 채널을 선택하기 위한 기준 전압을 선택하기 위해 초기화되어야 한다. 그리고 ADCON0은 아래에 나타나 있는 대로 설정하여 초기화시켜야 한다.

ADCON0 bits			For analog input on
5	4	3	
0	0	0	PortA, bit0
0	0	1	PortA, bit1
0	1	0	PortA, bit2
0	1	1	PortA, bit3
1	0	0	PortA, bit5
1	0	1	PortE, bit0
1	1	0	PortE, bit1
1	1	1	PortE, bit2

3. 타이머(Timer)

마이크로컨트롤러는 타이머 0, 1, 2의 3개의 타이머를 가진다. 타이머 0은 읽혀지거나 기록될 수 있고 필요한 이벤트가 발생했을 때 인터럽트를 발생키는 외부 신호변환을 계수하는 데 사용되는 8비트 계수기이다. 계수기 입력은 내부나 외부 버스 클록 신호이고, 이는 옵션 레지스터에 있는 TOCS 비트에 의해 만들어진다(그림 10.32).

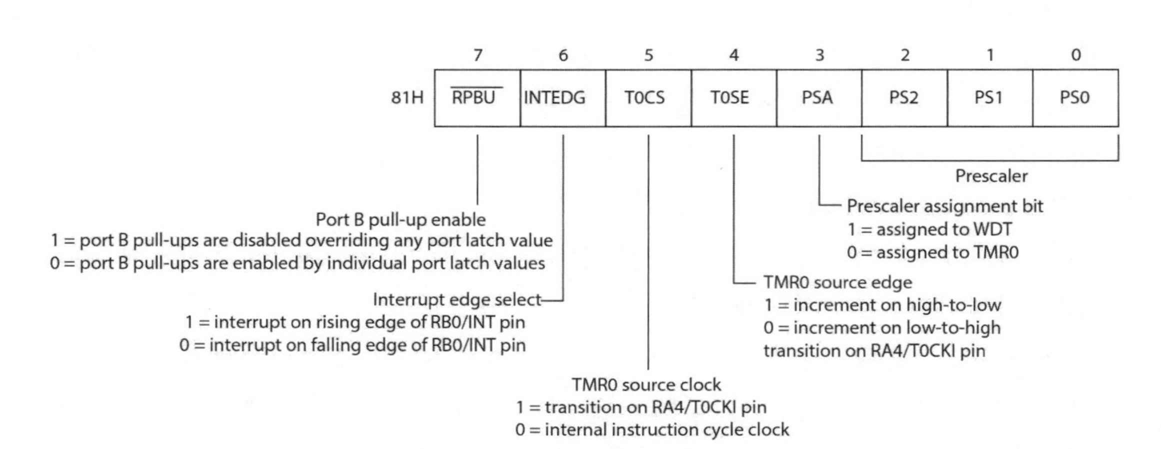

그림 10.32 OPTION 레지스터

만약 프리스케일러가 선택되지 않았다면 매번 두 번의 입력 신호 주기 후에 계수가 증가한다. 프리스케일러는 어느 고정된 클록 주기마다 신호들이 계수기로 입력되게 하는 역할을 수행한다. 아래는 가능한 크기조정 비율을 나타낸다. 여기서 WDT는 감지 타이머가 사용 가능할 때 결정되는 비율(scaling factor)을 의미한다. 즉, 연산이 일정한 시간 내에 완료되지 않을 때 시스템을 리셋하고 정지하는 데 사용되는데, 디폴트는 18ms이다.

타이머 1은 타이머 중에서 가장 다양하게 사용되는데, 이는 입력 핀에 걸리는 신호 변환점 간의 시간을 모니터하거나 출력 핀 상의 변환점 시간을 정확하게 조정하는 데 사용된다. 포착 또는 비교 모드로 사용 시에 마이크로컨트롤러는 핀 17에 걸리는 출력 타이밍을 조정할 수 있다.

타이머 2는 펄스 폭 변조(Pulse Width Modulation: PWM) 출력의 펄스 폭 주기를 제어하는 데 사용된다. PWM 출력은 핀 16, 17에 걸린다.

4. 직렬 입출력(Serial input/output)

PIC 마이크로컨트롤러는 동기식 직렬 포트(Synchronous Serial Port: SSP) 모듈과 직렬통신 인터페이스(Serial Communication Interface: SCI) 모듈을 포함한다. 핀 18은 SPI 직렬 주변 장치 인터페이스 모드와 I2C 모드를 위한 동기화된 직렬 클록 입력이나 출력 대체 기능을 갖는다. I2C 버스는 두 와이어를 갖는 양방향 인터페이스로서, 이는 다른 칩들의 영역에 함께 사용될 수 있다. 즉, 이 버스는 마스터 마이크로컨트롤러와 슬레이브 마이크로컨트롤러를 연결하는 데에 사용될 수 있다. 다용도 동기식 송수신기(universal asynchronous receiver transmitter)는 개인용 컴퓨터에 직렬 인터페이스 기능을 만들어내는 데 사용된다.

5. 병렬 슬레이브 포트(Parallel slave port)

병렬 슬레이브 포트는 포트 D와 E를 사용하는데, 이는 마이크로컨트롤러와 PC 간의 인터페이스를 가능하게 한다.

6. 수정 입력(Crystal input)

핀 13은 수정 발진기 입력이나 외부 클록 신호 입력용이다. 핀 14는 수정 발진기 출력용이다. 그림 10.33(a)는 정확한 주파수 제어를 위해 사용될 수 있는 배열을 나타낸다. 그림 10.33(b)는 주파수 제어를 위해 사용되는 저가격의 배열을 보인다. 여기서 4 MHz의 주파수에서 $R=4.7\text{k}\Omega$, C=33pF이고, 내부 클록 주파수는 발진기 주파수의 1/4이다.

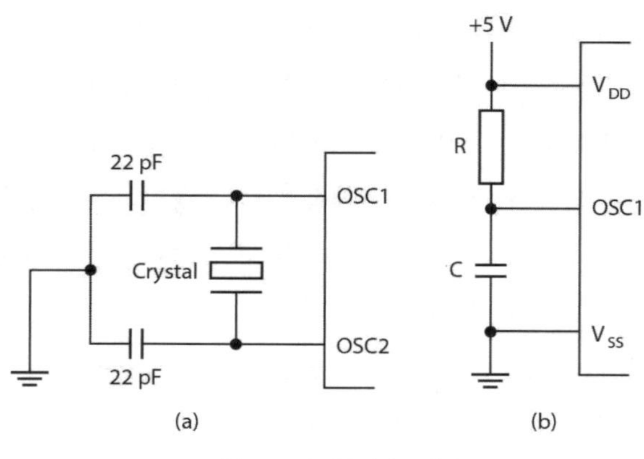

그림 10.33 주파수 제어

7. 마스터 클리어와 리셋(Master clear and resets)

핀 1은 마스터 클리어 MCLR로서 리셋 입력이고, 원할 때 장치를 리셋시켜 정상적으로 가동시키 위하여 로우 값을 가져야 한다. V_{DD} 전압 상승이 감지되면 정해진 시간 지연(time-out delay)을 제공하여 프로세서를 리셋 상태로 유지하기 위한 전원 켜짐 리셋(power-on-reset: POR) 펄스가 발생된다. 만일 V_{DD} 전압이 어느 일정시간동안 정해진 전압보다 낮게 내려간다면 브라운아웃 리셋(brownout reset)이 활성화된다. 다른 방법으로서 감시 타이머(watchdog timer)가 사용되는데, 이 타이머는 만일 정해진 시간 내에 정상적으로 동작이 종료되지 않으면 마이크로프로세서를 리셋시킨다.

그림 10.34에 나타나 있는 **특수목적용 레지스터(special-purpose resisters)**는 위에서 예를 든 덕와 같이 입출력 제어용으로 사용된다. PIC16C73/74용 이 레지스터는 두 개의 뱅크로 배열되어 있고, 어느 한 특정 레지스터가 선택되기 전에 이 뱅크는 상태 레지스터의 한 비트를 설정(그림 10.35)함으로써 선택되어야 한다.

File address	Bank 0	Bank 1	File address
00h	INDF	INDF	80h
01h	TMR0	OPTION	81h
02h	PCL	PCL	82h
03h	STATUS	STATUS	83h
04h	FSR	FSR	84h
05h	PORTA	TRISA	85h
06h	PORTB	TRISB	86h
07h	PORTC	TRISC	87h
08h	PORTD	TRISD	88h
09h	PORTE	TRISE	89h
0Ah	PCLATH	PCLATH	8Ah
0Bh	INTCON	INTCON	8Bh
0Ch	PIR1	PIE1	8Ch
0Dh	PIR2	PIE2	8Dh
0Eh	TMR1L	PCON	8Eh
0Fh	TMR1H		8Fh
10h	T1CON		90h
11h	TMR2		91h
12h	T2CON	PR2	92h
13h	SSPBUF	SSPADD	93h
14h	SSPCON	SSPSTAT	94h
15h	CCPR1L		95h
16h	CCPR1H		96h
17h	CCP1CON		97h
18h	RCSTA	TXSTA	98h
19h	TXREG	SPBRG	99h
1Ah	RCREG		9Ah
1Bh	CCPR2L		9Bh
1Ch	CCPR2H		9Ch
1Dh	CCPR2CON		9Dh
1Eh	ADRES		9Eh
1Fh	ADCON0	ADCON1	9Fh
20h 7Fh	General-purpose registers	General-purpose registers	A0h FFh

그림 10.34 특수목적용 레지스터

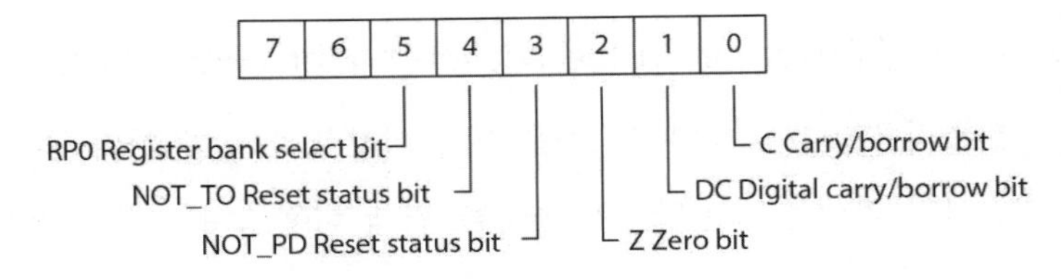

그림 10.35 STATUS 레지스터

10.3.4 Atmel AVR 마이크로컨트롤러와 Arduino

Atmel AVR은 광범위한 마이크로컨트롤러를 구비하고 있으며, 이는 프로그램과 데이터를 각각 다른 메모리 장소에 저장하는 Harvard 구조를 갖는다. Arduino는 작은 마이크로컨트롤러 보드로서, 이는 제어 목적을 위하여 마이크로컨트롤러를 사용하기 쉽도록 설계되어져 있는 보조요소이다. 기본 보드인 Arduino UNO Revision 3은 8비트 마이크로컨트롤러인 Atmega328을 사용한다. 이 마이크로컨트롤러는 메모리시스템, 입출력 포트, 타이머/카운터, 펄스폭 변조(pulse width modulation), ADC, 인터럽트 시스템 그리고 직렬통신으로 구성된다.

Arduino 보드는 여러 공급자로부터 미리 조립되어 있는 채로 구입이 가능하다. 이 보드는 USB(universal serial bus) 플러그를 이용하여 컴퓨터에 직접 연결할 수 있고, 또한 여러 개의 연결 소켓을 이용하여 모터, 릴레이등과 같은 외부 기기와도 연결할 수 있다. 이 보드는 외부 전원공급장치, 예를 들어 9V 건전지나 컴퓨터에 연결된 USB에 의해 전원을 공급받을 수 있다. 부트로더(boot loader)는 온보드 마이크로컨트롤러 칩 내에 프로그램되며, 이를 이용하여 프로그램들을 마이크로컨트롤러의 기억장치에 직접 업로드시킬수 있다. 기본 보드외에 부속보드로는 쉴드보드라 부르는 LCD 표시보드와 같은 억세스보드와 모터보드 그리고 이더넷보드가 있으며, 이들은 기본 Arduino보드 상부에 있는 보드 핀 헤더에 플러그인 된다. 또한 여러개의 쉴드보드들은 층으로 쌓을 수 있다.

이 보드는 **공개 소스**(open source)로서, 이는 누구나 Arduino 호환 보드를 만들 수 있음을 의미한다. 스타터 킷(starter kit)도 사용이 가능하며, 이는 Arduino 보드, 컴퓨터에 의해 보드에 프로그램할 수 있는 USB 케이블, 와이어를 이용한 외부 회로를 구성할 수 있는 브레드보드(breadboard) 그리고 통상적으로 사용되는 전기소자인 저항, 광저항(photoresistor), 전위차계(potentiometer), 커패시터, 누름버튼, 온도 센서, LCD 표시기, LED, DC 모터, H회로 모터 드라이버, 옵토커플러(optocoupler), 저항, 다이오드 등을 포함한다.

그림 10.36은 Arduino UNO Revision 3 보드의 기본 요소를 나타내며, 그 구성은 다음과 같다.

1. 전원 커텍터의 리셋 핀(Reset pin in the section power connectors)

   이는 마이크로컨트롤러를 리셋시켜 프로그램을 새로 시작할 수 있게 한다. 이 핀을 잠시 로우 상태인 0V로 세트시켜 리셋을 행한다. 이 동작을 위해 리셋 스위치를 사용할 수 있다.

2. 전원커넥터의 다른 핀들(Other pins in the power connectors)

   이 핀들은 3.5V, 5V, GND, 9V와 같이 여러 전압을 제공한다.

3. 아날로그 입력(Analog inputs)

이는 A0에서 A5까지 표시되어 있고, 전압 신호를 감지하는 데 사용된다.

4. 디지털 연결(Digital connections)

이는 Digital 0에서 13까지 표시되어 있고, 입력이나 출력용으로 사용된다. 처음 두 개는 또한 RX 및 TX로 표시되어 있으며 이는 각각 통신신호를 받거나 주는 데 사용된다.

5. USB 커넥터(USB connector)

이는 보드와 컴퓨터를 연결하는 데 사용된다.

6. 직렬 프로그래밍 커넥터(Serial programming connector)

이를 이용하여 USB 포트를 사용하지 않고 Arduino를 프로그래밍할 수 있다.

7. LED들

이 보드에는 3개의 LED가 있는데, 하나는 직렬 송신(TX)을, 다른 하나는 직렬 수신(TX)을 표시하며 나머지 하나는 프로젝트용 여유분이다.

8. 전원공급 커넥터(Power supply connector)

보드의 좌하단 구석에 있는 커넥터를 통하여 외부 전원공급기를 연결할 수 있다. 한편, 보드가 컴퓨터에 연결되어 있으면 USB 포트를 통하여 전원을 가할 수 있다.

9. 마이크로컨트롤러(Microcontroller)

마이크로컨트롤러 ATmega328은 부트로더가 미리 내장되어 있으므로 외부 하드웨어 프로그램장치를 사용하지 않고도 새로운 프로그램 코드를 업로드할 수 있다.

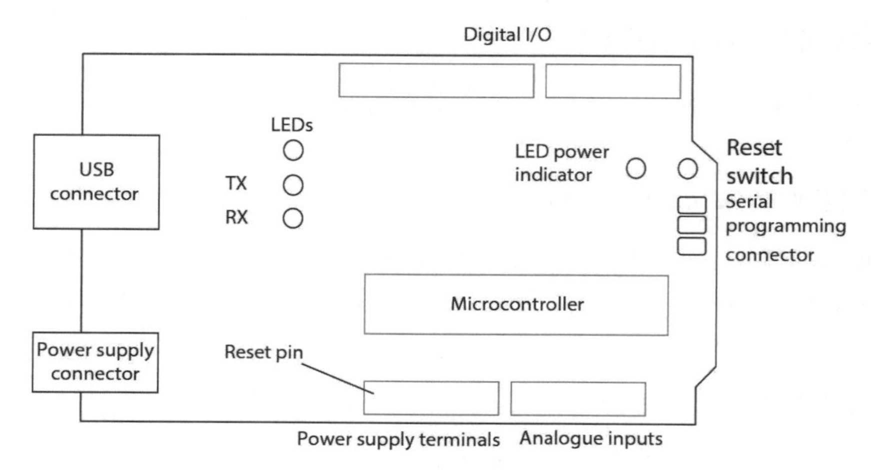

그림 10.36 보드 Arduino UNO Revision 3의 기본 요소

Arduino 보드에는 구입 시 샘플 프로그램이 미리 내장되어 있으며, 이는 보드에 있는 LED를 켜는 데 사용된다. 프로그램을 시작하기 위해서는 전원공급기가 필요한데, 이는 컴퓨터의 USB 포트와 연결하면 된다. 전원이 들어가면 LED가 동작되어 보드가 작동되고 있음을 표시한다. Ardunino 보드용 스케치라고 하는 새로운 소프트웨어를 설치하기 위해서는 Arduino 소프트웨어를 설치하고 컴퓨터의 USB 드라이버를 로드한다. 이를 수행하기 위한 명령어 및 소프트웨어는 Arduino 웹사이트(www.arduino.cc)에서 찾을 수 있다. 이 소프트웨어가 설치되면 다른 프로그램을 업로드시킬 수 있다.

10.3.5 마이크로컨트롤러의 선정

마이크로컨트롤러를 선정하는 데에는 다음과 같은 사항을 고려해야 한다.

1. 입출력 핀 개수(Number of input/output pins)

원하는 작업에 필요한 입출력 핀은 몇 개인가?

2. 필요한 인터페이스(Interface required)

어떠한 인터페이스가 필요한가? 예를 들어 PWM이 필요한가? 다수의 마이크로컨트롤러는 PWM 출력을 구비하고 있다. 예를 들어 PIC17C42는 2개의 PWM 출력을 갖고 있다.

3. 기억장치 요구 사양(Memory requirements)

원하는 작업에 필요한 기억장치 크기는 얼마인가?

4. 필요한 인터럽트 개수(The number of interrupts required)

얼마나 많은 사건이 인터럽트를 필요로 하는가?

5. 필요한 처리속도(Processing speed required)

마이크로프로세서는 명령어를 실행하는 데 시간이 걸린다(11.2.2절 참조). 이는 프로세서 클록에 의해서 결정된다.

상용화되어 있는 마이크로프로세서의 예로서 표 10.1은 M68HC11 계열, 표 10.2는 PIC16Cxx 계열, 표 10.3은 M68HC11 계열에 대한 규격을 나타낸다.

표 10.1 Intel 8051 계열 규격

	ROM	EPROM	RAM	Timers	I/O ports	Interrupts
8031AH	0	0	128	2	4	5
8051AH	4K	0	128	2	4	5
8052AH	8K	0	256	3	4	6
8751H	0	4K	128	2	4	5

표 10.2 PIC16C 계열 규격

	I/O	EPROM	RAM	ADC channels	USART	CCP modules
PIC16C62A	22	2K	128	0	0	1
PIC16C63	22	4K	192	0	1	2
PIC16C64A	33	2K	128	0	0	1
PIC16C65A	33	4K	192	0	1	2
PIC16C72	22	2K	128	5	0	1
PIC16C73A	22	4K	192	5	1	2
PIC16C74A	33	4K	192	8	1	3

표 10.3 M68HC11 계열 규격

	ROM	EEPROM	RAM	ADC	Time	PWM	I/O	Serial	E-clock MHz
68HC11A0	0	0	256	8 ch., 8-bit	(1)	0	22	SCI, SPI	2
68HC11A1	0	512	256	8 ch., 8-bit	(1)	0	22	SCI, SPI	2
68HC11A7	8K	0	256	8 ch., 8-bit	(1)	0	38	SCI, SPI	3
68HC11A8	8K	512	256	8 ch., 8-bit	(1)	0	38	SCI, SPI	3
68HC11C0	0	512	256	4 ch., 4-bit	(2)	2 ch., 8-bit	36	SCI, SPI	2
68HC11D0	0	0	192	None	(2)	0	14	SCI, SPI	2

10.4 응 용

다음의 두 가지 예는 마이크로컨트롤러가 어떻게 사용되고 있는지를 보여 준다. 보다 많은 사례 연구는 24장을 참조하라.

10.4.1 온도측정 시스템

마이크로컨트롤러의 사용에 관한 간단한 예로서, 그림 10.37은 MC68HC11을 이용한 온도측정 시스템의 주요 구성을 보인다. 온도 센서는 온도에 비례하는 전압 신호를 출력한다(예로서 서모트랜지스터 LM35 등: 2.9.4절 참조). 온도 센서 출력은 마이크로컨트롤러의 ADC 입력과 연결되어 있다. 마이크로컨트롤러는 온도를 BCD 출력으로 변환하도록 프로그램되어 있고, BCD 출력은 2자리의 세븐 세그먼트 표시장치의 각 요소들을 온(on)시키도록 사용된다. 한편, 순간적인 온도 변화가 심하기 때문에 표시장치가 온도를 읽는 데 충분한 시간을 갖도록 하기 위해 저장 레지스터를 사용해야 한다. 저장 레지스터로는 74HCT273을 사용하는데 이는 8진수의 D형 플립플롭으로서, 마이크로컨트롤러의 다음 클록 입력의 상승에지에 의해서 리셋된다.

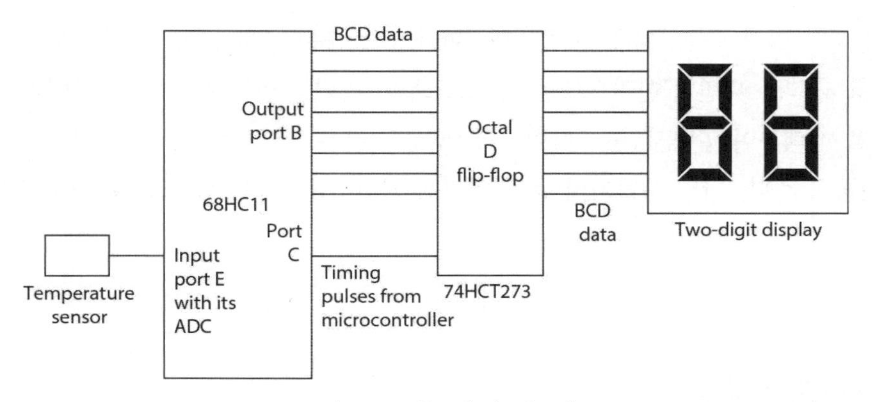

그림 10.37 온도측정 시스템

10.4.2 가정용 세탁기

그림 10.38은 마이크로컨트롤러가 세탁기용 제어기로 어떻게 사용되고 있는가를 보인다. 사용된 마이크로컨트롤러는 Motorola M68HC05B6이고 본 장에서 설명한 Motorola M68HC11보다 싸고 염가형 응용 시스템에 널리 이용된다.

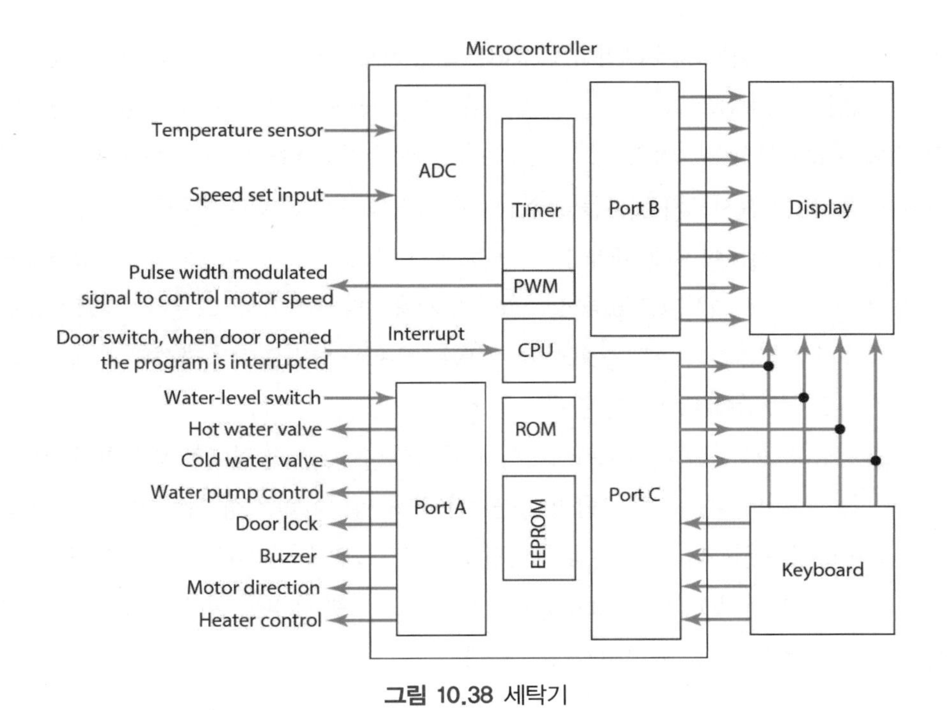

그림 10.38 세탁기

물 온도 센서와 모터 속도 센서 입력은 ADC 입력포트에 연결된다. 포트 A는 세탁기를 제어하는 데 사용하는 여러 구동장치용 출력을 제공한다. 포트 B는 표시장치용 출력을 낸다. 포트 C는 표시장치용 출력을 내면서 한편으로는 키보드로부터 입력을 받는다. 키보드는 여러 가지 세탁 프로그램을 선택하여 입력시킨다. 타이머의 PWM 부분은 모터 속도를 제어하는 펄스 폭 변조 신호를 만들어 준다. 만일 세탁기의 문이 열리게 되면 모든 세탁 프로그램은 인터럽트를 받게 되어 정지한다.

10.5 프로그래밍

일반적으로 다음과 같은 수순을 거쳐서 프로그램을 개발한다.

1. 문제를 정의하고, 프로그램이 수행할 기능을 명확하게 정의한다. 또한 입력, 출력, 동작속도에 관계된 구속조건들, 정밀도, 기억장치 크기를 명확하게 정한다.
2. 사용될 알고리즘을 정의한다. **알고리즘(algorithm)**은 문제를 해결하기 위한 일련의 스텝들을 의미한다.
3. 가능한 적은 명령어를 사용하려면 알고리즘을 **순서도(flow chart)**로 표현하는 것이 도움이 된다. 그림 10.39(a)는 순서도 준비에 사용되는 기본적인 기호를 보여 준다. 알고리즘의 각 스텝은 1개 이상의 기호로 표현되며 프로그램 순서를 나타내기 위해 선으로 연결한다. 그림 10.39(b)는 순서도의 일부를 보인다. 이 그림을 보면 프로그램 시작 후 동작 A 다음에 질의가 참이냐 거짓이냐에 따라 동작 B 또는 동작 C로의 분기점을 볼 수 있다. 또 다른 프로그램 방법으로 **의사코드(pseudocodes)**가 사용된다. 이 의사코드는 고급 프로그램 언어와 유사하게 알고리즘의 스텝을 표현할 수 있는 유용한 방법으로서 작성된 후에는 프로그램으로 변환될 수 있다(10.5.1절 참조).
4. 순서도와 알고리즘을 마이크로프로세서가 수행할 수 있는 명령어로 변환한다. 이 작업은 기계어나 C 언어와 같은 프로그램 언어를 이용하여 명령어를 작성하는 것이다. 그리고 작성된 명령어를 수작업이나 또는 어셈블러 컴퓨터 프로그램을 이용하여 기계 코드로 변환한다.
5. 프로그램을 시험하고 **디버깅(debugging)**한다. 프로그램 에러는 버그(bugs)라 부르고 이들을 찾아 제거하는 작업을 디버깅이라 한다.

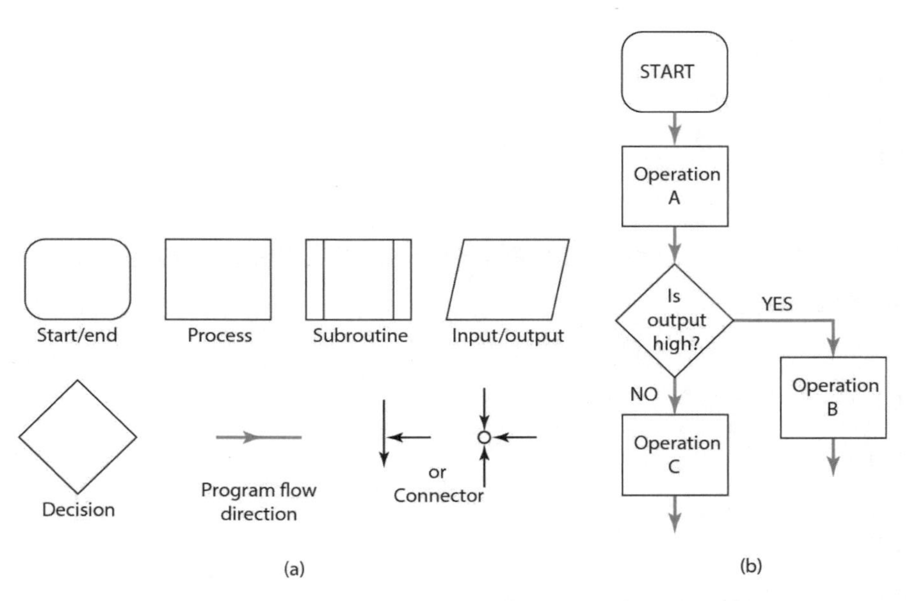

그림 10.39 순서도(Flow chart): (a) 기호(symbols), (b) 예(example)

10.5.1 의사코드(Pseudocode)

의사코드는 순서도를 그리는 것과 유사한데, 이는 프로그램 작성을 결정요소(decision element)인 IF-THEN-ELSE와 반복요소(repetition element)인 WHILE-DO를 이용하여 필요한 기능과 동작의 순서로 표현하는 것이다. 그림 10.40(a)에 나타나 있는 순서도에 대한 의사코드는 다음과 같이 작성될 수 있다.

```
BEGIN A
  ...
END A
  ...
BEGIN B
  ...
END B
```

그리고 판단(decision) 요소에 대해서는 다음과 같다.

```
IF X
THEN
  BEGIN A
    ...
  END A
```

```
ELSE
  BEGIN B
    ...
  END B
ENDIF X
```

그림 10.40(b)는 이러한 판단요소에 대한 순서도를 보인다. 한편, 반복(repetition) 요소는 다음과 같이 작성된다.

```
WHILE X
DO
  BEGIN A
  ...
  END A
  BEGIN B
  ...
  END B
ENDO WHILE X
```

그림 10.40(c)는 순서도의 하나인 WHILE-DO문을 보이고 있고, 이에 대한 프로그램은 다음과 같이 작성될 수 있다.

```
BEGIN PROGRAM
  BEGIN A
    IF X
      BEGIN B
      END B
    ELSE
      BEGIN C
      END C
    ENDIF X
  END A
  BEGIN D
    IF Z
      BEGIN E
      END E
    ENDIF Z
  END D
```

11장에서는 어셈블리 언어를 이용한 프로그램 방법에 대하여 설명하고, 12장에서는 C 언어를 이용한 방법에 대하여 설명한다.

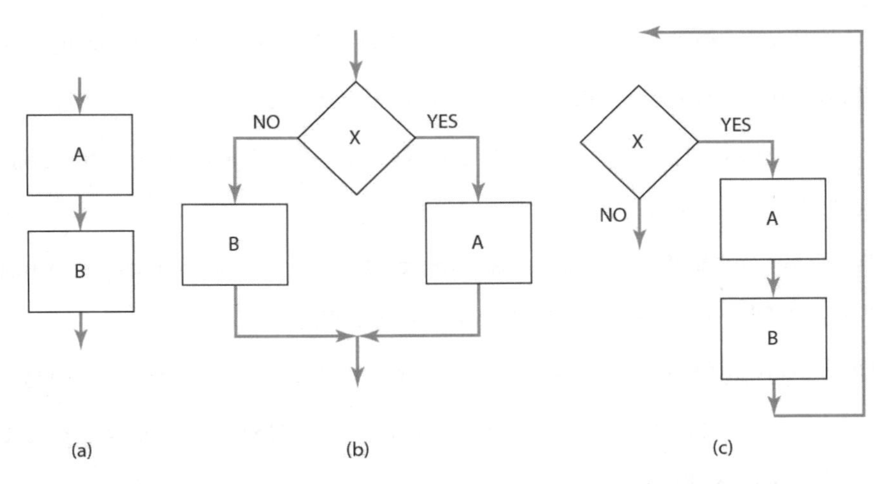

그림 10.40 순서도: (a) 순서, (b) IF-THEN-ELSE, (c) WHILE-DO

요 약

마이크로프로세서(microprocessor)가 포함되어 있는 시스템은 기본적으로 다음과 같은 세부분으로 구성된다. (1) 중앙처리장치(CPU), (2) 입출력 인터페이스 그리고 (3) 기억장치(memory)이다. 마이크로프로세서 내부에서는 디지털 신호들이 버스(bus)를 통하여 전달되는데, 이 버스는 직렬 데이터가 아닌 병렬 데이터의 전송을 위한 병렬 트랙이다.

마이크로컨트롤러(microcontroller)는 마이크로프로세서와 기억장치, 입출력 인터페이스 그리고 타이머와 같은 주변기기들을 하나의 칩으로 통합한 것이다.

알고리즘(algorithm)은 주어진 문제를 풀기 위한 일련의 스텝들로 구성되며, **순서도**(flow chart)와 **의사코드**(pseudocode)는 이러한 스텝을 표현하기 위한 대표적인 두 가지 방법이다.

연습문제

10.1 Explain, for a microprocessor, the roles of (a) accumulator, (b) status, (c) memory address, (d) program counter registers.

10.2 A microprocessor uses eight address lines for accessing memory. What is the maximum number of memory locations that can be addressed?

10.3 A memory chip has 8 data lines and 16 address lines. What will be its size?

10.4 How does a microcontroller differ from a microprocessor?

10.5 Draw a block diagram of a basic microcontroller and explain the function of each subsystem.

10.6 Which of the M68HC11 ports is used for (a) the ADC, (b) a bidirectional port, (c) serial input/output, (d) as just an 8-bit output-only port?

10.7 How many bytes of memory does the M68HC11A7 have for data memory?

10.8 For the Motorola M68HC11, port C is bidirectional. How is it configured to be (a) an input, (b) an output?

10.9 The Motorola M68HC11 can be operated in single-chip and in extended mode. Why these modes?

10.10 What is the purpose of the ALE pin connection with the Intel 8051?

10.11 What input is required to reset an Intel 8051 microcontroller?

10.12 Write pseudocode to represent the following:

(a) if A is yes then B, else C;

(b) while A is yes do B.

Chapter 11 어셈블리 언어

목 표

본 장의 목적은 다음과 같은 내용을 학습한다.
데이터 전달, 연산, 논리, 점프, 분기, 서브루틴, 시간지연과 정의 표등을 포함한 프로그램을 작성하기 위한 어셈블리 언어 사용법

11.1 언 어

소프트웨어(software)는 **명령어**(instruction)를 위하여 사용되는 용어로서, 이 명령어는 마이크로프로세서나 마이크로컨트롤러가 무엇을 해야 하는지를 말해 준다. 마이크로프로세서가 인식할 수 있는 명령어들을 **명령어 집합**(instruction set)이라 한다. 명령어 집합의 형식은 마이크로프로세서에 따라 차이가 있다. 어느 특정한 일을 수행하는 데 필요한 일련의 명령어들을 **프로그램**(program)이라고 한다.

마이크로프로세서는 이진 코드로 작동한다. 이진 코드로 작성된 명령어를 **기계 코드**(machine code)라고 한다. 이런 코드로 프로그램을 작성하는 것은 숙련을 요하고 매우 지루한 작업이다. 프로그램은 단지 일련의 0과 1로만 구성되어 있고 그 패턴을 보기만 해서는 그 명령을 쉽게 이해할 수 없기 때문에 오류를 범하기 쉽다. 대안으로는 0과 1의 패턴에 대해서 쉽게 이해할 수 있는 형태의 간략 코드의 형태를 사용하는 방법이 있다. 예를 들어, 누산기(accumulator)에 데이터를 더하는 연산을 ADDA로 간단히 나타낼 수 있다. 이러한 간략 코드를 **연상기호 코드**(mnemonic code)라 칭한다. **어셈블리 언어**(assembly language)라는 용어는 이 연상기호 코드로 사용된다. 연상기호를 사용하여 프로그램을 작성하는 것은 보다 더 쉬운 방법이다. 왜냐하면, 그것은 명령에 의해 수행된 연산의 간략화된 표현이기 때문이다. 또한, 명령어들이 프로그램 연산을 묘사하고 보다 쉽게 이해될 수 있기 때문에, 기계 코드 프로그래밍의 이진 패턴에 비해 오류를 범할 확률이 훨씬 더 작다. 그러나 어셈블리 프로그램은 결국은 기계 코드로 변환되어야 한다. 왜냐하면, 기계 코드만이 모든 마이크로프로세서가 인식할 수 있는 코드이기 때문이다. 이러한 변환을 위하여 모든 연상기호에 대한 이진 코드가 나타나 있는 제조사의 데이터 시트를 사용할 수도

있지만, 컴퓨터 프로그램을 이용하여 변환을 수행할 수 있다. 이러한 프로그램을 어셈블러 프로그램(assembler program)이라 한다.

고급언어(high-level language)는 요구되는 연산 형태를 나타내는 데 이를 보다 쉽게 이해할 수 있는 언어로 표현하는 프로그래밍 언어의 형태를 갖는다. 이러한 언어의 예로 BASIC, C, FORTRAN, PASCAL 등이 있다. 그러나 이러한 프로그램도 결국은 마이크로프로세서가 사용할 수 있도록 컴퓨터 프로그램에 의해 기계 코드로 변환되어야 한다. 본 장에서는 어셈블리 언어의 사용방법에 대하여 설명하고, 12장에서는 C의 사용에 대하여 설명한다.

11.2 명령어 집합

여기에서는 마이크로프로세서에 통상 사용되는 명령어들을 소개한다. 이러한 모든 명령어들의 목록을 명령어 집합이라 부른다. 많이 사용되는 세 가지 마이크로컨트롤러에서 사용되는 명령어 집합이 부록 D에 소개되어 있다. 이 명령어 집합은 사용하는 마이크로프로세서에 따라 차이가 있다. 다음은 마이크로프로세서에 통상 사용되는 명령어들이다.

데이터 전송/이동(Data transfer/movement)

1. Load

이 명령어는 지정된 메모리 위치에 있는 내용을 읽고 이를 CPU 내의 지정된 레지스터 위치에 복사한다. Motorola 마이크로프로세서에서는 LDAA $0010과 같은 형식을 사용하고 그 의미는 다음과 같다.

Before instruction	*After instruction*
Data in location 0010	Data in location 0010 Data from 0010 in accumulator A

2. Store

이 명령어는 지정된 레지스터 위치에 있는 현재의 정보를 지정된 메모리 위치에 복사한다. Motorola의 경우 STA $0011과 같은 형식을 사용하고 그 의미는 다음과 같다.

Before instruction	*After instruction*
Data in accumulator A	Data in accumulator A Data copied to location 0011

3. Move

이 명령어는 한 레지스터에서 다른 레지스터로 데이터를 복사하거나 이동시키는 데 사용된다. PIC와 Intel 마이크로프로세서에서 MOV R5, A와 같이 표현하고 그 의미는 다음과 같다.

Before instruction	*After instruction*
Data in register A	Data in register A Data copied to register R5

4. Clear

이 명령어는 모든 비트들을 리셋시킨다. 예를 들어, Motorola의 경우 CLRA는 누산기 A를 리셋시키고, PIC에서는 CLRF 06은 레지스터 06을 리셋시킨다.

연산(Arithmetic)

5. Add

이 명령어는 지정된 메모리에 있는 내용을 다른 레지스터에 있는 데이터에 더한다. 즉, Intel에서는 ADD A, #10h와 같은 형식을 사용하고 그 의미는 다음과 같다.

Before instruction	*After instruction*
Accumulator A with data	Accumulator A plus 10 hex

그리고 Motorola에서는 ADDD#0020과 같은 형식을 사용하고 그 의미는 다음과 같다.

Before instruction	*After instruction*
Accumulator D with data	Accumulator D plus contents of location 0020

또는 레이지터의 값을 다른 레지스터의 데이터 값에 더한다. Intel에서는 ADD A, @R1과

Before instruction	*After instruction*
Accumulator A with data	Accumulator A plus contents of location R1

그리고 PIC에서는 addwf 0C과 같은 형식을 사용하고 그 의미는 다음과 같다.

Before instruction	*After instruction*
Register 0C with data	Register 0C plus contents of location w

6. Decrement

이 명령어는 지정된 위치의 내용으로부터 1을 뺀다. 예를 들어, Intel에서는 레지스터 3에

Before instruction	*After instruction*
Register R3 with data 0011	Register R3 with data 0010

7. Increment

이 명령어는 지정된 위치의 내용으로부터 1을 더한다. 예를 들어, Motorola에서는 누산기 A에 1을 더하는 명령어는 INCA로 표현하고, PIC의 경우에 레지스터 06에 1을 더하는 명령어는 incf 06과 같이 표현한다.

8. Compare

이 명령어는 한 레지스터의 내용이 지정된 메모리 위치의 내용보다 크거나 작거나 또는 같은가를 나타낸다. 그 결과는 상태 레지스터(status register)의 플래그로서 나타난다.

논리(Logical)

9. AND

이 명령어는 지정된 메모리 위치와 다른 레지스터의 데이터 내용간의 논리적 AND 연산을 수행한다. 수는 비트별로 AND 연산되는데, Motorola의 경우 ANDA %1001과 같이 표현하며 그 의미는 다음과 같다.

Before instruction	*After instruction*
Accumulator A with data 0011 Memory location with data 1001	Accumulator A with data 0001

위의 데이터를 보면 모두 최하위 비트만이 1이고, 따라서 AND 연산결과 역시 최하위 비트만 1로 된다. PIC의 경우 ANDLW 01은 W내의 수와 01간의 AND 연산을 의미한다.

10. OR

이 명령어는 지정된 메모리 위치와 다른 레지스터의 데이터 내용간의 논리적 OR 연산을 수행하며 비트별로 OR 연산된다. Intel의 경우 ORL A, #3Fh과 같이 표현하며 이는 레지스터 A와 16진수 3F간의 OR연산을 수행한다.

11. EXCLUSIVE-OR

이 명령어는 지정된 메모리 위치와 다른 레지스터의 데이터 내용 간의 논리적 EXCLUSIVE-OR 연산을 비트별로 수행한다. PIC의 경우 xorlw 81h (이진수로 10000001)와 같이 표현하며 그 의미는 다음과 같다.

Before instruction	*After instruction*
Register w with 10001110	Register w with 00001111

즉, XOR 연산에서 0과의 비트 연산은 데이터 비트 값이 변하지 않고, 반면에 1과의 비트 연산은 값이 변한다.

12. Logical shift(left or right)

이 논리적 자리 옮김 명령어는 레지스터의 비트들로 이루어진 패턴을 왼쪽 또는 오른쪽으로 움직이는데, 이때 0이 수의 끝에 붙는다. 예를 들어, 우향 논리적 자리 옮김(logical shift right)을 수행하면 0이 최상위 비트로 이동되고, 최하위 비트에 있던 수는 상태 레지스터의 자리올림 플래그(carry flag)로 이동된다. Motorola의 경우 우향 자리 옮김은 LSRA로, 좌향 자리 옮김은 LSLA로 표현하며 그 의미는 다음과 같다.

Before instruction	*After instruction*
Accumulator with 0011	Accumulator with 0001 Status register indicates Carry 1

13. Arithmetic shift(left or right)

이 산술 자리 옮김 명령어는 레지스터의 비트 패턴을 왼쪽이나 오른쪽으로 한 장소 이동시키는데, 단 그 수의 왼쪽 끝에서 있던 부호 비트는 유지시킨다. Motorola의 경우 우향 산술 자리 옮김은 ASRA로 표현하며 그 의미는 다음과 같다.

Before instruction	*After instruction*
Accumulator with 1011	Accumulator with 1001 Status register indicates Carry 1

14. Rotate(left or right)

이 회전 명령어는 레지스터의 비트 패턴을 왼쪽이나 오른쪽으로 한 장소 이동시키는데, 단 떨어져 나간 비트는 다른 편 끝으로 옮겨진다. Intel의 경우 이 명령어는 RR A와 같이 표현하며 그 의미는 다음과 같다.

Before instruction	*After instruction*
Accumulator with 0011	Accumulator with 1001

프로그램 제어

15. Jump or Branch

이 명령어는 순차적으로 실행하고 있는 프로그램 스텝 순서를 변화시킨다. 통상 프로그램은 프로그램 카운터에 의해 정확하게 일정한 순서로 수행된다. 그러나 점프 명령어는 프로그램 카운터를 프로그램 내의 다른 지정된 위치로 점프시킨다(그림 11.1(a)). 어떤 조건이 만족되면 비 조건적인 점프도 발생한다. 예를 들어 Intel의 경우 LJMP POINTA 명령어는 수행 중인 프로그램을 그 프로그램의 PONTA라고 라벨링되어 있는 위치로 점프시킨다. Motorola의 경우 이 명령어는 JMP POINTA로 표현하고, PIC의 경우 GOTO PONTA로 표현한다. 한편, 어떤 조건이 만족될 때 조건 점프가 발생한다(그림 11.1(b)). Intel의 경우 JNZ POINTA 명령어는 만일 누산기의 어느 한 비트라도 0이 아닌 경우에는 실행 중인 프로그램을 PONTA라고 라벨링

되어 있는 위치로 점프시키고, 아니라면 다음 위치의 스텝을 실행한다. 한편, JZ POINTA 명령어는 누산기의 모든 비트들이 0인 경우에 점프함을 의미한다. PIC의 경우 조건 점프는 프로그램의 두 라인에 영향을 미친다. 예를 들어 BTFC 05,1의 명령어는 '비트 테스트 및 무시(bit test and skip)', 즉 파일 레지스터 5의 비트가 1인가를 테스트하여 만일 그 결과가 0이면 다음 프로그램 라인으로 점프하고, 1이면 그 라인을 실행하는데, 다음 라인은 GOTO POINTA이다. Motoroladm 경우 branch 명령어는 어떤 주어진 조건이 발생했을 때 프로그램을 어느 라인으로 분기시킬 것인가를 결정한다. 예를 들어 Motorola의 BEQ 명령어는 0이면 분기함을 의미하고, BGE는 더 크거나 같을 때, 그리고 BLE는 더 작거나 같을 때 분기함을 의미한다.

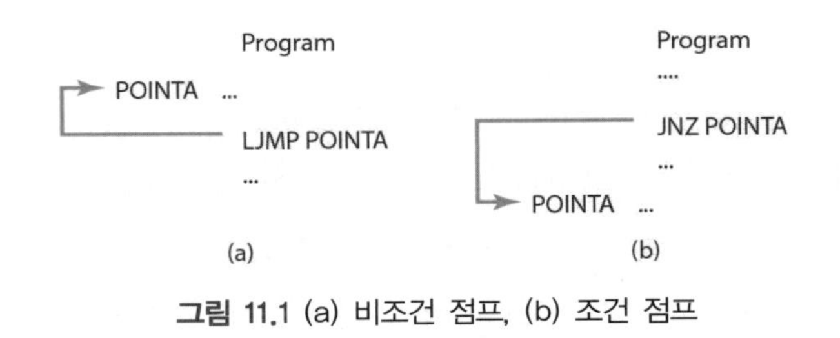

그림 11.1 (a) 비조건 점프, (b) 조건 점프

16. Halt/Stop

이 명령어는 마이크로프로세서 동작을 완전히 정지시킨다.

수치 데이터는 이진수, 8진수, 16진수 또는 10진수로 되어 있다. 일반적으로 다른 언급이 없다면 어셈블러는 10진수를 사용한다. Motorola의 경우 사용되는 수를 표시하기 위해 접두사 #을 붙이고, 이진수는 %가 맨 앞에 위치되거나 B가 뒤에 온다. 8진수는 @가 맨 앞에 위치하거나 O가 뒤에 붙는다. 16진수는 $가 맨 앞에 위치하거나 H가 뒤에 붙는다. 그리고 10진수는 아무런 표시 문자나 기호가 없다. Intel에서는, 수치적 값을 표시하기 위해 수 앞에 #을 붙이는데, 이진수는 B, 8진수는 O나 Q, 16진수는 H나 h로 표시하고 10진수는 D 또는 아무 표시도 하지 않는다. PIC 마이크로컨트롤러에서는 헤더 파일에 R=DEC가 있으면 10진수를 디폴트로 갖는다. 그리고 이진수는 인용 부호를 씌우고 앞에 B로 표시하며, 16진수는 H로 표시한다.

11.2.1 주소지정

LDA와 같은 연상기호가 명령어로서 사용될 때, 이 명령어에서 요구하는 데이터의 소스와 목적을 지정하기 위한 부가적인 정보가 따라오게 된다. 이 명령어에 따라오는 데이터를 **피연산자**

(operand)라 한다.

데이터 위치를 지정하는 것을 주소지정(addressing)이라 하는데, 이 주소지정으로 마이크로프로세서는 프로그램에 의해 명령어나 데이터를 얻을 수 있다. 이 주소지정에는 여러 가지 방법이 있고, 마이크로프로세서별로 각각 다른 주소지정 모드를 갖는다. 예를 들어 Motorola 68HC11에는 immediate, direct, extended, indexed, inherent and relative와 같은 6가지 주소지정 모드가 있다. Intel 8051에는 immediate, direct, register, indirect and indexed의 5개 모드가 있다. PIC 마이크로컨트롤러에는 3가지 모드가 있는데, 이는 immediate, direct와 인덱싱을 허용하는 indirect 모드이다. 다음은 공통적으로 사용되는 주소지정 모드이다.

1. 즉시(immediate) 주소지정

연상기호 뒤에 곧바로 따라오는 데이터는 연산되어야 할 값이고, 이는 미리 정해진 값을 레지스터나 메모리 위치로 로드하는 데 사용된다. 예를 들어, Motorola 코드인 LDA B #$25는 숫자 25를 누산기 B로 로드한다는 것을 의미한다. #은 즉시 모드 및 수를 의미하고, $는 그 수가 16진수 표기법이라는 것을 의미한다. Intel 코드인 MOV A,#25H도 숫자 25를 누산기 A로 이동시키는 것을 의미한다. #은 숫자를 표시하고 H는 16진수를 나타낸다. PIC 코드에서는 movlw H'25'를 사용하여 숫자 25를 동작 레지스터 w로 로드하는 것을 나타내고, 여기서 H는 16진수를 의미한다.

2. 직접, 절대, 확장, 영 페이지(Direct, absolute, extended or zero-page) 주소지정

이 형태의 주소지정 방식에서 연산부호(opcode) 바로 뒤에 있는 데이터 바이트는 직접적으로 명령어에 사용되는 데이터의 위치에 대한 주소를 나타낸다. Motorola에서는 주어진 주소의 크기가 8비트일 때 **직접 주소지정(direct addressing)**이라는 용어가 사용되고, 반면에 주소의 크기가 16비트일 때는 **확장 주소지정(extend addressing)**이라는 용어가 사용된다. 예를 들어, Motorola 코드 LDAA $25는 메모리 위치 0025의 내용(00으로 가정)을 누산기로 로드하는 것을 의미한다. Intel 코드에서는, 같은 연산으로 직접 주소지정 명령어 MOV A,20H를 사용하여 주소 20에 있는 데이터를 누산기 A로 복사한다. PIC 코드인 movwf Reg1은 Reg1의 내용을 동작 레지스터로 복사한다는 것을 나타내는데, 여기서 Reg1의 주소는 미리 정의되어 있다.

3. 함축(implied) 주소지정 또는 고유(inherent) 주소지정

이 형태의 주소지정에서 주소는 명령어에 함축되어 있다. 예를 들어, Motorola 코드와 Intel 코드에서 CLR A는 누산기 A를 소거하는 것을 의미한다. PIC 코드에서는 clrw가 동작 레지스터를 소거하는 것을 의미한다.

4. 레지스터(Register)

이 형태의 주소지정에서, 피연산자는 내부 레지스터 중의 하나로 지정된다. 예를 들어, Intel에서 ADD R7,A라는 것은 누산기의 내용을 레지스터 R7에 더하는 것을 의미한다.

5. 간접(indirect)

이 형태의 주소지정에서는 명령어에 주어진 주소를 갖는 메모리 위치에서 데이터를 찾을 것임을 의미한다. 예를 들어 PIC 시스템에서는, INDF와 FSR 레지스터가 사용된다. 주소는 먼저 FSR 레지스터에 기록되는데, 이때 이 레지스터는 주소 포인터의 역할을 한다. 다음에 명령어 movf INDF,w를 사용하여 INDF에 직접적으로 접근하면 FSR 내용을 데이터 위치에 대한 포인터로 사용하여 동작 레지스터 w를 로드하게 된다.

6. 색인(indexed) 주소지정

이 주소지정 방식에서는 데이터가 있는 메모리의 주소는 색인 레지스터에 보관되어 있다. 명령어의 첫 번째 바이트는 연산부호(opcode)를 의미하고 두 번째 바이트는 오프셋을 의미한다. 오프셋은 피연산자의 주소를 결정하는 색인 레지스터의 내용에 더해진다. 이와 연관된 Motorola 명령어로 LDA A $FF,X가 있다. 이는 색인 레지스터의 내용과 FF를 더하여 얻어진 주소에 있는 데이터를 누산기 A로 로드한다는 것을 의미한다. 다른 예로 STA A $05,X가 있는데, 이는 색인 레지스터와 05를 더하여 얻어진 주소에 누산기 A의 내용을 저장하는 것을 의미하다.

7. 상대(relative) 주소지정

이것은 분기 명령어와 함께 사용된다. 연산부호 뒤에는 상대 주소를 의미하는 한 바이트가 따라온다. 이 상대 주소는 분기가 발생했을 때 프로그램 카운터에 더해져야 하는 주소 이동값을 나타낸다. 예를 들어, Motorola 코드 BEQ $F1은 만약 데이터가 0이라면 이때 수행되어야 할 프로그램의 그 다음 주소는 F1만큼 더 가야 한다는 것을 의미한다. 이 상대 주소 F1은 그 다음 명령어의 주소에 더해진다.

한 예로서 표 11.1은 Motorola 시스템에 사용되는 주소지정 모드에 관한 명령어를 나타낸다.

표 11.1 주소지정 예

Address mode	Instruction	
Immediate	LDA A #$F0	Load accumulator A with data F0
Direct	LDA A $50	Load accumulator A with data at address 0050
Extended	LDA A$0F01	Load accumulator A with data at address 0F01
Indexed	LDA A $CF,X	Load accumulator with data at the address given by the index register plus CF
Inherent	CLR A	Clear accumulator A
Extended	CLR $2020	Clear address 2020, i.e. store all zeros at address 2020
Indexed	CLR $10,X	Clear the address given by the index register plus 10, i.e. store all zeros at that address

11.2.2 데이터 이동

다음은 Motorola 6800 명령어 집합 시트에서 볼 수 있는 정보 형태의 예이다.

		Addressing modes					
		IMMED			DIRECT		
Operation	Mnemonic	OP	~	#	OP	~	#
Add	ADDA	8B	2	2	9B	3	2

~은 요구되는 마이크로프로세서 주기 수이고 #은 요구되는 프로그램 바이트의 수이다.

이 프로세서에서 즉시 주소지정 모드를 사용할 때 Add 연산은 연산기호 ADDA로 표현한다는 것을 의미한다. 즉시 주소지정이 사용되면 이에 대한 기계 코드는 8B이고 완전히 수행되기 위해서는 2주기(cycle)가 걸린다. 그리고 이 연산은 프로그램 내에서 2바이트가 요구된다. **연산부호(op-code, operation code)**라는 용어는 마이크로프로세서가 수행할 16진수 형태로 표현되는 명령어를 나타낸다. 1바이트는 1단어와 같이 마이크로프로세서가 인식할 수 있는 8개의 이진법수로 표현된 한 그룹이다. 따라서 연산부호에는 2개의 단어가 요구된다. 한편, 직접 주소지정 모드에서 기계 코드는 9B이고 3개의 주기와 2개의 프로그램 바이트가 소요된다.

메모리와 마이크로프로세서 간에 어떻게 정보가 전달되는가를 보이기 위해, 다음 태스크를 고려한다. 새로운 프로그램이 위치할 RAM의 주소는 편의상 임의로 정한다. 다음의 예에서 0010

에서 시작하는 주소가 사용된다. 직접 주소지정을 사용하기 위하여, 그 주소는 영 페이지, 즉 0000과 00FF 사이의 주소에 있어야 한다. 이 예제는 M6800 마이크로프로세서에 대한 명령어 집합을 사용한 예이다.

Task: 누산기 A 내에 모두 0을 넣어라.

Memory address	*Op-code*	
0010	8F	CLR A

사용될 수 있는 그 다음의 메모리 주소는 0011이다. 이는 CLR A가 단지 한 프로그램 바이트를 차치하기 때문이다. 이는 고유 주소지정에 해당한다.

Task: 누산기 A의 내용에 데이터 20을 더하라.

Memory address	*Op-code*	
0010	8B 20	ADD A #$20

이것은 즉시 주소지정의 형태를 사용한다. 사용될 수 있는 그 다음 메모리 주소는 0012이다. 그 이유는 이런 주소지정의 형태에서 ADD A가 2개의 프로그램 바이트를 사용하기 때문이다.

Task: 누산기 A에 메모리 주소 00AF가 갖고 있는 데이터를 로드하라.

Memory address	*Op-code*	
0010	B6 00AF	LDA A $00AF

이것은 절대 주소지정의 형태를 사용한다. 사용될 수 있는 그 다음 메모리 주소는 0013이다. 그 이유는 이런 주소지정의 형태에서 LDA A가 3개의 프로그램 바이트를 사용하기 때문이다.

Task: 메모리 위치 00AF에 있는 데이터를 왼쪽으로 회전하라.

Memory address	*Op-code*	
0010	79 00AF	ROL $00AF

이것은 절대 주소지정의 형태를 사용한다. 사용될 수 있는 그 다음 메모리 주소는 0013이다. 그 이유는 이런 주소지정의 형태에서 ROL이 3개의 프로그램 바이트를 사용하기 때문이다.

Task: 누산기 A에 있는 데이터를 메모리 위치 0021로 저장하라.

Memory address	*Op-code*	
0010	D7 21	STA A $21

이것은 직접 주소지정 모드를 사용한다. 사용될 수 있는 그 다음 메모리 주소는 0012이다. 그 이유는 이 모드에서 STA가 2개의 프로그램 바이트를 사용하기 때문이다.

Task: 만약 이전 명령어의 결과가 0이면 14만큼의 주소로 분기하라.

Memory address	*Op-code*	
0010	27 04	BEQ $04

이것은 상대 주소지정 모드를 사용한다. 만일 결과가 0이 아니면 그 다음 메모리 주소는 0012이다. 이 이유는 이 모드에서 BEQ가 2개의 프로그램 바이트를 사용하기 때문이다. 만일 결과가 0이면 다음 주소는 0012+4=0016으로 된다.

11.3 어셈블리 언어 프로그램

어셈블리 언어 프로그램은 기계 코드 프로그램을 생성해야 하는 어셈블러 역할을 위하여 일련의 명령어로 되어 있어야 한다. 어셈블리 언어로 작성된 프로그램은 한 라인당 한 명령문으로 되어 있는 순차적인 명령문들로 구성된다. 하나의 명령문은 1개에서 4개의 부분 또는 필드(field)로 되어 있고 이는 다음의 형태를 갖는다.

Label　Op-code　Operand　Comment

필드의 시작이나 끝을 나타내는 데는 특수한 기호가 사용되는데 이 기호들은 관련된 마이크로프로세서 기계 코드 어셈블러에 따라 차이가 있다. Motorola 6800에서는 공란(space)이 사용된다. Intel 8080에서는 라벨(label) 뒤에 콜론이 있고, 연산부호(op-code) 뒤에 공란이 있으며, 주소 필드 안의 항목 사이에 쉼표가 있고, 주석 전에 세미콜론이 있다. 일반적으로, 세미콜론은 피연산자(operand)에서 주석(comment)을 분리하기 위하여 사용된다.

라벨(label)은 메모리 안에서 특정한 항목을 언급하는 이름이다. 라벨은 글자, 수 그리고 어떤 다른 문자로 구성될 수 있다. Motorola 6800에서, 라벨은 6개의 문자로 제한되고 이 중 처음은 문자이어야 하는데, 단 한 글자 A, B, X는 사용할 수 없다. 왜냐하면 이 글자들은 누산기나 색인 레지스터를 나타내기 위하여 사용하는 예약어이기 때문이다. Intel 8080에서, 5개의 문자가 허용되며 이 중 첫 번째 문자로는 글자나 @ 또는 ?가 사용된다. 라벨은 레지스터, 명령어 코드 또는 의사연산(pseudo-operation, 본 절에서 뒤에 설명)용으로 예약된 이름을 사용하면 안 된다. 한 프로그램 내에 있는 모든 라벨은 유일하게 정의되어야 한다. 만약 라벨이 없다면 라벨 필드는 반드시 공란으로 되어 있어야 한다. Motorola 6800에서 라벨 필드 안의 별표(*)는 전체 문장이 주석임을 나타낸다. 이 주석은 프로그램의 목적이나 내용을 더 분명하게 알아보기 쉽게 하기 위하여 사용된다. 기계 코드 프로그램을 생성하는 어셈블리 과정에서 어셈블러는 이 주석을 무시하게 된다.

연산부호(op-code)는 데이터가 어떻게 조작되는 가를 표현하고 있는데, 이는 LDA A와 같은 연상기호로 나타낸다. 이 연산부호는 결코 비워둘 수 없는 유일한 필드이다. 부가적으로, 연산부호 필드는 어셈블러에 대한 지시사항을 포함할 수도 있다. 이를 **의사연산**(**pseudo-operations**)이라고 하는데, 이 이유는 이들이 연산부호 필드에는 나타나지만 기계 코드 안의 명령어로 해석되지는 않기 때문이다. 이 의사연산은 기호를 정의하고, 프로그램과 메모리를 어떤 공간에 할당하며, 고정된 표와 데이터를 생성하고, 프로그램의 끝을 나타내는 등의 역할을 한다. 널리 사용되는 어셈블리 지시어(directives)에는 다음과 같은 것들이 있다.

Set program counter

ORG — This defines the starting memory address of the part of the program that follows. A program may have several origins.

Define symbols

EQU, SET, DEF — Equates/sets/defines a symbol for a numerical value, another symbol or an expression.

Reserve memory locations

RMB, RES — Reserves memory bytes/space.

Define constant in memory

FCB — Forms constant byte.
FCC — Forms constant character string.
FDB — Forms double byte constant.
BSW — Block storage of zeros.

피연산자(operand) 필드에 포함된 정보는 그 앞에 있는 연상기호와 사용된 주소지정 모드에 의해 결정된다. 그 정보는 연산부호에 의해 지정된 과정을 통하여 연산되어야 할 데이터의 주소를 포함한다. 그래서 이를 종종 **주소 필드(address field)**라고 한다. 만약 연산부호에 의해 주어진 명령어가 어떤 데이터나 주소를 필요로 하지 않으면 이 필드는 비어 있을 수 있다. 이 필드의 수치 데이터로는 16진수, 10진수, 8진수, 이진수가 사용될 수 있다. 특별히 지정되지 않았다면 어셈블러는 수를 10진수로 가정한다. Motorola 6800에서 16진수는 $ 기호가 앞에 위치하거나 H 기호가 뒤에 붙는다. 한편, 8진수에서는 @가 앞에 위치하거나 B가 뒤에 붙고, 이진수에서는 %가 앞에 위치하거나 B가 뒤에 붙는다. Intel 8080에서 16진수는 H가 뒤에 붙고, 8진수는 O나 Q 그리고 이진수에서는 B가 뒤에 붙는다. 16진수 첫 번째 자리는 이름과의 혼동을 피하기 위하여 10진수, 즉 0에서 9까지 숫자로 시작해야 한다. Motorola 6800에서, 즉시 주소지정 모드는 # 기호를 피연산자 앞에 위치시켜 나타내고, 색인 주소지정 모드에서는 피연산자 뒤에 X 기호를 붙여 나타낸다. 반면에 직접 주소지정 모드나 확장 주소지정 모드에서는 특별한 기호를 사용하지 않는다. 만약 주소가 FF 이하로서 영 페이지에 있다면 어셈블러는 자동적으로 직접 모드를 사용한다. 만약 주소가 FF보다 크다면, 어셈블러는 확장 모드를 사용한다.

주석 필드는 선택적으로서 독자가 프로그램을 더 잘 이해하기 쉽도록 프로그래머가 주석을 달기 위하여 사용된다. 주석 필드는 기계 코드 프로그램을 생성하는 동안 어셈블러에 의해 무시된다.

11.3.1 어셈블리 언어 프로그램의 예제

다음 예제는 어떻게 간단한 프로그램을 개발할 수 있는가를 보인다.

문제: 다른 메모리 주소에 위치한 2개의 8비트 수의 덧셈을 행하고, 그 결과를 메모리에 다시 저장.

알고리즘은 다음과 같다.

1. 시작
2. 첫 번째 수를 누산기로 로드한다. 누산기는 산술 연산의 결과가 쌓이는 곳이다. 이는 마치 메모장과 같은 작업 레지스터로서 계산결과가 다른 곳으로 전달되기 전에 이 위에서 계산이 행해지는 곳이다. 그래서 산술 연산이 수행되기 전에 누산기에 데이터를 복사해야 한다. PIC에서는 작업(w) 레지스터라는 용어가 사용된다.
3. 두 번째 수를 더한다.
4. 지정된 메모리 위치에 그 합을 저장한다.

5. 정지

그림 11.2는 위의 단계를 보여 주는 순서도이다.

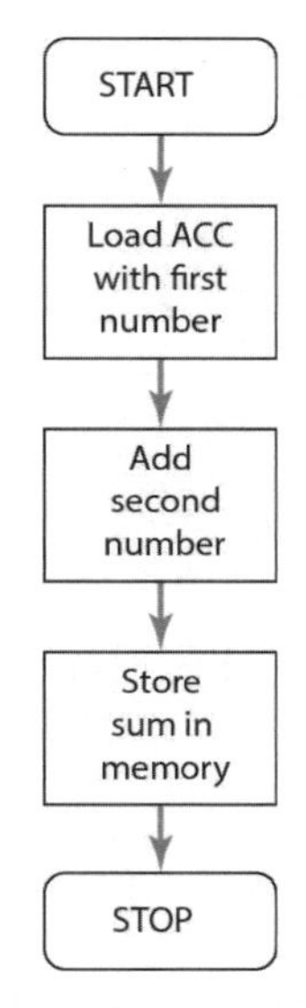

그림 11.2 두 수 간의 덧셈에 대한 순서도

다음은 세 가지 다른 마이크로컨트롤러용으로 작성한 프로그램이다. 각각에서, 첫 번째 행은 라벨이고, 두 번째는 연산부호(op-code), 세 번째는 피연산자 그리고 네 번째는 주석이다. 모든 주석 앞에는 세미콜론이 있다는 것에 유의하라.

M68HC11 program

```
                ; 두 수의 가산
NUM1      EQU       $00        ; 수 1의 위치
NUM1      EQU       $01        ; 수 2의 위치
NUM1      EQU       $02        ; 합계에 대한 위치
          ORG       $C000      ; 사용자 RAM의 시작 주소
START     LDAA      $NUM1      ; 수 1을 A로 로드
          ADDA      $NUM2      ; 수 2를 A에 더함
          STAA      SUM        ; $020에 그 합계를 저장
          END
```

프로그램의 첫 번째 라인은 더해지게 되는 수의 첫 번째 주소를 가리킨다. 두 번째 라인은 첫 번째 수에 더해지는 수의 주소를 가리킨다. 세 번째 라인은 합계를 넣게 되는 곳을 지정한다. 네 번째 라인은 프로그램이 시작되어야 하는 메모리 주소를 지정한다.

기계 코드로 번역될 때 의사연산은 그 항목에 대한 주소를 나타낸다. 기계 코드 프로그램은 다음과 같이 된다.

```
0010 96 70
0012 9B 71
0014 97 72
0016 3F
```

Intel 8051용으로 동일한 프로그램은 다음과 같다.

```
8051 program
            ; 두 수의 가산
NUM1        EQU      20H        ; 수 1의 위치
NUM1        EQU      21H        ; 수 2의 위치
SUM         EQU      22H        ; 합계에 대한 위치
            ORG      8000H      ; 사용자 RAM의 시작 주소
START       MOV      A,NUM1     ; 수 1을 누산기 A로 로드
            ADD      A,NUM2     ; 수 2를 A에 더함
            MOV      SUM,A      ; 22H에 그 합계를 저장
            END
```

PIC 마이크로컨트롤러용 프로그램은 다음과 같다.

```
PIC program
            ; 두 수의 가산
Num1        equu     H'20'      ; 수 1의 위치
Num2        equ      H'21'      ; 수 2의 위치
Sum         equ      H'22'      ; 합계에 대한 위치
            org      H'000'     ; 사용자 RAM의 시작 주소
```

```
Start        movlw     Num1        ; w0에 수 1을 적재
             addlw     Num2        ; w0에 수 2를 더함
             movlwf    Sum         ; 합계 H'22'를 저장
             End
```

어떤 프로그램에서는 같은 일을 계속하여 반복적으로 수행시켜야 할 필요가 발생한다. 이 경우 프로그램의 한 부분이 여러 번 반복하도록 설계되어야 한다. 이것을 **반복실행(looping)**이라고 하며, 이 루프는 프로그램의 어느 한 부분으로 여러 번 반복된다. 그림 11.3은 이 반복실행에 대한 순서도를 보인다. 이 루프에서는 프로그램이 앞으로 나아가기 전에 어떤 연산이 얼마 동안 반복적으로 수행된다. 정해진 수의 연산이 완료된 후에 프로그램은 다음으로 넘어간다. 다음 문제는 이러한 반복실행 예를 보인다.

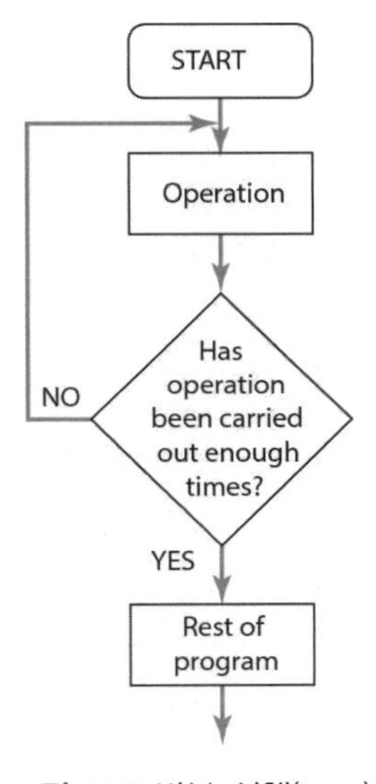

그림 11.3 반복 실행(loop)

문제: 10개의 다른 주소에 위치한 수들의 가산(예를 들어 이런 것들은 10개의 다른 센서로부터 받은 입력을 더한 결과일 수 있음)

알고리즘은 다음과 같다.

1. 시작

2. 카운트를 10으로 설정
3. 초기 주소의 위치를 가리킴
4. 하위 주소 가산
5. 카운트 수를 1 감소시킴
6. 주소위치 포인터에 1을 가산
7. Count=0? 아니면 4로 분기. 맞다면 계속 진행.
8. 합계를 저장
9. 정지

그림 11.4는 이에 관한 순서도이고, 이에 해당하는 프로그램은 다음과 같다.

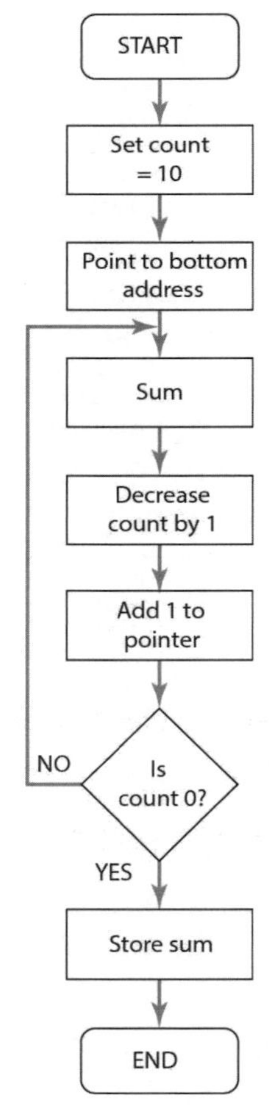

그림 11.4 10개 수들의 덧셈에 대한 순서도

```
COUNT    EQU     $0010
POINT    EQU     $0020
RESULT   EQU     $0050
         ORG     $0001
         LDA B   COUNT     ; 카운터를 로드
         LDX     POINT     ; 수의 시작주소에서 색인 레지스터 초기화
SUM      ADD A   X         ; 수를 더함
         INX               ; 색인 레지스터에 1을 더함
         DEC B             ; 누산기 B로부터 1을 뺌
         BNE     SUM       ; SUM으로 분기
         STA A   RESULT    ; 저장
         WAI               ; 프로그램 정지
```

카운트 수 10이 누산기 B에 로드된다. 색인 레지스터는 가산되는 데이터의 초기 주소를 갖고 있다. 첫 번째 덧셈 단계는 처음에는 0으로 가정된 누산기의 내용에 색인 레지스터에 의해 주소가 지정된 메모리 내용을 더한다(처음에 CLR A 명령어를 사용하여 누산기를 소거할 수 있다). 명령어 INX는 색인 레지스터에 1을 더하여 그 다음의 주소가 0021이 되도록 한다. DEC B는 누산기 B의 내용에서 1을 빼어 9의 카운트가 남도록 한다. 그때 BNE는 0이 아니면, 즉 Z 플래그가 0이면, SUM으로 분기하는 명령어이다. 이때 프로그램은 ACC B가 0이 될 때까지 반복 실행된다.

문제: 수 목록에서 가장 큰 수의 결정(이는 여러 개의 온도 센서로부터 입력된 온도 중 가장 큰 것을 결정할 수 있다.)

알고리즘은 다음과 같다.

1. 결과 주소를 소거한다.
2. 시작 주소 목록을 만든다.
3. 시작 주소로부터 수를 로드한다.
4. 이 수와 결과 주소 내의 수를 비교한다.
5. 이 수가 더 크다면 응답을 저장한다.
6. 그렇지 않으면 수를 저장한다.
7. 시작 주소를 1 증가한다.

8. 주소가 마지막 주소가 아니라면 3으로 분기한다.

9. 정지

그림 11.5는 이에 관한 순서도를 보이고, 그 프로그램은 다음과 같다.

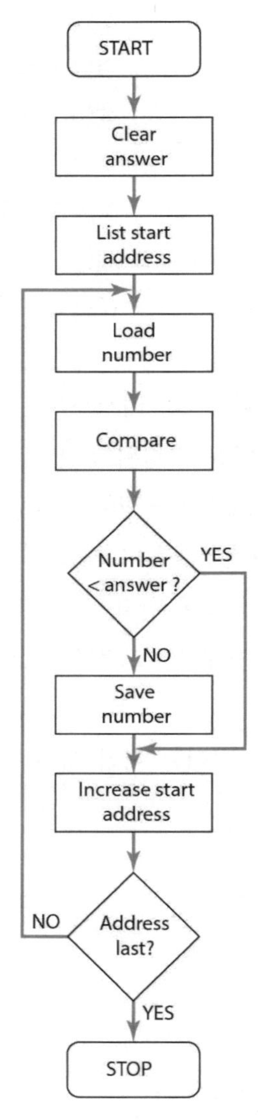

그림 11.5 가장 큰 수 찾기에 대한 순서도

```
FIRST    EQU     $0030
LAST     EQU     $0040
ANSW     EQU     $0041
         ORG     $0000
         CLR     ANSW      ; 결과 내용 소거
         LDX     FIRST     ; 시작 주소 로드
NUM      LDA A   $30,X     ; 수 로드
         CMP A   ANSW      ; 결과와 비교
         BLS     NEXT      ; 더 작거나 같으면 NEXT로 분기
         STA A   ANSW      ; 결과를 저장
NEXT     INX               ; 색인 레지스터 증가
         CPX     LAST      ; 색인 레지스터를 LAST와 비교
         BNE     NUM       ; 0이 아니면 분기
         WAI               ; 프로그램 정지
```

위 과정을 보면 처음에 결과 주소가 소거된다. 이때 처음 주소가 로드되고 그 주소에 있는 수는 누산기 A로 로드된다. LDA A $30,X라는 것은 색인 레지스터 값에 30을 더한 주소에 있는 데이터를 누산기 A로 로드한다는 것을 의미한다. 그 수를 결과와 비교하여 그 수가 누산기에 있는 것보다 크다면 그 수를 보관하고, 아니면 다음의 루프를 반복하기 위하여 분기한다.

11.4 서브루틴(Subroutine)

한 프로그램 내에서 한 블록의 프로그램으로 구성된 서브루틴이 몇 번이고 실행되어야 할 때가 있다. 예를 들어, 시간지연을 만들기 위한 한 블록의 프로그램이 필요한 경우가 이에 해당한다. 주 프로그램에서 몇 번이고 서브루틴 프로그램을 중복시키는 것이 가능하다. 그러나 이 방법은 메모리 사용에서 비효율적이다. 대안으로, 그 부분을 어떤 메모리로 복사하여 서브루틴을 구성하고, 필요할 때마다 이 서브루틴으로 분기 또는 점프하는 방법이 있다. 그러나 이 방법은 서브루틴의 완료 후에 주 프로그램 상에서 다시 시작하는 지점을 알고 있어야 한다는 문제를 야기한다. 따라서 서브루틴 실행 후 주 프로그램의 서브루틴을 호출한 지점으로 되돌아가 다시 시작할 수 있도록 하여야 한다. 이를 위하여, 서브루틴으로 분기할 때 프로그램 카운터의 내용을 저장하고, 서브루틴 수행이 완료된 후에 이 값을 프로그램 카운터에 재로드시켜야 한다. 대부분의 마이크로

프로세서에서는 이러한 방법으로 서브루틴 수행을 가능하게 하는 2개의 명령어가 있는데, 이는 다음과 같다.

1. JSR(jump to routine) 또는 CALL: 서브루틴을 호출한다.
2. RTS(return from subroutine), 또는 RET(return): 서브루틴에서 마지막 명령어로 사용되는 동시에 주 프로그램의 호출한 지점으로 정확하게 반환시킨다.

서브루틴은 한 프로그램 내에서 여러 개의 다른 지점에서 호출될 수 있다. 따라서 프로그램 카운터 내용을 LIFO(last-in-first-out) 방법으로 저장하는 것이 필요하다. 이런 레지스터를 스택(stack)이라고 한다. 이는 마치 접시를 쌓아 올린 형태와 마찬가지로 마지막 접시는 접시더미의 맨 위에 올려지게 되고, 이 더미에서 첫 번째로 제거되는 접시는 언제나 맨 위의 접시, 즉 마지막으로 쌓아 올려진 접시이다. 이 스택은 마이크로프로세서 내에서 한 블록의 레지스터를 사용하든지, 아니면 통상 RAM의 한 부분을 사용한다. 이러한 마이크로프로세서 내의 특수한 레지스터를 스택 포인터 레지스터라 부르고, 이 레지스터는 스택으로 사용되는 RAM 영역 내의 다음 번 비어 있는 주소를 가리킨다.

서브루틴이 사용되고 있을 때 스택이 자동적으로 사용되도록 하고, 여기에 추가로 프로그래머는 데이터의 일시적 저장소용으로 스택의 사용에 관한 프로그램을 만들 수 있다. 이에 관련되는 명령어는 다음과 같다.

1. PUSH: 지정된 레지스터에 있는 데이터를 스택의 다음 비어 있는 위치에 저장시킨다.
2. PULL 또는 POP: 가장 최근에 스택에 저장된 데이터를 검색하고 이를 지정된 레지스터로 전달시킨다.

예를 들어, 서브루틴 수행에 앞서서, 어떤 레지스터에 있는 데이터를 저장시켜야 하고, 서브루틴 수행 후에 그 데이터는 다시 복원될 수 있어야 한다. Motorola 6800에서 이에 해당하는 프로그램 요소는 다음과 같이 쓸 수 있다.

```
SAVE    PSH A    ; 누산기 A를 스택에 저장
        PSH B    ; 누산기 B를 스택에 저장
        TPA      ; 누산기 A에 상태 레지스터를 전달
        PSH A    ; 상태 레지스터를 스택에 저장
```

```
; subroutine
RESTORE   PUL A    ; 스택으로부터 누산기 A로 조건 코드를 복원
          TAP      ; A로부터 상태 레지스터로 조건 코드를 복원
          PUL B    ; 스택으로부터 누산기 B를 복원
          PUL A    ; 스택으로부터 누산기 A를 복원
```

11.4.1 지연 서브루틴(Delay subroutine)

지연 루프(delay loop)는 마이크로프로세서가 ADC와 같은 장치로부터 입력을 읽을 때 종종 필요하게 된다. 변환기에 변환을 시작하라는 신호를 주고 난 후 데이터를 읽는 데 어느 정도의 시간 동안 기다려야 한다. 이를 위하여 마이크로프로세서는 뒤에 남은 프로그램을 진행시키기 전에 다수의 명령어들을 수행할 수 있는 루프를 이용한다. 다음은 간단한 지연 프로그램의 예이다.

```
DELAY     LDA A    #$05      ; 05를 누산기 A에 로드
LOOP      DEC A              ; 누산기 A를 1감소
          BNE      LOOP      ; 0이 아니면 분기
          RTS                ; 서브루틴으로부터 반환
```

루프를 수행하는 동안 각 명령어로의 이동에 대해서 얼마간의 기계주기가 소요된다. 루프가 5번 진행될 때, 지연시간은 다음과 같이 계산된다.

Instruction	Cycles	Total cycles
LDA A	2	2
DEC A	2	10
BNE	4	20
RTS	1	1

따라서 총 지연시간은 33 기계주기이다. 즉, 각각의 기계주기가 1 ms이면 총 지연시간은 33 ms이다. 보다 더 긴 지연시간이 필요하다면 보다 더 큰 수를 누산기 A에 넣으면 된다.

다음은 PIC 마이크로컨트롤러에 대한 지연시간 서브루틴의 예를 보인다.

```
movlw     Value     ; 요구되는 계수값을 로드
movwf     Count     ; 루프 카운터
```

```
Delay    decfsz   Count    ; 하강 카운터
         goto     Delay    ; 루프
```

여기서 decfsz 명령어는 한 주기가 걸리고 goto 명령어는 두 주기가 걸린다. 이 루프는 (count 2 1) 횟수만큼 반복된다. 여기에 movlw와 movwf 명령어가 있는데, 이들 각각은 한 주기씩 걸리고, 카운트가 1이면 decfsz는 두 주기를 갖는다. 따라서 총 주기 수는 다음과 같다.

명령어 주기 수=3(카운트 2−1)+4

각각의 명령어 주기는 4개의 클록 주기가 걸리므로 이 서브루틴에 나타난 총 지연주기 수는 다음과 같다.

클록 주기 수=4×[2(카운트−1)+4]

예를 들어 4MHz 클록에서 한 클록 주기는 $1/(4\times10^6)$초가 걸린다.

위에서 기술한 단일 루프만을 사용하여 얻어지는 지연시간은 충분하지 않은 경우가 많다. 더 긴 지연시간을 얻을 수 있는 다른 방법은 중복 루프를 사용하는 것이다. 그림 11.6은 중복 루프 지연시간에 관한 순서도를 보인다. 내부 루프는 앞에서 설명한 단일 루프 프로그램과 같다. 루프가 완료되고 제로 플래그가 설정되기까지 레지스터 E는 255회 감소한다. 외부 루프는 레지스터 D가 0으로 감소될 때까지 내부 루프 루틴을 반복적으로 실행시킨다. 따라서 초기에 레지스터 D가 140의 값을 가지면, 이때 지연시간은 140×2.298=321.72ms이다. 이와 관련한 프로그램은 다음과 같다.

```
DELAY    MOV    D,8CH     ; D를 8CH, 즉 140으로 설정
OLOOP    MOV    E,FFH     ; E를 FFH, 즉 255로 설정
ILOOP    DEC    E         ; E를 감소시킴(내부 루프)
         JNZ    ILOOP     ; ILOOP를 255회 반복
         DEC    D         ; D를 감소시킴(외부 루프)
         JNZ    OLOOP     ; OLOOP를 140회 반복
```

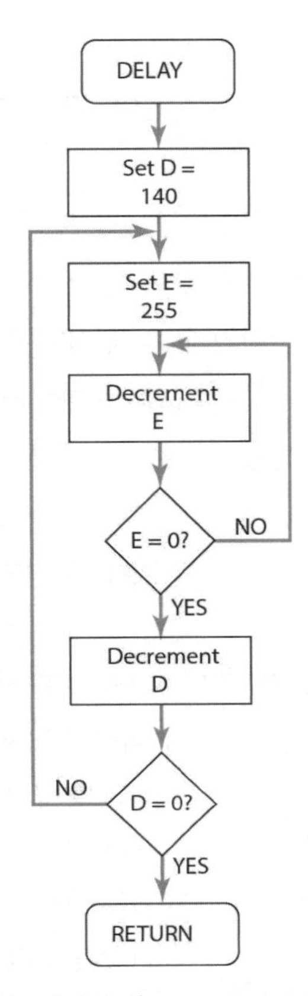

그림 11.16 중복 루프 지연시간(nested loop dealy)에 대한 순서도

다음은 지연시간 서브루틴이 포함된 프로그램 예들이다.

1. 문제: LED 스위치를 반복적으로 온-오프시켜라.

이 문제에서 서브루틴 DELAY는 지연시간을 제공하는 루프이다. 마이크로프로세서는 루프에서 명령어를 수행시키고 루프를 완료시키는 데 어느 정도의 시간이 걸린다. 이 프로그램의 구조는 다음과 같다.

1. If LED on
   - Turn LED off
   - While LED off, do subroutine TIME_DELAY
2. ELSE
   - Turn LED on
   - Do subroutine TIME_DELAY

Subroutine: TIME_DELAY

요구되는 지연시간을 갖도록 명령어, 루프 또는 중복 루프를 사용한다.

요구되는 지연시간 길이가 길어지게 되면, 지연시간용 중복 루프를 종종 사용한다. Intel 8051 프로그래밍에서 DJNZ 명령어를 사용할 수 있는데, 이는 만일 결과가 0이 아니라면 감소하고 점프하는 데 이용된다. 이는 처음 피연산자에 의해 표시된 위치를 감소시키고 결과 값이 0이 아니면 두 번째 피연산자로 점프한다. 여기서 LED는 마이크로컨트롤러 포트 1의 비트 0에 연결되어 있다고 간주하고 Intel 8051 어셈블리 명령어로 작성된 프로그램은 다음과 같다.

```
FLAG      EQU    0FH            ; LED가 켜질 때 플래그 설정
          ORG    8000H
START     JB     FLAG,LED_OFF   ; LED_OFF 비트가 설정되면, 즉 LED가 켜지면 점프
          SETB   FLAG           ; 아니면 FLAG 비트를 설정
          CLR    P1.0           ; LED를 on시킴
          LCALL  DELAY          ; 지연 서브루틴 호출
          SJMP   START          ; START로 점프
LED_OFF   CLR    FLAG           ; LED가 꺼져 있다는 것을 나타내는 LED on 플래그
                                  소거
          SETB   P1.0           ; LED를 off시킴
          LCALL  DELAY          ; 지연시간 서브루틴 호출
          LJMP   START          ; START로 점프
DELAY     MOV    R0,#0FFH       ; 외부 루프 지연값
ILOOP     MOV    R1,#0FFH       ; 내부 루프 지연값
OLOOP     DJNZ   R1,ILOOP       ; 내부 루프를 통한 대기
          DJNZ   R0,OLOOP       ; 외부 루프를 통한 대기
          RET                   ; 서브루틴으로부터 반환
          END
```

2. 문제: 8개 LEDS를 순차적으로 온시켜라.

LEDS를 순차적으로 켜는 데 회전 명령어를 사용하면 초기 비트 패턴을 0000 0001로 하고 다음으로 이를 0000 0011, 0000 0111 등과 같이 회전시킨다. 다음은 Motorola 68HC11 어셈블리 언어로 작성한 프로그램으로서, LED는 포트 B에 연결되어 있다. 그리고 짧은 지연시간이

프로그램에 포함되어 있다.

```
COUNT    EQU     8             ; 카운트는 요구되는 루프의 수 제공
                               ; 즉, on 되는 비트의 수
FIRST    EQU     %00000001     ; 0비트를 on
PORTB    EQU     $1004         ; 포트 B의 주소
         ORG     $C000
         LDAA    #FIRST        ; 초깃값 로드
         LDAB    #COUNT        ; 카운트 로드
LOOP     STAA    PORTB         ; 비트 1, 즉 LED 1 on
         JSR     DELAY         ; 지연시간 서브루틴으로 점프
         SEC                   ; 최하위 비트로 회전하여 들어가는 자리올림
                               ; 비트를 1로 유지하기 위하여 설정
         ROLA                  ; 왼쪽으로 회전
         DECB                  ; 카운트를 감소
         BNE     LOOP          ; 8회 루프로 분기
DELAY    RTS                   ; 짧은 지연시간
         END
```

11.5 정의 표(Look-up tables)

색인 주소지정을 사용하면 표에서 값을 찾는 것이 가능하다. 예를 들어, 정수의 제곱을 구하기 위한 하나의 방법으로서 제곱 연산을 하는 것이 아니라 제곱표를 이용하여 특정한 정수에 대응하는 값을 찾는 것이다. 이러한 정의 표(look-up table)는 관계가 비선형이고 또한 관계가 간단한 산술방정식으로 묘사되지 않을 때 특히 유용하다. 예로서 1.7.2절에서 설명한 엔진 제어 시스템의 경우 점화시기가 크랭크축의 각도와 입구 매니폴드 압력의 함수에 따라 설정되는 경우를 들 수 있다. 여기서 마이크로컨트롤러는 속력 센서와 크랭크축 센서로부터의 입력 신호에 따라 타이밍 신호를 주어야 한다.

어떻게 정의표가 사용되는지 설명하기 위해서, 정수의 제곱을 결정하는 문제를 고려한다. 정수 1, 2, 3, 4, 5, 6, …의 제곱표를 프로그램 메모리에 위치시키고 각각의 제곱 0, 1, 4, 9, 16, 25, 36, … 등과 같은 항목들을 그 다음의 주소에 위치시킨다. 만일 제곱하고자 하는 수가 4라면

이것은 표 안의 데이터의 색인 주소에 관한 색인이 된다. 여기서 표의 처음 값의 색인은 0이다. 프로그램은 표의 기준 주소에 색인값을 더하여 원하는 정수에 대응하는 항목에 대한 주소를 찾는다. 따라서 다음과 같은 표를 얻는다.

Index	0	1	2	3	4	5	6
Table entry	0	1	4	9	16	25	36

예를 들어 Motorola 68HC11 마이크로컨트롤러에서 제곱을 구하는 프로그램을 다음과 같이 작성할 수 있다.

```
REGBAS   EQU    $B600       ; 표에 대한 기준 주소
         ORG    $E000
         LDAB   $20         ; 제곱하고자 하는 정수를 누산기 B로 로드
         LDX    #REGBAS     ; 표를 가리킨다.
         ABX                ; 누산기 B의 내용을 색인 레지스터 X에 더한다.
         LDAA   $00,X       ; 누산기 A에 색인된 값을 로드
```

그리고 유사연산 FDB를 사용하여 표를 메모리에 로드할 수 있다.

```
         ORG    $B600
         FDB    $00,$01,$04,$09; 예약된 메모리 블록에 값을 부여한다.
```

Intel 8051 마이크로컨트롤러의 경우 명령어 MOVC A, @A1DPTR은 DPTR과 누산기 A의 합이 가리키는 메모리 위치로부터 데이터를 갖고 와서 이를 누산기에 저장한다는 것을 의미한다. 이 명령어는 표 내의 데이터를 찾는 데 사용될 수 있는데, 여기서 데이터 포인터 DPTR은 표의 처음 부분으로 초기화되어 있다. 실례로 섭씨온도를 화씨온도로 변환하는 표를 고려한다. 이 프로그램은 변환이 요구되는 온도를 서브루틴으로 전달하는 파라미터를 포함하고 있어, 다음과 같은 명령어를 사용한다.

```
          MOV    A,#NUM         ; 변환되고자 하는 값을 로드
          CALL   LOOK_UP        ; LOOK_UP 서브루틴 호출
LOOK_UP   MOV    DPTR,#TEMP     ; 표를 가리킴
```

```
        MOVC    A,@A+DPTR     ; 표로부터 값을 얻음
        RET                   ; 서브루틴으로부터 반환
TEP     DB      32,34,36,37,  ; 표에 값을 부여
                39,41,43,45
```

표 사용에 관한 또 다른 예는 출력들을 차례대로 내보내는 것이다. 이는 적색, 적색과 황색, 초록색, 황색의 순서를 내는 교통신호를 통제하기 위한 순서일 수도 있다. 적색 표시등은 RD0로부터의 출력이 있을 때 켜지고, 황색 표시등은 RD1로부터의 출력이 있으면 켜지며, 초록색 표시등은 RD2로부터의 출력이 있으면 켜진다. 이 데이터 표를 다음과 같이 구성할 수 있다.

Index	Red 0 0000 0001	Red 1 amber 1 0000 0011	Green 2 0000 0100	Amber 3 0000 0010

11.5.1 스테핑 모터에서 지연시간

스테핑 모터의 동작 시 한 스텝 진행시키기 위한 각 명령어 사이에 지연시간이 사용되어야 하는데, 이는 다음 프로그램 명령어 이전에 현재 스텝이 완료되기 위한 시간 여유를 주어야 하기 때문이다. 연속된 스텝 펄스열을 발생시키기 위한 프로그램은 다음과 같은 알고리즘을 갖는다.

1. 시작
2. 원하는 스텝 순서를 얻기 위해 필요한 출력의 상태 순서
3. 초기 스텝위치로 설정
4. 한 스텝 전진
5. 스텝이 완료될 수 있는 시간을 주는 지연시간 루틴으로 점프
6. 이것이 완전한 한 바퀴 회전에 대한 스텝순서 중 최종 스텝인가? 아니면 다음 스텝으로 가고, 그렇다면 3으로 돌아가 루프를 계속함.
7. 무한히 계속한다.

다음은 완전스텝(full-step) 구성으로 스테핑 모터를 제어하기 위한 마이크로컨트롤러 M68HC11용 프로그램으로서, 여기서 PB0, PB1, PB2, PB3으로부터의 출력을 사용한다. 정의표는 스테핑 모터를 원하는 스텝순서로 구동하는 데 필요한 출력 코드 순서를 얻기 위하여 사용된

다. 다음은 사용된 표이다.

Step	The outputs required from Port B				Code
	PB0	PB1	PB2	PB3	
1	1	0	1	0	A
2	1	0	0	1	9
3	0	1	0	1	5
4	0	1	1	0	6
1	1	0	1	0	4

완전스텝을 이용한 스테핑 모터의 동작에 필요한 코드 순서는 A, 9, 5, 6, A이고, 이 값들은 포인터가 표에서 찾아야 하는 순서를 구성하고 있다. FCB는 'form constant byte'에 대한 연산부호이고, 표에서는 데이터 바이트를 초기화시키는 데 사용된다.

```
BASE     EQU    $1000
PORTB    EQU    $4          ; 출력 포트
TFLG1    EQU    $23         ; 타이머 인터럽트 플래그 레지스터 1
TCNT     EQU    $0E         ; 타이머 카운터 레지스터
TOC2     EQU    $18         ; 출력 비교 2 레지스터
TEN_MS   EQU    20000       ; 클록에 10 ms
         ORG    $0000
STTBL    FCB    $A          ; 이것이 정의표이다.
         FCB    $9
         FCB    $5
         FCB    $6
ENDTBL   FCB    $A          ; 정의표의 끝
         ORG    $C000
         LDX    #BASE
         LDAA   #$80
         STAA   TFLG1,X     ; 플래그 소거
START    LDY    #STTBL
BEG      LDAA   0,Y         ; 표는 첫 위치에서 시작
         STAA   PORTB,X
         JSR    DELAY       ; 지연으로 점프
```

```
            INY                             ; 표에서 증가
            CPY         #ENTBL              ; 표의 끝인가?
            BNE         BEG                 ; 그렇지 않다면 BEG로 분기
            BRA         START               ; 그렇다면, 다시 시작으로 감
DELAY       LDD         TCNT,X
            ADDD        #TEN_MS             ; 10ms 지연시간을 더함
            STD         TOC2,X
HERE        BRCLR       TFLG1,X,            ; 지연시간이 지날 때까지 대기
            LDAA        #$80
            STAA        TFLG1,X             ; 플래그를 소거
            RTS
```

위의 프로그램에서, 라벨 TEN_MS는 TEN과 MS가 같은 라벨의 부분인 것을 나타내기 위하여 공란에 밑줄로 되어 있다는 것에 유의한다.

위의 프로그램에서 지연시간은 마이크로컨트롤러의 타이머 블록을 사용하여 얻어진다. 10 ms의 지연시간이 고려되었다. 2 MHz 클록을 갖는 마이크로컨트롤러 시스템에서 10 ms 지연시간은 20,000클록 주기이다. 따라서 이러한 지연시간을 얻기 위해서 TCNT 레지스터의 현재 값을 찾아내고 여기에 20,000주기를 더하여 이 값을 TOC2 레지스터로 로드한다.

11.6 임베디드 시스템(Embedded system)

마이크로프로세서와 마이크로컨트롤러는 종종 어떤 시스템에 끼워 들어가(embedded) 제어를 수행한다. 예를 들어, 최근의 세탁기에는 여러 가지 다른 세탁 프로그램을 탑재한 임베디드 마이크로컨트롤러를 갖고 있다. 그래서 사용자가 단지 스위치등으로 필요한 세탁 프로그램을 선택하면 그 프로그램이 동작하여 원하는 세탁기능을 수행하게 되는데, 사용자는 마이크로컨트롤러를 프로그램 할 필요는 없다. 이와 같이 이 **임베디드 시스템**(embedded system)이란 사용자에 의해 프로그램 할 필요 없이 여러 가지 기능을 제어할 수 있는 마이크로프로세서 기반 시스템을 말한다. 원하는 프로그래밍은 제조사에서 미리 기억장치에 저장시켜 놓으며, 사용자는 이를 변경할 수 없다.

11.6.1 임베딩 프로그램(Embedding programs)

임베디드 시스템은 제조사의 프로그램을 담은 ROM을 갖고 있다. 이 방법은 많은 프로그램들이 필요할 때 경제적이다. 반대로, 프로그램이 적을 때는 EPROM/EEPROM을 이용하여 프로그램한다. 아음은 마이크로컨트롤러의 EPROM/EEPROM을 사용한 프로그램 예를 보인다.

예를 들어, INTEL 8051 마이크로프로세서의 EPROM을 프로그램하기 위한 배치가 그림 11.7(a)에 나타나 있다. 이 경우 4-6 MHZ의 발진기가 있어야 하고, 그 방법은 다음과 같다.

1. 0000H부터 0FFFH의 범위에 있는 EPROM 위치에 대한 주소를 포트 1 P1 그리고 포트 2의 핀 P2.0과 P2.1에 가한다. 이와 동시에 해당 주소에 프로그램 되는 코드 바이트를 포트 0에 가한다.
2. 핀 P2.7, RST 그리고 ALE는 하이상태로 유지시키고, 핀 2.6과 PSEN은 로우로 유지시켜야 한다. 여기서 핀 2.4와 P2.5의 상태는 관계없다.
3. 핀 EA/Vpp는 ALE에 펄스가 출력되기 직전까지 로직하이 상태를 유지하다가 ALE가 해당 주소 위치로 바이트단위의 코드를 프로그램하기 위해 50ms 동안 로우를 출력할 동안 EA/ V_{pp}를 +21V까지 상승시킨다. 프로그램이 완료된 후 EA는 다시 로직 하이로 돌아간다.

다음으로 그림 11.7(b)에 나타나 있는 배치를 이용하여 프로그램을 검증한다. 즉, 프로그램을 읽는다.

1. 프로그램 위치에 대한 주소를 포트 1 P1 그리고 포트 2의 핀 2.0과 2.3에 가한다.
2. 핀 EA/ V_{PP}, RST 그리고 ALE는 하이 상태를 유지시키고, 핀 P2.6과 P.2.7 그리고 PSEN은 로우로 유지시킨다. P2.4와 P2.5의 상태는 관계없다.
3. 주소 위치에 대한 내용은 포트 0에서 나온다.

온-칩 프로그램 메모리에 외부 수단에 의한 전기적인 접근을 막기 위하여 보안 비트를 프로그램할 수 있다. 일단 이 비트가 프로그램 되면, 이를 소거하기 위해서는 프로그램 메모미를 완전히 소거하여야 한다. 이 프로그래밍용으로 사용하기 위한 배치는 그림 11.7(a)를 이용하는데, 단 P2.6을 하이상태로 유지하여야 한다. 마이크로프로세서를 자외선에 노출시키면 프로그램은 소거된다. 따라서 태양 빛이나 형광 빛은 자외선 성분을 포함하고 있으므로, 1주일 이상의 태양빛이나 3년여 정도의 실내 형광 빛 등에 긴 시간의 노출은 피해야 하며, 칩의 창은 불투명한 라벨로 차단하여야 한다.

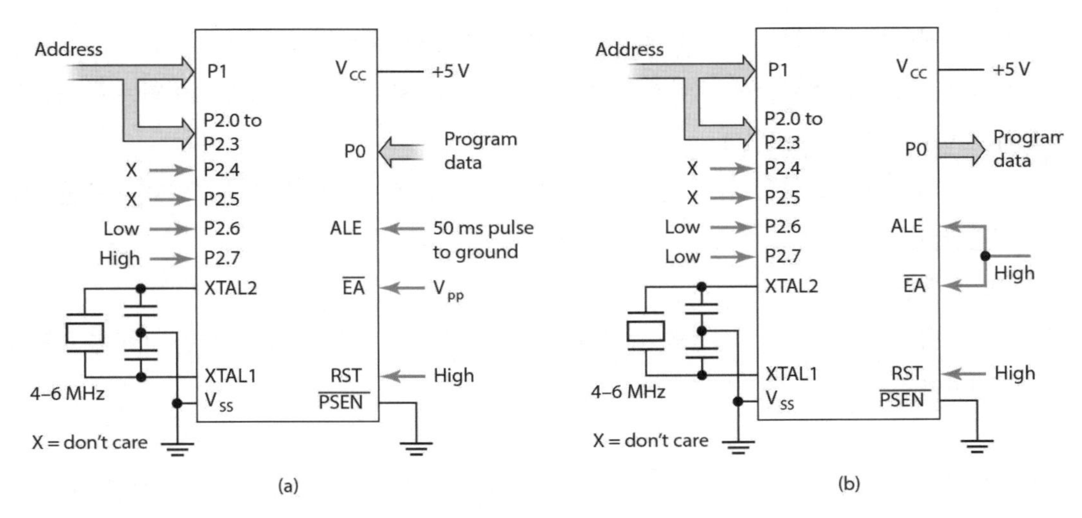

그림 11.17 Intel 8051: (a) 프로그래밍, (b) 검증

Motorola 68HC11 마이크로컨트롤러는 전기 소거식 PROM(EEPROM)을 내장하고 있고, 이 EEPROM의 주소는 $B600에서 $B7FF이다. EPROM과 마찬가지로 모든 비트가 1일 때 한 바이트가 소거되고, 특정 비트들을 0으로 하면 프로그램이 실행된다. 이 EEPROM은 CONFIG 레지스터(그림 11.8) 내의 EEON 비트를 1로 설정하면 사용 가능상태(enable)가 되고, 0으로 설정하면 사용 불가능상태(disable)로 된다. 프로그래밍은 EEPROM 프로그래밍 레지스터 (PROG)에 의해 제어된다(그림 11.8).

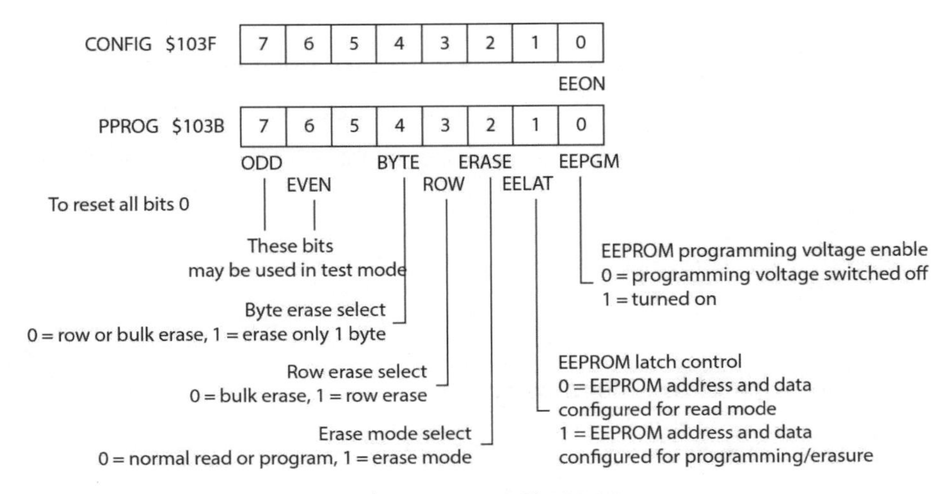

그림 11.8 CONFIG와 PPROG

프로그래밍 방법은 다음과 같다.

1. 프로그래밍이 가능하도록 PPROG 레지스터의 EELAT 비트를 1로 설정한다.
2. 선택되는 EEPROM 주소에 데이터를 기록한다. 이대 프로그램 될 주소와 데이터는 주소버스와 데이터버스에 유지된다.
3. 프로그래밍에 필요한 전압이 인가될 수 있도록 PPROG 레지스터의 EEPGM 비트를 1로 설정한다.
4. 10ms 동안 대기
5. 프로그램과 관련된 모든 설정을 종료하기 위하여 PPROG 레지스터의 모든 비트를 0으로 설정한다.

다음은 위의 MC68HC11에 사용되는 어셈블리 언어로 작성된 프로그램 서브루틴 예를 보인다.

```
EELAT     EQU     %00000010     ; EELAT bit
EEPGM     EQU     %00000001     ; EEPGM bit
PPROG     EQU     $1028         ; address of PPROG register
EEPROG
          PSHB
          LDAB    #DDLAT
          STAB    PPROG         ; set EELAT=1 and EEPGM=0
          STAA    0,X           ; store data X to EEPROM address
          LDAB    #%00000011
          STAB    PPROG         ;s et EELAT=1 and EEPGM=1
          JSR     DELAY_10      ; jump to delay 10ms subroutine
          CLR     PPROG         ; clear all the PPROG bits and return to the read
mode
          PULB
          RTS

; Subroutine for approximately 10ms delay
DELAY_10
          PSHX
```

```
              LDX        #2500           ;c ount for 20,000 cycle
DELAY         DEX
              BNE        DELAY
              PULX
              RTS
```

소거하는 방법은 다음과 같다.

1. 한 바이트나 한 줄, 또는 EEPROM의 전체 소거중 어떤 모드를 선택할지 PPROG 레지스터의 설정을 통해 결정한다.
2. 지워야 할 범위 내에 있는 EEPROM 주소를 주소버스에 작성한다.
3. 소거 전압을 인가하기 위하여 PPROG 레지스터의 EEPGM 비트를 1로 설정한다.
4. 10ms 동안 대기
5. 모든 비트를 끄기 위하여 PPROG 레지스터에 0들을 기록한다.

PIC 마이크로컨트롤러에 내장된 EPROM에서는 데이터를 기록하기 위한 프로그램은 다음과 같다(그림 11.9).

```
bcf       STATUS, RP0     ; Change to Bank 0 for the data
move.f    Data, w         ; Load data to be written
movwf     EEDATA
movf      Addr, w         ; Load address of write data
movwf     EEADR
bsf       STATUS, RP0     ; Change to Bank 1
bcf       INTCON, GIE     ; Disable interrupts
bsf       EECON1, WREN    ; Enable for writing
movlw     55h             ; Special sequence to enable writing
movwf     EECON2
movlw     0AAh            ;
movwf     EECON2
bsf       EECON1, WR      ; Initiate write cycle
bcf       INTCON, GIE     ; Re-enable interrupts
```

```
EE_EXIT    btfsc    EECON, WR      ; Check that the write is completed
           goto     EE_exit        ; If not, retry
           bsf      EECON, WREN    ; EEPROM write is complete
```

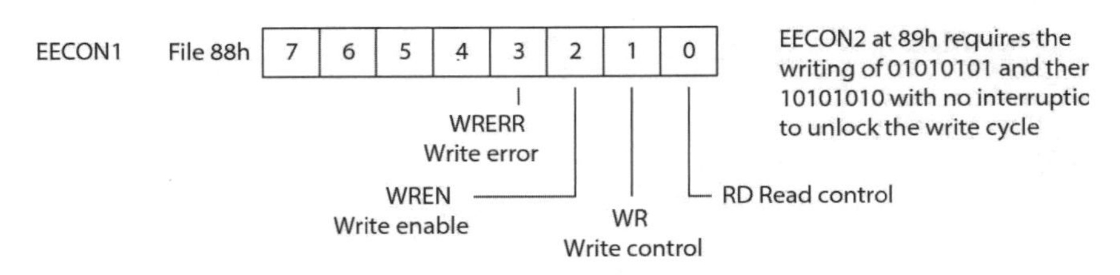

그림 11.9 EECON 레지스터

요 약

마이크로프로세서가 인식할 수 있는 명령어들을 **명령어 집합**(instruction set)이라 하고, 주어진 과제를 수행하는 데 필요한 일련의 명령어들을 **프로그램**(program)이라 부른다.

마이크로프로세서는 이진 코드에 의해 동작된다. 이진 코드로 작성된 명령어들을 **기계 코드**(machine code)라 칭한다. 이진 코드보다 좀 더 간단하고 구분될 수 있는 용어들로 구성된 코드를 **연상기호 코드**(mnemonic code)라 하고, 이 연상기호 코드는 기억하기에 도움을 주는 코드이다. 이러한 코드를 **어셈블리 언어**(assembly language)라 한다. 어셈블리 언어 프로그램은 한 라인씩 순서가 있는 문장들로 구성되며, 각 문장은 라벨(label), 연산부호(op-code), 피연산자(operand) 그리고 주석(comment)로 구분되는 네 개의 필드로 이루어져 있다. 이 **라벨**(label)에 의해 메모리의 특정 영역이 참조된다. **연산부호**(op-code)는 데이터가 어떻게 조작될 것인가를 규정한다. **피연산자**(operand)는 조작되는 데이터의 주소를 포함한다. **주석**(comment) 필드는 프로그래머가 주석을 달 수 있는 구역으로서 이로 인해 독자가 프로그램을 좀 더 쉽게 이해할 수 있도록 해준다.

연습문제

11.1 Using the following extract from a manufacturer? instruction set (6800), determine the machine codes required for the operation of adding with carry in (a) the immediate address mode, (b) the direct address mode.

Operation	Mnemonic	Addressing modes					
		IMMED			DIRECT		
		OP~#			OP~#		
Add with carry	ADC A	89	2	2	99	3	2

11.2 The clear operation with the Motorola 6800 processor instruction set has an entry only in the implied addressing mode column. What is the significance of this?

11.3 What are mnemonics for, say, the Motorola 6800 for (a) clear register A, (b) store accumulator A, (c) load accumulator A, (d) compare accumulators, (e) load index register?

11.4 Write a line of assembler program for (a) load the accumulator with 20 (hex), (b) decrement the accumulator A, (c) clear the address $0020, (d) ADD to accumulator A the number at address $0020.

11.5 Explain the operations specified by the following instructions: (a) STA B $35, (b) LDA A #$F2, (c) CLC, (d) INC A, (e) CMP A #$C5, (f) CLR $2000, (g) JMP 05,X.

11.6 Write programs in assembly language to:

(a) Subtract a hexadecimal number in memory address 0050 from a hexadecimal number in memory location 0060 and store the result in location 0070.

(b) Multiply two 8-bit numbers, located at addresses 0020 and 0021 and store the product, an 8-bit number, in location 0022.

(c) Store the hexadecimal numbers 0 to 10 in memory locations starting at 0020.

(d) Move the block of 32 numbers starting at address $2000 to a new start address of $3000.

11.7 Write, in assembly language, a subroutine that can be used to produce a time delay and which can be set to any value.

11.8 Write, in assembly language, a routine that can be used so that if the input from a sensor to address 2000 is high the program jumps to one routine starting at address 3000, and if low the program continues.

Chapter 12 C 언어

목 표

본 장의 목적은 다음과 같은 내용을 학습한다.

- C 프로그램의 주요 특징에 대한 이해
- C를 사용한 마이크로컨트롤러용 간단한 프로그램 작성 방법

12.1 왜 C인가?

본 장에서는 C 언어의 소개와 프로그램 작성방법에 대하여 설명한다. C는 마이크로프로세서의 프로그램을 위해 어셈블리 언어 대신에 종종 사용되는 고급언어이다(11장 참조). 이는 어셈블리 언어와 비교할 때보다 더 쉽게 사용할 수 있다는 점 이외에 똑같은 프로그램이 다른 마이크로프로세서들에 모두 사용될 수 있다는 점에서 이점을 가지고 있다. 이를 위해서 컴파일러를 사용하여 C를 마이크로프로세서에 관계된 적절한 기계어로 변환시켜야 한다. 어셈블리 언어는 마이크로프로세서마다 다르지만, C 언어는 표준화되어 있고 그 표준은 ANSI(American National Standards Institute)이다.

12.2 프로그램 구조

그림 12.1은 C 프로그램의 주 요소의 개요를 보인다. 이를 보면 표준 파일을 호출하는 전처리 명령이 있고 이 다음에 주 함수가 따라 온다. 이 주 함수 안에 서브루틴으로 호출되는 다른 함수들이 있다. 각각의 함수는 여러 개의 명령문을 포함하고 있다.

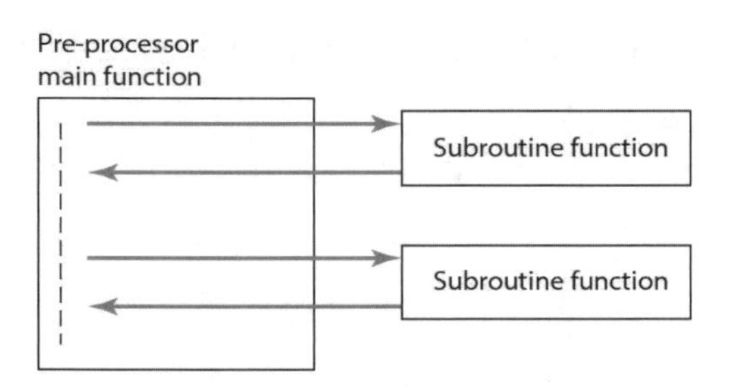

그림 12.1 C 프로그램의 구조

12.2.1 중요 특징

다음은 C 언어로 작성된 프로그램의 중요한 특징이다. 공란과 캐리지 리턴은 C 프로그램의 컴파일러상에서는 무시되는데, 이는 프로그램을 읽기 쉽게 쉽도록 위한 것으로 단지 프로그래머의 편의상으로만 사용된다.

1. 키워드(Keywords)

C에서 어떤 단어들은 특정한 의미의 키워드로서 예약된다. 예를 들어 *int*는 정수값에 관계되는 것을 나타내고, if는 결정이 참 혹은 거짓에 따라 프로그램의 방향을 바꿀 때 사용된다. C의 모든 키워드는 소문자로 되어 있다. 이 키워드들은 C 프로그램에서 다른 목적으로 사용되지 말아야 한다. 다음은 ANSI C 표준 키워드이다.

auto	double	int	struct
break	else	long	switch
case	enum	register	typedef
char	extern	return	union
const	float	short	unsigned
continue	for	signed	void
default	goto	sizeof	volatile
do	if	static	while

2. 명령문(Statements)

이것은 프로그램을 구성하는 목록으로서 모든 명령문은 세미콜론으로 끝난다. 명령문들을 중

괄호 { } 안에 포함시켜 하나의 그룹으로 형성할 수 있다. 예로 두 개의 명령문으로 이루어진 한 그룹은 다음과 같이 표현된다.

```
{
    statement 1;
    statement 2;
}
```

3. 함수(Functions)

함수는 구체적인 기능을 수행하는 프로그램 코드로 이루어진 하나의 블록으로서, 호출될 수 있도록 각기 고유의 이름을 가지고 있다(어셈블리 언어 프로그램의 서브루틴과 유사). 함수는 이름과 그 뒤에 괄호가 붙어 있는 형태, 즉 name( )의 형태를 갖는다. 괄호는 인수(argument)를 둘러싸고 있고, 이 인수는 함수가 호출되었을 때 함수로 전달되는 값이다. 함수는 프로그램 명령문에서 그 이름을 호출하면 실행된다. 예를 들어 다음과 같은 명령문을 고려한다.

```
printf("Mechatronics");
```

이것은 단어 Mechatronics가 전처리기 명령에 의해 호출되는 미리 정의된 함수 printf( )로 전달되어 결과로서 단어가 화면에 표시된다는 뜻이다. 문자들이 단어 Mechatronics를 구성하는 문자열을 형성한다는 것을 나타내기 위하여 단어 Mechatronics는 큰 따옴표로 둘러싸여져 있다.

4. 리턴(Return)

함수는 호출한 루틴으로 값을 돌려준다. 함수 이름 앞에는 **반환형식(return type)**이 위치하고 있는데, 이것은 함수의 실행이 종료되었을 때 호출 함수로 반환되는 값의 형식을 명시한다. 예를 들어 int main( )은 main 함수로부터 정수반환을 위해 사용된다. 만약 함수가 void main(void)와 같이 어떤 값도 반환하지 않는다면 그 반환형식은 void가 될 것이다. 종종 헤더 파일에서 이 반환 정보를 포함하고 있는데, 이 경우 헤더 파일에 의해 정의된 함수를 다시 명시할 필요가 없다.

함수로부터 이를 호출한 곳으로 값을 반환하기 위해, 키워드 return이 사용된다. 즉, 결과를 반환하기 위하여 다음과 같은 형식의 명령어를 사용한다.

```
return result;
```

이 리턴 명령문에 의해 함수는 종료된다.

5. 표준 라이브러리 함수(Standard library functions)

C 패키지에는 여러 가지 라이브러리들이 제공되는데, 이는 이미 작성된 C 코드를 포함하는 미리 정의된 여러 가지 함수들을 포함하고 있어 이들을 작성해야 하는 프로그래머의 노력을 절약시켜 준다. 이 라이브러리들은 단지 이름만 써 주면 호출된다. 어떤 특정 라이브러리의 내용을 사용하기 위해서 헤더 파일에 그 이름이 명시되어야 한다. 다음은 이런 라이브러리 파일들의 예이다.

math.h – 수학적인 함수
stdio.h – 입출력 함수
time.h – 날짜와 시간 함수

예를 들면, 함수 printf()는 stdio.h 라이브러리로부터 호출되는 함수로서 모니터 화면으로 인쇄하기 위한 함수이다. 다른 함수로서 scanf()가 있는데, 이는 키보드로부터 데이터를 읽기 위해 사용된다.

6. 전처리기(Pre-processor)

전처리기는 **전처리기 명령**에 의해 식별되는 프로그램으로서, 이는 컴파일 이전에 실행되고 앞에 위치한 #으로 구분된다. 그리고 괄호 < > 사이에 파일이름을 포함시켜 다음과 같은 형식으로 표시한다.

```
# include < >
```

이 명령이 실행되면 < > 안에 명시된 파일은 프로그램에 삽입된다. 이러한 방법은 표준 헤더 파일의 내용을 추가하는 데 자주 사용된다. 이렇게 하여 표준 라이브러리 함수들이 활용될 수 있도록 많은 선언과 정의를 사용할 수 있다. 다음은 한 예이다.

```
# include <stdio.h>
```

실례로서, 다음과 같은 간단한 프로그램을 고려한다.

```
# include <stdio.h>
main( )
{
  printf("Mechatronics");
}
```

이를 보면 주 프로그램의 시작 전에 파일 stdio.h가 추가되어 주 프로그램이 시작되면 함수 printf( )를 사용할 수 있고, 그 결과 화면에 Mechatronics가 표시된다. 다른 형태의 전처리기 명령을 보면,

```
# define pi 3.14
```

이것은 프로그램에서 특별한 기호에 대응하여 이에 대입할 값을 정의할 때 사용된다. 그러면 프로그램에서는 pi를 만날 때마다 3.14라는 값을 사용한다. 다른 예로서

```
# define square(x) (x)*(x)
```

이것에 의해 프로그램 내의 square란 용어는 (x)*(x)로 교체된다.

7. 주 함수(Main function)

모든 C 프로그램은 main( )이라 불리는 함수를 가지고 있어야 한다. 이 함수는 프로그램이 실행될 때 첫 번째로 호출되는 함수이고, 프로그램은 이 첫 번째 명령문부터 실행이 시작된다. 다른 함수들은 이 명령문 안에서 호출되고, 각 함수들은 순서대로 실행되며 그 결과들은 이 주 함수로 반환된다. 이는 다음과 같이 표현된다.

```
void main(void)
```

이 표현은 어떤 결과도 주 프로그램으로 반환되지 않고 어떤 인수도 없다는 것을 나타낸다.

약속에 의해 main( )으로부터 반환되는 값이 0이면 정상적인 프로그램 종료를 의미한다. 즉, 다음과 같이 반환된다.

```
return 0;
```

8. 주석(Comments)

/*와 */은 주석을 나타내는 데 이용되며, 이는 다음과 같은 형식을 갖는다.

```
/* Main program follows */
```

주석은 컴파일러에서는 무시되고 단지 프로그래머가 프로그램을 좀 더 쉽게 이해하기 위해 이용된다. 주석은 다음의 예와 같이 한 줄 이상으로 작성될 수 있다.

```
/* An example of a program used to
illustrate programming */
```

9. 변수(Variables)

변수는 다양한 값을 가지며 이름을 갖고 있는 기억위치이다. 변수들 중의 하나로서 char 키워드를 사용하여 문자를 가질 수 있는데, 이 변수는 8bit이고 일반적으로 단일문자를 저장하기 위해 사용된다. 부호가 있는 정수, 즉 분수 부분을 갖고 있지 않으며 양수 또는 음수를 표시하기 위하여 부호를 갖는 수들은 키워드 *int*를 사용하여 지정된다. 키워드 *float*는 부동소수점 수를 나타내는 데 사용된다. 이 수들은 분수 부분을 갖는다. 키워드 *double*도 부동소수점 수에 사용되지만 *float*에 의한 수의 약 두 배의 유효 자리수를 갖는다. 변수를 선언하기 위해 변수이름 앞에 그 형식이 온다. 즉,

```
int counter;
```

이것은 변수 'counter'를 정수 형식으로 선언한다. 다른 예로서

```
float x, y;
```

이것은 변수 x와 y 모두 부동소수점 수임을 나타낸다.

10. 할당(Assignments)

할당 명령문은 =부호 오른쪽에 표현된 값을 그것의 왼쪽 변수에 할당한다. 예를 들어 $a=2$는 변수 a에 2를 할당한다는 것을 의미한다.

11. 산술 연산자(Arithmetic operation)

사용되는 연산자는 덧셈 +, 뺄셈 −, 곱셈 *, 나눗셈 /, 나눔자(modulus) %, 증가 ++ 그리고 감소 −−가 있는데, 증가 연산자는 변수의 값을 1씩 증가시키는 반면에 감소 연산자는 1씩 감소시킨다. 연산의 선행에 관한 산술 연산의 기본 규칙은 여기에서도 유효하다. 예를 들어 2*4+6/2는 11이다. 다음은 산술 연산자를 포함한 프로그램의 예이다.

```
/* program to determine area of a circle */

#include <stdio.h> /* 함수 라이브러리를 확인한다 */

int radius, area /* 변수 radius와 area는 정수이다 */

int main(void) /* 주 프로그램을 시작한다, int는 정수 값이 반환됨을 지정한다. void는 main()은
    어떤 파라미터도 갖고 있지 않음을 표시한다. */
{
    printf("Enter radius:"); /* "Enter radius"를 화면에 나타낸다 */
    scanf("%d", &radius); /* 키보드로부터 정수를 읽어 들여 변수 radius에 할당한다*/
    area = 3.14*radius*radius; /* area를 계산 */
    printf("/n Area = %d", area); /* 다음 라인에 Area =을 인쇄 후 area 값을 넣는다 */
    return 0; /* 호출 지점으로 되돌아간다 */
}
```

12. 관계 연산자(Relational operators)

관계 연산자들은 "x는 y와 같은가?" 또는 "x는 10보다 큰가?"와 같이 묻는 질문에 대한 비교 표현에 사용된다. 관계 연산자들은 다음과 같다: 같다 ==, 같지 않다 !=, 작다 <, 작거나

같다 <=, 크다 >, 크거나 같다>=. 여기서 ==은 두 개의 변수가 같은가를 물을 때 사용되고, 5는 변수에 값을 할당할 때에 사용됨을 주의하라. 예를 들어 "x는 2와 같은가?"라는 질문에 대해서 이를 (a==2)로 표현한다.

13. 논리 연산자(Logical operators)

논리 연산자는 다음과 같다.

<table>
<tr><th>Operator</th><th>Symbol</th></tr>
<tr><td>AND</td><td>&&</td></tr>
<tr><td>OR</td><td>||</td></tr>
<tr><td>NOT</td><td>!</td></tr>
</table>

C에서 참이면 결과가 1이고 거짓이면 0이 된다.

14. 비트와이즈 연산(Bitwise operations)

비트와이즈 연산자는 피연산자의 내용이 수를 나타내는 값이라기보다는 일련의 개개의 비트로 취급하고, 각각의 피연산자에서 대응하는 비트끼리 비교한다. 그리고 정수 변수에 한하여 연산된다. 연산자들은 다음과 같다.

<table>
<tr><th>Bitwise operation</th><th>Symbol</th></tr>
<tr><td>AND</td><td>&</td></tr>
<tr><td>OR</td><td>|</td></tr>
<tr><td>EXCLUSIVE-OR</td><td>^</td></tr>
<tr><td>NOT</td><td>~</td></tr>
<tr><td>Shift right</td><td>@</td></tr>
<tr><td>Shift left</td><td>!</td></tr>
</table>

예를 들어 다음과 같은 명령문을 고려한다.

```
portA = portA | 0x0c;
```

여기서 접두사 0x는 0c가 16진수값임을 나타낸다. 이 값은 2진수 0000 1100에 해당하므로 portA와 OR된 결과 값은 포트 A의 비트 2와 3을 강제로 온시킨 이진수이다. 그러나 다른 비트는 변화되지 않고 그대로 남는다.

```
portA = portA ^ 1;
```

이 명령문은 port A의 비트 1을 제외한 모든 비트를 변하지 않도록 한다. 만약 port A의 비트 0의 값이 1이면 XOR 연산에 의해 그 값은 0이 되고 만약 0이라면 1로 된다.

15. 문자열(String)

큰 따옴표 " " 안에 둘러싸인 연속된 문자들을 문자열이라고 부른다. 그 용어가 암시하듯이 큰 따옴표 안에 있는 문자들은 연결되어 있는 한 항목으로 다루어진다. 예를 들어 다음의 경우

```
printf("Sum = %d", x)
```

( ) 속의 인수는 무엇이 프린트 함수로 전달되는지 명시한다. 여기에는 두 개의 변수가 있고, 그 두 변수는 쉼표로 분리되어 있다. 첫 번째 변수는 큰 따옴표 사이에 있는 문자열로서 출력이 어떻게 표현되는가를 명시한다. %d는 변수가 10진수로 표시됨을 의미한다. 이 외에도 다음과 같이 여러 가지 다른 형식이 있다.

%c 문자
%d 지정된 10진수
%e 과학적인 표시
%f 십진법의 부동소수점
%o 부호 없는 8진수
%s 문자열
%u 부호 없는 10진수
%x 부호 없는 16진수
%% %기호를 인쇄

다른 인수 x는 화면에 표시되는 값을 명시한다.
다른 예로서, 다음 명령문

```
scanf("%d", &x);
```

은 키보드로부터 10진수를 읽고 이를 정수 변수 x에 할당한다. x 앞에 & 기호는 연산자의 '주소'이다. 이 기호가 변수이름 앞에 위치하면 이것은 변수의 주소를 반환한다. 위의 명령은 데이터를 스캔하고 주어진 주소에 스캔한 항목을 저장한다.

16. 확장 비트열(Escape sequences)

확장 비트열은 문자의 표준 해석으로부터 벗어나 있는 문자열이고, 이는 화면 커서를 움직이거나 특별한 처리를 나타냄으로써 디스플레이상의 출력위치를 제어하는 데 사용된다. 다음과 같은 명령문을 예로 든다.

```
printf("\nSum = %d", d)
```

\n은 화면에 인쇄될 때 새로운 라인에 인쇄됨을 표시한다. 다음은 일반적으로 사용되는 확장 비트열이다.

\a	삑 소리를 낸다.
\b	한 자 역행시킨다.
\n	새로운 라인
\t	가로의 탭
\\	백 슬래쉬
\?	물음표
\'	단일 인용

12.2.2 C 프로그램 예제

다음은 앞에서 설명한 용어들의 사용을 보이기 위한 간단한 프로그램 예제이다.

```
/* 간단한 C 프로그램 */

#include <stdio.h>
```

```
void main(void)
{
    int a, b, c, d;               /* a, b, c 그리고 d 는 정수이다. */
    a = 4;                        /* a에는 4가 할당된다. */
    b = 3;                        /* b에는 3이 할당된다. */
    c = 5;                        /* c에는 5가 할당된다. */
    d = a * b * c;                /* d에는 a * b * c 값이 할당된다. */
    printf("a * b * c = %d\n", d);
}
```

첫 번째 줄의 명령문 'int a, b, c, d;'는 변수 a, b, c, d를 정수로 선언한다. 명령문 'a=4, b=3, c=5'는 변수들에게 최초의 값을 할당한다. = 기호는 할당을 표시하기 위해 사용된다. 명령문 'd = a * b * c'는 a는 b와 c로 곱해지고 그 결과는 d에 저장된다. 명령문 'printf("a * b * c = %d\n", d);'에서 printf는 화면에 표시하는 함수이다. 이 문장은 %d를 포함하고 있는데, 이는 그 값이 10진수로 변환됨을 표시한다. 따라서 위 프로그램의 결과로서 a * b * c = 60이 인쇄된다. 문자열의 끝의 \n 문자는 %d 다음에 새로운 라인이 추가됨을 나타낸다.

12.3 분기와 루프(Branches and loops)

C 프로그램에서는 분기와 루프를 하기 위하여 if, if/else, while 그리고 switch 명령문을 사용한다.

1. if

if 명령문은 그림 12.2와 같이 분기를 위하여 사용한다. 예를 들면, 만약 어떤 표현이 참이면 그 명령문은 실행되나, 참이 아니면 명령문은 실행되지 않고 프로그램은 그 다음 아래의 명령문으로 진행된다. 이 명령문의 형태는 다음과 같다.

```
if (condition 1 = = condition  2);
printf ("\nCondition is OK.");
```

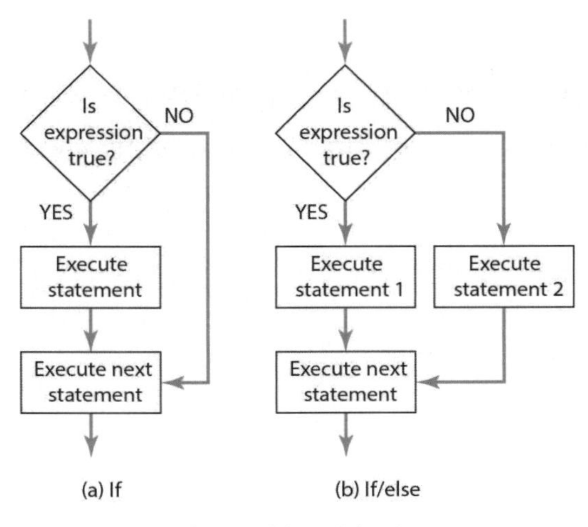

그림 12.2 (a) If, (b) if/else

다음은 if 명령문을 포함하는 프로그램의 예이다.

```
#include <studio.h>

int x, y;
main( )

{
    printf("\nInput an integer value for x: ");
    scanf("%d", &x);
    printf("\nInput an integer value for y: ");
    scanf(%d", &y);
    if( x = = y)
       printf("x is equal to y");
    if(x > y)
       printf("x is greater than y");
    if(x < y)
       printf("x is less than y");
       return 0;
}
```

화면에 Input an integer value for x:가 표시되면 자판으로 값을 입력한다. 이후 화면에 Input an integer value for y:가 표시되면 자판으로 다른 값을 입력한다. if문은 자판으로 입력된 두 개의 값이 같은지 또는 어떤 것이 다른 하나보다 큰지 작은지를 결정하여 그 결과를 화면에 표시한다.

2. If/else

if 명령문은 *else* 명령문과 같이 사용될 수 있다. 이것은 만약 결과가 참이면 하나의 명령문을 실행하고, 거짓이면 다른 명령문을 실행한다(그림 12.2(b)). 다음은 이에 대한 예이다.

```
#include <studio.h>

main( )
{
  int temp;
  if(temp > 50)
     printf("Warning");
  else
    printf("System OK");
}
```

3. For

이 조건 루프는 특별한 조건이 참이나 거짓 등의 요구 조건에 도달될 때까지 일련의 명령문들을 실행하는 데 사용된다. 그림 12.3(a)는 이에 관한 순서도를 보인다. 이 for 함수는 루프용 명령문을 쓰기 위한 한 방법이다. 일반적인 이 명령문 형태는 다음과 같다.

```
for(초기 값; 비교 값; 증감 값)
loop 명령문;
```

다음은 한 예이다.

```
#include <studio.h>

int count

main( )
{
  for(count = 0; count < 7; count ++)
  printf("\n%d", count);
}
```

최초의 count는 0이고 1씩 증가할 것이며, count가 7보다 작은 동안 for 명령문은 반복 수행된다. 그 결과로 화면에는 0 1 2 3 4 5 6이 각각 다른 줄에 표시된다.

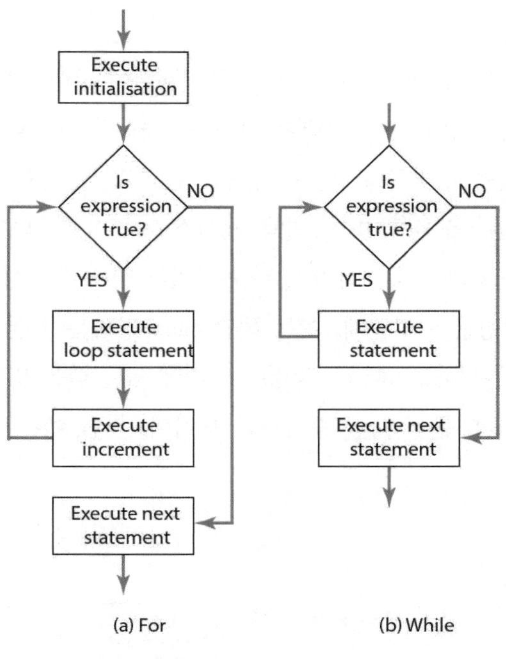

그림 12.3 (a) For, (b) while

4. While

while 명령문에서는 표현이 참인 동안에는 루프가 계속적으로 반복된다(그림 12.3(b)). 표현이 거짓이 되었을 때 프로그램은 루프 바로 뒤에 있는 명령문으로 이동된다. 예를 들어 다음 프로그램에서 while 명령문은 count가 7보다 작은 동안 결과를 표시한다.

```
#include <studio.h>

int count;
int main( );
{
   count = 1;
   while(count < 7)
      {
         printf("\n%d", count);
         count ++;
      }
      return 0;
}
```

그 결과로 화면에는 0 1 2 3 4 5 6이 각각 다른 줄에 표시된다.

5. Switch

이 *switch* 명령문은 여러 개 대안 중에서 하나를 선택하여 선택한 명령을 실행시킨다. 테스트 조건은 괄호 안에 있다. 어떤 것을 선택할 것인가는 케이스 라벨에 의해 구분되는데, 이는 테스트 조건의 기대 값을 판별한다. 예를 들어 다음과 같은 상황을 고려한다. 만약 케이스 1이 발생한다면, 명령문 1을 실행한다, 만약 케이스 2가 발생한다면, 명령문 2를 실행한다, …. 만약 표현이 어떤 경우와도 일치하지 않는다면 기본 명령문이 실행된다. 각각의 case 명령문 뒤에 보통 break 명령문이 있는데, 이는 해당 case 명령문이 실행된 후에는 그 뒤에 있는 다른 case 명령문들을 무시하고 switch 명령문 아래에 있는 다음 명령문을 실행시키는 역할을 한다. 그림 12.4는 switch 문에 대한 순서도를 보이며, 다음 예는 이 명령어 형식을 보인다.

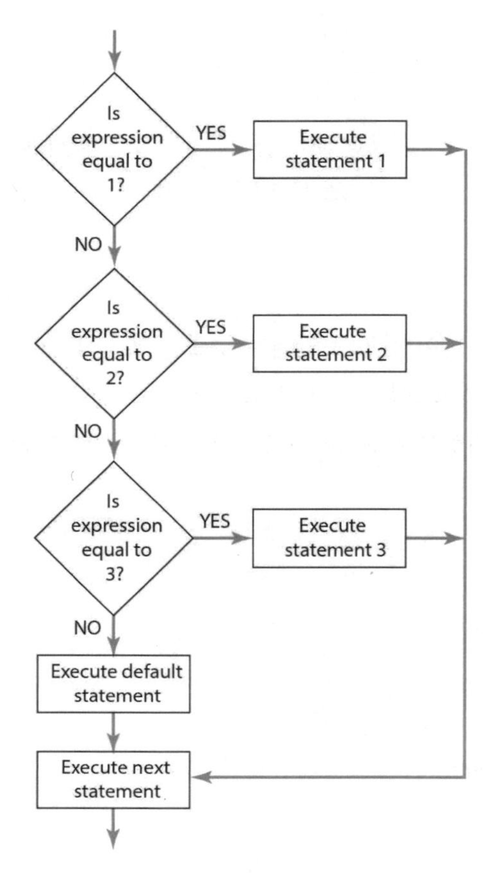

그림 12.4 switch

```
switch(expression)
{
  case 1;
    statement 1;
  break
  case 2;
    statement 2;
    break;
  case 3;
    statement 3;
    break;
  default;
    default statement;
}
next statement
```

다음 프로그램은 키보드로부터 입력된 숫자 1, 2, 3을 인식하여 이를 화면에 표시하는 프로그램의 예이다.

```
#include <stdio.h>

int main ( );
{
  int x;

  printf("Enter a number 0, 1, 2 or 3:  ");
  scanf("%d", &x);

  switch (x)
  {
    case 1:
        printf("One");
        break;
    case 2:
        printf("Two");
        break;
    case 3:
        printf("Three");
        break;
    default;
        printf("Not 1, 2 or 3");
  }
  return 0;
}
```

12.4 배열(Arrays)

일주일 동안 매일 낮의 온도를 기록하고 난 후에 어떤 특정한 날의 온도를 찾고 싶은 경우를 고려한다. 이 작업은 배열(array)을 사용하면 가능하다. 배열은 같은 데이터 형식을 갖는 데이터들에 대한 기억장소의 집합이며, 같은 이름으로 선언된다. Temperature라는 이름을 갖고 여기에 float 형식의 값을 저장하는 배열을 선언하기 위해 다음과 같은 명령문을 사용한다.

```
float Temperature[7];
```

배열 크기는 배열이름 바로 뒤의 대괄호 [ ] 안에 표시된다. 이 경우에 7은 한 주일에 해당하는 7일 동안의 데이터용으로 사용된다. 배열에 있는 각각의 원소는 색인번호에 의해 참조된다. 첫 번째 원소는 숫자 0을 갖고, 두 번째는 1 그리고 마지막 원소인 n번째는 n 2 1이 된다. 그림 12.5(a)는 연속 배열의 형태를 보인다. 배열에 값을 저장하기 위해 다음과 같이 쓴다.

```
temperature[0] = 22.1;
temperature [1] = 20.4;
etc.
```

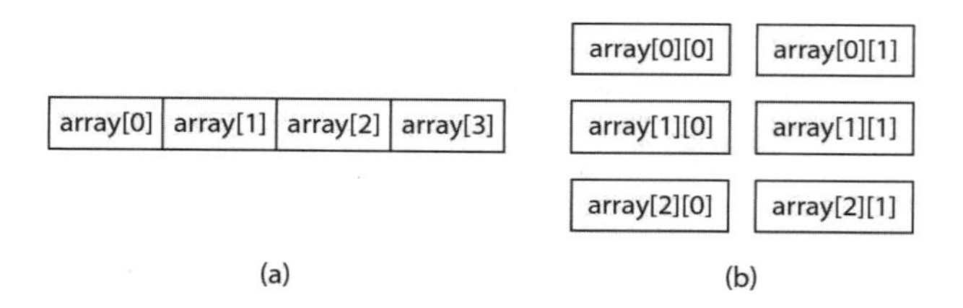

그림 12.5 (a) 4열 연속 배열, (b) 2차원 배열

만약 배열 원소에 값을 주기 위하여 scanf( )를 사용하기를 원한다면 다음의 예와 같이 배열 이름 앞에 &를 붙인다.

```
scanf("%d", &temperature [3]);
```

다음 예는 숫자 0, 1, 2, 3, 4의 제곱 값을 저장하고 이를 화면에 표시하는 간단한 프로그램이다.

```
#include <stdio.h>

int main(void)
{
  int sqrs[5];
  int x;

  for(x = 1; x<5; x++)
    sqrs[x – 1] = x * x;
  for(x = 0; x < 4; x++)
    printf("%d", sqrs[x]);

  return 0;
}
```

배열은 다음과 같이 처음 선언할 때 초기 값을 부여할 수 있다.

```
int array[7] = {10, 12, 15, 11, 10, 14, 12};
```

만일 배열 크기를 생략한다면 컴파일러는 초기 값을 가질 수 있을 정도의 충분히 큰 배열을 새로 만든다.

```
int array[ ] = {10, 12, 15, 11, 10, 14, 12};
```

일차원 배열 외에도 **다차원 배열**이 사용될 수 있다. 예를 들어 그림 12.5(b)의 데이터 표는 2차원 배열이다. x는 행을 y는 열을 나타내고, 다음과 같이 표현한다.

```
array[x][y];
```

12.5 포인터(Pointers)

각 메모리 위치는 고유의 주소를 갖고 있으며 이 주소는 데이터가 저장되어 있는 위치에 접근할 수 있는 수단을 제공한다. 포인터(pointer)는 다른 변수의 주소를 저장할 수 있는 특수한 종류의 변수이다. 만일 p라는 변수가 x라는 변수의 주소를 가지고 있으면 p는 x의 포인터라고 한다. 만일 x의 메모리 주소가 100이라면 p는 100이다. 포인터는 변수이고 다른 모든 변수와 마찬가지로 사용되기 전에 선언되어야 한다. 포인터 선언은 다음과 같은 형태를 갖는다.

```
type *name;
```

*는 name이 포인터임을 나타낸다. 종종 포인터로 사용된 이름은 그 접두사 p와 함께 쓰인다. 즉, 다시 말하면 pname의 형태로서 다음과 같이 표현된다.

```
int *pnumber;
```

포인터를 초기화하고 그것에 주소를 부여하기 위하여 어드레스 연산자 &를 사용할 수 있다. 명령문의 형태는 다음과 같다.

```
pointer = &variable;
```

포인트의 예로서 아래의 간단한 프로그램을 고려한다.

```
#include<stdio.h>

int main(void)
{
    int *p, x;
    x = 12;
    p = &x;                /* p에 x의 어드레스를 할당한다. */
    printf("%d", *p);      /* 포인터를 사용하여 x의 값을 화면에 표시한다. */

    return 0;
}
```

프로그램은 화면에 숫자 12를 표시한다. 이와 같이 포인터에 의해 변수의 내용에 접근하게 되는데, 이와 같은 방법을 간접 접근(indirect access)이라 한다. 이러한 포인터에 의해 지시된 변수의 데이터에 접근하는 과정을 역참조(dereferencing)라 한다.

12.5.1 포인터 연산

포인터 변수들은 +, −, ++ 그리고 −−와 같은 산술 연산자를 가질 수 있다. 포인터의 증가 또는 감소는 현재 지시하고 있는 배열에서 이후 또는 이전의 원소를 지시하게 한다. 그러므로 배열에서 다음 항목으로 포인터 값을 증가시키기 위해 다음과 같이 사용한다.

```
pa++; /* pa는 1 증가 */
```

또는

```
pa = pa + 1;                /* 1 더하기 */
```

12.5.2 포인터와 배열

포인터들은 배열의 각각의 원소에 접근하는 데 사용될 수 있다. 아래 프로그램은 이러한 접근 예를 보여 준다.

```
#include <stdio.h>

int main(void)
{
    int x[5] = (0, 2, 4, 6, 8);
    int *p;
    p = x;                              /* p에 x의 시작 주소를 할당한다. */
    printf("%d %d", x[0], x[2]);
    return 0;
}
```

명령문 printf("%d %d", x[0], x[2]);는 x에 의해 주어진 주소를 가리키고 주소 [0], [2]에 있는 값이 화면에 표시된다.

12.6 프로그램 개발

프로그램을 개발하는 목적은 결국 마이크로프로세서/마이크로컨트롤러 시스템을 동작시키기 위한 기계 명령어들의 집합을 만들고자 하는 것이다. 이 기계 명령어를 실행 파일(executable file)이라 한다. 이러한 파일을 만들기까지 다음과 같은 일들이 발생한다.

1. 소스 코드를 만든다.

   이 작업은 C의 프로그램을 구성하는 일련의 명령문을 작성하는 것이다. 여러 가지 컴파일러와 편집기가 있으므로 프로그래머는 간단히 자판을 이용하여 소스 코드를 입력할 수 있다. 또는 마이크로소프트 윈도우즈에 있는 메모장과 같은 프로그램을 사용할 수 있다. 워드프로세서를 사용하면 부가적인 서식 정보가 포함되어 있어 문제를 야기할 수 있는데, 만일 서식 정보를 포함시켜 파일을 저장하면 컴파일이 방해될 수 있다.

2. 소스 코드 컴파일링

   일단 소스 코드가 작성되면, 프로그래머는 컴파일러에게 이를 기계 코드로 번역하도록 명령한다. 모든 전처리 명령들은 컴파일 과정이 시작되기 전에 수행된다. 컴파일러는 여러 가지 형태의 오류를 찾아내고 그 오류의 종류 및 내용을 나타내는 메시지를 만들어낼 수 있다. 때때로 하나의 오류가 그 이후로 일련의 오류들을 발생시킬 수 있다. 오류가 발생하면 일반적으로 편집 단계로 되돌아가 소스 코드를 재수정해야 한다. 컴파일이 완료되면 컴파일된 기계 코드는 다른 파일에 저장된다.

3. 링크 및 실행 파일 생성

   컴파일러는 생성된 코드와 라이브러리 함수들을 링크시켜 하나의 실행 파일을 만들어 이를 저장한다.

12.6.1 헤더 파일

전처리 명령들은 프로그램이 시작될 때 그 프로그램에서 사용되는 함수들을 정의하기 위한 목적으로 사용되는데, 이들은 간단한 라벨에 의해 불러올 수 있다. 이 전처리기 명령어는 프로그램에서 긴 목록의 표준 함수들을 작성해야 하는 것을 피하고, 관련된 표준 함수를 포함하고 있는 파일을 나타내기 위하여 사용된다. 단지 필요한 것은 컴파일러에 의해 어떠한 표준 함수들에 관한 파일들이 사용되는가를 나타내야 한다. 여기서 이 파일들을 **헤더(header)**라고 하는데, 그 이유는 프로그램의 파일들이 프로그램의 앞부분에 위치하기 때문이다. 예를 들어 <stdio.h>은 gets(입력, 즉 장치로부터 줄을 읽는다), puts(출력, 즉 장치에 줄을 쓴다), scanf(데이터를 읽는다)와 같은 표준 입력 및 출력 함수들을 포함한다. <math.h>은 cos, sin, tan, exp(지수의), sqrt(제곱근)와 같은 수학적인 함수들을 포함한다.

헤더 파일들은 또한 마이크로컨트롤러의 레지스터와 포트를 정의하는 데 유용하며, 프로그래머가 사용하고자 하는 마이크로컨트롤러의 레지스터와 포트에 관한 전처리 라인을 작성하면 이들을 일일이 정의해야만 하는 수고를 피할 수 있다. 이와 같은 목적으로 Intel 8051 마이크로컨트롤러에 대해서 <reg.51.h>라는 헤더를 갖는다. 이는 포트 P0, P1, P2, P3과 같은 레지스터를 정의하고 또한 레지스터 TCON의 TF1, TR1, TF0, TR0, IE1, IT1, IE0, IT0 비트들과 같은 비트 주소화가능(bit addressable) 레지스터의 개별 비트를 정의한다. 그래서 단순히 라벨 P0을 사용하여 포트 0의 입출력을 참조하든지 또는 라벨 TF1을 이용하여 TCON 레지스터의 TF1비트를 참조하는 명령문들을 쓸 수 있다. 이와 마찬가지로, Motorola M68HC11E9용으로는 <hclle9.h> 헤더를 사용한다. 이는 포트 PORTA, PORTB, PORTC, PORTD와 같은 레지스터를 정의하고 또한 PIOC 레지스터의 STAF, STAI, CWOM, HNDS, OIN, PLS, EGA, INVB 비트들과 같은 비트 주소화 가능 레지스터의 개별 비트를 정의한다. 그래서 단순히 라벨 PORTA를 사용하여 포트 A의 입출력을 참조하는 명령문들을 쓸 수 있다. 한편, 라이브러리에 의해 키패드와 액체 수정 디스플레이(LCD)와 같은 하드웨어 주변장치를 쉽게 사용하게 하는 루틴을 공급할 수도 있다.

한 개의 특정한 마이크로컨트롤러를 위해 작성된 주 프로그램은 그 헤더 파일을 변경하여 다른 마이크로컨트롤러에 쉽게 적용될 수 있다. 그러므로 라이브러리를 이용하면 C 프로그램은 쉽게 다른 곳으로 전용될 수 있다.

12.7 프로그램의 예

다음은 마이크로컨트롤러 시스템을 위한 C 프로그램의 예이다.

12.7.1 모터 온-오프 전환

DC 모터를 작동하고 정지시키기 위한 M68HC11 마이크로컨트롤러의 프로그래밍을 고려한다.

포트 C는 입력에 그리고 포트 B는 적당한 드라이버를 통하여 모터의 출력에 사용된다(그림 12.6). 시작 버튼은 모터가 작동될 때 1에서 0의 입력으로 바꾸기 위해 PC0에 연결된다. 정지 버튼은 모터가 멈출 때 1에서 0의 입력으로 바꾸기 위해 PC1에 연결된다. 포트 C의 데이터 방향 레지스터 DDRC는 포트 C가 입력용으로 설정되도록 0으로 설정되어야 한다. 프로그램은 다음과 같다.

```
#include<hc11e9.h>                          /* 헤더 파일을 포함한다. */

void main(void);
{
    PORTB.PB0 &=0;                          /* 초기에 모터를 오프시킨다. */
    DDRC = 0;                               /* 포트 C를 입력으로 설정한다 */
    while(1)                                /* 이 조건이 유지되는 동안 반복한다 */
    {
        if(PORTC.PC0 == 0)                  /*시작 버튼이 눌러졌나? */
            PORTB.PB0 |=1;                  /* 눌러졌다면 출력을 시작하라 */
        else if(PORTC.PC1 == 0)             /*정지 버튼이 눌러졌나? */
            PORTB.PB0 &=0;                  /* 눌러졌다면 출력을 멈춰라 */
    }
}
```

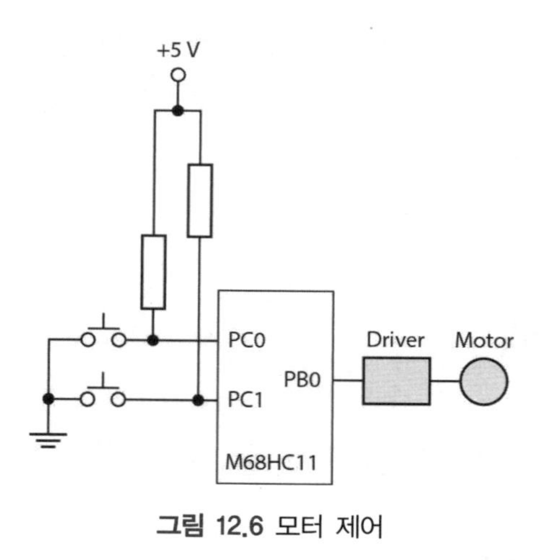

그림 12.6 모터 제어

| 기호는 OR 연산자로서 피연산자들 간의 대응되는 비트가 모두 0이어야만 비트를 0으로 설정

되는 것에 유의하라. 그렇지 않으면 1로 설정된다. 이 연산자는 한 개 또는 여러 개의 비트들을 켜거나 설정하는 데 이용된다. 그래서 PortB.PB0 _5 1은 PB0에 있는 값과 1을 OR시켜 모터를 온시킨다. 이는 포트의 여러 비트를 동시에 스위칭하는 유용한 방법이다. PORTB.PB0 & 5 0의 &는 PB0 비트와 0을 AND시키는 데 사용된다. 위 프로그램에서 PB0이 이전에 1로 설정되어 있지만 연산결과로 PORTB.PB0에 0이 할당된다.

12.7.2 ADC 채널 입력

마이크로컨트롤러(M68HC11)의 프로그래밍을 이용하여 ADC의 단일 입력채널을 읽는 것을 고려한다. M68HC11은 포트 E를 통하여 8비트의 다중화된(multiplexed) 8채널의 연속적인 근사 ADC를 갖고 있다(그림 12.7). ADC 제어/상태 레지스터 ADCTL은 비트 7에 있는 변환완료 플래그 CCF 및 다중화기와 채널 스캐닝을 제어하는 다른 비트들을 포함한다. CCF 5 0이면 변환은 완료되지 않고, 1일 때 완료된다. OPTION 레지스터의 ADPU 비트를 1로 설정하면 AD변환이 시작된다. 단, 입력 값을 읽기 전에 ADC는 반드시 적어도 100ms 동안 켜진 상태로 있어야 한다.

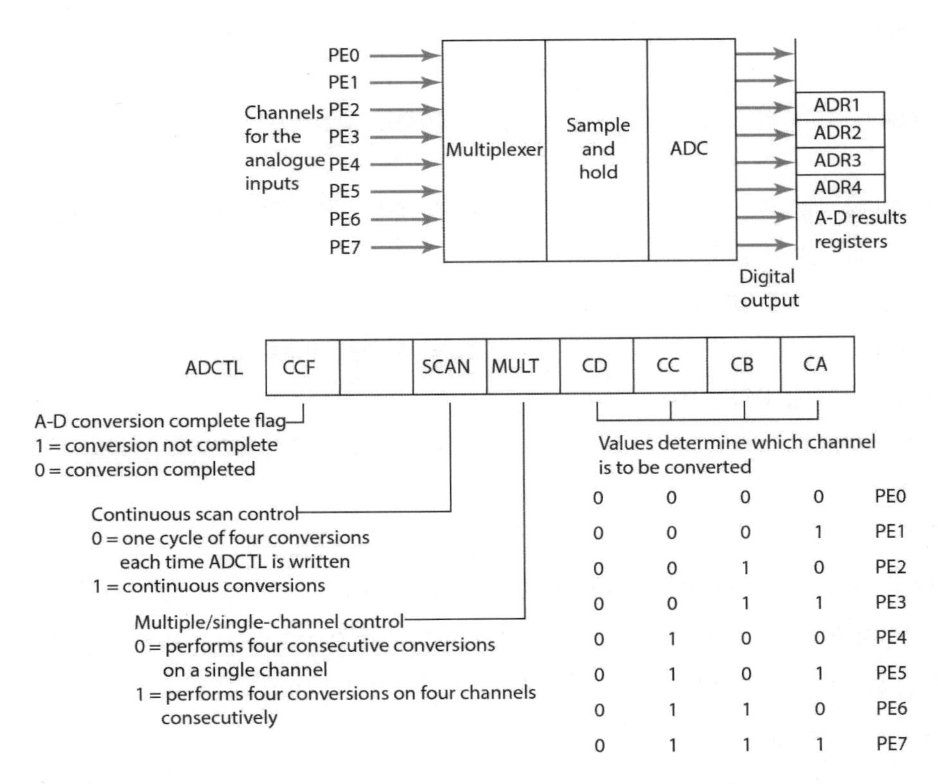

그림 12.7 ADC(계속)

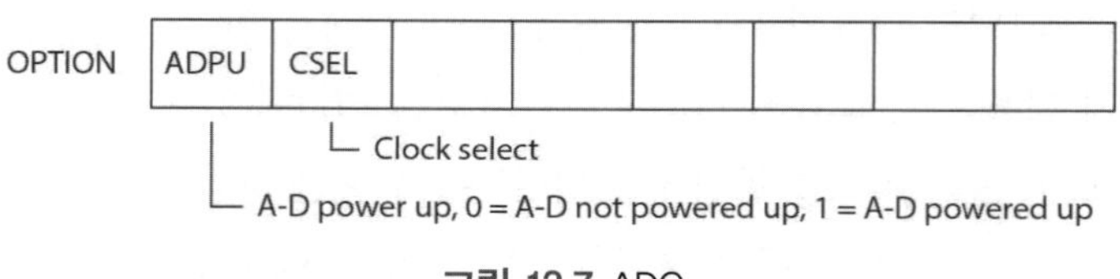

그림 12.7 ADC

아날로그 입력을 PE0로 변환하기 위해, ADCTL 레지스터의 처음 네 비트, 즉 CA, CB, CC, CD는 모두 0으로 설정되어야 한다. 단일 채널변환만을 위하여 사용하려면 5번 비트 SCAN 그리고 4번 비트 MULT는 0으로 설정되어야 한다. 아래에 나타나 있는 간단한 프로그램은 ADC의 전원을 켠 후에 어느 특정한 한 채널을 읽기 위한 것으로, 이 프로그램에서는 ADCTL 레지스터의 모든 비트를 0으로 설정하고 채널 번호 안에 넣은 다음 CCF가 0인 동안 입력을 읽는다.

프로그램은 다음과 같다.

```
#include <hc11e9.h>                       /* 헤더 파일 */

void main(void)
{
     unsigned int k;                      /* 이것은 채널 번호를 넣는다 */

     OPTION=0;                            /* 이 줄과 다음 줄은 ADC를 온시킨다 */
     OPTION.ADPU=1;
ADCTL &=~0x7;/* 비트를 소거한다. */
     ADCTL |=k;                           /* 읽을 채널 번호를 넣는다. */
     while (ADCTL.CCF==0);
     return ADR1;                         /* 변환된 값을 어드레스 1로 반환한다. */
}
```

~ 기호는 보수 연산자(complement operator)라는 것에 유의한다. 이것은 피연산자의 모든 비트를 반전시킨다. 즉, 모든 0을 1로 또는 반대로 모든 1을 0으로 바꾼다. 따라서 비트 7은 설정된다. | 기호는 OR 연산자이고, 이 경우 만약 양쪽의 피연산자 간에 대응하는 비트가 모두 0이면 비트를 0으로 설정되고, 아니면 1로 설정한다. 이 연산자는 한 개 또는 여러 개의 비트들을 켜거나 설정하는 데 이용된다. k=1인 이 경우에서 CA는 1로 설정된다. 전원을 켠 후에 값을 빨리 읽어올 수 없는 경우에 대비하여 위 프로그램에 지연시간 서브루틴이 포함될 수 있다.

12.8 Arduino 프로그램

Arduino 보드용으로는 **스케치(sketch)**라고 하는 프로그램이 사용된다. 이 프로그램의 기본 형식은 setup과 loop와 같은 두 가지 함수로 구성된다. setup 함수는 프로그램의 시작부에서 실행되고 핀을 정의하고 변수와 상수 등을 선언하기 위하여 사용된다. loop 함수는 해당 프로그램의 각 스텝별로 실행되고 루프의 마지막 부분에 도달하면 loop 함수의 첫 부분으로 자동적으로 되돌아간다. 이후 종료되기까지 그 루프를 반복적으로 수행한다.

```
void setup( )
{
//set up code placed here
}

void loop ( )
{
// code steps provided here
}
```

Arduino 프로그램에서 최초의 {기호는 아래의 예와 같이 종종 명령어 바로 다음에 그 라인상에 작성할 수 있다.

```
void setup( ) {
//set up code placed here
}

void loop ( ) {
// code steps provided here
}
```

setup 함수는 내장 함수인 pinMode와 digitalWrite를 불러 이들을 수행한다. pinMode 함수는 각 핀을 입력이나 출력으로 지정하는데, 이는 Arduino 디지털 핀은 입력이나 출력 기능을 모두 할 수 있기 때문이다. digitalWrite 함수는 핀을 하이 또는 로우로 설정한다. 이 두 함수들은 값을 반환하지 않으므로 프로그램은 이들을 void로 처리한다. 예를 들어, 미리 13번 핀에 연결되어 있는 보드상의 LED를 온오프시켜 깜박이게 하는 경우를 고려한다. 프로그램에서 주석은 두 줄 이상인 경우 /*와 */ 기호 사이에 작성하고, 한 줄인 경우에는 앞에 // 기호를 붙인다. 프로그램을 마이크로컨트롤러로 로딩 시에 주석들은 기계어로 컴파일되지 않는다.

```
//Turn on the internal LED for 0.5 s, then off for 0.5 s, repeatedly.

void setup ( )
{
  pinMode (13, OUTPUT);
}

void loop ( )
{
  digitalWrite (13, HIGH);
  delay (500);
  digital Write (13, LOW);
}
```

여기서 delay 함수는 13번 핀의 하이와 로우 사이에 0.550초의 시간지연 갖게 하는 명령어이다.

외부 LED를 연속적으로 0.5초간 온시킨 후 0.5초간 오프시키는 경우를 고려한다. 먼저 이 LED를 어느 핀에 연결할 것인가를 정해야 하고 그 핀은 출력으로 간주된다. LED를 연결할 때 LED간의 전압 강하는 통상 약 2V 및 20mA로 제한되어 있다는 점을 반드시 고려하여야 한다. LED와 직렬로 저항을 연결하고 5V의 전압이 공급되는 경우 이 저항에서 3V의 전압이 강하되고 LED에서 나머지 2V의 전압강하가 이루어지도록 해야 한다. 이 경우 요구되는 최소 저항치는 $V/I = 3/0.020 = 150\Omega$이다. 일반적으로 LED가 작은 전류에도 꽤 밝게 빛이 날 수 있는 정도의 가능한 한 높은 저항치를 사용한다.

```
//Turn an external LED off for 0.5 s, then on for 0.5 s, repeatedly.

 #define ext_LED 12

void setup ( )
{
 pinMode (ext_LED, OUTPUT);
}

void loop ( )
{
 digitalWrite (ext_LED, LOW);
 delay (500);
 digitalWrite (ext_LED, HIGH);
 delay (500);
}
```

다음으로 내부 LED와 외부 LED을 모두 동작시키는 경우를 고려한다.

```
/*Turn the internal LED on and the external LED off for 0.5 s, then the internal
LED off and the external LED on for 0.5 s, repeatedly.
*/

#define int_LED 13
#define ext_LED 12

void setup ( )
{
  pinMode (int_LED, OUTPUT);
  pinMode (ext_LED, OUTPUT);
}

void loop ( )
{
  digitalWrite (int_LED, HIGH);
  digitalWrite (ext_LED, LOW);
  delay (500);
  digitalWrite (int_LED, LOW);
  digitalWrite (ext_LED, HIGH);
  delay (500);
}
```

위 프로그램은 내부 및 외부 LED을 연속적으로 교대로 깜빡이게 한다. 이 프로그램을 좀더 발전시켜 스위치가 온 되어 있는 경우에만 이 두 개의 LED들을 동작시키고자 한다.

```
/*If a switch is closed turn the internal LED on and the external LED off for
0.5 s, then the internal LED off and the external LED on for 0.5 s, repeatedly.
*/
#define int_LED 13
#define ext_LED 12
#define ext_sw 11
Int switch_value;

void setup ( )
{
   pinMode (int_LED, OUTPUT);
   pinMode (ext_LED, OUTPUT);
   pinMode (ext_sw. INPUT);
}

void loop ( )
{
switch_value = digitalRead(ext_sw);
  if (switch_value ==LOW)
    {
     digitalWrite (int_LED, HIGH);
     digitalWrite (ext_LED, LOW);
     delay (500);
     digitalWrite (int_LED, LOW);
     digitalWrite (ext_LED, HIGH);
```

```
    delay (500);
    }
  else
    {
    digitalWrite(int_LED, LOW);
    digitalWrite(ext_LED, LOW)
    }
  }
```

위 프로그램은 단지 Arduino용 프로그램에 대한 간단한 예제이다. 이를 위해 필요한 핵심적인 내용들에 대해서는 이 장의 서두에 설명되어 있다. 한편, Arduino 웹사이트에서 여러 가지 프로그램들을 무상으로 구할 수 있다.

Arduino용 C 프로그램을 사용하기 위해서는 먼저 Arduino 웹사이트에서 Arduino Development Environment라는 프로그램을 주 컴퓨터로 다운로드해야 한다. 이 프로그램을 이용하면 C 언어 코드를 컴퓨터에 입력할 수 있고, 프로그램을 컴파일할 수 있다. 또한 입력한 프로그램이 C 언어의 문법과 맞는가를 검증할 수 있고, Arduino 보드가 이해 가능한 기계어와 기계코드로 변환할 수 있다. 먼저 Arduino 보드를 부팅시키면 공장 출고 시에 메모리에 다운로드되어 있는 일련의 코드들로 이루어진 부트로더로 들어가 USB 커텍터를 통하여 프로그램들을 업로드할 수 있다. 그러면, 호스트 컴퓨터로부터 프로그램을 업로드시키라는 명령을 받아 기계 코드 프로그램이 Arduino 메모리로 로딩되어 Arduino 마이크로컨트롤러에서 그 프로그램을 사용할 수 있게 된다.

기본적인 동작 순서는 다음과 같다.

1. Arduino 웹사이트에서 Arduino Development Environment라는 프로그램을 주 컴퓨터로 다운로드한다.
2. USB 케이들을 이용하여 Arduino 보드를 호스트 컴퓨터에 연결한다.
3. Arduino Development Environment을 시작한다.
4. 컴퓨터에서 C 프로그램을 작성한다.
5. 스크린상에서 Upload 버튼을 선택한다.
6. 이후 Arduino 보드에서 프로그램이 수행된다.

요 약

C 언어는 고급 언어로서 어셈블리 언어에 배해 사용하기 쉽고 여러 가지 다른 마이크로프로세서에 적용할 수 있다는 장점이 있다. 이는 C 프로그램을 사용되는 마이크로프로세서용 기계어로 변환시켜주는 컴파일러(complier)를 이용한다. 어셈블리 언어는 사용되는 마이크로프로세서의 종류에 따라 다르지만, 이에 반해 C 언어는 표준화되어 있다.

C 언어 패키지는 라이브러리와 함께 제공된다. 이 라이브러리는 C 코드로 미리 작성되어 있는 여러 가지 함수들을 제공한다. 한 라이브러리의 내용 일부를 사용하기 위해서는 그 라이브러리가 헤더 파일에 명시가 되어야 한다. 모든 C 프로그램은 main( )이라 부르는 함수를 갖고 있어야 한다. 이 main( )은 프로그램이 실행될 때 처음으로 불리어지는 함수이다. 프로그램은 문장들로 이루어지고, 모든 문장은 세미콜론으로 종료되어야 한다. 여러 문장들을 중괄호, 즉 { } 안에 묶으면 블록으로 한 그룹을 만들 수 있다.

연습문제

12.1 The following questions are all concerned with components of programs.

(a) State what is indicated by int in the statement:

```
int counter;
```

(b) State what the following statement indicates:

```
num = 10
```

(c) State what the result of the following statement will be:

```
printf("Name");
```

(d) State what the result of the following statement will be:

```
printf("Number %d", 12);
```

(e) State what the effect of the following is:

```
#include <stdio.h>
```

12.2 For the following program: what are the reasons for including the line (a) #include

<stdio.h>, (b) the { and }, (c) the /d, and (d) what will appear on the screen when the program is executed?

```
#include <stdio.h>

main( )
{
   printf(/d"problem 3");
}
```

12.3 For the following program, what will be displayed on the screen?

```
#include <stdio.h>

int main(void);
{
   int num;
   num = 20;

printf("The number is %d", num);
return 0;
}
```

12.4 Write a program to compute the area of a rectangle given its length and width at screen prompts for the length and width and then display the answer proceded by the words ?he area is?

12.5 Write a program that displays the numbers 1 to 15, each on a separate line.

12.6 Explain the reasons for the statements in the following program for the division of two numbers:

```
#include <stdio.h>

int main(void);
{
   int num1, num2;

   printf("Enter first number:");
   scanf("%d", &num1);

   printf("Enter second number: ");
   scanf("%d", &num2);

   if(num2 = = 0)
      print f("Cannot divide by zero")
   else
      printf("Answer is: %d", num1/num2);
return 0;
}
```

Chapter 13 입출력 시스템

목 표

본 장의 목적은 다음과 같은 내용을 학습한다.

- 완충기, 핸드셰이킹, 폴링 그리고 직렬 인터페이싱 등과 같은 인터페이스 요구사항에 대한 이해와 이들의 구현방법
- 마이크로컨트롤러에서 인터럽트의 사용방법
- 주변장치 접속기(peripheral interface adapters: PIA’s)의 기능과 요구되는 문제를 해결하기 위한 프로그램 방법
- 비동기통신 인터페이스 접속기(Asynchronous Communications Interface Adapter: ACIA)의 기능

13.1 인터페이싱

제어 시스템에 사용되는 마이크로프로세서는 입력정보를 받아들이고 이에 대응하여 제어에 적합한 출력 신호를 보내야 한다. 따라서 센서 신호를 받아들이는 입력부와 릴레이, 모터 등의 외부 기기 등을 제어하는 출력부가 있어야 한다. **주변장치(peripheral)**란 센서, 키보드, 액추에이터 등과 같이 마이크로프로세서에 연결되는 장치를 말한다. 일반적으로 이러한 주변장치들의 신호형태나 레벨 등이 마이크로프로세서와 일치하지 않아 마이크로프로세서에 직접 연결하지 못하는 경우가 많다. 이러한 불일치성을 극복하기 위하여 인터페이스(interface)라는 회로가 마이크로프로세서와 주변장치 사이에 사용된다. 즉, 인터페이스는 신호의 불일치성이 있는 부분에 사용된다. 그림 13.1은 인터페이스의 예를 보인다.

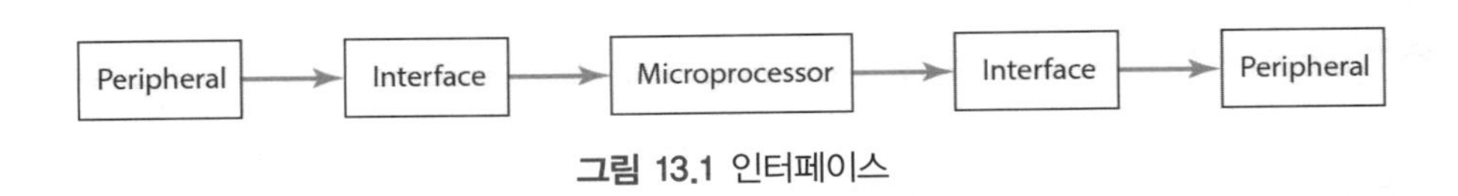

그림 13.1 인터페이스

본 장에서는 이러한 인터페이스로 상용되고 있는 Motorola 사의 주변장치 인터페이스 접속기(Peripheral Interface Adapter: PIA) MC6820 그리고 Motorola 사의 비동기통신 인터페이스 접속기(Asynchronous Communications Interface Adapter) MC6850의 사용에 관한 내용을

설명한다.

13.2 입출력 주소지정

마이크로프로세서가 입출력장치를 선택할 수 있는 방법에는 두 가지가 있다. 어떤 마이크로프로세서(예로 Zilog Z80)는 **분리된 입출력**(isolated input/output)을 가지고 있는데, IN과 같은 특수한 입력 명령어는 입력장치로부터 데이터를 읽는 데 사용되고 OUT과 같은 특수한 출력 명령어는 출력장치로 출력하는 데 사용된다. 예를 들어 Z80에서 입력 명령은 다음과 같다.

```
IN A,(B2)
```

위의 명령어는 입력장치 B2를 읽고 이를 누산기 A에 넣기 위하여 사용된다. 한편, 출력 명령은 다음과 같다.

```
OUT (C), A
```

이는 누산기 A의 데이터를 포트 C에 쓴다는 것을 의미한다.

통상적으로, 마이크로프로세서는 입력과 출력에 대해 구별된 명령어를 갖지 않고 메모리를 읽거나 쓰는 데 동일한 명령어를 사용한다. 이를 메모리맵 입출력(memory-mapped input/output)이라고 한다. 이 방법에서는 메모리 위치와 마찬가지로 각 입출력장치는 한 개의 주소를 갖는다. Motorola 68HC11, Intel 8051과 PIC 마이크로컨트롤러는 별도의 입출력 명령어를 갖지 않고 대신 메모리맵을 사용한다. 따라서 메모리맵에서

```
LDAA $1003
```

이 명령은 주소 $1003에서 데이터 입력을 읽는 데 사용한다. 그리고

```
STAA $1004
```

이 명령은 데이터를 주소 $1004의 출력에 쓰는 데 사용한다.

마이크로프로세서는 수 바이트의 데이터를 입출력하기 위하여 병렬 포트를 사용한다. 많은 주변장치들은 종종 여러 개의 입출력 포트를 요구한다. 이 이유는 주변장치의 데이터 단어가 CPU의 데이터 단어보다 더 길기 때문이다. 이 경우 CPU는 데이터를 세그먼트로 구분하여 전송한다. 예를 들어 8비트 CPU가 16비트 출력이 필요한 경우 다음과 같은 절차를 수행한다.

1. CPU는 데이터의 상위 8비트를 준비한다.
2. CPU는 첫 번째 포트에 상위 8비트를 전송한다.
3. CPU는 데이터의 하위 8비트를 준비한다.
4. CPU는 두 번째 포트에 하위 8비트를 전송한다.
5. 이상의 결과로 얼마간의 지연시간 후 주변장치에서 16비트 사용이 가능하게 된다.

13.2.1 입출력 레지스터

Motorola 68HC11 마이크로컨트롤러는 5개의 포트 A, B, C, D, E를 가지고 있다(10.3.1절 참조). A, C, D 포트는 양방향이고 입력 또는 출력으로 사용될 수 있다. 포트 B는 출력으로만, 포트 E는 입력으로만 사용된다. 양방향 포트를 입력으로 사용할 것인지 또는 출력으로 사용할 것인지는 그 포트에 해당하는 제어 레지스터 내의 비트 설정에 따라 결정된다. 예를 들어, 주소 $1000에 있는 포트 A는 주소 $1026에 위치한 펄스 누산기 제어 레지스터 PACTL에 의해 제어된다. 포트 A를 입력으로 설정하기 위해서 비트 7을 0으로 설정해야 한다. 출력으로 설정하려면 비트 7을 1로 설정한다(그림 17.12 참조). 포트 C는 양방향이고 주소 $1003의 레지스터에 있는 8비트들은 주소 $1007의 포트 데이터 방향 레지스터 내의 해당 비트들에 의해 제어된다. 즉, 해당 데이터 방향 비트가 0으로 설정되면 그것은 입력이 되고, 1이면 출력으로 된다. 포트 D는 양방향이고 주소 $1008에서 6개의 입출력 라인만 갖고 있다. 포트 D는 주소 $1009에 있는 포트 방향 레지스터에 의해 제어된다. 각 라인의 방향은 제어 레지스터의 해당 비트에 의해 제어된다. 즉, 입력용으로는 0을 설정하고 출력용으로는 1을 설정한다. 또한 어떤 포트들은 이들의 제어 레지스터 내의 해당 비트값을 설정함으로써 별도의 다른 함수를 실행하게 할 수도 있다.

Motorola 68HC11에서 출력전용인 포트 B와 같이 고정 방향 포트에서는 어떤 값(예로 $FF)을 출력하기 위하여 필요한 명령어는 단순하게 그 주소에 데이터를 로드하면 된다. 이 명령어는 다음과 같다.

```
REGBAS    EQU    $1000    ; I/O 레지스터의 기본 주소
```

```
PORTB     EQU     $04         ; REGBAS로부터 PORT B의 오프셋
          LDX     #REGBAS     ; 인덱스 레지스터 X를 로드
          LDAA    #$FF        ; 누산기에 $FF를 로드
          STAA    PORTB,X     ; PORTB 주소에 값을 저장
```

입력전용 고정 방향 포트 E로부터 1바이트를 읽기 위한 명령어는 다음과 같다.

```
REGBAS    EQU     $1000       ; I/O 레지스터의 기본 주소
PORTE     EQU     $0A         ; REGBAS로부터 PORTB의 오프셋
          LDAA    PORTE,X     ; PORTE의 값을 누산기로 로드
```

포트 C와 같은 양방향 포트에서에 대해서는 입력으로 사용하기 전에 이 포트를 입력으로 작동시키기 위한 구성을 만들어 주어야 한다. 이는 모든 비트를 0으로 설정하는 것을 의미한다. 따라서 다음과 같이 된다.

```
REGBAS    EQU     $1000       ; I/O 레지스터의 기본 주소
PORTC     EQU     $03         ; REGBAS로부터 PORTC의 오프셋
DDRC      EQU     $07         ; REGBAS로부터 데이터방향 레지스터의 오프셋
          CLR     DDRC,X      ; DDRS를 모두 0으로 설정함
```

Intel 8051 마이크로컨트롤러(10.3.2절 참조)에는 4개의 병렬 양방향 입출력 포트가 있다. 포트의 한 비트가 출력으로 사용될 때, 데이터는 단순히 이에 대응하는 특수기능 레지스터 비트에 놓여 지면 된다. 즉, 입력으로 사용될 때 1이 관련된 각각의 비트에 쓰여 지어야 한다. 따라서 모든 포트가 1이 됨을 의미하는 FFH가 쓰일 수도 있다. 누름 버튼이 눌려졌을 때 LED를 밝히기 위한 Intel 8051 명령어의 예를 고려한다. 누름 버튼은 P3.1로 입력을 제공하고 P3.0으로 출력을 주는데, 누름 버튼이 눌렸을 때 이를 당기면 입력은 로우가 된다.

```
          SETB    P3.1        ; 비트 P3.1과 입력을 1로 한다.
LOOP      MOV     C,P3.1      ; 누름 버튼의 상태를 읽고 이를 자리올림 플래그에 저장
          CPL     C           ; 자리올림 플래그 보수(complement)
          MOV     P3.O, C     ; 자리올림 플래그의 상태를 출력으로 복사
          SJMP    LOOP        ; 순서 반복 계속함
```

PIC 마이크로컨트롤러에서 양방향 포트의 신호 방향은 TRIS 방향 레지스터에 의해 결정된다(10.3.3절 참조). TRIS는 입력용으로 1을, 출력용으로는 0을 설정한다. PIC16C73/74에 대한 레지스터는 2개의 뱅크로 정렬되어 있고 특정 레지스터가 선택되기 전에 상태 레지스터의 비트 5를 설정하여 그 뱅크가 선택되도록 하여야 한다. 이런 레지스터는 양쪽의 뱅크에 있으므로 이 레지스터를 사용하기 위해 그 뱅크를 선택할 필요가 없다. TRIS 레지스터는 뱅크 1에 있고 PORT 레지스터는 뱅크 0에 있다. 따라서 포트 B를 출력으로 설정하기 위해 우선 뱅크 1을 선택한 후에 TRISB를 0으로 설정해야 한다. 그러면 뱅크 0이 선택되어 PORTB로 출력을 쓸 수 있다. 뱅크는 상태 레지스터 내의 한 비트를 설정하여 선택된다. 포트 B를 출력으로 선택하기 위한 명령어는 다음과 같다.

```
Output    clrf    PORTB          ; 포트B의 모든 비트를 소거
          bsf     STATUS,RP0     ; RP0을 1로 설정하여 뱅크1을 선택하기
                                 ; 위한 상태 레지스터를 사용
          clrf    TRISB          ; 비트들과 출력 소거
          bcf     STATUS,RP0     ; 뱅크0을 선택하기 위해 상태 레지스터 사용
                                 ; 포트B는 현재 0으로 설정되어 출력임
```

13.3 인터페이스 요구사항

다음은 인터페이스 회로에 자주 요구되는 사항들을 나타낸다.

1. 전기적 완충기 및 분리장치(Electrical buffering/isolation)

이는 주변장치에 요구되는 전압 및 전류가 마이크로프로세서 버스 시스템과 다르거나 또는 접지 레벨이 다른 경우에 필요하다. **완충기(buffer)**는 분리(isolation) 또는 전류나 전압 증폭을 위하여 사용된다. 예를 들어 마이크로프로세서의 출력이 트랜지스터의 베이스와 연결되어 있을 때, 트랜지스터의 스위칭에 필요한 베이스 전류는 마이크로프로세서에서 공급되는 전류보다 크므로, 전류를 증폭시키기 위해 완충기를 사용한다. 한편 마이크로프로세서와 고 전력 시스템 간에는 분리장치가 자주 이용된다.

2. 타이밍 제어(Timing control)

타이밍 제어는 주변장치와 마이크로프로세서의 데이터 전송속도가 다른 경우, 예를 들어 마이크로프로세서와 저속의 주변장치를 인터페이스시키는 경우에 사용된다. 이를 위하여 마이크로프로세서와 주변장치 간에 데이터 전송의 타이밍 제어용으로 특수한 선들을 사용한다. 이 선들을 **핸드셰이킹선(handshaking lines)**이라 하고 그 과정을 **핸드셰이킹(handshaking)**이라 한다.

3. 코드변환(Code conversion)

이는 주변장치의 코드가 마이크로프로세서의 코드와 다른 경우에 사용된다. 예를 들어, LED 디스플레이는 마이크로프로세서의 BCD 출력을 세븐 세그먼트 표시장치를 동작하는 데 필요한 코드로 변환하는 디코더를 요구하기도 된다.

4. 선의 개수 변경(Changing the number of lines)

마이크로프로세서는 4비트나 8비트 또는 16비트와 같은 고정된 단어 길이를 기준으로 동작한다. 이 비트 수는 마이크로프로세서의 데이터 버스의 선 개수를 결정한다. 주변장치가 마이크로프로세서와 다른 개수의 선을 갖고 있을 때 선 개수 변경이 필요하다.

5. 직렬-병렬, 병렬-직렬 데이터 전송(Serial to parallel, and vice versa, data transfer)

8비트 마이크로프로세서는 일반적으로 1회에 8비트 데이터만을 다룬다. 따라서 8비트를 주변장치에 동시에 전송하기 위해, 8개의 데이터 경로가 필요하다. 이러한 형태의 전송을 병렬 데이터 전송(parallel data transfer)이라 한다. 그러나 이러한 방법으로 데이터를 전송하는 것이 항상 가능하지는 않다. 예를 들어, 공중전화 시스템에서의 데이터 전송은 단지 한 경로만이 유효하다. 이 경우 데이터는 순차적으로 1회에 1비트씩 전송된다. 이러한 형태의 전송을 직렬 데이터 전송(serial data transfer)이라 한다. 일반적으로 이 직렬 데이터 전송방식은 병렬방식에 비해 속도가 느리다. 직렬 데이터가 마이크로프로세서로 들어올 때 이 데이터를 병렬 데이터로 바꿔 주고, 반대로 마이크로프로세서의 병렬 데이터 출력을 직렬 데이터로 바꿔 주는 것이 요구되는 경우가 많다.

6. 아날로그-디지털 변환, 디지털-아날로그 변환(Conversion from analog to digital and vice versa)

일반적으로 센서 출력은 아날로그 신호로서 마이크로프로세서가 이 신호를 읽기 위해서는 이를 디지털 신호로 변환해야 한다. 반면에 마이크로프로세서 출력은 디지털인데, 대다수의 액추에이터를 동작시키기 위해 이 디지털 신호는 아날로그 신호로 변환해야 한다. PIC 16C74/74A(그림 17.30 참조)이나 Motorola M68HC11(그림 17.10 참조) 등과 같은 많은 수의 마이크로컨트롤러는 아날로그-디지털 변환기를 내장하고 있어 아날로그 입력을 다룰 수 있다. 이와 반면에 아날로그 출력을 얻기 위해서는 마이크로컨트롤러의 출력을 외부 디지털-아날로그 변환기에 연결한다(예로서 13.6.2절 참조).

13.3.1 완충기(Buffers)

완충기란 시스템의 두 부분 간의 원하지 않는 인터페이스를 방지하기 위하여 두 부분 간에 연결되는 기기이다. 완충기의 중요한 사용예로서 이는 마이크로프로세서의 입력 포트에서 마이크로프로세서가 요청할 때까지 입력데이터와 마이크로프로세서의 데이터 버스 간을 분리시키는 역할을 한다. 통상 자주 사용되는 완충기로서 트라이스테이트 완충기(tristate buffer)이다. 이 트라이스테이트 완충기는 제어 신호에 의해 이네이블 되어 논리 0 또는 1을 출력하게 되는데, 이네이블 되지 않을 때에는 높은 임피던스를 지니고 있어 회로를 효과적으로 차단하는 역할을 한다. 그림 13.2는 트라이스테이트 완충기들에 대한 기호와 각각 이네이블되는 조건을 보인다. 그림 13.2(a)와 (b)는 입력 논리 값을 변화시키지 않는 완충기에 대한 기호를 보이고, 그림 13.2(c)와 (d)는 입력 논리 값을 변화시키는 것을 보인다.

PIC 마이크로컨트롤러(10.3.3절 참조)의 경우 TRIS 비트가 트라이스테이트 완충기의 이네이블 입력으로 연결된다. 만일에 비트 값이 1이면 완충기는 디세이블되고 출력은 고 임피던스가 된다(그림 13.2의 경우와 마찬가지).

이러한 트라이스테이트 완충기는 많은 수의 주변장치가 마이크로프로세서의 데이터 선을 같이 공유하는 경우에 사용된다. 예를 들어 많은 주변장치들이 데이터버스에 연결되어 있는 경우에 이 트라이스테이트 완충기를 사용하면 마이크로프로세서가 일회에 다른 장치들을 디세이블시키면서 단지 한 장치만을 이네이블 시킬 수 있다. 그림 13.3은 이러한 완충기들이 어떻게 사용되는가를 보인다. 이 완충기들은 집적회로로 나와 있는데, 그 예로서 4개의 비반전 활성화-로우(non-inverting and active-low) 완충기로 구성된 74125와 4개의 비반전 활성화-하이(non-inverting and active-high) 완충기로 구성된 74126이 있다.

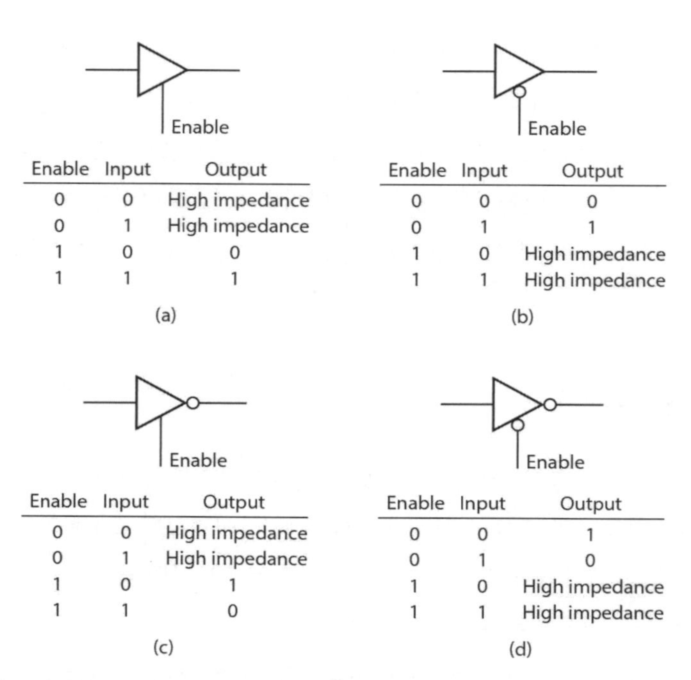

(a)

Enable	Input	Output
0	0	High impedance
0	1	High impedance
1	0	0
1	1	1

(b)

Enable	Input	Output
0	0	0
0	1	1
1	0	High impedance
1	1	High impedance

(c)

Enable	Input	Output
0	0	High impedance
0	1	High impedance
1	0	1
1	1	0

(d)

Enable	Input	Output
0	0	1
0	1	0
1	0	High impedance
1	1	High impedance

그림 13.2 완충기: (a) 1로 이네이블되고 논리 변경 없음, (b) 0으로 이네이블되고 논리 변경 없음, (c) 1로 이네이블되고 논리 변경됨, (d) 0으로 이네이블되고 논리 변경됨

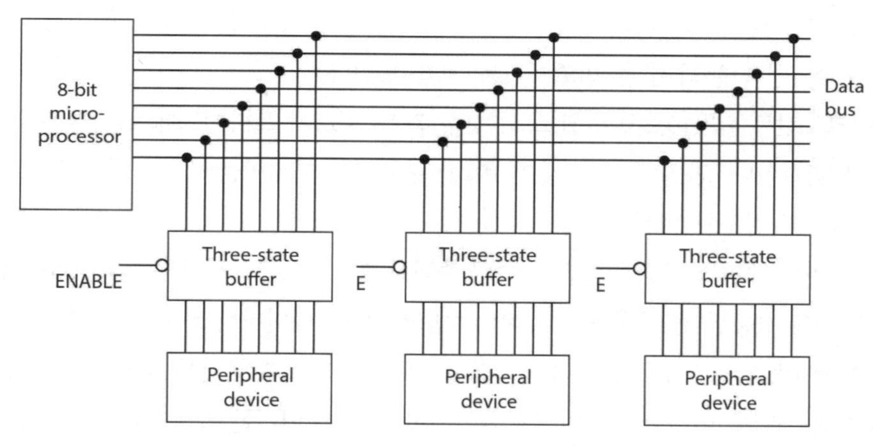

그림 13.3 3-상태(Three-state) 완충기

13.3.2 핸드셰이킹

두 장치가 동일한 속도로 데이터를 주고받지 않을 때 데이터 교환을 위한 핸드셰이킹이라는 과정이 필요하다. 핸드셰이킹에서는 저속장치가 데이터 전송속도를 제어한다. 병렬 데이터 전송에서 핸드셰이킹 방식으로 **스트로브-애크놀로지**(strobe-and-acknowledge) 방식이 사용된다.

이 방식에서는 수신 가능(ready) 상태가 표시되어야 데이터가 보내지고, 데이터를 받는 장치는 데이터를 받는 동안 다른 데이터의 수신 불가능(not ready) 상태를 표시한다. 데이터 전송이 완료되면 수신 가능 상태로 다시 표시된다.

마이크로컨트롤러 MC68HC11에서 기본적인 스트로브 입출력은 다음과 같이 동작한다. 핸드셰이킹 제어 신호는 STRA핀과 STRB핀을 사용하고(그림 13.4(a)와 그림 17.10의 블록 모델 참조), 포트 C는 스트로브 입력용으로, 포트 B는 스트로브 출력용으로 사용된다. 마이크로컨트롤러에서 데이터 송신 가능 상태에서 데이터가 준비(ready)되면, STRA에서 한 펄스가 만들어지고 데이터가 주변장치로 보내진다. 마이크로컨트롤러가 STRB상에 상승에지나 하강에지 신호를 받으면 마이크로컨트롤러는 데이터를 관련된 출력 포트를 통해 주변장치로 보낸다. 데이터가 마이크로컨트롤러로의 전달가능 상태가 되면 주변장치는 ready 신호를 STRA로 보내고, 그러면 STRB의 상승에지나 하강에지 신호가 수신 가능 상태를 나타내는 데 사용된다. 핸드셰이킹이 일어나기 전에는 $1002 번지의 입출력 레지스터 PIOC가 먼저 형태를 갖게 되는데 그림 13.4(b)는 이 레지스터의 관련된 비트 상태를 보인다.

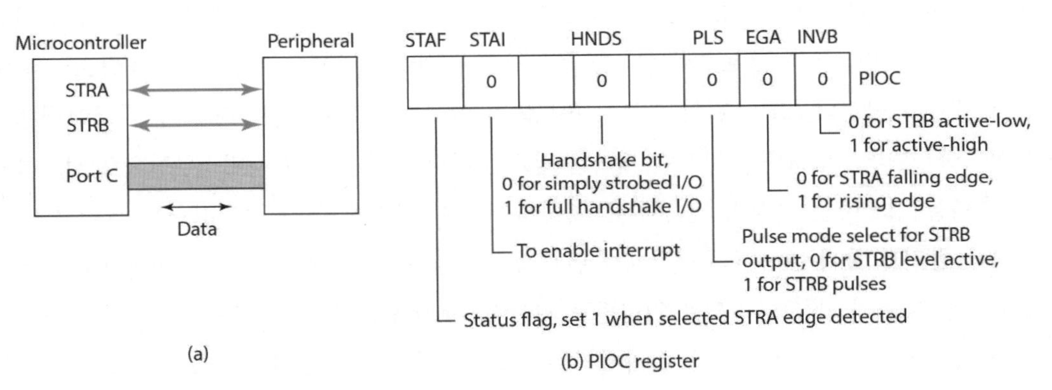

그림 13.4 핸드셰이킹 제어: 스트로브-애크놀로지(strobe-and-acknowledge) : (a), (b) PIOC 레지스터

완전 핸드셰이크 입출력(full handshake input/output)은 2개의 신호가 STRB상에서 보내지는 것을 말하는데, 첫 번째 신호는 데이터 송신 가능을 표시하고, 다음 신호는 데이터가 읽혔음을 나타낸다. 이 동작 모드는 PIOC 내에서 HNDS 비트가 1이어야 한다. 만일 PLS가 0이면 완전 핸드셰이크는 펄스되었다고 부르고 반면에 PLS가 1이면 인터록되었다고 부른다. 펄스 동작에서 송신되는 펄스는 승낙(acknowledgement) 신호이고 인터록 STRB에서는 리셋(reset) 신호이다(그림 13.5).

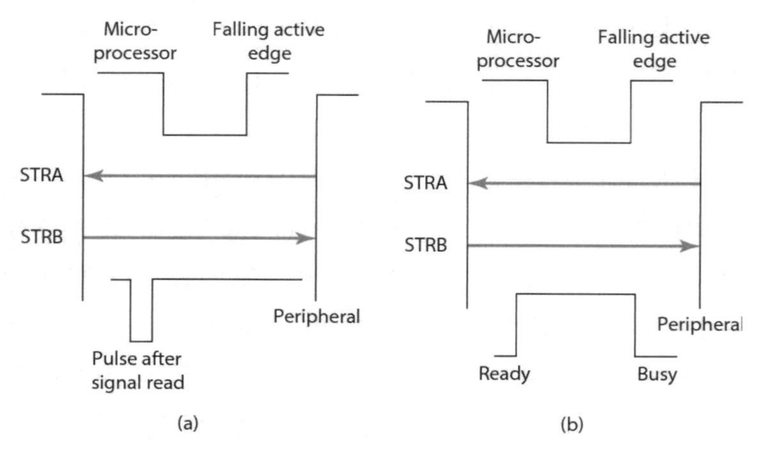

그림 13.5 전 핸드셰이크 (a) 펄스방식, (b) 인터록방식

13.3.3 폴링 및 인터럽트

프로그램으로 모든 입출력의 데이터 전송이 제어되는 상황을 고려한다. 주변장치들이 어텐션(attention)을 요구하면 주변장치들은 마이크로프로세서에게 입력전압을 변경하는 형태로 신호를 보낸다. 그러면 마이크로프로세서는 그 주변장치에 해당하는 프로그램 서비스루틴으로 점프하는 형태로 응답한다. 그 루틴의 수행이 종료되면 마이크로프로세서는 다시 주 프로그램으로 되돌아간다. 따라서 입출력 프로그램 제어는 필요에 따라 입력을 읽고 서비스루틴으로 점프하고 또한 출력을 갱신하는 과정의 연속이다. 이렇게 새로운 데이터를 각 주변장치로 보내고 받는 것이 가능한지를 알기 위하여 주변장치를 반복적으로 검사하는 과정을 **폴링**(polling)이라 한다.

프로그램 제어의 다른 방법으로 **인터럽트 제어**(interrupt control)가 있는데, 이는 인터럽트 요구선(interrupt request line)을 동작시키는 주변장치와 관계가 있다. 마이크로프로세서가 인터럽트 신호를 받으면 마이크로프로세서는 주 프로그램의 실행을 중단하고 주변장치에 관계된 서비스루틴으로 점프한다. 단, 인터럽트를 취급하는 루틴은 소프트웨어에 포함되어야 하고, 이 인터럽트에 의해 데이터가 손실되지 말아야 한다. 이를 위해, 레지스터들의 상태와 주 프로그램이 최근에 액세스했던 번지는 각각 정해진 메모리 번지에 저장된다. 인터럽트 서비스루틴이 종료되면 메모리 내용이 복원되고 마이크로프로세서는 인터럽트되기 전의 주 프로그램 수행을 계속할 수 있다. 따라서 인터럽트가 발생하면 다음과 같다(그림 13.6).

1. 인터럽트를 처리하기 전에 CPU는 현재 실행되고 있는 명령의 마지막까지 기다린다.
2. 모든 CPU 레지스터들은 스택에 넣어지고, 이 인터럽트가 발생하는 동안 더 이상의 인터럽

트를 중지시키기 위하여 한 비트가 설정된다. 이 스택은 특수한 영역의 메모리로서, 서브루틴이 실행되고 있을 때 이 안에서 프로그램 카운터 값이 저장된다. 프로그램 카운터는 프로그램 내의 그 다음 프로그램 명령어의 주소를 준다. 따라서 이 값을 저장하는 것에 의해 프로그램이 인터럽트 실행을 중지한 곳에서 다시 시작될 수 있다.

3. 이때 CPU는 실행되어야 할 인터럽트 서비스루틴의 주소를 결정한다. 어떤 마이크로프로세서는 인터럽트 핀들을 갖고 있고 선택된 핀에 따라 사용될 주소가 결정된다. 어떤 마이크로프로세서는 단지 하나의 인터럽트 핀만을 가지고 있어 인터럽트가 발생하며 그때 인터럽트 장치는 인터럽트 서비스루틴이 있는 마이크로프로세서를 표시하는 데이터를 제공해야 한다. 두 가지 인터럽트 종류를 모두 갖고 있는 마이크로프로세서도 있다. 인터럽트 서비스루틴의 시작 주소는 인터럽트 벡터(interrupt vector)라고 불린다. 벡터들을 저장하기 위해 할당된 한 블록의 메모리는 벡터 테이블 (vector table)이라고 알려져 있다. 벡터 주소는 칩 제조사 별로 고정되어 있다.
4. CPU는 인터럽트 서비스루틴으로 분기한다.
5. 이 루틴의 완료 후에, CPU 레지스터는 스택으로부터 반환되고 주 프로그램은 중지된 지점에서 다시 계속된다.

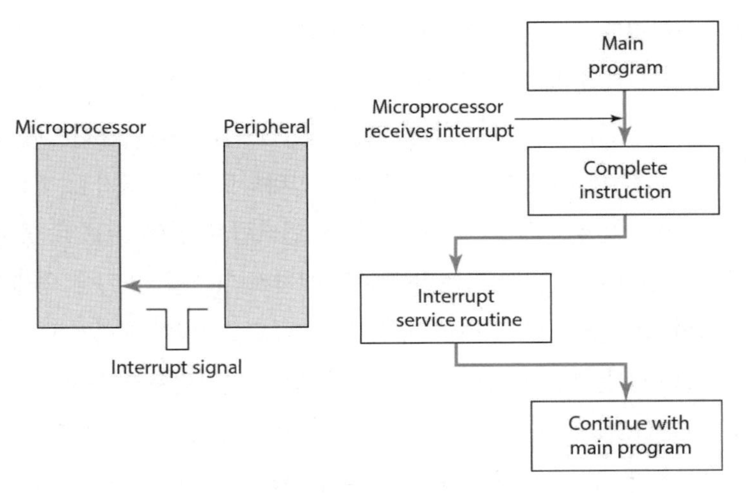

그림 13.6 인터럽트 제어

프로그램 내의 일정 지점에 위치한 서브루틴 호출과는 달리, 인터럽트는 프로그램 내의 어떤 포인트로부터 호출될 수 있다. 인터럽트가 발생했을 때 프로그램은 제어하지 않는 것에 유의하라. 제어는 인터럽트 발생에 의존한다.

하드웨어는 종종 기다리지 못하기 때문에 입출력 조작은 인터럽트를 자주 사용한다. 예를 들어, 키보드는 키가 눌러졌을 때 인터럽트 입력 신호가 발생하게 된다. 이때 마이크로프로세서는 키보드로부터의 입력을 다루기 위해 주 프로그램을 중지시킨다. 그리고 입력정보를 처리하고 나서 중단된 곳에서 다시 시작하기 위하여 주 프로그램으로 되돌아간다. 이와 같이 태스크를 인터럽트 서비스루틴으로 코드화하고 이를 외부 신호와 연결하는 능력을 이용하면 다수의 태스크를 쉽게 제어할 수 있고, 또한 지연시간 없이 태스크들을 처리할 수 있다. 어떤 인터럽트에 대해서, 프로그램에 의해 인터럽트가능 비트가 설정되지 않으면 마이크로프로세서는 인터럽트 요구 신호를 무시할 수가 있다. 이러한 인터럽트를 마스크 가능(maskable) 인터럽트라 한다.

Motorola 68HC1은 두 개의 외부 인터럽트 요청(request) 입력을 갖는다. XIRQ는 마스크 불가능(non-maskable) 인터럽트이고 항상 실행 중인 명령의 완료 후에 실행되어야 한다. XIRQ 인터럽트가 발생했을 때, CPU는 인터럽트 벡터가 $FFF4/5 주소(저/고 바이트 주소)에 있는 인터럽트 서비스루틴으로 점프한다. IRQ는 마스크 가능 인터럽트이다. 마이크로컨트롤러가 인터럽트 요청 핀 IRQ에서 로우로 떨어지는 신호를 받으면 마이크로컨트롤러는 인터럽트 벡터 $FFF2/3가 가리키는 인터럽트 서비스루틴으로 점프한다. IRQ는 명령어 셋 인터럽트 마스크 SEI에 의해 마스크될 수 있고, 명령어 클리어 인터럽트 마스크 CLI에 의해 마스크가 해제될 수 있다. 인터럽트 서비스루틴의 끝에 있는 명령어 RTI는 주 프로그램으로 돌아가는 데 사용된다.

Intel 8051에서 인터럽트 소스는 주소 0A8H(그림 10.26 참조)에 있는 비트 주소화가능 레지스터 IE(interrupt enable)를 통해 개별적으로 가능하게 되거나 불가능하게 되는데, 0은 인터럽트를 불가능하게 하고 1은 가능하게 한다. 한편, 외부 인터럽트를 모두 가능하거나 모두 불가능하게 하도록 설정할 수 있도록 IE 레지스터 내에 전체적 인터럽트 가능/불가능 비트가 있다. TCON 레지스터(그림 10.25)는 인터럽트를 시작하게 하는 인터럽트 입력 신호의 형태를 결정한다.

PIC 마이크로컨트롤러에서 인터럽트는 INTCON 레지스터(그림 13.7)에 의해 제어된다. 포트 B의 비트 0을 인터럽트로 사용하기 위하여, 이는 입력으로 설정되어야 하고 INTCON 레지스터는 INTE에서는 1로 GIE에서는 1로 초기화되어야 한다. 만약 인터럽트가 상승에지(rising edge)에서 발생하면, 이때 OPTION 레지스터(그림 10.32 참조)에 있는 INTEDG(비트 6)는 1로 설정되어 있어야 한다. 반면에 하강에지에서 발생하면 0으로 설정해야 한다. 인터럽트가 발생하면 INTF가 설정된다. 이는 명령어 bcf INTCON,INTF로 소거될 수 있다.

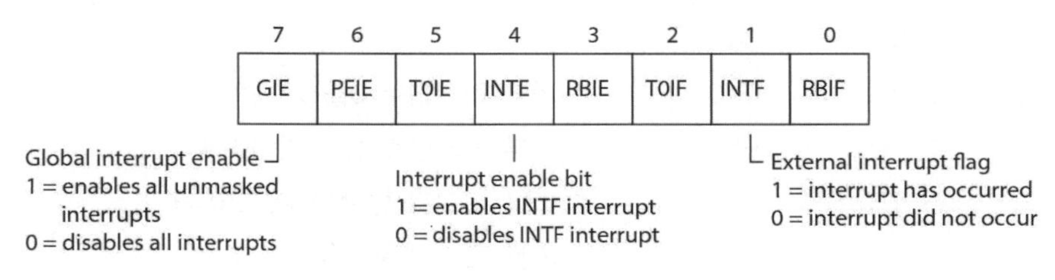

그림 13.7 INTCON

외부 인터럽트에 관련된 프로그램의 예로서 Intel 8051 마이크로컨트롤러(그림 13.8)를 이용한 중앙난방 시스템에 대한 간단한 온오프제어 프로그램을 고려한다. 중앙난방로는 P1.7의 출력에 의해 제어되고 두 개의 온도 센서를 사용하는데, 이 중 한 개는 온도가 20.5°C 이하로 떨어지는 것을 감지하고, 다른 하나는 온도가 21.0°C 이상을 감지한다. 21.0°C 온도 센서는 포트 3.2의 인터럽트 INT0에 연결되어 있고 20.5°C 온도 센서는 포트 3.3의 인터럽트 INT1에 연결되어 있다. TCON 레지스터에서 IT1 비트를 1로 선택함으로써, 외부 인터럽트는 에지 트리거로 된다. 즉, 1에서 0으로 바뀔 때 활성화된다. 온도가 21.0°C로 상승할 때 외부 인터럽트 INT0은 1에서 0으로 바뀌는 입력을 갖게 되고 이 인터럽트 신호에 의해 노의 불을 끄기 위하여 0 출력을 내는 명령어 CLR P1.7을 사용한다. 반면에, 온도가 20.5°C로 떨어지면 외부 인터럽트 INT1은 0에서 1로 변하는 입력을 갖게 되고 이 인터럽트에 의해 노를 켤 수 있도록 1 출력을 내는 명령어 SETB P1.7을 사용한다. 주 프로그램은 인터럽트를 어떻게 구성하고 허용시킬 것인지에 관한 조건과, 온도가 21.0°C보다 작으면 노를 켜고 이보다 크면 끄는 노의 상태를 결정하는 명령어들의 집합으로 구성된다. 또한 인터럽트가 발생하지 않으면 아무 일도 하지 않고 대기한다. 아래의 프로그램에서 헤더 파일은 되어 있다고 가정한다.

```
        ORG     0
        LJMP    MAIN

        ORG     0003H   ; ISR0에 대한 등록 주소(entry address)가 주어짐
ISR0    CLR     P1.7    ; 노를 켜기 위한 인터럽트 서비스루틴
        RETI            ; 인터럽트로부터 반환
        ORG     0013H   ; ISR1에 대한 등록 주소가 주어짐
ISR1    SETB    P1.7    ; 노를 끄기 위한 인터럽트 서비스루틴
        RETI            ; 인터럽트로부터 반환
```

```
            ORG     30H
MAIN        SETB    EX0           ; 외부 인터럽트 0을 가능하게
            SETB    EX1           ; 외부 인터럽트 1을 가능하게
            SETB    IT0           ; 1에서 0으로 변했을 때 트리거 설정
            SETB    IT1           ; 1에서 0으로 변했을 때 트리거 설정
            SETB    P1.7          ; 노 on
            JB      P3.2,HERE     ; 온도가 21.0°C보다 크면 HERE로 점프 및 노 on 상태
                                  ; 유지
            CLR     P1.7          ; 노 off
HERE        SJMP    HERE          ; 인터럽트 발생까지 아무런 일도 안 함
            END
```

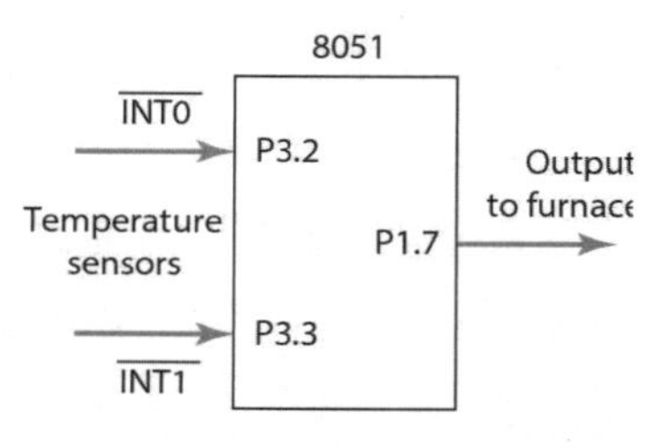

그림 13.8 중앙난방 시스템

인터럽트 요청 외에도 마이크로컨트롤러는 리셋 인터럽트와 마스크 불가능 인터럽트를 갖는다. 리셋 인터럽트는 인터럽트의 특별한 형태로서 시스템은 리셋된다. 따라서 시스템의 모든 활동은 정지되고 주 프로그램의 시작 주소가 로드되어 시작 루틴이 실행된다. 마이크로컨트롤러 M68HC11은 컴퓨터 정상운전 감시 타이머(computer operating properly(COP) watchdog timer)를 갖고 있다. 이것은 CPU가 할당된 시간 내에 코드의 어떤 부분이 실행되지 못할 때 소프트웨어 처리 오류를 감지하기 위한 것이다. 이것이 발생하면 COP 타이머는 중단되고 시스템 리셋은 초기화된다.

마스크 불가능 인터럽트는 마스크될 수 없고 이것이 활성화되면 인터럽트 서비스루틴이 실행되는 것을 막을 수 있는 방법이 없다. 이런 형태의 인터럽트는 만일 사용 중인 전원이 끊어지면 백업 전원으로 스위칭하는 것과 같이 비상 루틴용으로 사용되는 경우가 많다.

13.3.4 직렬 인터페이스

데이터의 병렬전송에서는 데이터의 각 비트별로 한 선씩 사용되는데, 직렬전송 시스템에서는 순차적으로 비트들을 전송하는 한 선만 사용된다. 이 방법에는 동기 데이터전송과 비동기 데이터 전송의 두 가지 방법이 있다.

비동기 전송(asynchronous transmission)에서 수신기(receiver)와 발신기(transmitter)는 각각의 클록 신호를 사용하므로 수신기는 전송받는 데이터 단어의 시작과 끝을 알 수가 없다. 따라서 전송되는 데이터 단어에 그림 13.9와 같이 시작과 끝을 표시하는 비트를 표시해야 수신기가 단어의 시작과 끝을 구분할 수 있다. 발신기와 수신기가 원격으로 데이터를 주고받을 때 이러한 형태의 전송을 갖고 있는 경우가 많다(표준 인터페이스의 상세한 내용은 15장 참조). 한편 동기전송(synchronous transmission) 방식에서는 송신기와 수신기가 공통 클록 신호를 이용하므로 송수신이 자동적으로 동기된다.

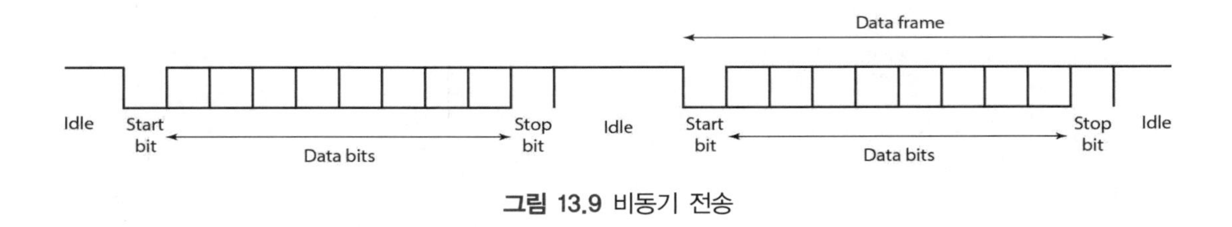

그림 13.9 비동기 전송

그림 10.10에 나타나 있는 MC68HC11 마이크로컨트롤러는 비동기 전송용 직렬통신 인터페이스(Serial Communication Interface: SCI)를 갖고 있어 원격 주변장치의 통신에 사용된다. 이 SCI는 포트 D의 핀 PD1이 송신선이고, 포트 PD0이 수신선이다. 이 선들은 SCI 제어 레지스터에 의해 허용 또는 금지된다. 이 마이크로컨트롤러는 동기전송용으로 직렬 주변장치 인터페이스(Serial Peripheral Interface: SPI)를 갖고 있다. 이 인터페이스는 지역(local) 내의 직렬통신용으로 사용되는데, 여기서 지역의 의미는 칩이 위치한 시스템의 내부를 의미한다.

13.4 주변장치 인터페이스 접속기

인터페이스는 특정 입력과 출력을 위하여 사용된다. 현재 프로그램이 가능한 입출력 인터페이스 장치들이 나와 있는데, 이는 소프트웨어로 여러 가지 입력과 출력 옵션을 선택한다. 이러한 장치를 **주변장치 인터페이스 접속기(Peripheral Interface Adapter: PIA)**라 한다.

널리 사용되는 PIA 병렬 인터페이스로서 Motorola MC6821이 있다. 이는 MC6800계열의 일부로 MC6800과 MC68HC11 버스에 직접 연결하여 사용한다. 이 장치는 근본적으로 마이크로프로세서에 연결되는 2개의 병렬 입출력 포트로 볼 수 있다. 그림 13.10은 MC6821 PIA의 기본 구조와 핀 연결을 나타낸다.

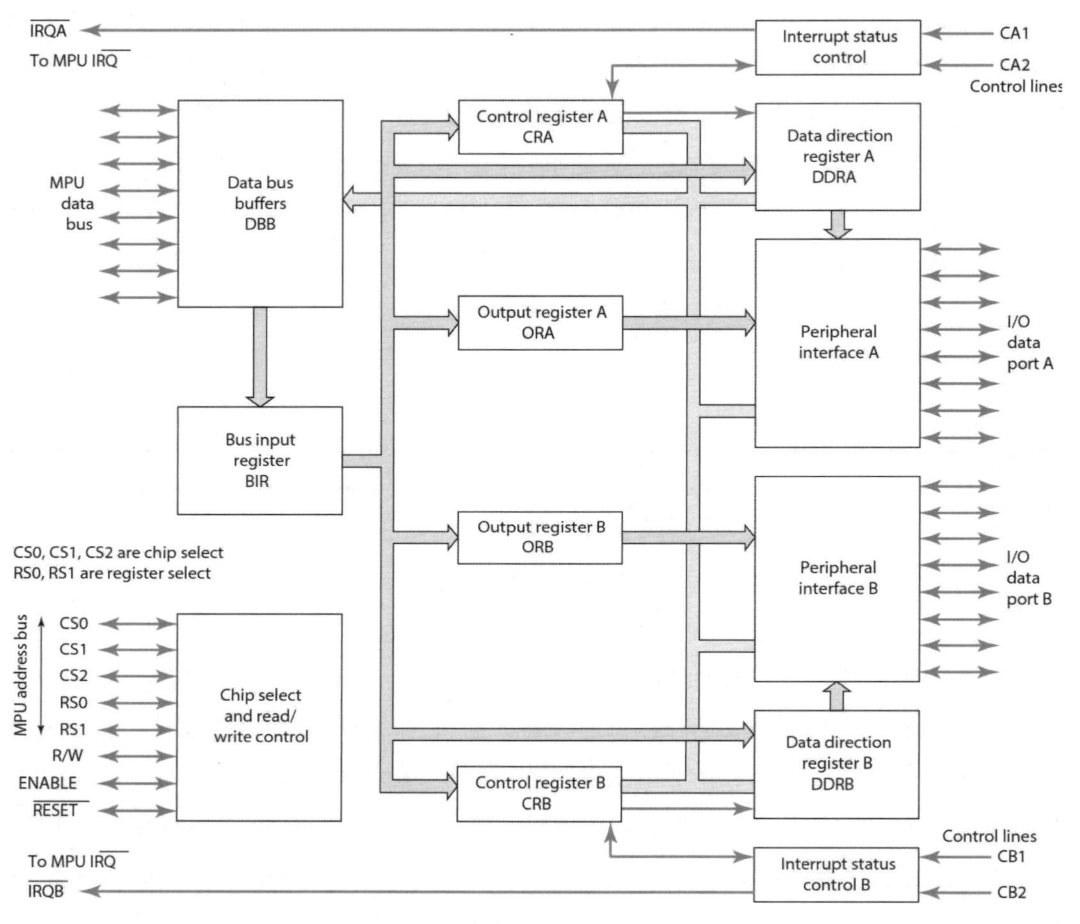

그림 13.10 MC6821 PIA

이 PIA는 8비트 병렬 데이터용 포트 A와 B를 갖고 있다. 각 포트는 다음을 포함한다.

1. 주변장치 인터페이스 레지스터(Peripheral interface register): 출력 포트는 주변장치로 전송할 데이터를 유지해야 하므로 입력 포트와 다르게 동작한다. 이를 위해 출력용으로 한 레지스터가 데이터의 임시 저장소로 사용된다. 이 레지스터가 출력으로 사용되면 래치(latch), 즉 연결되었다고 하고, 입력으로 사용되면 언래치(unlatch)되었다고 한다.

2. 데이터 방향 레지스터(Data direction register): 입출력 선들이 입력인지 또는 출력인지를 구분한다.
3. 제어 레지스터(Control register): 주변장치 내의 유효한 논리 연결(active logical connection)을 결정한다.
4. 2개의 제어선(Control lines): CA1과 CA2 또는 CB1과 CB2.

2개의 마이크로프로세서 주소 선은 2개의 레지스터 선택선 RS0과 RS1을 통해 직접 PIA로 연결된다. 이는 6개 레지스터용으로 PIA에게 4개 주소를 부여한다. RS1이 로우이면 A쪽이 주소화되고, 하이이면 B쪽이 주소화된다. RS0은 레지스터들을 A나 B 중 한쪽 주소를 부여한다. RS0이 하이이면 제어 레지스터가 주소화되고, 로우이면 데이터 레지스터나 데이터 방향 레지스터가 주소화된다. 어느 한쪽의 데이터 레지스터와 데이터 방향 레지스터는 같은 주소를 갖는다. 이들 중 어느 것이 주소화되는가에 대해서는 다음에 나타나 있는 것과 같이 비트 2에 의해 결정된다.

A와 B의 제어 레지스터의 각 비트는 포트들의 동작과 관계가 있다. A 제어 레지스터용으로 그림 13.11과 같은 비트들을 가지고, B 제어 레지스터용도 이와 유사한 형태를 갖는다.

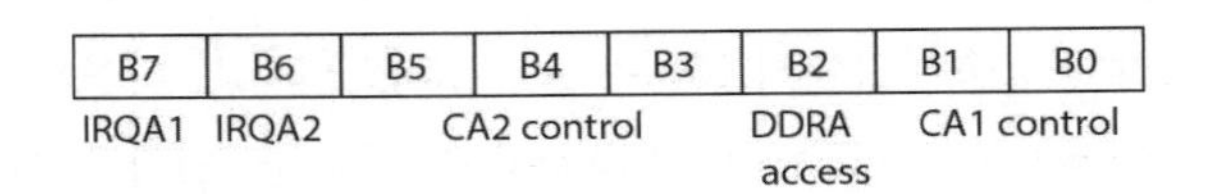

그림 13.11 제어 레지스터

비트 0과 1

처음 두 비트는 CA1이나 CB1 입력제어선의 동작을 제어한다. 비트 0은 인터럽트 출력을 금지시킨다. B0=0은 IRQA(B) 마이크로프로세서 인터럽트를 금지시키고, B0=1은 허용시킨다. CA1과 CB1은 입력 레벨이 아닌 신호변화인 에지에 의해 세트된다. 비트 1은 비트 7이 하강에지(trailing edge)에 의해 세트되는가 아니면 상승에지(leading edge)에 의해 되는가를 결정한다. 즉, B1=0이면 하강에지에 의해 세트되고, B1 = 1이면 상승에지에 의해서 세트된다.

비트 2

비트 2는 데이터 방향 레지스터나 주변장치 데이터 레지스터를 주소화시킨다. B2 = 0이면 데이터 레지스터가 주소화되고, B2=1이면 주변장치 데이터 레지스터가 주소화된다.

비트 3, 4, 5

이 비트들은 PIA의 여러 가지 기능을 결정한다. 비트 5는 제어선 2를 입력 또는 출력으로 결정한다. B5=0이면 제어선 2는 입력이고, B5=1이면 출력이다. 입력 모드에서는 CA2와 CB2 모두 같게 동작한다. 비트 3과 4는 인터럽트 출력이 유효한가, 그리고 어떤 에지, 즉 상승에지 또는 하강에지로 비트 6을 세트시키는가를 결정한다.

B5=0이면 CA2(CB2)가 입력으로 되는데, 이 경우 B3=0이면 인터럽트 IRQA(B)를 금지시키고 B3=1이면 허용시킨다. 그리고 B4=0이면 인터럽트 플래그 IRQA(B), B6을 CA2(CB2)의 하강에지에 의해 세트되도록 하고, B4=1이면 상승에지에 의해 세트되도록 한다.

B5=1은 CA2(CB2)를 출력으로 결정한다. 이 출력 모드에서는 CA2와 CB2가 다르게 동작한다. CA2의 경우, 마이크로프로세서가 주변장치 데이터 레지스터 A를 읽은 다음에, B4=0이고 B3=0이면 최초의 ENABLE(E) 하강에지에서 CA2는 로우상태가 되고, 다음의 CA1의 레벨 변화 시에 하이로 되돌아간다. 또한 B4=0이고 B3=1이면 최초의 ENABLE 하강에지에서 CA2는 로우상태가 되고, 다음의 ENABLE 하강에지에서 하이로 되돌아간다. CB2의 경우, 마이크로프로세서가 주변장치 데이터 레지스터 B에 기록한 후에 B4=0이고 B3=0이면 최초의 ENABLE(E) 상승에지에서 CB2는 로우상태가 되고, 다음의 CB1의 레벨 변화 시에 하이로 되돌아간다. 한편 B4=0이고 B3=1이면 최초의 ENABLE 상승에지에서 CB2는 로우상태가 되고, 다음의 ENABLE 상승에지에서 하이로 되돌아간다. B4=1이고 B3=0면, CA2(CB2)는 로우로 됨과 동시에 마이크로프로세서는 제어 레지스터 내에 B3=0을 기록한다. B4=0이고 B3=1이면, CA2(CB2)는 하이로 됨과 동시에 마이크로프로세서는 제어 레지스터 내에 B3=1을 기록한다.

비트 6

이는 CA2(CB2)의 인터럽트 플래그이고, CA2(CB2)의 레벨 변화에 의해서 세트된다. CA2(CB2)가 입력이면(즉, B5=0), 마이크로프로세서의 데이터 레지스터의 읽기로 클리어된다. 한편 CA2(CB2)가 출력이면(즉, B5=1) 플래그는 0이고, 이는 CA2(CB2) 레벨 변화의 영향을 받지 않는다.

비트 7

이는 CA1(CB1)의 인터럽트 플래그이고, 마이크로프로세서의 데이터 레지스터 A(B)의 읽기로 삭제된다.

어떤 옵션을 선택하는가의 과정을 PIA **초기화(configuring or initialising)**라 한다. RESET

연결은 PIA의 모든 레지스터를 삭제시키는데, 이후 PIA는 반드시 초기화되어야 한다.

13.4.1 PIA 초기화

PIA를 사용하려면, 주변장치의 데이터 흐름을 위한 조건들이 설정되어야 한다. PIA 프로그램은 주 프로그램의 시작부에 위치하며 이후 마이크로프로세서는 주변장치의 데이터를 읽을 수 있다. 이 초기화 프로그램은 단지 한 번만 실행된다.

포트들을 입력이나 출력으로 설정하기 위한 프로그램 초기화 과정은 다음과 같은 수순으로 행해진다.

1. 리셋으로 각 제어 레지스터의 비트 2를 삭제시켜 데이터 방향 레지스터를 주소화시킨다. 데이터 방향 레지스터 A는 XXX0으로, B는 XXX2로 주소화된다.
2. A를 입력 포트로 하기 위하여 방향 레지스터 A를 모두 0으로 로드시킨다.
3. B를 출력 포트로 하기 위하여 방향 레지스터 B를 모두 1로 로드시킨다.
4. 양쪽 제어 레지스터의 비트 2를 1로 로드시킨다. 데이터 레지스터 A는 새롭게 XXX0으로, B는 XXX2로 주소화된다.

리셋 후 A쪽을 입력으로, B쪽을 출력으로 정하는 어셈블리 언어의 초기화 프로그램은 다음과 같은 형태를 갖는다.

```
INIT    LDAA    #$00     0을 로드한다.
        STAA    $2000    A쪽을 입력 포트로 정한다.
        LDAA    #$FF     1을 로드한다.
        STAA    $2000    B를 출력 포트로 정한다.
        LDAA    #$04     비트 2는 1로, 다른 비트는 0으로 로드한다.
        STAA    $2000    포트 A 데이터 레지스터를 선택한다.
        STAA    $2002    포트 B 데이터 레지스터를 선택한다.
```

명령어 LDAA 2000으로 주변장치 데이터를 입력 포트 A로부터 읽을 수 있고, 명령어 STAA 2002로 마이크로프로세서는 주변장치 데이터를 출력 포트 B에 기록할 수 있다.

13.4.2 PIA를 통한 인터럽트 신호연결

그림 13.12에 나타나 있는 Motorola MC6821 PIA는 마이크로프로세서로 보내는 2개의 인터럽트 신호 IRQA와 IRQB를 갖고 있는데, 이는 CA1, CA2나 CB1, CB2로부터의 인터럽트 요구가 있으면 마이크로프로세서의 IRQ 핀을 활성화-로우(active-low) 상태로 만든다. 앞에서 기술한 PIA의 초기화 프로그램에서 제어 레지스터의 비트 2만 1로, 다른 비트들은 0으로 설정하였다. 이 0들은 인터럽트 입력을 금지시킨다. 이를 인터럽트로 사용하기 위하여 $04를 제어 레지스터로 저장하는 초기화 수순은 변경되어야 한다. 어떻게 변경되는가는 인터럽트를 초기화하는 데 필요한 입력을 어떻게 결정하는가에 따라 달라진다.

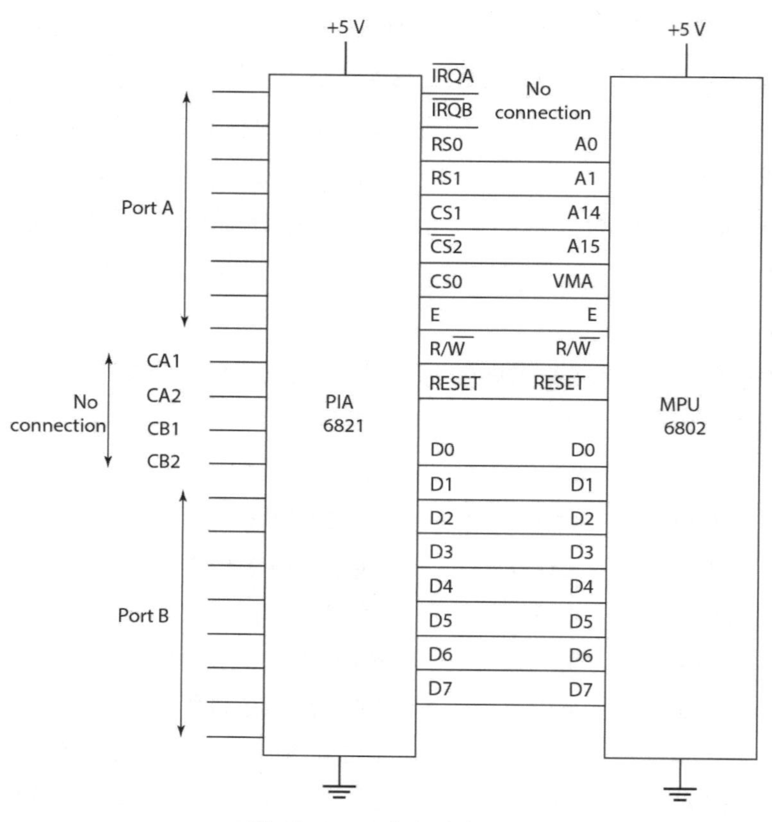

그림 13.12 PIA와의 인터페이스

예를 들어 CA1을 하강에지에서 인터럽트가 허용되도록 하고 CA2와 CB1은 사용하지 않고, CB2는 허용되면서 셋/리셋으로 사용하고 싶은 경우를 고려한다. CA에 대하여 이 요구조건을 만족하는 제어 레지스터 형태는 다음과 같다.

CA1에서 인터럽트를 허용시키도록 B0을 1로 세트시킨다.
인터럽트 플래그 IRQA1을 CA1의 하강에지로 세트되도록 B1을 0으로 한다.
데이터 레지스터를 액세스할 수 있도록 B2를 1로 한다.
CA2가 금지되었으므로 B3, B4, B5를 0으로 한다.
B6, B7을 읽기전용 플래그로 하고 따라서 0 또는 1이 모두 사용 가능하다.

이상의 결과로 CA1의 형태는 16진수로 05인 00000101로 된다. 한편 CB2에 대한 제어 레지스터 형태는 다음과 같다.

CB1을 금지시키도록 B0을 0으로 한다.
CB1이 금지되었으므로 B1은 0이나 1이 될 수 있다.
데이터 레지스터를 액세스하기 위하여 B2를 1로 한다.
셋/리셋을 선택하기 위하여 B3은 0, B4는 1, B5는 1로 한다.
B6, B7은 읽기전용 플래그로 하고, 따라서 0이나 1이 사용 가능하다.

이상의 결과로 CA1은 16진수로 34인 00110100으로 될 수 있다. 따라서 초기화 프로그램은 다음과 같이 된다.

```
INIT    LDAA    #$00     0을 로드한다.
        STAA    $2000    A쪽을 입력 포트로 정한다.
        LDAA    #$FF     1을 로드한다.
        STAA    $2000    B를 출력 포트로 정한다.
        LDAA    #$05     필요한 제어 레지스터 형태를 로드한다.
        STAA    $2000    포트 A 데이터 레지스터를 선택한다.
        LDAA    #$34     필요한 제어 레지스터 형태를 로드한다.
        STAA    $2002    포트 B 데이터 레지스터를 선택한다.
```

13.4.3 PIA 인터페이스 예

그림 13.13은 단극(unipolar) 스텝모터(9.7.2절 참조)에 사용될 수 있는 PIA 인터페이스 예를 보인다. 모터가 동작하면 유도권선은 많은 양의 역기전력을 발생시키므로 권선과 PIA를 분리시키기 위한 방법이 요구된다. 이 목적으로 광아이솔레이터, 다이오드, 저항들이 사용될 수 있다.

이들 중 저항은 완벽하게 분리하지 못하지만 다이오드를 사용하면 저렴하고 간단하게 인터페이스할 수 있다.

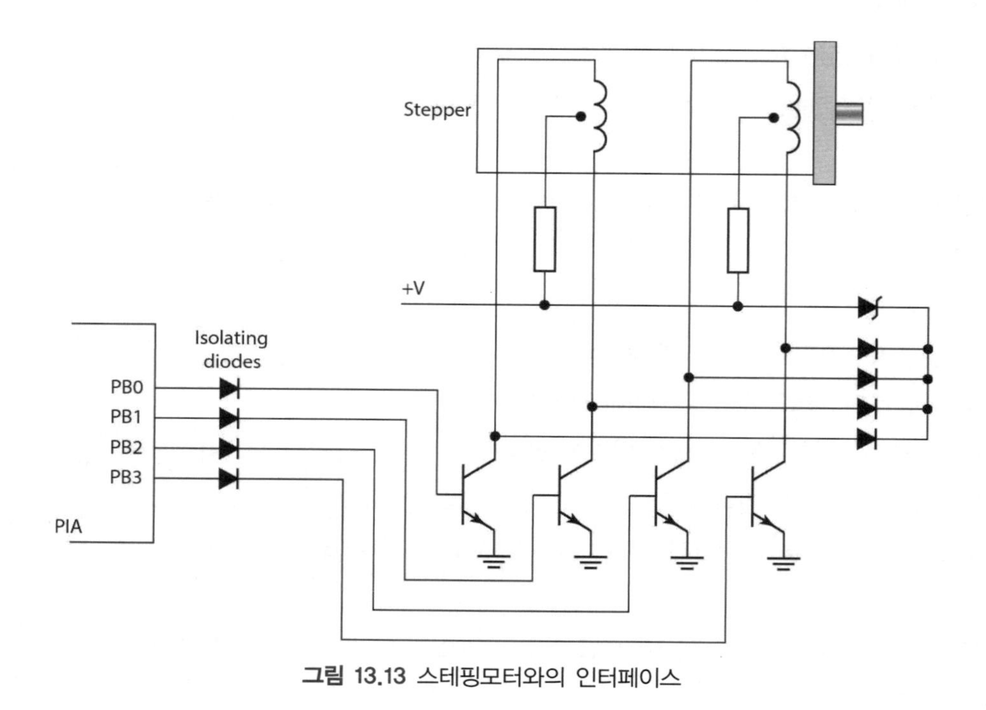

그림 13.13 스테핑모터와의 인터페이스

13.5 직렬통신 인터페이스

범용 비동기 수신기/발신기(Universal Asynchronous Receiver/Transmitter: UART)는 직렬통신 시스템의 핵심요소이고, 그 기능은 입력에 대해 직렬 데이터를 병렬로 또는 출력에 대해 병렬 데이터를 직렬로 바꾸는 것이다. 널리 사용되는 UART의 프로그램 가능한 장치가 Motorola사의 **비동기통신 인터페이스 접속기**(Asynchronous Communications Interface Adapter: ACIA)로 그림 13.14는 이를 구성하고 있는 요소들을 나타낸다.

마이크로프로세서와 ACIA와의 데이터 흐름은 D0에서 D7까지의 8개 양방향 선들을 통해 이루어진다. 데이터 흐름 방향은 ACIA로의 읽기/쓰기 입력(read/write input)을 통하여 마이크로프로세서에 의해 제어된다. 특정 ACIA의 주소지정을 위하여 3개의 칩 선택선(chip select line)이 사용된다. 그리고 ACIA 내의 특정 레지스터를 선택하기 위하여 레지스터 선택선(register select line)이 사용된다. 레지스터 선택선이 하이이면 데이터 송신과 데이터 수신 레지스터가 선택되고,

로우이면 제어 레지스터와 상태 레지스터가 선택된다. 상태 레지스터는 직렬 데이터의 전송상태에 관한 정보를 담고 있고, 이는 데이터 전달기 감지(data carrier detect)와 송신 클리어(clear-to-send) 선을 읽기 위해 사용된다. 이 제어 레지스터는 처음에 ACIA를 리셋시키는 데 사용되고, 또한 직렬 데이터 전송속도와 데이터 형태를 결정하는 데 사용된다.

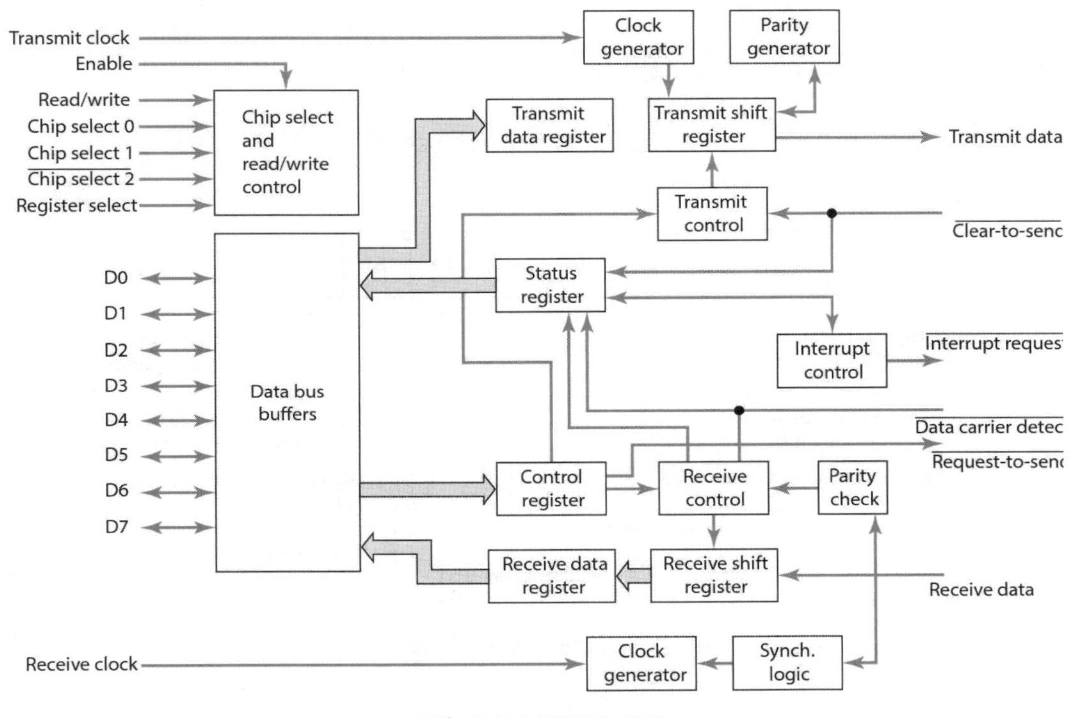

그림 13.14 MC6850 ACIA

ACIA의 주변장치 쪽은 2개의 직렬 데이터선과 3개의 제어 선을 갖고 있다. 데이터는 전송 데이터 선에 의해 송신되고 수신 데이터 선에 의해 수신된다. 제어 신호로는 송신 클리어, 데이터 전달기 감지 그리고 송신요구(request-to-send)가 있다. 그림 13.15는 제어의 비트 형식을 나타내고, 그림 13.16은 상태 레지스터를 나타낸다.

비동기 직렬 데이터 전송은 일반적으로 2대의 컴퓨터 간이나 컴퓨터와 프린터 간의 통신 등에 사용된다(자세한 내용은 15장 참조).

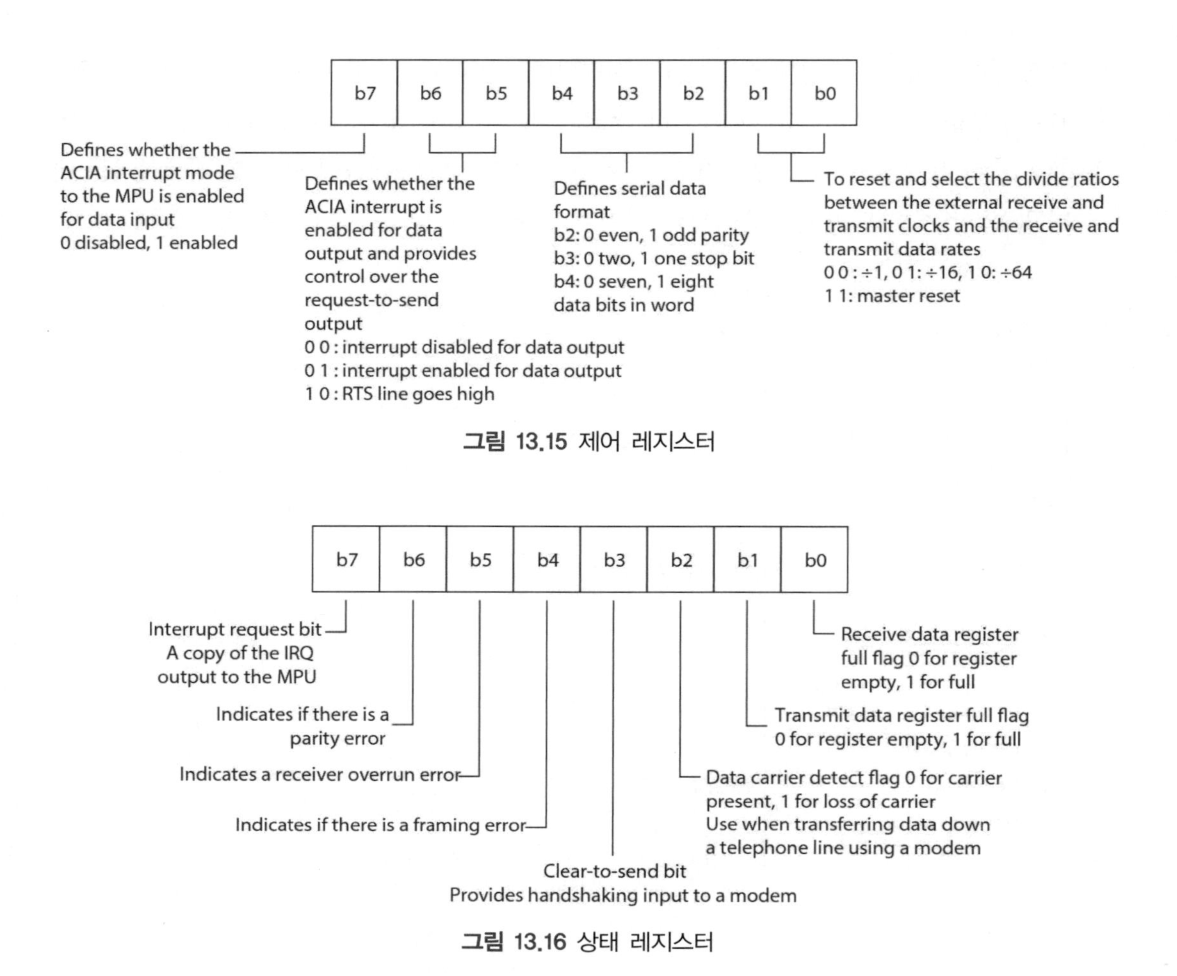

그림 13.15 제어 레지스터

그림 13.16 상태 레지스터

13.5.1 Motorola M68HC11 직렬 인터페이스

대다수의 마이크로컨트롤러는 내장 UART와 같은 직렬 인터페이스를 갖고 있다. 예를 들어 Motorola M68HC11은 직렬 주변장치 인터페이스, 동기 인터페이스, 직렬통신 인터페이스 그리고 그림 17.10에 나타나 있는 비동기 인터페이스를 갖추고 있다. 그림 13.17(a)에 나타나 있듯이 SPI는 마이크로컨트롤러와 외부 연결기기에 동일한 클록 신호를 사용한다. 이 SPI는 여러 개의 마이크로컨트롤러에 사용될 수 있다. 반면에 그림 13.17(b)에 나타나 있는 SCI 시스템은 비동기 인터페이스용으로 외부에 연결된 주변장치 간에 다른 클록 신호를 가질 수 있다. 일반적으로 범용 마이크로프로세서는 직렬통신 인터페이스를 갖고 있지 않으므로 Motorola MC 6850과 같은 UART는 직렬통신이 가능하게 사용되어져야 한다. 응용에 따라 하나 이상의 직렬통신 인터페이스가 필요한 경우도 있는데, 이 경우 마이크로컨트롤러 M68HC11은 UART를 사용함으로써 해결된다.

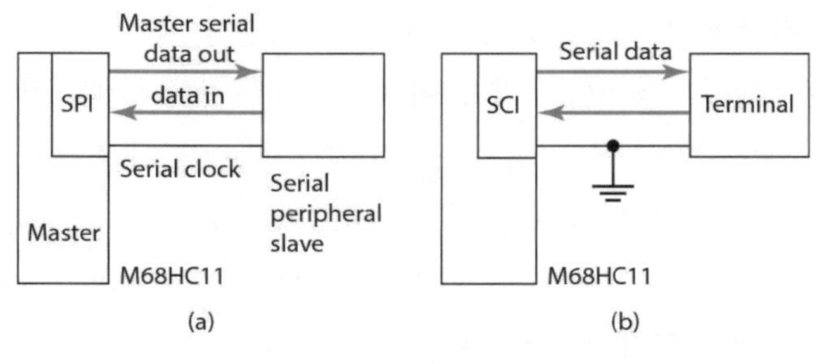

그림 13.17 (a) SPI, (b) SCI

SPI는 SPI 제어 레지스터(SPCR)와 포트 D의 데이터 방향 제어 레지스터(data direction control register: DDRD)의 비트들에 의해 초기화된다. SPI 상태 레지스터는 상태와 에러 비트를 담고 있다. SCI는 SCI 제어 레지스터 1, SCI 제어 레지스터 2 그리고 보 속도(baud rate) 제어 레지스터를 사용하여 초기화시킨다. 상태 플래그는 SCI 상태 레지스터 내에 있다.

Intel 8051에는 네 가지 동작모드를 갖는 내장 직렬 인터페이스를 갖추고 있는데, 이들은 98H 번지에 있는 SCON(직렬포트 제어) 레지스터내의 SM0과 SM1 비트에 1 또는 0을 기록함으로써 선택된다(그림 13.18과 표 13.1).

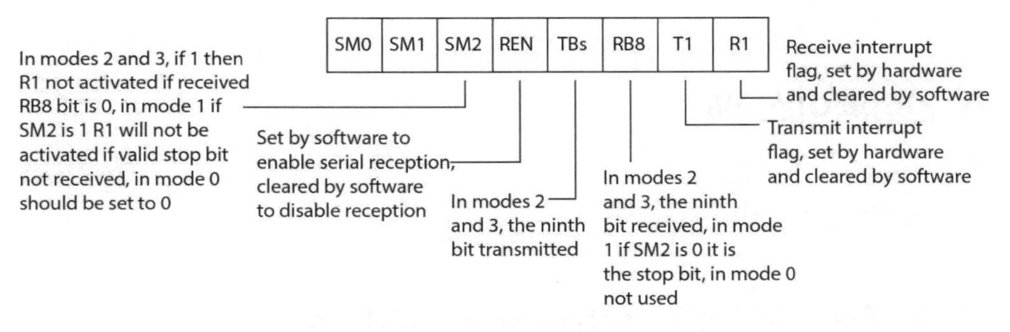

그림 13.18 SCON 레지스터

표 13.1 Intel 8051 직렬포트 모드

SMO	SM1	Mode	Description	Baud rate
0	0	0	Shift register	Osc. freq./12
0	1	1	8-bit UART	Variable
1	0	2	9-bit UART	Osc. freq./12 or 64
1	1	3	9-bit UART	Variable

모드 0에서는 RXD에 의해 직렬 데이터가 출입한다. 핀 TXD는 시프트 클록(shift clock)을

출력하고, 이는 데이터 송신과 수신을 동기화하는 데 사용된다. 수신은 REN이 1이고 R1이 0일 때 초기화된다. 송신은 임의의 데이터가 SBUF에 기록되면 초기화되는데, 이는 99H 번지에 있는 직렬 포트 버퍼이다. 모드 1에서는 10 비트들이 TXD에서 송신되던지 또는 RXD에서 수신되는데, 이는 시작 비트 0, 8개의 데이터 비트 그리고 종료 비트 1로 이루어진다. 송신은 SBUF에 기록함으로써 초기화되고 수신은 RXD에서 하강 에지(1에서 0으로 비트 전이)에 의해 초기화된다. 모드 2와 3에서는 11 비트들이 TXD에서 송신되던지 RXD에서 수신된다.

PIC 마이크로컨트롤러는 SPI를 갖고 있고(그림 10.30), 이는 동기 직렬통신용으로 사용된다. 데이터가 SSBUF 레지스터에 기록될 때 이는 SCK상의 클록신호와 동기되어 SDO 핀으로부터 시프트되고, 최상위 비트와 RC3의 클록 신호와 함께 직렬신호로 핀 RC5를 통하여 출력된다. SSBUF 레지스터로의 입력은 RC4를 통한다. 대다수 PIC 마이크로컨트롤러들은 UART를 갖고 있는데, 이는 비동기적으로 송신되는 직렬 데이터를 사용하기 위한 직렬 인터페이스 기능을 제공한다. 송신할 때는 각 8 비트의 바이트는 한 개의 START 비트와 다른 한 개의 STOP 비트와 함께 한 프레임(frame)을 구성한다. START 비트가 송신될 때는 RX선은 로우로 떨어지고, 다음으로 수신기는 하강 에지(하이에서 로우로 비트 전이)에서 동기화된다. 그러면 수신기는 8비트의 직렬 데이터를 읽는다.

13.6 인터페이스 예

다음은 인터페이스에 관한 예들이다.

13.6.1 디코더와 7세그먼트 표시장치와의 인터페이스

마이크로컨트롤러의 출력이 세븐 세그먼트 LED 표시장치 유닛(6.5절 참조)을 구동시키는 경우를 고려한다. LED는 온-오프 표시기이고 숫자는 어느 LED가 점등되었는가에 따라 구분된다. 그림 13.19는 디코더 드라이버를 사용하여 어떻게 표시장치를 구동하는가를 보이는데, 디코더 드라이버는 BCD 입력을 받아 이를 표시장치에 적합한 코드로 변환시킨다.

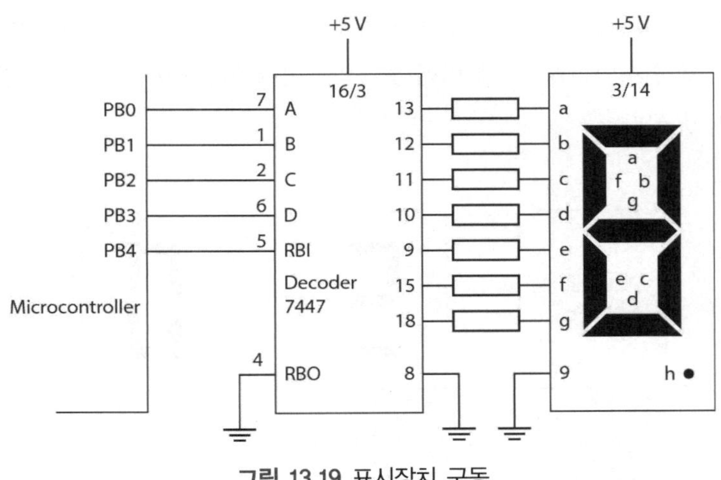

그림 13.19 표시장치 구동

7447 디코더는 BCD 입력으로 핀 7, 1, 2, 6이 있고, 표시장치의 세그먼트용 출력으로 핀 13, 12, 11, 10, 9, 15, 14가 있다. 표시장치의 핀 9는 소수점이다. 표 13.2는 이 디코더의 입력과 출력 신호를 나타낸다.

표 13.2 Intel 8051 직력포트 모드

Display	Input pins				Input pins Output pins						
	6	2	1	7	13	12	11	10	9	15	14
0	L	L	L	L	ON	ON	ON	ON	ON	ON	OFF
1	L	L	L	H	OFF	ON	ON	OFF	OFF	OFF	OFF
2	L	L	H	L	ON	ON	OFF	ON	ON	OFF	ON
3	L	L	H	H	ON	ON	ON	ON	OFF	OFF	ON
4	L	H	L	L	OFF	ON	ON	OFF	OFF	ON	ON
5	L	H	H	L	ON	OFF	ON	ON	OFF	ON	ON
6	L	H	H	L	OFF	OFF	ON	ON	ON	ON	ON
7	L	H	H	H	ON	ON	ON	OFF	OFF	OFF	OFF
8	H	L	H	H	ON	ON	ON	OFF	OFF	OFF	OFF
9	H	L	H	L	ON	ON	ON	OFF	OFF	OFF	OFF

모든 세그먼트가 점등되지 않는 경우를 **블랭킹(blanking)**이라고 한다. 이는 예를 들어 3개의 표시장치에 010보다는 10으로 표시하길 원하는 경우, 즉 처음의 0을 무시하고 이를 표시하지 않게 하기 위함이다. 이를 위하여 리플 블랭킹 입력(Ripple Blanking Input: RBI)을 로우로 설정한다. RBI가 로우이고 BCD 입력 A, B, C, D가 로우이면 출력은 나가지 않는다. 만일 입력이 영이 아니면 RBI 상태에 관계없이 리플 블랭킹 출력(Ripple Blanking Output: RBO)은 하이로

된다. 그림 13.20에 나타나 있는 것과 같이 표시장치의 첫 번째 숫자의 RBO는 두 번째 숫자의 RBI에 연결되고, 두 번째의 RBO는 세 번째 숫자의 RBI에 연결되어 있다. 그러면 마지막에 있는 0만 표시되지 않게 된다.

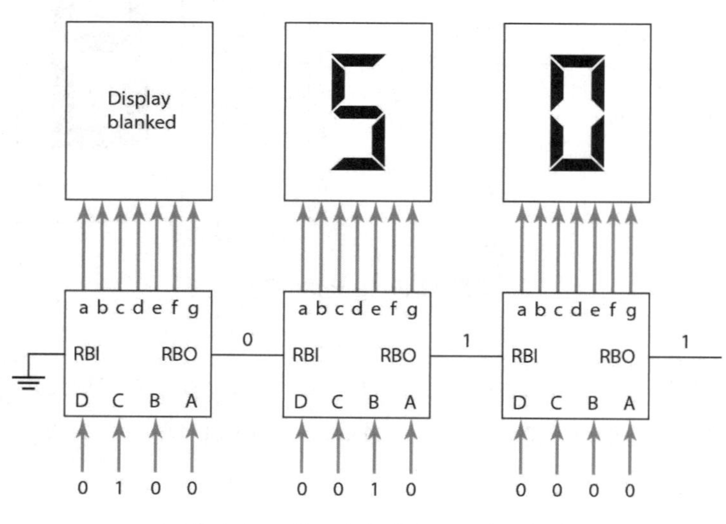

그림 13.20 리플 블랭킹(Ripple blanking)

여러 개의 표시장치 요소들로 구성된 표시장치에서는 각 요소별로 디코더를 사용하지 않고 멀티플렉서(multiplexer)를 사용한다. 그림 13.21은 4개 요소로 구성된 공통 음극형(common cathode type) 표시장치에 대한 멀티플렉스회로이다. BCD 데이터는 포트 A에서 나가고 디코더는 모든 표시장치로 디코더 출력을 내보낸다. 각 표시장치는 트랜지스터를 통하여 접지와 연결되어 있는 공통 음극을 갖고 있다. 포트 B의 출력에 의해 온되지 않는다면 표시장치는 켜지지 않는다. 그러므로 PB0, PB1, PB2, PB3의 선택으로 포트 A의 출력은 선택된 표시장치로 연결된다. 표시를 끊지 않고 계속하고자 하는 경우 표시장치가 깜빡이게 보이지 않도록 표시장치를 충분하게 자주 반복적으로 점등시켜야 한다. 1회에 1개 이상의 숫자를 표시하기 위해서는 시간분할 멀티플렉싱(time division multiplexing)이 사용된다.

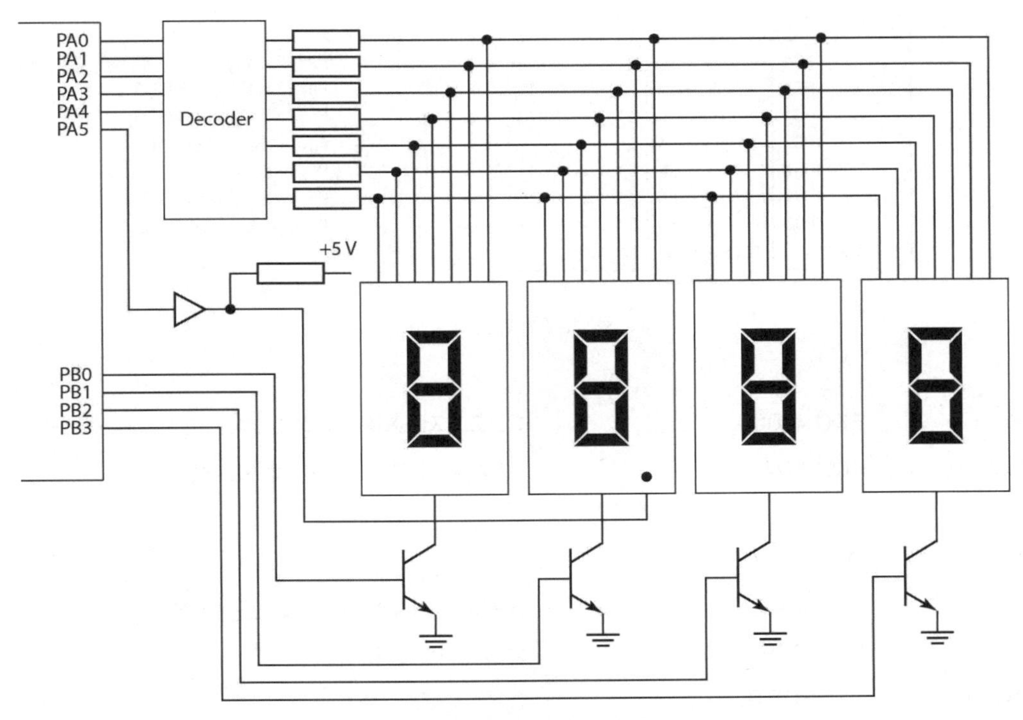

그림 13.21 4개 표시장치의 멀티플렉싱

13.6.2 아날로그 인터페이스

마이크로프로세서나 마이크로컨트롤러의 출력으로 아날로그 출력을 보내야 할 경우에는 디지털-아날로그 변환이 필요하다. 예를 들어 DAC 아날로그장치 AD557은 이 목적으로 사용된다. 이는 숫자 입력에 비례하는 출력전압을 만들어내고, 마이크로프로세서 인터페이스용 입력 래치가 가능하다. 래치가 불필요한 경우에는 핀 9와 10을 접지에 연결한다. 핀 9나 10의 상승에지로 데이터는 래치되고, 양 핀이 모두 로우로 떨어지면 래치는 해제된다. 이때 데이터를 아날로그 전압으로 변환시키기 위해 래치에서 DAC로 전달된다.

그림 13.22는 래치를 사용하지 않고 Motorola M68HC11에 연결된 AD557을 보인다. 이 회로에서 다음의 프로그램이 수행되면 톱니바퀴 형태의 전압출력이 발생된다. 프로그램을 적절하게 수정하면 다른 형태의 파형도 얻을 수 있다.

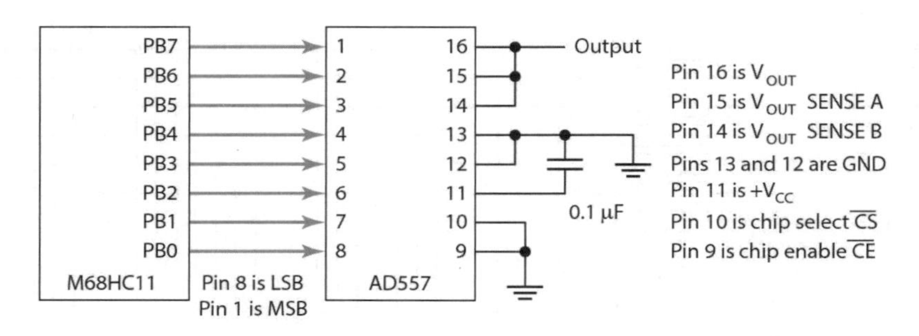

그림 13.22 파형 발생기

```
BASE      EQU $1000        ; I/O레지스터의 베이스 주소
PORTB     EQU $04          ; BASE와 PORTB 간의 오프셋

          ORG $C000
          LDX #BASE        ; 레지스터 베이스로의 포인트 X
          CLR PORTB, X     ; DAC 에 0 을 보냄
AGAIN     INC PORTB, X     ; 1씩 증가
          BRA AGAIN        ; 반복
          END
```

요 약

인터페이스 요구사항이란 종종 전기적인 완충작용과 분리, 타이밍 제어, 코드변환, 선 개수의 변경, 직력-병렬 또는 병렬-직렬, 아날로그-디지털 또는 디지털-아날로그 변환 등을 의미한다. 두 개의 기기들이 동일한 속도로 데이터를 송수신하지 않는다면 **핸드셰이킹**(handshaking)이 필요하다.

폴링(polling)이란 입출력에 대한 프로그램 제어를 말하는데, 여기에서는 입력을 계속적으로 읽어 출력을 갱신할 수 있는 루프(loop)와 필요할 때에 서비스 루틴으로 갈 수 있는 점프가 사용되는데, 이는 각각의 주변장치들을 반복적으로 체크하여 주변장치가 새로운 데이터를 보내거나 받을 수 있는가를 알기 위한 과정이다. 또 다른 프로그램 제어방식으로 **인터럽트 제어**(interrupt control)가 사용된다. 이 인터럽트 기능은 주변장치가 각각 별도의 인터럽트 선에 의해 동작될 수 있게끔 한다. 인터럽트가 수락되면 마이크로프로세서는 주 프로그램의 실행을 중단하고 해당 주변장치의 서비스 루틴으로 점프한다. 이 인터럽트 서비스 루틴이 종료된 후에 메모리 내용이 복원되어 마이크로프로세서는 그 전에 중단되었던 프로그램 위치로 되돌아가서 주 프로그램을 실행한다.

직렬 데이터 전송에는 동기 또는 비동기의 두 가지 기본적인 방식이 있다. **비동기 전송**(asynchronous transmission)에서는 수신기와 송신기가 각기 자신의 클록을 사용하므로 수신기는 송신기로 부터의 데이터가 언제 시작되고 끝나는지 알 수 없다. 그래서 전송되는 데이터 워드에는 시작비트와 종료비트를 부여하여 데이터 전송 시작과 끝을 알 수 있게 한다. 반면에 **동기 전송**(synchronous transmission)에서는 송신기와 수신기가 동일한 클록 신호를 갖고 있어 송신과 수신이 동기화된다.

주변장치 접속기(Peripheral Interface Adapters: PIA's)는 프로그램이 가능한 입출력 인터페이스 장치로서 소프트웨어에 의해 여러 가지 입력과 출력 옵션을 선택할 수 있다.

범용 비동기 수신기/발신기(Universal Asynchronous Receiver/Transmitter: UART)는 직렬통신 시스템에서 필수불가결한 요소로서, 이는 입력용으로 직렬데이터의 병렬데이터로의 변환, 출력용으로 병렬데이터의 직렬데이터로의 변환 기능을 갖고 있다. 프로그램이 가능한 UART를 **비동기통신 인터페이스 접속기**(Asynchronous Communications Interface Adapter: ACIA)라 한다.

연습문제

13.1 Describe the functions that can be required of an interface.

13.2 Explain the difference between a parallel and a serial interface.

13.3 Explain what is meant by a memory-mapped system for inputs/outputs.

13.4 What is the function of a peripheral interface adapter?

13.5 Describe the architecture of the Motorola MC6821 PIA.

13.6 Explain the function of an initialisation program for a PIA.

13.7 What are the advantages of using external interrupts rather than software polling as a means of communication with peripherals?

13.8 For a Motorola MC6821 PIA, what value should be stored in the control register if CA1 is to be disabled, CB1 is to be an enabled, interrupt input and set by a low-to-high transition, CA2 is to be enabled and used as a set/reset output, and CB2 is to be enabled and go low on first low-to-high E transition following a microprocessor? Write into peripheral data register B and return high by the next low-to-high E transition.

13.9 Write, in assembly language, a program to initialise the Motorola MC6821 PIA to achieve the specification given in problem 8.

13.10 Write, in assembly language, a program to initialise the Motorola MC6821 PIA to read eight bits of data from port A.

Chapter 14 프로그램 가능 논리제어기

목 표

본 장의 목적은 다음과 같은 내용을 학습한다.
- PLC의 기본적인 구조와 동작
- 논리 기능, 래치, 내부 릴레이, 순차 제어 등을 포함하는 PLC 사다리형 프로그램 개발
- 타이머, 계수기, 시프트 레지스터, 마스터 릴레이, 점프, 데이터 핸들링 등을 포함하는 프로그램 개발

14.1 프로그램 가능 논리제어기

프로그램 가능 논리제어기(Programmable Logic Controller: PLC)는 프로그램이 가능한 기억장치를 사용하는 디지털 전자기기로 정의될 수 있고(그림 14.1), 여기서 기억장치는 기계장치 등을 제어하기 위하여 명령어들을 저장하고 논리, 연산, 순차 제어, 타이머, 계수기 등과 같은 기능을 수행한다. 여기서 논리(logic)라는 용어가 사용되는데, 이는 PLC 프로그래밍이 주로 논리 및 스위치 연산을 수행하기 때문이다. PLC에는 스위치 등과 같은 입력장치와 모터 등과 같은 출력장치가 연결되며, PLC는 저장된 프로그램에 의해 입력과 출력을 모니터링하면서 기계나 공정을 제어한다. PLC는 초기에 단순히 릴레이(그림 9.2), 타이머 등을 이용한 논리제어 시스템을 대치하는 목적으로 개발되었다. PLC의 큰 장점 중의 하나는 입력과 출력장치에 연결된 전기회로, 즉 하드웨어를 바꾸지 않고 사용자가 명령어를 변경하여 소프트웨어를 변경함으로써 제어방법을 변경할 수 있다는 점이다. 또한 이는 릴레이로 동작하는 시스템보다 무척 빠르다. 즉, 이 PLC 시스템은 제어내용이 근본적으로 바뀌는 시스템에도 사용 가능한 유연한 시스템으로, 사용하기 쉽고 프로그램이 비교적 간단하여 논리제어 기능을 구현하는 데 널리 사용되고 있다.

PLC는 컴퓨터와 유사하나 제어기로 사용되며 다음과 같은 고유한 특징을 갖고 있다.

1. 진동, 온도, 습도 그리고 소음에 견딜 수 있도록 만들어져 있다.
2. 입력과 출력의 인터페이스는 PLC 내부에서 이루어진다.

3. 이해하기 쉬운 프로그램 언어를 사용하여 프로그래밍이 쉽고, 프로그램은 주로 논리와 스위치 연산으로 구성된다.

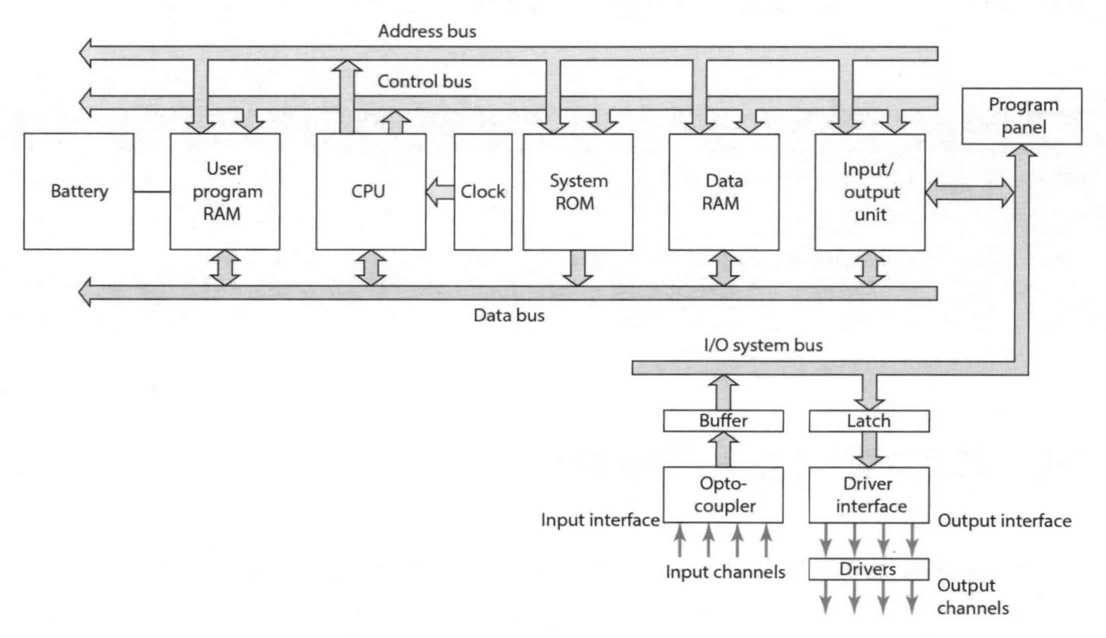

그림 14.1 PLC 구조

14.2 기본 구조

그림 14.1은 기본적인 PLC의 내부 구조를 나타내는데, 이는 중앙처리장치(CPU), 기억장치(memory) 그리고 입출력회로로 구성된다. CPU는 PLC의 모든 동작을 제어하고 수행한다. CPU는 1MHz에서 8MHz 사이의 주파수 클록을 갖고 있는데, 이 주파수는 PLC의 동작속도를 결정하고 또한 PLC 요소들의 동기화 및 타이밍을 맞추는 데 사용된다. 버스 시스템은 CPU, 기억장치, 입출력장치 간의 정보 및 데이터를 운반하는 데 이용된다. 기억장치로는 운영체제 및 고정 데이터와 같은 영구적인 데이터를 저장하기 위한 ROM과 사용자 프로그램 및 입출력 간 데이터를 임시로 저장하기 위한 RAM이 이용된다.

14.2.1 입력/출력

입력과 출력장치는 PLC 시스템과 외부와의 인터페이스 역할을 하며, 여기서 프로세서는 외부 기기로부터의 정보를 받아들이고, 또한 외부 기기와 정보를 주고받는다. 이 입력/출력 인터페이스는 신호조절과 분리(isolation) 기능을 제공하는데, 이러한 기능에 의해 별도의 추가 회로가 없이 센서들과 액추에이터를 PLC에 직접 연결할 수 있다. 입력으로는 외부의 사건이 발생할 때 동작되는 리밋 스위치나 온도센서, 유량센서등과 같은 여러 가지 센서들이 사용된다. 그리고 출력들로서는 모터 시동코일이나 솔레노이드 밸브 등이 사용된다(3.3절 참조).

그림 14.2는 입력 채널에 대한 기본 회로를 보인다. 일반적으로 PLC에서 사용되는 디지털신호는 마이크로프로세서와 호환될 수 있도록 직류 5V 전압이 사용된다. 한편, 입력 채널에는 신호조절이나 분리기능이 있어 넓은 전압 범위의 입력신호들이 사용될 수 있는데, 대 용량 PLC에서는 입력전압으로 5V, 24V, 110V, 240V등이 사용된다. 그러나 소 용량의 PLC에서는 24V등과 같이 한 가지 형태의 입력전압이 사용되기도 한다.

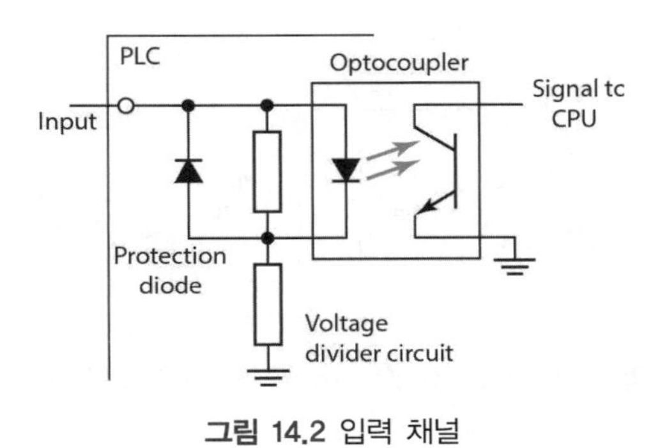

그림 14.2 입력 채널

출력 유닛의 출력전압은 5V가 디지털 신호가 사용된다. 출력은 릴레이 형식, 트랜지스터 형식, 트라이액형식등과 같이 정해져 있다. 릴레이 형식의 출력에서는 PLC의 출력은 내부적으로 릴레이를 구동시키는 데 사용되고, 이로 인해 외부회로에 필요한 수 암페어의 전류를 스위칭할 수 있다. 이 릴레이는 직류용과 교류용 모두 사용되며 이는 PLC와 외부 회로를 차단하는 기능을 한다. 그렇지만 이 릴레이는 상대적으로 동작이 느리다는 단점이 있다. 트랜지스터 형식의 출력은 외부 회로를 통하여 전류를 스위칭할 수 있도록 트랜지스터를 사용한다. 이는 보다 빠른 스위칭 동작을 제공한다. 트랜지스터와 아울러 PLC와 외부회로를 차단할 수 있도록 광아이솔에이터(optoisolator)가 종종 사용된다. 트랜지스터 출력은 직류 스위칭용이고, 교류 전원이 요구되는 외부 부하를 제어하는 경우에는 트라이액 출력이 사용된다. 이 경우에도 외부회로와의 차단을 위하여 광아이솔에이터가 사용된다. 대용량 PLC에서는 출력채널을 예를 들어 직류 24V/100mA 스위칭 신호용 출력, 직류 110V/1A용 출력, 교류 240V/2A 트라이액 출력등과 같은 다양한 형태로 구성할 수 있다. 그러나 중간 용량의 PLC에서는 사용되는 출력모듈의 수에 제한이 있을 수 있다.

직류 기기들을 PLC에 연결하는 방법에서 **소싱**(sourcing)과 **싱킹**(sinking)이라는 용어가 사용된다. 소싱에서는 그림 14.3(a)와 같이 양에서 음으로 흐르는 전류를 이용하여 입력기기가 입력모듈로부터 전류를 받는다. 그리고 출력 모듈로부터 출력 부하로 전류가 흐르는 경우 역시 출력모듈을 소싱이라 한다. 싱킹에서는 그림 14.3(c)와 같이 입력기기가 입력모듈로 전류를 공급한다. 그리고 출력 부하로부터 출력 모듈로 전류가 흐르는 경우 역시 출력모듈을 싱킹이라 한다.

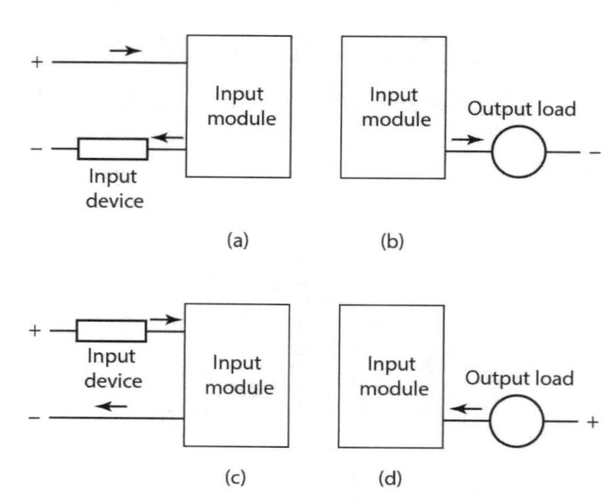

그림 14.3 (a),(b) 소싱(sourcing), (c),(d) 싱킹(sinking)

입출력 유닛은 시스템과 외부세계간의 인터페이스를 제공하는데, 이 입출력 채널을 통하여 센서와 같은 입력기기와 모터 및 솔레노이드와 같은 출력 기기들을 PLC에 연결할 수 있다. 또한 이를 통하여 프로그램 패널로부터 프로그램이 입력된다. 모든 입출력 점은 CPU에서 인식할 수 있는 독자적인 주소를 부여 받는다. 예를 들어 도로변에 있는 여러 집들 중에서 '10'번지는 특정 센서로부터의 입력에 사용되는 집이 되고, '45'번지는 어떤 모터의 출력용으로 사용될 수 있는 집이 된다 등과 같이 비유할 수 있다.

14.2.2 프로그램 입력

프로그램은 여러 가지 프로그램 장치로부터 입출력유닛으로 입력되는데, 이 장치로는 손 안에 드는 크기의 소형 프로그램 장치, 영상표시장치(Visual Display Unit: VDU)를 가진 데스크톱 터미널, 소형 키보드장치에서부터 스크린 화면 등이 사용되며, 다른 방법으로는 전용 소프트웨어를 이용한 PC에 의해 프로그램을 입력하기도 한다. 프로그램 장치에서 프로그램이 완료되고 준비가 되어 있어야만 PLC의 기억장치 유닛으로 전달될 수 있다.

RAM에 저장된 프로그램들은 사용자가 변경할 수 있는데, 만일 전원이 공급되지 않으면 이들 프로그램은 삭제된다. 프로그램 삭제를 방지하기 위하여 전원이 공급되지 않을 때는 백업 전지에 의해 어느 일정 기간 동안 RAM에 저장되어 있는 내용을 유지시킨다. 사용자가 프로그램을 개발하면 일단 이를 RAM에 저장하고, 프로그램을 영구적으로 저장시키기 위하여 EPROM을 이용하기도 한다. 소형 PLC는 저장 가능한 프로그램 크기, 즉 프로그램 스텝(step) 수로서 그 규격을 나타내기도 한다. 여기서 프로그램 내의 한 스텝은 어떤 사건을 발생시키는 명령어이다. 프로그램의 태스크(task)는 여러 스텝으로 구성되는데, 예를 들어 "스위치 A와 스위치 B를 검사하여 만일 A와 B가 모두 닫혀 있다면 솔레노이드를 작동시켜 그 결과로 어떤 구동기기를 동작시킨다"가 한 태스크이다. 이 태스크의 수행이 완료되면 이후 다른 태스크가 시작된다. 일반적으로 소형 PLC의 최대 프로그램 스텝 수는 300에서 1000 사이로서 이 정도면 대다수 제어 시스템에 적용이 가능하다.

14.2.3 PLC 형태

PLC는 1968년에 최초로 알려져서 현재는 20개 정도의 디지털 입출력을 갖는 박스형의 소형장치에서부터 많은 입출력을 갖는 대형 시스템으로까지 확대되어 활용되고 있다. 또한 디지털 및 아날로그 입출력을 다룰 수 있으며 PID 제어기로도 사용된다. 통상 박스형은 소형의 프로그램 가능 제어기용으로 사용되는데, 이는 전원공급기, 프로세서, 기억장치, 입출력 장치 등을 종합되어 있는 패키지 형태이다. 이러한 PLC는 전형적으로 6, 8, 12, 24개의 입력과 4, 8, 16개의 출력 그리고 300에서 1000개의 명령어를 저장할 수 있는 기억장치로 구성되어 있다. 예를 들어 MELSEC FX3U 기종이 이에 해당한다. 일부 시스템은 PLC에 입출력 박스들을 연결하여 입력과 출력을 확장할 수 있게 되어 있는 것도 있다.

많은 수의 입력과 출력을 갖는 대형 PLC 시스템은 모듈형식으로 되어 있어 이 모듈을 격자선반 형태의 랙(rack)에 끼울 수 있게 되어 있다. 이는 전원공급기, 프로세서, 기억장치, 입출력 장치와 같은 각각의 모듈로 구성되는데, 이들은 금속 캐비닛 내의 레일에 장착된다. 이러한 랙 형식은 거의 모든 PLC에 적용이 되는데, 이는 베이스 랙의 소켓에 끼울 수 있도록 되어 있으며 각각의 모듈은 고유 기능을 갖는다. 원하는 기능을 구현하기 위하여 필요한 모듈은 사용자가 결정하여 조합하고 이들을 랙에 끼워 사용한다. 그러므로 입출력모듈을 추가하면 입출력 연결 점수가 늘어난다. 예를 들어 SIMANTIC S7-300/400 PLC의 경우 전원공급기, CPU, 입출력 인터페이스 모듈, 입출력 신호조절용 신호 모듈 그리고 PLC를 다른 PLC나 시스템에 연결할 수 있는 통신

모듈용 랙으로 구성되어 있다.

이러한 모듈형식을 갖춘 PLC의 예로서 Allen-Bradley SLC-500을 들 수 있다. 이 PLC는 소형이고 섀시(chassis)들로 구성되며 여러 개 프로세서의 선택이 가능하고, 여러 개의 전원 공급 옵션과 다양한 입출력 용량을 갖는 모듈로 구성되는 제품이다. SLC-500은 응용별로 이에 맞추어 시스템 설계를 할 수 있다. PLC 블록들은 랙에 설치되고 이들은 백플레인 버스(backplane bus)를 통하여 연결된다. 랙의 마지막 상자는 전원공급용이고, 그 옆의 상자에는 마이크로프로세서가 들어가 있다. 백플레인 버스는 구리 전도체이고 이를 통하여 랙에 끼워져 있는 블록들이 전원을 공급받고 또한 모듈과 프로세서 간에 데이터가 교환된다.

모듈들은 랙에 끼워지며 이는 백플레인상의 커넥터와 연결된다. SLC 500 PLC용으로 모듈 개수가 4, 7, 10 그리고 13개가 마련되어 있는 랙을 사용할 수 있다. 모듈의 종류를 보면 8, 16, 32개의 직류 전류소모 입력용, 8, 16, 32개의 직류 전류원 출력용, 4, 8, 16개의 교류/직류 릴레이 출력용 그리고 다른 컴퓨터나 PLC와 통신할 수 있는 통신모듈이 있다. 한편, 윈도우즈 환경에서 프로그램이 가능한 소프트웨어도 이용 가능하다.

14.3 입출력 처리

PLC는 계속적으로 프로그램을 실행하면서 입력 신호에 의해 출력을 갱신한다. 이렇게 실행되는 한 루프를 **사이클**(cycle)이라 부른다. 입출력을 처리하는 데에는 다음과 같이 연속갱신 방법과 대량 입출력 복사 방법이 사용된다.

14.3.1 연속 갱신(Continuous updating)

이 방법은 프로그램 명령어에 나타나 있는 입력 채널들을 CPU가 스캔하는 것이다. 각 입력은 개별적으로 조사되고, 프로그램에 미치는 각각의 영향을 결정한다. 마이크로프로세서가 유효한 입력 신호를 읽는 데 약 3ms의 시간이 걸리도록 하는데, 이 지연시간은 입력 스위치의 다중 접촉이 발생한 경우에도 마이크로프로세서가 입력 신호를 2회 이상 읽지 못하게 하는 효과가 있다. 다수 개의 입력이 있는 경우에는 출력을 내는 명령문이 실행되기 전에 각 입력은 3ms 이내의 지연시간을 갖고 읽히게 된다. 그리고 출력 신호는 다음에 갱신되기 전까지는 그 상태를 유지한다.

14.3.2 대량 입출력 복사(Mass input/output copying)

연속 갱신방법은 각 입력이 3ms의 지연시간을 갖기 때문에, 만일 수백 개의 입출력을 실행하려면 실행시간이 길어지게 되는 문제가 있다. 이 대량 입출력 복사방법은 보다 빠른 프로그램 실행을 위하여 RAM의 일부분을 제어 논리와 입출력장치 간의 중간 저장소로 이용하는 방법으로서 각 입출력은 각각의 번지를 갖는다. 프로그램의 실행 초기 단계에서 CPU는 모든 입력을 조사하여 입력상태들을 RAM의 해당 번지에 저장시킨다. 이후 프로그램이 실행되면 RAM에 저장되어 있는 입력 데이터를 읽어 논리연산을 실행한다. 논리연산 결과로 얻어지는 출력 신호들은 각각 지정된 RAM의 입출력부분에 저장된다. 이렇게 RAM에 저장되어 있던 출력들은 프로그램의 끝부분에서 출력 채널로 전송되고 이 출력들은 다음 갱신 때까지 그 상태를 유지한다. 이 과정을 요약하면 다음과 같다.

1. 모든 입력들을 읽어 이를 RAM에 저장한다.
2. 차례차례로 프로그램 명령어를 읽어 이를 실행시키고, RAM에 출력들을 저장한다.
3. 모든 출력들을 갱신한다.
4. 위의 과정을 반복한다.

PLC에서는 프로그램에 의해 입력들을 읽고 출력을 갱신하는 데에는 시간이 걸린다. 그러므로 PLC는 입력들을 항상 모니터링하지 않고 단지 주기적으로 체크하게 된다. 일반적으로 PLC의 사이클 시간은 10에서 50ms 정도이므로 입력과 출력들은 매 10에서 50ms마다 갱신된다. 이는 만일에 한 사이클 내에서 아주 짧은 시간의 입력이 들어오는 경우에 그 입력을 읽지 못할 수도 있다. 만일 PLC의 사이클 시간이 40ms라면 입력되는 디지털 임펄스를 정상적으로 감지하기 위해서는 그 입력 신호는 펄스가 40ms 이상의 주파수를 갖는 파형이 되어야 한다. Mitsubishi의 소형 PLC인 MELSEC FX3U의 경우 한 논리 명령어 당 0.065μs의 실행 시간이 소요되는데, 따라서 프로그램이 복잡할수록 사이클 시간은 길어지게 된다.

14.3.3 I/O 주소

PLC에서는 각 입력과 출력은 구분되어야 하는데, 이를 위해서 각 입출력에는 각각의 주소가 할당되어 있다. 이는 마치 도시에 있는 집들이 각각의 주소를 갖고 있어야 우편물이 올바르게 배달되는 경우에 비유할 수 있다. 소형 PLC에서는 입력과 출력을 구분하기 위하여 주소 앞에 기호를 붙인다. 예를 들어 Mitsubishi와 Toshiba PLC에서는 입력들은 X400, X401, X402 등과 같이 출력들은 Y430, Y431등과 같이 구분한다. 여러 개의 입출력 채널용 랙과 많은 수의 모듈용 랙을 갖는 대형 PLC에서는 랙과 모듈에 각기 번호를 부여한다. 이에 따라 입력과 출력은 랙 번호와 랙 내의 모듈 번호 그리고 모듈 내의 터미널 번호로써 구분한다. 예를 들어 Allen-Bradley PLC-5에서 I:012/03과 같은 표시는 랙 01의 모듈 2의 터미널 03 입력을 의미한다.

14.4 사다리형 프로그래밍

PLC에 사용되는 프로그램 형식을 **사다리형 프로그램**(ladder diagram)이라 한다. 프로그램은 사다리와 사다리에 가로로 걸쳐 있는 가로대(lung)로 구성되며 이에 의해 작업이 수행된다. 이러한 가로대에 의해 예를 들어 "입력인 스위치 A와 B의 상태를 체크하여 만일 A와 B가 모두 닫혀 있다면 출력인 솔레노이드를 동작시킨다"라는 작업을 수행할 수 있어야 한다. 그림 14.4는 이 예를 전기회로와 비교한 것이다.

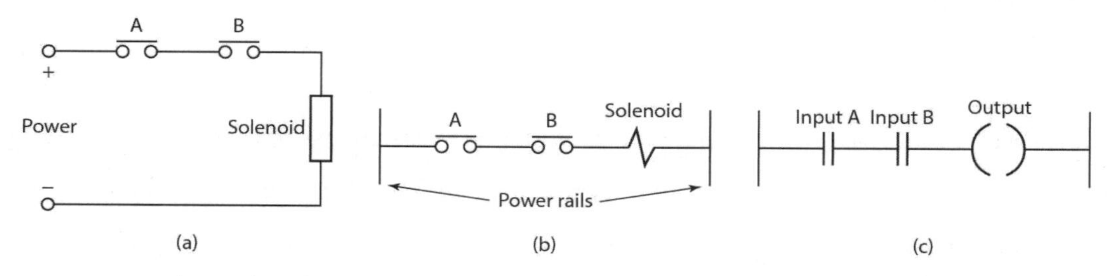

그림 14.4 (a),(b) 동일한 두 개의 전기회로, (c) 사다리형 프로그램의 가로대(lung)

PLC에서는 다음과 같이 프로그램을 실행한다.

1. 사다리형 프로그램의 한 가로대에 있는 입력을 읽는다.
2. 이 입력에 관계되는 논리 연산을 행한다.
3. 해당 가로대의 출력을 세트 또는 리셋시킨다.
4. 바로 다음의 가로대로 이동하여 1,2,3의 동작을 반복한다.
5. 바로 다음의 가로대로 이동하여 1,2,3의 동작을 반복한다.
6. 바로 다음의 가로대로 이동하여 1,2,3의 동작을 반복한다.
7. 프로그램의 마지막 부분까지 위의 과정을 차례차례로 실행한 후에 프로그램의 시작부로

되돌아가 프로그램을 다시 실행한다.

PLC 프로그래밍은 사다리형 다이어그램을 이용하여 스위치회로를 작성하는 것과 유사한 프로그래밍 방법이다. 사다리형 다이어그램은 전원 레일을 의미하는 두 개의 수직 줄과 양 수직 줄 사이의 수평 줄로 구성된다. 이 수평 줄을 가로대(rung)라 하고 이 가로대에 회로들이 작성된다. 그림 14.5는 사다리형 다이어그램에 사용되는 기본적인 표준 기호들과 가로대에 관한 예를 보인다. 가로대에 대한 회로를 작성하는 데 입력은 반드시 출력보다 앞서 있어야 하며, 각 줄에는 적어도 한 개의 출력이 있어야 한다. 각 가로대는 반드시 한 개 도는 일련의 입력들로 시작하고 한 개의 출력으로 완료되어야 한다.

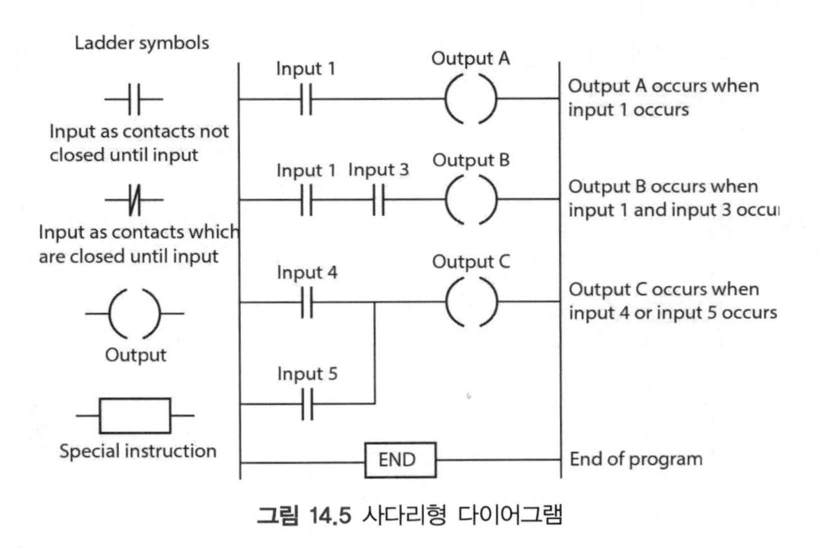

그림 14.5 사다리형 다이어그램

사다리형 다이어그램의 작성 예로서, 입력에 연결된 N.O.(normally open) 시작 스위치가 닫히면 PLC 출력은 솔레노이드를 작동시키는 경우(그림 14.6(a))에 해당하는 프로그램이 그림 14.6(b)에 나타나 있다. 이 그림을 보면 입력으로서 N.O. 표시인 기호 | |로 시작되고 X400의 번지를 갖는다. 그리고 줄의 끝에 출력인 솔레노이드를 표시하는 기호 ( )로 끝나고, Y430의 번지를 갖는다. 프로그램 종료표시로서 최종 가로대를 표기한다. 이 프로그램에 의해 스위치가 닫히면 솔레노이드가 동작하게 된다.

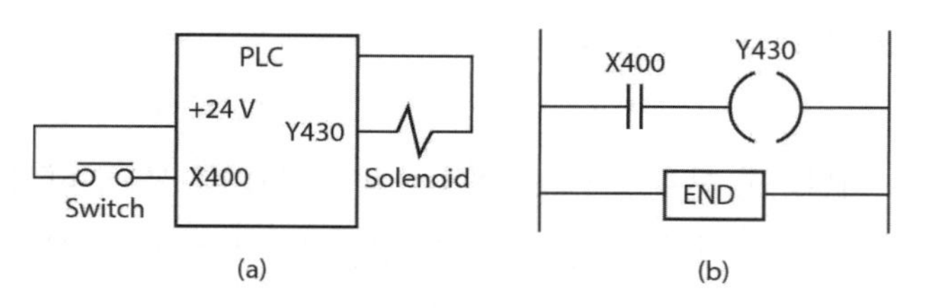

그림 14.6 솔레노이드 제어용 스위치

다른 예로서 그림 14.7에 나타나 있는 온도 온오프제어를 든다. 온도 센서가 지정된 온도를 감지하면 입력은 로우에서 하이로 변하고, 이때 출력은 온상태에서 오프로 변한다. 여기서 사용된 온도 센서는 서미스터로서 이는 브리지회로에 연결되고 브리지회로 출력은 비교기인 연산증폭기에 연결되어 있다(3.2.7절 참조). 그림 14.7(b)에 나타나 있는 이 프로그램의 입력은 N.C.(normally closed) 접점으로 켜짐 신호가 출력된다. 한편 접점들이 열리면 꺼짐 신호가 되므로 출력은 꺼지게 된다.

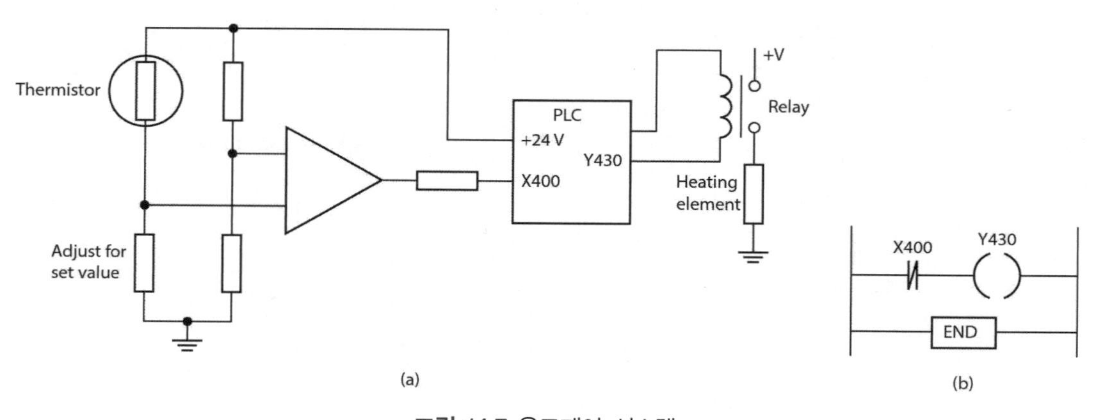

그림 14.7 온도제어 시스템

14.4.1 논리기능

논리기능은 스위치들의 조합 (5.2절 참조)으로 얻을 수 있고, 그림 14.8은 이에 대한 사다리형 프로그램 방법을 보인다.

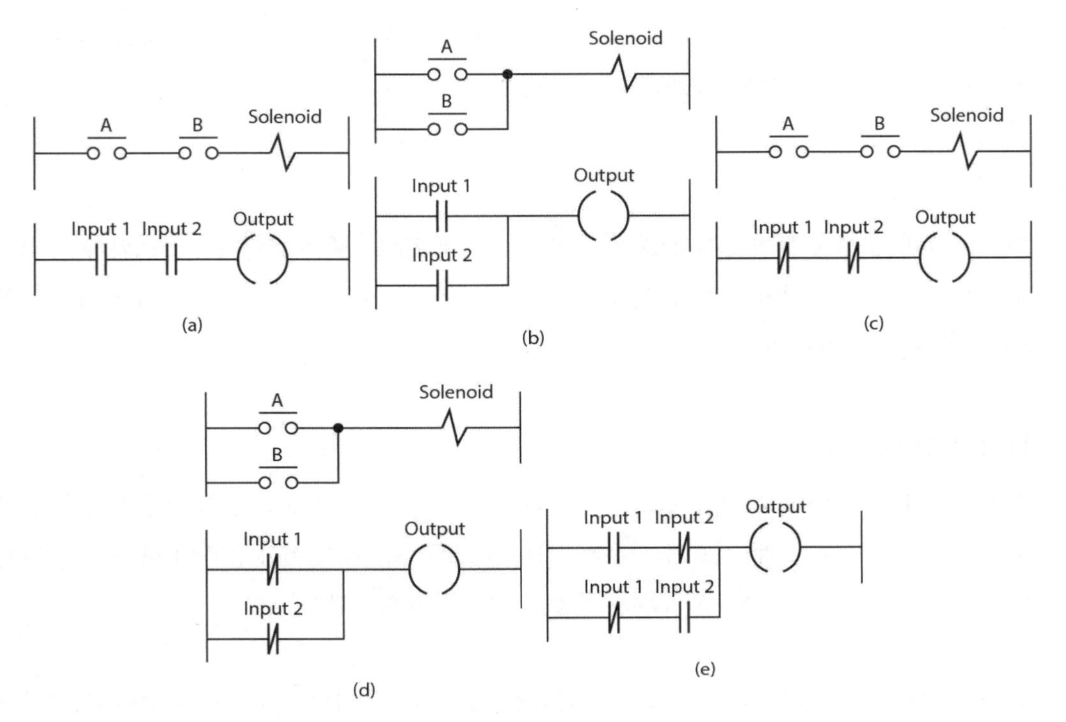

그림 14.8 (a) AND, (b) OR, (c) NOR, (d) NAND, (e) XOR

1. 논리곱(AND)

그림 14.8(a)에 두 개의 N.O. 스위치가 모두 닫혀야만 솔레노이드 코일이 동작되는 경우를 보인다. 스위치 A와 스위치 B는 모두 닫혀야 한다는 것은 결국 논리곱(AND) 연산이 된다. 사다리형 다이어그램은 기호 | |로 시작이 되는데, 여기서 Input 1이 스위치 A를 의미하고 Input 2 기호는 스위치 B를 의미한다.

2. 논리합(OR)

그림 14.8(b)에 두 개의 N.O. 스위치 중 하나 이상 닫혀야만 솔레노이드 코일이 동작되는 경우를 보인다. 이는 결국 논리합 (OR) 연산이 된다. 사다리형 다이어그램은 기호 | |로 시작이 되는데, 여기서 Input 1이 스위치 A를 의미하고 Input 2 기호는 스위치 B를 의미한다. 그림 14.8(b)의 가로대 줄은 출력을 나타내는 기호 ( )로 끝난다.

3. 부정 논리합(NOR)

그림 14.8(c)에 부정 논리합(NOR)에 대한 사다리형 프로그램을 보인다. 스위치 A, B의 입력

신호가 없어야 출력이 나가고, A나 B에 입력이 들어오면 출력은 중지된다. 이 사다리형 다이어그램은 두 개의 N.C. 접점 입력이 나란히 있음을 보인다.

4. 부정 논리곱(NAND)

그림 14.8(d)에 부정 논리곱(NAND)에 대한 사다리형 프로그램을 보인다. 두 스위치 A, B의 입력 신호가 모두 있어야 출력이 없다. 즉, 이 사다리형 다이어그램은 Input 1과 Input 2의 입력이 없어야만 출력이 나간다.

5. 배타적 논리합(XOR)

그림 14.8(d)에 배타적 논리합(XOR)에 대한 사다리형 프로그램을 보인다. 이 그림을 보면 Input 1과 Input 2에 모두 신호가 있든지, 아니면 모두 신호가 없어야 출력이 나가지 않는다. 여기서 각 입력은 N.O. 접점과 N.C. 접점을 갖도록 표현하였다.

다른 예로서 N.O. 스위치 A가 동작되고, 다른 2개의 N.C. 스위치 B, C 중 하나가 동작되어야 코일이 동작되는 경우를 고려한다. 이 경우는 그림 14.9(a)에 표시한 것과 같이 스위치 A에 서로 병렬인 B, C가 직렬로 연결된 배치로 나타날 수 있다. 코일이 동작되기 위해서는 A는 닫혀 있어야 하고 또한 B, C 중 하나가 닫혀 있어야 한다. 여기서 스위치 A는 병렬로 연결되어 있는 2개의 스위치와 논리곱 연산을 실행하고, 2개의 병렬연결 스위치는 논리합 연산을 실행한다. 즉, 두 논리의 조합이 된다. 이에 대한 진리표는 다음과 같다.

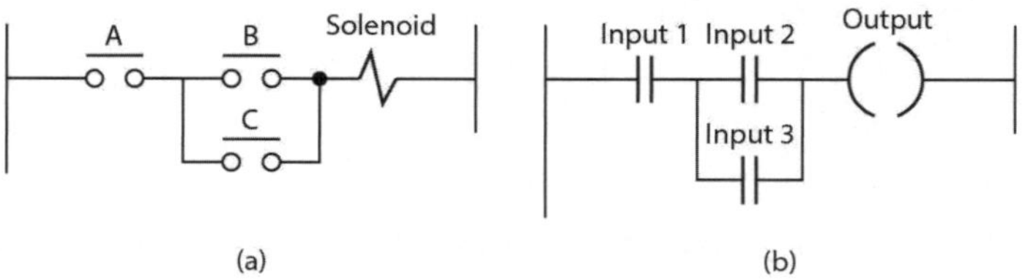

(a) (b)

그림 14.9 솔레노이드 제어 스위치

Shop open switch	Customer approaching sensor	Solenoid output
Off	Off	Off
Off	On	Off
On	Off	Off
On	On	On

앞의 예를 사다리형 다이어그램으로 나타내면 스위치 A는 입력이 1인 기호 | |로 시작을 한다. 그리고 스위치 B와 C는 Input 2와 Input 3로 나타내고, 출력 코일은 ()로 나타낸다. 그림 14.9(a)에 본 회로에 해당하는 줄을 표시한다. 논리 게이트를 이용하는 프로그램의 예로서 다음 경우를 든다. 가게주인이 가게를 연다는 스위치를 작동(closed)시키고 손님이 문에 다가오면 이를 센서가 감지하여 하이 신호를 낸다. 그러면 출력으로 솔레노이드 200가 작동되어 가게 문이 열린다. 이 경우에 대한 진리표는 다음과 같다.

표 14.1 명령어 코드 연상기호

IEC 1131-3	Mitsubishi	OMRON	Siemens	Operation	Ladder diagram
LD	LD	LD	A	Load operand into result register	Start a rung with open contacts
LDN	LDI	LD NOT	AN	Load negative operand into result register	Start a rung with closed contacts
AND	AND	AND	A	Boolean AND	A series element with open contacts
ANDN	ANI	AND NOT	AN	Boolean AND with negative operand	A series element with closed contacts
OR	OR	OR	O	Boolean OR	A parallel element with open contacts
ORN	ORI	OR NOT	ON	Boolean OR with negative operand	A parallel element with closed contacts
ST	OUT	OUT	=	Store result register into operand	An output from a rung

이 진리표는 논리곱 게이트로서 가게 문 제어를 위한 PLC 프로그램은 그림 14.10과 같다.

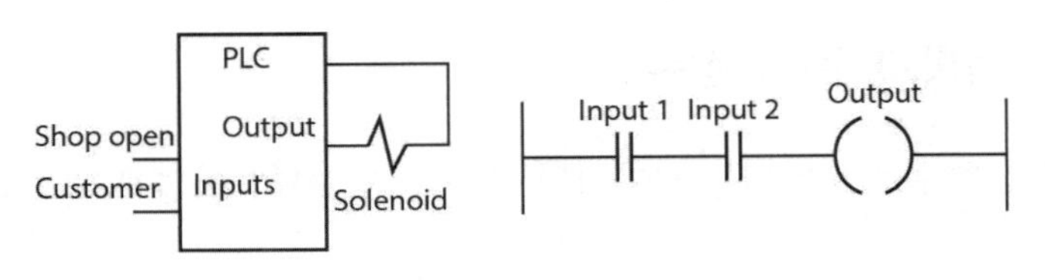

그림 14.10 가게 문 개방 시스템

14.5 명령어 목록

사다리형 프로그램의 각 가로대는 프로그램의 한 줄을 나타내고, 사다리형 언어로 구성된 전체 사다리는 전체 프로그램을 나타낸다. PLC 프로그래밍은 사다리형 각 요소가 나타나 있는 키보드를 이용하는 방법, 컴퓨터 화면과 기호들을 선택하는 마우스를 이용하는 방법, 프로그램 패널이나 컴퓨터를 이용하여 기호들을 기계어로 변환하여 PLC 기억장치에 저장시키는 방법 등이 있다. 한편 사다리형 프로그램을 **명령어 목록**(intruction list)으로 변환하는 다른 프로그램 방식이 있는데, 이는 프로그램 패널이나 컴퓨터를 이용하여 입력시킨다.

명령어 목록은 일련의 명령어들로 이루어지는데, 각 명령어는 각 줄을 나타낸다. 한 명령어는 연산자(operator)와 연산자의 지배를 받는 피연산자(operand)로 구성된다. 사다리형 프로그램의 관점에서 보면, 각 연산자는 사다리형 요소로 볼 수 있다. 다음과 같이 사다리형 프로그램에서 입력에 상당하는 명령어 목록을 예를 든다.

```
LD A(*Load input A*)
```

여기서 연산자는 로딩을 위한 LD이고, 피연산자는 로딩되는 A이다. 그리고 괄호내의 양쪽의 *내의 문장은 주석이다. 이 주석은 어떠한 명령인가를 보여 주고 있는데, 이는 PLC 프로그램 명령어의 일부가 아니라 독자에게 프로그램의 의미를 전달하는 데 사용된다.

이 연상기호(mnemonic code) 방법은 PLC 각 제조업체별로 차이가 있지만 국제 규격인 IEC 1131-3이 제안되어 널리 사용되고 있다. 표 14.1은 공통적으로 사용되는 중요한 연상기호들을 보인다. 본 장의 이후 예제에서는 일반적인 표현방법이 사용되지 않는 곳에서는 Mitsubishi 연상기호를 사용하기로 한다. 다른 제조업체의 연상기호는 여기에서 소개되는 것과 기본 사용원리는 유사하나 실제 기호는 다소 차이를 보인다.

14.5.1 명령어 목록과 논리 함수

그림 14.11은 논리함수로 표현되는 사다리의 각각의 가로대가 어떻게 Mitsubishi 연상기호로 입력되는가를 보인다.

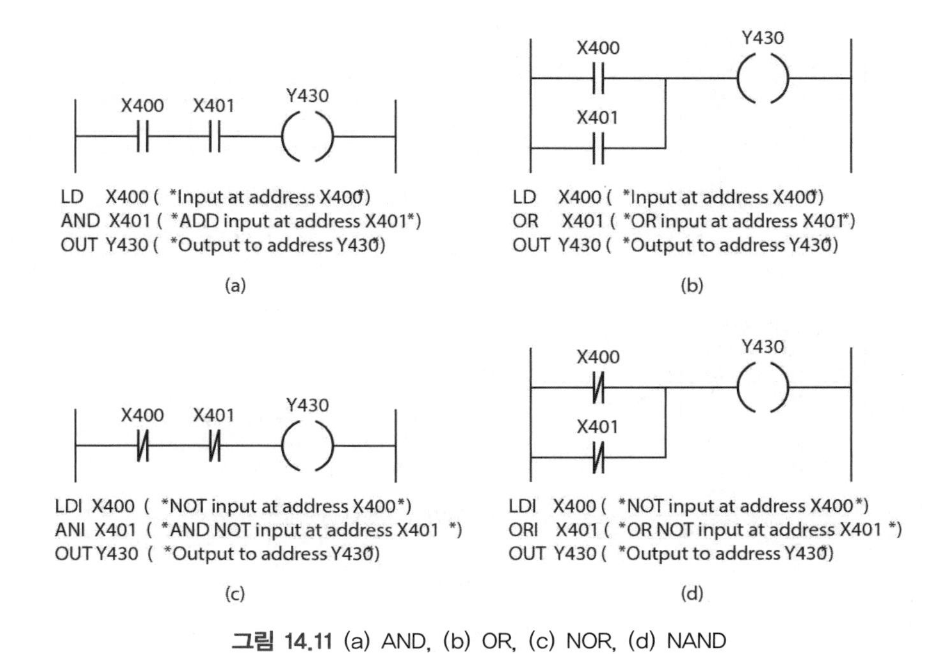

그림 14.11 (a) AND, (b) OR, (c) NOR, (d) NAND

14.5.2 명령어 목록과 가지

그림 14.12의 XOR 게이트는 AND 논리로 구성된 두 개의 평행한 가지(branch)를 갖고 있다. 그림 12.12(a)에 나타나 있는 Mitsubishi PLC에서는 "평행한 두 개의 가지들을 OR 연산하라"는 의미를 갖는 ORB 명령어가 사용되고 있다. 첫 번째 명령어는 N.O. 접점 X400에 대한 것이고, 다음 명령어는 N.C. 접점 X401과의 AND 연산, 즉 ANI X401에 대한 것을 나타낸다. 한편 새로운 줄은 항상 LC나 LDI로 시작된다. 그러므로 세 번째 명령어는 LDI로 시작하므로 새로운 줄로 인식된다. 여기서 첫 번째 줄이 출력으로 끝나지 않았으므로, PLC는 두 번째 줄을 평행한 다른 줄로 인식하고 ORB라는 명령어가 나타날 때까지 이 두 줄을 각각의 요소로 읽어 둔다. 다음으로 ORB라는 명령어는 첫 번째와 두 번째 명령어의 결과와 세 번째와 네 번째 명령어의 결과를 OR 연산하라는 것임을 의미한다. 마지막으로 이 명령어 목록은 출력 OUT Y430으로 종료된다. 그림 14.12(b)는 XOR 게이트에 대한 Siemens 명령어 목록을 나타낸다. 여기서 소괄호(,)가 사용되고 있는데, 이 괄호는 수학식에서 사용되는 괄호와 같이 하나의 블록 형태로 어떤 명령어가 실행됨을 의미한다. 예를 들어 (1+2)/4라는 수식은 1과 2가 4로 나누어지기 전에 먼저 더해져야 함을 의미하는 것과 같다. 그래서 Siemens에서는 A(라는 표기는 명령어 A뒤에 있는 괄호( ) 내의 연산과정이 종료된 다음에야 비로소 명령어 A가 적용됨을 나타낸다. IEC 1131-3 표준에서도 Siemens에서 사용되는 괄호를 이용한 프로그램 방법을 이용한다.

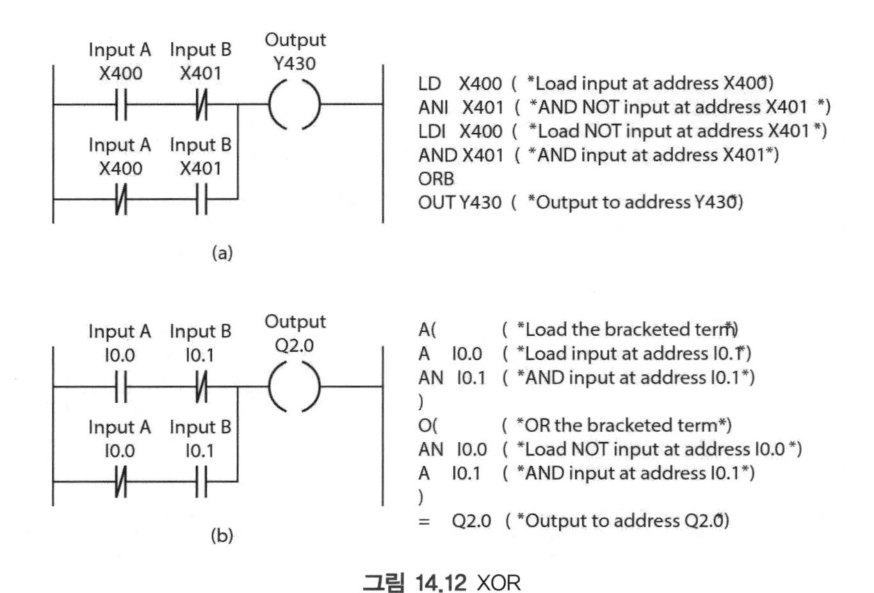

그림 14.12 XOR

14.6 래치와 내부 릴레이

입력 신호가 들어왔다가 곧바로 끊어진다 하여도 출력 신호를 계속 유지해야 하는 경우가 종종 있다. 래치(latch) 회로는 이와 같은 동작에 적용된다. 이 래치 회로는 자기 유지회로로서 일단 켜짐 상태가 되면 별도의 입력 신호가 들어오기 전까지 그 상태를 유지한다. 즉, 최종상태를 기억하는 것이다. 래치 회로의 예가 그림 14.13에 나타나 있다. Input 1이 들어오면 출력 신호가 만들어진다. 이 출력과 Input 1은 논리합 연산이므로 이후 만일 Input 1이 열려도 이 회로는 출력상태를 계속 유지한다. 출력을 해제하기 위한 유일한 방법은 N.C. 접점인 Input 2를 동작시키는 것이다.

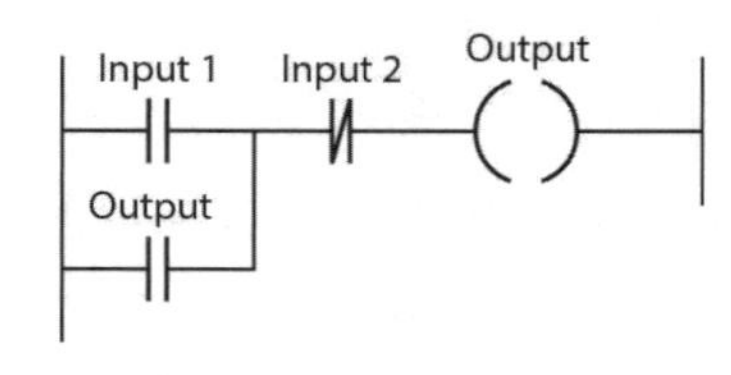

그림 14.13 래치 회로

래치 회로의 사용 예로서 PLC를 이용한 모터제어를 고려한다. 시작(start) 버튼이 일시적으로 눌러지면 모터는 동작을 시작하여 회전하고 정지(stop) 버튼을 눌러 모터 동작을 멈추게 한다.

PLC 시스템의 설계에서 안전성을 최우선적으로 고려하여야 한다. 따라서 정지 버튼은 하드웨어적으로 배선이 되어야 하고 PLC 소프트웨어에 관계없이 동작되도록 하여야 한다. 그래서 만일 정지 스위치나 PLC가 고장 나는 경우에 그 시스템은 자동적으로 안전하도록 되어 있어야 한다. PLC 시스템에서 정지신호는 그림 14.14(a)에 나타나 있는 것과 같이 스위치로 동작되게 할 수 있다. 시작하기 위하여 시작 버튼을 한번 누르면 모터의 내부제어 릴레이가 래치되어 출력은 계속 온(on)상태를 유지하고 모터는 동작하게 된다. 정지시키기 위하여 정지 버튼을 한번 누르면 래치 상태는 해제되어 모터동작은 멈추게 된다. 그러나 만일 정지 버튼이 고장이 난다든지 하여 동작을 시키지 못하는 경우에는 이 시스템을 정지시킬 수 있는 방법이 없다. 이렇듯이 이 시스템은 버튼이 고장난다든가 하여 스위치가 동작이 되지 않으면 정지신호를 줄 수 있는 방법이 없어 안전하지 않으므로 이는 사용하지 말아야 한다. 따라서 정지 스위치가 고장난다하여도 정지신호를 줄 수 있는 대책이 요구된다. 그림 14.14(b)는 이러한 안전한 시스템을 나타낸다. 이 그림을 보면 프로그램에서는 정지 스위치가 오픈 접점으로 되어 있다. 그렇지만 전기 회로에서는 정지스위치가 N.C. 접점으로 배선되어 있다. 그래서 정지 스위치를 누르면 프로그램상의 접점이 열리게 되어 시스템은 정지한다.

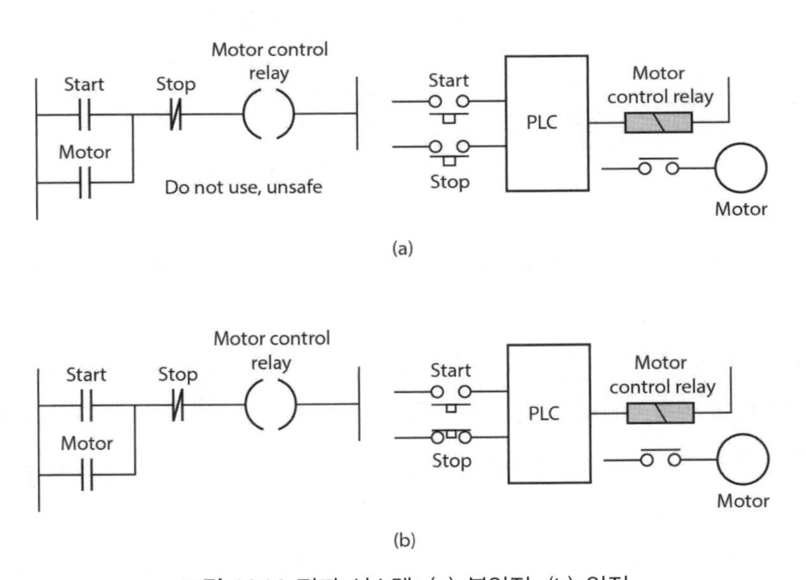

그림 14.14 정지 시스템: (a) 불안전, (b) 안전

14.6.1 내부 릴레이

내부 릴레이(internal relay)는 보조 릴레이(auxiliary relay) 또는 마커(marker)로 불리며, 이는 PLC 내부의 릴레이로 사용된다. 이 릴레이는 마치 접점을 갖는 릴레이와 마찬가지로 동작을

하는데, 실제로는 PLC의 소프트웨어로 처리되는 가상 릴레이이다. 일부 내부 릴레이는 정전시의 시스템의 안전성을 확보하기 위한 회로로 사용되도록 백업 전지로 전원을 공급받는다. 이 내부 릴레이는 순차 제어의 구현에 필수불가결하며 매우 유용하게 이용된다.

내부 릴레이는 복수의 입력조건이 필요한 프로그램에서 자주 사용된다. 예를 들어 그림 14.15(a)는 내부 릴레이를 이용한 사다리형 다이어그램을 작성한 경우로서, 여기서 출력(output)은 다른 두 개의 입력배열에 의해 동작된다. 첫 가로대는 내부 릴레이 IR1의 코일을 제어하기 위한 입력배열이고, 다음 가로대는 내부 릴레이 IR2의 입력배열이다. 이들 2개의 내부 릴레이 접점을 OR 연산하여 출력을 제어한다.

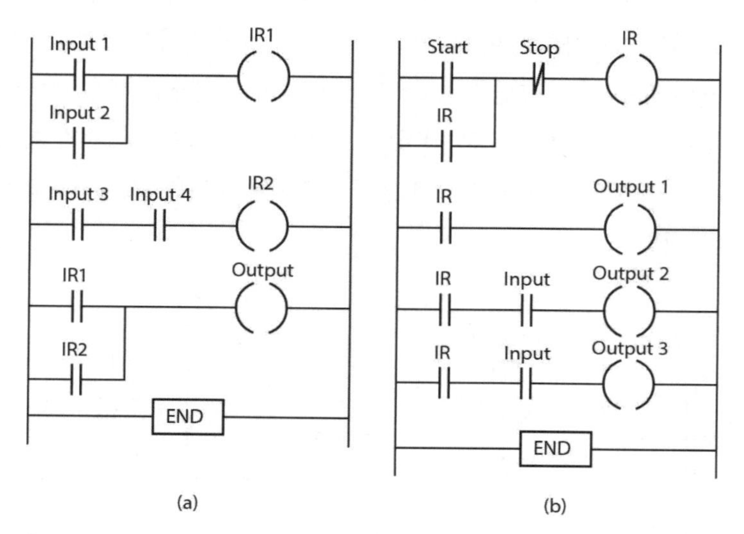

그림 14.15 (a) 두 가지 입력에 의해 제어되는 출력, (b) 여러 개 출력의 동작

다른 용도로서 내부 릴레이는 다수의 출력을 발생시키는 역할을 한다. 그림 14.15(b)는 이러한 사다리형 프로그램의 예를 보인다. 시(start) 접점이 닫히면 내부 릴레이 IR은 동작되고, 이 결과로 입력은 래치된다. 이 결과로 Output 1을 동작시킴은 물론 Output 2, 3도 동작시킨다.

내부 릴레이의 또 다른 사용 예는 그림 14.16에 나타난 바와 같은 래치의 리셋이다. Input 1의 접점이 일시 닫히면 출력이 동작된다. 따라서 출력 접점이 닫히고 그 결과로 출력은 래치된다. 즉, 출력이 자기유지회로가 되므로 입력 접점이 떨어진다 하여도 출력은 유지된다. 이후 Input 2를 닫으면 내부 릴레이 IR이 동작하게 되고, 이때 닫혀 있던 내부 릴레이 IR의 접점이 열리게 되어 래치가 해제된다.

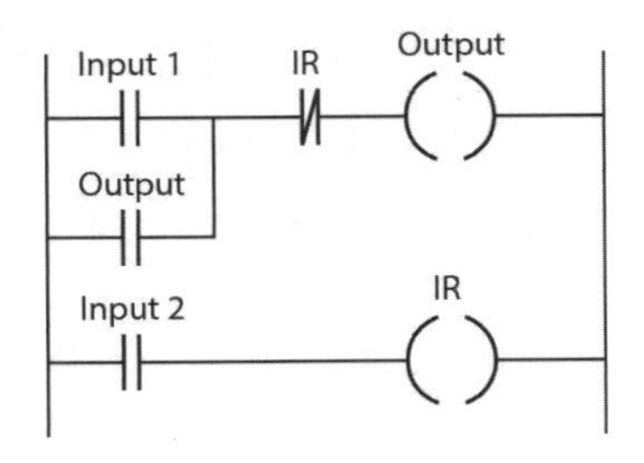

그림 14.16 래치 해제

한편 그림 14.17은 전지백업 내부 릴레이의 사용 예를 보인다. Input 1의 접점이 닫히면 이 내부 릴레이가 동작된다. 이후 만일 전원고장 등으로 인하여 입력이 열려도 이 내부 릴레이 접점은 항상 닫혀 있다. 따라서 전원고장이 있어도 내부 릴레이로 제어되는 출력은 동작한다.

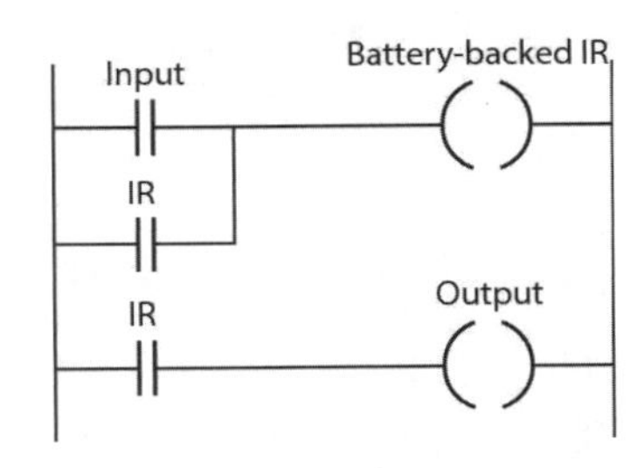

그림 14.17 전지 백업 내부 릴레이

14.7 순차 제어

공압이나 유압 시스템에서는 출력을 순차적으로 제어해야 할 경우가 자주 발생하는데, 이러한 순차 제어는 센서 신호에 의해 출력을 차례로 바꾸는 것이다. 이 예로서 그림 14.18에 나타나 있는 공압회로를 고려한다. 이 공압회로에서는 복동형 솔레노이드 밸브가 복동 실린더 A, B를 제어한다. 한편 리밋 스위치 a−, a1, b−, b+는 실린더 로드의 양 끝단의 위치를 감지하고, 실린더 동작순서는 A1, B1, A−, B−이다. 이 그림의 오른쪽을 보면 PLC 제어 프로그램이 나타나 있다. 시작(start) 스위치가 첫 번째 가로대에 있고, 이 시작 스위치를 닫으면 실린더 A 전진용 솔레노이드 A1이 동작된다. 단, 이때 실린더 B는 후퇴상태로서 b− 스위치가 닫혀 있어야 한다. 실린더 A가 전진을 완료하면 a1 스위치가 닫힌다. 그 결과로 솔레노이드 B1 출력이 나가고, 실린더 B가 전진하게 된다. 실린더 B의 전진이 완료되면 다시 b+ 스위치가 닫히고, 그 결과로 솔레노이드 A−가 동작하여 실린더 A는 후퇴하기 시작한다. 이 후퇴동작이 완료되면 a− 스위치가 닫히고 이 결과로 솔레노이드 B−를 동작시켜 실린더 B를 후퇴시킨다. 실린더 B의 후퇴가 완료되면 프로그램의 한 주기가 종료되고 프로그램은 다시 첫 번째 줄로 되돌아가 시작 스위치 동작을 기다린다.

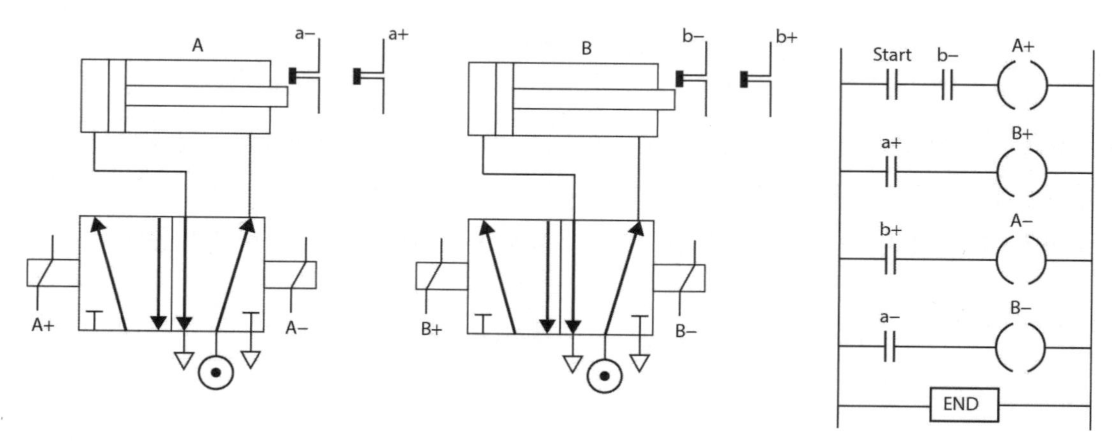

그림 14.18 실린더 순차 제어 예

이 내부 릴레이의 또 다른 사용 예로서 복동 솔레노이드 밸브로 2대의 실린더 A, B를 동작시키는 공압회로 제어용 사다리형 프로그램을 고려한다. 공압 회로는 그림 14.33(a)에 나타나 있고, 각 실린더 로드의 리밋 스위치로서 a−, a1, b−, b+가 사용된다. 동작순서는 (1) 실린더 A 전진, (2) 실린더 B 전진, (3) 실린더 B 후퇴 그리고 (4) 실린더 A 후퇴로 한 주기가 완료된다. 내부 릴레이는 이 공압 회로제어를 위해 출력 그룹 간의 스위치를 목적으로 **종속접속제어**(cascade control)(7.5절 참조)로서 사용된다. 그림 14.19는 이에 대한 사다리형 프로그램을 보여 준다. 시작 스위치가 닫히면 솔레노이드 A+가 출력되고 따라서 실린더 A는 전진한다. 전진완료 후 a+ 리밋 스위치가 닫히고 따라서 실린더 B가 전진한다. 실린더 B의 전진완료 후 b+ 리밋 스위치가 닫히면 내부 릴레이 IR이 동작된다. 그러면 B− 솔레노이드가 동작되고, 이후 실린더 B는 후퇴한다. 실린더 후퇴가 완료되면 b− 리밋 스위치가 닫히게 되고, 이때 A− 솔레노이드가 동작되어 실린더 A는 후퇴한다.

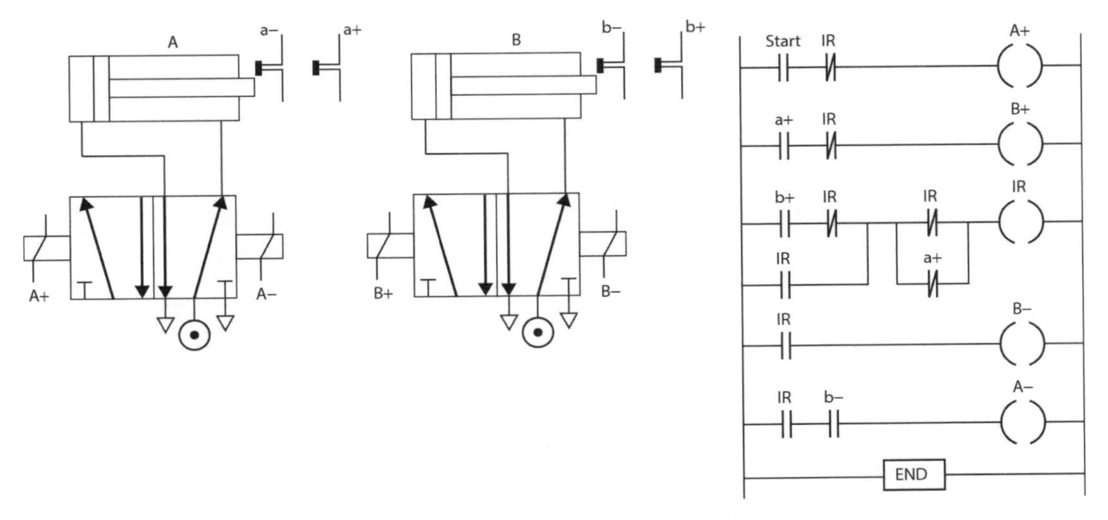

그림 14.19 두 개 실린더의 순차 제어 회로

14.8 타이머와 계수기

지금까지 입력 접점들 간의 직렬 및 병렬연결과 같은 논리들에 대해 다루었다. 그러나 이 외에도 지연시간이나 사건의 계수와 같은 연산이 필요한 경우가 발생한다. 이러한 기능은 PLC에서 제공하는 타이머 및 계수기를 이용하면 해결되는데, 이들은 논리 명령어로 제어되고 사다리형 다이어그램으로 표현된다.

14.8.1 타이머(Timer)

일반적으로 PLC에서는 마치 미리 정한 시간 동안 충전이 되어야 접점이 열리거나 닫히는 릴레이의 코일과 같이 타이머를 갖추고 있다. 그림 14.20(a)에 나타나 있는 것과 같이 이 타이머는 가로대의 출력 역할을 함과 동시에 필요한 여러 곳에서 접점으로도 사용된다. 또는 그림 14.20(b)에 나타나 있는 것과 같이 타이머가 가로대 안에 위치하여 출력을 지연시키는 시간지연 블록으로도 사용된다.

PLC는 일반적으로 일정 시간이 지나면 온되는 기능을 갖는 지연시간 온 타이머(delay-on timer: TON)를 갖추고 있고, 소형 PLC는 거의 이러한 형태의 타이머만을 갖추고 있다. 그림 14.20(c)에 나타나 있는 것과 같이 이러한 타이머는 일정 지연 시간을 기다린 후에 켜지게 되는데, 이 지연시간은 0.1초 시간단위로 하여 0.1초에서 999초까지 설정할 수 있다. 이 외에 다른 지연시간 설정도 가능하다.

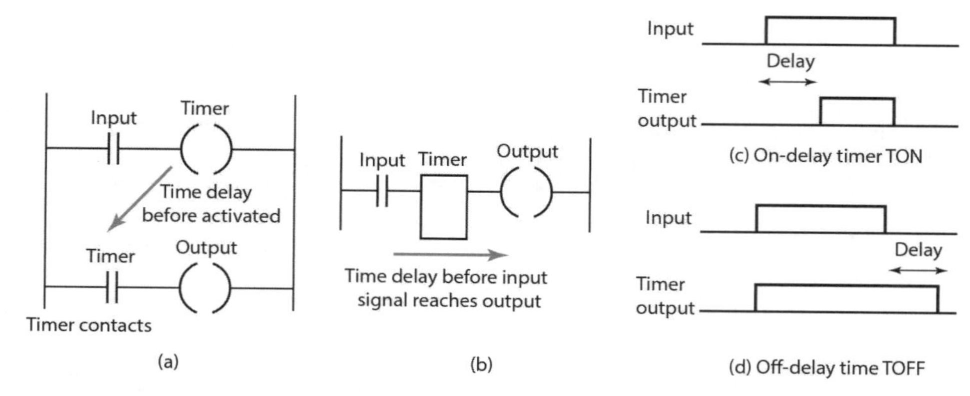

그림 14.20 (a), (b) 시간지연 온(Delay–on) 타이머, (c) 시간지연 온 타이밍, (d) 시간지연 오프(Delay–off) 타이머

순차 제어에 사용되는 타이머의 예가 그림 14.21(a)와 (b)에 나타나 있다. 여기서 입력 In 1이 온이면 출력 Out 1이 온된다. 다음으로 이 출력의 접점은 타이머를 동작시키고 이 타이머는 정해진 시간 이후에 접점이 닫힌다. 이때서야 비로소 출력 Out 2가 온된다.

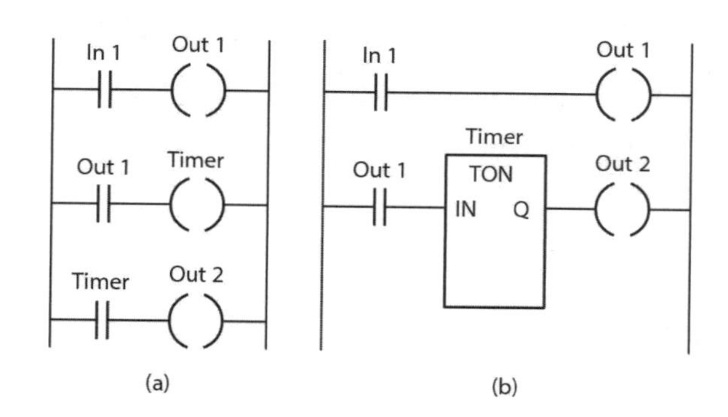

그림 14.21 시간지연 순차 제어

하나의 타이머로 원하는 시간을 낼 수 없을 때, 타이머들을 서로 **종속접속**(cascade)시켜 사용할 수 있다. 그림 14.22는 이러한 예를 보인다. 입력 접점이 닫히면 타이머 1이 동작한다. 타이머 1의 설정시간이 경과하면 접점이 붙고 타이머 2가 동작한다. 마찬가지로 타이머 2의 설정시간이 경과하면 접점이 붙고 출력이 발생한다.

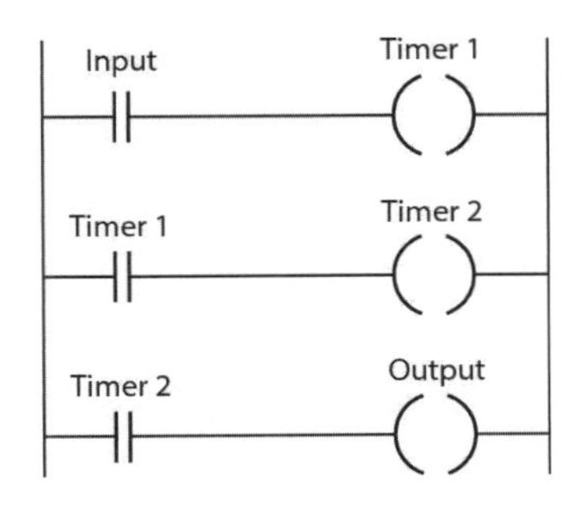

그림 14.22 종속접속(cascade) 타이머

그림 14.23은 타이머를 이용하여 출력이 0.5초간은 온되고 0.5초간은 오프되며, 이후 이 동작을 반복하여 펄스열을 발생하는 프로그램의 예이다. 입력 접점이 닫히면 타이머 1이 동작하고 미리 설정된 0.5초 이후에 온된다. 이때 타이머 1의 접점이 붙고 타이머 2를 동작시킨다. 이후 0.5초 지나면 첫 번째 줄의 닫혀 있던 타이머 2의 접점이 열리게 되어 결국 타이머 1은 오프된다. 이러한 동작의 결과로 타이머 1은 0.5초 간 온, 다음 0.5초간은 오프, 다음 0.5초간은 온되는 동작을 반복한다. 따라서 출력도 0.5초 간격으로 온과 오프를 반복한다.

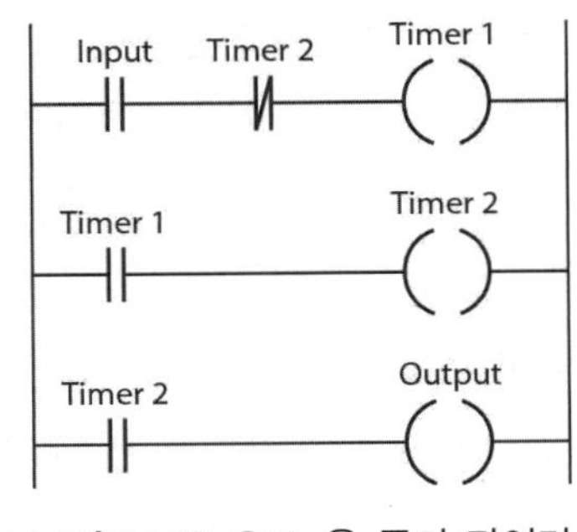

그림 14.23 오프-온 주기 타이머

그림 14.24는 일정 지연시간 후 출력이 꺼지는 지연시간 오프 타이머 기능을 갖는 회로를 보인다. 입력 접점이 일시적으로 닫히면 출력이 동작되고 타이머가 동작하기 시작한다. 출력은 입력을 래치시켜 출력을 유지시킨다. 설정된 시간이 지나면 타이머는 온되고 따라서 래치 회로는 끊어진다. 이 결과로 출력은 오프된다.

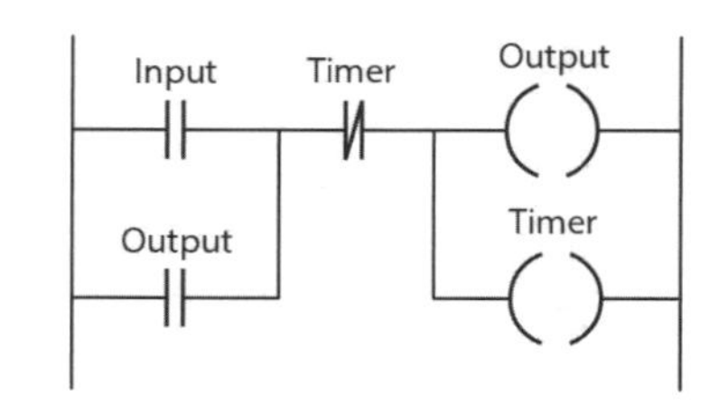

그림 14.24 시간지연 오프(Delay-off) 타이머

14.8.2 계수기(Counter)

계수기는 접촉이 발생한 사건의 개수를 세는 데 사용된다. 한 예로 제품이 컨베이어를 통해 상자로 들어가는 제품 개수를 세어 정해진 수량만큼 한 상자로 제품이 다 들어갔을 때 다음 제품을 다른 상자로 보내는 경우 등이다. 계수기회로는 PLC가 갖고 있는 기본 기능으로서, 일반적으로 계수기는 **감산 계수기**(down-counter)로 동작한다. 즉, 계수기는 정해진 수로부터 0까지 숫자를 줄여나가 0에 도달하면 계수기 접점의 상태가 바뀐다. 반면 **가산 계수기**(up-counter)는 정해진 수에 도달할 때까지 숫자를 늘려 나간다. 정해진 수에 도달하면 계수기 접점의 상태가 바뀐다.

PLC 제조사별로 계수기는 다르게 취급된다. Mitsubishi나 Allen-Bradley사의 PLC에서는 계수기는 입력 펄스 수를 세기 위한 입력과 그 계수기를 리셋시키기 위한 입력, 즉 두 개의 기본 요소로 구성되며, 그 계수기의 접점은 다른 가로대에서 사용된다. 한편, Siemens 사의 PLC에서는 계수기는 가로대 안에서 중간 블록 형태로 들어가고, 계수가 완료되면 신호가 만들어진다. 예로서, 그림 14.25는 기본적인 계수기 회로를 보인다. In 1에 펄스 입력이 들어오면 계수기는 리셋되고, 이후 In 2에 입력신호가 들어오면 계수가 시작된다. 계수기에 10 펄스를 설정했다고 가정한다. 이 경우, In 2에서 10개의 입력 펄스를 받으면 카운터의 접점은 닫히게 되어 Out 1로부터 출력이 발생한다. 만일 계수하는 동안 In 1에 입력이 들어오게 되면 그 계수기는 리셋되고, 이후 In 2에서 10개 펄스를 받을 때까지 다시 계수가 시작된다.

계수기의 사용 예로서 다음의 예를 든다. 한 상자에 제품 6개를 포장하고 다음의 다른 상자에는 제품 12개를 포장한다. 그림 14.26은 이 경우에 대한 프로그램 예이다. 이 경우 2개의 계수기를 사용하는데, 하나는 6으로 다른 하나는 12로 설정되어 있다. Input 1이 일시적으로 닫히면 두 계수기 모두 리셋되어 계수가 시작된다. Input 2 접점은 제품이 흘러가는 경로에 설치된 마이크로 스위치 등에 의해서 동작된다. Counter 1은 6개 제품을 센 후 접점을 닫아 출력을 내보낸다. 이 출력은 제품이 흘러가는 경로를 바꾸는 기구를 구동할 수 있는 솔레노이드 등을 동작시킨다. Counter 1의 접점이 닫히면 이는 Counter 2를 허용시킨다. Counter 2가 12까지 세면 Counter 1과 2는 모두 리셋되고, 또한 Counter 1의 접점은 열린다. 그러면 Counter 2 출력은 정지되어 제품은 더 이상 제품 12개 포장용 상자로 흘러가지 않게 된다.

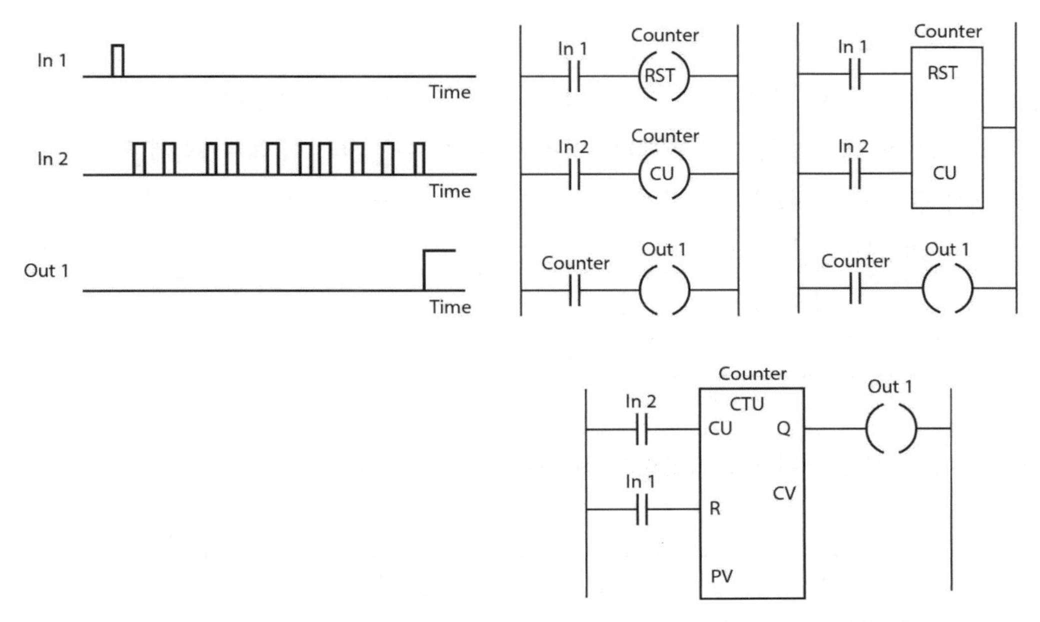

그림 14.25 계수기의 입력과 출력 및 사다리형 다이어그램에서 계수기 사용 예

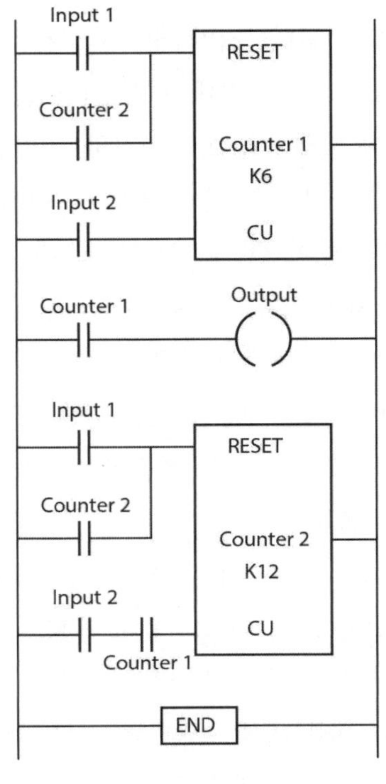

그림 14.26 계수기

14.9 시프트 레지스터(Shift registers)

여러 개의 내부 릴레이 각각을 한 비트로 하는 직렬 시퀀스로 구성된 한 그룹을 만들고 이 그룹을 한 레지스터의 저장장소로 볼 수 있다. 예를 들어 4비트 레지스터는 4개의 레지스터를 사용하고, 8비트 레지스터는 8개의 레지스터를 사용하여 구성한다. 이 레지스터에 적절하게 입력을 주면서 한 비트씩 시프트시키면 시프트 레지스터(shift register)가 된다. 예를 들어 다음과 같은 8비트의 레지스터를 고려한다.

1	0	1	1	0	1	0	1

여기에 0의 시프트 펄스가 입력으로 들어가면 다음과 같이 바뀐다.

0 → | 0 | 1 | 0 | 1 | 1 | 0 | 1 | 0 | → 1

이 결과를 보면 모든 비트가 하나씩 시프트되고 마지막 비트는 오버플로우되어 없어진다.

PLC에서 시프트 레지스터 기능을 구현하려면 제어 패널에서 시프트 레지스터 기능을 선택한다. Mitsubishi PLC에서는 레지스터의 첫 번째 내부 릴레이를 프로그램 기능인 SFT (shift)로 선택한다. 그러면, 선택된 첫 번째 릴레이 번호로 시작하는 한 블록이 한 시프트 레지스터로 된다. 예를 들어 M140을 시프트 레지스터의 첫 번째 릴레이로 선택하면 M140, M141, M142, M143, M144, M145, M146, M147 릴레이들이 한 시프트 레지스터를 구성한다.

시프트 레지스터에는 3개의 입력이 있다. 하나는 레지스터의 첫 릴레이에 데이터를 입력시키는 부분이고(OUT), 두 번째는 시프트 명령어(SFT) 그리고 다른 하나는 리셋(RST)이다. OUT 명령어는 시프트 레지스터의 첫 번째 릴레이에 0 또는 1을 입력시킨다. SFT는 레지스터의 값들을 하나씩 시프트시키는 역할을 하고 마지막 레지스터값은 오버플로우되어 없어진다. RST는 레지스터의 모든 내용을 0으로 리셋시킨다.

그림 14.27은 Mitsubishi PLC의 시프트 레지스터에 대한 사다리형 다이어그램을 표시한다. 타 제조사의 PLC에서도 기본 개념은 같다. 이 그림을 보면 M140이 레지스터의 첫 번째 릴레이로 선택되어 있다. X400이 온되면 논리값 1이 레지스터의 첫 번째 릴레이 M140에 입력된다. 그러면 레지스터값은 10000000으로 된다. 이 그림을 보면 각 시프트 레지스터는 회로의 입력 접점으로 되어 있다. M140 접점이 닫히면 Y430 출력은 온된다 X400이 온되어 있는 상태에서 X401이

닫히면 1이 레지스터에 입력되고 다른 레지스터의 값들이 하나씩 시프트되어 레지스터값은 11000000으로 된다. 이때 M141 접점이 닫히므로 Y431 출력이 온된다. 즉, 각 비트가 시프트되면 출력들도 차례로 온된다. 이와 같이 시프트 레지스터는 임의의 사건에 대한 순차 제어에 사용된다.

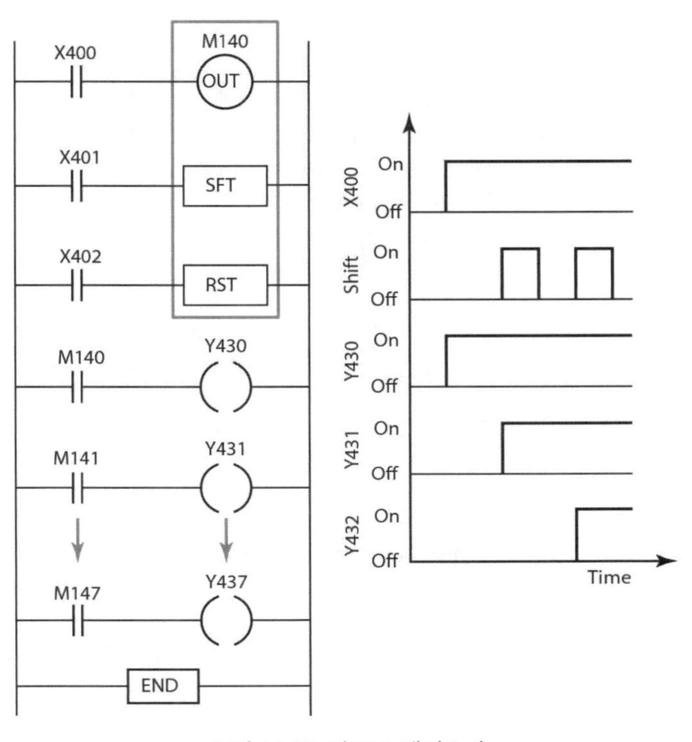

그림 14.27 시프트 레지스터

14.10 마스터 및 점프 제어(Mastes and jump controls)

한 내부 릴레이 접점에 한 블록의 여러 출력을 동시에 연결하고 이 내부 릴레이를 온-오프시키면 모든 출력이 온오프되어 출력의 한 블록을 동시에 온 또는 오프시킬 수 있다. 사다리형 프로그램에서 **마스터 릴레이**(master relay)를 이용하면 이 효과를 구현할 수 있다. 그림 14.28에 이 예를 보인다. 이 그림에 나타나 있듯이 마스터 릴레이는 사다리의 수직 레일의 어느 한 부분의 전원을 제어하는 것으로 볼 수 있다. Input 1 접점을 닫게 하는 입력이 들어오면 마스터 릴레이 MC1이 온되고 MC1에 딸려 있는 한 블록 전체가 제어된다. 마스터 릴레이로 제어되는 블록의 끝부분은 MCR로 표시되어 있다. 이와 마찬가지로 Input 2 접점을 닫게 하는 입력이 들어오면 마스터 릴레이 MC2가 온되고 MC2에 딸려 있는 블록 전체가 제어된다. 따라서 마스터 릴레이회로는 일종의 분기(branch) 프로그램으로 볼 수 있다. 즉, Input 1이 있으면 이를 따르는 MC1 제어경로로 가고, Input 2가 있으면 이를 따르는 MC2 제어경로로 가고, 만일에 Input 1, 2가 모두 없으면 이들을 제외한 프로그램의 나머지 부분이 제어된다.

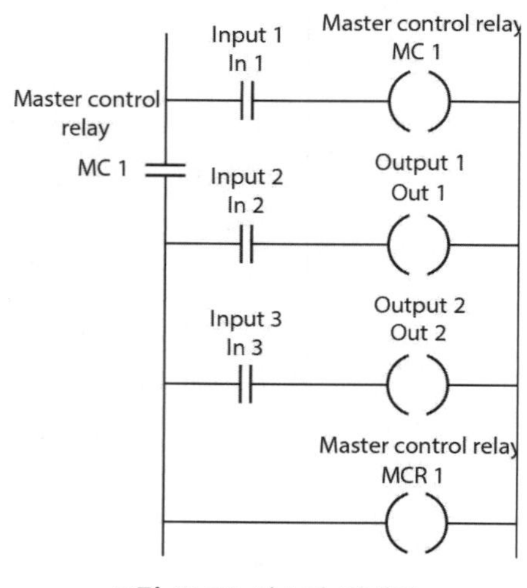

그림 14.28 마스터 릴레이

Mitsubishi PLC에서는 내부 릴레이를 마스터제어 릴레이로 사용한다. 즉, 내부 릴레이 M100을 마스터 릴레이로 사용하려면 다음과 같은 명령어를 사용한다.

MC M100

마스터제어 릴레이의 종료부분을 표시하기 위하여 다음과 같은 명령어를 사용한다.

MCR M100

14.10.1 점프(Jumps)

PLC에서 제공하는 다른 하나의 기능은 **조건 점프**(**conditional jump**)이다. 이는 어떤 조건이 만족되면 프로그램의 한 부분으로 점프하는 것이다. 그림 14.29는 이에 관한 순서도 및 사다리형 프로그램 예를 보여 준다. 프로그램 A가 실행되면 다음으로 Input 1과 조건 점프 릴레이 CJP가 만난다. 만일 Input 1이 온되면 프로그램은 점프 릴레이 코일 EJP 다음에 있는 프로그램 C로 점프하고, 아니면 CJP 바로 밑에 있는 프로그램 B를 실행한다.

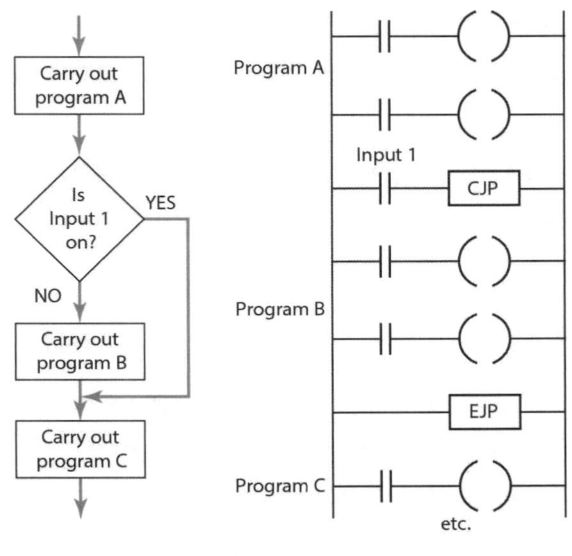

그림 14.29 점프

14.11 데이터 핸들링(Data handling)

시프트 레지스터를 제외하고 지금까지는 각각의 비트 정보, 즉 닫혔나 열렸나에 관한 것만을 다루어 왔다. 한편 비트 그룹을 하나의 데이터로 다루고 이를 하나의 데이터 단어로 취급하는 것이 유용한 경우가 많다. 이의 예로서 센서 아날로그 신호를 PLC로 입력하기 위하여 8비트로 전환시키는 경우를 들 수 있다.

PLC에서 데이터 단어를 연산하는 데에는 일반적으로 다음과 같은 조작이 요구된다.

1. 데이터 이동
2. 이상, 이하, 동일 등과 같은 데이터 크기 비교
3. 덧셈, 뺄셈과 같은 산술연산
4. 2진화 10진수 (BCD), 이진수, 8진수 등의 변환

앞에서 설명한 것과 같이, 각각의 비트들은 각각의 번지에 저장된다. 예를 들어 Mitsubishi PLC의 경우, 입력 기억장치는 A로 표시하고, 출력은 Y, 타이머는 T, 내부 릴레이는 M으로 각각

표시하였다. 데이터 명령어도 역시 PLC의 기억장치 주소를 필요로 하는데, 이 데이터를 저장하기 위한 장소를 **데이터 레지스터**(data register)라 부른다. 각 데이터 레지스터는 8비트 또는 16비트의 2진 단어를 저장할 수 있고, 이는 각각 D0, D1, D2 등과 같이 주소를 부여한다. 하나의 8비트 단어는 1의 정밀도로 256까지 가질 수 있고, 16비트는 1의 정밀도로 65,536까지 가질 수 있다.

데이터 핸들링에 관한 각 명령어는 연산형태를 지정해야 하는데, 이는 데이터 레지스터 형태로 사용되는 데이터 소스 (source)와 목적지(destination)를 포함한다.

14.11.1 데이터 이동

데이터 이동을 위하여 이 명령어는 이동 명령어, 데이터의 소스 주소 그리고 목적지 주소를 포함한다. 그림 14.30은 이에 관한 사다리형 프로그램을 보인다.

이와 같은 데이터 이동의 예는 데이터 레지스터로의 상수 이동, 데이터 레지스터에 시간이나 계수값의 이동, 데이터 레지스터로부터 타이머나 계수기로의 데이터 이동, 데이터 레지스터로부터 출력으로의 이동, 입력 데이터의 데이터 레지스터로의 이동 등을 들 수 있다.

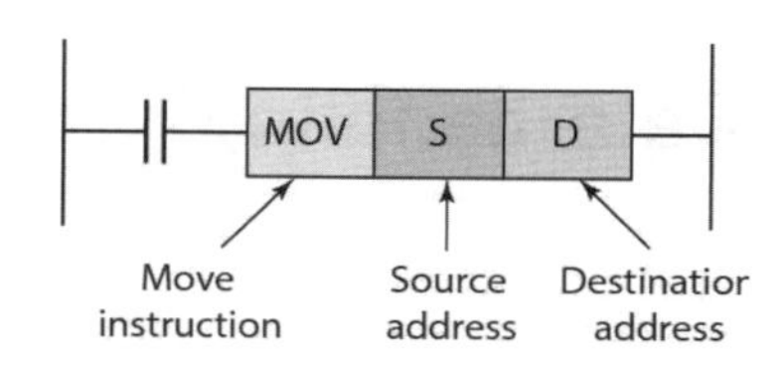

그림 14.30 데이터 이동

14.11.2 데이터 비교

PLC는 일반적으로 작다(less than: < 또는 LES로 표기), 같다(equal to: = 또는 EQU), 작거나 같다(less than or equal to: ≤ 또는 LEQ), 크다(greater than: > 또는 GRT), 크거나 같다(greater than or equal to: ≥ 또는 GEQ), 다르다(not equal to: ≠ 또는 <> 또는 NEQ) 등과 같은 데이터 비교를 할 수 있다. 데이터 비교를 위하여 프로그램 명령어는 비교 명령어, 데이터 소스 주소, 목적지 주소를 포함한다. 그림 14.31은 데이터 레지스터 D1이 데이터 레지스터 D2보다 큰가를 비교하기 위한 사다리형 프로그램을 나타낸다.

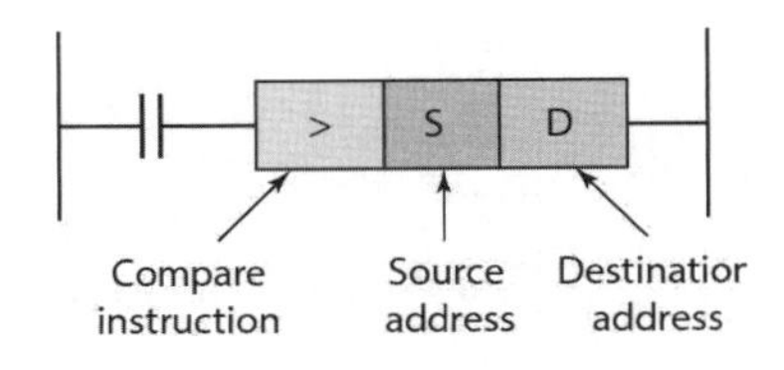

그림 14.31 데이터 비교

이러한 비교는 예를 들어 두 개의 센서 신호를 받아 비교한 후에 다음 명령을 실행하는 경우에 사용된다. 예를 들어, 센서가 온도를 감지하여 80°C 이상이 되면 경고음을 울리고 이후 온도가 70°C 이하가 되어야만 경고음을 해제하는 경우를 고려한다. 그림 14.32는 이 예에 대한 사다리형 프로그램을 나타낸다. 입력 온도 데이터는 소스 주소에 입력되고, 목적지 주소는 지정된 온도를 담고 있다. 온도가 80°C 이상으로 올라가면 '소스 주소의 데이터값 ≥ 목적지 주소값'으로 되어 경고음을 울리는 출력을 발생시키고, 출력은 래치된다. 온도가 70°C 이하로 떨어져야만 '소스 주소의 데이터값 ≤ 목적지 주소값'으로 되어 출력 접점이 열리고, 경고음은 해제된다.

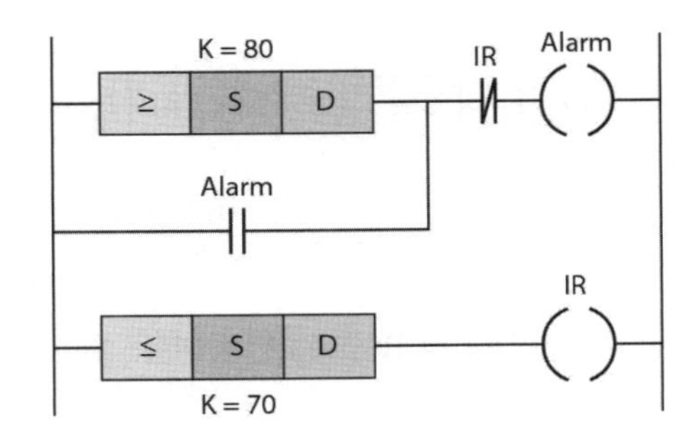

그림 14.32 온도 경보음

14.11.3 산술 연산

일부 PLC는 덧셈, 뺄셈과 같은 산술연산만 실행 가능한 것이 있고, 어떤 PLC는 그 이상의 복잡한 연산이 가능한 것도 있다. 덧셈 및 뺄셈 명령어는 일반적으로 해당 명령어, 더하고 뺄 값의 주소를 담은 레지스터, 더해지고 빼질 값에 대한 주소 그리고 결과를 저장할 레지스터를 정해야 한다. 그림 14.33은 OMROM PLC의 덧셈에 대한 사다리형 기호형태를 보인다.

덧셈, 뺄셈 기능은 센서가 읽은 값을 수정하거나 오프셋(offset)을 가하는 데 또는 타이머나 계수기의 설정 값을 수정하는 데 이용된다.

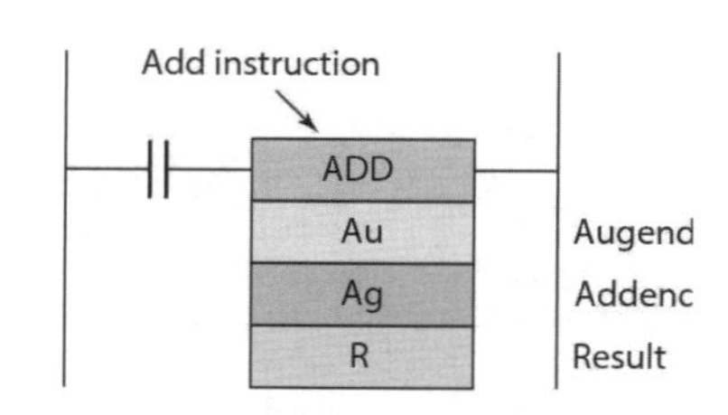

그림 14.33 데이터 덧셈

14.11.4 코드 변환

PLC의 CPU의 내부 동작은 이진수를 이용하여 이루어진다. 그러므로 입력이 10진수일 때는 2진화 10진수(binary-coded decimal: BCD)로의 변환이 사용된다. 마찬가지로 10진수 출력이 요구되면, 이진수를 10진수로 변환이 필요하다. 예를 들어, BCD를 이진수로 변환하는 Mitsubishi 사다리형 프로그램이 그림 14.34에 나타나 있다. 소스 주소에 있는 데이터는 BCD 값이고 이는 이진수로 변환되어 목적지 주소에 저장된다.

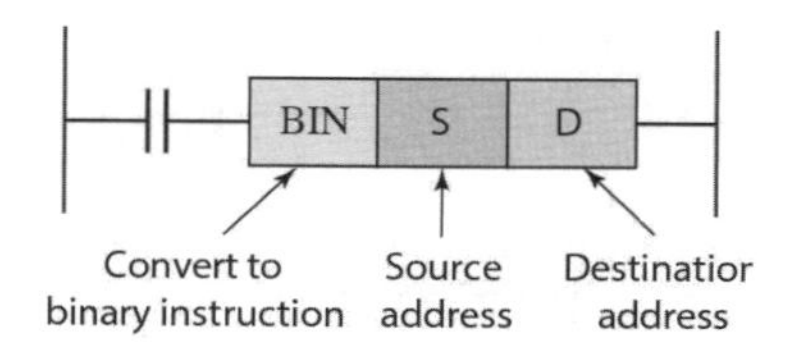

그림 14.34 BCD의 2진수 변환

14.12 아날로그 입출력

많은 센서들은 아날로그 신호를 발생하고 또한 액추에이터들 역시 아날로그 신호를 필요로 한다. 그러므로 어떤 PLC들은 입력 채널로서 아날로그-디지털 변환기(Analogue-to-Digital Converter: ADC) 모듈과 출력 채널로서 디지털-아날로그 변환기(Digital-to-Analogue Converter: DAC) 모듈을 갖고 있다. 하나의 예로서 모터 속도를 정상상태의 값까지 일정한 속도로 올려주는 경우가 그림 14.35에 나타나 있다. 입력은 동작을 시작하는 온오프 스위치이다. 이 동작은 데이터 레지스터 접점을 열고 따라서 0의 값이 저장된다. 그러면 제어기의 출력은 0이고, DAC의 아날로그 출력도 0이 된다. 따라서 모터 속도도 0이다. 시작 접점을 닫으면 DAC와 데이터 레지스터에 값이 부여되기 시작한다. 이 프로그램에서 프로그램 한 주기마다 데이터 레지스터는

1씩 증가하고, 그 결과로 아날로그 값도 증가되어 모터 속도는 증가한다. 데이터 레지스터의 값이 11111111이 되면 모터는 최대 속도로 회전한다. 증가되는 속도를 조절하기 위해서는 PLC의 타이머 기능을 이용하여 프로그램 주기 간에 지연시간을 갖도록 한다.

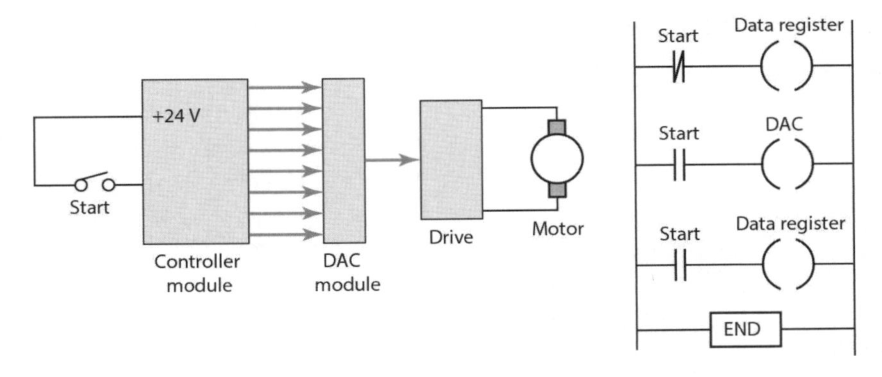

그림 14.35 모터속도 증가 회로

아날로그 입력 채널이 있는 PLC는 연속적인 제어기능, 예를 들어 PID제어(22.7절 참조)를 수행할 수 있다. 하나의 예로서 아날로그 입력으로 비례 제어를 수행하는 경우 다음과 같은 과정을 실행한다.

1. 센서 출력을 디지털 신호로 변환한다.
2. 변환된 센서 출력을 미리 설정되어 있는 센서 값과 비교하여 그 차이, 즉 오차를 구한다.
3. 오차와 비례상수 KP를 곱한다.
4. 그 결과를 DAC로 보내고 DAC 출력인 아날로그 값을 액추에이터를 제어하는 수정 신호로 사용한다.

이와 같은 제어방식의 한 예로서 그림 14.36과 같은 온도제어를 고려한다. 입력 신호는 열전대(thermocouple)로부터 얻게 되는데 이 신호는 증폭기를 통하여 PLC의 ADC로 전달된다. PLC는 이 센서 입력 값과 원하는 온도와의 차이인 오차에 비례하는 출력을 내도록 프로그램 되어 있고, 그 출력은 오차를 줄이도록 DAC를 통하여 액추에이터인 난방기로 전달된다.

그림의 사다리형 프로그램에서 0번 가로대는 ADC를 읽고 온도 값을 데이터 레지스터 DR1에 저장한다. 1번 가로대에서는 설정온도를 저장하기 위한 데이터 레지스터 DR2가 사용된다. 2번 가로대에서는 뺄셈기능을 이용하여, DR1에서 DR2의 값을 빼고 그 결과인 오차를 데이터 레지스터 DR3에 저장한다. 3번 가로대에서는 곱셈기능을 사용하여 DR3과 비례 제어 상수인 4를 곱한다. 4번 가로대는 내부 릴레이를 사용하여 DR3의 값이 음수인 경우에는 DR3을 오프시킨다. 5번 가로대에서는 입력이 오프이면 데이터 레지스터 DR3이 0으로 리셋된다. 일부 PLC들은 PLC제어가 좀 더 쉽게 가능하도록 위에 기술된 명령어를 모두 포함하는 애드온(add-on) 모듈을 갖고 있다.

일부 PLC에서는 위에서 설명한 명령어 목록을 작성할 필요가 없이 좀 더 쉽게 PLC제어가 가능한 애드온(add-on) 모듈을 갖고 있다.

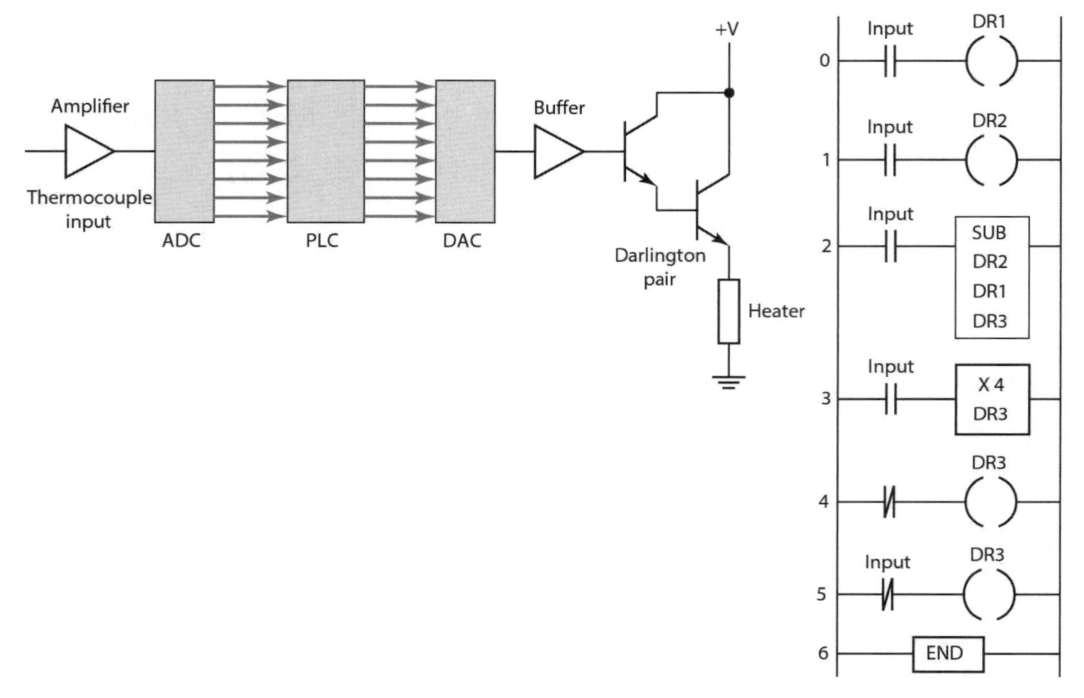

그림 14.36 온도 비례 제어

요 약

프로그램 가능 논리제어기(Programmable Logic Controller: PLC)는 프로그램이 가능한 기억장치를 사용하는 디지털 전자기기로서, 여기서 기억장치는 명령어들을 저장하고 기계장치와 제조공정을 제어하기 위하여 논리, 연산, 순차 제어, 타이머, 계수기, 연산 등과 같은 기능을 수행하며, 또한 이는 프로그래밍이 쉽도록 고안되어 있다.

PLC는 작성된 프로그램을 통하여 계속적으로 실행하면서 출력들은 입력신호들에 의해 갱신된다. 이렇게 프로그램을 1회 실행하는 데 필요한 루프를 **사이클**(cycle)이라 부른다. PLC에서 주로 사용되는 프로그램의 형태는 **사다리형 프로그램**(ladder programming)이다. 이 프로그램에서는 마치 사다리에 걸쳐져 있는 가로대들에 의해 정해진 작업을 수행한다. 프로그램하기 입력하기 위한 다른 방법으로는 사다리형 프로그램을 **명령어 목록**(intruction lists)으로 변환하는 것이다. 이 명령어 목록은 일련의 명령어들로 이루어지며, 한 명령어는 각각 한 줄로 표현된다. 한 명령어는 한 개의 연산자(operator)와 연산자의 지배를 받는 한 개 이상의 피연산자(operands)로 구성된다.

래치 회로(latch circuit)는 일단 충전이 된 다음에는 다른 입력이 들어오기 전까지 그 상태를 유지하는 회로이다. **내부 릴레이**(internal relay), **보조 릴레이**(auxiliary relay) 또는 **마커**(marker)라는 용어는 PLC의 내부 릴레이를 의미하며, 이는 마치 보조 접점이 붙어 있는 릴레이처럼 동작한다. **타이머**(timer)는 마치 코일이 충전되면 미리 설정된 시간 이후에 접점을 닫거나 열리게 하는 릴레이처럼 동작하던지, 또는 한 가로대 내에서 그 가로대의 출력 신호를 일정 시간 동안 지연시키는 블록처럼 동작한다. **계수기**(counters)는 한 접점에 설정되어 있는 그 접점의 동작 회수를 계수하는 데 사용되는데, 이는 그 계수기를 리셋시키는 코일과 입력 펄스를 세는 출력 코일에 의해 동작된다. 이 계수기 출력은 프로그램의 다른 가로대의 입력 접점으로 사용되던지, 또는 가로대의 중간에 위치하여 설정된 계수가 완료될 때 신호를 통과시키는 중간 블록처럼 사용된다. **시프트 레지스터**(shift register)는 여러 개의 내부 릴레이로 구성되어 하나의 레지스터를 이루는 보조 릴레이를 의미하는데, 여기서 릴레이 한 개가 한 레지스터의 한 비트 역할을 한다. **마스터 릴레이**(master relay)를 이용하면 여러 개의 가로대들로 이루어진 한 블록내의 출력을 동시에 온 또는 오프시킬 수 있다. **조건 점프**(conditional jump) 기능에 의해 프로그램 실행 중에 어떤 주어진 조건이 만족되면 프로그램의 다른 부분으로 실행 중인 프로그램을 점프시킬 수 있다. 데이터 이동, 데이터 크기 비교, 산술 연산, BCD 데이터와 이진 데이터 또는 8진수 데이터 간의 변환 등과 같은 연산에서는 **데이터 단어**(data words) 단위의 연산이 이루어진다.

연습문제

14.1 What are the logic functions used for switches (a) in series, (b) in parallel?

14.2 Draw the ladder rungs to represent:

(a) Two switches are normally open and both have to be closed for a motor to operate.

(b) Either of two, normally open, switches have to be closed for a coil to be energised and operate an actuator.

(c) A motor is switched on by pressing a spring-return push-button start switch, and the motor remains on until another spring-return push-button stop switch is pressed.

14.3 Write the program instructions corresponding to the latch program shown in Fig. 14.37

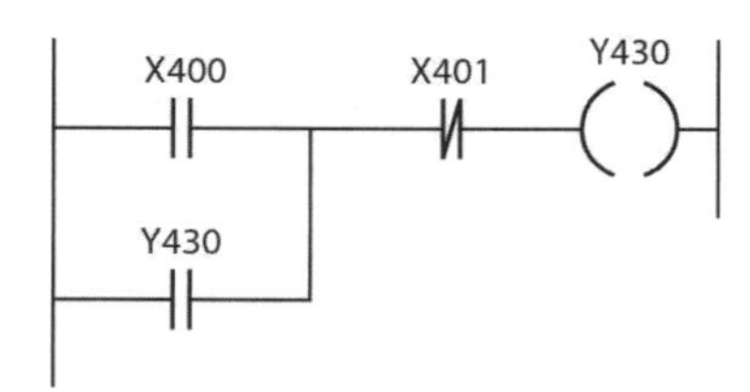

그림 14.37 연습문제 14.3

14.4 Write the program instructions for the program in Fig. 14.50 and state how the output varies with time.

그림 14.38 연습문제 14.4

14.5 Write the program instructions corresponding to the program in Fig. 14.51 and state the results of inputs to the PLC.

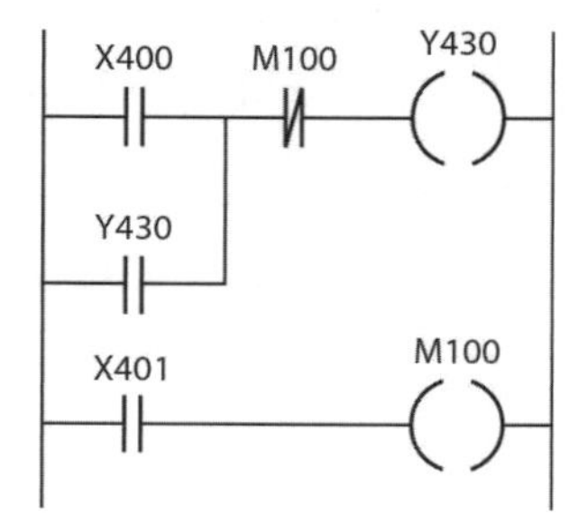

그림 14.39 연습문제 14.5

14.6 Devise a timing circuit that will switch an output on for 1s then off for 20s, then on for 1s, then off for 20s, and so on.

14.7 Devise a timing circuit that will switch an output on for 10 s then switch it off.

14.8 Devise a circuit that can be used to start a motor and then after a delay of 100s start a pump. When the motor is switched off there should be a delay of 10s before the pump is switched off.

14.9 Devise a circuit that could be used with a domestic washing machine to switch on a pump to pump water for 100s into the machine, then switch off and switch on a heater for 50s to heat the water. The heater is then switched off and another pump is to empty the water from the machine for 100s.

14.10 Devise a circuit that could be used with a conveyor belt which is used to move an item to a work station. The presence of the item at the work station is detected by means of breaking a contact activated by a beam of light to a photosensor. There it stops for 100s for an operation to be carried out before moving on and off the conveyor. The motor for the belt is started by a normally open start switch and stopped by a normally closed switch.

14.11 How would the timing pattern for the shift register in Fig. 14.38 change if the data input X400 was of the form shown in Fig 14.40?

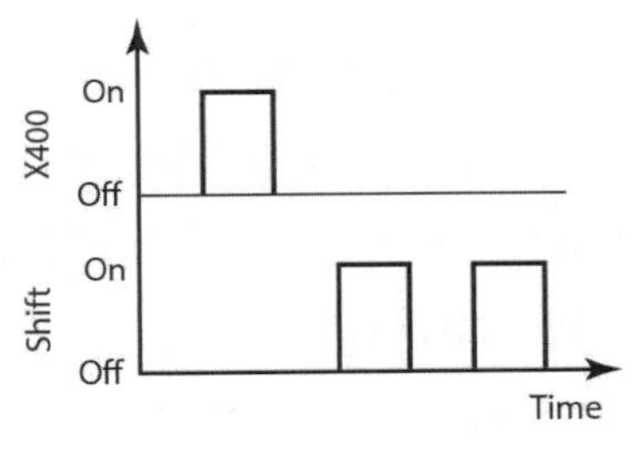

그림 14.40 연습문제 14.11

14.12 Explain how a PLC can be used to handle an analogue input.

14.13 Devise a system, using a PLC, which can be used to control the movement of a piston in a cylinder so that when a switch is momentarily pressed, the piston moves in one direction and when a second switch is momentarily pressed the piston moves in the other direction. Hint: you might consider using a 4/2 solenoid controlled valve.

14.14 Devise a system, using a PLC, which can be used to control the movement of a piston in a cylinder using a 4/2 solenoid operated pilot valve. The piston is to move in one direction when a proximity sensor at one end of the stroke closes contacts and in the other direction when a proximity sensor at the other end of the stroke indicates its arrival there.

Chapter 15 통신 시스템

목 표

본 장의 목적은 다음과 같은 내용을 학습하기 위함임

- 중앙집중, 계층, 분산 제어 시스템과 네트워크 구성 그리고 전송 데이터와 프로토콜의 사용 방법
- 개방형 시스템 상호접속 통신 모델
- RS-232, IeEE488, 20mA 전류루프, I^2C버스 등과 같은 상용적으로 사용되는 통신 인터페이스

15.1 디지털 통신

외부 버스(external bus)는 신호 선들의 집합으로서 이는 마이크로프로세서, 마이크로컨트롤러, 컴퓨터, PLC 그리고 이들의 주변장치들을 연결시킨다. 만일 컴퓨터가 프린터를 이용하여 출력을 프린트하기 위해서는 컴퓨터와 프린터를 연결하는 버스가 있어야 한다. 널리 사용되고 있는 마이크로프로세서 시스템의 경우, 여러 개의 마이크로컨트롤러들로 구성되는 경우가 있다. 예로서 자동차의 여러 부문, 즉 엔진, 브레이크 시스템, 계기판 그리고 이들 간의 통신을 각각 제어하는 다수 개의 마이크로컨트롤러로 구성된 시스템을 들 수 있다. 한편, 자동화된 공장에서는 이를 구성하는 여러 장치들, 즉 PLC, 표시장치, 센서, 액추에이터 등 사이에 데이터들이 전달되어야 하고 또한 데이터와 프로그램의 입력기능과 다른 컴퓨터들과의 통신기능을 갖추고 있어야 한다. 예를 들어 한 대의 PLC를 여러 대의 PLC에 또는 컴퓨터를 포함하는 제어 시스템에 연결해야 할 필요도 있을 것이다. 컴퓨터에 의한 통합생산(Computer Integrated Manufacturing: CIM) 시스템은 많은 수의 기계장치들이 서로 연결되어 있는 커다란 네트워크의 한 예이다. 본 장에서는 컴퓨터 간에 데이터 통신들이 어떻게 일어나고 있는지, 또한 단순히 기계와 기계 간의 연결인지 아니면 많은 수의 기계들이 서로 연결되어 있는 커다란 네트워크인지와 표준 통신 인터페이스에 대한 내용을 다룬다.

15.2 중앙집중, 계층, 분산 제어

중앙집중 컴퓨터 제어(centralized computer control) 방식에서는 전체 공장을 제어하는 데 하나의 중앙 컴퓨터를 사용한다. 이는 컴퓨터 고장이 전 공장의 고장을 초래하는 문제를 안고 있다. 이 문제를 해결하기 위해, 한 컴퓨터가 고장 나는 경우 나머지 한 대가 제어를 담당하는 이중 컴퓨터 시스템(dual computer systems)을 사용할 수 있다. 이 중앙집중 시스템은 1960년대와 1970년대에 널리 사용되었다. 그러나 마이크로프로세서의 발달 및 계속되는 컴퓨터 가격의 하락에 힘입어 다중 컴퓨터 시스템(multi-computer system)의 도입이 일반화되었고 또한 계층적이고 분산적인 시스템의 개발이 이루어져 왔다.

계층 시스템(hierarchical system)은 컴퓨터가 수행하는 업무의 종류에 따라 컴퓨터들을 계층화한 시스템이다. 일반적이고 단순한 업무를 수행하는 컴퓨터는 보다 중요한 의사결정을 하는 컴퓨터의 감독을 받는다. 예를 들어 직접 디지털 제어(direct digital control)를 수행하는 컴퓨터는 전체 시스템을 감독하는 컴퓨터의 지시를 받는다. 각 컴퓨터가 수행하는 일들은 그 기능에 따라 나누어지는데, 예를 들어 어떤 컴퓨터는 일부 정보만 다루고 다른 컴퓨터는 다른 나머지 정보만을 다루게 하는 방식으로 컴퓨터의 전문화를 꾀하는 경우도 있다.

분산 시스템(distributed system)에서는 각 컴퓨터가 다른 컴퓨터와 유사한 작업을 수행한다. 이 경우 한 대가 고장이 나든가 또는 해야 할 작업량이 늘어나면 일부 작업들을 다른 컴퓨터에서 수행되게 된다. 수행해야 할 일들이 어느 한 컴퓨터에 집중되지 않고 전 컴퓨터에 골고루 나뉘어져 있는 시스템으로서, 이 시스템은 컴퓨터의 전문화 개념이 없고 각 컴퓨터는 시스템의 모든 정보를 접근할 수 있도록 한다.

현재 사용되고 있는 시스템은 분산 시스템과 계층 시스템을 모두 사용하는 혼합형 시스템이 거의 대부분이다. 예를 들어 서로 연결되어 있는 여러 대의 마이크로컨트롤러와 컴퓨터를 이용하여 측정작업과 기계운전을 하면서도 상부 컴퓨터로부터 공장의 데이터베이스를 제공하기도 한다. 또한 이들은 직접 디지털 제어나 순차 제어용 컴퓨터에 의해 감독을 받을 수 있고, 공장의 감독제어용 컴퓨터의 감독을 받기도 한다. 다음의 예는 이러한 시스템의 대표적인 계층을 나타낸다.

Level 1: 측정 및 액추에이터(Measurement and actuators)
Level 2: 직접 디지털 제어 및 순차 제어(Direct digital and sequence control)
Level 3: 감독제어(Supervisory control)
Level 4: 경영관리 및 설계(Management control and design)

분산/계층 시스템을 이용하면 제어 시스템에서 측정과 신호조절 등의 작업이 여러 대의 마이크로프로세서에 의해 공동으로 분산 수행할 수 있다는 장점이 있고, 또한 고속으로 신호를 처리할 수 있다. 만일 다른 측정작업이 추가되면 단지 마이크로프로세서만 추가하여 시스템 능력을 키울 수 있다. 다른 하나의 장점은 한 시스템이 고장 나더라도 전체 시스템의 고장을 초래하지 않는다는 점이다.

15.2.1 병렬 및 직렬 데이터 전송

데이터 통신은 다음과 같이 병렬 전송 및 직렬 전송에 의해서 이루어진다.

1. 병렬 데이터 전송(Parallel data transmission)

데이터는 컴퓨터 내에서 **병렬 데이터 경로(parallel data paths)**에 의해 전송된다. 병렬 데이터 버스는 8, 16, 32비트를 동시에 전송하는데, 각 비트 군은 각 데이터 비트에 대해 각각의 버스 와이어와 제어 신호를 갖고 있다. 예를 들어 8비트 데이터 11000111을 전송하려면 8개의 데이터 와이어가 필요하다. 8비트 데이터 전송이나 1비트 데이터 전송이나 모두 병렬 와이어로 처리하기 때문에 전송하는 데는 같은 시간이 소요된다. 이 방식에서는 핸드셰이킹 선(13.3.2절 참조)이 필요한데, 핸드셰이킹은 각 문자 데이터 전송이 가능한지와 수신완료를 받을 수 있는가를 나타낸다. 병렬 데이터 전송은 고속으로 데이터를 전송할 수 있다는 장점을 갖고 있지만 케이블 작업 및 인터페이스가 필요하기 때문에 비싸다는 단점이 있다. 일반적으로 이 방법은 단거리의 전송이나 고속 전송에 사용된다.

2. 직렬 데이터 전송(Serial data transmission)

이 방법은 한 개의 선에 의해 데이터와 제어 신호를 1비트씩 순차적으로 전송한다. 이 경우 데이터 송신용 및 수신용으로 단지 두 개의 전도체만 필요하다. 한 단어의 비트들이 동시에 전송되는 것이 아니라 순차적으로 전송되므로 전송속도는 병렬 데이터 전송에 비해 상당히 느리다. 그렇지만 전도체를 조금만 쓰기 때문에 시스템은 저가로 구성할 수 있다. 예를 들어 자동차에 여러 대의 마이크로컨트롤러가 사용되는 경우 마이크로컨트롤러 간 신호는 주로 직렬 데이터 전송에 의해 연결된다. 직렬방식을 사용하지 않으면 통신에 필요한 와이어 수는 상당히 많아지게 된다. 일반적으로 이 직렬 데이터 전송방식은 주변장치와의 거리가 아주 짧은 경우를 제외하고 모든 경우에 사용된다.

직렬 전송으로 문자열을 보내는 경우를 고려한다. 수신기는 받아야 할 문자의 시작과 끝을 알아야 한다. 직렬 데이터 전송에는 동기식과 비동기식 전송이 있다. **비동기식 전송(asynchronous transmission)**은 송신기와 수신기 컴퓨터가 각각의 클록 신호를 갖고 있어 동기화되지 않은 경우이다. 전송되는 문자 간의 시간 간격도 일정하지 않다. 이러한 문제점을 해결하기 위한 방법으로, 송신기가 문자의 시작과 끝을 알 수 있도록 각 문자에 시작 비트와 완료 비트를 부여한다. 이 방법은 전송되는 문자 이외에도 추가의 비트가 필요하므로 데이터 전송효율을 떨어뜨린다는 단점이 있다. 한편 동기식 전송에서는 송신기와 수신기가 공통 클록 신호를 사용하여 한 주기로 문자가 동시에 시작되고 완료되므로 시작 비트와 완료 비트가 불필요하다.

데이터 전송속도(rate of data transmission)는 시간당 비트 수로 표시한다. n비트의 한 데이터 그룹이 전송되는 데 전송시간이 T초라면 데이터 전송속도는 n/T이다. 여기에 **보(baud)**라는 단위가 사용된다. 만일 각 문자가 하나의 기호로 표시된다면 보 속도는 초당 전송되는 비트 수와 동일하다. 그러므로 시작 비트와 완료 비트를 사용하지 않는 시스템의 보 속도는 비트속도와 동일하나, 그러한 비트들을 사용하는 시스템에서는 보 속도와 비트 속도는 다르게 된다.

15.2.2 직렬 데이터 전송방식

직렬 데이터 전송방식에는 다음과 같은 세 가지가 있다.

1. 단향 전송방식(Simplex mode)

그림 15.1(a)에 나타나 있듯이 데이터 전송은 장치 A로부터 장치 B로 한 방향으로만 가능하고, 장치 B는 장치 A로 역전송은 할 수 없다. 이는 장치들이 마치 일방통행 도로로 연결되어 있는 것으로 볼 수 있다. 이 방법은 데이터 정보를 전송하지 않는 프린터와 같은 장치로의 전송에 주로 사용된다.

2. 반이중 방식(Half-duplex mode)

그림 15.1(b)에 나타나 있듯이 데이터는 한 방향으로 전송되는데, 그 방향은 바뀔 수 있다. 즉, 링크의 양단은 송신과 수신으로 변경이 가능하다. 그러므로 장치 A로부터 장치 B로 전송이 가능하고 역으로 장치 B로부터 장치 A로 전송이 가능하나 동시 전송은 불가능하다. 이는 마치 공사중인 도로에서 한 차선만 사용할 때 교통 신호에 의해 통행방향이 변경되어 사용하는 경우와 유사하다. 시티즌 밴드(Citizens Band: CB) 라디오가 이 반이중방식의 예로서 사람은 신호를 받을 수 있고 보낼 수도 있으나 동시에 주고받을 수는 없다.

3. 전이중 방식(Full-duplex mode)

그림 15.1(c)에 나타나 있듯이 데이터가 동시에 양쪽 장치 A, B 간에 전송이 가능하다. 이는 마치 고속도로의 양 차선으로 통행이 가능한 것과 유사하다. 이 방식의 예로서 사람이 동시에 듣기도 하면서 말할 수 있는 전화 시스템이 있다.

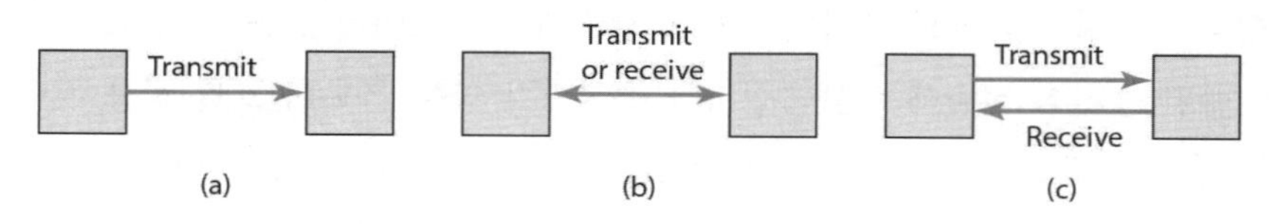

그림 15.1 통신방법(Communication modes)

15.3 네트워크

네트워크(network)는 두 대 이상의 컴퓨터나 마이크로프로세서가 서로 연결되어 있어 데이터가 교환되는 시스템을 말한다. 이러한 연결형태를 네트워크 **토폴로지**(topology)라 한다. **노드**(node)는 네트워크에서 하나 이상의 통신선이 끝나는 지점이나 통신선에 연결되는 유닛인 점을 말한다. 네트워크에서 일반적으로 사용되는 형태는 다음과 같다.

1. 데이터 버스(Data bus)

이는 그림 15.2(a)에 나타나 있듯이 선형적인 버스로서 모든 스테이션들이 이에 접속된다. 이 시스템은 종종 다점 터미널군용으로 사용된다. 이는 일반적으로 노드 간의 거리가 100m 이상인 경우에 자주 사용된다.

2. 스타(Star)

이는 그림 15.2(b)에 나타나 있듯이 각 스테이션과 모든 통신이 중앙의 스위칭 허브(switching hub)를 지나가는 전용 채널을 갖고 있다. 이 형태의 네트워크는 모든 선이 중앙 교환대를 거치는 전화 시스템, 특히 사설교환기(Private Branch eXchanges: PBXs)에서 자주 사용되고 있다. 또한 이 시스템은 원격 터미널과 지역 터미널을 중앙제어 컴퓨터에 연결하는 데 종종 사용된다. 그러나 이 시스템은 중앙 허브가 고장이 나면 전 시스템이 고장 난다는 커다란 문제점을 갖고 있다.

3. 계층 또는 나무형(Hierarchy or tree)

이는 그림 15.2(c)에 나타나 있듯이 나무의 가지들이 나무 머리에 있는 한 점으로 향하고 있는 형태이다. 이 시스템에서는 두 스테이션 간에 오로지 하나의 경로만 존재한다. 이 형태는 서로 엮여 있는 여러 개의 데이터 버스 시스템으로부터 형성될 수 있다. 버스 방법과 마찬가지로 이는 노드 간의 거리가 100m 이상일 때 자주 사용된다.

4. 링(Ring)

이는 그림 15.2(d)에 나타나 있듯이 각 스테이션이 한 고리로 연결되어 있는 형태로서 근거리통신망(Local Area Network: LAN)에서 널리 사용되는 방법이다. 일반적으로 연결되는 노드 간의 거리는 100 m 이하이다. 이 링 시스템에 한 번 들어간 데이터는 어느 시스템에서 이를 제거하지 않는 한 링 주위를 순환하고, 이 데이터는 모든 스테이션에서 사용할 수 있다.

5. 메시(Mesh)

이 방법은 그림 15.2(e)의 형태를 가지며 스테이션 간의 연결방법에 일정한 패턴은 없고, 스테이션 간의 데이터 전송에는 여러 경로가 존재한다.

근거리통신망(Local Area Network: LAN)은 어느 한 지역에 있는 사무실이나 빌딩그룹과 같은 네트워크로 사용된다. 사용되는 네트워크 접속형태는 버스, 스타 또는 링이다. 반면에 **광역통신망(Wide Area Network: WAN)**은 컴퓨터, 터미널, LAN 등을 국가적으로 또는 국제적으로 연결하는 시스템이다. 본 장에서는 주로 LAN에 관련하여 설명한다.

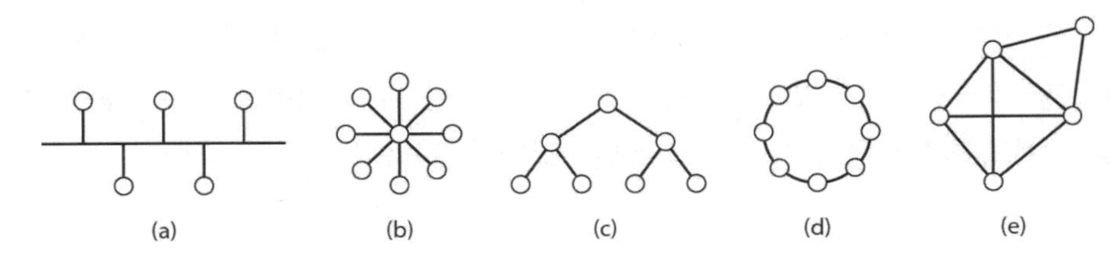

그림 15.2 네트워크 토폴로지(Network topology): (a) 데이터버스, (b) 스타(Star), (c) 계층(Hierarchy), (d) 링(Ring), (d) 메시(Mesh)

15.3.1 네트워크 접근제어

접근제어는 네트워크상에서 어느 한 순간에 단지 한 사용자만 데이터를 전송할 수 있도록 하기 위하여 필요한 것으로서 다음과 같은 방법들이 사용된다.

먼저 링 구조의 LAN에서 다음과 같은 두 가지 방법이 사용된다.

1. 토큰 통과(Token passing)

이 방법에서는 토큰이라는 특별한 비트가 순환한다. 한 스테이션에서 데이터 전송을 시작하고자 하면 토큰을 받을 때까지 기다린다. 토큰을 받으면 토큰을 데이터의 뒤에 첨부하여 한 패키지로 전송한다. 다른 스테이션에서 데이터 전송을 하고자 하면 데이터 패키지에서 토큰을 제거하고 이를 가지고 보낼 데이터와 이 토큰을 함께 전송한다.

2. 슬롯 통과(Slot passing)

이 방법에서는 여러 개의 빈 슬롯들이 순환한다. 한 스테이션에서 데이터를 전송하고자 하면 처음에 위치한 빈 슬롯에 데이터를 담아 전송한다.

한편, 버스나 나무형 네트워크에서는 아래의 방법이 사용된다.

3. 반송파감지 다중접근/충돌검출 접속방법(Carrier Sense Multiple Access with Collision Detection: CSMA/CD)

이 방법은 일반적으로 **이더넷 LAN 버스(Ethernet LAN bus)**에서 사용된다. 이 CSMA/CD 접속방법에서는 각 스테이션들이 네트워크의 제어를 얻을 수 있는 다른 스테이션과의 데이터 전송 이전에 다른 전송에 대하여 이를 청취한 후에 전송하여야 한다. 이러한 의미로 다중접근(multiple access)이라는 용어를 쓴다. 만일 아무런 전송이 이루어지고 있지 않다면 전송이 시작된다. 그러나 다른 전송이 이루어지고 있으면 시스템은 더 이상의 데이터 전송이 없을 때까지 기다려야 한다. 전송 전의 이러한 청취에도 불구하고 두 개 이상의 시스템이 동시에 전송을 시작할 수도 있다. 만일 이러한 상황이 감지되면 두 스테이션 모두 전송을 중지하고 재전송을 시도하기 전에 임의의 시간 동안 기다려야 한다.

15.3.2 광대역과 기저대역

광대역 전송(broadband transmission)은 네트워크상에서 정보들이 동축 케이블과 같은 전송 매체를 통해 지나가는 전파 반송파(radio frequency carrier)로 변조된다. 일반적으로 광대역 LAN의 네트워크 접속방식은 가지가 있는 버스이다. 광대역 전송을 이용하면 몇 개의 변조된 전파 반송파가 동시에 전송될 수 있고 또한 다채널 기능을 제공한다. **기저대역 전송(baseband** transmission)은 디지털 정보가 직접 전송매체를 지나가는 경우를 의미한다. 기저대역 전송 네트워크에서는 한 번에 한 정보 신호만 전송된다. LAN은 기저대역 또는 광대역 전송이다.

15.4 프로토콜

전송되는 데이터는 두 가지 정보를 담고 있다. 하나는 한 컴퓨터가 다른 컴퓨터에 보내야 할 데이터이고 다른 하나의 정보는 **프로토콜 데이터**(protocol data)이다. 이 프로토콜 데이터는 전송할 데이터를 네트워크에 전달하거나 또는 네트워크에서 컴퓨터로 전달하는 것을 제어하기 위하여, 컴퓨터와 네트워크 간의 인터페이스에서 사용된다. 프로토콜은 데이터 형식, 타이밍, 순서, 접근제어, 오류제어 등에 관한 공식적인 규칙의 집합이다. 프로토콜은 다음과 같이 세 가지 요소를 갖는다.

1. 구문(Syntax): 데이터 형식, 코딩 및 신호 레벨을 정의한다.
2. 의미론(Semantics): 동기화, 제어 및 오류 핸들링을 다룬다.
3. 타이밍(Timing): 데이터 순서, 데이터 속도 선택을 다룬다.

송신기와 수신기 간에 통신할 때, 예를 들어 두 마이크로컨트롤러 간에 데이터를 직렬 전송할 때, 양쪽은 반드시 같은 프로토콜을 갖고 있어야 한다. 단향 전송방식 통신(simplex communication)에서 데이터 블록은 단지 송신기에서 수신기로 보내진다. 그렇지만 반이중방식(half-duplex)에서는 그림 15.3(a)에 나타나 있는 것과 같이 전송한 데이터의 각 블록에 대해 그 데이터가 유효하다는 수신기의 승인(acknowledgement: ACK)을 얻어야만 다음 데이터 블록을 보낼 수 있다. 만일 데이터가 유효하지 않다면 수신기는 승인거부(negative acknowledgement: NAK) 신호를 보낸다. 따라서 이 방식으로 연속적인 데이터는 전송할 수 없다. 그림에 나타나 있는 **순환중복검사**(Cyclic Redundancy Checks: CRC) **비트**는 오류 감지의 한 방법으로 한 데이터 블록 바로 뒤에 전송된다. 이 데이터는 이진수로 전송되는데 송신기에서 이 이진수를 어떤 수로 나누고 그 나머지를 주기 검사 코드로 사용한다. 수신기에서는 CRC를 포함한 수신된 데이터를 같은 수로 나누어 만일 신호에 오류가 없다면 나머지를 0으로 한다. 한편, 그림 15.3(b)에 나타나 있는 전이중 방식에서는 데이터를 연속적으로 보내고 받을 수 있다.

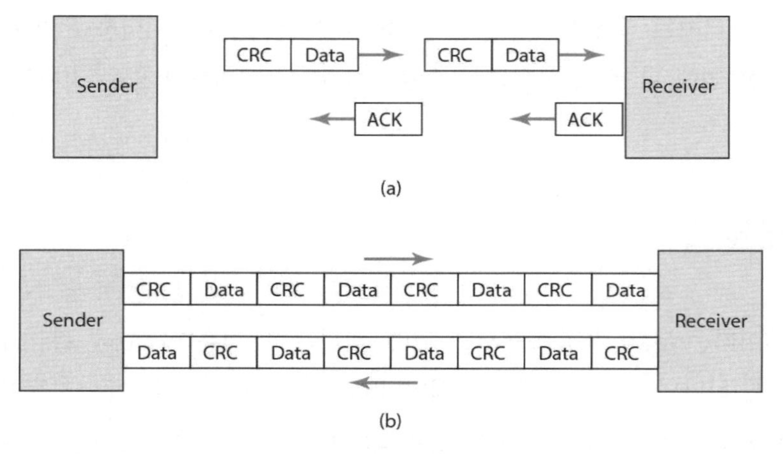

그림 15.3 프로토콜: (a) 반2중 방식(half-duplex), (b) 전2중 방식(full-duplex)

앞에서 설명했듯이 전송되는 한 데이터 패키지에는 프로토콜 정보가 포함되어야 한다. 한편, 비동기식 전송에서는 데이터의 시작과 끝을 알리는 문자가 포함되어 있다. 동기식 전송과 이진 **동기통신 프로토콜**(Bisync Protocol)에서는 그림 15.4(a)에 나타나 있는 것과 같이 한 데이터 블록의 앞부분에 ASCII 문자 SYN으로 표시된 동기화 부호가 붙어 있다. 이 SYN 문자는 수신기에서 8비트 데이터를 받을 준비단계로 문자 동기화 신호로 이용된다. Motorola MC6852는 동기식 직렬 데이터 접속기(Synchronous Serial Data Adapter: SSDA)로서 Bisync 프로토콜을 사용하며, 이는 6800 마이크로프로세서에 사용되는 동기식 직렬통신 인터페이스를 제공한다. 이 SSDA는 13.5절에서 기술한 비동기식 통신 인터페이스 접속기와 유사하다. 다른 프로토콜로서 **고수준 데이터링크 제어**(High-level Data Link Control: HDLC)가 있다. 이는 전이중 방식 프로토콜로서 메시지의 시작과 끝에 01111110의 비트 형태를 갖는다. 시작 플래그 다음에는 주소와 제어 필드가 따라온다. 주소는 목적지 스테이션의 주소를 나타내고 제어 필드는 이 프레임이 감독자인지, 정보인지 또는 번호가 부여되지 않은 것인지를 정의한다. 이 메시지 뒤에는 CRC를 주기 위해 사용되는 16비트의 프레임 검사순서(frame check sequence)가 따른다. Motorola 6854는 이 HDLC 프로토콜을 사용한 직렬 인터페이스 접속기의 한 예이다.

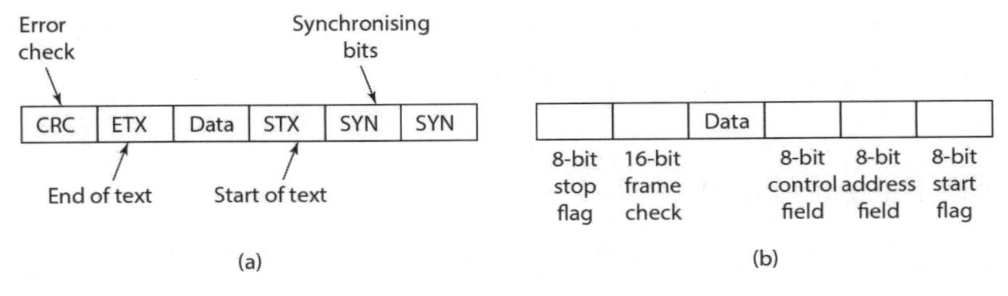

그림 15.4 (a) Bisync, (b) HDLC

15.5 개방형 시스템 상호접속 통신 모델

통신 프로토콜은 여러 계층(level)상에 존재해야 한다. 국제표준기구(The International Standards Organization: ISO)에서 **개방형 시스템 상호접속**(Open Systems Interconnection: OSI)이라는 7계층 표준 프로토콜 시스템을 정의하였고, 이 시스템은 표준 좌표계를 개발하기 위한 골격이다. 계층들은 다음과 같이 구성되어 있다.

1. 물리 계층(Physical layer)

   이 계층은 데이터 비트를 네트워크의 물리적인 요소들에게 전송하거나 또는 반대방향으로 전송하기 위한 수단에 대한 내용을 담고 있다. 이는 하드웨어에 관계되는 케이블이나 커넥터의 형태, 데이터 전달 동기화 그리고 신호 레벨 등에 관한 내용을 다룬다. 이 물리 계층에서 정의되어 널리 사용되는 LAN 시스템은 이더넷과 토큰링이다.

2. 데이터링크 계층(Data link layer)

   이 계층은 주고받는 메시지의 프로토콜, 오류 감지 및 수정 그리고 전송 데이터의 적합한 순서를 정의한다. 이 계층은 데이터를 패킷(packet)에 담아 케이블에 위치시키고 또한 이들을 케이블에서 꺼내어 수신 목적지에 가져가는 것을 다룬다. 이더넷과 토큰링이 이 계층에서도 정의되어 있다.

3. 네트워크 계층(Network layer)

   이 계층은 통신 경로와 주소부여, 네트워크상의 메시지 경로배정 및 제어를 다루어 그 결과로 메시지가 확실하게 원하는 목적지에 도달하게끔 한다. 자주 사용되는 네트워크 계층 프로토콜로서 인터넷 프로토콜(Internet Protocol: IP)과 Novell 사의 인터네트워크 패킷 교환(Internetwork Packet Exchange: IPX)이 있다.

4. 수송 계층(Transport layer)

이 계층은 목적지 간의 확실한 메시지 수송을 제공한다. 이는 송신기와 수신기 간의 연결을 만들고 유지하는 데 관계한다. 널리 사용되는 수송 계층은 인터넷 전송제어 프로토콜(Internet Transmission Control Protocol: TCP)과 Novell 사의 순차 패킷교환 (Sequenced Packet Exchange: SPX)이다.

5. 세션 계층(Session layer)

이 계층은 네트워크에 의해 서로 연결되어 있는 응용 프로세스 간의 의견교환을 수립하는 데 관계한다. 즉, 두 스테이션 간의 통신을 언제 온시키고 오프시키느냐를 결정한다.

6. 표현 계층(Presentation layer)

이 계층은 부호화(encoding)된 전송 데이터가 사용자의 조작에 적합한 형태로 존재하도록 한다.

7. 응용 계층(Application layer)

이 계층은 실제로 사용자가 정보를 처리할 수 있는 기능과 응용에 관계한다. 예를 들어 한 시스템이 네트워크상의 다른 시스템과 통신하기 위하여 사용할 수 있는 파일 전달이나 전자우편과 같은 기능을 제공한다.

15.5.1 네트워크 표준

OSI 계층에 기초하여 여러 개의 네트워크 표준이 사용되고 있다. 다음은 그 예들이다.

미국 General Motors(GM) 사에서는 제조자동화 시스템에 사용되는 장비들이 여러 가지 비표준화된 프로토콜을 갖고 있어 사용상의 문제가 발생하고 있음을 발견하였다. 이 일이 계기가 되어 GM 사에서 공장자동화에 응용할 수 있는 표준 통신 시스템을 개발하였다. 이 표준은 그림 15.5에 나타나 있는 **제조자동화 프로토콜(Manufacturing Automation Protocol: MAP)**이라고 하며, 현재에도 산업체에서 널리 사용되고 있다. 각 계층에서 필요한 프로토콜을 선택하는 데는 각 제조환경에 적합한 시스템 요구조건들을 고려하여야 한다. 계층 1과 2는 전자 하드웨어로 구현되고 계층 3에서 7까지는 소프트웨어로 구현한다. 물리 계층에서는 광대역 전송이 사용된다.

광대역방법을 이용하면 시스템을 MAP 통신에 필요한 서비스는 물론 다른 서비스에도 사용할 수 있다. 데이터링크 계층에서는 오류 검사와 같은 기능을 수행할 수 있도록 버스 및 토큰 시스템이 논리링크제어(Logical Link Control: LLC)와 같이 사용된다. 다른 계층에서는 ISO 표준이 사용된다. 계층 7에서 MAP는 제조 메시지 서비스(Manufacturing Message Services: MMS)를 포함하는데, 이 MMS는 PLC나 수치제어기 그리고 로봇 간의 상호동작을 정의하는 공장 작업장 통신에 응용된다.

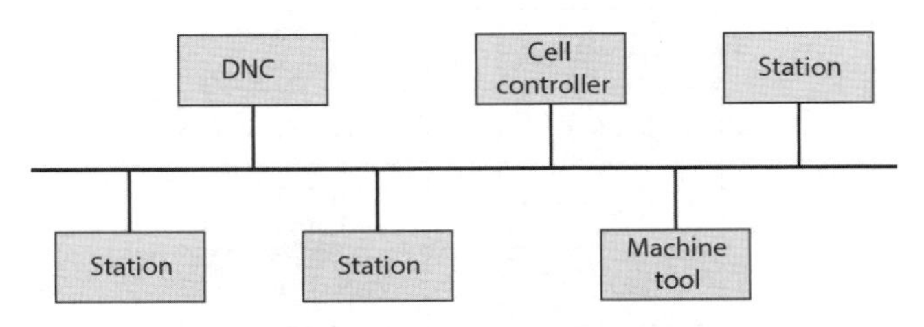

그림 15.5 MAP(Manufacturing Automation Protocol)

한편 **기술 및 사무실 프로토콜(Technical and Office Protocol: TOP)**은 Boeing Computer Service사에서 개발한 표준이다. 이는 MAP와 공통점이 많지만 기저대역을 사용하기 때문에 보다 저렴한 경비로 구현이 가능하다. 계층 1과 2는 MAP와는 달리 토큰링 방식 또는 버스 네트워크를 갖는 반송파 감지 다중접근/충돌검출(CSMA/CD) 접속방법을 사용한다. 또한 계층 7에서는 공장 작업장 요구조건보다는 사무실 요구조건에 관한 응용 프로토콜을 규정하고 있다. 이 CSMA/CD 접속방법을 사용하기 때문에 각 스테이션들은 데이터 전송 전에 다른 스테이션의 전송을 청취해야 한다. TOP와 MAP 네트워크는 호환성이 있고 이들을 연결하는 데 게이트웨이(gateway) 장치를 사용한다. 이 장치는 주소변환과 프로토콜 변경을 적절하게 수행한다.

시스템 네트워크 구조(Systems Network Architecture: SNA)는 IBM에서 개발된 시스템으로 IBM 제품을 위한 하나의 표준이다. 이 SNA는 7계층으로 나뉜다. 그러나 그림 15.6에 나타나 있듯이 OSI 계층과는 약간 다름을 알 수 있다. 데이터링크 제어 계층은 LAN용 토큰링 프로토콜을 보조한다. 계층 5는 두 개의 패키지로 나뉘는데, 즉 계층 2와 3은 경로제어 네트워크로 계층 4, 5, 6은 네트워크 주소부여가능 유닛으로 나뉜다.

PLC 시스템에서 사용되는 네트워크 표준은 PLC 종류에 의해 결정이 되는 경우가 일반적이다. 예를 들어 Allen Bradley는 메시지 전송을 제어하기 위하여 토큰 패스를 사용하는 **Allen-Bradley data highway**를 제공한다. Mitsubishi는 Melsec-Net를, Texas Instruments는 TIWAY를 제공한다. PLC 네트워크와 함께 일반적으로 사용되는 시스템은 이더넷이다. 이것은 접근을 제어하기 위해 CSMA/CD를 사용하는 단일 버스 시스템이고, 컴퓨터와 통신하는 PLC와 관련된 시스템에 널리 사용된다. CSMA/CD을 사용하는 것의 문제점은 이런 방법은 통신량이 적을 때는 잘 작동하지만 통신량이 증가하면 전송장치 간의 충돌이 증가한다는 것이다. 그래서 네트워크의 처리량은 급격히 줄어든다.

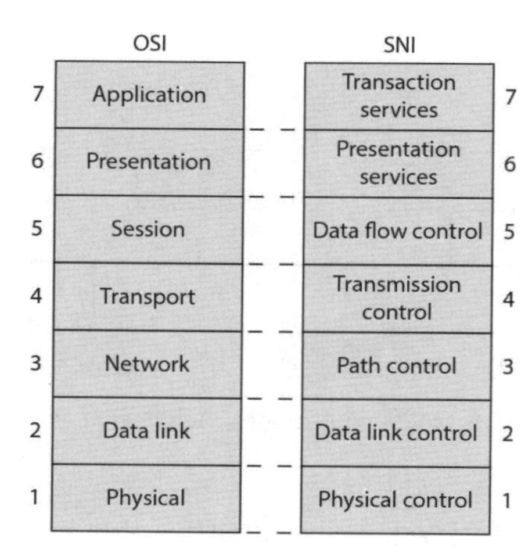

그림 15.6 SNA

15.6 통신 인터페이스

직렬 인터페이스는 동기 또는 비동기 프로토콜을 포함한다. 통상적으로 사용되는 비동기 인터페이스로는 RS-232와 다음 버전으로는 20mA 전류루프, I^2C, CAN 그리고 USB가 있다.

15.6.1 RS-232

가장 널리 사용되고 있는 직렬 인터페이스는 **RS-232**로서 이는 1962년에 처음으로 미국전자산업협회(American Electronic Industries Association: EIA)에서 정의하였다. 이 표준은 데이터 터미널장치(Data Terminal Equipment: DTE)와 데이터 회로 종료장치(Data Circuit-Terminating Equipment: DCE)와 관계가 있다. DTE는 마이크로컨트롤러와 같은 인터페이스를 통해 데이터를 주고받을 수 있는 장치이고, DCE는 통신을 쉽게 하기 위한 장치로서 이의 대표적인 예로서 모뎀이 있다. 이 모뎀은 마이크로컴퓨터와 종래의 아날로그 전화선을 연결하기 위하여 필요한 링크를 만들어 준다.

RS-232 신호는 다음의 세 가지 그룹으로 나뉜다.

1. 데이터(Data)

RS-232는 두 개의 독립적인 직렬 데이터 그리고 전이중 방식의 주 채널과 보조 채널로 구성된다.

2. 핸드셰이크 제어(Handshake control)

핸드셰이크 신호는 통신경로상에서 직렬 데이터의 흐름을 제어하는 데 사용한다.

3. 타이밍(Timing)

동기식 통신에서 송신기와 수신기 간에 클록 신호를 전달하여야 한다.

표 15.1은 RS-232C 커넥터 핀 번호 및 그 신호를 나타낸다. 일부 설정에서는 표에 나와 있는 핀들과 신호가 모두 필요한 것은 아니다. 신호접지 와이어는 회신경로용이다. RS-232C 직렬 포트는 25핀 D타입 커넥터를 통하여 접속된다. 여기에는 일반적으로 케이블에는 철(凸)형의 플러그가 사용되고 DCE나 DTE 장치에는 요(凹)형의 소켓이 사용된다.

표 15.1 RS-232 핀 배열(계속)

Pin	Abbreviation	Direction: To	Signal/function
1	FG		Frame ground
2	TXD	DCE	Transmitted data
3	RXD	DTE	Received data
4	RTS	DCE	Request to send
5	CTS	DTE	Clear to send
6	DSR	DTE	DCE ready
7	SG		Signal ground/common return
8	DCD	DTE	Received line detector
12	SDCD	DTE	Secondary received line signal detector
13	SCTS	DTE	Secondary clear to send
14	STD	DCE	Secondary transmitted data
15	TC	DTE	Transmit signal timing
16	SRD	DTE	Secondary received data
17	RC	DTE	Received signal timing
18		DCE	Local loop-back
19	SRTS	DCE	Secondary request to send
20	DTR	DCE	Data terminal ready
21	SQ	DEC/DTE	Remote loop-back/signal quality detector
	SQ	DTE	Ring indicator

표 15.1 RS-232 핀 배열

Pin	Abbreviation	Direction: To	Signal/function
22	RI	DEC/DTE	Data signal rate selector
23		DCE	Transmit signal timing
24	TC	DTE	Test mode
25			

가장 간단한 양방향 링크에는 전송 데이터와 수신 데이터용 두 개의 선 2, 3과 이 신호들의 회신경로용 신호접지 (7)이 사용된다(그림 15.7(a) 참조). 그러므로 3개 와이어의 케이블로서 최소의 연결을 이룰 수 있다. 개인용 컴퓨터(PC)가 화상표시장치(Visual Display Unit: VDU)에 링크되는 간단한 셋업의 경우 핀 1, 2, 3, 4, 5, 6, 7, 20이 사용된다(그림 15.7(b) 참조). 핀 4, 5, 6과 20을 통하여 보내는 신호들은 수신완료를 확인하는 데 사용된다.

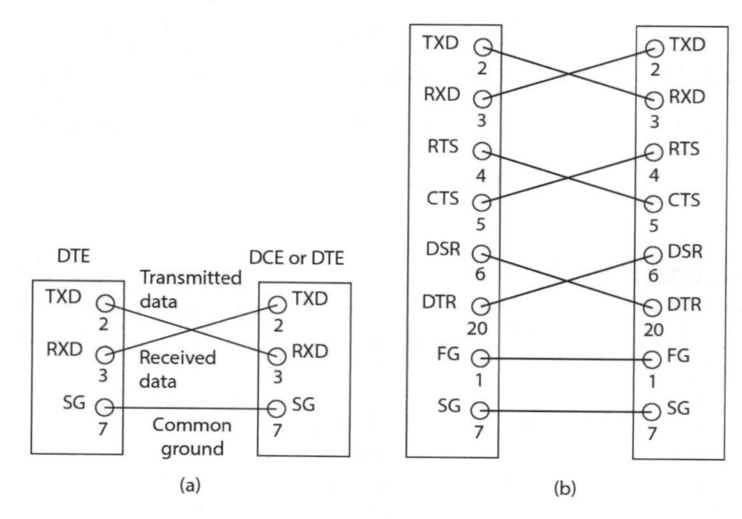

그림 15.7 RS-232 연결: (a) 최소 연결방법, (b) PC 연결

RS-232는 전송거리에 제한이 있는데, 케이블 길이가 길어지면 잡음으로 인해 고속의 비트 전송이 어렵기 때문에 보통은 15m 이하로 제한한다. 최대 전송속도는 약 20kbits/s이다. RS-422와 RS-485 표준은 RS-232와 유사하나, 이들은 보다 고속의 전송 및 장거리 전송에 사용된다. RS-422는 각 신호에 대해 한 쌍의 선을 사용하며 거리는 약 1,220m까지 속도는 100 kbits/s까지 사용될 수 있다. 단, 최대 거리와 최대 속도를 동시에 이용할 수는 없다. RS-485의 경우 거리는 1,220m, 속도는 100 kbits/s까지 사용된다.

Motorola 마이크로컨트롤러 직렬통신 인터페이스 MC68HC11은 여러 가지 보 속도로 전이중

통신을 할 수 있다. 이 시스템의 입력과 출력은 TTL을 사용하는데, 논리값 0은 0V, 논리값 1은 15V이다. RS-232C 표준에서는 논리값 0은 112V이고 논리값 1은 212V이다. 그러므로 RS-232C와 MC68HC11 간의 데이터 전송에는 신호 레벨의 변환이 필요하다. 이를 위해 그림 15.8에 나타나 있는 것과 같이 TTL에서 RS-232C로의 변환에는 MC1488 집적회로, RS-232C에서 TTL로의 변환은 MC1489와 같은 집적회로가 사용된다.

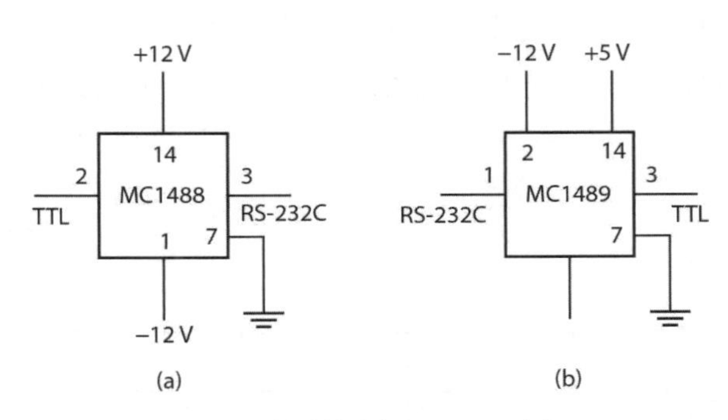

그림 15.8 레벨 변환 (a) MC1488, (b) MC1489

15.6.2 20mA 전류 루프

직렬통신 인터페이스의 다른 기술로서 표준은 아니지만 RS-232에 기반을 **20mA 전류 루프**(20mA current loop) 방법이 있다(그림 15.9). 이는 전압신호가 아닌 전류신호를 이용한다. 한 쌍의 두 개의 선을 이용하여 송수신하고, 여기에서는 20mA의 전류가 논리 1을 그리고 0mA는 논리 0을 나타낸다. 이 직렬 데이터는 한 개의 시작비트, 여덟 개의 데이터 비트 그리고 두 개의 정지비트로 이루어진다. 이러한 전류를 이용하는 방식은 RS-232와 같이 전압을 이용하는 방식에 비해 매우 더 긴 거리, 예를 들어 수 km까지 송수신이 가능하다.

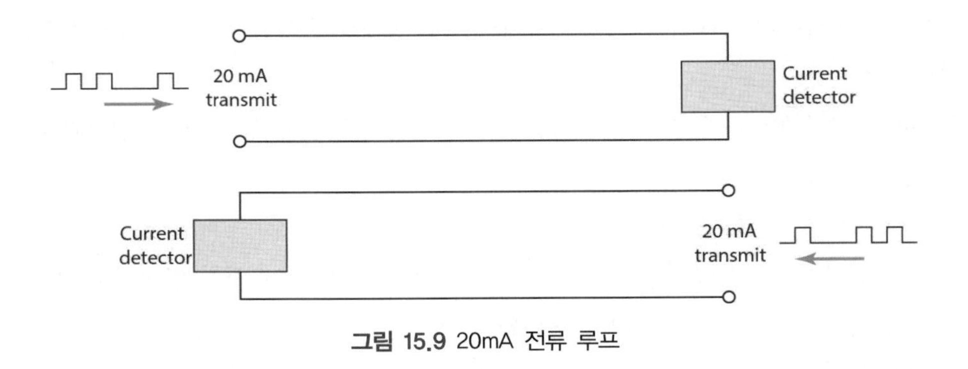

그림 15.9 20mA 전류 루프

15.6.3 I²C 버스

I²C **통신 버스**(Inter-IC-Communication bus)는 집적회로나 모듈 간의 통신을 위하여 Philips 사에서 개발한 데이터 버스이다. 이 버스는 단지 2개의 와이어에 의해 장치 간의 데이터와 명령어가 교환된다. 따라서 회로는 상당히 간단해진다.

두 선은 양방향 데이터 선(SDA)과 클록 선(SCL)이다. 이 두 선은 그림 15.10에 나타나 있는 것과 같이 저항을 통하여 전원공급기의 양극에 연결된다. 메시지를 만드는 장치가 송신기이고 이를 받는 것이 수신기이다. 버스 동작을 제어하는 것이 마스터이고 마스터에 의해 제어되는 장치들이 슬레이브이다.

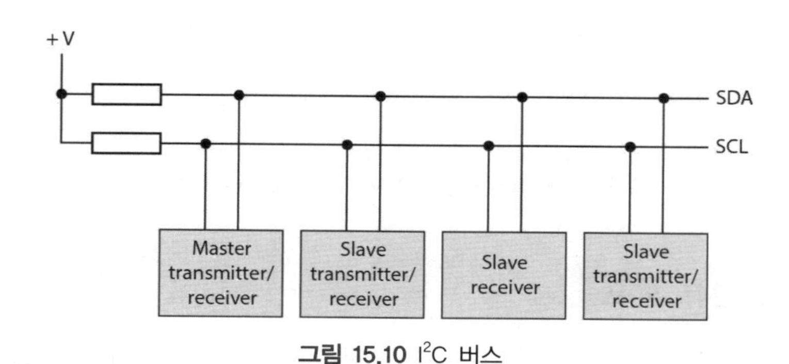

그림 15.10 I²C 버스

이 버스에서는 다음과 같은 프로토콜이 사용된다. 버스가 사용 중이지 않을 때 데이터 전달이 시작된다. 클록 선이 하이상태에서 데이터 전달중일 때 데이터 선은 그 상태를 유지해야 한다. 클록 선이 하이일 때 데이터 선의 변화는 제어 신호로 간주된다.

1. 데이터 선과 클록 선이 하이이면 버스는 사용 중이 아니다.
2. 클록이 하이상태에서 데이터 선이 하이에서 로우 상태로 변하면 데이터의 전달시작을 의미한다.
3. 클록이 하이상태에서 데이터 선이 로우에서 하이 상태로 변하면 데이터의 전달완료를 의미한다.
4. 데이터는 시작과 완료조건 사이에 전달된다.
5. 데이터 전달이 시작되면 클록 신호의 하이 구간 동안 데이터 선이 안정하고, 이 데이터 선은 클록 신호의 로우 구간에서 변화될 수 있다.
6. 시작과 완료조건 사이에 전달되는 데이터의 바이트 수에는 제한이 없고 한 클록 펄스는

데이터의 한 비트를 전달한다. 수신부는 데이터 1바이트의 전송이 끝난 9번째 비트에서 승인 신호를 보낸다.

7. 송신기의 승인 비트는 버스에 하이 레벨로 놓이고 수신기의 승인 비트는 로우 레벨로 놓여진다.

그림 15.11은 위에서 설명한 클록 신호의 형태 및 송신기와 수신기 출력에 대한 예를 보인다.

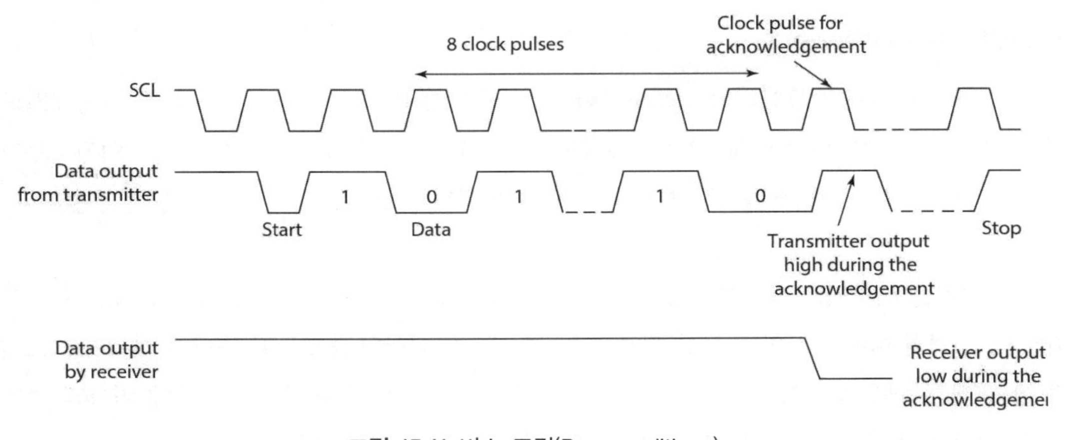

그림 15.11 버스 조건(Bus conditions)

15.6.4 CAN 버스

요즘의 자동차는 70여 종의 전자제어 유닛(Electronic Control Unit: ECU)가 있는데, 그 종류로는 엔진관리 시스템, 록 방지 브레이크(Anti-lock Brake System: ABS), 견인 제어, 능동 현가장치, 에어백, 크루즈 제어, 창문제어 등을 들 수 있고, 이를 위해서 수많은 배선이 필수적으로 따르게 된다. 이 대신에 공통 데이터버스(common data bus)를 이용하면 자동차의 모든 부품들에 대하여 데이터 전송이 가능하다. 한 예로서 Bosch 사의 CAN(Controller Area Network)이라는 프로토콜이 개발되어 있다. 이 CAN은 또한 다른 자동차 시스템에서 필드버스로서 사용된다.

CAN은 ECU들을 연결하기 위한 멀티마스터 직렬버스 표준(multi-master serial bus standard)이다. 시스템의 각 노드는 메시지를 주고받을 수 있으며 다음과 같은 사항이 요구된다.

1. <u>호스트 프로세서</u>(Host processor)

이는 받은 메시지의 의미가 무엇인지, 그리고 어떤 메시지를 보내야 할 것인가를 결정하는 역할을 하는데, 센서들과 구동기기 그리고 제어기기들은 CAN 버스에 직접 연결되지 않고 이 호스트 프로세서와 CAN 제어기에 연결된다.

2. CAN 제어기(CAN controller)

이는 버스로부터 모든 메시지가 유효할 때까지 직렬로 받은 비트들을 저장한다. CAN 제어기가 인터럽트 콜을 트리거시킨 후에 호스트 프로세서는 이 메시지를 인출해간다. 또한 이 제어기는 버스에 곧바로 직렬로 보내기 위한 메시지들을 저장한다.

3. 트랜시버(transceiver)

이는 CAN 제어기와 통합되어 버스로부터 받은 신호 레벨을 CAN 제어기에 요구되는 레벨로 맞추는 기능을 하며 CAN 제어기를 보호하는 보호회로를 갖고 있다. 또한 CAN 제어기로부터 받은 송신 비트 신호를 버스로 보낼 신호로 변환한다.

각 메시지는 메시지의 형식이나 보내는 곳을 확인할 수 있는 식별(identification: ID) 필드와 최대 여덟 개의 데이터 바이트들로 구성된다. 만일 두 개 이상의 노드들이 동시에 메시지를 보내려 할 때에는 중재 수단이 필요하다. 어느 노드에서 보낼 것인가를 결정하기 위해 비파괴 중재 방법이 사용되는데, 이는 ID에 0들이 있는 메시지가 우세하다고 간주하여 이 경우 경합을 이기고 송신이 허락된다. 그래서 어느 송신 노드가 버스에 비트를 놓았을 때 그 버스위에 보다 우선권을 갖는 노드가 있다고 감지되면 그 송신 노드는 비활성화되고 대기 상태로 되며, 현재 보내지고 있는 데이터의 송신이 완료된 후에 비로소 갖고 있던 데이터를 보낸다. 예를 들어 메시지 1에 11비트의 ID 11001100110과 메시지 2에 10001101110 데이터가 있다고 가정하자. 이 경우 네 번째 비트 송신에 이르게 되면 중재 방식에 따라 메시지 1에게 우선권을 주고 메시지 2의 송신은 중단된다.

직렬전송을 위한 표준 CAN 데이터 프레임 형식은 시작 비트와 송신 확인 사이에 메시지가 있고 그 뒤에 프레임 종료 비트로 구성된다. 이 메시지는 다음과 같은 내용을 포함한다.

1. 12비트의 ID. 마지막 비트는 원격 송신 요청을 나타낸다.
2. 6비트의 제어필드. 이는 연장 식별자(identifier extension) 비트와 예비 비트 그리고 데이터의 바이트 수를 표시하는 4비트의 데이터 길이 코드로 구성된다.
3. 데이터 필드
4. 16비트의 CRC 필드로서 이는 오류 감지를 위한 순환중복검사(cyclic redundancy check)용

이다.

15.6.5 USB

범용 직렬버스(Universal Serial Bus: USB)를 이용하여 모니터, 프린터, 모뎀 그리고 다른 입력기기들을 PC에 쉽게 연결할 수 있으며, 여기에 플러그 앤 플레이 기능이 사용된다. USB는 스타 토폴로지(15.3절 참조)를 사용한다. 그래서 한 개의 기기만이 PC에 연결되고 다른 기기들은 허브로 연결될 수가 있어 결과적으로 다층 스타 토폴로지(tiered star topology)가 형성된다. 그러면 호스트 허브인 PC에 다른 외부 허브들이 연결된다. 각 포트는 4개의 핀으로 이루어진 소켓으로서, 두 핀은 전원용이고 다른 2개는 통신용이다. USB 1.0과 2.0을 이용하여 5V 전원을 사용할 수 있고, 허용 전류는 500mA이다. 이 이상의 전원 용량이 요구되는 USB 기기를 사용하는 경우에는 외부 전원공급기를 사용한다.

저속 버전인 USB 1.0 규격은 1996년에 처음 소개되었으며 12Mbits/s의 전송 속도를 가지며 케이블 최대 길이는 3m이다. 고속 버전인 USB 2.0 규격은 2000년 봄에 소개되었고, 80Mbits/s의 전송 속도를 가지며 케이블 최대 길이는 5m이다. 이는 최대 5개의 USB 허브를 구성할 수 있으며 케이블과 허브 체인 길이는 최대 30m까지 가능하다. 초고속 버전인 USB 3.0 규격은 2008년 8월에 Intel 및 그 협력사에 의해 소개되었고, 4.8Gbits/s의 전송 속도를 가지며 현재 이 규격을 갖는 제품들을 사용할 수 있다. 데이터 전송 방식으로서 USB 1.0에서는 반이중 방식(half-duplex mode), USB 2.0과 USB 3.0에서는 전이중 방식(full-duplex)을 사용한다(15.2.2절 참조).

루트 허브(root hub)는 모든 USB포트들을 완전하게 제어하며 모든 허브와 기기들 간의 통신을 시작하도록 한다. 주 제어기의 요청이 없으면 USB기기는 버스 상에 아무 데이터도 전송할 수 없다. USB 2.0에서는 주제어기가 트래픽을 위해 버스를 폴링한다. USB 3.0에서는 연결된 기기들이 호스트로부터 서비스를 요청할 수 있다. USB기기가 USB호스트에 처음으로 연결되면 USB기기로 리셋 신호를 보내는 호스트에 의해 여러 과정이 시작된다. 리셋 후에 USB기기의 정보가 호스트에서 읽혀지고, 그 기기에는 7비트의 고유 주소가 할당된다, 호스트에서 그 기기를 지원되는 경우에는 기기와의 통신을 위한 드라이버가 로딩된다. 이 드라이버는 기기의 요구사항에 대한 정보들을 제공하는데, 이는 속도, 우선권, 기기의 기능, 데이터 통신을 위한 패킷 크기 등을 포함한다. 응용 소프트웨어가 기기로부터 어떤 정보를 주거나 받기를 원하는 경우에는 그 기기의 드라이버를 통하여 전송을 시작한다. 그러면 그 드라이버 소트프웨어에 의해 다른 기기들의 드라이버에 의해 만들어진 요청사항들과 함께 메모리 위치에 요청이 놓이게 된다. 다음으로 주 제어기는 모든 요청을 취하여 이를 호스트 허브 포트로 직렬 전송한다. 모든 기기들은 USB 버스 상에 병렬로 놓여 있으므로, 모든 기기들은 정보를 청취한다. 그리고 호스트는 응답을 기다리고 관련된 기기들은 적절한 정보로 응답한다. 보내지는 패킷들은 핸드셰이킹(handshaking), 토큰(token) 그리고 데이터와 같이 기본적으로 세 가지 형태이고, 각각은 다른 형식(format)과 CRC(cyclic redundancy check, 15.4절 참조)를 갖는다. 토큰 패킷은 4가지 형태가 있는데, 이는 프레임 시작, 기기에 데이터를 송신할 것인가 아니면 받을 것인가를 명령하는 인 아웃 패킷 그리고 기기의 초기 셋업을 위한 셋업 패킷이다.

15.6.6 파이어 와이어

이 **파이어 와이어(Firewire)**는 Apple Computer 사에서 개발된 직렬버스이고, 이 규격은 IEEE1394를 따른다. 이는 플러그-플레이(plug-and-play)기능이 갖고 있으며 디스크 드라이브나 프린터, 카메라 등에 응용된다.

15.7 병렬 통신 인터페이스

프린터의 병렬 인터페이스용으로 Centronics 병렬 인터페이스가 널리 사용된다. 그렇지만 통신용으로 가장 널리 사용하는 표준 인터페이스는 **범용 인터페이스 버스(General Purpose Instrument Bus: GPIB)**로서, 이는 IEEE-488 표준으로서 Hewlett Packar d 사에서 최초로 개발되었다. 이는 Hewlett Packard 사에서 자신들의 컴퓨터와 장치들을 링크시키기 위한 목적으로 개발되었고 따라서 종종 **Hewlett Packard 인터페이스 버스(Hewlett Packard Instrumentation Bus)**라고도 한다. 버스에 연결되어 있는 각 장치들을 청취자(listener), 화자(talker) 그리고 제어기(controller)라 한다. 청취자는 버스로부터 데이터를 받는 장치이고, 화자는 요청이 있을 때 버스 상에 데이터를 놓는다. 그리고 제어기는 화자와 청취자에게 명령을 보내고 어느 장치가 사용 가능한지 알기 위하여 폴링(polling)을 수행하는 등의 버스상의 데이터 흐름을 관리한다. 이 인터페이스는 그림 15.12(a)에 나타나 있는 것과 같이 총 24개의 선을 갖고 있고 각 선의 기능은 다음과 같다.

1. 버스에 연결되어 있는 여러 장치 간의 데이터와 명령어를 운반하는 8개 양방향 선
2. 제어 및 상태 신호용 5개 선

3. 장치 간의 핸드셰이킹용 3개 선
4. 접지 및 회신용 8개선

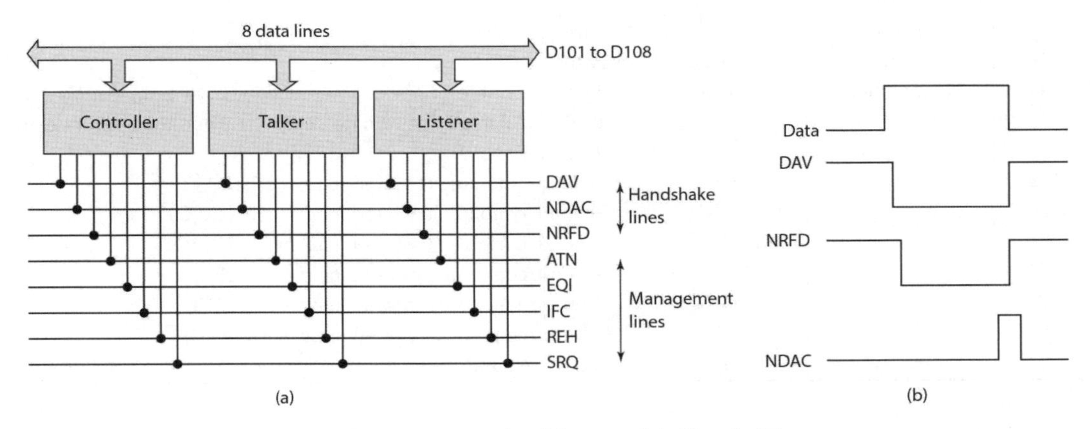

그림 15.12 GPIB 버스 (a) 구조, (b) 핸드셰이킹

표 15.2에는 이에 사용하는 25방향 D형 커넥터의 핀 번호와 각 선의 기능을 나타낸다. 버스에는 한 번에 최대 15개 장치가 연결될 수 있고 각 장치에는 고유 주소가 부여된다.

표 15.2 IEEE 488 버스 시스템(계속)

Pin	Signal group	Abbreviation	Function
1	Data	D101	Data line 1
2	Data	D102	Data line 2
3	Data	D103	Data line 3
4	Data	D104	Data line 4
5	Management	EOI	End Or Identify. This is either used to signify the end of a message sequence from a talker device or used by the controller to ask adevice to identify itself
6	Handshake	DAV	Data Valid. When the level is low on this line then the information on the data bus is valid and acceptable
7	Handshake	NRFD	Not Ready For Data. This line is used by listener devices taking it high to indicate that they are ready to accept data
8	Handshake	NDAC	Not Data Accepted. This line is used by listeners taking it high to indicate that data is being accepted
9	Management	IFC	Interface Clear. This is used by the controller to reset all the devices of the system to the start state
10	Management	SRQ	Service Request. This is used by devices to signal to the controller that they need attention
11	Management	ATN	Attention. This is used by the controller to signal that it is placing a command on the data lines
12		SHIELD	Shield

표 15.2 IEEE 488 버스 시스템

Pin	Signal group	Abbreviation	Function
13	Data	D105	Data line 5
14	Data	D106	Data line 6
15	Data	D107	Data line 7
16	Data	D108	Data line 8
17	Management	REN	Remote Enable. This enables a device to indicate that it is to be selected for remote control rather than by its own control panel
18		GND	Ground/common (twisted pair with DAV)
19		GND	Ground/common (twisted pair with NRFD)
20		GND	Ground/common (twisted pair with NDAC)
21		GND	Ground/common (twisted pair with IFC)
22		GND	Ground/common (twisted pair with SRG)
23		GND	Ground/common (twisted pair with ATN)
24		GND	Signal ground

8비트 병렬 데이터 버스는 한 번에 8비트인 1바이트를 전송한다. 1바이트가 전송될 때마다 버스는 핸드셰이킹을 수행한다. 버스상의 각 장치는 고유의 주소를 갖는다. 제어기로부터의 명령어는 주의 선(attention line) ATN이 로우일 때 신호가 나간다. 그러면 명령어는 데이터 선을 통해 주소와 함께 각 장치들로 향하게 된다. 즉, 장치 주소는 7비트 단어로 데이터 선을 통해 보내지는데 하위 5비트는 장치 주소이고 나머지 2비트는 제어정보이다. 만일 이 비트들이 모두 0이면 명령어는 모든 주소로 보내지고, 비트 6이 1이고 비트 7이 0이면 청취자장치의 주소로 보내진다. 그리고 비트 6이 0이고 비트 7이 1이면 화자장치로 보내진다.

핸드셰이킹은 DAV, NRFD, NDAC 선을 사용하는데, 이 3개의 선에 의해 화자장치는 오로지 청취자로부터 듣게 되었을 때만 말할 수 있다(그림 15.12(b)). 청취자가 데이터를 받을 준비가 되어 있으면, NRFD는 하이로 된다. 데이터가 선에 놓여 있을 때, 장치들에게 그 데이터가 사용 가능하다는 것을 알려주기 위해 DAV는 로우로 된다. 어떤 장치가 데이터 단어를 받게 되면 데이터를 받았다는 표시로 NDAC를 하이로 설정하고, 이제는 데이터를 받을 수 없다는 표시로 NRFD를 로우로 만든다. 모든 청취자가 NDAC를 하이로 설정하면 화자는 DAV를 하이로 하여 데이터 유효 신호를 취소한다. 그러면 NDAC는 로우로 된다. 또 다른 단어가 데이터 버스에 놓이면 위의 과정이 반복된다.

이 GPIB는 버스로서 디지털 멀티미터, 디지털 오실로스코프 등의 여러 가지 장치에 사용되는데, 예를 들어 플러그인 보드를 이용한 컴퓨터와 주변장치 간의 인터페이스를 들 수 있다(그림 15.13).

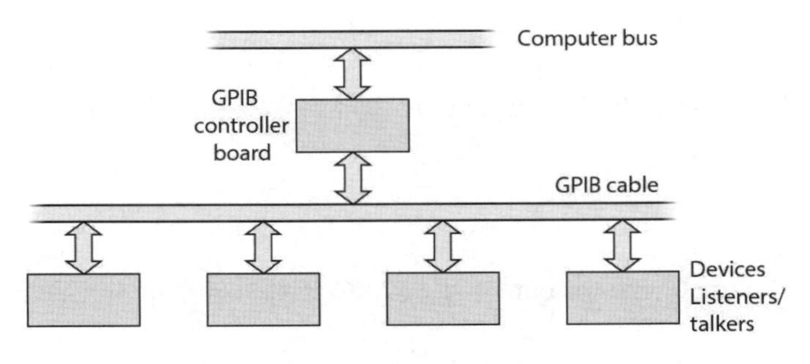

그림 15.13 GPIB 하드웨어

15.7.1 기타 버스

CPU를 입출력 포트나 다른 장치에 연결하는 데 사용되는 버스로는 다음과 같은 것들이 있다.

1. XT 컴퓨터 버스

1983년에 개발되었고 IBM PC/XT 또는 호환기종에서 8비트 데이터 전송에 사용된다.

2. AT 버스

이는 업계표준 구조(Industry Standard Architecture: ISA) 버스라고 불리며 80286이나 80386 마이크로프로세서를 사용하는 IBM PC 및 호환기종에서 16비트의 데이터 전송에 사용되도록 나중에 개발되었다. AT 버스는 AT 버스 슬롯에 플러그인 XT 보드를 사용하여 XT 버스와 호환이 가능하다.

3. 확장 업계표준 구조(Extended Industry Standard Architecture: EISA) 버스

80386이나 80486 마이크로프로세서를 사용하는 IBM PC 및 호환기종에서 32비트의 데이터 전송에 사용되도록 개발되었다.

4. 마이크로채널 구조(Micro Channel Architecture: MCA) 버스

16비트나 32비트의 데이터를 전송하는 버스로서 IBM PC PS/2용으로 사용된다. 이 버스에 사용되는 보드들은 PC/XT/AT와 호환이 불가능하다.

5. Nu 버스

32비트 버스로서 Apple 사의 Macintoshi II 컴퓨터용으로 사용된다.

6. S 버스

32비트 버스로서 Sun Microsystem 사의 SPARC 스테이션에서 사용된다.

7. 터보 채널(TURBOchannel)

32비트 버스로서 DECstation 5000 워크스테이션에서 사용된다.

8. VME 버스

Motorola에서 개발된 버스로서 32비트 68000 마이크로프로세서를 이용한 시스템에서 사용된다. 이 버스는 다른 컴퓨터 시스템에서도 계측장치의 사용을 위한 버스로서 널리 사용되고 있다.

이상의 버스들은 **백플레인 버스(backplane buses)**라고 하는데, 이는 그림 15.14에 나타나 있는 것과 같이 보드 위에 커넥터들이 설치되고 그 안에 메모리와 같은 특정 기능을 갖는 인쇄회로기판(Printed Circuit Boards: PCB)들이 꽂혀질 수 있는 형태를 의미한다. 이 백플레인은 데이터, 주소 그리고 각 보드의 제어 버스 신호를 제공함으로써 사용자가 선반에 보드를 끼워 넣듯이 쉽게 시스템을 확장할 수 있다. 또한 데이터 획득 보드, 다른 장치나 주변장치 인터페이스 보드가 이 버스에 연결된다. 데이터 획득 및 장치 보드는 사용되는 컴퓨터의 종류에 따라 다양한 형태로 나와 있다.

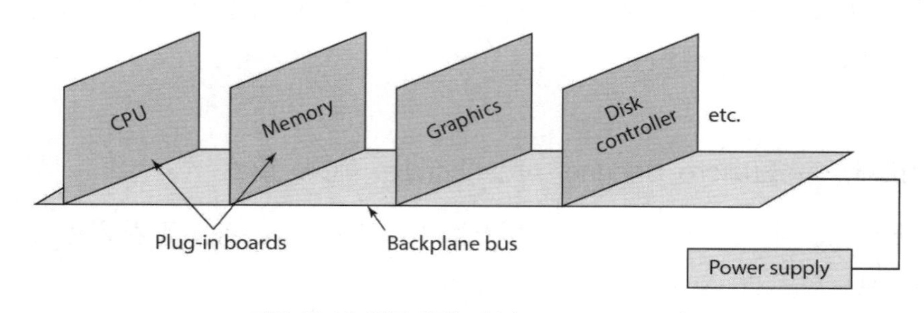

그림 15.14 백플레인 버스(Backplane bus)

VME 버스는 Motorola 사에서 32비트 68000-마이크로프로세서를 사용한 시스템에 사용될 수 있도록 고안되었다. VXI 버스(VME Extensions for Instrumentation)는 VME 버스의 확장 규격인데, 원래 VME 버스는 GPIB 버스보다 고속으로 통신이 필요한 자동검사장치 등과 같은 응용작업용으로 고안된 것이었다. 또한 동기화 및 트리거링 개선을 목적으로 계기 제조업체들이 공동으로 개발하여 타사 제품 간에도 상호동작이 가능하도록 만들어졌다. 이 시스템은 메인프레임에 꽂을 수 있는 VXI 보드를 포함한다. 그림 15.15는 사용될 수 있는 몇 가지 형태를 보인다. 그림 15.15(a)에서는 VXI 메인프레임이 GPIB 링크를 통하여 외부제어기 및 컴퓨터에 링크되어 있다. 제어기는 GPIB 프로토콜을 이용하여 이 링크를 통해 새시(chassis)의 인터페이스 보드와 대화를 하는데, 이 새시는 GPIB 프로토콜을 VXI 프로토콜로 변환한다. 이 방법은 제어기가 VXI 장치를 마치 GPIB 장치로 보고 GPIB 방법을 이용한 프로그램이 가능하다. 그림 15.15(b)에서는 VXI 새시에 끼워 넣은 완전한 형태의 컴퓨터를 보인다. 이 구조는 물리적인 크기가 가장 작은 시스템으로 컴퓨터가 직접 VXI 백플레인 버스를 사용하도록 한다. 그림 15.15(c)는 특수한 케이블상 고속 시스템 버스(high-speed system-bus-on-cable)인 MXI 버스를 사용하여 컴퓨터와 VXI 새시를 링크시키는 것을 보여 주고 있는데, 이 MXI 버스는 GPIB보다 20배 속도가 빠르다.

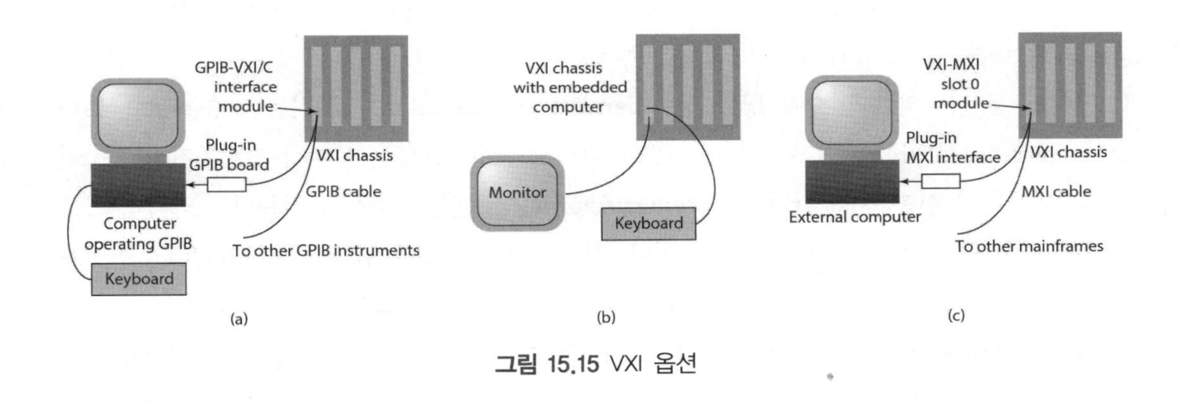

그림 15.15 VXI 옵션

15.8 무선 프로토콜

IEEE 802.11은 무선 LAN용으로 제안된 표준으로서, 네트워크의 물리층(PHY)과 중규모 접근제어(Medium Access Control: MAC)층에 적용된다. MAC 층은 반송파감지 다중접근/충돌검출 접속(Carrier Sense Multiple Access with Collision Avoidance: CSMA/CA) 프로토콜에 대하여 규정한다. 이 방법에서 노드는 전송을 위한 패킷이 준비되면 이는 먼저 다른 노드가 전송하고 있지 않은가를 확인 및 청취하고, 만일 확인이 되면 이를 전송한다. 그렇지 않다면 기다린 후에 다시 전송을 시도한다. 한 패킷이 전송될 때 전송하는 그 노드는 먼저 그 패킷의 길이에 대한 정보를 담은 RTS(ready-to-send) 패킷을 내보낸 이후에 그 패킷을 보낸다. 그 패킷이 성공적으로 다른 노드에서 받으면 그 노드는 승인(ACK: acknowledgement) 패킷을 전송한다.

블루투스(bluetooth)는 단거리의 라디오 전송용 국제적 표준이다. 두 개의 블루투스장치가 있는 기기들이 서로 10m 이내에 있으면 연결될 수 있다. 이는 휴대폰과 PC용으로 널리 이용된다.

요 약

외부 버스(external bus)는 신호 선들의 집합으로서 이는 마이크로프로세서, 마이크로컨트롤러, 컴퓨터, PLC 그리고 이들의 주변장치들을 연결시킨다.

중앙집중 컴퓨터 제어(centralized computer control) 방식에서는 전체 공장을 제어하는 데 하나의 중앙 컴퓨터를 사용한다. **계층 시스템(hierarchical system)**은 컴퓨터가 수행하는 업무의 종류에 따라 컴퓨터들을 계층화한 시스템이다. **분산 시스템(distributed system)**에서는 각 컴퓨터가 다른 컴퓨터들과 유사한 작업을 수행한다.

데이터 통신은 다음과 같이 **병렬 전송(parallel transmission)** 및 **직렬 전송(serial data transmission)**에 의해서 이루어진다. 직렬 데이터 전송방법으로는 동기식과 비동기식 전송이 있다. **비동기식 전송(asynchronous transmission)**은 송신기와 수신기 컴퓨터가 각각의 클록 신호를 갖고 있어 동기화되지 않은 경우이다. 직렬 데이터 전송은 단향 전송(Simplex), 반이중(Half-duplex), 전이중(Full-duplex) 모드 중 한 가지 방식에 의해 이루어진다.

네트워크(network)란 두 대 이상의 컴퓨터나 마이크로프로세서가 서로 연결되어 있어 데이터가 교환되는 시스템을 말하며, 통용되는 형태로는 데이터 버스, 스타, 계층/나무, 링 그리고 메시이다. 네트워크 접근제어는 네트워크상에서 어느 한 순간에 단지 한 사용자만 데이터를 전송할 수 있도록 하기 위하여 반드시 필요하다. 링 구조의 네트워크에서는 토큰 통과(Token passing)나 슬롯 통과(Slot passing) 방식을 이용하고, 버스나 나무 구조 네트워크에서는 반송파감지 다중접근/충돌검출 접속(Carrier Sense Multiple Access with Collision Detection: CSMA/CD) 방식을 사용한다. **프로토콜(protocol)**은 데이터 형식, 타이밍, 순서, 접근제어, 오류제어 등에 관한 공식적인 규칙들의 집합이다.

국제표준기구(The International Standards Organization: ISO)에서 개방형 시스템 상호접속(Open Systems Interconnection: OSI)라 부르는 7계층 표준 프로토콜 시스템을 정의하였다. **직렬통신 인터페이스(serial communication interface)**는 RS-232와 다음 버전으로 I^2C, CAN

등이 있다. **병렬 통신 인터페이스(parallel communication interface)**용으로 범용 인터페이스 버스(General Purpose Instrument Bus: GPIB)가 있다.

연습문제

15.1 Explain the difference between centralised and distributed communication systems.

15.2 Explain the forms of bus/tree and ring networks.

15.3 A LAN is required with a distance between nodes of more than 100m. Should the choice be bus or ring topology?

15.4 A multichannel LAN is required. Should the choice be broadband or baseband transmission?

15.5 What are MAP and TOP?

15.6 Explain what is meant by communication protocol.

15.7 Briefly explain the two types of multiple-access control used with LANs.

15.8 A microcontroller M68HC11 is a 'listener' to be connected to a 'talker' via a GPIB bus. Indicate the connections to be made if full handshaking is to be used.

15.9 What problem has to be overcome before the serial data communications interface of the mircrontroller M68HC11 can output data through an RS-232C interface?

15.10 What is a backplane bus?

Chapter 16 결함 발견

목 표

본 장의 목적은 다음과 같은 내용을 학습하기 위함.
- 마이크로프로세서 기반 시스템에서 고장을 검사하는 데 사용되는 소프트웨어 및 하드웨어 기술
- 에뮬레이션과 시뮬레이션의 사용방법
- PLC 시스템에서 고장을 찾아내는 방법

16.1 결함감지기술

본 장에서는 계측과 제어 그리고 데이터 통신 시스템을 이용한 결함감지문제에 대하여 간략하게 고찰한다. 지정된 시스템과 구성요소를 위한 상세한 결함발견 검사를 하기 위해서는 제조업체의 매뉴얼을 이용하여야 한다.

결함을 감지하는 방법으로 다음과 같은 많은 기술들이 이용되고 있다.

1. 중복 검사(Replication checks)

이 검사는 동작이나 조작을 중복 수행한 후 그 결과를 비교하는 것을 의미한다. 결함이 없다면 각각의 결과는 같다고 가정할 수 있다. 이것은 일시적인 오류인 경우 2회 반복수행하여 각각의 결과를 서로 비교하는 방법과 똑같은 두 시스템을 검사하여 얻은 결과를 서로 비교하는 방법으로 나뉜다. 이 방법은 비용이 많이 드는 선택일 수 있다.

2. 예상 값 검사(Expected value checks)

소프트웨어의 경우 대부분 구체적인 수치를 입력하여 예상되는 결과가 나오는가를 검사함으로써 그 오류를 찾을 수 있다. 예상되는 결과가 얻어지지 않는다면 결함이 있는 것이다.

3. 시간측정 검사(Timing checks)

이 검사는 어떤 동작이 수행될 때의 시간을 측정하여 검사하는 것을 의미한다. 이러한 검사에

는 보통 감시 타이머(watchdog timer)가 이용된다. 예를 들어 PLC의 동작이 시작될 때 이 타이머도 항상 시작된다. 그리고 동작이 일정 시간 내에 수행되지 않으면 결함이 발생했다고 볼 수 있다. 이 감시 타이머는 경보를 발생하기도 하고 시스템 일부 또는 전체를 정지시키기도 한다.

4. 반전 검사(Reversal checks)

입력과 출력 간에 직접적 관계가 있으면 입력에 대한 출력 값을 알 수 있고, 역으로 출력에 대한 입력 값도 계산될 수 있다. 이때 계산된 출력 또는 입력 값을 실제 값과 비교하는 방법이다.

5. 패리티와 오류 부호화 검사(Parity and error coding checks)

이 검사는 보통 메모리와 데이터 간의 전송 오류를 감지하는 데 사용된다. 전송 채널은 빈번히 잡음(noise)에 노출되는데, 이러한 잡음은 데이터 전송에 악영향을 미친다. 데이터 전송 오류를 감지하기 위한 한 방법으로 패리티 비트들(parity bits)을 데이터 단어에 더하여 전송한다. 이 패리티 비트들을 정하는 방법은 더한 결과에서 나타난 1의 개수가 홀수(홀수 패리티) 또는 짝수(짝수 패리티)가 되도록 선정하는 것이다. 만일 홀수 패리티를 사용한다면 전송결과가 여전히 홀수인가를 검사하여 전송 오류를 판단할 수 있다. 다른 방법으로는 전송된 데이터에 임의의 코드를 더하고, 그 결과로부터 원래 데이터가 손상되었는가를 감지하는 것이다.

6. 진단 검사(Diagnostic checks)

진단 검사는 시스템 내에서 구성요소들에 대한 동작을 검사하는 데 이용된다. 구성요소에 입력들을 가한 후 실제로 발생한 출력 값과 예측된 값을 서로 비교한다.

16.2 감시 타이머

기본적으로 감시 타이머는 정해진 시간이 종료되기 전에 시스템에 의해 리셋(reset)되어야 하는 타이머이다. 이 타이머가 일정 시간 내에 리셋되지 않는다면 오류가 발생했다고 볼 수 있다.

이러한 타이머를 보여 주는 실례로, 그림 16.1은 실린더 내의 피스톤이 이동하는 동안 감시 타이머를 사용한 간단한 사다리형 프로그램(ladder program)을 보여 준다. 출발 스위치가 닫히면 솔레노이드 A1은 온되어, 이때 실린더의 피스톤 이동이 시작되고 타이머도 작동되기 시작한다. 피스톤이 목적지까지 완전히 이동되면 리밋 스위치 a1이 작동되어 N.C.(normally closed) 접점을 개방하게 되고 그 결과로 타이머도 멈추게 된다. 그러나 타이머에 설정된 시간까지 a1의 N.C. 접점이 개방되지 않으면 타이머가 동작하여 경보가 울리게 된다. 예를 들어 피스톤 이동 검사를 위하여 타이머를 4초로 설정한 경우, 만일 피스톤이 운동 도중 어딘가에 간섭이 발생하여 피스톤이 4초 내에 완전히 이동하지 않았다면 경보가 울릴 것이다.

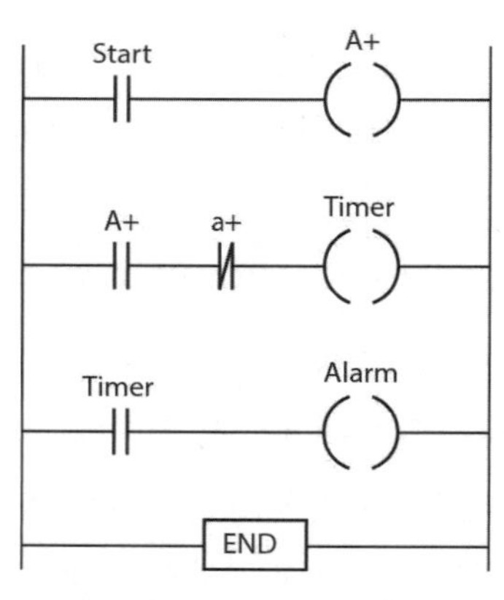

그림 16.1 감시 타이머

마이크로프로세서가 명령어를 수행할 때 주위의 외란으로 인해 데이터 버스의 상태가 혼란스럽게 되었다면 잘못된 데이터를 가져올 수 있다. 다른 예로서, 소프트웨어의 결함(bug)에 의해 마이크로프로세서가 서브루틴을 수행한 후 되돌아갈 때 문제가 발생할 수가 있다. 이러한 마이크로프로세서에 의해 구동기기들이 제대로 제어되지 않아 오동작을 일으킨다면 예상치 못한 위험한 상황이 발생할 수도 있다. 이러한 위험한 상황이 발생할 때를 대비하여 이 감시 타이머가 사용된다.

내부에 감시 타이머를 내장한 마이크로프로세서 시스템의 한 예로서, 소프트웨어 동작 오류를 감지하기 위하여 컴퓨터 동작정상(Computer Operating Properly: COP)이라고 하는 내부 감시 타이머를 내장한 마이크로컨트롤러인 MC68HC11을 고려한다. 이 COP 타이머 동작이 시작되면 주 프로그램은 이 타이머가 종료되기 전에 COP를 주기적으로 리셋하여야 한다. 만일 이 마이크로프로세서 시스템이 COP 타이머를 리셋하기 전에 타이머에 설정된 시간이 넘게 되면(즉, time-out) COP 고장 리셋이 발생하게 된다. 이 경우에 주소 $103A(0x103A)에 있는 COP 리셋 레지스터(COP reset register: COPRST)에 $55(C 언어에서 0x55)를 기록하고 COP 타이머를 소거하기 위해 그 프로그램 뒤에 $AA (0xAA)를 기록하면 COP 타이머는 초기시간인 0으로 리셋된다. 어떤 프로그램이 이 두 명령어 사이에 걸쳐 있을 때 COP 설정시간이 지나면 COP 고장

루틴이 실행된다. 즉, 이에 관한 어셈블리 언어 프로그램은 다음과 같다.

```
LDAA    #$55     ; 타이머 리셋
STAA    $103A    ; COPRST에 $55를 기록
                 ; 다른 프로그램 줄들
LDAA    #$AA     ; 타이머 소거 (Clear)
STAA    $103A    ; COPRST에 $AA를 기록
```

주소 $1039(0x1039)에 있는 OPTION 레지스터의 CR1과 CR2를 0이나 1로 설정하면 COP의 동작주기가 설정된다. 예를 들어 CR1과 CR2를 모두 0으로 설정하면 16.384ms의 타임아웃 시간이 설정되고, CR1을 1로 CR2를 0으로 하면 262.14ms의 타임아웃 시간이 설정된다.

16.3 패리티와 오류 부호화 검사

잡음 등으로 인하여 데이터 신호가 변형되는 것을 감지하는 오류 감지기술의 하나로 패리티 검사(parity check)가 사용된다.

4.2.3절에서 오류 감지를 위한 간단한 패리티 방법에 대하여 설명하였다. 이 방법에서는 주어진 메시지에 임의의 추가 비트를 더하는데, 그 더한 결과로부터 1인 비트 수를 세어 짝수 패리티인 경우에는 1인 비트 개수를 짝수로 만들고 홀수 패리티의 경우에는 그 개수를 홀수로 만들도록 하였다. 예를 들어 문자 1010000의 경우 짝수 패리티에서는 최상위 비트 앞에 0을 추가하여 01010000으로 만들고, 반면에 홀수 패리티인 경우에는 1을 추가하여 11010000으로 만든다.

이렇게 하여 메시지의 단일 신호 오류를 감지할 수 있지만 두 개의 오류가 있는 경우에는 이를 감지할 수 없다. 예를 들어 원래의 메시지 1101000의 경우를 고려한다. 세 번째 비트에 오류가 발생한 경우에 짝수 패리티를 사용할 때 패리티 검사를 한 결과가 11101100로 되어 이로부터 오류가 있음을 알 수 있지만, 여기에 추가로 두 번째 비트에도 오류가 있다면 패리티 검사결과 11101110로 되어 짝수 패리티를 만족시키기 때문에 오류를 찾을 수 없다.

데이터 전송에서 오류가 감지되지 않는다면 송신 터미널로 ACK 문자를 보내어 그 신호는 승인된다. 반면에 만일 오류가 있다면 NAK 신호가 사용된다. 이와 같은 방법을 자동 재송요구(Automatic Repeat reQuest: ARQ)라고 한다. 만일 NAK 신호를 받으면 송신부는 메시지를 재전송하게 된다.

오류 감지 성공률은 블록 검사방식(block parity check)을 이용하여 향상시킬 수 있다. 이 방법에서 메시지는 몇 개의 블록으로 나뉘어져 전송되고, 각 블록의 끝에는 블록 검사기호가 붙는다. 예를 들어 아래와 같은 블록에서 짝수 패리티 검사용 비트가 각 행(row)의 끝에 붙고, 추가의 검사 비트가 각 열(column)의 맨 아래에 놓인다.

	정보 비트들				검사 비트
첫 번째 기호	0	0	1	1	0
두 번째 기호	0	1	0	0	1
세 번째 기호	1	0	1	1	1
네 번째 기호	0	0	0	0	0
블록 검사 비트기호	1	1	0	0	0

수신기에서는 각 행과 각 열의 패리티를 검사하는데, 행과 열의 교차에 대해 모두 검사하므로 단일 오류는 모두 감지된다.

오류 감지의 또 다른 형태로는 순환중복검사(Cyclic Redundancy Checking: CRC)방식이 있다. 송신 터미널에서 보내야 할 이진수의 데이터를 모듈로 2(modulo-2) 연산을 이용하여 미리 정해진 수로 나눈다. 여기서 나눗셈의 나머지가 CRC 문자이고, 이는 데이터와 함께 전송된다. 만일 전송 오류가 없다면 나머지는 0이 된다.

통상 자주 사용되는 CRC 코드는 CRC-16으로서 검사하는 데 16비트가 사용된다. 이 16비트는 가장 높은 차수와 같은 비트 수를 가진 다항식 계수가 된다. 데이터 블록은 먼저 다항식의 가장 높은 차수, 즉 x16에 의해 곱해지고, 다음으로 모듈로 2 연산을 이용한 다음과 같은 CRC 다항식에 의해 나뉜다.

$$x^{16}+x^{12}+x^{5}+1$$

여기서 $x=2$이다. 그러므로 CRC 다항식은 10001000000100001로 된다. 이 다항식에 의해 나뉜 나머지가 CRC이다.

예로서 데이터 10110111, 즉 다음 다항식을 고려한다.

$$x^{7}+x^{5}+x^{4}+x^{2}+x^{1}+1$$

그리고 여기에 사용한 CRC 다항식은 다음과 같다.

$$x^5 + x^4 + x^1 + 1$$

즉, 110011이다. 데이터 다항식은 먼저 x5를 곱해 다음과 같이 된다.

$$x^{12} + x^{10} + x^9 + x^7 + x^6 + x^5$$

즉, 1011011100000이다. 이것을 CRC 다항식으로 나누면

```
              11010111
110011|1011011100000
       110011
        110011
        110011
         100100
         110011
          101110
          110011
           111010
           110011
            01001
```

이 결과로 나머지는 01001이 되고, 이것이 데이터와 함께 전송되는 CRC 코드가 된다.

16.4 통상적인 하드웨어 고장

메카트로닉스 시스템 및 그 구성요소에서 일어날 수 있는 고장들 중에서 흔히 접할 수 있는 예로 다음과 같은 것들이 있다.

16.4.1 센 서

계측 시스템에 고장이 있다면 이의 주 원인으로 사용하고 있는 센서에 결함이 있을 수 있다. 이를 검사하기 위한 간단한 방법으로는 해당 센서를 새로운 것으로 교환하고 시험하여, 그 결과로부터 센서가 시스템에 어떠한 영향을 주고 있는가를 알아보는 것이다. 만일 그 결과가 변한다면 원래의 센서에 결함이 있을 수 있는 것이고, 반면에 결과 값이 변하지 않는다면 시스템 내의

어딘가에 결함이 있는 것이다. 이 외에도 전류 및 전압원이 요구되는 정확한 전류와 전압을 공급하고 있는가, 연결되는 전선 사이에 전기적인 연속성이 유지되고 있는가, 그리고 센서가 올바르게 설치되어 있고 제조사가 규정한 사용조건하에서 사용되고 있는가 등을 검사하여야 한다.

16.4.2 스위치와 릴레이

스위치 접점 등에 묻어 있는 먼지와 이물질들에 의해 기계적 스위치가 부정확하게 동작하는 경우가 발생한다. 전압계를 이용하여 전압을 측정하는 경우, 스위치가 개방되어 있을 때 스위치 양단 간의 측정전압은 적용된 전압과 같아야 하며, 닫혀 있을 때에는 0V에 매우 가까워야 한다. 예를 들어 컨베이어 벨트 위의 제품 유무를 감지하는 것과 같이 어떤 제품의 위치를 감지하는데 사용하는 기계적 스위치의 경우, 만일 조정이 부정확하다거나 동작 레버가 굽어 있게 되면 부정확한 응답을 보이게 될 것이다.

릴레이 검사에서 접점에 융착 등의 흔적이 있다면 그 릴레이는 교체하여야 한다. 만일 릴레이가 작동되지 않으면 코일 양단간의 전압을 검사한다. 이 경우 전압이 정상이라면 전기 저항기를 이용하여 코일 저항을 조사하여야 한다. 만일 양단 간에 전압이 걸리지 않는다면 릴레이에 사용되는 스위칭 트랜지스터의 고장일 수도 있다.

16.4.3 모 터

직류 모터와 교류 모터를 정상적인 상태로 유지하기 위해서는 올바른 윤활이 필요하다. 직류 모터의 경우 브러시는 마모되고 교환이 필요하게 되면 제조사의 규격에 따라 새 브러시로 교체해야 한다. 단상 교류 모터의 경우 시동이 느려지게 된다면 새로운 시동 축전기의 교환이 필요할지도 모른다. 반면에 삼상 유도 모터는 브러시, 정류자, 미끄럼 링, 시동 축전기를 갖고 있지 않으므로 순간적으로 지나친 과부하가 발생하지 않기 때문에 주기적인 윤활만이 이를 정상적으로 유지할 수 있는 유일한 방법이다.

16.4.4 유압과 공압 시스템

유압과 공압 시스템에서 발생하는 결함들의 주 원인은 먼지에 있다. 먼지의 작은 입자들에 의해 밀봉(seal)과 블록 오리피스(block orifice)가 손상되며 밸브 스풀이 작동하지 못하게 되는 경우가 많다. 그래서 필터에 대해서는 정기적인 청소와 검사가 이루어져야 하고 청결한 환경에서 부품들을 분해하여야 하며, 정기적으로 오일을 검사하고 교체해 주어야 한다. 전기 시스템에서 전류를 측정하는 일반적인 방법은 테스트 지점의 전류 값을 측정하는 것이다. 마찬가지로 유압과 공압 시스템에서도 압력을 측정할 수 있는 지점을 갖고 있어야 한다. 밀봉이 손상하게 되면 실린더가 작동될 때 실린더는 정상적인 상태에 비해 더 많은 누수가 발생하게 되고 압력 강하가 일어난다. 이 경우에 밀봉들은 교체되어야 한다. 날개 형(vane-type) 모터 내에 있는 날개는 마모되기 쉬우며 이 경우 모터 자체 내에서 완벽한 밀봉이 되지 않기 때문에 동력손실이 발생한다. 이 경우에 그 날개는 교체되어야 한다. 이 외에도 튜브 및 파이프, 부속품에서의 누수 등이 일반적인 결함들이다.

16.5 마이크로프로세서 시스템

마이크로프로세서 시스템에 존재하는 전형적인 결함으로 다음과 같은 것들을 들 수 있다.

1. 칩 고장(Chip failure)

   칩은 신뢰성이 매우 높지만 간혹 결함이 발견된다.

2. 수동소자의 고장(Passive component failure)

   마이크로프로세서 시스템에는 일반적으로 저항이나 콘덴서 같은 수동 부품들이 사용된다. 이 부품들 중 하나라도 고장이 있다면 시스템은 정상적인 기능을 수행하지 못하게 된다.

3. 개방회로(Open circuits)

   개방회로는 신호경로나 전원선의 파손에 기인한다. 이러한 결함의 전형적인 원인으로서는 납땜 불량이나 납땜결합 오류, 인쇄회로 트랙의 파손, 커넥터 연결 오류, 케이블 고장 등이 있다.

4. 단락회로(Short circuits)

   기판 내 2개 지점 간의 회로 단락은 주로 과잉 납땜에 의해 인접해 있는 인쇄 트랙 간의 틈이 납땜으로 채워지는 경우에 발생한다.

5. 외부에서 유도된 간섭(Externally introduced interference)

   외부에서 유도된 펄스는 유효한 디지털 신호로 판단되기 때문에 시스템 작동에 직접적으로 영향을 미친다. 이러한 간섭의 원인은 주 전원을 같이 사용하는 다른 장비에서 발생되는 '스파이크'나 주 전원부의 스위치 온-오프 등에 기인한다. 이러한 '스파이크'를 제거하기 위하여 시스템 주 전원부에 필터를 사용할 수 있다.

6. 소프트웨어 결함(Software faults)

광범위한 시험을 수행했음에도 불구하고 소프트웨어는 버그(bug)를 포함하고 있거나 특정한 입출력 상황 하에서 예상치 않은 오작동이 발생하는 수가 있다.

16.5.1 결함발견 기술

마이크로프로세서 시스템에 사용되는 결함발견 기술에는 다음과 같은 것들이 있다.

1. 시각 검사(Visual inspection)

결함이 있는 시스템을 주의 깊게 관찰함으로써 결함의 원인을 알 수 있는 경우가 있다. 예로서 IC회로는 홀더의 느슨함이나 보드상의 트랙들의 연결을 초래하는 과잉 납땜 등을 들 수 있다.

2. 멀티미터(Multimeter)

이것은 마이크로프로세서 시스템에서 제한적으로 사용되지만 회로의 단선이나 개방 그리고 전력공급회로를 검사하는 데 사용된다.

3. 오실로스코프(Oscilloscope)

오실로스코프는 클록 신호와 같은 반복 신호를 검사하는 곳에 주로 사용된다. 마이크로프로세서 시스템에서 이외의 신호들은 반복되지 않고 실행되는 프로그램에 의해 랜덤하게 나오는 경우가 대부분이다.

4. 논리 탐침(Logic probe)

논리 탐침(그림 16.2(a))은 펜 모양과 유사한 휴대장치로서, 연결된 회로 내의 임의의 지점에서의 논리 레벨(logic level)을 결정할 수 있다. 이 장치에 달려 있는 선택 스위치로 TTL 또는 CMOS용을 설정하고, 어느 지점에 탐침 끝을 접촉시키면 표시등에 의해 그 지점의 레벨이 논리 레벨 0 임계값 이하인지, 1 임계값 이상인지 아니면 펄스 신호인지를 알 수 있다. 펄스확장회로

(pulse stretching circuit)를 추가한 논리 탐침도 있는데, 이는 탐침 펄스 지속시간을 늘려 표시등에 표시되는 시간을 충분히 길게 한 것이다. 단일 펄스 신호를 감지하기 위한 메모리 회로가 사용되기도 하는데, 이 경우 메모리 소거 단추를 누르면 표시등이 꺼지게 되고 이 이후에 새로운 논리 변화를 감지할 수 있다.

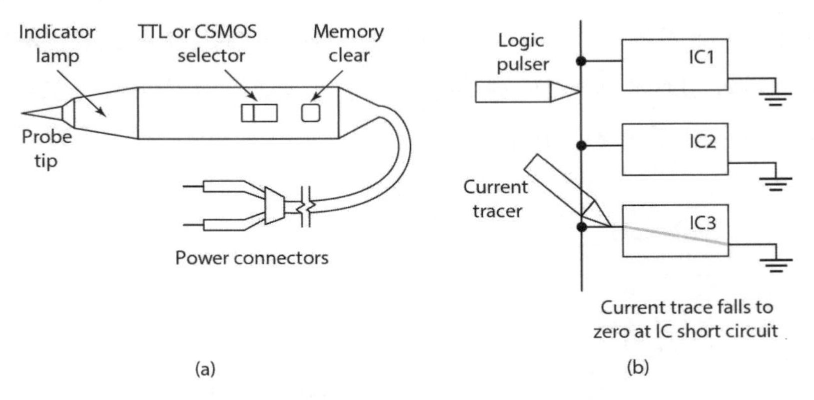

그림 16.2 (a) 논리 탐침, (b) 전류 추적기

5. 논리 펄스공급기(Logic pulser)

논리 펄스공급기는 펜과 같은 형태의 휴대용 펄스발생기로서 회로 내의 원하는 곳에 펄스를 공급하는 데 사용된다. 회로 내에 펄스 탐침 끝을 누른 상태에서 펄스공급 버튼을 눌러 펄스를 발생시킨다. 이것은 종종 논리 함수를 검사하기 위한 논리 탐침과 같이 사용되기도 한다.

6. 전류 추적기(Current tracer)

전류 추적기는 논리 탐침과 유사하지만 회로 내에서 변동하는 전류를 감지한다. 전류 추적기의 끝은 자기적으로 민감하게 반응하고, 이는 전류파동을 운반하는 도체 주위의 자기장 변화를 감지하는 데 사용된다. 이 전류 추적기 팁을 전류가 흐르는 인쇄회로의 트랙을 따라 이동시키는데, 이때 저 임피던스 경로가 추적되도록 이동시킨다(그림 16.2(b)).

7. 논리 클립(Logic clip)

논리 클립은 집적회로(integrated circuit)에 클립과 같은 형태로 고정하는 장치로 각각의 회로 핀들과 접촉한다. 이때 각 핀의 논리상태는 한 핀당 한 개의 LED에 의해 표시된다.

8. 논리 비교기(Logic comparator)

논리 비교기는 검사하고자 하는 IC회로들을 별도의 기준 IC회로와 비교하여 검사한다(그림 16.3). 주 회로로부터 검사하고자 하는 IC회로를 분리하지 않은 상태에서 각 입력 핀들은 기준 IC회로에 대응하는 입력 핀들과 병렬로 연결된다. 마찬가지로 각 출력 핀들도 기준 회로상의 해당 출력 핀과 병렬로 연결된다. 검사하는 회로 출력과 기준회로의 출력, 두 출력에 대해 EXCLUSIVE-OR 논리연산을 행하여 두 출력 값이 다를 때에만 하이 신호가 출력된다. 한편, 매우 짧은 구간의 펄스에 대해서도 충분한 시간 동안 결과를 표시할 수 있도록 펄스 확장기(pulse stretcher)도 같이 사용된다.

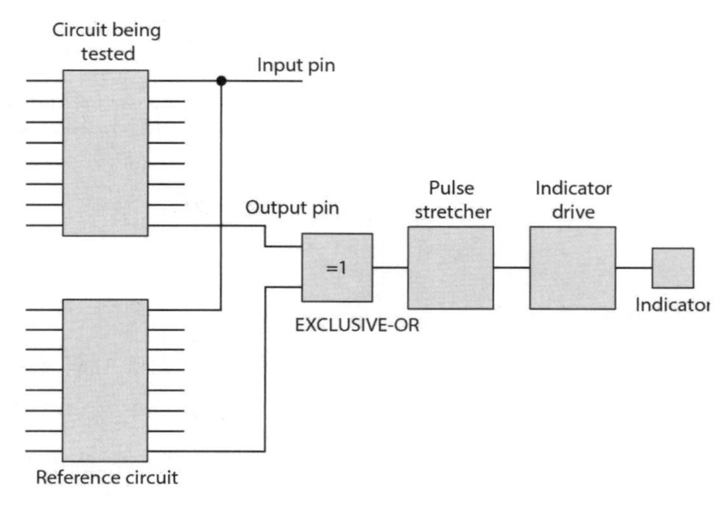

그림 16.3 논리 비교기

9. 기호 분석기(Signature analyser)

아날로그 시스템의 결함을 발견하는 작업으로 통상 회로를 따라 여러 곳의 파형을 조사한다. 그리고 그 파형들을 예측되는 파형과 비교하여 결함이 있는 장소와 결함형태를 알아낸다. 반면에 디지털 시스템에서는, 여러 지점에서의 파형 형태가 유사하기 때문에 이 같은 방법을 이용하면 매우 복잡하게 된다. 결함이 어디에 있는가를 알아내기 위하여, 디지털 펄스 열을 보다 이해하기 쉬운 형태, 즉 258F와 같은 형태의 기호로 변환하여야 하는데, 이러한 기호를 서명(signature)이라 한다. 이렇게 한 점에서 기호를 얻으면 이 기호는 예상되는 신호들과 쉽게 비교될 수 있다. 회로에서 기호 분석기를 사용하여 조사하는 동안 원하지 않는 잘못된 디지털 신호들이 공급되지 않도록 주소 귀환버스를 절단할 수 있도록 회로가 설계되어 있어야 한다. 원하는 테스트 지점에서 서명을 얻기 위한 간단한 프로그램을 만들어 이를 ROM에 저장시킨다.

데이터 버스는 절단되어 기억장치로부터 분리되어 있으므로 마이크로프로세서는 그 자체로 검사될 수 있고, 이때 마이크로프로세서는 자유롭게 수행되고 주소들에게 차례로 미 작동(no operation: NO) 명령어를 준다. 이 상태에서 마이크로프로세서 버스 서명은 예상되는 신호들과 비교한다.

10. 논리 분석기(Logic analyser)

논리 분석기는 시험 중에 있는 장치의 버스와 제어 신호들의 논리 값들을 샘플링하는 동시에 '선입선출(first-in-first out: FIFO)' 메모리 내에 이 값들을 저장할 수 있다. 프로그램 내에서 데이터 획득에 관한 시작지점과 완료지점은 '트리거 단어(trigger word)'를 사용하여 선택된다. 이 분석기는 들어오는 데이터를 트리거 단어와 비교하여 이 단어가 프로그램 내에서 발생할 때 데이터 저장을 시작한다. 그러면 정해진 수의 클록 펄스 동안에만 데이터를 획득한다. 이 결과로 저장된 데이터는 이진수, 8진수, 10진수, 16진수의 형태로 화면에 표시되든지, 또 시간에 대한 파형으로 표시되든지, 아니면 연상기호로 표시된다.

16.5.2 체계적인 결함위치 방법

체계적인 결함위치 방법(systematic fault-location methods)에는 다음과 같은 것들이 있다.

1. 입력 대 출력(Input to output)

적합한 입력 신호를 시스템의 첫 번째 블록에 공급하여 첫 번째 블록부터 각 블록의 출력을 차례대로 측정하는데, 이 작업을 결함이 있는 블록을 발견할 때까지 수행한다.

2. 출력 대 입력(Output to input)

적합한 입력 신호를 시스템의 첫 번째 블록에 공급하여 마지막 블록부터 각 블록의 출력을 차례대로 측정하는데, 이 작업을 결함이 있는 블록을 발견할 때까지 수행한다.

3. 반 분할(Half-split)

적합한 입력 신호를 시스템의 첫 번째 블록에 공급한다. 시스템을 구성하는 블록들을 반으로 쪼개어 어느 쪽이 결함이 있는지 각각 검사한다. 이후 결함이 있는 블록을 다시 반으로 쪼개어 각각에 대한 검사를 수행한다. 이러한 과정을 반복한다.

16.5.3 자체 검사

마이크로프로세서 시스템에서는 기능들이 제대로 수행되고 있는가를 검사하기 위한 자체 검사(self-testing) 프로그램이 사용될 수 있다. 이러한 프로그램은 시스템 전원이 처음으로 온된 후 본 작업이 시작되기 전에 종종 수행된다. 예를 들어 프린터에는 제어회로 내에 마이크로프로세서를 장착하고 있는데, 일반적으로 ROM에 저장되어 있는 제어 프로그램은 테스트 프로그램을 포함한다. 처음에 스위치가 켜지면 테스트 루틴을 수행하고, 시스템에 결함이 없다는 것을 확인하기 전까지는 외부로부터 데이터를 받지 않는다.

기본적인 ROM 테스트 방법으로 조사합계 검사(checksum test)라는 방법이 있는데, 이 방법은 먼저 ROM의 각 위치에 저장된 모든 데이터 바이트의 합계를 구하고, 이를 이미 저장되어 있는 값과 비교하는 것이다. 이 비교 결과, 차이가 있으면 롬에 결함이 있다는 것이고, 반면에 같다면 결함이 없다는 것을 의미한다. 기본적인 램(RAM) 테스트 과정으로 체커 보드 검사(checker board test) 방법이 있는데, 이를 보면 다음과 같다. 먼저 55H와 AAH와 같이 인접한 비트가 모두 다른 논리값을 갖는 데이터 형식을 모든 메모리 위치에 저장한다. 그리고 나서 저장된 각 데이터들을 다시 읽어와 이 데이터들이 보낸 데이터와 일치하는가를 검사한다.

16.6 에뮬레이션과 시뮬레이션

에뮬레이터(emulator)는 마이크로컨트롤러와 그 프로그램을 검사하는 데 사용되는 검사 보드로서 다음과 같은 요소들로 구성된다.

1. 마이크로컨트롤러
2. 데이터와 프로그램 메모리로 사용되는 마이크로컨트롤러용 메모리칩
3. 테스트중인 시스템에 연결하는 입출력 포트
4. 컴퓨터로부터 프로그램 코드를 다운받을 수 있고 또한 프로그램 동작이 모니터링될 수 있는 통신 포트

프로그램 코드는 주 컴퓨터 내에 기록될 수 있는데, 이 프로그램은 직렬 또는 병렬연결을 통해 에뮬레이터 보드상의 메모리로 다운로드 될 수 있다. 그러면 마이크로컨트롤러는 이 프로그램이 자신의 내부 메모리에 보관하고 있었던 것처럼 동작한다. 그림 16.4는 이에 대한 일반적인 배치를

보인다.

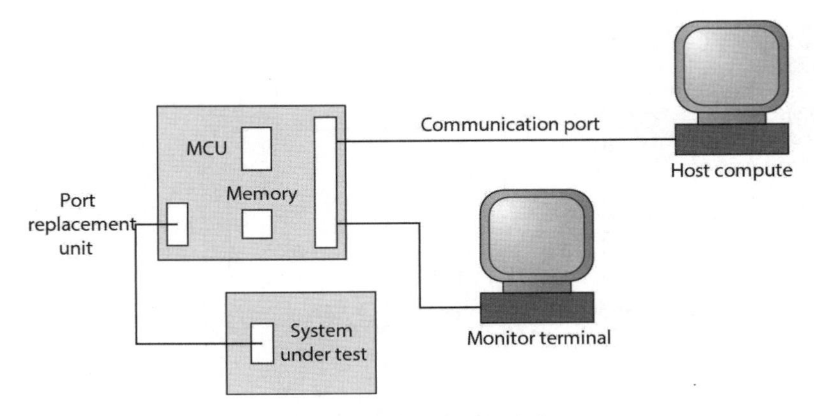

그림 16.4 에뮬레이터 배치

마이크로컨트롤러의 입출력 선들은 보드상의 입출력 포트를 통하여 테스트중인 시스템상의 플러그인(plug-in) 장치로 연결되어 있어, 마치 이 선들에 끼여 있는 마이크로컨트롤러를 갖고 있었던 것처럼 동작한다. 이 보드는 이미 모니터 시스템으로 프로그램 되어 있는데, 이 모니터 시스템에 의해 프로그램 동작이 모니터링될 수 있고, 또한 메모리 내용, 레지스터, 입출력 포트들이 검사되고 수정될 수 있다.

그림 16.5는 평가 보드(evaluation board)인 Motorola 사에서 제공하는 MC68HC11EVB의 기본적인 구성요소를 보인다. 이것은 버팔로(Bit User Fast Friendly Aid to Logical Operations: BUFFALO)라 불리는 모니터 프로그램을 사용한다. 여기서 8K EPROM에는 버팔로 모니터가 포함되어 있다. MC6850 비동기 전송 인터페이스 접속기(Asynchronous Communications Interface Adapter: ACIA)는 병렬과 직렬 선들을 인터페이스하는 데 사용된다(13.5절 참조). RS-232 인터페이스 일부분이 두 개의 직렬 포트와 함께 공급되는데, 이 직렬 포트들은 주 컴퓨터와 모니터링 터미널과의 연결을 위한 것이다.

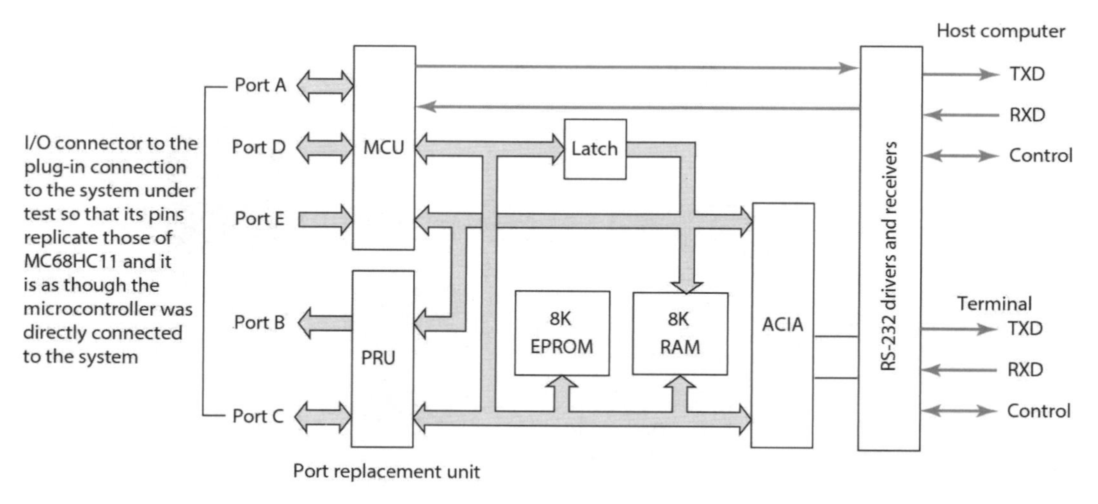

그림 16.5 MC68HC11EVB

16.6.1 시뮬레이션

실제 마이크로컨트롤러를 동작시켜 프로그램을 테스트하는 대신에 마이크로컨트롤러를 흉내내는 컴퓨터 프로그램을 동작시켜 프로그램을 테스트할 수 있다. 이러한 시뮬레이션은 프로그램 코드를 디버깅하는 데 많은 도움이 된다. 표시화면은 여러 개의 윈도우로 구분되어 있는데, 이 화면에서 실행되는 소스 코드, CPU 레지스터들과 플래그들의 상태, 입출력 포트, 레지스터와 타이머 그리고 메모리 상황 등과 같은 정보들이 표시된다.

16.7 PLC 시스템

프로그램 가능 논리제어기(PLC)는 신뢰성이 높다. PLC의 입출력 포트들은 광분리기(optoisolator)와 릴레이에 의해 높은 전압과 전류로부터 전기적으로 분리된다. 또한 배터리-백업 RAM은 정전이나 전기적 오류로부터 응용 소프트웨어를 보호한다. 그리고 구조가 잘 설계되어 있어 PLC는 현장 조건하에서 오랜 시간 동안 신뢰성 있게 동작할 수 있다. PLC는 일반적으로 여러 개의 검사 루틴을 내장하고 있다. 위험한 수준의 결함은 CPU 작동을 멈추게 하기도 하지만, 반면에 조금 덜한 결함에 대해서 CPU는 계속해서 동작하면서 화면상에 결함 코드를 표시한다. PLC 매뉴얼에는 결함 코드가 나타났을 때 필요한 조치사항이 나타나 있다.

16.7.1 프로그램 검사

소프트웨어 검사 프로그램은 사다리형 프로그램을 통하여 부정확한 장치 주소를 검사하고, 사용된 모든 입출력 점, 타이머와 카운터 내용, 즉 감지된 오류 등과 같은 여러 가지 목록을 화면상 또는 프린트용으로 표시한다. 그래서 이 과정은 다음과 같은 동작을 수행한다.

1. 관련된 사다리형 프로그램(ladder program)을 열고 이를 화면에 표시한다.
2. 화면상의 메뉴에서 사다리형 검사(Ladder Test)를 선택한다.
3. 이때 화면상에 다음과 같은 메시지가 나타날 수 있다. "프로그램을 처음부터 시작하겠습니까(Y/N)?"
4. 'Y'를 선택하고 엔터키를 누른다.
5. 이때 어떤 오류 메시지가 나타나거나 또는 '오류가 발견되지 않음'이라는 메시지가 표시된다.

예로서 프로그램 내에서 특정 출력 주소가 1회 이상 사용된다든지, 설정값이 없는 타이머와 카운터 그리고 리셋 없이 사용되는 카운터, END 명령어가 없음 등과 같은 메시지가 있을 수 있다. 이러한 검사의 결과에 의해 프로그램 변경이 필요하게 된다. 화면상의 메뉴에서 교환(Exchange)을 선택하고 화면상에 나타난 메시지에 따라 프로그램을 수정한다.

16.7.2 입력과 출력 검사

대부분의 PLC는 강제(forcing)라 불리는 기능을 이용하여 입출력을 검사하는 기능이 있으며, 소프트웨어에 의해 강제로 입출력을 온-오프시킬 수 있다. 이는 'force'라고 표시된 강제 입력을 줌으로써 그 입력에 따라 발생하는 결과를 검사할 수 있다. 이 기능에 의해 설치되어 있는 프로그램을 작동시킬 수 있고, 입출력을 시뮬레이션할 수 있어 이들과 미리 설정된 값들을 검사할 수 있다. 그러나 이 강제 모드를 수행하면 일부 하드웨어가 예상치 못한 위험한 방향으로 움직일 수 있으므로 주의를 요한다.

강제 모드에서 입력이 개방되거나 닫혀 있는 경우와 출력이 온-오프되었음에 대하여 이들이 화면에 표시되는 형태의 예를 그림 16.6에 보인다. 한편, 그림 16.7(a)는 선택된 사다리형 프로그램, 그림 16.7(b)는 강제 모드에서의 화면표시를 보인다. 그림 16.7(a)의 가로대 11의 의미는, X400, X401, M100 입력들은 온이지만 X402는 오프로 되어 있어 Y430의 출력은 없다는 것이다. 가로대 12에서는 타이머 T450 접점이 닫혀 있음을 보이고, 화면 아래부분에는 T450상에서 동작시키는 데 남아 있는 시간이 없다는 것을 표시한다. Y430 출력이 온되지 않았고, 이에 따라 Y430

접점이 열려 있기 때문에 Y431의 출력은 없다. 만일 강제로 X402의 출력을 온시키면 화면표시는 그림 16.9(b)에 보이는 것으로 바뀌는데, 이를 보면 Y430이 온되어 그 결과로 Y431도 온되어 있음을 알 수 있다.

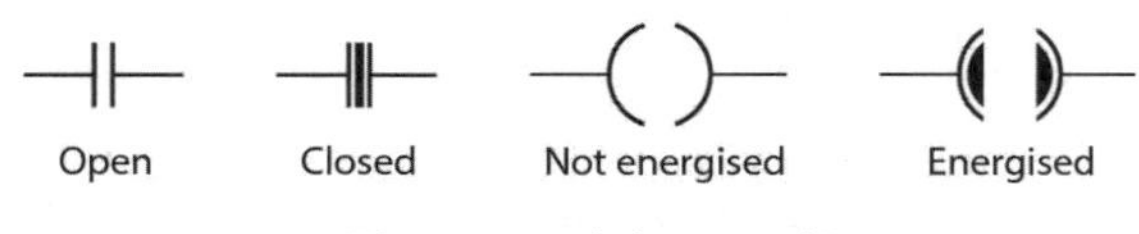

그림 16.6 모니터 모드 기호

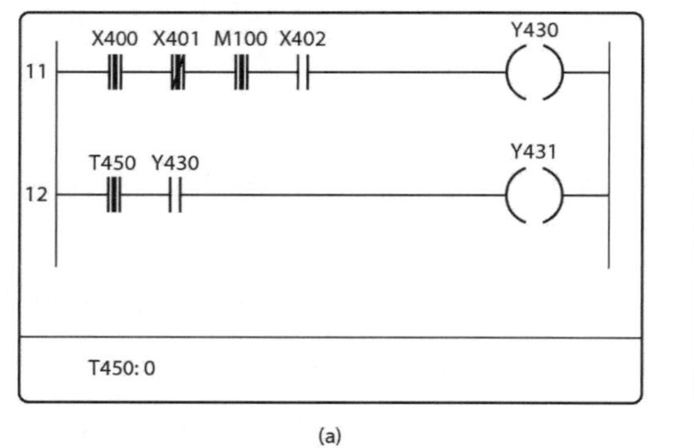

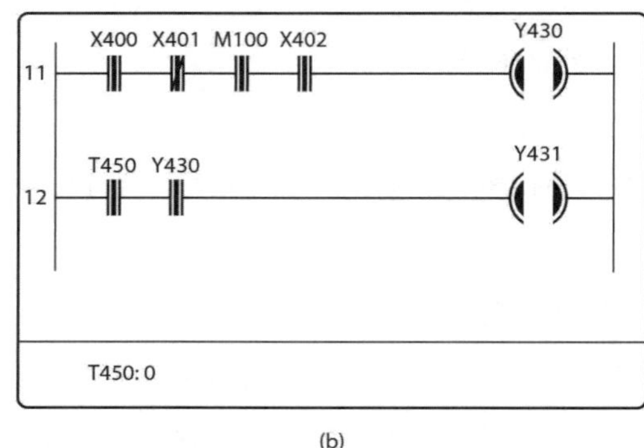

그림 16.7 강제 입력

16.7.3 시스템을 모니터하는 PLC

PLC는 제어하고 있는 시스템을 모니터링하는 데에도 사용될 수 있다. 만일 입력이 미리 정해 놓은 한계를 벗어난다면, 즉 어떤 함수보다 크거나 같거나 작은 것을 사용하든지 혹은 미리 정해진 시간보다 더 긴 시간이 걸리는 동작 등에 대하여 PLC는 경보음을 울리거나 적색 램프를 점등시키는 데 사용될 수 있다. 예로서 그림 16.1은 PLC의 사다리형 프로그램이 어떤 동작에 대하여 어떻게 감시 타이머로 사용되고 있는가를 보인다.

PLC 시스템의 상태 램프들은 이전의 과정을 수행하는 동안에 설정되었거나 또는 시스템이 고장 나서 정지한 상태의 출력을 표시하고 있는 경우가 많다. 이러한 문제점을 해결하기 위한 한 방법으로서, 프로그램에서 이 램프들에 대하여 한 출력이 발생하면 이에 해당하는 램프를 온시키고, 이와 동시에 그 전에 출력되어 있는 램프를 오프시키도록 할 수 있다. 그림 16.8은 이와 같은 예를 보인다.

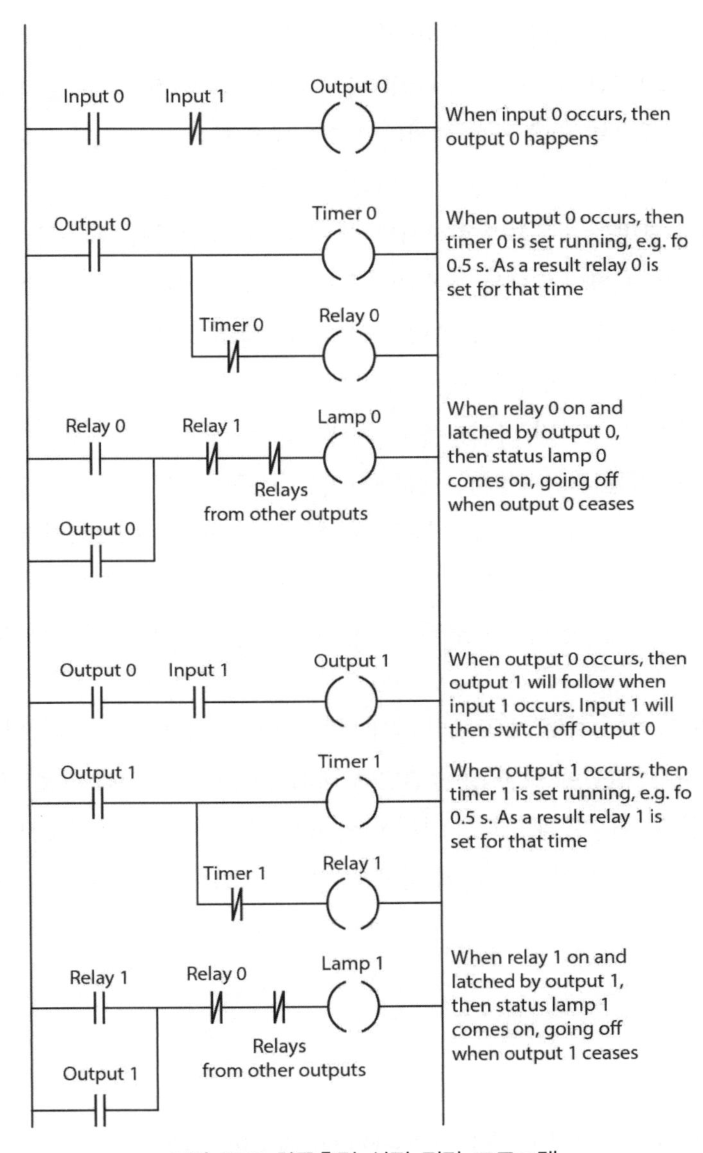

그림 16.8 최종출력 설정 진단 프로그램

요 약

결함을 감지하는 방법으로 중복 검사, 예상 값 검사, 시간측정 검사, 반전 검사, 패리티와 오류 부호화 검사 그리고 진단 검사가 이용된다.

감시 타이머(Watchdog timer)는 기본적으로 정해진 시간이 종료되기 전에 시스템에 의해 리셋(reset)되어야 하는 타이머이다. 이 타이머가 일정 시간 내에 리셋되지 않는다면 오류가 발생했다고 볼 수 있다. 패리티 검사(parity check)는 메시지에 임의의 추가 비트를 더하는 방법으로서, 비트 값이 1인 비트 개수를 세어 짝수 패리티인 경우에는 값이 1인 비트 개수를 짝수로 만들고 홀수 패리티의 경우에는 그 개수를 홀수로 만들도록 하였다. 오류 감지 성공률은 블록 패리티(block parity) 검사 방법을 이용하여 향상시킬 수 있다. 이 방법에서 메시지는 몇 개의 블록으로 나뉘어져 전송되고, 각 블록의 끝에는 블록 검사문자가 붙는다. 순환중복검사(Cyclic Redundancy Checking: CRC) 방식은 전송되어지는 이진수의 데이터를 모듈로 2(modulo-2) 연산을 이용하여 미리 정해진 수로 나눈다. 여기서 나눗셈의 나머지가 CRC 문자이고, 이는 데이터와 함께 전송된다. 만일 전송 오류가 없다면 나머지는 0이 된다.

마이크로프로세서 기반 시스템에서는 정확한 기능을 구현하기 위해 소프트웨어를 이용하여 자기 검사 프로그램을 구축할 수 있다. 에뮬레이터(emulator)는 마이크로컨트롤러와 그 프로그램을 검사하는 데 사용되는 검사 보드이다. 실제 마이크로컨트롤러를 동작시켜 프로그램을 테스트하는 대신에 마이크로컨트롤러를 시뮬레이션하는 컴퓨터 프로그램을 동작시켜 프로그램을 테스트할 수 있다.

PLC는 일반적으로 여러 개의 검사 루틴을 내장하고 있다. 위험한 수준의 결함은 CPU 작동을 멈추게 하기도 하지만, 반면에 조금 덜한 결함에 대해서 CPU는 계속해서 동작하면서 화면상에 결함 코드를 표시한다. 대부분의 PLC는 강제(forcing)라 불리는 기능을 이용하여 입출력을 검사하는 기능이 있으며, 소프트웨어에 의해 강제로 입출력을 온-오프시킬 수 있다.

연습문제

16.1 Explain what is meant by (a) replication checks, (b) expected value checks, (c) reversal checks, (d) parity checks.

16.2 Explain how a watchdog timer can be used with a PLC controlled plant in order to indicate the presence of faults.

16.3 Explain the function of COP in the microcontroller MC68HC11.

16.4 The F2 series Mitsubishi PLC is specified as having:
Diagnosis: Programmable check (sum, syntax, circuit check), watchdog timer, battery voltage, power suppply voltage Explain the significance of the terms.

16.5 Explain how self-testing can be used by a microprocessor-based system to check its ROM and RAM.

PART V
시스템 모델

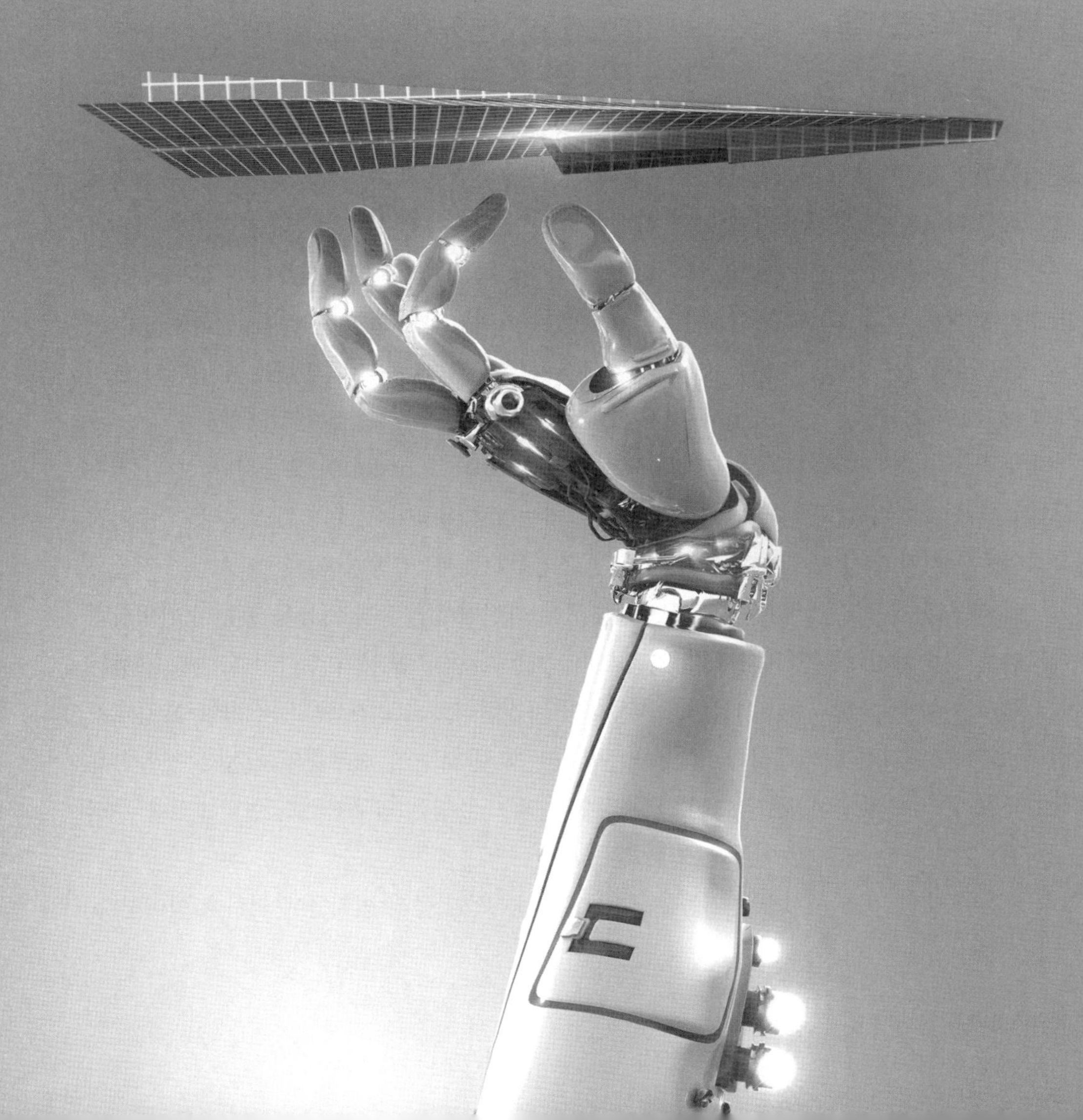

Chapter 17 기초 시스템 모델

목 표

학생들은 이 장을 학습하고 난 후 다음과 같은 능력을 갖는다.

- 시스템의 동작을 예측하는 데 있어서 모델링의 중요성을 설명할 수 있다.
- 기계, 전기, 유체, 온도 시스템의 기본 빌딩 블록들로부터 모델을 도출할 수 있다.
- 기계, 전기, 유체, 온도 시스템들 간의 상사성을 알아낼 수 있다.

17.1 수학적 모델

수학적 모델에 관하여 살펴보기 전에 다음의 상황을 고려해 보자. 만일 마이크로프로세서가 모터를 기동한다고 할 때, 모터의 회전이 시간에 따라 어떻게 변하는가? 그 속도는 최종속도로 즉시 도달하지 않고, 서서히 속도가 증가된 후에 그 속도에 도달하게 된다. 또 다른 상황을 생각해 보자. 수력 시스템은 원하는 수위만큼의 물을 저장하기 위해 탱크에 물을 넣을 수 있도록 하는 밸브를 여는 데 사용된다. 그러면, 그 수위는 시간에 따라 어떻게 변할까? 수위는 원하는 높이까지 바로 물이 채워지는 것이 아니라, 어느 정도 시간이 흐른 후에 우리가 원하는 수위까지 물이 채워지게 될 것이다.

시스템의 거동을 이해하기 위해서 **수학적 모델**(mathematical model)이 요구된다. 이러한 수학적 모델들도 시스템의 입출력 사이에 관계를 나타내는 방정식들이다. 어떠한 입력값이 주어지거나 특정 파라미터가 변할 때와 같이 특별한 전제 조건들하에서 이 방정식들은 시스템의 거동을 예측하는 데 사용된다. 시스템의 수학적 모델을 구하는 과정에서는 실제 거동을 충분히 반영함과 동시에 모델을 단순화시키는 것의 안배가 중요하다. 예를 들어 스프링의 수학적 모델을 구하는 과정에서 길이 변화 x는 힘 F에 비례, 즉 $F=kx$라 가정한다고 고려해 보자. 실제 스프링에서 힘과 길이 변화는 완벽하게 비례하지 않기 때문에 단순화된 모델이 스프링의 거동을 정확하게 예측하지 못할 수 있으며, 과다한 힘이 작용할 경우 실제 스프링은 영구적으로 변형되거나 부러질 수 있지만 단순화된 모델은 이를 예측할 수 없다.

수학적 모델에 대한 기초는 시스템 거동을 지배하는 기초적인 물리 법칙들에 의하여 얻어진다.

이 장에서는 기계, 전기, 열유체 등과 같은 다양한 예를 고려해 볼 것이다.

어린이들이 한 세트의 레고 블록으로 집, 자동차, 크레인 등을 만드는 것처럼, 시스템들도 기본적 빌딩 블록들로만 구성될 수 있다. 각각의 블록은 단일 특성(single property)이나 기능을 가지고 있다. 간단한 예를 들어 보면, 전기회로 시스템은 저항(resistor), 축전기(capacitor), 유도자(inductor)의 거동을 대표하는 빌딩 블록들로 구성된다. 저항 빌딩 블록은 순수하게 저항의 특성을 가지고 있다고 가정하고, 마찬가지로 축전기는 정전용량(capacitance)의 특성을, 유도자는 인덕턴스(inductance)의 특성만을 가지고 있다고 가정한다. 서로 다른 형태로 이러한 빌딩 블록들을 조합함으로써 다양한 전기회로 시스템이 구성될 수 있고, 전체 입출력 관계 또한 적절한 방법으로 빌딩 블록들에 대한 관계들을 조합함으로써 얻을 수 있다. 그래서 시스템의 수학적 모델을 얻을 수 있게 된다. 이러한 방법으로 만들어진 시스템을 **집중상수 시스템(lumped parameter system)**이라고 한다. 이것은 각각의 상수, 즉 특성 또는 기능이 독립적으로 고려되기 때문이다.

기계, 전기, 열유체 시스템들에서 사용되는 빌딩 블록들의 거동에서는 유사점들이 존재함을 알 수 있다. 이 장은 주로 기본적인 빌딩 블록들과 실제의 물리적 시스템에 대한 수학적 모델을 구하기 위해 이 블록들을 조합하는 것에 대해 기술하고 있다. 18장에서는 더 복잡한 모델들을 다루게 된다. 수학적 모델은 단지 시스템 설계를 보조하는 용도로 쓰이며, 실제 시스템은 많은 경우 비선형성을 가지고 이 장에서 다루는 이상적 모델과 다르게 행동할 수 있다는 것을 염두에 두어야 한다. 이에 대한 논의는 18장에서 다루기로 한다.

더 자세한 내용은 J. Lowen Shearer과 Bohdan T. Kulakowski의 Dynamic Modelling and Control of Engineering Systems(Prentice-Hall 1997)와 C. Frederick의 Modelling and Analysis of Dynamic Systems(Houghton Mifflin 1993)를 참조하기 바란다.

17.2 기계 시스템 빌딩 블록

기계 시스템을 대표하는 모델들은 스프링, 완충기(dashpot), 질량들의 기초적인 빌딩 블록들을 가지고 있다. **스프링**은 시스템의 강성을, **완충기**는 마찰이나 감쇠(damping)와 같은 운동에 대한 반력을, 그리고 **질량(mass)**은 가속도에 대한 저항이나 관성을 의미한다(그림 17.1). 기계 시스템을 표현하고 해석할 때 실제 스프링, 완충기, 질량으로만 구성하는 것이 중요한 게 아니고, 강성, 감쇠, 관성과 같은 특성을 가지고 있어야 한다. 이러한 모든 빌딩 블록들은 힘을 입력으로 변위를 출력으로 표현될 수 있다.

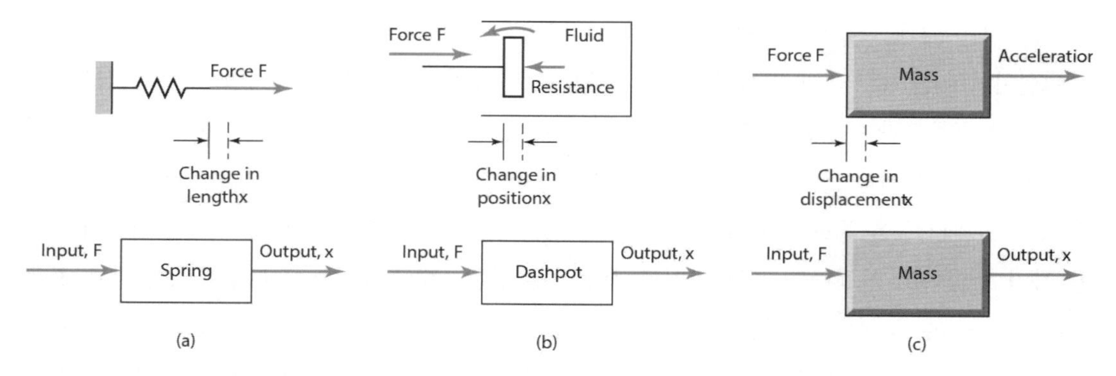

그림 17.1 기계 시스템: (a) 스프링, (b) 완충기, (c) 질량

스프링(spring) 강성은 그림 17.1(a)와 같이 스프링을 신축하는 힘 F와 변형된 변위 x 사이의 관계로 표현된다. 선형 스프링과 같이 스프링의 변형이 가해진 힘에 비례할 경우 다음과 같이 스프링을 표현할 수 있다.

$$F = kx$$

여기서 k는 상수이고, k의 값이 커질수록 스프링을 늘이고 줄이는 데 소요되는 힘 또한 더 커지게 되며 강성(stiffness)이 크다고 말한다. 작용 반작용에 관한 뉴턴의 제3법칙을 적용하면 스프링에 물체를 매달았을 때 스프링을 늘인 만큼의 힘이 물체에 작용되어 물체가 움직인다. 이 힘은 반작용으로서 스프링을 늘인 반대방향으로 작용할 것이다. 그리고 스프링을 늘린 힘은 kx가 될 것이다.

완충기(dashpot) 빌딩 블록은 우리가 유체 속에서 물체를 움직여 볼 때나 마찰을 받는 물체를 움직이려 할 때 경험된 힘의 형태로 연상할 수 있다. 물체를 더 빨리 움직일수록, 반력이 더 커진다. 그림 17.1(b)와 같이 완충기는 밀폐된 실린더 속을 움직이는 피스톤이며 유체를 채워 넣어 피스톤의 운동에 대한 감쇠 특성을 갖게 한 장치이다. 피스톤이 움직이면 채워진 유체가 필연적으로 좁은 틈새로 빠져나가야 하므로 이 흐름이 저항력을 만들게 되며 감쇠 특성을 갖게 한다. 이상적인 경우, 감쇠 또는 저항력 F는 속도 v에 비례한다.

$$F = cv$$

여기서 c는 상수이다. c의 값이 클수록 어떤 속도에 대한 저항력도 커지게 된다. 속도가 피스톤의 변위 x의 변화율(즉, $v = dx/dt$)이기 때문에 다음과 같은 표현이 가능하다.

$$F = c\frac{dx}{dt}$$

그러므로 입력으로서 힘과 출력으로서 피스톤의 변위 x 사이의 관계는 출력의 시간변화율에 의해 결정된다고 볼 수 있다.

그림 17.1(c)와 같이 질량(mass) 빌딩 블록은 질량이 클수록 특정 가속도를 주는 데 필요한 힘이 커지는 관계를 가지고 있다. 뉴턴의 제2법칙을 적용해 보면 힘 F와 가속도 a 사이의 관계는 $F = ma$가 된다. 여기서, 힘과 가속도 사이의 비례상수는 질량 m이 된다. 가속도는 속도의 변화율(dv/dt)이며 속도 v는 변위의 변화율(dx/dt)이다. 그러므로

$$F = ma = m\frac{dv}{dt} = m\frac{d(dx/dt)}{dt} = m\frac{d^2x}{dt^2}$$

에너지는 스프링을 늘리고, 질량을 가속하고, 완충기에서 피스톤을 움직이는 데 필요하다. 하지만 질량과 스프링의 경우에 에너지를 다시 얻을 수 있지만, 완충기에서 에너지는 소모되어 없어진다. 스프링은 늘어날 때 에너지가 저장되고, 스프링이 다시 원래의 길이로 복원될 때 에너지가 방출된다. 늘어난 변위 x가 존재할 때, 저장된 에너지는 $0.5kx^2$이다. 그리고 $F = kx$이므로, 에너지는 다음과 같이 표현될 수 있다.

$$E = \frac{1}{2}\frac{F^2}{k}$$

어떤 물체가 속도 v로 움직일 때, 이 질량에 운동 에너지라는 형태로 에너지가 저장된다. 이 에너지는 정지할 때 방출된다.

$$E = \frac{1}{2}mv^2$$

하지만 완충기는 에너지가 저장되지 않고 열이나 소음으로 소모된다. 완충기는 힘 입력이 없을 때 원래의 위치로 되돌아가지 않는다. 속도 v에 의해 없어진 동력(power) P는 다음과 같이 표현된다.

$$P = cv^2$$

17.2.1 회전 시스템

스프링, 완충기, 질량은 회전운동이 없는 힘과 직선변위들이 포함된 기계 시스템의 빌딩 블록들이다. 회전운동에 대해서는 이 3개의 빌딩 블록들을 동등한 **비틀림 스프링(torsional spring), 회전 완충기, 관성 모멘트**로 바꾸면 된다. 그런 빌딩 블록들과 함께, 입력은 힘이 토크로 출력은 변위가 회전 각도로 바뀌면 된다. 비틀림 스프링에서 회전각 θ는 토크 T에 비례한다.

$$T = k\theta$$

회전 완충기(rotary damper)는 디스크가 유체 속에서 회전되는 형태이며, 그 저항 토크 T는 각속도 ω에 비례한다. 각속도가 각도변화율$(d\theta/dt)$이기 때문이다.

$$T = c\omega = c\frac{d\theta}{dt}$$

관성 모멘트(moment of inertia) 빌딩 블록은 관성 모멘트 I가 커질수록, 각 가속도 α를 만드는 데 필요한 토크도 커진다는 특성을 가지고 있다.

$$T = I\alpha$$

각 가속도는 각속도의 시간변화율$(d\omega/dt)$이고, 각속도는 각변위의 시간변화율이기 때문에

$$T = I\frac{d\omega}{dt} = I\frac{d(d\theta/dt)}{dt} = I\frac{d^2\theta}{dt^2}$$

비틀림 스프링과 회전하는 질량은 에너지를 저장한다. 그러나 회전 완충기는 단지 에너지를 소모한다. 비틀림 스프링이 각도 θ만큼 회전할 때, 저장된 에너지는 $0.5k\theta^2$이고, $T = k\theta$이므로 다음과 같이 표현될 수 있다.

$$E = \frac{1}{2}\frac{T^2}{k}$$

각속도 ω로 회전하는 질량에 의해 저장된 에너지는 운동에너지 E이고, 다음과 같이 표현된다.

$$E = \frac{1}{2}I\omega^2$$

각속도 ω로 회전할 때, 회전 완충기에 의해 소모된 동력 P는 다음과 같다.

$$P = c\omega^2$$

표 17.1은 직선 변위의 경우, 입력으로서 힘 F, 출력으로서 변위 x 그리고 회전 변위의 경우, 토크 T와 각변위 θ라고 할 때, 기계 빌딩 블록들의 특성을 나타내는 방정식들을 요약하고 있다.

표 17.1 기계 빌딩 블록

빌딩 블록	표현식	저장된 에너지 또는 소모된 에너지
선형		
스프링	$F = kx$	$E = \frac{1}{2}\frac{F^2}{k}$
완충기	$F = c\frac{dx}{dt} = cv$	$P = cv^2$
질량	$F = m\frac{d^2x}{dt^2} = m\frac{dv}{dt}$	$E = \frac{1}{2}mv^2$
회전		
스프링	$T = k\theta$	$E = \frac{1}{2}\frac{T^2}{k}$
회전 완충기	$T = c\frac{d\theta}{dt} = c\omega$	$P = c\omega^2$
관성 모멘트	$T = I\frac{d^2\theta}{dt^2} = I\frac{d\omega}{dt}$	$E = \frac{1}{2}I\omega^2$

17.2.2 기계 시스템 구축

그림 17.2(a)에서 보는 것과 같이 많은 기계 시스템들을 기본적으로 질량, 스프링, 완충기의 조합으로 표현할 수 있으며, 그림 17.2(b)와 같이 힘 F 입력과 변위 x 출력을 가진다. 시스템에

대한 힘과 변위 사이의 관계를 평가하기 위해서 질량과 그 질량에 작용하는 힘들을 고려하면 된다. 그림 17.2(c)와 같이 질량과 그 질량에 작용하는 힘을 표현하는 그림을 **자유물체도(free-body diagram)**라 한다.

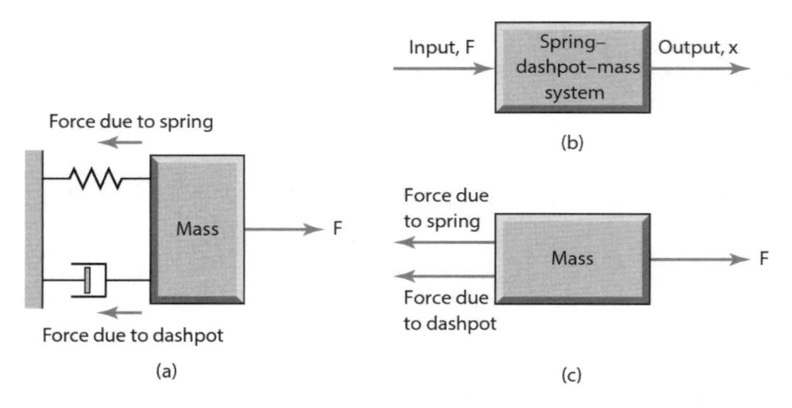

그림 17.2 (a) 스프링–완충기–질량, (b) 시스템, (c) 자유물체도

몇 개의 힘들이 몸체에 동시에 작용할 때, 그 힘들의 벡터합에 의해 1개의 힘으로 표현할 수 있다. 만약 힘들이 모두 같은 선상이나 평행한 라인을 따라 작용한다면, 벡터합에 의한 총 합력은 단순 대수합(algebraic sum)이 된다. 그림 17.2(c)와 같은 시스템의 경우 질량 블록에 작용하는 힘들은 외력 F에서 스프링력을 빼고, 완충기로부터의 힘도 빼야 한다.

$$\text{질량 } m\text{에 작용하는 총 합력} = F - kx - cv$$

여기서, v는 완충기에서 피스톤과 질량이 움직이는 속도다. 이 작용력이 질량을 가속하는 데 사용된다. 그러므로

$$\text{질량 } m\text{에 작용하는 총 합력} = ma$$

그래서

$$F - kx - c\frac{dx}{dt} = m\frac{d^2x}{dt^2}$$

또는 다시 정리하면

$$m\frac{d^2x}{dt^2}+c\frac{dx}{dt}+kx=F$$

미분방정식(differential equation)이라 불리는 이 식은 시스템에 대한 입력인 외력 F와 출력인 변위 x 사이의 관계를 나타낸다. d^2x/dt^2항 때문에, 2차(second order) 미분방정식이다. 1차 미분방정식은 오직 dx/dt항만 있다.

스프링, 완충기, 질량 블록의 적절한 조합으로 구축될 수 있는 시스템들은 이 외에도 많이 있다. 그림 17.3은 이에 대한 예를 보인다.

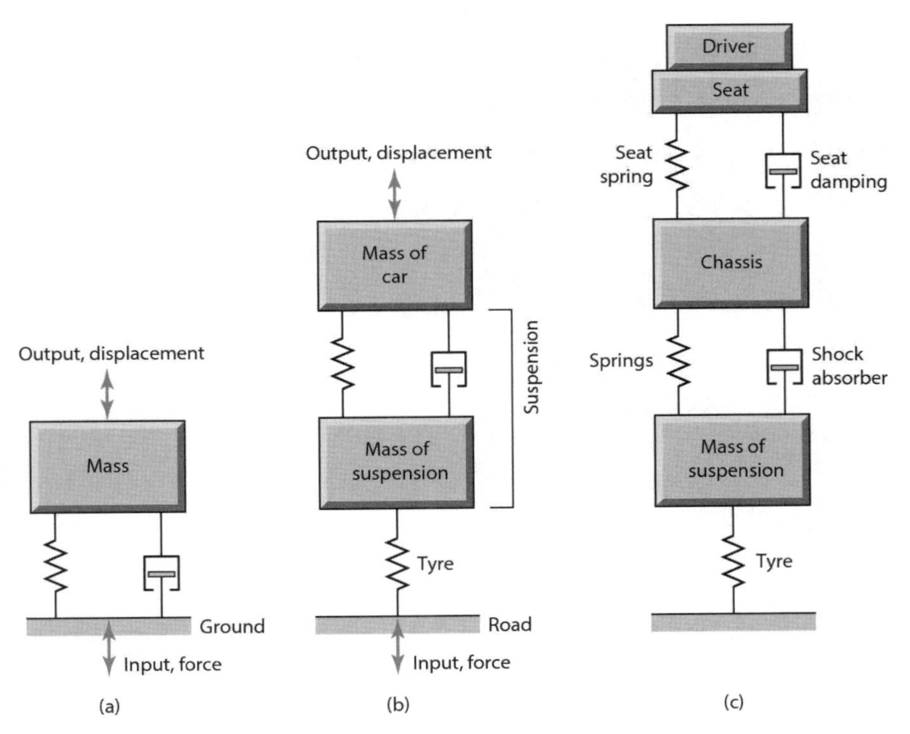

그림 17.3 (a) 지면에 고정된 기계 모델, (b) 도로 위의 바퀴 이동에 따른 차량의 섀시 모델, (c) 도로 위를 주행하는 차량 운전자 모델

그림 17.3(a)는 지면에 고정된 기계 모델이며, 지면의 외란(disturbance)에 대한 기계 베드의 영향을 연구하는 기초가 될 수 있다. 그림 17.3(b)는 자동차나 트럭의 바퀴와 현가장치(suspension)에 대한 모델이다. 이것은 비포장도로 위를 운전할 때 차량의 거동에 대한 연구에 사용될 수

있다. 또한 차량 현가장치설계에 대한 도구로서 사용될 수 있다. 그림 17.3(c)는 도로를 주행하는 운전자의 거동을 예측하기 위한 모델이다. 이 모델에 대한 해석도 단순히 스프링-완충기-질량 모델을 적용하면 된다. 각 질량에 대하여 독립적으로 자유물체도를 그리고 그 질량에 작용하는 힘들을 독립적으로 표시한다. 각 질량에 작용하는 힘의 합력은 질량과 그 가속도의 곱과 같다는 사실을 이용하여 미분방정식을 구한다.

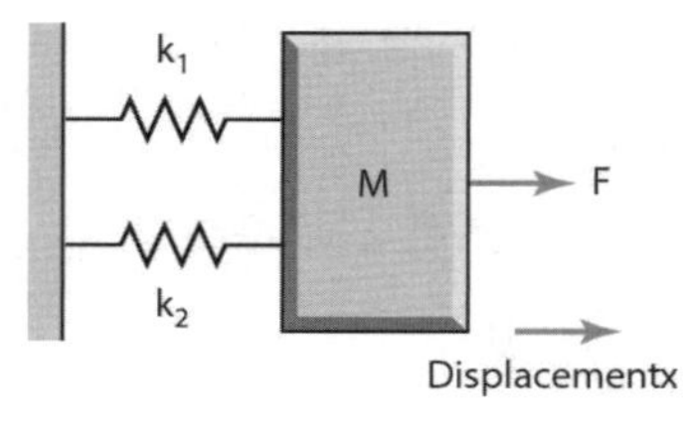

그림 17.4 예제

앞선 시스템들의 이해를 도모하기 위하여 다음 예제를 통하여 방정식 유도를 자세히 살펴보자. 그림 17.4와 같은 시스템에 대하여 힘 F를 입력, 변위 x를 출력으로 하는 미분방정식을 유도하라.

질량에 작용하는 합력은 F에서 두 스프링에 의한 반발력 k_1x와 k_2x를 뺀 것이다.

$$합력 = F - k_1x - k_2x$$

이 합력이 질량을 가속하므로,

$$합력 = m\frac{d^2x}{dt^2}$$

따라서

$$m\frac{d^2x}{dt^2} + (k_1 + k_2)x = F$$

다수의 요소로 구성된 기계 시스템의 입출력 미분방정식은 다음과 같이 구할 수 있다.

1. 시스템 내 요소들을 분리하고, 각 요소의 자유물체도를 그린다.

2. 각 요소에 주어지는 힘에 대한 모델링 방정식을 구한다.
3. 각 시스템 요소의 방정식을 조합하여 시스템 전체의 미분방정식을 구한다.

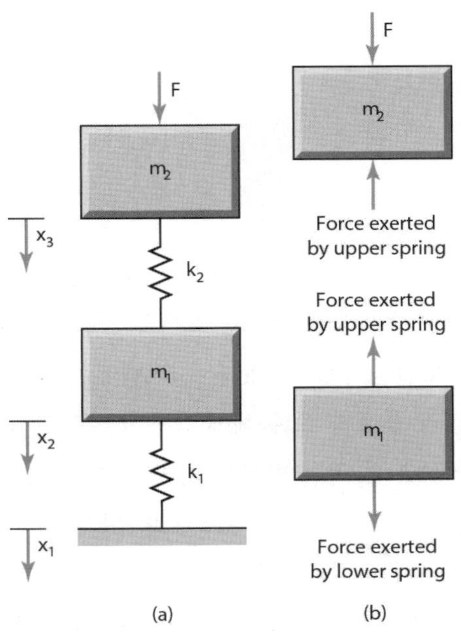

그림 17.5 질량-스프링 시스템

힘 F가 작용할 때 그림 17.5(a)에서 질량 m_1의 움직임을 나타내는 미분방정식을 유도하라. 그림 17.5(b)의 자유물체도를 살펴보자. 질량 m_2에 대해, 힘 F와 위 스프링의 반발력이 가해진다. 위 스프링이 $(x_2 - x_3)$만큼 늘어나므로 반발력은 $k_2(x_3 - x_2)$이다. 그러므로 질량에 작용하는 힘은

$$\text{합력} = F - k_2(x_3 - x_2)$$

이 힘은 질량을 가속하게 할 것이므로,

$$F - k_2(x_3 - x_2) = m_2 \frac{d^2 x_3}{dt^2}$$

질량 m_1에 대한 자유물체도에서, 위 스프링에 의한 힘은 $k_2(x_3 - x_2)$이고 아래 스프링에 의한

힘은 $k_1(x_1 - x_2)$이다. 그러므로 질량에 작용하는 힘은

$$\text{작용력} = k_1(x_2 - x_1) - k_2(x_3 - x_2)$$

이 힘은 질량을 가속하게 하므로,

$$k_1(x_2 - x_1) - k_2(x_3 - x_2) = m_1 \frac{d^2 x_2}{dt}$$

이 시스템의 두 개 질량의 거동들을 표현하는 2개의 2차 미분방정식을 얻었다.

회전 시스템에서도 유사한 모델을 구할 수 있다. 시스템에 대한 토크와 각 변위 사이의 관계를 구하는 과정은 하나의 회전질량 블록과 그 몸체에 작용하는 토크들을 고려하면 된다. 회전체에 몇 개의 토크들이 동시에 작용할 때 회전 방향에 따라 부호를 정한 토크들의 합으로써 결과를 구할 수 있다. 그림 17.6(a)는 축의 끝에 장착된 디스크와 여기에 작용하는 토크를 포함하는 시스템이고 그림 17.6(b)는 이 시스템을 빌딩 블록들로서 표현한 것이다. 이것은 선형변위에 대해 정의된 그림 17.2 시스템과 동등하며 다음과 같이 유사한 미분방정식이 유도된다.

$$I \frac{d^2\theta}{dt^2} + c \frac{d\theta}{dt} + k\theta = T$$

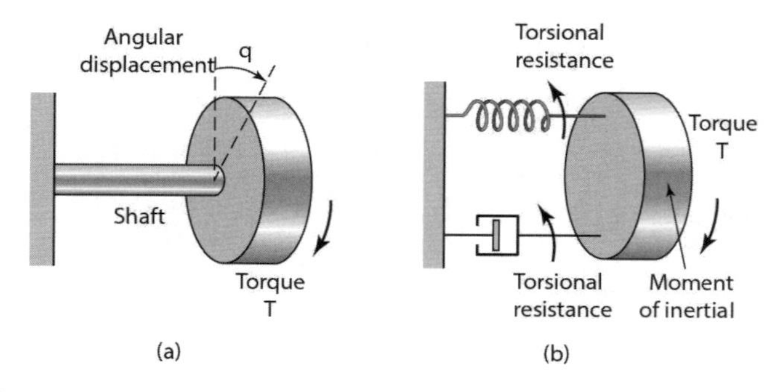

그림 17.6 축의 끝에 장착된 질량 회전 (a) 물리적 환경, (b) 빌딩 블록 모델

기어열(gear trains)을 사용하여 부하를 회전시키는 모터는 다양한 제어 시스템에 사용된다. 그림 17.7은 이러한 시스템의 간단한 모델을 보여 준다. 이 모델에서 잇수 n_1개, 반경 r_1, 관성 모멘트 I_1를 갖는 기어 1과 잇수 n_2개, 반경 r_2 관성 모멘트 I_2를 갖는 기어 2가 서로 기어로

연결되어 있다. 이때 기어의 관성 모멘트와 회전 댐핑(rotational damping)은 무시할 정도로 작다고 가정한다.

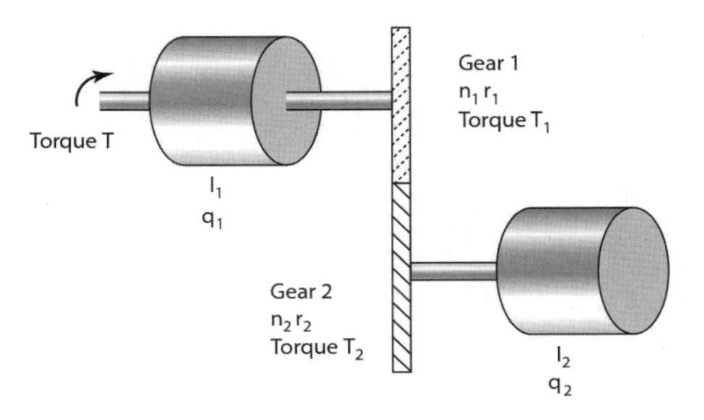

그림 17.7 기어열 시스템

기어 1이 각 θ_1만큼 회전할 때 기어 2가 각 θ_1만큼 회전한다면

$$r_1\theta_1 = r_2\theta_2$$

기어 잇수의 비율은 기어 반경의 비율과 같다.

$$\frac{r_1}{r_2} = \frac{n_1}{n_2} = n$$

시스템에 토크 T와 기어 1에 토크 T_1가 작용하면 총 토크는 $T - T_1$이므로

$$T - T_1 = I_1\frac{d^2\theta}{dt^2}$$

기어 2에 T_2가 작용하면

$$T_2 = I_2\frac{d^2\theta}{dt^2}$$

토크와 각속도의 곱인 동력이 기어 1에서 기어 2로 전달되는 과정에서 에너지 손실이 없다고 가정하면,

$$T_1 \frac{d\theta_1}{dt} = T_2 \frac{d\theta_2}{dt}$$

$r_1\theta_1 = r_2\theta_2$ 이기 때문에

$$r_1 \frac{d\theta_1}{dt} = r_2 \frac{d\theta_2}{dt}$$

이며, 그러므로

$$\frac{T_1}{T_2} = \frac{r_1}{r_2} = n$$

이를 다음과 같이 정리할 수 있다.

$$T - T_1 = T - nT_2 = T - n\left(I_2 \frac{d^2\theta_2}{dt^2}\right)$$

이므로

$$T - n\left(I_2 \frac{d^2\theta_2}{dt^2}\right) = I_1 \frac{d^2\theta_1}{dt^2}$$

$\theta_2 = n\theta_1, d\theta_2/dt = nd\theta_1/dt, d^2\theta_2/dt^2 = nd^2\theta_1/dt^2$ 이기 때문에

$$T - n^2\left(I_2 \frac{d^2\theta_1}{dt^2}\right) = I_1 \frac{d^2\theta_1}{dt^2}$$

$$(I_1 + n^2 I_2)\frac{d^2\theta_1}{dt^2} = T$$

이를 기어열을 쓰지 않고 간단하게 만들면,

$$I_1 \frac{d^2\theta_1}{dt^2} = T$$

이렇게 하여 부하의 관성 모멘트는 기어열 반대편으로 추가 관성 모멘트 $n^2 I_2$의 형태로 되돌아 온다.

17.3 전기 시스템 빌딩 블록

전기 시스템의 기본적 빌딩 블록은 유도자, 축전기, 저항이다(그림 17.8).

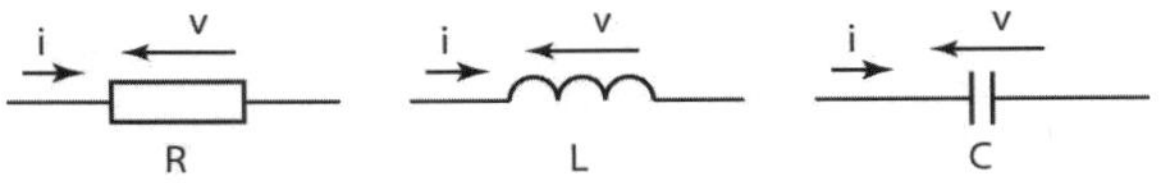

그림 17.8 메전기 빌딩 블록

유도자(inductor)의 경우 유도자 양단의 전위차 v는 유도자를 통하여 흐르는 전류의 시간변화율(di/dt)에 비례한다.

$$v = L\frac{di}{dt}$$

여기서 L은 인덕턴스다. 역기전력(back e.m.f.)이라는 말이 의미하듯이 유도자에 유도된 전위의 반향은 전류를 흘리기 위하여 인가된 전위의 반대 방향이 된다. 방정식은 다음과 같이 전개될 수 있다.

$$i = \frac{1}{L}\int v dt$$

축전기(capacitor)의 경우 축전기 양단의 전위차는 축전기판의 모여진 총 전하량 q에 비례한다.

$$v = \frac{q}{C}$$

여기서, C는 정전용량이다. 축전기로 들어오고 나가는 전류 i는 전하가 축전기판으로 들어오고 나가는 전하의 시간변화율 $i = dq/dt$이기 때문에 축전기판에 총 전하량 q는 다음과 같다.

$$q = \int i dt$$

그러므로

$$v = \frac{1}{C}\int i dt$$

다른 방법으로, $v = q/C$이기 때문에

$$\frac{dv}{dt} = \frac{1}{C}\frac{dq}{dt} = \frac{1}{C}i$$

따라서

$$i = C\frac{dv}{dt}$$

저항(resistor)의 경우 어느 순간에 저항 양단에 걸리는 전위차 v는 저항을 통해 흐르는 전류에 비례한다.

$$v = Ri$$

여기서, R은 저항이다.

유도자와 축전기는 나중에 전기 에너지를 저장할 수 있으나 저항은 에너지를 저장할 수 없고 단지 소모할 수 있는 소자이다. 전류 i가 흐를 때 유도자에 의해 저장된 에너지는 다음과 같다.

$$E = \frac{1}{2}Li^2$$

축전기 양단에 전위차 v가 인가됐을 경우 축전기에 의해 저장된 에너지는 다음과 같다.

$$E = \frac{1}{2}Cv^2$$

저항 양단에 전위차 v가 인가됐을 경우 저항에 의해 소비된 동력 P는 다음과 같다.

$$P = iv = \frac{v^2}{R}$$

표 17.2는 입력이 전류이고, 출력이 전위차일 때, 전기 빌딩 블록을 표현하는 방정식을 요약해 나열한 것이다. 기계 시스템 빌딩 블록을 나타내는 표 17.1의 방정식들과 비교해 보라.

표 17.2 전기 빌딩 블록

빌딩 블록	표현식	저장된 에너지 또는 소모된 에너지
유도자	$i = \frac{1}{L}\int v dt$ $v = L\frac{di}{dt}$	$E = \frac{1}{2}Li^2$
축전기	$i = C\frac{dv}{dt}$	$E = \frac{1}{2}Cv^2$
저항	$i = \frac{v}{R}$	$P = \frac{v^2}{R}$

17.3.1 전기 시스템에 대한 모델 구축

기본 전기 빌딩 블록의 결합을 나타내는 방정식이 **키르히호프 법칙**(Kirchhoff's law)이다. 이것들은 다음과 같이 표현될 수 있다.

법칙 1: 연결점으로 들어오는 총 전류는 그 연결점으로부터 나오는 총 전류와 같다. 즉, 연결점에서 전류의 대수합은 0이다.

법칙 2: 폐회로나 폐루프에서 회로의 각 부분의 전위차의 대수합은 적용된 기전력(e.m.f.)과 같다.

이제 그림 17.9에 보이는 것처럼 저항과 축전기가 직렬로 구성된 단순한 전기 시스템을 고려해 보자. 회로 루프에 대한 Kirchhoff의 제2법칙을 적용하면,

$$v = v_R + v_C$$

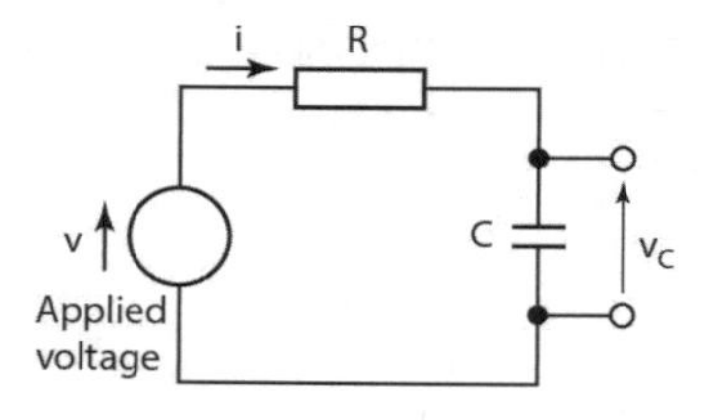

그림 17.9 저항–축전기 시스템

여기서 v_R은 저항 양단의 전위차이고, v_C는 축전기 양단의 전위차이다. 회로 요소들을 통해 흐르는 전류 i는 단일 루프이기 때문에 모두 같다. 만일 출력을 축전기 양단의 전위차 v_C라 하면, $v_R = iR$이고, $i = C(dv_C/dt)$이므로

$$v = RC\frac{dv_C}{dt} + v_C$$

이다. 이 식은 출력 v_C와 입력 v 사이의 관계를 규정하는 1차 미분방정식이 된다.

그림 17.10은 저항–유도자–축전기 시스템을 보여 준다. 만약 Kirchhoff의 제2법칙을 이 회로의 루프에 적용하면,

$$v = v_R + v_L + v_C$$

가 된다. 여기서 v_R은 저항에 걸리는 전위차이고, v_L은 유도자에 걸리는 전위차, v_C는 축전기에 걸리는 전위차이다. 하나의 루프만 존재하기 때문에 전류 i는 모든 회로 요소들에 똑같이 흐를 것이다. 축전기에 걸리는 전위차를 출력이라고 하면, $vR = iR$이고 $v_L = L(di/dt)$이므로 다음 식이 유도된다.

$$v = iR + L\frac{di}{dt} + v_C$$

이때 $i = C(dv_C/dt)$이므로

$$\frac{di}{dt} = C\frac{d(dv_C/dt)}{dt} = C\frac{d^2v_C}{dt^2}$$

이고, 따라서

$$v = RC\frac{dv_C}{dt} + LC\frac{d^2v_C}{dt^2} + v_C$$

이것은 출력 v_C에 대한 2차 미분방정식이다.

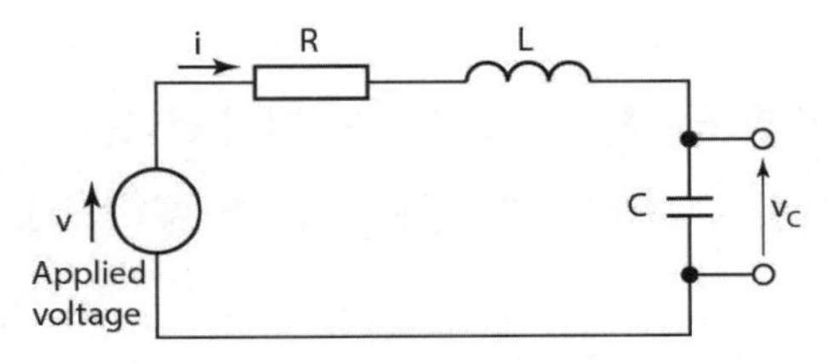

그림 17.10 저항-유도자-축전기 시스템

그림 17.11의 회로에서 유도자 양단의 전위차 v_L을 출력, v를 입력이라 할 때 이들의 관계를 유도하려 한다. 회로 루프에 Kirchhoff의 제2법칙을 적용하면 다음과 같다.

$$v = v_R + v_L$$

여기서 v_L은 저항 R에 걸리는 전위차이고, v_L은 유도자에 걸리는 전위차이다. $v_R = iR$이기 때문에

$$v = iR + v_L$$

이고

$$i = \frac{1}{L}\int v_L dt$$

이므로, 입출력 관계는 다음 식으로 표현된다.

$$v = \frac{R}{L}\int v_L dt + v_L$$

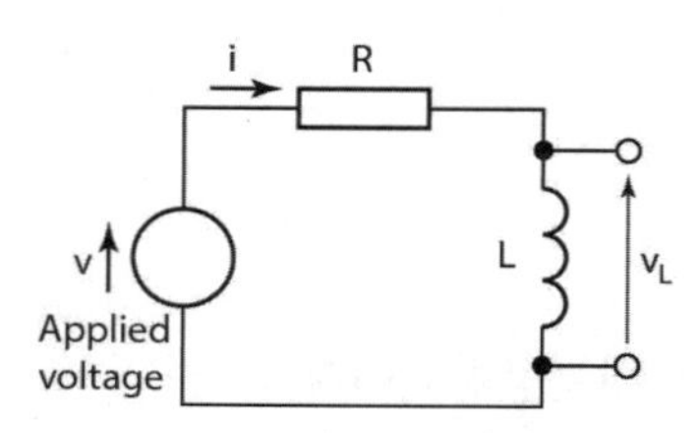

그림 17.11 저항–유도자 시스템

또 다른 예로서 그림 17.12의 회로를 살펴보면, 축전기에 걸리는 전위차 v_C를 출력 v를 입력으로 할 때 이들 사이의 관계를 유도하려 한다. Kirchhoff 제1법칙을 노드 A에 적용하면,

$$i_1 = i_2 + i_3$$

이고, 이때

$$i_1 = \frac{v - v_A}{R}$$

$$i_2 = \frac{1}{L}\int v_A dt$$

$$i_3 = C\frac{dv_A}{dt}$$

이므로

$$\frac{v-v_A}{R}=\frac{1}{L}\int v_A dt+C\frac{dv_A}{dt}$$

그런데 $v_C = v_A$ 이므로 다시 정리하면,

$$v=RC\frac{dv_C}{dt}+v_C+\frac{R}{L}\int v_C dt$$

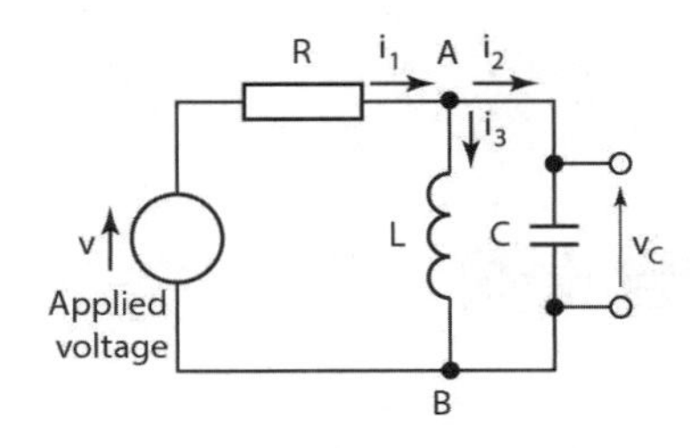

그림 17.12 저항-축전기-유도자 시스템

17.3.2 전기와 기계의 상사성(Analogies)

전기와 기계 시스템에 대한 빌딩 블록들은 많은 유사점을 가지고 있다(그림 17.13). 예를 들면, 전기저항은 에너지를 저장하지 않고 소모하며 소모 파워 P는 저항에 흐르는 전류를 $i=v/R$이라 할 때 $P=v^2/R$으로 표현된다. 기계적 시스템에서 저항과 유사한 것은 완충기이다. 이것도 저항처럼 에너지를 저장하지 않고 $F=cv$에 의한 속도 v에 비례하는 힘 F에 의하여 에너지가 소비된다. 이 소모 동력 P는 $P=cv^2$에 의해 구해진다. 이 두 식은 서로 유사한 형태를 가지며 서로 비교해 보면 전류는 힘과 유사한 것으로 알 수 있다. 마찬가지로, 전위차는 속도와 완충기 상수 c는 저항의 역($1/R$)과 유사하게 대응시킬 수 있다. 전류와 힘, 전위차와 속도 사이의 이러한 유사성을 대비시키면 인덕턴스는 스프링, 정전용량은 질량으로 간주할 수 있게 한다.

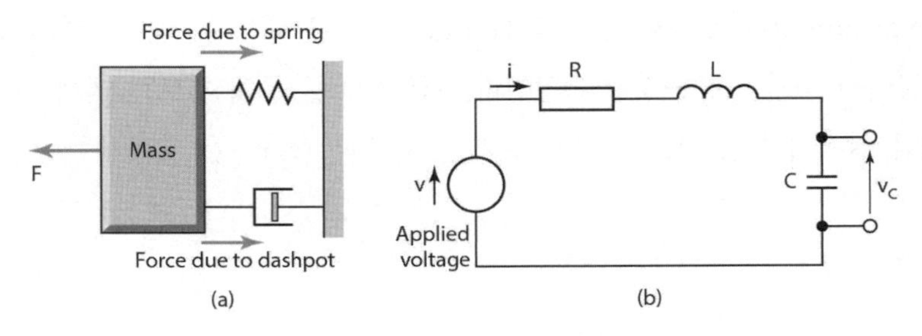

그림 17.13 상사적(analogous) 시스템

그림 17.1(a)의 기계 시스템과 그림 17.1(b)의 전기 시스템은 유사한 형태의 미분방정식으로 입출력 사이의 관계를 나타낼 수 있다.

$$m\frac{d^2x}{dt^2}+c\frac{dx}{dt}+kx=F \text{ and } RC\frac{dv_C}{dt}+LC\frac{d^2v_C}{dt^2}+v_C=v$$

전류와 힘 사이의 상사가 자주 사용되지만, 때로는 전위차와 힘을 대비한 상사가 사용되기도 한다.

17.4 유체 시스템 빌딩 블록

유체 시스템에서는 전기 시스템에서의 저항, 정전용량, 인덕턴스처럼 3개의 기초 빌딩 블록들이 존재한다. 유체 시스템을 2개의 범주로 나누면 유체가 비압축성 액체를 사용하는 유압(hydraulic)과 압축성이 있어서 밀도 변화가 가능한 기체를 사용한 공압(pneumatic)이다.

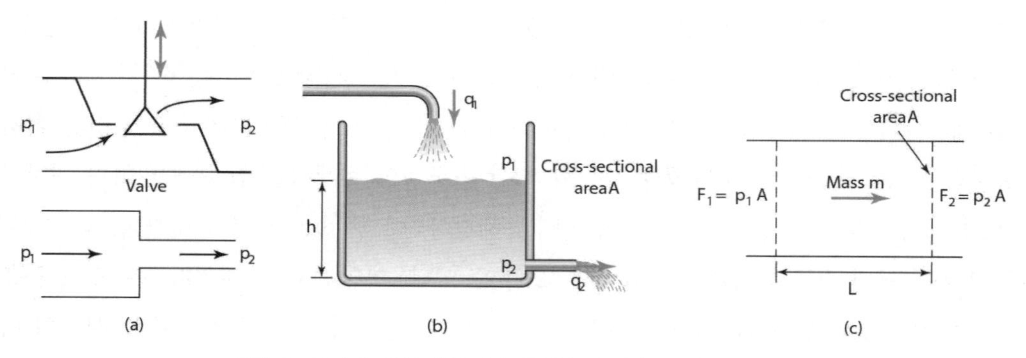

그림 17.14 (a) 유압저항, (b) 유압용량, (c) 유압 이너턴스

유압저항(hydraulic resistance)은 그림 17.14(a)와 같은 밸브나 지름 변화가 있는 파이프를 통해 액체가 흘러서 생기는 유동저항을 말한다. 저항요소를 통해 흐르는 액체 체적 유동량 q와 이에 따른 결과 압력차 (p_1-p_2) 사이의 관계는 다음과 같다.

$$p_1-p_2=Rq$$

여기서, R은 유압저항이라 불리는 상수이다. 저항이 크면 주어진 체적 유동량에 대한 압력차도 커진다. 전기적 저항과 옴의 법칙(Ohm's law)에서와 마찬가지로 이 방정식은 선형관계라고 가정한다. 그런 선형 유압저항은 모세관이나 삼투성 마개를 통한 층류유동의 경우가 된다. 반면에 날카로운 에지의 오리피스(orifice)를 통과하는 유동이나 난류(turbulence)의 경우는 유압저항이 비선형저항으로 표현된다.

유압용량(hydraulic capacitance)은 위치 에너지의 형태로 저장된 유체의 에너지 저장을 나타내는 항이다. 그림 17.14(b)와 같은 탱크에 액체의 수위, 즉 압력수두(pressure head)는 이런 위치 에너지의 한 형태이다. 유압용량에 대해 액체 체적 V의 변화율 dV/dt은 용기로 들어가는 체적 유동량 q_1과 나가는 체적유동량 q_2의 차와 같다.

$$q_1 - q_2 = \frac{dV}{dt}$$

그러나 $V = Ah$ (A = 용기의 단면적, h = 액체의 높이)이므로,

$$q_1 - q_2 = \frac{d(Ah)}{dt} = A\frac{dh}{dt}$$

이때 입력과 출력 사이의 압력차 p는 $p = h\rho g$이고, ρ는 액체밀도, g는 중력가속도이다. 그러므로 만약 액체가 비압축이라 가정하면, 즉 밀도가 압력에 따라 변하지 않는다면

$$q_1 - q_2 = A\frac{d(p/\rho g)}{dt} = \frac{A}{\rho g}\frac{dp}{dt}$$

유압용량 C는 다음과 같이 정의된다.

$$C = \frac{A}{\rho g}$$

그러므로

$$q_1 - q_2 = C\frac{dp}{dt}$$

이 식에 적분을 취하면,

$$p = \frac{1}{C}\int (q_1 - q_2)dt$$

유압 이너턴스(hydraulic inertance)는 전기회로의 인덕턴스나 기계 시스템의 스프링과 동등하다. 유체를 가속시키고 속도를 증가시키기 위해 힘이 요구된다. 그림 17.14(c)와 같은 질량 m의 액체를 고려해 보자. 액체에 작용하는 힘은

$$F_1 - F_2 = p_1 A - p_2 A = (p_1 - p_2)A$$

여기서, $(p_1 - p_2)$는 압력차이고 A는 단면적이다. 이 작용력이 유체 질량을 가속도 a로 가속시킨다. 그래서

$$(p_1 - p_2)A = ma$$

하지만 a는 속도변화율 dv/dt이다. 그러므로

$$(p_1 - p_2)A = m\frac{dv}{dt}$$

이때, 유체 질량의 체적 AL이다. 여기서 L은 액체 블록의 길이 또는 액체에서 p_1과 p_2를 측정한 두 점 간의 거리이다. 또한 액체가 밀도 ρ이면 질량 $m = AL\rho$이다. 따라서

$$(p_1 - p_2)A = AL\rho\frac{dv}{dt}$$

그리고 체적 유동량 $q = Av$이므로

$$(p_1 - p_2)A = L\rho\frac{dq}{dt}$$

$$p_1 - p_2 = I\frac{dq}{dt}$$

여기서, 유압 이너턴스 I는 다음과 같이 정의된다.

$$I = \frac{L\rho}{A}$$

공압 시스템(pneumatic system)에 대해서도 유압 시스템에서처럼 저항, 정전용량, 이너턴스의 3개 기초 빌딩 블록이 정의된다. 하지만 기체가 압축성을 갖는다는 점에서 액체와는 다르다. 다시 말해서, 압력변화는 체적과 밀도를 변화시킨다. **공압저항**(pneumatic resistance) R은 질량 유동량 dm/dt의 관점에서 정의된다 (질량 유동을 표현하기 위해 m 위에 점을 찍어 쓰기도 한다). 그래서 압력차 $(p_1 - p_2)$는 다음과 같이 정의된다.

$$p_1 - p_2 = R\frac{dm}{dt} = R\dot{m}$$

공압용량(pneumatic capacitance) C는 기체의 압축률에 의한다. 이것은 기계의 스프링 압축이 에너지를 저장하는 것과 비슷하다고 할 수 있다. 만약 체적 V의 탱크로 들어가는 질량유동 dm_1/dt와 나가는 질량유동 dm_2/dt가 존재한다면 탱크 내의 질량유동의 변화율은 $(dm_1/dt - dm_2/dt)$이 된다. 만약 탱크의 기체가 밀도 ρ을 가지면, 탱크 내 질량변화율은 다음과 같다.

$$\text{탱크 내의 질량변화율} = \frac{d(\rho V)}{dt}$$

그러나 기체는 압축될 수 있기 때문에 ρ와 V 둘 다 시간에 대해 변할 수 있다.

$$\text{탱크 내의 질량변화율} = \rho\frac{dV}{dt} + V\frac{d\rho}{dt}$$

$(dV/dt) = (dV/dp)(dp/dt)$이고 이상기체에 대해 $pV = mRT$이며, 결과적으로 0 $p = (m/V)RT = \rho RT$이고, $d\rho/dt = (1/RT)(dp/dt)$이므로

$$\text{탱크 내의 질량변화율} = \rho\frac{dV}{dp}\frac{dp}{dt} + \frac{V}{RT}\frac{dp}{dt}$$

여기서 R은 기체상수, T는 절대(Kelvin)온도로 가정한다. 그러므로

$$\frac{dm_1}{dt} - \frac{dm_2}{dt} = \left(\rho\frac{dV}{dp} + \frac{V}{RT}\right)\frac{dp}{dt}$$

탱크 내의 기체변화율에 의한 공압용량 C_1은 다음과 같이 정의된다.

$$C_1 = \rho\frac{dV}{dp}$$

그리고 기체의 압축율에 기인한 공압용량 C_2는

$$C_2 = \frac{V}{RT}$$

그러므로

$$\frac{dm_1}{dt} - \frac{dm_2}{dt} = (C_1 + C_2)\frac{dp}{dt}$$

또는

$$p_1 - p_2 = \frac{1}{C_1 + C_2}\int(\dot{m}_1 - \dot{m}_2)dt$$

공압 이너턴스(pneumatic inertance)는 기체 블록을 가속시키는 데 필요한 압력 저하에 기인한다. 뉴턴 제2법칙에 따르면 작용력은 $ma = d(mv)/dt$이다. 힘이 압력차 $(p_1 - p_2)$에 의해 공급되기 때문에 만약 A가 가속된 기체 블록의 단면적이라면,

$$(p_1 - p_2)A = \frac{d(mv)}{dt}$$

이때 가속되는 기체 질량 m은 가속되는 기체 블록의 길이 L과 기체 밀도 ρ에 대해 ρLA이다.

그리고 v를 속도라 할 때 체적 유동량 $q = Av$이므로

$$mv = \rho LA\frac{q}{A} = \rho Lq$$

또한

$$(p_1 - p_2)A = L\frac{d(\rho q)}{dt}$$

이때, $\dot{m} = \rho q$이므로

$$p_1 - p_2 = \frac{L}{A}\frac{d\dot{m}}{dt}$$

$$p_1 - p_2 = I\frac{d\dot{m}}{dt}$$

여기서 공압 이너턴스 I는 다음과 같다.

$$I = L/A$$

표 17.3은 유체 빌딩 블록에 대한 유압과 공압의 기본 특성들을 보여 준다.

유압에서 체적 유동량과 공압에서 질량 유동량은 전기 시스템에서 전류와 유사하다. 유압과 공압 두 시스템에서의 압력차는 전기의 전위차에 대응된다. 표 17.3과 표 17.2를 비교해 보면, 유압과 공압 이너턴스와 정전용량은 모두 에너지 저장요소들이고 유압과 공압의 저항은 에너지 소모요소이다.

표 17.3 유압과 공압 빌딩 블록(계속)

빌딩 블록	표현식	저장된 에너지 또는 소모된 에너지
유압 이너턴스	$q = \frac{1}{L}\int(p_1 - p_2)dt$	$E = \frac{1}{2}Iq^2$

표 17.3 유압과 공압 빌딩 블록

빌딩 블록	표현식	저장된 에너지 또는 소모된 에너지
	$p = L\frac{dq}{dt}$	
용량	$q = C\frac{d(p_1 - p_2)}{dt}$	$E = \frac{1}{2}C(p_1 - p_2)^2$
저항	$q = \frac{p_1 - p_2}{R}$	$P = \frac{1}{R}(p_1 - p_2)^2$
공압		
이너턴스	$\dot{m} = \frac{1}{L}\int(p_1 - p_2)dt$	$E = \frac{1}{2}I\dot{m}^2$
용량	$\dot{m} = C\frac{d(p_1 - p_2)}{dt}$	$E = \frac{1}{2}C(p_1 - p_2)^2$
저항	$\dot{m} = \frac{p_1 - p_2}{R}$	$P = \frac{1}{R}(p_1 - p_2)^2$

17.4.1 유체 시스템 모델 구축

그림 17.15는 탱크로 들어가고 나가는 액체에 대한 단순한 유압 시스템을 보여 준다. 이 시스템은 저항으로서의 밸브와 축전기로서의 탱크 내 액체로 구성된다.

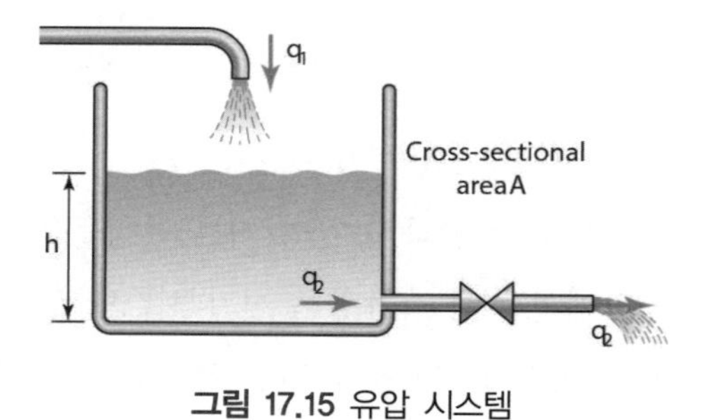

그림 17.15 유압 시스템

이너턴스는 유동량이 아주 천천히 변하기 때문에 무시될 수 있다. 축전기에 대해서는 다음과 같이 쓸 수 있다.

$$q_1 - q_2 = C\frac{dp}{dt}$$

탱크를 나가는 유동량 q_2는 밸브를 나가는 유동량과 같다. 따라서 저항에 대해

$$p_1 - p_2 = Rq_2$$

압력차 $(p_1 - p_2)$는 탱크에서 액체의 높이에 대한 압력이고, $h\rho g$로 쓸 수 있다. 그러므로 $q_2 = h\rho g / R$이고, 첫 번째 방정식에 q_2에 대해 대입하면

$$q_1 - \frac{h\rho g}{R} = C\frac{d(h\rho g)}{dt}$$

그리고 $C = A/\rho g$이기 때문에

$$q_1 = A\frac{dh}{dt} + \frac{\rho g h}{R}$$

이 방정식은 유입되는 액체의 유량이 탱크의 액체 높이에 관계되는지를 나타낸다.

그림 17.16에는 벨로즈(bellows)가 단순한 공압 시스템의 예로 제시되어 있다. 저항은 벨로즈로 유임되는 기체의 유동을 제한하는 작용을 하게 되고 벨로즈 자체가 정전용량으로 동작한다. 이너턴스는 유동량이 아주 서서히 변하기 때문에 무시될 수 있다.

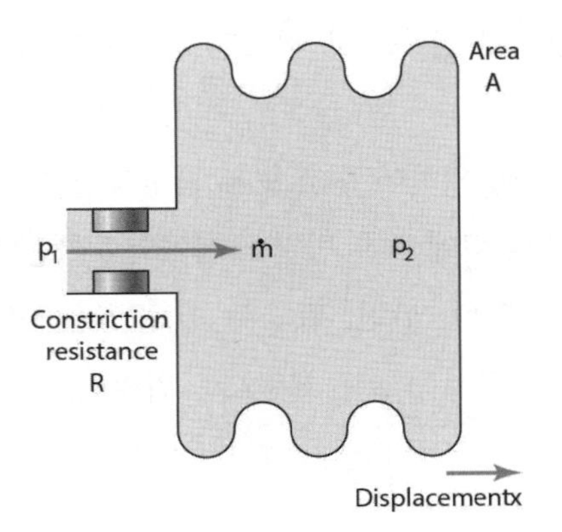

그림 17.16 공압 시스템

벨로즈에서의 질량 유동량은 다음과 같다.

$$p_1 - p_2 = R\dot{m}$$

여기서 p_1은 저항 앞단 압력이고, p_2는 저항 후단의 압력, 즉 벨로즈 내부의 압력이다. 벨로즈로 유입되는 기체는 벨로즈 내부에 보존되고 밖으로 나오는 것이 없기 때문에 정전용량은 다음과 같이 주어진다.

$$\dot{m}_1 - \dot{m}_2 = (C_1 + C_2)\frac{dp_2}{dt}$$

벨로즈로 유입되는 질량 유동은 저항방정식에 의해 주어지고, 벨로즈를 떠나는 질량은 0이다. 그러므로

$$\frac{p_1 - p_2}{R} = (C_1 + C_2)\frac{dp_2}{dt}$$

따라서

$$p_1 = R(C_1 + C_2)\frac{dp_2}{dt} + p_2$$

이 방정식은 압력 p_1이 입력으로 인가될 때 벨로즈 내의 압력 p_2가 시간에 따라 어떻게 변하는지를 묘사한다.

벨로즈는 그 내부의 압력변화에 의하여 수축 또는 팽창을 한다. 벨로즈는 스프링의 한 형태이므로, 수축 팽창하게 하는 힘 F와 그에 따른 변위 x 사이의 관계는 $F = kx$로 쓸 수 있다. 여기서, k는 벨로즈에 대한 스프링 상수이다. 한편, 힘 F는 벨로즈의 단면적을 A라 하면 $p_2 = F/A$인 압력 p_2에 의해서 발생한다. 따라서 $p_2A = F = kx$, 위의 방정식에서 p_2에 대해 대입하면,

$$p_1 = R(C_1 + C_2)\frac{k}{A}\frac{dx}{dt} + \frac{k}{A}x$$

이 1차 미분방정식은 압력 p_1의 입력이 존재할 때 시간에 따라 벨로즈의 변위 x가 어떻게 변하는지를 묘사한다. 탱크의 체적변화에 기인한 공압용량 C_1은 $\rho dV/dp_2$이고, $V = Ax$이기 때문에 C_1은 $\rho A\,dx/dp_2$이다. 이때 벨로즈에 대해 $p_2A = kx$이므로,

$$C_1 = \rho A \frac{dx}{d(kx/A)} = \frac{\rho A^2}{k}$$

공기의 압축성에 기인한 공압용량 C_2는 $V/RT = Ax/RT$이다.

다음으로 그림 17.17에 보는 바와 같은 수력 시스템의 예인데 2개의 탱크에서 액체의 높이가 시간에 대해 각각 어떻게 변하는지를 기술하는 관계식을 유도하고자 한다. 이 시스템에서 유속이 작다는 가정하에 관로에서의 이너턴스(inertance)는 무시된다.

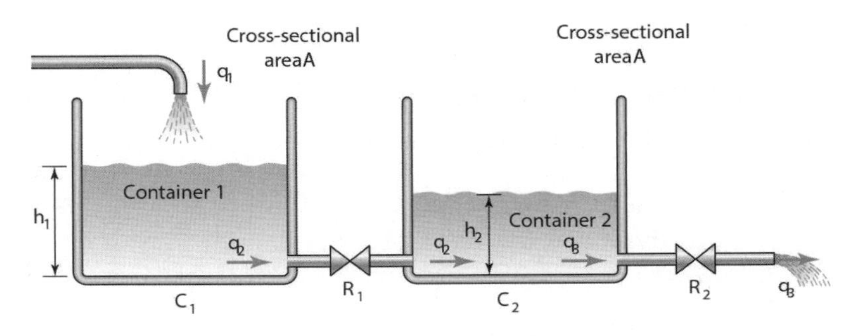

그림 17.17 유압 시스템

탱크 1은 축전기로 작용하므로,

$$q_1 - q_2 = C_1 \frac{dp}{dt}$$

여기서 $p = h_1 \rho g$이고, $C_1 = A_1 / \rho g$이다. 따라서

$$q_1 - q_2 = A_1 \frac{dh_1}{dt}$$

이 탱크를 떠나는 액체의 체적 유량 q_2는 밸브 R_1을 떠나는 유량과 같기 때문에 이 저항에 대해서,

$$p_1 - p_2 = R_1 q_2$$

이때 압력은 각각 $h_1\rho g$와 $h_2\rho g$이므로,

$$(h_1 - h_2)\rho g = R_1 q_2$$

이 방정식에 의해 얻어진 q_2를 이전의 축전기 관련 방정식에 대입하면 다음 식을 얻을 수 있다.

$$q_1 - \frac{(h_1 - h_2)\rho g}{R_1} = A_1 \frac{dh_1}{dt}$$

이 식은 탱크 1 내의 액체 높이가 입력 유량에 따라 어떻게 바뀌는지를 표시한다.
탱크 2에 대해서도 유사한 방정식이 유도될 수 있다. 축전기 C_2에 대해서,

$$q_2 - q_3 = C_2 \frac{dp}{dt}$$

여기서 $p = h_2\rho g$이고, $C_2 = A_2/\rho g$이므로

$$q_2 - q_3 = A_2 \frac{dh_2}{dt}$$

탱크를 떠나는 유량 q_3은 밸브 R_2을 떠나는 유량과 같다. 따라서 저항에 대해서

$$p_2 - 0 = R_2 q_3$$

이때 출구의 압력이 대기이므로 0이 된다. 이 식에서 구한 q_3를 앞 식에 대입하면,

$$q_2 - \frac{h_2\rho g}{R_2} = A_2 \frac{dh_2}{dt}$$

이 방정식에서 q_2에 첫째 탱크의 R_1 밸브의 식을 대입하면,

$$\frac{(h_1 - h_2)\rho g}{R_1} - \frac{h_2 \rho g}{R_2} = A_2 \frac{dh_2}{dt}$$

이 방정식은 탱크 2의 유체 높이가 탱크 1의 높이에 대하여 어떻게 변하는지를 나타낸다.

17.5 열 시스템 빌딩 블록

열 시스템의 경우 저항과 정전용량 2개의 기본 빌딩 블록이 있다. 만약 두 점 사이에 온도차가 있다면 그 둘 사이에는 필연적으로 열유동이 존재한다. 전기에서 $i = v/R$이라는 전위차와 전류 사이의 관계와 마찬가지로 해석할 수 있다. 즉, 두 점 사이에 전위차 v가 존재하고 그 사이의 저항이 R이라 할 때 전류 i가 흐르는 원리이다. 이러한 관계는 **열저항**(thermal resistance) R을 정의하는 데 사용될 수 있다. 만약 q가 열유동이고 $(T_1 - T_2)$가 온도차라면,

$$q = \frac{T_2 - T_1}{R}$$

저항값은 열전달의 모드에 달려 있다. 고체를 통한 전도(conduction) 모드의 경우 단방향 전도의 식은

$$q = Ak\frac{T_1 - T_2}{L}$$

여기서, A는 열이 전도되는 물질의 단면적이고 L은 온도가 T_1, T_2인 점들 사이의 매체의 길이이며 k는 열전도율이다. 이 모드의 열전달은

$$R = \frac{L}{Ak}$$

열전달 모드가 대류일 때는 유체와 기체에 대해서처럼

$$R = Ah(T_2 - T_1)$$

여기서 A는 온도차의 방향과 수직한 표면의 단면적이고, h는 열전달계수이다. 이 모드의 열전달에 대해,

$$R = \frac{1}{Ah}$$

열용량(thermal capacitance)은 시스템에 저장된 내부 에너지의 크기이다. 따라서 만약 시스템으로 유입되는 열유동이 q_1이고, 나오는 열유동이 q_2라면

$$\text{내부 에너지 변화율} = q_1 - q_2$$

내부 에너지 증가는 온도 증가를 의미하기 때문에

$$\text{내부 에너지 변화} = mc \times \text{온도변화}$$

여기서 m은 질량, c는 비열이다.

$$\text{내부 에너지 변화율} = mc \times \text{온도변화율}$$

따라서

$$q_1 - q_2 = mc\frac{dT}{dt}$$

여기서 dT/dt는 온도변화율이며, 이 식은 다음과 같이 다시 쓸 수 있다.

$$q_1 - q_2 = C\frac{dT}{dt}$$

여기서 C는 열용량이고 $C = mc$이다. 표 17.4는 열 빌딩 블록을 요약한 표이다.

표 17.4 열 빌딩 블록

빌딩 블록	표현식	저장된 에너지 또는 소모된 에너지
용량	$q_1 - q_2 = C\frac{dT}{dt}$	$E = CT$
저항	$q = \frac{T_1 - T_2}{R}$	

17.5.1 열 시스템 모델 구축

그림 17.18과 같이 온도 T의 온도계를 온도 T_L인 액체에 넣은 경우를 고찰해 보자.

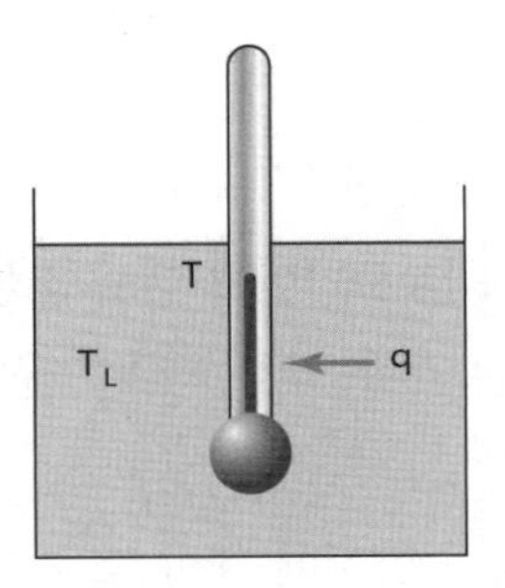

그림 17.18 열 시스템

만일 액체로부터 온도계로의 열유동에 대한 열저항이 R이라 가정하면,

$$q = \frac{T_L - T}{R}$$

여기서, q는 유체로부터 온도계로 열유동이다. 온도계의 열용량 C는 다음 식으로 주어진다.

$$q_1 - q_2 = C\frac{dT}{dt}$$

유체로부터 온도계로의 열유동만 존재한다면 $q_1 = q$이고 $q_2 = 0$이다. 따라서

$$q = C\frac{dT}{dt}$$

앞 식의 q값을 대입하면,

$$C\frac{dT}{dt} = \frac{T_L - T}{R}$$

이 식을 다시 정리하면,

$$RC\frac{dT}{dt} + T = T_L$$

이 1차 미분방정식은 온도계가 고온의 유체로 삽입될 때 온도계에 의해 지시된 온도 T가 시간에 대해 어떻게 변하는지를 묘사한다.

위의 열 시스템에서 매개변수들은 집중상수(lumped parameter)로 간주하여 고려되었다. 예를 들면 온도계 내의 모든 지점의 온도는 하나이고 액체 또한 모든 지점에서 하나의 온도를 갖는다고 가정한 것이다. 즉, 이 두 온도는 각각 위치에 따라 균일하지만 시간에 따라 변화하는 시간 함수라 가정하였다.

그림 17.19는 전기 히터에 의한 방의 난방에 대한 열 시스템을 보여 주고 있다. 히터는 q_1의 열유동으로 열을 공급하고 방으로부터 외부로 q_2의 열유동량만큼의 열을 빼앗긴다고 하자. 방 내부의 공기는 균일한 온도 T이고 방벽에서의 열저장이 없다고 가정하면 방 내부온도가 시간에 따라 어떻게 변하는지를 기술하는 방정식이 유도될 수 있다.

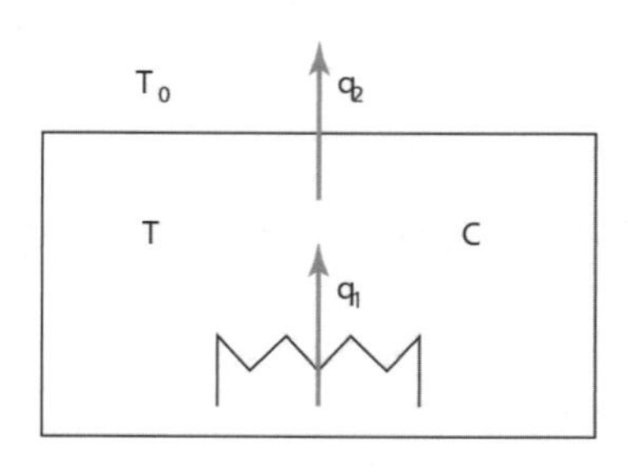

그림 17.19 열 시스템

만약 방 내부의 공기가 열용량 C를 가지면,

$$q_1 - q_2 = C\frac{dT}{dt}$$

또한 방 내부온도가 T이고 외부온도가 T_0이면

$$q_2 = \frac{T - T_0}{R}$$

여기서, R은 벽의 저항이다. q_2에 대해 대입하면

$$q_1 - \frac{T - T_0}{R} = C\frac{dT}{dt}$$

그러므로

$$RC\frac{dT}{dt} + T = Rq_1 + T_0$$

요 약

시스템의 **수학적 모델**은 입력에 대한 출력을 예측할 수 있도록 시스템을 입력과 출력의 관계를 나타내는 식들로 표현한 것이다.

기계 시스템은 질량, 스프링, 완충기 또는 회전 시스템인 경우 관성 모멘트, 스프링, 회전 완충기로 구성된 시스템으로 볼 수 있다. 전기 시스템은 저항, 축전기, 유도자로 구성되는 시스템을 의미하고 유공압 시스템은 저항, 용량, 이너턴스로 열 시스템은 저항과 용량으로 나타낼 수 있다.

기계, 전기, 유체, 열 시스템의 많은 요소가 유사한 동작을 한다. 예를 들어 기계 시스템의 질량은 전기 시스템의 축전기와 유체 시스템의 용량과 유사한 특성을 가지고 있다. 표 17.5는 이러한 시스템의 요소들의 비교와 정의식들을 보여 주고 있다.

표 17.5 System elements

	Mechanical (translational)	Mechanical (rotational)	Electrical	Fluid (hydraulic)	Thermal
Element	Mass	Moment of inertia	Capacitor	Capacitor	Capacitor
Equation	$F=m\frac{d^2x}{dt^2}$	$T=I\frac{d^2\theta}{dt^2}$			
	$F=m\frac{dv}{dt}$	$T=I\frac{d\omega}{dt}$	$i=C\frac{dv}{dt}$	$q=C\frac{d(p_1-p_2)}{dt}$	$q_1-q_2=C\frac{dT}{dt}$
Energy	$E=\frac{1}{2}mv^2$	$E=\frac{1}{2}I\omega^2$	$E=\frac{1}{2}Cv^2$	$E=\frac{1}{2}C(p_1-p_2)^2$	$E=CT$
Element	Spring	Spring	Inductor	Inertance	None
Equation	$f=kx$	$T=k\theta$	$v=L\frac{di}{dt}$	$p=L\frac{dq}{dt}$	
Energy	$e=\frac{1}{2}\frac{F^2}{k}$	$E=\frac{1}{2}\frac{T^2}{k}$	$E=\frac{1}{2}Li^2$	$E=\frac{1}{2}Iq^2$	
Element	Dashpot	Rotational damper	Resistor	Resistance	Resistance
Equation	$F=c\frac{dx}{dt}=cv$	$T=c\frac{d\theta}{dt}c\omega$	$i=\frac{v}{R}$	$q=\frac{p_1-p_2}{R}$	$q=\frac{T_1-T_2}{R}$
Power	$P=cv^2$	$P=c\omega^2$	$P=\frac{v^2}{R}$	$P=\frac{1}{R}(p_1-p_2)^2$	

연습문제

17.1 Derive an equation relating the input, force F, with the output, displacement x, for the systems described by Fig. 17.20.

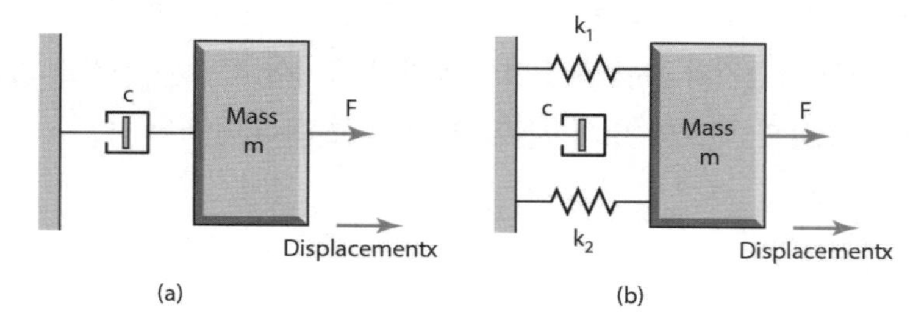

그림 17.20 연습문제 17.1

17.2 Propose a model for the metal wheel of a railway carriage running on a metal track.

17.3 Derive an equation relating the input angular displacement θ_i with the output angular displacement θ_o for the rotational system shown in Fig. 17.21.

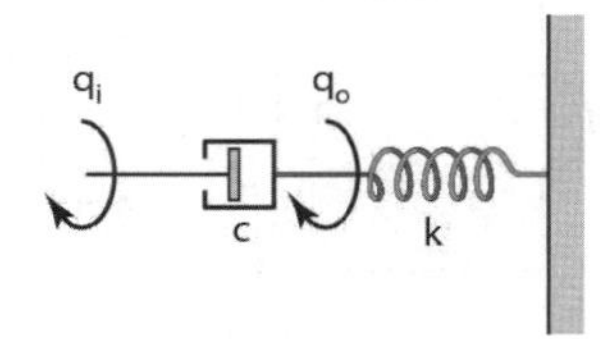

그림 17.21 연습문제 7.3

17.4 Propose a model for a stepped shaft(i.e. a shaft where there is a step change in diameter) used to rotate a mass and derive an equation relating the input torque and the angular rotation. You may neglect damping.

17.5 Derive the relationship between the output, the potential difference across the resistor R of v_R, and the input v for the circuit shown in Fig. 17.22 which has a resistor in series with a capacitor.

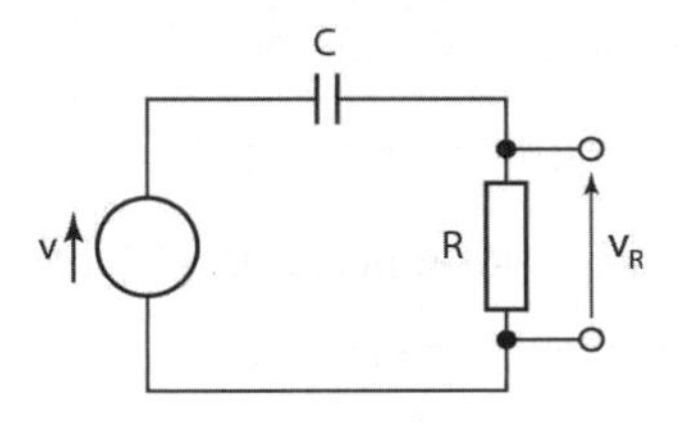

그림 17.22 연습문제 17.5

17.6 Derive the relationship between the output, the potential difference across the resistor R of v_R, and the input v for the series LCR circuit shown in Fig. 17.23.

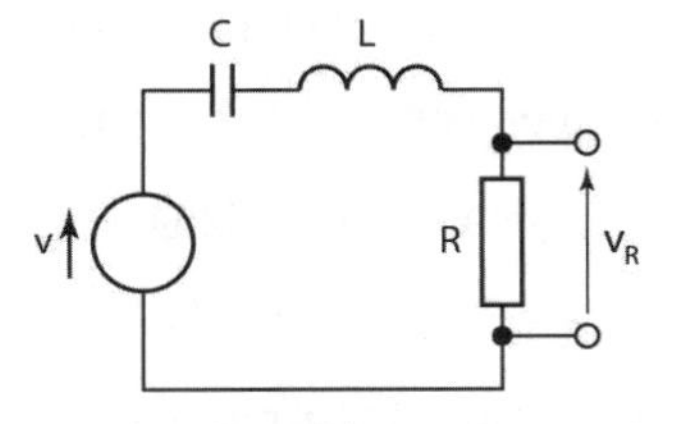

그림 17.23 연습문제 7.6

17.7 Derive the relationship between the output, the potential difference across the capacitor C of v_C, and the input v for the circuit shown in Fig. 17.24.

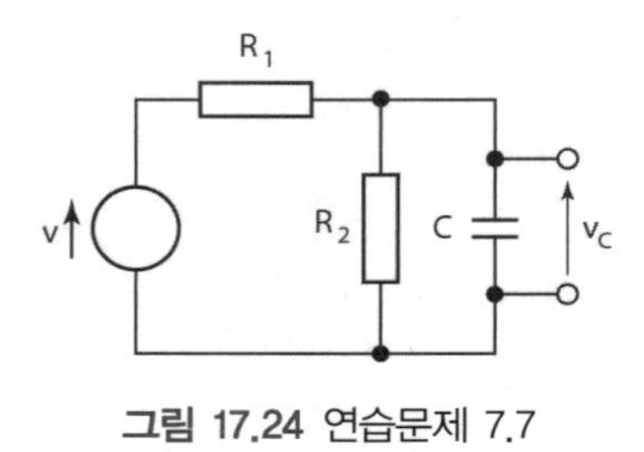

그림 17.24 연습문제 7.7

17.8 Derive the relationship between the heihgt h_2 and time for the hydraulic system hown in Fig. 17.25. Neglect inertance.

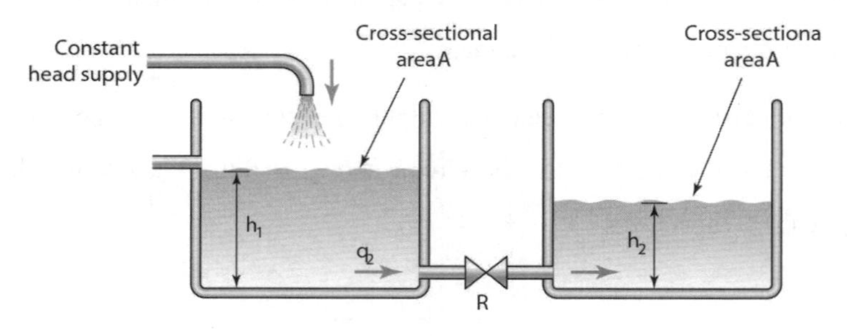

그림 17.25 연습문제 7.8

17.9 A hot object, capacitance C and temperature T, cools in a large room at temperature T_r. If the thermal system has a resistance R derive an equation describing how the temperature of the hot object changes with time and give an electrical analogue of the system.

17.10 Figure 17.26 shows a thermal system involving two compartments, with one containing a heater. If the temperature of the compartment containing the heater is T_1, the temperature of the other compartment T_2 and the temperature surrounding the compartments T_3, develop equations describing how the temperatures T_1 and T_2 will vary with time. All the walls of the containers have the same resistance and negligible capacity. The two containers have the same capacity C.

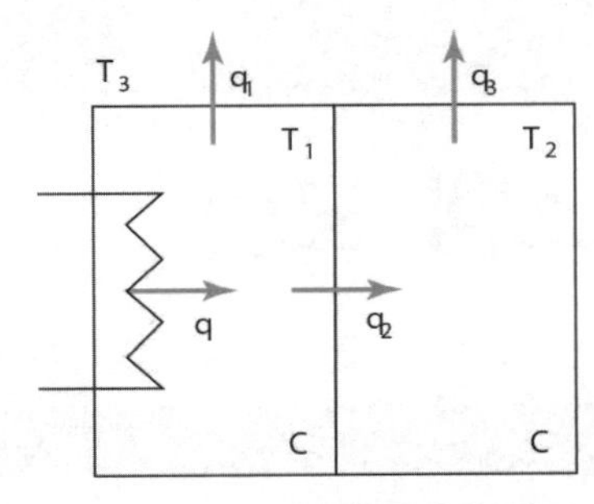

그림 17.26 연습문제 7.10

17.11 Derive the differential equation relating the pressure input p to a diaphragm actuator (as in Fig. 17.23) to the displacement x of the stem.

17.12 Derive the differential equation for a motor driving a load through a gear system (Fig. 17.27) which relates the angular displacement of the load with time.

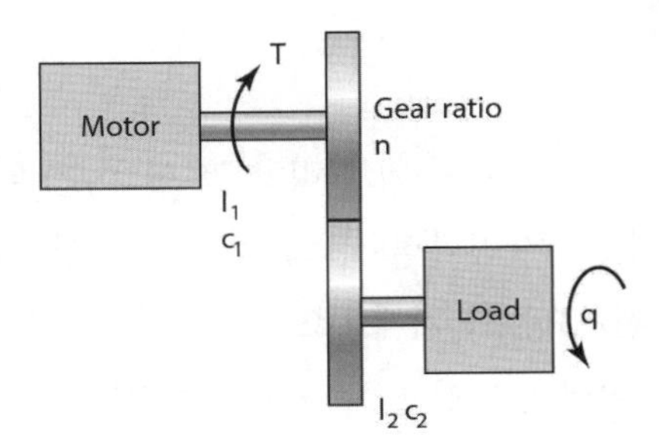

그림 17.27 연습문제 7.12

Chapter 18 시스템 모델

목 표

학생들은 이 장을 학습하고 난 후 다음과 같은 능력을 갖는다.

- 회전–직선 전기기계와 유압기계 시스템의 모델을 도출할 수 있다.
- 선형모델을 얻기 위하여 비선형관계들을 선형화할 수 있다.

18.1 공학적 시스템

17장에서 직선운동과 회전기계, 전기, 유체 그리고 열 시스템들의 기본 빌딩 블록을 따로따로 고려했다. 그러나 우리가 다루는 많은 공학적 시스템은 하나 이상의 분야가 복합적으로 결부되어 있다. 예를 들어 전기 모터는 전기요소와 기계요소가 결합되어 있는 경우이다. 이 장에서는 이러한 복합 분야의 시스템에 단일 분야의 빌딩 블록을 어떻게 결합시키는가와 실제 요소들이 비선형성을 가질 때 이 문제를 어떻게 해결하는가에 대하여 학습한다. 예를 들어 스프링을 고려해 보자. 실제 스프링을 단순화한 수학적 모델에서 힘의 크기와 무관하게 힘과 길이 변화는 비례하다고 본다. 하지만 비선형 모델은 선형 모델에 비해 다루기가 훨씬 어렵고, 이 때문에 공학자는 비선형 모델을 가능하면 피하거나 비선형 시스템을 선형 모델로 근사하는 방법을 사용한다.

18.2 회전–직선 운동장치

회전운동을 직선운동으로 변환하거나 또는 그 반대 변환을 하는 많은 메커니즘이 있다. 예를 들면, 랙과 피니언(rack–and–pinion), 리드 스크루(lead screw) 축, 풀리(pulley)와 케이블 시스템 등이다.

어떻게 그런 시스템들이 분석되는지를 설명하기 위하여 그림 18.1과 같은 랙–피니언 시스템을 고려해 보자. 이 시스템은 피니언의 회전운동을 랙의 직선운동으로 변환시킨다. 첫째로 피니언 요소를 생각하자. 피니언에 작용되는 총 토크는 $(T_{in} - T_{out})$이다. 이때 감쇠를 무시해도 좋을 정도로 작은 것으로 가정하고 관성 모멘트만을 고려하면 다음 식을 얻을 수 있다.

$$T_{in} - T_{out} = I\frac{d\omega}{dt}$$

여기서 I는 피니언의 관성 모멘트이고, ω는 피니언의 각속도이다. 피니언의 회전운동에 따라 랙의 직선속도 v가 된다고 하자. 피니언이 반경 r이라면 $v = r\omega$가 된다. 그래서 다음과 같이 쓸 수 있다.

$$T_{in} - T_{out} = \frac{I}{r}\frac{dv}{dt}$$

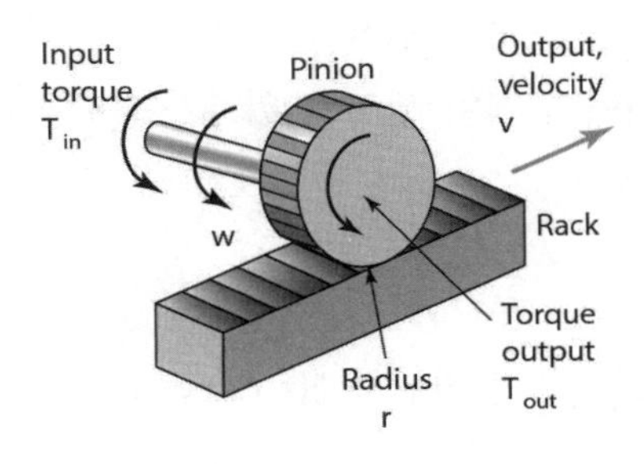

그림 18.1 Rack-and-pinion

다음으로 랙 요소를 고려해 보자. 피니언의 회전운동에 의하여 랙에 T/r의 힘이 가해질 것이다. 만약 마찰력 cv가 랙에 존재한다면 총 힘은

$$\frac{T_{out}}{r} - cv = m\frac{dv}{dt}$$

이고, T_{out}을 이 두 식에서 소거하면

$$T_{in} - rcv = \left(\frac{I}{r} + mr\right)\frac{dv}{dt}$$

가 되고, 따라서

$$\frac{dv}{dt} = \left(\frac{r}{1+mr^2}\right)(T_{in} - rcv)$$

이 1차 미분방정식은 입력 토크에 의해 출력속도가 어떻게 변화하는지를 표현한다.

18.3 전기기계 시스템

전위차계(potentiometer), 모터와 발전기 같은 전기기계(electromechanical) 장치들은 전기 신호를 회전운동으로 변환하거나 그 반대로 변환하는 장치이다. 이 절에서는 그런 시스템에 대한 모델들을 어떻게 유도하는지를 검토할 것이다. 전위차계는 회전운동 입력에 대하여 전위차를 출력하는 장치이다. 반면에 전기 모터는 전위차가 입력으로 인가될 때 축의 회전운동을 출력하는 장치이다. 발전기는 축이 회전이 입력이 되고 전위차가 출력이다.

18.3.1 전위차계

그림 18.2에서 보는 바와 같은 회전 전위차계(rotary potentiometer)는 전위를 분할장치라 할 수 있으므로,

$$\frac{v_0}{V} = \frac{\theta}{\theta_{\max}}$$

V는 전위차계 트랙의 전체 길이에 해당하는 전위차이고, $\theta_{\max}$는 트랙 전체를 회전할 수 있는 총 각도이다. 입력 θ에 대한 출력은 v_0이다.

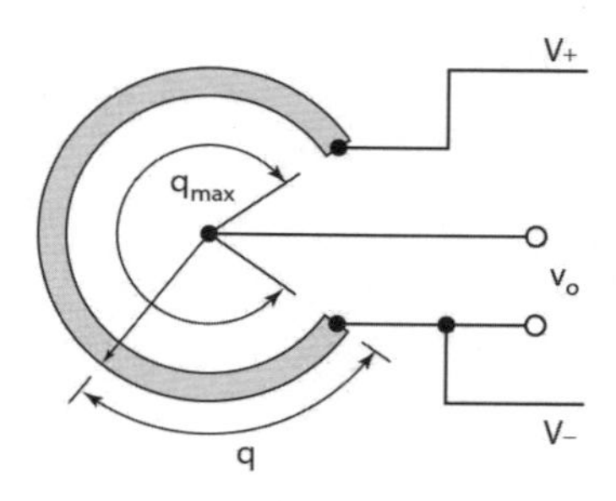

그림 18.2 회전 전위차계

18.3.2 직류 모터

직류 모터(d.c. motor)는 전기적 입력 신호를 기계적 출력 신호로 바꾸는 데 사용하며 그림 18.3과 같이 모터의 전기자 코일(armature coil)을 흐르는 전류에 의하여 축이 회전하고 결국 부하를 회전시킨다.

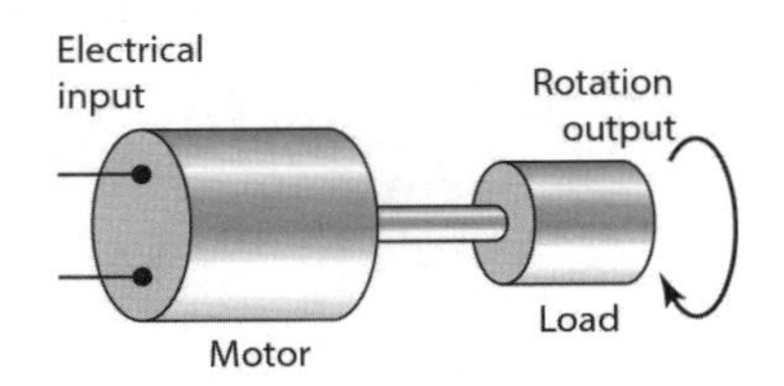

그림 18.3 모터의 부하 회전

모터는 기본적으로 자유롭게 회전할 수 있는 전기자라 불리는 코일이 들어 있다. 이 회전하는 전기자 코일은 영구자석이나 계자 코일(field coil)을 흐르는 전류에 의한 자기장(magnetic field) 속에 위치하고 있다. 그림 18.4에서 보는 것과 같이 자기장 속에서 전류 i_a가 전기자 코일을 흐르면 코일에 힘이 가해져 회전력을 발생시킨다. 자속밀도 B의 자기장 내부에서 전류 i_a가 흐르는 길이 L인 와이어(wire)에 작용하는 힘 F의 식은 $F = Bi_aL$이 되고, N개의 와이어는 $F = Nbi_aL$이다. 전기자 코일이 받는 힘은 전기자 축에 토크 T로 작용하는데 코일의 폭이 b일 때 $T = Fb$가 된다.

$$T = NBi_aLb$$

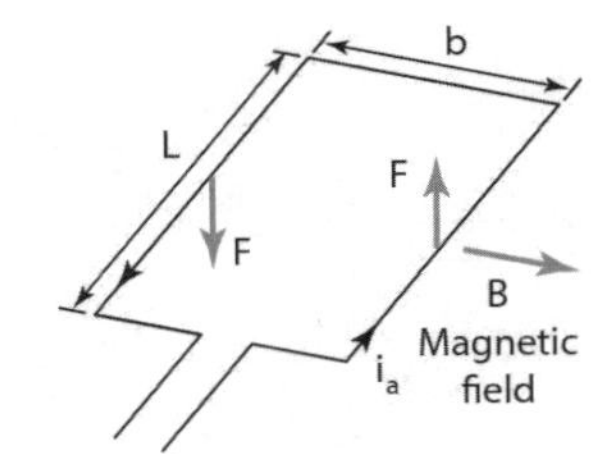

그림 18.4 전선 한 줄로 나타낸 전기자 코일

그 결과 토크는 (Bi_a)에 비례하고 다른 인자들은 모두 상수로 된다. 따라서

$$T = k_1 B i_a$$

라 할 수 있다.

전기자 코일은 자기장 속에서 회전하기 때문에 전자기 유도(electromagnetic induction) 현상에 의하여 전기자에서 전압이 유도된다. 이 전압은 전압을 생성하는 변화의 반대방향으로 유도되므로 역기전력(back e.m.f.)이라고 한다. 이 역기전력 v_b는 회전자의 회전속도와 코일에 의하여 잘려진 자속의 수, 즉 자속밀도 B에 비례하기 때문에

$$v_b = k_2 B \omega$$

이고, 여기서 ω는 축의 각속도이고 k_2는 상수이다.

전기자와 계자 코일이 따로 여자된 직류 모터를 고려해 보자. 전기자제어 모터(armature-controlled motor)에서는 계자전류 i_f는 상수로 고정되어 있고 모터는 전기자 전압 v_a를 조절하여 제어된다. 일정한 계자전류는 전기자 코일에 가해지는 자기장이 일정한 자속밀도인 B를 갖는다는 것을 의미한다. 따라서

$$v_b = k_2 B \omega = k_3 \omega$$

이고, k_3는 상수이다. 그림 18.5와 같이 전기자 회로는 인덕턴스 L_a와 직렬로 연결된 저항 R_a로 고려될 수 있다.

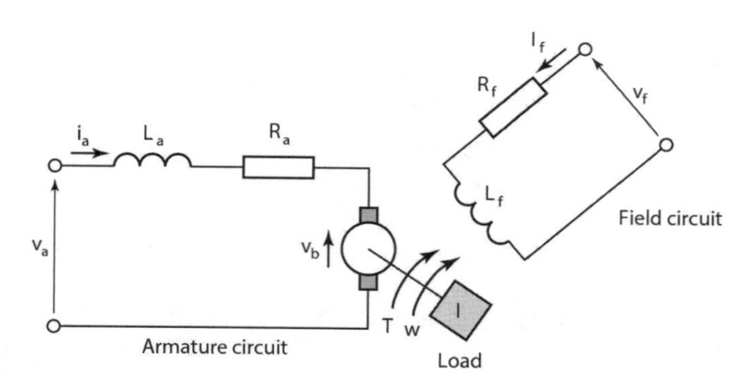

그림 18.5 직류 모터 회로

만약 v_a가 전기자 회로에 걸린 전압이라면 발생되는 역기전력 v_b는 다음과 같다.

$$v_a - v_b = L_a \frac{di_a}{dt} + R_a i_a$$

이 방정식을 그림 18.6(a)에 표시한 블록선도의 일부로 반영할 수 있다. 시스템의 모터 부분에 대한 입력은 v_a이고 역기전력 v_b와 합쳐져 오차 신호에 해당하는 신호를 발생시켜 전기자 회로로 입력된다. 위 방정식은 전기자 코일에 대한 오차 입력과 출력인 전기자 전류 i_a 사이의 관계를 나타낸다. 이 식에 앞에서 구한 v_b를 대입하면

$$v_a - k_3 \omega = L_a \frac{di_a}{dt} + R_a i_a$$

이고, 전기자 전류 i_a는 토크 T를 발생시킨다. 전기자제어 모터에 대해서 B는 상수이기 때문에

$$T = k_1 B i_a = k_4 i_a$$

가 되고, 이때 k_4는 상수이다. 이 토크는 부하 시스템에 입력으로 들어간다. 부하에 작용하는 총 토크는

$$\text{총 토크} = T - \text{댐핑 토크}$$

가 된다. 댐핑 토크는 $c\omega$이고, c는 상수이다. 이때 축의 비틀림 탄성에 의한 효과는 무시되었다.

$$\text{총토크} = k_4 i_a - cw$$

이 토크에 의하여 부하가 $d\omega/dt$의 각 가속도를 얻게 된다. 따라서

$$I\frac{d\omega}{dt} = k_4 i_a - c\omega$$

이며, 전기자제어 모터 시스템에 대한 2개의 방정식을 얻게 되었다. 즉, 이것은

$$v_a - k_3\omega = L_a\frac{di_a}{dt} + R_a i_a$$

그리고

$$I\frac{d\omega}{dt} = k_4 i_a - c\omega$$

이다. 이때 i_a를 소거함으로 시스템의 입력 v_a와 출력 ω의 관계식을 얻을 수 있다. 이 과정에 대한 상세한 내용은 20장의 라플라스 변환이나 부록 A를 참고하면 된다.

소위 계자제어 모터(field-controlled motor)에 대해서 전기자 전류는 상수로 고정되어 있고 모터는 계자전압의 변화에 의해 제어된다. 그림 18.5의 계자회로는 근본적으로 인덕턴스 L_f와 직렬로 연결된 R_f로 구성된다. 회로에 대한 관계식은 다음과 같다.

$$v_f = R_f i_f + L_f\frac{di_f}{dt}$$

그림 18.6(b)에 나타난 블록선도의 관점에서 보면 계자제어 모터라고 생각할 수 있다. 위의 방정식의 v_f와 i_f 사이의 관계는 시스템의 입력은 v_f이고, 계자회로는 이것을 전류 i_f로 바꾼다. 이 전류는 자장의 형성을 이끌어서 전기자 코일에 $T = k_1 B i_a$만큼의 토크를 작용한다. 그러나 자계밀도 B는 자계전류 i_f에 비례하고 i_a는 상수이다. 따라서

$$T = k_1 B i_a = k_5 i_f$$

이고, k_5는 상수이다. 이 토크 출력은 부하 시스템에 의하여 각속도 ω로 바뀌게 된다. 전에 유도한 것과 같이 부하에 작용하는 총 토크는

$$\text{총토크} = T - \text{감쇠 토크}$$

감쇠 토크는 $c\omega$이고, 여기서 c는 상수이다. 그래서 만약 축의 비틀림 탄성효과가 무시된다면

$$총토크 = k_5 i_f - c\omega$$

가 된다. 이것은 각 가속도 $d\omega/dt$를 만들게 되므로

$$I\frac{d\omega}{dt} = k_5 i_f - c\omega$$

가 된다. 계자제어 모터의 거동을 지배하는 방정식은 다음과 같이 나타낼 수 있다. 즉,

$$v_f = R_f i_f + L_f \frac{di_f}{dt}$$

그리고

$$I\frac{d\omega}{dt} = k_5 i_f - c\omega$$

이때 위 두 식에서 전류 i_f를 소거하여 시스템의 입력 v_f와 출력 ω의 관계식을 얻을 수 있다. 이 과정에 대한 상세한 내용은 20장의 라플라스 변환이나 부록 A를 참조하라.

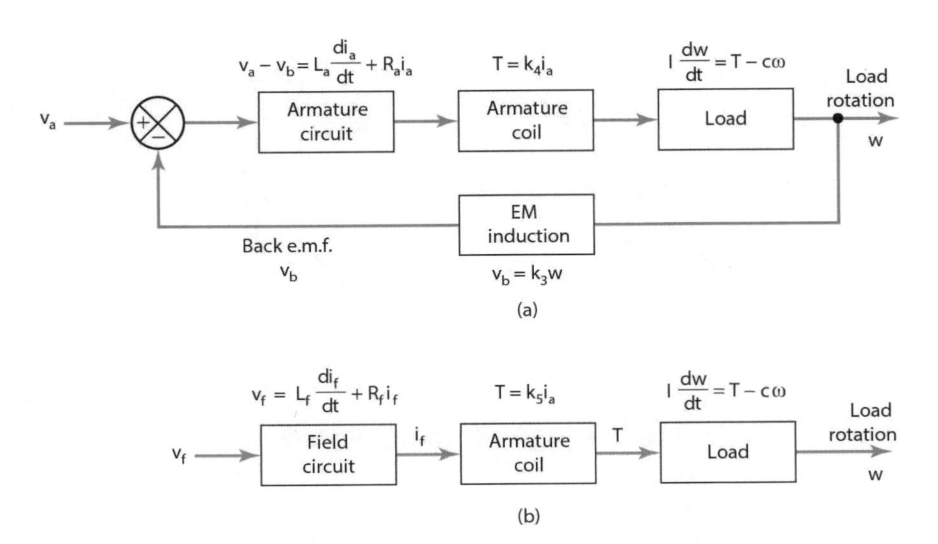

그림 18.6 직류 모터: (a) 전기자제어, (b) 계자제어

18.4 선형성

이러한 블록의 결합은 모든 블록이 선형(linear)이라는 가정하에 가능하다. 따라서 다음에서는 선형성에 대하여 살펴보고, 실제 많은 공학적 요소들은 비선형이기 때문에 어떻게 비선형요소를 선형요소로 근사화하는지를 설명할 것이다.

이상적 스프링에서 힘 F와 이에 따른 변위 x와의 관계는 $F = kx$라는 선형식으로 나타낼 수 있다. 이것은 만약 힘이 F_1일 때 변위가 x_1이 되고 힘이 F_2일 때 변위가 x_2라면 힘 $(F_1 + F_2)$의 힘에 대해서는 변위가 $(x_1 + x_2)$인 것을 의미한다. 이것을 중첩의 원리(principle of superposition)라고 하며, 이것은 선형 시스템(linear system)이라고 말할 수 있는 필요조건이 된다. 만약 스프링에 입력 F_1을 인가하여 x_1만큼의 변형이 발생됐다면 입력 cF_1을 인가하면 변형이 cx_1이 될 것이다. 여기서, c는 상수 승수(constant multiplier)이다.

그림 18.7(a)는 변위 x에 대해 힘 F를 그래프로 표시한 것이며 이 관계가 선형적이라면 원점을 지나 직선으로 작도될 것이다. 그러나 그림 18.7(b)에서 보는 것과 같이 실제 스프링은 전 구간에서 정확하게는 선형적이지 않다. 그래서 특정 작동범위에서만 선형이라는 가정을 하고는 하며 그림과 같은 스프링은 그래프의 중간 부분에서 사용될 때만 선형으로 가정될 수 있다. 이 예와 같이 많은 시스템 요소의 선형성은 특점 작동점 부분의 일정 범위 내에서 동작할 때 보장받을 수 있다.

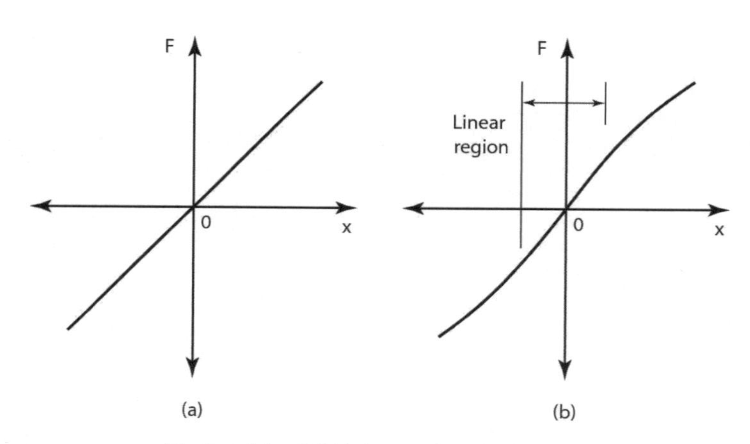

그림 18.7 (a) 이상적인 스프링, (b) 실제 스프링

어떤 시스템 요소는 그림 18.8(a)의 그래프와 같은 비선형 관계를 내포하고 있을 수 있다. 그런

시스템에 대한 최선의 방법은 작동점 부근에서 그래프가 직선으로 근사화될 수 있다는 점에 착안하여 근사적으로라도 선형 관계를 구하는 것이다.

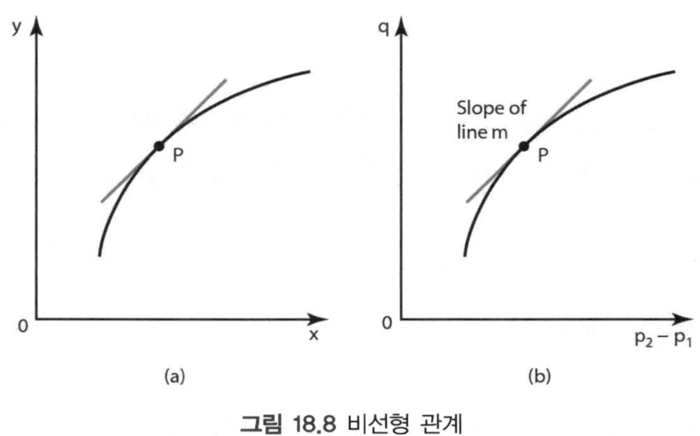

그림 18.8 비선형 관계

따라서 그림 18.8(a)에서 y와 x의 관계는 기울기가 m인 작동점 P에서

$$\Delta y = m\Delta x$$

이고, 여기서 Δy와 Δx는 작동점으로부터의 입력과 출력의 변량을 나타낸다.

예를 들면 오리피스를 통한 유량 q가 다음과 같이 주어진다고 하자.

$$q = c_d A\sqrt{\frac{2(p_1 - p_2)}{\rho}}$$

여기서 c_d는 유출상수(discharge constant)이고 A는 오리피스의 단면적이며 ρ는 유체의 밀도이고 $(p_1 - p_2)$는 양단의 압력차이다. 일정한 단면적과 밀도에 대해서 방정식은

$$q = C\sqrt{p_1 - p_2}$$

라고 쓸 수 있고, 이때 C는 상수이다. 이 식을 보면 유량과 압력차의 관계가 비선형적인 관계인 것을 알 수 있다. 그림 18.8(b)와 같이 어떤 작동점 부근에서 접선에 해당하는 직선을 그려 압력차와 유량를 표시하는 선형 관계를 얻을 수 있다. 이 직선의 기울기 m은 $dq/d(p_1 - p_2)$이고 그

값은 다음과 같다.

$$m = \frac{dq}{d(p_1 - p_2)} = \frac{C}{2\sqrt{p_{o1} - p_{o1}}}$$

여기서 작동점의 값은 $(p_{o1} - p_{o2})$이 된다. 작동점 부근에서의 작은 변화에 대해서는 직선기울기가 m인 직선으로 비선형 그래프를 근사화할 수 있다는 것을 알 수 있으며 $m = \Delta q / \Delta(p_1 - p_2)$이므로

$$\Delta q = m\Delta(p_1 - p_2)$$

이다. 만약 kPa당 $C = 2m^3/s$, 즉 $q = 2(p_1 - p_2)$이라면 $(p_1 - p_2) = 4kPa$의 작동점에서 $m = 2/(2\sqrt{4}) = 0.5$이므로 선형화된 식은

$$\Delta q = 0.5\Delta(p_1 - p_2)$$

가 될 것이다.

선형화된 수학적 모델은 대부분의 제어 시스템 설계 및 해석 방법이 시스템 내의 모든 요소들이 선형화 모델이라는 가정하에 유도되었기 때문에 필수적이다. 또한 대부분의 제어 시스템들은 목표값(reference value)에 해당하는 출력을 내고 있으며 어떤 입력이나 외란에 대하여 변화가 되더라도 이 값으로부터의 변화가 작기 때문에 선형화된 모델이 아주 적절하게 들어맞는 경우가 많다.

18.5 유압기계 시스템

유압기계 변환 시스템은 유압 신호를 기계적 직진 또는 회전운동으로 변환하는 것과 또는 그 반대의 변환을 위한 시스템을 말한다. 예를 들면 유체 압력의 결과로서 움직이는 실린더의 피스톤 운동은 유압이라는 시스템 입력을 직진 운동이라는 출력으로 변환하는 것이다.

그림 18.9를 보면 입력 변위 x_i는 시스템 통과한 후 부하변위 x_o로 변환된다. 이 시스템은

스풀 밸브(spool valve)와 실린더(cylinder)로 구성되는데, 입력변위 x_i를 왼쪽으로 움직이면 유압 공급 압력 p_s가 실린더의 왼쪽 챔버(chamber)에 가하고 실린더 오른쪽 챔버의 유체가 p_o 압력 쪽으로 빠져나가도록 유로를 변경하게 된다. 그 결과 실린더 내부의 피스톤을 오른쪽으로 움직이게 만들며, 피스톤 오른쪽 챔버에 있던 유체는 오른쪽 끝에 있는 스풀 밸브의 출구를 통하여 배출되게 한다.

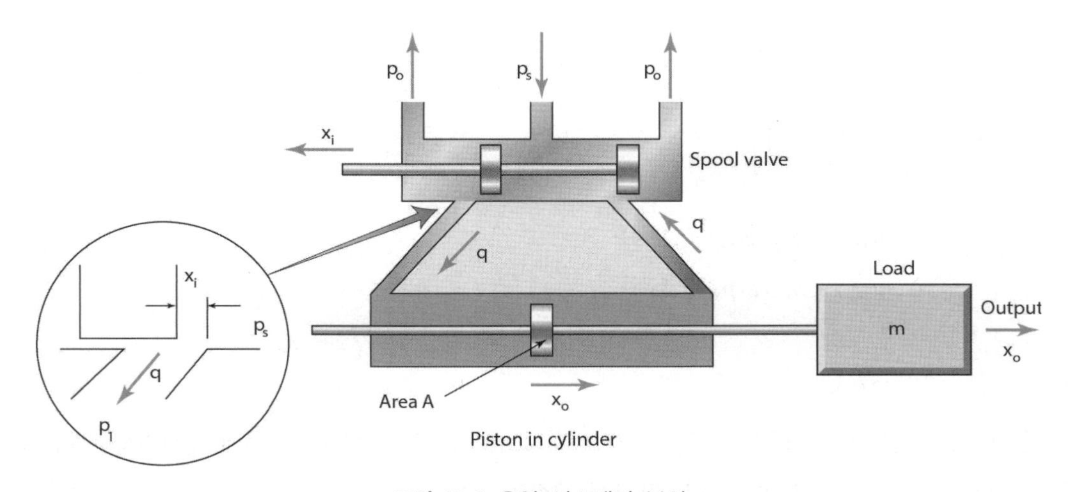

그림 18.9 유압 시스템과 부하

챔버로 들어오고 나가는 유체의 유량은 스풀 밸브가 열리는 정도인 포트의 개도에 의하여 결정된다. 입력변위 x_i가 오른쪽으로 움직이면 스풀 밸브는 유체가 실린더의 오른쪽 챔버로 이동하게 하여 결과적으로 피스톤이 왼쪽으로 움직이도록 한다.

오리피스를 통과하는 유량 q는 오리피스 양단의 압력차와 오리피스 단면적 A에 관한 비선형 관계이다. 그러나 특정 작동점에서 이 방정식을 선형화하면

$$\Delta q = m_1 \Delta A + m_2 \Delta(\text{압력차})$$

여기서 m_1과 m_2는 작동점에서 상수이며, 챔버로 들어가는 입구의 압력차는 $(p_s - p_1)$이고 나가는 출구에 대해서는 $(p_2 - p_o)$이다. 만약 선형화에 사용된 작동점이 스풀 밸브가 중앙에 있을 때, 즉 포트들이 양쪽 다 닫혔을 때라면 q는 0이 되기 때문에 $\Delta q = q$이고, 만약 x_s가 중앙 위치에서부터 정의된다면 A는 x_s에 비례할 것이다. 그리고 피스톤의 흡입구에 대한 압력의 변화는 p_s를 기준으로 $-\Delta p_1$이 되고, 출구쪽은 p_0를 기준으로 Δp_2가 된다. 따라서 입구 포트에 대한

선형식은 다음과 같다.

$$q = m_1 x_i + m_2(-\Delta p_1)$$

그리고 출구에 대한 것은

$$q = m_1 x_i + m_2 \Delta p_2$$

이다. 이 두 방정식을 합하면

$$2q = 2m_1 x_i - m_2(\Delta p_1 - \Delta p_2)$$
$$2q = 2m_1 x_i - m_2(\Delta p_1 - \Delta p_2)$$

이고, $m_3 = m_2/2$이다.

실린더에서 챔버의 왼쪽 부분으로 들어가거나 오른쪽으로 배출되는 유체의 체적변화는 피스톤이 x_o만큼 움직였을 때에 Ax_o이다. 따라서 체적이 변화하는 비율은 $A(dx_o/dt)$이다. 실린더의 왼쪽으로 들어가는 유체의 유량은 q이다. 그러나 피스톤의 한쪽 부분에서 다른 쪽으로의 유체의 누설의 양이 있기 때문에

$$q = A\frac{dx_o}{dt} + q_L$$

이다. 여기서 q_L은 누설유량(rate of leakage)을 나타낸다. 위의 두 식에서 q를 치환하면

$$m_1 x_i - m_3(\Delta p_1 - \Delta p_2) = A\frac{dx_o}{dt} + q_1$$

이다. 누설유량 q_L은 피스톤과 실린더 사이의 틈을 통하여 흐른다. 이 틈은 항상 같은 단면적이고 압력차 $(\Delta p_1 - \Delta p_2)$를 가진다. 따라서 이 흐름에 대한 선형화 관계식은

$$q_1 = m_4(\Delta p_1 - \Delta p_2)$$

가 된다. 따라서 q_L을 대입하면

$$m_1 x_i - m_3(\Delta p_1 - \Delta p_2) = A\frac{dx_o}{dt} + m_4(\Delta p_1 - \Delta p_2)$$

$$m_1 x_i - (m_3 + m_4)(\Delta p_1 - \Delta p_2) = A\frac{dx_o}{dt}$$

피스톤 양단의 압력차는 결과적으로 부하에 작용하는 힘 $(\Delta p_1 - \Delta p_2)A$가 된다. 그러나 보통 운동은 항상 마찰과 같은 감쇠작용을 수반한다. 이 항은 질량의 속도, 즉 (dx_o/dt)에 비례한다. 그러므로 부하에 작용하는 총 힘은 다음과 같다.

$$\text{총 힘} = (\Delta p_1 - \Delta p_2)A - c\frac{dx_o}{dt}$$

총힘에 의하여 질량이 가속되므로 가속도를 (d^2x_o/dt^2)라고 하면

$$m\frac{d^2x_o}{dt^2} = (\Delta p_1 - \Delta p_2)A - c\frac{dx_o}{dt}$$

이고

$$\Delta p_1 - \Delta p_2 = \frac{m}{A}\frac{d^2x_o}{dt^2} + \frac{c}{A}\frac{dx_o}{dt}$$

이다. 이 식과 이전의 식에서 압력차를 소거하면

$$m_1 x_i - (m_3 + m_4)\left(\frac{m}{A}\frac{d^2x_o}{dt^2} + \frac{c}{A}\frac{dx_o}{dt}\right) = A\frac{dx_o}{dt}$$

이고, 이를 정리하면

$$\frac{(m_3+m_4)m}{A}\frac{d^2x_o}{dt^2}+\left(A+\frac{c(m_3+m_4)}{A}\right)\frac{dx_o}{dt}=m_1x_i$$

이고, 이를 다시 쓰면

$$\frac{(m_3+m_4)m}{A+c(m_3+m_4)}\frac{d^2x_o}{dt^2}+\frac{dx_o}{dt}=\frac{Am_1}{A^2+c(m_3+m_4)}x_i$$

이 방정식은 두 개의 상수 k와 τ를 사용하여 간략화할 수 있다. 이때 τ를 시상수(time constant)라고 한다(12장 참조). 그러므로

$$\tau\frac{d^2x_o}{dt^2}+\frac{dx_o}{dt}=kx_i$$

이다. 따라서 입력과 출력과의 관계는 위의 2차 미분방정식에 표시됨을 알 수 있다.

요 약

공학의 범주에서 볼 수 있는 많은 시스템은 하나이상의 전문 분야를 포함하고 있으며 이들을 어떻게 한 분야의 빌딩 블록으로 표현할 것인가를 검토할 수 있다.

어떤 시스템의 기본 방정식이 대수방정식이든 미분방정식이든 산출되는 출력의 크기가 입력의 크기에 직접 비례하면 선형이라고 말할 수 있다. 대수방정식의 경우 선형이라는 것은 입력에 대한 출력의 그래프가 원점을 지나는 직선으로 표현된다는 것을 의미한다. 그러므로 입력을 두 배로 하면 출력도 두 배가 된다. 선형시스템에서는 여러 입력에 대한 출력은 개별 입력에 대한 출력들을 더하여 구할 수 있으며 이를 **중첩의 원리**라고 한다.

연습문제

18.1 Derive a differential equation relating the input voltage to a d.c. servo motor and the output angular velocity, assuming that the motor is armature controlled and the equivalent circuit for the motor has an armature with just resistance, its inductance being neglected.

18.2 Derive a differential equations for a d.c. generator. The generator may be assumed to have a constant magnetic field. The armature circuit has the armature coil, having both resistance and inductance, in series with the load. Assume that the load has both resistance and inductance.

18.3 Derive differential equations for a permanent magnet d.c. motor.

Chapter 19 시스템의 동적 응답

목 표

이 장의 목적은 학습 후에 다음을 할 수 있어야 한다.

- 미분방정식을 사용하여 동적 시스템을 설계하기
- 1차 시스템의 출력과 시정수를 결정하기
- 2차 시스템의 출력을 결정하고, 감쇠 부족, 임계감쇠, 감쇠 과다를 판별하기
- 상승시간, 오버슈트, 감퇴율 정정시간에 따른 2차 시스템의 응답특성을 설명하기

19.1 동적 시스템의 모델링

측정을 위해 고안된 모델이나 제어 시스템의 가장 중요한 기능은 하나의 입력에 대한 출력을 예상할 수 있다는 것이다. 우리는 단지 정지된 상태에 대해서만 관심이 있는 것은 아니다. 즉, 일정 시간이 지난 후에 정지된 상태에서 입력 y에 대응하여 출력 x를 유지하는 것을 정상상태(steady state)라고 할 수 있다. 시간에 따라 변하는 입력에 대응하여 어떻게 출력이 변하는지를 고려해야 한다. 예를 들면, 서모스탯이 새로운 온도로 설정될 때 온도제어 시스템의 온도는 시간에 따라 어떻게 변할 것인가? 제어 시스템에 대해 세팅된 값이 새로운 값으로 바뀔 때 시간에 따라 출력은 어떻게 변할까? 아니면 일정한 비율로 증가될까 등에 대한 예측이 필요하다.

17장과 18장에서는 입력이 시간에 따라 변할 때의 시스템의 모델과 미분방정식의 결과에 대해 언급하였다. 이 장에서는 입력이 시간에 따라 변할 때 출력이 시간에 따라 어떻게 변하는가를 예상할 수 있는 모델들을 설명한다.

19.1.1 미분방정식

시스템에 들어가는 입력과 출력의 관계를 설명하기 위해서 시간의 함수인 입력과 출력의 관계를 설명해야 한다. 따라서 우리는 시간에 따라 변하는 입력에 대해 시간에 따라 출력이 어떻게 변하는지를 나타낼 수 있는 방정식이 필요하다. 이것은 미분방정식(differential equation)을 사용함으로써 알 수 있다. 이러한 방정식은 시간에 관련된 미분과 시간에 대해서 시스템의 반응

이 어떻게 변하는지에 대한 정보를 포함하고 있다. dx/dt는 시간에 따라 변하는 비율, d^2x/dt^2는 dx/dt가 시간에 따라 변하는 비율을 설명한다. 미분방정식은 1차(first-order), 2차(second-order), 3차(third-order) 그리고 다차 방정식으로 분류할 수 있다. 1차 미분방정식에서 최고 차는 dx/dt이고 2차 미분방정식에서는 d^2x/dt^2, 3차 미분방정식에서는 d^3x/dt^3 그리고 n차 미분방정식에서는 d^nx/dt^n이다.

이 장은 1차와 2차 시스템에서 얻을 수 있는 응답형태와 여러 가지 입력에 대해 얻을 수 있는 해에 대해서 다룬다. 이 장은 해를 찾기 위해 '가정된 해'를 이용한다. 라플라스 변환방법은 제20장에 소개되어 있다.

19.2 용 어

이 절에서는 시스템의 동적 응답을 나타나는 데 사용되는 몇 가지 용어에 대해서 살펴보기로 한다.

19.2.1 자유와 강제 응답

자유 응답이란 시스템을 변화시키기 위한 강제의 변수 입력은 없으나, 자연적으로 변화하는 시스템을 나타내는 데 사용된다. 1차 시스템의 예로서 탱크로부터 물이 유출되는 시스템을 고려한다(그림 19.1(a)).

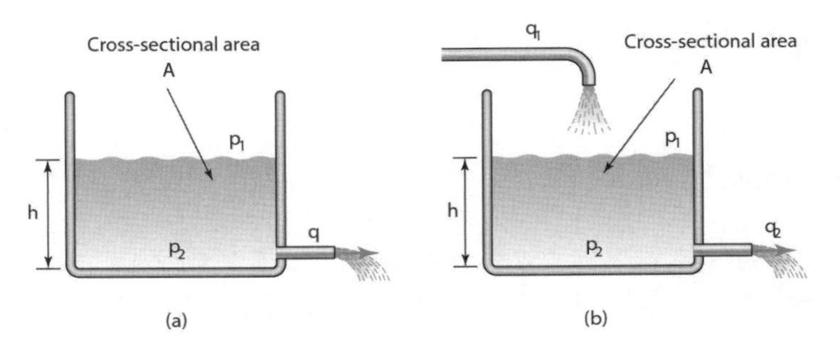

그림 19.1 탱크에서 흘러나오는 물: (a) 입력 없음, (b) 강제입력 있음

이 시스템에서

$$p_1 - p_2 = R_q$$

여기서 R은 수력저항(hydraulic resistance)이다.

$$p_1 - p_2 = h\rho g$$

여기서 r는 물의 밀도, q는 탱크 안에 남아 있는 물의 양을 의미한다. 따라서 $-dV/dt$, 즉 V는 탱크 안의 물의 부피이고 이것은 Ah가 된다. 그러므로 $q = d(Ah)/dt = -Adh/dt$이다. 위의 식을 다시 쓰면

$$h\rho g = -RA\frac{dh}{dt}$$

변수 h의 변화범위는 변수에 비례한다. 이처럼 시스템을 변화시키기 위한 강제의 변수입력이 없는 것을 자유 응답(natural response)이라 한다. h와 같이 출력항을 모두 등호에 대해 같은 변으로 놓고 입력항 0은 우변으로 하여 미분방정식을 다시 써서 이를 표현할 수 있음에 주목해야 한다.

$$RA\frac{dh}{dt} + (\rho g)h = 0$$

17.4.1절에서 미분방정식은 물이 흐르고 있는 물탱크에 대하여 유도했다(그림 19.1(b)). 이 식은 강제함수인 q_1을 가지고 있다.

$$RA\frac{dh}{dt} + (\rho g)h = q_1$$

또 다른 예를 생각할 수 있다. 어떤 온도 T_L을 갖는 뜨거운 액체 안에 온도계가 놓여 있다고 하자. 온도계 T는 시간에 따라 변한다. 17.5.1절에서 우리는 다음과 같은 식을 유도할 수 있다.

$$RC\frac{dT}{dt} + T = T_L$$

이러한 식은 강제입력 T_L을 가지고 있다.

19.2.2 과도와 정상상태의 응답

제어 시스템의 전체적인 응답이나 시스템의 원리는 정상상태 응답과 과도상태 응답의 상황을 고려해 볼 수 있다. 과도 응답(transient response)은 입력의 변화와 함께 시간의 일시적인 정지 후에 사라지는 시스템 응답의 일부분이다. 정상상태 응답(steady-state response)은 모든 과도 응답이 사라지고 난 후에 변함이 없이 존재하는 응답이다.

이것을 설명하기 위해 수직으로 매달린 스프링(그림 19.2)을 고려하자. 스프링에 갑자기 무게가 작용하면 어떻게 될까? 스프링의 처짐은 갑자기 증가하고 정지상태가 될 때까지 얼마 동안은 진동할 것이다. 정상상태값은 스프링 시스템의 정지상태에서의 반응이고 이 정상상태보다 이전에 발생하는 진동은 과도응답이다.

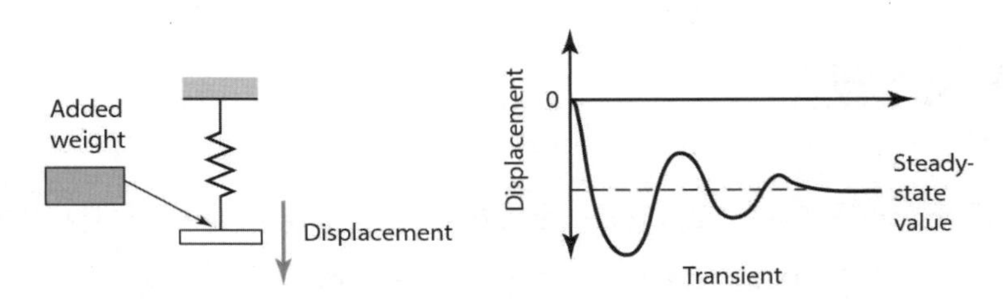

그림 19.2 스프링 시스템의 과도 응답 및 정상상태 응답

19.2.3 입력 형태

스프링 시스템의 입력, 즉 무게는 시간에 따라 변하는 양이다. 일정 시간까지는 무게가 없다가(즉, 무 입력상태), 일정 시간 후부터는 일정한 무게를 갖는 입력이 계속 존재하게 된다. 이런 형태의 입력은 계단입력(step input)으로 알려져 있다. 그림 19.3(a)는 이를 보여 주고 있다.

시스템 입력 신호는 여러 가지 형태를 취한다. 즉, 임펄스, 램프 그리고 정현파 신호이다. 임펄스(impulse)는 짧은 시간 동안 지속하는 입력(그림 19.3(b))이고, 램프(ramp)는 일정하게 증가하는 입력(그림 19.3(c))이며 이것은 $y = kt$라는 식으로 설명할 수 있다. 여기서 k는 상수이다. 정현파 입력은 $y = k\sin\omega t$로 설명할 수 있다. 여기서 ω는 각 진동주파수로 $2\pi f$이며, 여기서 f는 진동주파수이다.

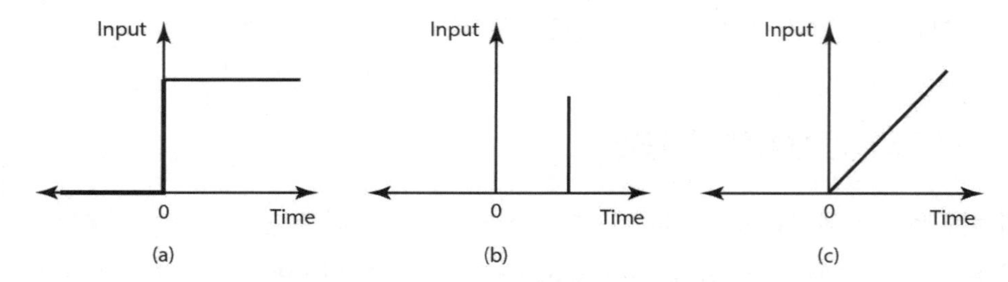

그림 19.3 입력: (a) 시간 0에서 계단, (b) 일정 시간에 임펄스, (c) 시간 0에서 시작하는 램프

입력과 출력은 모두 시간의 함수이다. 이는 다음과 같은 형태로 나타낼 수 있다. $f(t)$에서 f는 함수를 (t)는 시간에 의존하는 함수라는 것을 표시한다. 따라서 스프링 시스템에서 입력인 무게 W를 $W(t)$로, 그리고 처짐의 d는 출력 $d(t)$로 쓸 수 있다. $y(t)$는 주로 입력으로 $x(t)$는 출력으로 사용된다.

19.3 1차 시스템

1차 시스템에서 $y(t)$를 입력으로 $x(t)$를 출력으로 하여 고려하자. 여기에는 강제입력 b_0y를 가지며 형태의 미분방정식으로 설명 할 수 있는 1차 시스템을 생각해 보자.

$$a_1\frac{dx}{dt}+a_0x=b_0y$$

여기서 a_1, a_0, b_0는 상수이다.

19.3.1 자유 응답

입력 $y(t)$는 여러 형태를 취할 수 있다. 첫째로 입력이 0일 때 상황을 고려하자. 입력이 없기 때문에 이 시스템을 반응시키기 위한 외부 강제입력(forcing)이 없는, 즉 자유 응답 시스템이다. 따라서 미분방정식은

$$a_1\frac{dx}{dt}+a_0x=0$$

이 방정식은 변수 분리법을 사용하여 해결할 수 있다. 방정식은 한쪽에 있는 모든 x 변수와 다른 한쪽에 있는 모든 t 변수로 작성할 수 있다.

$$\frac{dx}{x} = -\frac{a_0}{a_1}dt$$

단위 계단 입력과 같이, $t=0$일 때 초깃값 $x=1$로 놓고 취합하여,

$$\ln x = -\frac{a_0}{a_1}t$$

따라서

$$x = e^{-a_0 t/a_1}$$

해의 형태를 $x = Ae^{st}$ (A, s는 상수)라고 가정하고, 이 식을 미분하면 $dx/dt = sAe^{st}$이 되고 치환하면

$$a_1 sAe^{et} + a_0 Ae^{st} = 0$$

이므로 $a_1 s + a_0 = 0$이고, $s = -a_0/a_1$이다. 따라서

$$x = Ae^{-a_0 t/a_1}$$

이것은 아무런 강제요소가 없으므로 자유 응답(natural response)이다. 우리는 상수 A의 값을 경계조건에서 결정할 수 있다. 따라서 만약 $t=0$일 때 $x=1$이면 $A=1$이다. 그림 19.4는 자유 응답, 즉 지수적으로 감소하는 것을 보여 준다.

$$x = e^{-a_0 t/a_1}$$

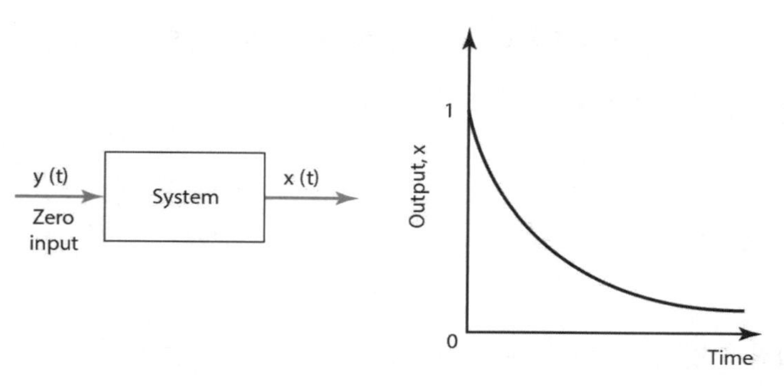

그림 19.4 1차 시스템의 자유 응답

19.3.2 강제 입력에 대한 응답

다음으로는 강제적 요소(forcing function)가 있는 경우를 고려하자.

$$a_1\frac{dx}{dt}+a_0x=b_0y$$

위 식의 해를 $x=u+v$과 같이 두 부분으로 구성되어 있는 경우를 고려해 보자. 한 부분은 과도 응답 부분을 나타내고, 다른 한 부분은 정상상태 응답 부분을 나타낸다. 미분방정식을 다시 쓰면, 다음과 같다.

$$a_1\frac{d(u+v)}{dt}+a_0(u+v)=b_0y$$

다시 정리하면

$$\left(a_1\frac{dv}{dt}+a_0u\right)+\left(a_1\frac{dv}{dt}+a_0v\right)=b_0y$$

여기서,

$$a_1\frac{dv}{dt}+a_0v=b_0y$$

라 하면,

$$a_1\frac{du}{dt}+a_0u=0$$

위의 두 가지 식에서 하나는 강제입력 함수를 다른 하나는 자유 응답 방정식을 나타낸다. 마지막 식인 자유방정식은 이 절의 앞부분에서 언급했다. 이를 다시 쓰면, 다음과 같다.

$$u=Ae^{-a_0t/a_1}$$

또 다른 미분방정식은 강제 함수인 y를 가지고 있다. 이 식의 해는 입력 신호 y에 달려 있다. 계단입력에서 y가 일정하고 0보다 크다면 $y=k$이다. 이때 해는 $v=A$이고 A는 상수이다. 만약 입력이 $y=a+bt+ct^2+\ \cdots$ (여기서, a, b, c는 상수) 형태라면 출력 $v=A+Bt+Ct^2$의 형태를 갖게 된다고 가정할 수 있고, 정현파 입력 신호에 대해서 출력 응답은 $v=A\cos\omega t+B\sin\omega t$ 형태라고 가정할 수 있다.

위 식을 설명하기 위해 시간 $t=0$이고 스텝 크기가 k인 계단입력을 가정하자. $v=A$라고 가정하고 이 상수를 미분하면 0이다. 이때 $a_0A=b_0k$이므로 $v=(b_0/a_0)k$이다.

따라서 ($x=u+v$에서) 다음과 같은 식이 유도된다.

$$x=Ae^{-a_0t/a_1}+\frac{b_0}{a_0}k$$

우리는 주어진 몇 개의 초기 조건에서 상수 A의 값을 구할 수 있다. 여기서 $t=0$일 때 $y=0$이다.

$$0=A+\frac{b_0}{a_0}k$$

따라서 $A=-(b_0/a_0)k$ 이므로, 그 해는 다음과 같이 된다.

$$x=\frac{b_0}{a_0}k(1-e^{-a_0t/a_1})$$

$t \to \infty$ 때 지수항은 0에 가까워진다. 이는 과도 응답의 해이다. 정상상태 응답은 $t \to \infty$ 때의 x값이며, 즉 $(b_0/a_0)k$이다. 따라서 이 식을 다음과 같이 쓸 수 있다.

$$x = \text{정상상태값} \times (1 - e^{-a_0 t/a_1})$$

그림 19.5(b)는 스텝입력에 대한 출력 x가 시간에 대해 어떻게 변하는지를 보여 준다.

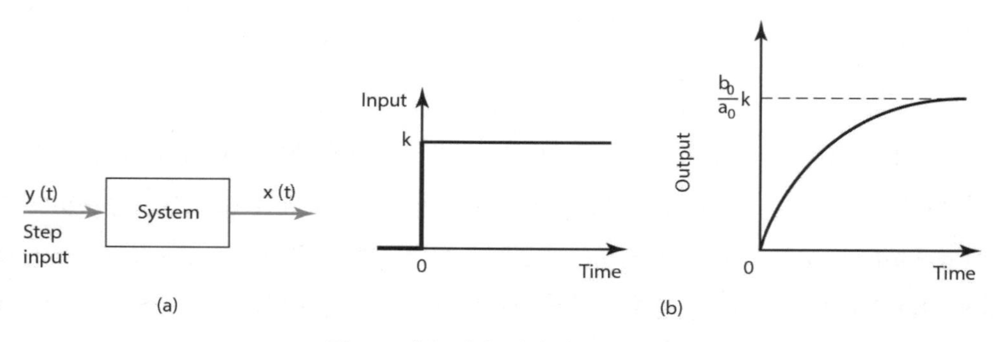

그림 19.5 (a) 계단 입력, (b) 결과 출력

19.3.3 1차 시스템의 예제

이를 더 자세히 설명하기 위해 다음을 고려하자.

저항과 콘덴서로 직렬 구성된 전기변환 시스템에서 스텝입력의 크기가 V로 주어질 때 미분방정식으로 주어진 축전기 V의 전위차, 즉 출력이 유도됨을 알게 된다.

$$RC\frac{dv}{dt} + v = V$$

미분방정식의 해는 무엇인가? 즉, 시스템의 반응과 시간에 따라 v는 어떻게 변하는가?

앞서 해결된 식 $a_1 = RC$, $a_0 = 1$, $b_0 = 1$과 미분방정식을 대조해 보면 다음 형태의 해가 된다.

$$v = V(1 - e^{-t/RC})$$

1MV의 저항과 2μF인 콘덴서로 직렬 구성된 전기회로를 고려하자. 시간 t=0일 때 회로는 4tV의 램프전압이다. 즉, 전압은 매초마다 4V의 비율로 증가한다. 콘덴서의 전압이 시간에 따라

어떻게 변하는지를 결정하자.

미분방정식은 앞의 예에서 주어진 식과 유사한 형태를 가질 것이다. 하지만 스텝 전압은 $4t$의 램프전압으로 대신한다.

$$RC\frac{dv}{dt}+v=4t$$

따라서 식에 주어진 값들을 사용하면

$$2\frac{dv}{dt}+v=4t$$

$v=v_n+v_f$이므로, 자유 응답과 강제 응답의 합을 취하면 자유 응답은

$$2\frac{dv_n}{dt}+v_n=0$$

강제 응답은

$$2\frac{dv_f}{dt}+v_f=4t$$

이다. 자유 응답 미분방정식에 대해서 $v_n=Ae^{st}$ 형태의 해를 구할 수 있다. 따라서 이 값을 사용하면 다음과 같이 된다.

$$2Ase^{st}+Ae^{st}=0$$

따라서 $s=-\frac{1}{2}$이고, $v_n=Ae^{-t/2}$이다.

강제 응답 미분방정식에 대해서는 식의 우변항이 $4t$이므로 $v_f=A+Bt$ 형태의 해를 구할 수 있다. 이 값을 사용하면 $2B+A+Bt=4t$ 식이 주어진다. 따라서 $B=4$이고 $A=-2B=-8$이어야 한다. 그러므로 해는 $v_f=-8+4t$이다. 따라서 완전 해는 다음과 같다.

$$v = v_n + v_f = Ae^{-t/2} - 8 + 4t$$

여기서 $t=0$ 일 때 $v=0$이므로 $A=8$이어야 하고 따라서 다음과 같다.

$$v = 8e^{-t/2} - 8 + 4t$$

나아가서, 모터에 대해 출력인 각속도(ω)와 입력전압(v) 사이의 관계가 다음과 같이 주어질 때를 고려하자.

$$\frac{IR}{k_1 k_2}\frac{d\omega}{dt} + \omega = \frac{1}{k_1}v$$

스텝의 크기가 1V인 입력에서 정상상태에서의 각속도의 값은 무엇인가?

위의 미분방정식을 전에 구하였던 방정식과 비교하여, $a_1 = IR/k_1k_2$, $a_0 = 1$, $b_0 = 1/k_1$일 때 스텝입력에 대한 정상상태값은 $(b_0/a_0) = 1/k_1$이다.

19.3.4 시정수

1차 시스템에 대해 스텝입력의 크기가 k이고, 다음 식에 따라서 시간에 대해 변하는 출력 y를 가진다.

$$x = \frac{b_0}{a_0}k(1 - e^{-a_0 t/a_1})$$

또는

$$x = \text{정상상태값} \times (1 - e^{-a_0 t/a_1})$$

시간 $t = (a_1/a_0)$일 때 지수항은 $e^{-1} = 0.37$이다.

$$x = \text{정상상태값} \times (1 - 0.37)$$

이때 출력의 시간은 정상상태값의 0.63까지 증가한다. 이 시간을 시정수(time constant) t라 한다.

$$\tau = \frac{a_1}{a_0}$$

$2(a_1/a_0) = 2\tau$의 시간에서의 지수항이 $e^{-2} = 0.14$이고, 따라서 다음과 같다.

$$x = 정상상태값 \times (1 - 0.14)$$

이때 출력은 정상상태값의 0.86까지 증가한다. 유사한 방법으로 3τ, 4τ, 5τ 등 출력의 값들은 계산할 수 있다. 표 19.1은 이러한 계산결과들을 보여 주고 있다. 그림 10.10은 단위 스텝 입력에 대해 출력이 시간에 따라 어떻게 변하고 있는지 보여 준다.

표 19.1 계단 입력에 따른 1차 시스템의 응답

Time t	Fraction of steady-state output
0	0
1τ	0.63
2τ	0.86
3τ	0.95
4τ	0.98
5τ	0.99
∞	1

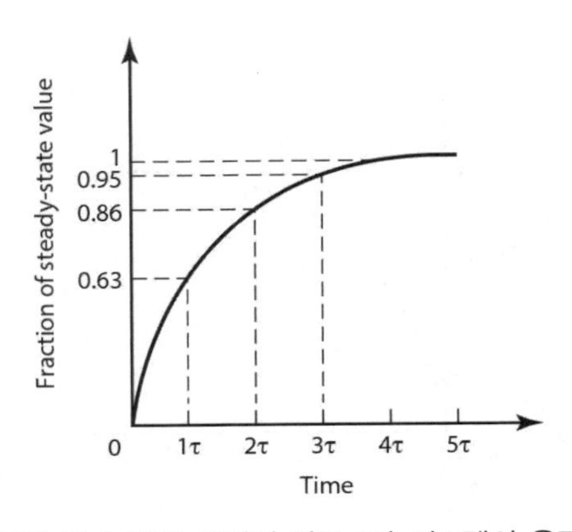

그림 19.6 계단 입력에 따른 1차 시스템의 응답

시정수 t의 관점에서 1차 시스템의 응답을 나타내는 방정식을 다음과 같이 얻을 수 있다.

$$x = 정상상태값 \times (1 - e^{-t/\tau})$$

시정수 τ가 (a_1/a_0)이면, 다음과 같이 1차 미분방정식을 일반적 형태로 쓸 수 있다.

$$a_1 \frac{dx}{dt} + a_0 x = b_0 y$$

에서

$$\tau \frac{dx}{dt} + x = \frac{b_0}{a_0} y$$

그러나 b_0/a_0는 정상상태값에 입력 y가 곱해지는 인자이다. 이것은 정상상태의 조건하에서 출력이 입력보다 얼마나 클 것인가를 서술하는 인자이므로, 정상상태 이득(steady-state gain)이라 한다. 따라서 이것을 G_{ss}로 나타내면 다음과 같이 미분방정식을 쓸 수 있다.

$$\tau \frac{dx}{dt} + x = G_{ss} y$$

스텝입력이 5V로 주어질 때 시간에 대해 1차 시스템의 출력 v_0가 어떻게 변하는가를 보여 주는 그림 19.7을 고려하자.

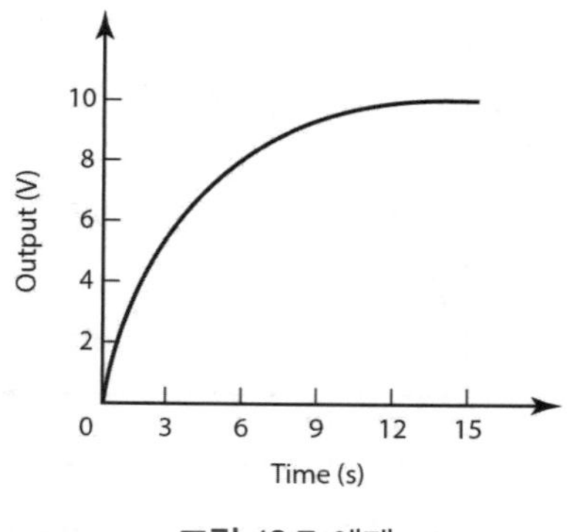

그림 19.7 예제

시정수는 1차 시스템의 출력이 0부터 최종 정상상태값인 0.63까지 변하도록 하는 데 걸리는 시간이다. 이 경우 시간은 약 3초이다. 즉, 6초에서 값을 찾으므로 이 값을 체크할 수 있다. 그리고 시스템이 1차라는 것도 체크할 수 있다. 1차 시스템에 대해 정상상태값은 10V이다. 따라서 정상상태 이득 G_{ss}(정상상태 출력/입력)=10/5=2이다. 1차 시스템에 대한 미분방정식은 다음과 같이 쓰일 수 있다.

$$\tau\frac{dx}{dt}+x=G_{ss}y$$

따라서 이 시스템에 대해 다음 식을 가진다.

$$3\frac{dv_0}{dt}+v_0=2v_i$$

19.4 2차 시스템

많은 2차 시스템들에서는 감쇠요소를 공급하는 수단들과 질량을 가진 스프링이 필수적으로 고려될 수 있다. 그림 19.8은 그런 시스템의 기본 구조를 나타낸다.

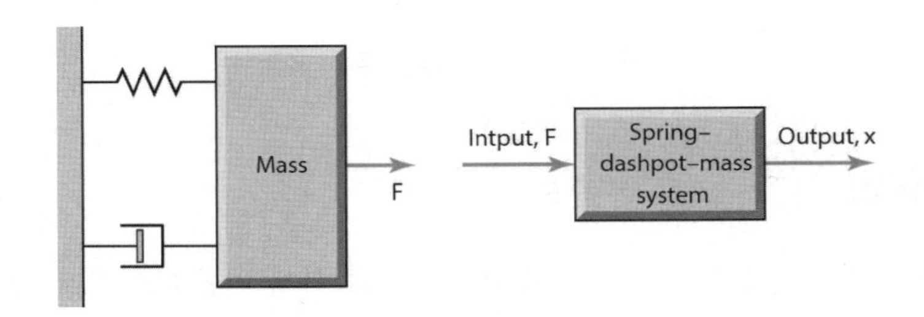

그림 19.8 스프링–댐쉬폿–질량 시스템

이러한 시스템은 17.2.2절에서 해석되었다. 입력인 힘 F와 출력 변위 x의 관계를 나타내는 식은 다음과 같다.

$$m\frac{d^2x}{dt^2}+c\frac{dx}{dt}+kx=F$$

여기서 m은 질량, c는 감쇠 상수, k는 스프링 상수이다.

변위 x가 시간에 따라 변하는 방법은 시스템에서 감쇠의 양에 의존한다. 따라서 만약 힘 F가 스텝입력으로 작용하고 무감쇠일 때 질량은 스프링에서 자유진동할 것이다. 이 진동은 멈추지 않고 무한하게 계속할 것이다. 무감쇠는 $c=0$을 의미하며 (dx/dt)항이 0이라는 것을 의미한다. 하지만 감쇠는 진동을 질량이 안정변위를 얻을 때까지 감소시킬 것이다. 만약 감쇠가 충분히 크면 진동이 없을 것이고, 질량의 변위도 시간에 대해 점점 증가하며 점차적으로 질량은 정상상태위치로 이동할 것이다. 그림 19.9는 스텝입력에 대해 다른 감쇠력 정도에 따라 시간에 대해 변위가 변하는 일반적 방법을 보여 준다.

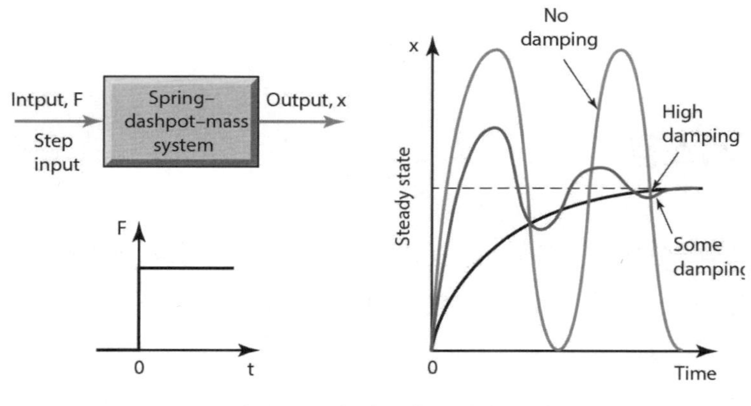

그림 19.9 2차 시스템의 감쇠 효과

19.4.1 자유응답

스프링의 끝에 있는 질량을 고려하자. 강제 없이 자유롭게 진동하고 어떤 감쇠도 없는 2차 시스템의 출력은 연속진동(단순 조화운동)이다. 따라서 다음과 같이 쓸 수 있다.

$$x=A\sin\omega_n t$$

여기서 x는 시간의 변수이고 A는 진동의 진폭, ω_n는 비감쇠 자유진동의 각진동수이다. 위 식을 미분하면 다음과 같이 된다.

$$\frac{dx}{dt} = \omega_n A \cos \omega_n t$$

다시 한번 더 미분하면

$$\frac{d^2x}{dt^2} = -\omega_n^2 A \sin \omega_n t = -\omega_n^2 x$$

미분방정식으로 나타내기 위해서 다시 전개하면 다음과 같다.

$$\frac{d^2x}{dt^2} + \omega_n^2 x = 0$$

그러나 강성 k의 스프링에서의 질량 m에 대해 kx의 복원력을 가지므로

$$m\frac{d^2x}{dt^2} = -kx$$

위 식은 다음과 같이 쓸 수도 있다.

$$\frac{d^2x}{dt^2} + \frac{k}{m}x = 0$$

따라서 두 식을 비교하면

$$\omega_n^2 = \frac{k}{m}$$

여기서 $x = A \sin \omega_n t$는 미분방정식의 해이다.

이제 감쇠가 있는 경우를 생각하자. 질량의 움직임은 다음 식으로 표현된다.

$$m\frac{d^2x}{dt^2} + c\frac{dx}{dt} + kx = 0$$

과도방정식를 풀기 위해 $x_n = Ae^{st}$ 형태의 해를 이용할 수 있다. $dx_n/dt = Ase^{st}$ 와 $d^2x_n/dt^2 = As^2e^{st}$ 이므로, 미분방정식에서 이러한 값들을 대입하면 다음 식을 얻을 수 있다.

$$mAs^2e^{st} + cAse^{st} + kAe^{st} = 0$$
$$ms^2 + cs + k = 0$$

따라서 $x_n = Ae^{st}$ 는 위 식에 주어진 유일한 식이 될 수 있다. 이 식을 보조방정식(auxiliary equation)이라 한다. 이 식의 근은 2차 방정식의 근의 공식에 의해 구할 수 있다.

$$s = \frac{-c \pm \sqrt{c^2 - 4mk}}{2m} = -\frac{c}{2m} \pm \sqrt{\left(\frac{c}{2m}\right)^2 - \frac{k}{m}}$$
$$= -\frac{c}{2m} \pm \sqrt{\frac{k}{m}\left(\frac{c^2}{4mk}\right) - \frac{k}{m}}$$

그러나 $w_n^2 = k/m$ 이고 $\zeta^2 = c^2/4mk$ 라 하면, 위 식은 다음과 같이 쓸 수 있다.

$$s = -\zeta w_n \pm w_n\sqrt{\zeta^2 - 1}$$

여기서 ζ는 감쇠계수(damping factor)이다.

위 식에서 얻어진 s값은 제곱근 항의 값에 크게 의존한다. 따라서 ζ^2 이 1보다 클 때 제곱근 항은 양의 제곱근이 되고, ζ^2 이 1 미만이면 음의 제곱근이 된다. 감쇠계수는 제곱근 항이 양인지 음인지를 결정하고 시스템으로부터 출력의 형태로 나타낸다.

1. 과다 감쇠

$\zeta > 1$ 이면 두 가지의 실근인 s_1과 s_2가 존재한다.

$$s_1 = -\zeta\omega_n + \omega_n\sqrt{\zeta^2 - 1}$$
$$s_2 = -\zeta\omega_n - \omega_n\sqrt{\zeta^2 - 1}$$

x_n 에 관한 일반식은 다음과 같다.

$$x_n = Ae^{s_1 t} + Be^{s_2 t}$$

이를 과다감쇠(over-damped)라고 한다.

2. 임계 감쇠

$\zeta=1$이면, $s_1 = s_2 = -w_n$인 2개의 공통근을 가진다. 이를 임계감쇠(critically damped)라고 한다.

$$x_n = (At+b)e^{-\omega_n t}$$

이 경우에 대해 해는 $x_n = Ae^{st}$이어야 할 것 같지만 2개의 상수가 필요하다. 그리고 해는 이런 형태가 된다.

3. 부족 감쇠

$\zeta<1$이면 두 근 모두가 (-1)의 제곱근을 포함하므로 2개의 복소수근이 존재한다.

$$s = -\zeta\omega_n \pm \omega_n\sqrt{\zeta^2-1} = -\zeta\omega_n \pm \omega_n\sqrt{-1}\sqrt{1-\zeta^2}$$

$\sqrt{-1}$를 j로 쓰면

$$s = -\zeta\omega_n \pm j\omega_n\sqrt{1-\zeta^2}$$

만약

$$\omega = \omega_n\sqrt{1-\zeta^2}$$

라 하면 $s = -\zeta\omega_d \pm j\omega$로 쓸 수 있고, 2개의 근들은 다음과 같이 표현된다.

$$s_1 = -\zeta\omega_d + j\omega,\ s_2 = -\zeta\omega_d - j\omega$$

각진동수 ω는 감쇠조건하에 있을 때는 ζ로 쓸 수 있다. 이러한 조건하에서 해들은 다음과 같다.

$$x_n = Ae^{(\zeta\omega_n + j\omega)t} + Be^{(-\zeta\omega_n - j\omega)t} = e^{-\zeta\omega_n t}(Ae^{j\omega t} + Be^{-j\omega t})$$

그러나

$$e^{j\omega t} = \cos\omega t + j\sin\omega t,\ e^{-j\omega t} = \cos\omega t - j\sin\omega t$$
$$x_n = e^{-\zeta\omega_n t}(A\cos\omega t + jA\sin\omega t + B\cos\omega t - jB\sin\omega t)$$
$$= e^{-\zeta\omega_n t}[(A+B)\cos\omega t + j(A-B)\sin\omega t]$$

따라서 $(A+B)$와 $j(A-B)$를 상수 P와 Q로 치환하면

$$x_n = e^{-\zeta\omega_n t}(P\cos\omega t + Q\sin\omega t)$$

그러한 조건들에 대한 시스템을 부족감쇠(under-damped)이라고 한다.

19.4.2 강제 입력에 대한 응답

강제 입력이 있을 때, 미분방정식은 다음과 같다.

$$m\frac{d^2x}{dt^2} + c\frac{dx}{dt} + kx = F$$

1차 미분방정식에 대해 이전에 사용한 것과 같은 방법으로 2차 미분방정식을 풀 수 있고, 이 솔루션이 일시적인(자유)응답과 강제 응답의 두 요소로 구성되어 있다고 생각할 수 있다. 즉, $x = x_n + x_f$이다. 위의 방정식에서 x를 대입하면

$$m\frac{d^2(x_n + x_f)}{dt^2} + c\frac{d(x_n + x_f)}{dt} + k(x_n + x_f) = F$$

만약

$$m\frac{d^2x_n}{dt^2}+c\frac{dx_n}{dt}+kx_n=0$$

이면 다음과 같다.

$$m\frac{d^2x_f}{dt^2}+c\frac{dx_f}{dt}+kx_f=F$$

이전 절에서 자유응답에 대한 해를 구하였고, 강제 부분에 대해 풀면,

$$m\frac{d^2x_f}{dt^2}+c\frac{dx_f}{dt}+kx_f=F$$

입력 신호의 독특한 형태에 대해 고려하고 해를 구할 필요가 있다. 시간 $t=0$이고 스텝입력의 크기가 F일 때 해를 $x_f=A$로 할 수 있다. 여기서 A는 상수이다(해들의 선택에 대한 토의에 대해서는 1차 미분방정식 해의 토의를 참조하라). $dx_f/dt=0$이고 $d^2x_f/dt^2=0$이다. 따라서 미분방정식에 대입하면 $0+0+kA=F$이므로 $A=F/k$이고 $x_f=F/k$이다. 감쇠과다 시스템에 대하여 자유와 강제 해의 합인 완전 해는

$$x=Ae^{s_1t}+Be^{s_2t}+\frac{F}{k}$$

임계감쇠 시스템에 대해서는

$$x=(At+B)e^{-\omega_nt}+\frac{F}{k}$$

감쇠부족 시스템에 대해서는

$$x = e^{-\zeta\omega_n t}(P\cos\omega t + Q\sin\omega t) + \frac{F}{k}$$

$t \to \infty$일 때, 위의 세 식들은 모두 $x = F/k$ 해로 유도된다. 이를 정상상태조건이라 한다. 따라서 다음과 같은 2차 미분방정식 형태는

$$a_2\frac{d^2x}{dt^2} + a_1\frac{dx}{dt} + a_0x = b_0y$$

이고, 고유 진동수는

$$\omega_n^2 = \frac{a_0}{a_2}$$

이며, 감쇠 계수는 다음과 같이 주어진다.

$$\zeta^2 = \frac{a_1^2}{4a_2a_0}$$

19.4.3 2차 시스템의 예제

위의 식을 설명하기 위해 다음에 몇 가지 예가 제시된다.

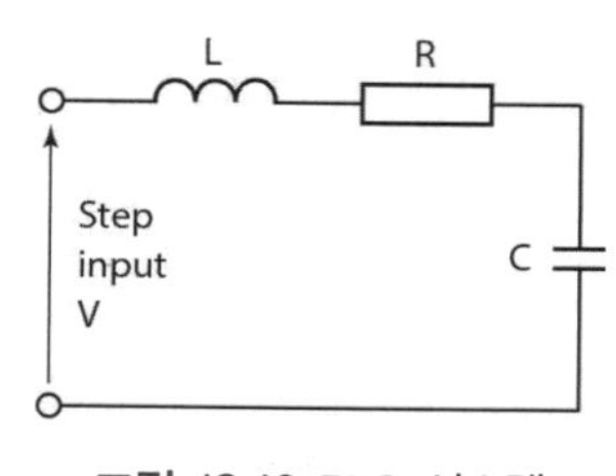

그림 19.10 RLC 시스템

직렬 RLC 회로(그림 19.10)에서 R=100Ω, L=2.0H, C=20μF이다. 회로에서 전류 i는 다음과 같이 주어진다(그림 17.9에 연관된 글 참조).

$$\frac{d^2i}{dt^2}+\frac{R}{L}\frac{di}{dt}+\frac{1}{LC}i=\frac{V}{LC}$$

일반적인 2차 미분방정식과 비교해 보면,

$$a_2\frac{d^2x}{dt^2}+a_1\frac{dx}{dt}+a_0x=b_0y$$

자유 각진동수는 다음과 같다.

$$\omega_n^2=\frac{1}{LC}=\frac{1}{20\times 20\times 10^{-6}}$$

따라서 $\omega_n=158\,Hz$ 이다. 일반적인 2차 방정식과 비교해 보면 다음 식이 주어진다,

$$\zeta^2=\frac{(R/L)^2}{4\times(1/LC)}=\frac{R^2C}{4L}=\frac{100^2\times 20\times 10^{-6}}{4\times 2.0}$$

따라서 ζ=0.16이다. ζ가 1 미만이기 때문에 시스템은 감쇠부족이다. 감쇠진동수 w는 다음과 같다.

$$\omega=\omega_n\sqrt{1-\zeta^2}=158\sqrt{1-0.16^2}=156\,Hz$$

이 시스템은 감쇠부족이므로 해는 다음과 같은 형태가 될 것이다.

$$x=e^{-\zeta\omega_n t}(P\cos\omega t+Q\sin\omega t)+\frac{F}{k}$$

따라서

$$i=e^{-0.16\times 158t}(P\cos 156t+Q\sin 156t)+V$$

$t=0$일 때 $i=0$이기 때문에 $0=1(P+0)+V$이다. 따라서 $P=-V$이다. $t=0$일 때 $di/dt=0$이므로, 위의 방정식을 미분하고 그것을 0으로 놓으면 다음과 같은 식이 된다.

$$\frac{di}{dt}=e^{-\zeta\omega_n t}(wP\sin\omega t-\omega Q\cos\omega t)-\zeta\omega_n e^{-\zeta\omega_n t}(P\cos\omega t+Q\cos\omega t)$$

따라서 $0=1(1-\omega Q)-\zeta\omega_n(P+0)$이므로

$$Q=\frac{\zeta\omega_n P}{\omega}=-\frac{\zeta\omega_n V}{\omega}=-\frac{0.16\times 158\,V}{156}\approx -0.16\,V$$

따라서 미분방정식의 해는 다음과 같다.

$$i=V-Ve^{-25.3t}(\cos 156t+0.16\sin 156t)$$

그림 19.11의 시스템을 생각해 보자. 입력인 토크 T는 샤프트 축에 대해 관성 모멘트 I를 가진 디스크에 작용한다. 축은 디스크 끝에서 자유롭게 회전하나 반대 끝은 고정되어 있다. 축의 회전은 축의 비틀림 강성(torsional stiffness)에 반대이다. 토크 $k\theta_o$는 입력 회전 θ_o에 반대로 작용한다. 여기에서 k는 상수이다. 마찰력은 축의 회전을 감소시키고 토크 $c=d\theta_o/dt$는 반대이다. c는 상수이다. 이 시스템에서 임계감쇠가 되기 위한 조건은 무엇인가?

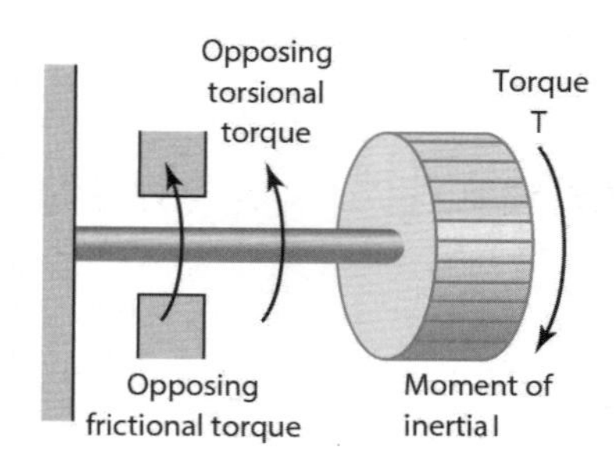

그림 19.11 비틀림 시스템

우리는 먼저 시스템에 대한 미분방정식을 구하는 것이 필요하다. 총토크(net torque)는 다음과 같다.

$$총토크 = T - c\frac{d\theta_0}{dt} - k\theta_o$$

총토크는 $Id^2\theta_o/dt^2$이므로 다음과 같다.

$$I\frac{d^2\theta_o}{dt^2} = T - c\frac{d\theta_o}{dt} - k\theta_o$$

$$I\frac{d^2\theta_o}{dt^2} + c\frac{d\theta_o}{dt} + k\theta_o = T$$

임계감쇠에 대한 조건은 감쇠계수 ζ가 1일 때이다. 일반적인 2차 미분방정식과 위 식을 비교하면 다음과 같다.

$$\zeta^2 = \frac{a_1^2}{4a_2a_0} = \frac{c^2}{4Ik}$$

따라서 임계감쇠가 되기 위해서는 $c = \sqrt{(Ik)}$이다.

19.5 2차 시스템의 성능 측정

그림 19.12는 스텝입력에 대한 감쇠부족 2차 시스템(under-damped second-order system)의 전형적인 응답형태를 보여 준다. 어떤 항들은 그런 성능을 특성화하는 데 사용된다.

상승시간(rise time), t_r은 응답 x가 0에서 정상상태값 x_{ss}까지 도달하는 데 걸리는 응답시간이며, 또한 입력에 대해 시스템이 얼마나 빨리 반응하는가에 대한 척도이다. 이것은 한 사이클의 1/4에 도달하는 진동 응답시간, 즉 p이다. 따라서

$$\omega t_r = \frac{1}{2}\pi$$

상승시간은 때때로 정상상태값의 어떤 특정한 백분율, 즉 10%로부터 특정한 백분율 90%까지

도달하는 데 걸리는 시간을 말한다.

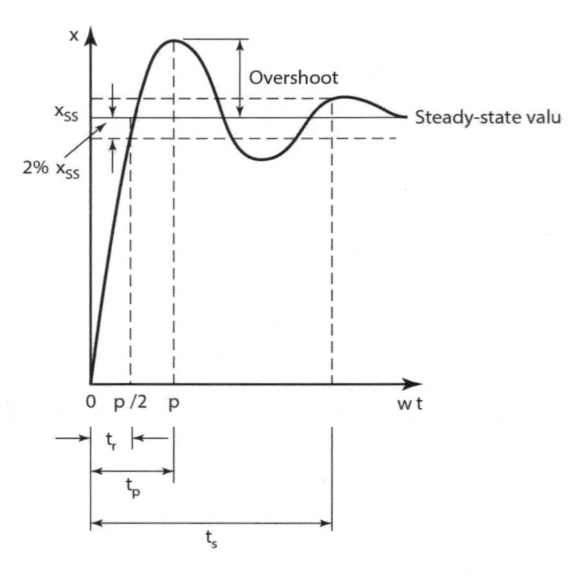

그림 19.12 부족 감쇠 시스템의 계단 응답

피크시간(peak time) t_p는 0에서 첫 번째 최댓값에 도달하는 데 걸리는 응답시간이다. 이것은 반 사이클(p)에 도달하는 진동 응답시간이다. 따라서

$$\omega t_p = \pi$$

오버슈트(overshoot)는 정상상태를 초과 반응하는 최댓값이다. 따라서 이것은 최초 피크의 진폭이다. 오버슈트는 종종 정상상태값의 백분율로 쓰인다. 감쇠부족 진동에 대해서 다음과 같이 쓸 수 있다.

$$x = e^{-\zeta\omega_n t}(P\cos\omega t + Q\sin\omega t) + \text{정상상태값}$$

여기서 $t=0$일 때 $x=0$이므로 $0=1(P+0)+x_{ss}$이다. 따라서 $P=-x_{ss}$이다. 오버슈트는 $\omega t = \pi$에서 발생하므로

$$x = e^{-\zeta\omega_n \pi/\omega}(P+0) + x_{ss}$$

오버슈트는 그 시간의 출력과 정상상태값 사이의 차이다. 따라서

$$오버슈트 = x_{ss}e^{-\zeta\omega_n\pi/\omega}$$

$\omega = \omega_n\sqrt{(1-\zeta^2)}$ 이므로

$$오버슈트 = x_{ss}\exp\left(\frac{-\zeta\omega_n\pi}{\omega_n\sqrt{1-\zeta^2}}\right) = x_{ss}\exp\left(\frac{-\zeta\pi}{\sqrt{1-\zeta^2}}\right)$$

x_{ss}의 백분율로 표현하면 다음과 같다.

$$백분율\ 오버슈트 = \exp\left(\frac{-\zeta\pi}{\sqrt{1-\zeta^2}}\right)$$

표 19.2는 특정한 감쇠율에 대한 백분율 오버슈트의 값을 보여 준다.

표 19.2 피크 오버슈트 백분율

Damping ratio	Percentage overshoot
0.2	52.7
0.4	25.4
0.6	9.5
0.8	1.5

감퇴율(subsidence ratio 또는 decrement)에 의해서 얼마나 빠르게 진동이 사라지는가를 알 수 있다. 이것은 1차 오버슈트 진폭에 의해 나눠진 2차 오버슈트의 진폭이다. 1차 오버슈트는 $wt = \pi$일 때 2차 오버슈트는 $wt = 3\pi$일 때 발생한다. 따라서

$$1차\ 오버슈트 = x_{ss}\exp\left(\frac{-\zeta\pi}{\sqrt{1-\zeta^2}}\right)$$

$$2차\ 오버슈트 = x_{ss}\exp\left(\frac{-3\zeta\pi}{\sqrt{1-\zeta^2}}\right)$$

그래서

$$감퇴율 = \frac{2차\ 오버슈트}{1차\ 오버슈트} = \exp\left(\frac{-2\zeta\pi}{\sqrt{1-\zeta^2}}\right)$$

정정시간(settling time) t_s는 진동이 사라지는 데 걸리는 시간의 값으로서 사용된다. 이것은 정상상태값의 어떤 특정한 백분율, 즉 2% 내로 유지하거나 떨어지는 데 걸리는 시간이다(그림 19.12 참조). 이것은 진동의 진폭이 x_{ss}의 2% 미만이어야 한다는 것을 의미한다.

$$x = e^{-\zeta\omega_n t}(P\cos\omega t + Q\sin\omega t) + 정상상태값$$

앞에서 유도한 것처럼 $P = -x_{ss}$이다. x가 최댓값일 때 진동의 진폭은 $(x - x_{ss})$이다. 최댓값은 wt가 p의 배수일 때 발생하고, $\cos\omega t = 1$이고 $\sin\omega t = 0$이다. t_s 정정시간은 2% 정정시간에 대해 최대 진폭이 x_{ss}의 2%일 때, 즉 $0.02x_{ss}$일 때이다. 따라서

$$0.02x_{ss} = e^{-\zeta\omega_n t_s}(x_{ss} \times 1 + 0)$$

알고리즘은 $\ln 0.02 = -\zeta\omega_n t_s$를 놓고 $\ln 0.02 = -3.9$ 또는 근삿값 -4이기 때문에

$$t_s = \frac{4}{\zeta\omega_n}$$

위의 식은 특정 백분율이 2%일 때 정정시간값이다. 만약 정정시간의 5%일 때 식은 다음과 같이 된다.

$$t_s = \frac{3}{\zeta\omega_n}$$

한 사이클을 만드는 데 걸리는 시간, 즉 주기는 $1/f$이다. 여기서 f는 진동수이다. $w = 2\pi f$이므로 한 사이클을 만드는 시간은 $2\pi/f$이다.

$$진동수 = \frac{정착시간}{주기적\ 시간}$$

따라서 정착시간에 대해 정상상태값의 2%에 정의된다.

$$진동수 = \frac{4/\zeta\omega_n}{2\pi/\omega}$$

$\omega = \omega_n \sqrt{(1-\zeta^2)}$ 이므로

$$진동수 = \frac{2\omega_n \sqrt{1-\zeta^2}}{\pi\zeta\omega_n} = \frac{2}{\pi}\sqrt{\frac{1}{\zeta^2}-1}$$

위 식을 설명하기 위해 2.0Hz의 고유 각진동수와 1.8Hz의 감쇠진동수를 가지는 2차 시스템을 고려하자. $\omega = \omega_n \sqrt{(1-\zeta^2)}$ 이기 때문에 감쇠계수는 다음과 같다.

$$1.8 = 2.0\sqrt{1-\zeta^2}$$

그리고 ζ=0.44이다. $\omega t_r = \frac{1}{2}\pi$ 이므로 100%의 상승시간은 다음과 같다.

$$t_r = \frac{\pi}{2 \times 1.8} = 0.87s$$

백분율 오버슈트는 다음과 같다.

$$\begin{aligned} 백분율\ 오버슈트 &= \exp\left(\frac{-\zeta\pi}{\sqrt{1-\zeta^2}}\right) \times 100\% \\ &= \exp\left(\frac{-0.44\pi}{\sqrt{1-0.44^2}}\right) \times 100\% \end{aligned}$$

따라서 백분율 오버슈트는 21%이다. 2%의 정착시간은 다음과 같다.

$$t_s = \frac{4}{\zeta\omega_n} = \frac{4}{0.44 \times 2.0} = 4.5s$$

2%의 정착시간 내에 발생하는 진동수는 다음과 같다.

$$진동수 = \frac{2}{\pi}\sqrt{\frac{1}{\zeta^2} - 1} = \frac{2}{\pi}\sqrt{\frac{1}{0.44^2} - 1} = 1.3$$

19.6 시스템 인식

앞의 17장과 18장에서는 모델의 구성을 간단한 소자들로 고려하여 구성하였다. 시스템을 모델링하는 또 다른 방법으로는 스텝입력과 같은 임의의 입력에 대한 시스템의 응답을 이용하여 모델링하는 방법이 있다. 임의의 입력과 출력과의 관계를 이용하여 잘 알려진 수학적 모델로 표현하여 시스템을 정의한다. 그러므로 만약 시스템에 스텝입력을 인가하여 그림 10.9와 같은 결과를 얻는다면, 임의의 시스템은 1차 시스템으로 고려할 수 있으며, 시스템의 응답결과를 통해 시스템의 시정수를 구할 수 있다. 만약 시스템의 최종 응답의 0.63에 해당하는 시정수가 1.5초이고, 최종 응답의 크기가 스텝입력의 5배의 크기를 가진다면, 표 19.1의 1.5초에 해당하는 결과를 나타내며, 모델은 다음의 미분방정식으로 표현된다.

$$1.5\frac{dx}{dt} + x = 5y$$

2차 감쇠부족 시스템의 스텝 응답은 그림 19.12와 같다. 여기에서 감쇠율은 측정된 첫 번째와 두 번째 오버슈트로 결정되며 다시 말해, 감퇴율과 감쇠율로 결정된다. 그리고 고유진동수는 오버슈트의 주기로 결정된다. 위의 값들을 통하여 우리는 2차 시스템들의 상수를 결정할 수 있다.

요 약

시스템의 자연스러운 응답은 시스템에 입력이 없기 때문에 변수가 변경되지만 강제로 변경되는 경우입니다. 시스템의 강제 응답은 시스템에 입력이 있어 이를 강제로 변경하는 경우이다.

강제 입력이 없는 1차 시스템에는 다음과 같은 형태의 미분방정식이 있다.

$$a_1 \frac{dx}{dt} + a_0 x = 0$$

이것은 $x = e^{-a_0 t / a_1}$의 해를 갖는다.

강제력 함수가 있을 때 미분방정식은 다음과 같은 형태이다.

$$a_1 \frac{dx}{dt} + a_0 x = b_0 y$$

해는 $x =$정상상태 값$\times(1-e^{-a_0 t/a_1})$

시간 상수 τ는 출력이 정상상태 값의 0.63으로 상승하는 데 소요되는 시간이며 (a_1/a_0)이다.

강제 입력이 없는 2차 시스템은 다음과 같은 형태의 미분방정식을 가진다.

$$m \frac{d^2x}{dt^2} + c \frac{dx}{dt} + kx = 0$$

자연 각주파수는 $\omega_n^2 = k/m$으로 주어지며 감쇠 상수는 $\zeta^2 = c^2/4mk$로 주어진다. 시스템은 $\zeta>1$일 때 오버 댐핑되고 x_n에 대한 일반적인 해는

$$x_n = Ae^{s_1 t} + Be^{s_2 t}\ with\ s = -\zeta\omega_n \pm \omega_n \sqrt{\zeta^2 - 1}$$

이다.

$\zeta=1$일 때, 시스템은 임계 감쇠가 되고

$$x_n = (At + B)e^{-\omega_n t}$$

$\zeta<1$ 인 경우 부족 감쇠가 된다.

$$x_n = e^{-\zeta\omega_n t}(P\cos\omega t + Q\sin\omega t)$$

2차 미분방정식은 강제 입력을 가질 때

$$m\frac{d^2x}{dt^2} + c\frac{dx}{dt} + kx = F$$

가 된다. 과도 감쇠 시스템의 경우

$$x = Ae^{s_1 t} + Be^{s_2 t} + \frac{F}{k}$$

이고, 임계 감쇠된 시스템

$$x = (At + B)e^{-\omega_n t} + \frac{F}{k}$$

이다. 부족 감쇠 시스템의 경우

$$x = e^{-\zeta\omega_n t}(P\cos\omega t + Q\sin\omega t) + \frac{F}{k}$$

이다. 상승 시간 t_r은 응답 x가 0에서 정상상태 값 x_{SS}로 상승하는 데 걸리는 시간이며 시스템이 입력에 응답하는 속도의 척도이며, $\omega t_r = \frac{1}{2}\pi$로 표시된다. 피크 시간 t_p는 응답이 0에서 첫 번째 피크 값까지 상승하는 데 걸리는 시간이며 $\omega t_p = \pi$로 표시된다. 오버 슈트는 응답이 정상상태 값을 오버 슈트하는 최댓값이며

$$\text{overshoot} = x_{ss}\exp\left(\frac{-\zeta\pi}{\sqrt{1-\zeta^2}}\right)$$

이다. 침강 비율 또는 감소는 제2 오버 슈트의 진폭을 제1 오버 슈트의 진폭으로 나눈 값이며,

$$ _{sidence}ratio = \exp\left(\frac{-2\zeta\pi}{\sqrt{1-\zeta^2}}\right) $$

가 된다. 안정화 시간은 응답이 소정의 특정 비율(예를 들어, 임계치 수 이내)에 속하는 데 걸리는 시간이다. 정상상태 값의 2 %에서 다음과 같다.

$$ t_s = \frac{4}{\zeta\omega_n} $$

연습문제

19.1 A first-order system has a time constant of 4s and a steady-state transfer function of 6. What is the form of the differential equation for this system?

19.2 A mercury-in-glass thermometer has a time constant of 10s. If it is suddenly taken from being at 20°C and plunged into hot water at 80°C, what will be the temperature indicated by the thermometer after (a) 10s, (b) 20s?

19.3 A circuit consists of a resistor R in series with an inductor L. When subject to a step input voltage V at time $t=0$ the differential equation for the system is

$$ \frac{di}{dt} + \frac{R}{L}i = \frac{V}{L} $$

What is (a) the solution for this differential equation, (b) the time constant, (c) the steady-state current i?

19.4 Describe the form of the output variation with time for a step input to a second-order system with a damping factor of (a) 0, (b) 0.5, (c) 1.0, (d) 1.5.

19.5 A RLC circuit has a current i which varies with time t when subject to a step input of V and is described by

$$ \frac{d^2i}{dt^2} + 10\frac{di}{dt} + 16i = 16\,V $$

What is (a) the undamped frequency, (b) the damping ratio, (c) the solution to the equation if $i = 0$ when $t = 0$ and $di/dt = 0$ when $t = 0$?

19.6 A system has an output x which varies with time t when subject to a step input of y and is described by

$$\frac{d^2x}{dt^2} + 10\frac{dx}{dt} + 25x = 50y$$

What is (a) the undamped frequency, (b) the damping ratio, (c) the solution to the equation if $x = 0$ when $t = 0$ and $dx/dt = -2$ when $t = 0$ and there is a step input of size 3 units?

19.7 An accelerometer (an instrument for measuring acceleration) has an undamped angular frequency of 100Hz and a damping factor of 0.6. What will be (a) the maximum percentage overshoot and (b) the rise time when there is a sudden change in acceleration?

19.8 What will be (a) the undamped angular frequency, (b) the damping factor, (c) the damped angular frequency, (d) the rise time, (e) the percentage maximum overshoot and (f) the 0.2% settling time for a system which gave the following differential equation for a step input y?

$$\frac{d^2x}{dt^2} + 5\frac{dx}{dt} + 16x = 16y$$

19.9 When a voltage of 10V is suddenly applied to a moving coil voltmeter it is obserbed that the pointer of the instrument rises to 11V before eventully settling down to read 10V. What is (a) the damping factor and (b) the number of oscillations the pointer will make before it is within 0.2% of its steady-state value?

19.10 A second order system is described by the differential equation:

$$\frac{d^2x}{dt^2} + c\frac{dx}{dt} + 4s = F$$

What value of damping constant c will be needed if the percentage overshoot is to be less than 9.5%?

19.11 Observation of the oscillations of a damped system when responding to an input indicates that the maximum displacement during the second cycle is 75% of the first displacement. What is the damping factor of the system?

19.12 A second order system is found to have a time of 1.6s between the first overshoot and the second overshoot. What is the natural frequency of the system?

Chapter 20 시스템 전달함수

목 표

이 장의 목적은 학습 후에 다음을 할 수 있어야 한다.

- 전달함수를 정의하고, 1차 및 2차 시스템에 대한 미분 방정식으로부터 전달함수 구하기
- 피드백 루프가 있는 시스템의 전달함수 구하기
- 라플라스 변환을 사용하여 당순 입력에 대한 1차 및 2차 시스템의 응답을 구하기
- 극 위치가 시스템의 응답에 미치는 영향을 결정하기

20.1 전달함수

증폭기 시스템에서는 통상적으로 이득(gain)에 대해 논한다. 이것은 입력 신호에 비교해 볼 때 출력 신호가 얼마나 큰가를 나타낸다. 이것은 특정 입력에 대해 출력의 결정이 가능하게 한다. 예를 들면, 전압이득이 10인 증폭기에서 입력전압이 2mV이면 출력은 20mV이고, 또는 입력이 1V일 경우 출력은 10V이다. 이 이득은 출력과 입력 사이의 수학적 관계식으로 나타난다. 신호가 시간 영역에 있을 때, 즉 $f(t)$로 쓰며 시간의 함수로 나타낼 수 있다. 따라서 $y(t)$의 입력과 $x(t)$의 출력(그림 20.1(a))에 대해,

$$\text{이득} = \frac{\text{출력}}{\text{입력}} = \frac{x(t)}{y(t)}$$

그러나 많은 시스템에서 출력과 입력의 관계는 미분방정식의 형태로 나타나고 단지 이득 10과 같은 단순한 수로는 표현 불가능하다. 출력을 입력으로 그저 나눌 수는 없다. 왜냐하면 이 관계가 단순한 대수방정식이 아니고 미분방정식이기 때문이다. 그러나 라플라스 변환(Laplace transform)을 이용하여 미분방정식을 대수방정식으로 변환할 수 있다. 이 미분방정식은 시스템이 시간에 따라 어떻게 거동할 것인지를 묘사하고 이는 라플라스 변환에 의하여 시간 항을 포함하지 않은 단순한 대수방정식으로 변환되며 거기에 우리는 보통의 양적 대수처리를 실행할 수 있다. 시간영역(time domain)에서의 거동을 s 영역(s-domain)으로 변환한다고 말한다. s-도메인에서 함수

가 쓰일 때 함수는 s의 함수이므로 $F(s)$와 같다. 라플라스 변환에는 대문자 F를 사용하고 시변 함수 $f(t)$에는 소문자 f를 사용하는 것이 일반적이다. 전달함수의 관점에서 출력과 입력 사이의 관계를 정의한다. 이것은 출력의 라플라스 변환과 입력의 라플라스 변환 사이의 관계를 나타낸다. 선형 시스템의 입력에 $Y(s)$의 라플라스 변환이 있고 출력의 라플라스 변환이 $X(s)$라고 가정하면 시스템의 전달함수 $G(s)$는 다음과 같이 정의된다.

$$\text{전달함수} = \frac{\text{출력 라플라스 변환}}{\text{입력의 라플라스 변환}}$$

$$G(s) = \frac{X(s)}{Y(s)}$$

입력이 0일 때 출력이 0이라고 가정하면, 시간에 대한 입력의 변화율이 0일 때 시간에 대한 출력의 변화율이 0이다. 그러므로 출력변환은 $X(s) = G(s)Y(s)$이다. 즉, 입력변환과 전달함수의 곱으로 나타난다. 어떤 시스템을 블록선도(그림 20.1(b))로 나타낸다면 상자 안의 함수 $G(s)$는 입력 $Y(s)$를 취하고, 그것을 출력 $X(s)$로 변환한다.

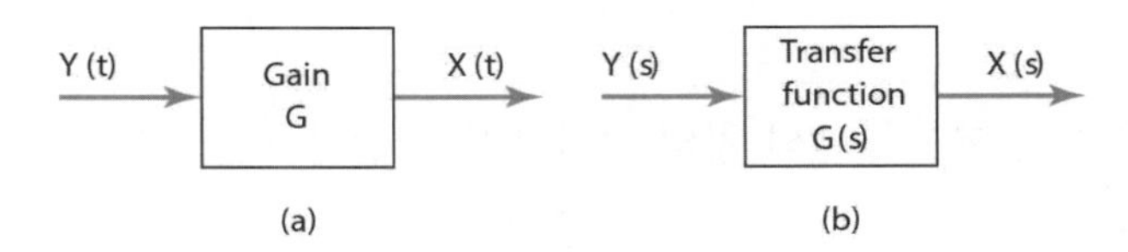

그림 20.1 블록 선도: (a) 시간 영역, (b) s-영역

20.1.1 라플라스 변환

시간의 함수인 항들을 포함하는 어떤 미분방정식의 라플라스 변환을 얻기 위해서는 몇몇 기본적인 규칙으로 구성된 표를 사용할 수 있다(부록 A에 그러한 표를 포함하고 상세한 규칙을 제공한다). 그림 20.2는 입력의 일반적인 형태에 대한 기본적 변환을 보여 준다.

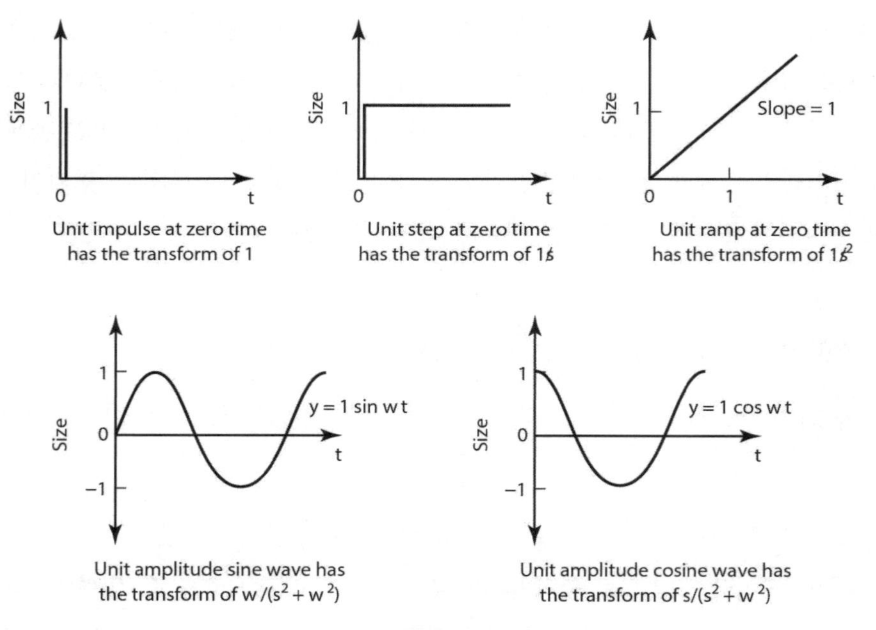

그림 20.2 일반 입력에 대한 라플라스 변환

다음은 라플라스 변환을 다루는 기본적인 몇몇 규칙들이다.

1. 시간에 대한 함수가 어떤 상수와 곱의 형태일 때 라플라스 변환은 같은 상수에 의해 곱의 형태로 나타난다.

   $af(t)$의 라플라스 변환은 $aF(s)$이다.

   예를 들면, 전기적 시스템에서 6V의 계단입력의 라플라스 변환은 단위계단의 변환에 단지 6을 곱한 형태인 6s이다.

2. 어떤 방정식이 시간에 대한 함수인 2개의 양들의 합을 포함할 때 이 방정식에 대한 변환은 2개의 분리된 라플라스 변환의 합이다. 즉, $f(t)+g(t)$의 변환은 $F(s)+G(s)$이다.

3. 어떤 함수의 1차 도함수의 라플라스 변환은

   $$변환\left\{\frac{d}{dt}f(t)\right\}=sF(s)-f(0)$$

여기서 $f(0)$는 $t=0$일 때 $f(t)$의 초깃값이다. 그러나 전달함수를 다룰 때 모든 초기 조건은 0으로 한다.

4. 어떤 함수의 2차 도함수의 라플라스 변환은

$$\text{변환}\left\{\frac{d^2}{dt^2}f(t)dt\right\} = s^2F(s) - f(0)$$

여기서 $df(0)/dt$는 $t=0$에서 $f(t)$의 1차 도함수 초깃값이다. 그러나 전달함수를 다룰 때 모든 초기 조건은 0으로 한다.

5. 어떤 함수의 적분에 대한 라플라스 변환은

$$\text{변환}\left\{\int_0^t f(t)dt\right\} = \frac{1}{s}F(s)$$

그러므로 모든 초기 조건이 0일 때 미분 또는 적분방정식의 변환을 위해서는

$F(s)$로 시간 함수 $f(t)$를 대체한다.
$sF(s)$로 일계 미분 $df(t)/dt$를 대체한다.
$s^2F(s)$로 이계 미분 $d^2f(t)/dt^2$를 대체한다.
$F(s)/s$로 적분 $\int f(t)$를 대체한다.

s 영역에서 대수를 처리했을 때 결과는 역변환표를 사용하여 시간영역으로 변환하여 구한다. 즉, s 영역의 결과에 맞는 시간영역의 함수를 찾는다. 종종 이 변환은 변환표에 주어진 형태로 재배열된다. 다음은 몇몇 유용한 역변환이다. 그 밖의 역변환은 부록 A에 주어진 표를 참조하라.

	라플라스 변환	시간 함수
1	$\frac{1}{s+a}$	e^{-at}
2	$\frac{a}{s(s+a)}$	$(1-e^{-at})$
3	$\frac{b-a}{(s+a)(s+b)}$	$e^{-at}-e^{-bt}$
4	$\frac{s}{(s+a)^2}$	$(1-at)e^{-at}$
5	$\frac{a}{s^2(s+a)}$	$t-\frac{1-e^{-at}}{a}$

다음 절에서는 1차 그리고 2차 시스템에 이상의 사항을 적용하는 것을 설명한다.

20.2 1차 시스템

입력과 출력 사이의 관계가 1차 미분방정식의 형태인 어떤 시스템을 고려하자. 1차 시스템의 미분방정식은 다음과 같은 형태이다.

$$a_1\frac{dx}{dt}+a_0x=b_0y$$

여기서 a_1, a_0, b_0는 상수이고 y는 입력, x는 출력이다. 그리고 이 둘은 시간에 대한 함수이다. 모든 초기 조건이 0일 때 이것의 라플라스 변환은

$$a_1sX(s)+a_0X(s)=b_0Y(s)$$

이고, 전달함수 $G(s)$는

$$G(s)=\frac{X(s)}{Y(s)}=\frac{b_0}{a_1s+a_0}$$

와 같이 표현한다. 이 식을 다음과 같이 재배열하면

$$G(s) = \frac{b_0/a_0}{(a_1/a_0)s+1} = \frac{G}{\tau s+1}$$

이고, 여기서 G는 정상상태, 즉 dx/dt 항이 없는 상태에서의 이 시스템의 이득이고 (a_1/a_0)는 이 시스템의 시상수 t이다(19.3.4절 참조).

20.2.1 계단 입력이 있는 1차 시스템

1차 시스템이 단위 계단입력일 때 $Y(s) = 1/s$이고 출력변환 $X(s)$는

$$X(s) = G(s)\,Y(s) = \frac{G}{s(\tau s+1)} = G\frac{(1/\tau)}{s(s+1/\tau)}$$

이다. 따라서 변환의 형태가 $a/s(s+a)$이므로 이전 절에서 주어진 표에 실린 항목 2의 역변환을 사용하여 다음과 같이 나타낼 수 있다.

$$s = G(1-e^{-t/\tau})$$

20.2.2 1차 시스템의 예

다음의 예제들이 1차 시스템의 전달함수를 고려하는 데 상기의 요점과 계단입력을 받을 때 그 시스템의 거동을 설명한다.

1. 저항 R에 콘덴서 C를 직렬로 연결한 회로를 고려하자. 이 회로의 입력은 v이고 출력은 커패시터 양단의 전위차 v_C다. 이 입력과 출력의 관계인 미분방정식은 다음과 같다.

   $$v = RC\frac{dv_c}{dt} + v_c$$

   전달함수를 구하라.
   모든 초기 조건이 0인 조건에서 라플라스 변환을 취하면

$$V(s) = RCs\,V_c(s) + V_c(s)$$

그러므로 전달함수는 다음과 같다.

$$G(s) = \frac{V_c(s)}{V(s)} = \frac{1}{RCs+1}$$

2. 다음과 같이 전압출력 V와 온도입력을 연결하는 전달함수를 가지는 열전대를 고려하자.

$$G(s) = \frac{30 \times 10^{-6}}{10s+1}\, V/℃$$

크기가 1008C인 계단입력을 받을 때 시스템의 응답과 정상상태의 값이 95%에 도달할 때 시간을 구하라.
출력의 변환이 전달함수와 입력변환의 곱과 같으므로

$$V(s) = G(s) \times \text{입 력}(s)$$

열전대의 온도가 갑자기 100°C만큼 증가하는 크기 100°C의 계단입력은 100/s이다. 그러므로

$$V(s) = \frac{30 \times 10^{-6}}{10s+1} \times \frac{100}{s} = \frac{30 \times 10^{-4}}{10s(s+0.1)}$$
$$= 30 \times 10^{-4} \frac{0.1}{s(s+0.1)}$$

분수요소가 $a/s(s+a)$ 형태이며 그 역변환은

$$V = 30 \times 10^{-4}(1 \times e^{-0.1t})\,V$$

정상상태의 값인 최종값은 $t \to \infty$ 때이므로 지수함수 항이 0일 때이다. 그러므로 최종값은 30×10^{-4}V이다. 앞서 언급한 이것의 95%에 도달하는 시간은 다음과 같다.

$$0.95 \times 30 \times 10^{-4} = 30 \times 10^{-4}(1 \times e^{-0.1t})$$

그리하여 $0.05 = e^{-0.1t}$이고 $\ln 0.05 = -0.1t$이다. 따라서 그 도달시간은 30초이다.

3. 상기의 열전대 시스템에 온도가 매초 5°C씩 증가하는, 즉 5t°C/s의 램프입력을 고려하자. 열전대의 전압이 시간에 따라 어떻게 변화하는지 그리고 12초 후의 전압을 구하라.
   램프 신호의 변환은 $5/s^2$이다. 그러므로

$$V(s) = \frac{30 \times 10^{-6}}{10s+1} \times \frac{5}{s^2} = 150 \times 10^{-6} \frac{0.1}{s^2(s+0.1)}$$

그 역변환은 이전 절에서 주어진 목록의 항목 5를 사용하여 얻을 수 있다. 그 결과는 다음과 같다.

$$V = 150 \times 10^{-6}\left(t - \frac{1-e^{-0.1t}}{0.1}\right)$$

12초 후의 전압은 $V = 7.5 \times 10^{-4}\,V$이다.

4. 크기 100°C의 충격입력, 즉 100°C의 순간 온도 증가를 받는 열전대를 고려하자. 열전대의 전압이 시간에 따라 어떻게 변화하는지 그리고 2초 후의 전압을 구하라.
   충격입력의 변환은 100이다. 그러므로

$$V(s) = \frac{30 \times 10^{-6}}{10s+1} \times 100 = 3 \times 10^{-4} \frac{1}{s+0.1}$$

따라서 $V = 3 \times 10^{-4} e^{-0.1t}\,V$이다. 2초 후의 열전대전압은 $V = 1.8 \times 10^{-4}\,V$이다.

20.3 2차 시스템

2차 시스템에서 입력 y와 출력 x 사이의 관계는 다음 형태의 미분방정식으로 표현된다.

$$a_2\frac{d^2x}{dt^2}+a_1\frac{dx}{dt}+a_0x=b_0y$$

여기서 a_2, a_1, a_0 그리고 b_0는 상수이다. 모든 초기 조건이 0일 때 이 방정식의 라플라스 변환은

$$a_2s^2X(s)+a_1sX(s)+a_0X(s)=b_0Y(s)$$

이고

$$G(s)=\frac{X(s)}{Y(s)}=\frac{b_0}{a_2s^2+a_1s+a_0}$$

이다.

2차 시스템의 미분방정식을 쓰는 또 다른 방법은 다음과 같다.

$$\frac{d^2x}{dt^2}+2\zeta\omega_n\frac{dx}{dt}+\omega_n^2x=b_0\omega_n^2y$$

여기서 ω_n은 그 시스템이 진동하는 고유 각주파수(natural angular frequency)이고, ζ는 감쇠율(damping ratio)이다. 이 방정식의 라플라스 변환은

$$G(s)=\frac{X(s)}{Y(s)}=\frac{b_0\omega_n^2}{s^2+2\zeta\omega_ns+\omega_n^2}$$

위 식은 2차 시스템에서 전달함수의 일반적인 형태이다.

20.3.1 계단 입력이 있는 2차 시스템

2차 시스템의 입력이 $Y(s)=1/s$와 같은 단위 계단입력일 때 출력변환은

$$X(s)=G(s)Y(s)=\frac{b_0\omega_n^2}{s(s^2+2\zeta\omega_n s+\omega_n)}$$

이 식을 다음과 같이 재배열할 수 있다.

$$X(s)=\frac{b_0\omega_n^2}{s(s+p_1)(s+p_2)}$$

여기서 p_1과 p_2는 다음 방정식의 근이다.

$$s^2+2\zeta\omega_n s+\omega_n^2=0$$

그러므로 2차 방정식의 근의 공식을 사용하여

$$p=\frac{-2\zeta\omega_n \pm \sqrt{4\zeta^2\omega_n^2-4\omega_n^2}}{2}$$

이므로

$$p_1=-\zeta\omega_n+\omega_n\sqrt{\zeta^2-1} \qquad p_2=-\zeta\omega_n-\omega_n\sqrt{\zeta^2-1}$$

이다.

$\zeta>1$일 때 제곱근 항은 실수이고, 이 시스템은 감쇠과다되었다. 역변환을 찾으려면 부분분수(부록 참조)를 사용하여 많은 단순분수형으로 나타나도록 나누거나 부록 A의 변환표의 항목 14를 사용한다. 두 경우 모두 결과는 다음과 같다.

$$x = \frac{b_0\omega_n^2}{p_1p_2}\left[1 - \frac{p_2}{p_2 - p_1}e^{-p_2t} + \frac{p_1}{p_2 - p_1}e^{-p_1t}\right]$$

$\zeta=1$일 때 제곱근 항은 0이다. 따라서 $p_1 = p_2 = -\omega_n$이다. 이 시스템은 임계감쇠되었다. 그래서 이 방정식은

$$X(s) = \frac{b_0\omega_n^2}{s(s+\omega_n)^2}$$

과 같이 된다. 이 방정식은 주어진 식과 같이 부분분수법(부록 A 참조)에 의하여 전개할 수 있다.

$$Y(s) = b_0\left[\frac{1}{s} - \frac{1}{s+\omega_n} - \frac{\omega_n}{(s+\omega_n)^2}\right]$$

그러므로

$$x = b_0\left[1 - e^{-\omega_n t} - \omega_n t e^{-\omega_n t}\right]$$

$\zeta<1$일 때 부록 표의 항목 28을 사용하여 다음 식과 같이 주어진다.

$$x = b_0\left[1 - \frac{e^{-\zeta\omega_n t}}{\sqrt{1-\zeta^2}}\sin(\omega_n\sqrt{(1-\zeta^2)}t + \phi)\right]$$

여기서 $\cos\phi = \zeta$이다. 이 시스템은 감쇠부족 진동이다.

20.3.2 2차 시스템의 예

다음의 예들은 상기의 사실을 설명한다.

1. 어떤 시스템이 다음과 같은 전달함수와 단위 계단입력을 가질 때 감쇠의 상태는 무엇인가?

$$G(s) = \frac{1}{s^2 + 8s + 16}$$

단위 계단입력에 대해서 $Y(s) = 1/s$ 이므로 출력의 변환은 다음과 같다.

$$X(s) = G(s)Y(s) = \frac{1}{s(s^2 + 8s + 16)} = \frac{1}{s(s+4)(s+4)}$$

$s^2 + 8s + 16$ 의 근은 $p_1 = p_2 = -4$ 이다. 두 근 모두 실수이고 같은 값이며 시스템은 임계감쇠되었다.

2. 다음과 같은 전달함수를 가지는 로봇 팔이 단위 램프입력을 받는다. 출력은 어떻게 되는가?

$$G(s) = \frac{K}{(s+3)^2}$$

출력변환 $X(s)$는 다음과 같다.

$$X(s) = G(s)Y(s) = \frac{K}{(s+3)^2} \times \frac{1}{s^2}$$

부분분수(부록 참조)를 사용하면 다음과 같이 된다.

$$X(s) = \frac{K}{9s^2} - \frac{2K}{9(s+3)} + \frac{K}{9(s+3)^2}$$

그러므로 역변환은 다음과 같다.

$$x = \frac{1}{9}Kt - \frac{2}{9}Ke^{-3t} + \frac{1}{9}Kte^{-3t}$$

20.4 연속 시스템

시스템이 그림 20.3에서처럼 일련의 서브시스템으로 구성되어 있는 경우 시스템의 전달함수 $G(s)$는

$$G(s) = \frac{X(s)}{Y(s)} = \frac{X_1(s)}{Y(s)} \times \frac{X_2(s)}{X_1(s)} \times \frac{X(s)}{X_2(s)}$$
$$= G_1(s) \times G_2(s) \times G_3(s)$$

이다.

시스템의 전체 전달함수는 개개의 직렬요소 전달함수의 곱이다.

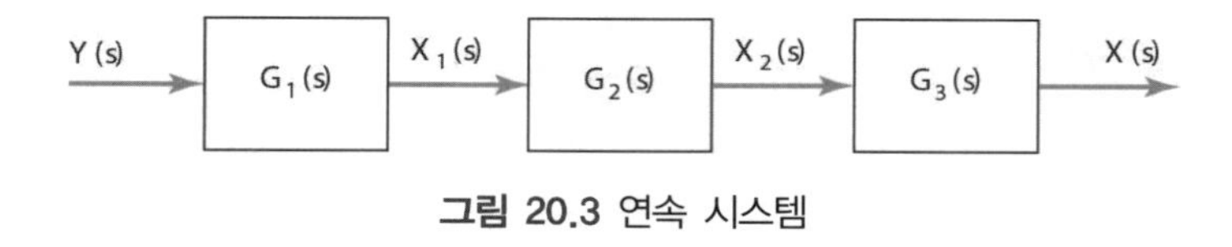

그림 20.3 연속 시스템

20.4.1 연속 시스템의 예

다음 예제는 서브시스템들이 함께 연결 될 때, 블록들 간에 전달함수의 변화를 야기하는 어떠한 상호 작용도 발생하지 않는다고 가정한다. 전기 회로가 있으면 서브시스템 회로가 상호 작용하고 서로 로드 할 때 그런 문제가 발생할 수 있다.

1. 전달함수가 각각 10, $2/s$, $4/(s+3)$인 3요소가 직렬로 구성된 시스템의 전달함수는 무엇인가?

   위에서 전개된 방정식을 사용하면

$$G(s) = 10 \times \frac{2}{s} \times \frac{4}{s+3} = \frac{80}{s(s+3)}$$

2. 계자제어 직류 모터는 계자회로(field circuit), 전기자 코일(armature coil), 부하(load)의 3개 하위 시스템이 직렬연결로 이루어져 있다. 그림 20.4는 하위 시스템의 전달함수와 배열을 나타낸다. 이 시스템의 전체 전달함수를 구하라.

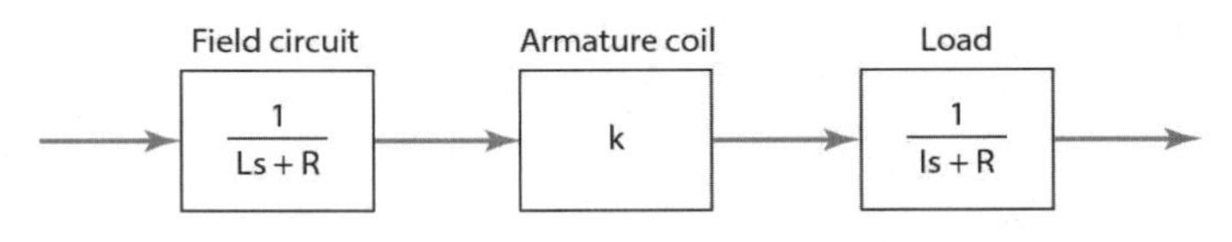

그림 20.4 계자 제어형 d.c. 모터

전체 전달함수는 직렬 연결된 요소들의 전달함수의 곱이다. 그러므로

$$G(s) = \frac{1}{Ls+R} \times k \times \frac{1}{Is+c} = \frac{k}{(Ls+R)(Is+c)}$$

20.5 피드백 루프 시스템

그림 20.5는 부 피드백(negative feedback)을 갖는 단순 시스템을 보여 준다. 부 피드백에서는 합산점(summing point)에서 시스템의 입력과 피드백 신호를 뺀다. 순방향 경로(forward path) 항은 그림에서 전달함수 $G(s)$를 가지는 경로로 사용되고, 피드백 경로(feedback path)는 $H(s)$를 가지는 경로이다. 이러한 전체 시스템을 폐루프 시스템(closed loop system)이라 한다.

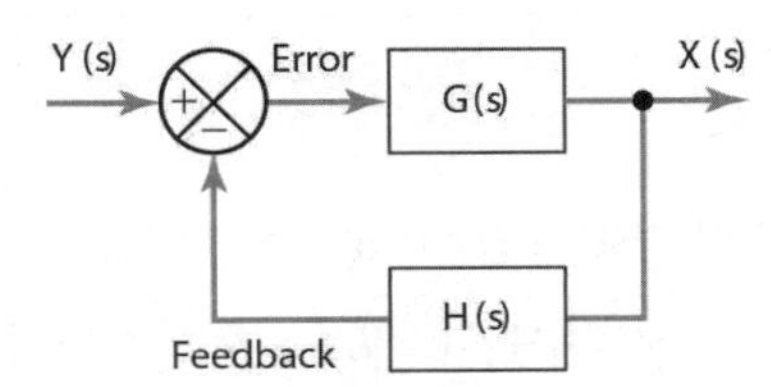

그림 20.5 부 피드백 시스템

부 피드백 제어 시스템에서 순방향 경로 전달함수 $G(s)$를 갖는 하위 시스템의 입력은 $Y(s)$와 피드백 신호의 차이다. 피드백 루프는 전달함수 $H(s)$와 그것의 입력 $X(s)$를 갖는다. 그러므로 피드백 신호는 $H(s)X(s)$이다. 이렇게 $G(s)$ 요소는 입력 $Y(s) - H(s)X(s)$를 갖고 출력 $X(s)$를 갖는다. 따라서

$$G(s) = \frac{X(s)}{Y(s) - H(s)X(s)}$$

이 식을 다시 쓰면

$$\frac{X(s)}{Y(s)} = \frac{G(s)}{1+G(s)H(s)}$$

그러므로 부 피드백 시스템의 전체 전달함수는 다음과 같다.

$$T(s) = \frac{X(s)}{Y(s)} = \frac{G(s)}{1+G(s)H(s)}$$

20.5.1 부 피드백을 갖는 시스템의 예

다음의 예들이 상기의 사실을 설명한다.

1. 순방향 전달함수 $2/(s+1)$과 부 피드백 경로 전달함수 5s를 갖는 폐루프 시스템의 전체 전달함수는 무엇인가?
   위에서 전개된 방정식을 사용하면,

$$T(s) = \frac{G(s)}{1+G(s)H(s)} = \frac{2/(s+1)}{1+[2/(s+1)]5s} = \frac{2}{11s+1}$$

2. 전기자제어 직류 모터를 고려하자(그림 20.6). 이 시스템은 3요소로 구성된 순방향 경로를 가지고 있다. 전기자회로의 전달함수는 $1/(Ls+R)$, 전기자 코일의 전달함수는 k, 부하의 전달함수는 $1/(Is+c)$이다. 전달함수가 K인 부 피드백 경로가 있다. 이 시스템의 전체 전달함수를 구하라.

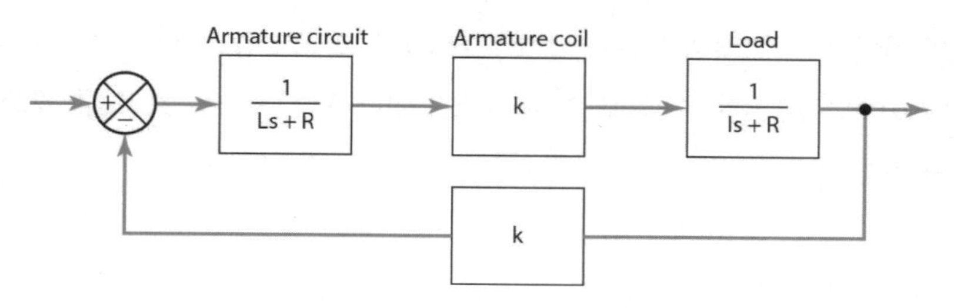

그림 20.6 전기자 제어형 d.c 모터

직렬 연결된 순방향 경로 전달함수는 다음과 같다.

$$G(s)=\frac{1}{Ls+R}\times k\times\frac{1}{Is+c}=\frac{k}{(Ls+R)(Is+c)}$$

피드백 경로는 전달함수 K를 갖는다. 그러므로 전체 전달함수는 다음과 같다.

$$T(s)=\frac{G(s)}{1+G(s)H(s)}=\frac{\frac{k}{(Ls+R)(Is+c)}}{1+\frac{kK}{(Ls+R)(Is+c)}}$$

$$=\frac{k}{(Ls+R)(IS+c)+kK}$$

20.6 과도 응답에 미치는 폴 위치의 영향

우리는 시스템에 입력이 주어지면 시간이 지남에 따라 사라져서 안정 상태를 유지할 때 시스템이 안정적이라고 정의 할 수 있다. 과도현상이 제 시간에 사라지지 않고 크기가 증가하여 정상상태가 결코 유지되지 않으면 시스템이 불안정하다고 한다.

$G(s)=1/(s+1)$의 전달함수를 갖는 1차 시스템에 단위 임펄스의 입력을 고려하자. 시스템 출력 $X(s)$는 다음과 같다.

$$X(s)=\frac{1}{s+1}\times 1$$

따라서 $x=e^{-t}$이다. 시간 t가 증가하면 출력은 결국 0이 된다. 이제 전달함수 $G(s)=1/\pi$ $(s-1)$를 갖는 시스템에 단위 임펄스 입력을 고려하자. 출력은 다음과 같다.

$$X(s)=\frac{1}{s-1}\times 1$$

그래서 $x=e^{t}$. t가 증가할수록 출력은 시간이 지남에 따라 증가한다. 따라서 시스템에 순간적으로 충격이 가해지면 출력이 계속 증가한다. 이 시스템은 불안정하다.

전달함수의 경우 전달함수를 무한대로 만드는 s의 값을 극이라고 부른다. 그것들은 특성 방정식의 근이다. 따라서 $G(s)=1/(s+1)$의 경우, $s=-1$의 극점이 있다. $G(s)=1/(s-1)$의 경우, $s=+1$의 극점이 있다. 따라서 1차 시스템의 경우 시스템은 극이 음수이면 안정적이고 극이 양수이면 불안정하다(그림 20.7).

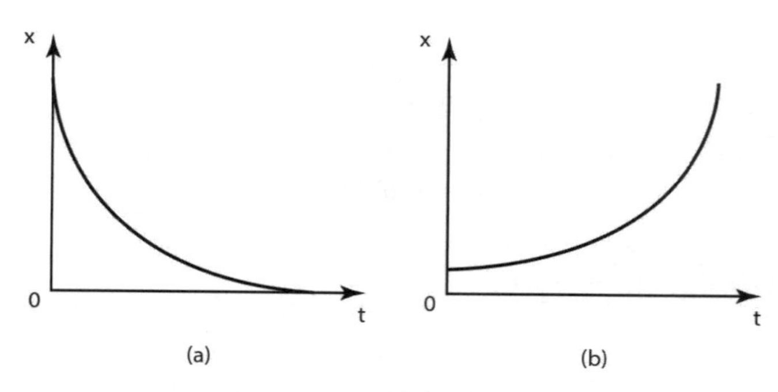

그림 20.7 1차 시스템: (a) 음극, (b) 양극

다음의 전달함수를 갖는 2차 시스템에서

$$G(s)=\frac{b_0\omega_n^2}{s^2+2\zeta\omega_n s+\omega_n^2}$$

단위 충격입력을 받을 때

$$X(s)=\frac{b_0\omega_n^2}{(s+p_1)(s+p_2)}$$

여기서 p_1과 p_2는 다음 방정식의 근이다.

$$s^2+2\zeta\omega_n s+\omega_n=0$$

2차 방정식의 근의 공식을 사용하여

$$p = \frac{-2\zeta\omega_n \pm \sqrt{4\zeta^2\omega_n^2 - 4\omega_n^2}}{2} = -\zeta\omega_n \pm \omega_n\sqrt{\zeta^2 - 1}$$

감쇠인자의 값에 따라 제곱근 안의 항이 실수 또는 허수가 될 수 있다. 허수항이 존재할 때 출력은 진동을 유발한다. 예를 들면, 다음의 전달함수를 갖는 2차 시스템을 가정하자.

$$G(s) = \frac{1}{[s-(-2+j1)][s-(-2-j1)]}$$

즉, $p = -2 \pm j1$ 이다. 단위 충격입력을 받을 때 출력은 $e^{-2t}\sin t$ 이다. 진동의 진폭은 e^{-2t} 이므로 시간이 증가함에 따라 점점 약해진다. 그래서 충격의 영향은 점차 진동이 감쇠하는 것이다(그림 20.8(a)). 이 시스템은 안정하다.

그러나 다음과 같은 전달함수를 갖는 시스템을 가정하자.

$$G(s) = \frac{1}{[s-(2+j1)][s-(s-j1)]}$$

즉, $p = +2 \pm j1$ 이다. 단위 충격입력을 가질 때 출력은 $e^{2t}\sin t$ 이다. 진동의 진폭은 e^{2t} 이므로 시간이 증가함에 따라 커진다(그림 20.8(b)). 이 시스템은 불안정하다.

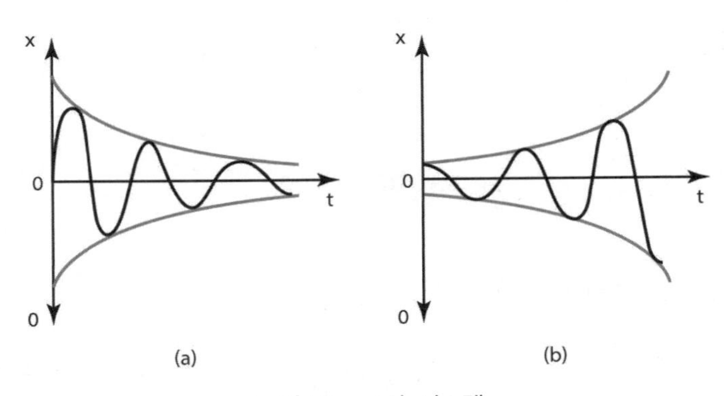

그림 20.8 2차 시스템

일반적으로, 충격을 시스템에 인가할 때 출력은 많은 지수함수 항의 합의 형태로 나타난다. 만약 이들 항 중에 하나가 지수적 성장이면 출력이 연속적으로 증가하고 이 시스템은 불안정하다. 6의 허수 항을 포함하는 폴의 쌍이 존재할 때 출력은 진동한다.

모든 극점의 실수 부분이 음수이면 시스템은 안정하다.

어떤 극점의 실수 부분이 양수이면 시스템이 불안정하다.

20.6.1 s-평면

극좌표의 위치가 그래프에 표시 될 수 있다. x축은 실수 부분이고 y축은 허수부이다. 이러한 그래프를 s-평면이라고 한다. 비행기의 극 위치는 시스템의 안정성을 결정한다. 그림 20.9는 그러한 평면에서 근의 위치가 시스템의 응답에 미치는 영향을 보여 준다.

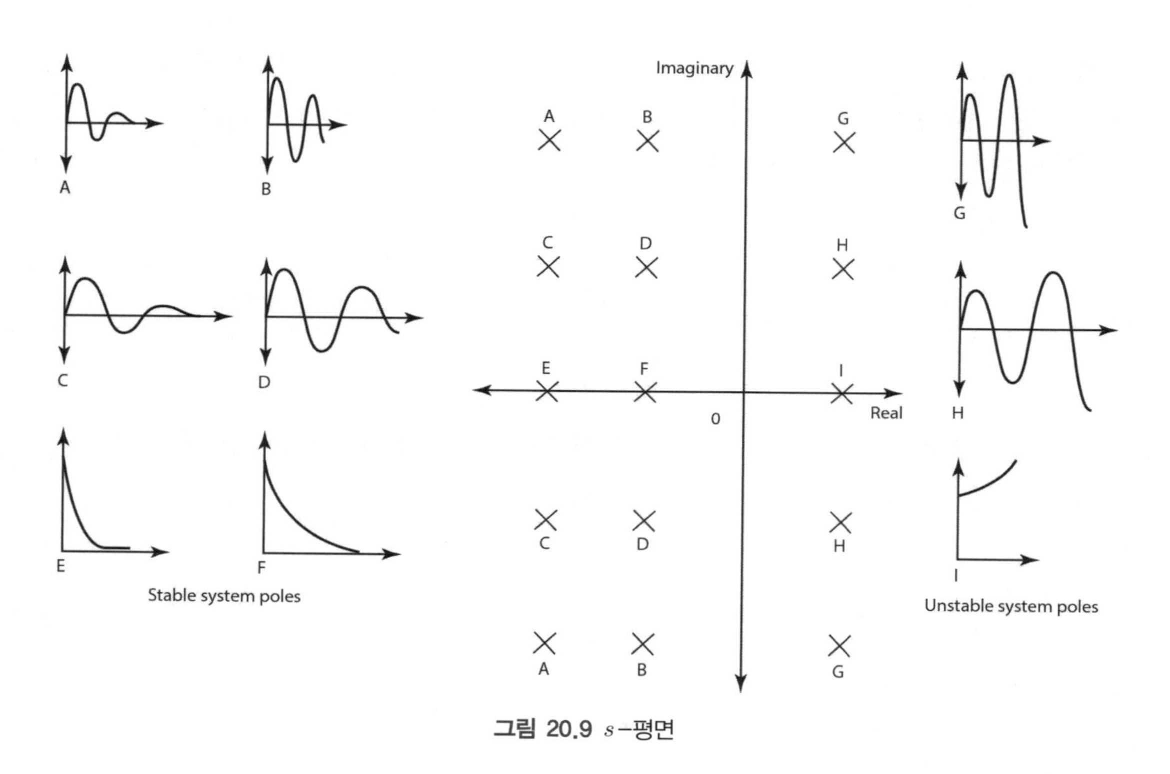

그림 20.9 s-평면

20.6.2 특성보상(Compensation)

어떤 시스템의 출력은 불안정하거나 응답이 매우 느리거나 큰 오버슈트가 존재할지 모른다. 시스템은 특성보상자(compensator)의 개입으로 입력에 대한 응답을 변경시킬 수 있다. 특성보상자는 요구된 특성을 얻도록 시스템의 전체 전달함수를 변경하기 위하여 시스템에 통합된 어떤 블록이다.

특성보상자의 사용을 설명하기 위해 순방향 경로로 2개의 하위 함수와 피드백 경로로 1개의 전달함수를 갖는 피스톤 제어 시스템을 고려하자. 특성보상자의 전달함수는 K, 모터/드라이브 시스템의 전달함수는 $1/s(s+1)$이다. 시스템이 임계감쇠조건이 되기 위해 필요한 K의 값은 무엇인가? 순방향 경로에서 전달함수는 $K/s(s+1)$을 갖고 피드백 경로의 전달함수는 1이다. 그러므로 시스템의 전체 전달함수는

$$T(s) = \frac{G(s)}{1+G(s)H(s)} = \frac{\dfrac{K}{s(s+1)}}{1+\dfrac{K}{s(s+1)}} = \frac{K}{s(s+1)+K}$$

이다. 분모는 s^2+s+K이다. 이 시스템은 다음의 근을 갖는다.

$$s = \frac{-1 \pm \sqrt{1-4K}}{2}$$

임계감쇠가 되기 위해서는 $1-4K=0$이어야 한다. 그러므로 보정자는 $K=\dfrac{1}{4}$의 비례 이득을 가져야 한다.

요 약

시스템의 전달함수 $G(s)$는 (출력의 라플라스 변환)/(입력의 라플라스 변환)이다. 모든 초기 조건이 0일 때 미분 또는 적분 방정식의 변환을 얻으려면 시간 $f(t)$의 함수를 $F(s)$로 대체하고, 첫 번째 미분 $df(t)/dt$를 $sF(s)$로 대체하고, $s^2F(s)$로 2차 미분 $d^2f(t)/dt^2$를 대체하고, $F(s)/s$로 적분 $\int f(t)dt$를 대체한다.

1차 시스템은 $G/(\tau s+1)$ 형태의 전달함수를 갖는다, 여기서 t는 시간 상수이다. 2차 시스템은 다음과 같은 형태의 전달함수를 가진다.

$$G(s) = \frac{b_0\omega_n^2}{s^2+2\zeta\omega_n s+\omega_n^2}$$

여기서 ζ는 감쇠 계수이고 ω_n은 고유 각주파수이다.

전달함수를 무한대로 만드는 s의 값을 극점이라고 부른다. 그것들은 특성 방정식의 근이다. 어떤 극점의 실수 부분이 음수이면 시스템은 안전하고, 모든 극점의 실수 부분이 양수이면, 시스템이 불안정하다.

연습문제

20.1 What are the transfer functions for systems giving the following input/output relationships?

(a) A hydraulic system has an input q and an output h where

$$q = A\frac{dh}{dt} + c\frac{pgh}{R}$$

(b) A spring-dashpot-mass system with an input F and an output x, where

$$m\frac{d^2x}{dt^2} + c\frac{dx}{dt} + kx = F$$

(c) An RLC circuit with an input v and output v_C, where

$$v = RC\frac{dv_c}{dt} + LC\frac{d^2v_c}{dt^2} + v_c$$

20.2 What are the time constants of the systems giving the following transfer functions (a) $G(s) = 5/(3s+1)$, (b) $G(s) = 2/(2s+3)$?

20.3 Determine how the outputs of the following systems vary with time when subject to a unit step input at time $t=0$: (a) $G(s) = 2/(s+2)$, (b) $G(s) = 10/(s+5)$.

20.4 What is the state of the damping for the systems having the following transfer functions?

(a) $G(s) = \dfrac{5}{s^2 - 6s + 16}$, (b) $G(s) = \dfrac{10}{s^2 + s + 100}$

(c) $G(s) = \dfrac{2s+1}{s^2 + 2s + 1}$, (d) $G(s) = \dfrac{3s+20}{s^2 + 2s + 20}$

20.5 What is the output of a system with the transfer function $s/(s+3)^2$ and subject to a unit step input at time $t=0$?

20.6 What is the output of a system having the transfer function $G = 2/[(s+3)(s+4)]$ and subject to a unit impulse?

20.7 What are the overall transfer functions of the following negative feedback systems?

	전달 경로	피드백 경로
(a)	$G(s) = \dfrac{4}{s(s+1)}$	$H(s) = \dfrac{1}{s}$
(b)	$G(s) = \dfrac{2}{s+1}$	$H(s) = \dfrac{1}{s+2}$
(c)	$G(s) = \dfrac{4}{(s+2)(s+3)}$	$H(s) = 5$
(d)	2개의 직렬소자 $G_1(s) = 2/(s+2)$와 $G_2(s) = 1/s$	$H(s) = 10$

20.8 What is the overall transfer function for a closed-loop system having a forward-path transfer function of $5/(s+3)$ and a negative feedback-path transfer function of 10?

20.9 A closed-loop system has a forward path having two series elements with transfer functions 5 and $1/(s+1)$. If the feedback path has a transfer function $2/s$, what is the overall transfer function of the system?

20.10 A closed-loop system has a forward path having two series elements with transfer functions of 2 and $1/(s+1)$. If the feedback path has a transfer function of s, what is the overall transfer function of the system?

20.11 A closed-loop system has a forward path having two series elements with transfer functions of 2 and $1/(s+1)$. If the feedback path has a transfer function of s, what is the overall transfer function of the system?

20.12 Which of the following systems are stable or unstable?

(a) $G(s) = 1/[(s+5)(s+2)]$

(b) $G(s) = 1/[(s-5)(s+2)]$

(c) $G(s) = 1/[(s-5)(s-5)]$

(d) $G(s) = 1/(s^2+s+1)$

(e) $G(s) = 1/(s^2-2s+3)$

Chapter 21 주파수 응답

목 표

이 장의 목적은 학습 후에 다음을 할 수 있어야 한다.

- 주파수 응답함수의 의미를 설명하기
- 정현파 입력에 따른 시스템 주파수 응답을 해석하기
- 보데 선도를 그리고 설명하기
- 시스템 식별을 위해 보데 선도를 활용하기
- 대역폭에 대해 설명하기
- 시스템의 안정성을 나타내기 위해 이득 여유와 위상 여유를 사용할 수 있는 방법을 설명하기

21.1 정현파 입력

앞의 두 장에서는 스텝, 임펄스 및 램프 입력들에 대한 시스템의 응답특성이 고려되었다. 이 장에서는 이러한 응답특성을 정현파 입력이 있는 경우로 확장할 것이다. 대부분의 제어 시스템에서 정현파 입력이 정상적으로는 좌우되지 않는다 할지라도, 그러한 입력에 대하여 시스템이 응답하는 특성이 시스템을 설계하고 해석하는 데 매우 중요한 정보를 제공해 주기 때문에 정현파 입력은 매우 유용한 시험 신호로 사용된다. 많은 다른 신호들이 정현파 신호의 조합으로 표현될 수 있기 때문에 정현파 신호는 또한 유용하다. 1822년 Jean Baptiste Fourier는 어떤 주기적 파형은, 예를 들면 구형파, 정현파의 조합으로 구성될 수 있으며, 각각의 사인파 파형에 대한 시스템의 거동을 고려함으로써 보다 복잡한 파형에 대한 응답을 결정할 수 있음을 제안하였다.

21.1.1 정현파 입력에 대한 시스템의 응답

다음과 같은 미분방정식으로 표현되는 1차 시스템을 고려해 보자.

$$a_1\frac{dx}{dt}+a_0x=b_0y$$

여기서 y는 입력이고 x는 출력이다. 만일 우리가 $y = \sin\omega t$라는 단위 진폭을 갖는 정현파 입력을 갖고 있다고 하자. 그러면 그 출력은 어떻게 될 것인가? 위 식에서부터 $a_1 dx/dt$와 $a_0 x$의 합은 정현파 $b_0 \sin\omega t$와 반드시 같아야 한다. 하지만 정현파는 미분의 결과가 정현파이며 동일한 주파수(코사인은 사인 곡선, 즉 $\sin(\omega t + 90°)$)라는 특성을 가지고 있다. 이는 미분이 몇 번이나 수행되든 상관없이 적용된다. 따라서 정상상태 응답 x 역시 사인 곡선과 같은 주파수를 가질 것이라 기대된다. 그러나 출력의 진폭과 위상은 입력과 다를 수 있다.

21.2 페이저

정현파 신호에 대하여 논의할 때 페이저(phasors, 위상차)를 이용하는 것이 매우 편리하다. 식 $\nu = V\sin(\omega t + \phi)$로 표현되는 정현파를 생각하자, 여기서 V는 진폭, ω는 각주파수이며 ϕ는 위상각이다. 페이저는 위상 기준축과 ϕ의 각을 이루는 길이 $|V|$의 직선으로 표현될 수 있다(그림 21.1). $|\ |$는 길이를 언급할 때 단지 그 크기만을 나타내는 데 사용한다. 즉, 페이저의 크기를 나타내는 데는 직선의 각도와 길이가 요구된다. 일반적으로 편리하게 페이저를 볼드체의 **V**로 표시한다. 이러한 표현은 크기와 각도를 갖는 양을 의미한다.

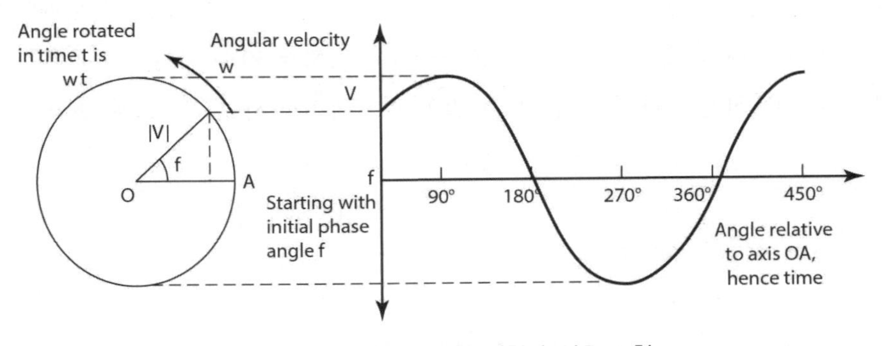

그림 21.1 페이저에 의한 정현파 신호 표현

페이저는 복소수 표현으로 나타낼 수 있다. 복소수는 $(x + jy)$로 표현된다. 여기서 x와 y는 각각 복소수의 실수부와 허수부이다. 실수부는 x축, 허수부는 y축인 복소 성분을 갖는 그래프상에서, x와 y는 복소수를 나타내는 점의 직교좌표이다(그림 21.2(a)).

페이저를 표현하기 위해서 그래프의 원점과 이 점을 연결하는 직선을 그리면, 위상각 ϕ는 다음과 같이 표현되며

$$\tan\phi = \frac{y}{x}$$

그 길이는 피타고라스 정리(Pythagoras's theorem)를 이용하여 구한다.

$$\text{페이저 길이 } |V| = \sqrt{x^2 + y^2}$$

$x = |V|\cos\phi$와 $y = |V|\sin\phi$로 표현되기 때문에 다음과 같이 페이저를 표현할 수 있다.

$$V = x + jy = |V|\cos\theta + j|V|\sin\theta = |V|(\cos\theta + j\sin\theta)$$

그러므로 복소수의 실수부와 허수부 표현으로 페이저를 표현할 수 있다.

길이가 1이고 위상각이 0°인 페이저를 생각하자(그림 21.2(b)). 이것은 $1 + j0$의 복소수 표현을 가질 것이다. 이제 위상각이 90°인 같은 페이저를 생각하자(그림 21.2(c)). 이것은 $0 + j1$의 복소수 표현을 가질 것이다. 그러므로 페이저를 반시계방향으로 90° 회전시키는 것은 페이저에 j를 곱하는 것에 해당한다. 이러한 페이저를 90° 더 회전시킨다면(그림 21.2(d)), 같은 곱의 규칙에 따라 원래의 페이저에 j^2을 곱하면 된다. 그러면 페이저는 원래의 페이저와 반대의 방향을 갖게 된다. 즉, −1을 곱하면 된다. 따라서 $j^2 = -1$ 및 $j = \sqrt{(-1)}$이다. 원래의 페이저를 270° 회전시키는 것은 원래의 페이저에 $j^3 = j(j^2) = -j$을 곱하는 것과 같다.

위의 사항을 설명하기 위해서, 다음 식과 같이 시간에 따라서 주기적으로 변하는 전압 v를 생각하자.

$$\nu = 10\sin(\omega t + 30°)\,V$$

페이저로 표현할 때, (a) 그 길이, (b) 기준축에 대한 각도, (c) 복소수로 표현할 때 실수부와 허수부는 각각 무엇인가?

(a) 페이저의 길이는 정현파의 진폭으로 표현되므로 10V이다.

(b) 기준축에 대한 페이저의 상대각은 위상각과 같으므로 30°이다.

(c) 실수부는 $x = 10\cos 30° = 8.7\,V$이며, 허수부는 $y = 10\sin 30° = 5.0\,V$가 된다. 그러므로 페이저는 $8.7 + j5.0\,V$로 표현된다.

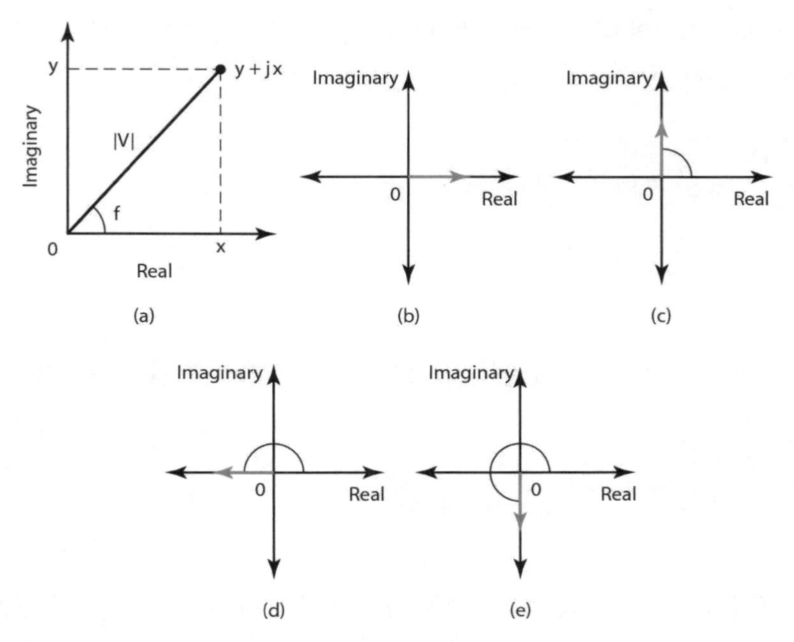

그림 21.2 (a) 페이저의 복소수 표현, (b) 0°, (c) 90°, (d) 270°, (e) 360°

21.2.1 페이저 방정식

단위진폭을 갖는 $x = \sin\omega t$로 표현되는 페이저를 고려하자. 정현파의 미분은 $dx/dt = w\cos\omega t$이다. 그러나 이것을 $dx/dt = w\sin(\omega t + 90°)$로도 표현할 수 있다. 다른 말로 하면, 미분은 원래의 페이저에서부터 90°만큼 회전하고 길이가 w만큼 증가된 페이저로 변환시킨다. 그러므로 복소 표현으로 나타내면, j의 곱이 90°만큼의 회전을 의미하므로, 미분은 원래의 페이저에 $j\omega$를 곱하는 것이다.

따라서 미분방정식

$$a_1\frac{dx}{dt} + a_0 x = b_0 y$$

복소 표현으로 다음과 같은 페이저 식(phasor equation)으로 쓰일 수 있다.

$$j\omega a_1 X + a_0 X = b_0 Y$$

여기서 볼드체는 페이저를 나타낸다. 이것은 시간영역에서의 미분방정식이 주파수영역

(frequency domain)에서의 식으로 변환되었다는 것을 의미한다. 주파수영역에서의 식은 다음과 같이 다시 쓸 수 있다.

$$(j\omega a_1 + a_0)X = b_0 Y$$

$$\frac{X}{Y} = \frac{b_0}{j\omega a_1 + a_0}$$

그러나 20.2절에서, 같은 미분방정식이 s 영역에서는 다음과 같이 표현되었다.

$$G(s) = \frac{X(s)}{Y(s)} = \frac{b_0}{a_1 s + a_0}$$

만일 이 식에서 s를 $j\omega$로 치환하면, 같은 식을 얻게 된다. 즉, s 영역에서 주파수영역으로 언제든지 변환 가능하다는 것을 알 수 있다. 따라서 이상의 개념을 이용하여 정상상태에서의 주파수 응답함수(frequency response function) 또는 주파수 전달함수(frequency transfer function) $G(j\omega)$가 다음과 같이 정의된다.

$$G(s) = \frac{\text{output phasor}}{\in\text{put phasor}}$$

위의 정의를 설명하기 위해, 다음의 전달함수를 갖는 시스템에 대한 주파수 전달함수를 결정하는 것을 고려해 보자.

$$G(s) = \frac{1}{s+1}$$

주파수 응답함수는 s를 $j\omega$로 치환함으로써 얻어진다.

$$G(j\omega) = \frac{1}{j\omega + 1}$$

21.3 주파수 응답

따라서 시스템의 주파수 응답을 결정하는 절차는 다음과 같다.

1. 주파수 응답함수를 제공하기 위해 전달함수에서 s를 $j\omega$로 대체한다.
2. 출력과 입력 사이의 진폭비는 복소 주파수 응답함수의 크기, 즉 $\sqrt{(x^2+y^2)}$이다.
3. 출력과 입력 사이의 위상각은 $\phi = y/x$ 또는 주파수 응답함수를 나타내는 복소수의 허수부와 실수부의 비율로 주어진다.

21.3.1 1차 시스템의 주파수 응답

1차 시스템은 다음과 같이 표현될 수 있는 전달함수를 갖는다.

$$G(s) = \frac{1}{1+\tau s}$$

여기서 τ는 시스템의 시상수이다(20.2절 참조). 주파수 응답함수 $G(j\omega)$는 s를 $j\omega$로 치환함으로써 얻을 수 있으며 다음과 같다.

$$G(j\omega) = \frac{1}{1+\tau j\omega}$$

이 식의 분모와 분자에 $(1-j\omega\tau)$를 곱함으로써 보다 편리한 형태로 변환할 수 있다.

$$G(j\omega) = \frac{1}{1+j\omega\tau} \times \frac{1-j\omega\tau}{1-j\omega\tau} = \frac{1-j\omega\tau}{1+j^2\omega^2\tau^2}$$

그러나 $j^2 = -1$이므로, 식은

$$G(j\omega) = \frac{1}{1+\omega^2\tau^2} - j\frac{\omega\tau}{1+\omega^2\tau^2}$$

이 된다. 이것은 $x+jy$ 형태이며, $G(j\omega)$가 출력 페이저를 입력 페이저로 나눈 것이기 때문에 출력 페이저는 입력 페이저보다 다음의 $|G(j\omega)|$로 표현될 수 있는 인자만큼 증가된 크기를 갖는다.

$$|G(j\omega)|=\sqrt{x^2+y^2}=\sqrt{\left(\frac{1}{1+\omega^2\tau^2}\right)^2+\left(\frac{\omega\tau}{1+\omega^2\tau^2}\right)^2}=\frac{1}{\sqrt{1+\omega^2\tau^2}}$$

$|G(j\omega)|$는 출력의 크기가 입력의 크기보다 얼마만큼 더 큰가를 말해 준다. 이것을 일반적으로 크기(magnitude) 또는 이득(gain)이라고 부른다. 출력 페이저와 입력 페이저 사이의 위상차 ϕ는 다음과 같다.

$$\tan\phi=\frac{y}{x}=-\omega\tau$$

음의 부호는 출력 페이저가 입력 페이저보다 늦음을 나타낸다.

다음의 예제들이 이러한 개념을 이해하는 데 도움이 될 것이다.

1. 응답함수를 결정하라. 시스템(저항과 콘덴서가 직렬로 연결되어 있고 출력은 콘덴서의 양단에서 측정된다)의 전달함수는 다음과 같다.

$$G(s)=\frac{1}{RCs+1}$$

주파수 응답함수는 s에 $j\omega$를 대입함에 의해서 얻을 수 있으며 다음과 같다.

$$G(j\omega)=\frac{1}{j\omega RC+1}$$

식의 분모, 분자에 $1-j\omega RC$를 곱함에 의해서 다음과 같이 다시 쓸 수 있다.

$$G(j\omega)=\frac{1}{1+\omega^2(RC)^2}-j\frac{\omega(RC)}{1+\omega^2(RC)^2}$$

따라서 페이저의 크기와 위상은 각각

$$|G(j\omega)| = \frac{1}{\sqrt{1+\omega^2(RC)^2}}$$

이고

$$\tan\phi = -\omega RC$$

이다.

2. $2\sin(3t+60°)$의 정현파 입력을 받을 때 시스템에서 출력의 크기와 위상을 결정하라. 전달함수는 다음과 같다.

$$G(s) = \frac{4}{s+1}$$

주파수 응답함수는 s를 $j\omega$로 대치함으로써 다음과 같이 얻어진다.

$$G(j\omega) = \frac{4}{j\omega+1}$$

식의 분모와 분자에 $(-j\omega+1)$을 곱하면

$$G(j\omega) = \frac{-j4\omega+4}{\omega^2+1} = \frac{4}{\omega^2+1} - j\frac{4\omega}{\omega^2+1}$$

그 크기는

$$|G(j\omega)| = \sqrt{x^2+y^2} = \sqrt{\frac{4^2}{(\omega^2+1)^2} + \frac{4^2\omega^2}{(\omega^2+1)^2}} = \frac{4}{\sqrt{\omega^2+1}}$$

위상각은 $\tan\phi = y/x$에 의해서 주어지므로

$$\tan\phi = -\omega$$

ω =3rad/s인 특정 입력에 대해서, 그 크기는

$$|G(j\omega)| = \frac{4}{\sqrt{3^2+1}} = 1.3$$

위상은 $\tan\phi = -3$에 의해서 주어지며 $\phi = -72°$이다. 이것이 입력과 출력 사이의 위상각이다. 그러므로 그 출력은 $2.6\sin(3t - 12°)$가 된다.

21.3.2 2차 시스템에 대한 주파수 응답

전달함수를 갖는 2차 시스템을 고려하자(20.3절 참조).

$$G(s) = \frac{\omega^{2_n}}{s^2 + 2\zeta\omega_n s + \omega^{2_n}}$$

여기서 ω_n은 고유 각주파수이고, ζ는 감쇠계수이다. 주파수 응답함수는 s를 $j\omega$로 대치함에 의하여 다음과 같이 구해진다.

$$G(j\omega) = \frac{\omega^{2_n}}{-\omega^2 + j2\zeta\omega\omega_n + \omega^{2_n}} = \frac{\omega^{2_n}}{(\omega^{2_n} - \omega^2) + j2\zeta\omega_n}$$

$$= \frac{1}{\left[1 - \left(\frac{\omega}{\omega_n}\right)^2\right] + j2\zeta\left(\frac{\omega}{\omega_n}\right)}$$

식의 분모와 분자에 다음을 곱하면

$$\left[1 - \left(\frac{\omega}{\omega_n}\right)^2\right] + j2\zeta\left(\frac{\omega}{\omega_n}\right)$$

다음과 같은 결과를 얻을 수 있다.

$$G(jw) = \frac{\left[1-\left(\frac{w}{w_n}\right)^2\right] - j2\zeta\left(\frac{w}{w_n}\right)}{\left[1-\left(\frac{w}{w_n}\right)^2\right]^2 + \left[2\zeta\left(\frac{w}{w_n}\right)\right]^2}$$

이것은 $x+jy$ 형식이다. 그래서 $G(j\omega)$는 출력 페이저를 입력 페이저로 나눈 것이기 때문에, 출력 페이저의 크기 또는 진폭이 입력 페이저의 것보다 $\sqrt{(x^2+y^2)}$ 더 크다.

$$|G(j\omega)| = \frac{1}{\sqrt{\left[1-\left(\frac{\omega}{\omega_n}\right)^2\right]^2 + \left[2\zeta\left(\frac{\omega}{\omega_n}\right)\right]^2}}$$

입력과 출력 사이의 위상 ϕ 차이는 식 $\tan\phi = x/y$에 의해서 주어지며

$$\tan\phi = \frac{2\zeta\left(\frac{\omega}{\omega_n}\right)}{1-\left(\frac{\omega}{\omega_n}\right)^2}$$

과 같다. 음의 부호는 출력위상이 입력에 비하여 늦어짐을 의미한다.

21.4 보데 선도

시스템의 주파수 응답은 정현파 입력 신호가 주파수 범위에서 변화할 때 발생하는 크기 $|G(j\omega)|$와 위상각 ϕ의 집합이다. 이것은 2개의 그래프로 표현될 수 있으며, 그 하나는 각주파수 w에 대한 크기 $|G(j\omega)|$의 선도이고 다른 하나는 w에 대한 위상 ϕ의 선도이다. 크기와 각주파수는 로그 스케일(logarithmic scale)을 사용해서 그려진다. 그러한 1쌍의 그래프를 보데 선도(Bode plot)라 한다.

크기는 데시벨(dB) 단위로 표현된다.

$$|G(j\omega)| \text{ in } dB = 20 \lg_{10} |G(j\omega)|$$

그러므로 20dB의 의미는

$$20 = 20 \lg_{10} |G(jw)|$$

이며, 그래서 $1 = 1 \lg_{10} |G(j\omega)|$이고 $10^1 = |G(j\omega)|$이다. 따라서 20dB의 크기는 그 크기가 10임을 의미함으로 출력의 진폭은 입력의 10배가 된다. 40dB의 크기는 100의 크기를 의미하므로 출력의 진폭은 입력의 100배가 된다.

21.4.1 $G(s) = K$에 대한 보데 선도

전달함수 $G(s) = K$를 갖는 시스템에 대한 보데 선도를 고려하자. 여기서 K는 상수이다. 그러므로 주파수 응답함수는 $G(j\omega) = K$이다. 크기 $|G(j\omega)| = K$이므로 데시벨로는 $|G(j\omega)| = 20 \lg_{10} K$이다. 크기선도는 단지 일정 크기를 갖는 선이며, K의 변화는 단지 크기 선을 어떤 데시벨만큼 올리거나 내림에 의한 이동이다. 그 위상은 0이며, 그림 21.3이 그 보데 선도를 보여준다.

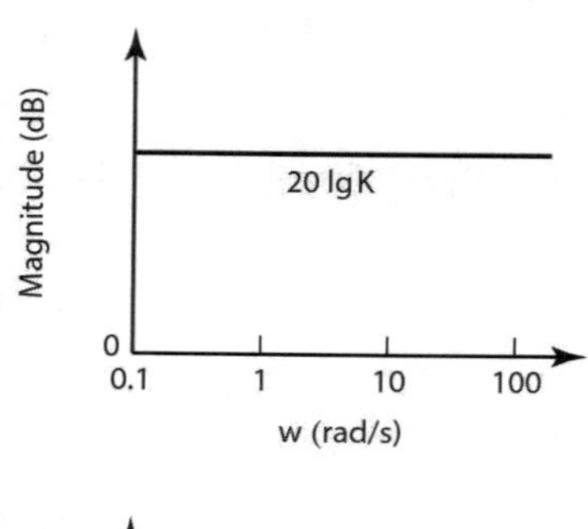

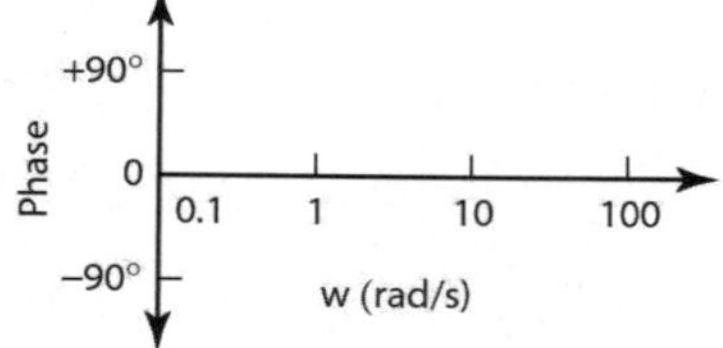

그림 21.3 $G(s) = K$에 대한 보데 선도

21.4.2 $G(s)=1/s$의 보데 선도

전달함수 $G(s)=\dfrac{1}{s}$를 갖는 시스템의 보데 선도를 고려하자. 주파수 응답함수 $G(j\omega)$는 $1/j\omega$이다. 여기에 j/j를 곱하면 $G(j\omega)=-j/\omega$가 된다. 그 크기 $|G(j\omega)|$는 $1/\omega$이다. 데시벨로는 $20\lg(1/\omega)=-20\lg\omega$이다. $\omega=1$rad/s일 때 0이며, $\omega=10$rad/s일 때 −20dB가 된다. 그리고 $\omega=100$rad/s일 때 −40dB가 된다. 각주파수의 10배씩의 증가에 대해서 그 크기는 −20dB씩 감소한다. 그러므로 그 크기선도는 기울기가 −20dB/decade이고 $\omega=1$rad/s일 때 0을 통과하는 직선이다. 그러한 시스템의 위상은 다음과 같이 주어진다.

$$\tan\phi=\frac{-\dfrac{1}{\omega}}{0}=-\infty$$

따라서 모든 주파수에 대해서 $\phi=-90°$이다. 그림 21.4는 그 보데 선도를 보여 준다.

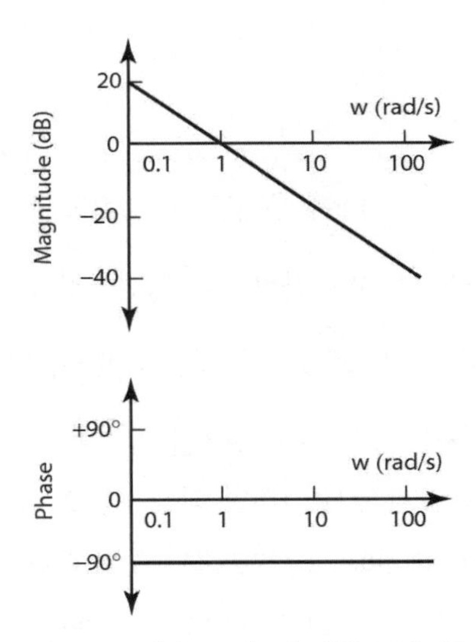

그림 21.4 $G(s)=1/s$에 대한 보데 선도

21.4.3 1차 시스템의 보데 선도

전달함수를 갖는 1차 시스템의 전달함수에 대한 보데 선도를 고려하자.

$$G(s) = \frac{1}{\tau s + 1}$$

주파수 응답함수는

$$G(j\omega) = \frac{1}{j\omega t + 1}$$

이므로, 그 크기(21.2.1절 참조)는

$$|G(j\omega)| = \frac{1}{\sqrt{1+\omega^2\tau^2}}$$

인데, 데시벨로는

$$20\lg\left(\frac{1}{\sqrt{1+\omega^2\tau^2}}\right)$$

이다. $\omega \ll \frac{1}{\tau}$일 때, $\omega^2\tau^2$은 1과 비교하여 무시할 수 있으므로 그 크기는 $20 \lg 1 = 0\mathrm{dB}$이다. 따라서 저주파수에서 크기선도는 0dB의 일정값의 직선으로 표시된다. 고주파수에 대해서는 $\omega \gg \frac{1}{\tau}$일 때 $\omega^2\tau^2$이 1보다는 매우 크므로 1이 무시될 수 있다. 따라서 그 크기는 $20 \lg (1/\omega\tau)$, 즉 $-20 \lg \omega\tau$이다. 이것은 기울기 −20dB/decade를 가지며 $\omega\tau=1$일 때 0dB를 통과하는 직선이다. 그림 21.5는 저·고 주파수에 대해서 이러한 직선들을 보여 준다. 그림에서 직선들의 교점은 $\omega = 1/\tau$이며 브레이크 점(break point) 또는 코너 주파수(corner frequency)라고 한다. 두 직선들은 실제 선도의 점근적 가상선(asymptotic approximation)이라고 한다. 실선도는 두 직선들의 교점을 부드럽게 연결한 것이다. 실선도와 근사선도의 차이는 브레이크 점에서 최대 3dB이다.

1차 시스템에 대한 위상은 $\tan\phi = -\omega\tau$ 에 의해서 주어진다(21.2.1절 참조). 저주파수에서는, 즉 w가 약 $0.1/\tau$보다 작을 때의 위상은 거의 0°이다. 고주파수에서는, 즉 w가 약 $10/\tau$보다 클 때의 위상은 거의 −90°가 된다. 이러한 두 극단 사이에서 위상각은 보데 선도상에서 적절한 직선으로 고려될 수 있다(그림 21.5 참조). 직선으로 가정하는 데에서 최대 오차는 5.5°이다.

그러한 시스템의 예는 RC 필터(20.2.2절 참조), 즉 커패시턴스 C와 직렬로 연결된 저항 R이며, 출력은 커패시터 양단의 전압이다. 그것은 $1/(RCs+1)$의 전달함수를 가지고 있다. 주파수 응답함수는 $1/(j\omega\tau+1)$ 이다. 여기서, $\tau=RC$이다. 보데 플롯은 그림 21.5와 같다.

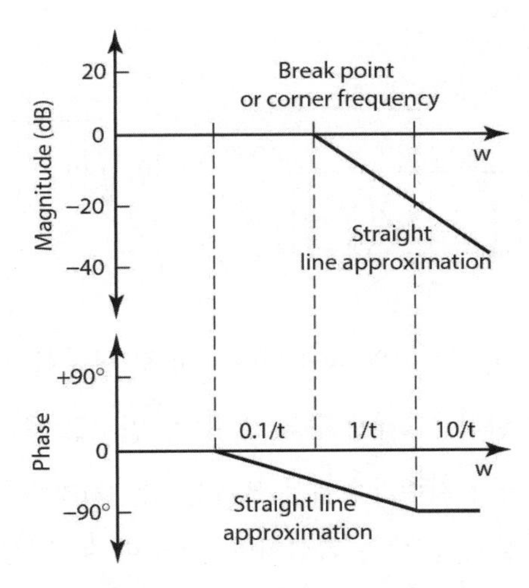

그림 21.5 1차 시스템의 보데 선도

21.4.4 2차 시스템의 보드 선도

전달함수를 갖는 2차 시스템을 고려하자.

$$G(j\omega)=\frac{\omega^{2_n}}{s^2+2\zeta\omega_n s+\omega^{2_n}}$$

주파수 응답함수는 s를 $j\omega$로 대치함으로써 얻어진다.

$$G(j\omega)=\frac{\omega^{2_n}}{-\omega^2+j2\zeta\omega\omega_n+\omega^{2_n}}$$

그 크기는(21.3.2절 참조)

$$|G(j\omega)|=\frac{1}{\sqrt{\left[1-\left(\frac{\omega}{\omega_n}\right)^2\right]^2+\left[j2\zeta\left(\frac{\omega}{\omega_n}\right)\right]^2}}$$

이므로, 데시벨로는 그 크기가

$$20\ \lg\frac{1}{\sqrt{\left[1-\left(\frac{\omega}{\omega_n}\right)^2\right]^2+\left[j2\zeta\left(\frac{\omega}{\omega_n}\right)\right]^2}}=-20\ \lg\sqrt{\left[1-\left(\frac{\omega}{\omega_n}\right)^2\right]^2+\left[j2\zeta\left(\frac{\omega}{\omega_n}\right)\right]^2}$$

이 된다. $(\omega/\omega_n)\ll 1$에서는 크기는 $-20\ \lg 1$ 또는 0dB로 근사화되고 $(\omega/\omega n)\gg 1$에서 크기는 $-20\ \lg\ (\omega/\omega_n)^2$으로 근사화된다. 그러므로 w가 10의 인수로 증가할 때 크기는 $-20\ \lg 100$ 또는 −40dB로 증가한다. 따라서 저주파수에서 크기선도는 0dB에서 직선이며, 반면에 고주파수에서는 −40dB/decade의 기울기를 갖는 직선이다. 이러한 두 직선의 교점, 즉 브레이크 점은 $\omega=\omega_n$이다. 그러므로 크기선도는 이러한 2개의 점근선으로 근사화된다. 그러나 실제값은 감쇠계수 ζ에 종속적이다. 그림 21.6은 2개의 점근선과 감쇠계수에 따른 실선도를 보여 준다.

위상은 다음 식에 의해서 주어진다(21.3.2절 참조).

$$\tan\phi=\frac{2\zeta\left(\frac{\omega}{\omega_n}\right)}{1-\left(\frac{\omega}{\omega_n}\right)^2}$$

$(\omega/\omega_n)\ll 1$에 대해서, 즉 $(\omega/\omega_n)=0.2$이면, $\tan\phi$ 는 0으로 근사화되고 그래서 $\phi=0°$가 된다. $(\omega/\omega_n)\gg 1$에 대해서, 즉 $(\omega/\omega_n)=5$이면, $\tan\phi$는 $-(-\infty)$로 근사화되어 $\phi=-180°$이다. $\omega=\omega_n$일 때 $\tan\phi=-\infty$, $\phi=-90°$. 적절한 근사 표현은 $\omega=\omega_n$에서 −90°를 지나고 $(\omega/\omega_n)=0.2$에서는 0°이며 $(\omega/\omega_n)=5$에서는 −180°인 직선이다. 그림 21.6은 그래프를 보여 준다.

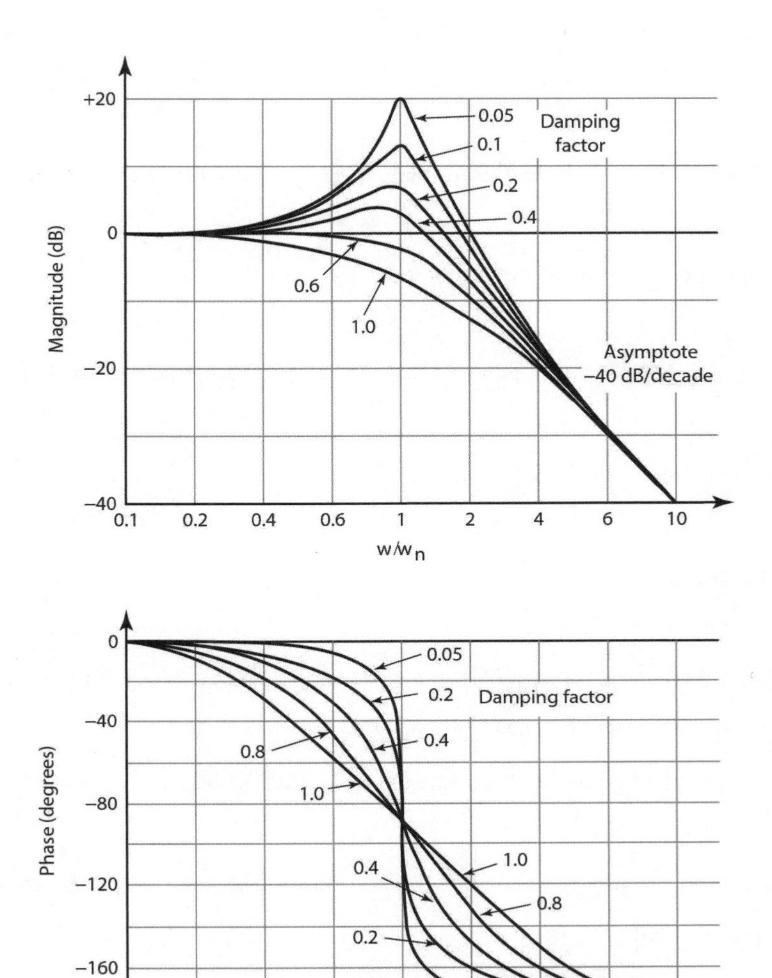

그림 21.6 2차 시스템의 보드 선도

21.4.5 보데 선도 합성

직렬로 많은 요소들이 연결된 시스템을 고려해 보자. 시스템 전체의 전달함수는 다음과 같이 주어진다(20.4절 참조).

$$G(s) = G_1(s)G_2(s)G_3(s)\cdots$$

따라서 2개의 요소에 대한 주파수 응답함수는 s를 $j\omega$로 대치할 때

$$G(j\omega) = G_1(j\omega)G_2(j\omega)$$

이다. 전달함수 $G_1(j\omega)$는 복소 표현으로 다음과 같이 나타낸다(21.2절 참조).

$$x + jy = |G_{1(j\omega)}|(\cos\phi_1 + j\sin\phi_1)$$

여기서 $|G(j\omega)|$는 크기이고, $\phi 1$은 주파수 응답함수의 위상이다. 유사하게 $G_2(j\omega)$는

$$|G_{2(j\omega)}|(\cos\phi_2 + j\sin\phi_2)$$

으로 표현된다. 따라서

$$\begin{aligned} G(j\omega) &= |G_1(j\omega)|(\cos\phi_1 + j\sin\phi_1) \times |G_2(j\omega)|(\cos\phi_2 + j\sin\phi_2) \\ &= |G_1(j\omega)||G_2(j\omega)|[\cos\phi_1\cos\phi_2 \\ &\quad + j(\sin\phi_1\cos\phi_2 + \cos\phi_1\sin\phi_2) + j^2\sin\phi_1\sin\phi_2] \end{aligned}$$

그러나 $\cos\phi_1\cos\phi_2 - \sin\phi_1\sin\phi_2 = \cos(\phi_1 + \phi_2)$와 $\sin\phi_1\cos\phi_2 + \cos\phi_1\sin\phi_2 = \sin(\phi_1 + \phi_2)$ 식에 의해 $j^2 = -1$이고, 그러므로

$$G(j\omega) = |G_1(j\omega)||G_2(j\omega)|[\cos(\phi_1 + \phi_2) + j\sin(\phi_1 + \phi_2)]$$

시스템의 주파수 응답함수는 각각의 요소들의 크기의 곱인 크기와 각 요소들의 위상의 합인 위상을 갖는다. 즉,

$$\begin{aligned} &|G(j\omega)| = |G_1(j\omega)||G_2(j\omega)||G_3(j\omega)|\cdots \\ &\phi = \phi_1 + \phi_2 + \phi_3 + \cdots \end{aligned}$$

이제, 크기의 로그 크기를 그리는 보데 선도를 고려하면

$$\lg|G(j\omega)| = \lg|G_1(j\omega)| + \lg|G_2(j\omega)| + \lg|G_3(j\omega)| + \cdots$$

따라서 시스템의 크기 보데 선도는 각 요소들의 크기 보데 선도들을 같이 합해서 얻어진다. 같은 방법으로 위상선도 역시 각 요소들의 선도들을 합하여 구해진다.

많은 기본적인 요소들을 사용함으로써 넓은 영역의 시스템에 대한 보데 선도가 쉽게 구해진다. 사용되는 기본 요소들은 다음과 같다.

1. $G(s)=K$ 이것은 그림 21.3에 있는 보데 선도로 주어진다.
2. $G(s)=\dfrac{1}{s}$ 이것은 그림 21.4에 있는 보데 선도로 주어진다.
3. $G(s)=s$

이것은 그림 21.4의 것과 대칭되는 보데 선도이다. 즉, $|G(j\omega)|$ =20dB/decade이고 $\omega=$ 1rad/s에서 0을 지난다. ϕ는 90°에서 일정하다.

4. $G(s)=\dfrac{1}{\tau s+1}$ 이것은 그림 21.5에 있는 보데 선도로 주어진다.
5. $G(s)=\tau s+1$

이것은 그림 21.5에 있는 것과 대칭되는 보데 선도이다. 크기선도에 대해 브레이크 점은 $1/\tau$에서, 그 이전에는 0dB의 직선이고 그 이후에는 20dB/decade의 기울기를 갖는 직선이다. 위상은 $0.1/\tau$에서는 0°이고 $10/\tau$에서는 +90°까지 증가한다.

6. $G(j\omega)=\dfrac{\omega^{2_n}}{s^2+2\zeta\omega_n s+\omega^{2_n}}$ 이것은 그림 21.6에 있는 보데 선도로 주어진다.
7. $G(j\omega)=\dfrac{s^2+2\zeta\omega_n s+\omega^{2_n}}{\omega^{2_n}}$

이것은 그림 21.6의 대칭그림으로 표현되는 보데 선도를 갖는다.

이상의 개념을 설명하기 위해서 전달함수가

$$G(s)=\frac{10}{2s+1}$$

인 시스템의 보데 선도를 그리는 것을 고려하자. 전달함수는 2개의 요소로, 전달함수 10을 갖는 것과 전달함수 $1/(2s+1)$을 갖는 것으로 구성되어 있다. 보데 선도는 이러한 요소들 각각에 대하여 그리고 이것들을 다시 합성함에 의하여 구해진다. 전달함수 10에 대한 보데 선도는 $K=10$인 그림 21.3의 형태일 것이고 $1/(2s+1)$에 대해서는 $\tau = =2$인 그림 21.5에서 주어진 것과 유사한 보데 선도일 것이다. 그 결과는 그림 21.7에 나타나 있다.

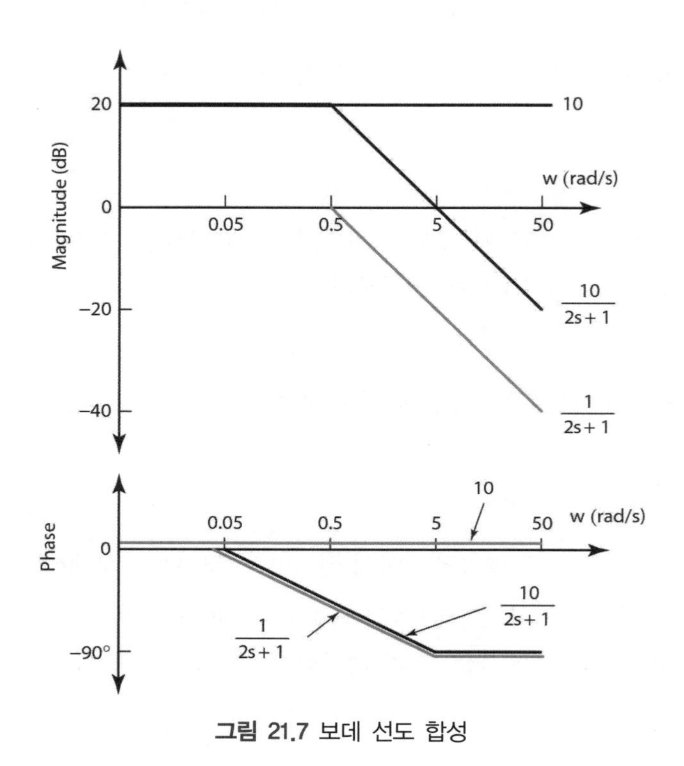

그림 21.7 보데 선도 합성

또 다른 예제로서, 전달함수를 갖는 시스템의 보데 선도를 그리는 것을 고려하자.

$$G(s) = \frac{2.5}{s(s^2+3s+25)}$$

전달함수는 3개의 성분으로 구성된다. 하나는 0.1, 다른 하나는 $1/s$이고 나머지 하나는 $25/(s^2+3s+25)$인 전달함수들이다. 0.1의 전달함수는 $K=0.1$인 그림 21.3과 같은 보데 선도로 주어진다. $1/s$의 전달함수는 그림 21.4와 같은 보데 선도를 갖는다. $25/(s^2+3s+25)$의 전달함수는 $\omega_n=5$rad/s이고 $\zeta=0.3$인 2차의 전달함수 $\omega_n^2/(s^2+2\zeta\omega_n s+\omega_n^2)$이다. 브레이크 점은

$\omega = \omega_n = 5\text{rad/s}$가 될 것이다.

위상에 대한 점근선은 브레이크 점에서 $-90°$를 통과하고 $(w/w_n) = 0.2$일 때 $0°$이고 $(w/w_n) = 5$일 때 $-180°$인 직선들로 구성된다. 그림 21.8은 그 결과의 보데 선도를 보여 준다.

직선 근사법을 사용하여 구성 요소들의 보데 선도를 구성하여, 최종적으로 전체 보데 선도를 구하는 방법은 지금까지 널리 사용되었지만, 이제 컴퓨터 시대에는 덜 필요하다.

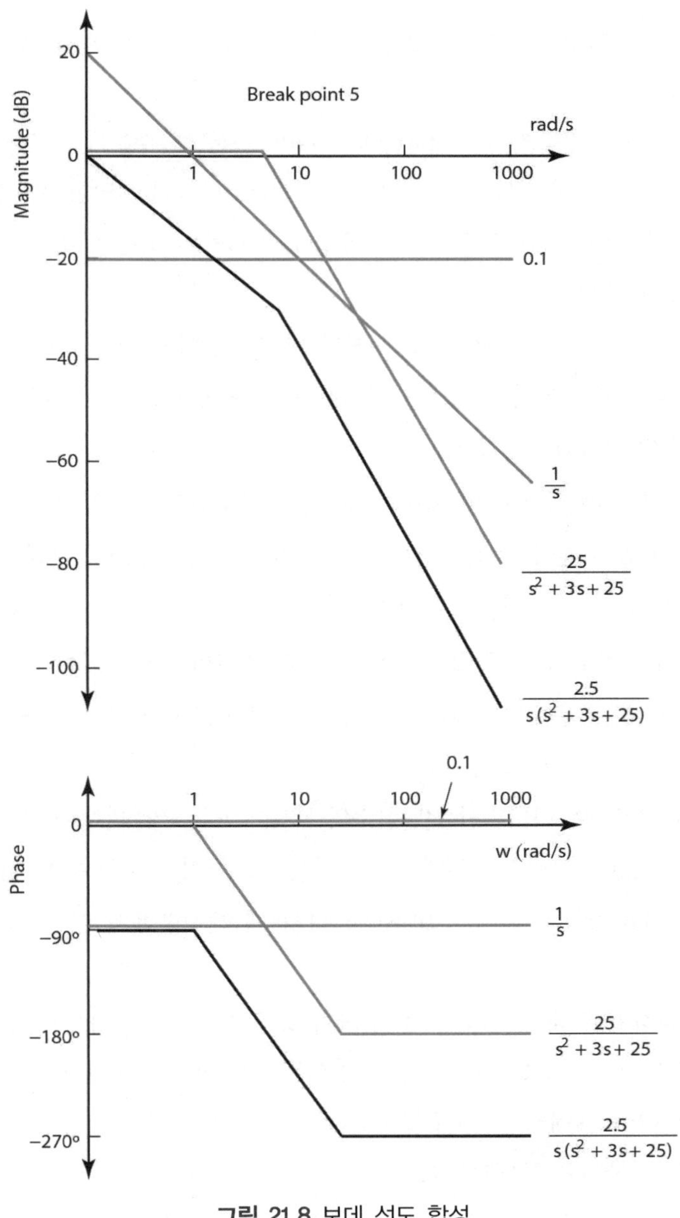

그림 21.8 보데 선도 합성

21.4.6 시스템 식별

정현파 입력에 대한 출력을 고려하여 보데 선도를 실험적으로 결정한다면, 시스템에 대한 전달함수를 얻을 수 있다. 기본적으로 크기 보데 선도에 대한 점근선을 그리고 그것의 기울기를 고려한다. 위상각 곡선은 크기 보데 선도의 분석으로부터 획득된 결과 체크에 사용된다.

1. 첫 번째 코너 주파수의 앞에 있는 저주파수 기울기는 0이다. 그때 전달함수에서 s나 $1/s$ 요소는 없다. 전달함수의 분자의 K는 저주파수 크기로부터 얻을 수 있다. 그 크기는 dB= 20 lg K이다.
2. 저주파수에서 초기 기울기가 −20dB/decade라면 전달함수는 $1/s$이다.
3. 코너 주파수에서 기울기가 20dB/decade보다 더 감소한다면 전달함수의 분모에 $(1+s/\omega_c)$이 있는 것이다. 변화가 발생한 코너 주파수에 존재하는 ω_c이며 하나의 코너 주파수보다 더 많은 곳에서 발생할 수 있다.
4. 코너 주파수에서 기울기가 20dB/decade보다 더 증가한다면 전달함수의 분자에 $(1+s/\omega_c)$이 있는 것이다. 변화가 발생한 코너 주파수에 존재하는 ω_c이며 하나의 코너 주파수보다 더 많은 곳에서 발생할 수 있다.
5. 코너 주파수에서 기울기가 40dB/decade보다 더 감소한다면 전달함수의 분모에 $(s^2/\omega_c^2+2\zeta s/\omega_c+1)$이 있는 것이다. 감쇠비는 그림 21.6에서 보듯이 코너 주파수에서 보데 선도의 세부사항을 고려함으로써 찾을 수 있다.
6. 코너 주파수에서 기울기가 40dB/decade보다 더 증가한다면 전달함수의 분자에 $(s^2/\omega_c^2+2\zeta s/\omega_c+1)$이 있는 것이다. 감쇠비는 그림 12.6에서 보듯이 코너 주파수에서 보데 선도의 세부사항을 고려함으로써 찾을 수 있다.
7. 저주파수 기울기가 0이 아니라면 전달함수의 분자에 K는 저주파수 점근선의 값을 고려함으로써 결정될 수 있다. 그리고 전달함수에서 많은 요소들이 무시될 수 있다. 데시벨에서 이득은 대략 20 lg (K/ω^2)이 된다. 그래서 $\omega=1$일 때 데시벨에서 이득은 20 lg K가 된다.

위의 사항을 설명하기 위해서, 그림 21.9에 크기 보데 선도를 나타내었다. 초기 기울기는 0이다. 그래서 어떠한 $1/s$나 s 요소들이 없다. 초기 이득은 20이고 그래서 20 = 20 lg K이다. K는 10이다. 기울기가 10rad/s에서 −20dB/decade으로 변한다. 그것은 전달함수의 분모에 $(1+s/10)$이 존재하기 때문이다. 그래서 전달함수는 $10/(1+0.1s)$이다.

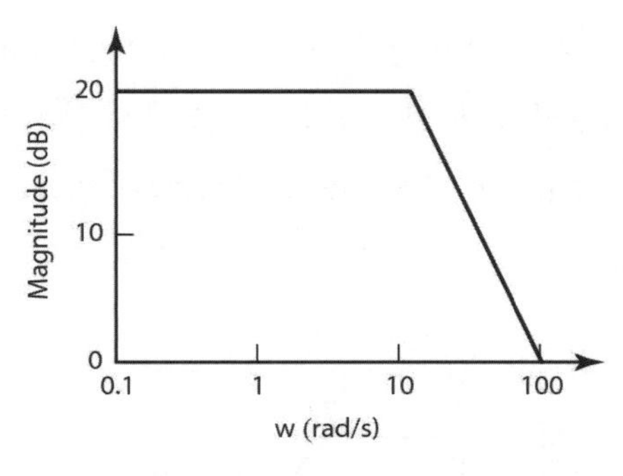

그림 21.9 보데 선도

더 많은 설명을 위해서 그림 20.10을 고려해 보자. -20dB/decade의 초기 기울기가 있다. 그것은 $1/s$ 요소가 있다는 것이다. 코너 주파수가 1.0rad/s일 때 기울기가 -20dB/decade의 변화가 있다. $1/(1+s/1)$이 있다는 것이다. 코너 주파수가 10rad/s일 때 기울기가 -20dB/decade보다 더 큰 변화가 있고 $1/(1+s/10)$가 있다. $\omega=1$일 때 크기는 6dB이고 $6=20 \lg K$이다. 그리고 $K=10^{6/20}=2.0$이다. 그래서 전달함수는 $2.0/s(1+s)(1+0.1s)$이다.

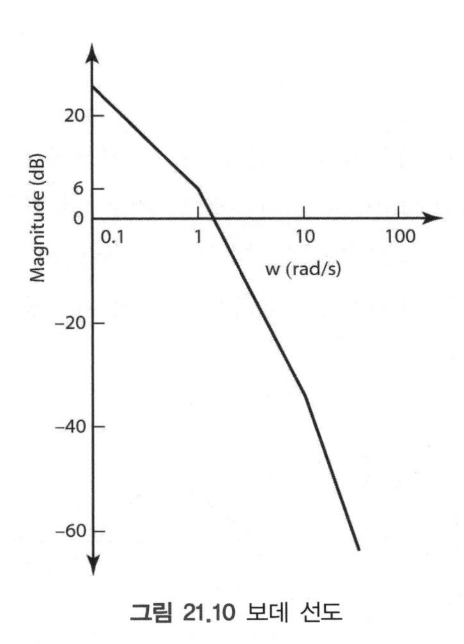

그림 21.10 보데 선도

더 많은 설명을 위해서, 그림 21.11은 초기 기울기가 0에서 10rad/s일 때의 -40dB/decade까지 변하는 보데 선도를 나타내고 있다. 초기 크기는 10dB이고 그래서 $10=20 \lg K$이다. 그리고 $K=10^{0.5}=3.2$이다. 10rad/s일 때 -40dB/decade의 변화는 전달함수의 분모에 $(s^2/10^2+$

$2\zeta s/10+1)$의 요소가 있다는 것을 의미한다. 전달함수는 $3.2/(0.01s^2+0.2\zeta s+1)$이다. 감쇠요소는 그림 21.6의 코너 주파수의 보데 선도와의 비교를 통해 알 수 있다. 그것은 코너 위 6dB까지 증가한다. 그리고 이것은 약 0.2의 감쇠요소와 일치한다. 그래서 전달함수는 $3.2/(0.01s^2+0.04\zeta s+1)$이다.

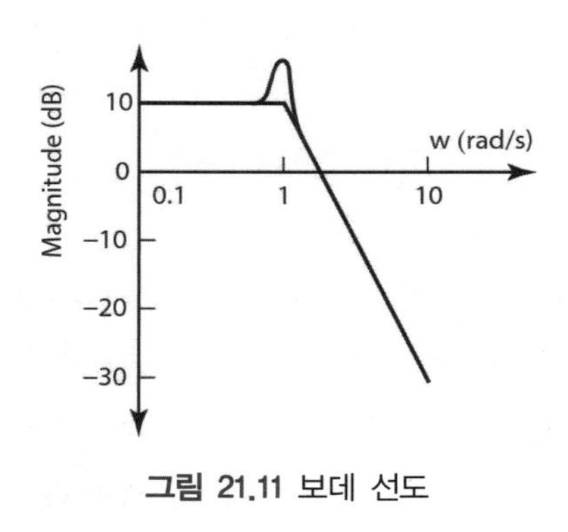

그림 21.11 보데 선도

21.5 성능 지수

정현파 입력을 받을 때 시스템의 성능을 언급하는 데 사용되는 용어들은 최대 공진값(peak resonance)과 대역폭(bandwidth)이다. 최대 공진값 Mp는 크기의 최댓값으로 정의된다(그림 21.12). 최대 공진값은 시스템의 최대 오버슈트의 큰 값에 해당한다. 2차 시스템에서 이것은 그림 21.6의 보데 선도의 비교에서부터 감쇠계수와 직접적인 관련이 있을 수 있으며, 작은 감쇠계수는 높은 공진 최댓값에 해당한다.

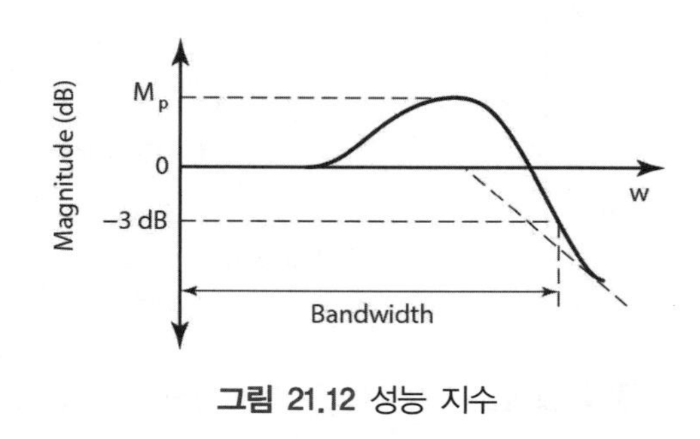

그림 21.12 성능 지수

대역폭은 크기가 −3dB 아래로 떨어지지 않는 주파수폭으로 정의된다. 이 주파수는 차단 주파

수라고 한다. 크기를 데시벨 단위(dB)로 표시하면,

$$|G(j\omega)|\ \ in\ \ dB = 20\,\lg_{10}|G(j\omega)|$$

이고

$$-3 = 20\,\log_{10}|G(j\omega)|$$

$|G(j\omega)|$ =0.707이므로 진폭은 초기 값의 0.707로 떨어졌다. 정현파의 전력은 진폭의 제곱이기 때문에 전력은 초기 값의 0.7072=0.5로 떨어졌다. 따라서 −3dB 컷오프는 입력 신호의 전력이 입력 값의 절반으로 감쇄되는 데시벨 값이다. 그림 21.12의 보데 선도를 제공하는 시스템의 경우, 대역폭은 제로 주파수와 크기가 −3dB 이하로 떨어지는 주파수 사이의 구간이다. 이는 측정 시스템의 전형이며, 일반적으로 낮은 주파수에서 감쇠를 나타내지 않으며 그 크기는 높은 주파수에서만 저하된다.

예로, 20.2.2 절의 항목 1에 설명 된 예에서 시스템(출력을 가로 지르는 커패시터와 직렬로 연결된 저항을 가진 전기 회로)

$$G(s) = \frac{1}{RCs+1}$$

의 크기는 다음과 같다.

$$|G(j\omega)| = \frac{1}{\sqrt{1+\omega^2(RC)^2}}$$

이 크기 비율이 0.707 인 경우 차단 주파수는 다음 식에 의해 주어져야 한다.

$$0.707 = \frac{1}{\sqrt{1+\omega_c^2(RC)^2}}$$

$$1+\omega_c^2(RC)^2 = (1/0.707)^2 = 2$$

그러므로 $\omega_c = 1/RC$. 이러한 회로는 저역 통과 필터라고하며, 낮은 주파수는 감쇄가 거의 없이 출력으로 전달되고 높은 주파수는 감쇄되기 때문이다.

21.6 안정성

시스템에 대한 정현파 입력이 있을 때 시스템으로부터의 출력은 같은 각주파수를 갖는 정현파이나 입력과는 다른 크기와 위상을 갖는다. 부 피드백을 갖는 폐루프 시스템을 고려하자. 이때 시스템으로의 입력은 없는 상태이다(그림 21.13). 만일 시스템에 대한 오차 신호로서 반파 정류 정현파 신호를 가지고 있고, 이것이 출력까지 통과한 후 크기는 변화되지 않으면서 반주기만큼 지연되어, 즉 그림에서 보는 것과 같이 180°의 위상변화를 가지고서 비교 요소까지 도달한다고 가정하자. 이 신호가 입력 신호로부터 감하여질 때 초기의 반파 정류된 펄스와 연결되어 최종 오차 신호가 된다. 이 신호는 피드백 루프를 통하여 되돌아오게 되고 일단 다시 신호가 시작되는 그 시간에 도착하게 된다. 따라서 자기유지 진동 신호를 얻게 된다.

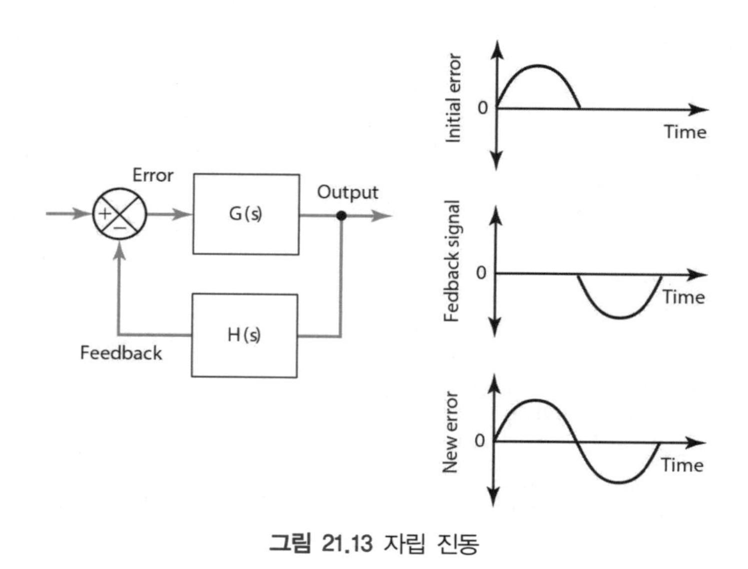

그림 21.13 자립 진동

자기 유지된 진동이 발생되기 위해서 그 시스템은 크기가 1이고 위상은 −180°인 주파수 응답 함수를 가져야 한다. 신호가 통과하는 시스템은 $H(s)$와 직렬로 연결된 $G(s)$이다. 만일 크기가 1보다 작다면 각각 연속되는 반파 펄스는 크기에서 점점 작아지게 되고 결국에 그 진동은 사라지게 될 것이다. 만일 그 크기가 1보다 크게 되면, 연속되는 펄스는 이전의 것에 비해 더 크게 되고 그 파형은 증폭되어 시스템은 불안정하게 된다.

1. 만일 $H(s)$와 직렬로 연결된 시스템 $G(s)$로부터 결과의 크기가 1이고 위상이 $-180°$이면, 제어 시스템은 일정한 진폭을 갖고서 진동할 것이다.
2. 만일 $H(s)$와 직렬로 연결된 시스템 $G(s)$로부터 결과의 크기가 1보다 작고 위상이 $-180°$이면, 제어 시스템은 감소되는 진폭을 갖고서 진동할 것이다.
3. 만일 $H(s)$와 직렬로 연결된 시스템 $G(s)$로부터 결과의 크기가 1보다 크고 위상이 $-180°$이면, 제어 시스템은 증가하는 진폭을 갖고서 진동할 것이다.

좋은 안정된 제어 시스템은 항상 $G(s)H(s)$의 크기가 1보다 현저하게 작을 것을 요구한다. 통상 0.4에서 0.5 사이의 값이 사용된다. 부가적으로 위상각은 약 $-115°$와 $-125°$ 사이가 되어야 한다. 그러한 값들은 계단입력에 대하여 20에서 30%의 오버슈트만을 허용하는 약간 저감쇠된 제어 시스템을 제공한다(19.5절 참조).

제어 시스템에 대한 고려사항은 그것이 얼마나 안정적이냐는 것이지 어떤 작은 외란에 대하여 진동하는 것과는 다른 사항이다. 이득 여유(gain margin)는 위상이 $-180°$가 될 때 크기가 1이 되어 불안정하게 만들기 위해 곱해야 하는 크기비율에 의한 인자를 말한다. 위상 여유(phase margin)는 크기가 1일 때 위상각이 수치적으로 $-180°$보다 작게 되는 각도값을 말한다. 좋은 안정된 제어 시스템을 위해서 위에서 적용된 규칙은 2와 2.5 사이의 이득 여유와 45°와 65° 사이의 위상 여유를 의미한다.

요 약

s를 $j\omega$로 바꾸면 s 도메인을 주파수 도메인으로 변환할 수 있다. 주파수 응답함수는 주파수 도메인으로 변환될 때의 전달함수이다.

시스템의 주파수 응답은 정현파 입력 신호가 주파수의 범위에 걸쳐 변할 때 발생하는 크기 $|G(j\omega)|$ 및 위상각 ϕ의 집합이다. 이것은 두 그래프로 표현 될 수 있는데, 하나는 각주파수 w에 대해 그려진 크기 $|G(j\omega)|$이고, 다른 하나는 w에 대한 위상각 ϕ이다. 크기와 각주파수는 로그 스케일을 사용하여 그려진다. 이러한 한 쌍의 그래프를 보데 선도라고 한다.

우리는 구성 요소의 크기의 보데 선도을 함께 더함으로 시스템의 보데 선도을 얻을 수 있다. 같은 방법으로 위상 선도은 구성 요소의 위상을 함께 더하여 얻어진다.

피크 공진 Mp는 크기의 최댓값이다. 대역폭은 크기가 −3dB 이하로 떨어지는 주파수 대역이며, 이 주파수를 차단 주파수라고 한다.

피드백 시스템에서 발생하는 자립 진동은 불안정성에 직면해 있음을 의미하며, 주파수 응답 특성이 1이고 위상이 −180°인 시스템이 이어야 한다. 이득 여유는 위상이 −180°일 때 불안정이 되기 위해 크기가 1이 되도록 곱해져야 하는 크기 비율 지수이다. 위상 마진은 크기가 1인 경우 위상각이 −180°보다 작은 각도이다.

연습문제

21.1 What are the magnitudes and phases of the systems having the following transfer functions?

(a) $\frac{5}{s+2}$, (b) $\frac{2}{s(s+1)}$, (c) $\frac{1}{(2s+1)(s^2+s+1)}$

21.2 What will be the steady-state response of a system with a transfer function $1/(s+2)$ when subject to the sinusoidal input $3\sin(5t+30°)$?

21.3 What will be the steady-state response of a system with a transfer function $5/(s^2+3s+10)$ when subject to the input $2\sin(2t+70°)$?

21.4 Determine the values of the magnitudes and phase at angular frequencies of (i) 0rad/s, (ii) 1rad/s, (iii) 2rad/s, (iv) ∞rad/s for systems with the transfer functions (a) $1/[s(2s+1)]$, (b) $1/(3s+1)$

21.5 Draw Bode plot asymptotes for systems having the transfer functions
(a) $10/[s(0.1s+1)]$, (b) $1/[(2s+1)(0.5s+1)]$

21.6 Obtain the transfer functions of the systems giving the Bode plots in Figure 21.14.

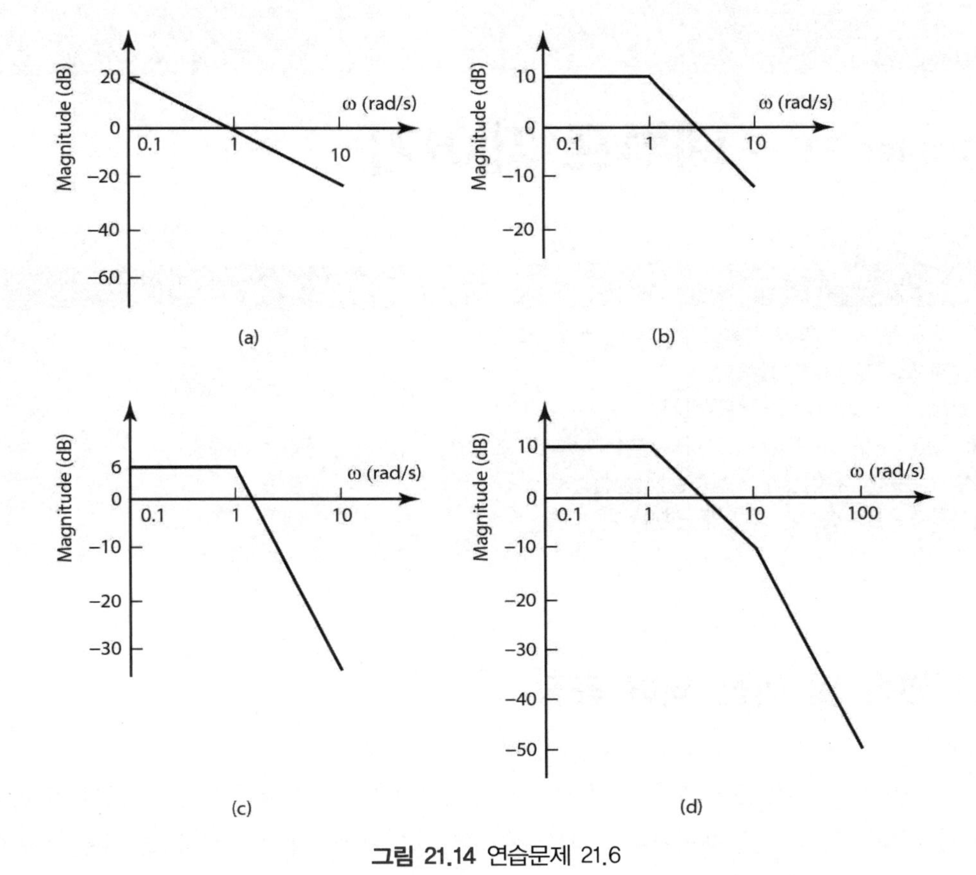

그림 21.14 연습문제 21.6

Chapter 22 폐루프 제어기

목 표

이 장의 목적은 학습 후에 다음을 할 수 있어야 한다.

- 정상상태 오류에 대해 설명하기
- 2단계 제어 모드의 작동을 설명하기
- 비례, 적분, 미분, 비례적분 , 비례미분, PID제어를 포함하는 시스템의 동작을 예측하기
- 디지털 컨트롤러가 어떻게 작동하는지 설명하기
- 제어기를 조정할 수 있는 방법을 설명하기

22.1 연속 및 이산 제어 공정

개루프 제어는 스위치 온-스위치 오프 형태의 제어기이다. 즉, 전열기가 방을 가열하기 위하여 켜지거나 꺼지는 것과 같은 제어기이다. 폐루프 제어 시스템에서 제어기는 시스템의 출력을 요구조건과 비교하고, 그 오차를 줄이도록 설계된 제어작용으로 변환시키는 데 사용된다. 오차는 제어된 조건들의 변화 또는 설정값이 변화되기 때문에 발생한다. 예를 들어 시스템의 계단입력은 설정값이 새로운 값으로 변하는 것이다. 이 장에서는 제어기가 오차 신호에 반응할 수 있는 방법, 즉 제어 모드(control modes)에 대하여 고려한다. 이것은 연속공정에서 발생한다. 예를 들면, 이러한 제어기는 공압 시스템 또는 연산증폭기 시스템이 될 수 있다. 그러나 컴퓨터 시스템이 빠르게 이들의 상당수를 대신하고 있다. 직접 디지털 제어(direct digital control)는 컴퓨터가 폐루프 내에 있고 이러한 방법으로 제어를 수행하고 있을 때 사용된다. 이 장은 폐루프 제어에 대한 것이다.

대부분의 공정이 온도와 같이 요구되는 값이 되도록 몇몇 변수를 제어하는 것뿐만 아니라 처리의 순서제어도 갖고 있다. 많은 제어작용이 미리 결정된 순서에 의해 실행되는 가정용 세탁기(1.5.5절 참조)가 그 한 예이다. 다른 예는 몇몇의 제어 시스템에 의해 특정 순서에 따라 다수의 분산된 부품들의 조합을 포함하는 생산품의 제조이다. 작업순서는 시간-기반(clock based) 또는 이벤트-기반(event based)이거나 둘 다의 조합에 의한다. 시간-기반 시스템에서 제어작용은 정해진 시간에서 실행된다. 이벤트-기반 시스템에서는 제어작용이 정해진 사건이 발생했다는

것을 지시하는 피드백이 있을 때 실행된다.

많은 공정에서 연속제어와 이산제어의 혼합이 있을 수 있다. 예를 들면, 가정용 세탁기에서 뜨거운 물의 온도와 수위를 제어하기 위한 폐루프 제어기를 가지면서 세척 주기의 여러 부분들에 대해 순서제어가 수행된다.

22.1.1 개방형 및 폐루프 시스템

폐루프 시스템은 개방 루프 시스템과는 피드백이 다르다. 개방형 루프 시스템의 입력 신호는 실제 프로세스 출력에 자동적으로 종속적이지 않다. 폐루프 시스템에서는 시스템이 필요한 출력을 수정하기 위해 출력으로부터의 피드백을 받는다.

피드백을 받은 결과는 시스템에 방해 신호가 미치는 영향이 감소한다는 것이다. 교란 신호는 시스템의 출력 신호에 영향을 주는 원치 않는 신호이다. 모든 물리적 시스템은 작동 중에 어떤 형태의 외부 신호의 영향을 받는다. 전기 모터의 경우 브러시 또는 정류자 소음일 수 있다.

개방 루프 시스템의 전체 이득에 대한 외부 교란의 영향을 고려하자. 그림 22.1은 두개의 요소 사이에 입력되는 교란을 일으키는 교란 장치를 보여 준다. 시스템에 대한 기준 입력 $R(s)$의 경우 첫 번째 요소는 $G_1(s)R(s)$의 출력을 제공한다. 여기에 $G_1(s)R(s)+D(s)$의 입력 방해 $D(s)$가 추가된다.

전체 시스템 출력 $X(s)$는

$$X(s)=G_2(s)[G_1(s)R(s)+D(s)]=G_1(s)G_2(s)R(s)+G_2(s)D(s)$$

이다.

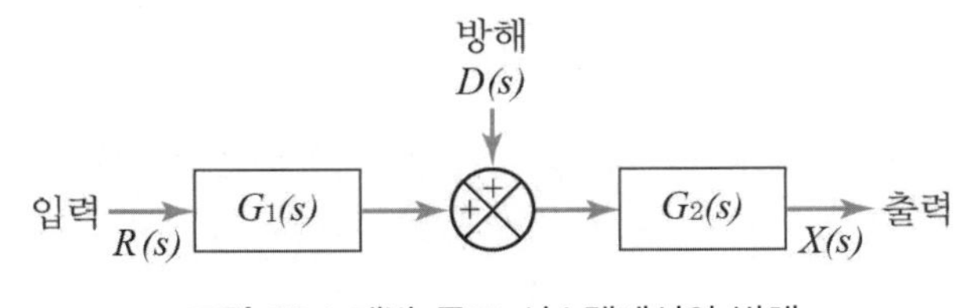

그림 22.1 개방 루프 시스템에서의 방해

잘못된 피드백(그림 22.2)을 가진 비교 시스템의 경우 첫 번째 전달 요소에 대한 입력 $G_1(s)$는 $R(s)-H(s)X(s)$이며, 출력은 $G_1(s)[R(s)-H(s)X(s)]$이다. G_2의 입력은 $G_1(s)[R(s)-$

$H(s)X(s)] + D(s)$ 이고, 출력은 다음과 같다.

$$X(s) = G_2(s)G_1(s)[R(s) - H(s)X(s)] + D(s)$$

그러므로

$$X(s) = \frac{G_1(s)G_2(s)}{1 + G_1(s)G_2(s)H(s)}R(s) + \frac{G_2(s)}{1 + G_1(s)G_2(s)H(s)}D(s)$$

이를 개방 루프 시스템의 방정식과 비교하면 폐 루프 시스템은 출력의 방해에 대한 영향을 시스템은 $[1 + G_1(s)G_2(s)H(s)]$ 의 요소에 의해 감소된다. 피드백이 있을 때 교란의 효과가 감소한다.

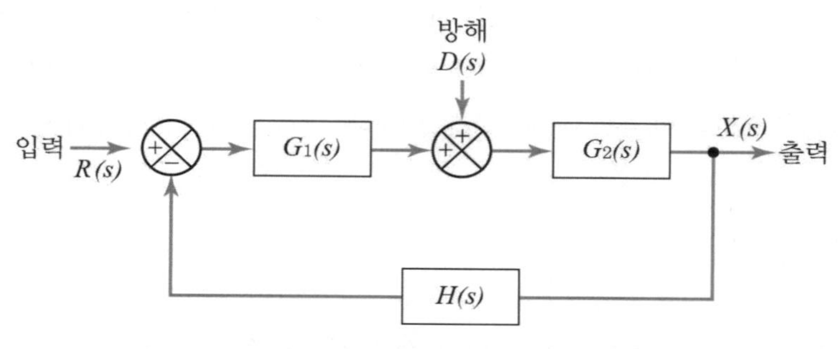

그림 22.2 폐루프 시스템에서의 방해

22.2 용 어

다음은 폐루프 컨트롤러를 설명 할 때 일반적으로 사용되는 용어이다.

22.2.1 지 연

어떤 제어 시스템이라도 지연은 있다. 예를 들면 제어된 조건에서 어떤 변화는 제어 시스템으로부터 즉시 정확한 응답이 제공되지는 못한다. 이것은 시스템이 필요한 응답을 만들기 위해 시간이 필요하기 때문이다. 예를 들면, 중앙난방 시스템에 의하여 어떤 방의 온도를 제어할 때 지연은 방 온도가 요구된 온도 아래로 떨어지는 것과 제어 시스템이 응답하고 가열기를 켜는 스위칭 사이에서 발생한다. 이것이 유일한 지연은 아니다. 심지어 제어 시스템이 응답될 때 열이 히터로부터 방 안의 공기로 전달되는 데 시간이 소요되는 것과 같이 방 온도 응답의 지연이 있다.

22.2.2 정상상태 오차

폐루프 제어 시스템은 시스템 출력의 측정 및 그 값과 원하는 출력의 비교를 사용하여 오차 신호를 생성한다. 제어변수 변화의 결과 또는 설정값 입력의 변화의 결과로서 유발되는 제어기의 오차 신호를 얻을 수 있다. 예를 들면, 제어변수가 시간에 따라 계속 증가할 목적으로 시스템에 램프입력을 가한다. 정상상태 오차(steady-state error)는 모든 과도현상이 점점 줄어든 이후 설정값과 출력 사이의 차이이다. 그러므로 이것은 입력한 설정값을 추적하는 제어 시스템의 정확성의 평가이다.

단위 피드백(그림 22.3)을 가지는 제어 시스템을 고려하자. 기준 입력이 $R(s)$일 때 출력은 $X(s)$이다. 피드백 신호는 $X(s)$이고 오차 신호는 $E(s)=R(s)-X(s)$이다. 만일 $G(s)$가 순방향경로의 전달함수라면, 전체로서 단위 피드백 시스템에 대해서는,

$$\frac{X(s)}{R(s)}=\frac{G(s)}{1+G(s)H(s)}=\frac{G(s)}{1+G(s)}$$

이다. 그러므로

$$E(s)=R(s)-X(s)=R(s)-\frac{G(s)R(s)}{1+G(s)}=\frac{1}{1+G(s)}R(s)$$

따라서 오차는 $G(s)$에 종속적이다.

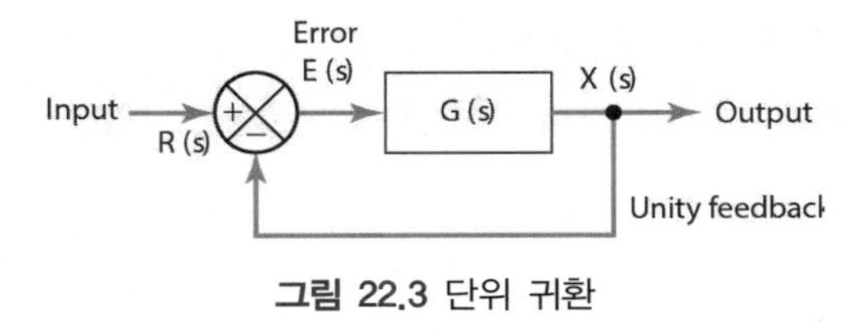

그림 22.3 단위 귀환

정상상태 오차를 구하기 위해서 시간의 함수로 오차 e를 구할 수 있다. 그 다음으로 모든 과도상

태가 사라졌을 때 오차의 값을 구한다. 그래서 이것은 시간 t가 무한대로 갔을 때의 오차이다. $E(s)$의 역변환을 구하고, $t \to \infty$ 때 그 값을 구한다. 이것은 최종값 정리(final-value theorem, 부록 A 참조)를 사용하여 간단히 구할 수 있다. 이것은 s가 0으로 갈 때 $sE(s)$의 값을 찾는 것이다.

$$e_{ss} = \lim_{t \to \infty} e(t) = \lim_{s \to 0} sE(s)$$

위의 사항을 설명하기 위해, 순방향 전달함수가 $k/(\tau s+1)$이고 단위 계단입력 $1/s$를 가지는 단위 피드백 시스템을 고려하자.

$$e_{ss} = \lim_{s \to 0} sE(s) = \lim_{s \to 0} \left[s \frac{1}{1+k/(\tau s+1)} \frac{1}{s} \right] = \frac{1}{1+k}$$

시스템의 출력이 설정값에 결코 도달하지 못하므로 정상상태 오차가 존재한다. 시스템의 이득 k를 증가시키므로 정상상태 오차를 줄일 수 있다.

순방향 경로는 이득 k를 갖는 제어기와 전달함수 $1/(\tau s+1)$를 갖는 시스템이다. 이러한 제어기 이득은 비례 제어기라 한다. 이 경우 정상상태 오차는 일반적으로 오프셋이라고 하는데, 이득을 증가시켜 최소화할 수 있다.

그러나 순방향 전달함수가 $k/s(\tau s+1)$이고 단위 계단입력 $1/s$를 가지는 단위 피드백 시스템이라면 그때의 정상상태 오차는 다음과 같다.

$$e_{ss} = \lim_{s \to 0} sE(s) = \lim_{s \to 0} \left[s \frac{1}{1+k/s(\tau s+1)} \frac{1}{s} \right] = 0$$

이 시스템의 정상상태 오차는 존재하지 않는다. 이 경우, 순방향 경로는 이득이 k/s인 제어기 및 전달함수 $1/(\tau s+1)$를 갖는 시스템 이다. 이러한 이득 조절은 적분 제어기라고 하며 오프셋을 제공하지 않는다. 따라서 적분 및 비례 제어기를 결합하여 오프셋을 제거할 수 있다. 미분 제어기를 추가하면, 상기 제어기는 변화에 보다 신속하게 대응할 수 있다.

22.2.3 제어 모드

제어 유닛이 오차 신호에 반응할 수 있도록 하고 요소들의 보정을 위해 출력을 제공하도록 하는 다수의 방법들이 있다.

1. 2단 모드(Two-step mode)는 오차 신호에 의해 작동하고 온-오프 수정 신호만을 제공한다.
2. 비례 모드(Proportional mode: P)는 오차에 비례하는 제어작용을 제공한다. 그러므로 오차가 클수록 보정 신호도 크게 된다. 오차의 값이 줄어듦으로써 총보정량은 줄고 보정과정은 늦어진다.
3. 미분 모드(Derivative mode: D)는 오차의 변화비율에 비례하여 제어작용을 제공한다. 갑작스런 오차 신호에 변화가 있을 때 제어기는 큰 보정 신호를 준다. 점진적인 오차 신호의 변화가 있을 때는 단지 작은 보정 신호만을 제공한다. 비례 제어는 오차의 변화가 측정되어 큰 오차의 발생이 예견될 때 큰 오차가 발생되기 전에 보정 신호가 적용되도록 하는 예견 제어기이다. 미분제어는 단독으로는 사용되지 않는다. 그러나 항상 비례 제어 및 적분 제어와 연결하여 사용된다.
4. 적분 모드(Integral mode: I)는 오차의 시간에 따른 적분에 비례한 제어작용을 제공한다. 그러므로 일정한 오차 신호는 증가하는 보정 신호를 제공한다. 보정은 오차가 지속되는 동안 계속적으로 증가한다. 적분 제어기는 'looking-back'이라고 생각될 수 있다. 모든 오차를 합하므로 발생된 변화에 응답한다.
5. 모드 조합: 비례미분 모드(PD), 비례적분 모드(PI), 비례적분미분 모드(PID)가 있다.

이 5가지 제어방법은 다음 절에서 보다 상세히 논의될 것이다. 제어기는 공기압회로나 연산증폭기를 포함하는 아날로그형 전자회로 또는 마이크로프로세서나 컴퓨터의 프로그램 작성에 의하여 이러한 제어 모드들을 구성할 수 있다.

이러한 5 가지 제어 모드는 다음 장에서 논의된다. 제어기는 공압 회로, 아날로그 전자 회로 또는 마이크로프로세서나 컴퓨터의 프로그래밍을 통해 이러한 모드를 구현 할 수 있다.

22.3 2단 모드

제어에서 2단 모드(two-step mode)의 예제는 간단한 온도제어 시스템에 사용되는 바이메탈 서모스탯이다(그림 2.46 참조). 이것은 단지 온도에 따라 온-오프를 변환시키는 스위치이다. 만약 방의 온도가 필요한 온도 이상이라면 바이메탈판은 오프위치에 있고 히터는 꺼진다. 만약 방의 온도가 필요한 온도 이하라면 바이메탈판은 온위치로 이동하고 히터는 완전히 켜진다. 이 경우 제어기는 그림 22.4(a)에 나타내는 것처럼 단지 온-오프 두 위치에 있을 수 있다.

2단 모드에서 제어작용은 불연속적이다. 이 결과 목표조건 주위값에서 제어변수의 진동이 있게 된다. 이것은 제어 시스템과 그 공정이 응답하는 데 걸리는 시간지연 때문이다. 예를 들면, 가정의 중앙난방 시스템을 위한 온도제어의 경우에서 방의 온도가 목표온도 수준 이하일 때 제어 시스템이 응답하거나 히터가 켜지기 전에 경과하는 시간은 히터가 운전하여 방 안의 온도에 영향을 미치기 전에 경과하는 시간에 비해 매우 작다. 그 사이에 온도는 좀 더 떨어진다. 반대의 상태는 온도가 목표하는 온도로 상승할 때 발생한다. 제어 시스템이 응답하거나 히터가 꺼지기 전에 시간이 경과하는 동안 히터가 냉각되고 방 안의 온도를 가열하는 것을 멈추지 않기 때문에 방 안의 온도는 목표하는 온도를 넘게 된다. 그 결과 방의 온도가 목표하는 값의 위, 아래로 진동한다(그림 22.4(b)).

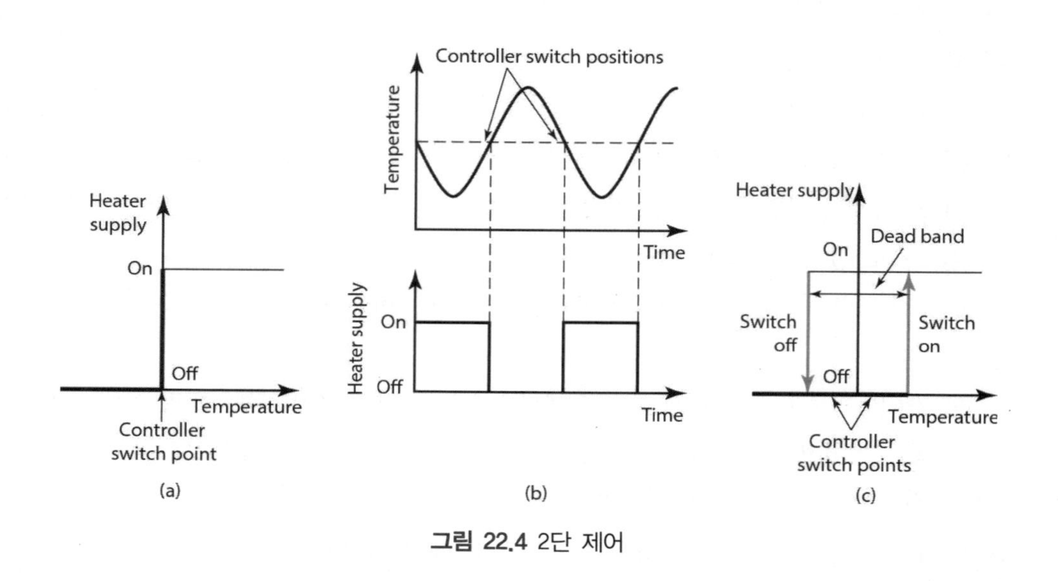

그림 22.4 2단 제어

앞서 기록한 간단한 2단 시스템에서 방의 온도가 설정값의 주위에 머물러 있을 때 서모스탯은 온도의 매우 근소한 변화에 반응하여 거의 지속적으로 온-오프를 스위칭하는 문제가 있다. 제어기가 히터를 단지 어떤 한 온도값에서 온-오프하는 대신에 2개의 값이 사용되어서 히터가 꺼지는 온도보다 더 낮은 온도에서 켜진다면 이러한 문제는 피할 수 있다(그림 22.4(c)). 이러한 온값과 오프값 사이의 값을 불감대(dead band)라 한다. 큰 불감대는 설정온도에 대하여 온도의 큰 요동을 가져오며 작은 불감대는 스위치하는 횟수의 증가를 가져올 것이다. 그림 2.46에서 보인 바이메탈 부품은 스위치 접촉에 영구자석이 있어서 불감대를 만드는 효과를 가진다.

2단 제어 작용은 큰 용량을 가지는 공정과 같이 변화가 매우 천천히 일어나는 데 사용되는 경향이 있다. 그러므로 방을 가열하는 경우 방 온도에 대해 히터를 켜고 끄는 스위칭의 영향은 단지 느린 변화이다. 그 결과 긴 주기를 가지고 진동한다. 2단 제어는 아주 정확하지는 않지만 간단한 장치여서 가격이 매우 저렴하다. 이러한 온-오프제어는 바이메탈판이나 릴레이와 같은 기계적 스위치에만 제한적이지는 않다. 빠른 스위칭은 사이리스터 회로를 사용하여 얻을 수 있으며(9.3.2절 참조), 이러한 회로는 모터의 속도제어나 연산증폭기에 사용된다.

22.4 비례 모드

2단 모드 제어방법에서 제어기 출력은 오차의 크기에 상관없이 온 또는 오프 신호 중 하나이다. 비례 모드(proportional mode)에서는 제어기 출력이 오차의 크기와 비례한다.

오차가 커질수록 제어기의 출력이 커진다. 이것은 제어 시스템의 보정요소(예를 들면 밸브)가 요구되는 보정량에 비례하는 신호를 받는 것을 의미한다. 따라서

$$\text{제어기 출력} = K_p e$$

여기서 e는 오차이며, K_p는 일정하다. 따라서 라플라스 변환을 취하면,

$$\text{제어기 출력}(s) = K_p E(s)$$

이고, K_p는 제어기의 전달함수가 된다.

22.4.1 전자 비례 제어기

인버터(inverter)를 가진 가산연산증폭기(summing operational amplifier)는 비례 제어기로 사용될 수 있다(그림 22.5). 가산증폭기에서 다음의 관계식(3.2.3절 참조)이 성립한다.

$$V_{out} = -R_f\left(\frac{V_0}{R_2} + \frac{V_0}{R_1}\right)$$

R_2를 통한 가산증폭기에의 입력은 오차 0인 전압 V_0, 즉 설정값이고 R_1을 통한 입력은 오차 신호 V_e이다. 그러나 피드백저항이 $R_1 = R_2$일 때, 이 방정식은

$$V_{out} = -\frac{R_2}{R_1} V_e - V_0$$

만약 가산증폭기로부터의 출력이 인버터, 즉 입력저항과 같은 피드백저항을 갖는 연산증폭기를 통과한다면,

$$V_{out} = \frac{R_2}{R_1} V_e + V_0$$

$$V_{out} = K_p V_e + V_0$$

여기서 K_p는 비례상수이다. 그 결과는 비례 제어기이다.

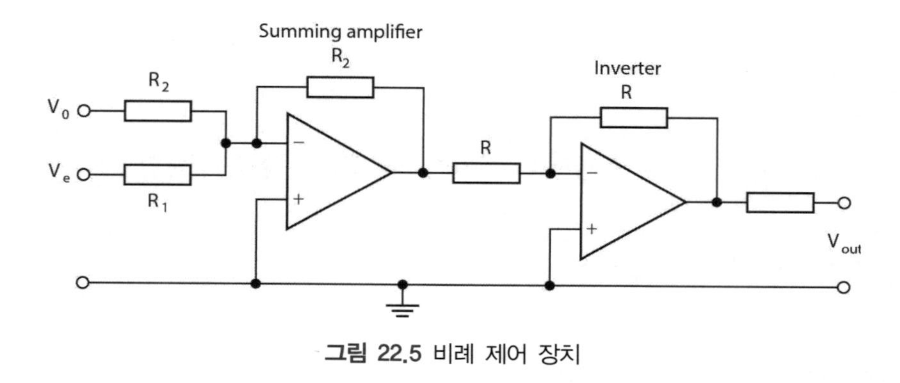

그림 22.5 비례 제어 장치

예로서 그림 22.6은 제어기에 의해 액체가 공급될 때 용기 내의 액체의 온도제어를 위한 비례 제어 시스템의 한 예를 보여 준다.

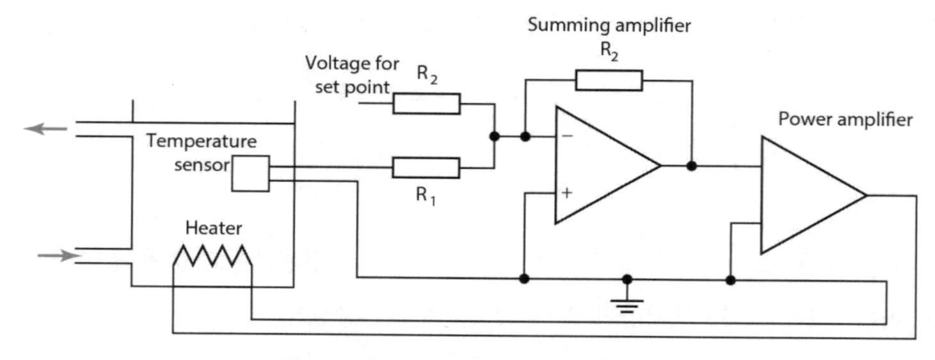

그림 22.6 온도 조절 장치용 비례식 제어기

22.4.2 시스템 응답

비례 제어로서 순방향경로요소 $G(s)$와 직렬로 연결될 전달함수 K_p를 갖는 이득요소를 갖고 있다(그림 22.7). 그러므로 오차는

$$E(s)=\frac{K_pG(s)}{1+K_pG(s)}R(s)$$

이고, 계단입력에 대한 정상상태 오차는

$$e_{ss}=\lim_{s\to 0}sE(s)=\lim_{s\to 0}\left[s\frac{1}{1+1/K_pG(s)}\frac{1}{s}\right]$$

이것은 유한의 값을 가진다. 그러므로 항상 정상상태 오차가 존재한다. 낮은 K_p 값은 큰 정상상태 오차를 유발하지만 응답은 안정적이다. 높은 K_p 값은 적은 정상상태 오차를 유발하지만 보다 큰 불안정성의 경향을 가진다.

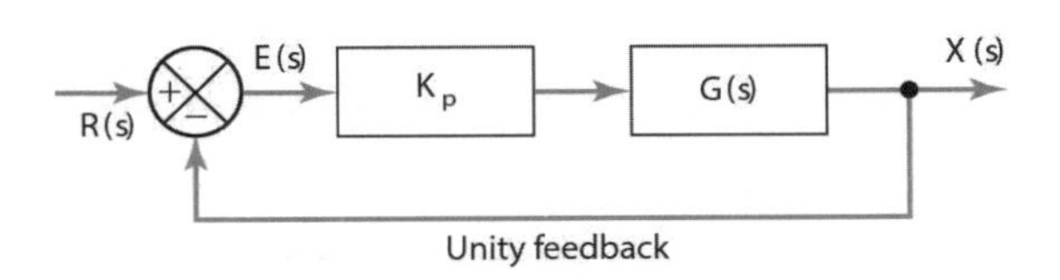

그림 22.7 비례 제어 시스템

22.5 미분 제어

제어기의 미분 모드(derivative mode)에서는 설정점으로부터 제어기 출력의 변화는 오차 신호의 시간에 대한 변화율에 비례한다. 이것은 다음의 방정식으로 나타날 수 있다.

$$\text{제어기 출력}=K_D=\frac{de}{dt}$$

KD는 비례상수이다. 전달함수는 라플라스 변환을 취하여 얻어지므로

$$제어기\ 출력(s) = K_D s E(s)$$

따라서 전달함수는 $K_D s$ 이다.

미분제어에서 오차가 변하자마자 제어기의 출력은 그 값이 아닌 오차 신호의 변화율에 비례하므로 꽤 큰 출력이 있을 수 있다. 오차 신호에 대한 빠른 초기 응답이 발생된다. 그림 22.8은 시간에 따라서 오차 신호의 변화율이 일정할 때 얻어지는 제어기 출력을 보여 준다. 제어기 출력은 변화율이 일정하기 때문에 일정하고, 미분이 발생하는 즉시 출력이 발생한다. 그러나 정상상태 오차에서 시간에 대한 오차의 변화율이 0이기 때문에 미분제어기는 정상상태 오차 신호에 대해서는 응답하지 않는다. 이러한 이유 때문에 미분제어는 항상 비례 제어와 결합된다. 비례부분은 정상상태 신호를 포함하여 전체 오차에 대해 응답하는 반면, 미분부분은 변화율에 대해서 응답한다.

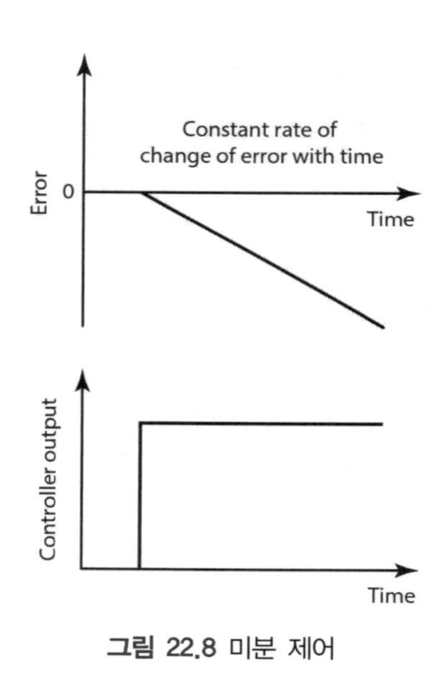

그림 22.8 미분 제어

미분 동작은 또한 프로세스 변수의 측정이 노이즈 신호를 발생시키는 경우, 노이즈의 급격한 변동으로 인해 제어기가 오차의 급격한 변화로 볼 수 있는 출력을 초래하여 제어기의 출력을 심각하게 증가시키는 문제가 될 수 있다.

그림 22.9는 전자미분제어회로를 보여 준다. 이 회로는 미분기 회로로서 연산증폭기를 사용하고 뒤이어 인버터로서 다른 연산증폭기를 사용하였다. 미분시간 K_D는 R_2C이다.

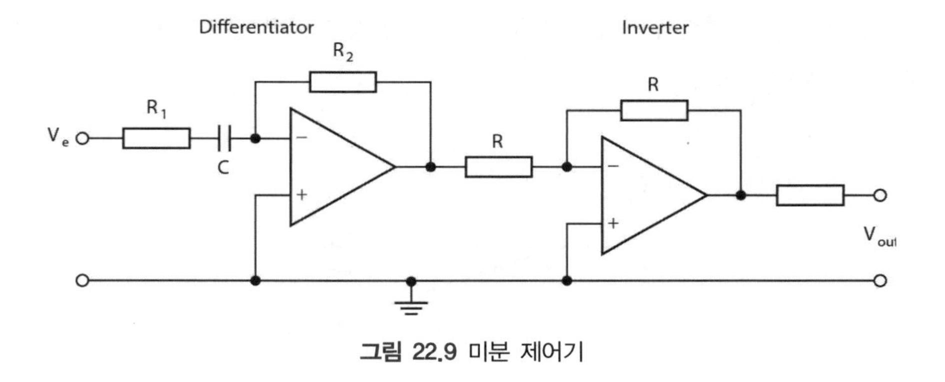

그림 22.9 미분 제어기

22.5.1 비례미분(PD) 제어

미분제어는 일정한 오차 신호가 있을 때 출력을 제공하지 못하고 보정 또한 불가능하기 때문에 결코 단독으로는 사용할 수 없다. 그러므로 이 문제를 해결하기 위하여 항상 비례 제어와 함께 사용된다.

비례미분제어에서 설정점으로부터 제어기 출력의 변화는 다음과 같다.

$$\text{제어기 출력} = K_p e + K_D \frac{dde}{dt}$$

여기서 K_P는 비례상수 K_D는 미분상수, de/dt는 오차변화율이다. 이 시스템은 다음의 전달함수를 가진다.

$$\text{제어기 출력}(s) = K_p E(s) + K_D s E(s)$$

그러므로 전달함수는 $K_p + K_D s$ 이다. 이것은 종종 다음과 같이 쓴다.

$$\text{전달함수} = K_D\left(s + \frac{1}{T_D}\right)$$

여기서 $T_D = K_D / K_p$이고 미분시상수(derivative time constant)라 부른다.

그림 22.10은 오차변화가 일정할 때 제어기 출력이 어떻게 변하는지를 보인다. 제어기 출력은 미분작용 때문에 초기에 갑자기 변화하고 뒤이어 비례작용으로 인하여 점차적으로 변화한다.

이 제어형태는 빠른 공정변화를 다룰 수 있다. 그러나 설정값의 변화는 오프셋 오차를 요구하게 될 것이다(비례 제어 참조).

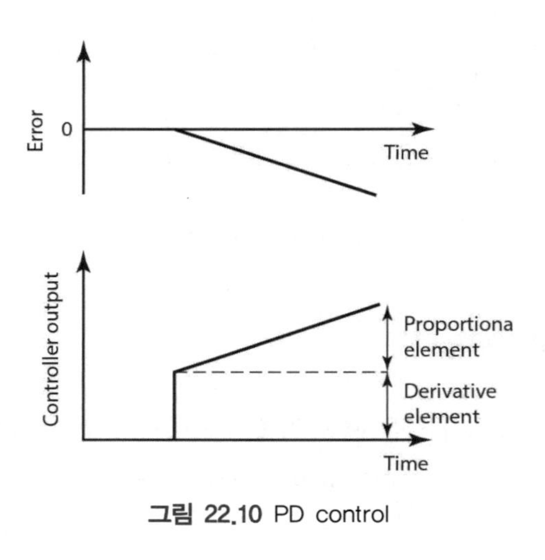

그림 22.10 PD control

22.6 적분 제어

제어의 적분 모드(integral mode)는 제어출력 I의 변화율이 입력 오차 신호 e에 비례하는 것이다.

$$\frac{dI}{dt} = K_I e$$

K_I는 비례상수이고 제어기의 출력과 오차가 백분율로 표시될 때 $1/s$의 단위를 갖는다. 위의 방정식을 적분하면

$$\int_{I_0}^{I_{out}} dI = \int_0^t K_I e \, dt$$

$$I_{out} - I_0 = \int_0^t K_I e \, dt$$

I_0는 시간 0에서의 제어기 출력이고, I_{out}은 시간 t에서의 출력이다.

전달함수는 라플라스 변환을 취하여 얻을 수 있다. 그러므로

$$(I_{out} - I_0)(s) = \frac{1}{s} K_I E(s)$$

그리고

$$\text{transfer function} = \frac{1}{s} K_I$$

그림 22.11은 제어기에 일정한 오차가 입력될 때 적분 제어기의 작용을 설명한다. 우리는 두 가지 방법으로 그래프를 고려할 수 있다. 제어기의 출력이 일정할 때 오차는 0이다. 제어기의 출력이 일정 비율로 변화할 때 오차는 일정한 값을 가진다. 그래프를 고려하는 다른 방법은 오차 그래프 아래의 면적이다.

$$0\text{에서 } t\text{까지 오차 그래프 아래 면적} = \int_0^t e\,dt$$

그러므로 오차가 발생할 때까지 적분값은 0이다. 따라서 $I_{out} = I_0$. 오차가 발생할 때 그것은 일정한 값을 유지한다. 그리고 그래프 아래의 면적은 시간에 따라 증가한다. 면적이 일정 비율로 증가하기 때문에 제어기의 출력도 일정한 비율로 증가한다.

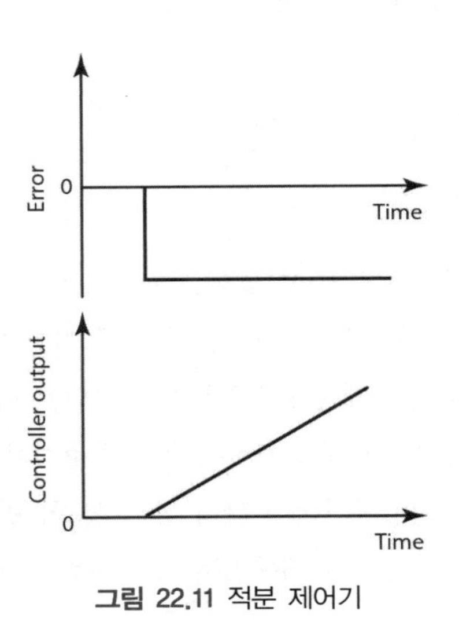

그림 22.11 적분 제어기

그림 22.12는 전자적분 제어기를 위해 사용되는 회로의 형태를 보인다. 이것은 적분기로서의 연산증폭기와 적분기의 출력과 시간이 0에서의 제어기의 출력을 합하기 위한 가산기로서 연결된 뒤따른 다른 연산증폭기로 구성된다. K_I는 $1/R_IC$이다.

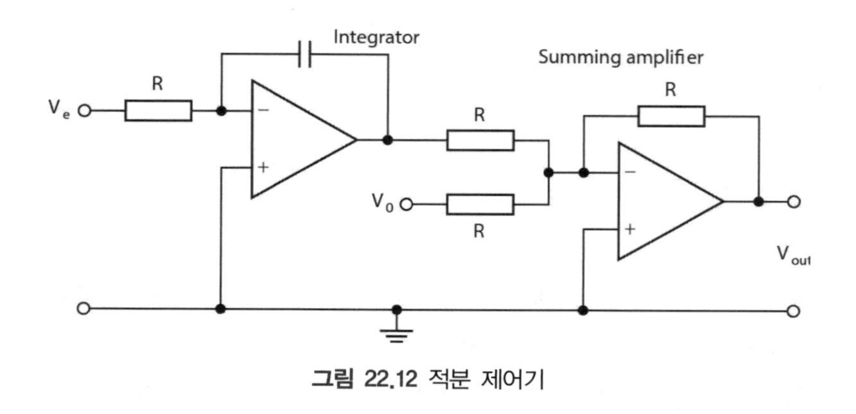

그림 22.12 적분 제어기

22.6.1 비례적분(PI) 제어

제어의 적분 모드는 대개 홀로 사용되지는 않으나 종종 비례 모드와 결합하여 사용된다. 적분 작용이 비례 제어 시스템에 추가될 때 제어기 출력은 다음과 같다.

$$\text{제어기 출력} = K_p e + K_1 \int e dt$$

여기서 K_p는 비례 제어상수, K_I는 적분 제어 상수, e는 오차이다. 그러므로 전달함수는

$$\text{전달함수} = K_p + \frac{K_I}{s} = \frac{K_P}{s}\left(s + \frac{1}{T_I}\right)$$

여기서 $T_I = K_P/K_I$이고 적분시상수(integral time constant)이다.

그림 22.13(a)는 일정 오차로 갑작스런 변화가 있을 때 어떻게 시스템이 반응하는지를 보여 준다. 이 오차는 오차가 변하지 않기 때문에 일정하게 유지되는 비례 제어기 출력에 증가 성분을 제공한다. 적분동작에 기인하여 일정하게 증가하는 제어기 출력이 이 비례성분에 첨가된다. 그림 22.13(b)는 오차 신호를 0으로부터 증가하여 다시 감소하도록 만들 때 비례작용과 적분작용의 영향을 보여 준다. 비례 제어기 단독으로 제어기는 그 변화를 반영하고 이전의 본래 설정값으로

되돌아간다. 적분작용에서 제어기 출력은 오차–시간 그래프 아래의 면적이 증가하는 방향에 비례하여 증가하고 면적의 값이 여전히 존재할 동안, 심지어 오차가 다시 0으로 되돌아갈 때에도, 오차가 멈춘 뒤에도 제어기 출력은 존재한다.

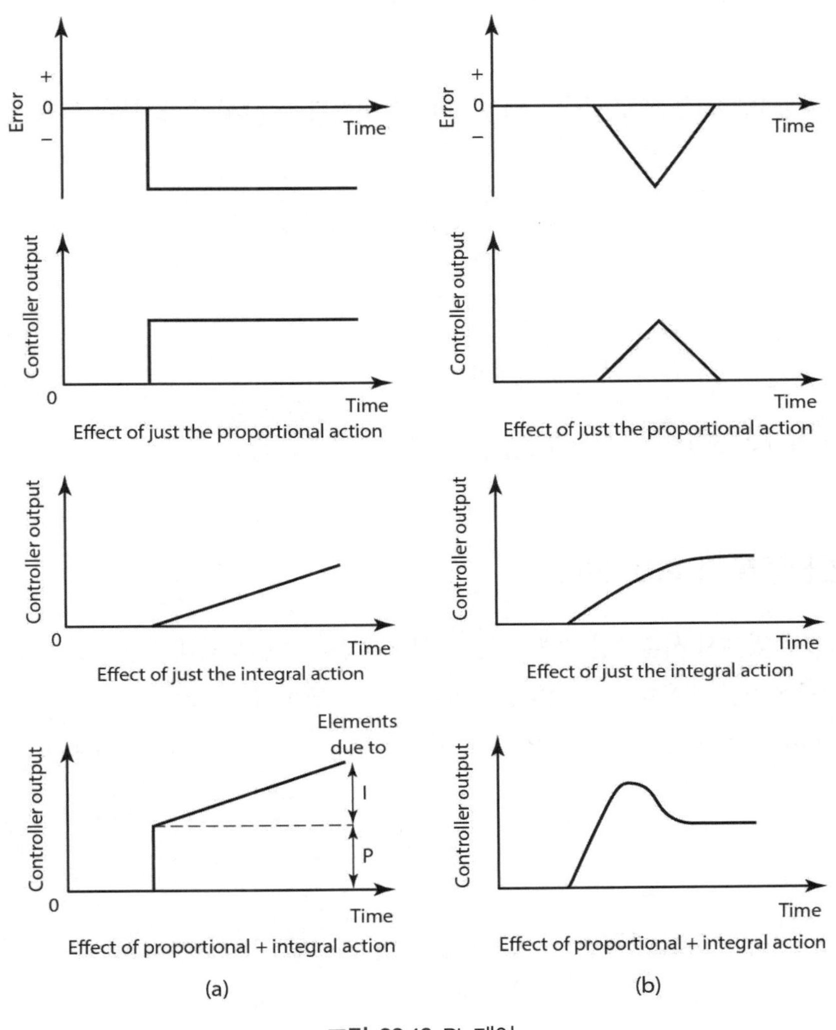

그림 22.13 PI 제어

22.7 PID 제어기

제어의 3가지 제어 모드(비례, 적분, 미분)의 결합은 제어기가 오프셋 오차를 갖지 않고 진동하는 경향도 줄이도록 할 수 있다. 이러한 제어기는 3가지 모드 제어기(three-mode controller) 또는 PID 제어기(PID controller)로 알려져 있다. 이것의 작용을 나타내는 방정식은 다음과 같다.

$$\text{제어기 출력} = K_p e + K_I \int e dt + K_D \frac{de}{dt}$$

K_p는 비례상수, K_I는 적분상수, K_D는 미분상수이다. 라플라스 변환을 취하면

$$\text{제어기 출력}(s) = K_p E(s) + \frac{1}{s} K_1 E(s) + s K_D(s)$$

그리고

$$\text{전달함수} = K_p e + \frac{1}{s} K_I + s K_D = K_p \left(1 + \frac{1}{T_p s} + T_D s\right)$$

22.7.1 연산증폭기 PID 회로

PID 제어기는 앞에서 서술했던 비례, 미분, 적분 각각의 조합에 의해 만들어질 수 있다. 그러나 하나의 연산증폭기를 이용하여 구성하는 것이 더 나은 방법이다. 그림 22.14는 그러한 회로를 보여 준다. 비례상수 K_P는 $R_1(R+R_D)$, 미분상수 K_D는 $R_D C_D$이고, 적분상수 K_I는 $1/R_I C_I$이다.

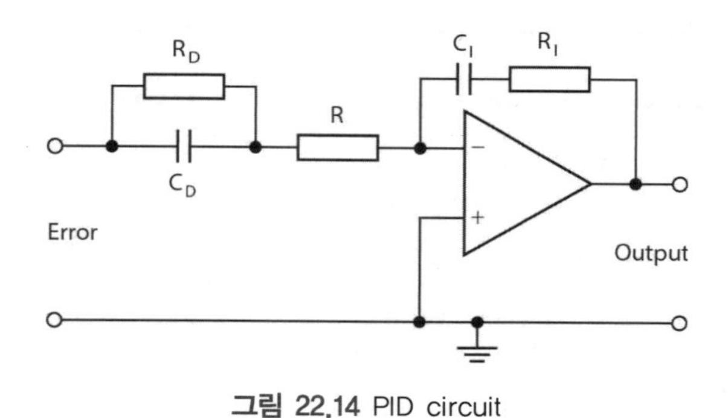

그림 22.14 PID circuit

22.8 디지털 제어기

그림 22.22는 연속 공정에서 사용될 수 있는 직접 디지털 제어 시스템의 기본적인 모델이다. 직접 디지털 제어(direct digital control)는 디지털 제어기가, 기본적으로 마이크로프로세서, 폐루프 제어 시스템의 제어일 때 사용된다. 제어기는 센서로부터 입력을 받아 제어 프로그램을 실행하고 교정부에 출력을 제공한다. 그 같은 제어기는 디지털 입력을 요구하고, 디지털 형태의 정보를 처리하고 디지털의 형태로 출력한다. 많은 제어 시스템은 아날로그 측정값을 갖고 있기 때문에 아날로그-디지털 변환기(Analogue-to-Digital Converter: ADC)가 입력에서 이용된다. 클럭은 규칙적인 시간 간격으로 펄스 신호를 제공하고 제어변수의 샘플들이 ADC에 의해서 받아들여져야 할 때를 지시한다. 이러한 샘플들은 디지털 신호로 변환되어 마이크로프로세서에 의해 설정점과 비교되어 오차 신호를 제공한다. 마이크로프로세서는 제어 모드를 실행시켜 오차 신호를 처리하고 디지털 출력을 제공한다. 마이크로프로세서에 의한 제어는 디지털 신호를 처리하기 위해 마이크로프로세서에 의해서 사용된 명령 프로그램, 즉 소프트웨어(software)에 의해 결정된다. 디지털 출력은 일반적으로 교정부에서는 아날로그 신호값을 요구하므로 디지털-아날로그 변환기(Digital-to-Analogue Converter: DAC)에 의해 처리된 후 교정작동을 시작하도록 사용될 수 있다.

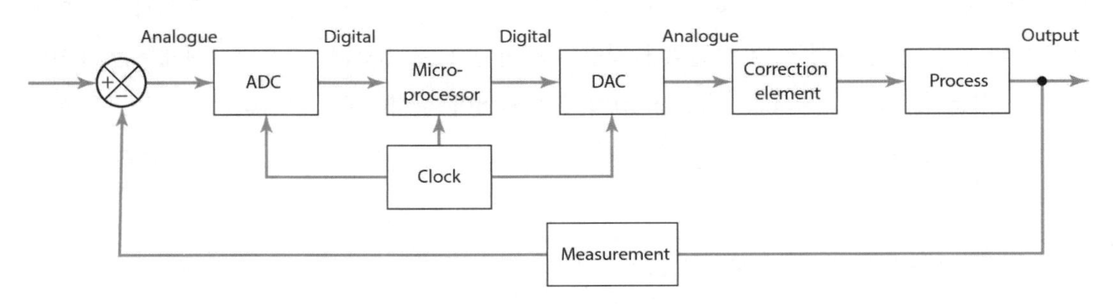

그림 22.15 디지털 폐루프 제어 시스템

디지털 제어기는 기본적으로 다음의 사이클로 작동한다.

1. 측정값을 샘플한다.
2. 설정값과 측정값을 비교하고, 오차값을 산출한다.
3. 오차값과 이전 입력의 저장된 값과 출력 신호를 얻기 위한 출력에 근거하여 계산을 수행한다.
4. DAC에 출력 신호를 보낸다.

5. 사이클을 반복하기 전에 다음 샘플시간까지 기다린다.

제어기로서 마이크로프로세서는 아날로그 제어기보다 이점을 가지고 있는데, 비례 제어 또는 PID 제어와 같은 제어작용을 단지 컴퓨터 소프트웨어의 변경에 의해 변환시킬 수 있다는 점이다. 하드웨어나 전기배선에서는 어떠한 변화도 요구되지 않는다. 실제로 제어전략은 개발상황에 따라 제어하는 동안 컴퓨터 프로그램으로 변경될 수 있다.

또 다른 여러 가지 이점들이 있다. 아날로그 제어에서는 분리된 제어기가 제어되는 각 공정들에서 요구된다. 마이크로프로세서는 많은 분리된 공정을 단지 멀티플렉서(3장 참조)의 샘플 과정에 의해서 제어할 수 있다. 디지털 제어는 아날로그 제어보다 더 정확하다. 그 이유는 아날로그 시스템에서 사용하는 증폭기와 다른 요소들은 시간이나 온도에 따라 그 특성이 변하고 따라서 드리프트(drift)를 보여 주는 반면, 디지털 제어에서는 단지 온-오프로만 신호를 처리하기 때문에 이러한 드리프트를 보여 주지는 않는다.

22.8.1 제어 모드 구현

특정 모드의 제어를 제공할 디지털 제어기를 만들기 위해서는 그 제어기를 위한 적절한 프로그램을 구성하는 것이 필요하다. 이 프로그램은 특정 순간에서의 디지털 오차가 뒤따르는 교정부의 소요 출력에 도달하기 위해서 어떻게 처리되어야 하는가를 알려주어야 한다. 이 처리과정에 현재의 입력과 함께 이전의 입력 및 이전의 출력값이 포함된다. 그러므로 이 프로그램에서는 제어기를 위해 차분방정식(difference equation)이 실행되어야 한다(4.6절 참조).

PID 아날로그 제어에 대한 전달함수는

$$\text{전달함수} = K_p + \frac{1}{s}K_I + sK_D$$

s의 곱은 미분과 같다. 그렇지만 이것은 순간적인 시간에 대하여 시간에 따른 오차값의 기울기로 생각해 볼 수 있는데 다음과 같이 표기된다(최근 샘플 오차 e_n 이전 샘플 오차 e_{n-1})/(샘플링 시간 T_s)(그림 22.16).

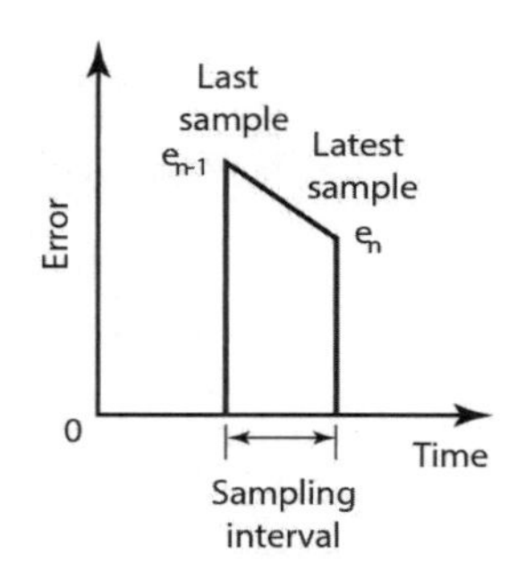

그림 22.16 오차 신호

s의 나눗셈은 적분과 같다. 그렇지만 이것은 샘플링 주기의 끝에서 오차를 적분하는 것으로 생각할 수 있는데 오차–시간 그래프에서의 면적 중 마지막 샘플링 주기의 면적을 앞의 모든 샘플 면적의 합(Int_{prev})에 더하는 것과 같다. 만약 샘플링 간격이 면적에 포함된 시간에 대해 상대적으로 짧다면 마지막 샘플링 간격은 다음과 같이 근사한 값을 얻을 수 있다. $\frac{1}{2}(e_n + e_{n-1})/T_s$ (Tustin의 근사로 알려진 다른 근사표현에 대해서는 4.6절을 참조). 그러므로 우리는 특정한 순간의 제어기의 출력값 x_n에 대해서 다음과 같은 등가전달함수를 적을 수 있다.

$$x_n = K_p e_n + \left(K_I \frac{(e_n + e_{n-1})T_s}{2} + Int_{\text{Prev}}\right) + K_D \frac{e_n - e_{n-1}}{T_S}$$

이 식은 다음 식으로 재배열될 수 있다.

$$x_n = Ae_n + Be_{n-1} + C(Int_{prev})$$

여기서 $A = K_p + 0.5K_I T_S + K_D / T_S$, $B = 0.5K_I T_s - K_D / T_s$이고 $C = K_I$이다.
PID 제어기 프로그램은 다음과 같다.

1. K_p, K_I, K_D의 값을 정한다.
2. e_{n-1}의 초깃값과 Int_{Prev} 그리고 샘플시간 T_S를 정한다.
3. 샘플 간격 타이머를 다시 맞춘다.
4. 오차 e_n을 입력받는다.
5. 위 식을 사용하여 을 계산한다.

6. 다음 계산을 위해 이전의 면적값을 $Int_{\text{Prev}} + 0.5(e_n + e_{n-1})T_s$ 로 갱신한다.
7. 다음 계산을 위해 e_{n-1}과 e_n값을 같도록 하여 갱신한다.
8. 샘플링 기간이 지나도록 기다린다.
9. 3번부터 다시 반복한다.

22.8.2 샘플링 속도

연속 신호가 샘플링 될 때 샘플 값이 연속 신호를 정확하게 반영하려면 샘플 간에 신호가 크게 변동하지 않도록 시간적으로 충분히 근접되어야 한다. 샘플링 간격 동안 출력 변경에 대한 정보는 제어기로 피드백 되지 않는다. 이것은 연속 신호에서 가장 높은 주파수 성분의 두 배 이상의 속도로 샘플을 채취해야 함을 의미한다. 이것을 Shannon의 샘플링 정리라 한다(4.2.1절 참조). 디지털 제어 시스템에서 샘플링 속도는 일반적으로 이보다 빠르다.

22.8.3 컴퓨터 제어 시스템

일반적으로 컴퓨터 제어 시스템은 키보드에 의해 입력되는 설정값과 제어변수를 가지고서 그림 22.15에 있는 요소들로 구성된다. 시스템과 함께 사용되는 소프트웨어는 필요한 명령의 프로그램을 제공하는데, 예를 들어 컴퓨터는 PID 제어를 수행하고 조작자 화면을 제공하고, 조작자에 의해 입력된 명령을 처리하고, 시스템에 대한 정보를 처리하고, 시작과 끝의 명령을 공급하고, 시간과 날짜 정보를 제공한다. 조작자 화면은 설정값과 실제 측정값, 샘플링 간격, 오차, 제어기의 설정과 보정요소의 상태와 같은 정보를 보여 준다. 그리고 몇 초마다 그 값이 갱신되도록 한다.

22.9 제어 시스템 성능

제어 시스템의 전달함수는 제어기의 선택에 따라 영향을 받는다. 말하자면 계단입력을 받는 시스템의 응답에 영향을 받는다. 그림 22.17의 간단한 시스템을 보자.

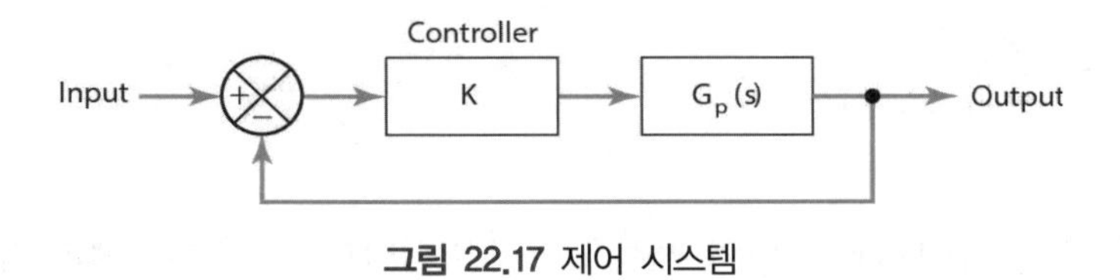

그림 22.17 제어 시스템

비례 제어기가 있는 순방향으로의 전달함수는 $K_pG(s)$이므로 피드백 시스템에서의 $G(s)$는

$$G(s) = \frac{K_pG_p(s)}{1+K_pG_p(s)}$$

만일 전달함수 $1/(\tau s+1)$을 갖는 1차의 공정이 있다고 하자. 여기서 τ는 시상수이다(종종 일차 시스템과 같은 모델로 D.C 모터를 나타낸다. 20.5.1절 참조). 비례 제어기에서, 단위 피드백일 때 제어 시스템의 전달함수는 다음과 같다.

$$G(s) = \frac{K_p/(\tau s+1)}{1+K_p/(\tau s+1)} = \frac{K_p}{\tau s+1+K_p}$$

제어 시스템은 1차 시스템으로 유지된다. 비례 제어는 단지 공정의 1차 응답의 형태를 변화시키는 데 영향을 미친다. 제어기가 없을 때 단위 계단입력에 대한 응답이었다(20.2.1절 참조).

$$y = 1 - e^{-t/\tau}$$

지금 식은,

$$y = K_p(1 - e^{-t/(\tau/1+K_p)})$$

비례 제어기의 영향은 시상수를 τ에서 $\tau/(1+K_P)$ 로 줄어들어 K_P보다 빠른 응답을 하게 된다. 또한 정상상태에서의 오류를 감소시킨다.

적분 제어에서 순방향 전달함수는 $K_IG_p(s)/s$ 이고, 시스템 전달함수는

$$G(s) = \frac{K_I G_p(s)}{s + K_I G_p(s)}$$

그러므로 1차 전달함수 $1/(\tau s+1)$인 공정을 가지고 있다면, 단위 피드백과 비례 제어를 가지고 제어 시스템의 전달함수는 다음과 같이 된다.

$$G(s) = \frac{K_I/(\tau s+1)}{s + K_I/(\tau s+1)} = \frac{K_I}{s(\tau s+1) + K_I} = \frac{K_I}{\tau s^2 + s + K_I}$$

제어 시스템은 2차 시스템이다. 여기에 계단입력을 가하면 시스템은 1차 응답 대신에 2차 응답을 제공할 것이다.

미분제어를 가지는 제어 시스템에서 순방향만의 전달함수는 $K_D G(s)$이고, 단위 피드백을 가질 때 시스템 전달함수는

$$G(s) = \frac{sK_D G_p(s)}{1 + K_D G_p(s)}$$

전달함수 $1/(\tau s+1)$를 갖는 1차 공정에서, 미분제어는 다음의 전달함수를 제공한다.

$$G(s) = \frac{sK_D/(\tau s+1)}{1 + sK_D/(\tau s+1)} = \frac{sK_D}{\tau s + 1 + sK_D}$$

22.10 제어기 동조

가장 좋은 제어기 설정이 선택되는 과정을 동조(tuning)라고 한다. 이는 비례 제어기에서는 KP의 값을 선택하는 것을 의미하며, PID 제어기에서는 K_P, K_I, K_D의 3가지 상수값을 선택하는 것이다. 이것을 선택하는 데는 많은 방법이 있다. 여기서는 단지 2가지 방법만 논의될 것인데 그것은 Ziegler와 Nichols 방법이다. 제어 시스템이 개루프일 때 시간지연을 가지는 1차 시스템으로 적절하게 근사화된다고 가정한다. 이것에 근거하여 최적의 성능을 위한 변수들이 유도된다. 이것은 감쇠(침강) 대비 1/4의 과도한 감쇠 응답을 주는 설정으로 간주, 즉 제2의 overshoot는

제1의 overshoot의 1/4이다(19.5절 참조). 이 오버 슈트 기준은 작은 상승 시간, 작은 정착 및 적절한 안정성 여유를 제공한다.

22.10.1 공정응답법

공정제어 루프는 일반적으로 제어기와 교정장치 사이에서 어떠한 제어작용도 발생하지 않도록 개방되어 있다. 시험 입력 신호가 교정장치에 인가되고 제어변수의 응답이 결정된다. 시험 신호는 가능한 한 작아야 한다. 그림 22.18은 시험 신호의 형태와 전형적인 응답을 보여 준다. 시험 신호는 계단파이고, 계단파 크기를 교정장치에서 변화의 백분율 P로 표현한다. 시간에 따라 그려진 측정값의 그래프를 공정응답곡선(process reaction curve)이라 한다. 측정변수는 전체 크기의 백분율로 표시된다.

접선은 그래프의 최대 기울기를 제공하도록 그려진다. 그림 22.18에서 최대 기울기 R은 M/T이다. 시험 신호의 시작점과 접선과 시간 축이 만나는 점 사이의 시간은 L로 표시된다. 표 22.1은 P, R, L 값에 근거하여 제어기 설정을 하기 위해 Ziegler와 Nichols에 의해 추천되는 기준을 보여 준다.

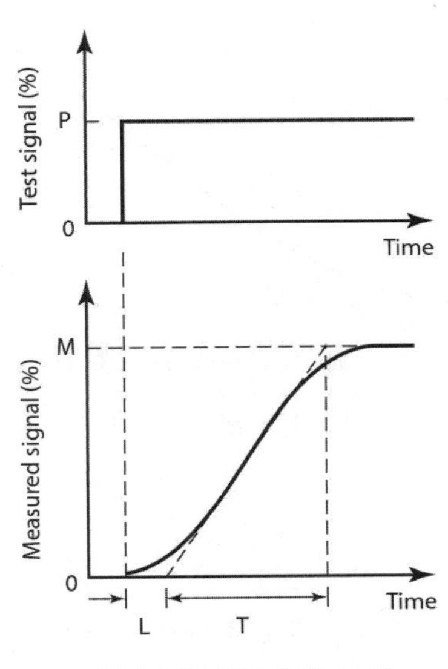

그림 22.18 공정 반응 곡선

표 22.1 Process reaction curve criteria

Control mode	K_p	T_I	T_D
P	P/RL		
PI	0.9P/RL	3.33L	
PID	1.2P/RL	2L	0.5L

다음의 예를 고려해 보자. 제어 밸브의 위치에서 테스트 입력이 6% 변화했을 때 그림 22.19에서 보여 주는 공정응답곡선을 얻기 위해 PID 제어기에서 요구되는 설정값을 결정하라. 그래프의 최대 기울기부분까지 접선을 그리면 L은 150s이고, 기울기 R은 5/300=0.017/s가 된다. 따라서

$$K_P = \frac{1.2P}{RL} = \frac{1.2 \times 6}{0.017 \times 150} = 2.82$$

$$T_1 = 2L = 300s$$

$$T_D = 0.5L = 0.5 \times 150 = 75s$$

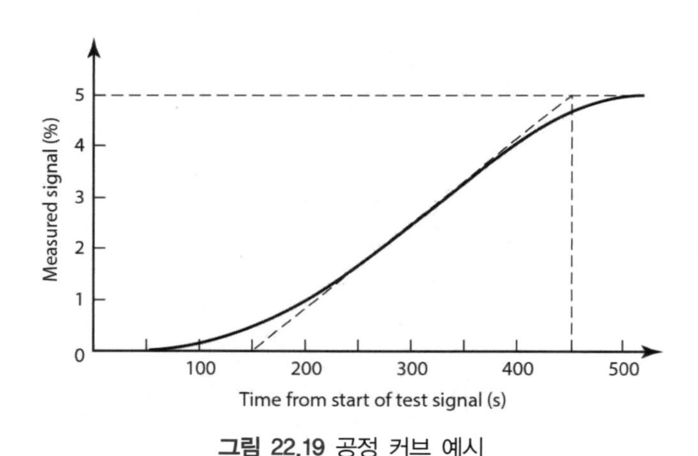

그림 22.19 공정 커브 예시

22.10.2 극한 사이클법

이 방법에서는, 먼저 미분과 적분 작용을 최솟값까지 줄인다. 비례상수 K_P를 낮은 상태에서 조금씩 증가시킨다. 이것은 비례폭을 점차적으로 좁혀 나가도록 만드는 것과 같다. 이렇게 되는 동안 시스템에는 작은 외란이 적용된다. 이것은 연속적인 주기 신호가 발생할 때까지 계속 된다. 이것이 발생될 때 비례상수 K_{Pc}의 임계값이 기록되고 진동의 주기시간 T_c가 측정된다. 표 22.2는 제어기 설정을 위한 Ziegler와 Nichols의 추천 기준이 K_{Pc} 값과 어떻게 관계되는지를 보여

준다. 임계비례폭은 $100/K_{Pc}$이다.

표 22.2 Ultimate cycle criteria

Control mode	K_p	T_i	T_D
P	$0.5K_{pc}$		
PI	$0.45K_{pc}$	$T_c/1.2$	
PID	$0.6K_{pc}$	$T_c/2.0$	$T_c/1.2/8$

다음 예를 고려해 보자. 극한 사이클법으로 PID 제어 시스템을 동조시킬 때 비례폭이 30%까지 줄면 진동이 시작되는 것을 발견했다. 진동주기시간은 500s이다. 제어기의 적합한 설정값은 얼마인가? K_{Pc}의 임계값은 100/임계비례폭이므로 K_{Pc}는 3.33이다. 표 22.2에서 주어진 기준을 사용하면, $K_P = 0.6K_{Pc} = 0.6 \times 3.33 = 2.0$, $T_I = T_c/2.0 = 500/2 = 2.5s$, $T_D = T_c/8 = 500/8 = 62.5s$.

22.11 속도 제어

모터로 하중의 움직임을 제어하는 문제에 대하여 생각해 보자. 모터 시스템은 거의 2차이므로, 시스템에 계단입력이 인가될 때 비례 제어기는 시스템 출력이 요구되는 위치에 도달하는 데 시간이 소요되고, 요구되는 값 주위에서 오랜 진동을 유발시킬 것이다. 입력 신호에 시스템이 반응하는 데 시간이 필요하게 된다. 보다 적은 진동을 갖고 보다 빠른 속도의 응답은 단지 P 제어기만 사용하는 것보다는 PD 제어기를 사용함으로써 얻을 수 있다. 그렇지만 같은 효과를 가지는 대안이 있으며, 이것은 변위의 변화율을 측정하여 구성된 2차 피드백 루프를 사용하여 이루어진다. 이것은 속도 피드백(velocity feedback)이라고 한다. 그림 22.20은 그러한 시스템을 보여 준다. 속도 피드백은 모터축의 회전속도에 비례하는 신호를 제공하는 타코제너레이터(tachogenerator)를 사용하여 이루어지고, 변위변화율과 변위값은 회전형 전위차계를 이용하여 측정된다.

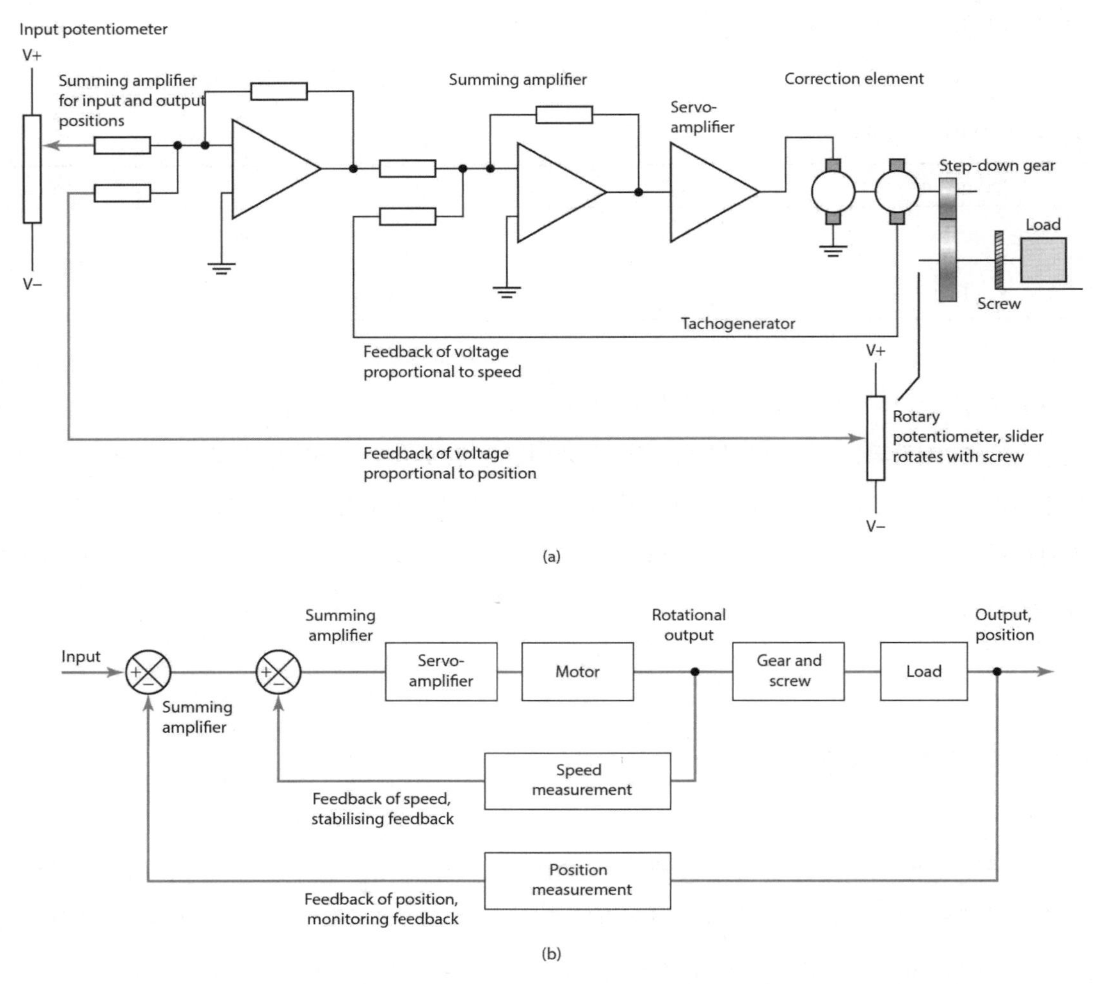

그림 22.20 속도 피드백을 갖는 시스템: (a) 시스템의 설명 도표, (b) 시스템의 블록 도표

22.12 적응 제어

시간 또는 부하에 따라 플랜트의 변수가 변하는 제어상황이, 예를 들면 부하가 변화할 때 부하를 움직이는 데 사용되는 매니퓰레이터가 많이 존재한다. 만약 플랜트의 전달함수가 바뀌게 되면 비례, 미분, 적분상수에 대해 결정된 최적값에 대하여 시스템의 재조정이 바람직하다. 지금까지 고려된 제어 시스템은 조작자가 재조정을 결정하기 전까지 일단 조정된 시스템이 미분, 적분, 비례 상수를 그대로 유지한다고 가정했었다. 이에 대한 대안이 적응 제어 시스템(adaptive control system)이다. 이것은 변화에 '적응'하여 그 매개변수들을 환경에 적합하도록 변화시킨다.

적응 제어 시스템은 제어기로서 마이크로프로세서를 사용한다. 그러한 장치는 제어 모드와 제어 매개변수가 환경에 알맞도록 적응되게 하고, 환경이 변화할 때 이러한 변수들을 수정시킨다.

적응 제어 시스템은 다음의 3단계로 처리된다.

1. 가정된 조건에 근거하여 설정된 제어기의 조건들을 가지고 연산을 시작한다.
2. 요구되는 성능을 실제 시스템의 성능과 계속해서 비교한다.
3. 제어 시스템 방법과 매개변수는 실제 시스템 성능과 요구되는 것과의 차이가 최소화되도록 연속적으로 그리고 자동적으로 조절된다.

예를 들어, 비례 모드로 작동하는 제어 시스템에서 비례상수 K_P는 자동적으로 환경에 맞게 조정된다.

적응 제어 시스템은 여러 가지 형태를 가질 수 있다. 일반적으로 사용되는 세 가지 형태는 다음과 같다.

1. 이득 스케줄 제어(Gain-scheduled control)
2. 자기동조(Self-tuning)
3. 기준 모델 적응 시스템(Model-reference adaptive systems)

22.12.1 이득 스케줄 제어

이득 스케줄 제어(gain-scheduled control), 즉 사전 프로그램된 적응 제어(pre-programmed adaptive control)에서는 제어기의 매개변수에서 미리 설정된 변화값들이 공정변수의 몇 가지 보조적인 측정에 근거하여 만들어진다. 그림 22.21은 그런 방법을 나타내었다. 근본적으로 조정되는 유일한 매개변수가 이득, 즉 비례이득 K_P이기 때문에 이득스케줄제어라는 용어가 사용되었다.

예를 들어, 어떤 부하의 위치를 제어하는 데 사용되는 제어 시스템에서, 시스템 매개변수들이 많은 다른 부하값에 대해 처리되어서 제어기의 메모리에 입력될 수 있다. 로드셀을 이용하여 실제 걸리는 하중을 측정하며 그 값을 제어기가 질량으로 받아들일 때 이에 적합한 매개변수를 선택하여 제어기에서 사용한다.

이 시스템의 단점은 제어 매개변수가 많은 작동조건에 대해 결정되어야만 제어기가 일반적인 상태에서 가장 알맞은 값을 선택할 수 있다는 것이다. 그렇지만 상태가 변화할 때 변수값이 빠르게 바뀔 수 있다는 장점도 있다.

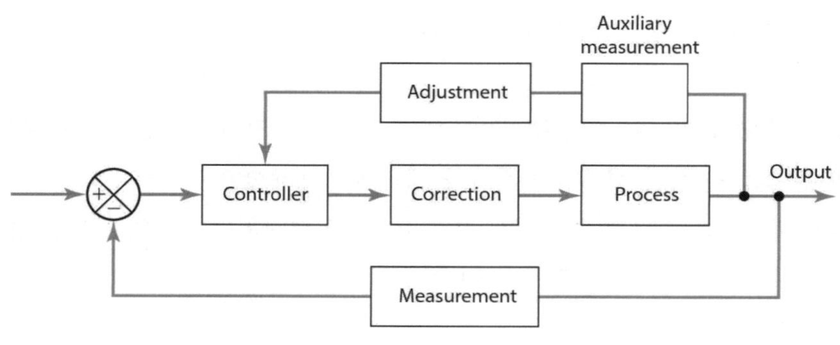

그림 22.21 이득스케줄제어

22.12.2 자기동조

자기동조 제어(self-tuning control) 시스템에서는 시스템이 시스템 제어변수와 제어기 출력의 모니터링에 근거하여 연속적으로 자신의 매개변수를 동조시킨다. 그림 22.22는 이 시스템의 개요이다.

자기동조는 종종 상업적 PID 제어기에서 발견되는데, 이것은 일반적으로 자동동조(auto-tuning)라고 한다. 조작자가 버튼을 누를 때, 제어기는 작은 외란을 시스템에 넣어 반응을 측정한다. 이 반응은 원하는 반응과 비교되고, 원하는 응답에 더욱 가까운 실제 응답을 가지도록 Ziegler-Nichols 규칙에 의해 제어 매개변수가 조정된다.

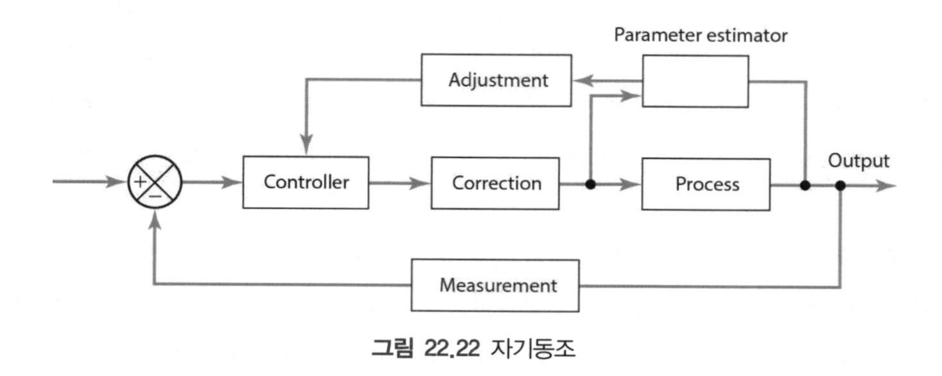

그림 22.22 자기동조

22.12.3 기준 모델 적응 시스템

기준 모델(model-reference) 시스템에서는 시스템의 정확한 모델이 이용된다. 설정값은 실제와 모델 시스템에 입력으로 사용되고 실제 출력과 모델 출력 사이의 차이가 비교된다. 이러한 신호들의 차이는 그 차이를 최소화하도록 제어기의 매개변수를 조정하는 데 사용된다. 그림 22.23은 그 시스템의 형태를 설명한다.

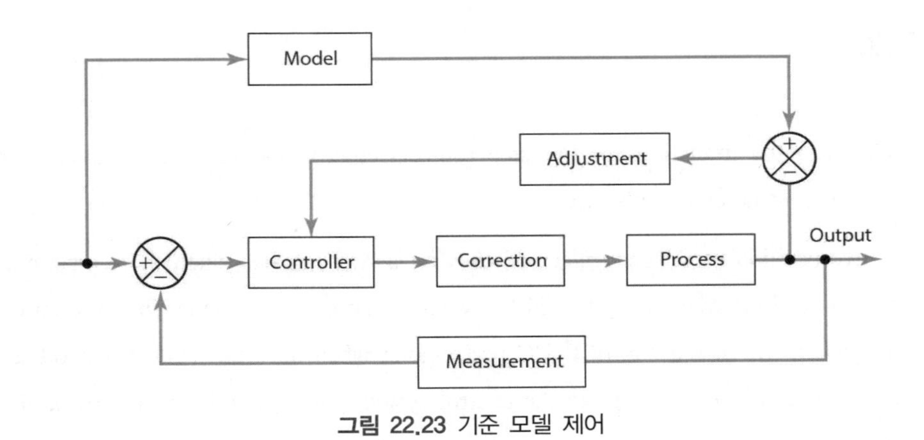

그림 22.23 기준 모델 제어

요 약

정상상태 오차는 모든 과도 전류가 사라진 후에 원하는 설정 값 입력과 출력 사이의 차이이다.

제어 모드는 제어기가 온/오프 보정 신호를 제공하는 2단, 보정 신호가 오차에 비례하는 비례(P), 보정 신호가 오차의 변화율에 비례하는 미분(D) 및 시간에 따른 오차의 적분에 비례하는 적분(I)가 있다. PID 시스템의 전달함수는 다음과 같다.

$$\text{전달함수} = K_P e + \frac{1}{s} K_I + s K_D = K_P \left(1 + \frac{1}{T_I s} + T_D s \right)$$

디지털 컨트롤러는 기본적으로 측정 된 값을 샘플링하여 작동한다. 이를 설정 값과 비교하고 오차를 설정하는데, 오차 값 및 이전 입력 및 출력의 저장된 값에 기초하여 출력하고 다음 샘플을 기다리는 중 계산을 수행하여 출력 신호를 획득한다.

동조라는 용어는 제어기의 설정을, 즉 K_P, K_I, K_D 값, 최상이 되도록 선택하는 과정을 설명하기 위해 사용된다.

적응 제어라는 용어는 변화에 '적응'하고 그 상황에 맞는 매개 변수를 변경하는 시스템에 사용된다. 일반적으로 사용되는 세 가지 형식은 gain-scheduled 제어, 자체 조정 및 모델 참조 적응 시스템이다.

연습문제

22.1 What are the limitations of two-step (on-off) control and in what situation is such a control system commonly used?

22.2 A two-position mode controller switches on a room heater when the temperature falls to 20°C and off when it reaches 24°C. When the heater is on, the air in the room increases in temperature at the rate of 0.5°C per minute; when the heater is off it cools at 0.2°C per minute. If the time lags in the control system are negligible, what will be the times taken for (a) the heater switching on to off, (b) the heater switching off to on?

22.3 A two-position mode controller is used to control the water level in a tank by opening or closing a valve which in the open position allows water at the rate of 0.4m3/s to enter the tank. The tank has a cross-sectional area of 12m2 and water leaves it at the constant rate of 0.2m3/s. The valve opens when the water level reaches 4.0m and closes at 4.4m. What will be the times taken for (a) the valve opening to closing, (b) the valve closing to opening?

22.4 A proportional controller is used to control the height of water in a tank where the water level can vary from zero to 4.0m. The required height of water is 3.5m and the controller is to fully close a valve when the water rises to 3.9m and fully open it when the water falls to 3.1m. What proportional band and transfer function will be required?

22.5 Describe and compare the characteristics of (a) proportional control, (b) proportional plus integral control, (c) proportional plus integral plus derivative control.

22.6 Determine the settings of KP, TI and TD required for a three-mode controller which gave a process reaction curve with a lag L of 200s and a gradient R of 0.010%/s when the test signal was a 5% change in the control valve position.

22.7 When tuning a three-mode control system by the ultimate cycle method it was found that oscillations began when the proportional band was decreased to 20%. The oscillations had a periodic time of 200s. What are the suitable values of K_P, T_I and T_D?

22.8 Explain the basis on which the following forms of adaptive control systems function: (a) gain-scheduled, (b) self-tuning, (c) model-reference.

22.9 A d.c. motor behaves like a first-order system with a transfer function of relating output position to which it has rotated a load to input signal of $1/s(1+s\tau)$. If the time constant τ is 1 s and the motor is to be used in a closed-loop control system with unity feedback and a proportional controller, determine the value of the proportionality constant which will give a closed-loop response with a 25% overshoot.

22.10 The small ultrasonic motor used to move the lens for automatic focusing with a camera (see Section 22.3.3) drives the ring with so little inertia that the transfer function relating angular position with input signal is represented by $1/cs$, where c is the contant of proportionality relating the frictional torque to angular velocity. If the motor is to be controlled by a closed-loop system with unity feedback, what type of behavior can be expected if proportional control is used?

Chapter 23 인공지능

목 표

학생들이 이 장을 학습하고 할 수 있는 것들은 다음과 같다.

- 지능적 기계의 의미와 그 능력들을 설명할 수 있다.
- 뉴럴 네트워크의 의미와 패턴인식과의 관련성을 설명할 수 있다.
- 퍼지 논리라는 용어를 설명할 수 있다.

23.1 인공지능으로 무엇을 할 것인가?

지능적 기계는 무엇을 말하는가? 지능적이라는 말의 사전적 의미는 '추론할 수 있는 능력을 가진'이라는 뜻이다. 인간을 더욱 지능적이라 한다면 인간은 학습을 할 수 있고, 얻은 지식들을 일반화시킬 수 있고, 무엇이 가능할지를 고려하여 결과를 예측을 할 수 있으며 실수를 통하여 배울 수 있는 능력을 가졌기 때문이다. 우리가 같은 기준을 기계에 적용한다면 **지능적 기계**는 추론할 수 있는 능력을 부여받은 기계라고 말할 수 있다.

중앙난방 시스템은 동작을 결정할 때 온도 조절 장치로부터 정보를 받아 이를 토대로 보일러를 켜고 끌 수 있다. 하지만 다양한 조건에 따라 추리하고 동작을 결정하는 능력을 가지고 있지 않기 때문에 중앙난방 시스템은 지능적 기계라고 볼 수 없다. 예를 들어 중앙난방 시스템은 온도 조절 장치로부터 받은 입력들의 패턴을 인식하여 보일러를 켜야 할지 꺼야 할지에 대한 예측을 할 수 없다. 중앙난방 시스템은 하라는 대로 할 뿐 '스스로 생각'할 수 없다.

이 장에서 우리는 지능적 기계와 관련된 기본적인 개념을 간단하게 살펴볼 것이다.

23.1.1 자기조정

우리는 폐회로 피드백 시스템을 1장에 배운 적이 있다. 이 시스템은 출력을 원하고자 하는 목표값이 되도록 제어를 하므로 일종의 자기조정(self-regulation) 시스템이라고 간주할 수 있다. 그러므로 자동 온도 조절이 되는 중앙난방장치는 서모스타트에 설정된 온도에 맞추어 실내온도가 유지된다. 그러나 이와 같은 시스템은 단지 설정된 대로의 작업만을 반복하기 때문에 지능적이라고 간주할 수 없다.

23.2 지각과 인지

지능 시스템에서 **지각**(perception)은 센서들을 사용하여 정보를 모으고 모여진 정보를 판단에 사용할 수 있도록 가공하고 재구성하는 것을 말한다. 예를 들어 생산라인의 제어 시스템은 컨베이어 벨트 상의 부품들을 관찰하기 위한 비디오카메라가 필요할 것이다. 부품의 특징들을 식별하기 위하여 이 카메라로부터 들어오는 신호는 적절한 계산을 통하여 적절이 가공된 표현으로 변환할 수 있다. 이 표현은 부품의 특징적인 요소들에 대한 정보를 포함하고 있다. 이 정보들은 제어 시스템이 저장되어 있는 이 부품의 기준표현과 비교하여 부품이 올바로 조립되었는지 또는 어떤 부품인지를 판단할 수 있게 된다. 이 판단에 따라 제어 시스템은 해당 부품을 불량으로 처리하거나 특정 박스로 특정 부품을 보내든지 하는 동작을 수행한다.

따라서 메카트로닉스 시스템에서 지각은 시스템과 그 주변 장치에 관련된 적절한 정보를 모으는 센서와 이것을 디코딩하고 가공하여 다음 단계에서 판단을 할 수 있는 유용한 정보를 만드는 과정을 포함한다.

23.2.1 인 지

기계가 정보를 모으고 가공하고 나면 얻어진 정보에 따라 무엇을 할 것인가를 결정해야 한다. 이를 **인지**(cognition)라고 한다. 지각과 인지에서 결정적으로 주요한 것이 **패턴 인식**(pattern recognition)이다. 수집된 데이터에서 패턴이란 무엇인가?

인간은 패턴 인식에 매우 뛰어난 능력을 가지고 있다. 모니터를 보고 있는 경비원을 생각해 보자. 그는 모니터를 보고 있으면서 비정상적인 패턴을 인식한다. 예를 들어 분명 사람이 들어온 적이 없는데 물건이 움직여졌다든지 하는 상황을 말한다. 이것이 지능적 기계를 필요로 하는 기능인 것이다. 비행기의 오토파일럿(autopilot)은 많은 정보를 받아들이고 얻어진 데이터의 패턴을 기반으로 어떻게 비행기의 제어장치를 조정할 것인지를 판단하게 된다.

기계의 패턴 인식은 기계 내부의 메모리에 저장된 일련의 패턴들과 센서로부터 모아진 패턴들을 비교하여 일치되는 패턴을 찾는 방식으로 구현될 수 있다. 메모리 내의 패턴들은 모델을 통하여 구할 수도 있고 일정 범위의 물체나 상황들에 대한 학습과정을 통하여 구할 수 있으며 각각의 패턴은 식별 코드로서 구별시킨다. 예를 들어 동전을 인식하기 위하여 직경과 컬러에 대한 정보들이 모아질 것이다. 그러므로 직경이 2.25cm이고 컬러의 적색성분이 특정 값이기(청동) 때문에 1파운드 코인으로 인식될 수 있다. 더 나아가서 지능적 기계는 낡고 더러운 상태의 동전도 여전히 1파운드라고 인식할 수 있어야 한다.

23.2.2 신경회로망

앞의 동전의 예에서 직경과 컬러 2차원(두 가지 정보)만을 고려했었다. 좀 더 복잡한 상황에서는 더 많은 차원의 정보가 필요로 할 것이다. 인간의 뇌는 다차원의 정보를 구별하거나 분류할 때 **신경회로망**(neural networks)을 이용한다. 지능형 기계는 이와 유사한 인공 신경회로망을 이용하기도 한다. 이 회로망은 미리 프로그램을 하지 않아도 사례와 학습을 통하여 배우고 일반화하는 능력을 가진다. 그림 23.1은 많은 수의 서로 연결된 프로세스 유닛들과 다른 유닛에 입력될 출력들로 구성된 신경회로망을 보여 주고 있다. 회로망의 각 프로세서는 입력을 통하여 정보를 받아들이고 이를 가중치(weighting factor)로 곱하는 연산을 수행한다. 만일 AND로 동작하면 가중된 입력들을 합하고 그 합이 특정값에 비하여 크거나 또는 양수이면 1을 출력한다. 예를 들어 가중치가 −1.5인 입력 1은 −1.5가 나오고, 가중치가 1.0인 또 다른 입력 1은 1.0 그리고 또 다른 입력 1이 가중치 1.0을 지나 1.0이 나온다고 하자. 이 가중 입력들의 합은 −1.5+1.0+1.0=0.5가 되므로 출력은 이 값이 양수이므로 1이 된다. 만일 이들 입력이 1×−1.5, 0×1.0, 0×1.0이라면 가중 합은 −1.5가 되므로 출력이 0이 된다. 이 회로망은 예제를 통한 학습으로(가중치를 변화) 프로그램될 수 있으므로 학습능력을 갖는다고 할 수 있다.

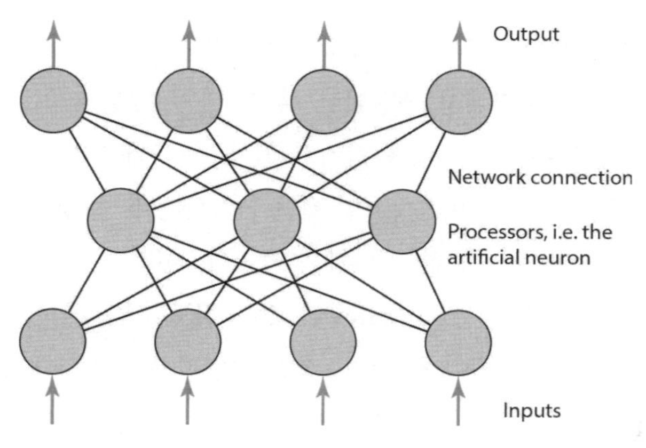

그림 23.1 신경회로망

23.3 추 론

추론(reasoning)은 알려진 사실들로부터 모르는 것들을 이끌어내는 과정을 말한다. 추론을 수행하는 다양한 메커니즘들이 존재한다.

23.3.1 추론 메커니즘

결정적 추론(deterministic reasoning)의 예는 if-then 규칙을 사용하는 것이다. 그러므로 만일(if) 동전의 직경이 1.25cm이면(then) 1파운드 동전이라고 연역하는 것이다. 만일(if) 첫 번째 문장이 참이면(then) 두 번째 문장이 참이라는 식이다. 이 형태의 추론에서는 참-거짓 두 가지 경우를 가지고 있고 일단 추론이 되면 별도의 기본정보가 없어서 예외가 존재하지 않는다고 가정한다. 그러므로 앞의 예제에서 같은 직경의 다른 나라 동전은 고려할 수 없다.

비결정적 추론(non-deterministic reasoning)은 확률에 근거한 추측을 허용한다. 만일 동전을 던진다면 윗면이 나올 수도 있고 아랫면이 나올 수도 있다. 이 두 가지 경우 중 윗면이 나오는 것은 한 가지 경우일 뿐이다. 따라서 윗면이 나올 확률은 2 중 1 또는 1/2이다. 동전을 여러 번을 던지면 궁극적으로 앞면이 나오는 비율도 1/2이 될 것이다. 그림 23.2(a)는 이 현상을 어떻게 확률 트리(probability tree)로 그리는지를 보여 준다. 우리가 만일 6면체 주사위를 던지면 각 면이 나올 확률은 1/6이 된다. 그림 23.2(b)는 이 결과를 확률트리로 도시한 것이다. 이 트리의 각 가지에 적혀있는 숫자가 확률이다. 동전을 던졌을 때 윗면 또는 아랫면이 나올 확률은 1이다. 그러므로 전체 확률은 항상 1이 되어야 한다.

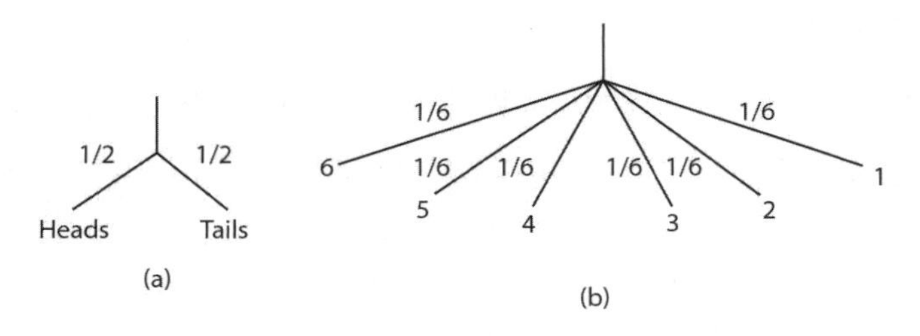

그림 23.2 확률 트리: (a) 동전, (b) 주사위

1파운드 동전의 예제에 대하여 적용해 보면 직경 1.25cm인 동전은 1파운드 동전일 확률은 0.9라고 적용하게 될 것이다. 메카트로닉스 시스템의 경우 우리가 온도를 1,000시간 동안 계측을 했는데 고온으로 측정된 시간이 3시간이라고 하자. 그러면 시스템이 고온이 될 확률은 3/1,000=

0.003이라고 할 수 있다.

종종 우리는 어떤 사건이 일어날 확률뿐만 아니라 그 사건이 다른 사건들을 유발할 수 있는 확률도 알아야 한다. 다시 메카트로닉스 시스템의 예를 들자면 시스템이 고온으로 과열되는 여러 이유가 있다고 할 때, 압력센서가 저압력일 때 시스템이 과열될 확률을 구할 필요가 있을 것이다. 이를 그림 23.3의 확률트리로 표현하였다.

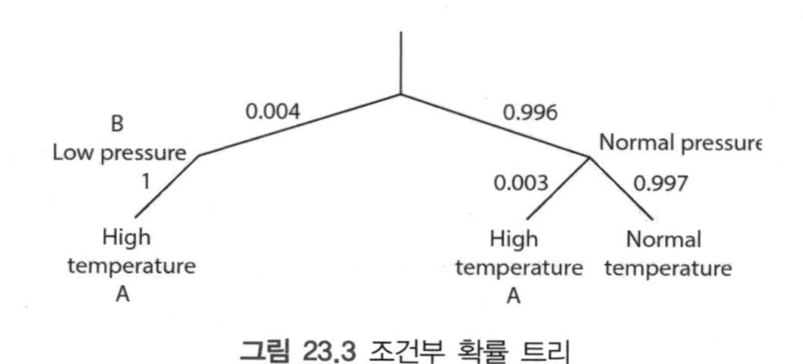

그림 23.3 조건부 확률 트리

이 문제는 다음과 같은 **베이스의 규칙**(Bayes's rule)을 적용하여 해석할 수 있다.

$$p(A \mid B) = \frac{p(B \mid A) \times p(A)}{p(B)}$$

$p(A \mid B)$는 사건 B가 일어났을 때 사건 A가 일어날 확률이고 $p(B \mid A)$는 사건 A가 일어났을 때 사건 B가 일어날 확률이고 $p(A)$, $p(B)$는 각각 사건 A, 사건 B가 일어날 확률이다. 여기서 시스템의 온도 고온이 될 확률이 $p(A)$라고 하고 이 사건이 1,000시간에 3시간 꼴로 일어난다면 확률은 0.003이 될 것이다. 또한 압력이 저압이 되는 경우를 $p(B)$로 정하면 이는 1,000번에 네 번꼴로 발생하여 0.004가 된다. 그리고 압력이 저압이 되면 시스템이 항상 과열된다고 확신하게 되면 $p(B \mid A)$는 1이 된다. 저압이 감지되면 시스템이 과열될 조건부 확률은 (1×0.003)/0.004=0.75가 된다.

23.3.2 규칙기반 추론

규칙기반 추론(rule based reasoning)의 핵심은 규칙들이라고 말할 수 있다. 메카트로닉스에 관련된 예로 설명하자면 작업자나 센서에 의하여 얻어진 사실(fact)들과 규칙(rule)들을 조합하면 작동기와 제어출력을 어떻게 발생시켜야 하는 지를 추론할 수 있게 된다. 그림 23.4는 이 과정을 보여 주고 있다. 사실과 규칙의 데이터베이스의 조합을 기계의 지식 기반(knowlege base)이라고 한다. 추론기(inference)에서는 입력사실이 규칙과 조합된 결과를 가지고 추론이 일어나고 작동기로 전달될 결정이 만들어진다.

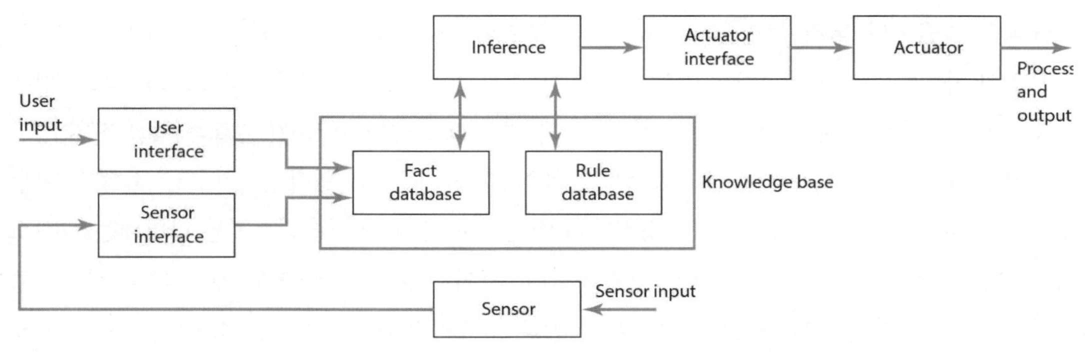

그림 23.4 규칙기반 추론

규칙은 주로 if-then문장의 형태로 많이 표현된다. 따라서 중앙난방시스템의 규칙은 다음과 같을 것이다.

만일(IF) 보일러가 ON이면
그러면(Then) 펌프를 ON

만일(IF) 펌프가 ON이고 (AND) 실내온도가 30도보다 낮다.
그러면(Then) 밸브를 OPEN

만일(IF) 보일러가 ON이 아니다
그러면(Then) 펌프를 ON

등

이 시스템의 사실(Fact) 데이터베이스가 다음과 같은 사실을 가지고 있다고 하자.

실내온도<20도
타이머 ON
밸브 OPEN

보일러 ON

펌프 ON

규칙은 확률이나 퍼지 논리(fuzzy logic)을 포함한 명제 형태로 표시할 수도 있다.

로프티 자데(Lofti Zadeh)가 1965년에 제안한 추론의 한 형태가 **퍼지 논리(fuzzy logic)**이다. 이 논리의 주요한 발상은 명제가 항상 참(True)와 거짓(False)으로 양분될 필요는 없고 참의 정도 거짓의 정도를 가중시켜서 두 수 사이의 임의의 값을 가질 수 있다는 것이다. **소속도 함수(membership function)**라는 것은 특정집합에 어떤 값이 얼마나 소속되는지를 나타내는 함수로 정의된다. 우리는 한 온도값의 집합을 0에서 20°C 사이 또 다른 하나를 20에서 40°C 사이라고 정할 수 있다. 만일 온도가 18°C라면 이 온도는 0과 20°C의 집합에 소속되는 소속도(membership)가 1이 된다. 그러나 퍼지 논리에서는 범위가 중복되는 집합을 잡는데, 예를 들어 0에서 20°C를 춥다(cold), 10에서 30°C를 따뜻하다(warm), 20에서 40°C를 덥다(hot)로 정한다는 것이다. 그러면 18°C는 두 개의 집합에 소속될 수 있다. 퍼지 집합의 소속도를 그림 23.5와 같이 정의할 수 있을 것이다. 그러면 18°C는 춥다의 소속도가 0.2, 따뜻하다의 소속도가 0.8이고, 덥다의 소속도는 0이 될 것이다. 이와 같은 데이터를 바탕으로 적절한 조작을 출력할 수 있는 규칙을 만들어 낼 수 있다. 예를 들어 춥다의 소속도 0.2는 난방 스위치를 저(low)로 해야 하지만 춥다의 소속도 0.6은 고(high)로 맞추어야 쾌적한 온도를 유지하게 될 것이다.

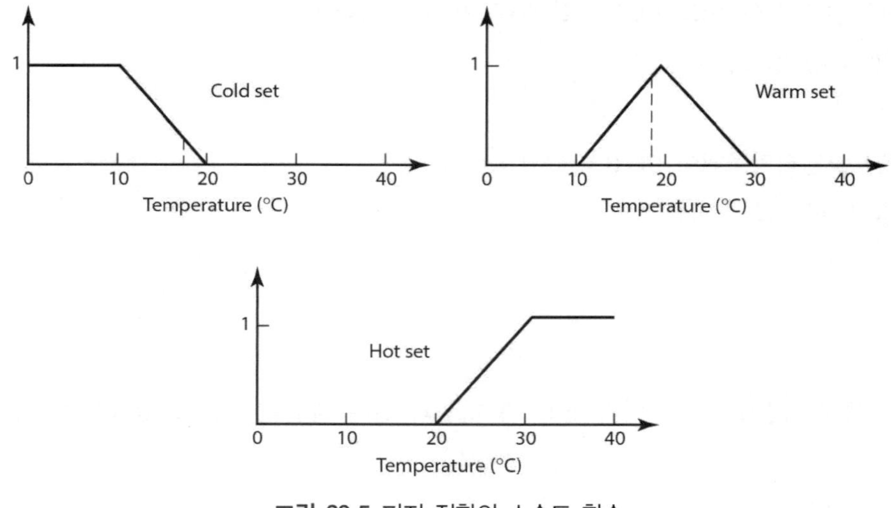

그림 23.5 퍼지 집합의 소속도 함수

퍼지 로직은 우리 주위에 흔히 보는 제품들에 적용되어 있다. 예를 들어 가정용 세탁기는 직물의 종류, 오염도, 세탁물의 크기 등을 감지하여 그에 따라 세탁 사이클을 조정한다.

23.4 학 습

기계가 학습을 하여 자기의 지식기반을 확장시킬 수 있다는 것은 그렇지 못한 기계에 비하여 매우 큰 장점을 갖고 있는 것이다. **학습**은 경험을 바탕으로 주위환경에 적응한다는 의미로 해석할 수 있다. 기계에서 학습은 여러 가지 방법으로 구현될 수 있다.

그중 간단한 학습방법은 새로운 데이터를 메모리에 축적시키는 방법이다. 기계는 받아들여진 데이터를 기반으로 기계내부의 파라미터를 수정해 나가는 것으로 학습을 실현할 수도 있다.

추론이 확률적 항목으로 정의되었을 때 무엇이 일어날지에 대해 판단하는 데 사용되는 확률을 보정하는 것도 또 다른 유용한 학습의 방법이 될 수 있다. 간단한 예제를 통하여 이 방법을 살펴보면 10개의 공이 가방 안에 있는데 9개는 빨강이고 한 개는 검정색이다. 가방에서 첫 번째로 공 하나를 꺼낼 때 검정색의 공을 꺼낼 확률은 1/10이다. 첫 번째에 빨간 공을 뽑았다면 다음번에 검정 공을 뽑을 확률은 1/9이 된다. 우리 기계는 첫 번째 공이 빨강이라는 사실로부터 검정 공이 나올 확률을 조정하였으므로 학습을 하게 된 것이다. 23.3.1절의 베이스의 법칙을 기계를 보정하는 데 사용할 수 있으며 다음과 같이 쓸 수 있다.

$$p(H|E) = \frac{p(E|H) \times p(H)}{p(E)}$$

여기서 H는 시초의 가설(hypothesis)이고 E는 우리가 포함시키게 된 표본(example)이다. 또한 $p(H|E)$는 표본 E가 일어났을 때 가설 H가 참이 되기 위한 확률이 되고 $p(E|H)$는 가설 H가 참일 때 표본 E가 일어날 확률을 말하고 $p(E)$는 표본 E가 발생할 확률이며 $p(H)$는 가설 H가 참일 확률이다. 이 식은 새로운 정보가 들어올 때마다 H의 확률이 갱신될 수 있도록 해준다.

기계가 학습할 수 있는 또 다른 방법은 표본으로 부터의 학습이다. 여러 표본으로부터 기계가 일반화시킬 수 있는 경우를 말한다. 이들은 기계에 제공되는 표본들을 이용하고 경험하는 사건들을 토대로 자신의 규칙을 만들 수 있도록 하는 훈련(training)의 결과이다. 패턴인식은 일반적으로 이런 형태의 학습방법을 많이 사용한다. 주어진 픽셀의 배열로 된 숫자 2의 표본이 주어졌을 때 기계는 숫자 2를 식별할 수 있는 학습을 수행할 수 있다. 23.2.2절에서 설명한 신경회로망에 표본에 의한 학습방법이 포함되어 있다.

기계도 아마 전에 풀었던 문제와 새로운 문제간의 유사성을 이끌어내는 학습을 수행할 수 있을 것이다.

요 약

지능적 기계는 추론할 수 있는 능력을 가진 기계를 말한다. 지능적 시스템에서의 지각은 센서를 통하여 정보를 수집하고 이를 가공하고 조직화하여 결정에 사용할 수 있도록 하는 것이다. 추론은 잘 아는 것에서부터 잘 모르는 것을 유추하는 과정을 의미한다. 결정적 추론의 예는 'if-then' 규칙을 이용하는 것이다. 비결정적 추론은 확률에 근거한 추정을 가능하도록 한다. 퍼지논리의 명제는 참과 거짓으로 분류되지 않고 참과 거짓의 정도를 따져서 이들 둘 간의 중간 지점의 결과로 분류한다. 학습은 경험을 기반으로 환경에 적응해 나가는 것이라고 이해할 수 있다.

연습문제

23.1 Examine a range of coins of your country and produce a pattern recognition table.

23.2 What is the probability of (a) throwing a six with a single six-sides die, (b) throwing two dice and one of them giving a six, (c) taking a black ball out of a bag containing nine red balls and one black one?

23.3 If the probability of a mechatronics system showing a high temperature is 0.01, what is the probability it will not show a high temperature?

23.4 A machine has been monitored for 2000 hours and during that time the cooling system has only shown leaks for 4 hours. What is the probability of leaks occurring?

23.5 The probability of a cooling system of a machine leaking has been found to be 0.005 and the probability of the system showing a high temperature 0.008. If a leakage will certainly cause a high temperature, what is the probability that a high temperature will be caused by a cooling system leak?

23.6 The probability of there being a malfunction with a machine consisting of three elements

A, B and C is 0.46. If the probability of element A being active is 0.50 and the probability a malfunction occurs with A is 0.70, What is the probability that A was responsible for a malfunction?

23.7 Propose 'if-then' rules for a temperature controller that is used to operate a boiler and has a valve allowing water to circulate round central heating radiators when it only operates at certain time period.

PART VI
결 론

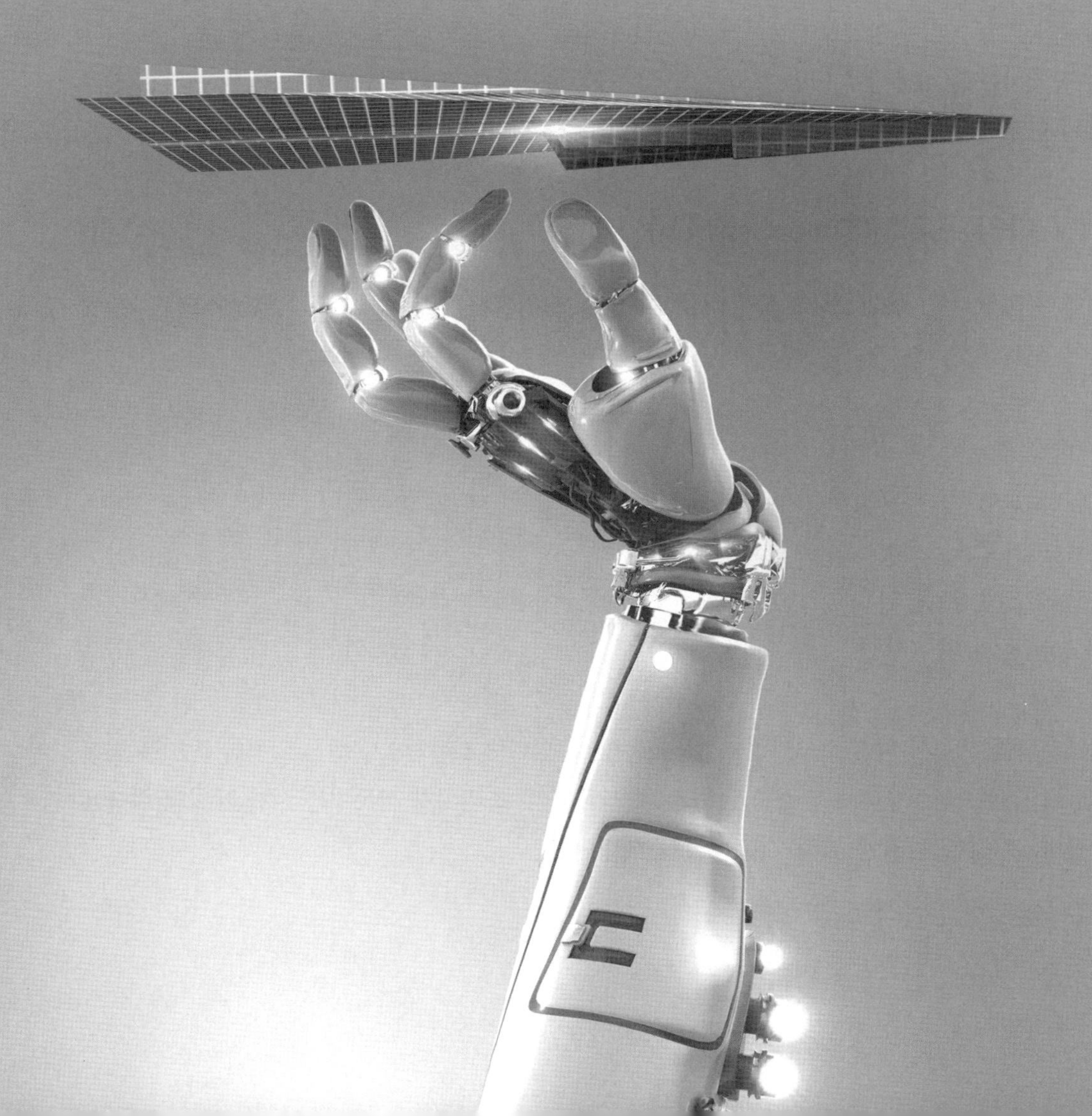

Chapter 24 메카트로닉스 시스템

목 표

본 장의 목표는 학생들이 공부한 후에 다음과 같은 것을 할 수 있어야 한다.

- 메카트로닉스 관점에서 고려할 때 설계문제에 대한 가능한 해를 제시할 수 있어야 한다.
- 메카트로닉스 해의 사례 연구를 분석할 수 있어야 한다.

24.1 메카트로닉스 설계

이 장에서는 설계문제에 대한 메카트로닉스 해법을 구하는 데 있어서 이 책에서 논의된 많은 주제를 다루며, 또한 메카트로닉스 사례 연구를 다룬다.

24.1.1 타임 스위치(Timed switch)

어떤 지정된 시간 동안 모터 등의 액추에이터를 스위칭하는 장치에 대한 간단한 요구사항에 대하여 고려해 보자. 가능한 해로서 다음과 같다:

1. 회전 캠
2. 프로그램 가능 로직제어기(PLC)
3. 마이크로프로세서
4. 마이크로컨트롤러
5. 555 등의 타이머

기계적 해법으로서 회전캠(그림 24.1)을 사용할 수 있다(8.4절 참조). 캠은 일정한 속도로 회전될 것이고, 캠 종동절은 스위치를 작동하는 데 사용되며, 스위치가 작동되는 시간은 캠의 형상에 의존한다. 이것은 과거에 널리 사용되었던 해법이다.

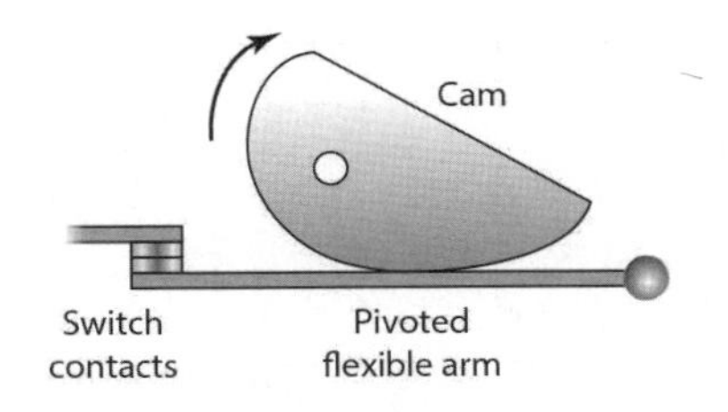

그림 24.1 캠 스위치

PLC에 대한 해법은 그림 24.2에 나타낸 래더(ladder) 프로그램으로 해결할 수 있다. 만약 작동 시간이 기계적인 방법으로 변해야 할 경우에는 각각 다른 캠이 필요한 반면에, 이것은 프로그램에 미리 지정한 타이머 값을 변경시킴으로써 조절할 수 있으므로 회전캠에 비하여 많은 장점을 가진다. 소프트웨어적으로 해결하는 것은 하드웨어보다 구현하기가 매우 용이하다.

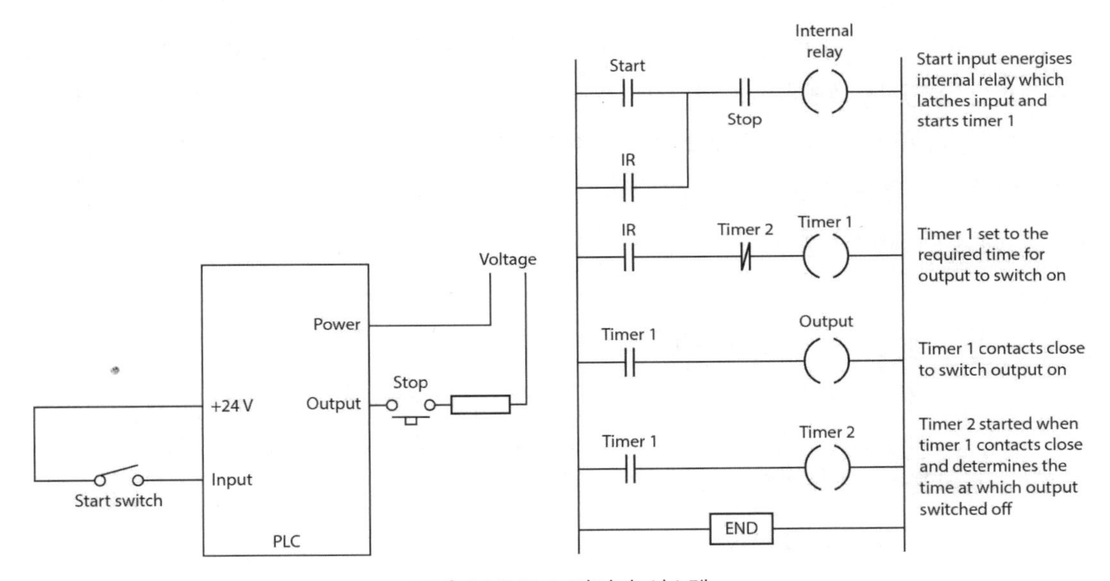

그림 24.2 PLC 타이머 시스템

마이크로프로세서 기반의 해법으로서 메모리칩과 입출력 인터페이스들을 가진 마이크로프로세서를 고려해 볼 수 있다. 프로그램은 출력을 켜고, 타이밍 루프가 들어 있는 프로그램 블록에 만들어진 지연시간 요소로서 어떤 지연시간 후에 끄는 데 사용된다. 이것은 필요시간에 해당하는 루프 사이클 수만큼 돌다가 분기함으로써 지연시간을 생성한다. 그래서 어셈블리 언어로 표현하면,

```
DELAY   LDX   #F424   ; F424 is number of loops
LOOP    DEX
        BNE   LOOP
        RTS
```

DEX는 인덱스 레지스터를 감소시키고, 이것과 BNE(branch if not equal)는 각각 4클록 사이클이 소요된다. 그래서 그 루프는 8사이클이 소요되며, $(8n+3+5)$가 F424 사이클이 될 때까지는 n 루프가 필요할 것이다(LDX는 3사이클, RTS는 5사이클이 소요된다). C 언어로 while 함수를 사용하여 프로그램 라인들을 쓸 수도 있다.

다른 가능성은 MC68HC11과 같은 마이크로컨트롤러에서 타이머 시스템을 사용하는 것이다. 그 타이머 시스템은 시스템 E-clock 신호(그림 24.3(a))로부터 작동하는 16비트 카운터 TCNT에 기반을 둔 것이다. 시스템 E-clock은 번지 $1024에 있는 타이머 인터럽트 마스크 레지스터 2(TMSK2)에 비트들을 설정함으로써 미리 정해진다(그림 24.3(b)). TCNT 레지스터는 프로세서가 리셋 될 때 $0000에서 시작하고, TCNT가 최대 카운트인 $FFFF에 달했을 때 연속적으로 카운트한다. 다음 펄스에서 TCNT는 오버플로 되고 다시 $0000을 읽는다. TCNT가 오버플로 되면 그것은 타이머 오버플로 플래그 TOF(번지 $1025에 있는 타이머 인터럽트플래그 레지스터2 TFLG2의 비트7)를 세팅한다. 그래서 2MHz의 E-clock 주파수와 1의 설정값으로서 오버플로는 32.768ms 후에 일어난다.

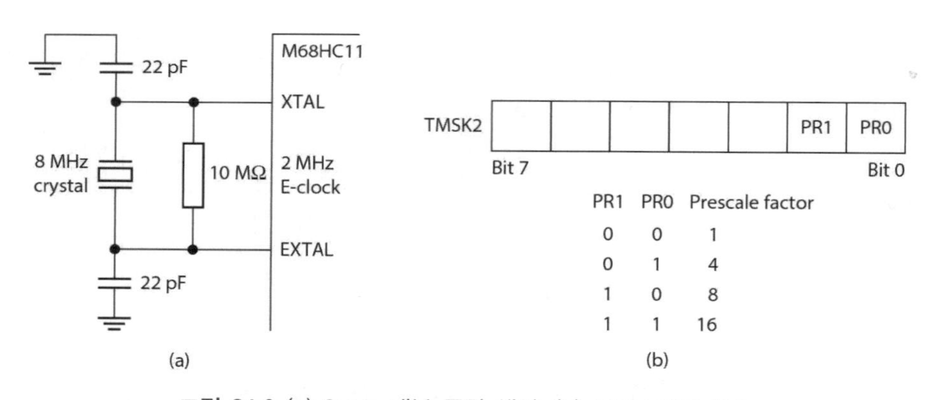

그림 24.3 (a) 2MHz 내부 클럭 생성, (b) 프리스케일 상수

타이밍에 이것을 사용하는 한 가지 방법은 TOF 플래그를 폴링으로 감시하는 것이다. 플래그가 세트될 때, 프로그램은 그 카운터를 증가시킨다. 프로그램은 그때 TFLG2 레지스터의 비트7에 1을 기록함으로써 플래그를 리셋 한다. 그래서 타이밍 동작은 단지 오버플래그 세팅 시간 동안 머무르는 프로그램으로 이루어져 있다.

타이밍의 더욱더 좋은 방법은 출력-비교(output-compare) 기능을 사용하는 것이다. 마이크로컨트롤러의 포트 A는 일반적인 입력, 출력 또는 타이밍 기능으로 사용될 수 있다. 타이머는 TOC1, TOC2, TOC3, TOC4와 TOC5의 내부 레지스터와 함께 OC1, OC2, OC3, OC4와 OC5의 출력핀을 갖는다. 우리들은 TOC1에서 TOC5까지의 레지스터의 값들을 자유-구동 카운터 TCNT의 값과 비교하는 출력-비교 기능을 사용할 수 있다. 이러한 카운터는 CPU가 리셋될 때 0000에서 시작하고, 그 후 연속적으로 동작한다. 레지스터와 카운트가 일치하면 OCx 플래그 비트가 세트되고 해당 출력 핀을 통해서 출력된다. 그림 24.4는 이것을 도시한다. TOCx를 프로그래밍함으로써 출력 횟수를 세트할 수 있다. 그 출력-비교 기능은 타이머 오버플로 플래그보다 매우 정확하게 지연시간을 생성할 수 있다.

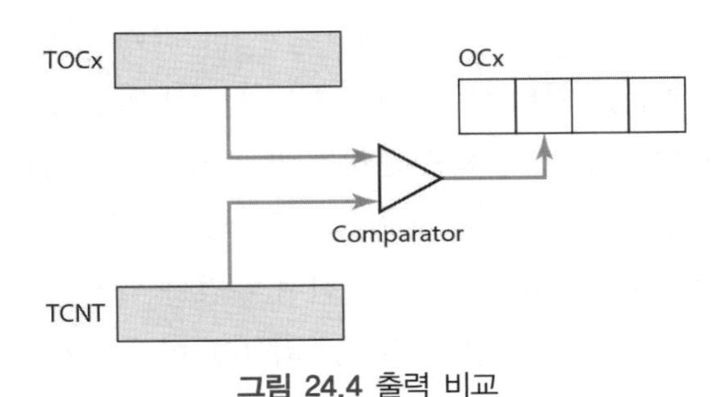

그림 24.4 출력 비교

아래 프로그램은 출력-비교 기능이 지연시간을 생성하는 데 어떻게 사용될 수 있는지를 보여준다. 1개의 출력-비교 명령에서 생성될 수 있는 가장 긴 지연은 E-clock이 2MHz의 경우에 32.7ms이다. 더욱더 긴 지연시간을 생성하기 위해서는, 복수 개의 출력-비교 명령들이 필요하다. 그래서 25ms의 지연시간을 만들고, 또한 1s의 총 지연시간을 얻는데 이것을 40회 반복하는 출력-비교 명령을 가진다.

```
REGBAS    EQU    $1000    ; Base address of registers
TOC2      EQU    $18      ; Offset of TOC2 from REGBAS
TCNT      EQU    $0E      ; Offset of TCNT from REGBAS
TFLG1     EQU    $23      ; Offset of TFLGI from REGBAS
OC1       EQU    $40      ; Mask to clear OC1 pin and OC1F flag
CLEAR     EQU    $40      ; Clear OC2F flag
D25MS     EQU    50000    ; Number of E-clock cycles to generate a 25 ms delay
NTIMES    EQU    40       ; Number of output-compare operations needed to give 1 s delay
          ORG    $1000
COUNT     RMB    1        ; Memory location to keep track of the number of
                          ; output-compare operations still to be carried out
          ORG    $C000          ; Starting address of the program
          LDX    #REGBAS
```

```
        LDAA    #OC1            ; Clear OC1 flag
        STAA    TFLG1,X
        LDAA    #NTIMES         ; Initialise the output-compare count
        STAA    COUNT
        LDD     TCNT,X
WAIT    ADDD    #D25MS          ; Add 25 ms delay
        STD     TOC2,X          ; Start the output-compare operation
        BRCLR   TFLG1,X OC1     ; Wait until the OC1F flag is set
        LDAA    #OC1            ; Clear the OC1F flag
        STAA    TFLG1,X
        DEC     COUNT           ; Decrement the output-compare counter
        BEQ     OTHER           ; Branch to OTHER if 1 s elapsed
        LDD     TOC2,X          ; Prepare to start the next compare operation
        BRA     WAIT
OTHER                           ; The other operations of the program which occur after the 1 s
                                  delay
```

루프를 사용하는 다른 방법은 마이크로프로세서로서 555 같은 타이머 모듈을 사용하는 것이다. 555 타이머의 시간 간격들은 외부 저항과 커패시터에 의해서 설정된다. 그림 24.5는 트리거 되었을 때 온-출력의 시간이 $1.1RC$가 되도록 하는 데 필요한 타이머와 외부 회로를 나타내고 있다. 큰 시간 간격은 큰 값의 R과 C가 필요하다. R은 약 1MΩ에 제한하나 그렇지 않으면 누설이 문제가 되며, 만일 전기분해 커패시터를 사용하여 누설과 낮은 정밀도의 문제를 피하려면 C는 약 10μF로 한정되고 있다. 이와 같은 회로는 약 10s 미만의 시간으로 제한된다. 시간의 하한 값은 R=1kΩ와 C=100pF로서 약 1ms 정도일 것이다. 16ms에서 1일까지의 더욱더 긴 시간에 대하여는 ZN1034E 같은 타이머가 대체되어서 사용될 수 있다.

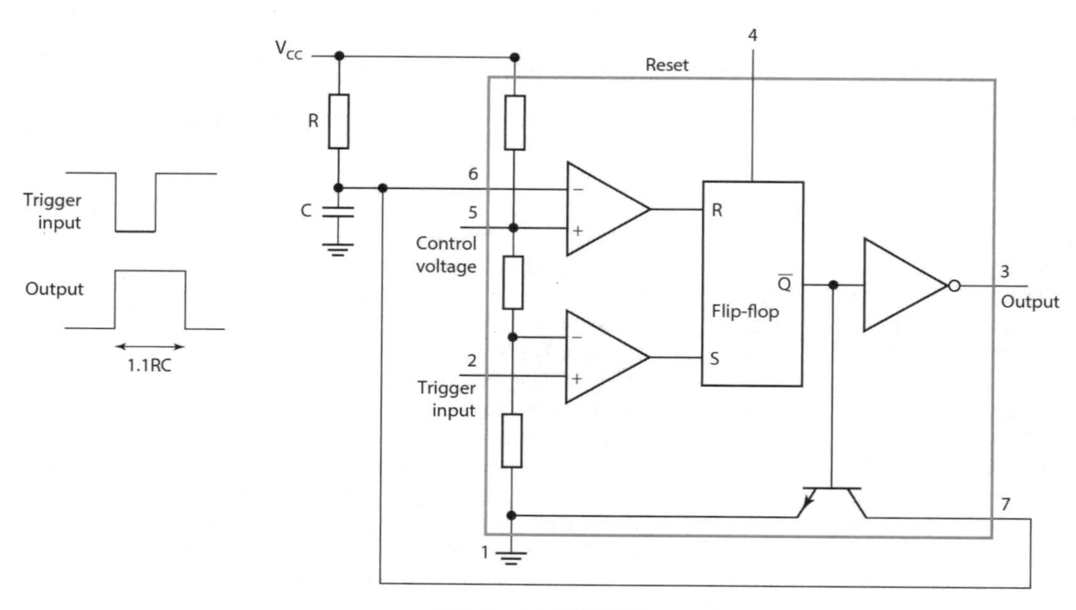

그림 24.5 535 타이머

24.1.2 윈드스크린-와이퍼 운동

윈드스크린 와이퍼(windscreen-wiper)와 같이 암이 원호를 따라서 좌우로 요동하는 장치에 대한 요구사양을 고려해 보자.

1. 기계적 링크와 DC 모터
2. 스텝모터

기계적인 해결은 그림 24.6에 나타나 있다. 암1의 회전은 암2를 통하여 암3이 요동운동을 하도록 한다. 차량의 윈드스크린은 일반적으로 DC 영구자석 모터를 장착한 기구를 사용한다.

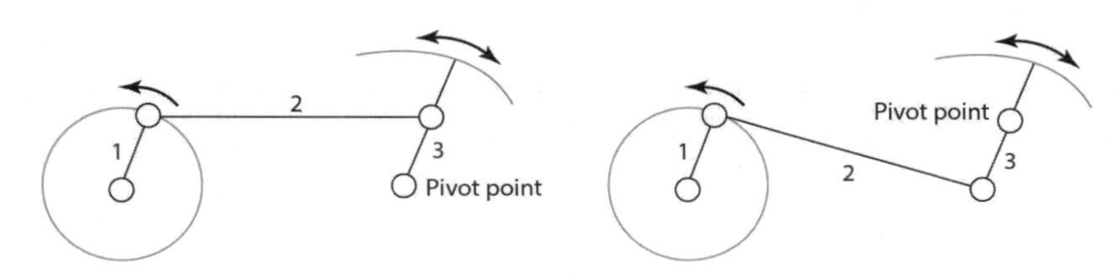

그림 24.6 와이퍼 기구

다른 해결책은 스텝모터를 사용하는 것이다. 그림 24.7은 PIA가 내장된 마이크로프로세서, 즉 마이크로컨트롤러가 스텝모터와 함께 어떻게 사용되는지를 나타낸다. 스텝모터의 입력이 어떤 방향으로 펄스 수만큼 회전하고, 그 후 반대 방향으로 같은 스텝만큼 역회전하도록 요구된다.

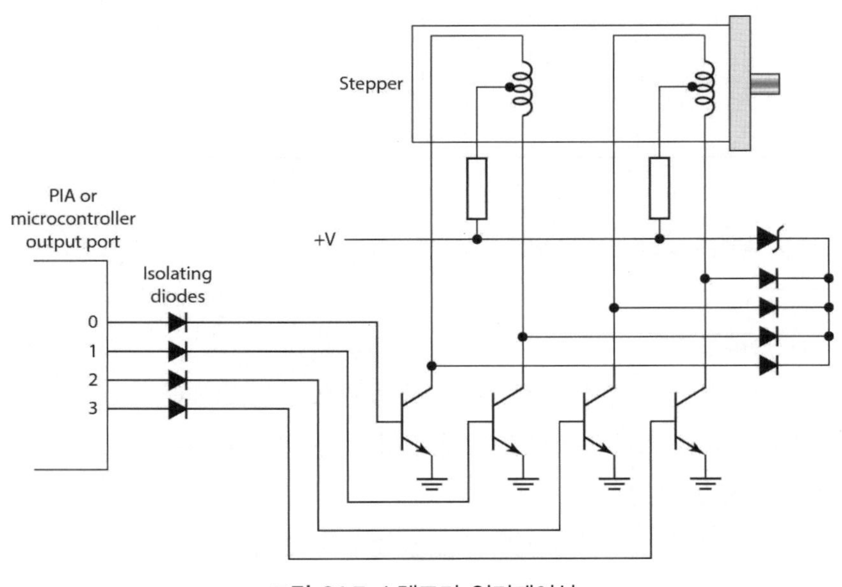

그림 24.7 스텝모터 인터페이싱

만일 스텝모터가 전-스텝(full-step) 구조로 된다면 출력들은 표 24.1(a)에서 나타낸 것과 같이 되어야 한다. 그래서 모터를 시동하여 전진방향으로 회전시키는 것은 A, 9, 5, 6의 순서대로 사용할 것이고, 그 후 다시 A부터 시작할 것이다. 역방향으로 회전하기 위해서는 6, 5, 9, A의 순서대로 사용할 것이고, 그 후 다시 6부터 시작할 것이다. 만일 스텝모터가 반-스텝(half-step) 구조로 된다면 출력들은 표 24.1(b)에서 나타낸 것과 같이 되어야 한다. 모터를 전진 방향으로 회전시키려면 A, 8, 9, 1, 5, 4, 6, 2의 순서대로 사용할 것이고, 그 후 다시 A부터 시작할 것이다. 역방향으로 회전하려면 2, 6, 4, 5, 1, 9, 8, A의 순서대로 사용할 것이고, 그 후 다시 2부터 시작할 것이다.

표 24.1 (a) 전-스텝, (b) 반-스텝 구조

(a)

Step	Bit 3	Bit 2	Bit 1	Bit 0	Code
1	1	0	1	0	A
2	1	0	0	1	9
3	0	1	0	1	5
4	0	1	1	0	6
1	1	0	1	0	A

(b)

Step	Bit 3	Bit 2	Bit 1	Bit 0
1	1	0	1	0
2	1	0	0	0
3	1	0	0	1
4	0	0	0	1
5	0	1	0	1
6	0	1	0	0
7	0	1	1	0
8	0	0	1	0
1	1	0	1	0

기본적인 프로그램의 요소는 다음과 같다.

- 1스텝을 전진한다.
- 스텝이 완료되는 시간을 주기 위해 지연시간 루틴으로 점프한다.
- 전진방향으로 필요한 스텝이 완료될 때까지 상기 동작을 반복한다.
- 역방향으로 1스텝을 후진한다.
- 역방향으로 같은 스텝이 완료될 때까지 상기 동작을 반복한다.

3개의 반-스텝 전진과 3개의 후진에 대한 C 언어로 된 프로그램은 다음과 같다.

```
main ( )
{
    portB = 0xa; /*first step*/
    delay ( ); /*incorporate delay program for, say, 20 ms*/
    portB = 0x8; /*second step*/
    delay ( ); /*incorporate delay program for 20 ms*/
    port B = 0x9; /*third step*/
    delay ( ); /*incorporate delay program for 20 ms*/
    port B = 0x8; /*reverse a step*/
    delay ( ); /*incorporate delay program for 20 ms*/
    port B = 0xa; /*reverse a further step*/
    delay ( ); /*incorporate delay program for 20 ms*/
    port B = 0x2; /*reverse back to where motor started*/
    delay ( ); /*incorporate delay program for 20 ms*/
}
```

많은 스텝이 필요한 경우에서 더욱더 단순한 프로그램은 카운터 값이 요구 수량에 미칠 때까지 각 스텝과 루프와 함께 카운터를 증가시키는 것이다. 그러한 프로그램은 다음과 같은 기본적인 형태를 가질 것이다.

- 1스텝을 전진한다.
- 스텝이 완료되는 시간을 주기 위해 지연시간 루틴으로 점프한다.
- 카운터를 증가한다.
- 카운터가 전진방향으로 요구수량의 스텝이 완료될 때까지 연속적으로 상기 동작을 반복한다.
- 역방향으로 1스텝을 후진한다.
- 역방향으로 같은 수량의 스텝이 완료될 때까지 상기 동작을 반복한다.

집적회로들은 스텝모터 제어에 이용될 수 있고, 그들의 사용은 인터페이스 및 소프트웨어를 단순하게 할 수 있다. 그림 24.8은 그런 회로가 어떻게 사용될 수 있는지를 보여 준다. 그때 필요한 모든 것은 트리거(Trigger)에 필요한 입력 펄스의 수이며, 그 트리거는 모터가 하이-로우-하이(high-low-high) 펄스들의 로우에서 하이로의 변화 단계에서 이루어진다. 회전입력(Rotation) 단자가 로우 상태이면 모터가 시계방향으로 회전하는 반면에, 하이 상태이면 모터가 반시계방향으로 회전하게 된다. 그래서 트리거 출력 펄스에 대하여 마이크로컨트롤러로부터 1개의 출력단자와 회전에 대하여 1개의 출력단자가 필요하다. 설정(Set)용 출력단자는 모터가 원점으로 복귀하도록 리셋하는 데 사용된다.

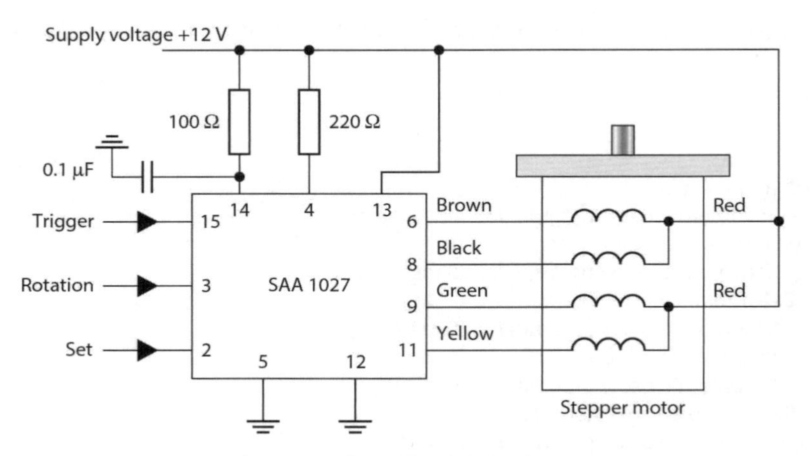

그림 24.8 스텝모터용 집적회로 SA1027

위에서는 스텝모터가 각 회전을 위하여 어떻게 사용되는지를 제시한다. 전압 신호입력이 인가되었을 때 스텝모터가 어떻게 거동될 것인가? 요구 각도에 도달하기 전에 오버슈트나 진동이 없이 그 각도까지 회전하는 것을 예상할 수 있는가? 우리가 어떻게 스텝모터 시스템에 대한 모델을 개발하여 그 거동을 예상할 수 있는지의 예시로서 다음의 간단한 해석을 고려해 보라(더 자세한 해석에 대하여는 T. Kenjo의 Stepping Motors and their Microprocessor Controls (Oxford University Press, 1984)를 참조).

마이크로컨트롤러로부터 발생되는 펄스로 구동되는 스텝모터를 포함한 시스템은 개루프 제어 시스템이다. 영구자석(permanent magnet) 스텝모터(9.7절 참조)는 몇 개의 극(pole)을 가진 고정자(stator)를 갖고 있으며, 그 극은 코일(coil)로 둘러싸여 있고 그 코일을 통과하는 전류에 의해 여자 된다. 회전자에 전압 펄스가 인가될 때 회전자가 어떻게 회전할 것인가에 대한 모델을 단순하게 한 쌍의 극을 가진 스텝모터로서 18.3.2절에서 해석된 직류 모터와 마찬가지 방법으로 취급하여 결정할 수 있다. 만약 v가 한 쌍의 코일에 인가된 전압이라면, 역기전력 v_b는

$$v - v_b = L\frac{di}{dt} + Ri$$

여기서, L은 회로의 인덕턴스이고 R은 저항이며 i는 전류이다. L은 크게 변하지 않으므로 상수로서 가정할 수 있다.

역기전력은 한 쌍의 코일에 대하여 자기장이 변화하는 비율에 비례한다. 이것은 극에 상대적인 회전자의 각도 θ에 의존한다. 따라서

$$v_b = -k\frac{d}{dt}\cos\theta = k_b \sin\theta \frac{d\theta}{dt}$$

여기서 k_b는 상수이다. 따라서

$$v - k_b \sin\theta \frac{d\theta}{dt} = L\frac{di}{dt} + ri$$

이 방정식을 라플라스 변환하면 다음과 같다.

$$V(s) - k_b s\sin\theta\theta(s) = sLI(s) + RI(s) = (sL+R)I(s)$$

직류 모터와 마찬가지로 코일을 통과하는 전류는 토크를 생성한다(자석의 토크, 즉 회전자는 코일에 작용하는 토크로부터 반작용력이 발생된다. – 뉴턴의 제3법칙). 토크는 코일에 작용하는 자속밀도와 통과하는 전류의 곱에 비례한다. 그 자속밀도는 회전자의 각 위치에 의존된다. 따라서

$$T = k_t i \sin\theta$$

여기서 k_t는 상수이다. 이러한 토크는 각가속도 α를 유발시키며, $T = J\alpha$이다. 여기서 J는 회전자의 관성 모멘트이다.

$$T = J\frac{d^2\theta}{dt^2} - k_t i \sin\theta$$

이 방정식을 라플라스 변환하면,

$$s^2 J\theta(s) = k_t \sin\theta I(s)$$

따라서

$$V(s) - k_b s\sin\theta\theta(s) = (sL+R)(s^2 J\theta(s)/k_t \sin\theta)$$

입력전압에 대한 각 변위의 전달함수는

$$G(s)=\frac{\theta(s)}{V(s)}=\frac{k_t\sin\theta}{J(sL+R)s^2+K_bk_ts\sin^2\theta}$$

$$=\frac{1}{s}\times\frac{k_t\sin\theta}{JLs^2+JRs+k_bk_t\sin^2\theta}$$

모터코일에 인가된 전압 임펄스가 있다면 단위 임펄스 $V(s)=1$이므로

$$\theta(s)=\frac{1}{s}\times\frac{k_t\sin\theta}{JLs^2+JRs+k_bk_t\sin^2\theta}$$

$$=\frac{1}{s}\times\frac{(k_b\sin\theta)/JL}{s^2+(R/L)s+(k_bk_t\sin^2\theta)/JL}$$

s항의 2차방정식(quadratic equation)은 $s_2=2\xi\omega_ns=\omega_n^2$의 형태이다(13.3.1절 참조). 고유진동수 $\omega n=\sqrt{}(k_bk_t\sin^2\theta/JL)$, 감쇠계수 $\xi=(R/L)/2\omega n$이다. 회전자는 시간에 따라서 사라지는 진동을 하면서 어떤 각도까지 회전할 것이다.

24.1.3 목욕탕 저울(Bathroom scale)

목욕탕 저울과 같은 간단한 자중기계의 설계를 고려해 보자. 주요 요구사양은 사람이 받침대에 설수 있어야 하며, 그 사람의 몸무게가 어떤 형태의 판독장치로 표시되어야 할 것이다. 그 무게는 적절한 속도와 정밀도로 측정되어야 하고, 받침대에 서 있는 사람의 위치에 관계가 없어야 한다. 다음은 가능한 해결책들이다. 다음은 가능한 해가 될 수 있다.

1. 스프링과 기어에 기반을 둔 순수 기계 시스템
2. 로드셀 및 마이크로프로세서/마이크로컨트롤러 시스템

한 가지 가능한 방법은 사람의 몸무게를 평행한 2개의 판스프링(leaf spring)을 구부리는 데 사용하는 것이다(그림 24.9(a)). 이와 같은 구조로서 굽힘은 사람이 서는 받침대의 위치에 관계가 없다. 굽힘은 그림 24.9(b)와 같은 구조를 사용함으로써 저울지침의 움직임으로 변형될 수 있게

한다. 랙-피니언(rack-and-pinion)은 직선운동을 수평축에 대한 회전운동으로 바꾸는 데 사용된다. 다음에는 수직축에 대한 회전으로 바뀌고, 베벨 기어에 의하여 저울지침을 움직인다.

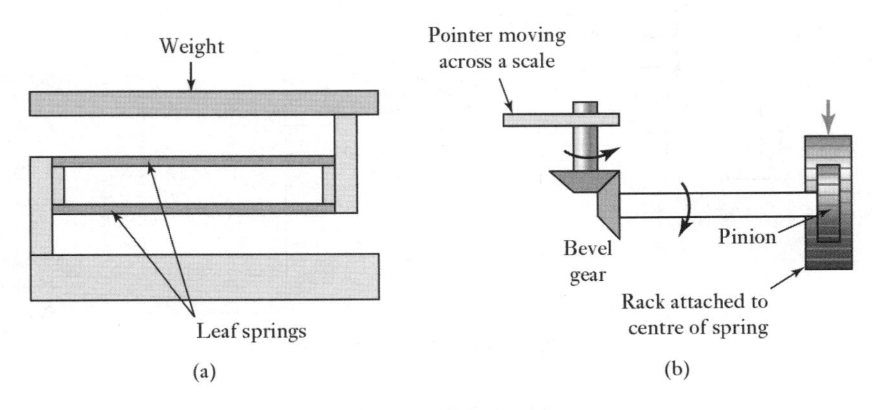

그림 24.9 목욕탕 저울

다른 가능한 방법은 마이크로프로세서를 사용하는 것이다. 받침대에 전기저항 스트레인 게이지를 사용한 로드셀을 부착할 수 있다. 사람이 받침대에 올라섰을 때, 게이지는 변형을 받고 저항을 변화시킨다. 만약 게이지가 4개 암의 휘트스톤브리지에 부착된다면, 휘트스톤브리지의 전압 불평형으로 인한 출력은 사람의 몸무게의 측정값이다. 이것은 차동증폭기에 의해 증폭될 수 있다. 그 증폭된 아날로그 신호는 마이크로프로세서 입력용으로서 Motorola 6820과 같은 아날로그-디지털 변환기(analogue-to-digital converter: ADC)로 보내어진다. 그림 24.10은 입력 인터페이스를 보여 주며, 이것은 지울 수 없는 메모리가 필요하므로 Motorola 2716과 같은 EPROM 칩을 사용함으로써 해결될 수 있다. 그리고 표시장치로의 출력은 Motorola 6821과 같은 PIA를 통해 해결될 수 있다.

그러나 만약 마이크로컨트롤러가 사용된다면, 메모리는 단일 마이크로프로세서 칩에 내장되며, M68HC11과 같은 마이크로컨트롤러를 선택하면 입력 신호를 아날로그에서 디지털로 변환할 수 있다. 그 시스템은 다음과 같다: 스트레인 게이지의 출력전압은 연산증폭기를 통해 마이크로컨트롤러의 포트 E(ADC 입력)로 보내고, 그 출력은 적합한 드라이브를 통과하여 포트 B, C를 통해 디코더와 LED 표시장치로 출력된다(그림 24.11).

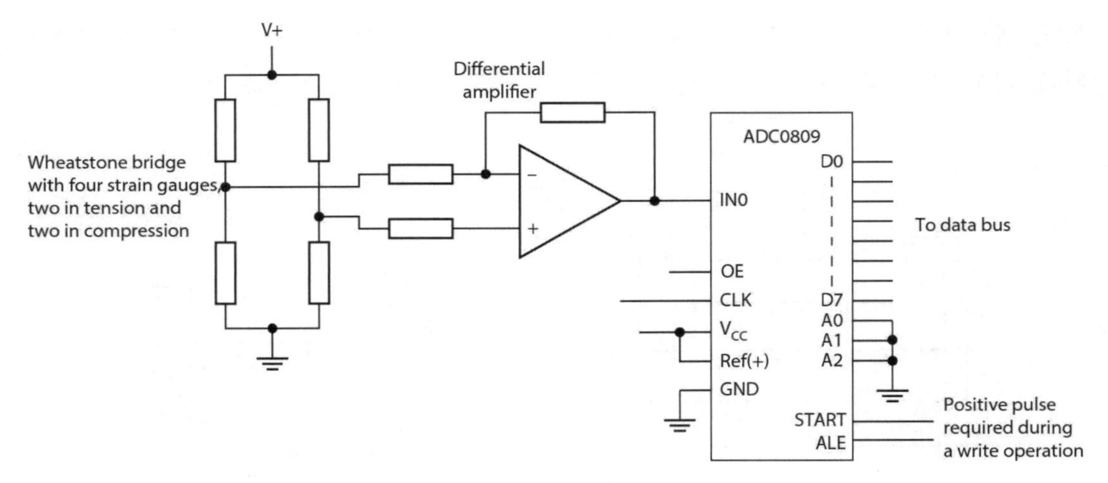

그림 24.10 입력 인터페이스

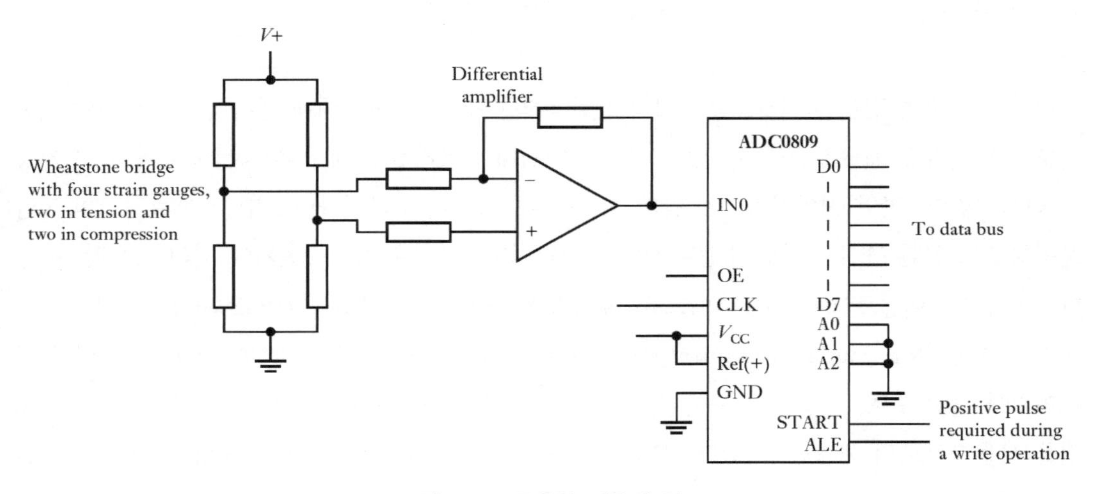

그림 24.11 목욕탕 저울의 회로

그 프로그램 구조는 다음과 같다.

LED 표시장치와 메모리의 소거로 초기화

시작(Start)

　누군가 저울 위에 있는가? 만약 없으면 '000'을 표시한다.

　만약 있으면,

　　데이터 입력

　　무게 데이터를 적합한 출력형태로 변환

디코더와 LED 표시장치로 출력

표시 유지를 위한 지연시간

새로운 무게를 측정하기 위해 시작부터 반복한다.

목욕탕 저울의 기구를 설계할 때 어떤 사람이 저울 위에 올라선다면 어떤 일이 일어날 것인가를 고려해야 한다. 그림 14.3(a)에 나타낸 스프링-감쇠-질량 시스템을 가지며(14.2.1절 참조), 그 거동을 다음과 같이 표현할 수 있다.

$$m\frac{d^2x}{dt^2}+c\frac{dx}{dt}+kx=F$$

여기서 x는 힘 F가 작용할 때 평판의 수직 처짐이다. 라플라스 변환을 하면,

$$ms^2X(s)+csX(s)+kX(s)=F(s)$$

따라서 그 시스템은 다음의 전달함수로 표현될 수 있다.

$$G(s)=\frac{X(s)}{F(s)}=\frac{1}{ms^2+cs+k}$$

평판 위에 계단 입력으로서 몸무게 W인 사람을 고려해 보면,

$$X(s)=\frac{1}{ms^2+cs+k}\times\frac{W}{s}$$

2차 항은 $s^2+2\xi\omega_n s+\omega_n^2$의 형태이다(20.3.1절 참조). 고유진동수 $\omega_n=\surd(k/m)$, 감쇠계수 $\xi=c/(2\surd(m/k))$이다.

사람이 저울 위에 올라선다면 몸무게 값이 빨리 표시되기를 원하며, 오랜 시간 동안 진동하지 않기를 바란다. 만약에 감쇠계수를 임계값으로 조정한다면 몸무게 값을 나타내는 데 시간이 너무 오래 걸린다. 그래서 감쇠는 급격하게 감소되고 어느 정도 진동은 허용하도록 감쇠계수를 조절할 필요가 있다. 2%의 정착시간 t_s는 4초가 바람직하다(19.5절 참조). $t_s=4/\xi\omega n$이기 때문에 $\xi\omega_n=1$이며, 그래서 $\xi=\surd(m/k)$이다. 감쇠계수를 바꾸는 간단한 방법은 질량을 변경하는 것이다.

위에서는 시스템의 거동을 예측하기 위한 수학적 모델을 어떻게 사용할 것인지, 또한 그 성능을 개선하는 데 무슨 인자를 변경해야 하는지를 보여 준다.

24.2 사례 연구

다음은 메카트로닉스 시스템의 예에 대한 개요이다.

24.2.1 픽-플레이스 로봇

그림 24.12(a)는 픽-플레이스 로봇(pick-and-place robot)의 기본적인 형태를 나타낸다. 그 로봇은 3축의 동작을 가진다. 베이스 위에서 시계와 시계 반대방향의 회전운동, 팔의 뻗음과 오므림 및 팔의 상승과 하강운동. 또한 그립(gripper)는 벌리고 오므릴 수 있다. 이러한 운동들은 동작이 완료되었을 때 감지하는 제한 스위치가 부착된 솔레노이드 제어 밸브에 의해 작동되는 공압 실린더의 사용으로 구동될 수 있다. 그래서 유닛의 시계방향 회전은 실린더 피스톤의 전진(extension)으로, 반시계방향 회전은 피스톤의 후퇴(retraction)로 생긴다. 마찬가지로, 팔의 위쪽 방향으로의 상승은 직선형 실린더의 피스톤의 전진으로, 아래쪽 방향으로의 하강은 피스톤의 후퇴로 생긴다. 다른 실린더 피스톤의 전진에 의해 팔의 뻗는 동작이 생기고, 피스톤의 후퇴에 의해 팔의 오므리는 동작이 이루어진다. 그립은 직선형 실린더 피스톤의 전진과 후퇴에 의해 벌리고 오므릴 수 있다. 그림 24.12(b)는 사용될 수 있는 기본적인 기구를 나타낸다.

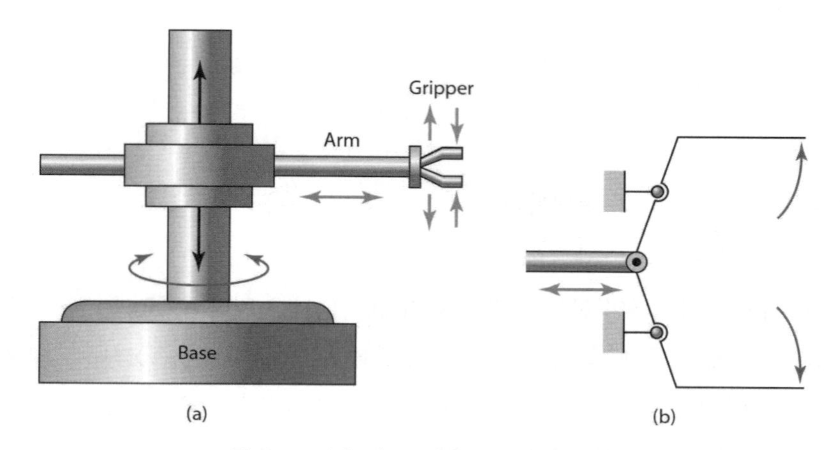

그림 24.12 (a) 픽-플레이스 로봇, (b) 그립

이러한 로봇의 전형적인 프로그램은 다음과 같다.

1. 오버헤드 피더로부터 부품을 잡도록 그립을 근접시켜라.
2. 부품이 피더로부터 제거되도록 암을 붙여라.
3. 암이 공작물의 방향으로 접촉하도록 수평으로 회전시켜라.
4. 그립이 공작물 위에 오도록 암을 뻗어라.
5. 그립으로 부터 부품이 아래로 향하도록 손목을 회전시켜다.
6. 부품이 지정된 위치에 떨어지도록 그립을 벌려라.
7. 그립이 직상방향이 되도록 회전시킨다.
8. 암을 접촉하라.
9. 피더와 접촉하도록 암을 회전시켜라.

다음 부품에 대하여 이 시퀀스를 반복하라.

그림 24.13은 어떻게 마이크로컨트롤러가 솔레노이드 밸브를 제어하여 로봇 유닛을 이동할 수 있는지를 보여 준다.

전기 모터는 기어박스를 통하여 구동할 필요가 있는 반면에, 유압 및 공압 램은 비교적 낮은 속도로 로봇팔 등을 움직이도록 쉽게 제어될 수 있으므로 로봇 암을 구동시키는 데 널리 사용된다.

그림 24.13에서 암과 그립의 위치는 리밋스위치에 의하여 결정된다. 이것은 각 액추에이터에는 단지 2개의 위치를 정확하게 얻을 수 있으며, 그 위치들은 스위치의 위치를 물리적으로 움직이지 않고서는 쉽게 변경될 수 없다는 것을 의미한다. 이러한 배치는 개루프 제어 시스템이다. 어떤 응용에서 이것은 문제가 될 수 없다.

그러나 암과 그립의 위치가 센서에 의하여 모니터링 되는 폐루프 제어를 사용하는 것이 더욱더 일반적이며, 제어기에서 요구 위치와 비교되도록 피드백 된다. 요구 위치와 차이가 있을 때 제어기는 그 오차가 줄이도록 액추에이터를 구동한다. 조인트의 각 위치는 엔코더(2.3.7절 참조)를 사용함으로써 흔히 모니터링 되며, 이것은 높은 정밀도를 가질 수 있다. 그림 24.14는 로봇 암의 직선이송에 사용될 수 있는 폐루프 구성을 나타낸다.

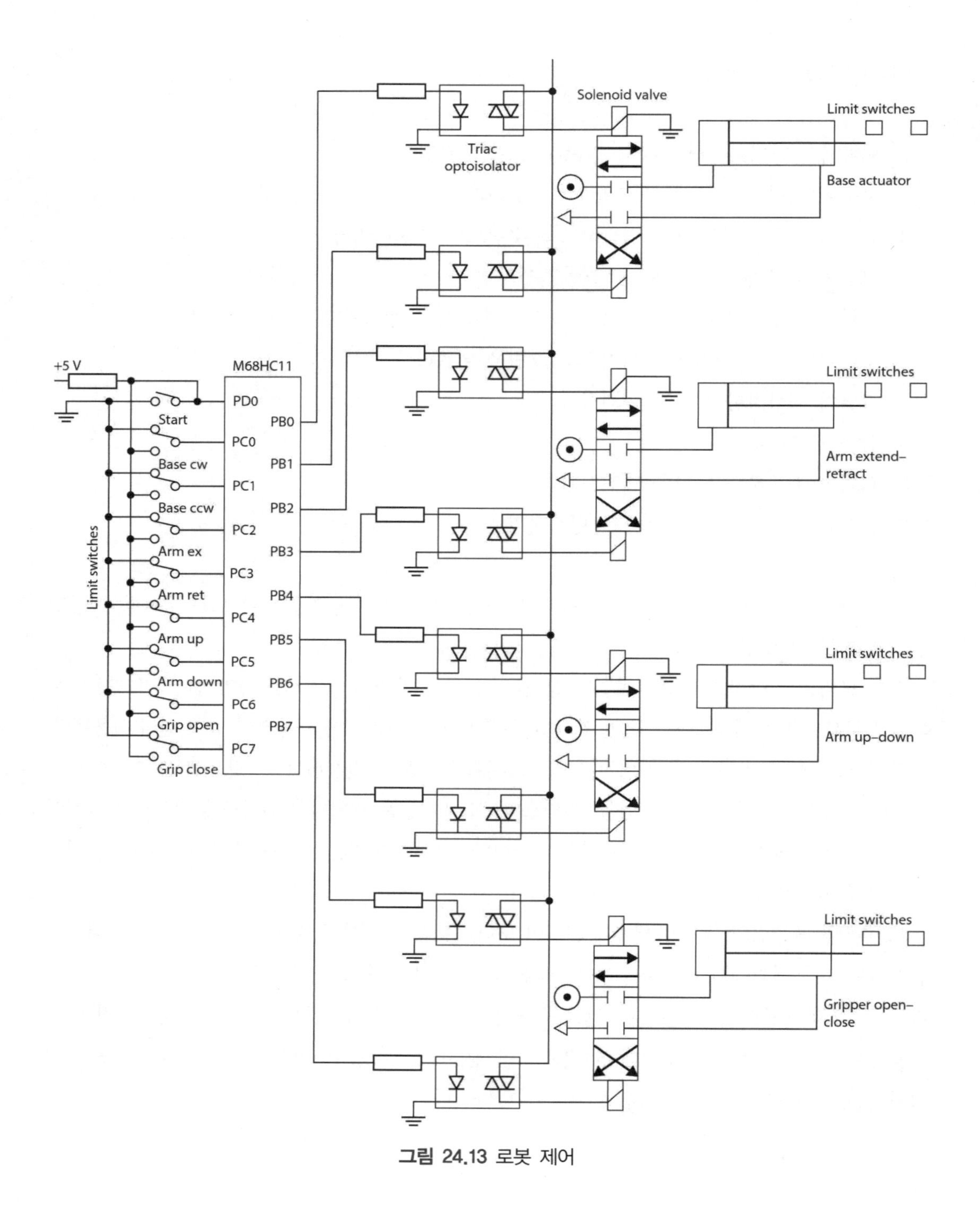
Solenoid valve
Limit switches
Triac
optoisolator
Base actuator
+5 V
M68HC11
PD0
Start
PB0
PC0
Base cw
PB1
PC1
Base ccw
PB2
PC2
Arm ex
PB3
PC3
Arm ret
PB4
PC4
Arm up
PB5
PC5
Arm down
PB6
PC6
Grip open
PB7
PC7
Grip close
Limit switches
Limit switches
Arm extend–
retract
Limit switches
Arm up–down
Limit switches
Gripper open–
close

그림 24.13 로봇 제어

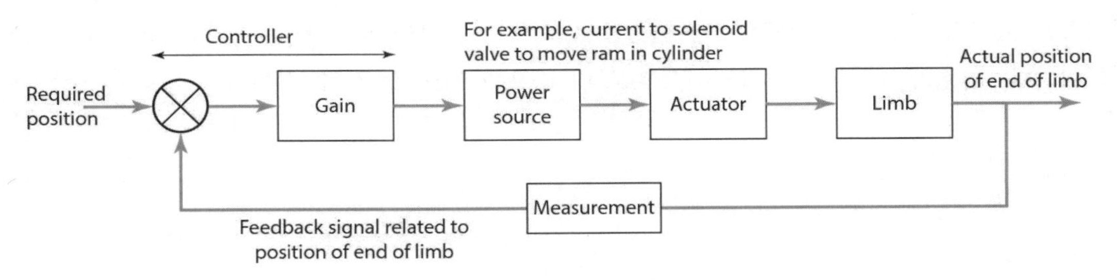

그림 24.14 로봇암의 폐루프 제어

액추에이터의 출력은 팔의 끝단을 움직이는 데 필요한 힘 F이다. 설정 위치 y_s와 실제 위치 y에 대하여 계측 시스템의 게인을 1로 가정할 때 그 오차신호는 $y_s - y$이다. 만약에 제어기의 게인이 G_c, 액추에이터 장치의 게인이 G_a라고 하면, 그때 $F = G_c G_a (y_s - y)$이다. 이 힘에 의하여 가속되는 질량은 암이 나르는 부하의 질량, 즉 암 자체와 액추에이터 이송부의 질량이다. 만약 이것이 전체 질량 m이라면 뉴튼 법칙에 의하여 $F = ma$, 여기서 가속도 a는 d^2y/dt^2으로 쓸 수 있다. 그러나 이것은 마찰을 고려하지 않았고, 마찰력이 속도에 비례한다고 고려할 수 있기 때문에 그 마찰력은 kdy/dt이다. 그래서 다음과 같이 쓸 수 있다.

$$F = G_C G_a (y_s - y) = m\frac{d^2y}{dt^2} + k\frac{dy}{dt}$$

그래서

$$y_s = \frac{m}{G_c G_a}\frac{d^2y}{dt^2} + \frac{k}{G_c G_a}\frac{dy}{dt} + y$$

이것은 2차 미분 방정식이며, 변위 y는 13.3.1에 기술된 바와 같으며, 이러한 형태는 감쇠계수에 의존한다. 부족 감쇠(under-damped) 시스템은 다음과 같은 각 고유진동수 w_n을 가진다.

$$\omega_n = \sqrt{\frac{G_c G_a}{m}}$$

이러한 각 진동수는 시스템이 얼마나 빨리 변화에 응답하는가를 결정할 것이다(12.5절 참조). 각 진동수가 크면 클수록 그 시스템이 더욱더 빨리 응답한다(상승 시간은 각 진동수에 역비례함).

이것은 제어기 게인을 증가시키거나 질량을 감소시키는 것은 응답속도를 증가시킬 수 있다는 의미이다. 감쇠계수 ξ는 미분방정식으로 부터 다음과 같이 얻을 수 있다.

$$\zeta = \frac{k}{2\sqrt{G_c G_a m}}$$

진동이 사라지는 데 걸리는 시간, 즉 정착시간(19.5절 참조)은 감쇠계수에 역비례하며, 예를 들면 질량을 증가시키는 것은 감쇠계수를 줄이는 결과이며, 그래서 진동이 사라지는 데 더 오래 걸린다.

24.2.2 자동차 주차용 가로대(Car park barrier)

PLC 사용의 예로서, 자동차 주차용 동전 투입식 가로대에 대하여 고려해 보자. 입구 가로대는 투입구에 동전을 넣었을 때 열리고, 출구 가로대는 자동차가 주차대에 감지되었을 때 열린다. 그림 24.15는 피봇 가로대를 올리고 내리는 데 사용할 수 있는 밸브 시스템을 나타낸다.

전류가 솔레노이드 밸브 A를 통하여 흐를 때 실린더의 피스톤은 상승하고, 그것은 가로대를 회전시켜 자동차가 통과하도록 가로대를 올린다. 전류가 솔레노이드 밸브 A를 통하여 차단될 때 밸브의 복귀 스프링에 의하여 밸브 위치는 원래 위치로 복귀하도록 한다. 전류가 솔레노이드 밸브 B를 통해 흐르도록 스위칭 된다면 압력이 걸려 가로대를 내린다. 제한 스위치들은 가로대가 내려갔을 때 또한 완전히 올라왔을 때를 감지하는 데 사용된다.

그림 24.15는 2개의 시스템을 보여 주는데 하나는 입구 가로대이고, 다른 하나는 출구 가로대이며, 그림 24.16은 PLC 입출력의 연결 상태를 나타내고, 또한 래더 프로그램은 그림 24.17과 같이 구성할 수 있다.

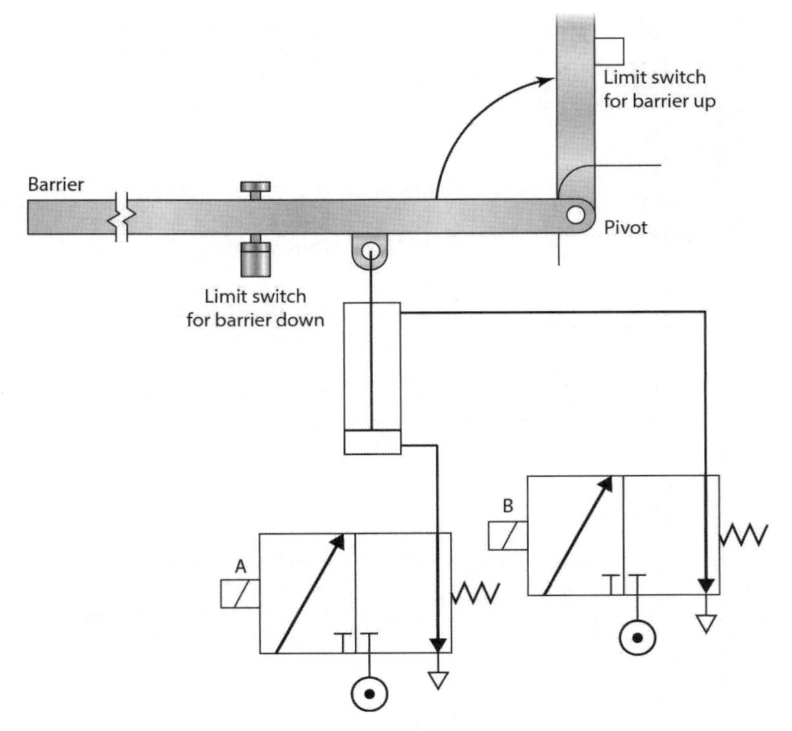

그림 24.15 가로대 상승·하강용 시스템

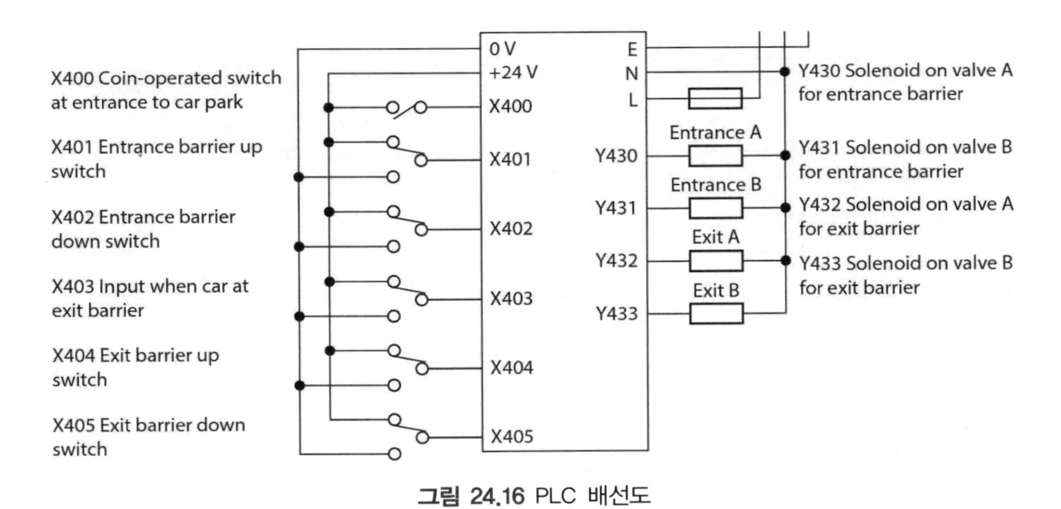

그림 24.16 PLC 배선도

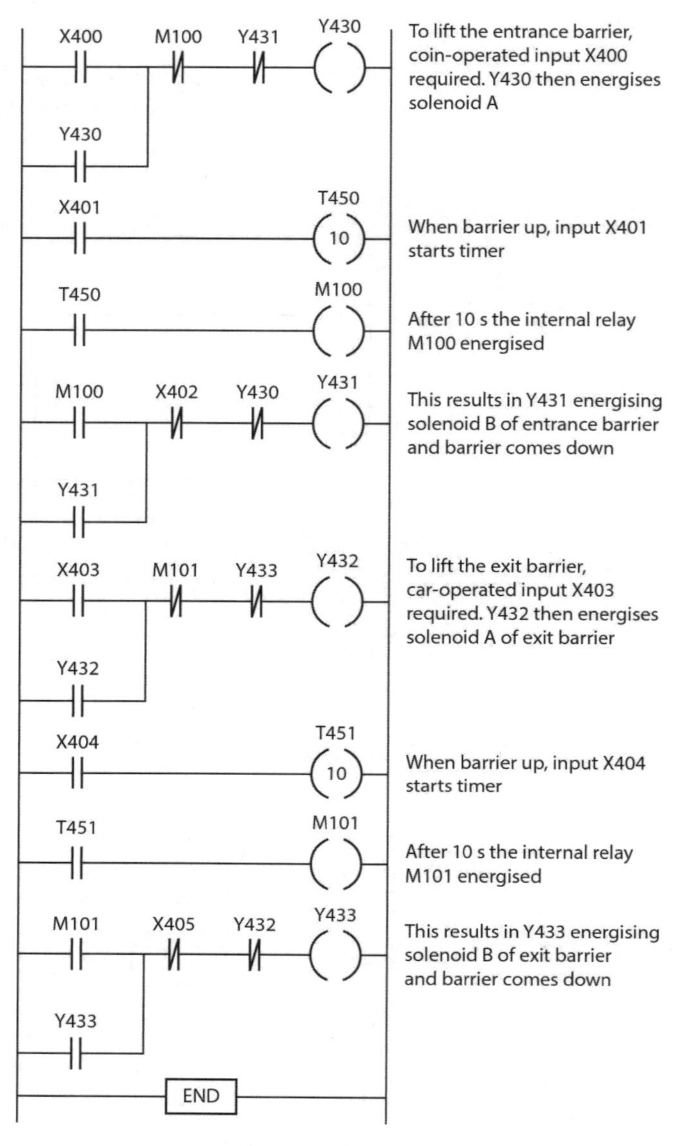

그림 24.17 래더 프로그램

24.2.3 디지털 카메라(Digital camera)

디지털 카메라는 이미지가 필름상의 화학적인 변화로서 아날로그 형태로 저장되는 기존의 필름 카메라와는 다르게, 이미지를 획득하고 그것을 메모리 카드에 디지털 형태로 저장한다. 그림 24.18은 다소 덜 비싼 디지털 카메라의 기본 요소를 나타낸다.

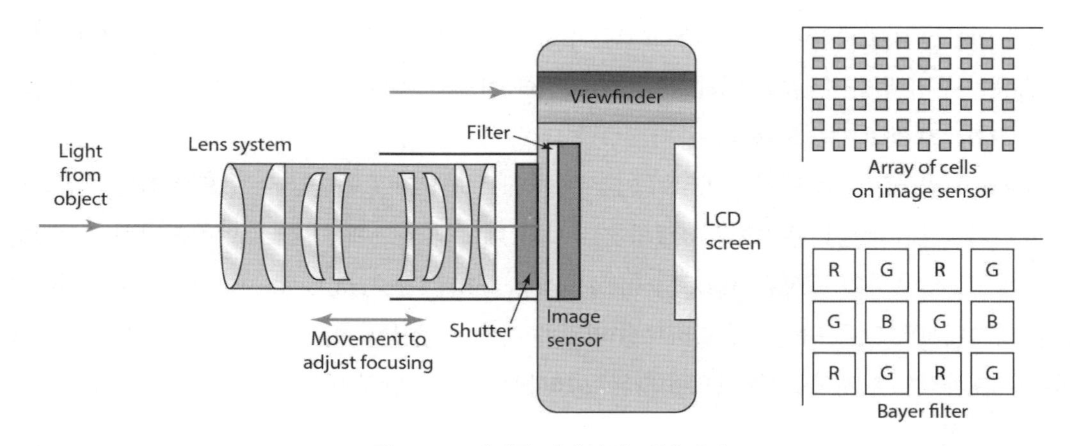

그림 24.18 디지털 카메라의 기본 요소

사진사가 셔터 버튼을 일부분 들어간 첫 번째 위치까지 약간 눌렀을 때, 마이크로컨트롤러는 거리측정 센서(metering sensor)로부터 입력받아 셔터 속도와 구경(aperture) 설정을 계산하고, 그것들을 LCD 스크린에 나타낸다. 동시에 마이크로컨트롤러는 거리 센서(range sensor)로부터의 입력을 처리하여 렌즈의 초점을 조정하도록 모터를 구동시키는 신호를 송신한다. 사진사가 셔터 버튼을 움푹 들어간 두 번째 위치까지 완전히 눌렀을 때, 마이크로컨트롤러는 필요한 만큼 구경을 변화시키고, 필요한 노출시간만큼 셔터를 여는 신호를 발생하며, 그 후 셔터가 닫히면 이미지 센서에서 받은 이미지를 처리하며, 그것을 메모리 카드에 저장한다. 셔터 버튼을 일부분 눌렀을 때 자동초점 제어 시스템은 이미지가 초점 잡히도록 렌즈를 움직이는 데 사용된다(자동초점 기구에 대한 상세한 설명은 1.7.1절을 참조하고, 렌즈를 움직이는 모터에 대한 검토는 이 절의 뒤에 다룸).

사진이 찍힐 물체로 부터의 빛은 렌즈 시스템을 통과하며, 이미지 센서에 초점이 잡힌다. 이것은 전형적인 픽셀이라고 불리는 작은 빛 감지 셀의 배열로 구성된 전하결합소자(charge-coupled device: CCD)이다(2.10절 참조). 이것은 기전적 셔터가 순간적으로 열릴 때 렌즈를 통해서 통과하는 빛에 노출된다. 셀에 반응된 그 빛은 작은 전기적 전하로 바뀌며, 이것은 노출이 완료될 때 처리되기 전에 읽혀지고 레지스터에 저장되며 메모리 카드에 저장된다.

그 센서들은 색맹(colour-blind)이며, 그래서 컬러 사진이 생성되기 위해서는 컬러 필터 매트릭스가 셀 배열 앞에 놓는다. 각 셀에 대하여 별개의 푸른색(blue), 녹색(green), 빨간색(red) 필터들이 있다. 그 매트릭스의 가장 일반적인 설계는 Bayer 배열이다. 이것은 동일 색상의 2개의 필터가 서로 인접하지 않도록 패턴에 배열된 3가지 컬러를 가지며, 녹색 필터는 빨간색 또는 푸른색 필터의 2배가 있으며, 이것은 녹색이 가시 스펙트럼의 대략 중앙에 있기 때문이다. 이 단계에서의 결과는 빨간색, 녹색, 푸른색 픽셀의 모자이크이다. 이 단계에서 픽셀에 대한 결과

파일은 아무런 처리과정이 필요 없는 RAW 파일이라고 불려진다. 특정한 픽셀에 대한 전체 범위의 색상을 주기 위하여, 알고리즘이 특정한 픽셀에 할당되는 색상이 이웃 픽셀들의 색상의 강도를 고려함으로써 결정되도록 하는 데 사용된다.

신호를 처리하는 다음 단계는 파일이 기능한 한 작은 메모리에 들어갈 수 있도록 파일을 압축하는 것이다. 이러한 방법은 RAW 파일의 경우보다 메모리 카드에 더욱더 많이 저장될 수 있다. 일반적으로 압축파일 포맷은 JPEG(Joint photographic Experts Group)이다. 많은 사진에서 같은 영역에서의 많은 픽셀이 동일하므로 각각에 대하여 동일한 정보를 저장하는 대신에 그것을 하나로 효과적으로 저장할 수 있으며 다른 영역에는 그것을 단지 반복한다는 원리를 JPEG 압축에서 사용한다.

요구된 노출은 빛의 강도를 감지하는 광다이오드 같은 센서로 부터 출력에 응답하는 데 카메라 마이크로컨트롤러에 의하여 결정된다. 노출 구경과 셔터 시간을 제어하는 데 사용되는 출력을 준다. 디지털 카메라의 구경 구동 시스템은 마이크로컨트롤러로부터 받은 신호에 따라서 다이아프램 블레이드를 열고 닫는 스텝모터가 될 수 있다. 디지털 카메라에 사용된 셔터 기구는 일반적으로 그림 24.19에 나타낸 형태이다. 셔터는 2개의 커튼을 갖고 있으며, 각각은 스프링으로 로드된 래치에 의하여 제어된다. 전자석에 전류를 차단하면 스프링 힘은 상부 커튼이 내려가 하부 커튼에 중첩되도록 래치를 위치시킨다. 전류가 전자석에 통해 흐르면 래치를 회전시켜 상부 커튼을 들어올린다. 하부 커튼은 래치를 지속하는 전자석을 통하여 흐르는 전류에 의하여 초기에 바닥에 내려져 있다. 하부 커튼 래치에 흐르는 전류가 차단되면 하부 커튼은 올라간다. 따라서 이미지 센서를 통한 구경의 열림은 상부 래치에 전류를 스위칭한 후 하부 래치의 전류를 차단하기까지 걸리는 시간에 의하여 결정된다.

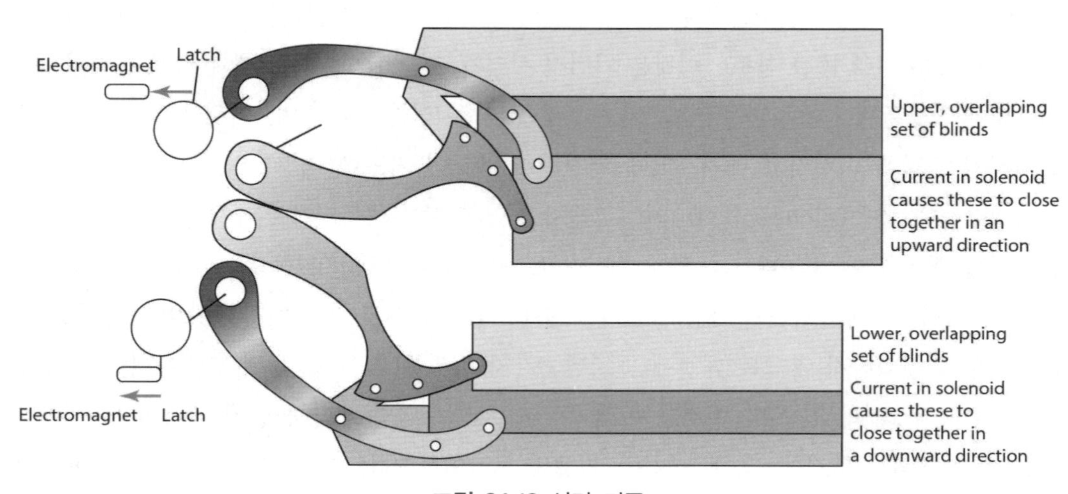

그림 24.19 셔터 기구

초점을 잡는 것은 렌즈를 움직이는 가구가 필요하다. 이것은 흔히 PZT(lead zirconium titanate)와 같은 일련의 압전요소(piezoelectric element)로 구성되어 있는 초음파 모터(ultrasonic motor)이다. 압전요소에 전류를 흘리면, 그것은 전류의 극성에 따라서 수축되고 팽창한다(그림 24.20(a)). PZT 요소들은 스프링의 얇은 스트립 양면에 접착되며, 전위차(potential difference)가 스트립에 작용되면 PZT 요소가 팽창하거나 수축할 수 있는 유일한 방법은 금속 스트립을 구부리는 것이다(그림 24.20(b)). 반대 극성이 다른 요소에 작용될 때 그들은 반대방향으로 구부려진다(그림 24.20(c)). 링 주위의 압전요소에 원하는 순서로 교류를 스위칭함으로써 변위파(displacement wave)가 시계방향 혹은 반시계방향으로 요소의 압전 링의 주위로 이동되도록 형성된다. 이러한 변위파의 진폭은 단지 약 0.001mm 이다. PZT 요소의 바깥에 부착된 미소한 이빨로 구성된 스트립이 있으며 변위파가 PZT 요소 주위로 움직일 때 렌즈 마운트를 밀수 있으며(그림 24.20(d)), 그래서 초점 요소를 구동시킨다.

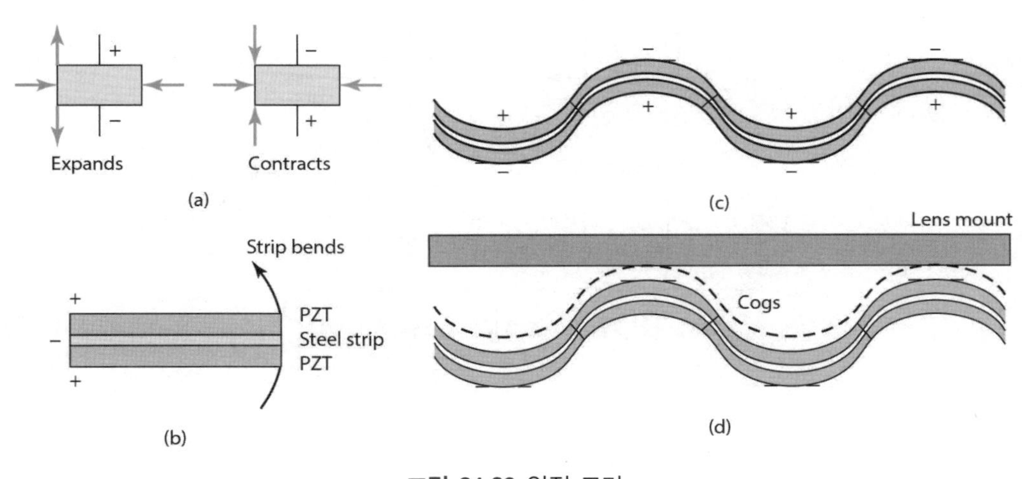

그림 24.20 압전 모터

이 책의 앞 장부터 토론한 모델링 기법의 사용 예로서, 초음파 모터를 고려해 보자. 모터에 의해 발생된 토크 T는 모터의 링을 어떤 각 위치 ϑ로 회전시키는 데 필요하다. 그 링은 매우 가벼워서 링들 사이의 마찰과 비교하여 관성을 무시할 수 있다. 마찰력은 각 속도 ω에 비례한다고 가정하면, $T = c\omega = cd\vartheta/dt$이며, 여기서 c는 마찰상수이다. 따라서 변위 ϑ는 적분하면 얻어진다.

$$\theta = \frac{1}{c}\int dt$$

그래서 전달함수 $G(s)=1/cs$ 이다.

초음파 모터의 제어 시스템은 그림 24.21에 나타난 형태이다. y_n은 n번째 입력 펄스이고, x_n은 n번째 출력 펄스이다. 비례 제어 이득 K를 적용한 마이크로프로세서에서의 입력은 $y_n - x_n$이고 출력은 $K(y_n - x_n)$이다. 그때 이것은 DAC를 통해서 다수의 단계로 구성된 아날로그를 출력한다(그림 24.21). 모터는 적분기로서 작동하고, 그 출력은 아날로그 전압의 적분의 합의 $1/c$배가 될 것이다(그림 24.21). 각 단계는 (DAC 출력변화)$\times T$의 면적을 가진다. 그러므로

$$x_n - x_{n-1} = (\text{DAC output for } x_{n-1})T/c = K(y_{n-1} - x_{n-1})T/c$$

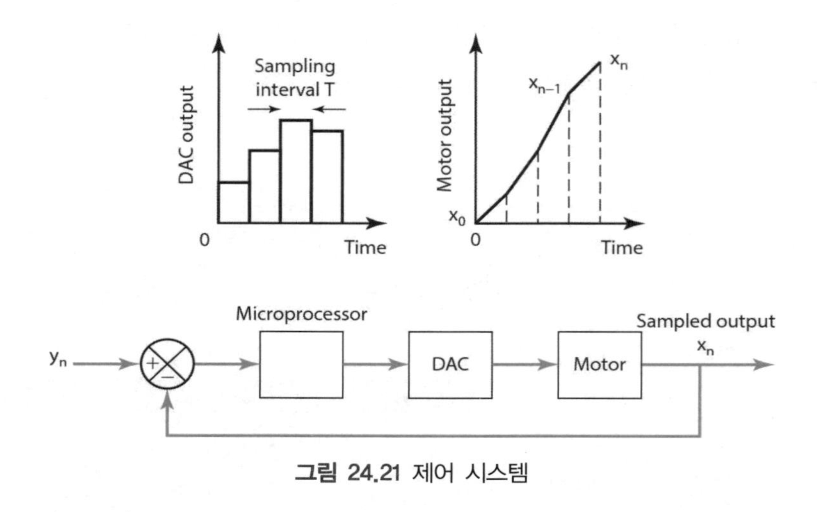

그림 24.21 제어 시스템

따라서

$$x_n = [1 - (KT/c)]x_{n-1} + (KT/c)y_{n-1}$$

$K/c=5$이고, 샘플링 간격이 $0.1s$라고 가정하자. 그러면,

$$x_n = 0.5y_{n-1} + 0.5x_{n-1}$$

만약 그 전에 입력은 없고(즉, $y_0=1$, $y_1=1$, $y_2=1$ 등), 일정한 크기 1인 순차적인 펄스의 초점 맞추기에 대한 제어 시스템의 입력이 있다면, 그때

$$x_0 = 0$$
$$x_1 = 0.5 \times 0 + 0.5 \times 1 = 0.5$$
$$x_2 = 0.5 \times 0.5 + 0.5 \times 1 = 0.75$$
$$x_3 = 0.5 \times 0.75 + 0.5 \times 1 = 0.875$$
$$x_4 = 0.5 \times 0.875 + 0.5 \times 1 = 0.9375$$
$$x_5 = 0.5 \times 0.9375 + 0.5 \times 1 = 0.96875$$
$$x_6 = 0.5 \times 0.96875 + 0.5 \times 1 = 0.984375$$
$$x_7 = 0.5 \times 0.984365 + 0.5 \times 1 = 0.9921875$$
$$\cdots$$

그래서 출력은 7개 샘플링 주기의 시간이 걸린다. 즉, 초점이 잡히는 데는 0.7s가 소요된다. 이것은 너무 길다. 그러나 $KT/c = 1$이 되도록 값을 선택한다고 가정하자. 그 차분방정식은 $x_n = y_{n-1}$이 되며, 그때

$$x_0 = 0$$
$$x_1 = 1$$
$$x_2 = 1$$
$$x_3 = 1$$
$$\cdots$$

이것은 출력이 단지 1번의 샘플링 후에 필요한 위치에 도달할 것이라는 의미이다. 이것은 매우 빠른 응답이다. 매우 높은 샘플링 속도로서는 매우 빠른 응답을 달성할 수 있다. 이러한 형태의 응답을 데드비트 응답(deadbeat response)이라고 한다.

24.2.4 자동차 엔진관리(Car engine management)

최근의 자동차는 많은 전자제어장치를 부착한다. 이것들은 아래와 같이 분류된다.

1. 동력제어(Power train control)

동력제어는 엔진과 전동장치(transmission) 제어 시스템에 사용된다. 엔진 제어유닛(engine control unit: ECU)의 목적은 엔진이 최적 조건에서 항상 작동하도록 보장하는 것으로서, 연

료분사(fuel-injection) 제어, 기화기(carburettor) 제어, 점화 타이밍(spark-timing) 제어, 아이들 속도(idle-speed) 제어, 안티녹(anti-knock) 제어로 구성된다. 엔진 내의 많은 센서들로부터 값을 읽고, 그 결과를 해독하여 엔진 액추에이터를 적절하게 조절한다. 전동장치 제어는 기본적으로 자동 전동장치를 구성한다. 흔히 한 개의 엔진제어유닛이 엔진과 전동장치 모두를 제어하는 데 사용된다. 엔진제어 유닛은 EPROM이나 플래시메모리에 저장된 운전 소프트웨어를 가진 마이크로컨트롤러를 사용한다. 그림 24.22는 엔진 제어 시스템의 몇 개의 기본적 입력과 출력을 나타낸다.

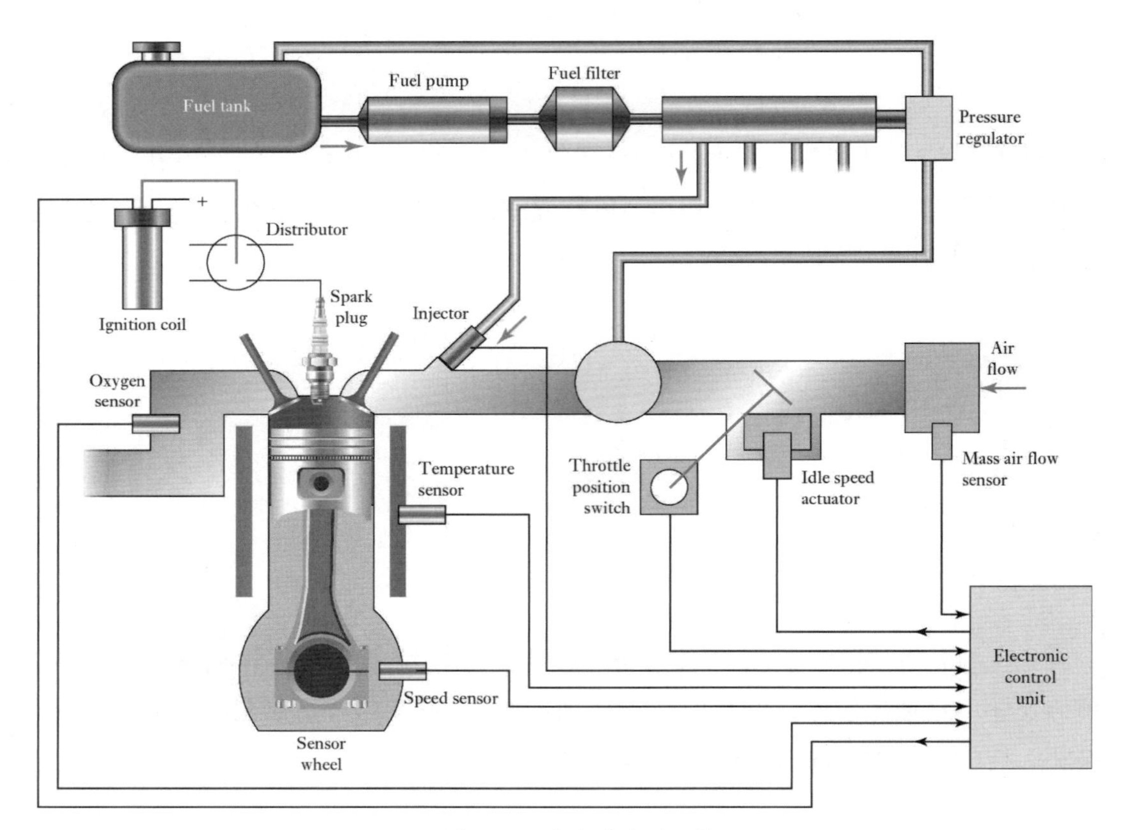

그림 24.22 엔진 제어 시스템

2. 차량 제어(Vehicle control)

차량 제어는 서스펜션(suspension) 제어, 조향(steering) 제어, 크루즈(cruise) 제어, 제동(break) 제어와 견인(traction) 제어들로 구성된다.

3. 운전자 제어(Person control)

운전자 제어는 공기조화, 계기 디스플레이, 안전 시스템, 통신 시스템, 에어백시스템과 후방 장애물 감지장치로 구성된다.

자동차에는 수많은 제어 시스템이 있다. 네트워크는 그것들끼리 정보를 교환하는 데 사용된다. 마이크로컨트롤러와 디바이스가 서로 통신하는 데 사용되는 표준 네트워크는 CAN(controller area network)이다(15.6.4절 참조). 자동차 제어 시스템에 구성된 제어 시스템에 대한 검토는 다음과 같다.

공연비(air-fuel ratio: AFR)는 내연기관에 존재하는 연료에 대한 공기의 질량비이다. 모든 연료를 완전히 연소할 수 있도록 충분한 공기가 공급된다면, 그 비율은 화학량론적 혼합물로서 알려져 있다. 가솔린 연료에서 화학량론적 공기와 연료의 혼합물은 약 14.7 : 1이며, 즉 연료 1g에 대하여 공기 14.7g이 필요하다. 상당 공연비 λ는 주어진 혼합물의 화학량론적인 것에 대한 실제 AFR의 비이다. 그래서 만약에 $\lambda=1.0$이면 그 혼합물은 화학량론적이며, $\lambda<1.0$이면 공기가 풍부한 혼합물이며, $\lambda>1.0$이면 공기가 모자라는 혼합물이다. 배기가스 산소센서(exhaust gas oxygen sensor: EGO)는 엔진의 연료제어 피드백 루프에서 사용되는 주요 센서이며, 이것은 배기에서 산소량과 관련되는 전압 출력을 생성한다. 산화지르코늄 EOG가 널리 사용된다. 뜨거울 때 산화지르코늄 EOG는 외부 공기에서의 산소량에 비하여 배기에서의 산소량에 의존하는 전압을 발생시킨다. 화학량론적 이론비에 대하여는 약 0.45V의 전압을 출력하며, 부족할 때 0.2V부터 풍부할 때 0.8V까지의 전압을 출력한다(그림 24.23).

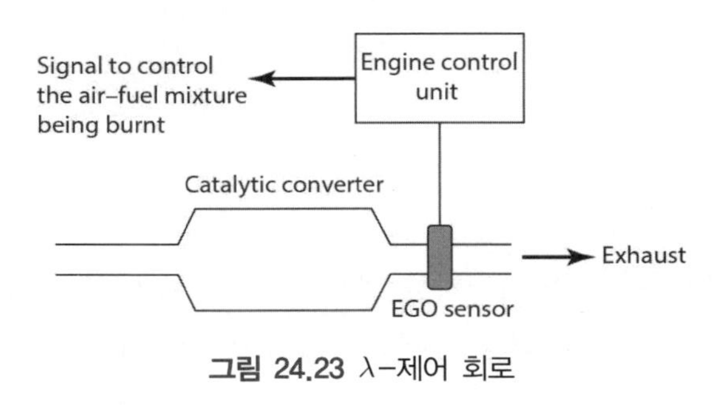

그림 24.23 λ-제어 회로

λ-센서를 사용한 제어 시스템은 1차계의 엔진에 대한 기본적인 PI 컨트롤러이다. 그림 24.24는 기본 시스템 모델을 나타낸다. 엔진은 기본적으로 1차계 시스템으로 모델링할 수 있다(20.2절 참조). 그래서 전달함수 G_s는 다음과 같다.

$$G_e(s) = \frac{K}{\tau s + 1}$$

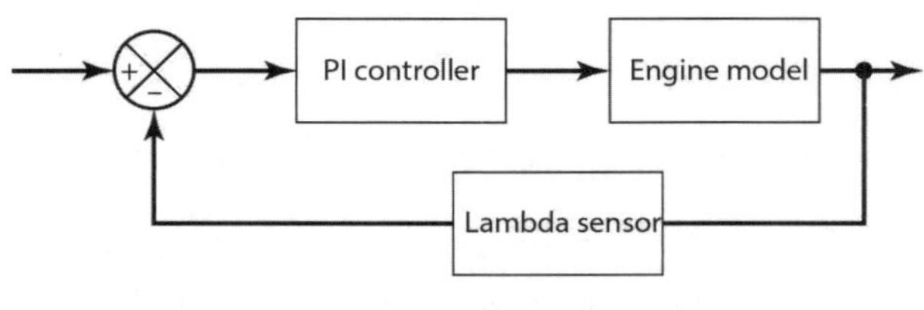

그림 24.24 λ-제어 시스템

PI 제어기는 전달함수 $G_s = K_P + K_I/s$, 여기서 K_P는 비례 제어 상수이고, K_I는 적분 제어 상수이다(15.6.1절 참조). 1의 전달함수를 갖는 λ-센서를 취하면, 폐루프 제어 시스템의 전체 전달함수 $T(s)$는 다음과 같다.

$$T(s) = \frac{G_e(s)G_c(s)}{1 + G_e(s)G_c(s)}$$

이것은 고유진동수 및 감쇠율을 가진 2차계 시스템이다. 주어진 입력에 대하여 시스템의 성능을 결정할 수 있으며, 상승시간과 정착시간과 같은 인자를 고려할 수 있다(19.5절 참조).

그러나 산소 레벨의 변화에 반응하는 λ-센서에는 50~500ms 시간지연 T_L이 있다. 그래서 엔진에 대하여 이러한 전달함수를 고려하는 것은 '지연'이란 항을 도입함으로써 다음과 같이 수정될 수 있다.

$$G(s) = \frac{Ke^{-sT_L}}{\tau s + 1}$$

자동차에 사용된 제어 시스템의 또 다른 예는 앤티락 브레이크 시스템(anti-lock break system: ABS)이다. ABS 시스템의 주요 구성품은 휠의 속도를 번갈아 측정하는 2개의 카운터로 구성되어 있다(그림 24.25). 만약 먼저 측정한 휠 속도가 나중에 측정한 휠 속도보다 설정치 이상을 초과하면, 스키드(skid) 조건이 발생한 것이다. ABS 시스템은 잠긴 브레이크를 풀기에 충분하도록 유압을 줄이는 전기적 신호를 생성한다. 일반적으로 사용되는 휠 속도 센서는 가변 릴럭턴스 타코제너레이터(tachogenerator)이며, 이것은 휠이 회전함에 따라서 픽업 코일에 펄스를 발생시키는 철성분의 톱니로 구성되어 있다(2.4.2절 참조). 카운트한 펄스는 휠 속도를 측정한다.

자석 센서는 광센서 시스템과는 달리, 진흙과 물에 의하여 오염된 휠과 센서에 영향을 받지 않기 때문에 선택된다.

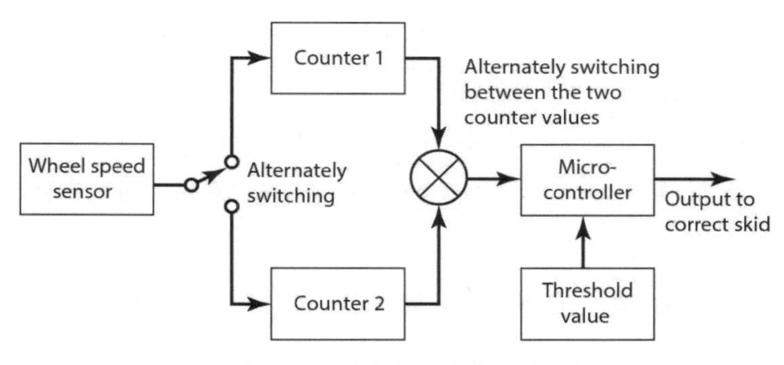

그림 24.25 앤티락 브레이크 시스템

24.2.5 바코드 판독기

슈퍼마켓의 계산대에서 바코드(bar code)를 읽어서 자동적으로 가격이 결정될 수 있도록 구매품을 광선으로 스캐닝하는 것은 흔히 볼 수 있는 광경이다. 코드는 일련의 다양한 폭으로서 검고 하얀 바들로 구성된다. 예를 들면, 이 책의 뒤표지에도 바코드가 있다.

그림 24.26 바코드

그림 24.26은 소매업에서 사용되는 바코드의 기본 형태를 보여 주고 있다. 바코드는 일련의 숫자들을 표시한다. 사용된 코딩 체제를 식별하는 전위(prefix)가 있다. 이 전위는 미국에서 사용되는 UPC(Universal Product Coding) 체제에서는 1자리 숫자이며, 유럽에서 사용되는 EAN (European Article Number) 체제에서는 2자리 숫자이다. UPC는 식료품에는 0전위를 사용하며 제약업에는 3전위를 사용한다. EAN 전위는 00에서 09까지이며, UPC 코드가 EAN 코드의 범위

내에서 읽힐 수 있도록 한다. 이것은 제조업자를 표기하는 5자리 수로 뒤에 이어지며, 각 제조업자는 유일한 숫자가 할당된다. 이것은 2개의 긴 바-패턴에 의하여 구별되는 코드 패턴의 중앙에 위치한다. 그 다음에 표기되는 5자리 숫자는 제품명을 나타낸다. 마지막 숫자는 코드가 정확하게 읽히도록 검사하기 위해 사용되는 검사 자릿수이다. 바 패턴의 시작과 끝에 있는 2개의 긴 바의 보호 패턴은 바들의 틀을 잡는 데 사용된다.

각 숫자는 0과 1로 7자리의 코드이다. 중앙선의 양쪽에 사용되는 코드들은 서로 다르므로 스캔의 방향을 결정할 수 있다. UPC에서는 오른쪽으로의 문자는 짝수 개의 1과 짝수 패리티를 가지며, 왼쪽으로의 문자는 홀수 개의 1과 기수 패리티를 가진다. 왼쪽 문자를 위한 EAN 코딩은 혼합하여 사용한다. 표 24.2는 UPC와 EAN 코딩을 나타내며, UPC에서 왼쪽 A 코딩이 쓰이며 EAN은 왼쪽 A와 왼쪽 B 문자 코드를 모두 사용한다.

표 24.2 UPC와 EAN 코드

Decimal number	Left A characters	Left B characters	Right characters
0	0001101	0100111	1110010
1	0011001	0110011	1100110
2	0010011	0011011	1101100
3	0111101	0100001	1000010
4	0100011	0011101	0011100
5	0110001	0111001	0001110
6	0101111	0000101	1010000
7	0111011	0010001	1000100
8	0110111	0001001	1001000
9	0001011	0010111	1110100

각각의 1은 검은 바이고 따라서 오른쪽 문자 2는 1101100으로 표기되며, 근접한 검은 바와 함께 작동된다. 이것은 그림 24.27에 나타내었다. 코드의 끝에서 보호 패턴은 101을 나타내며, 바의 중앙 밴드는 01010이다.

그림 24.26의 바코드는 이 책의 초판에 대한 것이다. 이 바코드는 EAN 코드를 사용하였으며, 전위 97은 출판물의 식별자이며, 80582는 출판사의 식별자이며, 25634는 특정한 책의 식별자이며, 7은 검사 자리수이다. 바코드는 ISBN 숫자와 관련된 분야를 포함하며, 또한 출판사와 책 관계자를 식별하기 위한 숫자로 사용된다.

검사 코드 자리를 사용하는 절차는 다음과 같다:

1. 좌측에서 시작하여 홀수 자리, 즉 첫 번째, 세 번째, 5번째 자리 등에서 검사 자리를 배제한

모든 문자들의 합을 3으로 곱한다.

2. 좌측에서 시작하여 짝수 위치의 모든 문자들을 더한다.
3. 위의 단계 1과 단계 2의 결과를 더한다. 검사 문자는 이 합계에 더해질 때 합이 10의 배수인 가장 적은 숫자이다.

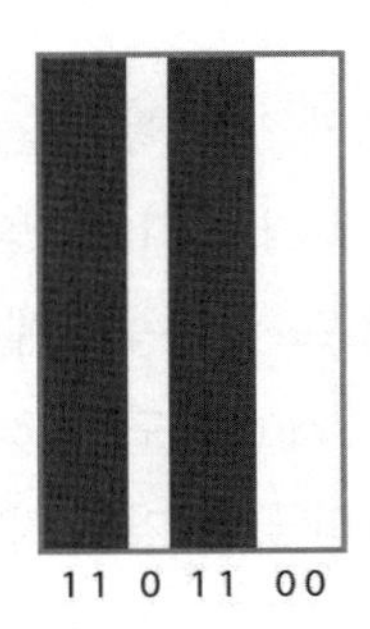

그림 24.27 오른쪽 2에 대한 바코드

검사 자리수가 사용되는 실례로서, 이 책에서 언급된 바코드 9780582256347을 고려해 보자. 홀수 문자에서 9+8+5+2+5+3=32이고, 32를 3으로 곱하면 96이 된다. 짝수 문자에서 7+0+8+2+6+4=27이 된다. 그 합계는 123이고, 따라서 검사 숫자는 7이 된다.

바코드를 읽는 것은 검고 밝은 밴드의 폭을 결정하는 것이다. 이것에는 강하고 좁은 광선을 코드에 비추어서 광전지(photocell)에 의하여 그 반사된 빛을 감지하는 고체 레이저(solid-state laser)를 사용할 수 있다. 보통 슈퍼마켓용 스캐너는 고정되어 있고, 스피닝 거울(spinning mirror)은 바코드에 빛이 향하도록 하여 모든 바들을 스캐닝하는 데 사용된다. 신호조정은 연산증폭기를 사용하여 광전지의 출력을 증폭하며, 그때 검은 바가 스캔될 때 1-출력을 주고, 하얀 공간이 스캔될 때는 0-출력을 주기 위하여 비교기로서 연산증폭기 회로를 사용한다. 이러한 '0'과 '1'의 순서는 입력이 되며, 말하자면, Motorola 6800 마이크로프로세서에 연결된 PIA에 입력이 된다. 마이크로프로세서 프로그램의 전체적인 형태와 다음과 같다.

1. 각종 메모리 위치를 클리어하여 초기화한다.
2. 입력으로부터 데이터를 재충전한다. 이것은 0일지 1일지를 결정하는 입력으로 계속 테스트한다.
3. 2진 형태로 문자를 얻기 위하여 데이터를 처리한다. 입력은 검은 바들의 공간 폭에 의존한 다른 0과 1로 구성된 직렬 신호이다. 마이크로프로세서 시스템은 끝 표시 바들 사이의 스캔 시간을 모듈의 수로 나눔으로써 모듈 시간 폭을 구하도록 프로그램 된다. 여기서 한 모듈은

1개의 0이나 1을 표시하는 1개의 밝거나 검은 밴드를 말한다. 그 프로그램은 검거나 밝은 밴드가 1자리 숫자인지 1자리 수 이상인지를 결정할 수 있으며, 스캐너 신호를 해독한다.

4. 2진 결과를 구매항목과 가격으로 표시한다.

24.2.6 하드디스크 드라이브(Hard disk drive)

그림 24.28(a)는 하드디스크 드라이브의 기본 형태를 보여 준다. 이것은 자화될 수 있는 금속층으로 코팅된 디스크로 구성되어 있다. 읽기/쓰기 헤드와 디스크 표면과의 간극은 매우 작으며, 약 0.1μm 이다. 데이터는 일련의 비트 셀로서 금속 층에 저장된다(6.3.1절 참조). 디스크는 전형적으로 3,600 또는 5,400 또는 7,200rev/min 속도로 모터에 의하여 회전된다. 액추에이터 암은 관련된 동심 트랙과 트랙의 부분이 그 암의 끝에 있는 읽기/쓰기 헤드 아래에 오도록 위치되어야 한다. 헤드는 그것을 위치시키기 위하여 폐루프 시스템에 의하여 제어된다(그림 24.28(b) 참조). 제어정보는 포맷팅 과정 중에 디스크에 쓰이며, 이것은 각 트랙 및 각 트랙의 섹터를 구분하도록 한다. 제어과정은 헤드가 디스크의 요구 지점에 가기 위한 정보를 사용하는 것이다.

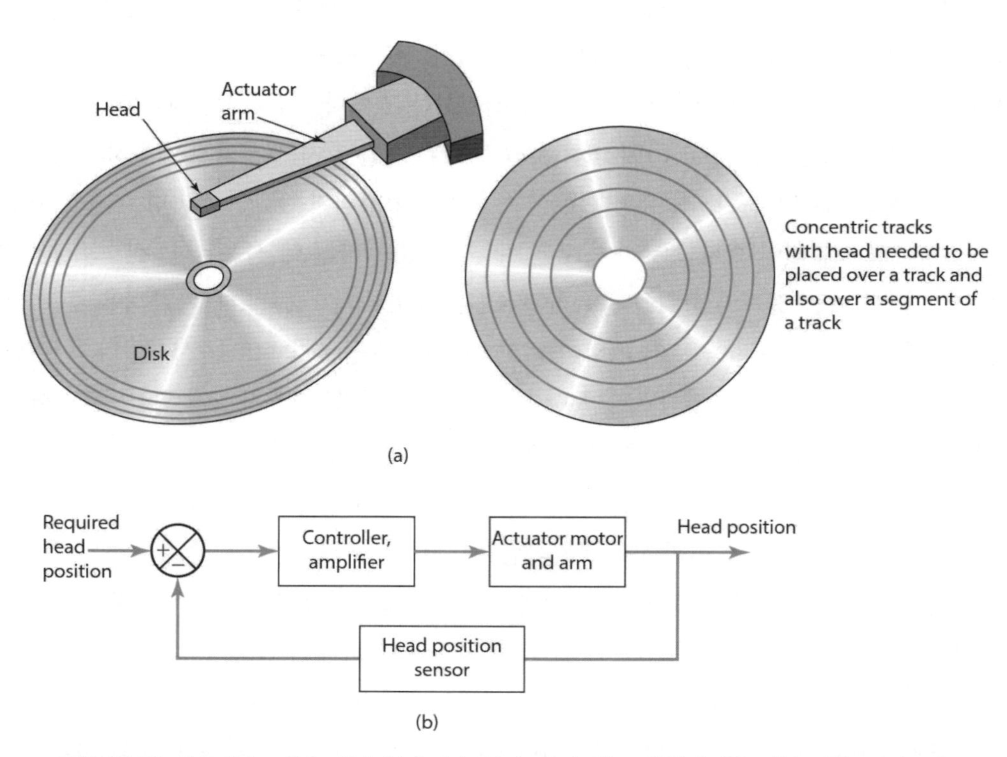

그림 24.28 하드디스크 (a) 기본 형태, (b) 읽기·쓰기 헤드 위치제어용 기본 폐루프 시스템

액추에이터 이동은 일반적으로 암을 회전하기 위한 보이스코일 액추에이터(voice coil actuator)이다(그림 24.29). 이러한 보이스코일 액추에이터는 전류가 코일에 흐를 때 그것이 움직이도록 철심에 장착된 코일이며, 이동 코일 확성기의 코일과 같은 배열이며, 그래서 요구되는 트랙 위에 헤드를 위치시키기 위하여 액추에이터 암을 움직일 수 있다. 헤드 요소는 디스크 상의 자기장을 읽고, 제어 증폭기에 피드백 신호를 공급한다.

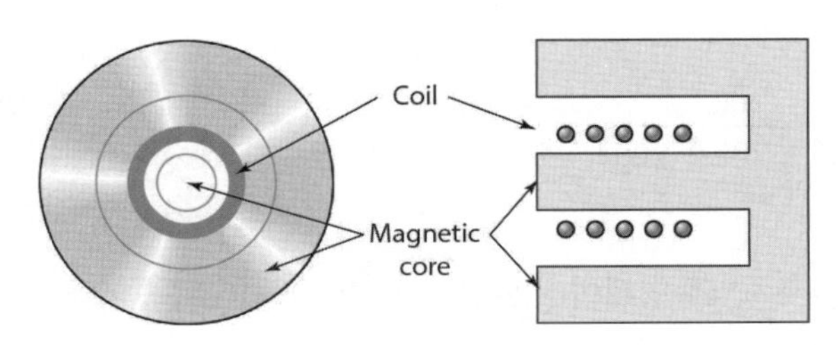

그림 24.29 보이스코일 액추에이터

보이스코일 액추에이터는 계자 제어(field-controlled) 영구자석 직류 모터이며 같은 형태의 전달함수를 갖는다(20.5절 참조). 시간에 따른 변위, 즉 20.5절에 기술된 속도의 적분-시간 함수에 관련된 전달함수에 관심이 있기 때문에 보이스코일 액추에이터는 다음과 같은 전달함수를 갖는다.

$$G(s) = \frac{k}{s(Ls+R)(Is+c)} = \frac{k/Rc}{s(\tau_L s+1)(\tau s+1)}$$

$(\tau s+1)$항은 일반적으로 1에 근접하므로 전달함수는 아래와 같이 간단하게 된다.

$$G(s) = \frac{k/Rc}{s(\tau_L s+1)}$$

그래서 비례게인 K_a와 헤드위치 전달 게인 1인 제어 증폭기를 갖는 그림 24.28(a)의 폐루프 제어 시스템은 출력신호 $X(s)$와 입력요구 신호 $R(s)$와의 관계식을 주는 전체 전달함수를 아래와 같이 가질 수 있다.

$$\frac{X(s)}{R(s)} = \frac{K_a G(s)}{1+K_a G(s)}$$

그래서 만약에 $G(s) = 0.25/s(0.05s+1) = 5/s(s+20)$, $K_a = 40$이면,

$$X(s) = \frac{200}{s^2 + 20s + 200} R(s)$$

글서 단위 스텝 입력, 즉 $R(s) = 1/s$에 대하여, 출력신호는 아래와 같다.

$$X(s) = \frac{200}{s(s^2 + 20s + 200)}$$

2차 항은 $s^2 + 2\xi\omega_n s + \omega_n^2$의 형태이며(20.3.1절 참조), 고유진동수 $\omega_n = \sqrt{(200)}$, 감쇠계수 $\xi = 10/(200)$이다. 그래서 이러한 2차 시스템의 스텝 입력에 대한 응답과 시스템이 정착하기에 얼마나 오랜 시간이 필요한지를 예측할 수 있어야 하며, 예를 들면 정착시간 2%(19.5절 참조)는 $4/\xi\omega_n$이며 그래서 4/10=0.4s이다. 이것은 다소 긴 시간이며, 그래서 어떻게 밀리초 단위로 줄일 수 있을까를 고려할 필요가 있다. 증폭기에서 비례 제어를 PD 제어로 교체를 고려할 수도 있다.

24.3 로보틱스(Robotics)

로보틱스(robotics)는 로봇의 설계, 구성, 운전 및 응용에 포함된 기술에 사용된다. 로봇(robot)은 지능기계로서 구성될 수 있는 장치이다. 비지능 기계는 수동 핸들링 장치이며, 조작자에 의하여 구동된다. 지능기계는 인간에 의하여 구동되는 것이 아니라 컴퓨터에 의하여 구동된다. 그래서 자동으로 운전하고, 다음에 무엇을 할 것인지에 대한 결정을 내릴 인간이 필요 없고, 단지 그 환경으로부터 신호에 반응함으로써 자동으로 운전한다.

로봇의 개발에 대한 몇 개의 주요 이벤트는 다음과 같다.

1922 체코 작가 Karel Capek은 로봇으로 불리는 인공 인간을 만드는 공장을 포함하는 그의 연극 Universal Robots에서 Robot을 소개하였다. 로봇은 노동을 의미하는 슬라브어 robota로부터 유래되었다.

1942 Liar 라는 소설 속에서 과학소설 작가 Issac Asimov는 로봇을 소개하였으며, 그는 로

봇의 3가지 법칙을 개발해 가고 있었다.

1956 George Devol과 Joe Angelberger는 Unimation이라는 회사를 설립하였으며, Unimate라는 최초의 로봇 암을 개발하였다.

1961 Unimate 로봇의 기본인 'Programmed Article Transfer'가 George Devol 이름으로 US 특허로서 발행되었다. 최초의 산업용 로봇들이 설치되었다. General Motors사는 뜨거운 다이캐스트 금속조각을 순서에 따라 저장하는 생산라인에 Unimation의 최초 로봇을 설치하였다.

1967 General Motors사는 최초의 점용접 로봇을 설치하였으며, 그래서 몸체 용접 공정의 약 90%를 자동화할 수 있도록 하였다.

1973 6개의 기전적으로 구동되는 축을 가진 최초의 산업용 KUKA Robot graph에 의하여 개발되었으며, Famulus라고 명명되었다.

1974 최초의 마이크로프로세서 제어 산업용 로봇은 스웨덴의 기계공학 회사인 ASEA용으로 개발되었으며, 로봇 암의 이동은 인간의 팔의 이동과 같이 모방하였다. 사용된 마이크로프로세서는 Intel 8비트이다.

1978 Unimation은 General Motors사에서 작은 부품의 조립 라인용으로 PUMA (Programmable Universal Machine for Assembly)를 개발하였다.

1979 일본의 Nachi는 점용접용으로서 기존의 유압구동 로봇을 대체하여, 최초의 기전적으로 구동되는 로봇을 개발하였다.

1986 Honda는 최초의 휴머노이드 로봇을 소개하였다.

1987 국제 로보틱스 연합(International Federation Robotics: IFR)이 설립되었다.

24.3.1 로보틱스의 3가지 법칙

다음의 3가지 법칙(Three Lows)은 1942년에 과학공상 작가 Isaac Asimo에 의해 고안된 룰이다.

1. 로봇은 인간을 해롭게 하지 않을 수 있다. 즉, 활동부족으로 인간이 해를 당하도록 할 수도 있다.
2. 로봇은 첫 번째 법칙과 충돌하는 명령을 제외하고는 인간에 의하여 주어진 명령을 지켜야 한다.
3. 보호가 첫 번째 또는 두 번째 법칙과 충돌되지 않는 한, 로봇은 자신의 존재를 보호해야만 한다.

로봇은 3가지 법칙을 본래부터 따르지 않는다. 만약에 그 룰에 따르도록 되어 있다면, 인간 창조물은 그들을 프로그램하는 것을 선택해야만 한다. 현재 로봇이 고통을 주거나 상해를 주어서 정지할 줄 알 때, 로봇은 이해할 능력을 가질 만큼 충분히 지적이지 못하다.

그러나 로봇들은 사고를 방지하기 위하여 범퍼, 경고 비퍼, 안전 케이지 등의 물리적인 안전가이드를 구성할 수 있다. 이후에 Asimov는 다른 사람들보다 앞서 네 번째 또는 0번째 법칙을 추가했다.

0. 로봇은 인간을 해롭게 하지 않을 수 있다. 즉, 활동부족으로 인간이 해를 당하도록 할 수도 있다.

24.3.2 로봇 구성품

다음은 로봇의 기본적 요소들이다.

1. 머니퓰레이터(Manipulator)

머니퓰레이터는 로봇의 주요 몸체이며, 조종을 행하는 구조물이며, 링크, 조인트 및 다른 구조요소로 구성되어 있다.

2. 끝단부(End effector)

끝단부는 머니퓰레이터의 마지막 조인트에 연결되며, 대상물을 핸들링하거나 기계와 연결하고 있다. 이것은 로봇의 손(hands)이다. 일반적인 끝단부는 그립이며, 대상물을 펴고 오므려서 집고, 그것을 가져올 수 있는 단지 두 개의 손가락으로 구성된다. 그립은 마찰 또는 감싸는 압력으로 대상물을 집고 있을 수 있다. 차량의 윈드스크린 같은 큰 대상물에 사용되는 픽-플레이스(pick and place) 로봇은 흔히 흡입을 통하여 흡착하는 매끈한 표면에 필요한 진공 그립을 사용한다. 로봇의 끝단부는 로봇 그립뿐만 아니라 로봇 툴 교환장치, 로봇 페인팅 건, 로봇 더버링 툴, 로봇 아크용접 건 같은 장치이다.

3. 액추에이터(Actuator)

액추에이터는 로봇이 조인트와 링크를 움직이는 장치이며, 오히려 로봇의 근육(muscles)과 같다. 로봇에 가장 인기 있는 액추에이터는 휠, 또는 압축 공기 또는 유압의 동력으로 실린더 속의 피스톤이 움직이는 기어와 선형 액추에이터를 회전시키는 전동기이다.

4. 센서(Sensor)

센서는 로봇이 외부 환경과 조인트와 링크의 상태에 대한 정보를 얻는 데 사용된다. 센서는 기계적 성질을 모방하거나 인간 손가락 촉각으로 접촉하여 개발되어 왔다. 예를 들면, 로타리 전위차계는 손의 조인트 각을 모니터하는 데 사용될 수 있으며, 너클 조인트와 일치한다. 힘/접촉 센서는 접촉했을 때 피드백을 주거나 손과 대상물 사이에 압력을 주기 위하여 손가락과 손바닥 위에 사용될 수 있다. 그림 24.30은 LED와 센서 사이에 가시광선을 방해하는 플런저를 포함한 센서 배열의 예를 나타낸다. 사용되는 다른 방법은 두 점 사이에 카본으로 코팅된 고무와 같은 전도성 탄성체의 저항의 측정을 포함한다. 저항은 힘의 적용에 따라 변한다(그림 24.31). 이런 센서는 교차점에서 측정되는 저항으로서 그리드 패턴의 탄성줄을 사용하여 개발되었다. 개별적인 터치 센서는 대상물의 크기와 형상에 대한 다른 정보를 감지한다. 터치-슬립 센서는 그립으로 집은 대상물이 미끄러지고 꽉 조이는 그립이 적용될 때 손가락에 사용될 수 있다. 이것은 터치 센서 배열로부터의 출력을 해석함으로써 성취할 수 있거나 특별히 설계된 슬립센서를 포함할 수 있다.

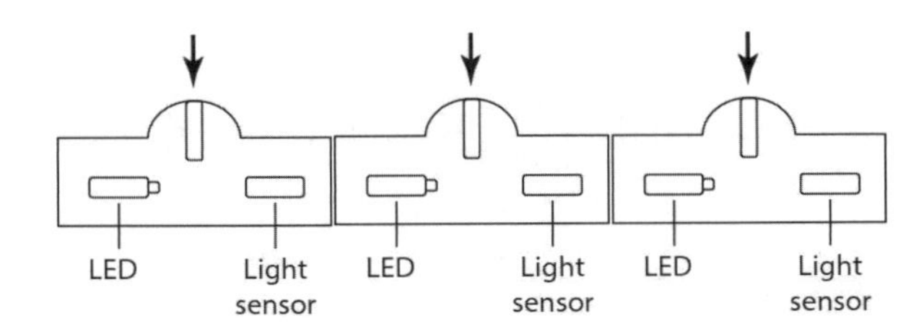

그림 24.30 접촉센서의 사용(접촉하면 플런저가 가시광선을 차단하여 LED에 의하여 신호 감지)

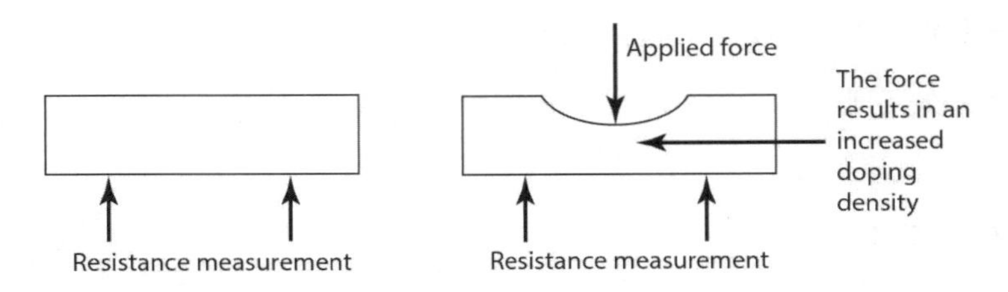

그림 24.31 힘이 작용하면 두 점 사이에 카본으로 코팅된 전도성 탄성체의 저항 변화

5. 제어기(Controller)

로봇의 기계적 구조는 임무를 완수하기 위하여 제어될 필요가 있다. 이것은 센서 정보를 사용하며, 액추에이터 명령 정보로 가공하며, 실행을 제어한다. 제어기 뒤에 있는 뇌(rain)는 컴퓨터이다.

24.3.3 로봇의 응용

다음은 몇 가지의 로봇의 응용이다.

1. 기계 부하(Machine loading)

로봇은 다른 기계에 부품을 공급하는 데 사용되며, 기계로부터 가공된 부품을 치운다.

2. 픽-플레이스 작업(Pick and place operation)

로봇은 2개의 부품을 집어서 아마도 팰릿 위에서 그들을 놓거나, 2개의 부품을 집어서 그들을 조립하거나, 즉 박스에 그것을 넣거나 부품을 오븐에 넣거나 제거하는 것이다.

3. 용접(Welding)

로봇의 끝단부는 용접 건이고, 두 개의 부품을 용접하는 데 사용된다.

4. 도장(Painting)

로봇의 끝단부는 도장 건이고, 조립품이나 부품을 도장하는 데 사용된다.

5. 조립(Assembly)

이것은 부품들을 위치를 확인하고 찾아서 부품들을 조립할 수 있다.

6. 검사(Inspection)

이것은 아마도 엑스레이, 초음파 등을 사용하여 부품을 검사할 수 있다.

7. 불가능한 개인 보조

이것은 개인이 매일 업무를 수행할 수 있도록 하는 인공팔을 통해서 될 것이다.

8. 위험하거나 접근할 수 없는 위치에서의 업무

로봇은 인간이 실제적으로 가능하지 않는 환경에서 작업하도록 설계할 수 있다.

24.3.4 아두이노 로봇

아두이노(Arduino) 웹사이트는 아두이노 제어 보드와 모터 보드로서 작동할 수 있도록 설계된 기본적인 휠이 달린 로봇을 기술한다(10.3.4절 참조). 모터와 제어보드는 마이크로컨트롤러를 가진다. 로봇의 모든 요소인 하드웨어, 소프트웨어 및 자료는 무료로 사용 가능하며 오픈 소스이다. 로봇은 아두이노를 사용하여 프로그램 될 수 있다. 아두이노 로봇에 탑재된 프로세서는 외부의 하드웨어 프로그래머의 사용 없이 새로운 코드를 프로세서에 업로드할 수 있는 부트로더(bootloader)로서 프로그램 된다. 로봇을 앞뒤로 반복하여 움직이는 간단한 프로그램은 다음과 같다. 일단 프로그램을 업로드하면 로봇용 USB 케이블을 플러그를 차단하며, 안전을 이유로, USB가 연결되어 있는 동안에는 모터는 에너지가 끊어진다. 전원이 켜지면 로봇은 행동을 개시한다.

```
#include <ArduinoRobot.h> // import the robot library
void setup()
{
Robot.begin(); // initialize the library
}
void loop()
{
   Robot.motorsWrite(255,255);// set the speeds of the motors to full speed
   delay(1000);// move for one second
   Robot.motorsWrite(0,0); // stop moving
   delay(1000);// stop for one second
   Robot.motorsWrite(-255,-255);// reverse both motors
   delay(1000); move backwards for one second
   Robot.motorsWrite(0,0); // stop moving
   delay(1000); stop for one second
}
```

더 복잡한 프로그램은 좌, 우, 앞 움직임에 대하여 IR sensor을 사용할 수 있다. 벽에 충돌 없이 미로를 통하여 움직이도록 프로그램될 수 있다.

요 약

메카트로닉스는 제품의 설계 및 생산에서 기계공학에 전자와 지적 컴퓨터제어를 통합하여 동시에 개발되는 것이다. 이것은 개별적인 접근보다는 오히려 통합적인 해를 개발하는 것이다. 해를 개발하는 데 어떠한 해가 기능에 적합할 것인가를 예측하기 위하여 모델이 고려될 필요가 있다.

연습문제

24.1 Present outline solutions of possible designs for the following:

(a) A temperature controller for an oven.

(b) A mechanism for sorting small, medium and large size objects moving along a conveyor belt so that they each are diverted down different chutes for packaging.

(c) An $x-y$ plotter (such a machine plots graphs showing how an input to x varies as the input to y changes)

연구 과제

24.2 Research the anti-lock braking system used in cars and describe the principles of its operation.

24.3 Research the mechanism used in the dot matrix printer and describe the principles of its operation.

24.4 Research the control area network (CAN) protocol used with cars.

설계 과제

24.5 Design a digital thermometer system which will display temperatures between 0 and 998C. You might like to consider a solution based on the use of a microprocessor with RAM and ROM chips or a microcontroller solution.

24.6 Design a digital ohmmeter which will give a display of the resistance of a resistor connected between its terminals. You might like to consider basing your solution on the use of a monostable multivibrator, e.g. 74121, which will provide an impulse with a width related to the time constant RC of the circuit connected to it.

24.7 Design a digital barometer which will display the atmospheric pressure. You might like to base your solution on the use of the MPX2100AP pressure sensor.

24.8 Design a system which can be used to control the speed of a d.c. motor. You might like to consider using the M68HC11 evaluation board.

24.9 Design a system involving a PLC for the placing on a conveyor belt of boxes in batches of four.

부 록

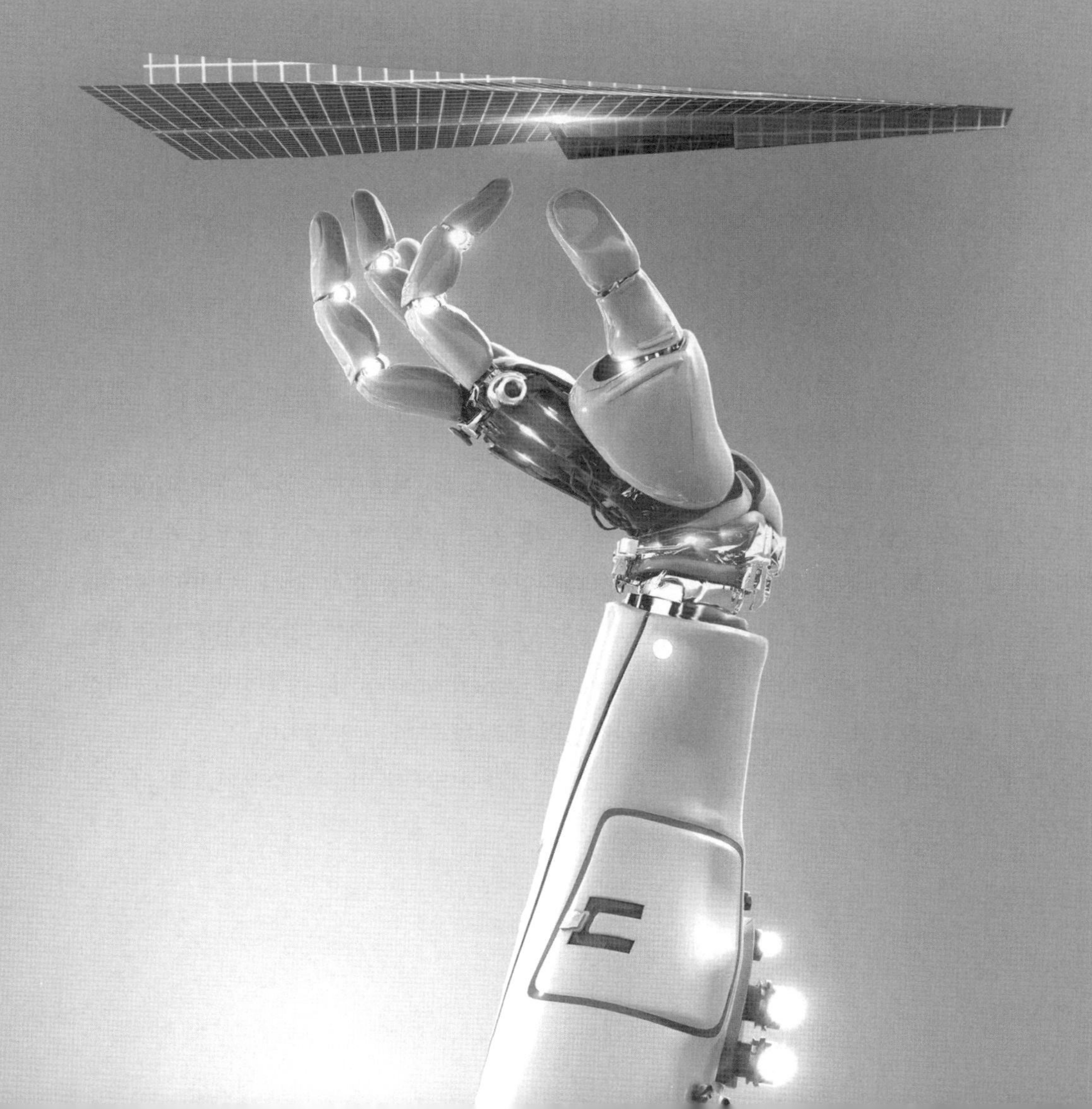

Appendix A 라플라스 변환

A.1 라플라스 변환

시간의 함수로 어떤 양을 생각하자. 이것은 시간영역에서 존재하는 양이라고 말할 수 있으며 $f(t)$와 같은 함수로 표현된다. 대부분의 문제에서 0보다 크거나 같은 시간에 대해서 고려한다. 즉, $t \geq 0$, 이 함수의 라플라스 변환을 얻기 위해서, 이 함수에 e^{-st}를 곱하고 0에서부터 무한대(infinity)까지 시간에 대해서 적분한다. 여기서 s는 (1/시간)의 단위 상수이다. 그 결과는 라플라스 변환(Laplace transform)이라고 부르는 것이며 그 방정식은 s-영역(s-domain)에 있다고 말한다. 그러므로 시간함수 $f(t)$의 라플라스 변환은 $L\{f(t)\}$라고 쓰며 다음과 같다.

$$L\{f(t)\} = \int^{\infty} e^{-st} f(t) dt$$

이 변환은 0에서 양의 무한대 사이에서만 고려되므로 한쪽 영역(one-sided)이며 음의 무한대에서 양의 무한대까지 전 시간범위를 고려하지는 않는다.

s-영역의 어떤 양에 대해서는 대수적인 연산이 가능하다. 즉, 어떤 대수 양에 대해서 행하는 일반적인 방법으로 덧셈, 뺄셈, 나눗셈, 곱셈이 가능하다. 시간영역일 때 주어진 방정식이 미분방정식이라면, 그 원 함수에 대해서 이러한 단순한 대수연산을 수행할 수는 없다. 이러한 방법에 의해 s-영역에서는 매우 간결한 표현을 얻을 수 있다. 만일 시간영역에서 시간에 따라 그 주어진 양이 어떻게 변하는가를 알고 싶으면, 역변환(inverse transformation)을 수행하면 된다. 이것이 단순한 s-영역 표현으로 주어진 함수의 시간영역 표현을 구하는 방법이다.

s-영역에서 함수는 대문자로 표현하고, 즉 $F(s)$, 시간영역에서 함수는 소문자, 즉 $f(t)$로 일반적으로 표현한다. 그러므로

$$L\{f(t)\} = F(s)$$

변환을 위해서는, 즉 시간함수가 라플라스 변환에서부터 얻을 때, 다음과 같이 쓸 수 있다.

$$f(t) = L^{-1}\{F(s)\}$$

그러므로 이 방정식은 다음과 같이 읽는다. $f(t)$는 라플라스 변환 $F(s)$의 역변환이다.

A.1.1 첫 번째 원리에 의한 라플라스 변환

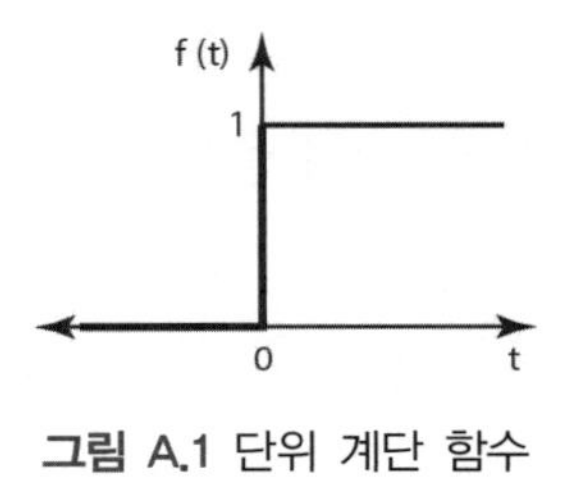

그림 A.1 단위 계단 함수

시간영역에서 s-영역으로 변환을 설명하기 위해서 0보다 큰 모든 시간에 대해 1이라는 일정한 값을 갖는 함수를 고려하자. 이것은 단위계단(unit step)함수라고 하며 그림 Ap.1에 보여 준 것과 같다. 그러면 라플라스 변환은

$$L\{f(t)\} = F(s) = \int_0^\infty 1e^{-st}dt = -\frac{1}{s}[e^{-st}]_0^\infty$$

$t=\infty$에서 e−∞의 값은 0이고, $t=0$에서 e−0의 값은 −1이므로,

$$F(s) = \frac{1}{s}$$

또 다른 예로서, 다음은 첫 번째 원리에서부터 함수의 라플라스 변환을 보여 준다. 여기서 a 는 상수이다. 그러므로 $f(t) = e^{at}$의 라플라스 변환은

$$F(s) = \int_0^\infty e^{at}e^{-st}dt = \int_0^\infty e^{-(s-a)t}dt = \frac{1}{s-a}[e^{-(s-a)t}]_o^\infty$$

$t=\infty$일 때 괄호 안의 항은 0이 되며, $t=0$일 때 그것은 -1이 된다. 그러므로

$$F(s) = \frac{1}{s-a}$$

A.2 단위계단과 임펄스

시스템으로의 일반적 입력함수는 단위계단과 임펄스이다. 다음은 그들의 라플라스 변환이 어떻게 이루어지는가를 보여 준다.

A.2.1 단위계단함수

그림 Ap.1은 단위계단함수의 그래프를 보여 준다. $t=0$에서 계단이 발생될 때, 이 함수는 다음의 관계식을 갖는다.

$f(t)=1$, 모든 $t>0$에 대해서
$f(t)=0$, 모든 $t<0$에 대해서

계단함수는 어떤 물리적인 양이 0에서 정상상태값으로 갑작스런 변화를 나타낸다. 즉, 갑자기 스위치가 ON 될 때 전압변화가 회로로 갑자기 인가된다.

그러므로 단위계단함수는 $f(t)=1$로 나타낼 수는 없다. 왜냐 하면, 이것은 t의 모든 값에서, 즉 음수든 양수든 1이라는 일정한 값을 나타내기 때문이다. $t=0$에서 0에서 1로 스위치되는 단위계단함수는 편의상 $u(t)$ 또는 $H(t)$로 표현된다. H는 O. Heaviside에 의해서 주창되었기 때문에 헤비사이드 함수(Heaviside function)라고도 한다.

이러한 계단함수의 라플라스 변환은 앞 절에서 나타내었던 것과 같이,

$$F(s) = \frac{1}{s}$$

높이 a의 계단함수의 라플라스 변환은

$$F(s) = \frac{a}{s}$$

A.2.2 임펄스 함수

$t=0$에서 발생하는 높이는 $1/k$이고 폭은 k인 사각 펄스, 즉 그 면적은 1을 고려하자. 그림 Ap.2는 그러한 펄스를 보여 준다. 그 펄스는 다음과 같은 표현될 수 있다.

$$f(t) = \frac{1}{k} \text{ for } 0 \le t < k$$
$$f(t) = 0 \text{ for } t > k$$

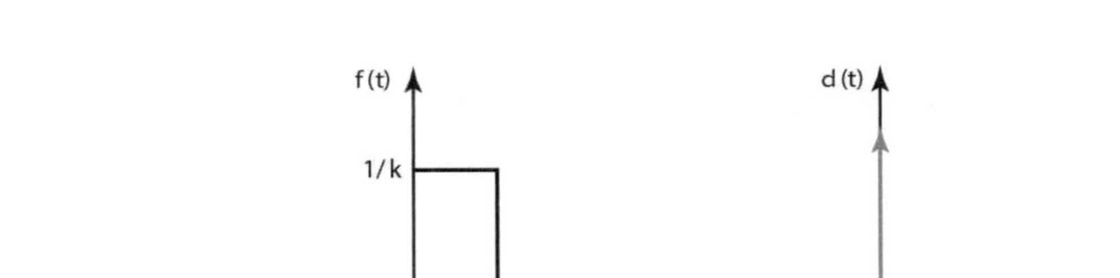

그림 A.2 (a) 직사각형 펄스, (b) 임펄스

만일 면적 1의 일정 펄스를 유지하면서, 그 폭이 줄어든다면, 그 높이는 증가하게 된다. 그러므로 $k \to 0$의 극한에서는 그 높이는 무한대가 되는 펄스가 $t=0$에서 수직선 형태로 존재하게 된다. 그 결과는 무한대의 크기가 존재하는 단 한 점을 제외하고는 모든 점에서 0이 될 것이다(그림 Ap.3). 그러한 그래프는 임펄스를 표현하는 데 사용될 수 있다. 그 임펄스는 임펄스에 의해서 형성된 면적이 1이므로 단위 임펄스라고 한다. 이러한 함수는 $d(t)$로 표시되며, 단위 임펄스 함수(unit impulse function) 또는 Dirac-delta 함수라고 한다.

그림 Ap.3의 단위면적의 사각 펄스에 대한 라플라스 변환은 다음과 같이 주어진다.

$$F(s) = \int_0^\infty f(t)e^{-st}dt = \int_0^k \frac{1}{k}e^{-st}dt + \int_k^\infty 0\, e^{-st}dt$$

$$= \left[-\frac{1}{sk}e^{-st}\right]_0^k = -\frac{1}{sk}(e^{-sk}-1)$$

단위 임펄스에 대한 라플라스 변환을 얻기 위해서 $k \to 0$의 극한에서 위의 값을 구하는 것이 필요하다. 지수항을 급수로 전개함으로써 이것을 구할 수 있다. 그러므로

$$e^{-sk} = 1 - sk + \frac{(-sk)^2}{2!} + \frac{(-sk)^3}{3i} + \cdots$$

그리고 다음과 같이 쓸 수 있다.

$$F(s) = 1 - \frac{sk}{2!} + \frac{(sk)^2}{3!} + \cdots$$

그러므로 $k \to 0$의 극한에서 라플라스 변환은 값 1이 된다.

$$L\{\delta(t)\} = 1$$

위의 임펄스 면적은 1이므로 임펄스의 크기를 1로 정의한다. 그러므로 위의 식은 단위 임펄스(unit impulse)에 대한 라플라스 변환이다. 크기 a의 임펄스는 $ad(t)$로 표시되며 그 라플라스 변환은 다음과 같다.

$$L\{a\delta(t)\} = a$$

A.3 표준 라플라스 변환

라플라스 변환함수를 결정하는 데 일반적으로 많이 발생하는 함수의 라플라스 변환이 표로 주어지기 때문에 일일이 적분을 수행할 필요는 없다. 표 Ap.1은 보다 일반적인 시간함수와 라플라스 변환표를 보여 준다.

표 4.1 라플라스 변환(계속)

	Time function $f(t)$	Laplace transform $F(s)$
1	$\delta(t)$, unit impulse	1
2	$\delta(t-T)$, delayed unit impulse	e^{-sT}
3	$u(t)$, a unit step	$\frac{1}{s}$
4	$u(t-T)$, a delayed unit step	$\frac{e^{-sT}}{s}$
5	t, a unit ramp	$\frac{1}{s^2}$
6	t^n, nth-order ramp	$\frac{n!}{s^{n+1}}$
7	e^{-at}, exponential decay	$\frac{1}{s+a}$
8	$1-e^{-at}$, exponential growth	$\frac{a}{s(s+a)}$
9	te^{-at}	$\frac{1}{(s+a)^2}$
10	$t^n e^{-at}$	$\frac{n!}{(s+a)^{n+1}}$
11	$t-\frac{1-e^{-at}}{a}$	$\frac{a}{s^2(s+a)}$
12	$e^{-at}-e^{-bt}$	$\frac{b-a}{(s+a)(s+b)}$
13	$(1-at)e^{-at}$	$\frac{s}{(s+a)^2}$
14	$1-\frac{b}{b-a}e^{-at}+\frac{a}{b-a}e^{-bt}$	$\frac{ab}{s(s+a)(s+b)}$
15	$\frac{e^{-at}}{(b-a)(c-a)}+\frac{e^{-bt}}{(c-a)(a-b)}+\frac{e^{-ct}}{(a-c)(b-c)}$	$\frac{1}{(s+a)(s+b)(s+c)}$
16	$\sin\omega t$, a sine wave	$\frac{\omega}{s^2+\omega^2}$
17	$\cos\omega t$, a cosine wave	$\frac{s}{s^2+\omega^2}$
18	$e^{-at}\sin\omega t$, a damped sine wave	$\frac{\omega}{(s+a)^2+\omega^2}$
19	$e^{-at}\cos\omega t$, a damped cosine wave	$\frac{s+a}{(s+a)^2+\omega^2}$
20	$1-\cos\omega t$	$\frac{\omega^2}{s(s^2+\omega^2)}$
21	$t\cos\omega t$	$\frac{s^2-\omega^2}{(s^2+\omega^2)^2}$
22	$t\sin\omega t$	$\frac{2\omega s}{(s^2+\omega^2)^2}$
23	$\sin(\omega t+\theta)$	$\frac{\omega\cos\theta+s\sin\theta}{s^2+\omega^2}$

표 4.1 라플라스 변환

	Time function $f(t)$	Laplace transform $F(s)$
24	$\cos(\omega t + \theta)$	$\frac{s\cos\theta - \omega\sin\theta}{s^2 + \omega^2}$
25	$\frac{\omega}{\sqrt{1-\zeta^2}} e^{-\zeta\omega t} \sin \omega\sqrt{1-\zeta^2}\, t$	$\frac{\omega^2}{s^2 + 2\zeta\omega s + \omega^2}$
26	$1 - \frac{1}{\sqrt{1-\zeta^2}} e^{-\zeta\omega t} \sin(\omega\sqrt{1-\zeta^2}\, t + \phi),\ \cos\phi = \zeta$	$\frac{\omega^2}{s(s^2 + 2\zeta\omega s + \omega^2)}$

A.3.1 라플라스 변환의 성질

이 절에서는 라플라스 변환의 기본적인 성질에 대하여 요약 설명한다. 이러한 성질들이 표준 라플라스 변환표를 보다 넓은 경우까지 확장 가능하게 해준다.

선형성(Linearity property)

2개의 다른 함수, 즉 $f(t)$와 $g(t)$가 라플라스 변환을 가진다면, 2개의 시간함수의 합의 변환은 2개의 함수의 라플라스 변환의 합과 같다.

$$L\{af(t) + bg(t)\} = aLf(t) + bLg(t)$$

a와 b는 상수이다. 예를 들어, $1 + 2t + 4t^2$의 라플라스 변환은 표현에서 개별항의 변환의 합으로 주어진다. 따라서 표 A.1의 항목 1, 5 및 6을 사용하여,

$$F(s) = \frac{1}{s} + \frac{2}{s^2} + \frac{8}{s^3}$$

가 된다.

s-영역 이동성(s-Domain shifting property)

이러한 성질은 지수함수를 갖는 함수의 라플라스 변환을 결정하는 데 사용되며, 때때로 1차 이동성(first shifting property)이라고 한다. 만일 $F(s) = L\{f(t)\}$라면,

$$L\{e^{at} f(t)\} = F(s-a)$$

예를 들면, $e^{at}t^n$의 라플라스 변환은, t^n의 라플라스 변환이 표 A.1에서 $n!/s^{n+1}$ 로 주어져 있기 때문에 다음과 같다.

$$L\{e^{at}t^n\} = \frac{n!}{(s-a)^{n+1}}$$

시간영역 이동성(Time domain shifting property)

만일 신호가 시간 T만큼 지연된다면, 라플라스 변환은 e^{-sT}를 곱한 것이다. 만일 $F(s)$가 $f(t)$의 라플라스 변환이라면, 그때

$$L\{f(t-T)u(t-T)\} = e^{-sT}F(s)$$

시간 T만큼 신호의 지연을 두 번째 이동이론(second shift theorem)이라고 한다.

시간영역 이동성은 모든 라플라스 변환에 적용될 수 있다. 그러므로 함수 $\delta(t-T)$로 주어지는 시간 T만큼 지연된 임펄스 $\delta(t)$에 대해서는 지연함수에 대한 변환으로 e^{-sT}를 $\delta(t)$의 라플라스 변환인 1에 곱한 $1e^{-sT}$가 된다.

주기함수(Periodic functions)

주기 T의 주기함수인 $f(t)$의 라플라스 변환은

$$L\{f(t)\} = \frac{1}{1-e^{-sT}}F_1(s)$$

이다. 여기서 $F_1(s)$는 함수의 첫 주기에 대한 라플라스 변환이다.

그러므로 예를 들면, 그림 Ap.3에서 보여 준 것과 같이 주기 T의 주기적 사각 펄스들의 연속의 라플라스 변환을 고려하자. 1개의 사각 펄스의 라플라스 변환은 $(1/s)(1-e^{-sT/2})$로 주어진다. 따라서 위의 방정식을 이용하면 라플라스 변환은

$$\frac{1}{1-e^{-sT}} \times \frac{1}{s}(1-e^{-sT/2}) = \frac{1}{s(1+e^{-sT/2})}$$

이다.

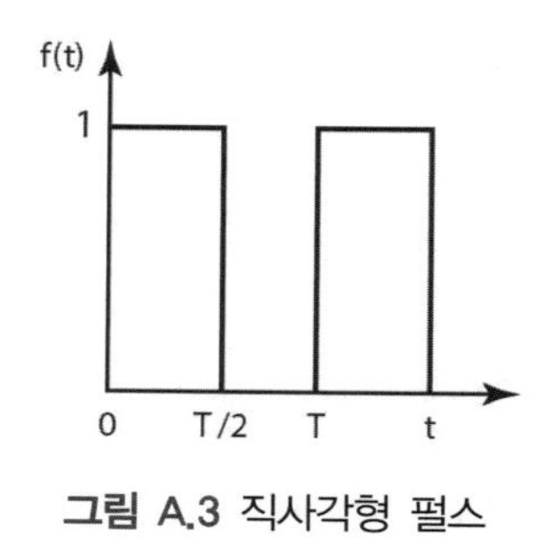

그림 A.3 직사각형 펄스

초기 및 최종값 이론(Initial-and final-value theorems)

초깃값 이론은 다음과 같다. 시간함수 $f(t)$가 라플라스 변환 $F(s)$를 갖는다면, 시간이 0으로 갈 때 함수의 값은 다음과 같이 주어진다.

$$\lim_{t \to 0} f(t) = \lim_{s \to \infty} sF(s)$$

최종값 이론은 다음과 같다. 시간함수 $f(t)$가 라플라스 변환 $F(s)$를 갖는다면, 시간이 무한대로 갈 때 함수의 값은 다음과 같이 주어진다.

$$\lim_{t \to \infty} f(t) = \lim_{s \to 0} sF(s)$$

미분(Derivatives)

함수 $f(t)$의 미분의 라플라스 변환은 다음과 같이 주어진다.

$$L\left\{\frac{d}{dt} f(t)\right\} = sF(s) - f(0)$$

여기서 $f(0)$는 $t=0$일 때 함수값이다. 예를 들면, $2(dx/t)+x=4$의 라플라스 변환은 $2[sX(s)-x(0)+X(s)=4/s]$이고 만약 우리가 $t=0$에 $x=0$을 가지고 있다면 그것은 $2sX(s)+X(s)=4/s$ 또는 $X(s)=4/[s(2s+1)]$이다.

2차 미분

$$L\left\{\frac{d^2}{dt^2}f(t)\right\}= s^2F(s)-sf(0)-\frac{d}{dt}f(0)$$

여기서 $df(0)/dt$는 $t=0$에서의 1차 미분 값이다.

적분(Integrals)

라플라스 변환 $F(s)$를 갖는 함수 $f(t)$의 적분의 라플라스 변환은 다음과 같이 주어진다.

$$L\left\{\int_0^t f(t)dt\right\}= \frac{1}{s}F(s)$$

예를 들면, 0에서 t 사이의 함수 e^{-t}의 적분의 라플라스 변환은 다음과 같이 주어진다.

$$L\left\{\int_0^t e^{-1}dt\right\}= \frac{1}{s}Le^{-t} = \frac{1}{s(s+1)}$$

A.4 역변환

역변환은 라플라스 변환 $F(s)$의 시간함수 $f(t)$로의 변환이다. 이러한 연산은 다음과 같이 표현된다.

$$L^{-1}\{F(s)\}= f(t)$$

역연산(inverse operation)은 일반적으로 표 Ap.1을 사용함에 의해서 이루어진다. 라플라스 변환의 선형성은 만일 2 개의 다른 항의 합으로 변환을 갖고 있다면, 각각의 분리된 역변환을 취하고 이를 합한 것이 구하려고 하는 역변환이라는 것을 의미한다.

$$L^{-1}\{aF(s)+bG(s)\}= aL^{-1}F(s)+bL^{-1}G(s)$$

그러므로 표에서 보여 주는 표준형으로 함수를 어떻게 재배열하는가를 보여 주기 위해서, $3/(2s+1)$의 역변환은 다음과 같이 그것을 재배열함에 의해서 얻을 수 있다.

$$L^{-1}\{aF(s)+bG(s)\}=aL^{-1}F(s)+bL^{-1}G(s)$$

표의 7항은 변환 $1/(s+a)$가 역변환 e^{-at}를 갖는다는 것을 보여 준다. 그러므로 역변환은 $a=1/2$이고 상수 (3/2)를 곱해서 얻어진다. 즉, $(3/2)e^{-t/2}$이다.

또 다른 예제로서, $(2s+2)/(s^2+1)$의 역변환을 고려하자. 이러한 표현은 다음과 같이 재배열될 수 있다.

$$2\left[\frac{s}{s^2+1}+\frac{1}{s^2+1}\right]$$

괄호 속의 첫 항은 $\cos t$의 역변환을 갖고(표 A.1의 17항) 두 번째 항은 $\sin t$(표 A.1의 16항)을 갖는다. 그러므로 위 식의 역변환은 $2\cos t+2\sin t$.

A.4.1 부분분수

종종 $F(s)$는 2 개의 다항식의 비율이며, 표 Ap.1의 표준 변환을 가지고 쉽게 확인되지 않는다. 이것은 표준 변환이 사용되기 전에 간단한 부분항으로 변환되어야 한다. 어떤 표현을 간단한 부분항으로 변환하는 과정을 부분분수(partial fraction)로 분리한다고 말한다. 이 기법은 분자의 차수가 분모의 차수보다 작다면 사용될 수 있다. 다항식의 차수는 표현식에서 s의 가장 높은 지수이다. 분자의 차수가 분모의 차수보다 같거나 높을 때, 그 결과가 분모보다 작은 차수의 분자를 갖는 나머지 부분분수항을 갖는 항의 합이 될 때까지 분모는 분자로 나누어져야 한다.

기본적으로 3 가지 형태의 부분분수가 있다.

1. 분모가 $(s+a)$, $(s+b)$, $(s+c)$ 형태만 갖는 인자들을 포함한다. 그 표현식은 이런 형이다.

$$\frac{f(s)}{(s+a)(s+b)(s+c)}$$

이것은 다음의 부분분수를 갖는다.

$$\frac{A}{(s+a)}+\frac{B}{(s+b)}+\frac{C}{(s+c)}$$

2. 분모에 반복되는 $(s+a)$인자들이 있다. 즉, 분모는 그러한 인자의 지수승을 갖고 있으며 그 표현식은 다음과 같다.

$$\frac{f(s)}{(s+a)^n}$$

그때 이것은 다음의 부분분수형으로 분리된다.

$$\frac{A}{(s+a)^1}+\frac{B}{(s+a)^2}+\frac{C}{(s+a)^3}+\cdots+\frac{N}{(s+a)^n}$$

3. 분모에 2차 방정식 인자가 포함되어 있고 2차 방정식은 허수항이 없이는 분리되지 않는다. 다음의 형태의 표현식에 대해

$$\frac{f(s)}{(as^2+bs+c)(s+d)}$$

부분 분수는

$$\frac{As+B}{as^2+bs+c}+\frac{C}{s+d}$$

이다. 상수 A, B, C 등의 값들은 표현식과 부분분수식 사이의 등호가 s의 모든 값에 대해서 사실이어야 한다는 사실을 사용하거나 표현식의 s^n의 계수들이 부분분수 전개식에서 s^n의 것들과 같아야 한다는 사실을 이용하여 구해질 수 있다. 첫 번째 방법은 다음 예제에서 설명된다. 다음 식의 부분분수는

$$\frac{3s+4}{(s+1)(s+2)}$$

이고,

$$\frac{A}{s+1}+\frac{B}{s+2}$$

표현식과 같이 되기 위해서는

$$\frac{3s+4}{(s+1)(s+2)}=\frac{A(s+2)+B(s+1)}{(s+1)(s+2)}$$

이 되어야 한다.

결과적으로 $3s+4=A(s+2)+B(s+1)$. 이것은 s의 모든 값에 대해 true이어야 한다. 그 다음 절차는 상수와 관련된 항의 일부가 0이 될 수 있도록 하는 s의 값을 선택하여

다른 상수를 결정한다. 따라서 $s=-2$를 가정하면, $3(-2)+4=A(-2+2)+B(-2+1)$이므로 $B=2$가 얻어진다. 이제 우리는 $s=-1$로 두면, $3(-1)+4=A(-1+2)+B(-1+1)$임으로 $A=1$이 된다. 따라서

$$\frac{3s+4}{(s+1)(s+2)}=\frac{1}{s+1}+\frac{2}{s+2}$$

로 표현할 수 있다.

연습문제

A.1 Determine the Laplace transforms of (a) $2t$, (b) sin $2t$, (c) a unit impulse at time $t=2$s, (d) 4 dx/dt when $x=2$ at $t=0$, (e) 3 d^2x/dt^2 when $x=0$ and $dx/dt=0$ at $t=0$, (f) the integral between t and 0 of e^{-r}.

A.2 Determine the inverses of the Laplace transforms (a) $1/s^2$, (b) $5s/(s^2+9)$, (c) $(3s-1)/[s(s-1)]$, (d) $1/(s+3)$.

A.3 Determine the initial value of the function with the Laplace transform $5/(s+2)$.

Appendix B 진 수

B.1 진 수

10진수(decimal system)는 10개의 부호나 숫자(0, 1, 2, 3, 4, 5, 6, 7, 8, 9)의 사용에 근거한 것이다. 어떤 수가 이러한 10진수로 표현될 때, 수에서 숫자의 위치는 그것에 부가된 가중값이 오른쪽에서 왼쪽으로 진행할수록 10의 지수로 증가한다는 것을 나타낸다.

…	10^3	10^2	10^1	10^0
	천	백	십	일

2진수(binary system)는 단지 2개의 심벌이나 상태 (0, 1)에 근거한 것이다. 이들을 이진(binary) 숫자 또는 비트(bits)라 한다. 어떤 수가 이러한 2진수로 표현될 때, 수에서 숫자의 위치는 그것에 부가된 가중값이 오른쪽에서 왼쪽으로 진행할수록 2의 지수로 증가한다는 것을 나타낸다.

…	2^3	2^2	2^1	2^0
	bit 3	bit 2	bit 1	bit 0

예를 들면, 10진수에서 15는 이진수에서 1111과 같다. 2진수에서 비트 0은 최하위 비트 (Least Significant Bit: LSB)라 하고 가장 높은 비트는 최상위 비트(Most Significant Bit: MSB)라 한다.

8진수(octal system)는 8개의 숫자(0, 1, 2, 3, 4, 5, 6, 7)에 의해서 나타낸다. 어떤 수가 이러한 8진수로 표현될 때, 수에서 숫자의 위치는 그것에 부가된 가중값이 오른쪽에서 왼쪽으로 진행할수록 8의 지수로 증가한다는 것을 나타낸다.

$\cdots \quad 8^3 \quad 8^2 \quad 8^1 \quad 8^0$

예를 들어, 10진수 15는 8진수에서는 17이다.

16진수 (hexadecimal system)는 16개의 숫자/심벌(0, 1, 2, 3, 4, 5, 6, 7, 8, 9, A, B, C, D, E, F)에 의해 나타낸다. 어떤 수가 이러한 16진수로 표현될 때, 수에서 숫자의 위치는 그것에 부가된 가중값이 오른쪽에서 왼쪽으로 진행할수록 16의 지수로 증가한다는 것을 나타낸다.

$\cdots \quad 16^3 \quad 16^2 \quad 16^1 \quad 16^0$

예를 들어, 10진수 15는 16진수에서는 F와 같다. 이 시스템은 일반적으로 마이크로프로세서-기반 시스템에서 프로그램을 작성할 때 많이 사용되는데 데이터 입력에서 매우 간결한 방법으로 표현되기 때문이다.

2진화 10진수(Binary Coded Decimal: BCD)는 컴퓨터에서 널리 사용된다. 각각의 10진수는 2진수로 분리하여 작성된다. 예를 들어, 10진수 15는 BCD에서 0001 0101이다. 이 코드는 일반적인 마이크로프로세서 시스템의 출력으로 이용되는데, 출력은 10진 표시기를 가동시켜야 한다. 표시기에서의 각 10진수는 그 자체의 2진 코드를 갖는 마이크로프로세서에 의해 공급된다.

표 B.1 진수

Decimal	Binary	BCD	Octal	Hexadecimal
0	0000	0000 0000	0	0
1	0001	0000 0001	1	1
2	0010	0000 0010	2	2
3	0011	0000 0011	3	3
4	0100	0000 0100	4	4
5	0101	0000 0101	5	5
6	0110	0000 0110	6	6
7	0111	0000 0111	7	7
8	1000	0000 1000	10	8
9	1001	0000 1001	11	9
10	1010	0001 0000	12	A
11	1011	0001 0001	13	B
12	1100	0001 0010	14	C
13	1101	0001 0011	15	D
14	1110	0001 0100	16	E
15	1111	0001 0101	17	F

표 B.1은 10진수, 2진수, BCD, 8진수 그리고 16진수의 예를 보여 준다.

B.2 2진수 연산

2진수의 덧셈은 다음의 규칙을 따른다.

0 + 0 = 0
0 + 1 = 1 + 0 = 1
1 + 1 = 10 i.e. 0 + carry 1
1 + 1 + 1 = 11 i.e. 1 + carry 1

10진수의 14와 19의 덧셈은 33이다. 2진수에서의 덧셈은 다음과 같다.

Augend	01110
Addend	10111
Sum	100001

0번째 비트에서 0−1=1, 1번째 비트에서 1−1=10이 되고 0을 적음과 동시에 1을 다음 칸으로 이동시킨다. 3번째 비트에서 10−1=1, 4번째 비트에서 0−0=0, 다음 비트에서도 이와 같이 계속하고, 마지막에는 올림 1을 더한다. 이렇게 해서 마지막 답은 100001이다. A와 B를 더하면 C가 나오게 되는데, 즉 $A-B=C$, 이때 A는 피가산수(augend), B는 가산수 (addend), C는 합 (sum)이라 한다.

2진수의 뺄셈은 다음의 방법을 따른다.

0 − 0 = 0
1 − 0 = 1
1 − 1 = 0
0 − 1 = 10 − 1 + borrow = 1 + borrow

0−1을 계산할 때, 1을 갖고 있는 왼쪽의 다음 칸에서 1이 빌려진다. 이에 관한 예제를 다음과 같이 나타내었다. 10진수 27에서 14를 빼면 13이 된다.

Minuend	11011
Subtrahend	01110
Difference	01101

0번째 비트에서 1−0=1이다. 1번째 비트에서 1−1=0이다. 2번째 비트에서 0−1이 된다. 이때 다음 칸에서 1을 빌려오게 되고, 따라서 10−1=1이 된다. 3번째 비트에서 0−1이 된다. 앞에서 1을 빌렸던 것을 생각하라. 다시 1을 다음 칸에서부터 빌리고, 그러면 10−1=1이 된다. 4번째 비트에서 0−0=0이 된다. 역시 앞에서 1을 빌렸던 것을 생각하라. 2진수 A와 B를 빼어서 C를 얻게 될 때, 즉 $A-B=C$, A는 피감산수(minuend)이고, B는 감산수(subtrahend), C는 차이값(difference)이라 한다.

2진수 뺄셈에서 다른 대안을 사용하면 전자적으로 더 쉽게 수행할 수 있다. 앞의 예에서 뺄셈은 양수와 음수의 합으로 구성할 수 있다. 다음의 기법이 어떻게 음수를 표현하는지와 그 다음 뺄셈을 덧셈으로 어떻게 변경하는지를 나타낸다. 그것이 우리가 어떠한 상황에서도 음수를 처리할 수 있게 한다.

지금까지 사용된 수들은 무부호(unsigned)라고 한다. 그 이유는 수 자체에 양수인지 음수인지를 나타내는 어떠한 부호도 포함되지 않기 때문이다. MSB가 수의 부호를 나타내는 데 사용될 때 수를 부호화(signed)되었다고 말한다. 양수이면 0이고 음수이면 1이다. 우리가 어떤 양수를 가질 때 그 수 앞에 0을 갖는 일반적 방법으로 그 수를 쓴다. 따라서 10010의 양의 2진수는 010010으로 나타내고, 10010의 음의 수는 110010으로 나타낸다. 그러나 이것은 컴퓨터에서 보다 쉬운 처리를 위해서 음수를 나타내는 가장 유용한 방법은 아니다.

더 나은 음수 표현방법은 2의 보수(two's complement) 방법이다. 2진수는 두 가지 보완방법을 가지고 있는데, 1의 보수(one's complement)와 2의 보수라고 알려져 있다. 2진수에서 1의 보수는 무부호인 수에서 모든 1인 숫자를 0으로, 0인 숫자를 1로 바꾼다. 2의 보수는 첫 번째 방법에 1을 더함으로써 얻어지게 된다. 이때 음수를 2의 보수로 얻었다면 1로 표시하고, 양수라면 0으로 표시한다. 10진수 23을 부호화된(signed) 2의 보수로 나타내 보자. 우선, 무부호 3을 2진수로 나타내면 0011로 표현할 수 있다. 이때 첫 번째 보완에 의해 1100을 얻는다. 여기에 1을 더하게 되면 무부호 2의 보수인 1101을 얻을 수 있다. 마지막으로 기호를 표시하기 위해 음수를 표현하는 1을 붙인다. 결과는 11101이 된다. 다음은 또 다른 예이다. 26에 대해 8비트의 수에서 부호화된 2의 보수로의 표현이다.

Unsigned binary number	000 0110
One's complement	111 1001
Add 1	1
Unsigned two's complement	111 1010
Signed two's complement	1111 1010

표 B.2 부호화된 수

Denary number	Signed number		Denary number	Signed number	
+127	0111 111	Just the binary number signed with a 0	−1	1111 1111	The two's complement signed with a 1
...			−2	1111 1110	
+6	0000 0110		−3	1111 1101	
+5	000 0101		−4	1111 1100	
+4	0000 0101		−5	1111 1011	
+3	0000 0011		−6	1111 1010	
+2	0000 0010		...		
+1	0000 0001		−127	1000 0000	
+0	0000 0000				

양수에서는 그 앞에 0을 붙이는 일반적인 방법으로 쓰게 된다. 그러므로 양수에서 100 1001은 01001001로 쓰게 된다. 표 14.2는 이러한 방법으로 사용된 수의 예를 보여 준다.

양수에서 양수를 빼는 경우에는 빼는 수를 부호화된 2의 보수로 바꾸고, 여기에 빼지는 수를 더하면 된다. 그러므로 10진수 4에서부터 10진수 6을 빼면 다음과 같다.

Signed minuend	0000 0100
Subtrahend, signed two's complement	1111 1010
Sum	1111 1110

MSB의 출력값이 1이므로 결과는 음수이다. 이는 부호화된 2의 보수로 −2이다.

57에서 43을 빼는 다른 예를 들어 보자. 부호화 양수 57은 0011 1001이다. 부호화된 2의 보수로 −43을 구하면,

Unsigned binary number for 43	010 1011
One's complement	101 0100
Add 1	1
Unsigned two's complement	101 0101
Signed two's complement	1101 0101

그러므로 우리는 부호화 양수와 부호화된 2의 보수의 합을 구할 수 있다.

Signed minuend	0011 1001
Subtrahend, signed two's complement	1101 0101
Sum	0000 1110 + carry 1

올림 1은 무시한다. 그러므로 결과는 0000 1110이고, MSB가 0이므로 결과는 양수이다. 최종 결과는 10진수 14가 된다.

만약 우리가 2개의 음수를 더하기를 원한다면 각각의 수에 대한 부호화된 2의 보수를 구해 그들을 더하면 된다. 수가 음수일 때는 언제나 부호화된 2의 보수가 사용된다. 이때 양수는 바로 부호화 수이다.

B.3 부동소수점 수

십진법에서 120000과 같은 큰 수는 종종 1.2×10^5과 같은 형식인 공학적 표기법이나 120×10^3으로 표현된다. 0.000120과 같은 작은수는 십진수에 대한 고정된 소수점 위치를 가지는 1.2×10^{-4}으로 표현된다. 이러한 형식의 숫자 표기법은 10에 거듭제곱으로 표현된다. 이와 같이 2의 거듭제곱으로 표현된 숫자를 제외한 2진수들을 그러한 표기법으로 사용할 수 있다. 예를 들면 우리는 1010을 1.010×2^3이나 10.10×2^2으로 표현했었다. 2진수점은 2의 거듭제곱을 선택함으써 다른 위치로 이동할 수 있기 때문에 이러한 표기법을 부동소수점(floating point)이라고 한다.

부동소수점 수는 다음의 형식을 가진다.

여기서 a는 가수이고 γ은 기수, e는 거듭제곱의 지수이다. 2진수를 가지는 e는 2이고 $a \times \gamma^e$를 갖게 된다.

부동소수점 수를 사용하는 이점은 고정점과 비교했을 때 아주 넓은 범위를 가지는 수가 주어진 숫자로 표현이 가능하다는 것이다.

부동소수점 수를 가지고 있기 때문에 하나의 수를 다른 방식으로, 즉 0.1×10^2은 0.01×10^3으로 표현 가능하고 표준화된 수를 계산할 수 있다. 그것들은 모두 $0.1 \times \gamma^e$와 같은 형식을 가진다. 그러므로 2진수를 0.1×2^e 형식으로 표현한다. 그래서 0.00001001이 0.1001×2^{-4}로 되는 것이다. 이진수의 표시를 고려하기 위하여 양수에는 부호비트 0을 음수에는 부호비트 1을 더한다. 그래서 숫자 0.1001 3 224는 음수이면 1.1001×2^{-4}가, 양수이면 0.1001×2^{-4}가 되는 것이다.

2.01×10^3에 10.2×10^2를 더한다면 지수를 같게 하고 $2.01 \times 10^3 + 1.02 \times 10^3$으로 쓸 수 있다. 그 다음 올림을 고려해 2.03×10^3을 얻기 위해 더할 수 있는 것이다. 비슷한 절차를 부동소수점 수에 적용할 수 있다. 0.101100×2^4과 0.111100×2^2을 더한다면 0.101100×2^4과 0.111100×2^2처럼 같은 지수로 맞추고 더하면 된다.

뺄셈도 마찬가지로 부동소수점 수들의 지수를 같게 맞추고 뺄셈을 행하면 된다. 그래서 $0.1101100\times2^{-4}-0.1010100\times2^{-4}$은 $0.01010100\times2^{-4}-0.101010\times2^{-4}$으로 쓸 수 있고 그 결과는 0.1000010×2^{-4}이다.

B.4 그레이 코드

2진 코드 0001과 0010(10진수로 2와 3) 2개의 연속적인 수를 고려하자. 2개의 비트가 하나의 수에서 그 다음 수로 진행될 때 코드 그룹에서 변화되었다. 절대 값 인코더(2.3.7절 참조)를 갖고 있고 연속적인 위치가 연속적인 2진수로 할당될 경우 2개의 변화들이 이러한 방법으로 이루어져야 한다. 두 값이 변화할 때는 반드시 같은 순간에 정확하게 변화해야 한다는 문제점을 가지고 있다. 만약 하나가 발생하기 전에 다른 하나가 순간적으로 발생하게 된다면 순간적으로 어떤 다른 수를 나타낼 수 있다. 그렇게 되어 0001에서 0010이 되는 경우 아마 순간적으로 0011이나 0000을 가질 수 있을 것이다. 그러므로 코딩의 다른 대안이 고려되어야 한다.

그레이 코드(Gray code)가 이와 같은 코드인데, 코드에서 단지 하나의 비트만 하나의 수에서 다음 수로 될 때 변화한다. 그레이 코드는 코드 내에서 비트 위치에 따라 그것에 할당되는 어떠한 특별한 가중값이 없다. 그러므로 이것은 수학적 연산에는 적합하지 않지만 절댓값 인코더처럼 입출력장치에 광범위하게 사용된다. 표 B.3에서 10진수와 그에 해당하는 2진수 코드와 그레이 코드를 나열하였다.

표 B.3 그레이 코드

Decimal number	Binary code	Gray code	Decimal number	Binary code	Gray code
0	0000	0000	8	1000	1100
1	0001	0001	9	1001	1101
2	0010	0011	10	1010	1111
3	0011	0010	11	1011	1110
4	0100	0110	12	1100	1010
5	0101	0111	13	1101	1011
6	0110	0101	14	1110	1001
7	0111	0100	15	1111	1000

연습문제

B.1 What is the largest decimal number that can be represented by the use of an 8-bit binary number?

B.2 Convert the following binary numbers to decimal numbers:
(a) 1011, (b) 10 0001 0001.

B.3 Convert the decimal numbers (a) 423, (b) 529 to hex.

B.4 Convert the BCD numbers (a) 0111 1000 0001, (b) 0001 0101 0111 to decimal.

B.5 What are the twos complement representations of the decimal numbers (a) −90, (b) −35?

B.6 What even-parity bits should ve attached to (a) 100 1000, (b) 100 1111?

B.7 Subtract the following decimal numbers using twos complements:
(a) 21−13, (b) 15−3.

Appendix C 부울 대수

C.1 부울 대수의 법칙

부울 대수는 2진수 1과 0 및 연산자 •, +, 역을 포함한다. 이 대수학의 법칙은 아래에 요약되어 있다.

1. 어떤 수와 자신과의 OR 연산은 그 자체: $A + A = A$
2. 어떤 수와 자신과의 AND 연산은 그 자체: $A \cdot A = A$
3. 어떤 순서로 OR 및 AND 게이트에 대한 입력을 고려해야 하는지는 중요하지 않다.

$A + B = B + A$ 이고 $A \cdot B = B \cdot A$

4. 다음의 진리표가 나타내는 것처럼:

$A + (B \cdot C) = (A + B) \cdot (A + C)$

A	B	C	$B \cdot C$	$A+B \cdot C$	$A+B$	$A+C$	$(A+B) \cdot (A+C)$
0	0	0	0	0	0	0	0
0	0	1	0	0	0	1	0
0	1	0	0	0	1	0	0
0	1	1	1	1	1	1	1
1	0	0	0	1	1	1	1
1	0	1	0	1	1	1	1
1	1	0	0	1	1	1	1
1	1	1	1	1	1	1	1

5. 마찬가지로 진리표를 사용하여 대수학의 경우와 같은 방식으로 대괄호로 묶인 용어를 처리

할 수 있음을 보여 준다.

$$A \cdot (B+C) = A \cdot B + A \cdot C$$

6. 자신의 역함수와 OR는 1이다.

$$A + \overline{A} = 1$$

7. 자신의 역함수와 AND는 0과 같다.

$$A \cdot \overline{A} = 0$$

8. 0으로 OR된 것은 그 자체와 같다. 1과 OR된 것은 1과 같다. 따라서 $A+0=A$이고 $A+1=1$이다.

9. 0으로 AND 연산된 것은 0과 같다. 1과 AND 연산된 것은 그 자체와 같다. 따라서 $A \cdot 0 = 0$ 및 $A \cdot 1 = A$.
부울 표현식을 단순화하기 위해 위의 사용에 대한 예시로서,

$$(A+B) \cdot \overline{C} + A \cdot C$$

첫 번째 항목에 항목 5를 사용하면

$$A \cdot \overline{C} + B \cdot \overline{C} + A \cdot C$$

이것을 재편성하고 항목 6을 사용하여

$$A \cdot (\overline{C} + C) + B \cdot \overline{C} = A \cdot 1 + B \cdot \overline{C}$$

가 된다. 따라서 항목 9를 사용하면 단순화 된 표현식이

$$A + B \cdot \overline{C}$$

와 같다.

C.2 드 모르건의 법칙

위에서 설명한 것과 같이 부울 표현을 단순화하기 위해 부울 대수의 법칙을 사용할 수 있다. 또한 De Morgan의 법칙으로 알려진 것이 있다.

1. A와 B의 OR한 결과의 역은 A와 B의 역이 개별적으로 AND된 경우와 같다. 다음 진리표는 이것의 타당성을 보여 준다.

$$\overline{A + B} = \overline{A} \cdot \overline{B}$$

A	B	$A+B$	$\overline{A+B}$	$\overline{A}$	$\overline{B}$	$\overline{A} \cdot \overline{B}$
0	0	0	1	1	1	1
0	1	1	0	1	0	0
1	0	1	0	0	1	0
1	1	1	0	0	0	0

2. A와 B의 AND한 결과의 역은 A와 B의 역이 개별적으로 OR된 경우와 같다. 다음 진리표는 이것의 타당성을 보여 준다.

$$\overline{A \cdot B} = \overline{A} + \overline{B}$$

A	B	$A \cdot B$	$\overline{A \cdot B}$	$\overline{A}$	$\overline{B}$	$\overline{A} + \overline{B}$
0	0	0	1	1	1	1
0	1	0	1	1	0	1
1	0	0	1	0	1	1
1	1	1	0	0	0	0

De Morgan의 법칙을 사용하는 예로써, 그림 C.1에 표시된 논리 회로의 단순화를 고려하자.

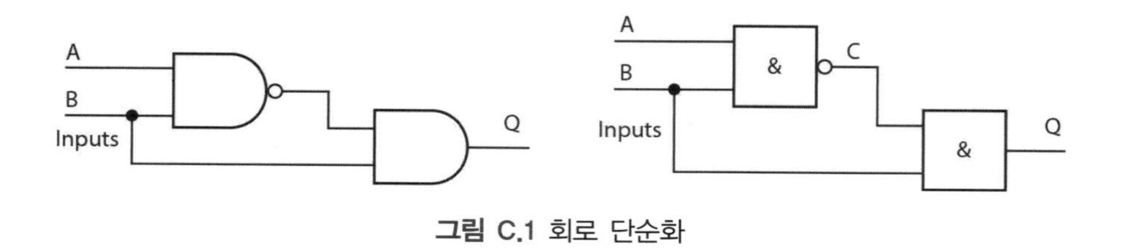

그림 C.1 회로 단순화

입력에 대한 출력에 대한 부울 방정식은 다음과 같다.

$$Q = \overline{A \cdot B} \cdot B$$

위에서 두 번째 법칙을 적용하면

$$Q = (\overline{A} + \overline{B}) \cdot B$$

다음과 같이 작성될 수 있으므로

$$Q = \overline{A} \cdot B + \overline{B} \cdot B = \overline{A} \cdot B + 0 = \overline{A} \cdot B$$

따라서 단순화된 회로는 그림 C.2와 같다.

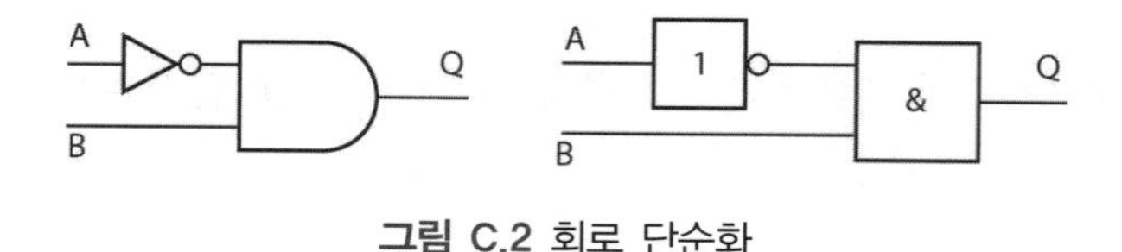

그림 C.2 회로 단순화

C.3 진리표에서 부울 함수 생성

진리표의 관점에서 시스템의 요구 사항을 지정할 수 있는 상황에서, 최소수의 게이트를 사용하는 논리 게이트 시스템이 어떻게 그 진리표를 제공하도록 고안될 수 있는가?

부울 대수는 스위칭 함수를 여러 가지 동등한 형태로 조작하는 데 사용할 수 있다. 그중 일부는 다른 것보다 더 많은 논리 게이트를 사용한다. 그러나 대부분이 최소화되는 형태는 단일 OR 게이트를 구동하는 AND 게이트 또는 그 반대로 된다. 단일 OR 게이트를 구동하는 두 개의 AND 게이트(그림 C.3(a))는

$$A \cdot B + A \cdot C$$

이것을 곱 형식의 합이라고 한다.

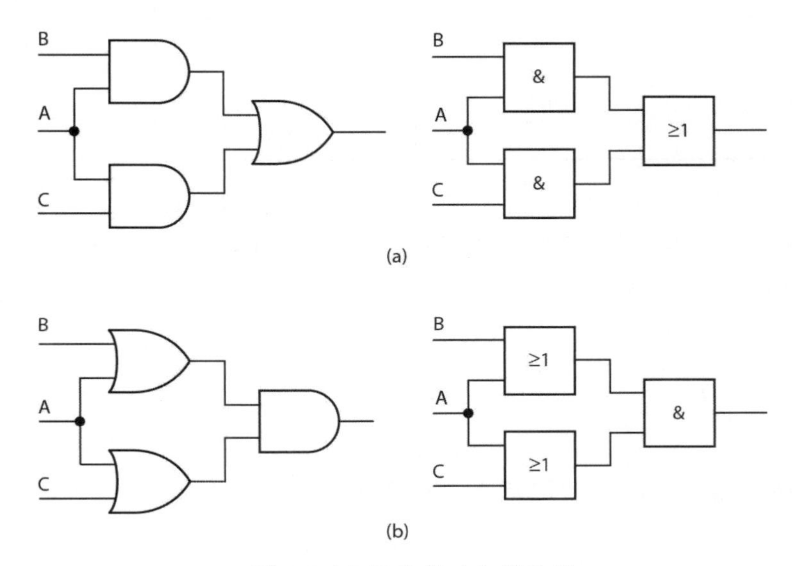

그림 C.3 (a) 곱의 합, (b) 합의 곱

단일 AND 게이트(그림 C.3(b))를 구동하는 두 개의 OR 게이트에 대해,

$$(A+B) \cdot (A+C)$$

이것은 합 형태의 곱으로 알려져 있다. 따라서 주어진 진리표에 맞는 최소 양식을 고려할 때, 통상적인 절차는 자료에 맞는 곱의 합 또는 합의 곱을 찾는 것이다. 일반적으로 곱의 합이 사용된다. 사용 된 절차는 진리표의 각 행을 차례로 고려하여 행에 적합한 곱을 찾는 것이다. 전체 결과는 이 모든 곱의 합이다.

우리가 진리표에 행이 있다고 가정해 보자.

$$A=1,\ B=0 \text{그리고 출력 } Q=1$$

A가 1이고 B가 1이 아니면 출력은 1이므로 적합하는 곱은 다음과 같다.

$$Q = A \cdot \overline{B}$$

다음 표와 같이 진리표의 각 행에 대해 이 작업을 반복할 수 있다.

A	B	Output	Products
0	0	0	$\overline{A} \cdot \overline{B}$
0	1	0	$\overline{A} \cdot B$
1	0	1	$A \cdot \overline{B}$
1	1	0	$A \cdot B$

그러나 출력이 0인 행은 최종 표현에 기여하지 않으므로 1의 출력을 갖는 진리표의 행만 고려해야 한다. 결과는 다음과 같다.

$$Q = A \cdot \overline{B}$$

이 진리표를 줄 논리 게이트 시스템은 그림 C.4와 같다.

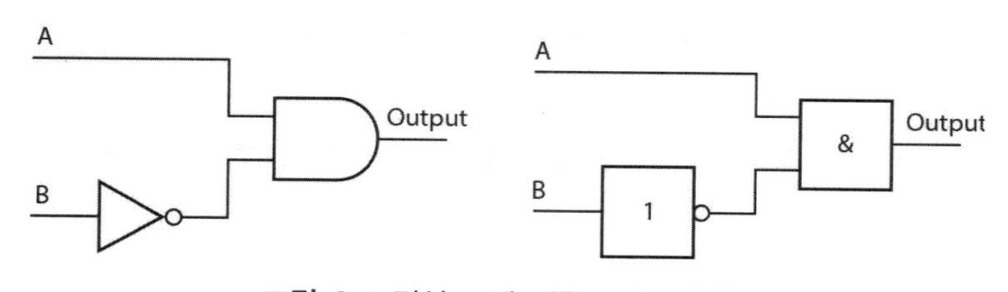

그림 C.4 진실 표에 대한 논리 게이트

추가 예제로서, 다음 진리표를 고려해 볼 때, 1개의 출력을 포함하는 곱만이 포함된다. 따라서 이 표에 맞는 곱의 합은

$$Q = \overline{A} \cdot \overline{B} \cdot \overline{C} + \overline{A} \cdot B \cdot \overline{C}$$

이것은 단순화하여

$$Q = \overline{A} \cdot \overline{C} \cdot (\overline{B} + B) = \overline{A} \cdot \overline{C}$$

따라서 진리표는 단지 NAND 게이트에 의해 생성될 수 있다.

A	B	C	Output	Products
0	0	0	1	$\overline{A} \cdot \overline{B} \cdot \overline{C}$
0	0	1	0	$\overline{A} \cdot B \cdot \overline{C}$
0	1	0	1	
0	1	1	0	
1	0	0	0	
1	0	1	0	
1	1	0	0	
1	1	1	0	

C.4 카르노 맵

카르노 맵은 진리표에서 얻은 곱의 합으로 단순화된 부울 표현식을 생성하는 데 사용할 수 있는 그래픽 방식이다. 진리표는 입력 값의 각 조합에 대한 출력 값에 대한 행을 갖는다. 두 개의 입력 변수가 있는 경우, 진리표에는 네 개의 입력 변수와 여섯 개의 입력 변수, 네 개의 입력 변수가 있는 네 개의 라인이 있다. 따라서 두 개의 입력 변수에는 4개의 곱 항이 있으며 세 개의 입력 변수에는 6개가 있고 4개의 입력 변수에는 16개가 있다. 카르노 맵은 각 셀이 특정 곱 값에 해당하는 직사각형 셀 배열로 그려져 있다. 따라서 2개의 입력 변수에는 4개의 셀이 있으며 3개의 입력 변수에는 6개의 셀이 있고 4개의 입력 변수에는 16개의 셀이 있다. 행에 대한 출력 값은 카르노 맵의 셀에 저장되지만 보통 1개의 출력 값만 표시하고 0 출력을 갖는 셀은 비어 있다.

그림 C.5(a)는 두 개의 입력 변수에 대한 맵을 보여 준다. 셀에는 다음 제품의 출력 값이 제공된다.

왼쪽 위 셀 $\overline{A} \cdot \overline{B}$,

왼쪽 아래 셀 $A \cdot \overline{B}$,

우상 셀 $\overline{A} \cdot B$,

오른쪽 아래 셀 $A \cdot B$

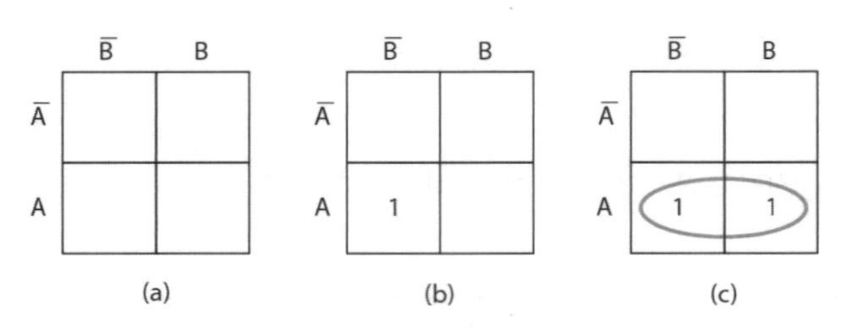

그림 C.5 두 개의 입력 변수 맵

맵 행렬의 배열은 수평으로 인접한 사각형이 하나의 변수에서만 다르며, 마찬가지로, 수직으로 인접한 사각형이 단 하나의 변수 만 다르다. 따라서 두 변수 맵을 사용하여 수평 적으로 변수는 A에서만 다르며 수직으로는 B에서만 차이가 난다.

다음 진리표의 경우 Karnaugh 맵에 곱에 주어진 값을 넣으면 셀이 1 값을 갖는 위치를 나타내고 0 값을 갖는 값을 공백으로 두는 경우에만 그림 C.5(b)가 얻어진다.

A	B	Output	Products
0	0	0	$\overline{A} \cdot \overline{B}$
0	1	0	$\overline{A} \cdot B$
1	0	1	$A \cdot \overline{B}$
1	1	0	$A \cdot B$

단 하나의 엔트리가 오른쪽 하단 사각형에 있기 때문에 진리표는 부울 식으로 나타낼 수 있다.

$$\text{출력} = A \cdot \overline{B}$$

추가 예로서 다음 진리표를 고려하라.

A	B	Output	Products
0	0	0	$\overline{A} \cdot \overline{B}$
0	1	0	$\overline{A} \cdot B$
1	0	1	$A \cdot \overline{B}$
1	1	1	$A \cdot B$

그림 C.5(c)에 나와 있는 카르노 맵을 제공한다. 이것은 다음에 의해 제공된 출력을 가진다.

$$출력 = A \cdot \overline{B} + A \cdot B$$

이것은 단순화할 수 있으며,

$$A \cdot \overline{B} + A \cdot B = A \cdot (\overline{B} + B) = A$$

가 된다. 1을 포함하는 두 개의 셀이 공통 수직 모서리를 가질 때 부울 식을 단순 변수로 단순화할 수 있다. 우리는 그림 C.5(c)에서와 같이 어떤 셀 엔트리가 그것들 둘레에 루프를 그리는 것으로 단순화될 수 있는지를 나타내는 맵을 조사함으로써 이것을 구할 수 있다. 그림 C.6(a)는 세 가지 입력 변수를 갖는 다음 진리표에 대한 카르노 맵을 보여 준다.

A	B	C	Output	Products
0	0	0	1	$\overline{A} \cdot \overline{B} \cdot \overline{C}$
0	0	1	0	$\overline{A} \cdot \overline{B} \cdot C$
0	1	0	1	$\overline{A} \cdot B \cdot \overline{C}$
0	1	1	0	$\overline{A} \cdot B \cdot C$
1	0	0	0	$A \cdot \overline{B} \cdot \overline{C}$
1	0	1	0	$A \cdot \overline{B} \cdot C$
1	1	0	0	$A \cdot B \cdot \overline{C}$
1	1	1	0	$A \cdot B \cdot C$

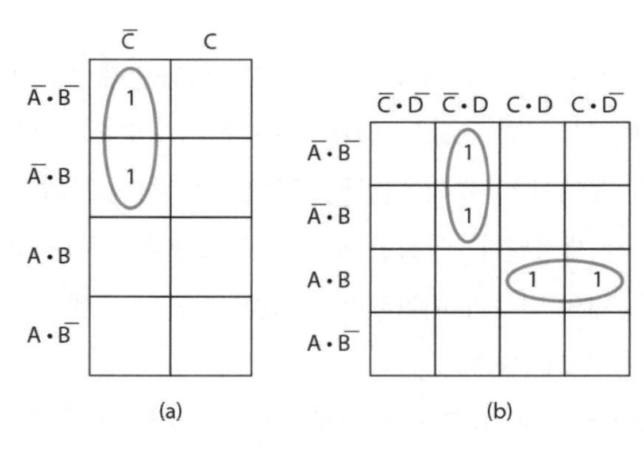

그림 C.6 (a) 3 입력 변수 맵, (b) 4 입력 변수 맵

이전과 마찬가지로 루핑을 사용하여 결과 부울 표현식을 일반 변수로 단순화할 수 있다. 결과는 다음과 같다.

$$출력 = \overline{A} \cdot \overline{C}$$

그림 C.6(b)는 4개의 입력 변수를 갖는 다음 진리표에 대한 Karnaugh 지도를 보여 준다. 루핑은 결과 부울 표현식을 단순화하여

$$출력 = \overline{A} \cdot \overline{C} \cdot D + A \cdot B \cdot C$$

A	B	C	D	Output	Products
0	0	0	0	0	
0	0	0	1	1	$\overline{A} \cdot \overline{B} \cdot \overline{C} \cdot D$
0	0	1	0	0	
0	0	1	1	0	
0	1	0	0	0	
0	1	0	1	1	$\overline{A} \cdot B \cdot \overline{C} \cdot D$
0	1	1	0	0	
0	1	1	1	0	
1	0	0	0	0	
1	0	0	1	0	
1	0	1	0	0	
1	0	1	1	0	
1	1	0	0	0	
1	1	0	1	0	
1	1	1	0	1	$A \cdot B \cdot C \cdot \overline{D}$
1	1	1	1	1	$A \cdot B \cdot C \cdot D$

위의 내용은 카르노 맵과 루핑 사용의 간단한 예제를 나타낸다. 반복에서 인접 셀은 왼쪽 및 오른쪽 열의 맨 위 및 맨 아래 행에 있는 셀로 간주 될 수 있다. 서로 조화되는 맵의 반대편 가장자리를 생각해 보자. 맵에서 한 쌍의 인접한 루프를 반복하면 보완 된 형식과 보완되지 않은 형식으로 나타나는 변수가 제거된다. 인접한 것들의 쿼드를 루핑하면 보완 된 형태와 보완되지 않은 형태로 나타나는 두 개의 변수가 제거된다. 인접한 것들의 옥텟을 반복하면 보완 및 비보완 형태로 나타나는 세 변수가 제거된다.

추가적인 예로서, 3개의 센서 A, B 및 C 중 2개가 신호를 내는 경우에만 시작되는 자동 기계를 생각해 보자. 다음 진리표는 이 요구 사항에 부합하며 그림 C.7(a)는 결과로 나타나는 3가지 변수 인 카르노 다이어그램을 보여 준다. 맵에 맞고 기계의 결과를 설명하는 부울 표현식은 다음과 같다.

결과 $= A \cdot B + B \cdot C + A \cdot C$

그림 C.7(b)는 이 부울 표현식을 생성하는 데 사용할 수 있는 논리 게이트를 보여 준다. $A \cdot B$는 입력 A와 B에 대한 AND 게이트를 설명한다. 마찬가지로 $B \cdot C$와 $A \cdot C$는 두 개의 AND 게이트이다. 1개의 부호는 3개의 AND 게이트의 출력이 OR 게이트의 입력임을 나타낸다.

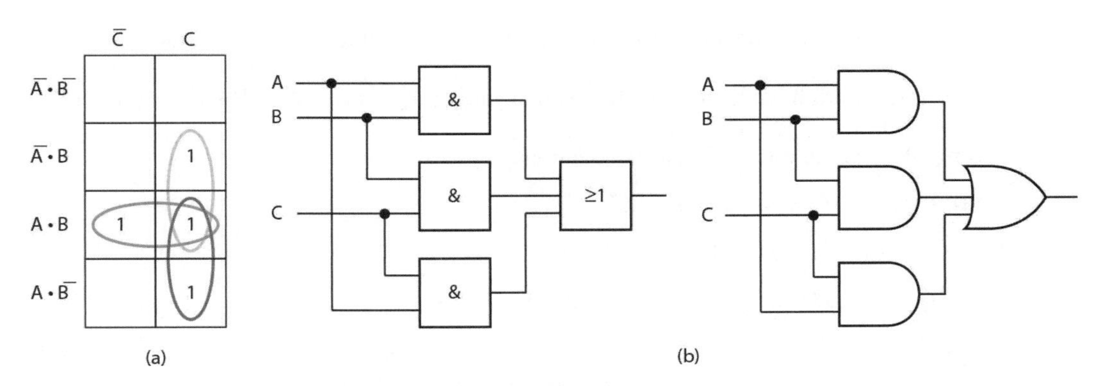

그림 C.7 자동화된 기계

A	B	C	Output	Products
0	0	0	0	
0	0	1	0	
0	1	0	0	
0	1	1	1	$\overline{A} \cdot B \cdot C$
1	0	0	0	
1	0	1	1	$A \cdot \overline{B} \cdot C$
1	1	0	1	$A \cdot B \cdot \overline{C}$
1	1	1	1	$A \cdot B \cdot C$

일부 논리 시스템에는 출력이 지정되지 않은 입력 변수 조합이 있다. 그들은 'don't care states'라고 불린다. 카르노 맵에 이 값을 입력하면 셀을 1 또는 0으로 설정하여 출력 방정식을 단순화할 수 있다.

연습문제

C.1 State the Boolean functions that can be used to describe the following situations.

(a) There is an output when switch A is closed and either switch B or switch C is closed.

(b) There is an output when either switch A or switch B is closed and either switch C or switch D is closed.

(c) There is an output when either switch A is opened or switch B is closed.

(d) There is an output when switch A is opened and switch B is closed.

C.2 State the Boolean functions for each of the logic circuits shown in Figure C.8.

C.3 Construct a truth table for the Boolean equation $Q = (A \cdot C + B \cdot C) \cdot (A + C)$.

C.4 Simplify the following Boolean equations:

(a) $Q = A \cdot C + A \cdot C \cdot D + C \cdot D$

(b) $Q = A \cdot \overline{B} \cdot D + A \cdot \overline{B} \cdot \overline{D}$

(c) $Q = A \cdot B \cdot C + C \cdot D + C \cdot D \cdot E$

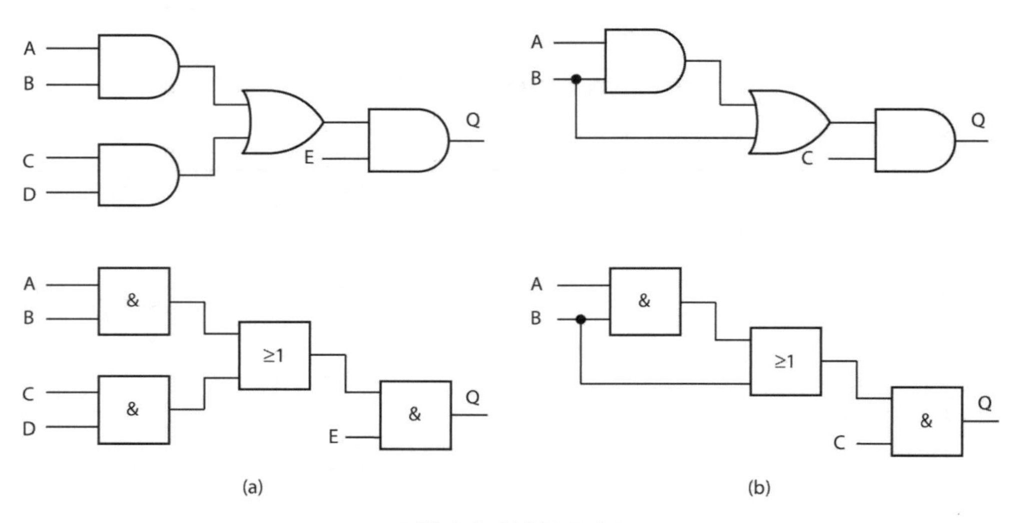

그림 C.8 연습문제 C.2

C.5 Use De Morgan's laws to show that a NOR gate with inverted inputs is equivalent to an AND gate.

C.6 Draw the Karnaugh maps for the following truth tables and hence determine the simplified Boolean equation for the outputs:

(a)

A	B	Q
0	0	1
0	1	1
1	0	1
1	1	1

(b)

A	B	C	Q
0	0	0	0
0	0	1	1
0	1	0	1
0	1	1	1
1	0	0	0
1	0	1	1
1	1	0	0
1	1	1	1

C.7 Simplify the following Boolean equations by the use of Karnaugh maps:

(a) $Q=\overline{A}\cdot\overline{B}\cdot C+\overline{A}\cdot\overline{B}\cdot\overline{C}+\overline{A}\cdot B\cdot\overline{C}$

(b) $Q=\overline{A}\cdot B\cdot\overline{C}\cdot D+A\cdot\overline{B}\cdot\overline{C}\cdot D+\overline{A}\cdot\overline{B}\cdot\overline{C}\cdot D$
$+A\cdot B\cdot\overline{C}\cdot D+A\cdot B\cdot\overline{C}\cdot\overline{D}+A\cdot B\cdot C\cdot D$

C.8 Devise a system which will allow a door to be opened only when the correct combination of four push-buttons is pressed, any incorrect combination sounding an alarm.

Appendix D 명령어 집합

다음은 Motorola M68HC11, Intel 8051, PIC16Cxx 마이크로 컨트롤러에서 사용되는 명령어이다.

M68HC11

Instruction	Mnemonic	Instruction	Mnemonic
Loading		*Rotate/shift*	
Load accumulator A	LDAA	Rotate bits in memory left	ROL
Load accumulator B	LDAB	Rotate bits in accumulator A left	ROLA
Load double accumulator	LDD	Rotate bits in accumulator B left	ROLB
Load stack pointer	LDS	Rotate bits in memory right	ROR
Load index register X	LDX	Rotate bits in accumulator A right	RORA
Load index register Y	LDY	Rotate bits in accumulator B right	RORB
Pull data from stack and load acc. A	PULA	Arithmetic shift bits in memory left	ASL
Pull data from stack and load acc. B	PULB	Arithmetic shift bits in acc. A left	ASLA
Pull index register X from stack	PULX	Arithmetic shift bits in acc. B left	ASLB
Pull index register Y from stack	PULY	Arithmetic shift bits in memory right	ASR
Transfer registers		Arithmetic shift bits in acc. A right	ASRA
Transfer from acc. A to acc. B	TAB	Arithmetic shift bits in acc. B right	ASRB
Transfer from acc. B to acc. A	TBA	Logical shift bits in memory left	LSL
From stack pointer to index reg. X	TSX	Logical shift bits in acc. A left	LSLA
From stack pointer to index reg. Y	TSY	Logical shift bits in acc. B left	LSLB
From index reg. X to stack pointer	TXS	Logical shift bits in acc. D left	LSLD
From index reg. Y to stack pointer	TYS	Logical shift bits in memory right	LSR
Exchange double acc. and index reg. X	XGDX	Logical shift bits in acc. A right	LSRA
Exchange double acc. and index reg. Y	XGDY	Logical shift bits in acc. B right	LSRB
Decrement/increment		Logical shift bits in acc. C right	LSRD
Subtract 1 from contents of memory	DEC	*Data test with setting of condition codes*	
Subtract 1 from contents of acc. A	DECA	Logical test AND between acc. A & memory	BITA
Subtract 1 from contents of acc. B	DECB		
Subtract 1 from stack pointer	DES	Logical test AND between acc. B & memory	BITB
Subtract 1 from index register X	DEX		
Subtract 1 from index register Y	DEY	Compare accumulator A to accumulator B	CBA

Add 1 to contents of memory	INC
Add 1 to contents of accumulator A	INCA
Add 1 to contents of accumulator B	INCB
Add 1 to stack pointer	INS
Add 1 to index register X	INX
Add 1 to index register Y	INY
Subtract $00 from accumulator A	TSTA
Subtract $00 from accumulator B	TSTB
Interrupt	
Clear interrupt mask	CLI
Set interrupt mask	SEI
Software interrupt	SWI
Return from interrupt	RTI
Wait for interrupt	WAI
Complement and clear	
Clear memory	CLR
Clear A	CLRA
Clear B	CLRB
Clear bits in memory	BCLR
Set bits in memory	BSET
Store registers	
Store contents of accumulator A	STAA
Store contents of accumulator B	STAB
Store contents of double acc.	STD
Store stack pointer	STS
Store index register X	STX
Store index register Y	STY
Push data from acc. A onto stack	PSHA
Push data from acc. B onto stack	PSHB
Push index reg. X contents onto stack	PSHX
Push index reg. Y contents onto stack	PSHY
Logic	
AND with contents of accumulator A	ANDA
AND with contents of accumulator B	ANDB
EXCLUSIVE-OR with contents of acc. A	EORA
EXCLUSIVE-OR with contents of acc. B	EORB
OR with contents of accumulator A	ORAA
OR with contents of accumulator B	ORAB
Replace memory with one's complement	COM
Replace acc. A with one's complement	COMA
Replace acc. B with one's complement	COMB
Arithmetic	
Add contents of acc. A to acc. B	ABA
Add contents of acc. B to index reg. X	ABX
Add contents of acc. B to index reg. Y	ABY
Add memory to acc. A without carry	ADDA
Add memory to acc. B without carry	ADDB
Add mem. to double acc. without carry	ADDD
Add memory to acc. A with carry	ADCA
Add memory to acc. B with carry	ADCB
Decimal adjust	DAA
Subtract contents of acc. B from acc. A	SBA
Subtract mem. from acc. A with carry	SBCA
Compare accumulator A and memory	CMPA
Compare accumulator B and memory	CMPB
Compare double accumulator with memory	CPD
Compare index register X with memory	CPX
Compare index register Y with memory	CPY
Subtract $00 from memory	TST
Subtract mem. from acc. B with carry	SBCB
Subtract mem. from accumulator A	SUBA
Subtract mem. from accumulator B	SUBB
Subtract mem. from double acc.	SUBD
Replace acc. A with two' complement	NEGA
Replace acc. B with two' complement	NEGB
Multiply unsigned acc. A by acc. B	MUL
Unsigned integer divide D by index reg. X	IDIV
Unsigned fractional divide D by index reg. X	FDIV
Conditional branch	
Branch if minus	BMI
Branch if plus	BPL
Branch if overflow set	BVS
Branch if overflow clear	BVC
Branch if less than zero	BLT
Branch if greater than or equal to zero	BGE
Branch if less than or equal to zero	BLE
Branch if greater than zero	BGT
Branch if equal	BEQ
Branch if not equal	BNE
Branch if higher	BHI
Branch if lower or same	BLS
Branch if higher or same	BHS
Branch if lower	BLO
Branch if carry clear	BCC
Branch if carry set	BCS
Jump and branch	
Jump to address	JMP
Jump to subroutine	JSR
Return from subroutine	RTS
Branch to subroutine	BSR
Branch always	BRA
Branch never	BRN
Branch bits set	BRSET
Branch bits clear	BRCLR
Condition code	
Clear carry	CLC
Clear overflow	CLV
Set carry	SEC
Set overflow	SEV
Transfer from acc. A to condition code reg.	TAP
Transfer from condition code reg. to acc. A	TPA
Miscellaneous	
No operation	NOP
Stop processing	STOP
Special test mode	TEST

주: 한 레지스터내의 비트 수는 프로세서에 따라 다르다. 8 비트 마이크로프로세서는 일반적으로 8 비트의 레지스터를 갖는다. 간혹 두개의 데이터 레지스터가 비트수를 2배로 하기 위하여 동시에 사용될 수도 있다. 이러한 조합된 레지스터를 이중 레지스터(doubled register)라 한다.

Intel 8051

Instruction	Mnemonic
Data transfer	
Move data to accumulator	MOV A, #data
Move register to accumulator	MOV A, Rn
Move direct byte to accumulator	MOV A, direct
Move indirect RAM to accumulator	MOV A, @Ri
Move accumulator to direct byte	MOV direct, A
Move accumulator to external RAM	MOVX @Ri, A
Move accumulator to register	MOV Rn, A
Move direct byte to indirect RAM	MOV @Ri, direct
Move immediate data to register	MOV Rn, #data
Move direct byte to direct byte	MOV direct, direct
Move indirect RAM to direct byte	MOV direct, @Ri
Move register to direct byte	MOV direct, Rn
Move immediate data to direct byte	MOV direct, #data
Move immediate data to indirect RAM	MOV @Ri, #data
Load data pointer with a 16-bit constant	MOV DPTR, #data16
Move code byte relative to DPTR to acc.	MOV A, @A+DPTR
Move external RAM, 16-bit addr., to acc.	MOVX A, @DPTR
Move acc. to external RAM, 16-bit addr.	MOVX @DPTR, A
Exchange direct byte with accumulator	XCH A, direct
Exchange indirect RAM with acc.	XCH A, @Ri
Exchange register with accumulator	XCH A, Rn
Push direct byte onto stack	PUSH direct
Pop direct byte from stack	POP direct
Branching	
Absolute jump	AJMP addr 11
Long jump	LJMP addr 16
Short jump, relative address	SJMP rel
Jump indirect relative to the DPTR	JMP @A+DPTR
Jump if accumulator is zero	JZ rel
Jump if accumulator is not zero	JNZ rel
Compare direct byte to acc. and jump if not equal	CJNE A, direct, rel
Compare immediate to acc. and jump if not equal	CJNE A, #data, rel
Compare immediate to register and jump if not equal	CJNE Rn, #data, rel
Compare immediate to indirect and jump if not equal	CJNE @Ri, #data, rel
Decrement register and jump if not zero	DJNZ Rn, rel
Decrement direct byte, jump if not zero	DJNZ A, direct, rel
Jump if carry is set	JC rel
Jump if carry not set	JNC rel
Jump if direct bit is set	JB bit, rel
Jump if direct bit is not set	JNB bit, rel
Jump if direct bit is set and clear bit	JBC bit, rel
Subroutine call	
Absolute subroutine call	ACALL addr 11
Long subroutine call	LCALL addr 16
Return from subroutine	RET
Return from interrupt	RETI
Bit manipulation	
Clear carry	CLR C
Clear bit	CLR bit
Set carry but	SETB C
Set bit	SETB bit
Complement carry	CPL C
AND bit to carry bit	ANL C,bit
AND complement of bit to carry bit	ANL C,/bit
OR bit to carry bit	ORL C,bit
OR complement of bit to carry bit	ORL C,/bit
Move bit to carry	MOV C,bit
Move carry bit to bit	MOV bit,C
Logical operations	
AND accumulator to direct byte	ANL direct, A
AND immediate data to direct byte	ANL direct, #data
AND immediate data to acc.	ANL A, #data
AND direct byte to accumulator	ANL A, direct
AND indirect RAM to accumulator	ANL A, @Ri
AND register to accumulator	ANL A, Rn
OR accumulator to direct byte	ORL direct, A
OR immediate data to direct byte	ORL direct, #data
OR immediate data to accumulator	ORL A, #data
OR direct byte to accumulator	ORL A, direct
OR indirect RAM to accumulator	ORL A, @Ri
OR register to accumulator	ORL A, Rn
XOR accumulator to direct byte	XRL direct, A
XOR immediate data to acc.	XRL direct, #data
XOR immediate data to acc.	XRL A, #data
XOR direct byte to accumulator	XRL A, direct
XOR indirect RAM to accumulator	XRL A, @Ri
XOR register to accumulator	XRL A, Rn
Addition	
Add immediate data to acc.	ADD A, #data

Add direct byte to accumulator	ADD A, direct	Swap nibbles within the acc.	SWAP A
Add indirect RAM to accumulator	ADD A, @Ri	Decimal adjust accumulator	DA A
Add register to accumulator	ADD A, Rn	*Increment and decrement*	
Add immediate data to acc. with carry	ADDC A, #data	Increment accumulator	INC A
		Increment direct byte	INC direct
Add direct byte to acc. with carry	ADDC A, direct	Increment indirect RAM	INC @Ri
Add indirect RAM to acc. with carry	ADDC A, @Ri	Increment register	INC Rn
		Decrement accumulator	DEC A
Add register to acc. with carry	ADDC A, Rn	Decrement direct byte	DEC direct
Subtraction		Decrement indirect RAM	DEC @Ri
Subtract immediate data from acc. with borrow	SUBB A, #data	Decrement register	DEC Rn
		Increment data pointer	INC DPTR
Subtract direct byte from acc. with Borrow	SUBB A, 29	*Clear and complement operations*	
		Complement accumulator	CPL A
Subtract indirect RAM from acc. with borrow	SUBB A, @Ri	Clear accumulator	CLR A
		Rotate operations	
Multiplication and division		Rotate accumulator right	RR A
Multiply A and B	MUL AB	Rotate accumulator right thro. C	RRC A
Divide A by B	DIV AB	Rotate accumulator left	RL A
Decimal maths operations		Rotate accumulator left through C	RLC A
		No operation	
Exchange low-order digit indirect RAM with accumulator	XCHD A, @Ri	No operation	NOP

주: 기호 # 뒤의 값은 수이고, #data16은 16비트 상수이다. Rn은 레지스터의 상수를 말한다. @Ri는 레지스터가 가리키는 메모리의 값을 말하고, DPTR은 데이터 포인터, direct는 명령어가 사용하는 데이터를 찾을 수 있는 메모리 위치이다.

PIC 16Cxx

Instruction	Mnemonic	Instruction	Mnemonic
Add a number with number in working reg.	addlw number	Move (copy) the number in a file reg. into the working reg.	movf FileReg,w
Add number in working reg. to number in file register and put number in file register	addwf FileReg,f	Move (copy) number into working reg.	movlw number
Add number in working reg. to number in file register and put number in working reg.	addwf FileReg,w	Move (copy) the number in file reg. into the working reg.	movwf FileReg
AND a number with the number in the working reg. and put result in working reg.	andlw number	No operation	nop
		Return from a subroutine and enable global interrupt enable bit	refie
AND a number in the working reg. with the number in file reg., and put result in file reg.	andwf FileReg,f	Return from a subroutine with a number in the working register	retlw number
Clear a bit in a file reg., i.e. make it 0	bcf FileReg,bit	Return from a subroutine	return
Set a bit in a file reg., i.e. make it 1	bsf FileReg,bit	Rotate bits in file reg. to the left through the carry bit	rlf FileReg,f
Test a bit in a file reg. and skip the next instruction if the bit is 0	btfsc FileReg,bit	Rotate bits in file reg. to the right through the carry bit	rrf FileReg,f
Test a bit in a file reg. and skip the next instruction if the bit is 1	btfss FileReg,bit	Send the PIC to sleep, a low-power-consumption mode	sleep
Call a subroutine, after which return to where it left off	call AnySub	Subtract the number in working reg. from a number	sublw number
Clear, i.e. make 0, the number in file reg.	clrf FileReg		
Clear, i.e. make 0, the no. in working reg.	clrw	Subtract the no. in working reg. from	subwf FileReg,f

Clear the number in the watchdog timer	clrwdt
Complement the number in file reg. and leave result in file register	comf FileReg,f
Decrement a file reg., result in file reg.	decf FileReg,f
Decrement a file reg. and if result zero skip the next instruction	decfsz FileReg,f
Go to point in program labelled	gotot label
Increment file reg. and put result in file reg.	Incf FileReg,f
OR a number with number in working reg.	iorlw number
OR the number in working reg. with the number in file reg., put result in file reg.	iorwf FileReg,f
number in file reg., put result in file reg.	
Swap the two halves of the 8 bit no. in a file reg, leaving result in file reg.	swapf FileReg, f
Use the number in working reg. to specify which bits are input or output	tris PORTX
XOR a number with number in working register	xorlf number
XOR the number in working reg. with number in file reg. and put result in the file reg.	xorwf FileReg,f

주: f는 파일 레지스터(file register), w는 작업 레지스터 (working register) 그리고 b는 비트를 나타낸다. 연상기호는 관련된 피연산자의 형태를 나타낸다. 즉, movlw는 이동 연산을 나타내는데, 여기서 lw는 글자 값(literal value), 즉 수가 작업 레지스터 w에 관련되어 있다는 것은 나타낸다. 또한 movwf는 작업 레지스터와 파일 레지스터에 관계되는 이동연산을 나타낸다.

Appendix E 라이브러리 함수

다음은 공통적으로 사용되는 C 라이브러리 함수이다. 이는 한 컴파일러에 사용 가능한 전체 라이브러리 목록 내에 있는 모든 함수를 나타내는 완전한 목록은 아니다.

〈ctype.h〉

isalnum	int isalnum(int ch)	Tests for alphanumeric characters, returning non-zero if argument is either a letter or a digit or a 0 if it is not alphanumeric.
isalpha	int isalpha(int ch)	Tests for alphabetic characters, returning non-zero if a letter of the alphabet, otherwise 0.
iscntrl	int iscntrl(int ch)	Tests for control character, returning non-zero if between 0 and 0x1F or is equal to 0x7F (DEL), otherwise 0.
isdigit	int isdigit(int ch)	Tests for decimal digit character, returning non-zero if a digit (0 to 9), otherwise 0.
isgraph	int isgraph(int ch)	Tests for a printable character (except space), returning non-zero if printable, otherwise 0.
islower	int islower(int ch)	Tests for lower case character, returning non-zero if lower case, otherwise 0.
isprint	int isprint(int ch)	Tests for printable character (including space), returning non-zero if printable, otherwise 0.
ispunct	int ispunct(int ch)	Tests for punctuation character, returning non-zero if a punctuation character, otherwise 0.
isspace	int isspace(int ch)	Tests for space character, returning non-zero if a space, tab, form feed, carriage return or new-line character, otherwise 0.
isupper	int isupper(int ch)	Tests for upper case character, returning non-zero if upper case, otherwise 0.
isxdigit	int isxdigit(int ch)	Tests for hexadecimal character, returning non-zero if a hexadecimal digit, otherwise 0.

⟨math.h⟩

acos	double acos(double arg)	Returns the arc cosine of the argument.
asin	double asin(double arg)	Returns the arc sine of the argument.
atan	double atan(double arg)	Returns the arc tangent of the argument. Requires one argument.
atan2	double atan2(double y, double x)	Returns the arc tangent of y/x.
ceil	double ceil(double num)	Returns the smallest integer that is not less than num.
cos	double cos(double arg)	Returns the cosine of arg. The value of arg must be in radians.
cosh	double cosh(double arg)	Returns the hyperbolic cosine of arg.
exp	double exp(double arg)	Returns e^x where x is arg.
fabs	double fabs(double num)	Returns the absolute value of num.
floor	double floor(double num)	Returns the largest integer not greater than num.
fmod	double fmod(double x, double y)	Returns the floating-point remainder of x/y.
ldexp	double ldexp(double x, int y)	Returns x times 2^y.
log	double log(double num)	Returns the natural logarithm of num.
log10	double log10(double num)	Returns the base 10 logarithm of num.
pow	double pow(double base, double exp)	Returns base raised to the exp power.
sin	double sin(double arg)	Returns the sine of arg.
sinh	double sinh(double arg)	Returns the hyperbolic sine of arg.
sqrt	double sqrt(double num)	Returns the square root of num.
tan	double tan(double arg)	Returns the tangent of arg.
tanh	double tanh(double arg)	Returns the hyperbolic tangent of arg.

⟨stdio.h⟩

getchar	int getchar(void)	Returns the next character typed on the keyboard.
gets	char gets(char *str)	Reads characters entered at the keyboard until a carriage return is read and stores them in the array pointed to by str.
printf	int printf(char *str, ...)	Outputs the string pointed to by str.
puts	int puts(char *str)	Outputs the string pointed to by str.
scanf	int scanf(char *str, ...)	Reads information into the variables pointed to by the arguments following the control string.

⟨stdlib.h⟩

abort	void abort(void)	Causes immediate termination of a program.
abs	int abs(int num)	Returns the absolute value of the integer num.
bsearch	void bsearch(const void *key, const void *base, size_t num, size_t size, int(*compare)(const void *, const void *))	Performs a binary search on the sorted array pointed to by base and returns a pointer to the first member that matches the key pointed to by key. The number of the elements in the array is specified by num and the size in bytes of each element by size.
calloc	void *calloc(size_t num, size_t size)	Allocates sufficient memory for an array of num objects of size given by size, returning a pointer to the first byte of the allocated memory.
exit	void exit(int status)	Causes immediate normal termination of a program. The value of the status is passed to the calling process.
free	void free(void *ptr)	Frees the allocated memory pointed to by ptr.
labs	long labs(long num)	Returns the absolute value of the long int num.
malloc	void *malloc(size_t size)	Returns a pointer to the first byte of memory of size given by size that has been allocated.
qsort	void qsort(void *base, size_t num, size_t size, int(*compare)(const void*, const void*))	Sorts the array pointed to by base. The number of elements in the array is given by num and the size in bytes of each element by size.
realloc	void *realloc(void *ptr, size_t size)	Changes the size of the allocated memory pointed to by ptr to that specified by size.

주: size_t는 size of 변수의 형태이며, 일반적으로 파라메터 또는 객체의 크기를 나타낸다.

⟨time.h⟩

asctime	char *asctime(const struct tm *ptr)	Converts time from a structure form to a character string appropriate for display, returning a pointer to the string.
clock	clock_t clock(void)	Returns the number of clock cycles that have occurred since the program began execution.

ctime	char *ctime(const time_t *time)	Returns a pointer to a string of the form day month date hours:minutes:seconds year\n\0 given a pointer to the numbers of seconds elapsed since 00:00:00 Greenwich Mean Time.
difftime	double difftime(time_t time 2, time_t time 1)	Returns the difference in seconds between time 1 and time 2.
gmtime	struct tm *gmtime (const time_t *time)	Returns a pointer to time converted from long inter form to a structure form.
localtime	struct tm *localtime (const time_t *time)	Returns a pointer to time converted from long inter form to structure form in local time.
time	time_t time(time_t *system)	Returns the current calendar time of the system.

주: time_t와 clock_t는 time of 변수와 number of cycles of 변수의 형태로서 사용된다.

Appendix F MATLAB과 SIMULINK

F.1 MATLAB

컴퓨터 소프트웨어는 시스템의 계산 및 모델링을 돕기 위해 사용될 수 있다. 자주 사용되는 프로그램은 MATLAB이다. 다음은 MATLAB(Mathworks Inc.의 등록 상표)에 대한 간략한 소개이다. 추가 정보는 사용자 가이드 또는 Hahn, B., 엔지니어 및 과학자 용 Essential MATLAB, 5th edn, Elsevier 2012 또는 Moore, H., MATLAB for Engineers, Pearson 2013과 같은 책자를 참조하기 바란다.

명령은 프롬프트 다음에 입력 한 다음 Enter 또는 Return 키를 눌러 명령을 실행할 수 있다. 다음 명령에 대한 논의에서 Enter 또는 Return 키를 누를 때 반복되지는 않지만 모든 경우에 가정되어야 한다. Windows(윈도우) 또는 Macintosh 시스템에서 MATLAB을 시작하려면 MATLAB 아이콘 혹은 matlab이라 입력한다. 그러면 화면에서 MATLAB 프롬프트가 생성된다.

MATLAB을 종료하려면 quit를 입력하거나 프롬프트에서 빠져 나온다.

MATLAB는 대소문자를 구분하므로, 소문자가 명령어 전반에 사용되어져야 한다.

프롬프트 후 help를 입력하거나, MATLAB 창 상단의 메뉴 바에서 도움말을 선택하여, MATLAB 도움말 항목의 목록을 표시할 수 있다. 목록에서 특정 항목에 대한 도움말을 얻으려면, 예를 들어 지수 함수, help exp를 입력하면 된다. lookfor와 항목을 입력하면 MATLAB이 해당 항목에 대한 정보를 검색하도록 검색한다. 예: lookfor integ는 적분과 연계된 여러 명령들을 표시한다.

일반적으로 수학 연산은 종이에 쓰여 지는 것과 같은 방식으로 MATLAB에 입력된다. 예를 들어,

```
>> a=4/2
```

의 결과는

```
a=
    2
```

그리고

```
>> a=3*2
```

의 결과는

```
a=
    6
```

연산은 다음 순서대로 수행된다. ^ 제곱 * 곱셈, / 나눗셈, + 덧셈, - 뺄셈. 연산자의 우선순위는 왼쪽에서 오른쪽이지만 대괄호 ( )는 순서에 변화를 줄 수 있다.

예를 들어

```
>> a=1+2^3/4*5
```

의 결과는

```
a=
    11
```

왜냐하면 $2^3/4$에 5를 곱한 뒤 1을 더하였기 때문이다. 이에 반해여

```
>> a=1+2^3/(4*5)
```

의 결과는

```
a=
   1.4
```

이다.

왜냐하면 2^3에 4와 5를 곱한 뒤 나눈 후 1을 더하였기 때문이다.

다음은 MATLAB에서 사용할 수 있는 수학 함수 중 일부이다.

abs(x)	x의 절댓값, 즉 $\lvert x \rvert$
exp(x)	x의 지수 함수, 즉 e^x
log(x)	x의 자연 로그, 즉 $\ln x$
log10(x)	10을 지수로 하는 x의 로그, 즉 $\log_{10}x$
sqrt(x)	x의 제곱근, 즉 $\sqrt{x}$
sin(x)	$\sin x$, 여기서 x는 라디안
cos(x)	$\cos x$, 여기서 x는 라디안
tan(x)	$\tan x$, 여기서 x는 라디안
asin(x)	$\arcsin x$, 즉 $\sin^{-1}x$
acos(x)	$\arccos x$, 즉 $\cos^{-1}x$
atan(x)	$\arctan x$, 즉 $\tan^{-1}x$
csc(x)	$1/\sin x$
sec(x)	$1/\cos x$
cot(x)	$1/\tan x$

π는 pi를 타이핑함으로 입력되게 된다.

프롬프트에서 일련의 명령을 작성하는 대신 텍스트 파일을 작성한 다음 MATLAB을 해당 파일로 참조하여 명령을 실행할 수 있다. M- 파일이라는 용어는 여러 MATLAB 명령을 포함하는 텍스트 파일의 접미사가 .m이기 때문에 사용된다. 이러한 파일을 작성할 때 첫 번째 줄은 다음과 같은 형식으로 함수의 이름, 입력과 출력을 식별하는 문장이 뒤 따르는 function이라는 단어로 시작되어야 한다.

```
function [output] = function name [input]
```

예를 들어 y=cotan(x)는 cotan x에 의해 주어진 y의 값을 결정하는 데 사용되는 함수이다. 이러한 파일은 MATLAB의 일련의 명령어에서 입력이 있는 함수명을 기입함으로써, 예를 들면 cotan(x), 불러낼 수 있다. 실제로 MATLAB에 이미 포함되어 있으며 x의 코탄젠트가 필요할 때 사용된다. 그러나 그 파일을 사용자가 작성할 수도 있다. 다중 입력 기능이 있는 함수는 함수 명령문에 입력 모두를 나열해야 한다. 마찬가지로 하나 이상의 값을 반환하는 함수는 모든 출력을 나열해야 한다.

%로 시작하는 줄은 주석 줄이며, MATLAB에서 명령으로 해석되지 않는다. 예를 들어 데이터 포인트의 단일 열의 제곱 평균값을 결정하는 프로그램을 작성한다고 가정하면 프로그램은 다음과 같이 작성할 수 있다.

```
function y=rms(x)
% rms Root mean square
% rms(x) gives the root mean square value of the
% elements of column vector x.
xs=x^2;
s=size(x);
y=sqrt(sum(xs)/s);
```

xs는 각 x 값의 제곱 값이 되게 하였다. 명령어 s= size(x) 데이터 열의 크기, 즉 엔트리 번호를 취득한다. 명령어 y = sqrt (sum (xs) / s (1))는 s로 나눈 모든 xs 값의 합계의 제곱근을 얻는다. 명령어 ;는 각 프로그램 행의 끝에 사용된다.

MATLAB은 M 파일 모음을 포함하는 여러 도구 상자를 제공한다. 이 책과 관련된 부분은 제어 시스템 도구 상자이다. 이는 Bode 및 Nyquist 분석, 근 궤적 등과 함께 임펄스, 계단, 램프에 대한 시스템 시간 응답을 수행하는 데 사용할 수 있다. 예를 들어, 전달함수 $4/(s^2+2s+3)$로 기술 된 시스템의 Bode 플롯을 수행하려면,

그 프로그램은 다음과 같다.

```
%Generate Bode plot for G(s)=4/(s^{2}+2s+3)
num=4
den=[1 2 3];
bode(num,den)
```

bode (num, den) 명령어는 로그 눈금의 rad/s 단위의 주파수에 대한 dB 단위의 이득과 로그 스케일의 주파수에 대한 위상각의 Bode 선도를 제공한다.

F.1.1 그래프 그리기

plot(x, y) 명령어를 사용하면 2 차원 선형 그림을 생성 할 수 있다. 이것은 x와 y의 값의 그래프를 그려준다. 예를 들어

```
x=[1 2 3 4 5];
y=[1 4 9 16 25];
plot(x,y)
```

표준 또는 사용자 정의 여부에 관계없이 함수의 그래프를 그리기 위해 fplot(함수 이름, lim) 명령어를 사용한다. 여기서 lim은 플로팅 간격, 즉 x의 최소 및 최댓값을 결정한다.

semilogy(x,y) 명령어는 x에 대한 선형 스케일과 y에 대한 로그 스케일을 사용하여 x와 y 값의 플롯을 생성한다. loglog(x,y) 명령어는 x와 y의 로그 스케일을 사용하여 x와 y 값의 그래프를 생성한다. polar(theta,r) 명령어는 θ가 라디안 단위의 인수이고 크기 r인 극좌표를 그린다.

subplot 명령을 사용하면 그래프 창을 하위 창으로 나눌 수 있고 각 그래프를 각각의 창에 배치 할 수 있다. 예를 들어

```
x=(10 1 2 3 4 5 6 7) ;
y=expx;
subplot(2,1,1);plot(x,y);
subplot(2,1,2);semilogy(x,y);
```

subplot 명령에는 3 개의 정수 m, n, p가 있다. 숫자 m과 n은 그래프 윈도우가 더 작은 윈도우의 $m \times n$ 그리드로 분할되도록 지시한다. 여기서, m은 행수, n는 열의 수, 숫자 p는 그래프에 사용하는 창을 지정한다. 하위 창은 왼쪽에서 오른쪽으로, 위에서 아래로 행 번호가 매겨진다. 따라서 위의 명령 순서는 창을 두 개로 나누고 한 창은 다른 창 위에 배치한다. 상단 플롯은 선형 그래프이며 하단 플롯은 세미로그 그래프이다.

그리드 선의 수와 스타일, 그래프 색상, 텍스트 추가를 모두 할 수 있다. print 명령어는 파일이

나 프린터로 인쇄본을 인쇄하는 데 사용된다. 이는 그림 창에서 파일 메뉴 막대 항목을 선택한 다음 인쇄 옵션을 선택하면 된다.

F.1.2 전달함수

MATLAB 프로그램의 다음 줄은 전달함수를 입력하고 화면에 표시하는 방법을 보여 준다.

```
% G(s)=4(s+10)/(s+5)(s+15)
num=4*[1 10];
den=conv([1 5],[1 15]);
printsys(num,den,'s')
```

명령어 num은 s의 내림차순으로 전달함수의 분자를 나타내는 데 사용된다. den 명령어는 분모의 두 다항식 각각에 대해 s의 내림차순으로 표현하는 데 사용된다. 명령어 conv는 2개의 다항식을 곱한다. 위와 같은 경우에는 $(s+5)$와 $(s+15)$이다. printsys 명령어는 분자 및 분모가 지정되고 s 도메인에서 작성된 전달함수를 표시한다.

두 다항식의 비율로서 전달함수가 제시되고, 극점과 영점을 찾아야 하는 경우가 있다. 이를 위해 다음과 같이 프로그램한다.

```
% Finding poles and zeros for the transfer function
% G(s)=(5s^2+3s+4)/(s^3+2s^2+4s+7)
num=[5 3 4];
den=[1 2 4 7];
[z,p,k]=tf2zp(num,den)
```

[z,p,k]=tf2zp(num, den)는 입력된 전달함수의 제로(z), 극(p) 및 이득(k)을 결정하고 표시하는 명령어이다.

MATLAB은 여러 입력에 대한 시스템의 응답을 보여 주는 그래프를 제공하는 데 사용할 수 있다. 예를 들어, 다음 프로그램은 지정된 전달함수를 사용하여 단위 계단 입력 $u(t)$에 대한 시스템의 응답을 제공한다.

```
% Display of response to a step input for a system with
% transfer function G(s)=5/(s^2+3s+12)
num=5;
den=[1 3 12];
step(num,den)
```

F.1.3 블록 다이어그램

제어 시스템은 일련의 상호 연결된 블록으로 표현되는 경우가 많으며 각 블록은 특정 특성을 가지고 있다. MATLAB을 사용하면 상호 연결된 블록에서 시스템을 구축 할 수 있다. 주어진 open-loop 전달함수를 가진 블록이 단일 피드백을 가질 때 사용되는 명령은 cloop이다. 피드백이 단일이 아닌 경우, 명령어 feedback이 사용된다. 그림 F.1에 대한 프로그램은 다음과 같다.

```
% System with feedback loop
ngo=[1 1];
dgo=conv([1 3],[1 4]);
nh=[1 3];
dh=[1 4];
[ngc2,dgc2]=feedback(ngo,dgo,nh,dh)
printsys(ngc2,dgc2,'s')
```

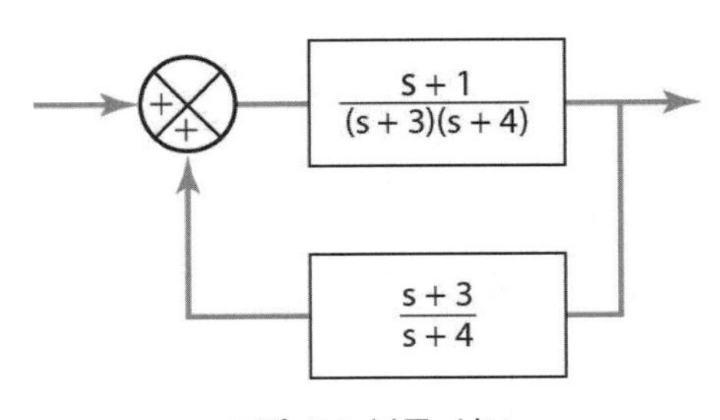

그림 F.1 블록 선도

ngo와 dgo는 개 루프 전달함수 $G_0(s)$의 분자와 분모를 나타내고, nh와 dh는 피드백 루프 전달함수 $H(s)$의 분자와 분모이다. 프로그램은 시스템 전체에 대한 전달함수를 표시한다.

명령어 series는 두 개의 블록이 특정 경로에서 연속적임을 나타내기 위해 사용된다. 명령어 parallel은 두 개의 블록이 병렬임을 나타낸다.

F.2 SIMULINK

SIMULINK는 MATLAB과 함께 사용되어 위와 같이 블록 다이어그램을 나타내기 위해 일련의 명령어들을 작성하는 것이 아니라 화면에 상자들을 연결하여 시스템을 나타낸다. MATLAB이 시작되면 SIMULINK는 명령어 > >simulink를 사용하여 선택된다. 그러면 SIMULINK 아이콘과 헤더 바에 풀다운 메뉴들이 있는 SIMULINK 컨트롤 창이 열린다. 파일메뉴를 클릭하고, 드롭다운 메뉴에서 new를 클릭한다. 그러면 시스템을 조합할 수 있는 창이 열리게 된다.

필요한 블록을 조합하려면 제어 창으로 돌아가서 linear 아이콘을 두 번 클릭한다. 클릭 한 다음 무제의 창으로 전달함수 Fcn 아이콘을 끌어온다. 만일 게인 블록이 필요하다면, gain 아이콘을 클릭하여 무제 창으로 끌어 온다. sum 아이콘과 integrator 아이콘에 대해서도 동일한 작업을 수행한다. 이런 식으로, 필요한 모든 아이콘을 무제 창으로 끌어 온다. 그런 다음 Sources 아이콘을 더블 클릭하고 드롭 다운 메뉴에서 해당 소스를, 예로서 계단 입력을 선택하고, 무제 창으로 끌어 온다. 다음 sinks 아이콘을 두 번 클릭한 후 graph 아이콘을 무제 창으로 끌어 온다. 아이콘들을 연결하려면, 마우스 화살표가 아이콘의 출력 기호 상에 있는 동안 마우스 단추를 누른 다음, 연결하려는 아이콘의 입력 기호로 마우스 화살표를 드래그 한다. 완전한 블록 다이어그램이 조합 될 때까지 모든 아이콘에 대해 이 작업을 반복한다.

전달함수 Fcn 상자를 전달함수로 제공하기 위해 그 상자를 두 번 클릭한다. 그러면 분자 및 분모 다항식에 대한 MATLAB 명령어를 사용할 수 있는 대화 상자가 나타나게 된다.

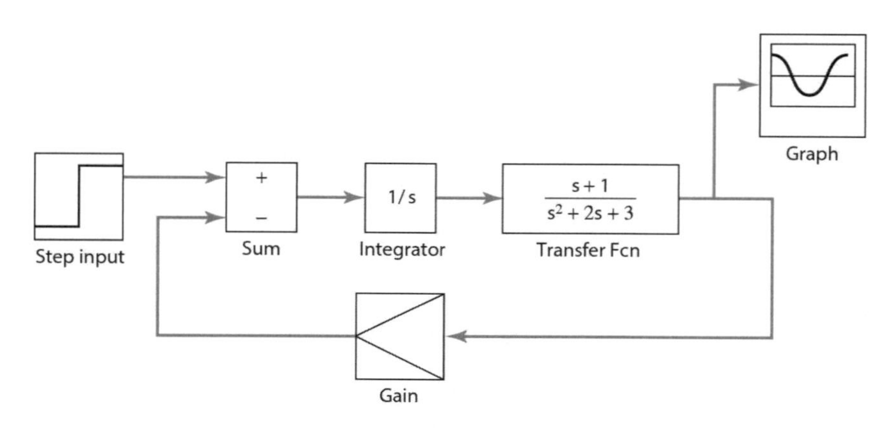

그림 F.2 SIMULINK의 사용 예

(s+1)이 필요하면 numerator를 클릭하고 [1 1]을 입력한다. (s^2+2s+3)가 필요한 경우, denominator를 클릭하고[1 2 3]을 입력한다. 그런 다음 완료(done) 아이콘을 클릭한다. 이득

(gain) 아이콘을 더블 클릭하고 게인 값을 입력한다. 합계(sum) 아이콘을 두 번 클릭하고 양수 또는 음수 피드백이 필요한지 여부에 따라 부호를 + 또는 −로 설정한다. 그래프 아이콘을 더블 클릭하고 그래프의 매개 변수를 설정한다. 그런 다음 전체 시뮬레이션 다이어그램을 화면에 표시한다. 그림 F.2는 이와 같은 과정으로 만들어진 예시를 보여 준다. 블록 또는 연결을 삭제하려면 클릭으로 해당 블록 또는 연결을 선택하고 <DEL> 키를 누른다.

시스템의 동작을 시뮬레이션하기 위해, 풀다운 해당 메뉴에서 Simulation을 클릭한다. Parameter 메뉴를 선택하고, 시뮬레이션의 시작 및 종료 시간을 설정한다. Simulation 메뉴에서부터 Start를 선택한다. 그러면 SIMULINK는 그래프 창을 생성하고 시스템의 출력을 표시한다. 파일은 File을 선택하고 드롭 다운 메뉴에서 SAVE AS를 클릭하여 저장할 수 있다. 대화상자에 파일 이름을 입력하고 Done을 클릭한다.

Appendix G 전기회로 해석

G.1 직류 회로

회로 해석에 사용된 기본 법칙은 키르히호프 법칙이다.

1. 키르히호프 전류 법칙(Kirchihoff's current law)은 임의의 접합(junction)에서 유입되는 전류는 유출되는 전류와 같다는 것을 기술한다.
2. 키르히호프 전압 법칙(Kirchihoff's voltage law)은 임의의 폐회로를 일주하면서 모든 부품의 전압강하의 합은 인가한 전압의 합과 같다는 것을 기술한다.

직렬 또는 병렬 연결된 저항들의 등가 저항 값을 결정하고 매우 단순한 회로에 대한 해석문제로 줄임으로써, 직렬과 병렬로 연결된 저항의 조합을 갖는 회로가 흔히 간단한 회로로 줄여질 수 있으려면, 보다 복잡한 회로에 대하여는 다음 기술들이 필요해질 것 같다.

G.1.1 노드 해석

노드(node)는 회로에서 2개 이상의 장치들이 함께 연결되어 있는 한 점이다. 즉, 전류가 유입되고 유출되는 접합이다. 주 노드(principal node)는 3개 이상의 요소들이 연결되어 있는 점이다. 그래서 그림 G.1에서 b와 d는 주 노드이다. 주 노드 중의 하나는 다른 노드에서의 전위차가 기준으로서 고려될 수 있도록 기준 노드로서 선택될 수 있다. 그림 G.1의 다음 해석에 대하여 d는 기준 노드로서 설정된다. 그때 키르히호프 전류법칙은 각 비기준 노드에 적용된다. 따라서 그 절차는 아래와 같이 요약된다.

1. 라벨이 부착된 회로 선도를 그리고, 주 노드를 마크하라.

2. 주 노드 중의 하나를 기준 노드로 선택하라.
3. 각 비기준 노드들에 키르히호프 전류 법칙을 적용하고, 옴의 법칙(Ohm's law)을 사용하여 노드 전압의 항으로 저항에 흐르는 전류를 표시하라.
4. 동시 방정식을 풀어라. 만약에 n개의 주 노드가 있다면, $(n-1)$개의 방정식이 될 것이다.
5. 각 분기회로에 흐르는 전류를 결정하기 위하여 유도된 노드 전압을 사용하라.

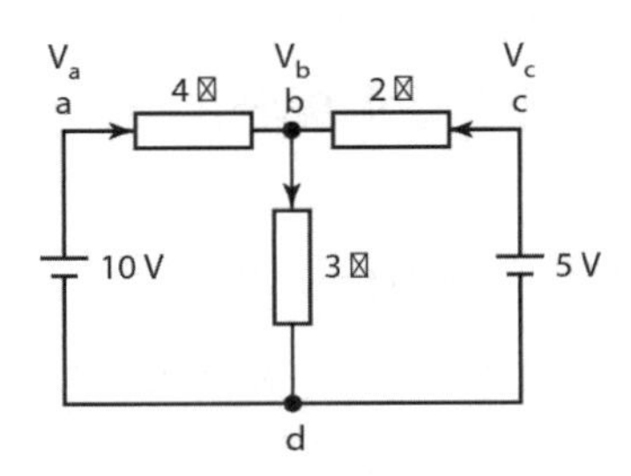

그림 G1 노드해석 회로

예시로서 그림 G.1을 고려해 보자. 노드는 a, b, c, d이고, 주 노드는 b와 d이다. 노드 d를 기준 노드로 설정하자. 만약 V_a, V_b, V_c가 노드 d에 대한 상대적인 노드 전압이라면, 4Ω 저항에 걸리는 전위차는 $(V_a - V_b)$이고, 3Ω 저항에 걸리는 전위차는 V_b이고, 2Ω 저항에 걸리는 전위차는 $(V_c - V_b)$이다. 따라서 4Ω 저항에 흐르는 전류는 $(V_a - V_b)/4$이고, 3Ω 저항에 흐르는 전류는 $V_b/3$이고, 2Ω 저항에 흐르는 전류는 $(V_c - V_b)/2$이다. 그래서 노드 b에 키르히호프 전류법칙을 적용하면,

$$\frac{V_a - V_b}{4} + \frac{V_c - V_d}{2} = \frac{V_b}{3}$$

그러나 $V_a = 10\text{V}$, $V_c = 5\text{V}$이므로,

$$\frac{10 - V_b}{4} + \frac{5 - V_b}{2} = \frac{V_b}{3}$$

따라서 $V_b = 4.62\text{V}$이다. 4Ω 저항에 걸리는 전위차는 $10 - 4.62 = 5.38\text{V}$이고, 그래서 흐르는 전류는 $5.38/4 = 1.35\text{A}$이다. 3Ω 저항에 걸리는 전위차는 4.62V이고, 그래서 흐르는 전류는 $4.61/3 = 1.54\text{A}$이다. 2Ω 저항에 걸리는 전위차는 $5 - 4.62 = 0.38\text{V}$이고, 그래서 흐르는 전류는

0.38/2=0.19A이다.

G.1.2 메시 해석

루프(loop)는 폐경로를 형성하는 회로 요소의 시퀀스에 사용된다. 메시(mesh)는 루프 내에 다른 루프를 포함하지 않는 회로 루프이다. 각 메시 전류에 대하여 같은 방향이 선택되어야 하며, 일반적인 규약은 모든 메시 전류를 시계방향으로 순환하도록 한다. 이때 키르히호프 전압법칙은 각 메시에 적용된다. 그 절차는 아래와 같이 요약된다.

1. 시계방향의 메시 전류를 갖는 각 메시를 표시하라.
2. 각 메시에 대하여 키르히호프 전압법칙을 적용하라. 각 저항에 걸리는 전위차는 옴의 법칙에 의하여 그곳을 흐르는 전류의 항으로 주어지며, 단지 한 개의 메시를 경계하는 저항을 흐르는 전류는 메시 전류이다. 두 개의 메시를 경계하는 저항을 통한 전류는 두 개의 메시를 통해 흐르는 전류의 산술적인 합이다.
3. 메시 전류를 얻기 위하여 동시 방정식을 풀어라. 만약 n개의 메시가 있으면 n개의 방정식이 될 것이다.
4. 회로의 각 분기회로에서 전류를 결정하기 위하여 메시 전류에 대한 결과 값을 사용하라.

예시로서, 그림 G.2에 나타낸 회로에 대하여 3개의 루프 - ABCF, CDEF와 ABCDEF가 있으나 단지 첫 번째 두 개가 메시이다. 이러한 메시에서 시계방향으로 순환하면서 전류 I_1과 I_2를 정의할 수 있다. 메시-1에서 키르히호프 전압법칙을 적용하면 $5\text{-}5I_1\text{-}20(I_1 - I_2) = 0$이다. 이것은 아래와 같이 쓸 수 있다.

$$5 = 25I_1 - 20I_2$$

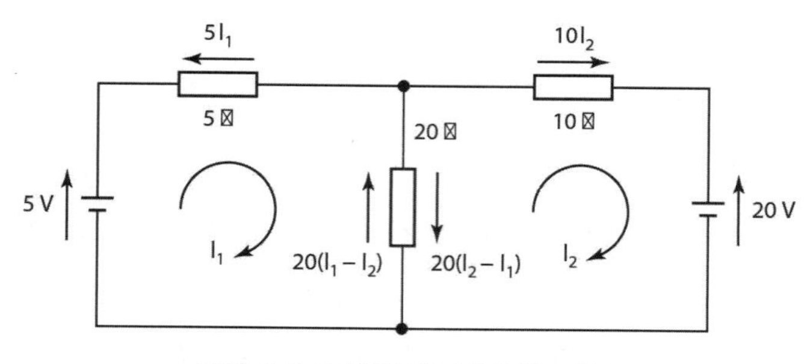

그림 G.2 메시해석을 나타내는 회로

메시-2에서 키르히호프 전압 법칙을 적용하면, $10I_2$-20-$20(I_2 - I_1) = 0$이다. 이것은 아래와 같이 쓸 수 있다.

$$20 = 20I_1 - 30I_2$$

한 쌍의 동시 방정식을 가지며, 따라서 $I_2 = -1.14$A, $I_1 = -0.71$A이다. －기호는 전류가 그림에서 표시한 방향에 대하여 반대방향으로 흐른다는 의미이다. 20Ω의 저항을 통해서 흐르는 전류는 I_1의 방향으로 $-0.71+1.14=0.43$A이다.

G.1.3 테브난의 정리

전압원이나 전류원을 포함한 임의의 두 개의 단자를 가진 회로망에 대한 등가회로는 테브난의 정리(Thevenin's theorem)에 의해 주어진다. 전압원이나 전류원을 포함한 어떤 두 단자의 회로망은 두 단자 사이에 부하가 연결되지 않고 회로망에서 독립적인 전원이 0로 설정될 때(그림 G.3(a)), 단자들 사이의 측정된 저항과 직렬로 연결된 개방회로 전압과 같은 전압을 갖는 등가회로에 의하여 대체될 수 있다.

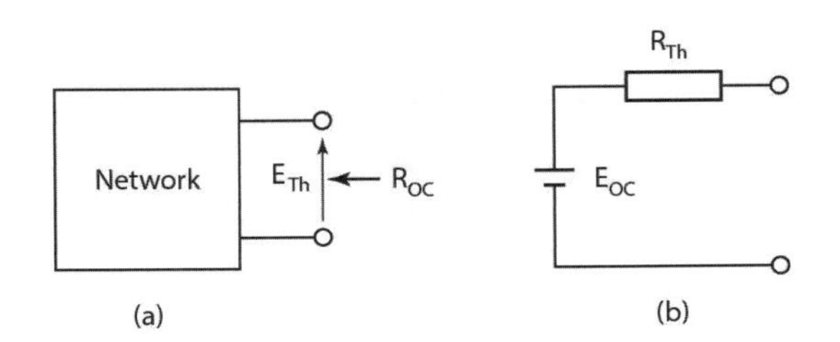

그림 G.3 (a) 회로망, (b) 등가회로

만약에 테브난의 정리를 사용할 선형회로가 있다면, 한 쌍의 단자에 연결된 두 개의 회로 A와 B로 분리해야 한다. 회로 A를 등가회로로 대체하기 위하여 테브난의 정리를 사용할 수 있다. 회로 A에 대한 개방회로 테브난의 전압은 회로 B가 연결되지 않았을 때 주어진 전압이며, 회로 A에 대한 테브난의 저항은 모든 독립 전원이 0으로 설정된 단자 A에서 보았을 때 저항이다. 그림 G.4는 단계별 시퀀스를 나타낸다.

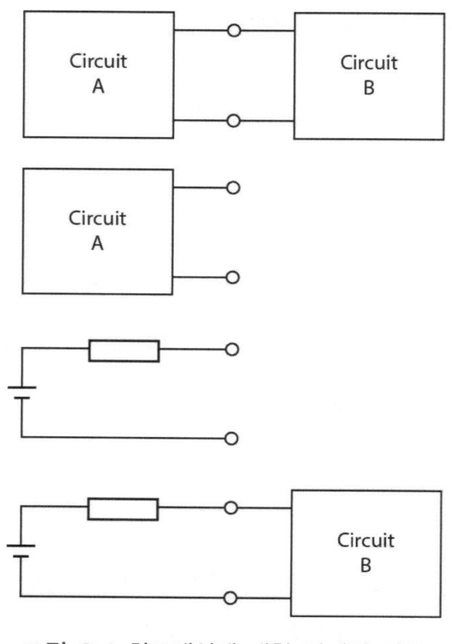

그림 G.4 회로해석에 대한 단계별 접근

예시로서 그림 G.5의 회로에서 테브난의 정리를 사용하여 10Ω 저항에 흐르는 전류를 결정한다고 하자.

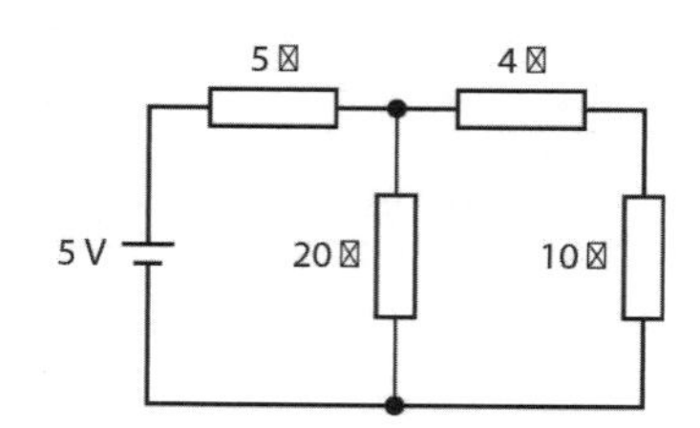

그림 G.5 테브난 정리의 사용을 나타내는 회로 예

단자들을 연결함으로써 10Ω 저항에 흐르는 전류에 관심이 있기 때문에 그것을 회로망 B로 대체하고, 나머지는 회로망 A로서 대체할 수 있다(그림 G.6(a)). 그때 A와 B로 분류하고(그림 G.6(b)). 테브난의 등가회로를 결정한다.

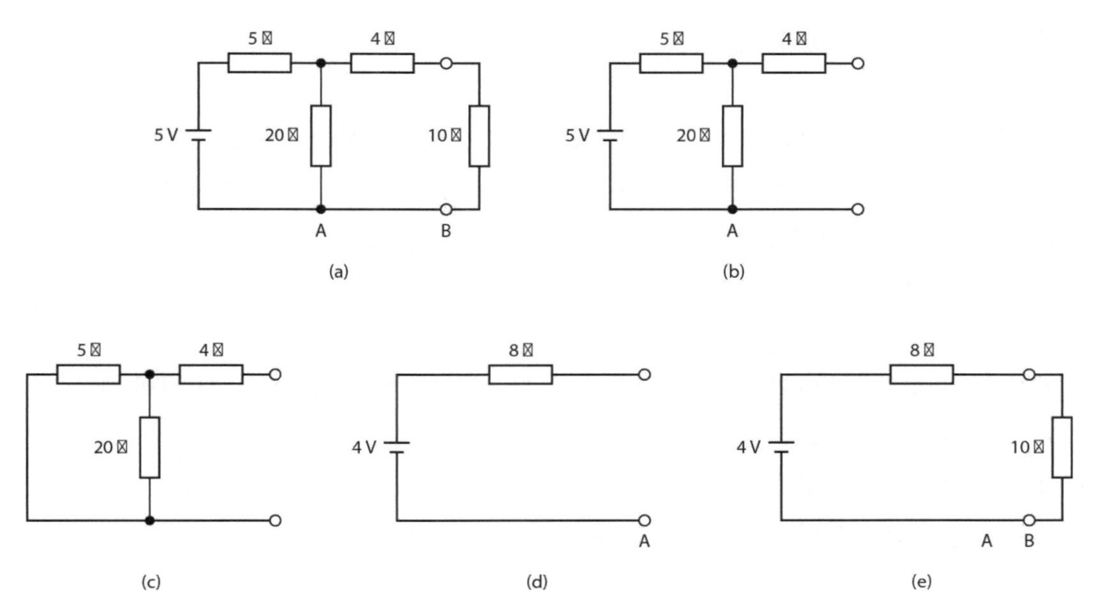

그림 G.6 테브난 해석: (a) 단자 선택, (b) 회로요소 분리, (c) 단자에 본 저항, (d) 등가회로, (e) 완성 회로

개방회로 전압은 20Ω 저항 양단의 전압이며, 즉 20Ω 저항에 걸리는 전체 전압강하의 일부이다.

$$E_{Th} = 5\frac{20}{20+5} = 4\text{V}$$

전압원이 0과 같을 때 단자에서 본 저항은 5Ω과 20Ω의 병렬연결과 4Ω의 직렬연결의 저항이다(그림 G.6(c)).

$$R_{Th} = 4 + \frac{20 \times 5}{20+5} = 8\,\Omega$$

따라서 테브난의 등가회로는 그림 G.6(d)와 같으며, 회로망 B가 연결되었을 때는 그 회로는 그림 G.6(e)와 같다. 10Ω 저항에 흐르는 전류는 $I_{10} = 4/(8+10) = 0.22$A이다.

G.1.4 노오톤의 정리

테브난의 정리와 비슷한 방법으로 전압원이나 전류원을 포함한 임의의 두 개의 단자를 가진 회로망에 대하여 저항과 병렬 연결된 전류원의 등가회로망을 가질 수 있다. 이것을 노오톤의 정리(Norton's theorem)라고 알려져 있다.

전압원이나 전류원을 포함한 어떤 두 개의 단자를 가진 회로망은 전류원으로 구성된 등가 회로망으로 대체될 수 있다. 이 전류원은 두 단자가 단락되었을 때 단자들 사이에 흐르는 전류와 같고, 또한 단자들 사이에 부하가 없고 모든 독립적인 전원이 0으로 설정될 때 두 단자 사이에 측정된 저항과 병렬로 연결된다.

만약에 선형회로가 있다면, 한 쌍의 단자에 연결된 두 개의 회로, A와 B로 분리해야 한다(그림 G.7). 회로 A를 등가회로로 대체하기 위하여 노오톤의 정리를 사용할 수 있다. 회로 A에 대한 단락 노오톤의 전압은 회로 B가 연결되지 않았을 때 주어진 전류이며, 회로 A에 대한 노오톤의 저항은 모든 독립 전원이 0으로 설정된 단자 A에서 보았을 때 저항이다.

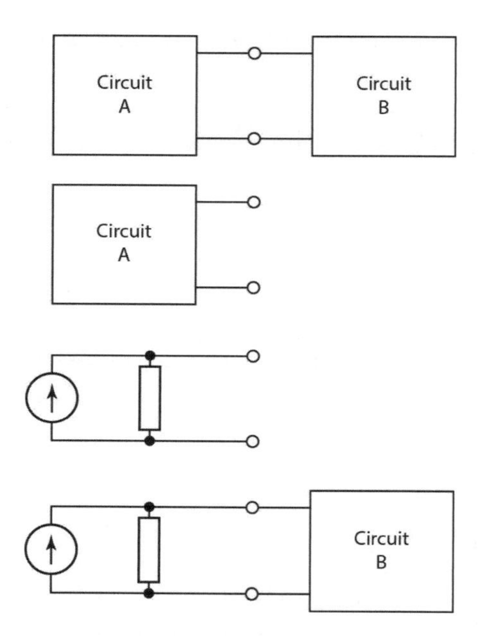

그림 G.7 노오톤 정리를 사용하는 회로에 대한 단계별 접근

그림 G.4는 단계별 시퀀스를 나타낸다.

노오톤 정리를 사용하는 예시로서, 그림 G.8의 20Ω 저항에 흐르는 전류 I를 결정한다고 하자.

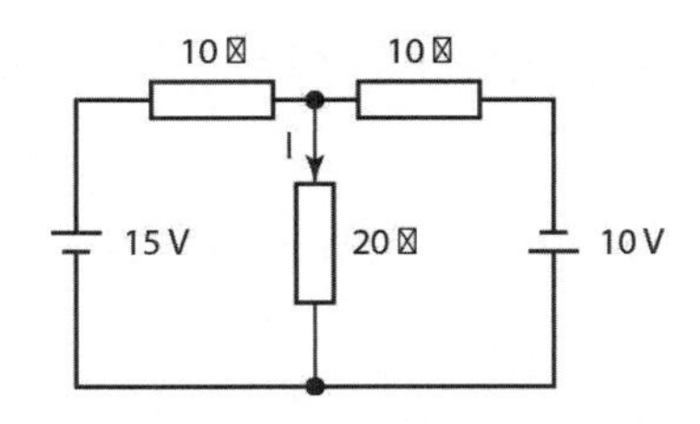

그림 G.8 노오톤 정리를 사용하는 해석용 회로

20Ω 저항에 선택된 회로망 B와 함께 두 개의 연결된 회로망 A와 B 단자들을 연결함으로써 그 회로를 G.9(a)와 같은 형태로 회로를 다시 그릴 수 있다. 그때 회로망 A에 대한 노오톤 등가회로를 결정한다(그림 G.9(b)). 회로망 A 단자를 단락하면 그림 G.9(c)의 회로가 된다. 단락회로 전류는 방향을 고려하여 전압원을 포함한 회로의 두 개의 분기로 흐르는 전류의 합이다. 즉, $I_{sc} = I_1 - I_2$이다. 그 회로망의 다른 분기단락이기 때문에 전류 $I_1 = 15/10 = 1.5$A이다. 따라서 $I_{sc} = 0.5$A이다. 노오톤 저항은 모든 전원이 0로 설정될 때 단자 양단에 저항이다(그림 G.9(d)). 따라서

$$R_N = \frac{10 \times 10}{10 + 10} = 5\,\Omega$$

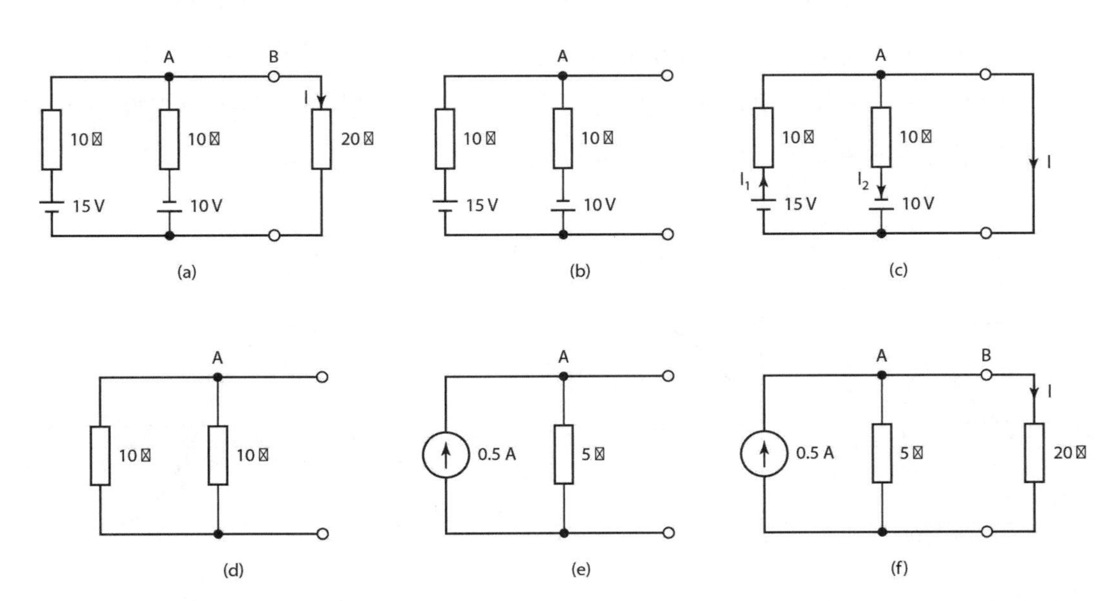

그림 G.9 노오톤 해석: (a) 회로의 재배열, (b) 회로망 A, (c) 단자 단락, (d) 전압원 0 설정, (e) 노오톤 등가회로, (f) 회로의 결합부품

노오톤 등가회로는 그림 G.9(e)에 나타내었다. 이것을 회로망 B(그림 G.9(f))0을 놓을 때 전류 I를 구할 수 있다.

저항 양단에 걸리는 전위차는 $0.5 \times R$이고, 따라서 전류 I는 이 전위차를 20으로 나눈 값이다.

$$I = 0.5 \times \frac{5}{5+20} = 0.1\text{A}$$

G.2 교류 회로

반경 OA를 일정한 각속도 ω로 회전함으로써 정현파를 생성할 수 있다(그림 G.10(a)). 이것은 시간에 따라서 정현파로 변하는 선분 AB의 수직 투영이다. 시각 t에서 선분 AB의 각 θ는 ωt이다. 회전 주파수 f는 $1/T$이며, 여기서 T는 1회전에 소요되는 시간이며, 따라서 $\omega = 2\pi f$이다. 그림 G.10(a)에서 회전하는 선분 OA는 $t=0$ 시각에 수평위치로부터 출발하는 것으로서 나타낸다. G.10(b)는 $t=0$에서 선분 OA는 이미 각도 ϕ에 있다. 선분 OA가 각속도 ω로 회전함에 따라 임의시각 t에 각도는 ωt이며, 임의시각 t에 각도는 $\omega t + \phi$가 된다. 정현파 교류와 전압은 회전하는 선분에 의하여 표시되고, 그때 $t=0$에서 0을 가지는 전류와 전압에 대한 방정식은 $i = I_m \sin\omega t$와 $v = V_m \sin\omega t$로 표시되며, 최초의 각도 ϕ에서 출발하면 $i = I_m \sin(\omega t + \phi)$와 $v = V_m \sin(\omega t + \phi)$로 표시된다. 아래첨자 기호는 시간에 따라 변하는 전류와 전압의 항으로 사용되며, 위첨자는 변하지 않는 항으로 표시된다.

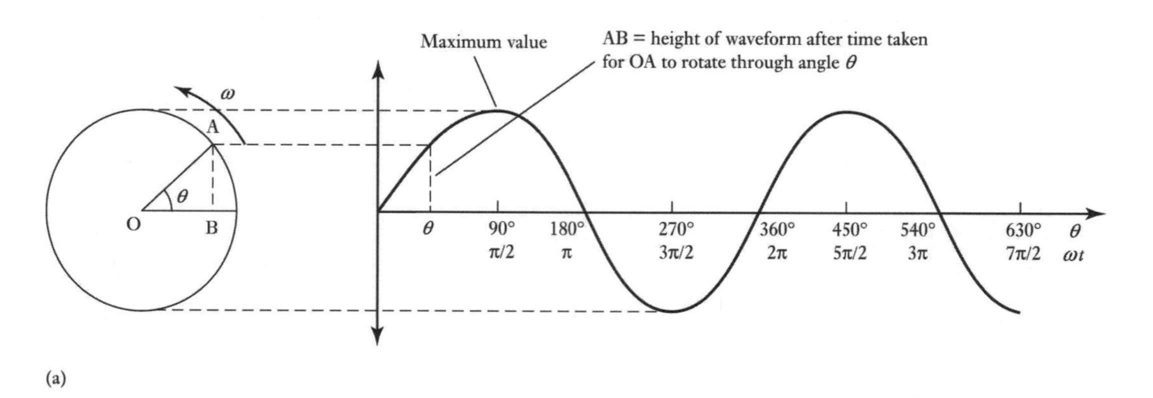

그림 G.10 정현파 생성: (a) $t=0$에 0 값, (b) $t=0$에 초깃값(계속)

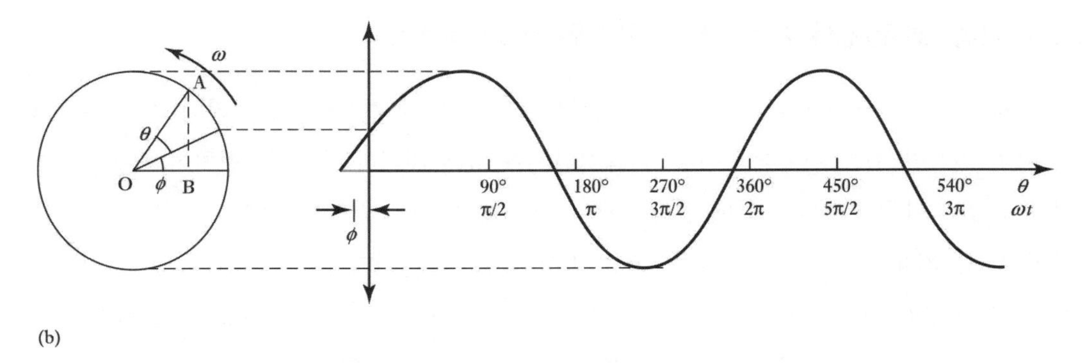

그림 G.10 정현파 생성: (a) $t=0$에 0 값, (b) $t=0$에 초깃값

교류 회로로서 부품에 흐르는 교류와 그것의 양단에 걸리는 교류 전압 사이에 관계를 고려할 필요가 있다. 만약 교류를 직렬회로에 대한 기준으로 잡고 $i = I_m \sin\omega t$로 표현한다면, 전압은 $V = V_m \sin(\omega t + \phi)$로 표시된다. 전류와 전압 사이의 위상차(phase difference) ϕ로 표시한다. ϕ가 양수이면 전압은 전류를 진상(leading)하고(그림 G.10 참조), ϕ가 음수이면 전압은 전류를 지상(lagging) 한다. 수평 선분에 비하여 그 길이와 최초 각도의 항으로 회전하는 선분을 구현함으로써 정현파 교류를 기술할 수 있다. 위상 벡터의 축약인 페이저(phasor)는 이러한 선분에 사용된다. 최댓값은 실효치에 비례하기 때문에, 페이저의 길이는 정현파의 최댓값인 실효치(root mean square)로 표시할 수 있다. 같은 회로에서 전류와 전압이 같은 주파수를 가지고, 그들을 표현하는 데 사용된 페이저는 같은 각속도로 회전하고 항상 그들 사이에 같은 위상을 유지하기 때문에 회전 효과를 그릴 필요가 없고 페이저의 상대적 각 위치를 주는 페이저 선도만 그리고 그들의 회전은 무시할 수 있다.

다음은 페이저에 대한 주요 사항을 요약한다.

1. 페이저는 정현파로 변하는 교류량의 최댓값에 비례하는 길이를 가지며, 즉 최댓값은 실효치에 비례하기 때문에 실효치에 비례하는 길이이다.
2. 페이저는 시계 반대방향으로 회전하며, 회전하는 끝에서 화살표를 가진다.
3. 두 페이저 사이의 각도는 그들 파형 사이의 위상각을 나타낸다. 보다 큰 시계 반대방향의 각도인 페이저는 진상이라고 하며, 보다 작은 시계 반대방향의 각도인 페이저는 지상이라고 한다.
4. 수평선은 기준 축으로서 잡고, 페이저들 중의 하나는 그 방향이며, 다른 방향은 이 기준 축에 상대적으로 주어진 위상각을 가진다.

G.2.1 교류 회로에서 저항, 인덕턴스와 커패시턴스

순수 저항(pure resistance)을 통하여 흐르는 정현파 전류 $I = I_m \sin\omega t$를 고려해 보자. 순수저항은 단지 저항만 있고 인덕턴스 또는 커패시턴스가 없는 것이다. 오옴의 법칙이 적용된다고 가정할 수 있기 때문에 저항 양단에 걸리는 전압 $v = Ri$이고 $v = RI_m \sin\omega t$이다. 전류와 전압은 위상이 같다. 최대 전압은 $\sin\omega t = 1$이고 따라서 $V_m = RI_m$이다.

순수 인덕턴스(pure inductance)을 통하여 흐르는 정현파 전류 $i = I_m \sin\omega t$를 고려해 보자. 순수 인덕턴스는 단지 인덕턴스만 가지고 저항 또는 커패시턴스가 없는 것이다. 인덕턴스에 대하여 변화하는 전류는 역기전력 Ldi/dt를 생성한다, 여기서 L은 인덕턴스이다. 작용된 기전력은 흐르는 전류에 대하여 이러한 역기전력을 극복해야 한다. 따라서 인덕턴스 L 양단에 걸리는 전압 v는 Ldi/dt이며, 따라서

$$v = L\frac{di}{dt} = L\frac{d}{dt}(I_m \sin\omega t) = \omega L I_m \cos\omega t$$

$\cos\omega t = \sin(\omega t + 0°)$이므로, 전압의 위상은 전류의 위상을 90° 앞선다. 최대 전압은 $\cos\omega t = 1$이고 따라서 $V_m = \omega L I_m$이다. V_m/I_m은 유도 리액턴스(inductive reactance) X_L이다. 따라서 $X_L = V_m/I_m = \omega L$이다. $\omega = 2\pi f$이므로 $X_L = 2\pi f L$이며, 그래서 리액턴스는 주파수 f에 비례한다. 주파수가 높으면 높을수록 전류에 더욱더 저항한다.

그것의 양단에 걸리는 정현파 전압 $v = V_m \sin\omega t$이 걸리는 순수한 커패시턴스(pure capacitance)만 가지는 회로를 고려해 보자. 순수한 커패시턴스는 저항이나 인덕턴스가 없고 단지 커패시터만 있는 회로이다. 캐패시터의 평판 위에 전하 $q = Cv$로서 전압 v와 관계가 있다. 따라서 전류는 전하의 이동률 dq/dt이기 때문에 $i = q$의 변화율$= Cv$의 변화율$= C \times (v$의 변화율), 즉 $I = C(dv/dt)$. 따라서

$$i = \frac{dq}{dt} = \frac{d}{dt}(Cv) = C\frac{d}{dt}(V_m \sin\omega t) = \omega C V_m \cos\omega t$$

$\cos\omega t = \sin(\omega t + 90°)$이므로, 전류와 전압은 위상이 다르기 때문에 전류는 전압을 90° 앞선다. 최대 전류는 $\cos\omega t = 1$이고 따라서 $I_m = \omega C V_m$이다. V_m/I_m은 용량 리액턴스(capacitive reactance) X_C이다. 따라서 $X_C = V_m/I_m = 1/\omega C$이다. 리액턴스는 Ω의 저항 단위를 가지며, 전류에 저항하는 척도이다. 리액턴스가 크면 클수록 전압이 전류를 더 많이 유도한다. $\omega = 2\pi f$

이므로 리액턴스는 주파수 f에 역비례 한다. 그래서 주파수가 높으면 높을수록 적게 전류에 저항한다. 주파수가 0인 직류에 대하여는 리액턴스는 무한대이고 그래서 전류는 흐르지 않는다.

요약으로서 그림 G.11은 (a) 순수 저항, (b) 순수 인덕턴스, (c) 순수 캐패시턴스에 대한 전압과 전류 위상이다.

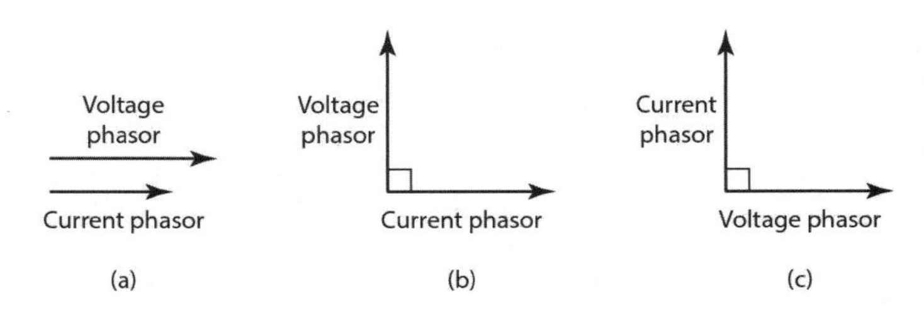

그림 G.11 페이저 (a) 순수저항, (b) 순수 인덕턴스, (c) 순수 캐패시턴스

G.2.2 직렬 교류회로

직렬회로에서 전체 전압은 비록 그 전압강하의 위상이 다르더라도 직렬 부품에 걸리는 전압강하의 합이다. 이것은 만약에 페이저를 생각해 보면, 그들은 같은 각도로 회전하지만 다른 길이와 그들 사이에 위상각을 갖고 출발할 수 있다는 의미이다. 2개의 위상을 더하는 벡터의 평행사변형 법칙(parallelogram law)을 사용함으로써 2개의 직렬 전압의 합을 얻을 수 있다. 두 개의 위상이 평행사변형의 인접 변으로서 크기와 방향이 표시된다면, 평행사변형의 대각선은 두 개의 위상의 합이다(그림 G.12).

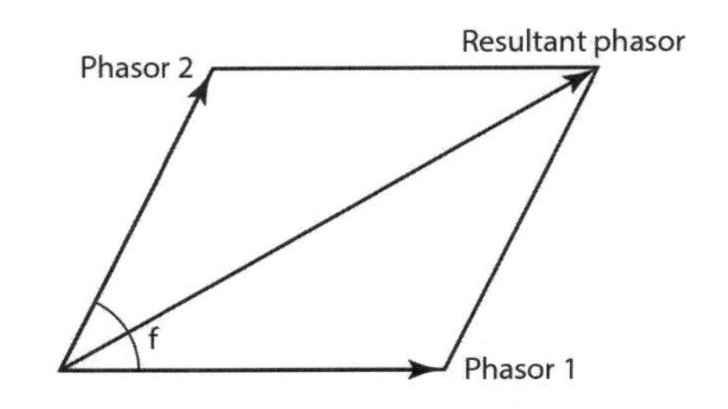

그림 G.12 사이에 위상각 f인 페이저 1과 2의 합하기

두 개의 페이저의 크기 V_1과 V_2 사이의 위상각이 90°라면, 그 결과값은 피타고라스 정리를 사용함으로써 $V^2 = V_1^2 + V_2^2$로 계산되고, 페이저 V_1에 대한 위상각은 $\tan\phi = V_1/V_2$에 의해 주어진다.

위 사용의 예시로서 인덕턴스와 저항을 직렬 연결한 교류 회로에 대하여 생각해 보자(그림 G.13 참조). 이러한 회로에 대하여 저항에 대한 전압은 전류와 위상차가 있으며, 인덕터에 대한 전압은 전류보다 90° 앞선다. 그래서 두 개의 직렬 부품에 걸리는 전압강하의 합에 대한 페이저는 위상각 ϕ를 갖는 전압 페이저로서 그림 G.13(b)에 의하여 주어진다. 피타고라스 정리를 사용함으로써 전압 V의 크기를 $V^2 = V_1^2 + V_2^2$로 계산되고, 전압이 전류를 앞서는 위상각 ϕ는 $\tan\phi = V_L / V_R$ 또는 $\cos\phi = V_R / V$에 의해 계산된다.

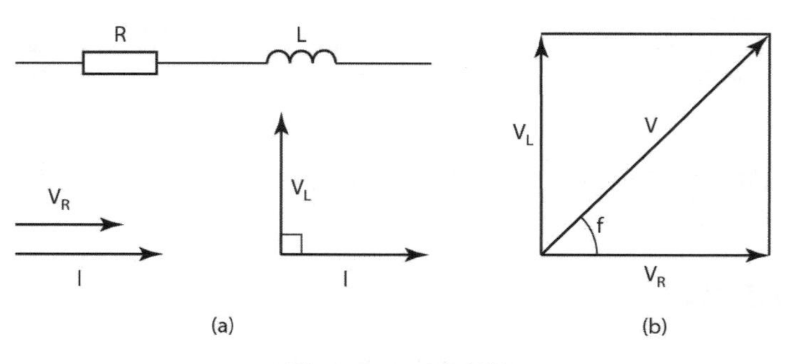

그림 G.13 RL 직렬회로

$V_R / V = IR$이고 $V_L/V_R = IX_L$이기 때문에 $V^2 = (IR)^2 + (IX_L)^2 = I^2(R^2 + X_L^2)$이다. 임피던스(impedance) Z는 전류 흐름에 방해 요소로 사용되며, Ω의 저항 단위를 갖는 $Z = V/I$로 정의된다. 따라서 직렬 저항과 인덕턴스에 대하여 회로 임피던스는 다음과 같다.

$$Z = \sqrt{R^2 + X_L^2} = \sqrt{R^2 + (\omega t)^2}$$

추가 정보

센서 및 신호조절

Boyes, W., *Instrumentation Reference Book*, Newnes 2002

Clayton, G. B. and Winder, S., *Operational Amplifiers*, Newnes 2003

Figliola, R.S. and Beasley, D. E., *Theory and Design for Mechanical Measurements*, John Wiley 2000, 2005, 2011

Fraden, J., *Handbook of Modern Sensors*, Springer 2001, 2004, 2010

Gray, P. R., Hurst, P. J., Lewis, S.H. and Meyer, R. G., *Analysis and Design of Analog Integrated Circuits*, Wiley 2009

Holdsworth, B., *Digital Logic Design*, Newnes 2000

Johnson, G. W. and Jennings, R., *LabVIEW Graphical Programming*, McGraw-Hill 2006

Morris, A.S., *Measurement and Instrumentation Principles*, 3rd edition, Newnes 2001

Park, J. and Mackay, S., *Practical Data Acquisition for Instrumentation and Control Systems*, Elsevier 2003

Travis, J. and Kring, J., *LabVIEW for Everyone*, Prentice-Hall 2006

구동

Bolton, W., *Mechanical Science*, Blackwell Scientific Publications 1993, 1998, 2006

Gottlieb, I. M., *Electric Motors and Control Techniques*, TAB Books, McGraw-Hill 1994

Kenjo, T. and Sugawara, A., *Stepping Motors and their Microprocessor Controls*, Clarenden Press 1995

Manring, N., *Hydraulic Control Systems*, Wiley 2005

Norton, R. L., *Design of Machinery*, McGraw-Hill 2003
Pinches, M. J. and Callear, B. J., *Power Pneumatics*, Prentice-Hall 1996
Wildi, T., *Electrical Machines, Drives and Power Systems*, Pearson 2005

시스템 모델

Astrom, K. J. and Wittenmark, B., *Adaptive Control*, Dover 1994, 2008
Attaway, S., *Matlab: A Practical Introduction to Programming and Problem Solving*, Butterworth-Heinemann 2009
Bennett, A., *Real-time Computer Control*, Prentice-Hall 1993
Bolton, W., *Laplace and z-Transforms*, Longman 1994
Bolton, W., *Control Engineering*, Longman 1992, 1998
Bolton, W., *Control Systems*, Newnes 2002
D'Azzo, J. J., Houpis, C. H. and Sheldon, N., *Linear Control System Analysis and Design with Matlab*, CRC Press 2003
Dorf, R. C. and Bishop, H., *Modern Control Systems*, Pearson 2007
Fox, H. and Bolton, W., *Mathematics for Engineers and Technologists*, Butterworth-Heinemann 2002
Hahn, B., *Essential MATLAB for Engineers and Scientists*, 5th ed. Elsevier 2012
Moore, H., *MATLAB for Engineers*, Pearson 2013

마이크로프로세서 시스템

Arduino web site, www.arduino.cc
Barnett, R. H., *The 8051 Family of Microcontrollers*, Prentice-Hall 1994
Barrett, S. F., *Arduino Microcontroller Processing for Everyone!*, Morgan & Claypool Publishers 2013
Bates, M., *PIC Microcontrollers*, Newnes 2000, 2004
Blum, J., *Exploring Arduino: Tools and Techniques for Engineering Wizardy*, Wiley 2013
Bolton, W., *Microprocessor Systems*, Longman 2000

Bolton, W., *Programmable Logic Controllers*, Newnes 1996, 2003, 2006, 2009

Cady, F. M., *Software and Hardware Engineering: Motorola M68HC11*, OUP 2000

Calcutt, D., Cowan, F. and Parchizadeh, H., *8051 Microcontrollers: An Application Based Introduction*, Newnes 2004

Ibrahim, D., *PIC Basic: Programming and Projects*, Newnes 2001

Johnsonbaugh, R. and Kalinn, M., *C for Scientists and Engineers*, Prentice Hall 1996

Lewis, R. W., *Programming Industrial Control Systems Using IEC 1131-3*, The Institution of Electrical Engineers 1998

Monk, S., *Programming Arduino*, McGraw Hill 2012

Morton, J., *PIC: Your Personal Introductory Course*, Newnes 2001, 2005

Parr, E. A., *Programmable Controllers*, Newnes 1993, 1999, 2003

Pont, M. J., *Embedded C*, Addison-Wesley 2002

Predko, M., *Programming and Customizing the PIC Microcontroller*, Tab Electronics 2007

Rohner, P., *Automation with Programmable Logic Controllers*, Macmillan 1996

Spasov, P., *Microcontroller Technology: The 68HC11*, Prentice-Hall 1992, 1996, 2001

Vahid, F. and Givargis, T., *Embedded System Design*, Wiley 2002

Van Sickle, T., *Programming Microcontrollers in C*, Newnes 2001

Yeralan, S. and Ahluwalia A., *Programming and Interfacing the 8051 Microcontroller*, Addison-Wesley 1995

Zurrell, K., *C Programming for Embedded Systems*, Kindle Edition 2000

일렉트로닉 시스템

Storey, N., *Electronics A Systems Approach* 5th Edition Pearson 2013

This text consists of two parts: Electrical circuits and components, and Electronic systems.

Student resources specifically written to complement the text can be viewed at www.pearsoned.co.uk/storey-elec. Video tutorials that can be accessed by clicking on their titles include some of particular relevance to mechatronics.

3A: Kirchhoff's laws

3B: Nodal analysis

3C: Mesh analysis

3D: Selecting circuit analysis techniques
4A: Capacitors in series and in parallel
5A: Transformers
5B: Applications of inductive sensors
6A: Alternating voltages and currents
6B: Using complex impedance
7A: Power in circuits with resistance and reactance
7B: Power factor correction for an electric motor
8A: Bode diagrams
9A: Initial and final value theorems
9B: Determination of a circuit's time constant
10A: Selection of a motor for a given application
11A: Top-down system design
11B: Identification of system inputs and outputs
12A: Optical position sensors
12B: Selecting a sensor for a given application
13A: A comparison of display techniques
13B: Selecting an actuator for a given application
14A: Modelling the characteristics of an amplifier
14B: Power gain
14C: Differential amplifiers
14D: Specifying an audio amplifier
15A: Feedback systems
15B: Negative feedback
15C: Open-loop and closed-loop systems
16A: Basic op-amp circuits
16B: Some additional useful op-amp circuits
16C: Frequency response of op-amp circuits
16D: Input and output resistance of op-amp circuits
16E: Analysis of op-amp circuits
18A: Simple FET amplifiers
18B: Small signal equivalent circuit of an FET amplifier
18C: A negative feedback amplifier based on a DE MOSFET

18D: A switchable gain amplifier

19A: A simple bipolar transistor amplifier

19B: Analysis of a simple bipolar transistor amplifier

19C: Analysis of a feedback amplifier based on a bipolar transistor

19D: A common collector amplifier

19E: Design of a phase splitter

20A: Push-pull amplifiers

20B: Amplifier classes

20C: Power amplifiers

20D: Design of an electrically operated switch

21A: Simplified circuit of a bipolar operational amplifier

21B: Simplified circuit of a CMOS operational amplifier

21C: Circuit of a 741 operational amplifier

22A: Noise in electronic systems

24A: Binary quantities and variables

24B: Logic gates

24C: Combinational logic

24D: Boolean algebraic simplification

24E: Karnaugh maps

24F: Binary arithmetic

24G: Numeric and alphabetic codes

24H: A binary voting arrangement for a fault-tolerant system

25A: Sequential logic

25B: Shift registers

25C: Simple counters

25D: A digital stop watch

26A: Transistors as switches

26B: Logic families

26C: Transistor–transistor logic (TTL)

26D: Complementary metal oxide semiconductor logic (CMOS)

26E: Implementing complex gates in CMOS

26F: Interfacing logic gates of different families

26G: Power dissipation in digital systems

26H: Tackling noise-related problems in industrial systems
27A: Implementing digital systems
27B: Programmable logic array (PLA)
27C: Programmable array logic (PAL)
27D: Complex array logic
27E: Microcomputer systems
27F: Input/output techniques
27G: Interrupt-driven input/output
27H: Motor control in a washing machine
28A: Sampling
28B: Digital-to-analogue conversion
28C: Multiplexing
28D: Data acquisition and conversion in a smartphone
29A: Communications systems
29B: Analogue modulation
29C: Digital and pulse modulation
30B: A control system for a robotic arm

연습문제 풀이

Chapter 01 메카트로닉스 소개

1.1 (a) Sensor, mercury; signal conditioner, fine bore stem; display, marks on the stem; (b) Sensor, curved tube; signal conditioner, gears; display, pointer moving across a scale

1.2 See text

1.3 Comparison/controller, thermostat; correction, perhaps a relay; process, heat; variable, temperature; measurement, a temperature-sensitive device, perhaps a bimetallic strip

1.4 See Figure P.1

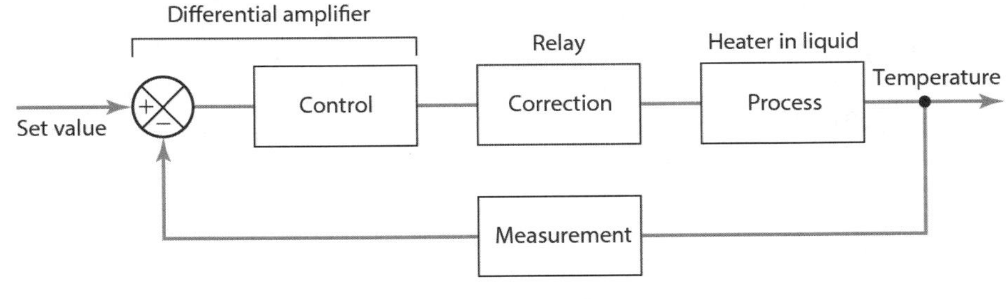

그림 P.1 연습문제 1.4

1.5 See text

1.6 See text

1.7 For example: water in, rinse, water out, water in, heat water, rinse, water out, water in, rinse, water out

1.8 Traditional: bulky, limited functions, requires rewinding. Mechatronics: compact, many functions, no rewinding, cheaper

1.9 Bimetallic element: slow, limited accuracy, simple functions, cheap. Mechatronics: fast, accurate, many functions, getting cheaper

Chapter 02 센서와 변환기

2.1 See the text for explanation of the terms

2.2 23.9%

2.3 76.4s

2.4 0.73%

2.5 0.105Ω

2.6 Incremental, angle from some datum, not absolute; absolute, unique identification of an angle

2.7 162

2.8 (a)61.2° (b) 3.3mV

2.9 See text

2.10 2.8kPa

2.11 19.6kPa

2.12 20.89%

2.13 11.54°C

2.14 Yes

2.15 29.81N, 219.62N, e.g. strain gauges

2.16 For example, orifice plate with differential pressure cell

2.17 For example, differential pressure cell

2.18 For example, LVDT displacement sensor

Chapter 03 신호조절

3.1 As Figure 3.2 with $R_2/R_1=50$, e.g. $R_1=1\text{k}\Omega$, $R_2=50\text{k}\Omega$

3.2 200kV

3.3 Figure 3.5 with two inputs, e.g. $V_A=1\text{V}$, $V_B=0$ to 100mV, $R_A=R_2=40\text{k}\Omega$, $R_B=1\text{k}\Omega$

3.4 Figure 3.11 with $R_1=1\text{k}\Omega$ and $R_2=2.32\text{k}\Omega$

3.5 $V=K\sqrt{I}$

3.6 100kΩ

3.7 80dB

3.8 Fuse to safeguard against high current, limiting resistor to reduce currents, diode to rectify a.c., Zener diode circuit for voltage and polarity protection, low-pass filter to remove noise and interference, optoisolator to isolate the high voltages from the microprocessor

3.9 0.234V

3.10 2.1×10^{-4}V

3.11 As given in the problem

Chapter 04 디지털 신호

4.1 24.4mV

4.2 9

4.3 0.625V

4.4 1, 2, 4, 8

4.5 12μs

4.6 See text

4.7 Buffer, digital-to-analogue converter, protection

4.8 0.33V, 0.67V, 1.33V, 2.67V

4.9 32 768R

4.10 15.35ms

4.11 Factor of 315

Chapter 05 디지털 논리

5.1 For example: (a) ticket selected AND correct money in, correct money decided by OR gates analysis among possibilities, (b) AND with safety guards, lubricant, coolant, workpiece, power, etc., all operating or in place, (c) Figure P.2, (d) AND

5.2 115

(a) Q, (b) P

5.3 AND

5.4 A as 1, B as 0

5.5 See Figure P.3

5.6 See Figure P.4

5.7 As in the text, Section 5.3.1, for cross-coupled NOR gates

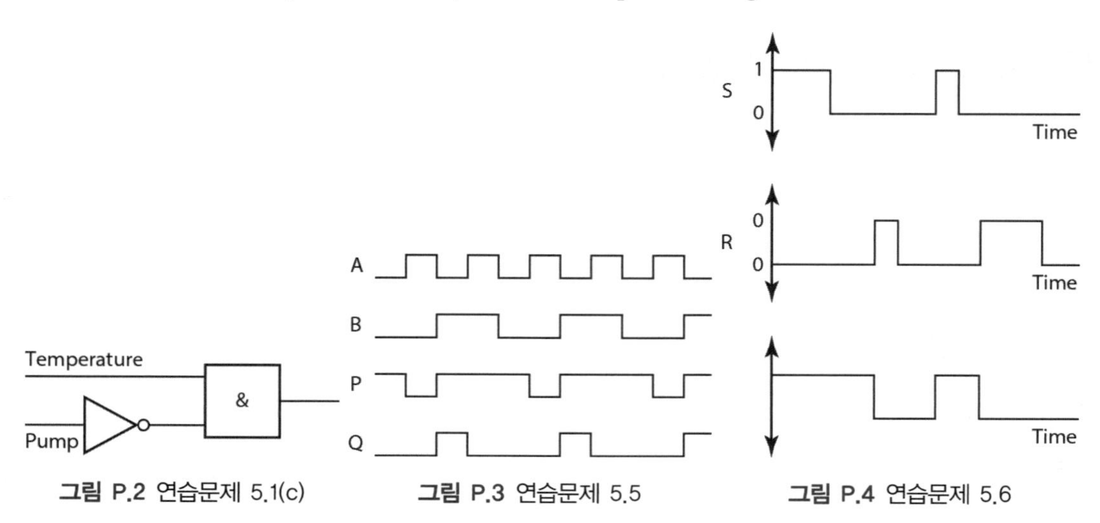

그림 P.2 연습문제 5.1(c) 그림 P.3 연습문제 5.5 그림 P.4 연습문제 5.6

Chapter 06 데이터 표현 시스템

6.1 See text

6.2 See Section 6.1

6.3 For example: (a) a recorder, (b) a moving-coil meter, (c) a hard disk or CD, (d) a storage oscilloscope or a hard disk or CD

6.4 Could be four-active-arm bridge, differential operational amplifier, display of a voltmeter. The values of components will depend on the thickness chosen for the steel and the diameter of a load cell. You might choose to mount the tank on three cells

6.5 Could be as in Figure 3.8 with cold junction compensation by a bridge (see Section 3.5.2). Linearity might be achieved by suitable choice of thermocouple materials

6.6 Could be thermistors with a sample and hold element followed by an analogue-todigital converter for each sensor. This would give a digital signal for transmission, so reducing the effects of possible interference. Optoisolators could be used to isolate high voltages/currents, followed by a multiplexer feeding digital meters

6.7 This is based on Archimedes' principle: the upthrust on the float equals the weight of fluid displaced

6.8 Could use an LVDT or strain gauges with a Wheatstone bridge

6.9 For example: (a) Bourdon gauge, (b) thermistors, galvanometric chart recorder, (c) strain-gauged load cells, Wheatstone bridge, differential amplifier, digital voltmeter, (d) tachogenerator, signal conditioning to shape pulses, counter

Chapter 07 공압 및 유압 구동 시스템

7.1 See Section 7.3

7.2 See Section 7.3.2

7.3 See Section 7.4

7.4 See (a) Figure 7.14, (b) Figure 7.8(b), (c) Figure 7.10, (d) Figure 7.13

7.5 A+, B+, A−, B−

7.6 See Figure P.5

7.7 0.0057m^2

7.8 124mm

7.9 1.27MPa, $3.9\times1025\text{m}^3\text{s}$

7.10 (a) $0.05\text{m}^3\text{s}$, (b) $0.10\text{m}^3\text{s}$

7.11 (a) $0.42\text{m}^3\text{s}$, (b) $0.89\text{m}^3\text{s}$

7.12 960mm

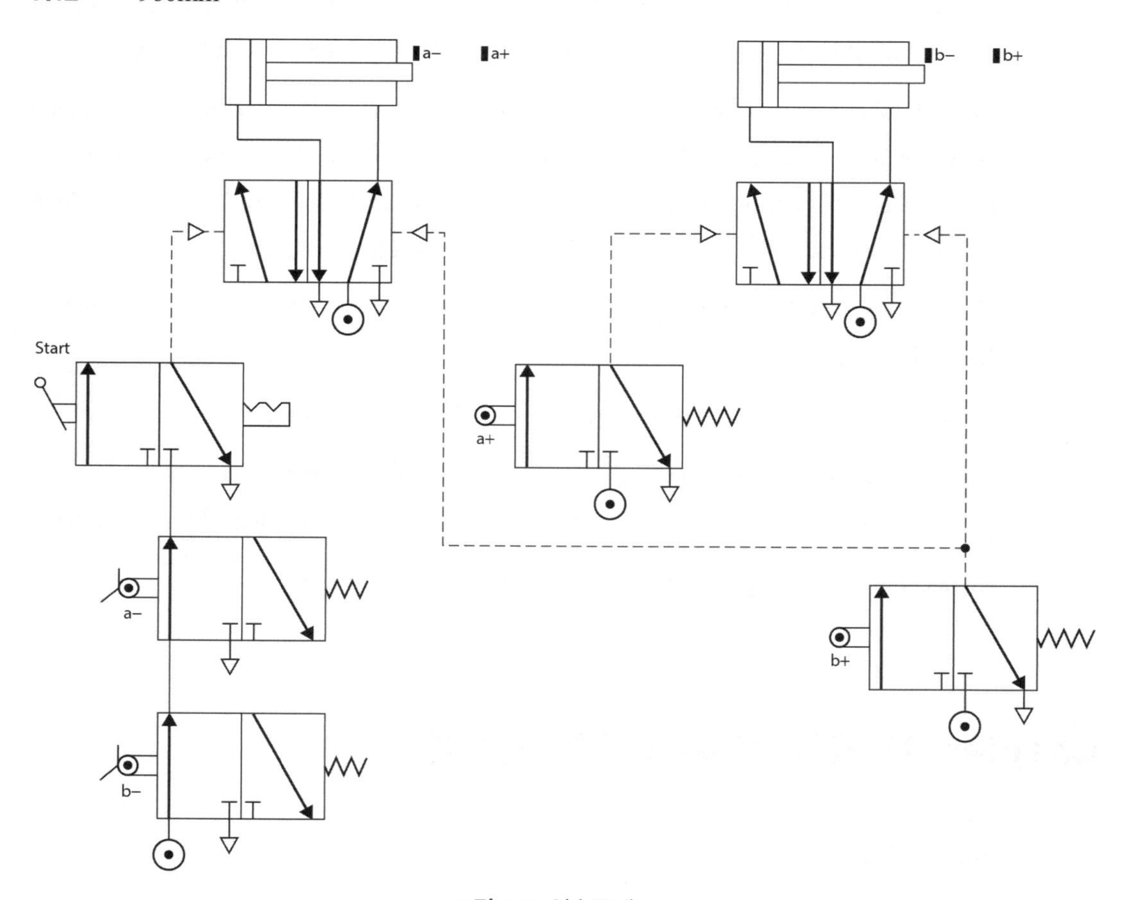

그림 P.5 연습문제 7.6

Chapter 08 기계구동 시스템

8.1 (a) A system of elements arranged to transmit motion from one form to another form
(b) A sequence of joints and links to provide a controlled output in response to a supplied input motion

8.2 See Section 8.3.1

8.3 (a) 1, (b) 2, (c) 1, (d) 1, (e) 3

8.4 (a) Pure translation, (b) pure translation, (c) pure rotation, (d) pure rotation, (e) translation plus rotation

8.5 Quick-return

8.6 Sudden drop in displacement followed by a gradual rise back up again

8.7 60mm

8.8 Heart-shaped with distance from axis of rotation to top of heart 40mm and to base 100mm. See Figure 8.14(a)

8.9 For example: (a) cams on a shaft, (b) quick-return mechanism, (c) eccentric cam, (d) rack-and-pinion, (e) belt drive, (f) bevel gears

8.10 1/44

Chapter 09 전기구동 시스템

9.1 It acts as a flip-flop

9.2 See text and Figure 9.7

9.3 (a) Series wound, (b) shunt wound

9.4 (a) d.c. shunt wound, (b) induction or synchronous motor with an inverter, (c) d.c., (d) a.c.

9.5 See Section 9.5.4

9.6 See Section 9.7

9.7 480pulses/s

9.8 9°

9.9 (a) 4kW, (b) 800W, (c) 31.8Nm

9.10 0.65Nm

9.11 2

9.12 3.6Nm

Chapter 10 마이크로프로세서 및 마이크로컨트롤러

10.1 See Section 10.2

10.2 256

10.3 64K 3 8

10.4 See Section 10.3

10.5 See Figure 10.9 and associated text

10.6 (a) E, (b) C, (c) D, (d) B

10.7 256

10.8 (a) 0, (b) 1

10.9 See Section 10.3.1, item 6

10.10 See Section 10.3.2, item 5

10.11 High to reset pin

10.12 (a)

```
IF A
    THEN
      BEGIN B
      END B
ELSE
      BEGIN C
      END C
ENDIF A
```

(b)

```
WHILE A
   BEGIN B
      END B
ENDWHILE A
```

Chapter 11 어셈블리 언어

11.1 (a) 89, (b) 99

11.2 No address has to be specified since the address is implied by the mnemonic

11.3 (a) CLRA, (b) STAA, (c) LDAA, (d) CBA, (e) LDX

11.4 (a) LDAA $20, (b) DECA, (c) CLR $0020, (d) ADDA $0020

11.5 (a) Store accumulator B value at address 0035, (b) load accumulator A with data F2, (c) clear the carry flag, (d) add 1 to value in accumulator A, (e) compare C5 to value in accumulator A, (f) clear address 2000, (g) jump to address given by index register plus 05

11.6 (a)

```
DATA1   EQU    $0050
DATA2   EQU    $0060
DIFF    EQU    $0070
        ORG    $0010
        LDAA   DATA1    ; Get minuend
        SUBA   DATA2    ; Subtract subtrahend
        STAA   DIFF     ; Store difference
        SWI             ; Program end
```

(b)

```
MULT1   EQU    $0020
MULT2   EQU    $0021
PROD    EQU    $0022
        ORG    $0010
        CLR    PROD     ; Clear product address
        LDAB   MULT1    ; Get first number
SUM     LDAA   MULT2    ; Get multiplicand
        ADDA   PROD     ; Add multiplicand
        STAA   PROD     ; Store result
        DECB            ; Decrement acc. B
        BNE    SUM      ; Branch if adding not complete
        WAI             ; Program end
```

(c)

```
FIRST   EQU    $0020
        ORG    $0000
        CLRA             ; Clear accumulator
        LDX    #0
MORE    STAA   $20,X
        INX              ; Increment index reg.
        INCA             ; Increment accumulator
        CMPA   #$10      ; Compare with number 10
        BNE    MORE      ; Branch if not zero
        WAI              ; Program end
```

(d)

```
        ORG    $0100
        LDX    #$2000    ; Set pointer
LOOP    LDA A  $00,X     ; Load data
        STA A  $50,X     ; Store data
        INX              ; Increment index register
        CPX    $3000     ; Compare
        BNE    LOOP      ; Branch
        SWI              ; Program end
```

11.7

```
YY      EQU    $??       ; Value chosen to give required time delay
SAVEX   EQU    $0100
        ORG    $0010
        STA    SAVEX     ; Save accumulator A
        LDAA   YY        ; Load accumulator A
LOOP    DECA             ; Decrement acc. A
        BNE    LOOP      ; Branch if not zero
        LDA    SAVEX     ; Restore accumulator
        RTS              ; Return to calling program
```

11.8

```
LDA      $2000    ; Read input data
AND A    #$01     ; Mask off all bits but bit 0
BEQ      $03      ; If switch low, branch over JMP which is 3
                  ; program lines
JMP      $3000    ; If switch high no branch and so execute JMP
Continue
```

Chapter 12 C 언어

12.1 (a) The variable counter is an integer, (b) the variable num is assigned the value 10, (c) the word name will be displayed, (d) the display is Number 12, (e) include the file stdio.h

12.2 (a) Calls up the library necessary for the printf( ) function, (b) indicates the beginning and end of a group of statements, (c) starts a new line, (d) problem 3

12.3 The number is 12

12.4 # include <stdio.h>

```
int main(void);
{
    int len, width;
    printf("Enter length: ");
    scanf("%d", &len);
    printf("Enter width: ");
    scanf("%d", &width);
    printf("Area is %d", lens * width);
    return 0;
{
```

12.5 Similar to program given in Section 12.3, item 4

12.6 Divides first number by second number unless second is 0

Chapter 13 입출력 시스템

13.1 See Section 13.3

13.2 See Section 13.3. A parallel interface has the same number of input/output lines as the microprocessor. A serial interface has just a single input/output line

13.3 See Section 13.2

13.4 See Section 13.4

13.5 See Section 13.4 and Figure 13.10

13.6 See Section 13.4.1

13.7 See Section 13.3.3. Polling involves the interrogation of all peripherals at frequent intervals, even when some are not activated. It is thus wasteful of time. Interrupts are only initiated when a peripheral requests it and so is more efficient

13.8 CRA 00110100, CRB 00101111

13.9 As the program in 18.4.2 with LDAA #$05 replaced by LDAA #$34 and LDAA #$34 replaced by LDAA #$2F

13.10 As the program in Section 13.4.2 followed by READ LDAA $2000 ; Read port A Perhaps after some delay program there may then be BRA READ

Chapter 14 프로그램 가능 논리제어기

14.1 (a) AND, (b) OR

14.2 (a) Figure 14.9(b), (b) Figure 14.10(b), (c) a latch circuit, Figure 14.16, with Input 1 the start and Input 2 the stop switches

14.3 0 LD X400, 1 LD Y430, 2 ORB, 3 ANI X401, 4 OUT Y430

14.4 0 LD X400, 1 OR Y430, 3 OUT Y430, 4 OUT T450, 5 K 50; delay-on timer

14.5 0 LD X400, 1 OR Y430, 2 ANI M100, 3 OUT Y430, 4 LD X401, 5 OUT M100; reset latch

14.6 As in Figure 14.28 with Timer 1 having $K=1$ for 1 s and Timer 2 with $K=20$ for 20s

14.7 Figure P.6

14.8 Figure P.7

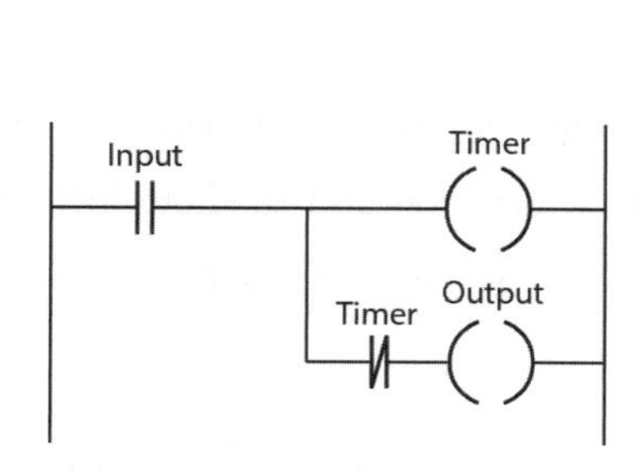

그림 P.6 연습문제 14.7

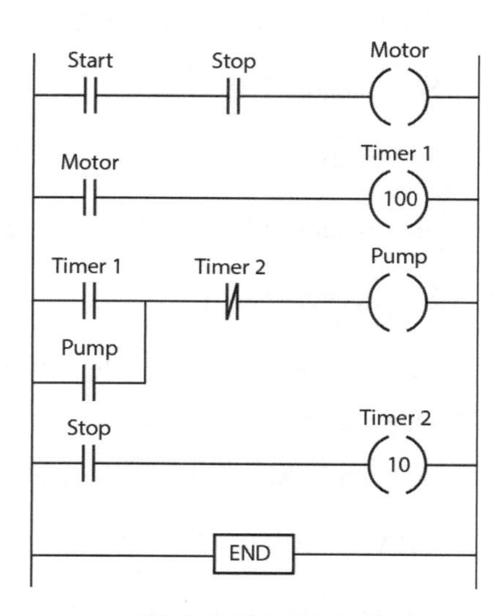

그림 P.7 연습문제 14.8

14.9 Figure P.8

14.10 Figure P.9

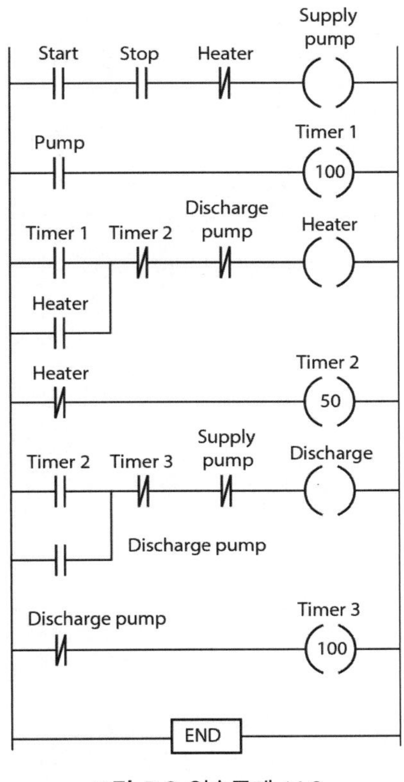

그림 P.8 연습문제 14.9

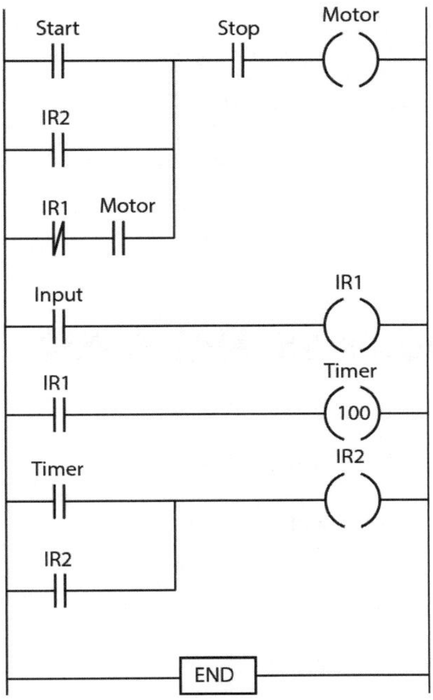

그림 P.9 연습문제 14.10

14.11 An output would come on, as before, but switch off when the next input occurs

14.12 See Section 14.10

14.13 Two latch circuits, as in Figure P.10

14.14 Figure P.11

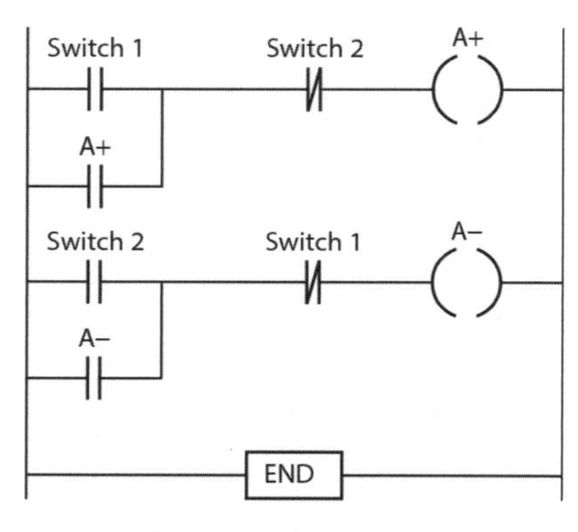

그림 P.10 연습문제 14.13

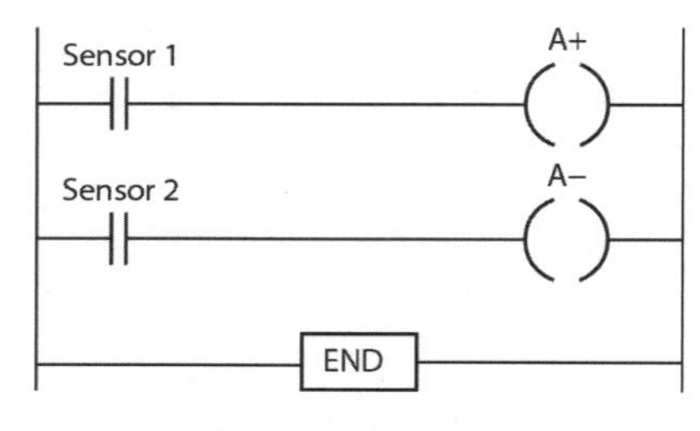

그림 P.11 연습문제 14.14

Chapter 15 통신 시스템

15.1 See Section 15.2

15.2 See Section 15.3

15.3 Bus

15.4 Broadband

15.5 See Section 15.5.1

15.6 See Section 15.4

15.7 See Section 15.3.1

15.8 NRFD to PD0, DAV to STRA and IRQ, NDAC to STRB, data to Port C

15.9 TTL to RS-232C signal-level conversion

15.10 See Section 15.7.1

Chapter 16 결함 발견

16.1 See Section 16.1

16.2 See Section 16.2

16.3 See Section 16.2

16.4 See Section 16.5.3 for programmable checks and checksum and Section 16.2 for watchdog timer

16.5 See Section 16.5.3

Chapter 17 기초 시스템 모델

17.1 (a) $m\frac{d^2x}{dr^2}+c\frac{dx}{dt}=F$, (b)$m\frac{d^2x}{dt^2}+c\frac{dx}{dt}+?(k_1+k_2)x=F$

17.2 As in Figure 17.3(a)

17.3 $c\frac{d\theta_i}{dt}=c\frac{d\theta_o}{dt}+k\theta_o$

17.4 Two torsional springs in series with a moment of inertia block,

$$T=I\frac{d^2\theta}{dt^2}+k_1(\theta_1-\theta_2)=m\frac{d^2\theta}{dt^2}+\frac{k_1k_2}{k_1+k_2}\theta_1$$

17.5 $v=v_R+\frac{1}{RG}\int v_R dt+v_R$

17.6 $v=\frac{L}{R}\frac{dv_R}{dt}+\frac{1}{CR}\int v_R dt+v_R$

17.7 $v=R_1C\frac{dv_C}{dt}+\left(\frac{R_1}{R_2}+1\right)v_C$

17.8 $RA_2\frac{dh_2}{dt}+h_2\rho g=h_1$

17.9 $RC\frac{dT}{dt}+T=T_r$. Charged capacitor discharging through a resistor

17.10 $RC\frac{dT_1}{dt}=Rq-2T_1+T_2+T_3$, $RC\frac{dT_2}{dt}=T_1-2T_2+T_3$

17.11 $pA=m\frac{d^2x}{dt^2}+R\frac{dx}{dt}+\frac{1}{C}x$, R=resistance to stem movement, c=capacitance of spring

17.12 $T=\left(\frac{I_1}{n}+n\right)\frac{d^2\theta}{dt^1}+\left(\frac{c_1}{n}+nc_2\right)\frac{d\theta}{dt}+\left(\frac{k_1}{n}+nk_2\right)\theta$

Chapter 18 시스템 모델

18.1 $\frac{IR}{k_1k_2}\frac{d\omega}{dt}+\omega=\frac{1}{k_2}v$

18.2 $(L_a+L_L)\frac{di_a}{dt}+(R_a+R_L)i_a-k_1\frac{d\theta}{dt}=0,\ I\frac{d^2\theta}{dt^2}+B\frac{d\theta}{dt}+k_2i_a=T$

18.3 Same as armature-controlled motor

Chapter 19 시스템의 동적 응답

19.1 $4\frac{dx}{dt}+x=6y$

19.2 (a) 59.9°C, (b) 71.9°C

19.3 (a) $i=\frac{V}{R}(1-e^{-Rt/L})$, (b) L/R, (c) V/R

19.4 (a) Continuous oscillations, (b) under-damped, (c) critically damped, (d) over-damped

19.5 (a) 4Hz, (b) 1.25, (c) $i=I\left(\frac{1}{3}e^{-8t}-\frac{4}{3}e^{-2t}+1\right)$

19.6 (a) 5Hz, (b) 1.0, (c) $x=(-32+6t)e^{-5t}+6$

19.7 (a) 9.5%, (b) 0.020s

19.8 (a) 4Hz, (b) 0.625, (c) 1.45Hz, (d) 0.5s, (e) 8.1%, (f) 1.4s

19.9 (a) 0.59, (b) 0.87

19.10 2.4

19.11 0.09

19.12 3.93rad/s, 0.63Hz

Chapter 20 시스템 전달함수

20.1 (a) $\frac{1}{As+\rho g/R}$, (b) $\frac{1}{ms^2+cs+k}$, (c) $\frac{1}{LCs^2+RCs+1}$

20.2 (a) 3s, (b) 0.67s

20.3 (a) $1+e^{-2t}$, (b) $2+2e^{-5t}$

20.4 (a) Over-damped, (b) under-damped, (c) critically damped, (d) under-damped

20.5 te^{-3t}

20.6 $2e^{-4t}-2e^{-3t}$

20.7 (a) $\frac{4s}{s^2(S+1)+4}$, (b) $\frac{2(s+2)}{(s+1)(s+2)+2}$,

(c) $\frac{4}{(S+2)(s+3)+20}$, (d) $\frac{2}{s(s+2)+20}$

20.8 $5/(s+53)$

20.9 $5s(s^2+s+10)$

20.10 $2/(3s+1)$

20.11 -1, -2

20.12 (a) Stable, (b) unstable, (c) unstable, (d) stable, (e) unstable

Chapter 21 주파수 응답

21.1 (a) $\dfrac{5}{\sqrt{\omega^2+4}}$, $\dfrac{\omega}{2}$, (b) $\dfrac{2}{\sqrt{\omega^4+\omega^2}}$, $\dfrac{1}{\omega}$

(c) $\dfrac{1}{\sqrt{4\omega^6-3\omega^4+3\omega^2+1}}$, $\dfrac{\omega(3-2\omega^2)}{1-3\omega^2}$

21.2 $0.56\sin(5t-38°)$

21.3 $1.18\sin(2t+25°)$

21.4 (a) (i) ∞, 90°, (ii) 0.44, 450°, (iii) 0.12, 26.6°, (iv) 0, 0°,

(b) (i) 1, 0°, (ii) 0.32, 271.6°, (iii) 0.16, 280.5°, (iv) 0, 290°.

21.5 See Figure P.12

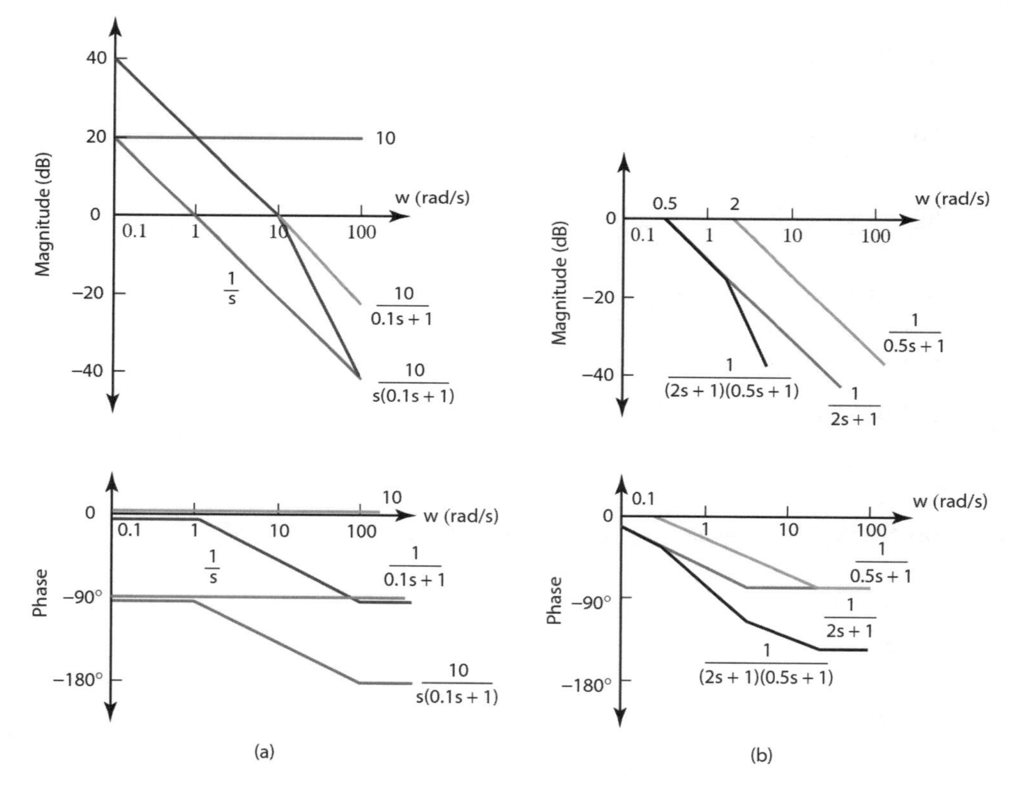

그림 P.12 연습문제 21.5

21.6 (a) $1/s$, (b) $3.2(1+s)$, (c)$2.0/(s^2 2\zeta s+1)$,

(d) $3.2/[(1+s)(0.01s^2+0.2\zeta s+1)]$

Chapter 22 폐루프 제어기

22.1 See Section 22.3

22.2 (a) 8min, (b) 2 min

22.3 (a) 12s, (b) 24s

22.4 5

22.5 See the text. In particular P offset, PI and PID no offset

22.6 3,666s, 100s

22.7 3,100s, 25s

22.8 See Sections (a) 22.12.1, (b) 22.12.2, (c) 22.12.3

22.9 1.6

22.10 First-order response with time constant c/KP

Chapter 23 인공지능

23.1 For example, try diameter and degree of redness. You might also consider weight. Your results need to be able to distinguish clearly between denominations of coins, whatever their condition

23.2 (a) 16, (b) 136, (c) 110

23.3 0.99

23.4 0.002

23.5 0.625

23.6 0.761

23.7 For example, if room temperature , 20°C and timer ON, then boiler ON; if boiler ON, then pump ON; if pump ON and room temperature , 20°C, then valve ON; if timer NOT ON, then boiler NOT ON; if room temperature NOT , 20°C , then valve NOT

ON; if boiler NOT ON, then pump NOT ON. You might also refine this by considering there to be a restriction in that the boiler is restricted to operating below 60°C

Chapter 24 메카트로닉스 시스템

24.1 Possible solutions might be: (a) thermocouple, cold junction compensation, amplifier, ADC, PIA, microprocessor, DAC, thyristor unit to control the oven heating element, (b) light beam sensors, PLC, solenoid-operated delivery chute deflectors, (c) closedloop control with, for movement in each direction, a d.c. motor as actuator for movement of pen, microprocessor as comparator and controller, and feedback from an optical encoder.

연구 과제

The following are brief indications of the type of information which might be contained in an answer.

24.2 A typical ABS system has sensors, inductance types, sensing the speeds of each of the car wheels, signal conditioning to convert the sensor signals into 5 V pulses, a microcontroller with a program to calculate the wheels' speed and rate of deceleration during braking so that when a set limit is exceeded the microcontroller gives an output to solenoid valves in the hydraulic modulator unit either to prevent an increase in braking force or if necessary to reduce it.

24.3 The carriage motor moves the printer head sideways while the print head prints the characters. After printing a line the paper feed motor advances the paper. The print head consists of solenoids driving pins, typically a row of nine, to impact on an ink ribbon. A microcontroller can be used to control the outputs. For more details, see Microcontroller Technology: The 68HC11 by P. Spasov (Prentice Hall 1992, 1996).

24.4 The CAN bus operates with signals which have a start bit, followed by the name which indicates the message destination and its priority, followed by control bits, followed by the data being sent, followed by CRC bits, followed by confirmation of reception bits, and concluding with end bits.

설계 과제

The following are brief indications of possible solutions.

24.5 A digital thermometer using a microprocessor might have a temperature sensor such as LM35, an ADC, a ROM chip such as the Motorola MCM6830 or Intel 8355, a RAM chip such as the Motorola MCM6810 or Intel 8156, a microprocessor such as Motorola M6800 or Intel 8085A and a driver with LED display. With a microcontroller such as the Motorola MC68HC11 or Intel 8051 there might be just the temperature sensor, with perhaps signal conditioning, the microcontroller and the driver with LED display.

24.6 A digital ohmmeter might involve a monostable multivibrator which provides an impulse with a duration of 0.7RC. A range of different fixed capacitors could be used to provide different resistance ranges. The time interval might then be determined using a microcontroller or a microprocessor plus memory, and then directed through a suitable driver to an LED display.

24.7 This might involve a pressure sensor, e.g. the semiconductor transducer Motorola MPX2100AP, signal conditioning to convert the small differential signal from the sensor to the appropriate level, e.g. an instrumentation amplifier using operational amplifiers, a microcontroller, e.g. MC68HC11, an LCD driver, e.g. MC145453, and a four-digit LCD display.

24.8 This could be tackled by using the M68HC11EVM board with a PWM output to the motor. Where feedback is wanted an optical encoder might be used.

24.9 The arrangement might be for each box to be loaded by current being supplied to a solenoid valve to operate a pneumatic cylinder to move a flap and allow a box down a chute. The box remains in the chute which is closed by a flap. Its presence is detected by a sensor which then indicates the next box can be allowed into the chute. This continues until four boxes are counted as being in the chute. The flap at the end of the chute might then be activated by another solenoid valve operating a cylinder and so allowing the boxes onto the belt. The arrival of the boxes on the belt might be indicated by a sensor mounted on the end of the chute. This can then allow the entire process to be repeated.

Appendix A

A.1 (a) $2s/2$, (b) $2/(s^2+4)$, (c) e^{-2s}, (d) $sX(s)-2$, (e) $3s^2X(s)$, (f) $1/[s(s+1)]$

A.2 (a) t, (b) $5\cos 3t$, (c) $1+2e^t$, (d) e^{-3t}

A.3 5

Appendix B

B.1 255

B.2 (a) 11, (b) 529

B.3 (a) 1A7, (b) 211

B.4 (a) 781, (b) 157

B.5 (a) 1010 0110, (b) 1101 1101

B.6 (a) 0, (b) 1

B.7 (a) 8, (b) 12

Appendix C

C.1 (a) $A \cdot (B+C)$, (b) $(A+B) \cdot (C+D)$, (c) $\overline{A}+B$, (d) $\overline{A} \cdot B$

C.2 (a) $Q=(A \cdot B+C \cdot D) \cdot E$, (b) $Q=(A \cdot B+B) \cdot C$

C.3

A	B	C	D
0	0	0	0
0	0	1	0
0	1	0	0
0	1	1	1
1	0	0	0
1	0	1	1
1	1	0	0
1	1	1	1

C.4 (a) $Q = C \cdot (A + D)$, (b) $Q = A \cdot B$, (c) $Q = A \cdot \overline{B} \cdot C + C \cdot D$

C.5 As given in the problem

C.6 (a) $Q = A + B$, (b) $Q = C + \overline{A} \cdot C$

C.7 (a) $Q = \overline{A} \cdot \overline{B} + \overline{A} \cdot \overline{C}$, (b) $Q = A \cdot B \cdot D + A \cdot B \cdot \overline{C} + \overline{C} \cdot D$

C.8 Four input AND gates with two NOT gates if correct combination is 1, 1, 0, 0:

$Q = A \cdot B \cdot \overline{C} \cdot \overline{D}$

찾아보기

(ㄱ)

(ㄴ)

(ㄷ)

(ㄹ)

(ㅁ)

(ㅂ)

(ㅅ)

(ㅇ)

(ㅈ)

(ㅊ)

(ㅋ)

(ㅌ)

(ㅍ)

(ㅎ)

(A)

(B)

(C)

(D)

(E)

(F)

(G)

(H)

(I)

(J)

(L)

(M)

(V)

(W)

(X)

(기타)

저자 소개

William Bolton

BTEC에서 R&D 및 모니터링 회장이자 교육컨설턴트이었다. UNESCO에서 컨설턴트로 지내고 있으며, 많은 공학교과서의 저자로 잘 알려져 있다.

역자 소개

노태정

동명대학교 메카트로닉스공학부 교수

박희재

서울과학기술대학교 기계시스템디자인공학과 교수

부광석

인제대학교 전자IT기계자동차공학부 교수

홍대선

창원대학교 메카트로닉스대학 기계공학부 교수

메카트로닉스

MECHATRONICS

초 판 발 행 2017년 12월 4일
초 판 2 쇄 2019년 3월 8일
초 판 3 쇄 2021년 3월 2일

저 자 William Bolton
역 자 노태정, 박희재, 부광석, 홍대선
펴 낸 이 김성배
펴 낸 곳 도서출판 씨아이알

편 집 장 박영지
책 임 편 집 박영지
디 자 인 강세희, 윤미경
제 작 책 임 김문갑

등 록 번 호 제2-3285호
등 록 일 2001년 3월 19일
주 소 (04626) 서울특별시 중구 필동로8길 43(예장동 1-151)
전 화 번 호 02-2275-8603(대표)
팩 스 번 호 02-2265-9394
홈 페 이 지 www.circom.co.kr

I S B N 979-11-5610-334-9 93550
정 가 45,000원